SMC 培训教材

现代实用气动技术

第4版

SMC（中国）有限公司　编

机械工业出版社

日本 SMC 公司是世界上最有代表性的气动元件研发、制造、销售的跨国公司之一，"精益求精的气动技术、应有尽有的气动元件"是该公司引导世界气动技术发展的真实写照。本书介绍了气动技术基础，各类新型气动元件的结构、原理、特点、选用方法和使用时的注意事项，阐述了典型气动回路及系统设计的基本方法、气动回路的管理知识，以及系统维护、故障分析方法和对策等，特别对新型节能环保产品和节能回路进行了重点介绍。

本书可供气动设备设计、生产、管理和维护人员参考，也可供高等院校、中等职业学校机电一体化工程和自动化专业的师生参考。

图书在版编目（CIP）数据

现代实用气动技术/SMC（中国）有限公司编 .— 4 版. —北京：机械工业出版社，2022.10

ISBN 978-7-111-71710-2

Ⅰ. ①现… Ⅱ. ①S… Ⅲ. ①气动技术 – 技术培训 – 教材 Ⅳ. ①TH138

中国版本图书馆 CIP 数据核字（2022）第 180203 号

机械工业出版社（北京市百万庄大街 22 号　邮政编码 100037）
策划编辑：张秀恩　　　　　　　　　　责任编辑：王春雨　王彦青
责任校对：樊钟英　贾海霞　王　延　陈　越　封面设计：马精明
责任印制：李　昂
北京新华印刷有限公司印刷
2024 年 3 月第 4 版第 1 次印刷
184mm×260mm・64.5 印张・1605 千字
标准书号：ISBN 978-7-111-71710-2
定价：299.00 元

电话服务　　　　　　　　　网络服务
客服电话：010-88361066　　机　工　官　网：www.cmpbook.com
　　　　　010-88379833　　机　工　官　博：weibo.com/cmp1952
　　　　　010-68326294　　金　书　网：www.golden-book.com
封底无防伪标均为盗版　　　机工教育服务网：www.cmpedu.com

第 4 版前言

改革开放四十多年，我国已经基本形成了完善的工业体系，各工业领域的发展和技术进步日新月异。近年来世界各国制定了明确的低碳经济发展目标，更加促进了产业的转型升级，加快推进制造业的 IT 化和自动化进程，并以此为基础，逐步建成高效智能制造体系。

气压传动以其洁净、小型轻量化、集成化、易于推广和普及的特点，广泛应用于汽车制造、机械、电气、纺织、化工、医药食品、包装印刷、轻工等领域。在那些令人兴奋的自动化装置和高效率的生产线上，处处可以看到小巧的气动元件的身影，气动技术是实现工业自动化的重要技术手段。在半导体、液晶面板、太阳能电池、生物医药、医疗设备等高端装备领域，看起来似乎少了传统气动元件的身影，但由气动技术衍生的新产品却无处不在。气动技术的发展、气动新产品的开发及其在新兴领域中的应用，始终受到世界各国产业界的关注。

《现代实用气动技术》一书是为 SMC（中国）有限公司技术人员及广大客户技术培训编写的，自 1998 年首次正式出版以来，历经 2 次修订再版，累计印数达 7 万余册，深受广大工程技术人员好评。应广大读者的期望，决定再版发行。第 4 版保留了本书"现代和实用"的特色，同时尽量反映近年来气动元件新产品及其在高新技术、新兴领域的应用，介绍气动技术发展的新成果。我们要和广大工程技术人员共同努力，让气动技术不断延伸，让气动产品应用领域不断扩大。

针对联合国提出的可持续发展的 SDGs 计划和我国提出的碳达峰和碳中和的目标，今后我们必须重视气动技术的节能减排和绿色发展，要从气动产品的设计、制造，直至使用、报废、再利用的产品全生命周期审视和减少对生态环境的影响。本书强调了气动技术与产品全生命周期低碳管理的方针，增编了气动系统的节能理论、节能技术和系统管理。同时，考虑到现场技术人员的需求，进一步充实了气动元件和回路故障诊断、分析及解决对策等内容。

本书各章节相互关联，又相对独立，适用于不同读者的需要。我相信，本书第 4 版的发行，对气动技术应用、回路设计、元件选型和系统维护等工作有所帮助，并真诚希望它能成为高职、大学本科及相关专业研究生的一本较好的现代气动技术基础与应用方面的教材和反映气动技术最新发展动向的参考书。

本书前 3 版的编写与校对，公司技术顾问、北方工业大学徐文灿教授付出了巨大的努力，气动功率与损失评价，气动系统节能的理论与实践等章节，反映了北京航空航天大学蔡茂林教授最新的研究成果。

第 4 版《现代实用气动技术》一书是在第 3 版的基础上，增编了 SMC 气动技术的最新发展成果，介绍了新型气动元件及其在新兴领域的应用，着重强调了低碳经济下气动技术的节能减排并重新审视和加强产品的生态管理，减少碳排放对环境的影响。参与再版重编工作的 SMC（中国）有限公司年轻的工程技术人员完成了新增部分的主要撰写工作，各篇内容的主要编写人员为：第一篇（基础篇）张士宏，第二篇（元件篇）凌青、李庆光，第三篇（回路篇）汪林昊，第四篇（节能篇）陈洪涛，第五篇（维护篇）凌青，第六篇（设计选型篇）张士宏。

借此机会，对长期以来给予 SMC（中国）有限公司年轻工程技术人员悉心指导的，公司技术顾问徐文灿教授（北方工业大学）、蔡茂林教授（北京航空航天大学）、王涛副教授（北京理工大学）、SMC日本技术中心的张护平博士表示衷心的感谢。

  近30年的创业，我们欣喜地看到一批批年轻的工程技术人员在不断成长，他们不负老一辈的期望，从第4版开始，他们担负起内容更新，新产品与新领域应用以及反映气动技术最新研究成果的编写工作，长江后浪推前浪，衷心希望中国气动行业人才辈出，事业更加兴旺。

SMC（中国）有限公司

名誉董事长　兼首席顾问

赵彤　博士

第 3 版前言

"现代实用气动技术"是以气动自动化为主体,将机械自动化、电气自动化,有些场合还将液压自动化,紧密结合成一体的一种最先进的传动与控制技术。其应用领域已不局限于普通机械、机床、汽车等一般工业领域,还迅速向有超干燥、超洁净、高真空、节能环保、高速、高频、高精度、小型、轻量等要求的电子半导体、生命科学、食品饮料、精密机械等众多领域扩展。气动所控制的工作介质,虽然仍以压缩空气为主,但已经扩展到对高真空气体、水、水蒸气、油、酸、碱、有机溶剂等多种气体和液体的流动进行控制。故本书不仅编入各种典型的气动元件和新型的气动元件,如比例阀、超低功率电磁阀、高真空阀、高精度气缸、平稳运动气缸、高压气动元件等,还编入了与气动自动化相配合,以达到更高控制水平所需要的一些电气元器件,如电动执行器、温调器、静电消除器等;编入了适合对多种液体和气体进行控制的流体阀、化学液用阀、管接头、压力开关、流量开关、气动隔膜泵等。加上熟悉气动技术所必需的基本知识、基本回路、应用回路及气动回路系统设计方法方面的内容,及对气动元件及系统进行管理、维护和故障处理方面的内容,故本书是一本内容全面、技术先进、适用性强的气动技术专著。

书中介绍了世界各国常用的表达气动元件流量特性的各种参数,例如:流通能力 C_V、K_V 值,额定流量下的压力降,流量-压力降特性曲线,有效面积 A,容量系数 A_V,有效截面面积 S,流量系数 C_d,声速流导 C 和临界压力比 b,以及这些特性参数的相互联系和换算方法,并指出它们各自的特点和局限性,以便读者正确选用最适合的特性参数。书中介绍了如何计算并联和串联气动回路的流量特性参数,由此可推广计算任何复杂气动回路的流量特性参数。这样,给定各气动元件的流量特性参数,在一定压力差作用下,便可计算出通过各个气动元件,以及由这些元件组成的任何气动回路的流量。已知气动回路系统的流量特性参数,便可对该气动回路系统中的各类元件进行选型,并以实例加以说明。充放气特性一章,介绍固定容器在一定条件下的充放气时间计算和气动元件及气动回路系统的动态特性分析计算。压缩空气的能量一章,提出评价压缩空气有效能量的指标,可作为衡量气动系统的功率损失和评价节能的依据。

元件篇介绍了各种元件的作用、种类、工作原理、技术参数、选用方法及使用注意等。因 SMC 公司有 10100 多个品种的气动元件,本书不可能完全介绍,只能介绍一些典型元件的结构原理、元件选用的一些大致原则和方法,以及主要的注意事项。读者掌握了这些知识,便可容易地阅读本公司各种元件的详细的产品样本,从这些样本中,了解你所关心的元件的结构、详细的选用方法和选用的图表资料等。

气动回路控制,目前大部分已使用可编程序控制器(PLC)。PLC 控制已有大量资料论述,本书不作介绍。对气动程序控制回路的设计,本书介绍了一种"信号-动作状态图法"。对初学者来说,此方法简单易懂,容易理解行程程序回路设计的主要关键所在,各执行元件与控制元件之间的相互联系也一目了然,有利于绘制气动回路图,也便于对气动回路的故障进行分析和采取对策。掌握了这些内容,对理解 PLC 控制气动回路系统是有帮助的。

与本书第 2 版相比,第 3 版删除了一些使用量小及已被新产品取代的老产品,增补了许多近几年来得到较多使用,以及为适应气动技术的最新发展而开发的新型元器件,增补了许多适用回路及气动系统完整的设计步骤和方法等。

　　本书所有元器件、大量应用回路及管理、故障分析内容，都来自 SMC 公司提供的产品样本和技术资料。基础篇除基本知识外，大部分为本书编者多年研究成果的总结。气动回路设计方法及其他少量内容，考虑到本书内容的完整性，参考或引用了其他书籍和刊物，已在参考文献中列出。

　　本书对气动系统的设计人员和选型人员，对气动应用现场的操作管理人员，对高等院校及中等技术学校的机电自动化等专业的师生了解气动自动化，都是一本十分有用的科技书。

　　本书第七章由 SMC（中国）有限公司技术顾问、北京航空航天大学蔡茂林教授编写，其余部分由北方工业大学徐文灿教授编写。书中气动元件插图由 SMC（中国）有限公司技术人员周敏杰、杨瑞诚、汪林昊制作。

　　SMC（中国）有限公司总经理、工学博士赵彤教授规划了本书编写的宗旨和框架，对各章节提出了许多指导性意见，为本书内容的完整性、先进性、实用性奠定了基础。

　　受到编者水平的限制，书中难免存在一些不足和错误，恳请读者批评指正。

主编
SMC（中国）有限公司技术顾问
徐文灿教授
2007 年 11 月

第 2 版前言

加入 WTO 后的中国现代制造业,正在迎来工业自动化发展的勃勃生机。现代气动技术与电子技术的结合为大规模工业自动化生产线、生产系统与装备的实现,提供了更多的技术选择与应用平台。以汽车制造业为例,焊装生产线、夹具、机器人、输送设备、组装线、涂装线、发动机与轮胎生产装备上,气动技术无所不在,大显身手。气压传动以其洁净、小型轻量化、集成化等突出优点,作为易于推广、普及的机电一体化技术的代表,广泛地应用于机械、化工、电子/电气、纺织、医药食品、包装、印刷、轻工、汽车等现代制造领域。气动技术的发展、气动元件新产品的开发始终引起世界各国产业界的关注。

《现代实用气动技术》一书是为我公司技术人员及广大客户技术培训需求编写的,自 1998 年正式出版以来,深受广大工程技术人员好评。应广大读者的期望,决定再版发行。再版保留了第 1 版注重现场技术应用等特点,同时尽量反映近年来气动技术发展新成果、气动元件新产品及其应用。例如气动执行器中的高速气缸、正弦气缸、曲线气缸、各种气动滑台、电动执行器、新型的电气比例阀、调速阀及方向控制阀及真空元器件,增加了医药食品、化工、半导体制造业中广为应用的适合于各种介质的流体阀、过滤器、气动隔膜泵等,介绍了在大规模自动化系统控制中应用的串送信号阀控技术等实用技术……。考虑到现场技术人员的需求,本书还增编了气动系统管理方面的知识,以及气动回路故障诊断、分析及解决对策等内容。

我相信,本书的再版能对各个行业相关工程技术人员进行气动回路设计与维护、气动元件选型方面能有所帮助,并真诚地希望它能成为中专、大学本科及相关专业研究生的一本较好的现代气动技术的基础与应用的教材和反映气动技术最新发展动向的参考书。

最后,利用这个机会,对为全书编写、整理、审阅而付出艰辛劳动的徐文灿教授和彭光正教授、北京理工大学 SMC 气动技术中心的其他老师和研究生,以及本公司部分工程技术人员表示衷心感谢!

SMC(中国)有限公司

总经理　　赵彤
工学博士

2003 年 3 月

第1版前言

如果说 20 世纪 80 年代是现代化企业全球化的年代,那么 90 年代则是一个产品流通全球化的时代。应该看到:激烈的国际性竞争促进了工业自动化的飞速发展,而气动技术则是实现工业自动化的重要手段。

气压传动的动力传递介质是来自于自然界取之不尽的空气,环境污染小,工程实现容易,所以气压传动是一种易于推广普及的实现工业自动化的应用技术。近年来,气动技术在机械、化工、电子、电气、纺织、食品、包装、印刷、轻工、汽车等各个制造行业,尤其是在各种自动化生产装备和生产线中得到了广泛的应用,极大地提高了制造业的生产效率和产品质量。作为重要机械基础件的气动元件及气动系统的应用,引起了世界各国产业界的普遍重视,气动行业已成为工业国家发展速度最快的行业之一。

20 世纪 70 年代以来,尤其是进入 80 年代后,随着加工技术的不断提高,材料和密封技术的发展、新工艺的出现以及与电子技术的有效结合,气动元件向小型化、低消耗、集成化、高速化(高频度)、机电一体化发展,例如:$0.5 \sim 1W$ 低功耗电磁阀,以及利用计算机或可编程控制器信号的分时处理,在两条导线上直接驱动大量低功耗电磁阀的串送信号技术、各种新型的气动比例阀、实用的增压阀、高速气缸及控制技术、超低速气缸、平滑移动的低加速度气缸、与位移传感器一体化的行程可读出气缸,以及可在三坐标空间运动的曲线气缸……,新型气动元件与技术的发展提高了气动技术的应用水平,另外,市场的需求和高速发展的自动化技术也促进了气动技术的不断发展。

本书是为我公司内部技术人员及广大用户教学培训需要编写的。其内容特点是从气动技术基础知识入手,以 SMC 诸多新型气动元件为例,着重介绍了当今气动技术的发展现状。本书的另一个特点是:各篇相对独立,适用于不同读者的需要,在强调作为气动技术分析所需要的理论基础的同时,着重于现场应用。我希望本书能对各行各业有关技术人员在进行气动元件与回路方面的设计时有所帮助,也衷心地希望它能从实用的角度,为中专、大学本科及相关专业研究生提供一本反映气动技术最新发展动向的参考书。

最后利用这个机会,对全书的编写、整理、审阅付出艰辛劳动的北方工业大学的徐文灿教授,北京理工大学 SMC 气动技术中心的彭光正副教授及其他老师、研究生的协助表示衷心的感谢。

SMC 株式会社

代表取缔役　社长:高田 芳行

1997 年 7 月

目 录

第4版前言
第3版前言
第2版前言
第1版前言

第一篇　基础篇

第一章　气动技术及元件的发展概述 ········ 1
　　第一节　气动技术及元件的发展现状 ······ 1
　　第二节　气动元件设计的新思考 ············ 3
　　第三节　气动技术在新兴领域的应用 ······ 5
　　　一、半导体生产过程中气动技术的应用 ······ 5
　　　二、生物医药和医疗设备中气动
　　　　　技术的应用 ································ 7
　　　三、生产自动化、智能化中气动
　　　　　技术的应用 ································ 8
　　第四节　气动技术、元件、市场新生态 ······ 13

第二章　气动元件在各行业中的应用 ······ 14
　　第一节　气动元件在半导体行业中的应用 ······ 14
　　　一、工艺简介 ································ 14
　　　二、气动元件在各工艺段的应用 ············ 15
　　　三、半导体行业气动解决方案 ············ 16
　　第二节　气动元件在医疗行业中的应用 ······ 16
　　　一、医药行业的工艺 ·························· 17
　　　二、气动元件在各工艺段的应用 ············ 17
　　　三、重点应用产品展示 ······················ 18
　　第三节　气动元件在新能源中的应用 ······ 18
　　　一、硅电池模块生产工艺 ·················· 18
　　　二、气动元件在各工艺段的应用 ············ 20
　　　三、二次电池的主要工艺及相关
　　　　　气动产品 ································ 20
　　第四节　气动元件在智能手机行业
　　　　　　中的应用 ································ 21
　　　一、智能手机生产工艺 ······················ 22
　　　二、气动元件在智能手机生产工艺
　　　　　中的应用 ································ 22
　　第五节　气动元件在汽车行业中的应用 ······ 24
　　　一、汽车生产工艺 ·························· 24
　　　二、气动元件在汽车生产工艺中的应用 ······ 24
　　　三、气动元件在汽车发动机及其他零部件
　　　　　等工艺中的应用 ·························· 24
　　　四、汽车行业中重点气动元件的应用 ······ 25
　　第六节　气动元件在食品灌装行业中的
　　　　　　应用 ···································· 26
　　　一、食品灌装行业工艺 ······················ 26
　　　二、食品灌装各工艺段对气动
　　　　　元件的需求 ································ 26
　　　三、气动产品示例——卫生级耐水气缸 ······ 30
　　第七节　气动元件在造纸行业中的应用 ······ 30
　　第八节　气动元件在机床行业中的应用 ······ 32
　　　一、机床行业工艺 ·························· 33
　　　二、气动元件在机床中的应用 ············ 33

第三章　气动技术的理论基础 ·················· 38
　　第一节　空气的组成及特性 ·················· 38
　　　一、空气的组成 ····························· 38
　　　二、空气的度量 ····························· 39
　　　三、空气的物理性质 ························· 39
　　第二节　空气的状态 ····························· 41
　　　一、空气的压力 ····························· 41
　　　二、空气的状态方程 ························· 43
　　　三、空气状态变化过程中的能量转化 ······ 46
　　第三节　空气的不可压缩流动 ··············· 52
　　　一、空气的流量、流速 ······················ 52
　　　二、空气流动的连续性方程 ············ 53
　　　三、伯努利方程 ····························· 55
　　　四、雷诺数、层流和湍流 ·················· 57
　　　五、空气在不可压缩流动时的管道压力
　　　　　损失 ···································· 58
　　　六、不可压缩流动条件下气动元件的
　　　　　流量特性 ································ 63
　　第四节　空气的可压缩流动 ·················· 69
　　　一、声速、马赫数、空气的可压缩流动 ······ 69
　　　二、空气的流动和滞止 ······················ 70
　　　三、临界状态、收缩喷管出口面积 ·········· 76
　　　四、可压缩流动条件下的气动元件流量
　　　　　特性参数 ································ 78

五、气动元件流量特性参数的合成 83
六、空气的超声速流动 89
第五节 空气的填充与排放 90
一、固定容器的放气特性 91
二、固定容器的充气特性 93
第六节 空气中的水分 96
一、绝对湿度、相对湿度、露点 96
二、压缩空气的相对湿度、压力露点 97
第七节 气动技术的特点 100

第二篇 元件篇

第四章 气动系统构成及元件分类 103
第一节 气动系统的基本构成及新兴拓展 103
第二节 气动元件的分类 104

第五章 气动系统执行元件 109
第一节 气缸基础知识 109
一、分类和特点 109
二、气缸的基本构造 117
三、气缸的性能 121
四、气缸的选用 125
五、气缸配套件 141
六、使用注意事项 143
第二节 标准气缸 146
一、圆形及方形气缸（CJ2、CM2、CG1、MB、MB1、CA2、CS2 和 CS1 等系列） 146
二、省空间气缸 153
三、扩展品种气缸（杆不回转、直接安装、低摩擦、洁净等） 155
四、特殊订货气缸（-XB5、-XB6、-XC8、-XC11、非标准品等） 160
第三节 无杆气缸 165
一、机械接合式无杆气缸（MY□系列） 165
二、磁性偶合式无杆气缸（CY□系列） 173
第四节 功能增强型气缸 180
一、结构复合型 180
二、性能扩展型 222
第五节 气爪（MH、MIW、MIS 等系列） 246
一、结构原理 247
二、主要技术参数 252
三、选型方法 253
四、使用注意事项 256
第六节 摆动气缸 258
一、齿轮齿条式摆动气缸（CRJ、CRJU、CRA1、CRQ2、MSQ、MSZ 系列） 258
二、叶片式摆动气缸（CRB、MSU 系列） 261
三、伸摆气缸（MRQ 系列） 263
四、选用方法 263
五、使用注意事项 270
第七节 吸盘 271
第八节 气枪及喷嘴 276

第六章 气动系统控制元件 280
第一节 压力控制阀 280
一、减压阀 280
二、溢流阀 302
三、双压阀（XT92-59、VR1211F 系列） 302
第二节 流量控制阀 303
一、单向节流阀（速度控制阀）（AS 系列） 303
二、带消声器的排气节流阀（ASN2 系列） 311
三、带消声器的快排型排气节流阀（ASV 系列） 312
四、防止活塞杆急速伸出阀（SSC 系列） 312
五、节气阀（ASR/ASQ 系列） 315
第三节 方向控制阀及单向阀和梭阀 316
一、分类 316
二、电磁方向阀（EVS、S070、SJ、SQ、SV、SY、SYJ、SZ、V100、VEX3、VF、VFR、VFS、VG、VK、VP、VQ、VQC、VQD、VQZ、VT 系列） 322
三、气控方向阀（□A 系列） 384
四、机械控制方向阀（VM 系列） 388
五、人力控制方向阀（VM、VH 系列） 391
六、单向阀和梭阀 395
七、方向阀的主要技术参数和选用 398
八、使用注意事项 404
第四节 电气比例阀 406
一、概述 406
二、先导式压力型电气比例阀（ITV 系列） 408
三、高速开关阀式复合型电气比例阀（VY1 系列） 411
四、比例电磁铁型电气比例阀（VEF、VEP、VER 系列） 417
五、小型电-气比例阀（PVQ 系列） 420
六、使用注意事项 421
七、应用示例 422

第七章 气动系统气源及周边元件 427
第一节 系统气源设备 427
一、空气压缩机 427
二、后冷却器（HAA 和 HAW 系列） 431

三、气罐（AT 系列） ………… 434
四、管路系统 ………………… 435
第二节　气源处理元件 …………… 439
一、概述 ……………………… 439
二、自动排水器 ……………… 441
三、过滤器 …………………… 448
四、干燥器 …………………… 461
五、空气组合元件（AC 系列） … 471
第三节　局部增压元件 …………… 474
一、动作原理 ………………… 475
二、主要技术参数 …………… 475
三、选用方法 ………………… 477
四、使用注意事项 …………… 480
第四节　局部真空元件 …………… 481
一、概述 ……………………… 481
二、真空发生器 ……………… 483
三、真空阀 …………………… 485
四、真空压力传感器 ………… 489
五、真空过滤器 ……………… 492
六、真空组件 ………………… 494
七、其他真空元件 …………… 501
八、真空元件的选择 ………… 504
九、真空元件的使用注意事项 … 506
十、真空元件的应用示例 …… 508

第八章　气动系统附件 …………… 511
第一节　润滑元件 ………………… 511
一、油雾器 …………………… 511
二、集中润滑元件 …………… 516
第二节　消声器和排气洁净器 …… 519
一、消声器（AN 系列） ……… 519
二、排气洁净器（AMC、AMV、AMP
　　系列） …………………… 522
第三节　磁性开关 ………………… 526
一、有触点式磁性开关 ……… 526
二、无触点式磁性开关 ……… 531
三、磁性开关的选用 ………… 534
四、IO-Link 对应产品 ……… 536
五、应用示例 ………………… 537
第四节　液压缓冲器 ……………… 538
一、概述 ……………………… 538
二、工作原理 ………………… 538
三、主要技术参数 …………… 540
四、选用方法 ………………… 540
五、使用注意事项 …………… 541
第五节　流量开关 ………………… 544

一、检测原理 ………………… 544
二、产品系列 ………………… 545
三、使用注意事项 …………… 547
四、应用示例 ………………… 548
第六节　压力开关 ………………… 549
一、检测原理 ………………… 549
二、产品类别 ………………… 550
三、选用方法 ………………… 556
四、使用注意事项 …………… 556
五、IO-Link 对应产品 ……… 556
六、应用示例 ………………… 556
第七节　便携式数字压力计（PPA 系列） … 557
第八节　压力表（G 系列） ……… 558
一、技术参数 ………………… 558
二、使用注意事项 …………… 559
第九节　气动显示器（VR31□0 系列）… 560
一、工作原理 ………………… 560
二、气动显示器性能 ………… 560
第十节　气液转换单元（CC 系列） … 560
一、工作原理 ………………… 560
二、选用方法 ………………… 562
三、使用注意事项 …………… 565
第十一节　管子及管接头 ………… 567
一、管子（T□系列） ………… 567
二、管接头（K□系列） ……… 571
三、使用注意事项 …………… 581

第九章　与气动系统相关的新兴元件 … 584
第一节　流体阀（VDW、VX、VN、SG
　　系列） ……………………… 584
一、流体阀产品地图 ………… 584
二、流体阀的工作介质 ……… 584
三、流体阀的几种典型结构 … 589
四、主要技术参数 …………… 591
五、选型方法 ………………… 591
六、使用注意事项 …………… 596
七、应用示例 ………………… 596
第二节　化学液用阀（LV□、SRF
　　系列） ……………………… 598
一、概述 ……………………… 598
二、适合工作介质及结构原理 … 598
三、主要技术参数 …………… 599
四、应用示例 ………………… 607
第三节　气动隔膜泵（PA、PB、PAX、PAF
　　系列） ……………………… 608
一、适合输送的液体 ………… 608

二、气动隔膜泵的工作原理 ……………… 609
三、气动隔膜泵的使用方法 ……………… 611
四、主要技术参数 ………………………… 612
五、选型方法 ……………………………… 614
六、使用注意事项 ………………………… 615
七、应用示例 ……………………………… 615
第四节 高真空阀（XL、XM、XY系列）…… 616
一、高真空阀的应用 ……………………… 616
二、高真空阀的特点与名词说明 ………… 617
三、高真空阀的动作原理 ………………… 620
四、高真空阀的规格 ……………………… 623
五、使用注意事项 ………………………… 624
第五节 工业过滤器 …………………………… 624
一、不用更换滤芯的工业用过滤器（FN1系列）……………………………… 625
二、快速更换滤芯型过滤器（FQ1系列）……………………………… 629
三、小流量的工业用过滤器（FGD系列）……………………………… 631
四、滤芯的主要技术参数 ………………… 634
第六节 高压气动元件 ………………………… 635
一、产品简介 ……………………………… 635
二、使用注意事项 ………………………… 639
三、应用示例 ……………………………… 639
第七节 气动位置传感器 ……………………… 640
一、检测原理（ISA3系列）……………… 641
二、主要技术参数 ………………………… 642
三、使用注意事项 ………………………… 642
四、应用示例 ……………………………… 643
第八节 电动执行器（LE□系列）…………… 643
一、概述 …………………………………… 643
二、动作原理（LEY、LEFB系列）……… 647
三、控制系统（LEC、JXC□系列）……… 647
四、选型方法 ……………………………… 656
五、使用注意事项 ………………………… 661
六、应用示例 ……………………………… 662
第九节 温控器（HE□、HRW、HRS、HRZ系列）……………………………… 664
一、概述 …………………………………… 664
二、工作原理 ……………………………… 664
三、主要技术参数 ………………………… 666
四、选用方法 ……………………………… 666
第十节 静电消除器（IZ□系列）…………… 670
一、概述 …………………………………… 670
二、静电消除器相关专业名词 …………… 670

三、工作原理 ……………………………… 671
四、静电消除器 …………………………… 671
五、主要技术参数 ………………………… 675
六、使用注意事项 ………………………… 679
七、应用示例 ……………………………… 679
第十章 气动系统中的工业通信技术 …… 682
第一节 工业通信技术概述 …………………… 682
第二节 工业通信技术原理及基础 …………… 688
第三节 工业通信技术应用示例 ……………… 692

第三篇 回路篇

第十一章 气动系统基本回路和应用回路 ……………………………… 713
第一节 气动换向回路 ………………………… 713
第二节 压力（或力）控制回路 ……………… 722
第三节 速度控制回路 ………………………… 737
第四节 位置（角度）控制回路 ……………… 749
第五节 气动逻辑回路 ………………………… 756
第六节 气动往复回路 ………………………… 761
第七节 气缸同步回路 ………………………… 765
第八节 安全保护回路 ………………………… 768
一、双手操作回路 ………………………… 768
二、过载保护回路 ………………………… 769
三、互锁回路 ……………………………… 769
四、缓冲回路 ……………………………… 769
五、防止起动时活塞杆"急速伸出"的回路 …………………………………… 771
六、防止落下回路 ………………………… 771
七、残压释放回路 ………………………… 773
第九节 其他回路 ……………………………… 776
一、洁净压缩空气系统 …………………… 776
二、计数回路 ……………………………… 776
三、节能回路 ……………………………… 777
第十二章 气动系统程序控制回路的设计 ……………………………… 782
第一节 概述 …………………………………… 782
一、行程程序控制 ………………………… 782
二、行程程序的表示方法 ………………… 783
三、行程程序回路设计中的主要矛盾 …… 784
第二节 单往复程序回路的设计方法 ………… 786
一、绘制"信号-动作状态图" ………… 787
二、判断障碍信号、消除障碍信号和确定执行信号 …………………………… 789
三、绘制控制回路 ………………………… 794

四、单控主控阀控制回路的设计方法 …… 799
第三节　多往复程序回路的设计方法 …… 801
　　一、多往复运动的特点和处理方法 …… 801
　　二、多往复程序 X – D 图的画法 …… 803
　　三、判断障碍、消除障碍信号和确定
　　　　执行信号 …………………………… 804
第四节　气动系统的设计 ………………… 805
　　一、气动系统的设计步骤 ……………… 805
　　二、气动系统的设计举例 ……………… 806

第四篇　节能篇

第十三章　气动系统节能理论 ………… 815
第一节　空气消耗量 ……………………… 815
第二节　压缩空气的有效能 ……………… 816
　　一、气动系统中的能量转换 …………… 817
　　二、空气的压缩与做功 ………………… 817
　　三、有效能的定义 ……………………… 818
第三节　气动功率 ………………………… 818
　　一、气动功率的定义 …………………… 818
　　二、气动功率的构成 …………………… 819
　　三、温度的影响 ………………………… 820
　　四、动能的考虑 ………………………… 821
第四节　能量损失分析 …………………… 821
　　一、气动功率的损失因素 ……………… 821
　　二、气动系统的系统损失 ……………… 822
　　三、气动系统中的主要损失 …………… 823

第十四章　气动系统节能技术 ………… 826
第一节　概述 ……………………………… 826
　　一、生态产品 …………………………… 826
　　二、生态工厂 …………………………… 826
　　三、节能服务 …………………………… 827
第二节　节能技术路线 …………………… 828
　　一、压缩空气的成本 …………………… 828
　　二、气动节能技术路线 ………………… 828
第三节　压缩空气泄漏 …………………… 830
　　一、确定泄漏位置 ……………………… 830
　　二、核算泄漏损失 ……………………… 831
　　三、剖析泄漏原因，提供解决方案 …… 831
第四节　吹气合理化 ……………………… 833
　　一、喷口合理化 ………………………… 833
　　二、节能气枪（VMG 系列） …………… 834
　　三、新型节能喷枪（IBG 系列） ………… 836
　　四、脉冲吹气阀（AXTS 系列） ………… 837
第五节　真空吸附高效化 ………………… 838
　　一、节能型真空发生器组件 …………… 839

　　二、磁力吸盘 MHM 系列 ……………… 840
第六节　局部增压 ………………………… 840
　　一、VBA 系列增压阀 …………………… 841
　　二、带排气回收回路的增压阀 ………… 841
第七节　驱动元件节能 …………………… 841
　　一、非做功行程低压化 ………………… 841
　　二、倍力气缸省能 ……………………… 842
　　三、排气回收气缸 ……………………… 843
第八节　低功率元件 ……………………… 844
　　一、带节电功能五通电磁阀 …………… 844
　　二、省功率型两通电磁阀 ……………… 844
第九节　过滤元件规范化管理 …………… 845
　　一、滤芯更换指示牌 …………………… 845
　　二、滤芯堵塞指示器、差压指示计 …… 845
　　三、压力降监测报警 …………………… 846
第十节　能源可视化 ……………………… 846
　　一、模块式流量传感器 ………………… 847
　　二、无线监控系统 ……………………… 847

第五篇　维护篇

第十五章　气动系统的维护管理 ……… 848
第一节　气动系统的管理 ………………… 848
　　一、气动系统的使用要求 ……………… 848
　　二、气动系统的安装工作 ……………… 848
　　三、调试工作和作业完成工作 ………… 851
　　四、非正常停止的处理 ………………… 851
第二节　维护保养 ………………………… 852
　　一、经常性的维护工作 ………………… 852
　　二、定期的维护工作 …………………… 852

第十六章　气动元件的故障检测 ……… 855
第一节　故障诊断与对策 ………………… 855
　　一、故障种类 …………………………… 855
　　二、故障诊断方法 ……………………… 855
　　三、常见故障及其对策 ………………… 860
第二节　维修工作 ………………………… 919

第十七章　气动系统维护检修示例 …… 922
第一节　气动系统执行元件故障检测 …… 922
　　一、故障调查案例——CL 单向锁紧气缸 …… 922
　　二、故障调查案例——CQ2 直线气缸 …… 923
　　三、故障调查案例——CY 磁耦合无杆
　　　　气缸 ……………………………………… 924
　　四、故障调查案例——MHZ 气动夹爪 …… 925
　　五、故障调查案例——MSQ 摆动气缸 …… 926
　　六、故障调查案例——MX 滑台气缸 …… 927

七、故障调查案例——MY 机械接合式无杆气缸 …… 928
八、故障调查案例——MGP 气缸 …… 929
九、故障调查案例——LEF 无杆型电动执行器 …… 930
十、故障调查案例——LEY 出杆式电动执行器 …… 931
第二节 气动系统控制元件故障检测 …… 932
一、故障调查案例——VBA 增压阀 …… 932
二、故障调查案例——EX600 SI 单元 …… 934
三、故障调查案例——ITV（电气比例阀）（一） …… 935
四、故障调查案例——ITV（电气比例阀）（二） …… 936
五、故障调查案例——SY 五通阀 …… 937
六、故障调查案例——VFS 间隙密封五通阀 …… 938
七、故障调查案例——VX 两通阀 …… 939
八、故障调查案例——AR 直动式减压阀 …… 940
第三节 气动系统附件故障检测 …… 941
一、故障调查案例——ZK2 真空发生器（一） …… 941
二、故障调查案例——ZK2 真空发生器（二） …… 942
三、故障调查案例——AF 聚碳酸酯杯体过滤器 …… 943
四、故障调查案例——D-M9B 磁性开关 …… 945
五、故障调查案例——ISE20 压力开关 …… 946

第六篇 设计选型篇

第十八章 气动系统常用计算 …… 948
第一节 气动系统的基本计算 …… 950
一、湿度单位换算 …… 950
二、排水量计算 …… 951
三、空气状态变化 …… 951
四、流量和流量特性参数 …… 952
五、合成流量特性参数 …… 952
六、气罐充放气 …… 954
七、设备的耗气量 …… 957
第二节 工厂的节能计算 …… 957

一、压缩空气的成本 …… 957
二、空气压缩机的功率 …… 958
三、能量换算 …… 958
四、主管路的压降 …… 959
五、主管路的最大推荐流量 …… 959
六、供气管路 …… 959
七、空气泄漏造成的成本损失 …… 961
八、喷嘴的选定和特性参数 …… 961
九、吹气管路的选定与特性参数计算 …… 963

第十九章 气动元件选型程序 …… 966
第一节 气源处理元件的选型程序 …… 966
第二节 气动执行元件的选型程序 …… 972
第三节 气动系统相关元件的选型程序 …… 976

第二十章 气动系统动态特性 …… 980
第一节 气动选型程序的功能简介 …… 980
第二节 动态特性解析法 …… 981
一、系统的特性 …… 982
二、有效截面面积法 …… 982
三、动态特性解析法 …… 982
第三节 负载率、空气消耗量和所要空气量 …… 984
一、负载率 …… 984
二、空气消耗量 …… 984
三、所要空气量 …… 986
第四节 液压缓冲器的选型 …… 986
一、选定流程 …… 986
二、冲击形式的分类 …… 986
三、计算公式 …… 988
四、负载形态的种类 …… 988
第五节 结露计算 …… 990
一、结露现象 …… 990
二、结露的机理 …… 990
三、结露的防止对策 …… 991

附录 …… 993
附录 A 热力学中的几个基本概念 …… 993
附录 B 闭口系统和开口系统的能量方程 …… 997
附录 C 多变过程的状态方程 …… 998
附录 D 充放气过程特性的求解方法 …… 999
附录 E 声速的计算公式 …… 1005
附录 F 常用气动图形符号（摘自 GB/T 786.1—2021） …… 1006

参考文献 …… 1016

第一篇 基 础 篇

第一章 气动技术及元件的发展概述

第一节 气动技术及元件的发展现状

人们利用空气的能量完成各种工作的历史可以追溯到远古。中国在公元前21世纪（夏商时代）的青铜冶炼和公元前6世纪的生铁冶炼中，已经在使用手拉风箱进行鼓风助燃，并在东汉（25—220年）初年，由南阳太守杜诗改进为水力风箱。图1.1-1所示为中国近代使用的手拉风箱。在公元前2世纪（西汉时期）发明的手摇叶片式风车，在中国的农业生产中用于扬弃谷物中的秕糠等，直到20世纪60年代后期才停止使用。图1.1-2所示为中国近代使用的手摇叶片式风车。作为气动技术应用的雏形，1776年，John Wilkinson发明了能产生1atm左右压力的空气压缩机。1880年，人们第一次利用气缸做成气动制动装置，将它成功地应用到火车的制动中。

图1.1-1 手拉风箱

图1.1-2 手摇叶片式风车

20世纪30年代初，气动技术成功地应用于自动门的开闭及各种机械的辅助动作上。进入到20世纪60年代，尤其是20世纪70年代初，随着工业机械化和自动化的发展，气动技术开始广泛应用在生产自动化的各个领域，逐步形成现代气动技术。依据各国行业统计资料，液压与气动元件的产值比，在20世纪70年代约为9∶1，在20世纪90年代中，工业技术发达的欧美、日本等国家已达6∶4，甚至接近5∶5。由于气动元件的单价比液压元件低，因此在相同产值的情况下，气动元件的产量已超越了液压元件，在更加广泛的产业范围得到了应用，如图1.1-3所示。

中国气动产业从20世纪80年代以来，经历了突飞猛进的发展。国内气动产品的产值，1980年为0.3亿元，2000年为10亿元，2010年为110亿元（其中，内资企业55亿元、外资和台资企业55亿元），如图1.1-4所示。国内气动产品的出口交货值，1995年为566万

图 1.1-3 现代气动技术的产业应用

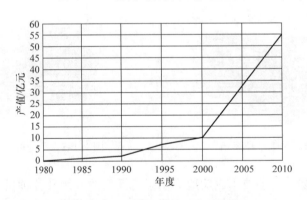

图 1.1-4 内资企业气动产品产值

元,2000 年为 1375 万元,2010 年为 21.5 亿元(其中,内资企业 5.5 亿元,外资和台资企业 16 亿元),内资出口企业从 2000 年的 3 家增加为 2010 年的 24 家,如图 1.1-5 所示。

近年来,在统一开放的中国气动市场上,SMC(日资)、Festo(德资)、众多内资企业是气动元件的主要生产商。据报道,仅浙江省宁波市奉化区 300 多家内资气动元件生产企业,2017 年度总产值超 55 亿元,约占全国的 35%。气动元件厂商在市场竞争中,为世界各地客户提供更多选择的同时,助力客户创造出更大的价值,气动产业已经成为中国制造业参与世界市场竞争时不可或缺的重要组成部分。

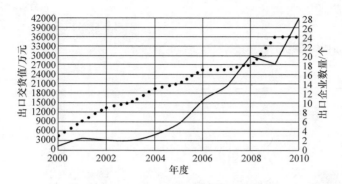

图 1.1-5　内资企业气动产品出口情况
实线—出口交货值　点线—出口企业数量

第二节　气动元件设计的新思考

传统气动系统主要应用于以工件夹持、物料搬运和包装吸附为核心的离散型生产制造过程，主要服务于汽车、机床、纺织、造纸、印刷和包装等传统的行业应用。传统气动系统主要由气源及周边元件、气动控制元件、气动执行元件和气动辅助元件四大类气动元件构成。在气动技术的新兴拓展中，表现为以元件的小型化、集成化、高效化、便利化、节能化和智能化为中心的持续改进。

以气缸为例，因受传统加工方法的限制，目前绝大多数气缸的缸筒为圆筒形，活塞为圆片形，考虑到气缸端盖、拉杆等零部件，圆筒形气缸整体所占用的安装空间轮廓为长方体，其轴向横截面为正方形。随着加工工艺的进步，气缸的轴向横截面可以不局限于圆形，如SMC 公司生产的最新型的多边形活塞气缸，如图 1.2-1 所示。CU – X3160 气缸采用轴向横截面中的内腔和轮廓形状都是正方形的型材，配备正方形的活塞，制作成正方形活塞气缸。在相同的安装空间内，由于正方形活塞面积大于圆筒气缸的圆形活塞面积，因此可以提供更大的气缸输出力。

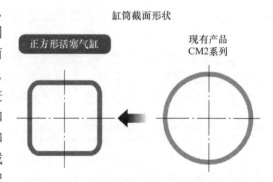

图 1.2-1　CU – X3160 正方形活塞气缸

气缸的外形轮廓和气缸被允许的安装空间一致，气缸轴向横截面中内腔形状和气缸轮廓形状所允许的更大内腔面积一致，气缸活塞外形和气缸内腔轴向横截面外形一致，这三个"一致"能将气缸所占用的安装空间更大程度地利用起来，从而使气缸在限定空间中获得更大的输出力。图 1.2-2 所示为 CDQ2B – X3205 多边形活塞气缸。

在此基础上，当气缸的安装面为特定矩形，而安装面垂直方向尺寸没有限制时，如图 1.2-3 所示，CDU – X3178 气缸采用轴向横截面中的内腔和轮廓形状都是长方形的型材，配备长方形的活塞。由此制作而成的长方形活塞气缸，在限定的矩形安装面上和正方形活塞气缸相比，由于活塞面积增大，因此可以提供更大的气缸输出力。

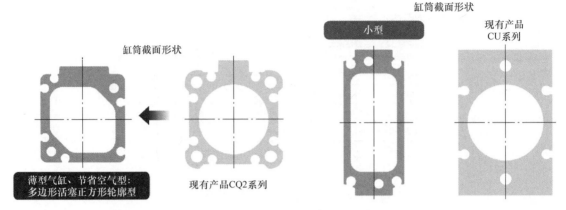

图 1.2-2　CDQ2B - X3205 多边形活塞气缸　　　图 1.2-3　CDU - X3178 矩形活塞气缸

当上述气缸多个并排或集束使用时，更加凸显气缸输出力的功率密度的提高程度、空间利用的高效程度。

以电磁阀为例，在自动化生产线上不断高频启停、高速运动的超小型电磁阀，体积小、便于集成，自重小、便于减轻运动过程中的能耗，自带节电回路减少自身耗电，自带指示灯显示工作状态，采用无线通信减少配线工作量，通过流路的优化设计，让阀体更小，却能确保良好的流量特性。

以配管为例，为了解决自动化生产线上大量使用的小型和超小型气缸经常容易出现的内部结露问题，可以在气缸通口外连接合适长度的防结露配管，然后再连接普通配管。防结露配管采用特殊材质，可以将气路空气中的水汽直接透过管壁排放到配管外部的大气当中。

传统气动元件的技术进步，充分体现为元件在功能、性能方面的持续提高，其核心竞争力是产品的高质量、高可靠性。在以低碳节能环保、智能高效便捷为核心的时代背景下，传统气动元件仍然需要不断地进行功能扩展和性能改善，以更高质量来满足客户与时俱进的各种需求。结合世界各国气动系统的发展趋势，气动元件的发展趋势可归纳如下：

1）高质量。电磁阀的寿命可达 2 亿次以上，气缸的寿命可达 2000～8000km。

2）高精度。定位精度可达 0.1～0.5mm，过滤精度可达 0.01μm，除油率可达 $1m^3$ 标准大气中的油雾在 0.1mg 以下。

3）高速度。小型电磁阀的最大动作频率可达 1000Hz，气缸最大速度可达 3m/s。

4）节能环保。电磁阀的功耗可降至 0.1W。多种节气阀、节气缸等节能元件已投放市场，并采用环保材料制造元件以保护环境。

5）小型化。元件制成超薄、超短、超小型。例如：宽 6mm 的电磁阀，缸径 2.5mm 的单作用气缸，缸径 4mm 的双作用气缸，M3 的管接头和内径 2mm 的连接管等。

6）轻量化。元件采用铝合金及塑料等新型材料制造，零件进行等强度设计。如已出现 4g 重的低功率电磁阀。

7）无给油化。不供油润滑元件组成的系统不污染环境，系统简单，维护也简单，节省润滑油，且摩擦性能稳定，成本小，寿命长。适合食品、医药、电子、纺织、精密仪器、生物工程等行业的需要。

8）复合集成化。减少配线、配管和元件，节省空间，简化拆装，提高工作效率。

9）机电气一体化。典型的是可编程序控制器+传感器+气动元件组成的控制系统。串行传送技术大大简化了大规模工控回路中的接线和输入、输出的信号处理。电动执行器的出现，可以通过输入、输出控制器，实现高精度定位（±0.02mm）及与气动系统的混合控制。

10）控制信号无线化。气动元件无线控制系统完全消除了信号线的连接工作，促进气动控制的智能化、安装和维护工作的简单化。

第三节　气动技术在新兴领域的应用

新兴气动技术和元件突飞猛进的发展，突破了传统气动系统的应用范围，扩展到流体输送（气、液、悬浊液、浆液、黏稠液等）、温度控制、静电消除、高真空、超洁净、抗腐蚀、抗磁电等各种具有细微而关键、特殊而重要的核心技术要求的应用场合，主要服务于半导体制造、芯片生产、太阳能电池、二次电池、流体过程控制、医疗设备、生物医药、食品生产等新兴的行业应用。

一、半导体生产过程中气动技术的应用

在半导体硅片生产核心工艺（光刻、蚀刻、薄膜、离子注入）设备容腔内部，要求实现高真空、高洁净的恒温环境，为此需要使用多种气动元件，如图1.3-1所示。

SMC公司的XL、XM、XSA系列高真空阀用于控制设备腔室排气和供气，XGT、XGTP系列门阀用于控制腔室的开关门。一体化的高真空排气阀与供气阀，降低了泄漏风险；真空脱气处理的阀体材料可保证高真空应用性能；草酸阳极氧化处理的内表面可提高产品的耐蚀性；多样化的密封材料可满足客户多种工艺需求；金属膜片结构可降低发尘对工艺的影响；加热式扩展品种可解决污染物沉积问题；两段式扩展品种可实现稳定的供排气，提高传片的稳定性和良品率；高真空阀采用超洁净清洗工艺（class 6），在高洁净车间（class 5）组装，保证了半导体产品的洁净要求。图1.3-2所示为高真空供排气阀在半导体生产工艺中的应用，半导体制造工艺中采用的真空技术和门阀控制，对气动元件的设计、材料、工艺都提出了更加严格的要求，成为一个全新的应用领域。

由于半导体晶硅片的尺寸从4in扩大到12in（1in=0.0254m），线宽由几十微米缩小到5nm，所以半导体生产对工艺的稳定性、均一性、快速响应性等提出了异常严格的要求，相应地对温度控制的精度要求也越来越高。SMC温控器的温度控制范围为-20~90℃，控制精度可达到±0.01℃，完全可满足半导体硅片生产中对温度精度要求最高的刻蚀工艺，因此广泛使用在刻蚀设备（见图1.3-3）、MOCVD、CVD、PVD等设备上。SMC的第四代温控器能进一步减少88%的电力及冷却水的消耗，成为高精度、快速反应、高稳定性、低能耗的绿色环保产品。

半导体生产工艺中大量使用的强酸强碱、有机溶剂等化学液，对管件、控制阀、泵类自动化产品的材质特性（耐化学腐蚀性能、较低的离子析出）、内部结构（低药液残留）有极高的要求，以符合半导体生产工艺中高纯度、高精度、高可靠性等特殊要求。SMC公司的PFA系列产品（隔膜泵、方向控制阀、气控减压阀、流量开关、接头）可以应用在半导体生产的湿法工艺（湿法清洗、化学研磨、电镀）以及光刻工艺中的匀胶显影设备。

在半导体制造领域，可以处处看到气动技术的应用实例，但是很难看到传统气动元件。

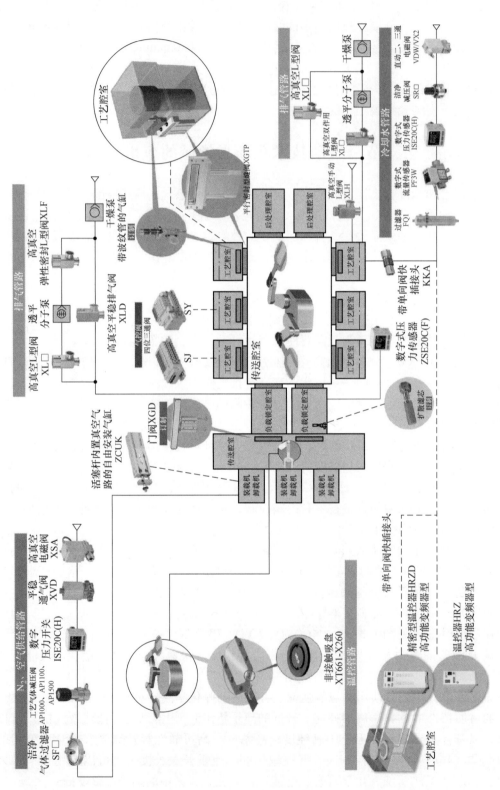

图 1.3-1 多种气动元件在半导体生产工艺中的应用

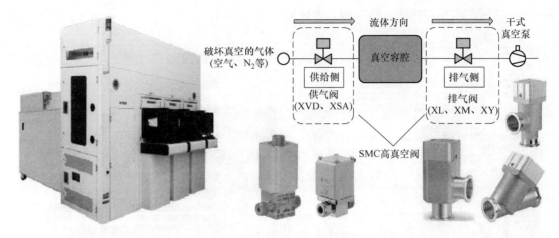

图 1.3-2 高真空供排气阀在半导体生产工艺中的应用

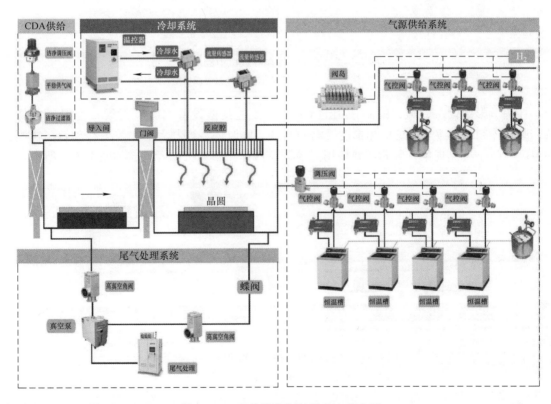

图 1.3-3 温控器在刻蚀设备上的应用

二、生物医药和医疗设备中气动技术的应用

在生物医药和医疗设备产业中,对于气动元件除了要求性能可靠、安全以外,材质选择、流路设计等必须满足设备安全、洁净卫生、人体健康等要求。

在医院 ICU 病房,制氧设备和呼吸机将氧气和空气按一定流量比例混合,经过减压、过滤送入患者肺部,患者通过胸肺弹性回缩力和呼吸机调节压力将气体呼出体外。气动元件在呼吸机中的应用如图 1.3-4 所示,在此过程中,需要使用可以满足人体健康要求的气源处理单元、高精度流量比例阀、调压阀、电磁阀等气动元件。

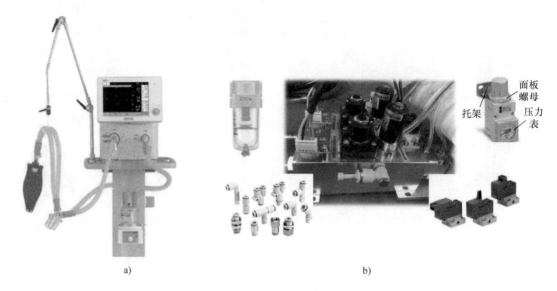

图 1.3-4　气动元件在呼吸机中的应用
a）应用设备　b）SMC 产品内部气路集成模块

在医学影像设备领域，医院使用的 CT 机、核磁共振设备 MR/X 射线，为保证成像质量，必须控制 MR 液氦压缩机和梯度线圈的温度，同时还需控制大功率 X 射线球管与探测器的温度，防止过热现象，因此需要使用温控器、液体流量开关等元件，如图 1.3-5 所示。

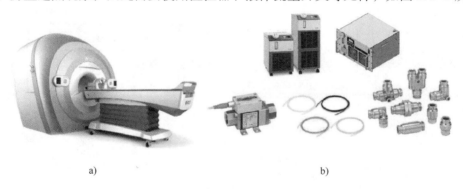

图 1.3-5　气动元件在医学影像设备中的应用
a）应用设备　b）SMC 产品内部温度控制模块

医院中的血液生化检测装置，试剂、清洗液通断控制，以及医药厂家的药剂、疫苗批量生产线，都需要使用小型、轻量、高精度、少残留、长寿命、快响应、高度集成的药液阀。SMC 以 LVM 系列电磁阀、多层汇流板（见图 1.3-6）、电磁式定量泵（见图 1.3-7）等元件打开了气动元件的一个新兴应用领域。

三、生产自动化、智能化中气动技术的应用

以智能手机为代表的电子产品的自动化生产为气动元件的应用提供了巨大的市场。手机等电子产品的零件数量多、重量轻、体积小，组装设备动作频率高、运动速度快、生产节奏

图 1.3-6 气动元件在 IVD（体外诊断）分析仪器上的应用
a）应用设备 b）SMC 产品搭载 LVM 的多层汇流板

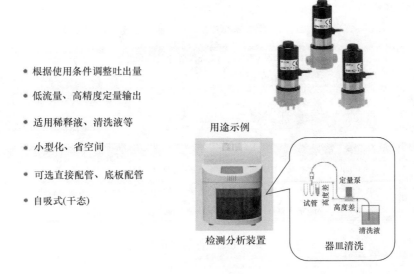

图 1.3-7 电磁式定量泵（LSP 系列）在检测分析仪中的应用

紧张，这些特点使气动元件面对着新的挑战。例如在高频动作条件下，小型气缸与电磁阀经常会由于结露而引起作动不良；轻巧工件在静电吸附情况下，会使作业的动作频率和手机的成品率降低；生产线中产生的臭氧，会导致真空吸盘的寿命缩短；电源及信号线路繁杂，会导致维护工作复杂低效。

前已述及，针对小型气缸与电磁阀的结露问题，SMC 提供了特殊材质的防结露管子。

针对轻巧工件的静电吸附问题，SMC 提供了不同电导率材质的接头、管子、吸盘等气动元件，用于释放工件表面的静电，如图 1.3-8 所示。在真空发生器 ZK2 的进气口加装吹气型静电消除器 IZN，使真空破坏气源成为离子风，使工件（手机摄像头镜筒）的组装效率大大提高，良品率从 30% 提高到 95%，如图 1.3-9 所示。

针对生产线中产生的臭氧导致真空吸盘开裂、寿命缩短的问题，SMC 开发出多种橡胶材质的耐臭氧吸盘。表 1.3-1 为橡胶材质与特性。

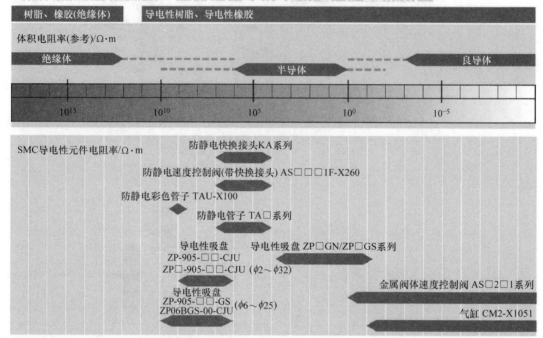

图 1.3-8 气动元件的电导率分布

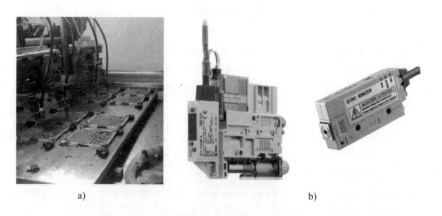

图 1.3-9 真空发生器 ZK2 和静电消除器 IZN 在手机摄像头组装机中的应用
a) 应用设备 b) SMC 产品

表 1.3-1 橡胶材质与特性

主要特点		NBR（丁腈橡胶）	硅橡胶	聚氨酯橡胶	FKM（氟橡胶）
		耐油性、耐磨性、耐老化性好	耐热性、耐寒性好	机械强度好	优异的耐热性、耐化学药品性
纯橡胶的性质（密度）/(g/cm³)		1.00~1.20	0.95~0.98	1.00~1.30	1.80~1.82
复合橡胶的物理性质	回弹性	○	◎	◎	△
	耐磨性	◎	×~△	◎	◎
	撕裂阻抗	○	×~△	◎	○
	耐弯曲龟裂性	○	×~○	◎	○
	最高使用温度/℃	120	200	60	250
	最低使用温度/℃	0	-30	0	0
	体积固有阻抗/Ω·cm	—	—	—	—
	热老化性	○	◎	△	◎
	耐气候性	○	◎	○	◎
	耐臭氧性	△	◎	○	◎
	耐气体透过性	○	×~△	×~△	×~△

注：◎—优，完全，或几乎没影响；○—良，有一点影响，根据条件可充分避免；△—可以，若可能最好不要使用；×—不可，有很大影响，不适合使用。

针对电源及信号线路繁杂的问题，SMC 提供了多种串行通信方式的现场总线元件，减少电源和信号线的数量。图 1.3-10 所示为 IO – Link 现场总线通信的系统构成，图 1.3-11

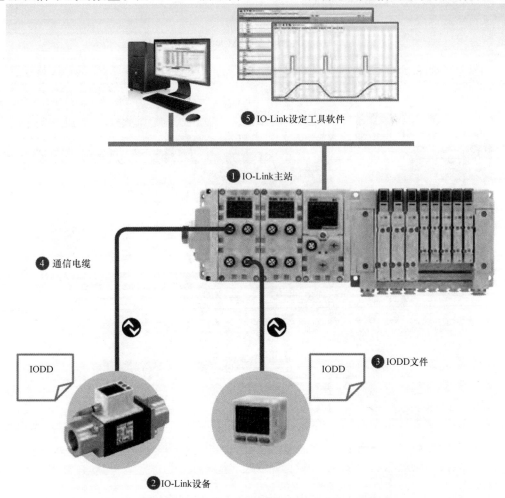

图 1.3-10　IO – Link 现场总线通信的系统构成

所示为 EX245 现场总线通信。图 1.3-12 所示为气动元件的无线通信控制系统，彻底消除了信号线及其繁杂连接工作。

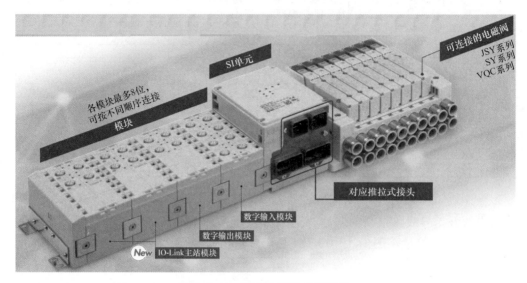

图 1.3-11　EX245 现场总线通信

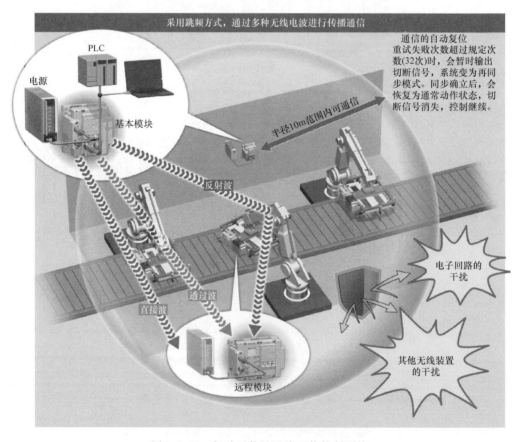

图 1.3-12　气动元件的无线通信控制系统

新兴气动元件的核心竞争力,是建立在高质量和高可靠性基础上的适用于特殊应用场合的核心技术。新兴气动元件,有的仍然具有传统气动元件的外在形式,有的仍然采用气动元件的工作原理,但是,无论从表面还是原理上和传统气动元件有或者没有什么关系,实质上都存在着根本性的技术变革,从而使它能够在相应的特殊应用场合显示出不可替代的关键作用。

第四节 气动技术、元件、市场新生态

随着各国产业的转型、升级,气动技术与产品的研发必须跟上新兴产业发展的需要。作为强基工程的基础元件,不断开发应有尽有的气动元件,精益求精的气动技术,才能为高精尖产业和高端装备业保驾护航。SMC 公司在日本、美国、英国、中国、德国共有 1500 多名技术人员,根据市场的需求,不断开发新型气动元件,其气动元件包括约 12000 种基本型及 70 万种不同的规格。作为世界上最大的气动企业之一,SMC 公司在世界 83 个国家建有子公司和生产工厂,其中北京工厂和天津工厂是 SMC 公司最重要的生产基地。

中国在 2020 年向国际社会郑重承诺,将采取更加有力的政策和措施,使 CO_2 排放力争 2030 年前达到峰值,并努力争取 2060 年前实现碳中和。SMC 公司是全球气动行业的领军企业,有责任为行业的可持续发展发挥引领作用。减少碳排放不仅需要开发更多的节能产品,而且需要从产品设计、制造到使用、报废、回收、再利用的产品全生命周期审视消减对环境的影响,因此气动产品应该追求小型轻量化、高性能、高可靠性、低能耗、少耗气,全面减少碳排放。

在节能降耗,绿色环保成为产业界社会责任的今天,传统气动系统的新兴发展、新兴气动技术及元件在各种特殊应用场合中不可替代的关键作用,充分表明气动系统、产品、技术在各种传统产业、多种新兴产业、诸多高端装备业中占有不可或缺的一席之地,并正在以此为契机,突破几十年来传统气动系统给人们造成的思维定式和思想桎梏,构筑起更加生机勃勃的气动技术、元件、市场新生态。

第二章 气动元件在各行业中的应用

促进内需、可持续性和谐发展、国民收入倍增计划等国策必定加速我国的产业技术升级、产业结构转变、工业自动化发展。我们深知：高新技术产业的核心竞争力不仅仅在于产品研发，重点装备、关键工艺、核心元件等体现了一个国家的工业基础和全球竞争力。目前，我国部分高新技术产业主要装备对海外的依存度：半导体芯片制造（晶圆）95%、液晶面板90%、太阳能电池制造工艺与设备70%、LED制造设备60%、二次电池制造设备50%等，而这些高端装备中应用的基础元器件，通常要求高集成、高可靠、高效率，传统意义上的气动元件很难满足设备的要求，为了我国高端装备业的发展，气动技术、产品必须奋起直追，奋力而上，让气动技术不断延伸，让气动产品的应用领域不断扩大。综上所述，我国产业升级、产业结构转型和工业自动化步伐正在加快，为了满足高端装备业国产化的需要，中国的气动技术与产品也要尽快从传统产业向新材料/高性能化方向发展。

第一节 气动元件在半导体行业中的应用

半导体行业是当前国家的战略方向，微电子行业在中国已经全面实现了设备国产化，在高精的生产设备，需要加大投入，半导体设备是气动行业增长点。芯片生产有一整套复杂、精密、严格的工艺流程，大部分设备要在每周7日、每天24h中处于高速不间断运转，一些工艺还要在超洁净及高真空条件下完成。因此，元件的性能、可靠性及材料纯度等都有特殊的要求。

一、工艺简介

半导体生产工艺如图2.1-1所示。全部工艺包括硅片制造（多晶硅－区熔或直拉－单晶硅棒－滚、切、磨、抛－硅片）和芯片制造，其中芯片制造是相对难度更高的工艺。下面就芯片制造工艺简单说明如下：

1）晶圆处理工序：本工序的主要工作是在晶圆上制作电路及电子元件（如电容、逻辑电路、二极管、三极管等），处理程序通常与产品种类和使用的技术有关，一般基本步骤是将晶圆清洗，比表面氧化及化学气相沉积，然后进行涂胶、曝光、显影、刻蚀、离子注入、蒸镀等，其中的一些步骤是需要反复地进行，最终可以在晶圆上完成电路及电子元件的制作。此为芯片生产的核心工序，对于气动产品的要求是以低发尘和洁净为主。尽可能地降低设备发尘造成的良率下降。

2）晶圆针测工序：晶圆上面形成一个个的小的逻辑电路（晶粒），对每个晶粒用针测仪检测电气特性，区分合格和不合格的晶粒，切片选取合格的晶粒进行下一步的工作。检测设备，气动应用较少。

3）封装工序：将单个晶粒固定在塑料或陶瓷材料的基座上，并把晶粒上刻蚀出的引线端脚和基座底部伸出的插脚连接，以作为与外界电路板连接之用，最后盖上塑料盖板，并用胶水封死，主要是为了保护逻辑电路不再受到外部硬物或高温的损害。

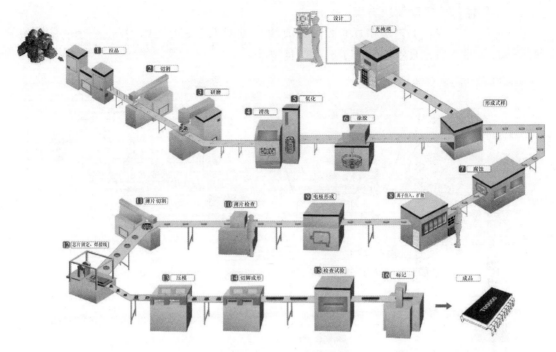

图 2.1-1 半导体生产工艺

4）测试工序：分为一般测试和特殊测试。一般测试通常是在各种环境下检测芯片的电气性能，如耐压、功耗等，经测试后的芯片，依照其电气特性的不同划分不同的等级。特殊测试主要针对检测客户特殊要求的技术参数，一般是专用芯片的测试。测试完成并合格的产品再加上标识标签后即可包装出厂。测试工序中，关于温度的控制以及真空的应用是 SMC 产品关注的重点。

二、气动元件在各工艺段的应用

SMC 的气动元件可以应对所有的工艺段，在洁净场所，SMC 可以提供专门的元件，保证设备的高效运转，如图 2.1-2 所示。

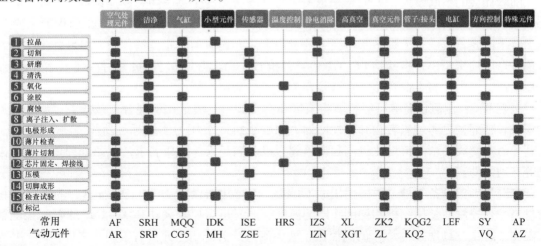

图 2.1-2 半导体各工艺段气动元件的使用

三、半导体行业气动解决方案

半导体的加工核心工艺是在真空腔内完成的（见图 2.1-3），SMC 提供全套的应对高真空状态下的各种产品，有效地保证了成品的良率。

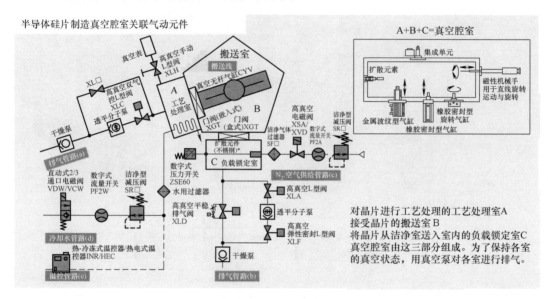

图 2.1-3　半导体行业气动解决方案

在半导体硅片制造过程中，刻蚀装置、喷镀装置、离子注入装置和 CVD 装置等许多部分，都要把芯片和液晶板放在真空室内进行工艺处理，真空室内的抽气（真空）和供给（大气）所用的电磁阀、减压阀、气缸和门阀等周边元件，要求它们必须是无泄漏、耐腐蚀并符合洁净规格。

第二节　气动元件在医疗行业中的应用

随着社会的不断发展，人们越来越关注与健康相关的生物医药和医疗设备等行业，在这个领域气动技术与产品仍然大有作为。2020 年初，一场突如其来的新冠病毒 COVID-19 影响了整个世界，改变了人类多年习惯了的工作生活方式。为防止疫情传播，封城驻足、佩戴口罩，保持社交距离；核酸检测，CT 检查；抢救生命，呼吸机告急；翘首以盼，疫苗研制批量生产，人类在与生命赛跑。在这紧要关头，气动技术能做什么？

医院 ICU：制氧设备和呼吸机要将氧气和空气按一定流量比例混合，减压、过滤，之后送入患者肺部，再通过患者胸肺弹性回缩力和呼吸机调节压力实现呼气功能，将气体呼出，这其中需要使用高精度流量比例阀和调压阀，以及满足人体健康要求的气源处理单元和电磁阀等气动元件。

在医学影像设备领域，医院使用的 CT 机、核磁共振设备 MRI、X-Ray，为保证成像质量，必须控制液氦压缩机和梯度线圈的温度，同时还需控制大功率 X-Ray 球管与探测器的温度，防止过热现象。SMC 的温控器、液用流量开关等衍生元件有了用武之地。

医用血液/生化/免疫/核酸等检测装置，样本、试剂、清洗液的通断控制以及药剂、疫苗批量生产线都需要小型轻量、精度高、残留少、寿命长、响应快、高度集成的药液阀（LVM），电磁式定量泵和多层汇流板等。

应用在生物医药和医疗设备上的气动元件除了要求性能可靠、安全以外，产品的材料、流路设计等必须满足人体健康的要求，随着人们生活水平的提高，生物医药医疗设备产业会有更大的发展，也为气动技术与产品的应用开拓了一个新市场。

一、医药行业的工艺

医药行业的工艺如图 2.2-1 所示，主要包括：溶解配制、灭菌过滤、洗瓶、干燥灭菌、冷却、清洗、定量灌装、胶塞全压塞、轧盖密封、检查、包装等。

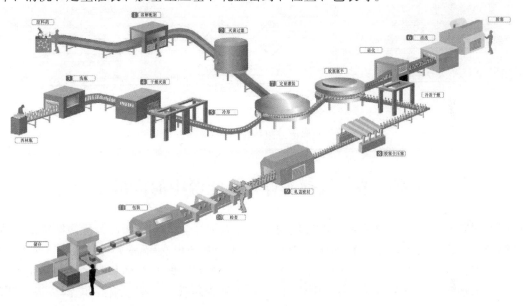

图 2.2-1　医药行业的工艺

二、气动元件在各工艺段的应用

医药行业通常采用流水线，在医药生产过程中，由于是生产输入人体内的药液，尤其注重洁净和灭菌。对于气动元件有非常高的洁净要求，尤其是在气体直吹的地方，吹出的气体必须降低空气中的含菌量。SMC 的气动元件可以应对医药行业的所有工艺段，如图 2.2-2 所示。

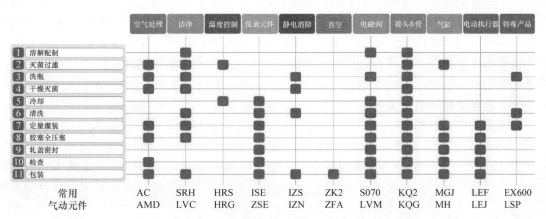

图 2.2-2　气动元件在医药行业各工艺的应用

三、重点应用产品展示

在医疗设备上，对于压缩空气的质量及产品内部管路的材质有着比较严格的要求，图 2.2-3 所示为血液分析仪中气动元件的应用，其中高分子膜空气干燥器，可以有效地保证空气的过滤质量。

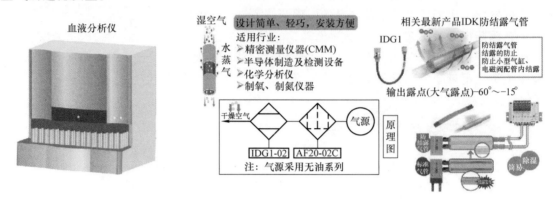

图 2.2-3　血液分析仪中气动元件的应用

第三节　气动元件在新能源中的应用

能源在我们生活中一直起着不可替代的作用，人类社会的发展离不开优质能源的出现和先进能源的使用。自古以来，我国能源消耗主要以石油、煤炭等一次能源为主，但从 1950 年后，随着石油危机的爆发，人们开始意识到能源危机的问题，石油和煤炭，并不是取之不尽、用之不竭的，当开采量达到一定限度时，就会失去价值，使社会陷入能源危机。同时，近年来全球气候问题日益严重，CO_2 排放量过大所导致的温室效应开始引起人们的重视，因此综合两点，国家大力发展清洁、无污染、可再生的能源技术，将其作为能源发展战略的重要组成部分，以此来解决传统能源消耗所存在的问题。

目前我国新型能源技术主要体现在核聚变技术、生物质能技术、海洋能源的开发、太阳能源的开发、未来月球能源的开发等方面，以一种更为先进、无污染的方式来进行能源利用。在这些能源的利用上，其中太阳能的利用是国家大力提倡的。通过这些能源的使用，我国对于二次电池的发展也是倾注了很大的精力，二次电池在新能源汽车、手机中都是必需的部件，在二次电池的生产加工中特别要注意对于一些元素离子的限制。SMC 对于二次电池不同的生产工艺段提供了不同的产品，对铜、锌、镍、镀镍、铬酸锌等元素进行有效的限制，以提高产品的良率。下面分别就太阳能硅片电池生产及二次电池生产中的气动元件的使用进行说明。

一、硅电池模块生产工艺

硅电池模块生产工艺如图 2.3-1 所示，其中对几个重要的工艺介绍如下。

1）清洗：硅片从硅棒上切割完成后，需要进行表面的清洗工作。

2）除去损伤层：硅片在切割过程中会产生大量的表面缺陷，这就会产生两个问题，首先表面的质量较差，另外这些表面缺陷会在电池制造过程中导致碎片增多。因此要将切割损伤层去除，一般采用碱或酸腐蚀，腐蚀的厚度约为 $10\mu m$。

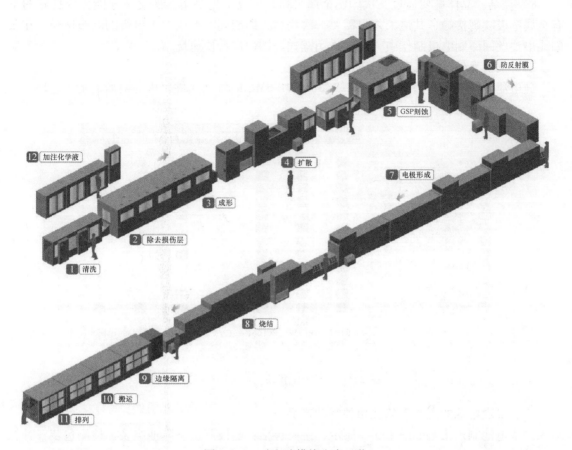

图 2.3-1 硅电池模块生产工艺

3）成形：就是把相对光滑的原材料硅片的表面通过碱或酸腐蚀，使得其表面凹凸不平，变得粗糙，可形成漫反射，减少直射到硅片表面的太阳能的损失。

4）扩散：扩散的目的在于形成 PN 结，普遍采用磷做 N 型掺杂。由于固态扩散需要很高的温度，因此在扩散前硅片表面的洁净非常重要，需要硅片在扩散后进行清洗，即采用酸来中和硅片表面的碱残留和金属杂质。

5）GSP 刻蚀：在扩散过程中，在硅片的周边表面也形成了扩散层，周边扩散层使电池的上下电极形成短路环，必须将它除去。目前，工业化生产用等离子干法腐蚀，去除含有扩散层的周边。

6）防反射膜：为了减少对于光的反射的损失，增加折射率，需要进行防反射处理。广泛使用 PECVD 淀积 SIN，由于 PECVD 淀积 SIN 时，不光是生长 SIN 作为减反射膜，同时生成了大量的氢原子，这些氢原子能对多晶硅片具有表面钝化和体钝化的双重作用，可用于大批量生产。

7）电极形成：电极的形成是太阳能电池生产过程中一个至关重要的步骤，它不仅决定了发射区的结构，而且也决定了电池的串联电阻和电池表面被金属覆盖的面积，最早采用真空蒸镀或化学电镀技术，而现在普遍采用丝网印刷法，即通过特殊的印刷机和模板将银浆铝浆印刷在太阳能电池的正背面，以形成正负电极引线。

8）烧结：晶体硅要通过三次印刷金属浆料，传统工艺要用二次烧结才能形成良好的带有金属电极欧姆接触，共烧工艺只需要一次烧结，即能同时形成上下电极的欧姆接触。在太阳能电池丝网印刷电极制作中，通常采用链式烧结炉进行快速烧结。

二、气动元件在各工艺段的应用

硅电池模块生产常用产品如图 2.3-2 所示，SMC 的气动元件可以应对所有的工艺段。

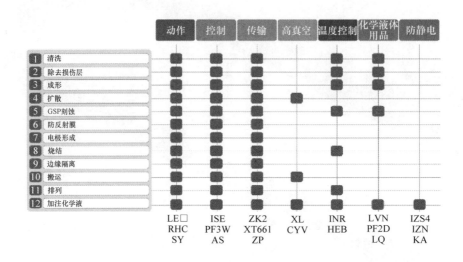

图 2.3-2　硅电池模块生产常用产品

三、二次电池的主要工艺及相关气动产品

二次电池制造工艺如图 2.3-3 所示，主要包括：电极制造、电池组装、检测包装三种核心工艺。

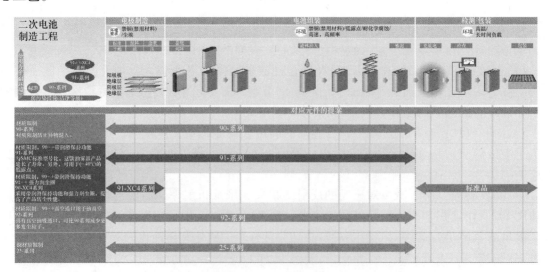

图 2.3-3　二次电池制造工艺

在电极制造中，现场各设备都需要进行材质的限制，同时由于电芯内的各种粉状材料的悬浮，会严重导致气动元件的寿命极大地降低。所以在材质的基础上还要阻止粉尘入侵气动执行元件内部，执行元件通常选择具有强力刮尘圈的产品，同时需要有润滑保持功能。在电极制造过程中，主要有称重、混料、涂布、辊压等。

电池组装：经过卷绕之后形成个体电池，完成列阵排布，然后进行注液，注液也是我们常说的电解液注入，不同类型的电池用的液体是不一样的。从原理上来说，多数是采用的负压倒吸式（套筒式）注液方式，定量注液。注液完成并进行密封后，圆棒或者长方体型电池就形成了。

检测包装部分：主要的检测工作是对电池的充放电能力进行检测，对于符合标准的电池进行包装。

对于刀片电池来说，工艺略微不同，刀片电池的主要工艺是：配料、涂布、辊压、叠片、装配、烘烤、注液、检测。

灰尘和铜、锌等金属颗粒对电池有极大的破坏作用，SMC提供的应对发生的回收系统如图2.3-4所示，采用气动元件构成了防止发尘的气动回路。

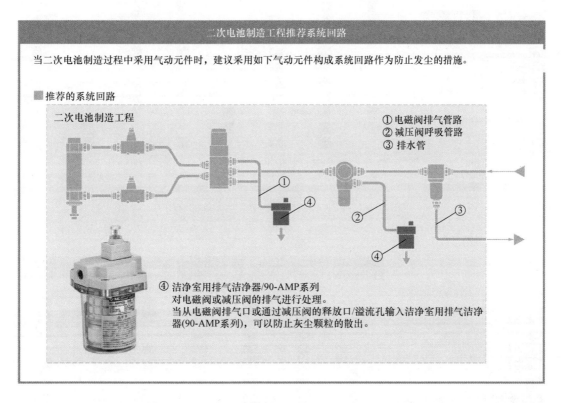

图2.3-4　二次电池制造工程防止发尘的系统回路

第四节　气动元件在智能手机行业中的应用

随着通信技术的进步，智能手机行业在中国迅猛发展，手机生产的自动化为气动产品应用提供了巨大的市场。由于智能手机的零件多，且又非常小巧，生产设备动作频率高，出现了由于结露引起的小型气缸与电磁阀作动不良；工件的静电吸附不仅制约了作业的动作频率，同时造成了成品率的降低；由于臭氧的影响，导致真空吸盘的寿命缩短等，同样是自动化生产装置，要想实现智能手机的高效率生产，仍要解决不少特殊问题。气动产品在智能手机的制造过程中同样有着广泛的应用。

一、智能手机生产工艺

智能手机生产工艺是并行推进的，主要的工艺过程有：PCB版制作、触屏生产、表面贴装、手机壳制作，整机组装、检测（每个工艺都存在）等。

二、气动元件在智能手机生产工艺中的应用

SMC的气动元件可以应对智能手机生产所有的工艺段，如图2.4-1~图2.4-5所示。智能手机生产中的重点工艺是表面贴装和整机组装。

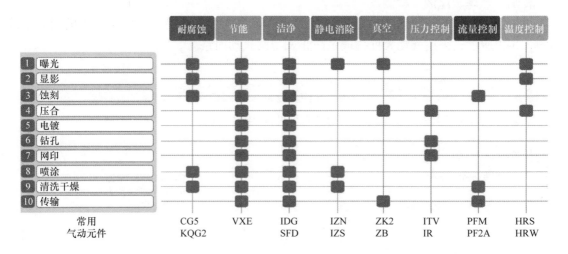

图2.4-1 PCB板制作工艺中气动元件的应用

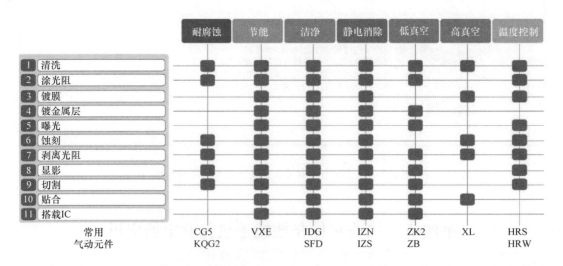

图2.4-2 手机触控屏制造工艺中气动元件的应用

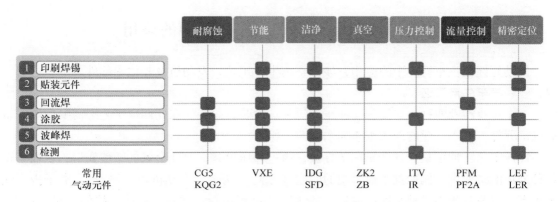

图 2.4-3 表面贴装技术工艺中气动元件的应用

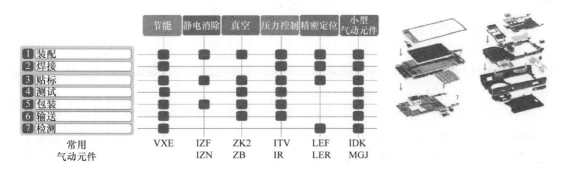

图 2.4-4 整机组装工艺中气动元件的应用

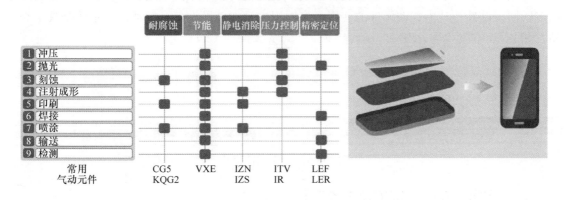

图 2.4-5 手机壳制作工艺中气动元件的应用

表面贴装和半导体生产的相关工艺、PCB 板的装配电子元件的多数工艺,采用真空吸取的方式进行,要注意高速响应以及节能的对应。SMC 特有的 VQD 真空破坏阀可以显著提升响应速度,节能型真空发生器 ZK2 系列可以降低 90% 的能耗。

整机组装中,要特别注意的是静电的防护。在吸取的过程中防止静电的释放,一般采用防静电型的吸盘,保证电导率为 $10^6 \sim 10^9 \mu s/cm$,如 PEEK 材质的吸盘。同时还要注意在焊接加工过程中产生的臭氧危害,可以采用耐臭氧的产品,如 HNBR 类型的吸盘等。

第五节　气动元件在汽车行业中的应用

气动元件在汽车行业中的应用，涉及整车生产工艺、发动机及其他零部件等工艺过程。

一、汽车生产工艺

汽车行业涉及四种重要工艺：冲压、焊装、涂装、总装，在此四项工艺中需要使用大量的气动元件。汽车行业的四大工艺如图 2.5-1 所示。

冲压工艺：冲压是一种金属加工方法，通过冲压设备，改变金属的塑性变形，从而获得各种外形的结构件。例如汽车最直观的四门（车门）两盖（发动机盖、顶盖）、翼子板、侧围板等，目前常规手段都是冲压成形。冲压工艺过程包括：冲裁、弯曲、拉伸、局部成形。主要应用到 SMC 的产品：压力检测元件，如 ISE75；真空搬运，如 ZL、ZP；其他安全元件等。

焊装工艺：将冲压好的结构件通过局部的加热、加压接合在一起形成可直接汽车车身总成件。焊装工艺中多数是点焊工艺。点焊的过程：预压、焊接、保压、休止。焊装工艺是采用气动元件最为集中的地方，其中包括压力控制、流量控制、真空搬运、夹紧、定位等都大量采用。特色产品：CKZT 夹紧缸、CKQ 销钉缸。

涂装工艺：涂装的主要目的是防腐和美观。主要工艺过程：喷涂前预处理、底漆、中涂、面漆、烘干。此工艺是各汽车公司的核心工艺之一，每家公司都有自己的技术机密。涂装过程中重点采用 VCC 喷涂阀。

总装工艺：按照各种精度标准和技术要求，将各零部件总装到汽车车身。此处是常规的工业装配，一般由输送设备和专用设备构成。输送设备多采用流水线设计，其中主输送线常用多段回折设计。其中气动元件的使用，多用于搬运的辅助设备，气动元件主要是真空类产品，如 ZL 真空发生器、ZP 真空吸盘。

图 2.5-1　汽车制造工艺

二、气动元件在汽车生产工艺中的应用

在汽车的制造过程中，气动元件发挥了重要的作用，如图 2.5-2 所示。尤其在夹紧工序，SMC 独特的夹紧气缸是当前的主流产品。

三、气动元件在汽车发动机及其他零部件等工艺中的应用

除了车辆整车生产的工艺，发动机的生产也是汽车生产中非常重要的一环，SMC 对于此工艺有专门的产品进行对应。

发动机工艺包括铸造、机械加工、装配、检测四套程序。铸造主要是对发动机缸体的铸造，常规有铁和铝合金两种材料，采用压铸机械。为了控制铸件的精度，需要对铸件进行机械加工的工艺处理，保证活塞缸的质量。装配过程主要采用一些气动辅助工具，

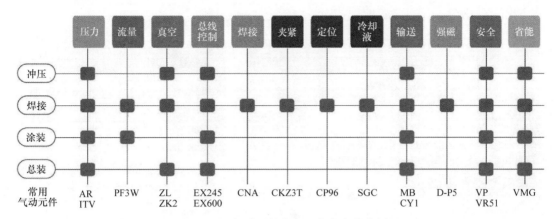

图 2.5-2　气动元件在各工艺段中的应用

检测工艺则是一些检测器具的使用。气动元件在发动机及其他零部件等工艺中得到广泛的应用，如图 2.5-3 所示。

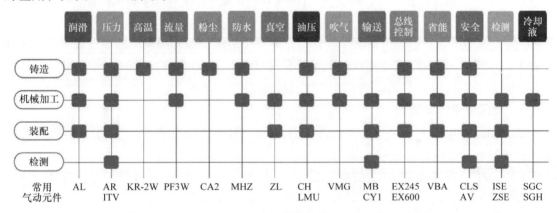

图 2.5-3　气动元件在发动机及其他零部件等工艺中的应用

四、汽车行业中重点气动元件的应用

汽车制造的工艺特点决定了一些气动元件产品有着比较特殊的应用，比如带锁气缸的安全性应用如图 2.5-4 所示，锁紧装置的应用如图 2.5-5 所示。

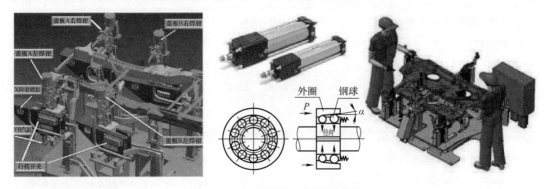

图 2.5-4　带锁气缸 CAN 的应用

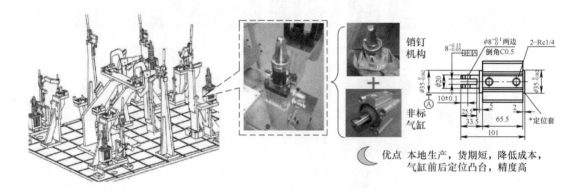

图 2.5-5　销钉定位夹紧气缸的应用

第六节　气动元件在食品灌装行业中的应用

食品关系到千家万户的生命安全。食品行业对于生产设备有很高的洁净度要求，对于加工环境也有非同一般的需求，常规的气动元件是无法满足其使用要求的，SMC 提供专门的食品行业的气动元件可以为食品的加工生产提供新的解决思路。

一、食品灌装行业工艺

食品的灌装根据其瓶子的特点分为不可回收型和可回收型灌装，其灌装工艺略有区别，如图 2.6-1 所示，可回收型需要对回收的瓶子进行区分和消毒处理，检查瓶子的质量等工艺。对于软体瓶如 PET 材质的灌装则需要加入 PET 瓶的制作工艺，如图 2.6-2 所示。

瓶灌装工艺包括瓶生产、清洗、灌装、拧紧、消毒、贴标、包装、码垛。

瓶生产工艺主要包括吹瓶（分一次吹瓶和二次吹瓶）。一次吹瓶主要是瓶的基准模型制作，二次吹瓶是在一次吹瓶的基础上，吹制成我们常见的塑料瓶或玻璃瓶。主要涉及洁净气动产品和静电消除产品的气动产品使用。

清洗，对于玻璃瓶和塑料瓶都需要进行清洗，主要有预洗、主洗、漂洗三道清洗流程，通水及清洗剂的控制是最关键的，常用流体阀进行控制。

灌装是核心工艺：主要考虑的指标是灌装精度控制，要保证容量误差允许值及特殊液体（如碳酸类饮料）的解决方法。主要采用的是压力、流量监控元件及定量灌装泵等。

拧紧，主要的拧紧动作可以由气动装置实现。贴标和包装中同样有大量的气缸的应用。码垛则主要是真空元件的应用。

二、食品灌装各工艺段对气动元件的需求（见图 2.6-3 和图 2.6-4）

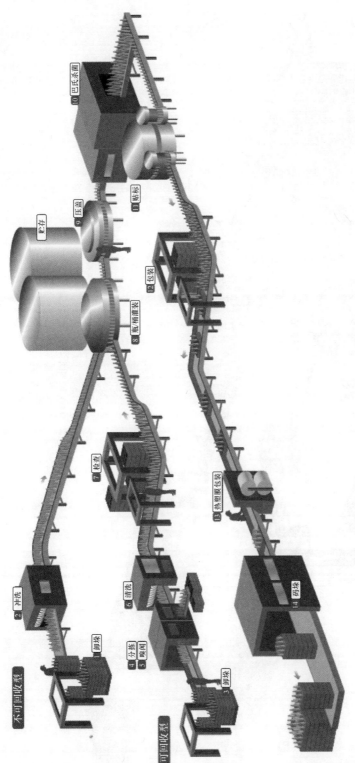

图 2.6-1 不可回收型和可回收型灌装

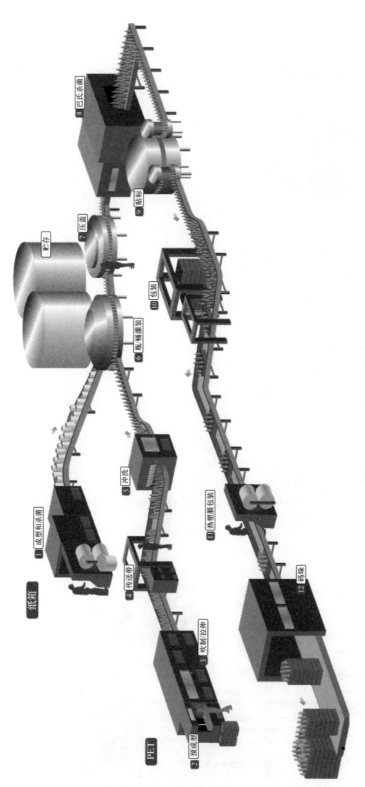

图 2.6-2　PET 瓶和纸箱包灌装

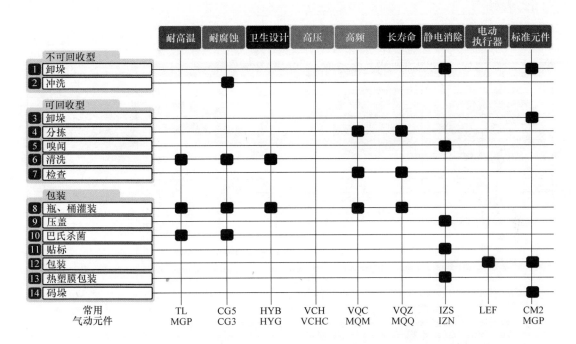

图 2.6-3　不可回收型和可回收型灌装工艺中的气动元件

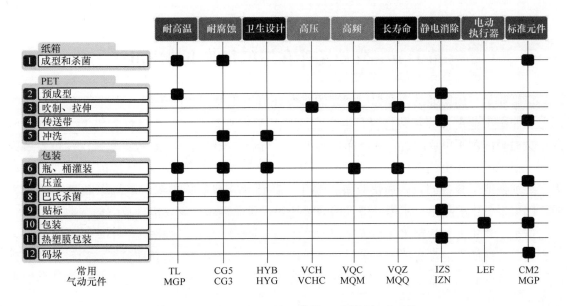

图 2.6-4　PET 瓶和纸箱包灌装工艺中的气动元件

三、气动产品示例——卫生级耐水气缸（见图 2.6-5 和图 2.6-6）

卫生级耐水气缸采用食品级润滑脂，经过 NSF – H1 认证，改善了防水性能，具有卓越的耐化学性能。

扩展品系列			
 HYB	 HYG	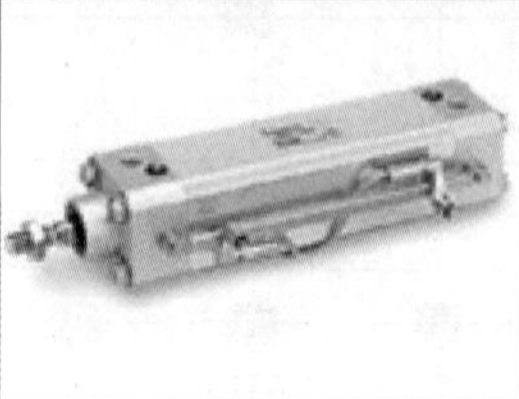 HYC	 HYQ
圆柱型	带导杆型	ISO方型	紧凑型
缸径为$\phi 20 \sim \phi 100$	缸径为$\phi 20 \sim \phi 63$	缸径为$\phi 32 \sim \phi 63$	缸径为$\phi 20 \sim \phi 63$

图 2.6-5　卫生级耐水气缸

系列	导向套	活塞杆	导杆
HYB、HYQ、HYC	特殊树脂	不锈钢	—
HYG	不锈钢+ 特殊处理(PAT)	不锈钢	不锈钢+ 特殊处理(PAT)

图 2.6-6　卫生级耐水气缸内部重要部品材质

第七节　气动元件在造纸行业中的应用

造纸业是与国民经济许多部门配套的重要原材料工业，我国造纸工业产品总量的80%以上是印刷工业重要的基础物资，也是主要的各类包装材料，以及建材、化工、电子、能源、交通等部门不可或缺的重要产品。将来造纸行业的发展有三大趋势：坚持以绿色发展为优先；根据国家提出的要求，形成环保、节能、绿色的发展新方式；坚持以科技创新为动力。要加强造纸装备创新，加快装备自动化、数控化、智能化进程；坚持以质量供给为方向。国家报告中曾指出：实体经济发展需要把提供供给质量体系作为主攻方向。

造纸工艺主要包括制浆、洗浆、蒸煮、漂白、抄纸、分切，如图 2.7-1 所示。造纸工艺对于气动元件的性能没有特殊要求，只要保证气动元件能够基本运转即可。在此行业有大量的管路流体的管理，气缸、定位器在其中有着比较突出的应用。各工艺段对气动元件的需求见图 2.7-2 所示。

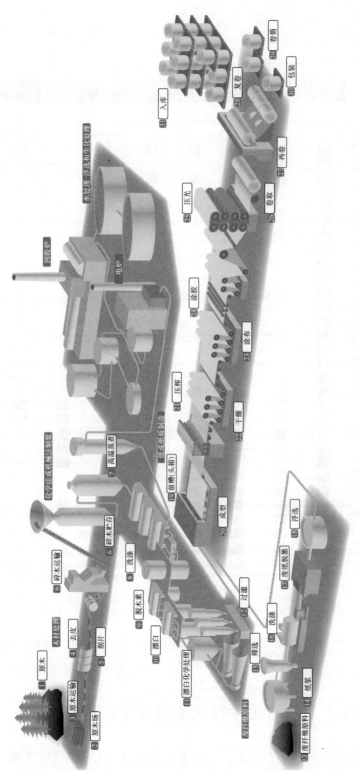

图 2.7-1 造纸工艺说明

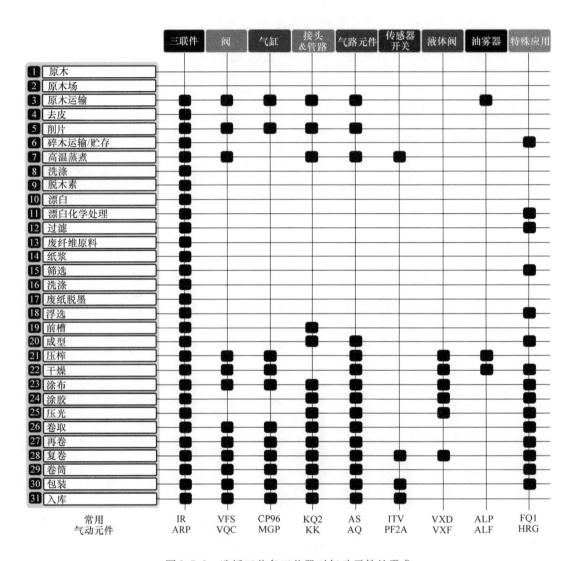

图 2.7-2 造纸工艺各工艺段对气动元件的需求

第八节 气动元件在机床行业中的应用

机床行业是关系国家经济的战略型产业,是装备制造业的加工母机,也是加工制造的关键装备,几乎所有金属切削、成形过程均需借助机床来实现。机床的加工复杂度、精度、效率和柔性直接决定了整个国家的制造水平，在装备制造业中战略地位突出，对国家整体的工业竞争力和综合国力也有着重大影响。中国机床工具行业包括金属切削机床、金属成形机床、木工机械、铸造机械、机床附件、工量具及仪器、磨料磨具和其他金属加工机械 8 个子行业，其中金属切削机床行业是中国机床工具行业中经济规模最大、地位最显著的产业领域。

在国家政策的大力支持下，中国机床行业发展迅速，并连续多年成为世界机床第一消费国和第一进口国，机床需求不断增加，机床工具行业总产值也不断提高。2016 年，中国以 275 亿美元的机床消费额再次领跑全球。但由于起步较晚，中国机床行业在整体上与西方发达国家还有较大差距，但这也预示着中国机床行业存在着巨大的发展空间。未来，随着汽车及零部件、航空航天、模具、铁路运输装备、工程机械以及其他各类装备制造业的生产规模扩张和全球产业转移等趋势的形成，相关行业对多层次机床产品的强劲需求，将进一步推动中国金属切削机床制造行业的快速成长。在政策方面，中国政府已将金属切削机床行业中发展大型、精密、高速数控设备和功能部件列为国家重要的振兴目标之一，这也将促进行业的快速发展。

机床行业的发展趋势：非标准化、个性化产品需求呈现增长趋势；智能化、集成化、高精度化是行业发展趋势；行业上下游兼并重组趋势明显，将发挥更大的协同优势；人才将成为产业发展的关键。

一、机床行业工艺

机床中气动元件的应用如图 2.8-1 所示，机床中的重要部位是主轴和加工区域，其中主轴冷却液系统的控制比较关键，加工区域的各种夹持元件非常重要。开门控制需要高速且稳定的控制，通常采用高速气缸或电缸。

二、气动元件在机床中的应用

以通用机床为例，在开门系统中，采用气缸或电缸进行开关门的动作已经是标准化的配置。主轴吹气对于气源的处理等级要达到 $0.01\mu m$ 等级规格。

常规冷却液管路中，冷却液阀 SGC 是回路控制的关键产品，如图 2.8-2 所示。

对于冷却液的流量调节是通过对隔膜泵的控制来实现的，如图 2.8-3 所示。

机床气源处理系统中包括两种回路，如图 2.8-4 所示，是常规的吹气及吹扫回路和主轴的风冷吹气回路，其中常规吹气对气源的质量要求不高，但此处是能源消耗的关键点，需要通过两通电磁阀进行节能管理，而主轴吹气系统对于气源的质量要求极高，否则将急剧降低主轴的寿命。

机床润滑系统中通常采用的是喷射润滑，根据不同的需求可以采用压差型油雾器、增压型油雾器、脉冲型油雾器、自动补油型油雾器等多种油雾产生方式的产品（见图 2.8-5），重点关注混合阀，保证油雾的快速均匀输出。

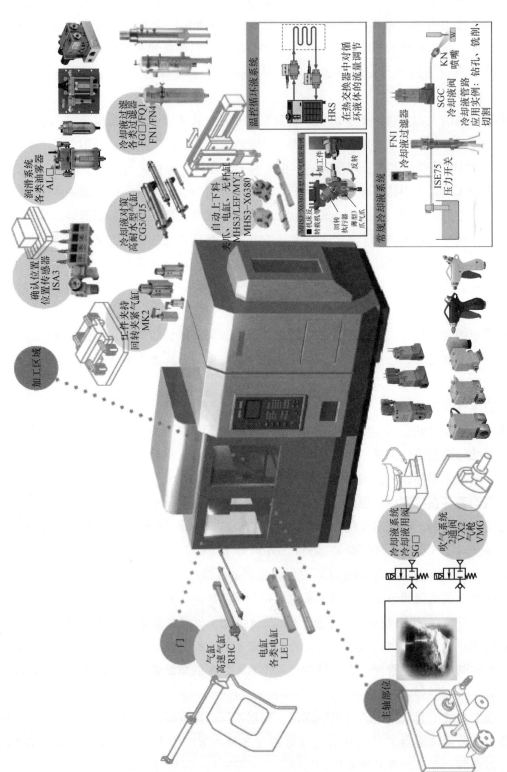

图 2.8-1 机床中气动元件的应用

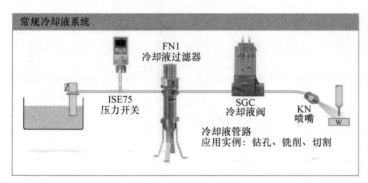
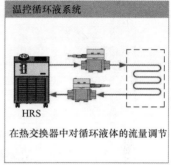

图 2.8-2 常规冷却液系统中气动元件的应用

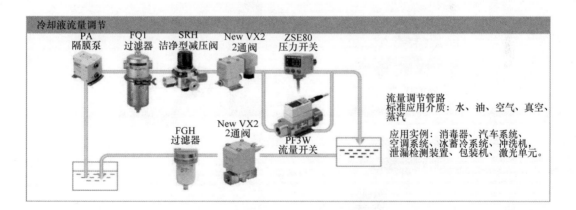

图 2.8-3 冷却液流量调节中气动元件的应用

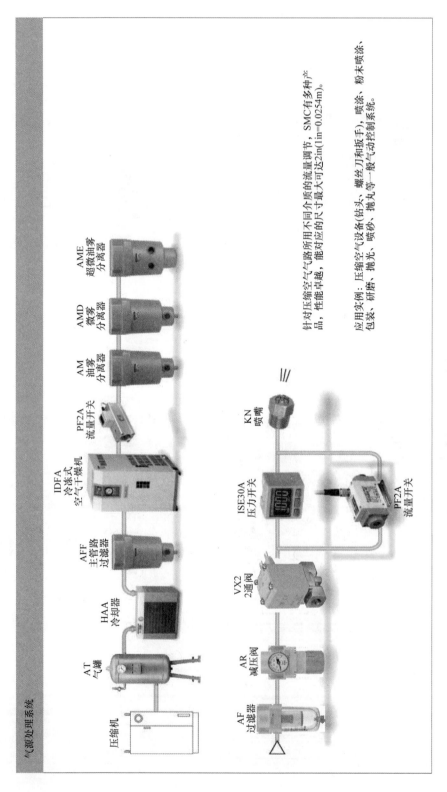

图 2.8-4 机床气源处理系统中气动元件的应用

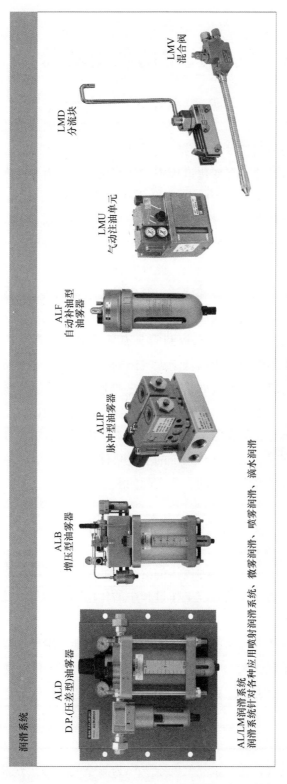

图 2.8-5 机床润滑系统中气动元件的应用

第三章 气动技术的理论基础

气动系统是气压传动与控制系统的简称。气动系统的工作介质是空气。在气动系统的正常工作过程中,空气不发生化学变化,只发生物理变化。空气状态的表征参数在物理变化过程中的变化规律,是气压传动与控制技术(简称为气动技术)的理论基础。

在空气处于整体静止的非流动的状态变化过程中,空气状态由压力、密度、温度完全确定。在空气处于整体流动的状态变化过程中,空气状态由压力、密度、温度、流速完全确定。空间约束和环境条件对空气状态变化过程的影响非常复杂。在气动系统的具体工作条件下,明确空气的空间约束和环境条件,把握上述两种过程中空气状态参数的变化规律,可以解决气动系统应用中具体情况下的各种实际问题。此外,在气动系统中,必须采取措施,减少空气中的水蒸气及杂质,保证空气的干燥和清洁,避免引起结露及其他问题。

在气动系统中,空气在空气压缩机中被压缩,压缩空气在管道中流动,然后压缩空气通过过滤器、调压阀、油雾器、管道接头、方向控制阀、流量控制阀、消声器等气动元件流动,在包含拉瓦尔管的真空发生器的腔体中以低于大气压的状态流动,在非接触式吸盘中旋涡式流动。气罐储气或排气时,罐内的空气处于整体静止的非流动状态,进气或排气管道内的空气处于整体流动状态。气缸活塞杆伸出或缩回时,供气或排气管道内的空气处于整体流动状态,气缸内的空气处于整体静止的膨胀或压缩过程。本章内容,在讲述空气状态变化规律、空气流动规律基础理论的同时,结合气动系统的上述具体工作条件,以举例的形式,重点介绍在气动系统具体工作过程中经常碰到的一些实际问题。

第一节 空气的组成及特性

气动系统的工作介质是空气。空气是多种气体的混合物。在气动系统中,需要考虑空气的组成、使用量及空气的物理性质在气动系统工作过程中的作用和影响等问题。

一、空气的组成

自然界的空气是由若干种气体混合而成的,表 3.1-1 列出了地表附近空气的组成。在城市和工厂区,由于烟雾及汽车排气,大气中还含有 SO_2、亚硝酸、碳氢化合物等。

表 3.1-1 地表附近空气的组成

成分	N_2	O_2	Ar	CO_2	H_2	水蒸气、Ne、He、Kr、Xe 等
体积分数(%)	78.03	20.95	0.93	0.03	0.01	0.05

不含水蒸气的空气称为干空气,含有水蒸气的空气称为湿空气。每立方米湿空气中含有的水蒸气的质量,称为绝对湿度,单位为 g/m^3。湿空气中水蒸气的含量是有极限的。每立

方米湿空气中，水蒸气的实际含量与相同温度下最大可能的水蒸气含量之比称为相对湿度，记为 ϕ，其值在 0～100% 之间。在气动系统中，为了避免由于水蒸气发生结露而造成气动元件的损坏和故障，需要减少压缩空气中的水分含量，降低压缩空气的湿度。

二、空气的度量

空气作为一种物质，它的数量多少，可以用空气的质量来度量，质量用 m 表示，单位为 kg。一定数量的空气的质量，不会随着空气的温度、压力、密度的变化而变化，具有确定性。但是，由于空气是气体，人们身处其中，难以直观地感到空气的质量。以质量来度量空气的数量，对于大多数人而言，缺乏直观性，从而难以接受。

空气作为一种气体物质，它的数量多少，也可以用空气占有的体积来度量，体积用 V 表示，单位为 m^3。对于大多数人而言，相对于空气的质量而言，空气的体积非常直观，易于接受。在气动系统的实际应用中，空气总是和气罐、气缸等气动元件的容积联系在一起，采用体积度量空气的多少，更加方便。但是，一定体积中的空气数量的多少，会随着空气的温度、压力的变化而变化，因此必须明确空气的温度、压力状态，才能采用该状态下的体积来比较空气的数量的多少。

由于在气动系统中，需要控制空气的湿度以避免对气动元件的损害，因此国际标准 ISO 8778（1990）综合考虑空气的温度、压力、湿度，规定标准参考空气的状态为：温度为 20℃、压力为 0.1MPa、相对湿度为 65%。标准参考空气状态下的空气体积单位后面可以标注（ANR）。例如，标准参考空气状态下空气流量为 $30m^3/h$，按照国际标准 ISO 8778 可以表示为 $30m^3/h$（ANR）；此前，通常表示为 $30Nm^3/h$。

日本工业标准（JIS B 8393：2000）采用了上述国际标准 ISO 8778（1990）中标准参考空气的状态（温度为 20℃、压力为 0.1MPa、相对湿度为 65%）的规定。此外，由于在国际标准 ISO 8778（1990）发布之前，空气标准状态为温度 20℃、压力 101.3kPa、相对湿度 65%；空气基准状态为温度 0℃、压力 101.3kPa、相对湿度 0% 的规定，在日本得到广泛采用，因此日本工业标准（JIS B 0142：2011）明确继续沿用空气标准状态和空气基准状态的传统规定。

中国国家标准（GB/T 28783—2012）采用了国际标准 ISO 8778（2003）的标准参考空气的状态。本书中，将国际标准 ISO 8778 中的标准参考空气的状态，简称为空气的标准状态。

三、空气的物理性质

空气是多种气体的混合物，在气动系统的正常工作过程中，需要关注这些不同种类的气体作为整体所共同表现出来的物理特性。

1. 密度

物质在单位体积内的质量称为该物质的密度，用 ρ 表示，单位为 kg/m^3。一定质量的空气的密度会随着空气的温度、压力、体积的变化而变化。标准状态下的空气密度，记号为 ρ_a，$\rho_a = 1.185 kg/m^3$。基准状态下，空气密度为 $1.293 kg/m^3$。

密度的倒数称为质量体积，用 v 表示，$v = 1/\rho$。它表示单位质量的物质所占有的体积，单位为 m^3/kg。

2. 温度

空气温度是空气中各种气体分子热运动的动能统计平均值的标志。温度的单位种类有热力学温度、摄氏温度、华氏温度等。热力学温度又称为绝对温度，用符号 T 表示，其单位名称为开尔文，简称为开，单位符号为 K。摄氏温度用符号 t 表示，其单位名称为摄氏度，单位符号为℃。华氏温度用符号 θ 表示，其单位名称为华氏度，单位符号为℉。

摄氏温度与热力学温度的关系为

$$t = T - 273.15 \tag{3.1-1}$$

华氏温度和摄氏温度的关系为

$$\theta = \frac{9}{5}t + 32 \tag{3.1-2}$$

3. 压力

空气的压力是由于气体分子热运动而互相碰撞，在容器的单位面积上产生的力的统计平均值。压力用 p 表示，单位是 Pa，较大的压力单位为 kPa（$1kPa = 10^3 Pa$）或 MPa（$1MPa = 10^6 Pa$）。各种压力单位的换算见表 3.1-2。

表 3.1-2　各种压力单位的换算

单位	帕［斯卡］	巴	公斤力/平方厘米	磅力/平方英寸	毫米汞柱	毫米水柱
记号	Pa	bar	kgf/cm²	lbf/in²	mmHg	mmH₂O
相应数值	1	10^{-5}	1.02×10^{-5}	1.45×10^{-4}	7.5×10^{-3}	0.102
	10^5	1	1.02	14.5	750	1.02×10^{-4}
	0.981×10^5	0.981	1	14.22	735.6	10^4
	6.9×10^3	0.069	0.07	1	51.71	703
	133.3	1.33×10^{-3}	1.36×10^{-3}	19.34×10^{-3}	1	13.6
	9.81	9.81×10^{-5}	10^{-4}	1.42×10^{-3}	7.36×10^{-2}	1

4. 压缩性

空气作为一种气体物质，具有压缩性。一定质量的气体，由于压力改变而导致气体所占容积发生变化的现象，称为气体的压缩性。由于气体比液体容易压缩，所以液体常被当作不可压缩流体，而气体常被称为可压缩流体。气体容易压缩，有利于在气体中以压力的形式实现能量贮存，从而易于实现气缸活塞的高速运动；但是，当对气缸运动的平稳程度，尤其是低速运动的平稳程度存在较高的要求时，需要采取相应措施，必要时可以考虑气液联动。

5. 比热容

单位质量的某种物质，在温度升高或降低 1℃ 的过程中，所吸收或放出的热量，称作该物质的比热容，用 c 表示，单位为 $J/(kg \cdot K)$。在不同的吸热或放热过程中，空气的比热容是不同的；但是，在保持容积不变的等容过程中，空气的比热容保持基本稳定，称为比定容热容，记号为 c_V，$c_V = 718 J/(kg \cdot K)$；在保持压力不变的等压过程中，空气的比热容保持基本稳定，称为比定压热容，记号为 c_p，$c_p = 1005 J/(kg \cdot K)$。

6. 黏性

流体的黏性是指流体具有抗拒流动的性质。实际气体都具有黏性，由于气体具有黏性，才导致它在流动时产生能量损失。流体的黏性用动力黏度 μ 来表示，其计量单位是 $Pa \cdot s$。

空气作为一种流体，也具有黏性。气体的黏性是温度的函数，当温度低于 2000K 时，可以采用索士兰特（Sutherland）公式计算气体的黏性，其计算式如下。

$$\frac{\mu}{\mu_0} = \frac{273.15 + B}{T + B}\left(\frac{T}{273.15}\right)^{1.5} \tag{3.1-3}$$

式中　μ——温度为 T 时，气体的黏性；

　　　μ_0——温度为 0℃ 时，气体的黏性，对于空气，$\mu_0 = 17.1 \text{Pa·s}$；

　　　T——气体的绝对温度（K）；

　　　B——实际气体的黏性温度常数，对于空气，$B = 110.4\text{K}$。

空气的动力黏度见表 3.1-3。由表 3.1-3 可见，温度对空气黏度的影响不大。

表 3.1-3　空气的动力黏度

温度 t/℃	-20	0	10	20	30	40	60	80	100
动力黏度/10^{-6}Pa·s	16.1	17.1	17.6	18.1	18.5	19.0	19.9	20.8	21.7

流体的黏性也可用运动黏度来表示，运动黏度是动力黏度与相同温度下该流体密度 ρ 之比，其计量单位为 m^2/s。国外产品说明书中的常用单位是厘斯（cSt），$1\text{cSt} = 10^{-6}\text{m}^2/\text{s}$。

气体的动力黏度比液体的动力黏度小得多。譬如 20℃ 时，空气的 $\mu = 18.1 \times 10^{-6}\text{Pa·s}$，而某液压油的 $\mu = 5 \times 10^{-2}\text{Pa·s}$。因此，在管道内流动速度相同的流动过程中，液压油的能量损失比空气的能量损失大得多。

没有黏性的气体称为理想气体。在自然界中，理想气体是不存在的。当气体的黏性较小，沿气体流动方向的法线方向的速度变化也不大时，由于黏性产生的黏性力与流体所受的其他作用力（如压差力）相比可以忽略，这时的气体便可当作理想气体。当忽略黏性的作用时，流体流动的相关计算大为简化，并可得到基本正确的结果。必要时，对于黏性力的作用，可以通过对计算结果作必要的修正来解决。因此，理想气体流动的理论研究结果，具有重要的实用价值。

第二节　空气的状态

空气的压力、密度、温度等状态参数的变化过程，是能量在空气内部的转化过程，以及能量在空气和外界之间的转移过程。

本节内容引述并应用了气动技术问题所涉及的流体静力学、气体分子运动论、热力学的相关理论，介绍了空气状态变化过程中存在的规律，并从能量转换的角度进行了解释。

一、空气的压力

1. 大气压力

在地球表面存在大气层，大气层的重量压在地球表面上。地球表面的单位面积上所承受的空气压力称为大气压力。大气压力是相对于真空环境的压力而言的，当真空环境的压力为零时，大气压力是高于真空环境压力的正值。

在地球表面上，大气压力随着海拔高度的增加而减小，随着纬度的增加也减小。大气压力的大小还和重力加速度大小有关，而地球表面上各地的重力加速度也不相同。因此，地球表面各地的大气压力大小不同，称为当地大气压力。

1954年第十届国际计量大会规定，标准大气压力是在纬度45°的海平面上，当温度为0℃时，760mm高水银柱产生的压强，用p_a表示，$p_a = 101325\text{Pa}$。

在气动系统的工程计算中，在当地大气压力和标准大气压力相差不大，并且计算精度要求不高时，常用标准大气压力代替当地大气压力。

2. 相对压力

气动系统中经常使用压力表等压力测量仪器。在测量原理上，其测量对象是被测空气压力和当地大气压力之间的压力差。在被测空气压力高于和低于当地大气压力时，通常需要分别使用不同种类的压力测量仪器，而测量结果通常是压力差的绝对值，称为相对压力。

当气动系统中的空气压力大于当地大气压力时，通常需要使用正压压力表进行测量，得到的相对压力数值，通常称为表压力。当采用表压力表示压力大小时，可以在压力单位后面附记（G）。表压力数值越小，被测压力越接近当地大气压力；表压力数值的最小值为0，表示被测压力和当地大气压力相同。表压力数值越大，被测压力越高于当地大气压力；表压力数值的最大值，通常取决于压力表的量程。

当气动系统中的空气压力低于当地大气压力时，需要使用真空压力表进行测量，得到的相对压力数值，通常称为真空度。真空度数值越小，表示被测压力越接近于当地大气压力；真空度数值的最小值为0，表示被测压力和当地大气压力相同。真空度数值越大，表示被测压力越接近于绝对真空的压力；真空度数值的最大值，通常取决于真空泵或真空发生器的真空抽吸能力。

在强调被测压力低于当地大气压力，并且将当地大气压力作为零压力时，可以采用真空度的相反数来表示被测压力，称为真空压力。

3. 绝对压力

绝对压力是被测压力和绝对真空环境的压力之间的压力差。对于表压力而言，绝对压力 = 当地大气压力 + 表压力。对于真空度而言，绝对压力 = 当地大气压力 − 真空度。对于真空压力而言，绝对压力 = 当地大气压力 + 真空压力。当采用绝对压力表示压力大小时，可以在压力单位后面附记（abs.）。例如，在当地大气压力为0.1MPa（abs.），即100kPa（abs.）时，表压力0.5MPa，相当于绝对压力0.6MPa（abs.）；真空度90kPa，相当于绝对压力10kPa（abs.）。

图3.2-1所示为绝对压力、表压力和真空度之间的关系。

4. 帕斯卡定律

流体静力学中的帕斯卡定律可以表述为加在静止流体上的压力，以同样大小向所有方向传递。依据帕斯卡定律，可以计算气缸的理论输出力和吸盘的理论吸附力。

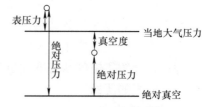

图3.2-1 绝对压力、表压力和真空度之间的关系

5. 气缸的输出力

图3.2-2所示气缸内，充以压力为p的压缩空气，则压力将作用在腔室的内表面上。若活塞面积为A，则气缸理论输出力$F = pA$。p应取表压力，因活塞外侧作用有大气压力。

6. 吸盘的吸附力

图3.2-3所示吸盘内真空度为p，由于外界有大气压力，所以工件受到吸盘的向上的吸

附力 F。若吸盘的吸附面积为 A，则吸盘理论吸附力 $F = pA$。p 应取真空度，因吸盘外侧作用有大气压力。

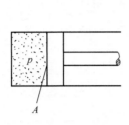

图 3.2-2　气缸的输出力

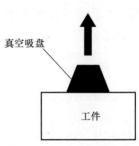

图 3.2-3　吸盘的吸附力

二、空气的状态方程

气动系统的工作介质是空气，其工作过程是空气状态不断变化的过程。空气的温度 T、压力 p、体积 V 是最容易被人们直观感受到的空气状态参数，可以完全描述一定质量空气的状态。实验研究表明，一定质量的空气从状态 1 转化为状态 2，相应参数 T_1、p_1、V_1 和 T_2、p_2、V_2 之间的数量关系，服从下列经验定律。

波义耳定律：$T_1 = T_2$ 时

$$p_1 V_1 = p_2 V_2 \tag{3.2-1}$$

查理定律：$p_1 = p_2$ 时

$$\frac{V_1}{T_1} = \frac{V_2}{T_2} \tag{3.2-2}$$

盖·吕萨克定律：$V_1 = V_2$ 时

$$\frac{p_1}{T_1} = \frac{p_2}{T_2} \tag{3.2-3}$$

对空气以外的其他气体进行实验研究，可以得到相同的经验定律。依据上述三个经验定律可知，对于一定质量的空气而言，在任意状态下，pV/T 是常数。此外，当空气的压力和温度不变时，体积的大小和质量的多少紧密相关。为了消除空气状态参数和空气质量多少之间的相关性，往往采用空气的密度 ρ（或质量体积）来替代体积，作为空气的状态参数。采用质量体积 v 作为空气状态参数，并进行实验验证可知，在温度 T、压力 p、体积 V 的相当大的变化范围内，对于任意质量的空气而言，在任意状态下，pv/T 是常数。

在分子运动理论中，根据空气等气体的上述实验结果，抽象提出了完全气体的理论模型，从而可以从理论上推导出上述定律及结论。对于完全气体而言，pv/T 是常数，记为 R，称为气体常数。因此，完全气体的状态方程如下。

$$pv = RT \tag{3.2-4}$$

式中　　p——绝对压力（Pa）；

　　　　v——质量体积（m^3/kg）；

　　　　R——气体常数，对于空气，$R = 287$ [J/(kg·K)]；

　　　　T——热力学温度（K）。

在任意状态下，完全气体的温度、压力、密度（质量体积）或体积等参数之间的基本关系，遵守完全气体状态方程。空气不是完全气体，但是在一定的条件（温度不是特别低、压力不是特别高）下，可以近似为完全气体。在气动系统的通常工作条件下，可以将空气近似为完全气体，从而认为空气的状态变化符合完全气体的状态方程。

完全气体的状态方程还具有另外三种常用表达形式，见式（3.2-5）~式（3.2-7）。

$$p = \rho RT \tag{3.2-5}$$

$$pV = mRT \tag{3.2-6}$$

$$\frac{p_1 V_1}{T_1} = \frac{p_2 V_2}{T_2} \tag{3.2-7}$$

式中　p——绝对压力（Pa）；
　　　ρ——密度（kg/m³）；
　　　R——气体常数，对于空气，$R = 287$ [J/(kg·K)]；
　　　T——热力学温度（K）；
　　　m——质量（kg）；
V_1、V_2——气体状态 1、2 时的体积（m³）。

由于状态参数密度（质量体积）经常和气体缩胀做功联系在一起，式（3.2-4）常用于气动系统的微分计算，其微分形式如下。

$$pdv + vdp = RdT \tag{3.2-8}$$

由于密度是常用的状态参数，式（3.2-5）常用于气动系统的常规计算。例如：温度一定时，知道压力就相当于知道密度；对于常温下的不可压缩流动（或压缩程度可以忽略的空气在气动系统主管道中的流动），根据一处的压力计算得到的密度，可以（近似地）适用于各处。

完全气体状态方程式（3.2-6）和式（3.2-7），常用于对一定质量的气体进行状态分析计算。对于式（3.2-7），应当注意状态 1 和状态 2 是相同质量的空气的两种状态。

在历史上，波义耳定律、查理定律、盖·吕萨克定律、完全气体的状态方程，分别由英国的化学家波义耳（Boyle）和法国的物理学家查理（Charles）、盖·吕萨克（Gay‑Lussac）、克拉珀龙（Clapeyron）大约在 1662 年、1787 年、1802 年、1834 年发现或公布，前后跨越漫长的 172 年！

例 3.2-1　空气压缩机吸入大气状态 [$p_a = 0.1$ MPa（abs.）、$T_a = 283$ K] 下的空气流量为 1m³/min，将大气状态的空气吸入压缩后，充入 3m³ 的气罐中，问：

1）空气压缩机工作多长时间，才能使气罐内出现压力 0.95MPa（abs.）、温度 60℃ 的状况？

2）当气罐中压缩空气的温度从 60℃ 降至环境温度 10℃ 时，气罐内的压力是否变化？

3）若气动系统在标准状态下的耗气量是 1m³/min，在空气压缩机停止工作之后，当压力降至 0.4MPa（abs.）时，气动系统就不能继续正常进行工作，问气罐可以维持该系统正常工作多长时间？

解　1）将空气视为完全气体，从空气质量相关的角度，选择状态方程式（3.2-6）

$$pV = mRT$$

其中，$R = 287$J/(kg·K)。

在空气压缩机开始工作之前，气罐中的空气状态为 $V = 3$m³、$T = T_a = 283$K、$p = p_a =$

0.1MPa（abs.）= 0.1×10⁶Pa（abs.）。依据式（3.2-6），充气之前气罐中的空气初始质量为

$$m = \frac{pV}{RT} = \frac{0.1 \times 10^6 \times 3}{287 \times 283} \text{kg} = 3.69 \text{kg}$$

在空气压缩机完成充气之后，当气罐内出现压力 0.95MPa（abs.）、温度 60℃ 的状况时，气罐中的空气状态为 $p = 0.95$MPa（abs.）$= 0.95 \times 10^6$Pa（abs.）、$V = 3$m³、$T = 60$℃ $= 333$K。依据式（3.2-6），充气之后，气罐中的空气总质量为

$$m = \frac{pV}{RT} = \frac{0.95 \times 10^6 \times 3}{287 \times 333} \text{kg} = 29.82 \text{kg}$$

充气过程中，气罐内的空气新增质量为

$$29.82\text{kg} - 3.69\text{kg} = 26.13\text{kg}$$

将每分钟吸入空气压缩机的空气视为完全气体，吸入之前空气状态为 $V = 1$m³、$T = T_a = 283$K、$p = 0.1$MPa（abs.）$= 0.1 \times 10^6$Pa（abs.）。依据式（3.2-6），每分钟吸入空气压缩机的空气质量为

$$m = \frac{pV}{RT} = \frac{0.1 \times 10^6 \times 1}{287 \times 283} \text{kg} = 1.23 \text{kg}$$

因此，空气压缩机需工作的时间为

$$t = \frac{26.13}{1.23} \text{min} = 21.24 \text{min}$$

2）对于气罐内空气降温过程，从空气状态变化的角度，选择状态方程式（3.2-7）

$$\frac{p_1 V_1}{T_1} = \frac{p_2 V_2}{T_2}$$

其中，$p_1 = 0.95$MPa（abs.）$= 0.85$MPa（G）、$T_1 = 333$K、$T_2 = 10$℃ $= 283$K、$V_1 = V_2$，所以

$$p_2 = \frac{T_2}{T_1} p_1 = \frac{283}{333} \times 0.95 \text{MPa(abs.)} = 0.81 \text{MPa(abs.)} = 0.71 \text{MPa(G)}$$

因此，气罐内压力从 0.85MPa 降至 0.71MPa，不是由于泄漏，而是空气状态变化的结果。

3）气动系统每分钟消耗的标准状态下的空气，其空气状态为 $V = 1$m³、$T = T_a = 283$K、$p = 0.1$MPa（abs.）$= 0.1 \times 10^6$Pa（abs.）。依据式（3.2-6），气动系统每分钟消耗的标准状态下的空气质量为

$$m = \frac{pV}{RT} = \frac{0.1 \times 10^6 \times 1}{287 \times 283} \text{kg} = 1.23 \text{kg}$$

气动系统正常工作时，气罐平稳供气时间很长，与外界能充分进行热交换，所以可以将气罐内气体状态变化过程近似为等温过程，即气罐内气体温度保持 283K 不变。

当气罐内的压力降至 0.4MPa（abs.）时，气罐内的空气状态为 $V = 3$m³、$T = 283$K、$p = 0.4$MPa（abs.）$= 0.4 \times 10^6$Pa（abs.），所以

$$m = \frac{pV}{RT} = \frac{0.4 \times 10^6 \times 3}{287 \times 283} \text{kg} = 14.77 \text{kg}$$

气罐内的压力从 0.95MPa（abs.）降至 0.4MPa（abs.）的过程中，排放的空气质量为

$$29.82\text{kg} - 14.77\text{kg} = 15.05\text{kg}$$

因此，气罐可以维持该系统正常工作的时间为

$$t = \frac{15.05}{1.23}\text{min} = 12.23\text{min}$$

三、空气状态变化过程中的能量转化

气动系统在工作过程中，利用空气的压缩性，将能量储蓄在压缩空气中；利用空气的膨胀性，释放出储蓄在压缩空气中的能量，实现对外做功。在制备压缩空气的过程中，总是希望将空气压缩机所做的功可以尽可能多地储蓄在压缩空气中；在气动系统的工作过程中，总是希望将储蓄在压缩空气中的能量可以尽可能多地用于对外做功。空气状态变化的过程，既是通过做功实现能量转移的过程，同时也是由于状态转化、摩擦生热等原因而造成温度变化，并和外界发生热量交换的过程。不同的空气状态变化过程中，能量转化情况各不相同。对空气状态变化过程中的能量转化情况进行分析计算，掌握典型过程的能量变化情况，对于实际气动系统的分析和应用具有重要意义。

1. 空气的内能、温度

压缩空气在发生膨胀的过程中，以对外做功的形式向外界传递能量；高温空气在向外界放热过程中，以热量传导的形式向外界传递能量。这些现象说明空气是具有能量的。

在热力学理论中，将空气所具有的能量，称为空气的内能。宏观角度的空气内能是微观角度的空气中气体分子能量的总和。空气中气体分子的能量，包括由空气温度所标志的气体分子平均动能和由分子相对位置所决定的气体分子平均势能。

工程实践表明，在气动系统的工作过程中的绝大多数情况下，空气中气体分子之间的平均距离，远远大于气体分子之间产生明显的斥力和引力的距离，因此由分子相对位置所决定的气体分子平均势能非常小，可以忽略不计。

在热力学理论中，完全气体的分子之间不存在斥力和引力，因此，完全气体的分子能量只包含由气体温度所标志的气体分子平均动能，即完全气体的分子能量只取决于温度，完全气体的内能只取决于质量的多少和温度的高低。

在气动系统中，可以将空气视为完全气体，即空气的内能只取决于质量和温度。依据能量守恒定律，通过空气比热容的计算过程，可以得到空气的内能计算公式。

2. 热力学第一定律

空气温度发生变化的原因之一是热量的传递。热量是能量的一种具体形式，热量的传递、热量和其他形式的能量之间的转化，遵守能量守恒定律。热力学的研究对象是热功机械，在能量上主要涉及热能和其他形式的能量的转换，因此在热力学中，能量守恒定律被表述为热力学第一定律：热能与其他形式的能量进行相互转换，总能量保持不变。

3. 空气的比热容

物体在吸收热量后，温度会升高；物体在放出热量后，温度会降低。

在空气的加热和冷却过程中，等容变化和等压变化是容易实现的。

空气状态变化过程中，由于吸热和放热，导致温度发生变化，是最为常见的空气内能发生变化的现象。空气的比定容热容和比定压热容之间所存在的确定关系，对于气动系统理论分析计算具有重要意义。

(1) 比定容热容 c_V

密闭容器内部的空气质量为 m，加热和冷却的过程中，体积保持不变，则压力随着温

度变化。温度发生变化,说明空气内能发生变化。体积不变,说明外界和空气之间没有相互做功。可见,在等容变化过程中,空气和外界之间交换的热量全部用于改变空气的内能。

在等容变化过程中,空气和外界之间交换的热量为 Q_V,空气温度变化为 $T_2 - T_1$,由比定容热容的定义得

$$c_V = \frac{Q_V}{m(T_2 - T_1)} \tag{3.2-9}$$

式中 c_V——空气等容变化中的比热容 [J/(kg·K)];

Q_V——空气和外界之间交换的热量(J);

m——空气的质量(kg);

T_1、T_2——空气状态 1、2 时的热力学温度(K)。

在等容变化过程中,空气和外界之间交换的热量为 Q_V,空气温度变化所对应的内能变化为 $I_{V2} - I_{V1}$,依据能量守恒定律得

$$Q_V = I_{V2} - I_{V1} \tag{3.2-10}$$

式中 I——空气的内能(J)。

由式(3.2-9)和式(3.2-10)得

$$c_V = \frac{I_{V2} - I_{V1}}{m(T_2 - T_1)} \tag{3.2-11}$$

当空气处于绝对零度时,内能为零。在式(3.2-11)中,令 $I = I_{V2}$,$T = T_2$,$T_1 = 0$,$I_{V1} = 0$,得到质量为 m、温度为 T 的空气的内能计算公式

$$I = mc_V T \tag{3.2-12}$$

式(3.2-12)表明,一定质量的空气在不同的温度具有不同的内能。当一定质量的空气从温度 T_1 变为温度 T_2 时,内能会发生变化。由于能量守恒,在等容变化过程中,内能的瞬时变化量必然等于温度瞬时变化所对应的瞬时做功量和瞬时传热量之和(瞬时做功量为 0)。

(2) 比定压热容 c_p

密闭容器内部的空气质量为 m,加热和冷却的过程中,压力保持不变,则体积随着温度变化。温度发生变化,说明空气内能发生变化。体积变化,说明外界和空气之间存在相互做功。可见,在等压变化过程中,空气和外界之间交换的热量,一部分用于改变空气的内能,另一部分用于外界和空气之间相互做功。

在等压变化过程中,空气和外界之间交换的热量为 Q_p,空气温度变化为 $T_2 - T_1$,由比定压热容的定义得

$$c_p = \frac{Q_p}{m(T_2 - T_1)} \tag{3.2-13}$$

式中 p——空气的等压变化过程。

在等压变化过程中,空气和外界之间交换的热量为 Q_p,空气温度变化所对应的内能变化为 $I_{p2} - I_{p1}$,外界和空气之间存在相互做功 $p(V_2 - V_1)$,依据能量守恒定律得

$$Q_p = (I_{p2} - I_{p1}) + p(V_2 - V_1) \tag{3.2-14}$$

依据完全气体的状态方程式(3.2-3)得

$$p(V_2 - V_1) = mR(T_2 - T_1) \tag{3.2-15}$$

由式（3.2-13）~式（3.2-15）得

$$c_p = \frac{I_{p2} - I_{p1}}{m(T_2 - T_1)} + R \tag{3.2-16}$$

（3）比定容热容 c_V 和比定压热容 c_p 之间的关系及等熵指数和 κ 误差（见表3.2-1）

表 3.2-1　比定容热容、比定压热容、等熵指数

物理量	温度	比定容热容	比定压热容	等熵指数	κ 误差
记号	T	c_V	c_p	κ	$\dfrac{1.4 - \kappa}{\kappa}$
单位	℃	kJ/(kg·K)	kJ/(kg·K)	—	%
相应数值	0	0.716	1.004	1.40	-0.2%
	100	0.719	1.006	1.40	0.1%
	200	0.724	1.012	1.40	0.2%
	300	0.732	1.019	1.39	0.6%
	400	0.741	1.028	1.39	0.9%
	500	0.752	1.039	1.38	1.3%

由于完全气体的内能只取决于质量和温度，因此对于一定质量的完全气体，只要温度变化 $T_2 - T_1$ 相同，内能变化就相同，即

$$I_{p2} - I_{p1} = I_{V2} - I_{V1} \tag{3.2-17}$$

将空气近似为完全气体，综上所述得

$$c_p = c_V + R \tag{3.2-18}$$

式（3.2-18）揭示出空气的比定容热容 c_V、比定压热容 c_p、气体常数 R 之间的关系。

$$\kappa = \frac{c_p}{c_V} \tag{3.2-19}$$

比定压热容 c_p 和比定容热容 c_V 的比值 κ，称为等熵指数，在气动系统的理论分析计算中具有重要意义。由表3.2-1可见，比定压热容 c_p、比定容热容 c_V、等熵指数 κ 在气动系统正常工作的温度范围内，具有较好的稳定性。在气动系统的理论分析计算中，通常取 $\kappa = 1.4$。

4. 准平衡可逆过程的理论假设

空气的状态变化过程非常复杂，其中的能量转化过程也非常复杂。结合气动系统的实际工作状况，对空气的状态变化过程、能量转化过程进行理论简化，是实现气动系统分析计算的必要条件。

对气动系统的空气状态变化进行分析计算时，假设空气状态的变化过程具有连续性，即空气中任意位置的温度、压力、密度（或质量体积）都是时间的连续函数，可以实现对空气状态的全面描述。在热力学理论中，这个假设称为准平衡过程假设。

对气动系统的空气能量转化进行分析计算时，假设空气状态变化过程具有可逆性，即忽略空气状态变化过程中由于摩擦生热、物态相变等原因造成的能量耗散，可以简化能量守恒分析计算的复杂性。在热力学理论中，这个假设称为可逆过程假设。

由于可逆过程假设空气状态变化过程具有可逆性，是以假设空气状态的变化过程具有连续性为前提的，因此可逆过程一定是准平衡过程。反之，由于准平衡过程不要求空气状态变

化过程一定具有可逆性,因此准平衡过程不一定是可逆过程。

气动系统的实际应用经验表明,在适当条件下,忽略气动系统的摩擦力和空气的物态变化造成的能量耗散,将空气状态变化过程近似为准平衡可逆过程是合理的。

5. 空气状态变化的典型过程

人们通过实验研究发现,对于相同质量的空气,即使对于确定的初始温度 T_1 和最终温度 T_2,如果体积或压力变化情况不同,空气吸收的热量和放出的热量也不一定相等,从而相应的比热容也不相等。

准平衡过程假设空气状态变化过程具有连续性,从而假定了气体比热变化是连续的。从数学处理的角度,可以将气体状态的整个变化过程按照比热的变化程度大小分为不同的子过程,并且只要子过程的划分方法合适,总可以使子过程中比热的变化量小到可以忽略的程度,从而在这个子过程中,可以将比热容视为不变的常量,并在此基础上,对这些子过程分别进行分析计算。

按照上述处理方法得到的气体状态变化过程,称为多变过程。多变过程本质上是比热容可以视为保持不变的气体状态变化过程。依据热力学理论,在准平衡可逆过程的理论假设下,完全气体多变过程的特征方程为

$$pV^n = 常量 1 \tag{3.2-20}$$

或

$$Vp^{\frac{1}{n}} = 常量 2 \tag{3.2-21}$$

其中,n 称为多变指数

$$n = \frac{c_p - c_m}{c_V - c_m} \tag{3.2-22}$$

式中 m——气体的多变过程,c_m 为多变过程的比热容。

当 $c_m = c_p$ 时,多变过程实际上是等压过程。此时,依据式(3.2-22),由于等压过程的比热容等于比定压热容,因此多变指数 $n = 0$。依据式(3.2-20),等压过程的特征方程为

$$p = 常量 3 \tag{3.2-23}$$

依据式(3.2-7),等压过程的状态方程为

$$\frac{V_1}{T_1} = \frac{V_2}{T_2} \quad 或 \quad \frac{V_1}{V_2} = \frac{T_1}{T_2} \tag{3.2-24}$$

式(3.2-23)可以从式(3.2-20)推导得出,说明在准平衡可逆过程中存在着等压过程。很明显,在准平衡不可逆过程中也存在等压过程,其特征方程同样是式(3.2-23)。

当 $c_m = c_V$ 时,多变过程实际上是等容过程。此时,依据式(3.2-22),由于等容过程的比热容等于比定容热容,因此多变指数 $n = \infty$。依据式(3.2-21),等容过程的特征方程为

$$V = 常量 4 \tag{3.2-25}$$

依据式(3.2-7),等容过程的状态方程为

$$\frac{p_1}{T_1} = \frac{p_2}{T_2} \quad 或 \quad \frac{p_1}{p_2} = \frac{T_1}{T_2} \tag{3.2-26}$$

式(3.2-25)可以从式(3.2-21)推导得出,说明在准平衡可逆过程中存在着等容过程。很明显,在准平衡不可逆过程中也存在等容过程,其特征方程同样是式(3.2-25)。

当 $c_m = \infty$ 时,多变过程实际上是等温过程。此时,由于热量交换不为 0,温度变化为 0,

因此等温过程的比热容为 ∞；依据式（3.2-22），多变指数 $n = 1$。依据式（3.2-20）、式（3.2-6）等温过程的特征方程为

$$T = 常量 5 \tag{3.2-27}$$

依据式（3.2-7），等温过程的状态方程为

$$p_1 V_1 = p_2 V_2 \text{ 或 } \frac{p_1}{p_2} = \frac{V_2}{V_1} \tag{3.2-28}$$

式（3.2-27）可以从式（3.2-20）推导得出，说明在准平衡可逆过程中存在着等温过程。很明显，在准平衡不可逆过程中也存在等温过程，其特征方程同样是式（3.2-27）。

当 $c_m = 0$ 时，多变过程实际上是绝热过程。此时，由于热量交换为 0，温度变化不为 0，因此绝热过程的比热容为 0；依据式（3.2-22），多变指数 $n = c_p/c_V$，可见，绝热过程的多变指数等于等熵指数 κ。对于空气，通常取 $\kappa = 1.4$。

依据式（3.2-20），绝热过程的特征方程为

$$pV^\kappa = 常量 6 \tag{3.2-29}$$

因此，绝热过程的状态方程形式之一为

$$\frac{p_1}{p_2} = \left(\frac{V_2}{V_1}\right)^\kappa$$

且

$$\frac{p_1}{p_2} = \left(\frac{V_2}{V_1}\right)^\kappa = \left(\frac{\frac{m}{\rho_2}}{\frac{m}{\rho_1}}\right)^\kappa = \left(\frac{\rho_1}{\rho_2}\right)^\kappa$$

依据上式及式（3.2-7），推导得

$$\left(\frac{T_1}{T_2}\right)^{\frac{\kappa}{\kappa-1}} = \left(\frac{V_2}{V_1}\right)^\kappa \tag{3.2-30}$$

所以，绝热过程的状态方程为

$$\frac{p_1}{p_2} = \left(\frac{\rho_1}{\rho_2}\right)^\kappa = \left(\frac{V_2}{V_1}\right)^\kappa = \left(\frac{T_1}{T_2}\right)^{\frac{\kappa}{\kappa-1}} \tag{3.2-31}$$

对于空气，绝热过程的状态方程为

$$\frac{p_1}{p_2} = \left(\frac{\rho_1}{\rho_2}\right)^{1.4} = \left(\frac{V_2}{V_1}\right)^{1.4} = \left(\frac{T_1}{T_2}\right)^{3.5} \tag{3.2-32}$$

式（3.2-29）可以从式（3.2-20）推导得出，说明在准平衡可逆过程中存在绝热过程。很明显，在不可逆的准平衡中也存在绝热过程，但是务必注意，其特征方程不再是式（3.2-29）。因此，式（3.2-29）不是所有绝热过程的特征方程，而只是准平衡可逆过程中存在的绝热过程的特征方程。在热力学中，准平衡可逆过程中存在的绝热过程，称为等熵过程。因此，准确地说，式（3.2-29）是等熵过程的特征方程，式（3.2-31）和式（3.2-32）是等熵过程的状态方程。

以等压过程（$n = 0$）、等温过程（$n = 1$）、等熵过程（$n = \kappa$）、等容过程（$n = \infty$）为典型过程的多变过程，即式（3.2-20），从理论上涵盖了完全气体可能存在的任意的准平衡可

逆过程，如图 3.2-4 所示。

在气动系统工作过程中，空气中的水蒸气可能导致缸筒内部结露等现象，会造成难以计入的能量误差，从而违反可逆过程的理论假设，除此之外，空气的状态变化过程基本符合完全气体的状态变化过程。将空气视为完全气体时，空气状态变化的典型过程的特征总结见表 3.2-2。其中，对外做功、吸收热量、内能变化，在能量守恒的基础上，体现了空气状态变化在各个典型过程中的能量转化情况。

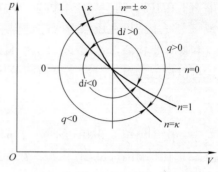

图 3.2-4 多变过程 $p-V$ 图

表 3.2-2 空气状态变化的典型过程的特征总结

典型过程	等容过程	等压过程	等温过程	等熵过程	多变过程
比热容 c_m	c_V	c_p	∞	0	c_m 为常量
多变指数 n	∞	0	1	$\dfrac{c_p}{c_V}=\kappa$	$n=\dfrac{c_p-c_m}{c_V-c_m}$
过程特征	$V=$ 常量	$p=$ 常量	$T=$ 常量	$pV^\kappa=$ 常量	$pV^n=$ 常量
状态方程	$\dfrac{p_1}{p_2}=\dfrac{T_1}{T_2}$	$\dfrac{V_1}{V_2}=\dfrac{T_1}{T_2}$	$\dfrac{p_1}{p_2}=\dfrac{V_2}{V_1}$	$\dfrac{p_1}{p_2}=\left(\dfrac{V_2}{V_1}\right)^\kappa=\left(\dfrac{T_1}{T_2}\right)^{\frac{\kappa}{\kappa-1}}$	$\dfrac{p_1}{p_2}=\left(\dfrac{V_2}{V_1}\right)^n=\left(\dfrac{T_1}{T_2}\right)^{\frac{n}{n-1}}$
对外做功 W	0	$p(V_2-V_1)$ $=mR(T_2-T_1)$	$mRT\ln\dfrac{V_2}{V_1}$ $=mRT\ln\dfrac{p_1}{p_2}$	$\dfrac{1}{\kappa-1}(p_1V_1-p_2V_2)$ $=\dfrac{1}{\kappa-1}mR(T_1-T_2)$ $=\dfrac{p_1V_1}{\kappa-1}\left[1-\left(\dfrac{p_2}{p_1}\right)^{\frac{\kappa-1}{\kappa}}\right]$	$n\neq1$ 时，$\dfrac{1}{n-1}(p_1V_1-p_2V_2)$ $=\dfrac{1}{n-1}mR(T_1-T_2)$ $n\neq1$ 且 $n\neq0$ 时，$\dfrac{p_1V_1}{n-1}\left[1-\left(\dfrac{p_2}{p_1}\right)^{\frac{n-1}{n}}\right]$
吸收热量 Q	$mc_V(T_2-T_1)$	$mc_p(T_2-T_1)$	$mRT\ln\dfrac{V_2}{V_1}$ $=mRT\ln\dfrac{p_1}{p_2}$	0	$c_m\neq\infty$ 时，$mc_m(T_2-T_1)$
内能变化 I_2-I_1	$mc_V(T_2-T_1)$	$mc_V(T_2-T_1)$	0	$mc_V(T_2-T_1)$	$mc_V(T_2-T_1)$
焓的变化 h_2-h_1	$mc_p(T_2-T_1)$	$mc_p(T_2-T_1)$	0	$mc_p(T_2-T_1)$	$mc_p(T_2-T_1)$
能量守恒	$0=Q+I_1-I_2$	$W=Q+I_1-I_2$	$W=Q$	$W=I_1-I_2$	$W=Q+I_1-I_2$

注：关于焓的概念，请参考本章第 4 节。

例 3.2-2 往复式空气压缩机吸入大气状态的空气 [$p_a=101.3\text{kPa}$（abs.），$T_a=293\text{K}$] 进行压缩。若一次压缩至 1.0MPa，空气压缩机出口温度可达多少？若使用两级空气压缩机压缩至 1.0MPa，第一级压缩至 0.3MPa，使用中间冷却器，使空气温度降至 313K，第二级再压缩至 1.0MPa，则空气压缩机出口温度又是多少？

解 空气压缩机在压缩空气的过程中，空气状态在极短的时间内发生巨大变化，被压缩的空气和外界交换的热量很少，因此可以近似为绝热过程。在压缩过程中，空气不存在物态变化，可以近似为可逆过程。可逆的绝热过程，即等熵过程的状态方程见式（3.2-32）。

$$\frac{p_1}{p_2} = \left(\frac{T_1}{T_2}\right)^{3.5}$$

对于一次压缩至 1.0MPa 的过程，$p_1 = p_a = 101.3\text{kPa}$（abs.）$= 0.1013\text{MPa}$（abs.），$p_2 = 1.0\text{MPa} = 1.1013\text{MPa}$（abs.），$T_1 = T_a = 293\text{K}$，因此

$$T_2 = \left(\frac{p_2}{p_1}\right)^{1/3.5} T_1 = \left(\frac{1.1013}{0.1013}\right)^{1/3.5} \times 293\text{K} = 579.4\text{K} = 306.4\text{℃}$$

对于两级压缩，在第一级压缩至 0.3MPa 的过程中，$T_1 = 293\text{K}$、$p_1 = 101.3\text{kPa}$（abs.）$= 0.1013\text{MPa}$（abs.）、$p_2 = 0.3\text{MPa} = 0.4013\text{MPa}$（abs.），因此

$$T_2 = \left(\frac{p_2}{p_1}\right)^{1/3.5} T_1 = \left(\frac{0.4013}{0.1013}\right)^{1/3.5} \times 293\text{K} = 434.2\text{K} = 161.4\text{℃}$$

在保持第一级输出空气的压力不变的情况下，中间冷却器将第一级输出空气的温度由 434.2K 降低至 313K。在第二级压缩至 1.0MPa 的过程中，$T_1 = 313\text{K}$，$p_1 = 0.3\text{MPa} = 0.4013\text{MPa}$（abs.），$p_2 = 1.0\text{MPa} = 1.1013\text{MPa}$（abs.），因此

$$T_2 = \left(\frac{p_2}{p_1}\right)^{1/3.5} T_1 = \left(\frac{1.1013}{0.4013}\right)^{1/3.5} \times 313\text{K} = 417.6\text{K} = 144.6\text{℃}$$

上述计算表明，如果一次压缩至 1.0MPa，那么空气压缩机出口的空气温度最高可达 306.4℃；如果两级压缩至 1.0MPa，那么空气压缩机出口的空气温度最高只有 144.6℃。

第三节 空气的不可压缩流动

空气作为一种气体，具有容易压缩的特性。在流动过程中，空气密度会随着流速的不同而发生变化，但是当空气流速小于 70m/s 时，可以近似为不可压缩流动。在气动系统的管网中，为了避免由于流速较快造成过大的压力损失，通常将主管网中的空气流速限制在 8~10m/s，将支路管道中的空气流速限制在 10~15m/s。因此，空气在气动系统的管网中处于低速流动，空气的密度变化可以忽略不计，近似于不可压缩流动。

本节内容引述了空气不可压缩流动的相关技术问题所涉及的流体力学的相关理论，说明了喷油器对不可压缩流体流经不同管径时所形成的压力差的利用方法，讨论了空气作为黏性流体在不可压缩流动条件下的管道压力损失计算方法，明确了不可压缩流动条件下气动元件流量特性的描述方法、流量特性指标的测定方法和计算方法。

一、空气的流量、流速

1. 空气的流量

单位时间内通过某截面的流体量称为流量。

单位时间内通过某截面的流体质量称为质量流量，用 q_m 表示，常用单位是 kg/s。

$$q_m = \rho u A \tag{3.3-1}$$

式中　q_m——质量流量（kg/s）；
　　　ρ——流体的密度（kg/m³）；
　　　u——管内截面上的平均流速（m/s）；
　　　A——管道的截面积（m²）。

单位时间内通过某截面的流量体积称为体积流量，以 q_V 表示，常用单位是 m³/s 或 L/min。

$$q_V = uA \tag{3.3-2}$$

式中　q_V——体积流量（m³/s）。

依据式（3.3-1）和式（3.3-2），得到质量流量和体积流量之间的关系式

$$q_m = \rho q_V \tag{3.3-3}$$

空气是可压缩流体，其质量流量经常需要转化成标准状态下空气的体积流量 q_a。依据密度的定义及式（3.3-3）得

$$q_a = q_m / \rho_a \tag{3.3-4}$$

式中　q_a——标准状态下的体积流量 [m³/s(ANR)]；
　　　ρ_a——标准状态下空气的密度，$\rho_a = 1.185 \text{kg/m}^3$。

在气动系统中，经常需要将有压状态（p、T）下的体积流量 q_V 转化为标准状态（$p_a = 0.1 \text{MPa}$、$T_a = 293 \text{K}$）下的体积流量 q_a。由于有压状态和标准状态下的体积流量对应于相同的质量流量，因此

$$q_m = \rho q_V = \rho_a q_a$$

由式（3.2-5）得

$$p = \rho R T$$
$$p_a = \rho_a R T_a$$

所以

$$q_a = \frac{p T_a}{p_a T} q_V \tag{3.3-5}$$

式中　p——有压状态下空气的绝对压力（MPa）；
　　　T——有压状态下空气的热力学温度（K）；
　　　q_V——有压状态下空气的体积流量（m³/s）。

2. 空气的流速

依据式（3.3-1）得到空气的流速公式

$$u = \frac{q_m}{\rho A} \tag{3.3-6}$$

空气的流速是空气流动状态的重要参数。空气流速的变化对空气流动状态的影响非常重要。

二、空气流动的连续性方程

1. 定常流动的流动连续性

在流体流动过程中，如果流体所占据空间中各个位置的各物理量（如速度 u、压力 p、密度 ρ、温度 T 等）都不随时间变化，则将这种流动称为定常流动，也称为稳定流动；反之，则称为不定常流动。

在气动系统中,如保持节流阀上、下游压力一定,当节流阀的开度一定时,管道内的空气流动,属于定常流动;气罐充气的过程、气缸的充排气过程、方向阀的启闭过程中的空气流动,属于不定常流动。

在流体流动过程中,一定质量的流体在通过流体任意完整截面之后,流体的质量既不会消失,也不会增加,因此对于流体的任意完整截面,定常流动的质量流量保持不变。定常流动过程中,通过流体任意完整截面的质量流量保持不变的性质,称为定常流动的流动连续性。

2. 一元流动

按运动流体的物理量与几个空间坐标有关,可分成一元流动、二元流动和三元流动。运动流体的物理量只与一个空间坐标有关的流动称为一元流动。通常认为,速度只与一个空间坐标有关便是一元流动。一元流动也称为一维流动。

图3.3-1所示气体在等截面直管道内的流动,由于气体有黏性,截面上各点速度不均匀,边壁上速度为0,管中间速度最大,即速度与一个空间坐标 r 有关,此流动称为一元流动。

图3.3-2所示收缩管内的流动是二元流动,因速度 u 与两个坐标 r 和 x 有关。如将各截面处的速度取平均值(称为平均速度),则平均速度只与 x 坐标有关,可将它看成一元流动。

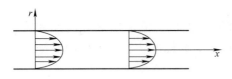

图3.3-1 等截面直管内的一元流动

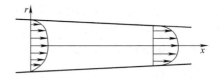

图3.3-2 收缩管内的二元流动

3. 缓变流和急变流

某一时刻,空间的一条由流体质点组成的曲线,其上各点的切线方向与该点流体质点的速度方向一致,此曲线称为流线。流体流动时,按流线的形状分类,可分成缓变流和急变流。流线几乎是平行直线的流动称为缓变流,如等截面长直管道内的流动。流线不平行或不是直线的流动称为急变流,如弯管、阀门内的流动。

4. 连续性方程

在气动系统中,空气在直管道中的流动,基本满足一元流动、缓变流的条件,可以看作一元定常流动,即直管内的缓变流截面1和缓变流截面2之间的流动是一元定常流动。依据定常流动的流动连续性,一元定常流动的质量连续性方程为

$$q_{m1} = q_{m2} \tag{3.3-7}$$

对于不可压缩一元定常流动,由于密度不变,所以依据式(3.3-7),质量流量不变意味着体积流量保持不变,直管内的两个缓变流截面1和截面2之间的连续性方程为

$$q_{V1} = q_{V2}$$

或

$$u_1 A_1 = u_2 A_2 \tag{3.3-8}$$

可见,对于不可压缩一元定常流动,在流量不变的条件下,截面积大处流速小,截面积小处流速大。

例3.3-1 连接口径为 $Rc1/2$ 的AR40系列减压阀,阀前压力为0.7MPa(G),阀后稳定压力为0.32MPa(G)时,体积流量为3000L/min(ANR),已知阀前后温度均为288K,

问阀前后管道内的流速各是多少？

解 减压阀的阀前压力一定、阀后压力稳定时，流入和流出减压阀的质量流量相等。因为

$$q_a = 3000 \text{L/min(ANR)} = \frac{3000 \times 10^{-3}}{60} \text{m}^3/\text{s(ANR)} = 0.05 \text{m}^3/\text{s(ANR)}$$

$$\rho_a = 1.185 \text{kg/m}^3$$

所以，通过减压阀的质量流量为

$$q_m = \rho_a q_a = 1.185 \times 0.05 \text{kg/s} = 0.059 \text{kg/s}$$

因为

$$p_1 = 0.7 \text{MPa(G)} = 0.8 \text{MPa(abs.)} = 0.8 \times 10^6 \text{Pa(abs.)}$$

$$T_1 = 288 \text{K}$$

$$R = 287 [\text{J/(kg} \cdot \text{K)}]$$

所以，阀前管道内空气的密度为

$$\rho_1 = \frac{p_1}{RT_1} = \frac{0.8 \times 10^6}{287 \times 288} \text{kg/m}^3 = 9.68 \text{kg/m}^3$$

因为（$Rc1/2$ 直管的内径为 16mm）

$$d = 16 \text{mm} = 0.016 \text{m}$$

$$A_1 = \frac{\pi d^2}{4} = \frac{3.14 \times 0.016^2}{4} \text{m}^2 = 2.01 \times 10^{-4} \text{m}^2$$

所以，阀前管道内空气的流速为

$$u_1 = \frac{q_m}{\rho_1 A_1} = \frac{0.059}{9.68 \times 2.01 \times 10^{-4}} \text{m/s} = 30.3 \text{m/s}$$

因为

$$p_2 = 0.32 \text{MPa(G)} = 0.42 \text{MPa(abs.)} = 0.42 \times 10^6 \text{Pa(abs.)}$$

$$T_2 = 288 \text{K}$$

所以，阀后管道内空气的密度为

$$\rho_2 = \frac{p_2}{RT_2} = \frac{0.42 \times 10^6}{287 \times 288} \text{kg/m}^3 = 5.08 \text{kg/m}^3$$

因为

$$A_2 = A_1$$

所以，阀后管道内空气的流速为

$$u_2 = \frac{q_m}{\rho_2 A_2} = \frac{0.059}{5.08 \times 2.01 \times 10^{-4}} \text{m/s} = 57.8 \text{m/s}$$

在气动系统中，$Rc1/2$ 通常是管网通道中支路的最小通径，3000L/min（ANR）通常是管网通道中支路的常见空气流量。可见，在气动系统的管网通道中，空气流速通常小于 70m/s，可以视为不可压缩流动。

三、伯努利方程

一元不可压缩理想气体定常流动的能量守恒方程，即伯努利方程为

$$p + \frac{1}{2}\rho u^2 = p_0 \qquad (3.3\text{-}9)$$

式中 p——流体在缓变流截面上的静压力,是在与流线平行的面上感受到的压力;
ρ——流体密度;
u——流体在缓变流截面上的流速;
p_0——流体速度为0处的压力,称为总压力。

式(3.3-9)表明,总压力是流动流体在无能量损失条件下实现滞止(流速为0)时的压力,是静压力 p 与动压力 $\frac{1}{2}\rho u^2$ 之和。

$$p_1 + \frac{1}{2}\rho u_1^2 = p_2 + \frac{1}{2}\rho u_2^2 \qquad (3.3\text{-}10)$$

式中 1——缓变流截面1;
2——缓变流截面2。

式(3.3-10)表明,流速高处压力低,流速低处压力高。它表明单位体积气体的压力能和动能之和保持不变。

例3.3-2 图3.3-3所示为一喷油器,已知进口和出口直径 $D_1 = 8$mm,喉部直径 $D_2 = 7.4$mm,进口空气压力 $p_1 = 0.5$MPa(G),进口空气温度 $T_1 = 300$K,通过喷油器的空气流量 $q_a = 500$L/min(ANR),油杯内油的密度 $\rho_0 = 800$kg/m³。问油杯内油面比喉部低多少就不能将油吸入管内进行喷油?

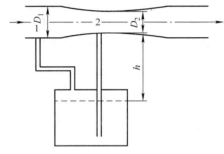

图3.3-3 喷油器原理

解
$$p_1 = 0.5\text{MPa}(\text{G}) = 0.6\text{MPa}(\text{abs.}) = 0.6 \times 10^6 \text{Pa}(\text{abs.})$$
$$T_1 = 300\text{K}$$
$$R = 287[\text{J}/(\text{kg}\cdot\text{K})]$$

由气体状态方程,可进口空气密度
$$\rho_1 = \frac{p_1}{RT_1} = \frac{0.6 \times 10^6}{287 \times 300}\text{kg/m}^3 = 6.97\text{kg/m}^3$$

又
$$q_a = 500\text{L/min}(\text{ANR}) = \frac{500 \times 10^{-3}}{60}\text{m}^3/\text{s}(\text{ANR}) = 0.008333\text{m}^3/\text{s}(\text{ANR})$$

所以,通过喷油器的质量流量为
$$q_m = \rho_a q_a = 1.185 \times 0.008333\text{kg/s} = 0.009875\text{kg/s}$$

由式(3.3-1),可求得截面1处的平均流速
$$d_1 = 8\text{mm} = 0.008\text{m}$$
$$A_1 = \frac{\pi d_1^2}{4} = \frac{3.14 \times 0.008^2}{4}\text{m}^2 = 5.024 \times 10^{-5}\text{m}^2$$
$$u_1 = \frac{q_m}{\rho_1 A_1} = \frac{0.009875}{6.97 \times 5.024 \times 10^{-5}}\text{m/s} = 28.2\text{m/s}$$

截面2处的平均流速

$$d_2 = 7.4\text{mm} = 0.0074\text{m}$$

$$A_2 = \frac{\pi d_2^2}{4} = \frac{3.14 \times 0.0074^2}{4}\text{m}^2 = 4.2987 \times 10^{-5}\text{m}^2$$

$$\rho_2 = \rho_1$$

$$u_2 = \frac{q_m}{\rho_2 A_2} = \frac{0.009875}{6.97 \times 4.2987 \times 10^{-5}}\text{m/s} = 33.0\text{m/s}$$

管内空气流速很低，可看成不可压缩流动，所以计算管内空气流速时，设 $\rho_2 = \rho_1$ 是正确的。

设管内 1~2 截面间没有流动损失，由式（3.3-4），有

$$p_1 - p_2 = \frac{1}{2}\rho_1(u_2^2 - u_1^2) = \frac{1}{2} \times 6.97(33.0^2 - 28.2^2)\text{Pa} = 1024\text{Pa}$$

吸油管内为静止油液，若能将油吸入喉部，必须满足

$$p_1 - p_2 \geq \rho_0 g h$$

所以

$$h \leq \frac{p_1 - p_2}{\rho_0 g} = \frac{1024}{800 \times 9.8}\text{m} = 0.131\text{m}$$

说明油杯内油面比喉部低 131mm 以上便不能喷油。

四、雷诺数、层流和湍流

空气、水等流体都具有黏性。具有黏性的流体在流动时，按流体质点的运动轨迹分类，可分成层流和紊流。流体质点的运动轨迹是层次分明、互不相混的流动称为层流。流体质点的运动轨迹是杂乱无章的流动称为紊流或湍流。

实验表明，黏性流体的流速和黏性，共同决定了空气在管道中的流动状态是层流还是湍流。对于直圆管内的黏性流体，通过式（3.3-11）计算得到的雷诺数 Re 可以判定其流动是处于层流还是湍流状态。

$$Re = \frac{\rho u d}{\mu} \tag{3.3-11}$$

$$Re = \frac{u d}{\nu} \tag{3.3-12}$$

式中　Re——雷诺数，无量纲；

ρ——密度（kg/m^3）；

u——流速（m/s）；

d——直圆管内径（m）；

μ——动力黏度（Pa·s）；

ν——运动黏度（m^2/s）。

对于直圆管中的水流，当 $Re < 2300$ 时，流动基本是层流；当 $Re > 4000$ 时，流动基本是湍流；当 $2300 < Re < 4000$ 时，流动基本上处于层流和湍流共存或不定的状态。

流体在管道中流动时，黏性是造成压力损失的主要原因之一。雷诺数 Re 的大小反映了黏性对流动状态的影响，因此雷诺数和流体在管道中受到的阻力大小紧密相关。

例 3.3-3　在内径 10mm 的圆管道内，为使温度 20℃、压力 0.5MPa 的空气保持层流，流量应当控制在多少？

解

$$d = 10\text{mm} = 0.01\text{m}$$
$$T = 20°C = 293\text{K}$$
$$p = 0.5\text{MPa}(G) = 0.6\text{MPa}(\text{abs.}) = 0.6 \times 10^6 \text{Pa}(\text{abs.})$$

查表 3.1-3 可知，在 20℃时，空气的动力黏度为

$$\mu = 18.1 \times 10^{-6} \text{Pa·s}$$
$$R = 287\text{J}/(\text{kg·K})$$
$$\rho = \frac{p}{RT} = \frac{0.6 \times 10^6}{287 \times 293}\text{kg/m}^3 = 7.135\text{kg/m}^3$$
$$Re = 2300$$
$$u = \frac{\mu Re}{\rho d} = \frac{18.1 \times 10^{-6} \times 2300}{7.135 \times 0.01}\text{m/s} = 0.58\text{m/s}$$
$$A = \frac{\pi d^2}{4} = \frac{3.14 \times 0.01^2}{4}\text{m}^2 = 0.0000785\text{m}^2$$
$$q_V = uA = 0.58 \times 0.0000785\text{m}^3/\text{s} = 0.00004553\text{m}^3/\text{s} = 2.7318\text{L/min}$$
$$q_m = \rho q_V = 7.135 \times 0.00004553\text{kg/s} = 0.00032486\text{kg/s}$$
$$q_a = \frac{q_m}{\rho_a} = \frac{0.00032486}{1.185}\text{m}^3/\text{s}(\text{ANR}) = 0.00027414\text{m}^3/\text{s}(\text{ANR})$$

相当于 $q_a = 16.45\text{L/min}$（ANR）

为了保持层流，应当使 $Re < 2300$。可见，常温条件下，为了在 10mm 内径直管中保持层流，空气流量需要小于 16.45L/min（ANR）。

在气动系统正常工作过程中，通常空气流量较大，流动状态属于湍流。直圆管道中的湍流，一定位置上的流体流速是不稳定的，但是当管道截面的平均流速稳定时，可以作为定常流动。

五、空气在不可压缩流动时的管道压力损失

由于流体有黏性，流体在管内流动存在压力损失。根据能量守恒，实际不可压缩定常管流的伯努利方程可表述为：流入能量等于流出能量加上从进口至出口的损失能量。即

$$p_1 + \frac{1}{2}\rho u_1^2 = p_2 + \frac{1}{2}\rho u_2^2 + \Delta p_f \tag{3.3-13}$$

式中　Δp_f——管流中两缓变流截面 1~2 之间的压力损失；
　　　u——流体在缓变流截面上的平均流速。

压力损失 Δp_f 可分成沿程压力损失和局部压力损失。缓变流引起的损失为沿程压力损失，急变流引起的损失为局部压力损失。

1. 不可压缩流体在直圆管内流动的沿程压力损失

不可压缩流体在直圆管内流动的沿程压力损失为

$$\Delta p_l = \lambda \frac{l}{d} \frac{1}{2}\rho u^2 \tag{3.3-14}$$

式中　Δp_l——沿程压力损失（Pa）；
　　　λ——沿程压力损失因数；
　　　ρ——密度（kg/m³）；
　　　l——管长（m）；
　　　d——管内径（m）；
　　　u——流速（m/s）。

在气动管道网络的实际工程中，主管道进口空气压力取决于气源，主管道流量取决于现场中的气动设备，主管道的长度取决于气源及气动设备的现场分布情况，气动设备的使用压力和气源压力决定气动管道网络所允许的最大压力损失。因此，气动管道网络设计的主要工作是依据预定的管道内径核算压力损失造成的压差，或者依据预定允许压差确定管道内径。

空气在主管道中流动过程中，当流量不大时，空气流速较慢，而主管道一般比较长，因此流经时间比较长，从而使得主管道内空气和主管道外的环境空气之间通过管壁进行的热交换比较充分，主管道内空气温度可以近似为环境空气温度；当流量很大时，空气流速很快，虽然主管道一般比较长，但是流经时间相对较短，从而使得主管道内空气和主管道外的环境空气之间通过管壁进行的热交换量比较小，忽略之后，主管道中空气温度可以近似为主管道进口空气温度或气源出口空气温度。因此，空气在主管道中的流动可以近似为等温流动。

依据式（3.2-5）、式（3.3-1）、式（3.3-4）、式（3.3-14）及 $A = \dfrac{\pi d^2}{4}$，推导得到管道沿程压力损失公式和管道内径公式为

$$\Delta p_l = \dfrac{8}{\pi^2} R \rho_a^2 \lambda \dfrac{l}{d^5} \dfrac{T}{p} q_a^2 \tag{3.3-15}$$

$$d = \left(\dfrac{8}{\pi^2} R \rho_a^2 \lambda l \dfrac{T}{p \Delta p_l} q_a^2 \right)^{0.2} \tag{3.3-16}$$

式中　R——空气的气体常数，$R = 287 \text{J}/(\text{kg} \cdot \text{K})$；

　　　ρ_a——标准状态下的空气密度，$\rho_a = 1.185 \text{kg/m}^3$；

　　　T——管道内空气的绝对温度（K）；

　　　p——管道进口空气的绝对压力（Pa）；

　　　q_a——管内流量折算标准状态下的空气流量（m^3/s）。

在式（3.3-16）中代入常数和常量后，得到实用的管道沿程压力损失为

$$\Delta p_l = 327 \lambda \dfrac{l}{d^5} \dfrac{T}{p} q_a^2 \tag{3.3-17}$$

其中，q_a 的单位为 m^3/s。

$$\Delta p_l = 0.00545 \lambda \dfrac{l}{d^5} \dfrac{T}{p} q_a^2 \tag{3.3-18}$$

其中，q_a 的单位为 L/min。

上述各式中，λ 的计算方法如下。

对于光滑管道，当 $Re < 2200$ 时，

$$\lambda = \dfrac{64}{Re} \tag{3.3-19}$$

当 $3000 < Re < 8 \times 10^4$ 时，可以采用布拉修斯（Blasius）实验公式

$$\lambda = 0.3164 Re^{-0.25} \tag{3.3-20}$$

当 $10^5 < Re < 3 \times 10^6$ 时，可以采用尼古拉兹（Nikuradse）实验公式

$$\lambda = 0.3164 Re^{-0.25} \tag{3.3-21}$$

或者，当 $3000 < Re < 3 \times 10^6$ 时，可以采用普朗特（Prandtl）计算公式

$$\lambda^{-0.5} = 2.0 \lg(Re \lambda^{0.5}) - 0.8 \tag{3.3-22}$$

依据普朗特公式可以得到下述迭代公式，用于计算 λ，一般取 $\lambda = \lambda_5$ 时，已经可以保证足够

的精度。

$$\begin{cases} \lambda_0 = [2.0\lg(Re) - 0.8]^{-2} \\ \lambda_{i+1} = [2.0\lg(Re\lambda_i^{0.5}) - 0.8]^{-2} \end{cases}$$

对于非光滑管道中的湍流（$Re > 2200$），可以采用科尔布鲁克（Colebrook）计算公式。

$$\frac{1}{\lambda^{0.5}} = -2\lg\left[\frac{\Delta/d}{3.71} + \frac{2.51}{Re\lambda^{0.5}}\right] \tag{3.3-23}$$

依据科尔布鲁克公式可以得到下述迭代公式，用于计算 λ，一般取 $\lambda = \lambda_5$ 时，已经可以保证足够的精度。

$$\begin{cases} \lambda_0 = \left\{-2\lg\left[\frac{\Delta/d}{3.71} + \frac{2.51}{Re}\right]\right\}^{-2} \\ \lambda_{i+1} = \left\{-2\lg\left[\frac{\Delta/d}{3.71} + \frac{2.51}{Re\lambda_i^{0.5}}\right]\right\}^{-2} \end{cases} \tag{3.3-24}$$

式中　Δ——管道内壁的绝对表面粗糙度（mm）；
　　　Re——雷诺数。

依据式（3.3-19）~式（3.3-23），可以得到图 3.3-4 所示的莫迪图。因此，不可压缩流体在直管内流动的沿程压力损失因数 λ，也可由图 3.3-4 查得。

不同管材管道内壁的绝对表面粗糙度 Δ 的参考值见表 3.3-1。

表 3.3-1　不同管材管道内壁的绝对表面粗糙度

管材	塑料管	铜管、铝管	无缝钢管	镀锌铁管
Δ/mm	0.001	0.0015	0.04~0.17	0.15

在微小压力损失条件下（$\Delta p < 0.5 p_1$），SGP 管（碳钢钢管）沿程压力损失的近似计算公式为

$$\Delta p = 2.466 \times 10^3 \frac{L q_a^2}{d^{5.31} p_1}$$

式中　Δp——SGP 管的沿程压力损失（MPa）；
　　　L——管道长度（m）；
　　　q_a——管内流量折算标准状态下的空气流量（m³/min）；
　　　d——管道内径（mm）；
　　　p_1——管道进口空气的绝对压力（MPa）。

2. 不可压缩流体在管内流动的局部压力损失

局部压力损失为

$$\Delta p_m = \xi \frac{1}{2} \rho u^2 \tag{3.3-25}$$

式中　ξ——局部压力损失因数。

通常 ξ 值都是由实验测定的，表 3.3-2 为圆管的 4 种几何形状的局部压力损失的计算公式。

一般情况下，局部压力损失因数 ξ 只取决于急变流的几何形状，与雷诺数 Re 无关。但在雷诺数较低（几千至几万之间）时，ξ 与雷诺数有关，且呈不稳定值。因此，空气过滤器

之类的气动元件，其内部流动虽然属于局部压力损失，但通过元件的流量（或流速）与压降之间的关系不使用式（3.3-25）来表达。

表 3.3-2　圆管的 4 种几何形状的局部压力损失的计算公式

局部形状	示意图	局部压力损失
突扩管		$\Delta p_m = \xi \dfrac{1}{2}\rho u_1^2$ $\xi = \left(1 - \dfrac{A_1}{A_2}\right)^2$
突缩管		$\Delta p_m = \xi \dfrac{1}{2}\rho u_2^2$ $\xi = 0.04 + \left(1 - \dfrac{A_2}{A_c}\right)^2$ $\dfrac{A_2}{A_c} = \left(0.528 + \dfrac{0.0418}{1.1 - \sqrt{A_2/A_1}}\right)^{-1}$
渐缩管		$\Delta p_m = \xi \dfrac{1}{2}\rho u_2^2$ $\xi = \dfrac{\lambda}{8\tan\theta}\left[1 - \left(\dfrac{r_2}{r_1}\right)^4\right]$
等径直角弯头		$\Delta p_m = \xi \dfrac{1}{2}\rho u^2$ $\xi = 1.1$

3. 不可压缩流体在管内流动的总压力损失

实际管道若是由 m 段沿程压力损失和 n 个局部压力损失串联组成，作为估算，则总压力损失 Δp_f 就是这些压力损失的叠加，即

$$\Delta p_f = \sum_{i=1}^{m} \lambda_i \frac{l_i}{d_i} \frac{1}{2}\rho u_i^2 + \sum_{j=1}^{n} \xi_j \frac{1}{2}\rho u_j^2 \tag{3.3-26}$$

本节引述的不可压缩流体的压力损失相关研究结论，按照在历史上出现的时间，从伯努利在 1726 年建立不可压缩流体的能量守恒方程开始，后续欧拉在 1753 年提出流体的连续介质假设，雷诺在 1883 提出黏性流体的雷诺数，尼古拉兹在 1933 年对内壁用人工沙粒粗糙的圆管进行了广泛且深入的水力学实验，得到了沿程压力损失因数与雷诺数（Re）的关系，直到莫迪在 1944 年根据前人试验成果，在双对数坐标系中绘制了 λ、Re、Δ/d（相对表面粗糙度）的关系，即为著名的莫迪图，前后延续了 218 年。

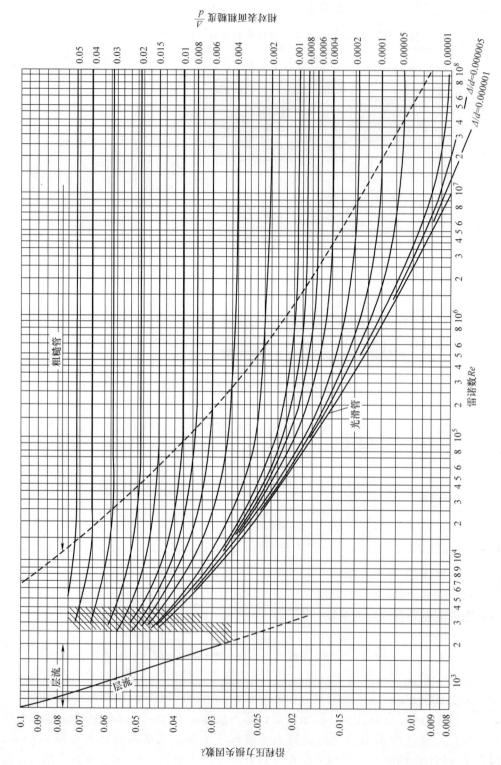

图3.3-4 莫迪图（当直接查读图中曲线λ值存在困难时，可依据式(3.3-19)～式(3.3-23)进行计算）

例 3.3-4 缸径 80mm 的液压缸，通过管内径 9mm、长 8m 的尼龙管向下游排油，要求 10s 内排出 400cm³，问通过该油管的压力损失是多少？若管内径改为 4mm，通过该油管的压力损失又是多少？

解 按式（3.3-2），已知

$$q_V = \frac{400}{10} \text{cm}^3/\text{s} = 40 \text{cm}^3/\text{s} = 40 \times 10^{-6} \text{m}^3/\text{s}$$

$$A = \frac{\pi}{4} d^2 = \frac{\pi}{4} \times 0.9^2 \text{cm}^2 = 0.636 \text{cm}^2 = 0.636 \times 10^{-4} \text{m}^2$$

所以

$$u = \frac{q_V}{A} = \frac{40 \times 10^{-6}}{0.636 \times 10^{-4}} \text{m/s} = 0.629 \text{m/s}$$

设油的运动黏度 $\nu = 100 \times 10^{-6} \text{m}^2/\text{s}$，油的密度 $\rho = 900 \text{kg/m}^3$，则雷诺数

$$Re = \frac{ud}{\nu} = \frac{0.629 \times 0.009}{100 \times 10^{-6}} = 56.6$$

可见为层流流动。由图 3.3-4 查读得沿程压力损失因数时存在困难，依据式（3.3-19）计算得 $\lambda = 1.13$。

所以 9mm 油管的沿程压力损失

$$\Delta p_l = \lambda \frac{l}{d} \frac{1}{2} \rho u^2 = 1.13 \times \frac{8}{0.009} \times \frac{1}{2} \times 900 \times 0.629^2 \text{Pa} = 178830 \text{Pa} = 0.179 \text{MPa}$$

对管内径 4mm，

$$u = \frac{q_V}{A} = \frac{40 \times 10^{-6}}{\frac{\pi}{4} \times 0.004^2} \text{m/s} = 3.185 \text{m/s}$$

$$Re = \frac{ud}{\nu} = \frac{3.185 \times 0.004}{100 \times 10^{-6}} = 127$$

由图 3.3-4 查读沿程压力损失因数时存在困难，依据式（3.3-19）计算得 $\lambda = 0.504$。

所以 4mm 油管的沿程压力损失

$$\Delta p_l = \lambda \frac{l}{d} \frac{1}{2} \rho u^2 = 0.504 \times \frac{8}{0.004} \times \frac{1}{2} \times 900 \times 3.185^2 \text{Pa} = 4601420 \text{Pa} \approx 4.6 \text{MPa}$$

由上可见，管内径由 9mm 改为 4mm，由于管内流速增大，沿程压力损失将增大 25 倍。

六、不可压缩流动条件下气动元件的流量特性

气动元件的流量特性，是指元件进出口两端的压降与通过该元件的流量之间的关系。很多气动元件工作在不可压缩流动条件下，其流量特性的表示方法主要有以下几种。

1. 流量-压降特性曲线

过滤器、油雾器、干燥器、后冷却器等的气动元件，空气在它们内部的流动基本都处于不可压缩流动的范围。利用图 3.3-5 所示的测试装置原理图（图中 d 为上下游管道内径）测定的流量-压降关系特性曲线如图 3.3-6 所示。从图 3.3-6 中便可查得元件在一定进口压力 p_1 和通过流量下的压降 $p_1 - p_2$。

2. 额定流量下的压降

为了限制空气流动时的压力损失，规定压缩空气通过不同通径气动元件的上下游管道内

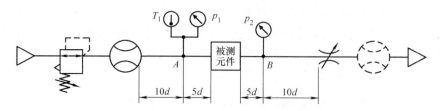

图 3.3-5 定常流法测定气动元件流量特性的测试装置原理图
d—上下游管道内径

的流速应在 15~25m/s 的范围内,并将对不同通径所通过的流量值加以规范化而得到的流量值,称为额定流量。显然,此指标只反映不可压缩流态下的流量特性。

通常要求气动元件在额定流量之内工作,故测定额定流量下气动元件上下游的压降,作为该元件的流量特性指标。测试装置原理图如图 3.3-5 所示(图中 d 是上下游管道内径)。

有压状态下的额定流量见表 3.3-3。

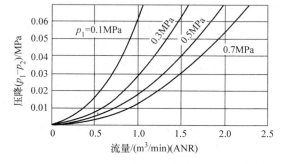

图 3.3-6 某过滤器的流量-压降关系特性曲线

表 3.3-3 有压状态下的额定流量

元件公称通径 /mm	3	6	8	10	15	20	25	32	40	50
额定流量 /(m³/h)	0.7	2.5	5	7	10	20	30	50	70	100

3. 一定压降下的流通能力

流通能力 C_v 值和 K_v 值、不可压缩流动的有效面积 A 值是气动元件在一定压降条件下的流通能力,可以相互换算。在环保节能的要求下,气动元件的小型化、轻量化成为发展趋势,对于同样大小、同样重量的气动元件而言,流通能力越大越好。

(1) 流通能力 C_v 值

被测元件全开,元件两端压差 $\Delta p_0 = 1\text{lbf/in}^2$ ($1\text{lbf/in}^2 = 6.89\text{kPa}$),温度为 60°F (15.5°C) 的水,通过元件的流量为 q_V,单位为 USgal/min (1USgal/min = 3.785L/min),则流通能力 C_v 值为

$$C_v = q_V \sqrt{\frac{\rho}{\rho_0} \frac{\Delta p_0}{\Delta p}} \qquad (3.3\text{-}27)$$

式中　C_v——流通能力(USgal/min);
　　　q_V——实测水的流量(USgal/min);
　　　ρ——实测水的密度(g/cm³);
　　　ρ_0——60°F 下的水的密度,$\rho_0 = 1\text{g/cm}^3$;
　　　Δp——$p_1 - p_2$。p_1 和 p_2 是被测元件上、下游的压力(lbf/in²)。

(2) 流通能力 K_v 值

被测元件全开,元件两端压差 $\Delta p_0 = 0.1\text{MPa}$,流体密度 $\rho_0 = 1\text{g/cm}^3$ 时,通过元件的流量

为 $q_V(\mathrm{m^3/h})$，则流通能力 K_v 值为

$$K_v = q_V \sqrt{\frac{\rho}{\rho_0} \frac{\Delta p_0}{\Delta p}} \tag{3.3-28}$$

式中　K_v——流通能力（$\mathrm{m^3/h}$）；
　　　ρ——实测液体的密度（$\mathrm{g/m^3}$）；
　　　Δp——$p_1 - p_2$。p_1 和 p_2 是被测元件上、下游的压力（MPa）。

测定 C_v 值或 K_v 值是以水为工作介质，可能对气动元件带来不利的影响（如生锈）。而且，它是测定特定压降下的流量，只表示流量特性曲线的不可压缩流动范围上的一个点，故用于计算不可压缩流动时的流量与压降之间的关系比较合理。C_v 和 K_v 值适用于表达液体的流通能力。C_v 和 K_v 值只是使用了不同的计量单位，它们之间的关系是

$$C_v = 1.167 K_v \tag{3.3-29}$$

（3）不可压缩流动的有效面积 A 值

$$A = q_V \sqrt{\frac{\rho}{2\Delta p}} \times 10^{-3} \tag{3.3-30}$$

其中，A 的单位为 $\mathrm{mm^2}$；q_V 的单位为 $\mathrm{m^3/s}$；ρ 的单位为 $\mathrm{kg/m^3}$；$\Delta p = p_1 - p_2$，单位为 MPa。

国际标准 ISO 6358 中规定，在气动元件两端相对压差 $\Delta p/p_1 \leqslant 2\%$ 的条件下，测定有效面积 A 值。实际上，在 $\Delta p/p_1 \leqslant 2\%$ 的条件下，虽属不可压缩流动，但测出的 A 值大小与雷诺数 Re 有关，即 A 值不是一个定值。因此，应规定在某特定相对压差下（譬如 $\Delta p/p_1 = 2\%$），测定 A 值才是合理的。

A 值与流通能力 C_v 值和 K_v 值的关系是

$$A = 16.98 C_v = 19.82 K_v \tag{3.3-31}$$

（4）一定流速下的等效截面面积 A_e

在气罐和等径直圆管组成的气源管道内，空气作不可压缩流动时，若不考虑黏性作用产生的沿程压力损失，依据式（3.3-9）可以求得无黏性流态下的理想流速

$$u = \sqrt{\frac{2(p_0 - p)}{\rho}} = \sqrt{\frac{2\Delta p}{\rho}}$$

若考虑黏性作用产生的沿程压力损失，依据式（3.3-13）和式（3.3-14）可以求得黏性作用下的理论流速

$$u_l = \sqrt{\frac{2(p_0 - p)}{\rho\left(1 + \lambda \dfrac{l}{d}\right)}} = \sqrt{\frac{2\Delta p}{\rho\left(1 + \lambda \dfrac{l}{d}\right)}}$$

直管道的几何截面面积为 A，依据式（3.3-2）可以求得黏性作用下的理论流量

$$q_V = u_l A = \frac{\pi}{4} d^2 \sqrt{\frac{2\Delta p}{\rho\left(1 + \lambda \dfrac{l}{d}\right)}}$$

黏性作用下的理论流量被理想流速除之，所得的面积为不可压缩流动条件下相应于气罐通口总压损失和直管道沿程压力损失的等效截面面积，记为 A_{e0}，则

$$A_{e0} = \frac{\dfrac{\pi}{4} d^2}{\sqrt{1 + \lambda \dfrac{l}{d}}} \tag{3.3-32}$$

在仅由等径直圆管组成的气源管道内，空气作不可压缩流动时，依据式（3.3-14）可以求得黏性作用下的理论流速，依据式（3.3-30）可以求得试验测出的实际流量，实际流量除以几何面积可以求得实际流速，令黏性作用下的理论流速等于依据试验测出的实际流量计算得出的实际流速，可以求得等径直圆管的相应于沿程损失的等效截面面积为

$$A_{el} = \frac{\frac{\pi}{4}d^2}{\sqrt{\lambda \frac{l}{d}}} \quad (3.3\text{-}33)$$

比较式（3.3-32）和式（3.3-33）可知，当管长 l 足够大时，$1 \ll \lambda \frac{l}{d}$，因此 $A_{e0} \approx A_{el}$。即，当管长足够大时，管道压力损失主要是沿程压力损失。

必须指出，式（3.3-32）和式（3.3-33）中的等效截面面积 A_e 的定义是不同的，A_{e0} 是等效于气罐通口总压损失和直管道沿程压力损失的等效截面面积，A_{el} 是等效于直管道沿程压力损失的等效截面面积，只有当管长足够大时，二者才会近似相等。可见，对于长度 l、内径 d 的直管道，其有效截面面积 A_e 的数值大小，首先取决于 A_e 的具体定义，然后取决于沿程压力损失因数 λ；沿程压力损失因数 λ 取决于管道的相对表面粗糙度 Δ/d、雷诺数 Re；雷诺数 Re 取决于内径 d、流体的运动黏度 ν、流速 u。因此，当管道的长度 l、内径 d、相对表面粗糙度 Δ/d、流体的运动粘度 ν 都确定时，有效截面面积 A_e 取决于流速 u；即，当流速 u 发生改变时，有效截面面积 A_e 也在发生改变。

结合式（3.3-30）可见，不可压缩流动的有效面积 A 是一种特殊情况下的等效截面积，即管道上下游压差为 Δp 时的流速 u 所对应的等效截面面积 A_e。由于不同流速 u 对应于相应的压差 Δp，因此一定流速下的有效截面面积 A_e 也相当于一定压差下的有效截面面积，也体现着一定压降下的流通能力。

例 3.3-5 某尼龙管内径 $d = 4$mm，长 $l = 3$m。该管道出口空气压力 $p_2 = 0.5$MPa，出口温度 $t_2 = 30$℃。通过该管道的流量 $q_a = 90$L/min(ANR)。问该管道的进口空气压力 p_1 是多少？其等效截面面积 A_e 是多少？

解 管道出口空气密度 ρ_2，由气体状态方程可得

$$p_2 = 0.5\text{MPa(G)} = 0.6\text{MPa(abs.)}$$

由 $t_2 = 30$℃ 得

$$T_2 = 303\text{K}$$

$$\rho_2 = \frac{p_2}{RT_2} = \frac{0.6 \times 10^6}{287 \times 303}\text{kg/m}^3 = 6.9\text{kg/m}^3$$

设管内为不可压缩流动，则管内空气密度 $\rho = \rho_2$。

通过管内的质量流量

由 $\qquad q_a = 90\text{L/min(ANR)} = \frac{90 \times 10^{-3}}{60}\text{m}^3/\text{s(ANR)} = 0.0015\text{m}^3/\text{s(ANR)}$

得 $\qquad q_m = \rho_a q_a = 1.185 \times 0.0015\text{kg/s} = 1.778 \times 10^{-3}\text{kg/s}$

对于管内流速

$$d = 4\text{mm} = 0.004\text{m}$$

$$A = \frac{\pi d^2}{4} = \frac{3.14 \times 0.004^2}{4}\text{m}^2 = 1.256 \times 10^{-5}\text{m}^2$$

$$u = \frac{q_m}{\rho_2 A} = \frac{1.778 \times 10^{-3}}{6.9 \times 1.256 \times 10^{-5}}\text{m/s} = 20.5\text{m/s}$$

已知$T_2 = 30℃$，查表 3.1-3，得空气的动力黏度$\mu = 18.6 \times 10^{-6}\text{Pa}\cdot\text{s}$。则雷诺数

$$Re = \frac{\rho_2 ud}{\mu} = \frac{6.9 \times 20.5 \times 0.004}{18.6 \times 10^{-6}} = 30419$$

尼龙是一种塑料，查表 3.3-1，得尼龙管的绝对表面粗糙度$\Delta = 0.001\text{mm}$，故相对表面粗糙度$\Delta/d = 0.001/4 = 0.00025$。已知$Re$及$\Delta/d$，由图 3.3-4，查得沿程压力损失因数$\lambda = 0.024$。由式（3.3-14），得尼龙管内流动的沿程压力损失

$$\Delta p_l = \lambda \frac{l}{d}\frac{1}{2}\rho u^2 = 0.024 \times \frac{3}{0.004} \times \frac{1}{2} \times 6.9 \times 20.5^2\text{Pa} = 26098\text{Pa}$$

相当于$\Delta p_l = 0.026098\text{MPa}$

则尼龙管进口的压力

$$p_1 = p_2 + \Delta p_l = 0.5\text{MPa} + 0.026098\text{MPa} = 0.526098\text{MPa} \approx 0.5261\text{MPa}$$

由式（3.3-33），得此尼龙管在不可压缩流动条件下的等效截面面积

$$A_e = \frac{\frac{\pi}{4}d^2}{\sqrt{\lambda \frac{l}{d}}} = \frac{\frac{3.14}{4} \times 4^2}{\sqrt{0.024 \times \frac{3}{0.004}}}\text{mm}^2 = 2.96\text{mm}^2$$

A_e与管截面几何面积A之比$A_e/A = 0.236$。

例 3.3-6 上例其他条件不变，仅改变流量q_a，使$q_a = 270\text{L/min（ANR）}$，求$p_1$及$A_e/A$。

解

$$q_m = \frac{1.185 \times 270 \times 10^{-3}}{60}\text{kg/s} = 5.3325 \times 10^{-3}\text{kg/s}$$

因管内流体密度$\rho = 6.9\text{kg/m}^3$，所以管内流速

$$u = \frac{q_m}{\rho A} = \frac{5.3325 \times 10^{-3}}{6.9 \times 0.785 \times 0.004^2}\text{m/s} = 61.5\text{m/s}$$

则雷诺数

$$Re = \frac{\rho ud}{\mu} = \frac{6.9 \times 61.5 \times 0.004}{18.6 \times 10^{-6}} = 91258$$

由Re及$\Delta/d = 0.00025$，查图 3.3-4，得沿程压力损失因数$\lambda = 0.018$。则沿程压力损失

$$\Delta p_l = 0.018 \times \frac{3}{0.004} \times \frac{1}{2} \times 6.9 \times 61.5^2\text{Pa} = 0.1762 \times 10^6\text{Pa} = 0.1762\text{MPa}$$

尼龙管进口压力

$$p_1 = 0.5\text{MPa} + 0.1762\text{MPa} = 0.6762\text{MPa}$$

$$\frac{A_e}{A} = \frac{1}{\sqrt{0.018 \times \frac{3}{0.004}}} = 0.272$$

则 $A_e = 0.272 \times 0.785 \times 4^2 \text{mm}^2 = 3.42 \text{mm}^2$。

本例和上例说明：通过同一管道的流量加大，其沿程压力损失也增大。在不可压缩流动范围内，压力损失不同时，由于流速不同，使雷诺数 Re 不同，从而等效截面面积 A_e 也是不同的。

例 3.3-7 气动系统的当地大气压力 $p_a = 0.1 \text{MPa}$ (abs.)，环境温度为 $t_a = 20℃$。在最大流量 $q_a = 12000 \text{L/min}$ (ANR) 时，主管网压缩空气的入口温度 $T = 20℃$，入口压力 $p = 1.0 \text{MPa(G)}$。主管网采用 2in 不锈钢管，内壁表面粗糙度 $\Delta = 0.05 \text{mm}$，内径 $d = 52.9 \text{mm}$，主管网从气源入口到最远末端的最大管长 $l_{max} = 150 \text{m}$。求该气动系统在最大流量时主管网的最大压降 Δp_{max}，以及此时不同长度管道 ($l \geq 10\text{m}$) 相应的有效截面面积。

解 入口压力为 $p = 1.0 \text{MPa(G)} = (1.0 + 0.1) \text{MPa(abs.)} = 1.1 \text{MPa(abs.)} = 1.1 \times 10^6 \text{Pa(abs.)}$

入口温度由 $t_a = 20℃$ 得，$T = 293.15 \text{K}$

标准状态空气流量为 $q_a = 12000 \text{L/min(ANR)} = \dfrac{12000 \times 10^{-3}}{60} \text{m}^3/\text{s(ANR)} = 0.2 \text{m}^3/\text{s(ANR)}$

标准状态空气温度由 $t_a = 20℃$ 得，$T_a = 293.15 \text{K}$

管内压缩空气流量为 $q_V = q_a \dfrac{p_a T}{p T_a} = 0.2 \times \dfrac{0.1 \times 293.15}{1.1 \times 293.15} \text{m}^3/\text{s} = 0.018182 \text{m}^3/\text{s}$

钢管内径为 $d = 52.9 \text{mm} = 52.9 \times 10^{-3} \text{m}$

钢管流道几何面积为 $A_{几何} = \dfrac{\pi}{4} d^2 = \dfrac{3.14}{4} \times 52.9^2 \text{mm}^2 = 2196.8 \text{mm}^2 = 2196.8 \times 10^{-6} \text{m}^2$

管内压缩空气的流速为 $u = \dfrac{q_V}{A_{几何}} = \dfrac{0.018182}{2196.8 \times 10^{-6}} \text{m/s} = 8.2766 \text{m/s}$，可见主管网中空气处于不可压缩性流动状态。

管内压缩空气的密度为 $\rho = \dfrac{p}{RT} = \dfrac{1.1 \times 10^6}{287 \times 293.15} \text{kg/m}^3 = 13.074 \text{kg/m}^3$

查表 3.1-3 得，在 $t = 20℃$ 时，空气动力黏度为 $\mu = 18.1 \times 10^{-6} \text{Pa·s}$

管内压缩空气流动的雷诺数为 $Re = \dfrac{\rho u d}{\mu} = \dfrac{13.074 \times 8.2766 \times 52.9 \times 10^{-3}}{18.1 \times 10^{-6}} = 316255$

依据式 (3.3-24)，求得管道沿程压力损失因数为 $\lambda \approx \lambda_2 = 0.020314$

或者，依据 $\dfrac{\Delta}{\alpha} = \dfrac{0.05}{52.9} \approx 0.001$ 及 $R_e \approx 3.16 \times 10^5$，查图 3.3-4，得 $\lambda \approx 0.02$

最大压降 $\Delta p_{max} = \lambda \dfrac{l_{max}}{d} \dfrac{1}{2} \rho u^2 = 0.020314 \times \dfrac{150}{52.9 \times 10^{-3}} \times \dfrac{1}{2} \times 13.074 \times 8.2766^2 \text{Pa} = 25794 \text{Pa}$

最大压降比 $\dfrac{\Delta p_{max}}{p} = \dfrac{25794}{1.0 \times 10^6} = 2.58\%$

长度 l 管道的有效截面面积 $A_l = \dfrac{A_{几何}}{\sqrt{\lambda \dfrac{l}{d}}}$，依据此式计算得到表 3.3-4。

表 3.3-4 不同长度的不锈钢管（口径 2in）的有效截面面积

管长 l/mm	10	20	30	40	50	100	110	120	150
有效截面面积 A_l/mm²	1122	793	648	561	502	355	338	324	290

第四节　空气的可压缩流动

在空间约束条件不同时，流体的流动形态是多种多样的，相关研究成果成为各种流体力学理论。在气动系统中，空气的流动主要受到气动元件的通道和腔体的约束。空气在气动元件内部通道和腔体中的流动、空气通过气动元件通口的流动，是气动系统中最常见的空气流动形态。

气动系统中的元件，作为气动系统的功能载体，实现特定功能是其核心作用。空气在很多气动元件的内部通道和腔体中流动时，空气的局部流速变化很大，有的达到声速，有的达到超声速，空气的密度变化不可以忽略不计，属于可压缩流动。可压缩流动的理论计算方法比较复杂，必须结合气动元件通道和腔体中空气流动状况进行分析，才能得到相应的实用计算方法。

本节内容引述了气动系统中空气流动的相关技术问题所涉及的流体力学、热力学、气体动力学的相关理论，可以解答气动系统中空气通过各种气动元件的通道流动时的大量实际应用问题，并为解决空气通过气动元件通口的流动等实际问题提供了理论基础和实用方法。

一、声速、马赫数、空气的可压缩流动

1. 空气中的声速

声音的本质是介质的振动，声速的本质是振动在介质中的传播速度。在空气中，声音引起空气振动的方向和声音的传播方向相同，传播过程中形成的声波是纵波。从声音引起的空气振动的振幅来看，声音在空气中的传播引起的空气变化，对于空气整体状态而言，是一种很小的扰动。空气是热的不良导体，相对于声音在空气中引发的声波振动速度和传播速度而言，空气的热传导速度非常慢，因此声音在空气中的传播过程，可以看作空气的绝热变化过程。将声音在空气中的传播，视为完全气体中小扰动的绝热变化过程，推导出的空气中的声速公式（3.4-1），说明空气中的声速只与空气的绝对温度 T 有关。

$$c = \sqrt{\kappa RT} \tag{3.4-1}$$

2. 马赫数

马赫数 Ma 定义为空气流速 u 与声速 c 之比，由于声速 c 取决于温度 T，因此马赫数 Ma 取决于温度 T 和流速 u。

$$Ma = \frac{u}{c} \tag{3.4-2}$$

马赫数是描述气动系统流动特性的重要参数。在气动系统中，流动空气以 $Ma = 1$ 和 $Ma = 0.2 \sim 0.3$ 为分界线，体现出不同的流动特性。

空气的流动，当 $Ma < 1$ 时，称为亚声速流动；当 $Ma = 1$ 时，称为声速流动；当 $Ma > 1$ 时，称为超声速流动。在气动系统中，空气经过气动元件内腔形成的通道以流速 u 流动，通道中空气的压力扰动以声速 c 传播。当空气的流动速度小于声速时，下游出口的空气压力扰动可以传播到上游，引起上游流动状态的变化，因此，出口压力与口外压力是相等的。当空气的流动速度大于或等于声速时，下游出口的空气扰动无法传播到上游，从而无法引起上游流动状态的变化，因此，出口压力与口外压力可以不相等。可见，空气的流动以 $Ma = 1$ 为界，体现出截然不同的流动特性。

此外，后续的理论分析还将表明，在气动系统中，流动空气以 $Ma = 0.2 \sim 0.3$ 为分界线，在可压缩性上体现出不同的流动特性。

3. 空气在流动过程中的可压缩性

在流动过程中，如果流体的密度保持不变，或密度变化程度可以忽略不计，则该流动称为不可压缩流动；否则，称为可压缩流动。

空气的可压缩性决定了在空气流动过程中，空气的密度容易发生变化。空气流动过程中，密度随着马赫数发生变化。在常温下，当空气流速小于 70m/s 时，由于密度变化小于 2%，可以近似为不可压缩流动；当空气流速大于 70m/s 小于 100m/s 时，密度变化较大，不可忽略，必须作为可压缩流动，考虑密度的变化在流动过程中的作用。表 3.4-1 是空气在不同温度时的声速，以及相应温度时空气流动可以近似为不可压缩流动的流速上限。

表 3.4-1　空气中的声速及不可压缩流动的流速上限

空气温度		声速	不可压缩流动的流速上限	
T		c	$0.2c$	$0.3c$
℃	K	m/s	m/s	m/s
-30	243.15	313	63	94
-20	253.15	319	64	96
-10	263.15	325	65	98
0	273.15	331	66	99
10	283.15	337	67	101
20	293.15	343	69	103
30	303.15	349	70	105
40	313.15	355	71	106
50	323.15	360	72	108

在气动系统中，通常只对管网中空气的流速有限制要求（主管网中的空气流速通常限制在 8~10m/s，支路管道中的空气流速通常限制在 10~15m/s），因此管网中的空气流动通常属于不可压缩流动；在管网之外的气动元件的内部流道中，空气流动的马赫数通常会出现超过 0.3 的情况，属于可压缩流动。

二、空气的流动和滞止

1. 流动气体的动压力和动能

当气体静止时，气体压力的测量值和测量面的法向方向无关。

当气体流动时，气体压力的测量值和测量面的法向方向有关。当测量面的法向方向和流动方向垂直时，测量得到的压力值和流体的流动速度无关，称为静压力；当测量面的法向方向和流动方向平行时，测量得到的压力值和静压力的差值，称为动压力。

动压力是由流体的流动速度引起的，体现着流体的流动速度对压力的影响，当流动速度为 0 时，动压力为 0。

对于流动状态的气体，常用压力计测量得到的压力值是静压力。

和静止状态的气体相比，流动状态的气体具有动能，从而导致动压力不为 0。因此，从能量的角度来看，必须考虑动压力的影响，即必须考虑流动状态的气体具有的动能。

2. 空气的焓

空气在速度为 u 的水平流动过程中，质量为 m、压力为 p、温度为 T、体积为 V 的空气流过某个截面，意味着这些空气所具有的内能 I 通过了这个截面，并且在这些空气流过这个截面的过程中，这些空气上游的空气以压力 p 推动这些空气做功 pV。从能量的角度，内能 I 和功 pV 都从以此截面为标记的上游进入下游。因此，从上游转移到下游的总能量中包括 $I+pV$ 和这些空气的初始动能 $mu^2/2$。

在热力学中，对于一定质量 m、压力为 p、温度为 T、体积为 V 的空气，$I+pV$ 被定义为这些空气的焓 H，即

$$H = I + pV \tag{3.4-3}$$

可见，当考察水平流动的气体时，气体通过某截面时所对应的转移的总能量包括空气的焓、空气的初始动能。

依据气体状态方程式（3.2-6）和焓的公式（3.4-3），得

$$H = I + mRT \tag{3.4-4}$$

依据内能公式（3.2-12），得

$$H = mc_V T + mRT$$

即

$$H = m(c_V + R)T$$

依据比热容关系公式（3.2-18），得

$$H = mc_p T \tag{3.4-5}$$

在热力学中，经常将焓看作温度为 T 的气体处于流动停止状态时所对应的总能量，焓在数值上等于完全气体在等压变化过程中，从绝对零度升温到温度 T，从外界吸收的总热量。

质量焓 h 是单位质量的气体所具有的焓。

$$h = \frac{H}{m} \tag{3.4-6}$$

$$h = c_p T \tag{3.4-7}$$

$$h = i + RT \tag{3.4-8}$$

式中　i——单位质量内能。

由于气体的内能只和温度有关系，由式（3.4-8）可见，气体的质量焓也只和温度有关系。

综上所述，质量为 m、流速为 u 的空气，在水平流动过程中，经过某个截面，从整体质量角度，从上游转移到下游的总能量为 $H + mu^2/2$；从单位质量角度，从上游转移到下游的总能量为 $h + u^2/2$。

3. 流动状态的静焓和静参数、绝能流动、滞止状态的总焓和总参数

由焓的定义及式（3.4-5）可见，焓是温度的函数。流动的气体和静止的气体，在确定的气体状态下都有焓，并且只取决于温度，而与气体的流速无关。

气体流动时，温度的测量不会受到流速的影响，采用静压力表可以消除流速对压力测量的影响。依据式（3.4-5），由温度可以计算焓；依据式（3.2-5），由温度和静压力表测得的压力可以计算密度。这样得到的参数称为静参数，如静压力 p、静温度 T、静密度 ρ 和静

质量焓 h 等。"静参数"和"静"字的含意是"虽然流速不为零,但是在参数的测量方法上不存在或消除了流动速度的影响,在参数的计算方法上不存在流动速度的影响"。

在气体从流动状态转变为静止状态的停止过程中,气体所经历的状态多种多样,最终静止时的状态参数也不尽相同。气体从流速为 $u\neq 0$ 的流动状态,经过和外界不存在能量交换的状态转化,成为静止状态的过程,称为绝能滞止过程。为了区别于气体的其他静止状态,将相对于最初流速为 $u\neq 0$ 的流动状态,经历绝能滞止过程而达到的最终流速为 0 的静止状态称为滞止状态;同样的道理,对于气体从静止状态,经过绝能过程,达到流速为 $u\neq 0$ 的流动状态的过程,其最初静止状态,也称为滞止状态。综上所述,气体在绝能流动过程中的静止状态,称为滞止状态。

在绝能滞止过程中,流动速度所代表的动能无损失地全部转化为滞止状态下的焓的一部分。由于滞止状态下的焓是通过滞止过程所能得到的焓的最大值,因此滞止状态下的焓称为总焓,记为 H_0。

对于与外界无热功交换的一元定常流动,其滞止过程中无能量损失,空气的动能全部转化为空气的焓,其能量方程式为

$$H_0 = H + \frac{1}{2}mu^2 \tag{3.4-9}$$

式中　H_0——总焓,一定质量的气体,在滞止状态时所具有的能量;
　　　H——静焓,一定质量的气体,在流动状态时所具有的焓;
　　　m——气体的质量;
　　　u——气体流动时的速度。

对于质量焓,与外界无热功交换的一元定常流动,能量方程式为

$$h_0 = h + \frac{1}{2}u^2 \tag{3.4-10}$$

式中　h_0——总质量焓,在滞止状态时所具有的质量焓;
　　　h——静质量焓,在流动状态时所具有的质量焓。

滞止状态下,与总焓相应的温度,称为总温度,记为 T_0。依据式(3.4-10),则

$$c_p T_0 = c_p T + \frac{1}{2}u^2 \tag{3.4-11}$$

由式(3.4-11)可见,在绝能流动过程中,由于总温度 T_0 是固定不变的,而静温度 T 是由气体的流动速度决定的。总温度 T_0 保持不变的原因在于总温度代表单位质量气体所具有的总能量,即便由于气体黏性等原因产生摩擦损耗,使得动能转换为热能,但摩擦损耗变成的热量仍保留在气体内,而没有逸散至外界。

依据式(3.2-18)和式(3.2-19),得

$$c_p = \frac{\kappa R}{\kappa - 1} \tag{3.4-12}$$

依据式(3.4-11)、式(3.4-1)、式(3.4-2)和式(3.4-12),得

$$\frac{T_0}{T} = 1 + \frac{u^2}{2c_p T} = 1 + \frac{u^2}{2\dfrac{\kappa R}{\kappa - 1}T} = 1 + \frac{\kappa - 1}{2}\frac{u^2}{\kappa RT} = 1 + \frac{\kappa - 1}{2}Ma^2$$

总温度和静温度之间的关系式为

$$\frac{T_0}{T} = 1 + \frac{\kappa-1}{2} Ma^2 \tag{3.4-13}$$

滞止状态下的气体状态参数称为滞止参数，通常用下角标"0"表示。在绝能滞止过程中，流动速度所代表的动能无损失地转化为滞止状态下焓的一部分，从而使滞止状态下的焓、温度取得了通过滞止过程所能得到的最大值。后面的分析将表明，在等熵滞止过程中，流动速度所代表的动能无损失、无损耗地转化为滞止状态下压力的一部分，从而使等熵滞止状态下的压力、密度都取得了通过滞止过程所能得到的最大值。因此滞止参数常被称为总参数，即总焓 H_0、总温度 T_0、总压力 p_0、总密度 ρ_0。

4. 等熵流动、等熵滞止状态、总参数与静参数之间的关系

在气体动力学中，可逆的绝能流动过程称为等熵流动过程，可逆的绝能滞止过程称为等熵滞止过程。气体在等熵流动过程中的静止状态，称为等熵滞止状态。

由于等熵滞止过程，就是可逆的绝能滞止过程。因此，式（3.4-13）既然适用于绝能滞止过程，就适用于等熵滞止过程。

依据式（3.4-13）及式（3.2-31）得

$$\frac{p_0}{p} = \left(1 + \frac{\kappa-1}{2} Ma^2\right)^{\frac{\kappa}{\kappa-1}} \tag{3.4-14}$$

$$\frac{\rho_0}{\rho} = \left(1 + \frac{\kappa-1}{2} Ma^2\right)^{\frac{1}{\kappa-1}} \tag{3.4-15}$$

由于式（3.2-31）限定于等熵过程，因此，式（3.4-14）和式（3.4-15）只适用于等熵流动过程。

式（3.4-13）~式（3.4-15）是等熵流动过程中最常用的总参数和静参数之间的关系式。由于总温度 T_0、总压力 p_0（代表单位质量气体所具有的总机械能的总压力 p_0 保持不变）、滞止密度 ρ_0 保持不变，因此在气体的等熵流动过程中，静温度 T、静压力 p、静密度 ρ 由流动速度 u 决定。

在实际的气动系统中，等熵滞止状态是真实存在的，例如密闭气罐中的气体状态，当气罐通过小孔放气时，相对于小孔处的静压力 p 和静温度 T 等静参数，相应时刻的气罐内气体的压力、温度，就是相应的滞止参数总压力 p_0、总温度 T_0。

对于实际的流动空气，等熵滞止状态也可以是假想的，并且可由流动空气的马赫数 Ma 及静参数 p、ρ 和 T 推算出滞止状态参数 p_0、ρ_0 和 T_0。

5. 流动空气的密度变化和马赫数之间的定量关系

对于声速为 c、流动速度为 $u = cMa$ 的空气，其密度为 ρ，其等熵滞止状态下的密度为 ρ_0。依据等熵滞止的密度公式，流动和滞止两种状态下，密度变化和马赫数之间存在下述关系式。

$$\frac{\rho_0 - \rho}{\rho_0} = 1 - \left(1 + \frac{\kappa-1}{2} Ma^2\right)^{\frac{-1}{\kappa-1}} \tag{3.4-16}$$

同理可得，流动和滞止两种状态下，温度变化和马赫数之间、压力变化和马赫数之间的关系式见表 3.4-2。

表 3.4-2 空气等熵流动的可压缩性

Ma	$(\rho_0 - \rho)/\rho_0$	$(T_0 - T)/T_0$	$(p_0 - p)/p_0$
0.0	0.0%	0.0%	0.0%
0.1	0.5%	0.2%	0.7%
0.2	2.0%	0.8%	2.8%
0.3	4.4%	1.8%	6.1%
0.4	7.6%	3.1%	10.4%
0.5	11.5%	4.8%	15.7%
0.6	16.0%	6.7%	21.6%
0.7	20.8%	8.9%	27.9%
0.8	26.0%	11.3%	34.4%
0.9	31.3%	13.9%	40.9%
1.0	36.6%	16.7%	47.2%

表 3.4-2 为按照空气 $\kappa = 1.4$ 进行计算得到的结果。由表 3.4-2 可见，对于空气的等熵流动，当空气流速为声速的 0.2 倍时，密度减小 2%；当空气流速为声速的 0.3 倍时，密度减小 4.4%。考虑气动系统工程计算中，通常可以接受的误差小于 2% ~ 5%，因此，在不考虑密度误差传递影响的情况下，当空气流速大于声速的 0.2 ~ 0.3 倍时，不能再将空气的流动视为不可压缩流动，而必须考虑空气密度的变化。

在气动系统的正常工作过程中，对于主气路配管内的空气，由于流速通常小于声速的 1/5，因此可以视为不可压缩流动，进行压力损失的计算；对于支路配管内的空气，尤其是气缸的直接配管中的空气，由于流速经常大于声速的 0.2 倍，因此不能再将空气的流动视为不可压缩流动，而必须考虑空气密度的变化，进行流动特性的计算。

例 3.4-1 通径 8mm 的减压阀，进口压力为 0.7MPa，进口总温为 300K，当输出流量为 1500L/min（ANR）时，保持输出压力为 0.24MPa，求进口和出口马赫数 Ma_1 和 Ma_2 及减压阀两端的总压力损失 $p_{01} - p_{02}$，如图 3.4-1 所示。

图 3.4-1 减压阀流路示意图

解 通过减压阀的质量流量

$$q_m = \rho_a q_a = 1.185 \times 1500 \times \frac{10^{-3}}{60} \text{kg/s} = 0.029625 \text{kg/s}$$

对定常流动，质量流量保持不变，有 $q_{m1} = q_{m2} = q_m$

$$q_{m1} = \rho_1 u_1 A_1 = \frac{p_1}{RT_1} Ma_1 \sqrt{\kappa RT_1} A_1 = p_1 Ma_1 A_1 \sqrt{\frac{\kappa}{RT_1}}$$

即

$$q_{m1} = p_1 Ma_1 A_1 \sqrt{\frac{\kappa}{RT_1}}$$

又

$$\frac{T_{01}}{T_1} = 1 + \frac{\kappa-1}{2} Ma_1^2$$

上述两式联立，得

$$\frac{\kappa-1}{2}\left(\frac{q_{m1}}{p_1 A_1}\right)^2 \frac{R}{\kappa} T_1^2 + T_1 - T_{01} = 0$$

其中

$$p_1 = 0.7\,\text{MPa(abs.)} + 0.1\,\text{MPa(abs.)} = 0.8\,\text{MPa(abs.)}$$
$$A_1 = 0.785 \times 8^2\,\text{mm}^2 = 50.24\,\text{mm}^2$$
$$T_{01} = 300\,\text{K}$$
$$q_{m1} = 0.029625\,\text{kg/s}$$

即

$$(2.22752 \times 10^{-5}) T_1^2 + T_1 - 300 = 0$$

解得

$$T_1 = 298\,\text{K} \ \text{或}\ T_1 = -45200\,\text{K}$$

取

$$T_1 = 298\,\text{K}$$

则

$$Ma_1 = \frac{q_{m1}}{p_1 A_1}\sqrt{\frac{RT_1}{\kappa}} = \frac{0.029625}{0.8 \times 50.24}\sqrt{\frac{287 \times 298}{1.4}} = 0.182$$

$$p_{01} = p_1\left(1 + \frac{\kappa-1}{2} Ma_1^2\right)^{\frac{\kappa}{\kappa-1}} = 0.8 \times \left(1 + \frac{1.4-1}{2} \times 0.182^2\right)^{\frac{1.4}{1.4-1}}\text{MPa(abs.)} = 0.8187\,\text{MPa(abs.)}$$

设减压阀内流动与外界是绝热的，则总温不变，即 $T_{02} = T_{01} = 300\,\text{K}$。

$$q_{m2} = p_2 Ma_2 A_2 \sqrt{\frac{\kappa}{RT_2}}$$

$$\frac{T_{02}}{T_2} = 1 + \frac{\kappa-1}{2} Ma_2^2$$

其中

$$q_{m2} = 0.029625\,\text{kg/s}$$
$$p_2 = 0.24\,\text{MPa(abs.)} + 0.1\,\text{MPa(abs.)} = 0.34\,\text{MPa(abs.)}$$
$$A_2 = 0.785 \times 8^2\,\text{mm}^2 = 50.24\,\text{mm}^2$$
$$T_{02} = 300\,\text{K}$$

上述两式联立，求解得 $Ma_2 = 0.423$，$T_2 = 289.7\,\text{K}$。

$$p_{02} = p_2\left(1 + \frac{\kappa-1}{2} Ma_2^2\right)^{\frac{\kappa}{\kappa-1}} = 0.34 \times \left(1 + \frac{1.4-1}{2} \times 0.432^2\right)^{\frac{1.4}{1.4-1}}\text{MPa(abs.)} = 0.3844\,\text{MPa(abs.)}$$

减压阀两端的总压力损失

$$p_{01} - p_{02} = 0.8187\,\text{MPa} - 0.3844\,\text{MPa} = 0.4343\,\text{MPa}$$

减压阀两端的静压差

$$p_1 - p_2 = 0.7\,\text{MPa} - 0.24\,\text{MPa} = 0.46\,\text{MPa}$$

可见，总压力损失并不是静压差。

例 3.4-2 用真空泵抽气，使容器内绝对压力保持在 $p_1 = 0.095\text{MPa}$（abs.），该容器的进气口是一个入口圆滑过渡的截面积为 30cm^2 的短管，如图 3.4-2 所示。求短管出口处的马赫数 Ma_1、流速 u_1 及质量流量 q_m。并求通过此短管的最大吸入流量 q_m^*。已知大气状态为 $p_a = 0.102\text{MPa}$（abs.），$t_a = 27℃$。

解 设短管内是一元定常等熵流动。大气状态为滞止状态，即 $p_0 = p_a = 0.102\text{MPa}(\text{abs.})$，$T_0 = T_a = (27+273)\text{K} = 300\text{K}$。短管出口压力 $p_1 = 0.095\text{MPa}$（abs.）。由式（3.4-14），得

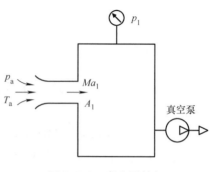

图 3.4-2 真空泵抽气

$$Ma_1 = \sqrt{\frac{2}{\kappa-1}\left[\left(\frac{p_0}{p}\right)^{\frac{\kappa-1}{\kappa}} - 1\right]} = \sqrt{\frac{2}{1.4-1}\left[\left(\frac{0.102}{0.095}\right)^{\frac{1.4-1}{1.4}} - 1\right]} = 0.32$$

由式（3.4-13），得短管出口静温度

$$T_{10} = \frac{T_0}{1 + \frac{\kappa-1}{2}Ma_1^2} = \frac{300}{1 + \frac{1.4-1}{2} \times 0.32^2}\text{K} = 294\text{K}$$

出口声速

$$c_1 = \sqrt{\kappa R T} = \sqrt{1.4 \times 287 \times 294}\text{m/s} = 343.7\text{m/s}$$

出口流速

$$u_1 = Ma_1 c_1 = 0.32 \times 343.7\text{m/s} = 110\text{m/s}$$

出口密度

$$\rho_1 = \frac{p_1}{RT_1} = \frac{0.095 \times 10^6}{287 \times 294}\text{kg/m}^3 = 1.126\text{kg/m}^3$$

通过短管的质量流量

$$q_m = \rho_1 u_1 A_1 = 1.126 \times 110 \times 30 \times 10^4 \text{kg/s} = 0.3716\text{kg/s}$$

当 $Ma_1 = 1$，即 $p_1 \leq 0.528 p_0 = 0.528 \times 0.102 = 0.05386\text{MPa}$ 时，通过此短管的质量流量达最大值

$$q_m^* = 0.04 \frac{p_0}{\sqrt{T_0}} A_1 = 0.04 \times \frac{0.102 \times 10^6}{\sqrt{300}} \times 30 \times 10^4 \text{kg/s} = 0.707\text{kg/s}$$

当然，真空泵的抽吸能力必须能满足要求。

三、临界状态、收缩喷管出口面积

1. 声速流、临界状态、壅塞现象

空气流速达到当地声速时的流动状态称为临界状态。气动元件内部流道中处于临界状态的截面称为临界截面。临界截面上的静压力与总压力之比称为临界压力比。临界截面处的空气状态参数用上角标"*"表示。显然，临界截面处 $Ma = 1$。

当 $Ma = 1$ 时，由式（3.4-14），得临界压力比 $p/p_0 = 0.528$（对空气）。

压缩空气通过收缩管或拉瓦尔管，在最小截面处达声速时，存在上游总压力 p_0 和总温度 T_0 保持一定的情况下，无论怎样降低管道下游的压力，通过管道的质量流量都不会有增大的现象，称为壅塞现象。这是管道出口的空气流速达到声速流或超声速流出现的一种流动现象。

2. 质量流量、收缩喷管出口面积

图 3.4-3 所示大容器从收缩喷管出流，设喷管出口面积为 A_2，喷管出口处压力为 p_2，口外外界压力为 p_b，出口流速为 u_2。由于容器内流速 $u_0 \approx 0$，故容器内压力为总压力 p_0、温度为总温度 T_0。假定是理想气体流过收缩管，则可认为管内为一元等熵流动。若保持容器内 p_0 和 T_0 不变，则收缩管内各处的总压力和总温度都分别与容器内的 p_0 和 T_0 是一样的。

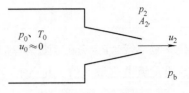

图 3.4-3 通过收缩喷管的流动

依据式（3.4-11）和式（3.4-12），得

$$\frac{\kappa R}{\kappa - 1} T_0 = \frac{\kappa R}{\kappa - 1} T_2 + \frac{u_2^2}{2}$$

$$\frac{\kappa}{\kappa - 1} \frac{p_0}{\rho_0} = \frac{\kappa}{\kappa - 1} \frac{p_2}{\rho_2} + \frac{u_2^2}{2}$$

$$u_2 = \sqrt{\frac{2\kappa}{\kappa - 1}\left(\frac{p_0}{\rho_0} - \frac{p_2}{\rho_2}\right)} = \sqrt{\frac{2\kappa}{\kappa - 1} \frac{p_0}{\rho_0}\left(1 - \frac{p_2 \rho_0}{p_0 \rho_2}\right)}$$

对等熵流动，依据式（3.2-31）得

$$\frac{p_2}{p_0} = \left(\frac{\rho_2}{\rho_0}\right)^\kappa$$

则理想气体流过喷管出口处的流速

$$u_2 = \sqrt{\frac{2\kappa}{\kappa - 1} R T_0 \left[1 - \left(\frac{p_2}{p_0}\right)^{\frac{\kappa - 1}{\kappa}}\right]} \qquad (3.4\text{-}17)$$

对收缩喷管，当 $Ma_2 < 1$ 时，$p_2 = p_b$；当 $Ma_2 = 1$ 时，$p_2 \geqslant p_b$。

理想气体通过喷管出口处的质量流量

$$q_m = \rho_2 u_2 A_2 = \frac{\rho_2}{\rho_0} \rho_0 A_2 \sqrt{\frac{2\kappa}{\kappa - 1} R T_0 \left[1 - \left(\frac{p_2}{p_0}\right)^{\frac{\kappa - 1}{\kappa}}\right]}$$

$$= \left(\frac{p_2}{p_0}\right)^{\frac{1}{\kappa}} \frac{p_0}{R T_0} A_2 \sqrt{\frac{2\kappa}{\kappa - 1} R T_0 \left[1 - \left(\frac{p_2}{p_0}\right)^{\frac{\kappa - 1}{\kappa}}\right]} \qquad (3.4\text{-}18)$$

$$= p_0 A_2 \sqrt{\frac{2\kappa}{\kappa - 1} \frac{1}{R T_0} \left[\left(\frac{p_2}{p_0}\right)^{\frac{2}{\kappa}} - \left(\frac{p_2}{p_0}\right)^{\frac{\kappa + 1}{\kappa}}\right]}$$

$$q_m = p_0 A_2 \sqrt{\frac{2\kappa}{\kappa - 1} \frac{1}{R T_0} \left[\left(\frac{p_2}{p_0}\right)^{\frac{2}{\kappa}} - \left(\frac{p_2}{p_0}\right)^{\frac{\kappa + 1}{\kappa}}\right]}$$

若 p_0、T_0 保持一定，则 q_m 只是 $\dfrac{p_2}{p_0}$ 的函数。

令

$$\frac{\mathrm{d} q_m}{\mathrm{d}\left(\dfrac{p_2}{p_0}\right)} = 0$$

求得

$$\frac{p_2}{p_0} = \left(\frac{2}{\kappa+1}\right)^{\frac{\kappa}{\kappa-1}} \qquad (3.4\text{-}19)$$

对空气，$\kappa=1.4$，则 $p_2/p_0 = 0.528$。这表示收缩小孔出口处达临界状态时，通过收缩管的质量流量达最大值，记为 q_m^*。将式（3.4-19）代入得

$$q_m^* = \left(\frac{2}{\kappa+1}\right)^{\frac{\kappa}{2(\kappa-1)}} \sqrt{\frac{\kappa}{R}} \frac{p_0}{\sqrt{T_0}} A_2 \qquad (3.4\text{-}20)$$

对空气，$\kappa=1.4$，$R=287\text{N}\cdot\text{m}/(\text{kg}\cdot\text{K})$，则

$$q_m^* = 0.04 \frac{p_0}{\sqrt{T_0}} A_2 \qquad (3.4\text{-}21)$$

当 $p_b = p_2 = 0.528 p_0$，再继续使 p_b 下降，即 $p_b < 0.528 p_0$，由于 p_b 减小产生的扰动是以声速传播的，但孔口出流也是以声速向外流动，故扰动无法影响到收缩管内。这就是说，p_b 不断下降，但收缩管内流动并不发生变化，自然 q_m 也不变。这样，空气在收缩管内作一元定常等熵流动时，其质量流量的计算可总结如下。

当 $1 \geqslant p_b/p_0 > 0.528$ 时，管内为亚声速流，且 $p_2 = p_b$，则

$$q_m = p_0 A_2 \sqrt{\frac{2\kappa}{\kappa-1} \frac{1}{RT_0} \left[\left(\frac{p_2}{p_0}\right)^{\frac{2}{\kappa}} - \left(\frac{p_2}{p_0}\right)^{\frac{\kappa+1}{\kappa}}\right]}$$

当 $p_b/p_0 \leqslant 0.528$ 时，收缩管出口 $Ma_2 = 1$，且 $p_2 \geqslant p_b$，则

$$q_m^* = 0.04 \frac{p_0}{\sqrt{T_0}} A_2$$

理想气体流过收缩喷管的流量特性曲线如图 3.4-4 所示。

对于收缩喷管不断向外排气，使容器内总压力 p_0 不断下降的情况，则通过收缩喷管的质量流量 q_m 与两端压力比 p_0/p_b 的关系如图 3.4-5 所示。当 p_0 降至 $p_0/0.528 = 1.893 p_0$ 之前，喷管出口 $Ma_2 = 1$，仍按式（3.4-21）计算 q_m，显然 q_m 与 p_0 呈线性关系。当 $p_0 < 1.893 p_b$ 后，$Ma_2 < 1$，应按式（3.4-18）计算 q_m，且 $p_2 = p_b$。

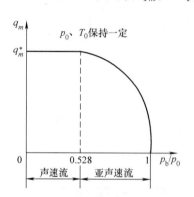

图 3.4-4 理想气体流过收缩喷管的流量特性曲线

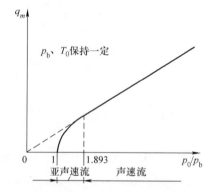

图 3.4-5 理想气体流过收缩喷管的流量特性曲线的另一种形式

四、可压缩流动条件下的气动元件流量特性参数

气动元件的流量特性，是指元件进出口两端的压力与通过该元件的流量之间的关系。

1. 临界流态下的有效截面面积 S 值

理想气体等熵流过最小截面面积为 S 的收缩喷管,当流动处于临界流态下,由式(3.4-21),可求得通过该喷管的质量流量

$$q_m^* = 0.04 \frac{p_0}{\sqrt{T_0}} S \qquad (3.4\text{-}22)$$

对于气动元件,往往由于内部流道复杂,无法确定通道中的最小截面积的具体位置,而且压缩空气流过气动元件时,元件内部流道复杂,空气具有黏性(不是无黏性的理想气体),流动损失较大,不是等熵流动,但是实验表明,当气动元件处于临界流态下,不论气动元件上游的总压力 p_0 和总温度 T_0 怎样变化,元件的 S 值大小几乎都不变。

因此,通过测得进口总参数为总压力 p_0、总温度 T_0、临界流态下的质量流量为 q_m^*,可以用式(3.4-22)计算得到 S 值,该 S 值称为该气动元件处于临界流态下的有效截面面积。

采用式(3.4-22)直接测量气动元件的 S 值,存在耗气量过大的缺点,当 S 值稍大时,就存在气源供气量不足的实际困难。为了避免耗气量过大的问题,可以使用下述声速放气法测定 S 值,其试验原理如图 3.4-6 所示。

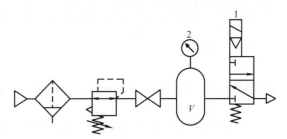

图 3.4-6 声速放气法试验原理图

试验方法是将被测阀 1 直接接在初始压力为 p_0(0.5MPa 左右)、初始温度为 T_0、容积为 V 的容器 2 上,迅速打开被测阀向外界大气放气。当容器内压力降至调定压力(0.2MPa 左右)时,迅速关闭被测阀。记录被测阀的开启至关闭的放气时间 t 及阀关闭后容器内的压力趋于稳定时的残余压力 p_∞,由式(3.4-23)可算出被测阀的有效截面面积

$$S = 12.9 \frac{V}{t} \sqrt{\frac{273}{T_0}} \lg \frac{p_0 + 0.102}{p_\infty + 0.102} \qquad (3.4\text{-}23)$$

其中,S 的单位为 mm^2;V 的单位为 L;t 的单位为 s;T_0 的单位为 K;p_0 和 p_∞ 的单位为 MPa。

V 值按被测阀的预估 S 值来选取,见表 3.4-3,以保证放气时间在 4~6s 范围内。

表 3.4-3 V 值选取表

S/mm^2	5	10	20	40	60	110	190	300	400	650	1000
V/L	7	13	27	54	81	148	255	403	537	873	1304

容器内压力 p 的变化规律如图 3.4-7 所示。式(3.4-23)是假设容器内放气时为等熵过程、停止放气后为等容过程推导出来的。放气时容器内的最低压力不低于 0.2MPa,以保证被测阀内总处于声速放气状态。对于 b 值小于 0.33 的气动元件,最低压力应不低于 $1/b(\text{bar})$。

2. 声速流导 C 值与临界压力比 b 值

压缩空气流过气动元件时,由于元件内部流道复杂,流动损失较大,不能再假设元件内部为等熵流动。按图 3.4-8 所示的试验原理

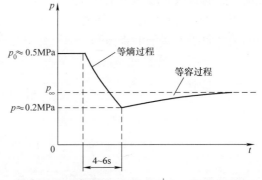

图 3.4-7 测 S 值时容器内压力 p 的变化规律

图，测出的气动元件的流量特性曲线如图3.4-9所示，它与理想气体流过收缩喷管的流量特性曲线（见图3.4-4）很相似。从实用性考虑，流量特性曲线的横坐标压力比，改为被测元件下游和上游管道内的静压之比 p_2/p_1。

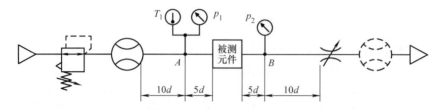

图3.4-8 定常流法测定元件的流量特性试验原理图

保持元件上游管道内的压力 p_1 和温度 T_1 一定，当 $p_2/p_1 \leq b$ 时，元件内处于壅塞流态，即元件内最小截面处流速为声速，通过元件的质量流量 q_m 也保持不变，记为 q_m^*，有

$$q_m^* = C\rho_a p_1 \sqrt{\frac{293.15}{T_1}} \quad \left(\frac{p_2}{p_1} \leq b\right) \quad (3.4\text{-}24)$$

式中 q_m^*——壅塞流态下，通过元件的质量流量（kg/s）；

C——声速流导 [m³/(s·Pa)]，元件内达声速流动时的流通能力；

ρ_a——标准状态下空气的密度，$\rho_a = 1.185 \text{kg/m}^3$；

p_1——气动元件上游管道内的静压力（绝对压力）（Pa）；

T_1——气动元件上游管道内的静温度（K）；

p_2——气动元件下游管道内的静压力（绝对压力）（Pa）；

b——临界压力比，元件内亚声速流动和声速流动分界点的下游与上游管道内的静压力之比，即元件内刚达到声速时，元件下游管道内静压力与上游管道内静压力之比。

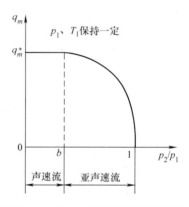

图3.4-9 气动元件的流量特性曲线

对一元等熵流动，临界压力比为0.528。在气动系统中，一般气动元件内部气流不是等熵流动，临界压力比 $b = 0.2 \sim 0.5$；少数气动元件的 b 值可大于0.5；多个气动元件组成的气动回路的 b 值一般都小于0.2。

当 $b < p_2/p_1 \leq 1$ 时，元件内处于亚声速流态，通过元件的质量流量 q_m 与压力比 p_2/p_1 之间的关系曲线近似于1/4椭圆，故可建立以下椭圆方程

$$\left(\frac{q_m}{q_m^*}\right)^2 + \left(\frac{\frac{p_2}{p_1} - b}{1 - b}\right)^2 = 1$$

即

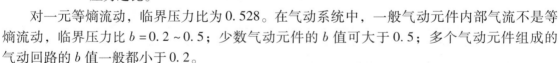

$$q_m = q_m^* \sqrt{1 - \left(\frac{\frac{p_2}{p_1} - b}{1 - b}\right)^2} \left(b < \frac{p_2}{p_1} \leq 1\right) \quad (3.4\text{-}25)$$

ISO 6358：1989 首倡以声速流导 C 和临界压力比 b 作为具有固定流道的气动元件的流量特性参数，可以全面描述该类气动元件的流量特性，在世界各国得到推广应用。遗憾的是，该标准最新版本（ISO 6358-1：2013、ISO 6358-2：2013、ISO 6358-3：2014）中规定的测试方法，在理论正确性、实践可行性、表述清晰性上存在巨大缺陷，难以保证正确测定 C、b 两个特性参数。为了测得准确的 C 值和 b 值，需要采用包括 GB/T 14513—1993 中的串接声速排气法在内的其他正确测试方法。

3. 临界流态下的有效截面面积 S 值和临界压力比 b 值

使用临界流态下的有效截面面积 S 值和临界压力比 b 值两个特性参数也可完整表达气动元件的流量特性。

已知 S 值和 b 值，可按下面公式计算在各种压差下通过气动元件的质量流量。

$$q_m^* = \left(\frac{2}{\kappa+1}\right)^{\frac{\kappa}{2(\kappa-1)}} \sqrt{\frac{\kappa}{RT_1}} p_1 S = 0.04 \frac{p_1}{\sqrt{T_1}} S \quad \left(\frac{p_2}{p_1} \leq b\right) \quad (3.4\text{-}26)$$

$$q_m = q_m^* \sqrt{1 - \left(\frac{\frac{p_2}{p_1} - b}{1 - b}\right)^2} \quad \left(b < \frac{p_2}{p_1} \leq 1\right)$$

在壅塞流态下，将质量流量 q_m 化为标准状态下（$\rho_a = 1.185 \text{kg/m}^3$）的体积流量 q_a，由式（3.4-26），可得

$$q_a = \frac{q_m^*}{\rho_a} = \frac{0.04 p_1}{1.185\sqrt{T_1}} S$$

进行单位换算后，得

$$q_a = 0.124 S p_1 \sqrt{\frac{273}{T_1}} \quad \left(\frac{p_2}{p_1} \leq b\right) \quad (3.4\text{-}27)$$

式中　q_a——标准状态下的体积流量/(L/min)（ANR）；

　　　S——壅塞流态下的有效截面面积（mm^2）；

　　　p_1——气动元件上游管道内的绝对压力（kPa）；

　　　T_1——气动元件上游管道内的温度（K）；

　　　p_2——气动元件下游管道内的绝对压力（kPa）；

　　　b——气动元件的临界压力比。

S 值和 b 值的测定方法可参考 GB/T 14513—1993。该标准采用的串接声速排气法具有测定参数的物理意义明确，计算公式的理论推导严密，S 值和 b 值的测试结果精度高，测试方法简便，测试设备简单，测试过程耗气量小的特点。串接声速排气法得到了完善，b 值测试结果精度得到进一步的提高，是目前 b 值精度最高的测试方法。但是，我国在推广 ISO 6358 的过程中，已经将 GB/T 14513—1993 废止，目前正着手修订该国标。目前，国内的气动元件流量特性参数的测试工作处于进退两难的困境：如果采用 GB/T 14513.1—2017（即 ISO 6358-1：2013）的测试方法，则得不到正确的测试结果；如果采用 GB/T 14513—1993 的测试方法得到正确的测试结果，却不符合最新版本的国家标准。对照一些国家在采用 ISO 标准时，在科学合理的条件下保留原有国内标准，以保持本国技术传承的连贯性、先进性的做法。

4. 气动元件流量特性参数 A、S、C 之间的关系

气动元件的有效截面面积与元件内部的流动状态有关。两个特定流态下的有效截面面积（不可压缩流态下的有效截面面积 A 值与临界流态下的有效截面面积 S 值）之间的联系推导如下。

令 $\Delta p = p_1 - p_2$，将式 (3.4-26) 代入式 (3.4-25)，则有

$$q_m = \frac{0.04S}{(1-b)\sqrt{T_1}}\sqrt{(1-b)^2 p_1^2 - (p_2 - bp_1)^2}$$

$$= \frac{0.04S}{(1-b)\sqrt{T_1}}\sqrt{(1-b)^2(p_2 + \Delta p)^2 - [p_2 - b(p_2 + \Delta p)]^2}$$

对不可压缩流动，$\Delta p \ll p_2$，将上式展开，忽略高阶小，整理后得

$$q_m = 0.04 \frac{S}{\sqrt{T_1}} \sqrt{\frac{2p_2 \Delta p}{1-b}} \tag{3.4-28}$$

式 (3.3-30) 可改写成

$$q_V = A\sqrt{\frac{2\Delta p}{\rho}}$$

其中，A 以 m^2 计。又

$$\rho = \rho_2 = \frac{p_2}{RT_2}$$

则不可压缩流态下的质量流量

$$q_m = \rho q_V = A\sqrt{2\rho \Delta p} = A\sqrt{\frac{2p_2 \Delta p}{RT_1}}$$

由上式和式 (3.4-28)，则得

$$\frac{S}{A} = 1.46\sqrt{1-b} \tag{3.4-29}$$

对于理想气体的流动，$b = 0.528$，则 $S = A$；在实际气体流过气动元件时，b 值一般在 $0.2 \sim 0.5$ 之间，故 S/A 在 $1.306 \sim 1.032$ 之间，可见 $S > A$；对于有些长管道，b 值有可能大于 0.528，则存在 $A > S$ 的情况。

临界流态下的有效截面面积 S 值与声速流导 C 值是一一对应的，二者之间仅计量单位不同，通过换算，存在

$$S = 5.022C \tag{3.4-30}$$

其中，S 以 mm^2 计，C 以 $L/(s \cdot 0.1MPa)$ 计。

5. 气动元件流量特性参数之间的换算关系

在不可压缩流动条件下测得的气动元件流量特性参数包括：流通能力 C_v 值、流通能力 K_v 值、不可压缩流动的有效面积 A 值。它们是在一定压降条件下的气动元件流通能力，相互之间的换算关系汇总如下。

$$A = 16.98 C_v$$

$$C_v = 1.167 K_v$$

在可压缩流动条件下测得的气动元件流量特性参数包括：临界流态下的有效截面面积 S 值、声速流导 C。它们都是临界流态条件下的气动元件流通能力，相互之间的换算关系如下。

$$S = 5.022C$$

通过临界压力比 b 值，可以将不可压缩流态下的有效截面面积 A 值，和临界流态下的有效截面面积 S 值之间，建立换算关系如下。

$$\frac{S}{A} = 1.46\sqrt{1-b}$$

综上所述，可以得到气动元件流量特性中表达流通能力的参数之间的全部换算关系。

五、气动元件流量特性参数的合成

1. 气动元件的串联合成

图 3.4-10 所示为 n 个气动元件串联，保持回路进口压力 p_1、进口温度 T_1 不变，出口压力为 p_e，并设所有连接管都是截面积较大的短管。设 p_i 为元件 i 的上游压力，也是元件 $i-1$ 的下游压力。通过串联回路的质量流量 q_m 等于通过每个元件的质量流量 q_{mi}，有

$$q_m = q_{mi} \tag{3.4-31}$$

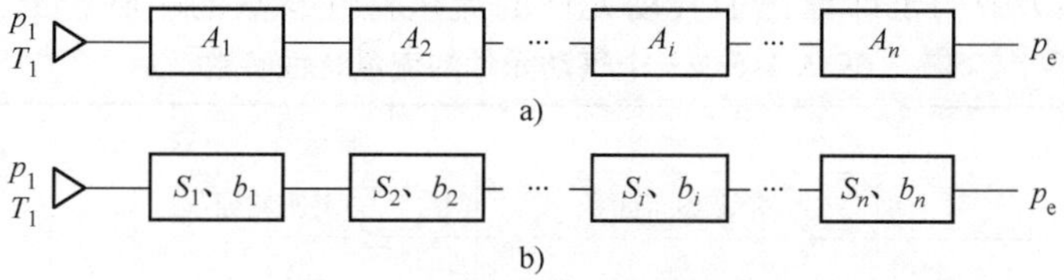

图 3.4-10　n 个气动元件串联
a) 不可压缩流动　b) 可压缩流动

串联回路的总压降 $\Delta p = p_1 - p_e$ 等于各个元件两端压降 $\Delta p_i = p_i - p_{i+1}$ 之和，有

$$\Delta p = \sum_{i=1}^{n} \Delta p_i \tag{3.4-32}$$

（1）不可压缩流动

对于不可压缩流动，将式（3.4-31）、式（3.4-32）代入式（3.3-30），得串联回路在不可压缩流态下的合成有效截面面积

$$\frac{1}{A^2} = \sum_{i=1}^{n} \frac{1}{A_i^2} \tag{3.4-33}$$

借助式（3.4-33）的形式，可以粗略估算可压缩流动下的合成有效截面面积 S 和合成声速流导 C。需要注意，按式（3.4-34）、式（3.4-35）算出合成有效截面面积 S 和合成声速流导 C 比实际值小。

$$\frac{1}{S^2} = \sum_{i=1}^{n} \frac{1}{S_i^2} \tag{3.4-34}$$

$$\frac{1}{C^2} = \sum_{i=1}^{n} \frac{1}{C_i^2} \tag{3.4-35}$$

（2）可压缩流动

对于可压缩流动，需要首先判定临界截面出现在哪个元件的内部流道，然后才能按照相应公式计算串联合成的流量特性参数。

当 $n=2$ 时，依据式（3.4-24）、式（3.4-25）、式（3.4-31）、式（3.4-32）推导得到表 3.4-4 中两个气动元件的流量特性参数串联合成公式。

表 3.4-4 两个气动元件的流量特性参数的串联合成公式

项目		流量特性参数的串联合成公式		
		有效截面面积	声速流导	临界压力比
元件 1		S_1	C_1	b_1
元件 2		S_2	C_2	b_2
S_1 为临界截面的条件	$\dfrac{S_1}{S_2} \leq b_1$	$S_{串联} = S_1$	$C_{串联} = C_1$	$b_{串联} = b_1 \dfrac{p_e}{p_2}$
S_2 为临界截面的条件	$\dfrac{S_1}{S_2} > b_1$	$S_{串联} = S_2 \dfrac{p_2}{p_1}$	$C_{串联} = C_2 \dfrac{p_2}{p_1}$	$b_{串联} = b_2 \dfrac{S_{串联}}{S_2}$

注：p_2 为元件 2 的上游压力，在串联回路中也是元件 1 的下游压力；p_e 为环境的大气压力。

当 $n=3$ 时，对于表 3.4-5 中三个气动元件的串联回路，可以依据式（3.4-24）、式（3.4-25）、式（3.4-31）、式（3.4-32）推导得到表 3.4-6 中用于判定临界截面位置的计算公式和表 3.4-7 中用于计算三个气动元件的流量特性参数的串联合成公式。

表 3.4-5 三个气动元件的流量特性参数

项目		流量特性参数		
		有效截面面积	声速流导	临界压力比
串联元件	元件 1	S_1	C_1	b_1
	元件 2	S_2	C_2	b_2
	元件 3	S_3	C_3	b_3

表 3.4-6 计算公式（用于判定三个气动元件串联时的临界截面位置）

临界截面	判定条件	计算公式 1	计算公式 2	计算公式 3
S_1	$\dfrac{p_3}{p_2} > b_2$ $\dfrac{p_e}{p_3} > b_3$	$\dfrac{p_e}{p_3} = b_3 + (1-b_3)\sqrt{1-\left(\dfrac{1}{b_1}\dfrac{p_2}{p_3}\dfrac{S_1}{S_3}\right)^2}$	$\dfrac{p_3}{p_2} = b_2 + (1-b_2)\sqrt{1-\left(\dfrac{1}{b_1}\dfrac{S_1}{S_2}\right)^2}$	$\dfrac{p_e}{p_2} = \dfrac{p_e}{p_3}\dfrac{p_3}{p_2}$
S_2	$\dfrac{p_2}{p_1} > b_1$ $\dfrac{p_e}{p_3} > b_3$	$\dfrac{p_e}{p_3} = b_3 + (1-b_3)\sqrt{1-\left(\dfrac{1}{b_2}\dfrac{S_2}{S_3}\right)^2}$	$\dfrac{p_2}{p_1} = \dfrac{b_1 + (1-b_1)\sqrt{1+(1-2b_1)\left(\dfrac{S_2}{S_1}\right)^2}}{1+(1-b_1)^2\left(\dfrac{S_2}{S_1}\right)^2}$	—
S_3	$\dfrac{p_3}{p_2} > b_2$ $\dfrac{p_2}{p_1} > b_1$	$\dfrac{p_3}{p_2} = \dfrac{b_2 + (1-b_2)\sqrt{1+(1-2b_2)\left(\dfrac{S_3}{S_2}\right)^2}}{1+(1-b_2)^2\left(\dfrac{S_3}{S_2}\right)^2}$	$\dfrac{p_2}{p_1} = \dfrac{b_1 + (1-b_1)\sqrt{1+(1-2b_1)\left(\dfrac{S_3}{S_1}\dfrac{p_3}{p_2}\right)^2}}{1+(1-b_1)^2\left(\dfrac{S_3}{S_1}\dfrac{p_3}{p_2}\right)^2}$	$\dfrac{p_3}{p_1} = \dfrac{p_3}{p_2}\dfrac{p_2}{p_1}$

表 3.4-7　三个气动元件的流量特性参数的串联合成公式

临界截面	判定条件	流量特性参数的串联合成公式		
		有效截面面积	声速流导	临界压力比
S_1	$\dfrac{p_3}{p_2} > b_2$ $\dfrac{p_e}{p_3} > b_3$	$S_{串联} = S_1$	$C_{串联} = C_1$	$b_{串联} = b_1 \dfrac{p_e}{p_2}$
S_2	$\dfrac{p_2}{p_1} > b_1$ $\dfrac{p_e}{p_3} > b_3$	$S_{串联} = S_2 \dfrac{p_2}{p_1}$	$C_{串联} = C_2 \dfrac{p_2}{p_1}$	$b_{串联} = \dfrac{p_2}{p_1} b_2 \dfrac{p_e}{p_3}$
S_3	$\dfrac{p_3}{p_2} > b_2$ $\dfrac{p_2}{p_1} > b_1$	$S_{串联} = S_3 \dfrac{p_3}{p_1}$	$C_{串联} = C_3 \dfrac{p_3}{p_1}$	$b_{串联} = b_3 \dfrac{p_3}{p_1}$

在利用上述表格计算串联合成的流量特性参数时，首先假定临界截面出现在某个元件的内部流道，然后依据表 3.4-6 中的计算公式进行计算，并依据表 3.4-6 中的判定条件确定假设是否成立。如果假设成立，则依据表 3.4-7 中的串联合成公式进行计算，得到串联合成的流量特性参数；如果假设不成立，则重新进行假设，并重复上述步骤。

为了快速找出临界截面出现在哪个元件的内部流道，在进行假设时，可以按照下述原则：当 S 值差异较大时，优先假定 S 值最小的元件出现临界截面；当 S 值差异较小时，优先假定下游的元件出现临界截面。

当 $n>3$ 时，依据式 (3.4-24)、式 (3.4-25)、式 (3.4-31) 和式 (3.4-32) 仍然可以推导得出相应的 n 个气动元件串联时，用于判定临界截面位置的计算公式，用于计算流量特性参数的串联合成公式，但是其计算公式比较复杂，不再列出。

例 3.4-3　图 3.4-11 所示气动系统为串联回路，回路中油雾器 $S_1 = 60 \text{mm}^2$，二位五通电磁阀 $S_2 = 60 \text{mm}^2$，单向节流阀 $S_3 = 40 \text{mm}^2$，连接管总长为 10m，内径为 9mm 的尼龙管，求气罐至气缸进气口端的合成有效截面面积 S 值。设气罐至气缸进气口端的合成临界压力比 $b = 0.2$。气罐内压力为 0.6MPa、温度为 293K，两者都保持不变。当气缸进气腔压力为大气压时，充入气缸内的瞬时流量是多少？当气缸进气腔压力已达 0.2MPa 时，充入气缸内的瞬时流量又是多少？

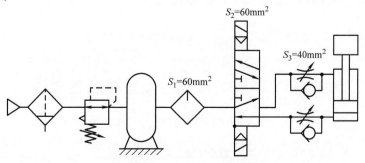

图 3.4-11　气动系统回路示例

解 查得长10m、内径9mm尼龙管的有效截面面积约为18mm²。

由式（3.4-34），可求得气罐至气缸进气端的合成有效截面面积

$$S = \left(\frac{1}{60^2} + \frac{1}{60^2} + \frac{1}{40^2} + \frac{1}{18^2}\right)^{-0.5} \text{mm}^2 = 15.31 \text{mm}^2$$

当 $p_1 = (0.6 + 0.1)$ MPa $= 0.7$ MPa，$p_2 = 0.1$ MPa，$p_2/p_1 = 0.1/0.7 = 0.143 < b = 0.2$，为声速向气缸充气，由式（3.4-34），充入气缸内的瞬时质量流量为

$$q_m^* = 0.04 \times \frac{0.6 + 0.1}{\sqrt{293}} \times 15.31 \text{kg/s} = 0.025 \text{kg/s}$$

当 $p_1 = 0.7$ MPa，$p_2 = (0.2 + 0.1)$ MPa $= 0.3$ MPa，$p_2/p_1 = 0.3/0.7 = 0.429 > b = 0.2$，为亚声速向气缸充气，由式（3.4-35），充入气缸内的瞬时质量流量为

$$q_m = 0.025 \times \sqrt{1 - \left(\frac{\frac{0.3}{0.7} - 0.2}{1 - 0.2}\right)^2} \text{kg/s} = 0.024 \text{kg/s}$$

例 3.4-4 三个元件的流量特性参数 C_i、b_i 见表3.4-8，由其组成的串联回路如图3.4-12所示，请计算串联回路的流量特性参数 $S_{串联}$、$b_{串联}$。

表3.4-8 三个元件的流量特性参数 C_i、b_i 值

项目		元件（$i=1$、2、3）		
		元件1（阀）	元件2（管子$\phi 8 \times 5$m）	元件3（阀）
流量特性参数	$C_i/[\text{m}^3/(\text{s}\cdot\text{Pa})]$（ANR）	4.023×10^{-8}	3.778×10^{-8}	2.699×10^{-8}
	b_i	0.267	0.199	0.403

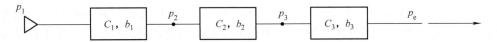

图3.4-12 三个元件串联回路

解 计算串联回路中各元件的 S 值：$S_1 = 5C_1 = 20.2 \text{mm}^2$，$S_2 = 5C_2 = 18.97 \text{mm}^2$，$S_3 = 5C_3 = 13.55 \text{mm}^2$。

假设元件3达临界流态。

由表3.4-6中计算公式

$$\frac{p_3}{p_2} = \frac{b_2 + (1 - b_2)\sqrt{1 + (1 - 2b_2)\left(\frac{S_3}{S_2}\right)^2}}{1 + (1 - b_2)^2\left(\frac{S_3}{S_2}\right)^2}$$

$$= \frac{0.199 + (1 - 0.199)\sqrt{1 + (1 - 2 \times 0.199)\left(\frac{13.55}{18.97}\right)^2}}{1 + (1 - 0.199)^2\left(\frac{13.55}{18.97}\right)^2} = 0.84$$

可见，$p_3/p_2 = 0.84 > b_2 = 0.199$，表明元件2未达临界。

由表3.4-6中计算公式

$$\frac{p_2}{p_1} = \frac{b_1 + (1-b_1)\sqrt{1 + (1-2b_1)\left(\frac{S_3}{S_1}\frac{p_3}{p_2}\right)^2}}{1 + (1-b_1)^2\left(\frac{S_3}{S_1}\frac{p_3}{p_2}\right)^2}$$

$$= \frac{0.267 + (1-0.267)\sqrt{1 + (1-2\times 0.267)\left(\frac{13.55}{20.2}\times 0.84\right)^2}}{1 + (1-0.267)^2\left(\frac{13.55}{20.2}\times 0.84\right)^2} = 0.9$$

可见，$p_2/p_1 = 0.9 > b_1 = 0.267$，表明元件1未达临界。

因此，假设元件3达临界是正确的。

由表3.4-7中计算公式，得

$$S_{串联} = \frac{p_3}{p_1}S_3 = \frac{p_3}{p_2}\frac{p_2}{p_1}S_3 = 0.84 \times 0.9 \times 13.55 \text{mm}^2 = 10.23 \text{mm}^2$$

$$b_{串联} = \frac{p_3}{p_1}b_3 = \frac{p_3}{p_2}\frac{p_2}{p_1}b_3 = 0.9 \times 0.84 \times 0.403 = 0.305$$

2. 气动元件的并联合成

图3.4-13所示为n个气动元件并联，已知每个元件不可压缩流态下的有效截面面积A_i和临界流态下的有效截面面积S_i，保持回路进口压力p_1、进口温度T_1不变，出口压力为p_e，并设所有连接管都是短管，即不计连接管内的流动损失。

设p_i为元件i的上游压力，则$p_i = p_1$；p_e为环境的大气压力，也是元件i的下游外界压力。

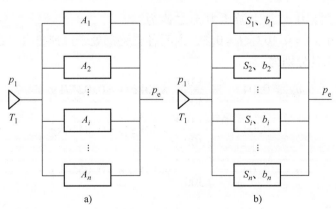

图3.4-13 n个气动元件并联
a) 不可压缩流动 b) 可压缩流动

根据总质量流量q_m等于n个分支上元件的质量流量q_{mi}之和，有

$$q_m = \sum_{i=1}^{n} q_{mi} \tag{3.4-36}$$

在并联回路中，总压降为$\Delta p = p_1 - p_e$，每个分支上元件两端压降均为$\Delta p_i = p_i - p_e = p_1 - p_e$，则

$$\Delta p = \Delta p_i \tag{3.4-37}$$

（1）不可压缩流动

对于不可压缩流动，将式（3.4-36）和式（3.4-37）代入式（3.4-28），则得并联回路的合成有效截面面积

$$A_{并联} = \sum_{i=1}^{n} A_i \qquad (3.4\text{-}38)$$

（2）可压缩流动

对于可压缩流动，将式（3.4-36）代入式（3.4-26），则得并联回路的合成有效截面面积

$$S_{并联} = \sum_{i=1}^{n} S_i \qquad (3.4\text{-}39)$$

将式（3.4-36）代入式（3.4-24），则得并联回路的合成声速流导

$$C_{并联} = \sum_{i=1}^{n} C_i \qquad (3.4\text{-}40)$$

由于只有在 b 值最小的元件的出口空气流速为声速时，$S_{并联}$ 才能适用于式（3.4-26），$C_{并联}$ 才能适用于式（3.4-24），因此

$$b_{并联} = \min(b_1, b_2, \cdots, b_n) \qquad (3.4\text{-}41)$$

例 3.4-5 有一并联回路由三条支路组成，如图 3.4-14 所示，每条支路的合成有效截面面积分别为 20mm^2、30mm^2 和 40mm^2，它们的合成临界压力比均为 0.3。当上游气罐内压力保持在 0.5MPa、温度为 300K，各支路出口通大气时，问每条支路的流量各是多少？总流量是多少？各支管管径选多大为合理？

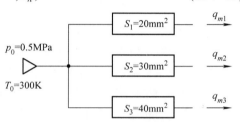

图 3.4-14 并联回路

解 各支路下游压力 p_a 与上游压力 p_0 之比为 $p_a/p_0 = 0.1/(0.5+0.1) = 0.167 < b = 0.3$，说明各支路都处于声速排气。由式（3.4-24）可知，各支路的质量流量分别为

$$q_{m1} = 0.04 \times \frac{0.5+0.1}{\sqrt{300}} \times 20 \text{kg/s} = 0.0277 \text{kg/s}$$

$$q_{m2} = 0.04 \times \frac{0.5+0.1}{\sqrt{300}} \times 30 \text{kg/s} = 0.0416 \text{kg/s}$$

$$q_{m3} = 0.04 \times \frac{0.5+0.1}{\sqrt{300}} \times 40 \text{kg/s} = 0.0554 \text{kg/s}$$

总流量 $q_m = \sum_{i=1}^{3} q_{mi} = (0.0277 + 0.0416 + 0.0554) \text{kg/s} = 0.1247 \text{kg/s}$

各支路上游压缩空气的密度

$$\rho_0 = \frac{p_0}{RT_0} = \frac{0.6 \times 10^6}{287 \times 300} \text{kg/m}^3 = 6.969 \text{kg/m}^3$$

则各支路有压状态下的体积流量

$$q_{V1} = q_{m1}/\rho_0 = (0.0277/6.969) \text{m}^3/\text{s} = 3.975 \times 10^{-3} \text{m}^3/\text{s}$$

$$q_{V2} = (0.0416/6.969) \text{m}^3/\text{s} = 5.969 \times 10^{-3} \text{m}^3/\text{s}$$

$$q_{V3} = (0.0554/6.969) \text{m}^3/\text{s} = 7.949 \times 10^{-3} \text{m}^3/\text{s}$$

若各支管内流速 u 限制在 25m/s 以内，由式（3.3-2）可得，各支管的内径分别为

$$d_1 \geqslant \sqrt{\frac{4q_{V1}}{\pi u}} \times 10^3 = \sqrt{\frac{4 \times 3.975 \times 10^{-3}}{3.1416 \times 25}} \times 10^3 \text{mm} = 14.2\text{mm}$$

$$d_2 \geqslant \sqrt{\frac{4 \times 5.969 \times 10^{-3}}{3.1416 \times 25}} \times 10^3 \text{mm} = 17.4\text{mm}$$

$$d_3 \geqslant \sqrt{\frac{4 \times 7.949 \times 10^{-3}}{3.1416 \times 25}} \times 10^3 \text{mm} = 20.1\text{mm}$$

由上面的计算结果可知，支管1应选 $\frac{1}{2}$ in 管，支管2和支管3都应选 $\frac{3}{4}$ in 管。

六、空气的超声速流动

空气在等径直管中流动时，无论气源压力增加多少，管内空气的流速都无法超过声速。由于空气的可压缩性，管道的形状必须符合一定的条件，才能在气源压力足够高时，使管道内的空气流速超过声速。

在特定形状的管道中，任意位置的截面积为 A，管道中最小截面积为 A^*。在一元定常等熵流动的条件下，为了使管道中最小截面积为 A^* 处的空气流速达到声速，管道中任意位置截面积比值 $\frac{A}{A^*}$ 与管道中相应位置空气流动马赫数 Ma 必须满足的关系式推导如下。

根据质量连续性方程

$$\rho u A = \rho^* u^* A^*$$

得到

$$\frac{A}{A^*} = \frac{\rho^* u^*}{\rho u} = \frac{\rho^*}{\rho_0} \frac{\rho_0}{\rho} \frac{c^*}{c} \frac{c}{u} = \frac{\rho^*}{\rho_0} \frac{\rho_0}{\rho} \frac{1}{Ma} \sqrt{\frac{T^*}{T_0} \frac{T_0}{T}}$$

依据式（3.4-13）和式（3.4-15）及 $Ma^* = 1$（最小截面积 A^* 处的流速为声速），整理后得

$$\frac{A}{A^*} = \frac{1}{Ma} \left(\frac{2}{\kappa + 1} + \frac{\kappa - 1}{\kappa + 1} Ma^2 \right)^{\frac{\kappa + 1}{2(\kappa - 1)}} \tag{3.4-41}$$

截面积形状变化情况符合式（3.4-41）的管道称为拉瓦尔喷管。拉瓦尔喷管的最小截面处称为喉部。当进口压力足够大，且出口外部压力适当时，可以在拉瓦尔喷管内喉部之后形成稳定的超声速气流。拉瓦尔喷管的入口气流参数为速度 u_0、马赫数 Ma_0，拉瓦尔喷管的内部任意位置的气流参数为速度 u、马赫数为 Ma，则依据式（3.3-7）、式（3.3-8）、式（3.4-13）得

$$\frac{u_0}{u} = \frac{\frac{u_0}{c_0}}{\frac{u}{c}} \frac{c_0}{c} = \frac{Ma_0}{Ma} \frac{c_0}{c} = \frac{Ma_0}{Ma} \sqrt{\frac{\kappa R T_0}{\kappa R T}} = \frac{Ma_0}{Ma} \sqrt{\frac{T_0}{T}} = \frac{Ma_0}{Ma} \sqrt{1 + \frac{\kappa - 1}{2} Ma^2} = Ma_0 \sqrt{\frac{1}{Ma^2} + \frac{\kappa - 1}{2}}$$

即

$$\frac{u_0}{u} = Ma_0 \sqrt{\frac{1}{Ma^2} + \frac{\kappa - 1}{2}} \tag{3.4-42}$$

拉瓦尔喷管内喉部之后形成稳定的超声速气流时，依据式（3.4-13），气流的温度在不

断降低，即内能在不断降低；依据式（3.4-14），气流的压力在不断降低，即压力能在不断降低；依据式（3.4-15），气流的密度在不断降低，即气流在不断膨胀；依据式（3.4-42）及图 3.4-15，气流的速度在不断增大，在喉部之前为亚声速，在喉部达到声速，在喉部之前为超声速。可见，气流在拉瓦尔喷管内部的流动过程中，内能、压力能都在不断下降，体积在不断膨胀，动能在不断增大，即气流的内能和压力能不断转化为气流的动能。

$\dfrac{A}{A^*}$ 与 Ma 的关系如图 3.4-15 所示。可见，同一 $\dfrac{A}{A^*}$ 值有两个 Ma 值，一个对应亚声速（$Ma<1$），一个对应超声速（$Ma>1$）。

例 3.4-6 真空发生器内有一个产生超声速射流的拉瓦尔喷管，已知该喷管喉部（最小截面处）直径为 1mm，喷管出口直径为 2mm。当气源压力为 0.6MPa、气源温度为 289K 时，通过喷管的流量是 58L/min（ANR），求喷管出口马赫数 Ma 及喷管的流量因数 c_d（实际流量与理论流量之比）。

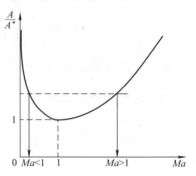

图 3.4-15 拉瓦尔喷管的截面积和马赫数之间的关系

解 拉瓦尔管出口面积 A 与喉部面积 A^* 之比为

$$\frac{A}{A^*}=\left(\frac{d}{d^*}\right)^2=\left(\frac{2}{1}\right)^2=4$$

由式（3.4-41），可求得

$$Ma=2.94$$

由式（3.4-21），可求得通过喷管的理论质量流量

$$q_m^*=0.04\frac{p_0}{\sqrt{T_0}}A^*=0.04\times\frac{(0.6+0.1)\times10^6}{\sqrt{289}}\times\frac{\pi}{4}\times1^2\times10^{-6}\text{kg/s}=0.001293\text{kg/s}$$

实际通过喷管的质量流量

$$q_m=\rho_a q_a=1.185\times58\times10^{-3}/60\text{kg/s}=0.0011455\text{kg/s}$$

故喷管的流量因数为

$$c_d=\frac{q_m}{q_m^*}=\frac{0.0011455}{0.001293}=0.886$$

第五节 空气的填充与排放

充气和放气是气压传动与控制中最常见的现象。譬如，当气缸的活塞运动之前，通过进气回路向气缸进气腔充气，通过排气回路从气缸排气腔向外排气，属于固定容积的充放气问题。当气缸的活塞运动时，进气腔和排气腔的容积随时间不断发生变化，这时的气缸充放气便属于变容积的充放气问题。

研究充放气特性，就是研究容器内与外界进行质量交换、能量交换和力的相互作用的过程中，容器内的气体状态（压力、温度、密度）以及活塞运动物理量（位置、速度）如何随时间变化的规律。质量方程、能量方程、气体状态方程和动力学方程的联立，加上系统的起始条件，便能求解任意变容积容器的充放气特性。

从热力学角度来看，与外界无热交换的变容积的放气过程是等熵过程；与外界无热交换的变容积的充气过程，p 和 T 之间的关系还取决于容积的变化情况，故只能是个多变过程，且多变指数不是固定值；等温放气是从外界吸热过程；等温充气是向外界散热过程。

容器充气或放气时，容器内的热力变化是复杂的，当系统与外界完全没有热交换时（如热力变化过程非常迅速）的充（放）气称为绝热充（放）气。当系统与外界能充分地进行热交换，即过程进行得很缓慢时的充（放）气，称为等温充（放）气。下面直接给出上述的基本热力变化过程中，固定容器的充气特性和放气特性。

一、固定容器的放气特性

1. 绝热放气

设容积为 V 的容器内，初始压力为 p_{10}、初始温度为 T_{10}，通过流量特性参数为 S 值和 b 值的气动元件（或回路），向压力为 p_2 的外界放气，如图 3.5-1 所示。

当 $p_2/p_1 \leq b$ 时为声速放气，当 p_{10} 降至 p_1 时所需的放气时间为

$$t = 7.3016 \frac{V}{S\sqrt{RT_{10}}}\left[\left(\frac{p_{10}}{p_1}\right)^{1/7} - 1\right] \quad (3.5\text{-}1)$$

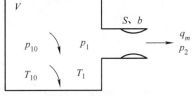

图 3.5-1 定容积放气

当 $b < p_2/p_1 \leq 1$ 时为亚声速放气，当 p_{10} 降至 p_1 时所需的放气时间为

$$t = \frac{1.4603V(1-b)}{\kappa S\sqrt{RT_{10}}}\left(\frac{p_{10}}{p_2}\right)^{1/7} \int_{p_2/p_{10}}^{p_2/p_1} \frac{(p_2/p_1)^{-\frac{6}{7}}\mathrm{d}\left(\frac{p_2}{p_1}\right)}{\sqrt{\left(1-\frac{p_2}{p_1}\right)\left(1-2b+\frac{p_2}{p_1}\right)}} \quad (3.5\text{-}2)$$

式（3.5-2）无解析解，只能进行数值积分。

由式（3.5-1）和式（3.5-2）画出的定容积绝热放气的特性曲线如图 3.5-2 所示。

2. 等温放气

在放气过程中，若容器内为等温变化过程，则 $T_1 = T_{10}$。

当 $p_2/p_1 \leq b$ 时为声速放气，当 p_{10} 降至 p_1 时所需的放气时间为

$$t = 1.4603 \frac{V}{S\sqrt{RT_{10}}}\left(\ln\frac{p_2}{p_1} - \ln\frac{p_2}{p_{10}}\right) \quad (3.5\text{-}3)$$

当 $1 \geq p_2/p_1 > b$ 时为亚声速放气，当 p_{10} 降至 p_1 时所需的放气时间如下。

当 $b = 0.528$ 时

$$t = 2.913 \frac{V}{S\sqrt{RT_{10}}}\left[\arcsin\left(1.1186 - 0.1186\frac{p_{10}}{p_2}\right) - \arcsin\left(1.1186 - 0.1186\frac{p_1}{p_2}\right)\right] \quad (3.5\text{-}4)$$

当 $b = 0.5$ 时，

$$t = \frac{1.4603V}{S\sqrt{RT_{10}}}\left(\sqrt{\frac{p_{10}}{p_2} - 1} - \sqrt{\frac{p_1}{p_2} - 1}\right) \quad (3.5\text{-}5)$$

当 $b < 0.5$ 时，

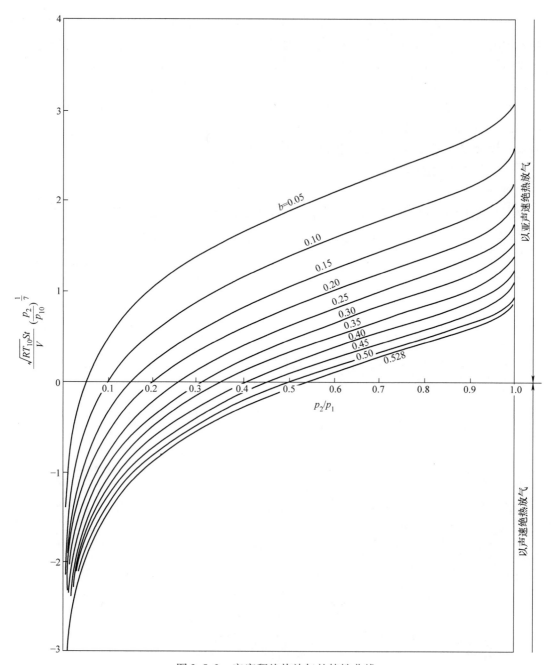

图 3.5-2 定容积绝热放气的特性曲线

$$t = \frac{1.4603V(1-b)}{S\sqrt{1-2b}\sqrt{RT_{10}}} \left[\ln\left(\frac{\sqrt{\left(1-\frac{p_2}{p_{10}}\right)\left(1-2b+\frac{p_2}{p_{10}}\right)} + \sqrt{1-2b}}{p_2/p_{10}} + \frac{b}{\sqrt{1-2b}} \right) \right.$$
$$\left. - \ln\left(\frac{\sqrt{\left(1-\frac{p_2}{p_1}\right)\left(1-2b+\frac{p_2}{p_1}\right)} + \sqrt{1-2b}}{p_2/p_1} + \frac{b}{\sqrt{1-2b}} \right) \right] \quad (3.5\text{-}6)$$

由式(3.5-3)~式(3.5-6)画出的定容积等温放气的特性曲线如图 3.5-3 所示。

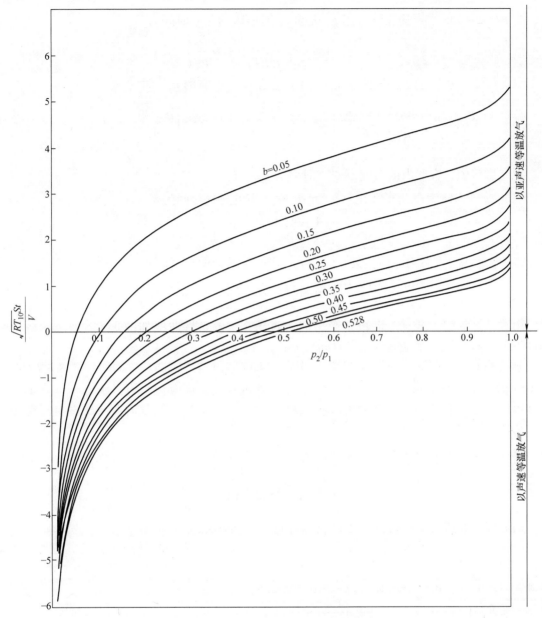

图 3.5-3 定容积等温放气的特性曲线

二、固定容器的充气特性

1. 绝热充气

压力为 p_1、温度为 T_1 的恒定气源,通过流量特性参数为 S 和 b 值的气动元件(或回路),向初始压为 p_{20}、初始温为 T_{20}(设 $T_{20} = T_1$)、容积为 V 的容器内充气,如图 3.5-4 所示。

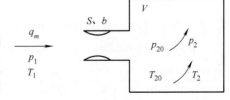

图 3.5-4 定容积绝热充气

温度比和压力比之间的关系为

$$\frac{T_2}{T_{20}} = \frac{\kappa}{1 + (\kappa - 1)p_{20}/p_2} \tag{3.5-7}$$

当 $p_2/p_1 \leqslant b$ 时为声速充气，当 p_{20} 充至 p_2 时所需的充气时间为

$$t = 1.4603 \frac{V}{\kappa S \sqrt{RT_1}} \left(\frac{p_2}{p_1} - \frac{p_{20}}{p_1} \right) \tag{3.5-8}$$

当 $b < p_2/p_1 \leqslant 1$ 时为亚声速充气，当 p_{20} 充至 p_2 时所需的充气时间为

$$t = \frac{1.4603 V(1-b)}{\kappa S \sqrt{RT_1}} \left[\arcsin\left(\frac{p_2/p_1 - b}{1-b}\right) - \arcsin\left(\frac{p_{20}/p_1 - b}{1-b}\right) \right] \tag{3.5-9}$$

2. 等温充气

充气过程中，容器内的温度不变，即 $T_2 = T_{20} = T_1$。

当 $p_2/p_1 \leqslant b$ 时为声速充气，由 p_{20} 充至 p_2 所需的充气时间为

$$t = \frac{1.4603 V}{S \sqrt{RT_1}} \left(\frac{p_2}{p_1} - \frac{p_{20}}{p_1} \right) \tag{3.5-10}$$

当 $1 \geqslant p_2/p_1 > b$ 时为亚声速充气，由 p_{20} 充至 p_2 所需的充气时间为

$$t = \frac{1.4603 V(1-b)}{S \sqrt{RT_1}} \left[\arcsin\left(\frac{p_2/p_1 - b}{1-b}\right) - \arcsin\left(\frac{p_{20}/p_1 - b}{1-b}\right) \right] \tag{3.5-11}$$

由式（3.5-8）~式（3.5-11）画出的定容积充气的特性曲线如图 3.5-5 所示。在相同条件下，等温充气时间比绝热充气时间长 κ 倍。

例 3.5-1 气源压力 $p_1 = 0.4\text{MPa}$、温度（即室温）$T_1 = 288\text{K}$，通过一个 $S = 78\text{mm}^2$、$b = 0.4$ 的二位二通电磁阀向容积 $V = 0.5\text{m}^3$ 的气罐内充气，罐内初始绝对压力 $p_{20} = 0.1\text{MPa}$，当罐内绝对压力充至 $p_2 = 0.265\text{MPa}$ 时，罐内温度 T_2 是多少？充气时间 t 是多少？充气完毕，待罐内温度降至室温 288K 时，罐内压力又是多少？

解 假定是绝热充气。罐内初始温度 T_{20} 为室温，故 $T_{20} = T_1$。式（3.5-7）可改写成

$$T_2 = \frac{\kappa T_1}{1 + (\kappa - 1)\frac{p_{20}}{p_2}} = \frac{1.4 \times 288}{1 + (1.4-1) \times \frac{0.1}{0.265}} \text{K} = 350\text{K}$$

当罐内绝对压力充至 0.265MPa 时，罐内温度达 350K。

因 $p_{20}/p_1 = 0.1/(0.4+0.1) = 0.2 < b = 0.4$，又 $p_2/p_1 = 0.265/(0.4+0.1) = 0.53 > b = 0.4$，说明充气过程先是声速充气，充至绝对压力 $p_2 = bp_1 = (0.4 \times 0.5)\text{MPa} = 0.2\text{MPa}$ 之后，变成亚声速充气，再充至绝对压力 $p_2 = 0.265\text{MPa}$。

声速充气段，由式（3.5-8）得充气时间

$$t_1 = \frac{1.4603 V}{\kappa S \sqrt{RT_1}} \left(\frac{p_2}{p_1} - \frac{p_{20}}{p_1} \right) = \left[\frac{1.4603 \times 0.5}{1.4 \times 78 \times 10^{-6} \sqrt{287 \times 288}} \times \left(\frac{0.2}{0.5} - \frac{0.1}{0.5} \right) \right] \text{s} = 4.65\text{s}$$

亚声速充气段，由式（3.5-9）得充气时间

$$t_2 = \frac{1.4603 V (1-b)}{\kappa S \sqrt{RT_1}} \left[\arcsin\left(\frac{p_2/p_1 - b}{1-b}\right) - \arcsin\left(\frac{p_{20}/p_1 - b}{1-b}\right) \right]$$

$$= \left\{ \frac{1.4603 \times 0.5 \times (1-0.4)}{1.4 \times 78 \times 10^{-6} \sqrt{287 \times 288}} \left[\arcsin\left(\frac{0.265/0.5 - 0.4}{1-0.4}\right) - \arcsin\left(\frac{0.2/0.5 - 0.4}{1-0.4}\right) \right] \right\} \text{s}$$

$$= 3.38\text{s}$$

充气时间 $t = t_1 + t_2 = (4.65 + 3.38)\text{s} = 8.03\text{s}$。充气时间很短，故假设为绝热充气是可以的。

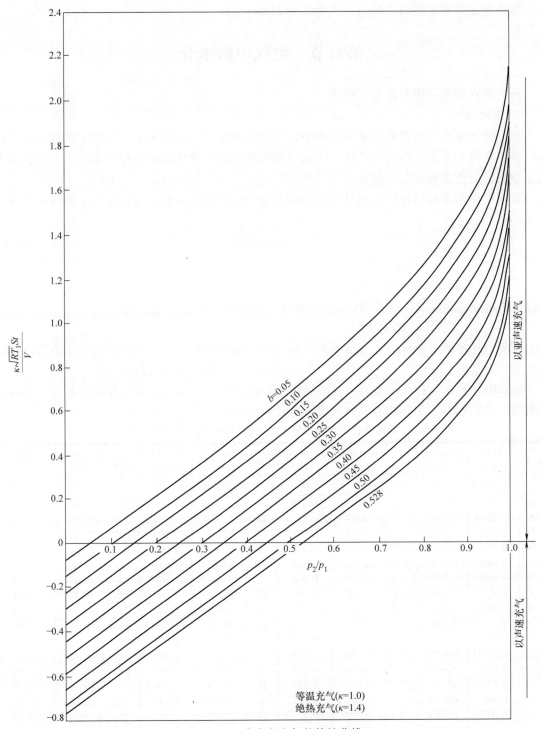

图 3.5-5 定容积充气的特性曲线

充气完毕，罐内气体为等容变化过程。由式（3.2-3），可写成

$$p_2' = p_2 \frac{T_2'}{T_2} = \left(0.265 \times \frac{288}{350}\right)\text{MPa} = 0.218\text{MPa}$$

罐内温度降至室温时,绝对压力降至 0.218MPa。

第六节 空气中的水分

一、绝对湿度、相对湿度、露点

1. 绝对湿度

每立方米湿空气中含有水蒸气的质量,称为绝对湿度,也就是湿空气的水蒸气密度。湿空气是干空气和水蒸气的混合气体。干空气和水蒸气的混合气体压力称为全压力,故全压力是干空气的分压力和水蒸气的分压力之和。

湿空气中的水蒸气也可近似认为它服从完全气体的状态方程,故湿空气中水蒸气的分压力为

$$p_{Vb} = \rho_{Vb} R_b T \tag{3.6-1}$$

式中 p_{Vb}——水蒸气的分压力(Pa);

ρ_{Vb}——水蒸气的密度(kg/m³);

R_b——水蒸气的气体常数,$R_b = 461$ N·m/(kg·K);

T——水蒸气的温度(K)。

湿空气中水蒸气的含量是有极限的。在一定的温度和压力下,空气中所含水蒸气达到最大可能的含量时,这时的空气为饱和空气。饱和空气所处的状态为饱和状态。

在 2MPa 压力以下,可近似认为饱和空气中水蒸气的密度 ρ_b 与压力大小无关,只取决于温度。不同温度下饱和水蒸气的密度和分压力见表 3.6-1。

表 3.6-1 不同温度下饱和水蒸气的密度和分压力(在 101.23kPa 下)

温度/℃	饱和水蒸气密度 ρ_b/(g/m³)	饱和水蒸气分压力 p_b/kPa	温度/℃	饱和水蒸气密度 ρ_b/(g/m³)	饱和水蒸气分压力 p_b/kPa	温度/℃	饱和水蒸气密度 ρ_b/(g/m³)	饱和水蒸气分压力 p_b/kPa	温度/℃	饱和水蒸气密度 ρ_b/(g/m³)	饱和水蒸气分压力 p_b/kPa
-60	0.019	0.0011	-18	1.26	0.125	12	10.65	1.400	33	35.60	5.025
-58	0.024	0.0014	-16	1.48	0.151	13	11.33	1.495	34	37.54	5.314
-56	0.030	0.0018	-14	1.73	0.181	14	12.06	1.595	35	39.55	5.617
-54	0.038	0.0024	-12	2.02	0.218	15	12.81	1.702	36	41.65	5.936
-52	0.049	0.0031	-10	2.25	0.260	16	13.61	1.813	37	43.87	6.270
-50	0.060	0.0039	-8	2.73	0.310	17	14.46	1.936	38	46.15	6.619
-48	0.075	0.0050	-6	3.16	0.369	18	15.36	2.060	39	48.54	6.985
-46	0.093	0.0064	-4	3.66	0.437	19	16.29	2.193	40	51.05	7.371
-44	0.114	0.0081	-2	4.22	0.517	20	17.28	2.334	45	65.28	9.576
-42	0.141	0.0102	0	4.845	0.610	21	18.31	2.484	50	82.77	12.33
-40	0.172	0.0129	1	5.190	0.656	22	19.41	2.640	55	103.9	15.73
-38	0.210	0.0161	2	5.555	0.705	23	20.55	2.806	60	129.6	19.91
-36	0.255	0.0201	3	5.944	0.757	24	21.76	2.980	65	160.3	24.98
-34	0.309	0.0249	4	6.356	0.812	25	23.02	3.163	70	196.8	31.13
-32	0.373	0.0309	5	6.793	0.871	26	24.34	3.357	75	239.9	38.51
-30	0.448	0.0381	6	7.255	0.934	27	25.73	3.561	80	290.6	47.32
-28	0.536	0.0468	7	7.745	1.001	28	27.19	3.776	85	349.8	57.75
-26	0.640	0.0573	8	8.263	1.071	29	28.73	4.000	90	418.3	70.04
-24	0.761	0.0701	9	8.811	1.147	30	30.32	4.239	95	497.5	84.44
-22	0.903	0.0853	10	9.390	1.226	31	32.01	4.488	100	588.7	101.23
-20	1.07	0.102	11	10.00	1.310	32	33.77	4.751			

饱和水蒸气的分压力为
$$p_b = \rho_b R_b T \tag{3.6-2}$$
在全压力为 101.23kPa 下，不同温度下饱和水蒸气的分压力 p_b 见表 3.6-1。

绝对湿度只能说明湿空气中所含水蒸气的多少，但不能说明湿空气所具有的吸收水蒸气的能力，故引入相对湿度的概念。

2. 相对湿度

每立方米湿空气中，水蒸气的实际含量（即未饱和空气的水蒸气密度 ρ_{Vb}）与同温度下最大可能的水蒸气含量（即饱和水蒸气密度 ρ_b）之比称为相对湿度，记为 φ。
$$\varphi = \rho_{Vb}/\rho_b \tag{3.6-3}$$
利用式（3.6-1）和式（3.6-2），可得
$$\varphi = p_{Vb}/p_b \tag{3.6-4}$$
也就是说，相对湿度也可以是湿空气中，未饱和空气的水蒸气分压力 p_{Vb} 与同温度下饱和水蒸气分压力 p_b 之比。

φ 值为 0~100%。对干空气，$\varphi = 0$。当湿空气达饱和时，$\varphi = 100\%$。φ 可表示湿空气吸收水蒸气的能力。φ 值越大，表示湿空气吸收水蒸气的能力越弱。$\varphi = 60\% \sim 70\%$ 的湿度，人体感觉舒适。气动系统中使用的空气，当然相对湿度越低越好。

相对湿度可使用干湿球温度计测量。

湿空气的全压力 p = 干空气的分压力 $p_{干}$ + 水蒸气的分压力 p_{Vb}，又
$$p_{干} = \frac{m_{干}}{V}RT \quad p_{Vb} = \frac{m_{Vb}}{V}R_b T$$
其中，$m_{干}$ 及 m_{Vb} 分别表示 1kg 湿空气中干空气的质量及水蒸气的质量。

故 1kg 干空气中的水蒸气量 X 为
$$X = \frac{m_{Vb}}{m_{干}} = \frac{p_{Vb}V}{R_b T} \bigg/ \frac{p_{干}V}{RT} = \frac{R}{R_b}\frac{p_{Vb}}{p_{干}} = \frac{287}{461}\frac{\varphi p_b}{p - p_{Vb}} = \frac{0.622\varphi p_b}{p - \varphi p_b} \tag{3.6-5}$$

式中 X——水蒸气量（kg/kg）；

φ——相对湿度；

p_b——饱和水蒸气分压力（kPa）；

p——湿空气的全压力（kPa）。

3. 露点

未饱和湿空气，保持水蒸气分压力不变而降低温度，使之达到饱和状态时的温度称为露点。温度降至露点温度以下，湿空气中便有水滴析出。降温法清除湿空气中的水分，就是利用此原理。

二、压缩空气的相对湿度、压力露点

1. 压缩空气的相对湿度 φ'

湿空气在压缩前，绝对压力为 p，温度为 T，相对湿度为 φ，在温度 T 下的饱和水蒸气密度为 ρ_b 和饱和水蒸气分压力为 p_b。该湿空气经缓慢压缩后，绝对压力为 p'，在同一温度下的饱和水蒸气密度为 ρ'_b 和饱和水蒸气分压力为 p'_b，湿空气在压缩前后的相对湿度为
$$\varphi = \frac{p_{Vb}}{p_b}, \quad \varphi' = \frac{p'_{Vb}}{p'_b}$$

有

$$\varphi' = \varphi \frac{p_b}{p'_b} \frac{p'_{Vb}}{p_{Vb}}, \quad \frac{p'_{Vb}}{p_{Vb}} = \frac{p'_{Vb} R_b T}{p_{Vb} R_b T} = \frac{\rho'_{Vb}}{\rho_{Vb}} = \frac{m'/V'}{m/V}$$

压缩前后，水蒸气质量不变，即 $m = m'$。对等温过程，$p'V' = pV$。故 $\dfrac{p'_{Vb}}{p_{Vb}} = \dfrac{p'}{p}$。表明压缩前后（温度不变条件下），未饱和水蒸气的压力之比就是全压力之比。则有

$$\varphi' = \varphi \frac{p'}{p} \frac{p_b}{p'_b} \tag{3.6-6}$$

式（3.6-6）可应用于不同的压力或温度的条件下。

若求出 $\varphi' \geqslant 1$，说明湿空气压缩后已达饱和状态。由式（3.6-6）可见，当 $\varphi = 50\%$ 时，若 $p'/p > 2$，则 $\varphi' > 1$（在同一温度下）。由此可以推论，气罐中的压缩空气，一般都处于饱和状态。

2. 压力露点

令 $\varphi' = 1$，由式（3.6-6），可得压缩后开始析出水滴时的饱和水蒸气分压力

$$p'_b = \varphi p_b p'/p \tag{3.6-7}$$

根据 p'_b，查表 3.6-1，对应温度即为压力露点，即湿空气被压缩后开始析出水滴时的温度。压力越高，开始析出水滴的温度也越高。

3. 压力露点与大气压露点的对应关系

式（3.6-7）中，设 $p = p_a$（大气压力），$\varphi = 1$（大气压力下湿空气处于饱和状态），则

$$p'_b = p_b p'/p_a \tag{3.6-8}$$

已知大气压露点温度，由表 3.6-1 可查得大气压力下饱和水蒸气分压力 p_b。由式（3.6-8），可求得 p'_b。将 p'_b 的数值作为表 3.6-1 中的 p_b 再查表 3.6-1，便可得到被压缩至压力 p' 时的压力露点温度。可见，压力露点与大气压露点的对应关系与压缩比 p'/p_a 有关，如图 3.6-1 所示。

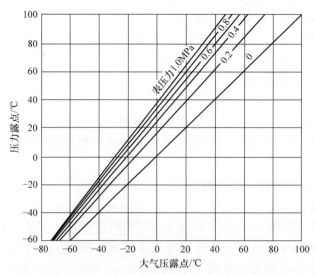

图 3.6-1　压力露点与大气压露点的换算

例 3.6-1 空气压缩机吸入空气量为 $3m^3/min$，空气压缩机房内大气压力 $p_a = 0.1MPa$（abs.），大气温度 $t = 30℃$，相对湿度 $\varphi = 60\%$，求 30min 内空气压缩机从空气中吸入多少水分？

解 由 $t = 30℃$，查表 3.6-1，得 $\rho_b = 30.32 g/m^3$。由式（3.6-3），得 $\rho_{Vb} = \varphi\rho_b = (0.6 \times 30.32) g/m^3 = 18.19 g/m^3$。30min 吸入空气量 $V = (3 \times 30) m^3 = 90m^3$，故 30min 内空气压缩机从空气中吸入水分 $m = \rho_{Vb}V = (18.19 \times 90) g = 1637.1g$。

例 3.6-2 已知湿空气的温度为 30℃，相对湿度 $\varphi = 60\%$，问该湿空气的大气压露点是多少？

解 温度 30℃、相对湿度 60% 的湿空气密度由例 3.6-1 已算出为 $18.19 g/m^3$。令 $\rho_b = 18.19 g/m^3$，由表 3.6-1 查得对应温度为 21℃，这便是上述条件下该湿空气的大气压露点，即温度降至 21℃ 时开始有水滴析出。

例 3.6-3 已知湿空气的压力 $p_a = 0.1MPa$（abs.），温度 $t = 30℃$，相对湿度 $\varphi = 60\%$，空气压缩机吸入空气流量 $q = 3m^3/min$，经空气压缩机将空气压缩成 $p' = 0.7MPa$（G），问

1）压缩后湿空气的压力露点是多少？

2）该压缩空气被后冷却器冷却至 25℃ 时，每小时冷凝出的水量是多少？

解 1）压缩前，湿空气温度为 30℃，由表 3.6-1，查得压缩前湿空气的饱和水蒸气分压力 $p_b = 4.239kPa$。由式（3.6-7），可计算出压缩后湿空气开始析出水滴的饱和水蒸气分压力

$$p'_b = [0.6 \times 4.239 \times (0.7 + 0.1)/0.1] kPa = 20.35kPa$$

查表 3.6-1，则得压力露点为 61℃。即在 0.7MPa 下，温度降至 61℃ 便开始析出水滴。

2）温度达 61℃ 便开始有水析出，故温度降至 25℃，一定有部分水析出。

由例 3.6-1 可知，压缩前湿空气的水蒸气密度 $\rho_{Vb} = 18.19 g/m^3$。当温度为 25℃ 时，查表 3.6-1，得饱和水蒸气的密度为 $\rho'_b = 23.02 g/m^3$。同一温度下，将 0.1MPa（abs.）压力下的流量 $q = 3m^3/min$ 压缩成 0.7MPa（G），则流量为

$$q' = \frac{p}{p'}q = \left(\frac{0.1}{0.7 + 0.1} \times 3\right) m^3/min = 0.375 m^3/min$$

故每小时产生的冷凝水量

$$\Delta m = (\rho_{Vb}q - \rho'_b q')t = [(18.19 \times 3 - 23.02 \times 0.375) \times 60] g = 2756g$$

上述计算，也可以利用图线进行，如图 3.6-2 所示。

例 3.6-4 已知湿空气的压力 $p_a = 0.1MPa$（abs.），温度 $t = 30℃$，相对湿度 $\varphi = 60\%$，空气压缩机吸入空气流量 $q = 3m^3/min$，压缩后的空气经后冷却器冷却后充入 $3m^3$ 的气罐中，最终罐内压力 $p' = 0.7MPa$（G）、温度 $t = 25℃$，问

1）后冷却器至气罐内共析出多少水量？

2）若气罐内压缩空气进一步冷却至环境温度 10℃，能否继续析出水？压缩空气中还含有多少水蒸气？

3）该状态下的压力露点是多少？转换成大气压露点是多少？

解 1）由 $t = 25℃$，得气罐内压缩空气的饱和水蒸气密度 $\rho'_b = 23.02 g/m^3$，可知气罐内压缩空气中含有的水蒸气量 $m'_b = \rho'_b V' = (23.02 \times 3) g = 69.06g$。气罐内的压缩空气折算成吸入大气状态的体积，可按式（3.2-7）计算

$$V = V'\frac{p'T}{pT'} = \left(3 \times \frac{0.7+0.1}{0.1} \times \frac{303}{298}\right)\text{m}^3 = 24.4\text{m}^3$$

则吸入湿空气中所含水分

$$m_\text{b} = \rho_{Vb}V = 18.19 \times 24.4\text{g} = 443.84\text{g}$$

由上可见，从后冷却器至气罐排出的水量

$$\Delta m_\text{b} = m_\text{b} - m'_\text{b} = (443.84 - 69.06)\text{g} = 374.78\text{g}$$

2）气罐内压缩空气从25℃再降至10℃，肯定还有水析出。当压缩空气冷却至10℃时，查表3.6-1，得此温度下气罐内压缩空气的饱和水蒸气密度 $\rho'_\text{b} = 9.39\text{g/m}^3$，可知气罐内压缩空气中还含有水蒸气量 $m'_\text{b} = \rho'_\text{b}V = (9.39 \times 3)\text{g} = 28.17\text{g}$。故进一步析出水量 $\Delta m = (69.06 - 28.17)\text{g} = 40.89\text{g}$。

3）因冷却至10℃，压缩空气已处于过饱和状态，故此状态下的压力露点就是10℃。已知压力为0.7MPa，由图3.6-1，转换成大气压露点则为 -17℃。

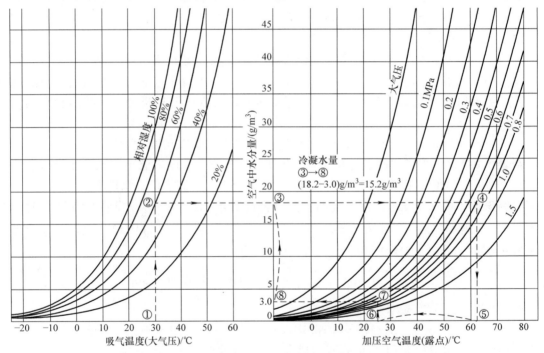

例：温度30℃、相对湿度60%的湿空气，压缩至0.7MPa，并冷却至25℃，沿图中①→②→③→④→⑤，可知压力露点为62℃。再沿⑥→⑦→⑧→③，可知冷凝水量为15.2g/m³。若空压机吸入流量为3m³/min，则空压机工作1h冷凝出的水量为(15.2×3×60)g/h=2736g/h。

图3.6-2 计算冷凝水量用图

第七节 气动技术的特点

机械、电气、电子、液压和气动等传动与控制方式都可以实现工业生产中的自动化、省力化。这些方式都有各自的优缺点及其最适合的使用范围。表3.7-1给出了各种传动与控制方式的比较。

表 3.7-1 各种传动与控制方式的比较

主要方式	机械	电气	电子	液压	气动
驱动力	不太大	不太大	小	大（可达数百kN以上）	稍大（可达数十kN）
驱动速度	小	大	大	小	大
响应速度	中	大	大	大	稍大
特性受负载的影响	几乎没有	几乎没有	几乎没有	较小	大
构造	普通	稍复杂	复杂	稍复杂	简单
配线、配管	无	较简单	复杂	复杂	稍复杂
温度影响	普通	大	大	小于70℃普通	小于100℃普通
防潮性	普通	差	差	普通	注意排放冷凝水
防腐蚀性	普通	差	差	普通	普通
防振性	普通	差	特差	普通	普通
定位精度	良好	良好	良好	稍良好	稍不良
维护	简单	有技术要求	技术要求高	简单	简单
危险性	没有特别问题	注意漏电	没有特别问题	注意防火	几乎没有问题
信号转换	难	易	易	难	较难
远程操作	难	很好	很好	较良好	良好
动力源出现故障时	不动作	不动作	不动作	若有蓄能器，能短时间有应付能力	有一定应付能力
安装自由度	小	有	有	有	有
承受过载能力	较难	不行	不行	尚可	好
无级变速	稍困难	稍困难	良好	良好	稍良好
速度调整	稍困难	容易	容易	容易	稍困难
价格	普通	稍高	高	稍高	普通
备注	由凸轮、螺钉、杠杆、连杆、齿轮、棘轮、棘爪和传动轴等机件组成的驱动系统。主要动力源为电动机	驱动系统作为动力源和其他的电磁离合器、制动器等机械方式并用 控制系统是由限位开关、继电器、延时器等组成	由半导体元件等组成的控制方式	驱动系统由液压缸等组成 控制系统由各种液压控制阀等组成	驱动系统由气缸等组成 控制系统由各种气动控制阀等组成

任何一种传动与控制方式都不是万能的，在实现生产设备、生产线的自动化和省力化时，必须对各种技术进行比较，扬长避短，选出最适合的方式或几种方式的恰当组合，以使装备做到更可靠、更经济、更安全、更简单。

气动技术与其他传动和控制方式相比，其主要优缺点如下。

优点：

1）气动装置结构简单、轻便、安装维护简单。压力等级低，故使用安全。

2）工作介质是取之不尽、用之不竭的空气，空气本身不花钱。排气处理简单，不污染环境，成本低。

3）输出力及工作速度的调节非常容易。气缸动作速度一般为 50～500mm/s，比液压和电气方式的动作速度快。

4）可靠性高，使用寿命长。电器元件的有效动作次数约为数百万次，而 SMC 的一般电磁阀的寿命大于 5000 万次，小型阀超过 2 亿次。

5）利用空气的可压缩性，可贮存能量，实现集中供气；可短时间释放能量，以获得间歇运动中的高速响应；可实现缓冲；对冲击负载和过负载有较强的适应能力；在一定条件下，可使气动装置有自保持能力。

6）全气动控制具有防火、防爆、耐潮的能力。与液压方式相比，气动方式可在高温场合使用。

7）由于空气流动损失小，压缩空气可集中供应，可远距离输送。

缺点：

1）由于空气有压缩性，气缸的动作速度易受负载的变化而变化。采用气液联动方式可以克服这一缺陷。

2）气缸在低速运动时，由于摩擦力占推力的比例较大，气缸的低速稳定性不如液压缸。

3）虽然在许多应用场合，气缸的输出力能满足工作要求，但其输出力比液压缸小。

第二篇 元 件 篇

第四章 气动系统构成及元件分类

第一节 气动系统的基本构成及新兴拓展

传统气动系统的基本构成如图 4.1-1 所示。气动元件组成的气动回路是为了驱动各种不同的机械装置。其最重要的三个控制内容是：力的大小、运动方向和运动速度。与生产装置相连接的各种类型的气缸，靠压力控制阀、方向控制阀和流量控制阀分别实现对下述三项内容的控制。

1）压力控制阀：控制气缸输出力的大小。
2）方向控制阀：控制气缸的运动方向。
3）速度控制阀：控制气缸的运动速度。

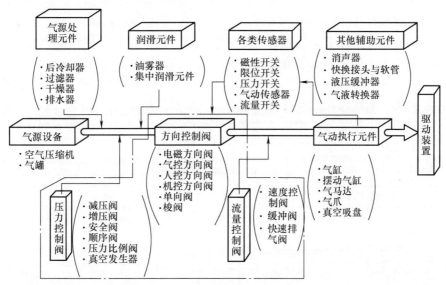

图 4.1-1 传统气动系统的基本构成

在传统气动系统内部，气动元件的新兴拓展表现在以小型化、集成化、高效化、便利化、节能化、智能化为中心的持续改进当中。例如，在常用的圆片形活塞的基础上，开发正方形、长方形、多边形活塞，以便在相应形状的安装空间内提供更大的气缸输出力；采用无线通信方式控制电磁阀的通断，以便彻底消除繁杂的信号线配线工作；管壁采用特殊材质，以便将管内空气中的水分排放到大气中。传统气动系统本身精益求精的技术进步,充分体现为气动元件在性能、功能、可靠性等质量要素方面的持续提高。

气动元件在传统气动系统之外的拓展,起源于工业生产中出现的和气动技术相关的实际需求。

在工业生产中,水蒸气、天然气、氮气、氧气等常用气体,水、油、印刷墨汁、化学液体、医疗药液等常用液体,都是流体。由于流体的相似性,气动系统中的管子、接头、阀门等元件,通过材质、结构的改变,可以分别适用于各种流体。由此,扩展出流体阀、化学液阀、气动隔膜阀,以及适用于各种流体的管子、接头、专用连接工具等相关产品,甚至出现了结构迥异的适用于特定场合的夹管阀。

传统气动系统的主气源压力通常在1.0MPa以下。在工业生产中,经常需要使用3MPa、5MPa、10MPa,甚至更高压力的高压空气。气动系统中的管子、接头、阀门、压力计、流量计、过滤器等元件,通过材质、结构的改变,可以分别适用于各种不同的压力。由此,扩展出适用于高压空气的各种相关产品。

此外,在半导体、新能源、智能手机、医药、食品等新兴行业中,自动化生产过程在温度控制、静电消除、高真空、抗磁电、超洁净、耐蚀性等方面出现了各种细微而关键、特殊而重要的核心技术要求。SMC公司结合新兴产业中客户的具体需要,开发出相应的产品,与时俱进地拓展了气动技术的应用。

第二节 气动元件的分类

本书主要依据SMC公司生产的气动元件,并结合气动系统构成的完整性,采用表4.2-1的气动元件分类方法。实际上,当从不同的角度来划分时,同一元件可能归入不同的类别。譬如:后冷却器作为空气压缩机的附属设备应归入气源设备类,作为独立元件按其功能应属于气源处理元件;快速排气阀从功能讲应属于流量控制阀,但也可按照气流特征把它归入单向型方向控制阀类;增压阀和真空发生器作为改变局部气路压力的元件,既可以属于气源设备类,也可以属于气动控制元件中的压力调节类。在表4.2-1中,包括下列3种SMC公司目前没有生产的气动产品:空气压缩机、真空泵、气马达。

表4.2-1 气动元件的分类

类别及名称			说明
气源设备	系统气源	空气压缩机	作为气压传动与控制的动力源,常使用1.0MPa压力等级
		后冷却器	清除压缩空气中的固态、液态污染物
		过滤器	清除压缩空气中的固态、液态和气态污染物,以获得洁净干燥的压缩空气,延长气动元件的使用寿命和提高气动系统的可靠性 根据不同的使用目的,可选择过滤精度不同的品种
		干燥器	进一步清除压缩空气中的水分(部分水蒸气)
		自动排水器	自动排除冷凝水
	局部高压	增压阀	增压

(续)

类别及名称				说　明
气源设备	局部真空	真空泵		
		真空发生器		利用压缩空气的流动形成一定真空度的元件
		节能型真空发生器		内置真空压力开关，通过间歇性空气消耗，实现节能
		真空压力开关		用于检测真空压力的电触点开关
		真空过滤器		过滤掉从大气中吸入的灰尘等，保证真空系统不受污染
	气罐			稳压和蓄能
气动执行元件	直线往复气缸	普通气缸	多种活塞形状	普通圆形活塞气缸，推动工件作直线运动
				通过长圆形活塞气缸，实现安装面积减小
				通过正方形活塞气缸，在相应形状空间实现更大的功率密度
				通过矩形活塞气缸 CDU-X3178，在相应形状空间实现更大的功率密度
				通过多边形活塞气缸 CDQ2B-X3205，在相应形状空间实现更大的功率密度
			扩展品种	杆不回转型
				直接安装型
				杆不回转直接安装型
				低摩擦型
				洁净型
				无铜离子型
				长行程型
				气液联用型
				带伸缩防护套型
				轴向配管型（集中配管型）
				带快换接头型
				耐横向负载型
				耐水型
			特殊订货	粗杆气缸（-XB5）
				耐热缸（-XB6、-XC5）
				耐寒缸（-XB7）
				低速气缸（-XB9、-XB13）
				强力刮尘圈气缸（-XC4）
				伸出行程可调气缸（-XC8）
				返回行程可调气缸（-XC9）
				双行程双出杆气缸（-XC10）
				双行程单出杆气缸（-XC11）
				串联气缸（-XC12）
				金属防尘圈（-XC35）
				特殊材质的气缸
				非标准品气缸

(续)

类别及名称			说明
气动执行元件	直线往复气缸	无杆气缸	机械接合式	在气缸结构上，只有活塞，没活塞杆。相对于普通气缸（有活塞杆），在同样的行程下，可以更加节省安装空间
			磁性耦合式	
		结构复合型气缸		带导杆气缸（CQM、MG、MTS、CXT 系列）
				气动滑台（MX 系列）
				滑动装置气缸（CXW 系列）
				双联气缸（CXS 系列）
				止动气缸（RS 系列）
				锁紧气缸（CL、CN、ML、MN 系列）和端锁气缸（CB 系列）
				夹紧气缸（CK 系列）
				回转夹紧气缸（MK 系列）
				带阀气缸（CV、MVGQ 系列）
		功能增强型气缸		倍力气缸（MGZ 系列）
				排气回收节能气缸（CDQ2B-X3150）
				行程可读出气缸（CE 系列）
		性能扩展型气缸		正弦气缸（REC 系列）
				高速气缸（RHC 系列）
				低摩擦气缸（MQ、□Q 系列）
				平稳运动气缸（□Y 系列）
				低速气缸（□X 系列）
				不锈钢气缸（CJ5S、CG5S 系列）
				高耐水气缸（HY 系列）
				三位气缸（RZQ 系列）
				气液增压缸
				气缸定位器
	气爪	平行开闭型		推拉抓放工件；单指、双指、三指、四指
		支点开闭型		
	旋转气缸	摆动气缸		推动工件在一定角度范围内作摆动
		气马达		推动工件作连续旋转运动
	复合气缸	伸摆气缸		实现各种复合运动，如直线运动加摆动的伸摆气缸
		伸摆气爪		实现各种复合运动，如直线运动加摆动加夹取的伸摆气爪
	吸盘	真空吸盘		利用真空直接吸吊物体的元件
		磁力吸盘		利用磁力吸吊物体、利用气动机构脱离吊吸的元件
	喷枪	小流阻节能喷枪		通过减小喷枪内部流道的流阻，实现节能
		瞬间高压节能喷枪		内置气囊，可以产生瞬间高压
		脉冲吹气节能阀		脉冲吹气节能阀与小流阻喷枪结合使用，通过间歇喷气实现节能

(续)

类别及名称			说明
气动执行元件	喷嘴	普通单孔喷嘴	
		低噪声喷嘴	
		高效率喷嘴	
		旋转喷嘴	
气动控制元件	调压阀	直动式减压阀	降压并稳压
		先导式减压阀	
		复合功能减压阀	
		集装式减压阀	
		洁净型减压阀	
		隔板型减压阀	
	流量阀	单向节流阀	控制气缸的运动速度
		排气节流阀	装在方向阀的排气口,用来控制气缸的运动速度
		快速排气阀	可使气动元件和装置迅速排气
		防止活塞杆急速伸出阀	
		节气阀	
	方向阀	电磁阀	能改变气体的流动方向或通断的元件,其控制方式有电磁控制、气压控制、人力控制和机械控制等
		气控阀	
		人控阀	
		机控阀	
		单向阀	气流只能正向流动,不能反向流动
		梭阀	两个进口中只要有一个有输入,便有输出
		双压阀	两个进口都有输入时才有输出
	比例阀	电气比例阀	输出压力(或流量)与输入信号(电压或电流)成比例变化
		小型电气比例阀	
气动辅助元件		润滑元件	
		消声器	降低排气噪声
		排气洁净器	降低排气噪声,并能分离掉排出空气中所含的油雾和冷凝水
		磁性开关	
		液压缓冲器	用于吸收冲击能量,并能降低噪声
		流量传感器	用于确认(流量达一定值,指挥电触点通断)和检测流体的流量(瞬时流量、累计流量)
		压力传感器	当气压达到一定值,便能接通或断开电触点。用于确认和检测流体的压力
		数字式压力计PPA	

（续）

类别及名称		说　明
气动辅助元件	压力表	
	气动显示器	有气信号时予以显示的元件
	溢流阀	
	气液转换器	将气体压力转换成相同压力的液体压力，以便实现气压控制液压驱动
	管道及管接头	连接各种气动元件
气动相关新兴元件	流体阀	
	化学液阀	
	气动隔膜泵	
	高真空阀	
	工业过滤器	
	高压气动元件	
	气动位置传感器	将待测物理量转换成气信号，供后续系统进行判断和控制。可用于检测尺寸精度、定位精度、计数、尺寸分选、纠偏、液位控制、判断有无等
	电动执行器	
	温控器	
	静电消除器	

第五章 气动系统执行元件

将压缩空气的压力能转换为机械能,驱动机构作直线往复运动、摆动和旋转运动的元件,称为气动执行元件。

作直线运动的气缸可输出力,作摆动的气缸和作旋转运动的气马达可输出力矩。气爪和真空吸盘可拾放物体。

第一节 气缸基础知识

在气动执行元件中,使用最多的是直线运动的气缸。按照将空气压力转换成力的受压部件的结构不同,有活塞式和非活塞式(如膜片式),如图 5.1-1 所示。膜片式气缸密封性好,无摩擦阻力,无须润滑,但气缸行程短,大多用于生产过程控制中的夹紧和阀门开闭等工作。使用最多的是活塞式气缸。

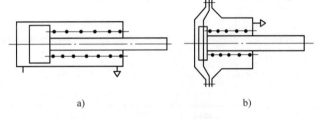

图 5.1-1 气缸的受压部件的结构
a)活塞式 b)膜片式

一、分类和特点

1. 按功能分类(见表 5.1-1)
2. 按尺寸分类(见表 5.1-2)

表 5.1-1 按功能对气缸分类

名称和系列			缸径/mm	标准型	省空间型	高精度型	止动型	耐横向负载型	中停型	防止落下型	平稳运动型
普通气缸	圆柱形	超小型 CJ	2.5、4	○							
		针型 CJP	4、6、10、15、16	○							
		CJ2	6、10、16	○							
		CM2	20、25、32、40	○							
		CM3	20、25、32、40	○							
		轻型 CG1	20、25、32、40、50、63、80、100	○							
		CG3	20、25、32、40、50、63	○							
		MB	32、40、50、63、80、100、125	○							
		JMB	32、40、45、50、56、63、67、80、85、100	○							
		CA2	40、50、63、80、100	○							
		CS1、CS2	125、140、160、180、200、250、300(CS2 仅 125、140、160)	○							
	欧洲标准型	C85	8、10、12、16、20、25	○							
		C95	125、160、180、200	○							
		C96	32、40、50、63、80、100、125	○							

(续)

名称和系列			缸径/mm	标准型	省空间型	高精度型	止动型	耐横向负载型	中停型	防止落下型	平稳运动型
普通气缸	正方形	薄型 CQS	12、16、20、25	○	○						
		薄型 CQ2	12、16、20、25、32、40、50、63、80、100、125、140、160、180、200	○	○						
		薄型 JCQ	12、16、20、25、32、40、50、63、80、100	○	○						
		MB1	32、40、50、63、80、100	○							
		欧洲标准型 C55	20、25、32、40、50、63	○	○						
		欧洲标准型 CP96	32、40、50、63、80、100	○							
	长方形	自由安装型 CUJ	4、6、8、10	○	○						
		自由安装型 CU	6、8、10、16、20、25、32	○	○						
		长圆活塞型 MU	25、32、40、50、63	○	○						
无杆气缸	机械接合式	MY1	10、16、20、25、32、40、50、63、80、100			○		○		○	
		MY2	16、25、40			○		○		○	
		MY3	16、25、40、63			○		○		○	
	磁偶式	CY1	6、10、15、20、25、32、40、50、63			○		○		○	
		CY1F	10、15、25			○		○		○	
		CY3	15、20、25、32、40			○		○		○	
功能增强型气缸	结构复合型气缸	带导杆 MG□	6、10、12、16、20、25、32、40、50、63、80、100				○	○	○		
		带导杆 JMGP	12、16、20、25、32、40、50、63、80、100		○						
		带导杆 薄形 CQM	12、16、20、25、32、40、50、63、80、100		○	○		○			
		滑台式 CXT	12、16、20、25、32、40					○			
		高精度型 MTS	8、12、16、20、25、32、40					○			
		带摆台 MGT	63、80、100					○			
		气动滑台 MX□	4、5、6、8、10、12、16、20、25					○			
	双联气缸	CXW	10、16、20、25、32					○			○
		CXSJ、CXS	6、10、15、20、25、32					○			○
	止动气缸 RS□		12、16、20、25、32、40、50、63、80				○				
	锁紧气缸	CL□	16、20、25、32、40、50、63、80、100、125、140、160、180、200、250	○					○	○	○
		CN□、MNB、MWB	20、25、32、40、50、63、80、100、125、140、160	○						○	○
		ML□	20、25、32、40、50、63、80、100							○	○

(续)

名称和系列			缸径/mm	标准型	省空间型	高精度型	止动型	耐横向负载型	中停型	防止落下型	平稳运动型
功能增强型气缸	结构复合型气缸	夹紧气缸 CK□	32、40、50、63、80				○				
		回转夹紧气缸 MK	12、16、20、25、32、40、50、63				○				
		带阀气缸 CV	10、12、16、20、25、32、40、50、63、80、100								
	性能扩展型气缸	倍力气缸 MGZ	20、25、32、40、50、63、80								
		行程可读气缸 CE1	12、20、32、40、50、63			○					
		行程可读气缸 CEP1	12、20			○					
		行程可读气缸 CE2	40、50、63、80、100			○					
		正弦气缸 无杆型 RE□	10、15、20、25、32、40、50、63								○
		正弦气缸 REC	20、25、32、40								○
		高速气缸 RHC	20、25、32、40、50、63、80、100								
		低摩擦气缸 MQ□	4、6、10、16、20、25、30、40					○			
		平稳运动气缸 □Y	12、16、20、25、32、40、50、63、80、100								○
		低速气缸 □X 系列	—								
		不锈钢气缸（CJ5.S、CG5.S 系列）	—								
		高耐水气缸（HY□系列）	—								
		三位气缸 RZQ	32、40、50、63								
		气液增压缸	—								
		定位器	—								
说明			标准型：一般工业中广泛使用。 省空间型：设计紧凑，安装空间小。 高精度型：位置精度（平面度、直角度等）高，适用于组装机械手和工件搬送等。 止动型：在输送线上，阻止工件运动。 耐横向负载型：气缸和导杆一体化设计，结构紧凑、具有耐横向载荷和杆不回转功能。 中停型：锁紧机构紧凑的装在缸内，最适合于中停和急停，安全可靠。 防止落下型：切断气源后能保持气缸的原来状态。 平稳运动型：能实现平稳加速、减速运动或平稳低速运动。								

按缸径分类，通常将 10mm 以下称为微型缸，10~25mm 为小型缸，32~100mm 为中型缸，大于 100mm 为大型缸。表 5.1-2 中，不带括弧的缸径为 ISO 标准缸径系列。

在缸径相同的条件下，活塞杆直径、杆端螺纹尺寸和配管接口尺寸还与气缸的品种有关。

气缸的行程有标准行程、长行程和最大行程。标准行程是指不需向厂家特殊订货的行程。标准行程的范围与气缸的形式和缸径大小有关。非标准行程称为特殊行程，要根据特殊订货组织生产。比标准行程长，限制横向载荷后尚不需要在运动方向加导向装置的行程称为长行程。行程大于长行程，沿气缸运动方向要设置导向装置。受杆端横向载荷或者活塞杆受轴向压力载荷时，限制活塞杆（有时含缸筒）的变形量在一定范围内，气缸最大允许的行程称为最大行程。

表 5.1-2 按尺寸对气缸分类 （单位：mm）

缸径	活塞杆径[①]	活塞杆连接螺纹	配管外径/内径，配管连接螺纹
(2.5)	1	M2.5×0.45[②]	$\phi 4/\phi 2.5$
(4)	2	M2×0.4	$\phi 4/\phi 2.5$
(6)	3	M3×0.5	M5×0.8
10	4，(5)	M4×0.7，M5×0.8	M5×0.8
12	6	M5×0.8	M5×0.8
(15)	6	M5×0.8，M6×1	M5×0.8
16	5，(6，8)	M5×0.8，M6×1	M5×0.8，Rc1/8
20	8，(10)	M6×1，M9×1.25	M5×0.8，Rc1/8，$\phi 6/\phi 4$
25	10，(12)	M8×1.25，M10×1.25	M5×0.8，Rc1/8，$\phi 6/\phi 4$
32	12，(16)	M10×1.25，M14×1.5	M5×0.8，Rc1/8，$\phi 6/\phi 4$
40	16，(14)	M14×1.5	Rc1/4，Rc1/8，$\phi 8/\phi 6$，$\phi 6/\phi 4$
50	20	M18×1.5	Rc3/8，Rc1/4，$\phi 10/\phi 7.5$，$\phi 10/\phi 8$，$\phi 8/\phi 6$
63	20	M18×1.5	Rc3/8，Rc1/4，$\phi 10/\phi 7.5$，$\phi 10/\phi 8$，$\phi 8/\phi 6$
80	25	M22×1.5	Rc1/2，Rc3/8
100	32，(30)	M26×1.5	Rc1/2，Rc3/8
125	36，(35)	M30×1.5	Rc1/2，Rc3/8
(140)	36，(35)	M30×1.5	Rc3/4，Rc1/2，Rc3/8
160	40	M36×1.5	Rc3/4，Rc3/8
(180)	45	M40×1.5	Rc3/4
200	50	M45×1.5	Rc3/4
250	60	M56×2	Rc1
(300)	70	M64×2	Rc1

[①] 缸径 40mm 以上带括号的活塞杆径为非 JIS 标准规格。
[②] 端盖上的螺纹。

3. 按安装方式分类（见表 5.1-3）
4. 按缓冲方式分类

活塞运动到行程终端的速度较大，为防止活塞撞击缸盖造成气缸损伤和降低撞击噪声，在气缸行程终端，一般都设有缓冲器。

缓冲可分为单侧（杆侧或无杆侧）缓冲和双侧缓冲，固定缓冲（如垫缓冲、固定节流孔）和可调缓冲（如缓冲节流阀）。

表 5.1-4 所列为气缸的缓冲方式和缓冲原理。

表 5.1-3 气缸的安装方式

分类		代号	示意图	说明	
固定式	基本型	S	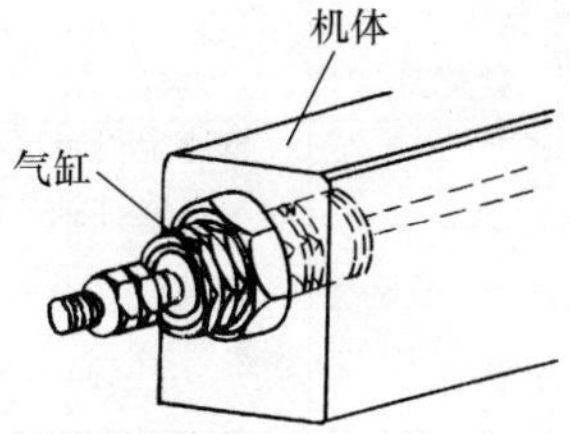 埋入安装	利用缸身外螺纹拧入机体内固定之	不带安装件的气缸为基本型
			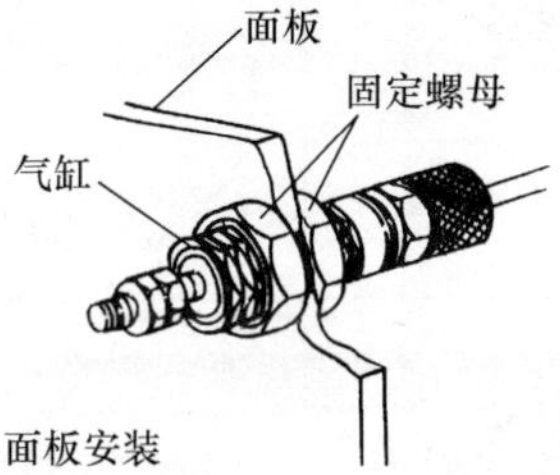 面板安装	利用缸身外螺纹用螺母固定在面板上	
		B	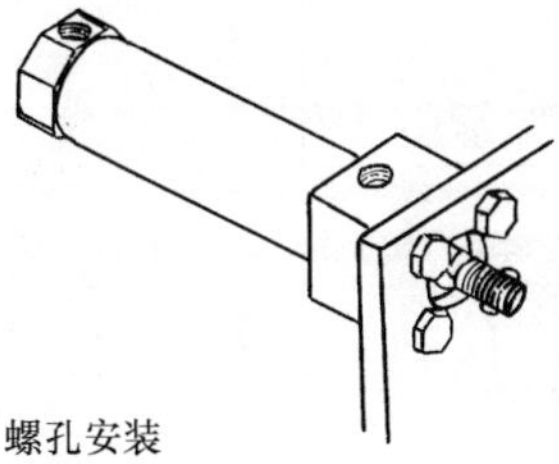 螺孔安装	利用缸盖上的螺孔用螺钉固定在面板上	
			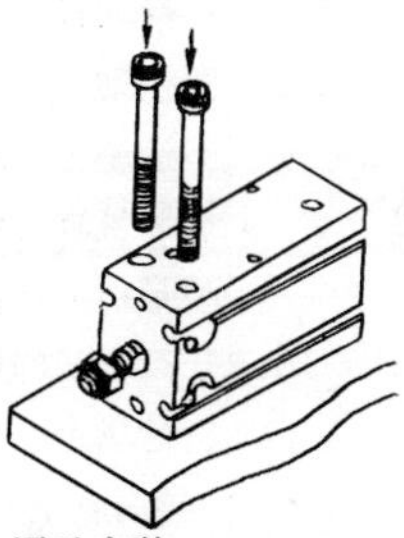 通孔安装	利用缸身上的通孔用螺钉固定在台面上	
		A	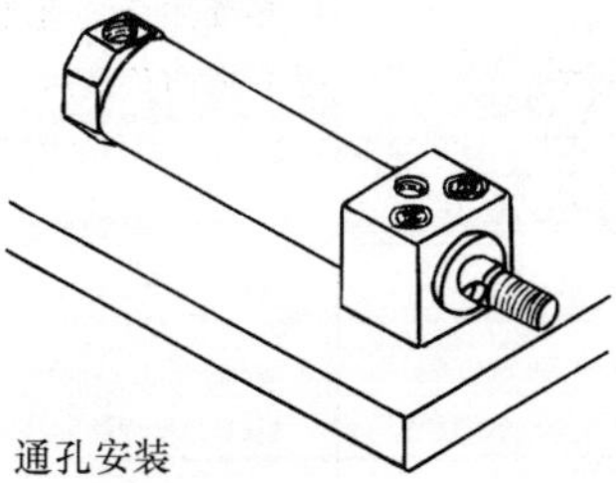 通孔安装	利用缸盖上的通孔用螺钉固定在底板上	

(续)

分类		代号	示意图	说明
固定式	脚座型	L	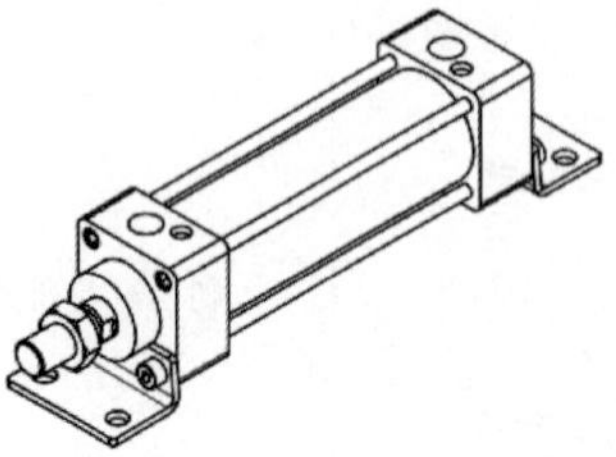	脚座上可承受大的倾覆力矩。用于负载运动方向与活塞杆轴线一致的场合
	法兰型 杆侧法兰	F	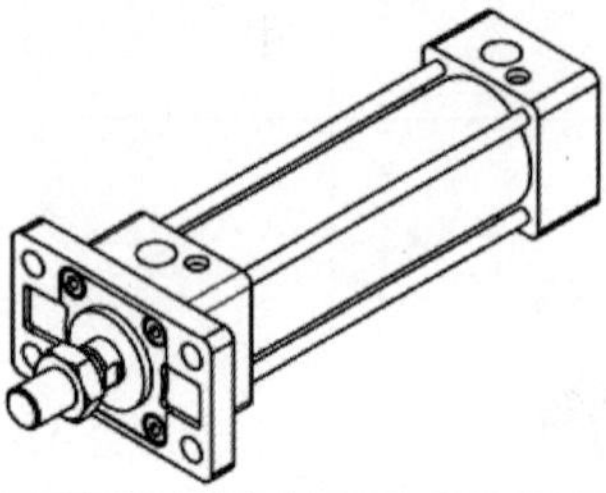	法兰上安装螺钉受拉力。用于负载运动方向与活塞杆轴线一致的场合。更宜负载在铅垂方向运动
	法兰型 无杆侧法兰	G		
摆动式	耳环型（悬耳型）单耳环	C（过去称为I型）	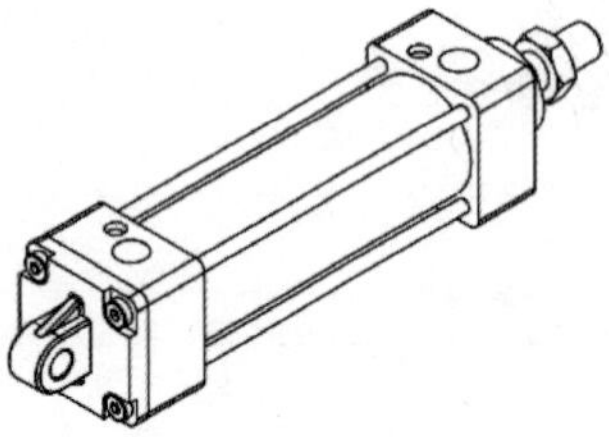	活塞杆作直线往复运动，但缸体绕耳环轴作圆弧摆动
	耳环型（悬耳型）双耳环	D		活塞杆轴线的垂直方向带有销轴孔的气缸，负载和气缸可绕销轴在一个平面内摆动。一体耳环型是指无杆侧缸盖上直接带销轴孔的形式 行程长的场合，或负载和气缸的运动方向不平行的场合，采用耳环式或耳轴式。但活塞杆上（导向套上）承受的横向负载应限制在气缸理论输出力的1/20以内
	耳环型（悬耳型）一体耳环	E		必须注意快速动作时，摆动角越大，活塞杆承受的横向负载越大

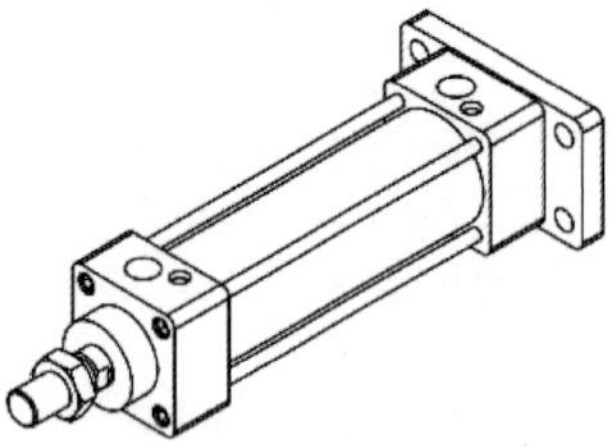

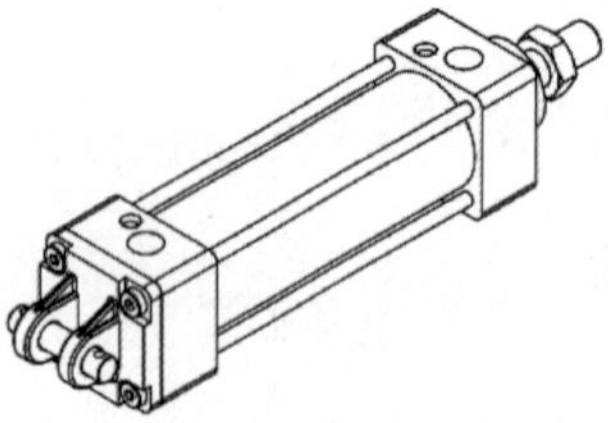

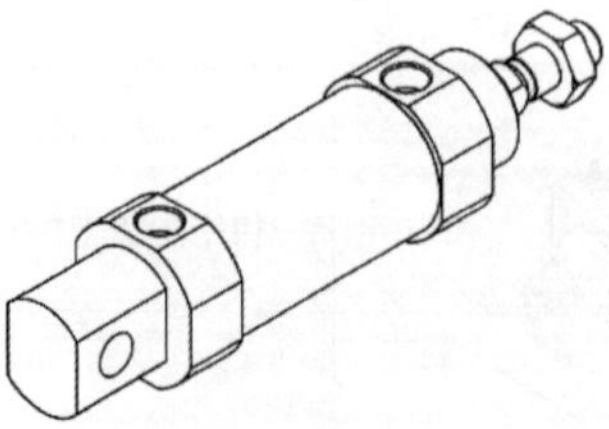

(续)

分类		代号	示意图		说明
摆动式	耳轴型（销轴型）	无杆侧耳轴 T	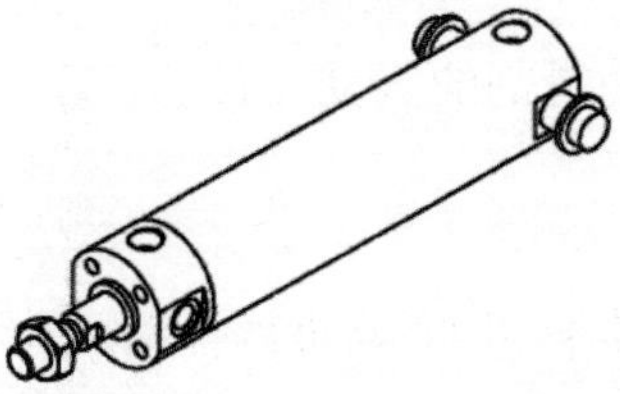	活塞杆作直线往复运动，但缸体绕耳轴摆动	气缸可绕无杆侧缸盖上的耳轴摆动
		杆侧耳轴 U	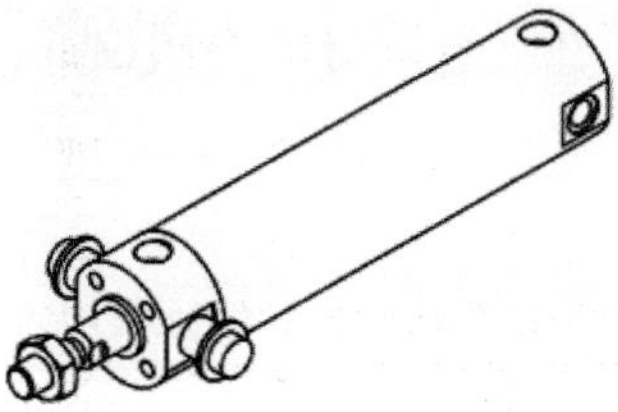		气缸可绕杆侧缸盖上的耳轴摆动
		中间耳轴 T	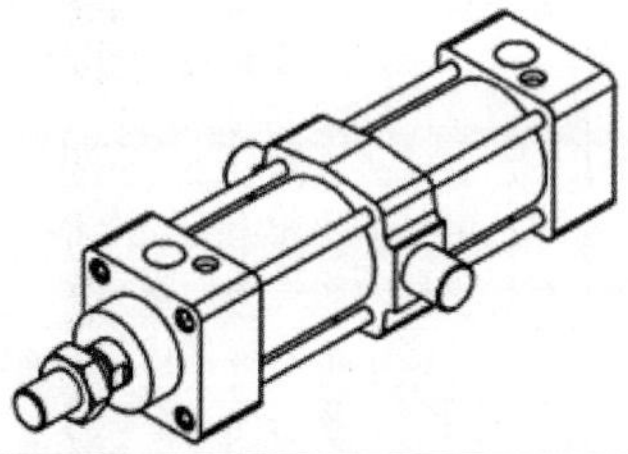		气缸可绕中间耳轴摆动（用于长缸）

注：通常缸盖上带有固定安装件的凸台，不需要时，可以切去，称为平端型。它使气缸总长度减小，以节省空间。故安装方式还有平端基本型（BZ）、平端杆侧法兰型（FZ）、平端杆侧耳轴型（UZ）。

表 5.1-4 气缸的缓冲方式和缓冲原理

缓冲方式	原理图	缓冲原理	适合气缸
无缓冲	见图 5.1-4	—	适合微型缸、小型单作用气缸和中小型薄型缸
垫缓冲	见图 5.1-2	在活塞两侧设置聚氨酯橡胶垫、吸收动能	适合缸速不大于 750mm/s 的中小型气缸和缸速不大于 1000mm/s 的单作用气缸
气缓冲	见图 5.1-8	将活塞运动的动能转化成封闭气室内的压力能	适合缸速不大于 500mm/s 的大中型气缸和缸速不大于 1000mm/s 的中小型气缸
设置液压缓冲器	见图 5.3-9	将活塞运动的动能传递给液压缓冲器，转化成热能和油液的弹性能	适合缸速大于 1000mm/s 的气缸和缸速不大的高精度气缸

5. 按润滑方式分类

可分成给油气缸和不给油气缸两类。

给油气缸是由压缩空气带入油雾，对气缸内相对运动件进行润滑。

不给油气缸是指压缩空气中不含油雾，相对运动件之间的润滑是靠预先在密封圈内添加的润滑脂来保证。另外，气缸内的零件要使用不易生锈的材料。不给油气缸若供给含冷凝水多的压缩空气易生锈，残留固态物质也会固着在滑动面上，预加润滑脂也会被冲洗掉，故密封圈会过早磨耗，使气缸动作不稳定。

目前，绝大多数系列的气缸都是不给油式的。需注意的是，它也可给油使用，但一旦给油，就必须保持给油，如中途停止给油，因润滑脂已被油冲洗掉而使它处于无油润滑状态，使密封件过快磨损。

无润滑元件是使用自润滑材料，不用润滑剂的气动元件。

6. 按位置检测方式分类

主要有限位开关式和磁性开关式两种。

限位开关式是在活塞杆上安装撞块，在活塞杆运动行程两端安装限位开关（如行程开关、机械控制方向阀），以检测出活塞的运动行程，它是一种接触式开关。

磁性开关式是将两个磁性开关直接安装在气缸缸身的不同位置，便可检测出气缸的运动行程，是一种非接触式开关。

两种位置检测方式的比较见表 5.1-5。

表 5.1-5 气缸两种位置检测方式的比较

检测方式	示意图	特征
限位开关	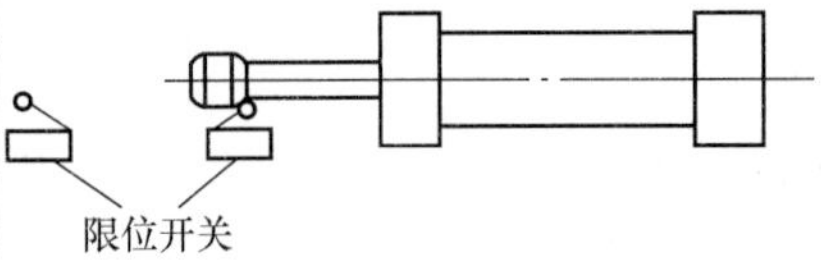 （限位开关示意图）	1）设计、安装、调试、维修工作量大 2）安装空间大 3）成本高 4）如使用不当，寿命短 5）不受磁场的影响
磁性开关	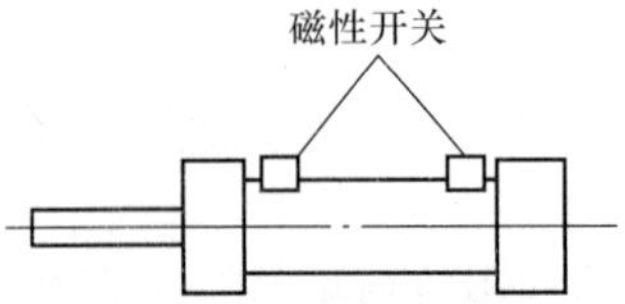 （磁性开关示意图）	1）大大节省设计和安装时间，调试容易 2）安装空间小 3）成本大大降低，附件少 4）可靠性高、寿命长、动作位置的重复性好。不存在机械撞击损坏问题，防尘、防水、防油能力强 5）易于实现电-气联合控制 6）强磁场中应采取防磁措施

SMC 公司生产的非铁质缸筒的各系列气缸，都有带磁性开关的品种。在活塞上不装磁环，缸筒外不装磁性开关的气缸，是各系列的基本型气缸。

7. 按驱动方式分类

按驱动气缸时压缩空气作用在活塞端面上的方向分，有单向作用气缸和双向作用气缸，见表 5.1-6。

表 5.1-6 气缸的驱动方式

驱动方式	图形符号	特点
单向作用气缸	弹簧压回(S) 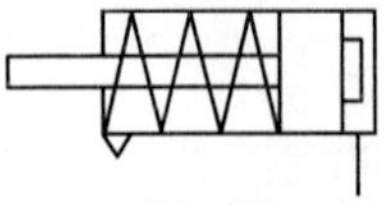 弹簧压出(T) 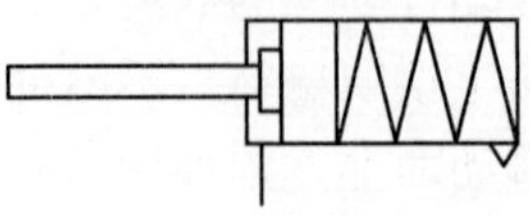	一个方向移动靠气压力，另一个方向靠外力、弹簧力或重力使活塞复位。这种气缸结构简单，耗气量少，适用于行程较小、对推力和速度要求不高的场合

(续)

驱动方式	图形符号	特点
双向作用气缸	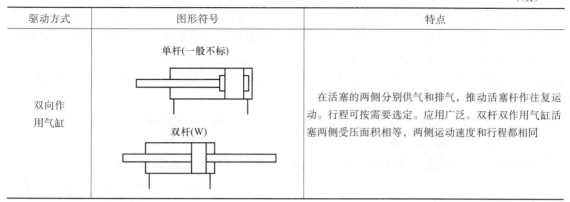 单杆(一般不标) 双杆(W)	在活塞的两侧分别供气和排气,推动活塞杆作往复运动。行程可按需要选定。应用广泛。双杆双作用气缸活塞两侧受压面积相等,两侧运动速度和行程都相同

二、气缸的基本构造

由于气缸的使用目的不同,气缸的构造是多种多样的,但使用最多的是单杆双(向)作用气缸。下面就以单杆双作用气缸为例,说明气缸的基本构造。

图 5.1-2 所示为 CM2 系列双作用气缸的结构原理图,它由缸筒、缸盖、活塞、活塞杆和密封件等组成。

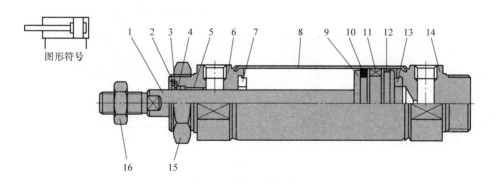

图 5.1-2 CM2 系列双作用气缸结构原理图

1—活塞杆 2—弹性挡圈 3—密封圈压板 4—活塞杆密封圈 5—导向套 6—杆侧缸盖 7、13—缓冲垫
8—缸筒 9—活塞 10—活塞密封圈 11—磁石 12—耐磨环 14—无杆侧缸盖 15—安装螺母 16—杆端螺母

缸筒内径的大小代表了气缸输出力的大小。活塞要在缸筒内作平稳的往复滑动,缸筒内表面的表面粗糙度值应达 $Ra0.8\mu m$。对钢管缸筒,内表面还应镀硬铬,以减小摩擦阻力和磨损,并能防止锈蚀。缸筒材质除使用高碳钢管外,还使用高强度铝合金和黄铜。小型气缸有使用不锈钢管的。带磁性开关的气缸或在耐腐蚀环境中使用的气缸,缸筒应使用不锈钢、铝合金或黄铜等材质。

CM2 系列气缸比其他公司的缸轴向短;活塞上采用组合密封圈实现双向密封,活塞与活塞杆用压铆连接,不用螺母。

缸盖上设有进排气通口,有的还在缸盖内设有缓冲机构。杆侧缸盖上设有密封圈和防尘圈,以防止从活塞杆处向外漏气和防止外部灰尘混入缸内。杆侧缸盖上设有导向套,以提高气缸的导向精度,承受活塞杆上少量的横向载荷,减小活塞杆伸出时的下弯量,延长气缸使用寿命。导向套通常使用烧结含油合金、铅青铜铸件。缸盖过去常用可锻铸铁,现在为减小质量并防锈，常使用铝合金压铸成形，微型缸有使用黄铜材料的。

活塞是气缸中的受压力零件。为防止活塞左右两腔相互窜气，设有活塞密封圈。活塞上的耐磨环可提高气缸的导向性，减少活塞密封圈的磨耗，减小摩擦阻力。耐磨环常使用聚氨酯、聚四氟乙烯、夹布合成树脂等材质。活塞的宽度由密封圈尺寸和必要的滑动部分长度来决定。滑动部分太短，易引起早期磨损和卡死。活塞的材质常用铝合金和铸铁，小型缸的活塞有用黄铜制成的。

活塞杆是气缸中最重要的受力零件。通常使用高碳钢，表面经镀硬铬处理，或使用不锈钢，以防腐蚀，并提高密封圈的耐磨性。

回转或往复运动处的部件密封称为动密封，静止件部分的密封称为静密封。按密封原理，可将密封圈分成压缩密封圈和气压密封圈两大类。压缩密封是将密封圈放入密封沟槽内时，便有一定的预压缩量，靠密封面上的接触面压力阻塞泄漏通路，如图 5.1-3a 所示。静密封圈的压缩量比动密封圈大。气压密封是靠气压力将密封圈的唇部压紧在密封面上以保证密封，如图 5.1-3b 所示。常见密封圈及其特点见表 5.1-7，要求密封圈既能保证密封，滑动摩擦力又小。

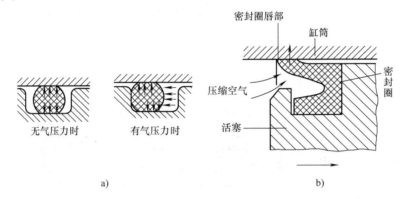

图 5.1-3　两种密封原理

a）压缩密封　b）气压密封

表 5.1-7　常见密封圈及其特点

密封原理及特点		密封圈的形状及其特点	
压缩密封圈	1）预压缩量越大，密封性越好，但摩擦阻力也越大 2）能双向密封 3）放置时间长，摩擦力会增大	O型	结构简单、安装方便、占空间小、价格低，始动摩擦阻力大，低压力下阻力也大，需润滑，寿命较短、安装时注意不要拧扭
		NLP型(组合型)	占空间小，滑动阻力小，可不给油润滑，低压力下阻力减小
		不给油气缸活塞用	结构紧凑，低摩擦阻力，低速动作性好，唇部可存润滑脂，耐久性好

（续）

	密封原理及特点	密封圈的形状及其特点	
压缩密封圈	1) 预压缩量越大，密封性越好，但摩擦阻力也越大 2) 能双向密封 3) 放置时间长，摩擦力会增大	X型	具有较低的摩擦力，能较好地克服扭转，可获得更好的润滑；既可以作为在较低的速度下使用的运动密封元件，同时也适合作静密封使用
气压密封圈	1) 气压越高，密封性越好，摩擦阻力也越大 2) 只能单向密封，双作用气缸活塞上必须对称装两个 3) 唇部对磨损有一定的自补偿作用 4) 预压缩量小，低压力下动作性能好	U型 Y型	密封沟槽结构简单，密封可靠，使用压力范围广
		缓冲用	气缓冲气缸的缓冲套处使用
		防尘圈(杆用)	防止灰尘杂物进入缸内

缸筒与缸盖的连接方法主要有以下几种：

（1）整体型

它采用锻造工艺把缸筒与一侧缸盖做成一体，另一侧缸盖与缸筒使用铆接（见图5.1-4）或用卡圈固定（见图5.1-5）。用于微型缸和中小型缸。

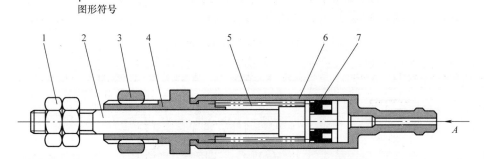

图 5.1-4 CJ1系列气缸结构原理图（S型）

1—杆端螺母 2—带活塞杆的活塞 3—安装螺母 4—缸盖 5—回位弹簧 6—缸筒 7—活塞密封圈

（2）铆接型

在缸盖上开有沟槽，将缸筒两端压铆入缸盖沟槽内，形成一体，如图5.1-2所示。用于中小型缸。

（3）螺纹连接型

缸筒与缸盖上有连接螺纹，将它们连接在一起，如图5.1-6所示。用于中小型缸。

（4）法兰型

缸筒和缸盖上都带法兰，用螺栓将它们联在一起，如图5.1-7所示。用于省空间的中小型气缸。

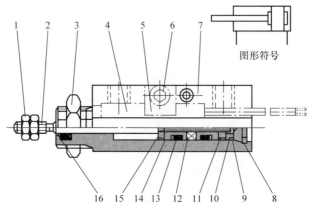

图 5.1-5　CDJP 系列双作用气缸的结构原理图

1—杆端螺母　2—活塞杆　3—安装螺母　4—磁性开关　5—开关安装件　6—开关安装螺钉　7—缸体　8—卡圈　9—无杆侧缸盖　10—静密封圈　11、15—缓冲垫　12—磁环　13—活塞密封圈　14—活塞　16—活塞杆密封圈

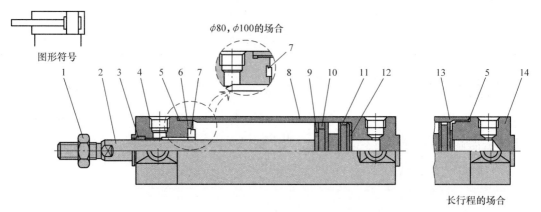

图 5.1-6　CG1 系列双作用气缸的结构原理图

1—杆端螺母　2—活塞杆　3—活塞杆密封圈　4—导向套　5—缸筒密封圈　6—杆侧缸盖　7、12—缓冲垫　8、13—缸筒　9—活塞　10—活塞密封圈　11—耐磨环　14—无杆侧缸盖

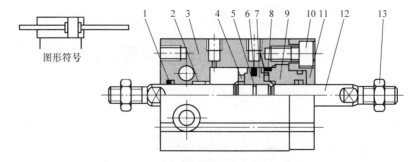

图 5.1-7　CUW 系列双作用气缸的结构原理图

1—活塞杆密封圈　2—导向套　3—缸筒　4—缓冲垫　5—静密封圈　6—活塞密封圈　7—活塞　8—缸盖静密封圈　9—杆侧缸盖　10—内六角螺钉　11—压板　12—活塞杆　13—杆端螺母

（5）拉杆型

用四拉杆将两缸盖与缸筒夹紧在一起，缸盖与缸筒之间有密封圈，如图5.1-8所示。用于行程不太长也不太短的大中型气缸。

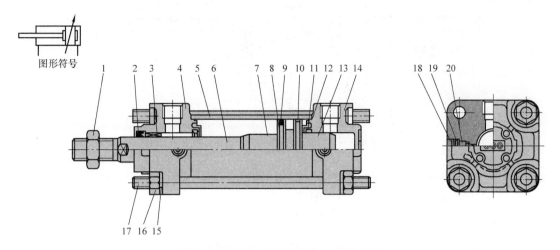

图5.1-8　CA2系列双作用气缸的结构原理图

1—杆端螺母　2—活塞杆密封圈　3—导向套　4—杆侧缸盖　5—缸筒　6—活塞杆　7、13—缓冲环　8—活塞　9—活塞密封圈　10—耐磨环　11—缓冲密封圈　12—缸筒密封圈　14—无杆侧缸盖　15—垫圈　16—拉杆螺母　17—拉杆　18—止动环　19—缓冲阀密封圈　20—缓冲阀

三、气缸的性能

1. 气缸的瞬态特性

下面以单杆双作用无缓冲气缸为例，来分析气缸的运动状态，如图5.1-9所示。

电磁方向阀换向，气源经 A 口向气缸无杆腔充气，压力 p_1 上升。有杆腔内气体经 B 口通过方向阀的排气口排气，压力 p_2 下降。当活塞的无杆侧与有杆侧的压力差达到气缸的最低动作压力以上时，活塞开始移动。活塞一旦起动，活塞等处的摩擦力即从静摩擦力突降至动摩擦力，活塞稍有抖动。活塞起动后，无杆腔为容积增大的充气状态，有杆腔为容积减小的排气状态。随外负载大小和充排气回路的阻抗大小等因素的不同，活塞两侧压力 p_1 和 p_2 的变化规律也不同，因而导致活塞的运动速度及气缸的

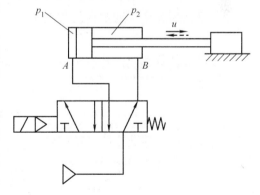

图5.1-9　单杆双作用气缸的运动状态示意图

有效输出力的变化规律也不同。图5.1-10所示为气缸的瞬态特性曲线示意图。从电磁阀通电开始到活塞刚开始运动的时间称为延迟时间。从电磁阀通电开始到活塞到达行程末端的时间称为到达时间。

从图5.1-10可以看出，在活塞的整个运动过程中，活塞两侧腔室内的压力 p_1 和 p_2 以及活塞的运动速度 u 都在变化。这是因为有杆腔虽排气，但容积在减小，故 p_2 下降趋势变缓。若排气不畅，p_2 还可能上升。无杆腔虽充气，但容积在增大，若供气不足或活塞运动速度

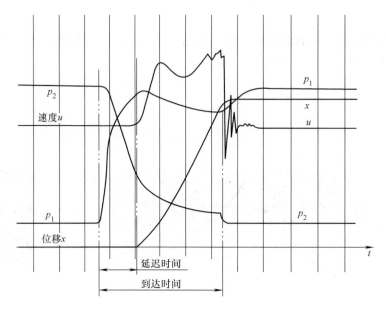

图 5.1-10 气缸的瞬态特性曲线示意图

过快，p_1 也可能下降。由于活塞两侧腔内的压力差在变化，又影响到有效输出力及活塞运动速度的变化。假如外负载力及摩擦力也不稳定的话，则气缸两腔的压力和活塞运动速度的变化更复杂。气缸初始充（排）气，两端压差最大（一端是供气压力，另一端近似大气压力），故初始充（排）气流量最大，但活塞可能尚未动作或活塞速度很小。

2. 气缸的速度特性

活塞在整个运动过程中其速度是变化的。速度的最大值称为最大速度，记为 u_m。对非气缓冲气缸，最大速度通常在行程的末端；对气缓冲气缸，最大速度通常在进入缓冲前的行程位置。

气缸没有外负载力，并假定气缸排气侧为声速排气，且在气源压力不太低的情况下，求出的气缸速度 u_0 称为理论基准速度。

$$u_0 = 1920 \frac{S}{A} \tag{5.1-1}$$

式中　u_0——理论基准速度（mm/s）；
　　　1920——系数（mm/s）；
　　　S——排气回路的合成有效截面面积（mm²）；
　　　A——排气侧活塞的有效面积（cm²）。

理论基准速度 u_0 与无负载时气缸的最大速度非常接近，故令无负载时气缸的最大速度等于 u_0。随着负载的加大，气缸的最大速度 u_m 将减小。

气缸的平均速度 v 是气缸的运动行程 L 除以气缸的动作时间（通常按到达时间计算）t。通常所说的气缸使用速度都是指平均速度。在粗略计算时，气缸的最大速度一般取平均速度的 1.2~1.4 倍。

标准气缸的使用速度范围大多是 50~500mm/s。当速度小于 50mm/s 时，由于气缸摩擦阻力的影响增大，加上气体的可压缩性，不能保证活塞作平稳移动，会出现时走时停的现象,称为爬行。当速度高于 500mm/s 时,气缸密封圈的摩擦生热加剧,加速密封件磨损,造成漏气,寿命缩短,还会加大行程末端的冲击力,影响到机械寿命。要想气缸在很低速度下工作,宜使用气液阻尼缸,或通过气液转换器,利用气液联用缸进行低速控制。要想气缸在更高速下工作,需加长缸筒长度、提高气缸筒的加工精度,改善密封圈材质以减小摩擦阻力,改善缓冲性能等。

3. 气缸的理论输出力

气缸的理论输出力是指气缸处在静止状态时,其使用压力作用在活塞有效面积上产生的推力或拉力。

(1) 单杆单作用气缸

弹簧压回型气缸的理论输出推力 F 为

$$F = \frac{\pi}{4}D^2 p - F_2 \tag{5.1-2}$$

式中 D——缸径(mm);
p——使用压力(MPa);
F_2——压缩空气进入气缸后,弹簧处于被压缩状态时的弹簧力(N)。

弹簧压回型气缸的理论返回拉力为

$$F_0 = F_1 \tag{5.1-3}$$

式中 F_0——理论输出力(N);
F_1——安装状态时的弹簧力(N)。

弹簧压出型气缸的理论输出拉力为

$$F = \frac{\pi}{4}(D^2 - d^2)p - F_2 \tag{5.1-4}$$

式中 d——活塞杆直径(mm)。

弹簧压出型气缸的理论返回推力为

$$F_0 = F_1 \tag{5.1-5}$$

(2) 单杆双作用气缸

理论输出推力 F(活塞杆伸出)为

$$F = \frac{\pi}{4}D^2 p \tag{5.1-6}$$

理论输出拉力 F(活塞杆返回)为

$$F = \frac{\pi}{4}(D^2 - d^2)p \tag{5.1-7}$$

(3) 双杆双作用气缸

理论输出力 F 为

$$F = \frac{\pi}{4}(D^2 - d^2)p$$

实际输出力是活塞杆上传送的机械力。

需要注意的是,因内部先导式电磁阀存在最低使用压力,若用此类阀控制气缸,则气缸存在一个最小输出力。

4. 气缸的负载率 η

气缸的负载率 η 是气缸活塞杆受到的轴向负载力 F 与气缸的理论输出力 F_0 之比。

$$\eta = \frac{F}{F_0} \times 100\% \tag{5.1-8}$$

负载力是选择气缸时的重要因素。负载状况不同，作用在活塞杆轴向的负载力也不同。表 5.1-8 是几个实例。

表 5.1-8 负载状态与负载力

负载状态	提升	夹紧	水平滚动	水平滑动
负载力	$F = W$	$F = K$（夹紧力）	$F = \mu W$ 取摩擦因数 $\mu = 0.1 \sim 0.4$	$F = \mu W$ 取摩擦因数 $\mu = 0.2 \sim 0.8$

负载的运动状态与负载率的选取有关，可参考表 5.1-9 选取。

表 5.1-9 负载的运动状态与负载率

负载的运动状态	静载荷（如夹紧、低速压铆）	动载荷	
		气缸速度为 50~500mm/s	气缸速度 >500mm/s
负载率 η	≤70%	≤50%	≤30%

气缸的效率是扣除气缸摩擦力之后的气缸输出力与理论输出力之比，与气缸的负载率不是一回事。

5. 使用压力范围

使用压力范围是指气缸的最低使用压力至最高使用压力的范围。

最低使用压力是指保证气缸正常工作的最低供给压力。所谓正常工作是指气缸能平稳运动且泄漏量在允许指标范围内。双作用气缸的最低工作压力一般为 0.05~0.12MPa，而单作用气缸的最低工作压力一般为 0.15~0.25MPa。一般低摩擦气缸的最低工作压力为 0.01~0.05MPa，间隙密封的低摩擦气缸的最低工作压力为 0.005~0.02MPa。

最高使用压力是指气缸长时间在此压力作用下能正常工作而不损坏的压力。

6. 耐压性能

耐压力规定为气缸最高使用压力的 1.5 倍。在耐压试验压力的作用下，保压 1min，应保证气缸各连接部位没有松动、零件没有永久变形或其他异常现象。

7. 环境温度和介质温度

气缸所处工作场所的温度称为环境温度。流入气缸内的气体温度称为介质温度。

一般情况下，对不带磁性开关的气缸，其环境温度和介质温度为 5~70℃；对磁性开关气缸，其环境温度和介质温度为 5~60℃。

缸内密封材料在高温下会软化，低温下会硬化脆裂，都会影响密封性能。虽然气源经冷冻式干燥器清除了水分，但温度太低，空气中仍会有少量水蒸气冷凝成水造成结冰，导致缸、阀动作不良，故对温度必须有所限制。

8. 泄漏量

气缸处于静止状态，从无杆侧和有杆侧交替输入最低使用压力和最高使用压力，从活塞处（称为内泄漏）及活塞杆和管接头等处（称为外泄漏）的泄漏流量称为泄漏量。

合格气缸的泄漏量都应小于 JIS B 8377 - 1：2002 标准规定的指标。缸径为 8mm、10mm、12mm 时，泄漏量最大值为 $0.6dm^3/h$（ANR）；缸径为 16mm、20mm、25mm 时，泄漏量最大值为 $0.8dm^3/h$（ANR）；缸径为 32mm、40mm、50mm 时，泄漏量最大值为 $1.2dm^3/h$（ANR）；缸径为 63mm、80mm、100mm 时，泄漏量最大值为 $2dm^3/h$（ANR）；缸径为 125mm、160mm、200mm 时，泄漏量最大值为 $3dm^3/h$（ANR）；缸径为 250mm、320mm 时，泄漏量最大值为 $5dm^3/h$（ANR）。

9. 耐久性

在活塞杆的轴向施加负载率为 50% 的负载，向气缸的两腔交替通入最高使用压力，调节速度控制阀，使活塞运动速度达到 200mm/s，活塞沿全行程作往复运动，气缸仍保证合格的累计行程称为耐久性。即在耐久性行程范围内，气缸的最低使用压力、耐压性能、泄漏量仍符合要求。

一般情况下，气缸的耐久性指标不低于 3000km。实际气缸的耐久性与气缸的使用状态、活塞速度、润滑状况等许多因素有关。

10. 气缸的耗气量

气缸的耗气量可分为最大耗气量和平均耗气量。

最大耗气量是气缸以最大速度运动时所需要的空气流量，可表示成

$$q_r = 0.0462 D^2 u_m (p + 0.102) \tag{5.1-9}$$

式中　　q_r——气缸的最大耗气量（L/min）（ANR）；

　　　　D——缸径（cm）；

　　　　u_m——气缸的最大速度（mm/s）；

　　　　p——使用压力（MPa）。

最大耗气量在 SMC 公司的样本上称为所要空气量。

平均耗气量是气缸在气动系统的一个工作循环周期内所消耗的空气流量。可表示为

$$q_{ca} = 0.0157(D^2 L + d^2 l_d) N (p + 0.102) \tag{5.1-10}$$

式中　　q_{ca}——气缸的平均耗气量（L/min）（ANR）；

　　　　D——缸径（cm）；

　　　　L——气缸的行程（cm）；

　　　　d——方向阀与气缸之间配管的内径（cm）；

　　　　l_d——配管的长度（cm）；

　　　　N——气缸的工作频度，即每分钟内气缸的往复周数，一个往复为一周（周/min）；

　　　　p——使用压力（MPa）。

平均耗气量用于选用空压机、计算运转成本。最大耗气量用于选定空气处理元件、控制阀及配管尺寸等。最大耗气量与平均耗气量之差用于选定气罐的容积。

四、气缸的选用

1. 预选气缸的缸径

根据气缸的负载状态，参考表 5.1-8，确定气缸的轴向负载力 F。

根据负载的运动状态，参考表 5.1-9，预选气缸的负载率 η。

根据气源供气条件，确定气缸的使用压力 p。p 应小于减压阀进口压力的 85%。

已知 F、η 和 p，对单作用气缸，预设杆径 d 与缸径 D 之比 $d/D=0.5$，由式（5.1-2）~式（5.1-4）以及式（5.1-8），便可选定缸径 D；对双作用气缸，预选 $d/D=0.3\sim0.4$，由式（5.1-6）~式（5.1-8），便可选定缸径 D。缸径 D 的尺寸应标准化，见表 5.1-1。

2. 预选气缸行程

根据气缸的操作距离及传动机构的行程比来预选气缸的行程。为便于安装调试，对计算出的行程要留有适当余量。应尽量选为标准行程，可保证供货迅速，成本降低。

3. 选择气缸的品种

根据气缸承担任务的要求来选择气缸的品种，见表 5.1-1。如要求气缸到达行程终端无冲击现象和撞击噪声，应选缓冲气缸；如要求重量轻，应选轻型缸；要求安装空间窄且行程短，可选薄型缸；有横向负载，可带导杆气缸；要求制动精度高，应选锁紧气缸；不允许活塞杆旋转，可选具有杆不回转功能的气缸；除活塞杆作直线往复运动外，还需缸体作摆动，可选耳轴式或耳环式安装方式气缸等。

标准型和省空间型气缸的主要特征见表 5.1-10。

表 5.1-10　标准型和省空间型气缸的主要特征

系列	驱动方式	缓冲方式	结构特征		
CJ1	弹簧压回	无	极为小巧，安装空间很小		
CJ1	单杆双作用	无	极为小巧，安装空间很小		
CJP	弹簧压回	无	轴向短，安装空间小		
CJP	单杆双作用	垫缓冲	轴向短，安装空间小		
CJ2	单作用	垫缓冲	缸筒与缸盖为压铆连接。缸盖铣成四个平面，便于安装。结构紧凑、重量轻。缸筒为不锈钢。活塞杆与导向套的间隙小，故活塞杆的下弯量小，导向套及耳环轴衬的耐磨性提高，寿命是 CJ1 系列的 15 倍以上。气缸驱动速度快		
CJ2	单杆双作用 双杆双作用	垫缓冲 气缓冲	缸筒与缸盖为压铆连接。缸盖铣成四个平面，便于安装。结构紧凑、重量轻。缸筒为不锈钢。活塞杆与导向套的间隙小，故活塞杆的下弯量小，导向套及耳环轴衬的耐磨性提高，寿命是 CJ1 系列的 15 倍以上。气缸驱动速度快		
CM2、C85	单作用	垫缓冲	缸筒为不锈钢，耐外部冲击。缸盖与活塞用铝合金，缸筒与缸盖为压铆连接，缸盖外表面铣成四个平面，安装空间小，安装方便，重量轻。采用特殊防尘圈，防尘好。导向套与活塞杆，缸筒与耐磨环的间隙小，缸体与安装脚座的安装精度高，密封圈耐磨性好，寿命长，能高速驱动		
CM2、C85	双作用（单杆、双杆）	垫缓冲 气缓冲	缸筒为不锈钢，耐外部冲击。缸盖与活塞用铝合金，缸筒与缸盖为压铆连接，缸盖外表面铣成四个平面，安装空间小，安装方便，重量轻。采用特殊防尘圈，防尘好。导向套与活塞杆，缸筒与耐磨环的间隙小，缸体与安装脚座的安装精度高，密封圈耐磨性好，寿命长，能高速驱动		
CG1	单作用	垫缓冲	缸筒与无杆侧缸盖压成一体，缸筒与杆盖为螺纹连接，缸筒、缸盖和活塞都采用铝合金，轴向尺寸短，重量比其他系列气缸轻 10%~50%。安装用附件的精度高。能高速驱动		
CG1	双作用（单杆、双杆）	垫缓冲 气缓冲	缸筒与无杆侧缸盖压成一体，缸筒与杆盖为螺纹连接，缸筒、缸盖和活塞都采用铝合金，轴向尺寸短，重量比其他系列气缸轻 10%~50%。安装用附件的精度高。能高速驱动		
CA2	双作用（单杆、双杆）	气缓冲	通口连接螺纹 Rc、NPT、G	四拉杆连接	替代 CA1 系列。安装尺寸与 CA1 系列相同。与 CA1 系列相比，减轻 5%~15%	采用浮动式缓冲密封方式，起动时无力的突变，消除了杆的急伸现象；缓冲阀未伸出缸盖面，安全，可用六角棒扳手调节，可微调；采用新型缓冲密封圈，缓冲腔容积增大，故吸收动能约提高 30%，缓冲密封圈寿命延长约 4 倍；导向套与活塞杆的配合精度高（间隙变小），故活塞杆的下弯量减小；安装精度高；若是铁缸筒，不能装磁性开关；可以有无气缓冲型
MB	双作用（单杆、双杆）	气缓冲+垫缓冲	通口连接螺纹 Rc、NPT、G	MB、C96 与 CA1 系列相比，缸盖的高宽减小约 10%，减轻 10%~25%。四拉杆不伸出缸盖外		
MB1	双作用（单杆、双杆）	气缓冲+垫缓冲	通口连接螺纹 Rc、NPT、G	MB、C96 与 CA1 系列相比，缸盖的高宽减小约 10%，减轻 10%~25%。四拉杆不伸出缸盖外		
C96	双作用（单杆、双杆）	气缓冲	通口与缓冲阀在同一面上	MB1、CP96 为四拉杆不外露的方形断面气缸，外形美观。磁性开关可装在四面沟槽内，用紧固条盖住，省空间，防尘，且可防止开关松动和损坏		
CP96	双作用（单杆、双杆）	气缓冲	仅 G 螺纹	MB1、CP96 为四拉杆不外露的方形断面气缸，外形美观。磁性开关可装在四面沟槽内，用紧固条盖住，省空间，防尘，且可防止开关松动和损坏		

(续)

系列	驱动方式	缓冲方式	结构特征
CS1、CS2	双作用（单杆、双杆）	气缓冲	缸筒与缸盖为四拉杆连接。缸径250mm以上仅有铁缸筒。也有无缓冲型CS2 缸盖采用压铸铝，故重量轻
C55	单杆双作用	垫缓冲	缸筒与无杆侧缸盖压成一体，杆端用弹性挡圈固定。体积小，重量轻、薄，安装空间小，安装方便，连接螺纹为M5×0.8、G⅛
CQ2、CQS	单作用、双作用（单杆、双杆）	无垫缓冲	缸筒与无杆侧缸盖压成一体，杆盖用弹性挡圈固定。长行程的缸筒与无杆侧缸盖也用弹簧挡圈固定。体积小，重量轻、薄，安装空间小，安装方便。大缸径（125mm以上）及长行程型、耐横向负载型的垫缓冲为标准装备
CUJ、CU	单作用、双作用（单杆、双杆）	垫缓冲	缸体为长方形，安装方式多，安装精度高，安装空间小。通口连接螺纹有Rc、NPT、G。CUJ系列为无缓冲，单作用仅有弹簧压回型
MU	单作用、双作用（单杆、双杆）	垫缓冲	活塞是长圆形，径向尺寸小。活塞杆不回转。缸体为长方形，安装方式多，省空间

例 5.1-1 图 5.1-11 所示气动系统有 4 个气缸，缸 A 把工件放下，缸 B 夹紧工件，缸 C 将工件推至缸 D 的下方，再由缸 D 在工件上打字。请选择 4 个气缸的品种和安装形式，并说明安装形式的特点。

解 本例正确选择见图 5.1-11 中表。

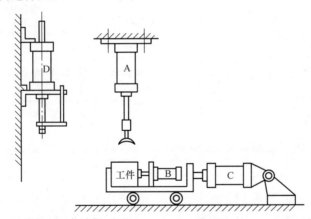

缸号	气缸品种	安装形式	特点
A	单杆双作用	无杆侧法兰型	负载垂直于安装面
B	单杆单作用(弹簧压回)	杆侧法兰型	负载与轴线一致
C	单杆双作用	单耳环或双耳环型	允许负载有点摆动
D	双杆双作用(杆不回转)	脚座型	负载与轴线一致

图 5.1-11 例 5.1-1 所示气动系统图

4. 验算缓冲能力

预选了缸径和行程后，必须验算一下气缸的缓冲能力是否符合要求。

根据气缸的运动状态是输出推力还是拉力、负载率 η、气缸的行程 L 和气缸的动作时间 t，由图 5.1-12，可查得气缸的理论基准速度 u_0。

根据气缸的运动状态是输出推力还是拉力以及负载率 η，由图 5.1-13，可查得气缸的最大速度 u_{max} 与理论基准速度 u_0 之比 α 值，从而求得气缸的最大速度 u_{max}。

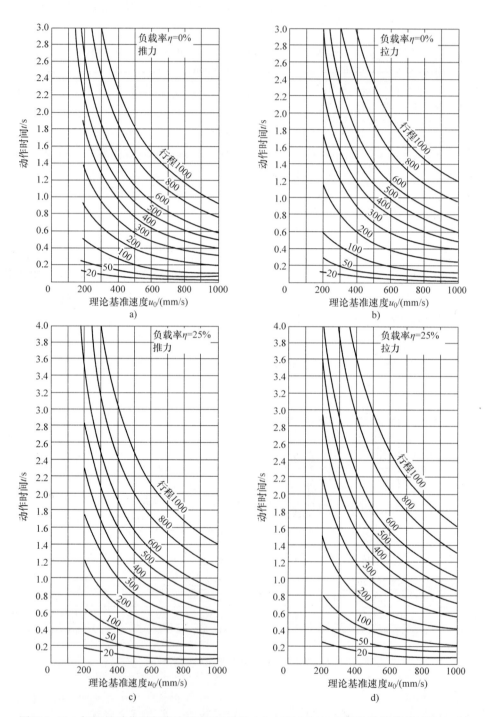

图 5.1-12　气缸的动作时间和理论基准速度（方向阀与气缸之间的连接管长度为 1m）

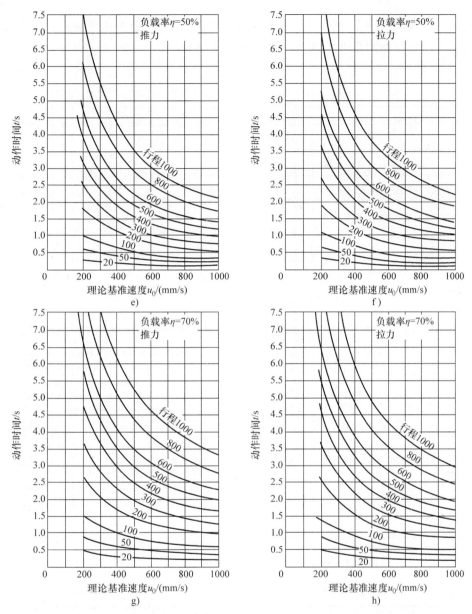

图 5.1-12 气缸的动作时间和理论基准速度（方向阀与气缸之间的连接管长度为1m）（续）

根据各系列垫缓冲气缸的缓冲特性曲线（见图 5.1-14 和图 5.1-15）和气缓冲气缸的缓冲特性曲线（见图 5.1-16 和图 5.1-17），若气缸的负载质量 M 和最大速度 u_{max} 的交点在预选气缸缸径的缓冲特性曲线之下，则表示负载运动的动能 $\frac{1}{2}Mu_{max}^2$ 小于气缸允许吸收的最大能量，即该预选缸径的缓冲能力满足要求。否则，预选缸径应增大一号，重复上述步骤进行验算，直到满足缓冲性能要求为止。

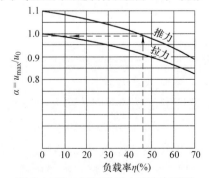

图 5.1-13 气缸的最大速度与理论基准速度的比值 $\alpha = u_{max}/u_0$

当负载过大或运动速度太快，靠气缸内部缓冲不能完全吸收冲击能量时，应考虑在气缸停止运动前，通过缓冲回路进行减速，或在外部设计安装液压缓冲器。

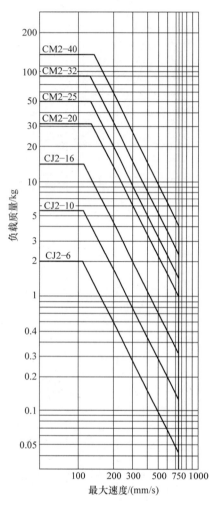

图 5.1-14　缓冲特性曲线
（垫缓冲气缸 CJ2、CM2 系列）

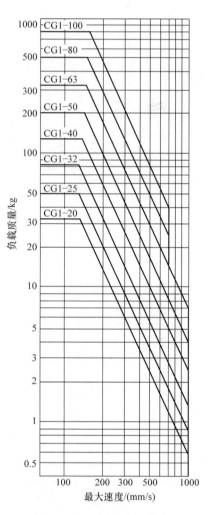

图 5.1-15　缓冲特性曲线
（垫缓冲气缸 CG1 系列）

5. 选择安装方式

参看表 5.1-3 选择安装方式。常用气缸的安装方式见表 5.1-11。

6. 活塞杆长度的验算

活塞杆端承受的横向负载大小与气缸行程的关系如图 5.1-18 所示。一般规定，气缸行程为 0 时，气缸的导向套可承受的横向负载为气缸理论输出力的 1/20。行程不超过图 5.1-18 中粗实线时，允许气缸承受不大的横向负载。超过粗实线但小于最大行程时（图 5.1-18 中虚线范围内），沿气缸运动方向应设置导向装置。

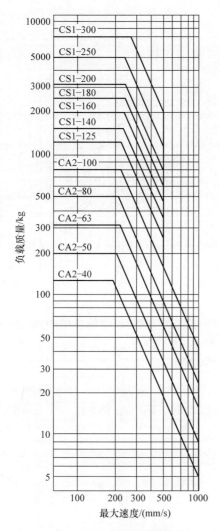

图 5.1-16 缓冲特性曲线
（气缓冲气缸 CA2、CS1 系列）

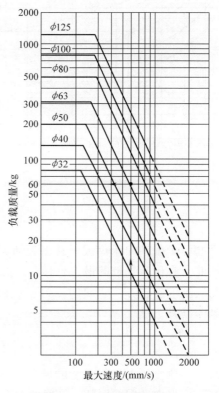

图 5.1-17 缓冲特性曲线
（气缓冲气缸 MB 系列）

表 5.1-11 常用气缸的安装方式

安装方式	系列										
	CJ1	CJP	CJ2	CM2	CG1、C85	CA2、MB1、MB、C96	CS1、CS2	CQ2	CU	MU、CP96	C55
基本型	○	○	○	○	○	○	○	○	○	○	○
脚座型		○	○	○	○	○	○	○		○	○
杆侧法兰型			○	○	○	○	○	○		○	○
无杆侧法兰型				○	○	○	○	○		○	○
单耳环型				○	○	○	○			○	○
双耳环型		○	○	○	○	○	○	○		○	
杆侧耳轴型				○	○	○					
无杆侧耳轴型			○	○	○	○					
中间耳轴型						○[①]	○				

① MB1 无。

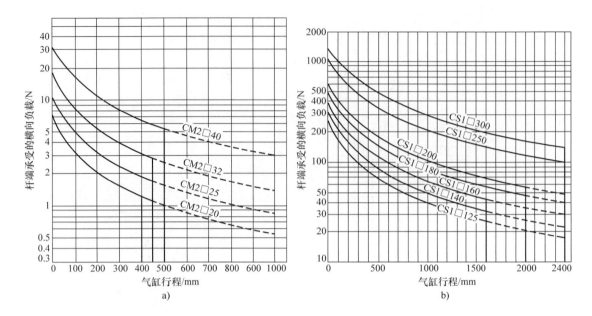

图 5.1-18 气缸的横向负载与行程的关系
a) CM2 系列 b) CS1 系列

长活塞杆承受轴向压负载,易引起活塞杆(或活塞杆与缸筒一起)弯曲变形而失去稳定性。因此,在确定气缸的最大行程时,必须使受压杆的纵向弯曲变形在一定范围内。此最大行程与气缸的安装方式、使用压力和缸径(对应活塞杆直径)等有关。活塞杆可能承受的最大轴向(压)力

$$F_1 = \frac{F_k}{n_k} \tag{5.1-11}$$

式中 F_k——气缸活塞杆能承受的极限(压)力;
n_k——稳定性安全因数,一般取 1.5~4。

当长细比 $l/k \geqslant 85\sqrt{m}$ 时,

$$F_k = \frac{m\pi^2 EI}{l^2} \tag{5.1-12}$$

当长细比 $l/k < 85\sqrt{m}$ 时,

$$F_k = \frac{\sigma_{bc} A}{1 + \frac{a}{m}\left(\frac{l}{k}\right)^2} \tag{5.1-13}$$

式中 k——活塞杆截面的回转半径(m),实心圆杆 $k = d/4$,空心圆杆 $k = \sqrt{d^2 + d_0^2}/4$,其中 d 是活塞杆直径(m),d_0 是空心活塞杆内孔直径(m);
m——由安装形式确定的安装因数(见表 5.1-12);
E——材料弹性模量,对钢,$E = 2.1 \times 10^{11}$ Pa;
I——活塞杆横截面的惯性矩(m⁴),实心圆杆 $I = \pi d^4/64$,空心圆杆 $I = \pi(d^4 - d_0^4)/64$;

l——活塞杆的计算长度（见表 5.1-12）（m）；

σ_{bc}——材料抗压强度，对钢，$\sigma_{bc} = 4.9 \times 10^8 \mathrm{Pa}$；

A——活塞杆横截面面积（m²）；

a——试验常数，对钢 $a = 1/5000$。

由式（5.1-12）可算出实心圆活塞杆的计算长度 l

$$l = 0.7d^2 \sqrt{\frac{mE}{n_k F_1}} \tag{5.1-14}$$

活塞杆受压不失去稳定性的气缸最大行程 L 与活塞杆的计算长度 l 之间的关系，表示在表 5.1-12 中的各种安装形式中。实际气缸的行程必须小于按受压稳定性计算出的气缸最大行程。表 5.1-13 列举了 CM2、CG1 等系列气缸活塞杆受轴向压力而不失去稳定性的最大行程。若气缸悬吊负载，可不受按受压稳定性计算出的气缸最大行程的限制。

7. 计算气缸的空气消费量和所要空气量

气缸的空气消费量是指气缸作一次往复运动所消耗的空气量 V_c，气缸作一次往复运动，气缸至方向阀之间的配管所消耗的空气量为 V_T。该气缸的平均耗气量为 $(V_c + V_T)N$。N 为气缸的工作频度。平均耗气量也可按式（5.1-10）计算。

所要空气量，即气缸的最大耗气量，可按式（5.1-9）计算。

8. 选择磁性开关

用于位置检测用的磁性开关，其品种规格很多，也有多种接线方式和安装方式。气缸上磁性开关的常用品种及其安装方式见表 5.1-14。表 5.1-14 中磁性开关都采用直接出线式的接线方式，导线长为 3m。要验算磁性开关的最小动作范围是否满足气缸的速度要求。各磁性开关的最小动作范围请查找有关产品样本。

9. 选择活塞杆端部接头

按照机械设计的需要，选择活塞杆的端部接头（见表 5.1-15）。

10. 确定充（放）气回路中的各种气动元件

根据对缓冲能力的验算所确定的缸径 D 以及理论基准速度 u_0，由图 5.1-19，可查得该气缸的充（放）气回路的合成有效截面面积 S 值。此 S 值与充（放）气回路中各个气动元件的有效截面面积 S_i 的关系式为

$$\frac{1}{S^2} = \frac{1}{S_1^2} + \frac{1}{S_2^2} + \cdots + \frac{1}{S_n^2} = \sum_{i=1}^{n} \frac{1}{S_i^2}$$

表 5.1-16 中列出了一些常用充（放）气回路的元件组合及其合成有效截面面积 S 值。由图 5.1-19 查得的 S 值，从表 5.1-16 中便可找到充（放）气回路的合适的元件组合。

表 5.1-16 中的 S 值是按配管长度为 1m 得出的。若实际电磁方向阀与气缸之间的配管长度不是 1m，可根据配管长度从图 5.1-20 中找到相应的 S 值，根据此 S 值重新寻找合适的元件组合。

上述合成有效截面面积是速度控制阀和气缸的缓冲阀都处于全开状态下的数值，减小速度控制阀的开度，合成有效截面面积将减小，因此可将气缸的速度设定在最大速度以下的某值。

表 5.1-12 活塞杆的计算长度 l 和安装因素 m

安装形式	一端固定 一端自由		两端铰链		一端固定 一端铰链		两端固定	
	脚座式	杆侧法兰式	杆侧耳轴式	中间耳轴式	脚座式	杆侧法兰式	脚座式	杆侧法兰式
		无杆侧法兰式 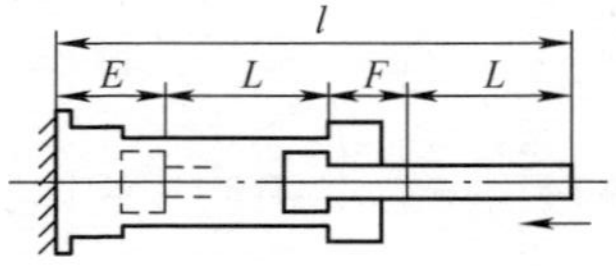	双耳环式 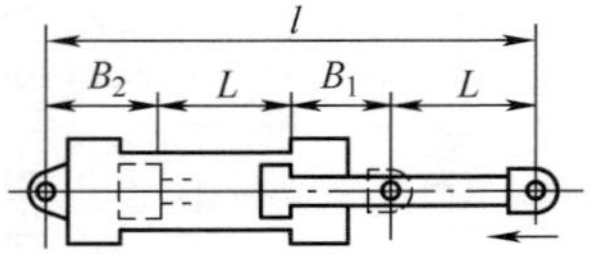			无杆侧法兰式 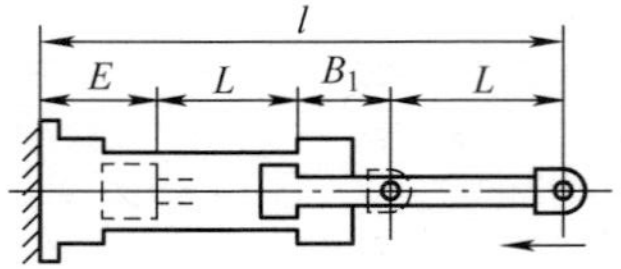		无杆侧法兰式 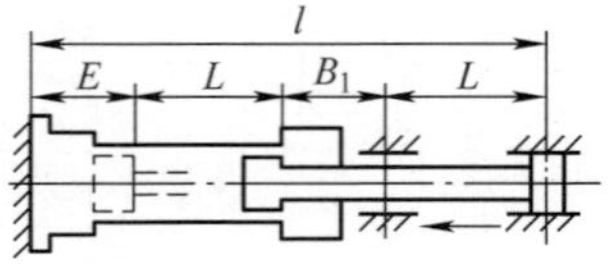
m	1/4		1		2		4	

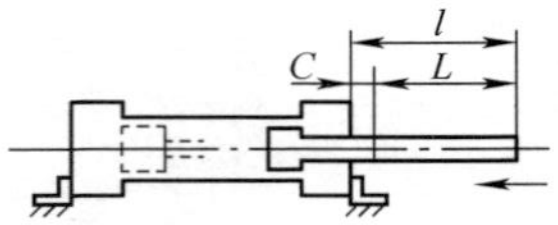

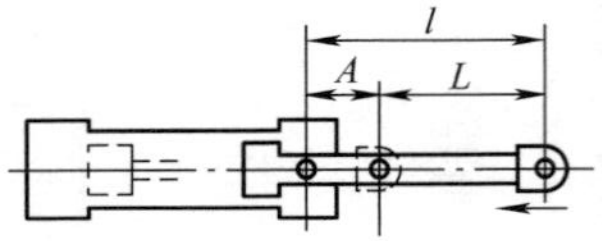

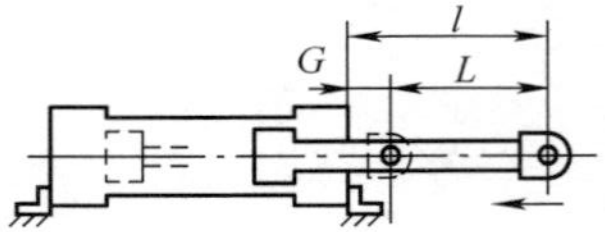

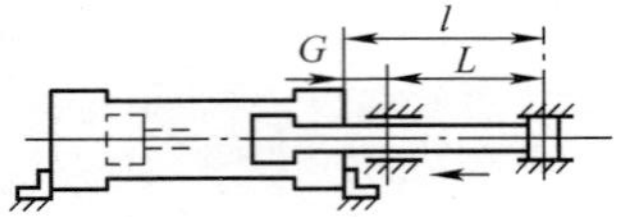

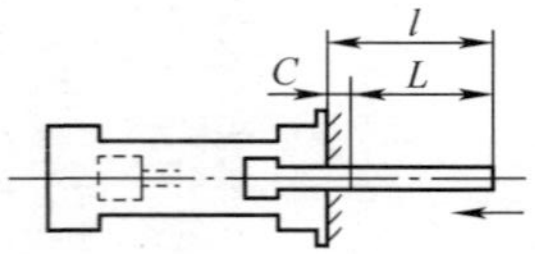

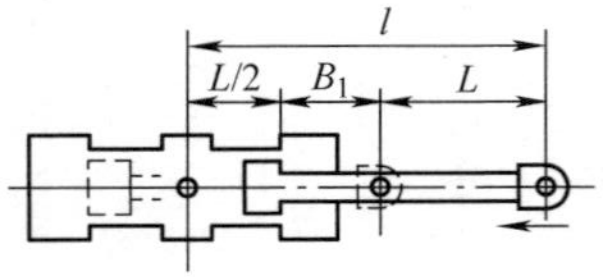

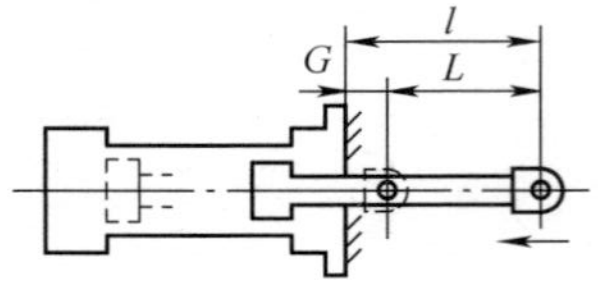

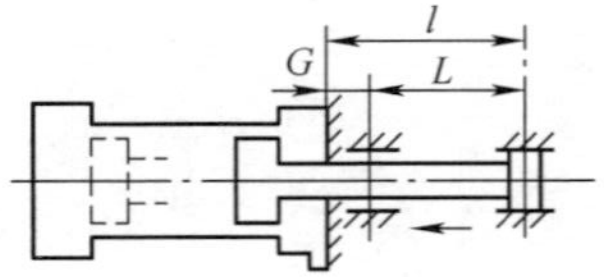

l: 计算长度
L: 气缸行程
其余符号: 有关安装尺寸

表 5.1-13　CM2、CG1 等系列气缸不失去受压稳定性的最大行程

不失去受压稳定性的最大行程/cm

安装方式			使用压力 /MPa	记号	CM2 ϕ20	CM2 ϕ25	CM2 ϕ32	CM2 ϕ40	CG1 ϕ20	CG1 ϕ25	CG1 ϕ32	CG1 ϕ40	CG1 ϕ50	CG1 ϕ63	CG1 ϕ80	CG1 ϕ100	MB ϕ32	MB ϕ40	MB ϕ50	MB或CA2 ϕ63	MB或CA2 ϕ80	MB或CA2 ϕ100	CS1 ϕ125	CS1 ϕ140	CS1 ϕ160	CS1 ϕ180	CS1 ϕ200	CS1 ϕ250	CS1 ϕ300
脚座式 L	无杆侧 法兰式 G		0.3	L 或 F	39	49	56	61	38	49	55	80	100	78	96	112	71	81	102	79	98	114	131	117	126	141	158	182	206
	杆侧 法兰式 F		0.5		29	37	42	46	29	36	42	60	76	59	73	85	56	63	78	61	75	88	101	89	96	108	121	140	158
			0.7		24	31	35	38	24	30	34	50	63	49	60	71	46	52	65	50	62	73	84	74	80	89	101	115	131
			0.3	G	16	20	24	25	15	21	24	36	45	34	42	50	31	35	46	34	42	50	57	49	53	60	68	79	90
			0.5		11	14	17	17	11	14	17	26	33	25	31	37	23	26	34	25	31	37	42	35	38	44	50	58	66
			0.7		8	11	13	13	8	11	13	21	27	20	24	29	19	21	27	19	24	29	34	28	30	34	40	45	53
耳环式 C 或 D	杆侧 耳轴式 U		0.3	C 或 D	36	46	53	56	37	47	53	78	98	76	94	109	67	76	96	73	91	105	122	106	118	130	146	167	190
			0.5		26	34	39	42	27	35	40	59	74	57	70	82	50	57	72	54	68	78	91	78	85	96	109	124	141
			0.7		21	28	32	34	22	28	32	48	61	46	58	68	41	46	60	44	55	64	75	64	69	78	89	101	115
	中间 耳轴式 U		0.3	U	82	103	116	126	81	102	115	165	207	163	—	—	—	105	134	103	128	149	171	151	163	183	206	235	267
			0.5		62	79	89	97	61	78	88	126	159	124	—	—	—	80	102	78	97	113	129	113	123	139	156	178	203
			0.7		52	66	75	81	51	65	73	106	133	104	—	—	—	66	85	65	81	93	107	94	101	115	129	147	168
无杆侧 耳轴式 T 仅限 CA2、CS1			0.3	T	37	47	54	58	38	48	55	79	100	78	—	—	71	80	—	—	—	—	—	—	—	—	—	—	—
			0.5		27	35	40	43	28	36	41	60	76	59	—	—	—	60	—	—	—	—	—	—	—	—	—	—	—
			0.7		22	29	33	35	23	30	34	50	63	48	—	—	58	—	—	—	—	—	—	—	—	—	—	—	—

（续）

安装方式		记号	使用压力/MPa	不失去受压稳定性的最大行程/cm																					
				CM2			CG1								MB				MB 或 CA2				CS1			
				φ20	φ25	φ32	φ40	φ20	φ25	φ32	φ40	φ50	φ63	φ80	φ100	φ32	φ40	φ50	φ63	φ80	φ100	φ125	φ140	φ160	φ180	φ200	φ250	φ300
脚座式 L	无杆侧法兰式 G	L 或 F	0.3	118	147	166	181	117	147	166	237	296	234	288	333	206	234	295	231	287	330	382	339	366	412	459	527	598
			0.5	90	113	128	139	89	112	127	182	228	180	221	256	158	179	226	177	219	253	293	263	281	315	252	403	458
			0.7	76	95	107	117	75	94	107	153	192	151	186	215	132	150	190	148	184	212	245	218	235	265	296	339	385
	杆侧法兰式 F	G	0.3	55	69	79	85	55	70	79	114	143	112	138	161	99	112	142	116	136	158	183	160	173	196	218	251	286
			0.5	41	52	60	64	41	52	60	87	109	85	105	122	75	85	108	83	102	119	138	120	131	147	165	189	216
			0.7	34	43	49	53	34	43	50	72	91	71	87	102	62	70	90	68	85	99	114	99	108	122	137	157	179
脚座式 L	无杆侧法兰式 G	L 或 F	0.3	168	210	237	258	167	210	236	337	422	334	411	474	280	318	423	313	412	476	549	489	528	594	661	762	863
			0.5	129	162	183	199	128	161	182	260	325	257	316	366	234	266	339	257	317	367	423	377	407	457	509	587	665
			0.7	109	136	154	167	108	135	153	219	274	216	266	308	194	220	275	216	267	309	356	317	343	385	429	494	561
	杆侧法兰式 F	G	0.3	80	101	114	123	80	101	114	164	206	162	200	231	136	154	206	151	199	231	266	235	254	287	320	369	419
			0.5	61	77	87	94	61	77	87	126	158	124	152	177	110	125	158	123	152	176	203	179	194	218	244	281	320
			0.7	50	64	72	78	50	64	73	105	132	103	127	148	93	105	132	102	127	147	170	149	144	182	204	235	268

表 5.1-14 气缸常用磁性开关及其安装方式

气缸系列	磁性开关安装方式				适合磁性开关型号 D-				
	钢带固定	轨道固定	安装在拉杆上	直接安装（安装槽）	有触点舌簧型 AC、DC	无触点固态电子型 DC			
							3 线式		2 线式
CJ2、CM2	○				C73		H7A1		H7B
CG1	○				B54		G59		H7B
C85*	○								
CA2、MB、C96、CS1				○	A54		Y59A		Y59B
CQ2		○		○	A73H	A90 A93 A96	F79	M9N M9P F9NW F9PW	J79	M9B F9BW
MU*		○		○					
MG□	○			○	Z73		Y59A		Y59B
MY				○	Z73		Y59A		Y59B
CU、CQS、MB1、CP96、CY、MX				○					
C55、CXT、MK2		○		○					

注：钢带固定不可使用 A9□V 和 M9□V 的纵向出线式。*表示仅无触点磁开关可安装。

表 5.1-15 活塞杆的端部接头

名称		外形图	特征
I 型单肘接头			杆端接头
Y 型双肘接头			
浮动接头	标准型		避免工件与活塞杆的轴向偏心
	法兰型		
	脚座型		

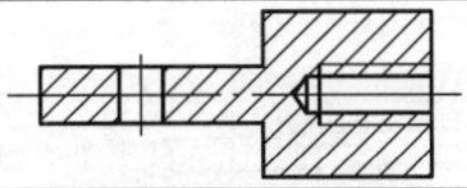

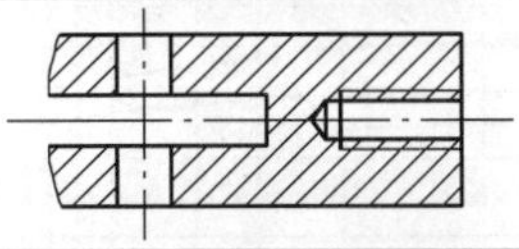

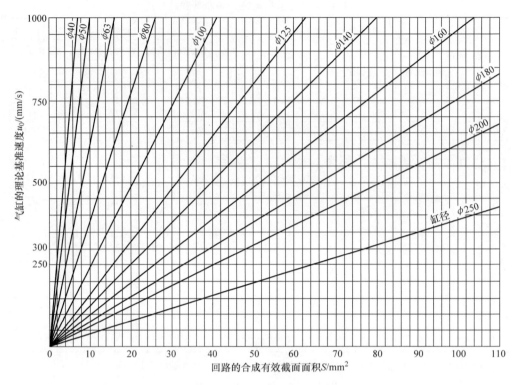

图 5.1-19　查找气缸充（放）气回路的合成有效截面面积 S 值的图

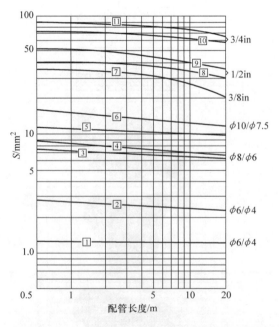

图 5.1-20　配管长度对合成有效截面面积的影响

表 5.1-16 气缸充(放)气回路的元件组合举例

图 5.1-20 中曲线序号	电磁方向阀	消声器	管接头①	速度控制阀	配管	$S/\text{mm}^2$②
1	SY3120-M5	AN120-M5	Φ6XM5	AS1201F-M5-06	T0604	1.23
2	SY5120-01	AN110-01	Φ6XR1/8	AS2201F-01-06S	T0604	2.83
3	SY7120-02	AN110-01	Φ8XR1/4	AS3201F-02-08S	T0806	7.67
4	SY9120-03	AN300-03	Φ8XR3/8	AS3201F-03-08S	T0806	8.66
5	SY9140-03	AN300-03	Φ10XR3/8	AS3201F-03-10S	T1075	11.19
6	VQ51□□-04	AN400-04	Φ10XR1/2	AS4201F-04-10S	T1075	15.72
7	VFS4100-03 VFS5100-03 VP4150-03	AN300-03	—	AS420-03	3/8in	34
8	VF5144-04 VFS4100-04	AN400-04	—	AS420-04	1/2in	40
9	VP4150-04 VFS5100-04	AN400-04	—	AS420-04	1/2in	51
10	VFS5100-06 VP4150-06	AN500-06	—	AS500-06	3/4in	71
11	VP4170-12	AN500-06	—	AS500-06	3/4in	88

① 管接头 6XR1/8,是指一端为外径 6mm 的快换接头,一端为 R1/8 的连接螺纹。
② S 值指配管长度为 1m 时回路的合成有效截面积。

例 5.1-2 用气缸水平推动台车(见图 5.1-21),负载质量 $m=150\text{kg}$,台车与床面间的摩擦因数 $\mu=0.3$,气缸行程 $L=300\text{mm}$,要求气缸的动作时间 $t=0.8\text{s}$,供给压力 $p=0.5\text{MPa}$,配管长 $l=3\text{m}$。选缸径及其充(放)气回路的元件组合。

解 轴向负载力 $F=\mu mg=(0.3\times150\times9.8)\text{N}=441\text{N}$。根据表 5.1-9,预选负载率 $\eta=25\%$。已知 $p=0.5\text{MPa}$,$\eta=25\%$,$F=450\text{N}$,由式(5.1-8),得气缸的理论输出力 $F_0=1800\text{N}$。

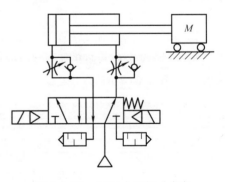

图 5.1-21 气缸水平推动台车

由式(5.1-6),算得缸径为 67.7mm,故应选缸径 $D=80\text{mm}$。

已知 $L=300\text{mm}$,$t=0.8\text{s}$,$\eta=25\%$,由图 5.1-12c,查得理论基准速度 $u_0=500\text{mm/s}$。已知 $\eta=25\%$,查得 $\alpha=1.05$。则气缸的最大速度 $u_m=\alpha u_0=1.05\times500\text{mm/s}=525\text{mm/s}$。故负载运动的最大动能 $E_m=\frac{1}{2}mu_m^2=\left(\frac{1}{2}\times150\times0.525^2\right)\text{J}=20.7\text{J}$。由图 5.1-17,选用 MB 系列缸径 80mm 的气缸,不能满足缓冲能力的要求。选用 MB 系列缸径 100mm 的气缸,才能满足缓冲能力的要求。

已知 $D = 100\text{mm}$，$u_0 = 500\text{mm/s}$，由图 5.1-19，查得充放气回路的合成有效截面面积 $S \geqslant 21\text{mm}^2$。由表 5.1-16，可选序号 ⑦ 的元件组合。因配管长为 3m，从图 5.1-20 序号 ⑦ 曲线上查得 3m 配管时的 S 值为 32mm^2，大于 21mm^2，故最终充放气回路的元件组合应选序号 ⑦。其电磁方向阀为 VP4150-03（单电控）或 VP4250-03（双电控）、速度控制阀为 AS420-03、配管 3/8in、消声器为 AN300-03。气缸为 MB100×300。配管 3m 长时，充放气回路的合成有效截面面积 $S = 32\text{mm}^2$，可通过调节速度控制阀的节流阀的开度，使 S 值降至 21mm^2，以满足气缸动作时间的要求。

例 5.1-3 一台起重装置将工件升至最高位置，如图 5.1-22 所示。

已知平台质量 2000kg，工件质量 500kg，供给压力 0.5MPa，工件升至最高位置时的平衡压力为 0.35MPa，行程 800mm，驱动气缸用的配管是 SGP20A（内径 21.6mm），总长 5m，升降频率 2 回/min，标准大气压力取 0.101MPa。

问 1）将工件上升至最高位置时，平台重量的 90% 由平衡气缸来平衡，求平衡气缸的缸径。

2）驱动气缸的负载率取 45%，求驱动气缸的缸径。

3）平衡气缸下降到极限位置时的压力为 p_1，设 $\Delta p = p_1 - p_2 = 0.05\text{MPa}$，$p_2$ 是工件升至最高位置时的平衡压力，求气容的容积（L）。

4）求本装置的空气消耗量 [L/min（ANR）]，设杆径为 $\phi 50$。

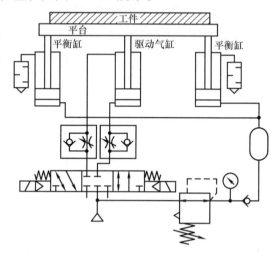

图 5.1-22 例 5.1-3 的气动起重装置

解 1）设平衡气缸的缸径为 D_2，两个平衡气缸在 $p_2 = 0.35\text{MPa}$ 下的输出力应与平台质量的 90% 相平衡，则有

$$2 \times \frac{\pi}{4} D^2 p_2 = 0.9 \, m_{\text{平台}} g$$

$$2 \times \frac{\pi}{4} D^2 \times 0.35 = 0.9 \times 2000 \times 9.8$$

得 $D_1 = 179\text{mm}$，故驱动气缸缸径应选 $\phi 180$。

2）驱动气缸的负载是工件重及平台 10% 的重量，负载率为 0.45，供给压力为 0.5MPa，则有

$$0.45 \frac{\pi}{4} D_1^2 \times 0.5 = 2000 \times 9.8 \times 0.1 + 500 \times 9.8$$

得 $D_1 = 197\text{mm}$，故驱动气缸缸径应选 $\phi 200$。

3）平台在最高位置及最低位置，腔内压缩空气质量不变，此两位置设为等温过程，则有 $PV = C$。

在最高位置，压力 $p_2 = 0.35\text{MPa}$，容积 V_2 为气容容积 V 加上两个平衡气缸的容积 V_3；

在最低位置，压力 $p_1 = p_2 + 0.05 = 0.4\text{MPa}$，容积 V_1 即为气容的容积 V（忽略配管的容积）。

$$V_3 = \left(2 \times \frac{\pi}{4} \times 18^2 \times 80 \times 10^{-3}\right)\text{L} = 40.7\text{L}$$

则有 $(0.4 + 0.101)V = (0.35 + 0.101)(V + 40.7)$

得气容容积 $V = 367.4\text{L}$

4）本装置平衡气缸并不消耗空气，仅驱动气缸消耗空气。驱动气缸的耗气量计算如下

$$\left\{\left[\frac{\pi}{4} \times (20^2 - 5^2) + \frac{\pi}{4} \times 20^2\right] \times 80 \times 10^{-3} \times 2 \times \frac{0.5 + 0.101}{0.101}\right\}\text{L/min} = 579\text{L/min（ANR）}$$

配管的耗气量

$$\left(\frac{\pi}{4} \times 2.16^2 \times 500 \times 10^{-3} \times 2 \times \frac{0.5 + 0.101}{0.101}\right)\text{L/min} = 22\text{L/min（ANR）}$$

合计本装置的空气消耗量为 601L/min（ANR）。

例 5.1-4 气动增压装置如图 5.1-23 所示。

已知 A 缸驱动压力为 0.4MPa（G），B 缸缸径为 10mm，A、B 缸行程都是 100mm，两缸杆径与缸径比为 1:2.5，A 缸效率为 60%，B 缸效率为 100%，并使气罐内压力达到 0.9MPa（G）。

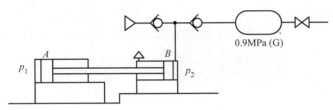

图 5.1-23 例 5.1-4 的气动增压装置

问 1）求 A 缸缸径。

2）若该系统每分钟往复 20 次，求所需耗气量 [L/min（ANR）]。

解 1）A、B 缸的力平衡式为

$$A_1 p_1 \beta_1 = B_1 p_2 \beta_2$$

已知 $p_1 = 0.4$（G），$p_2 = 0.9$（G），$\beta_1 = 0.6$，$\beta_2 = 1$，B 缸活塞面积 $B_1 = \left(\frac{\pi}{4} \times 10\right)^2 \text{mm}^2 = 78.5\text{mm}^2$，则得 A 缸活塞面积 $A_1 = 294\text{mm}^2$，所以 A 缸缸径 $D_1 = 19.4\text{mm}$。

A 缸缸径 D_1 应选 $\phi 20$。

2）本系统所需耗气量：A 缸杆径 $d_1 = D_1/2.5$，A 缸行程 $L = 10\text{cm}$，则耗气量

$$q = \frac{\pi}{4}[D_1^2 + (D_1^2 - d_1^2)]LN \times \frac{P_1 + 0.101}{0.101} = \frac{\pi}{4}\left\{2^2 + \left[2^2 - \left(\frac{2}{2.5}\right)^2\right]\right\} \times$$

$$10 \times 10^{-3} \times 20 \times \frac{0.4 + 0.101}{0.101}\text{L/min} = 5.73\text{L/min（ANR）}$$

五、气缸配套件

1. 浮动接头（JA、JB、JAH、JS 系列）

1）作用：当负载连接于气缸活塞杆端部时，使用浮动接头连接可吸收活塞杆和负载的偏心或不平行对活塞杆产生的偏心负载和横向负载。

2）结构原理：典型的浮动接头结构如图 5.1-24 所示，浮动接头与气缸的连接如图 5.1-25 所示。活塞杆与浮动接头右端相连，左端螺柱与滑台上的负载相连。螺柱连接形式为基本型，还有法兰型和脚座型连接方式，如图 5.1-26 所示。

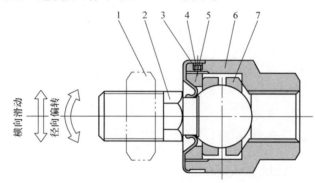

图 5.1-24　浮动接头的结构原理图（JA 系列）
1—杆端螺母　2—螺柱　3—防尘罩　4—止动螺钉　5—顶盖　6—外壳　7—保持环

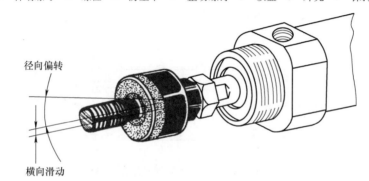

图 5.1-25　浮动接头与气缸的连接方式

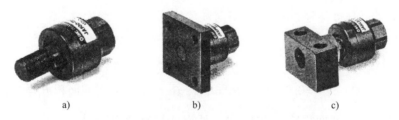

图 5.1-26　浮动接头与负载的连接方式
a）基本型　b）法兰型　c）脚座型

由于浮动接头是球面连接，故允许螺柱在保持环内沿 X、Y、Z 三个方向摇动，允许摇动角在 ±5°以内。螺柱与保持环一起，在接头轴线的垂直方向可作微量偏心滑移。防尘罩起防尘作用，以保护内部润滑脂。

3）特点：浮动接头有 4 个系列，JA 系列用于一般气缸（$\phi6 \sim \phi160$mm），JB 系列用于薄型气缸（$\phi40 \sim \phi100$mm），JAH 系列用于重型负载（$\phi12 \sim \phi160$mm），JS 系列为不锈钢材质，用于耐腐蚀环境（$\phi10 \sim \phi63$mm）。浮动接头不要求负载与气缸轴心一致，故安装件的加工精度不必很高，使安装工时大大缩短。由于带防尘罩，故寿命长。球面摇动角在 ±5°以内，允许偏心距为 0.5（缸径≤$\phi32$mm）~3（缸径 $\phi160$mm），适合于较高的拉力和压缩力负载。

4）使用安装注意事项：不可作旋转接头用。出厂前已填好润滑脂。环境温度为 0～60℃。若更换防尘罩材料，可提高使用温度。活塞杆拧入浮动接头内螺纹内时，不要拧到底，以免螺柱不能浮动，应留出 1～2 个螺距。可旋到底后再反旋 1～2 圈。螺柱拧入球体时，使用了防松的高强度黏结剂，故不得拆卸后再用。

2. 肘接头

杆端接头有单肘接头（I 型）和双肘接头（Y 型），如图 5.1-27 所示。用销子穿过通孔与负载相连。

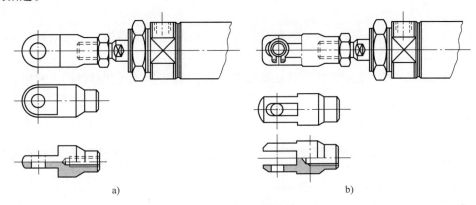

图 5.1-27　肘接头

a) 单肘接头　b) 双肘接头

六、使用注意事项

1. 对空气品质的要求

要使用清洁干燥的压缩空气。空气中不得含有机溶剂的合成油、盐分、腐蚀性气体等，以防缸、阀动作不良。安装前，连接配管内应充分吹洗，不要将灰尘、切屑末、密封带碎片等杂质带入缸、阀内。

2. 对使用环境的要求

在灰尘多、有水滴、油滴的场所，杆侧应带伸缩防护套，如图 5.1-28 所示。安装时，不要出现拧扭状态。不能使用伸缩防护套的场合，应选用带强力防尘圈的气缸或防水气缸。

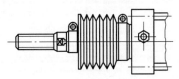

图 5.1-28　带伸缩防护套

气缸的环境温度和介质温度，在带磁性开关时若超出 -10～60℃，不带磁性开关时若超出 -10～70℃，要采取防冻或耐热措施。

在强磁场的环境中，应选用带耐强磁场的自动开关的气缸。

标准气缸不得用于有腐蚀的雾气中或使密封圈发生泡胀的雾气中。

气缸用于工作频度高、振动大的场所，安装螺钉和各连接部位要采取防松措施。

3. 关于气缸的润滑

给油润滑气缸，应配置流量合适的油雾器。

不给油润滑气缸，因缸内预加了润滑脂，可以长期使用。这种缸也可给油使用，但一旦给油，就不得再停止给油。因预加润滑脂可能已被冲洗掉，不给油会导致气缸动作不良。

给油应使用透平油 1 号（ISO VG32），不得使用机油、锭子油等，以免 NBR 等密封件被泡胀。

4. 关于气缸的负载

活塞杆上通常只能承受轴向负载。要避免在活塞杆上施加横向负载和偏心负载。有横向负载时，活塞杆上应加导向装置，或选用带导杆气缸等。

负载方向有变化时，活塞杆前端与负载最好使用浮动接头或采用图 5.1-29 所示的安装形式。这样，在行程的任何位置，都不存在别劲现象。

气缸受力大时，气缸的安装台要有防止松动、变形和损坏的措施。

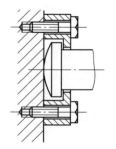

图 5.1-29　肘节式安装

5. 关于气缸的安装

安装固定式气缸时，负载和活塞杆的轴线要一致。安装耳环式和耳轴式气缸时，应保证气缸的摆动和负载的摆动在一个平面内。不然，轻则密封件经常偏磨，造成漏气，使气缸使用寿命降低；重则气缸不动作。有时，气缸还会出现冲击动作，可能造成人身和装置的损伤。

气缸现场安装时，要防止钻孔的切屑末从气缸的进气口混入缸内。脚座式气缸若在脚座上有定位孔，可用于定位固定。

耳轴式轴承支座的安装面离轴承的距离 H 较大时，要注意安装面的安装螺钉不得受力太大而损坏。比如，加宽螺钉间距 b，如图 5.1-30a 所示。气缸的重心 Z 应尽量靠近耳轴的支点 S，以减小弯矩，使杆侧缸盖内的导向套不致承受过大的横向负载，如图 5.1-30b 所示。

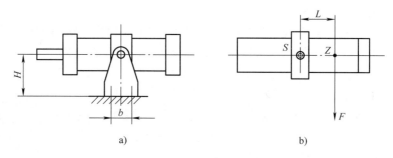

图 5.1-30　轴承支座的安装尺寸和安装位置

用固定式气缸使连接臂作圆弧运动时，可在臂上开长孔，如图 5.1-31 所示。所开长孔应考虑在导向套上受的横向负载不要超过规定值。

销轴之类的回转部位要涂上润滑脂，以防止烧结。

耳轴式气缸不要分解，因耳轴轴心与气缸的轴心分解后再组装难以保证配合好，会导致气缸动作不良。

在活塞杆端部旋入螺母或安装附件时，活塞

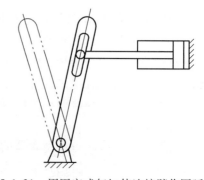

图 5.1-31　用固定式气缸使连接臂作圆弧运动

杆必须全部缩回才能进行。对杆不回转型气缸,在活塞杆上安装附件时,应避免在活塞杆上承受旋转力矩。

拧紧配管螺纹时,用力要合适,以免损坏接口螺纹或漏气。

6. 气缸的速度调整

使用速度控制阀进行气缸速度的调整时,其节流阀应从全闭状态逐渐打开,调至所希望的速度。调整圈数不许超过最大回转圈数。调整完成后,将锁母紧固。

7. 气缸的缓冲

气缸的运动能量不能靠气缸自身完全吸收时,应在外部增设缓冲机构(如液压缓冲器)或设计缓冲回路。

气缸用缓冲阀调整气缸的缓冲能力时,缓冲阀应从出厂时的调整状态(不是全闭状态),根据负载大小及速度要求,重新调整(逐渐开启)至气缸不产生反跳现象为止。调整完成后,应将锁母紧固。缓冲阀不得过分旋松,以防弹出伤人。

8. 关于气缸的自动操作

自动操作的装置,在机构或回路上,要有防止因误操作和气缸动作周期发生混乱造成人身及装置受损伤的对策。

自动操作的气缸,也应有手动操作的回路或机构,以便于调试等工作。

进行自动循环的信号发生装置(如磁性开关、限位开关、限位阀、各种传感器),若人易接触的场合,应加保护罩。

顺序控制原则上可使用磁性开关、限位开关、限位阀等作为位置检出装置,但在气缸出现误动作对人身及装置可能造成损伤时,也可使用压力开关、计时器等作为检出装置。

9. 对长行程气缸

气缸超过最大标准行程时,应有适当的中间支承。支承的导向轴线与气缸轴线的偏移量应小于1/500,以防止杆端下垂、缸筒翘曲及由于振动和外负载给活塞杆带来的损伤。

10. 对高速运动的气缸

应降低负载率,减小充排气流路的阻抗(如配管尽量短且是允许的最大内径,配管弯曲部分尽量少、组合的元件要合理匹配等),加大气缸的通口直径,供应充足流量(必要时可设置中间气罐),排气侧安装快速排气阀。配管太粗太长,要注意响应时间会加长。高速气缸要有充分的缓冲能力及安全措施。高速气缸的密封圈寿命较低。

11. 对低速运动的气缸

若因流量小,速度控制和油雾润滑都比较困难的话,如合理选择元件的尺寸仍不能满足要求,可使用气液转换器或气液阻尼缸。

12. 气缸的维护

缸筒和活塞杆的滑动部位不得受损伤,以防气缸动作不良、损坏活塞杆密封圈等造成漏气。

缓冲阀处应留出适当的维护调整空间,磁性开关等应留出适当的安装调整空间。

气缸若长期放置不用,应一个月动作1次,并涂油保护以防锈。

通常用的给油和不给油气缸不能用作气液联用缸,以防漏油。

13. 关于安全对策

气缸作冲击动作时,在驱动件和固定件之间,必须设计手足不会被夹住的装置。被驱动物体应加防护罩，不能直接接触人体。

中途停止的气缸，要注意由于漏气发生移动造成事故的可能。高频动作的气缸，缸筒温度高，不要碰。

由于压力下降，气缸夹不住物体时，起吊装置的重物有可能跌落时，要有防止重物落下、压力下降的安全措施。如设置一定容量的气罐以维持气压力在一定值之上。

使用气源、电源、液压源控制的装置上，当动力源出现故障时，应有安全对策。

气缸在规定位置不停止，危及人身及装置安全处，可设置两层限位开关、各种传感器等措施。

压力机和自动机械上，靠人力插入工件，然后手动让机械运转的场合，应采用双手同时操作、机械才运转的方式，危险处还应加防护罩。

停电和紧急停止时，为防止由于气缸动作引起人身及装置损伤时，可让气缸内的压力保持不变或全部排空的方式。

停电和紧急停止后的复位，回路应设计成用手动让气缸返回至各自规定的位置后，再进行自动操作。让气缸返回至规定位置时，用减压阀将压力降下进行操作为好。长时间停止供气、不运转的机械要复位时，也要作同样的考虑。

第二节　标 准 气 缸

一、圆形及方形气缸（CJ2、CM2、CG1、MB、MB1、CA2、CS2 和 CS1 等系列）

标准气缸是指气缸的功能和规格是普遍使用的、结构容易制造的、制造厂通常作为通用产品供应市场的气缸。

1. 单（向）作用气缸

单作用气缸有弹簧压回型（S 型，见图 5.2-1）和弹簧压出型（T 型，见图 5.2-2）。S 型是 A 口进气，气压力驱动活塞，克服弹簧力及摩擦力，活塞杆伸出；A 口排气，弹簧力使活塞杆收回。T 型是 A 口进气，活塞杆收回；A 口排气，弹簧力使活塞杆伸出。在弹簧侧设有呼吸孔 R，呼吸孔上最好设置过滤片，以防污染物进入缸内。

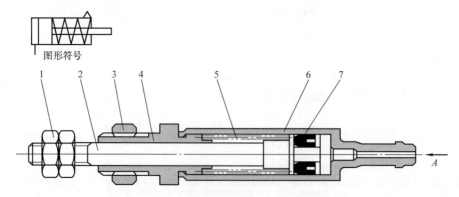

图 5.2-1　CJ1 系列气缸结构原理图（S 型）
1—杆端螺母　2—带活塞杆的活塞　3—安装螺母　4—缸盖　5—复位弹簧　6—缸筒　7—活塞密封圈

单作用气缸结构简单，耗气量少。缸体内安装了弹簧，缩短了气缸的有效行程。弹簧的

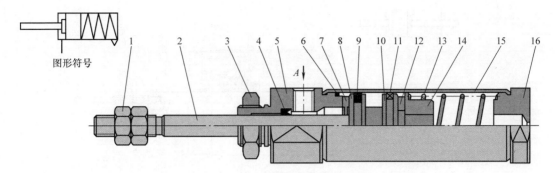

图 5.2-2　CJ2 系列单作用气缸的结构原理图（T 型）

1—杆端螺母　2—活塞杆　3—安装螺母　4—活塞杆密封圈　5—杆侧缸盖　6—缸筒密封圈　7、12—缓冲垫
8、10—活塞　9—活塞密封圈　11—磁石　13—弹簧　14—弹簧座（兼止动块）　15—缸筒　16—无杆侧缸盖

反作用力随压缩行程的增大而增大，故活塞杆的输出力随运动行程的增大而减小。弹簧具有吸收动能的能力，可减小行程终端的撞击作用。一般用于行程短，对输出力和运动速度要求不高的场合。

2. 双（向）作用气缸

双作用气缸的活塞前进或后退都能输出力（推力或拉力）。结构简单，行程可根据需要选择。气缸若不带缓冲装置，当活塞运动到终端时，特别是行程长的气缸，活塞撞击缸盖的力很大，容易损坏零件。

双作用气缸有单活塞杆型（见图 5.2-3）和双活塞杆型（见图 5.2-4）。双活塞杆型气缸的活塞两侧的受压面积相等，两侧运动行程和输出力是相等的。可用于长行程工作台的装置上，如图 5.2-5 所示。活塞杆两端固定，气缸的缸筒随工作台运动，刚性增强，导向性好。

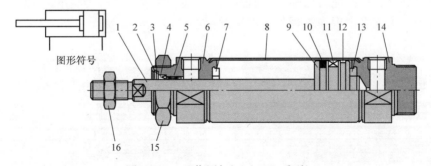

图 5.2-3　双作用气缸（CM2 系列）

1—活塞杆　2—弹性挡圈　3—密封圈压板　4—活塞杆密封圈　5—导向套　6—杆侧缸盖　7、13—缓冲垫
8—缸筒　9—活塞　10—活塞密封圈　11—磁石　12—耐磨环　14—无杆侧缸盖　15—安装螺母　16—杆端螺母

为了吸收行程终端气缸运动件的撞击能，在活塞两侧设有缓冲垫，以保护气缸不受损伤。

3. 气缓冲气缸

气缸在行程末端的运动速度较大时，仅靠缓冲垫已不足以吸收活塞对缸盖的冲击力，可在缸内设置气缓冲装置。气缓冲装置是由缓冲套、缓冲密封圈和缓冲阀等组成，如图 5.2-6 所示。当活塞向右运动时，右缓冲套接触右缓冲密封圈，活塞右侧便形成一个封闭气室，称

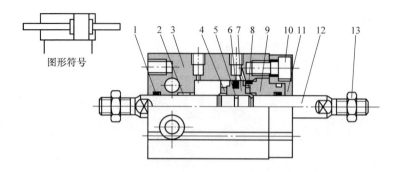

图 5.2-4 CUW 系列双作用气缸的结构原理图
1—活塞杆密封圈 2—导向套 3—缸筒 4—缓冲垫 5—静密封圈 6—活塞密封圈 7—活塞
8—杆盖静密封圈 9—杆侧缸盖 10—内六角螺钉 11—压板 12—活塞杆 13—杆端螺母

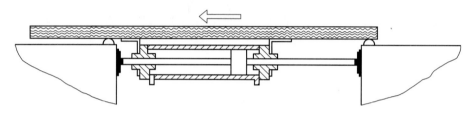

图 5.2-5 双活塞杆气缸的典型应用

为缓冲腔。此缓冲腔内的气体只能通过缓冲阀排出。当缓冲阀开度很小时，缓冲腔向外排气很少，活塞继续右行，则缓冲腔内气体处于绝热压缩，使腔内压力较快上升。此压力对活塞产生反向作用力，从而使活塞减速，直至停止，避免或减轻了活塞对缸盖的撞击，达到了缓冲的目的。调节缓冲阀的开度，可改变缓冲能力，故带缓冲阀的气缸，称为可调缓冲气缸。缓冲阀顺时针回转，缓冲能力增强，逆时针回转，缓冲能力减弱。缓冲阀节流过大，活塞接近行程终端前，可能会出现弹跳现象，需注意。

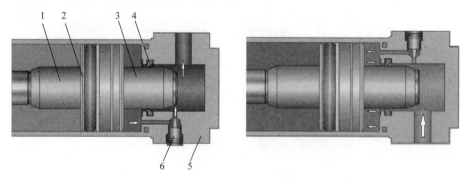

图 5.2-6 气缓冲装置原理图
1—左缓冲套 2—活塞 3—右缓冲套 4—右缓冲密封圈 5—右缸盖 6—缓冲阀

当活塞反向向左运动时，缓冲密封圈的作用如同单向阀一样，气压力压开缓冲密封圈的唇部，允许压缩空气流向活塞，推动活塞返回。因缓冲密封圈有节流作用，为使活塞能迅速返回，缓冲行程不宜长。

MB 系列气缸是可调缓冲气缸，其结构原理如图 5.2-7 所示。

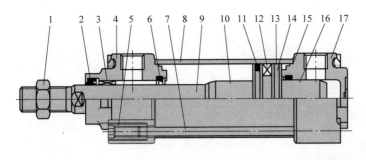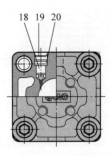

图 5.2-7　MB 系列气缓冲气缸的结构原理图

1—杆端螺母　2—杆密封圈　3—导向套　4—杆侧缸盖　5—拉杆螺母　6—缓冲密封圈　7—拉杆
8—缸筒　9—活塞杆　10—缓冲套　11—活塞密封圈　12—磁石　13—耐磨环　14—活塞　15—缸筒静密封圈
16—缓冲套　17—无杆侧端盖　18—缓冲阀　19—止动环　20—缓冲阀密封圈

RQ 系列为带气缓冲的 CQ2 系列气缸，其缓冲原理如图 5.2-8 所示。当活塞密封圈 H 未封住 A 通口时（见图 5.2-8a），主要从 A 通口排气。当活塞密封圈 H 封住 A 通口后（见图 5.2-8b），只能从 A′通路排气，由于排气阻力增大，故缓冲腔压力随活塞右移而上升，起到缓冲作用。当气缸反向运动时，供气压力推开单向阀，活塞可快速动作。这种缓冲方式没有缓冲套，且气缸长度增加也不多。

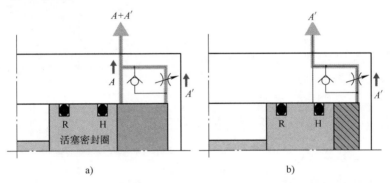

图 5.2-8　RQ 系列气缸的缓冲原理图

对小缸径长行程气缸，没有缓冲阀，在缸盖上开有很小的恒节流孔 ϕY。当活塞运动到行程末端，由于排气不畅而形成较大背压，也可起气缓冲作用，这种结构称为不可调气缓冲气缸，如图 5.2-9 所示。加大恒节流孔，可使气缸的运动速度增大。

运动件质量大、运动速度很高的气缸，仅靠气缓冲不能完全吸收过大的冲击能时，必须在外部设置缓冲装置（如液压缓冲器）或采用缓冲回路来解决。如在 CG1 系列气缸的无杆侧缸盖上装上液压缓冲器，以增强缓冲能力。

4. 带磁性开关气缸

（1）工作原理

带磁性开关气缸是将磁性开关装在气缸的缸筒外侧。气缸可以是各种型号的气缸，但缸筒必须是导磁性弱、隔磁性强的材料，如硬铝、不锈钢、黄铜等。在非磁性体的活塞上安装一个永久磁铁（橡胶磁铁或塑料磁铁）的磁环，随活塞移动的磁环靠近开关时，舌簧开关的两根簧片被磁化而相互吸引，触点闭合；当磁环移开开关后，簧片失磁，触点断开。触点

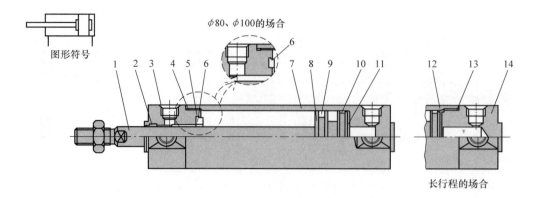

图 5.2-9 CG1 系列双作用气缸的结构原理图

1—活塞杆 2—活塞杆密封圈 3—导向套 4、13—缸筒密封圈 5—杆侧缸盖 6、11—缓冲垫 7、12—缸筒 8—活塞 9—活塞密封圈 10—耐磨环 14—无杆侧缸盖

闭合或断开时发出电信号（或使电信号消失），控制相应电磁阀完成切换动作。图 5.2-10 所示为带磁性开关气缸的工作原理图。磁性开关内部一般还带有开关动作指示灯和过电压保护电路，用树脂塑封在一个壳体内。

（2）特点

磁性开关气缸用于检测气缸行程的位置，不需在行程两端设置机控阀（或行程开关）及其安装架，不需在活塞杆端部设置撞块，所以使用方便、结构紧凑，且可靠性高、寿命长、成本低、开关反应时间短，得到广泛的应用。

（3）磁性开关的安装方法

常见的有以下几种安装方法。

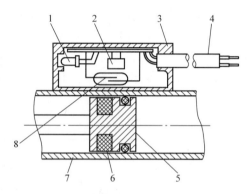

图 5.2-10 带磁性开关气缸的工作原理图
1—动作指示灯 2—保护电路 3—开关外壳
4—导线 5—活塞 6—磁环（永久磁铁）
7—缸筒 8—舌簧开关

1）用钢带固定（见图 5.2-11）。在钢带内侧涂有一层橡胶抗滑层。图 5.2-11a 所示为通过钢带用安装螺钉将磁性开关锁紧在缸筒外侧的正确位置上。图 5.2-11b 是将安装用钢带钩在带沟槽的轭架上，旋动安装螺钉，则磁性开关就被紧固在缸筒上。此固定方法安全，但紧固力矩不要过大，以防拉长钢带反而不能固定，甚至拉断钢带。钢带安装时不要倾斜，否则受冲击返回至正常位置时便会松动。这种安装方法适用于无拉杆的中小型缸。

2）固定在导轨上（见图 5.2-12）。开关壳体上有一带孔的夹片，导轨中有一可滑移的安装螺母，将安装螺钉穿过夹片孔，对准螺母拧紧，则开关便紧固在导轨上。这种安装方法通常用于中小型气缸及带安装平面的气缸。

3）卡固在拉杆上（见图 5.2-13）。开关壳体上有带孔夹片或带孔凸缘。图 5.2-13a 所示为将安装件用止动螺钉固定在拉杆上，然后再将开关固定在安装件上。图 5.2-13b 所示为带凸缘的开关与安装件一起用螺钉夹紧在拉杆上。

4）直接安装（见图 5.2-14）。将磁性开关插入安装槽中，用止动螺钉固定，或通过安装件用止动螺钉固定。

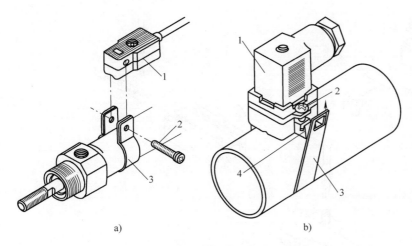
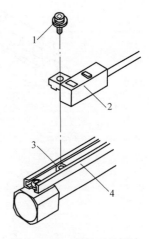

图 5.2-11 用钢带固定磁性开关
1—磁性开关 2—安装螺钉 3—钢带 4—带沟槽的轭架

图 5.2-12 磁性开关固定在导轨上
1—安装螺钉 2—磁性开关
3—安装螺母 4—导轨

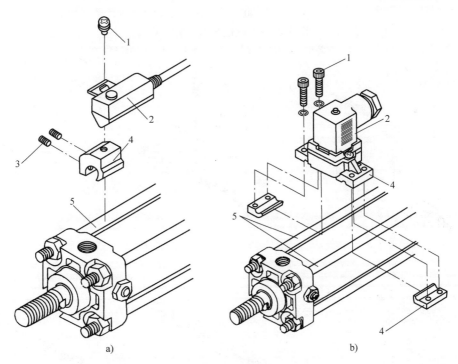

图 5.2-13 磁性开关卡固在拉杆上
1—安装螺钉 2—磁性开关 3—止动螺钉 4—安装件 5—拉杆

5) 多种安装形式的磁性开关。为了有利于在库管理，有多种安装形式的磁性开关。它们只要配上相应的安装件，便可实现钢带安装、导轨安装、拉杆安装和安装槽安装（即直接安装），如图 5.2-15 所示。

钢带安装可利用原有钢带，利用安装件 BJ3-1 进行安装。无需移动钢带，即可对磁性开关进行调整，因磁性开关有 8mm 可微调。

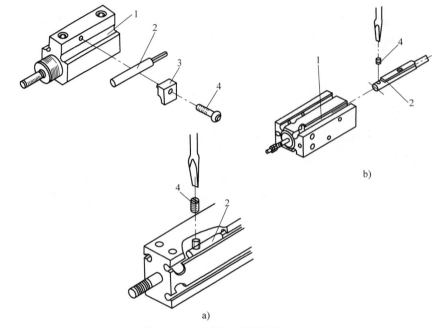

图 5.2-14 磁性开关直接固定
1—安装槽 2—磁性开关 3—安装件 4—止动螺钉

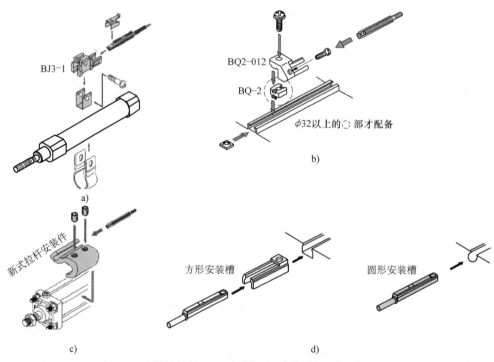

图 5.2-15 多种安装形式的磁性开关
a) 钢带安装 b) 导轨安装 c) 拉杆安装 d) 安装槽安装

导轨安装借助安装件 BQ2-012 进行安装。缸径 ϕ32mm 以上再配置 BQ-2。

拉杆安装配置如图 5.2-15 所示安装件，比原来安装件高度减小，且从一个方向即可对磁性开关进行安装和调整。

方形槽配置安装件 BMG2-012。应当注意的是：

① 不同执行元件（包括缸径不同），这类磁性开关的适合性会有不同。

② 同一执行元件，这类磁性开关的适合性也有不同，应根据磁性开关的特性来选用。

③ 新型安装件是否适合现用磁性开关的型号和形状，应加以确认。

④ M9□系列未内置短路保护功能，一旦短路，开关会瞬时烧毁。替换老产品时，注意动作范围有否变短，出现磁性开关不感知的范围。

（4）磁性开关的安装位置

磁性开关可以安装在行程末端，也可以安装在行程中间的任意位置上。

对于要将磁性开关安装在行程中间的情况（例如要使活塞在行程中途的某一位置停止），开关的安装位置可按如下方法确定。在活塞应停止位置使活塞固定，让开关在活塞的上方左右移动，找出开关开始吸合时的位置，则左右吸合位置的中间位置便是开关的最高灵敏度位置。磁性开关应当固定在这个最高灵敏度位置。

当要将开关安装在行程末端时，为保证开关安装在最高灵敏度位置，对不同气缸，在样本上，都已标出开关离杆侧缸盖和无杆侧缸盖的距离 A 和 B（见图 5.2-16）。

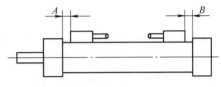

图 5.2-16　在气缸行程末端安装磁性开关

（5）使用注意事项

1）从安全角度考虑，两磁性开关的间距应比最大磁滞距离大 3mm。

2）磁性开关不得装在强磁场设备旁（如电焊设备等）。

3）两个以上带磁性开关的气缸平行使用时，为防止磁性体移动的互相干扰，影响检测精度，两缸筒间距离一般应大于 40mm。

4）活塞接近磁性开关时的速度 v 不得大于磁性开关能检测的最大速度 v_{max}。该最大速度 v_{max} 与磁性开关的最小动作范围 l_{min}、磁性开关所带负载的动作时间 t_c 之间的关系式为

$$v_{max} = l_{min}/t_c \tag{5.2-1}$$

例如，磁性开关连接的电磁阀的动作时间 $t_c = 0.02s$，磁性开关的最小动作范围 $l_{min} = 10mm$，则磁性开关能检测的最大速度 $v_{max} = 500mm/s$。若气缸活塞的运动速度 $v \leqslant 500mm/s$，则此磁性开关可以使用。若活塞运动速度大于 500mm/s，又没有合适的通用型磁性开关可选，则只能选用带延时功能的磁性开关。

5）安装开关时拧紧螺钉的力矩要适当。力矩过大会损坏开关，力矩太小有可能使开关的最佳安装位置出现偏移。

6）要定期检查磁性开关的安装位置是否出现偏移。在设定位置活塞停止时，对双色指示型开关，绿灯亮为正确，红灯亮则出现偏移了。

二、省空间气缸

省空间气缸是指气缸的轴向或径向尺寸比标准气缸有较大减小的气缸。具有结构紧凑、重量轻、占用空间小等优点。

1. 薄型气缸（CQ2、CQS 系列）

薄型气缸指行程短的气缸。缸筒与无杆侧缸盖压铸成一体；杆盖用弹性挡圈固定，缸体

为方形，如图 5.2-17 所示，可以有各种安装方式，用于固定夹具和搬运中固定工件等。

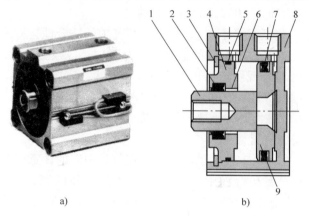

图 5.2-17　薄型气缸（CQ2 系列）
a）外形图　b）结构原理图

1—活塞杆　2—防尘圈　3—弹性挡圈　4—杆盖　5—杆盖静密封圈　6—导向套　7—活塞密封圈　8—缸筒　9—活塞

2. 自由安装型气缸（CUJ、CU 系列）

这也是一种行程短的气缸。缸筒与杆盖压铸成一体，无杆侧缸盖用弹性挡圈固定。缸体为长方形，不需托架，从哪个方向都可直接安装，故称为自由安装型气缸。这种气缸不仅省空间，而且安装精度高，强度增强。图 5.2-18 所示为 CU 系列自由安装型气缸及其安装方式。

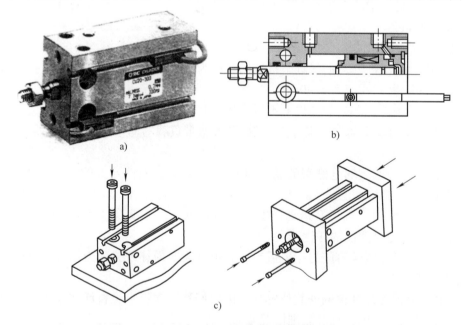

图 5.2-18　CU 系列自由安装型气缸及其安装方式
a）外形图　b）结构原理图　c）安装方式

3. 长圆形活塞气缸（MU 系列）

这种气缸活塞的形状是长圆形的，故称为长圆形活塞气缸。在相同输出力下，活塞径向可减半，故也称为平板型气缸。可在狭窄空间安装。可保证活塞杆不回转，不回转精度及活塞杆的最大允许扭转力矩见表 5.2-1。缸体为长方形，不需托架，各方向都可安装，节省空间。图 5.2-19 所示为 MU 系列长圆形活塞气缸及其安装方式。

表 5.2-1 MU 系列长圆形活塞气缸的杆不回转精度及活塞杆的最大允许扭转力矩

缸径/mm	25	32	40	50	63
杆不回转精度/(°)	±1	±0.8	±0.5		
活塞杆的最大允许扭转力矩/N·m	0.25	0.55	1.25	2.0	

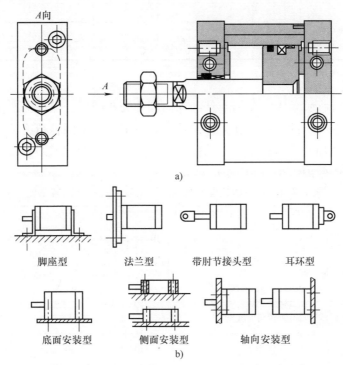

图 5.2-19　MU 系列长圆形活塞气缸及其安装方式
a) 结构原理图　b) 安装方式

三、扩展品种气缸（杆不回转、直接安装、低摩擦、洁净等）

常见扩展品种气缸见表 5.2-2。

表 5.2-2 常见扩展品种气缸

扩展品种气缸	气缸系列											
	CJ2	CQ2	CQS	CM2	CG1	CA2	CS1	CU	MB	MB1	C85	C96、CP96
杆不回转型	○	○	○	○	○	○		○	○	○	○	○
直接安装型	○			○	○						○	
杆不回转直接安装型	○			○	○							
低摩擦型	○			○	○	○	○		○			
洁净型	○	○	○	○	○							
无铜离子型	○	○		○	○		○		○	○		
长行程型		○	○	○			○	○				

(续)

扩展品种气缸	气缸系列										
	CJ2	CQ2	CQS	CM2	CG1	CA2	CS1	CU	MB	MB1	C85	C96、CP96
气液联用型		○		○	○	○	○					
带伸缩防护套型				○	○	○	○		○	○	○	
轴向配管型	○			○								
带快换接头型	○			○	○							
耐横向负载型		○	○									
耐水型				○	○				○	○		

1. 杆不回转型

活塞杆断面及气缸缸盖内支持活塞杆的导向部分为非圆形，保证活塞杆在运动过程中不会转动。施加在活塞杆上的力矩应在允许回转力矩范围内，不回转精度可达表 5.2-3 中的数值。安装力矩禁止施加到活塞杆上。拧动杆端螺母时，杆应处于缩回状态。不回转精度是指活塞杆在回转方向的缝隙大小（以°计）。

表 5.2-3　杆不回转型气缸的允许回转力矩和不回转精度

系列	活塞杆断面	特　性	缸径/mm										
			6	10	12	16	20	25	32	40	50	63	80
CJ2K、CJ2RK	六角形	不回转精度/(°)	—	±1.5		±1	—						
		允许回转力矩/N·m		0.02		0.04							
CQ2K	椭圆形	不回转精度/(°)	—		±2	±1		±0.8			—		
		允许回转力矩/N·m			0.04	0.15	0.20	0.25	0.45				
CQSK、C85K	六角形	不回转精度/(°)	—		±1	±0.7		—					
		允许回转力矩/N·m			0.04	0.2	0.25						
		不回转精度/(°)	±1.5（φ8mm、φ10mm）		±1	±0.7		—					
CM2K、CM2RK	六角形	不回转精度/(°)	—					±0.7	±0.5				
		允许回转力矩/N·m						0.2	0.25	0.44			
CG1K、CG1KR	椭圆形	不回转精度/(°)					±1	±0.8	±0.5				
		允许回转力矩/N·m					0.2	0.25	0.44				
CA2K	椭圆形	不回转精度/(°)	—						±0.5				
		允许回转力矩/N·m							0.44				
CUK	带导杆	不回转精度/(°)	±0.8	—	±0.8	±0.5		—					
		允许回转力矩/N·m	0.0015	0.02	0.04	0.1	0.15	0.2					

（续）

系列	活塞杆断面	特 性	缸径/mm									
			6	10	12	16	20	25	32	40	50	63	80
MB1K、MBK		不回转精度/(°)	—						±0.5		±0.3	

2. 直接安装型

将杆侧缸盖做成方块形，不需托架，便可直接安装，可节省安装空间，其外形如图 5.2-20 所示。

3. 杆不回转直接安装型

除杆侧缸盖做成方块形外，活塞杆断面及缸盖内支持活塞杆部分都是异形断面。

4. 低摩擦型

低摩擦型参见本章第四节中二性能扩展型的低摩擦气缸。

5. 洁净型

按 ISO 14644-1 标准的规定，洁净度可分成 9 个等级（class），不同等级的粒径 D 与浮游微粒子浓度 c_n 的关系曲线如图 5.2-21 所示。按 ISO 标准规定，以 $0.1\mu m$ 粒径为基准，在 $1m^3$ 中，$0.1\mu m$ 粒子在 10^1 个以下，称为 class1。以此类推，在 10^5 个以下，称为 class5。考虑气动元件的适用性，SMC 规定的粒径与粒子浓度的质量等级关系曲线如图 5.2-22 所示。等级号小，表示发尘量少。（ ）内表示根据 Fed. std-209E—1992 洁净度等级的上限浓度。

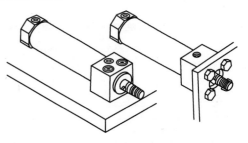

图 5.2-20 直接安装型气缸的外形

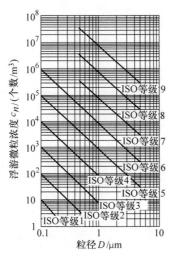

洁净度等级/N	上限浓度/(个/m³)					
	测定粒径/μm					
	0.1	0.2	0.3	0.5	1	5
ISO 等级	1	10	2				
	2	100	24	10	4		
	3	1000	237	102	35	8	
	4	10000	2370	1020	352	83	
	5	100000	23700	10200	3520	832	29
	6	1000000	237000	102000	35200	8320	293
	7				352000	83200	2930
	8				3520000	832000	29300
	9				35200000	8320000	293000

注：使用有效数字3位数以内的浓度数据分类水平。

$c_n = 10^N \times (0.1/D)^{2.08}$

c_n —— 每 $1m^3$ 的空气中，浮游微粒子的上限浓度(个/m³)，以粒径 D 以上的粒子为对象，且一 c_n 的有效数字取3位，余数取0；

N —— 等级数，有1~9等级，中间等级为1.1~8.9；

0.1 —— 常数/μm；

D —— 测定粒径/μm。

图 5.2-21 ISO 标准的洁净度等级的特性线

美国联邦标准（Fed. std – 209E—1992）规定，以 0.5μm 粒径为基准，等级 M1 是指 $1m^3$ 中，含 0.5μm 粒子在 10^1 个以下。若以英制单位计，在 $1ft^3$ 中，含 0.5μm 粒子在 10^0 个以下，称为 classM1.5。以此类推，$1m^3$ 中含 0.5μm 粒子在 10^5 个以下，称为 classM5。$1ft^3$ 中含 0.5μm 粒子在 10^3 个以下，称为 classM4.5。

洁净室等级规定为，达到 class1 的洁净度的洁净室等级，记为洁净室 class10。以此类推，达到 class5 洁净度的洁净室等级，记为洁净室 class100000。

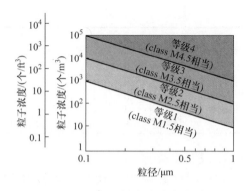

图 5.2-22　SMC 规定的洁净度质量

各种洁净度等级表示方法的对应关系见表 5.2-4。

表 5.2-4　各种洁净度等级表示方法的对应关系

SMC 的规定	ISO 标准的规定	美国标准的规定（英制）	洁净室等级
质量等级 1	class1 class2 class3	classM1.5	洁净室 class10 洁净室 class100 洁净室 class1000
质量等级 2	class4	classM2.5	洁净室 class10000
质量等级 3	class5	classM3.5	洁净室 class100000
质量等级 4	class6 以上	classM4.5	

以上洁净度等级适合各种气动元件。

洁净型气缸就是能在洁净室内使用的气缸。气缸作往复运动，导向套与杆密封圈等相对运动部位不可能没有磨耗，密封圈磨损还会发生空气泄漏而污染洁净室，洁净型气缸已解决了这些问题。

各种洁净型气缸的结构形式及有关规格见表 5.2-5。

10 - 系列是在气缸的杆侧缸盖上设有两层密封圈，允许从溢流通口经配管直接向洁净室外排出可能已被污染的空气。灰尘发生量可减少至常用气缸的 1/20。11 - 系列的结构与 10 - 系列完全相同，只是将外侧活塞杆密封圈取下，真空通口受真空吸引，把外界空气从杆与缸盖之间的缝隙吸入，故外界的灰尘也几乎没有了。11 - 系列用于要求比 10 - 系列的洁净度要求更高的场合。

6. 无铜离子型

为了除去铜离子和卤离子等对生产彩色显像管的影响，不使用铜材及氟材质的气缸。

7. 长行程型

长行程型指行程比标准型气缸的标准行程还长的气缸。有关气缸的最大行程见表 5.2-6。

表 5.2-5　各种洁净型气缸的结构形式及有关规格

系列	10 -	11 -	12 -	13 -	特殊系列	21 -	22 -
结构形式	两层密封圈，向大气开放 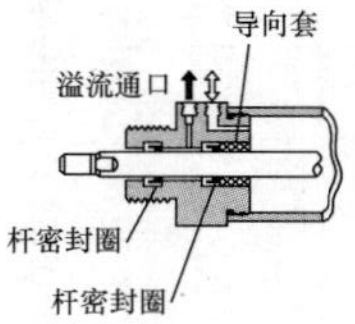	单层密封圈，真空抽吸 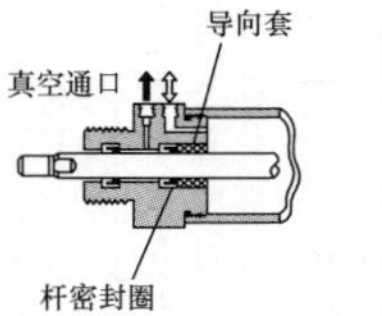	● 带导杆气缸 ● 双联气缸 除采用 10 - 系列结构特殊处理外，导杆部进行特殊处理 ● 无杆气缸 缸筒外表面进行特殊处理  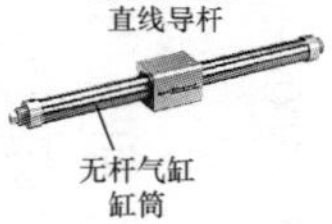	● 带导杆气缸 ● 气动滑台 除采用 11 - 系列结构特殊处理外，导杆部进行特殊处理 	● 洁净型无杆气缸 缸筒外表面为不接触及移动体内表面及不接触特殊处理 ● 直线导轨型无杆气缸 缸筒外表面及移动体内表面不接触 直线导轨特殊处理 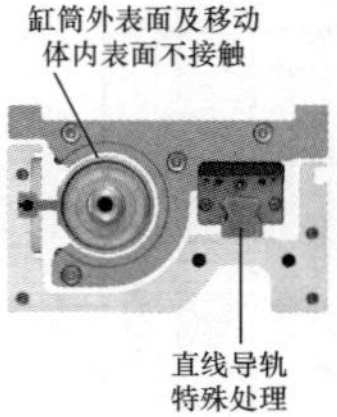	同 10 - 系列 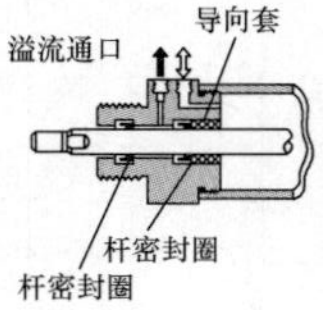	同 11 - 系列 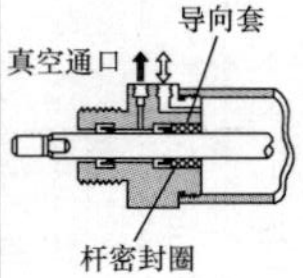
材质限制			无			无铜离子，无氟系，无硅系	
使用润滑脂			氟系润滑脂			锂皂基系润滑脂	
组装环境			一般环境		在洁净室内，洗净零件后，再组装	一般环境	
捆包	洁净包装：在洁净室内，用高洁净空气吹除，使用防静电袋两层包装					常规包装	

表 5.2-6　气缸的最大行程　　　　　　　　　　　　　　　（单位：mm）

气缸系列	缸径/mm							
	6~16	20	25	32	40	50, 63	80	100
	最大行程/mm							
CU	60	100			—			
C85	200（□8mm） 400（□10mm/ □16mm）	1000						
CQ2	300							
CM2	1000		1500		2000			
CG1	1500							
CQS	200	300	—	—	—	—	—	—
C (P) 96				1000	1900			
MB	2700							
MB1	1800							
CA2	2700							

8. 气液联用型

气液联用型将压缩空气的气压力转换成1:1的油压力作用下的驱动缸。气液联用缸可以一侧为压缩空气，另一侧为1.0MPa以下的低压油，也可以两侧都是1.0MPa以下的低压油。但气液联用缸不得用普通气缸或低压缸代替。气液联用缸与气液转换器配合使用，利用气动方向阀使气液联用缸获得低速的平稳运动，提高气缸中途停止的精度。气液联用缸的使用速度范围是0.5~200mm/s（CQ2、CS1系列）或0.5~300mm/s（CM2、CG1、CA2系列）。

9. 带伸缩防护套型

在灰尘多的环境中，活塞杆要特别保护，可使用带伸缩防护套的气缸。防护套的材质有两种，尼龙帆布防护套耐温至70℃，耐热帆布防护套耐温至110℃。

10. 轴向配管型（集中配管型）

气缸的两个通口都设置在无杆侧缸盖的轴向，如图5.2-23所示，它仅从轴向配管。

11. 带快换接头型

气缸上的进排气通口处压入了快换接头，可直接使用非金属配管快速插拔。

12. 耐横向负载型

耐横向负载型的薄型气缸，在活塞杆端能承受的横向负载 F 与缸径及行程的关系如图5.2-24所示。

13. 耐水型

将气缸内的密封件换成耐水溶性冷却液的丁腈橡胶（NBR）或耐氯系冷却液的氟橡胶（FKM），以适应在机床的冷却液中工作。此型可用于食品机械、洗车机械之类的水滴飞溅的场合。

四、特殊订货气缸（-XB5、-XB6、-XC8、-XC11、非标准品等）

1. 粗杆气缸（-XB5）

粗杆气缸指活塞杆直径比标准气缸杆径大的气缸（见表5.2-7），以增强活塞杆的强度，行程也可增大。

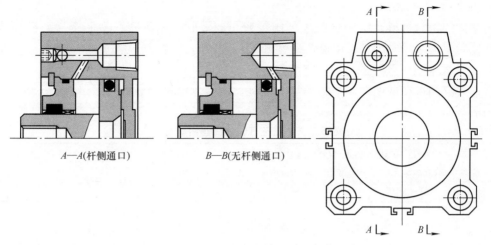

图 5.2-23 轴向配管型气缸

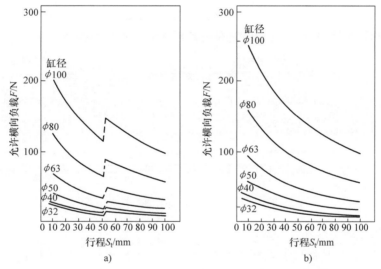

图 5.2-24 CQ2 系列耐横向负载型气缸允许横向负载的大小
a) 无磁性开关 b) 有磁性开关

表 5.2-7 粗杆气缸活塞杆直径　　　　　　　　　　　　（单位：mm）

气缸系列		MB、MB1、CA2						CS1			
缸径		32	40	50	63	80	100	125	140	160	180	200
杆径	标准气缸	12	16	20	20	25	30	36	36	40	45	50
	粗杆气缸	16	20	25	25	30	36	50	60	60	70	70

2. 耐热缸（-XB6、-XC5）

耐热缸为不带磁性开关的标准气缸，其环境和介质温度一般为 5~70℃。耐热缸的环境温度为 -10~150℃，CS1 系列为 0~150℃。不能装磁性开关，不给油工作。耐热缸的密封材质为氟橡胶，润滑脂使用氟树脂。本系列气缸内使用的润滑脂黏在手上，一旦吸烟，会产生对人体有害的气体，应注意。

3. 耐寒缸（-XB7）

耐寒缸的密封材料及缓冲垫改用低腈橡胶，润滑脂改用耐寒润滑脂类，耐磨环改用树脂，环境温度为 -40~70℃，不能装磁性开关。

4. 低速气缸（-XB9、-XB13）

低速气缸为可在低速下作平稳运动的气缸，无爬行现象，不给油工作。表5.2-8为低速气缸的活塞运动速度。

表5.2-8　低速气缸的活塞运动速度

气缸系列	CJ2、CM2、CG1、CQ2、CU、MB、MGP、CXW、CXS、CQS、MXU、MB1、MGG、MGC、CXT-XB13	CY1-XB13	CJ2、CJP、CM2、CG1、MGQ、CU、CQS、CQ2、CY1-XB9
活塞运动速度/(mm/s)	5~50	7~50	10~50（CY1：15~50）

5. 强力刮尘圈气缸（-XC4）

铸造机械、建筑机械、产业用车等处在砂石、尘土多的恶劣环境中工作，应使用强力刮尘圈气缸，如图5.2-25所示。强力刮尘圈是被压入的，不能更换。

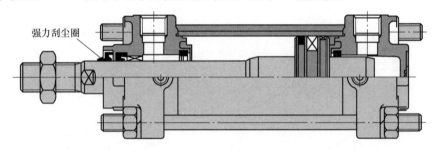

图5.2-25　带强力刮尘圈的气缸

6. 伸出行程可调气缸（-XC8）

此类气缸在气缸无杆侧设有定程器和螺母，作为调整机构，活塞杆伸出行程可调（见图5.2-26）。CJ2系列气缸的可调行程范围为0~15mm；CQ2、CQS系列气缸的可调行程范围为0~10mm；MGP系列有两个可调范围，0~10mm和0~25mm；其他系列有两个可调范围，0~25mm和0~50mm。行程调整时，应固定住定程器，再旋松螺母。若不固定住定程器就旋松螺母，则负载与活塞杆的连接部及负载侧和定程器侧的活塞杆连接部有可能松动。

7. 返回行程可调气缸（-XC9）

此类气缸在气缸无杆侧设置调整螺钉，使活塞杆返回行程可调（见图5.2-27）。CJ2系列气缸的调整量为0~15mm；CQ2、CQS系列气缸的调整量为0~10mm；MGP系列有2种调整量，0~10mm和0~25mm；其他系列有两种调整量，0~25mm和0~50mm。应在无压状态进行行程调整，否则调整部的密封圈会变形，造成漏气。行程调整螺钉若调整至调整量以上，一旦供气，调整螺钉有飞出的可能，应特别注意。

8. 双行程双出杆气缸（-XC10）

它是将两个单杆双作用气缸的无杆侧缸盖合为一体的气缸（见图5.2-28），它可以有四个准确的停止位置，如图5.2-29所示，故又称为多位气缸。此缸可能有挠曲变形。

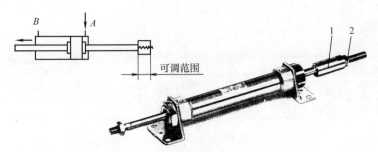

图 5.2-26 伸出行程可调气缸
1—定程器 2—螺母

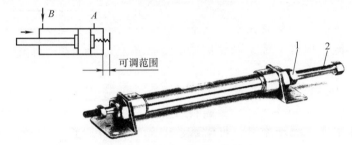

图 5.2-27 返回行程可调气缸
1—锁母 2—调整螺钉

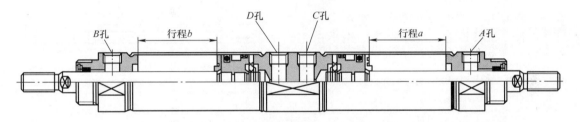

图 5.2-28 双行程双出杆气缸的结构原理图

9. 双行程单出杆气缸（-XC11）

它是将两个单杆双作用气缸串接而成的（见图 5.2-30）。这种气缸也有四种工作位置，如图 5.2-31 所示，故也称为多位气缸，常用于作输送装置。当从 A 与 C 两通口同时进气时，在行程 a 范围内有 2 倍的输出力。气缸未固定住，不得通气，以免气缸冲出。

10. 串联气缸（-XC12）

它将两个单杆双作用气缸的活塞杆连成一体（见图 5.2-32）。这种气缸可以得到 2 倍的输出力，常用于气动压力机上或安装空间窄小的地方。串联气缸用小缸径可获得较大的推力。

有些串联气缸一侧加入液压油，可作为气液阻尼缸使用，如图 5.2-33 所示。它可实现慢进快

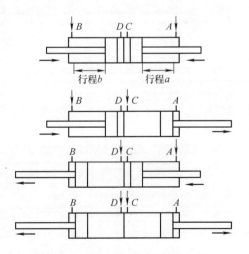

图 5.2-29 双行程双出杆气缸的
四个工作位置

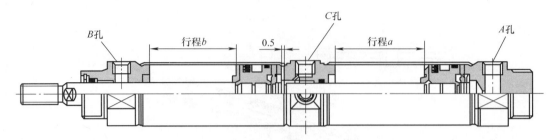

图 5.2-30 双行程单出杆气缸的结构原理图

退的平稳动作。

11. 金属防尘圈（-XC35）

此防尘圈为铜质刮环，可清除附着在活塞杆上的冰渣、焊渣、切屑末等，以保护密封圈。

12. 特殊材质的气缸

1）不锈钢材质的气缸（-XC6）暴露在周围环境中的外部零件（如活塞杆、杆端螺母、导杆、端板安装螺钉等）。

使用耐腐蚀性优良的不锈钢（SUS304）材质，如 CM2、MGP 等系列。

拉杆、拉杆螺母、缓冲阀等使用不锈钢的气缸（-XC7）用于防腐蚀、防生锈的场所，有 MB、MB1、CA2 系列。

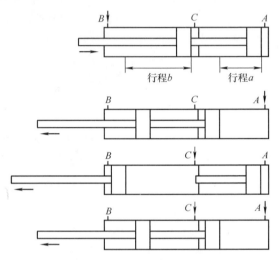

图 5.2-31 双行程单出杆气缸的四种工作位置

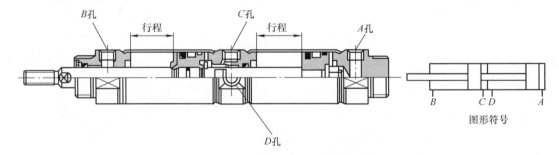

图 5.2-32 串联气缸的结构原理图

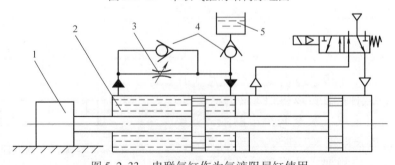

图 5.2-33 串联气缸作为气液阻尼缸使用

1—负载 2—串联气缸 3—节流阀 4—单向阀 5—贮油杯

2) 密封件类为氟橡胶的气缸（-XC22）用于要求有优良的耐化学液的场合，许多系列气缸都有这种品种，但选用时要注意化学品的种类及使用温度。

13. 非标准品

根据用户的需要，对前述各个系列气缸作适当修改，可以得到不同的功能。这需要专门订货，故称为特殊订货的气缸，如将密封件改用氟塑料橡胶，可增强气缸的耐化学性，将活塞杆、杆端螺母、拉杆等改为不锈钢，可在水中作业，防止生锈腐蚀。根据实际需要，还可将杆侧缸盖和无杆侧缸盖上的通口及缓冲阀的位置和方向改变（-XC3），也可将活塞杆端部做成不同的形状（-XA0～-XA3）。下面介绍各系列气缸的部分特殊订货内容，见表5.2-9。

表5.2-9　各系列气缸的部分特殊订货内容

序号	特殊	CJP	CJ2	CM2	CG1	CA2	CS1	CU	CQ2	CQS	MK	MB、MB1	CY1	MGQ	MGC、MGG	MGP	CXW、CXS
1	粗杆缸				○	○						○					
2	耐热缸（150℃）	○	○	○	○	○	○	○	○	○	○	○	CY1B	○	○	○	○
3	耐寒缸							○				○					
4	低速缸	○	○	○				○				○					
5	强力刮尘圈气缸			○	○	○	○					○				○	
6	伸出行程可调气缸		○	○	○	○	○					○					
7	返回行程可调气缸			○								○					
8	双行程双出杆气缸			○								○					
9	双行程单出杆气缸			○								○					
10	串联气缸			○								○					
11	带金属防尘圈气缸			○			○									○	

第三节　无杆气缸

行程为 L 的有活塞杆气缸，沿行程方向的实际占有安装空间约为 $2.2L$。若没有活塞杆，则占有安装空间仅为 $1.2L$，且行程缸径比可达 $50\sim200$，MY1 系列行程可长达 5m。没有活塞杆，还能避免由于活塞杆及杆密封圈的损伤而带来的故障。没有活塞杆，活塞两侧受压面积相等，具有同样的推力，有利于提高定位精度。

无杆气缸有机械接触式（MY 系列）和磁性偶合式（CY1 系列）。磁性无杆气缸重量轻、结构简单、占用空间小、无外泄漏，但外部限位器使负载停止时，活塞与移动体有脱开的可能。机械式无杆气缸有较大的承载能力和抗力矩能力，可能有轻微外漏（$1cm^3/min$ 以下）。

无杆气缸已广泛应用于数控机床、大型压铸机、注射机等的开门装置上，纸张、布匹、塑料薄膜的切断装置，重物的提升，多功能坐标移动机械手的位移，生产流水线上工件的传送等。

一、机械接合式无杆气缸（MY□系列）

1. 结构原理

机械接合式无杆气缸的各种系列见表5.3-1。

表 5.3-1 机械接合式无杆气缸的各种系列

系列	导向形式		外形图	缸径/mm	滑台的位移精度[①]/mm	特点	
MY1B	基本型			10、16、20、25、32、40、50、63、80、100	取决于组合的外部导向形式	应与其他导向形式相结合 外形尺寸最小 最大行程可达5m φ10mm 为垫缓冲，其余为气缓冲	
MY3A	基本型	短型	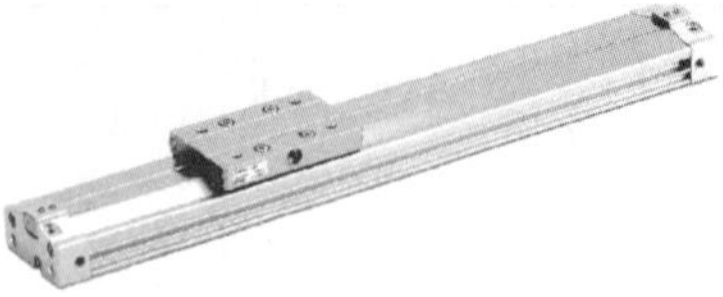	16、20、25、32、40、50、63		与 MY1 相比，高度减少约36%，长度最多可缩短 140mm，质量轻约55% MY3A 为垫缓冲，MY3B、MY3M 为气缓冲 MY3B 带行程调整单元及液压缓冲器	缸盖部（侧向、轴向）集中配管
MY3B		标准型	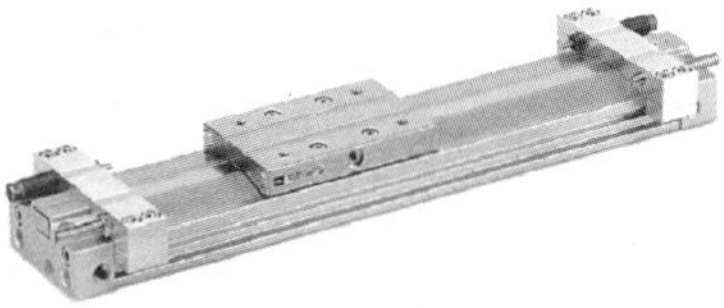				
MY3M	滑动导轨型		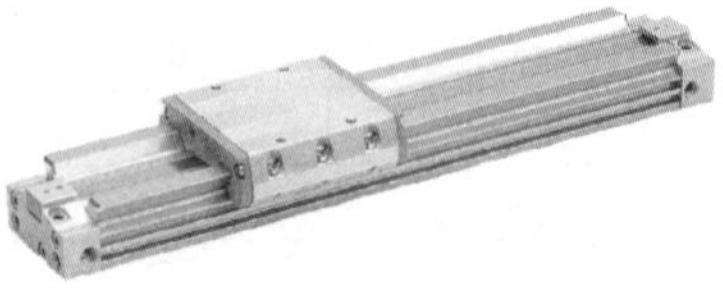	16、25、40、63	±0.02		可直接承载
MY1M	滑动导轨型			16、20、25、32、40、50、63	±0.12	工件可直接安装的简易导向形式，适用于广泛的搬送系统 全为气缓冲	
MY1C	凸轮随动导轨型			10、16、20、25、32、40、50、63	±0.05	能承受较大的力矩且精度高 承受偏载也可平稳动作 可实现长行程（最大可达5m） 全为气缓冲	
MY1H	高精度导轨型（单轴）			10、16、20、25、32、40	≤±0.05	使用直线导轨，直进性高 重复定位精度高	

(续)

系列	导向形式	外形图	缸径/mm	滑台的位移精度[①]/mm	特点	
MY1HT	高刚性、高刚度导轨型（双轴）		50、63	≤±0.05	使用直线导轨，直进性高重复定位精度高 与 $MY1_H^C$ 相比，高度减少30%的超薄型 承受集中负载的能力大大提高 全为气缓冲	适合中小型缸径拾放动作 10mm为垫缓冲，其余为气缓冲
MY2C	凸轮随动导轨型	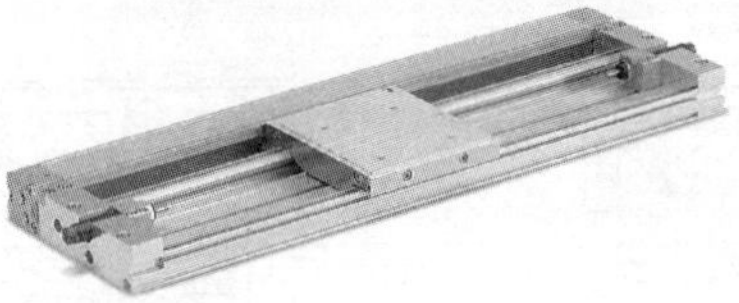	16、25、40	±0.05		适合较重工件的搬运和拾放动作 标准型带液压缓冲器
MY2H	直线导轨（1轴）	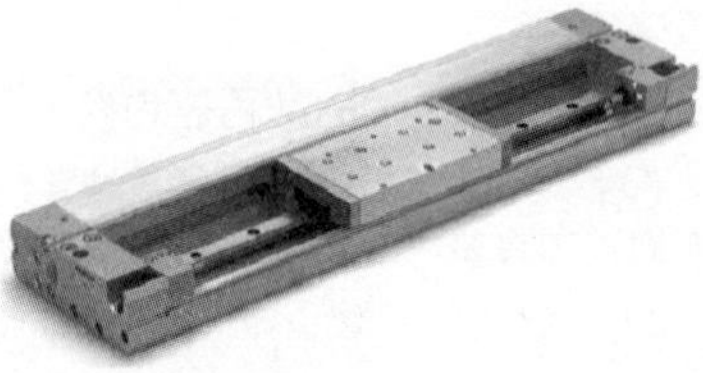	16、25、40	≤±0.05	与 $MY1_H^C$ 相比，高度减少30%的超薄型 承受集中负载的能力大大提高 全为气缓冲	
MY2HT	直线导轨（2轴）			≤±0.05		

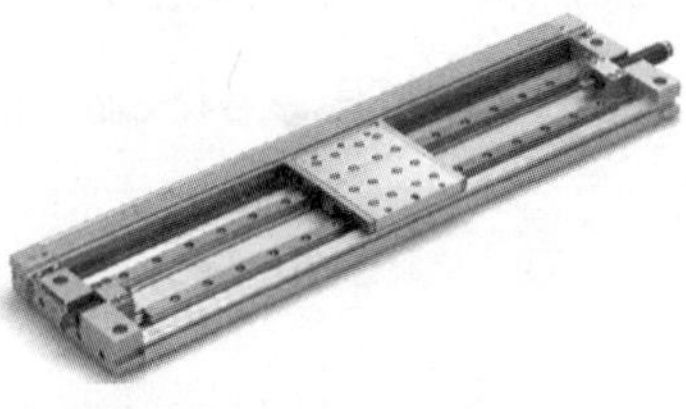

① 位移精度表示按样本上给出的允许力矩的50%加到滑台上时，在行程末端的位置变化量。

除上述系列外，还有带保护罩及侧向密封组件的 $MY1_C^MW$ 系列（φ16～φ63mm），适合粉尘多、水滴飞溅的环境中使用。

图 5.3-1 所示为凸轮随动导轨型无杆气缸的结构原理图。由拉制而成的不等壁厚的铝质缸筒，在壁厚较薄处沿长度方向开槽。为保证开槽处的密封，设有内外密封带。内密封带靠气压力将其压在缸筒内壁上起密封作用。外密封带防尘用。活塞架穿过长开槽，把活塞与滑台连成一体。密封带分离器将内外密封带分开，内密封带从活塞架中穿过，外密封带穿过活塞架与滑台之间，但内外密封带未被活塞架分开处，是相互夹持在缸筒开槽上，以保证槽被密封。内外密封带两端都固紧在气缸缸盖上。当活塞一端进气另一端排气时，气压力推动活塞并带动滑台运动，滑台沿着缸筒外部的导轨滑行。无杆活塞上带有密封圈，保证气压腔不向外界漏气。两端缸盖上带有缓冲阀及缓冲套，以实现可调气缓冲。

为了使无杆气缸高度尺寸尽量减小，降低重心，但又不降低气缸的搬送能力，MY2系列气缸将导轨部与驱动部（气缸）并排配置，便成为超薄型无杆气缸。本气缸不仅高度小，

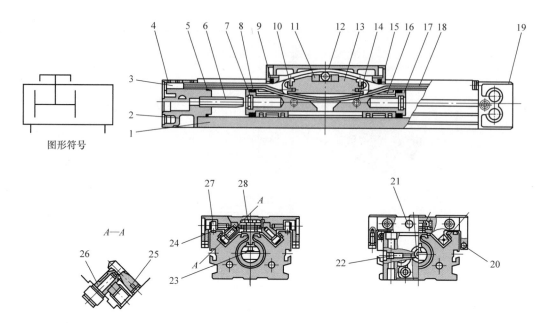

图 5.3-1 MY1C 系列机械接合式无杆气缸的结构原理图

1—缸筒　2、19—缸盖　3—密封圈压板　4—止动螺钉　5—缸筒密封圈　6—缓冲套　7—缓冲密封圈　8—活塞密封圈　9—防尘圈　10—密封带分离器　11—连接器　12—滑台　13—活塞架　14—弹簧销　15—端盖　16—耐磨环　17—活塞　18—外密封带　20—磁铁　21—限位器　22—缓冲阀　23—内密封带　24—导轨　25—调整齿轮　26—偏心齿轮　27—凸轮随动　28—导向轮

且承受的最大负载质量、回转力矩及偏转力矩都有较大提高，但承受的弯曲力矩变小。安装时，把驱动部的移动体插入导轨部的滑台上，再均匀紧固 4 只气缸固定用螺钉便可，如图 5.3-2 所示。

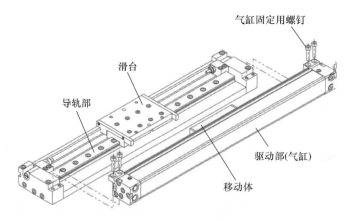

图 5.3-2 MY2 系列分解图

MY3 系列无杆气缸是采用独特的长圆形活塞，使气缸高度减小。由于集中配管通路、缓冲机构（气缓冲）及定位缓冲机构（行程调整螺钉和液压缓冲器）之间的合理配置，使气缸实现小型化、轻量化，如图 5.3-3 所示。

MY3A 系列无杆气缸的结构简图如图 5.3-4 所示。

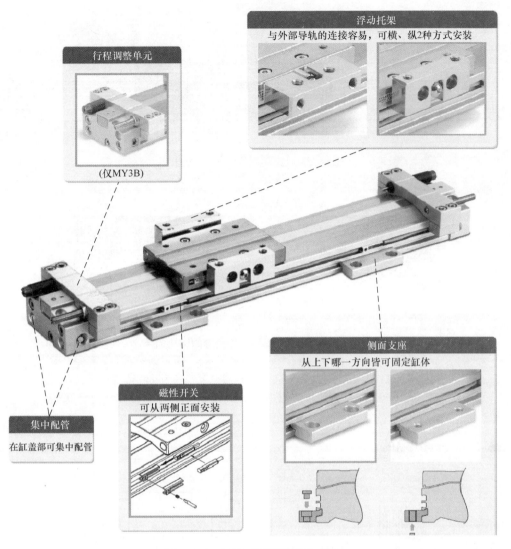

图 5.3-3　MY3 系列无杆气缸外形

2. 特点

1) MY1M 和 MY1C 两个系列的本体及工件的安装尺寸相同，可互换。行程调整单元及磁性开关等附件可通用。磁性开关及导线可设置在沟槽内，可防止导线与运动滑台相互干涉，确保气缸安全可靠地工作。

2) 寿命长。内密封带采用耐弯曲、耐磨耗的优质特殊树脂制造，特殊唇部形状能发挥高的密封性能。滑动部分内部构造可防止密封带两侧边缘部分的损伤。外密封带使用不锈钢材质。

3) 有液压缓冲器和调整螺钉一体化的行程可调单元，行程调节方便。有重载、轻载两种液压缓冲器，以适应不同冲击能的吸收。

4) 优良的安装性，省空间，滑台面积大。可直接从上、下两面安装（见图 5.3-5），不需托架。对长行程气缸，有振动及冲击的场合，为避免缸筒翘曲，可使用侧向支座进行支承。配管方式多，可在正面或侧面配管，也可在底面配管，并可进行集中配管。

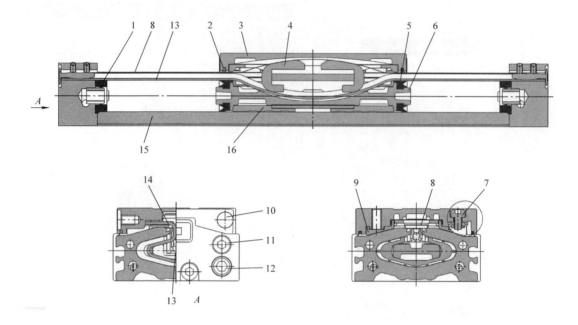

图 5.3-4 MY3A 系列无杆气缸的结构简图

1—缓冲垫 2—防尘圈 3—滑台 4—密封带分离器 5—活塞密封圈 6—活塞
7—内六角螺钉（用于固定活塞架） 8—防尘密封带 9—滑动轴承 10—限位块
11—安装螺钉 12—通口用堵头 13—（内）密封带 14—活塞架 15—缸筒 16—耐磨环

5）使用压力范围：缸径 $\phi10mm$ 为 $0.2\sim0.8MPa$，$\phi10mm$ 以上为 $0.1\sim0.8MPa$，MY1M 及 MY3 为 $0.15\sim0.8MPa$。

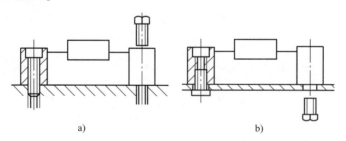

图 5.3-5 MY 系列无杆气缸的安装方法
a）从上面安装 b）从下面安装

3. 选用

1）根据导向精度、最大允许负载和最大允许力矩选定无杆气缸的系列和缸径。

最大允许负载和最大允许力矩与导向形式（MY1、MY2、MY3 各系列）、受力姿势（见图 5.3-6）、活塞运动速度和缸径等有关。图 5.3-7 所示为 MY1C 系列无杆气缸的最大允许负载和最大允许力矩。若负载是静负载或静力矩，活塞运动速度取平均速度；若负载是撞击限位器（如液压缓冲器）的动力矩，应取 14 倍平均速度。只承受单一负载力或力矩时，可直接由图 5.3-7 确定无杆气缸的缸径。若承受复合负载力和力矩时，按实际负载状况（静负载力、静力矩和动力矩三种），计算出各自的负载率 η_i [实际承受的负载力（或力矩）与对应活塞速度下的最大允许负载力（或力矩）之比］，要求上述三种负载的负载率之和必须满足 $\sum \eta_i \leqslant 1$，来选用无杆气缸的缸径。

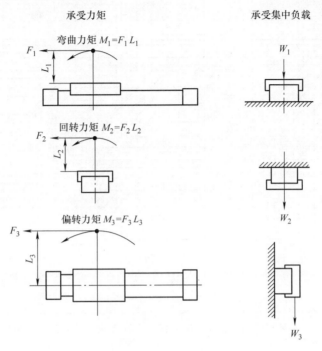

图 5.3-6 MY 型无杆气缸的受力姿势

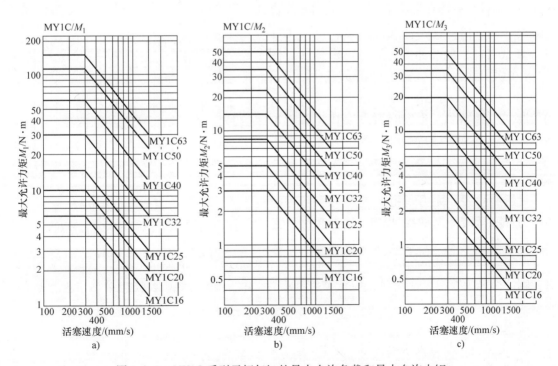

图 5.3-7 MY1C 系列无杆气缸的最大允许负载和最大允许力矩

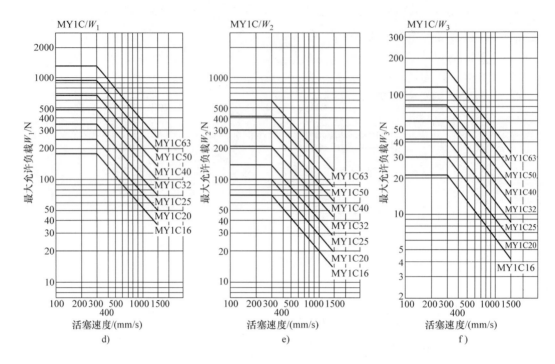

图 5.3-7 MY1C 系列无杆气缸的最大允许负载和最大允许力矩（续）

2）缓冲能力的选定。图 5.3-8 所示为 MY1C63 无杆气缸的缓冲能力，为 MY1C63 无杆气缸水平放置时，气缓冲和液压缓冲器（有 L 型和 H 型两种）的缓冲能力的许可范围（见图 5.3-8 中粗实线）。即气缸承受的负载力（W_1、W_2 或 W_3）及其冲击速度（负载刚进入缓冲时的运动速度）在图 5.3-8 中的交点应在粗实线范围内，表示缓冲能力满足要求。图 5.3-8 中 W_{1max}、W_{2max} 和 W_{3max} 表示三种负载的最大允许值。

气缓冲的缓冲能力是指达到缓冲全行程时的能力。液压缓冲器的缓冲能力是指缓冲器走完全行程时的能力。若在气缓冲行程范围内使用液压缓冲器，则缓冲阀应大致处于全开状态。调节液压缓冲器的行程，使其有效行程变短，则缓冲能力变小。使用时，应调节液压缓冲器的行程，使其吸收能量尽可能接近使用要求。

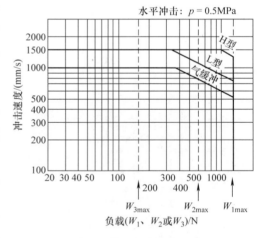

图 5.3-8 MY1C63 无杆气缸的缓冲能力

4. 使用注意事项

1）对空气质量的要求与标准气缸相同。
2）注意手不要被夹在行程调整单元和运动的滑台之间。
3）行程调节单元的移动与固定（见图 5.3-9）。松开四个单元固定螺钉，可将单元移至所需位置，再固紧。行程调整单元不能用于中间位置的固定，因该处冲击能量大，易发生位置偏移。

4) 用调整螺钉调节微量行程。松开调整螺钉的锁紧螺母，从锁板侧用六角扳手调节微量行程后，再拧紧锁紧螺母。

5) 液压缓冲器的行程调节。松开两个锁板固定螺钉，旋转液压缓冲器便改变了缓冲行程，再拧紧固定螺钉。

6) 导向部分事先已调整好，使用时不要再调整。

7) 缸筒外表面不得有伤痕，以防支承、防尘圈的损伤造成动作不良。

8) 滑台为精密支承，安装工件时，不要给予强烈冲击和过大力矩。

9) 要认真对待气缸与负载的连接，以减少偏载带来的不利影响。为了吸收长行程出现的垂度，可使用浮动机构的连接方法。

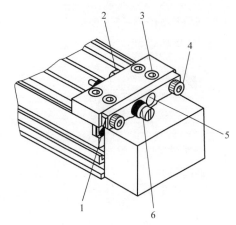

图 5.3-9　MY 系列无杆气缸的行程调节单元
1—锁板　2—调整螺钉的锁紧螺母　3—单元固定螺钉
4—锁板固定螺钉　5—调整螺钉　6—液压缓冲器

10) 在切屑末、粉尘和切削液这样的环境中使用时，要加防护罩，或选用 MY1□W 系列。不要用于腐蚀性环境。

11) 由于惯性作用、外力作用，一旦缸内出现负压，密封带脱离接触，气缸会出现微漏，故对气缸保持中停位置的使用要小心。

二、磁性偶合式无杆气缸（CY□系列）

磁性偶合式无杆气缸的各种系列及其特长见表 5.3-2。

表 5.3-2　磁性偶合式无杆气缸的各种系列及其特长

	系列及外观	特长		选型要点
外部导向系统并用型	CY3B 系列 缸径：6mm、10mm、15mm、20mm、25mm、32mm、40mm、50mm、63mm	1. 无外泄漏、寿命长 2. 从 φ6mm 至 φ63mm 有许多扩展品种 3. CY3 系列使用特殊树脂的耐磨环，长度加长，大大提高了承载能力。采用特殊树脂制的软质刮尘环，缸筒外周又形成良好的润滑膜，最低动作压力低，且耐久性好	1. 有长行程 2. φ50mm、φ63mm 的行程可达 5m	1. 使用各种导向系统的场合 2. 需长行程的场合
	直接安装型 CY3R 系列 缸径：15mm、20mm、25mm、32mm、40mm		1. 外形尺寸紧凑 2. 气缸可直接安装负载 3. 可装磁性开关，且不伸出缸外 4. 在许用负载范围内，气缸不会回转 5. 集中配管型的配管可集中 6. 外形尺寸紧凑 7. 外部滑台的上面及一个侧面可作为安装面	1. 使用各种导向系统的场合 2. 基本型上想装磁性开关的场合 3. 用于无需导向的轻负载的场合 4. 空间窄小的场合

(续)

系列及外观		特长	选型要点
与导杆一体型	滑动轴承型 CY1S 系列 缸径：6mm、10mm、15mm、20mm、25mm、32mm、40mm	1. 与导杆一体化，可直接安装负载，可承受回转力矩 2. 无外泄漏，寿命长 3. 可装磁性开关 4. 可在端板上安装液压缓冲器，吸收行程末端的冲击能 5. 气缸两端可装调整螺钉 6. 集中配管型允许配管集中于一侧端板	由于使用特殊的滑动轴承，故能平稳动作	1. 保证导向良好 2. 用于常规搬送
	球轴承型 CT1L 系列 缸径：6mm、10mm、15mm、20mm、25mm、32mm、40mm		由于使用球轴承，承受偏载也能平稳动作	1. 保证导向良好 2. 承受偏载仍要求动作平稳的场合
	高精度导轨型 CY1H 系列（1轴） 缸径：10mm、15mm、20mm、25mm CY1HT 系列（2轴） 缸径：25mm、32mm		1. 由于使用直线导轨，能直接承受重负载、大力矩及高精度的要求 2. 在安装面上使用T形槽，故安装自由度提高 3. 在气缸的滑动部装有上盖，可防止滑动部受损	1. 保证导向良好 2. 承受重负载、大力矩及高精度要求的场合 3. 用于拾放动作

除表 5.3-2 系列外，还有 CY1F 系列的低重心导轨型。缸径有 $\phi 10\mathrm{mm}$、$\phi 15\mathrm{mm}$ 和 $\phi 25\mathrm{mm}$。与 CY1H 系列相比，高度小，最大减少 29%；缸体短，最大缩短 31%；重量轻，最大减轻 50%。适合搬送精密小工件。本无杆气缸是将驱动部（气缸）与导轨部并排组合的结构，如图 5.3-10 所示。

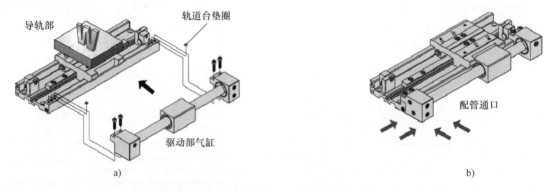

图 5.3-10 CY1F 系列无杆缸外形
a）导轨部与驱动部并排组合 b）左侧集中配管的形式（通口位置可选择）

真空用无杆气缸 CYV 系列,缸径有 15mm、32mm。气缸行程为 100~700mm。本缸具有低发尘(每个动作循环内大于 $0.1\mu m$ 的微粒在 0.1 个以下)、低泄漏(泄漏量小于 $1.3 \times 10^{-7} Pa \cdot m^3/s$)、逸出气体少(缸体、滑台等外部零件全是铝合金、无电解镀镍、外部磁性体镀钛)、最高焙烧温度为 150℃ 等特点。用于真空环境中 $[1.3 \times 10^{-4} Pa$(绝对压力)] 搬运工件。

洁净室用无杆气缸 CYP 系列,缸径有 15mm、32mm。本缸缸筒的外表面与滑台的内表面为不接触的特殊结构构成的直线导轨,故能实现低发尘(与 12-CY3B 系列相比,发尘量仅为 1/20),具有高线性、高精度。采用正弦式缓冲方式,可实现加(减)速度小于 0.5g 的平稳运动。用于洁净室内的高精度搬送。

1. 结构原理

磁性无杆气缸如图 5.3-11 所示,它由缸筒及两端缸盖组成缸体;活塞组件是由活塞、几块内导磁板、几块内磁铁、缓冲垫、耐磨环、密封件等用两活塞锁母夹紧在轴上形成一体;移动体组件是由几块外导磁板、几块外磁铁、两端压盖、防尘圈等用弹性挡圈卡在移动体上。当一侧输入气压力,推动活塞组件在缸筒内运动,借助磁性保持力带动移动体组件与活塞组件作同步运动。

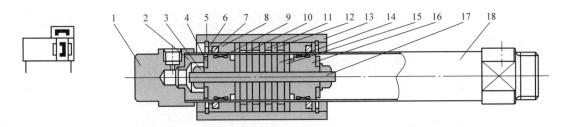

图 5.3-11 CY3B 系列磁偶式无杆气缸的结构原理图

1—端盖 2—端环 3—活塞螺母 4—缓冲垫 5—孔用C型弹性挡圈 6—隔板
7—润滑护圈 8—耐磨环B 9—耐磨环A 10—活塞密封圈 11—磁铁B 12—外部移动体架
13—缸体 14—磁铁A 15—活塞架 16—活塞 17—轴 18—缸筒

2. 主要技术参数

磁性无杆气缸的主要技术参数见表 5.3-3。

表 5.3-3 磁性无杆气缸的主要技术参数

缸径/mm		6	10	15	20	25	32	40	50	63
可提供最大行程/mm	CY3B	300	500	1000	1500	3000	3000	3000	5000	5000
	CY1S/L	300	500	750	1000	1500	1500	1500	—	—
磁性保持力/N	H	19.6	53.9	137	231	363	588	922	1471	2256
	L	—	—	81.4	154	221	358	569		
使用压力范围/MPa	CY1	0.2~0.7(仅 CY1H),0.18~0.7(除 CY1H)								
	CY3	0.16~0.7					0.15~0.7	0.14~0.7	0.12~0.7		
使用速度范围/(mm/s)		CY1L:50~500,CY1S:50~400,CY1H:70~500,CY3B/R:50~500								

磁性保持力是指压缩空气作用在活塞上的力，通过磁偶使移动体组件保持与活塞上的力相等的输出力。磁性材料磁导率越高、磁铁组数越多、缸筒非磁性材料壁越薄、缸筒内外圆尺寸精度和形位公差越高，则磁性保持力越大。SMC 公司提供 H 型和 L 型两种类型的磁性保持力，如图 5.3-12 所示。

磁性无杆气缸也可改为低压液压缸，用于精密进给，活塞运动速度为 15～300mm/s。

3. 选用

(1) CY3B/R 系列

不同缸径的无杆气缸允许（轴向）负载力的大小与负载状态（水平负载、垂直负载等）、

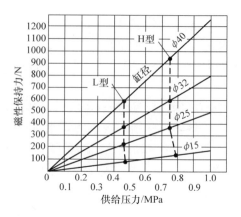

图 5.3-12 CY 系列无杆气缸的磁性保持力

负载的运动速度（或负载率）和负载力臂的大小等因素有关。无杆气缸的负载率应是气缸轴向负载力与磁性保持力之比。通常负载率取为 0.5。磁性无杆气缸靠移动体承受轴向负载。如移动体受轴向弯曲力矩的作用，气缸阻力会增大，则气缸能承受的轴向负载的能力减小。图 5.3-13a 中，F 是使负载水平移动的负载力，L_0 为负载力臂（负载力的作用点到气缸轴线的距离）。随 L_0 的增大，则气缸允许负载力 F 将减小。图 5.3-13b 所示为缸径为 63mmCY3B 系列气缸的驱动能力曲线，即允许负载力与负载力臂之间的关系。

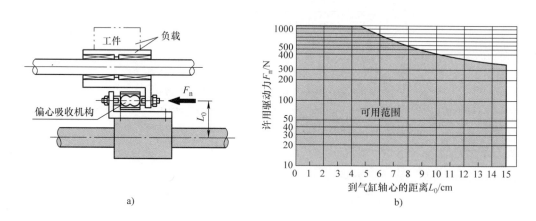

图 5.3-13 CY3B/R 系列缸径 63mm 气缸的驱动能力

若某气缸承受的负载力 F 和负载力臂 L_0 的交点处于该缸径驱动能力曲线的推荐范围内，则选用该缸径是合格的。

选用 CY1B/R、CY3B/R 系列无杆气缸，还应注意：

1) 气缸水平安装时，由于自重产生的垂度（中央下弯量）与行程关系很大（见图 5.3-14a、b），故导向轴与气缸之间应留一定的空隙 C（见图 5.3-14c）。

2) 负载不可以直接安装在移动体上，负载应安装在导向轴的连接件上，如图 5.3-13a 所示。连接件质量不要超过表 5.3-4 中的数值。

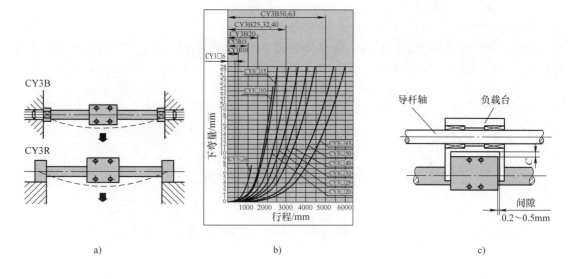

图 5.3-14 CY1B/R、CY3B/R 系列气缸水平安装时的垂度

表 5.3-4 CY1 系列气缸的负载连接件质量

缸径/mm	6	10	15	20	25	32	40	50	63
负载连接件质量/kg	0.2	0.4	1.0	1.1	1.2	1.5	2.0	2.5	3.0

3）在铅垂方向运动的负载（见图 5.3-15），若超过允许值，外部移动体会脱离偶合而掉下。负载导向方式应使用滚动轴承。若使用滑动轴承，则负载质量及其产生的力矩将造成滑动阻力过大，使动作不良。CY3B/R 系列气缸允许的垂直负载的大小（即移动体和工件的总质量）见表 5.3-5。

4）用外部限位器使负载中途停止的场合，使用压力不得超过表 5.3-6 中的规定值，否则活塞组件有脱离偶合的可能。

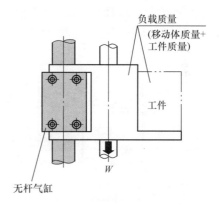

图 5.3-15 CY3B/R 系列气缸的负载在铅垂方向运动

表 5.3-5 CY3B/R 系列气缸允许的垂直负载

缸径/mm	6	10	15	20	25	32	40	50	63
允许负载/kg	1.0	2.7	7.0	11.0	18.5	30.0	47	75	115
最高使用压力/MPa	0.55	0.55	0.65	0.65	0.65	0.65	0.65	0.65	0.65

表 5.3-6 CY3B/R 系列气缸负载需中途停止的允许压力

缸径/mm	6	10	15	20	25	32	40	50	63
最高使用压力/MPa	0.55	0.55	0.65	0.65	0.65	0.65	0.65	0.65	0.65

(2) CY1S/L 系列

负载的动作姿势不同,其最大允许负载是不同的。

例如,气缸装在床面上,负载装在移动体的中位作水平移动,如图 5.3-16a 所示,其最大允许负载如图 5.3-16b 所示。行程长时,受下弯量的限制,其最大允许负载应减小。

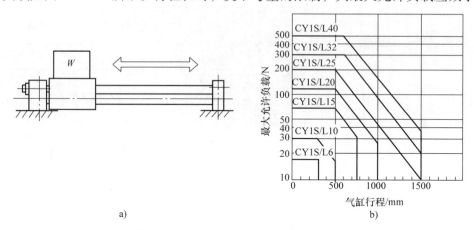

图 5.3-16 CY1S/L 系列气缸的负载处于移动体中位作水平移动时的最大允许负载

若气缸装在垂直壁面上,负载做水平运动,如图 5.3-17 所示,则其最大允许负载不得大于表 5.3-7 中给出公式的计算值。式中 l_0 是安装面至负载中心的距离 (cm)。a 值是与行程有关的修正系数。如缸径 25mm,查图 5.3-16b,行程小于 500mm 时,其最大允许负载为 200N,$a=1$。行程为 650mm 时,其最大允许负载为 136N,则 $a=136/200=0.68$。

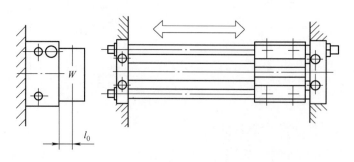

图 5.3-17 CY1S/L 系列气缸装在垂直壁面上,负载做水平运动

表 5.3-7 CY1S/L 系列气缸装在垂直壁面上,负载做水平运动时的最大允许负载计算式

缸径/mm		6	10	15	20	25	32	40
最大允许负载/kg	CY1S	$\dfrac{5.44\alpha}{7+2l_0}$	$\dfrac{12\alpha}{8.4+2l_0}$	$\dfrac{36.4\alpha}{10.6+2l_0}$	$\dfrac{74.4\alpha}{12+2l_0}$	$\dfrac{140\alpha}{13.8+2l_0}$	$\dfrac{258\alpha}{17+2l_0}$	$\dfrac{520\alpha}{20.6+2l_0}$
	CY1L	$\dfrac{6.48\alpha}{6.8+2l_0}$	$\dfrac{15\alpha}{8.9+2l_0}$	$\dfrac{45.5\alpha}{11.3+2l_0}$	$\dfrac{101\alpha}{13.6+2l_0}$	$\dfrac{180\alpha}{15.2+2l_0}$	$\dfrac{330\alpha}{18.9+2l_0}$	$\dfrac{624\alpha}{22.5+2l_0}$

其他负载动作姿势的最大允许负载的计算公式请查 SMC 产品样本。

4. 使用注意事项

1) 对空气质量的要求与标准气缸相同。

2）缸筒外表面不得损伤，以免损伤耐磨环及防尘圈而导致气缸动作不良。

3）缸筒及导向轴的外表面不得处于水或冷却液的氛围中使用。

4）气缸使用时，应固定两侧缸盖或端板，不要固定外部移动体。

5）若外力大于磁性保持力，则移动体和活塞组件会脱离偶合，这时气缸不能使用。可用手将外部移动体推回至行程末端的正确位置。

6）按照在最低使用压力下，外部移动体能在全行程范围内动作的要求来安装气缸。若安装面不平，应使用垫片进行调整，以免导杆产生翘曲，使最低使用压力增大，导致轴承过早磨耗。

7）CY3B/R 系列外部移动体应与其他导向系统（如直线导轨）连接，才能承受回转力矩。

8）CY3B/R 系列气缸行程长时，缸筒的垂度变大。若负载直接装在气缸上，垂度会增大，导致气缸动作不良。如使用图 5.3-18 所示移动体与无杆气缸的连接方法，可减小垂度。无杆气缸靠外部移动体的两侧推动负载，安装架在气缸轴线之上，使气缸不承受弯曲力矩，则导向轴的垂度与缸筒的垂度可相互部分吸收。

9）气缸动作中，注意手指不要被夹在滑块与端板之间。

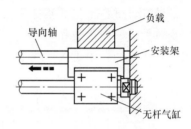

图 5.3-18　长行程 CY3B/R 气缸移动体与无杆气缸的连接

10）CY1S/L 系列气缸因无外泄漏，故保持中途停止位置的可靠性高。但应尽量避免铅垂方向使用。

11）CY1L 系列气缸的导向轴是中空的，可实现单侧集中配管。由于采用了特殊的导轨，可以安装磁性开关。

12）CY1S/L 系列气缸的滑块支承部分，应定期涂敷合适的润滑脂。

13）CY3B 系列气缸分解时，用虎钳等夹住缸盖的一端，另一端缸盖可用扳手将盖取下。固紧时，在螺纹上涂敷紧固液后，比卸下位置多拧 3°~5°。

14）气缸的磁铁组件（活塞组件、外部移动体）绝对不许分解。否则，二者位置匹配不当，保持力将下降。

15）要从 CY3B/R 系列的缸筒上取出活塞组件及外部移动体，必须先用力使移动体和活塞组件错位，这样可使磁性保持力消失，便可轻易取出活塞组件或外部移动体。

16）CY3B/R 系列气缸的活塞组件和外部移动体是有方向性的，分解和维修时应注意。图 5.3-19a 所示二者的位置关系正确，保持力正常；图 5.3-19b 所示二者的方向装反了，得

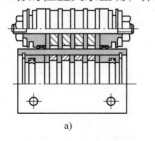
a)

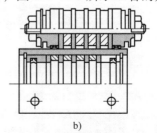
b)

图 5.3-19　活塞组件与移动体的相对位置

不到规定的保持力。此时可将移动体取下，转动180°，再重新安装。

17）高精度导轨型 CY1H 系列的上盖对内部有一定的保护作用，维护时不要在其上放置物体，不要损伤缸筒、滑台及直线导轨。安装工件时，不要让气缸受强烈冲击和承受过大的力矩。当连接带有外部导向机构的负载时，必须认真对中。出厂时，导向已调整好，不要乱动。可在不给油条件下工作。

第四节　功能增强型气缸

一、结构复合型

（一）带导杆气缸（CQM、MG□、MTS、CXT 等系列）

带导杆气缸是将与活塞杆平行的两根导杆与气缸组成一体，其结构紧凑、导向精度高、能承受较大的横向负载和力矩，可用于输送线上工件的推出、提升和限位等。此外，还有导台式气缸，最适合用于输送线上高精度升降和定位等。

1. 特点

带导杆气缸和导台式气缸的特点见表 5.4-1。

表 5.4-1　带导杆气缸和导台式气缸的特点

名称		系列	外形图	特点		缸径/mm
带导杆气缸	CQ系列薄型	CQM		安装尺寸与 CQ2、CQS 系列有互换性 耐横向负载是 CQ2 系列的 2～4 倍，不回转精度 ±0.2°以下。垫缓冲通口螺纹有 Rc、NPT、G		12、16、20、25、32、40、50
	微型	MGJ		5mm 行程也可安装 2 个磁性开关，可从两个方向安装。导杆的导向套为烧结含油合金，不回转精度 ±0.1°，垫缓冲。通口螺纹 M3×0.5		6、10
	新薄型	MGQ		尺寸小，安装方便。从缸体的底面或侧面用螺钉固定 不回转精度高。橡胶垫缓冲，故气缸速度不高 导杆的导向形式有滑动轴承和球轴承	MGQ 安装空间最小 受横向负载及力矩大，还有气缓冲型、带端锁型、粗导杆型、高精度球轴承型 可从两个方向配管，可在两个面上安装磁性开关	12、16、20、25、32、40、50、63、80、100
		MGP				
	基本型	MGG		行程长，不回转精度高，安装方便。从缸体各面用螺钉固定，或利用法兰固定 轴承部位可以从给油嘴注油	带液压缓冲器，故气缸运动速度高，吸收冲击能力强 带行程调整装置 可带端锁 移动后端板的位置，便能调整行程	20、25、32、40、50、63、80、100
	紧凑型	MGC		导杆的导向形式有滑动轴承和球轴承	比 MGG 尺寸小、重量轻。带气缓冲，速度较高	20、25、32、40、50

（续）

名称		系列	外形图	特点	缸径/mm
带导杆气缸	导台式气缸	MGF		气缸设置在粗导杆内,并内置两根细导杆,以防止导台回转。气缸高度小。因使用粗导杆,故能承受偏心负载。导杆的导向使用特殊树脂滑动轴承	40、63、100
	高精度型气缸	MTS		内置球花键作为导杆（也是活塞杆）的导向轴承。导向部（即杆侧缸盖）的外形各面相对于导杆的平行度、垂直度高,安装精度高,故称为高精度型气缸。安装空间比 MGC 系列大大减小。磁性开关可安装在4个面上。可从4面用螺钉安装。φ8mm 为垫缓冲,其余缸径为气缓冲。有轴向配管形式、带端锁形式	8、12、16、20、25、32、40
	滑台式气缸	CXT		采用高刚性导杆,故承载能力强（下弯量小）。导杆的导向形式有滑动轴承和球轴承,调整螺钉带橡胶垫,可固定两侧端板,可以安装液压缓冲器和磁性开关 主要用于搬送、压入作业,与其他执行元件组合成 P-P 单元	12、16、20、25、32、40

各系列导杆的导向形式中,滑动轴承式耐磨性好,承受横向负载比止动气缸大2倍以上,适合作止动器。球轴承式可作高精度平滑运动,寿命长,适合在传送带上推移和提升工件,不能作为止动器使用。

各种导向形式对杆端下弯量、不回转精度及能承受的最大集中负载的大致关系如图5.4-1所示。各系列在不同缸径及条件（如使用速度、外伸量等）下,数值会有所不同,详见各产品样本。

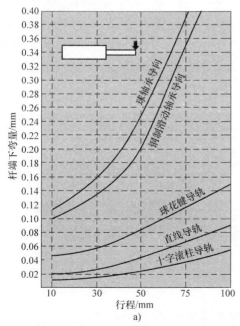
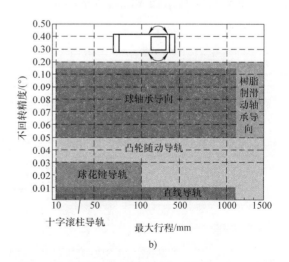

图 5.4-1 导向形式对杆端下弯量、不回转精度及能承受的最大集中负载的大致关系
a) 杆端下弯量　b) 不回转精度

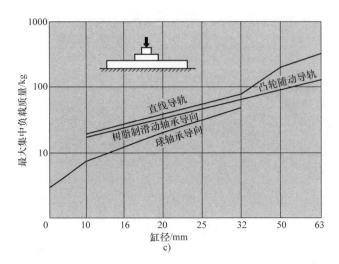

图 5.4-1 导向形式对杆端下弯量、不回转精度及能承受的最大集中负载的大致关系（续）
c）最大集中负载质量

图 5.4-1a 表明，在同一行程下，球花键导轨比球轴承及滑动轴承导向的杆端下弯量小得多。图 5.4-1a 也同时给出了气动滑台用的两种导轨形式在承受偏载时的滑台摆动量的影响。

图 5.4-1b 表示各种导向形式对不回转精度的影响。十字滚珠导轨不回转精度最高，其余依次是直线导轨、球花键导轨、凸轮随动导轨、球轴承及滑动轴承导向。

图 5.4-1c 表示各种导向形式能承受的最大集中负载的能力。直线导轨能承受的负载最大，其余依次是凸轮随动导轨、滑动轴承和球轴承。

2. 结构原理

图 5.4-2 所示为 MGQ 系列带导杆薄型气缸的结构原理图，磁性开关及其接线可藏在缸体上的沟槽里。图 5.4-2a 所示为滑动轴承式 MGQM 系列，图 5.4-2b 所示为球轴承式 MGQL 系列，图 5.4-2c 所示为 MGQL 外形图。

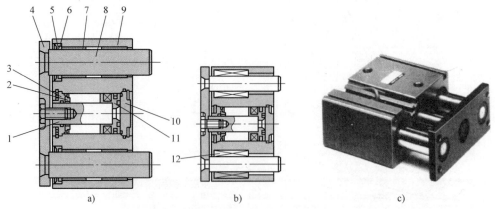

图 5.4-2 MGQ 系列带导杆薄型气缸的结构原理图
a）滑动轴承式 MGQM 系列　b）球轴承式 MGQL 系列　c）MGQL 外形图
1—活塞杆　2—缓冲垫　3—杆侧缸盖　4—推板　5—支承架　6—毛毡
7—滑动轴承　8—导杆　9—缸体　10—无杆侧缸盖　11—活塞　12—滚动球轴承

图 5.4-3 所示为 MGG 系列带导杆基本型气缸的结构原理图。

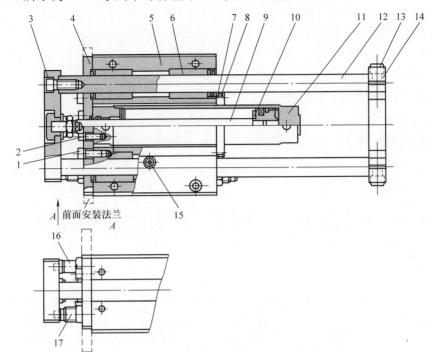

图 5.4-3　MGG 系列带导杆基本型气缸的结构原理图
1—螺钉（安装法兰用）　2—螺钉（安装气缸用）　3—前端板　4—法兰　5—导杆体
6—滑动轴承或滚动球轴承　7—托架　8—托架固定螺钉　9—活塞杆　10—活塞　11—缸筒盖
12—导杆　13—后端板固定螺钉　14—后端板　15—注油口　16—液压缓冲器　17—调整螺钉

3. 选用

（1）新薄型带导杆气缸

1）根据气缸的安装方式（见图 5.4-4a）、导向轴承形式、气缸行程、气缸最大速度、负载质量 m 及安装偏心距 l（水平安装时，为负载重心至端板的距离）来预选缸径。检验气缸端板承受的力矩 M（见图 5.4-4b）是否在允许值范围内。

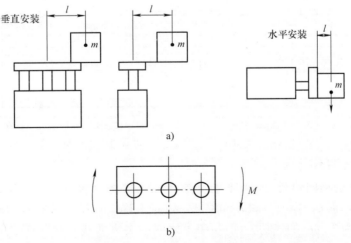

图 5.4-4　气缸承受的负载及力矩

图 5.4-5a 选用条件，气缸垂直安装，球轴承导向式，行程 30mm，最大速度 200mm/s，负载质量 3kg，偏心距 90mm，根据上述条件，从样本上选出图 5.4-5a 特性线，可见应预选规格为 MGPL25-30。

图 5.4-5b 选用条件，气缸水平安装，滑动轴承导向式，行程 30mm，最大速度 200mm/s，负载质量 2kg，偏心距 50mm。根据上述条件，从样本上选出图 5.4-5b 特性线，可见应预选规格为 MGPM20-30。

2）气缸作止动器时，应根据工件的质量及运动速度选缸径，如图 5.4-6 所示。对缸径 12~25mm 的带导杆气缸作为止动器使用时，气缸行程应在 30mm 以内。尺寸 $l > 50$mm，缸径应足够大。

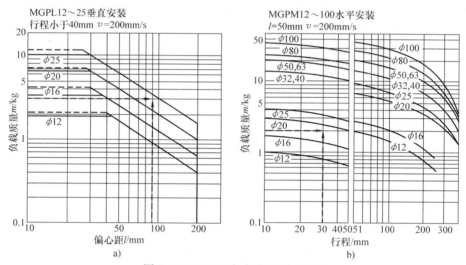

图 5.4-5 MGP 系列预选缸径用图

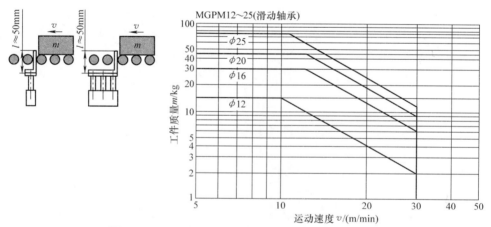

图 5.4-6 MGPM 系列气缸作止动器时缸径的选定图

(2) 基本型带导杆气缸

1）当气缸承受横向负载时，应根据气缸的安装姿势（宽面安装和窄面安装）、导杆支承的轴承形式、行程 L、横向负载 F 和端部下弯量 Y 确定缸径。图 5.4-7 所示为 MGGM 系列窄面安装、缸径为 32mm 的气缸，L、F 和 Y 之间的关系曲线。在同样的条件下，横向负载作用在端板上，宽面安装的下弯量比窄面安装的下弯量约大 1 倍。

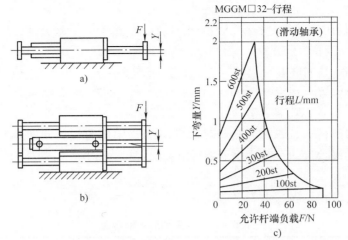

图 5.4-7　MGGM□32 气缸窄面安装时承受的横向负载、行程和下弯量的关系曲线
a) 宽面安装　b) 窄面安装　c) 行程-下弯量关系图

2) 当气缸提升重物时，应根据导向支承的轴承形式、负载大小 W、偏心距 l（气缸中心至负载重心的距离）来选定缸径，如图 5.4-8 所示。

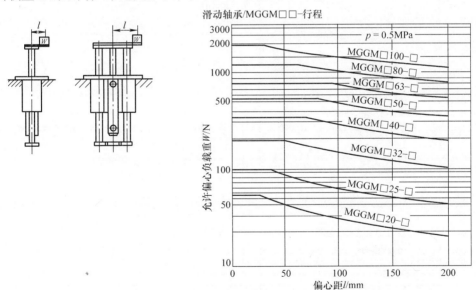

注：最大允许负载重是理论输出力的35%(ϕ20)、40%(ϕ25)、50%(ϕ32)、55%(ϕ40、ϕ50)、50%(ϕ63、ϕ80、ϕ100)以下。

图 5.4-8　MGGM 系列气缸提升重物时缸径的选定图

4. 使用注意事项

1) 对空气质量的要求与标准气缸相同。

2) 缸体应安装在平面度好的台面上。一旦导杆发生弯曲、扭曲，动作阻力会急增，轴承磨损快，性能下降。

3) 活塞杆及导杆的滑动面不得受损伤，以免造成密封件损伤，形成动作不良和漏气。

4) 安装面上应考虑活塞杆缩回时，应允许导杆伸出底面。

5) 带导杆气缸用作止动器时，安装螺钉拧入缸体的螺纹深度应为螺钉外径的 2 倍以上，以承受冲击力。

6) 在安装、使用和动作过程中，为防止气缸往复运动时手被夹住，气缸和后端板之间可以装防护罩。

7) 调整 MGGM 系列气缸行程的方法是，拧松图 5.4-3 中序号 13 的螺钉，将后端板沿导杆移至行程调整位置再锁紧螺钉。

（二）气动滑台（MX□系列）

气动滑台是将滑台通过各种导轨与气缸紧凑的一体化的气动元件。工件可安装在滑台上，通过气缸推动滑台运动。它适用于精密组装、定位、传送工件等。

1. 特点

各系列的气动滑台见表 5.4-2。

表 5.4-2 各系列的气动滑台

品种	系列	外形图	缸径/mm	特点	导轨形式
窄型	MXU		6、10、16	杆不回转精度高 可 3 面安装 可两面安装磁性开关	小型直线导轨
	MXH		6、10、16、20	高刚性，允许力矩是 MXU 的 6 倍 杆不回转精度高 可从 3 个方向（端面及两个侧面）安装配管 可两面安装磁性开关 安装自由度高	CU 系列带直线导轨
高精度小型	MXJ		4.5、6、8	行程 5mm 可安装 2 个磁性开关 有侧向配管及轴向配管	直线导轨
双缸高精度型	MXS		6、8、12、16、20、25	双缸、输出力大 有定位孔，故安装重复性好 可轴向安装、底面安装 有对称安装型 可带端锁 可带缓冲机构 可带磁性开关	十字滚柱导轨
双缸高刚性高精度型	MXQ	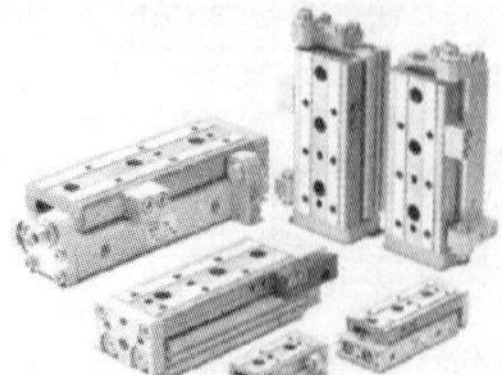		MXQ 系列的刚性及精度比 MXS 系列高 有侧向配管及轴向配管	循环式直线导轨

(续)

品种	系列	外形图	缸径/mm	特点	导轨形式
超薄型	MXF		8、12、16、20	滑台与气缸在一个平面内，变成超薄型，故高度小（与 MXS 相比，减小 47%） 有定位孔，故安装重复性好 上下面可安装 有轴向配管及侧向配管 可带磁性开关 可带行程调整器	十字滚柱导轨
双缸长行程型	MXW	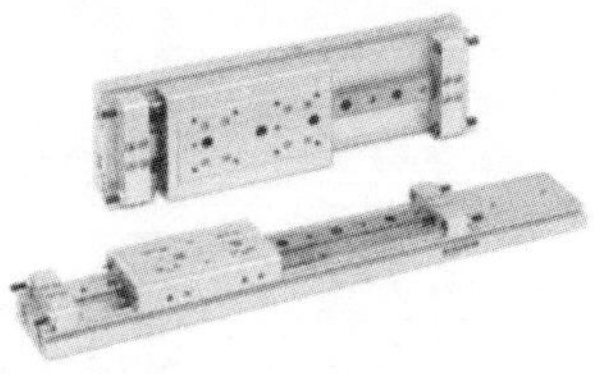	8、12、16、20、25	最大行程可达 300mm 有轴向配管及侧向配管 可底面安装 可带磁性开关 可装行程调整器	循环式直线导轨
长行程小型	MXY		6、8、12	行程可达 400mm	直线导轨
小型精密性	MXPJ		6	气缸内置直线导轨中 刚性高、轻、紧凑 直线导轨精度就是产品精度，故行走平行度达 0.004mm 可侧向配管及轴向配管 可从 3 个方向安装 可带磁性开关	直线导轨
	MXP		6、10、12、16		

2. 工作原理

以 MXQ 系列气动滑台为例，其结构原理如图 5.4-9a 所示。在底部的双缸缸体 1 上，固定着循环式直线导轨 7 的导轨座 2，而滑台 3 的导座与循环式直线导轨接触。当气缸通过进气口 A 通以压缩空气而排气口 B 排气时，推动活塞杆 5 伸出的同时，由端板 6 通过循环式直线导轨，便带动滑台 3 同步移动。缸体 1 前端上的两个圆形沟可以安装磁性开关。图 5.4-9b 左端带缓冲机构，右端带端锁。在左端端块 9 内，装有一对缓冲机构。它们由弹簧座 12、弹簧 10 和端盖 8 等组成。当端块上安装的工件在前进中碰到阻碍而受到冲击时，可由弹簧来吸收其冲击能，以保护工件不受损伤，如图 5.4-10 所示。将工件插入槽中，若定位不正确，工件会遇到碰撞，有缓冲机构便可吸收其冲击能。端块内的弹簧座上，可以安装磁环 11。在端块的外侧沟槽内，可以安装磁性开关，以便当缓冲机构起作用时，能发出电信号。右侧端锁实际上是一个单作用气缸。气动滑台正常动作时，由 C 口进气（此时滑台的 A 口可用螺塞 14 堵死），气压力推动端锁活塞杆 16 从滑台支架 17 的孔中缩回，同时通过导套 13 中的小孔，气压力进入主气缸活塞 4 的右腔，推动主活塞杆 5 伸出。当主气缸返回时，主活塞右腔及端锁活塞下腔的气体经 C 口排出。同时，复位弹簧 15 也起作用，将活塞杆 16 插入滑台支架 17 的孔中，则端锁便被锁住。即使切断气源，也能保持气缸原位不动，防止工件落下。

图 5.4-9c 所示为轴向配管形式。即气缸的进排气口 D 和 E 都集中在轴向的一侧，则缸体可自由回转。通过连接板 19、通气管 21、导套 18 和专用螺钉 20 等，D 口便取代 A 口，E 口便取代 B 口。

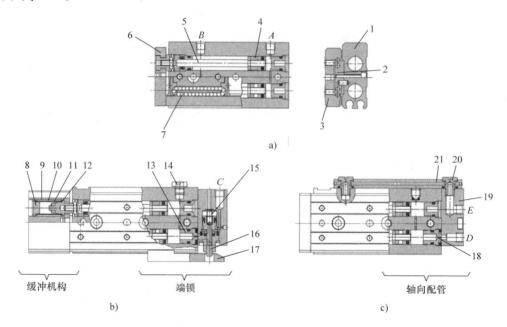

图 5.4-9 MXQ 系列气动滑台的结构原理图

1—缸体 2—导轨座 3—滑台 4—活塞 5、16—活塞杆 6—端板 7—导轨 8—端盖
9—端块 10—弹簧 11—磁环 12—弹簧座 13、18—导套 14—螺塞 15—复位弹簧
17—支架 19—连接板 20—专用螺钉 21—通气管

3. 主要技术参数（见表 5.4-3）

4. 选用

各种系列气动滑台的选型步骤有所不同，具体选型步骤可参见各系列气动滑台的产品样本。此处以图 5.4-11 为例，说明气动滑台的选型步骤。

已知使用条件如下：

气动滑台水平安装在垂直壁上，集中负载质量 $W=1$ kg，工件安装在滑台上，橡胶限位器缓冲，负载外伸量 $L_1=10$ mm，$L_2=L_3=30$ mm。要求气动滑台的平均运动速度 $v_a=300$ mm/s。

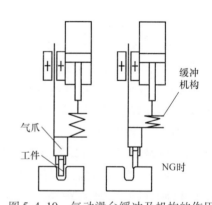

图 5.4-10 气动滑台缓冲及机构的作用

表 5.4-3 气动滑台的主要技术参数

系列	MXU	MXH	MXJ、MXS	MXQ	MXY	MXF	MXW	MXP
最低使用压力 /MPa	$\phi 6$：0.12 $\phi 10$、$\phi 16$：0.06	$\phi 6$：0.15 $\phi 10$、$\phi 16$：0.06 $\phi 20$：0.05	0.15		0.2	0.15		

（续）

系列	MXU	MXH	MXJ、MXS	MXQ	MXY	MXF	MXW	MXP
最高使用压力/MPa	0.7				0.5		0.7	
环境及流体温度	$-10 \sim 70$℃（无磁性开关，但未冻结）				$-10 \sim 60$℃（带磁性开关，但未冻结）			
使用活塞速度/(mm/s)	$50 \sim 500$				$50 \sim 400$		$50 \sim 500$	
给油	不给油							
缓冲	两侧垫缓冲	两侧垫缓冲	垫缓冲（带行程调整器）MXS 可选液压缓冲器 MXJ 可选金属限位器	垫缓冲 可选橡胶限位器、金属限位器、液压缓冲器	两端垫缓冲	两端垫缓冲 可选两端液压缓冲器	垫缓冲（橡胶限位器）可选液压缓冲器（$\phi6$ 无）、金属限位器	

注：橡胶限位器有缓冲作用，但定位精度不高。金属限位器定位精度高，但没有缓冲能力，适合低速轻载。液压缓冲器能吸收行程末端的冲击，且停止精度高。

1) 根据使用条件，预选一个型号。

因选型计算很复杂，一般采取先预选一个型号，通过验算，判断选型是否正确，若不正确，再重选。本例先预选 MXQ16-50。

2) 验算缓冲能力。负载的动能 $E \leqslant$ 允许动能 E_a。

求集中负载的动能 $E = \frac{1}{2} W \left(\frac{v}{1000} \right)^2$，式中撞击速度 v 通常取 1.4 倍平均速度，即 $v = (1.4 \times 300)\,\text{mm/s} = 420\,\text{mm/s}$。

故 $E = \left[\frac{1}{2} \times 1 \times \left(\frac{420}{1000} \right)^2 \right]\text{J} = 0.088\,\text{J}$。

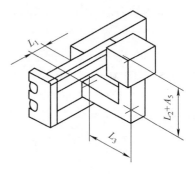

图 5.4-11　气动滑台选型例用图

求允许动能 $E_a = K E_{\max}$，式中 K 是工件的安装系数，由图 5.4-12，可查得 $K = 1$（因工件是安装在滑台上）。$E_{\max}$ 是最大允许动能，由表 5.4-4 可查得 $E_{\max} = 0.11\,\text{J}$（因是采用橡胶限位器缓冲）。故 $E_a = (1 \times 0.11)\,\text{J} = 0.11\,\text{J}$。

因 $E < E_a$，缓冲满足要求。由表 5.4-4 可知，若预选 MXQ12，则缓冲就不满足要求了。

3) 验算综合负载率 $\sum \eta_i \leqslant 1$。

选用气动滑台，必须综合负载率 $\sum \eta_i \leqslant 1$。综合负载率是集中负载的负载率 η_1、静力矩的负载率 η_2 和动力矩的负载率 η_3 之和。静力矩或动力矩又可能存在轴向弯曲力矩 M_p、偏转力矩 M_y 和回转力矩 M_r。对具体情况要具体一一分析。

① 集中负载的负载率 η_1。求允许集中负载 $W_a = K \beta W_{\max}$，式中，K 是工件安装系数，由图 5.4-12 可知，$K = 1$。β 是允许集中负载系数，查图 5.4-14，由平均速度 $v_a = 300\,\text{mm/s}$，可知 $\beta = 1$。

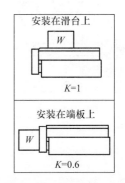

图 5.4-12　工件安装系数 K

W_{max}是最大允许集中负载质量,查表 5.4-5,可得 $W_{max}=4kg$。则 $W_a=(1\times1\times4)kg=4kg$。

$$\therefore \eta_1 = \frac{W}{W_a} = \frac{1}{4} = 0.25$$

表 5.4-4 最大允许动能 E_{max}(单位:J)

型号	允许动能			
	无调整器	带调整器		
		垫限位器	液压缓冲器	金属限位器
MXQ6	0.018	0.018	—	0.009
MXQ8	0.027	0.027	0.054	0.013
MXQ12	0.055	0.055	0.11	0.027
MXQ16	0.11	0.11	0.22	0.055
MXQ20	0.16	0.16	0.32	0.080
MXQ25	0.24	0.24	0.48	0.12

表 5.4-5 最大允许集中负载质量 W_{max}(单位:kg)

型号	最大允许集中负载质量
MXQ6	0.6
MXQ8	1
MXQ12	2
MXQ16	4
MXQ20	6
MXQ25	9

注:金属限位器最大使用速度是 200mm/s。

② 静力矩的负载率 η_2,静力矩是指重力产生的力矩。

本例静力矩有负载绕滑台水平轴线回转的回转力矩 M_r 和负载绕通过滑台重心垂直于滑台的轴回转的偏转力矩 M_y。

由图 5.4-13 知,回转力矩 $M_r = W_g(L_3 + A_6)$,式中修正值 A_6 由表 5.4-6 可查得 $A_6=10.5mm$,则 $M_r=[1\times9.8\times(30+10.5)/1000]N\cdot m=0.40N\cdot m$。

由图 5.4-13 可知,偏转力矩 $M_y = Wg(L_1 + A_3)$,式中修正值 A_3 查表 5.4-6,对 MXQ16-50,可得 $A_3=30mm$,L_2 在图 5.4-11 中,就是 L_1,故 $L_2=10mm$,则 $M_y=[1\times9.8\times(10+30)/1000]N\cdot m=0.39N\cdot m$。

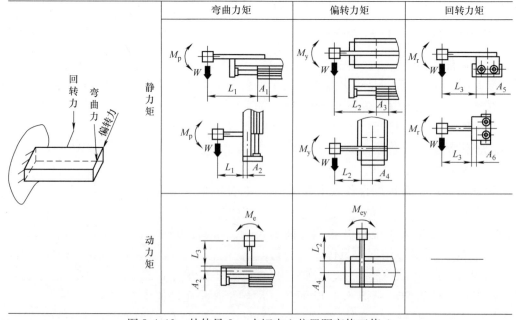

图 5.4-13 外伸量 L_i、力矩中心位置距离修正值 A_i

表 5.4-6　力矩中心位置距离修正值 A_i　　（单位：mm）

型号	力矩中心位置距离修正值									A_2	A_4	A_5	A_6
	A_1、A_3												
	行程/mm												
	10	20	30	40	50	75	100	125	150				
MXQ6	14.5	14.5	14.5	18.5	18.5	—	—	—	—	6	13.5	13.5	6
MXQ8	16.5	16.5	18.5	20.5	28	28.5	—	—	—	7	16	16	7
MXQ12	21	21	21	25	25	34	34	—	—	9	19.5	19.5	9
MXQ16	27	27	27	27	30	33	42.5	42.5	—	10.5	24.5	24.5	10.5
MXQ20	29.5	29.5	29.5	29.5	33.5	37.5	53.5	55	56.5	14	30	30	14
MXQ25	35.5	35.5	35.5	35.5	43	43	50	64	64	16.5	37	37	16.5

求允许静力矩 $M_a = K\gamma M_{max}$，式中，K 是工件安装系数，$K=1$；γ 是允许力矩系数，查图 5.4-15。对静力矩，按平均速度 v_a 查，对动力矩，按撞击速度 v 查。因 $v_a = 300$mm/s，得 $\gamma = 1$。M_{max} 是最大允许力矩，查表 5.4-7。对 MXQ16-50，查得 $M_{rmax} = 36$N·m，$M_{ymax} = 18$N·m。故 $M_{ar} = K\gamma M_{rmax} = (1 \times 1 \times 36)$N·m $= 36$N·m；$M_{ay} = K\gamma M_{ymax} = (1 \times 1 \times 18)$N·m $= 18$N·m。

$$\therefore \eta_{2r} = \frac{M_r}{M_{ar}} = \frac{0.39}{36} = 0.011$$

$$\eta_{2y} = \frac{M_y}{M_{ay}} = \frac{0.39}{18} = 0.022$$

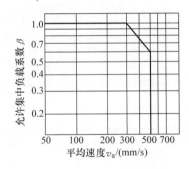

图 5.4-14　允许集中负载系数 β

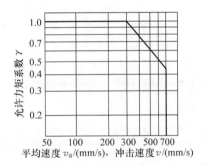

图 5.4-15　允许力矩系数 γ

表 5.4-7　最大允许力矩 M_{max}　　（单位：N·m）

型号	弯曲偏转力矩：M_{pmax}/M_{ymax}									回转力矩：M_{rmax}								
	行程/mm									行程/mm								
	10	20	30	40	50	75	100	125	150	10	20	30	40	50	75	100	125	150
MXQ6	1.4	1.4	1.4	2.8	2.8	—	—	—	—	3.5	3.5	3.5	5.1	5.1	—	—	—	—
MXQ8	2.0	2.0	2.8	3.7	7.9	7.9	—	—	—	5.1	5.1	6.0	6.9	7.4	7.4	—	—	—
MXQ12	4.7	4.73	4.7	7.2	7.2	15	15	—	—	11	11	11	13	13	14	14	—	—
MXQ16	13	13	13	13	18	23	42	42	—	31	31	31	31	36	41	41	41	—

(续)

型号	弯曲偏转力矩：M_{pmax}/M_{ymax}									回转力矩：M_{rmax}								
	行程/mm									行程/mm								
	10	20	30	40	50	75	100	125	150	10	20	30	40	50	75	100	125	150
MXQ20	19	19	19	19	27	36	84	84	84	47	47	47	47	57	66	75	75	75
MXQ25	32	32	32	32	52	52	78	140	140	81	81	81	81	110	110	130	130	130

③ 动力矩的负载率 η_3。工件撞击限位器等上时的碰撞力产生的力矩称为动力矩 M_e。通常是将工件质量 W 换成撞击当量质量 W_e 来计算。

撞击当量质量 $W_e = \delta W v/3$，式中，v 是撞击速度，δ 是缓冲系数。无缓冲器或橡胶限位器，令 $\delta = 0.04$；液压缓冲器，令 $\delta = 0.01$；金属限位器，令 $\delta = 0.16$。

本例动力矩有绕通过滑台重心的纵轴（在滑台面内）旋转的弯曲力矩 $M_e = W_e g(L_3 + A_2)$ 和绕通过滑台重心垂直于滑台的轴旋转的偏转力矩 $M_{ey} = W_e g(L_2 + A_4)$。

对橡胶限位器，$\delta = 0.04$；撞击速度 $v = 420$mm/s，故 $W_e = (1/3 \times 0.04 \times 1 \times 420)$kg = 5.6kg。又 $L_2 = L_3 = 30$mm，查表5.4-6，得 $A_2 = 10.5$mm，$A_4 = 24.5$mm，则 $M_{ep} = [5.6 \times 9.8 \times (0.03 + 0.0105)]$N·m = 2.2N·m，$M_{ey} = [5.6 \times 9.8 \times (0.03 + 0.0245)]$N·m = 3N·m。

求允许动力矩 $M_{ea} = K\gamma M_{max}$。已查得 $K = 1$。按撞击速度 $v = 420$mm/s，由图5.4-15，查得 $\gamma = 0.7$。由表5.4-7，对 MXQ16-50，查得弯曲和偏转的最大允许力矩是一样的，即 $M_{max} = 18$N·m。则得 $M_{eap} = M_{eay} = (1 \times 0.7 \times 18)$N·m = 12.6N·m。

$$\therefore \eta_{3p} = \frac{M_{ep}}{M_{eap}} = \frac{2.2}{12.6} = 0.17$$

$$\eta_{3y} = \frac{M_{ey}}{M_{eay}} = \frac{3}{12.6} = 0.24$$

故综合负载率 $\sum \eta_i = \eta_1 + \eta_{2r} + \eta_{2y} + \eta_{3p} + \eta_{3y} = 0.25 + 0.011 + 0.022 + 0.17 + 0.24 = 0.693 < 1$。

故选型合格。若选型不合格，应加大缸径重选。否则，加在导向部位的偏载过大，导向部会发生晃动，精度下降，使用寿命降低。

4) 检查滑台的下弯量。

选型合格后，若对滑台受力后的下弯量有要求，则应检查下弯量应在允许值之内。

MXQ16 在受轴向弯曲力矩、偏转力矩及回转力矩作用下的下弯量如图5.4-16所示。

5. 使用注意事项

1) 不能用于直接遇到冷却液等液体的环境中；不能用于有粉尘、切屑末、焊花等环境中；不能用于有振动、冲击的场所；要遮断周围热源；防止日光直射。

2) 内置磁石的气动滑台，不要让磁盘、磁卡、磁带等靠近，以免失去磁性。

3) 安装工件时，不得施加过大的力矩及强冲击。

4) 安装面的平面度应小于0.02mm。

5) 安装气动滑台时，安装螺钉的长度要合适（参见样本），紧固力矩要合适。

6) 和外部具有支持、导向的机构连接时，连接方法要合适，要对中正确。

7) 缸体、滑台、端板的安装面上及导轨、导座的传送面上，都不得有伤痕。

8) 气动滑台动作中，手不要靠近，以防被夹住，必要时可加保护罩。

9) 行程调整器要使用专用调整螺钉，调整完后锁母锁紧力矩要适当。

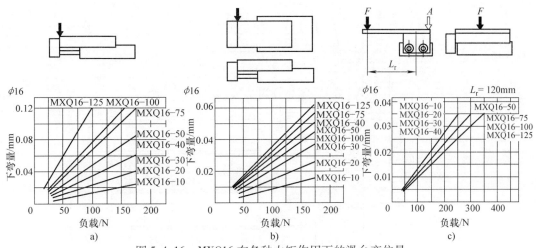

图 5.4-16 MXQ16 在各种力矩作用下的滑台变位量
a) 弯曲力矩 b) 偏转力矩 c) 回转力矩

10) 带端锁的气动滑台不要使用三位阀控制,手动解锁时应先放气。

11) 带缓冲机构的气动滑台垂直安装时,缓冲机构应朝下。水平安装时,缓冲机构的行程取决于负载的大小和速度。用磁性开关的安装位置来设定行程。

(三) 滑动装置气缸(CXW 系列)

滑动装置气缸是两个双活塞杆气缸并联而成,用于位置精度(平面度、直角度等)要求高的组装机器人和工件搬送设备上。

CXW 系列的导向套有滑动轴承式(CXWM)和球轴承式(CXWL)两种。

1. 结构原理

图 5.4-17 所示为 CXWM 系列气缸的结构原理图,图 5.4-18 所示为 CXWM 系列气缸端锁部的结构原理图。

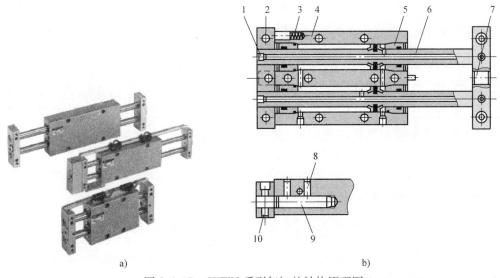

图 5.4-17 CXWM 系列气缸的结构原理图
1—螺塞 2—端板 3—磁石 4—缸体
5—缸盖 6—活塞杆 7—调整螺钉 8、10—紧定螺钉 9—液压缓冲器

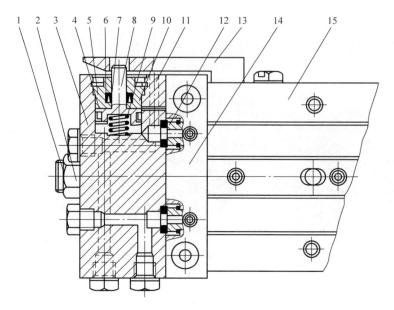

图 5.4-18 CXWM 系列气缸端锁部的结构原理图
1—调整螺钉 2—锁紧螺母 3—端锁主体 4—活塞密封圈 5—O 形圈 6—锁盖 7—杆密封圈
8—端锁活塞 9—弹簧 10—弹性挡圈 11—钢球 12—主体垫圈 13—锁指 14—杆侧缸盖 15—缸体

2. 特点

1) 定位精度高。两个双杆气缸并联，并用端板将两活塞杆连在一起，可防止活塞杆回转。缸体（或端板）与工件的安装面和活塞杆的平行度高，故能得到高定位精度。

2) 吸收冲击和噪声的能力强。液压缓冲器有装在端板上的，也有内置缸体内的，从高速轻载到低速重载，都可吸收较大冲击能。

3) 运动平稳，输出力比单缸大一倍。

4) 标准行程：ϕ10mm 可达 100mm，ϕ16～ϕ32mm 可达 200mm。使用压力范围：ϕ10mm、ϕ16mm 为 0.15～1.0MPa，ϕ20～ϕ32mm 为 0.1～1.0MPa。使用活塞速度：30～500mm/s。

5) 安装连接方式多。可以固定活塞杆端板，让缸体作往复运动；可以固定缸体，让活塞杆作往复运动。安装螺钉可以从上面固定，也可从下面固定，如图 5.4-19 所示。配管接口有三对，A 与 B、C 与 D 和 E 与 F，如图 5.4-20 所示。端板固定时，当从 B、C 或 E 进气加压时，缸体向左运动；反之，当从 A、D 或 F 进气加压时，缸体向右运动。

6) 机能多。气缸上可以安装磁性开关。CXW 系列气缸可以安装端锁。

3. 主要技术参数

1) 气缸的理论输出力为

$$F = 2 \times \frac{\pi}{4}(D^2 - d^2)(p + 0.102)$$

式中 F——气缸理论输出力（N）；
D——气缸缸筒内径（mm）；
d——活塞杆直径（mm）；
p——气压力（MPa）。

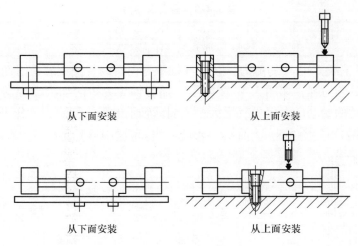

图 5.4-19 气缸的安装方式

2）最大集中负载固定活塞杆端板时，限制活塞杆的中间弯曲量在一定范围内（见图 5.4-21a），在缸体中央所能施加的最大负载为 F_m。或者，缸体固定，活塞杆伸出，限制杆端上下振幅之和在一定范围内（见图 5.4-21b），在活塞杆端板的中央所能施加的最大负载为 F_t。显然，最大集中负载与气缸行程有关。行程越长，最大集中负载越小。

3）不回转精度指无负载时气缸缸体的最大回转角度。本系列气缸，其最大回转角度为 $\pm 0.01° \sim \pm 0.09°$。

4）最大保持力指端锁锁住时，活塞杆能承受的最大轴向力。缸径越大，最大保持力越大，见表 5.4-8。

图 5.4-20 气缸通口的位置

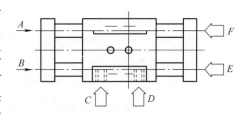

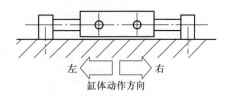

型号	F_m/N	行程/mm	
		100	200
		中间弯曲量/mm	
CXWM10	9.8	0.07	—
CXWM16	39.2	0.05	0.20
CXWM20	49.0	0.04	0.15
CXWM25	58.8	0.02	0.08
CXWM32	98.1	0.02	0.07

型号	F_t/N	行程/mm			
		50	100	150	200
		振幅之和/mm			
CXWM10	2.94	0.06	0.30	—	—
CXWM16	4.90	0.03	0.10	0.25	0.45
CXWM20	7.84	0.03	0.09	0.18	0.35
CXWM25	9.81	0.03	0.09	0.16	0.25
CXWM32	29.42	0.02	0.05	0.10	0.15

图 5.4-21 最大集中负载

表 5.4-8　最大保持力

缸径/mm	10	16	20	25	32
最大保持力/N	39.2	98.1	147.1	245.2	392.3

5）气缸承受偏载力矩 M 的能力，装有球轴承导向套的气缸比装有滑动轴承导向套的气缸承受偏载力矩的能力强，如图 5.4-22 所示。随着偏载力矩的加大，导向套为球轴承的气缸，推动负载运动的始动压力仅稍有增大，表明球轴承的阻力稳定，动作平滑。

6）最大允许力矩如图 5.4-23 所示。允许动能如图 5.4-24 所示。

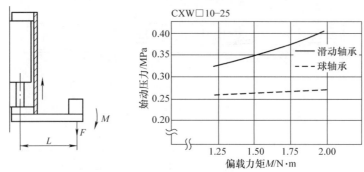

图 5.4-22　两种活塞杆导向套的比较

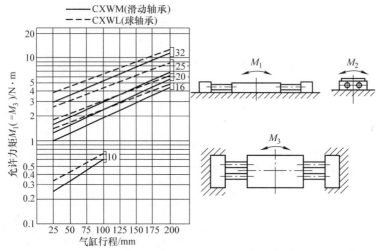

允许力矩 M_2

缸径/mm	ϕ10	ϕ16	ϕ20	ϕ25	ϕ32
CXWM/N·m	0.108	0.549	0.809	1.029	2.695
CXWL/N·m	0.108	0.549	0.809	1.201	2.695

注：M_2 与行程无关。

图 5.4-23　最大允许力矩

4. 选用

1）根据气缸承受的轴向负载，预选缸径。

2）检查集中负载、承受力矩及运动件的动能是否在允许范围内，不回转精度是否符合要求。

3）验算液压缓冲器的冲击速度、吸收能量、使用频度、允许推力等是否在允许范围内。

4）对带端锁的 CXW 系列，要求气缸承受的轴向力小于最大保持力。

5）气缸承受的偏载力矩应在允许范围内。

6）若2）、3）、4）和5）条不满足，则应加大缸径或选用其他品种的气缸。

5. 安装使用注意事项

1）连接配管前要用干净空气充分吹洗配管及接头等。

2）设置空气过滤器等，以获得十分清洁的压缩空气。

3）缸体及两端板的安装面要保护好，以免影响安装的平面度要求。工件的安装面必须为平面，平行度小于 0.05mm。

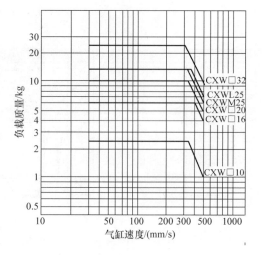

图 5.4-24　允许动能

4）活塞杆的滑动面不得受损伤，以免造成密封件损坏，使气缸漏气和动作不良。

5）安装缸体时，两活塞杆不要受扭曲，否则气缸动作阻力急增，造成导向轴承加速磨损，导向精度下降，造成漏气。

6）缸体固定时，若端板作高速运动，可用一连接板将两端板桥接在一起。

7）用调整螺钉可微调行程 ±2mm。行程调整锁定后，禁止再拧动锁紧螺母。

8）带端锁的气缸，推荐使用二位五通电磁阀，避免使用三位中封式间隙密封电磁阀，以防不能锁住或锁住后被误解除。

9）气缸安装调整时，端锁要解除。手动解除端锁的方法是，从锁止孔处，用十字旋具等，将端锁活塞压下，向解除的方向滑动便可。

10）更换新的液压缓冲器时，安装紧固力矩要适当。否则，会降低液压缓冲器的耐久性或复位不良。

11）如磁性开关安装在缸体上，则磁铁应装在两端板的连接板上；如磁性开关装在连接板上，则磁铁应装在缸体上。

12）气缸动作时，手指不要被夹在缸体与端板之间。

（四）双联气缸（CXS 系列）

双联气缸是将两个单杆气缸并联成一体，用于有导向要求的搬送动作。

1. 结构原理

图 5.4-25 所示为 CXSM 系列双联气缸的结构原理图。该缸有两个进气口，两个排气口。使用时，根据需要，可堵死一个进气口。两缸并联，比单缸的推力大一倍。端板将两活塞杆连成一体，故活塞杆不回转精度较高。由于活塞杆的支承部分较长，故能承受一定的横向负载。两个活塞杆，使承载均匀，动作平滑，寿命长。安装缸体时可在其顶面、底面或侧面用螺钉固定。磁性开关可装在缸体沟槽内，既节省空间，又美观。

2. 特点

各种双联气缸的特点见表 5.4-9。双出杆双联气缸 CXSW 系列是指两个双活塞杆气缸并联成一体的形式。它与滑动装置（CXW 系列）相比，未装液压缓冲器，承受最大集中负载、吸收动能及不回转精度都不及 CXW 系列。

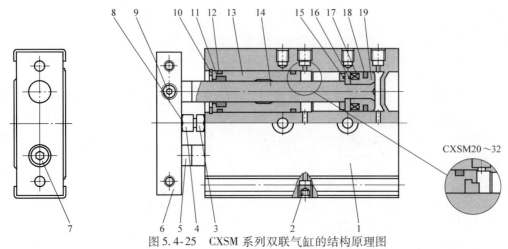

图 5.4-25 CXSM 系列双联气缸的结构原理图

1—缸体　2—螺塞　3—六角螺母　4—缓冲垫螺钉　5—活塞杆 B　6—端板　7—内六角螺钉
8—缓冲垫　9—内六角紧固螺钉　10—弹性挡圈　11—杆密封圈　12—O 形圈　13—杆侧缸盖
14—活塞杆 A　15—缓冲垫　16—活塞 B　17—磁环　18—活塞密封圈　19—活塞 A

3. 选用

1) 根据气缸承受的轴向力和负载率 η（≤50%），选定缸径。若缸速很慢，可令 η≤70%。

表 5.4-9　各种双联气缸的特点

系列和名称		缸径/mm	外形图	特点		
CXSJ	紧凑型	6、10、15、20、25、32		工件可从端板的 3 个面上安装 活塞杆的支承有滑动轴承和球轴承两种 不回转精度为 ±0.1° CX-SJ 系列外，只有 1 个面可以安装磁性开关	垫缓冲 允许动能、允许负载相同 缸速范围：φ6mm、φ10mm、φ15mm、φ20mm 为 30～700mm/s，φ25mm、φ32mm 为 30～600mm/s 非紧凑型的 φ6mm 为 30～300mm/s	使用压力范围：φ6mm 为 0.15～0.7MPa，φ10mm、φ15mm 为 0.1～0.7MPa，φ20mm、φ32mm 为 0.05～0.7MPa	长、宽、高都比 CXS 系列尺寸小且轻（同缸径、同行程比较） 可 4 个方向安装磁性开关 可左右对称安装 φ6mm、φ10mm 有轴向配管
CXS	基本型					φ6mm 有轴向配管
CXS	带端锁				使用压力范围为 0.3～0.7MPa	
CXSW	双出杆				垫缓冲 使用压力范围：φ6～φ15mm 为 0.1～0.7MPa，φ20～φ32mm 为 0.1～0.7MPa 缸速范围：50～500mm/s	
CXS	带气缓冲	20、25、32			使用压力范围：0.1～0.7MPa 缸速范围：50～1000mm/s 允许吸收动能是基本型的 2～3 倍，能吸收的最大动能：φ20mm 为 0.4J，φ25mm 为 0.75J，φ32mm 为 1J	

2) 根据缸径和行程，由图 5.4-26a 确定气缸的最大集中负载，气缸承受的横向负载应小于最大集中负载。

3) 由图 5.4-26b 确认，气缸的动能应在允许动能范围内。

4) 若安装的负载存在外伸量 l（见图 5.4-27a），则应根据安装形式（水平安装、垂直安装）、气缸行程、最大缸速、外伸量长度及外负载质量，来验证选定的缸径。例如，气缸水平安装，最大速度不超过 400mm/s，行程在 30mm 以内，外伸量 $l=40$mm，外负载 $m=0.2$kg，可从样本中选出图 5.4-27b，从图 5.4-27 中可以看出，应选 CXSW25。

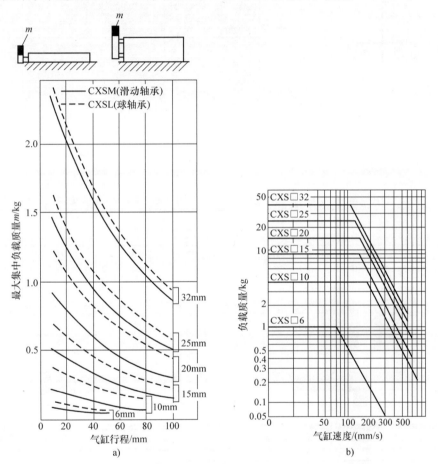

图 5.4-26 CXSM/L 双联气缸的最大集中负载和允许动能
a) 最大集中负载 b) 允许动能

4. 安装使用注意事项

安装使用时，除应注意与 CXW 系列气缸相同的内容外，还应注意以下几点：

1) 与气缸安装面配合面的平面度应小于 0.05mm。安装后不得有松弛现象，否则会造成动作不良。

2) 安装时，活塞杆应处于缩回状态。

3) 活塞杆返回侧，标准行程可调 -5~0mm。松动六角螺母便可调整至所需行程，再锁紧螺母。绝对不要将缓冲螺钉卸下，缓冲螺钉处的缓冲垫可以更换。

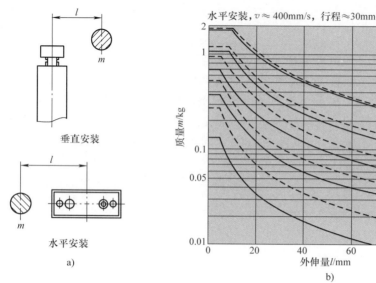

图 5.4-27 选型举例图
a) 安装形式 b) 选型例图

（五）止动气缸（RS□系列）

止动气缸用于传送线上，使运行中的工件停止，其品种规格见表 5.4-10。

表 5.4-10 RS□系列的品种规格

品种		系列	外形图	缸径/mm	安装形式	动作方式	杆端形状	扩展规格
安装高度固定式		RSQ		12、16、20、32、40、50	1）通孔安装 2）螺孔安装	1）单作用弹簧压出 2）双作用 3）双作用内置弹簧	1）圆柱形 2）扁柱形 3）滚轮型 4）杠杆型（可调、不可调）	1）带磁性开关 2）锁机构 3）解除帽 4）杠杆检出开关
安装高度可调式		RSG		40、50				
重载型	标准式	RSH		20、32	法兰安装		杠杆型（可调）	
		RS2H						
	简易式	RSA		50、63、80				

1. 结构原理

图 5.4-28 所示为 RSQ、RSG 系列止动气缸的结构原理图。图 5.4-28a 所示为内装弹簧的双作用式，无气压时，用弹簧保持活塞杆处于伸出状态。去掉弹簧 11 并更换活塞密封圈 10，就变成双作用式。不回转导杆 4 仅用于杆不回转型。图 5.4-28b 所示为单作用式。图 5.4-28c 所示的杆端形状为杠杆式。图 5.4-28d 所示为 RSG 系列单作用滚轮式，改变法兰在缸体上的位置，便调整了安装高度。

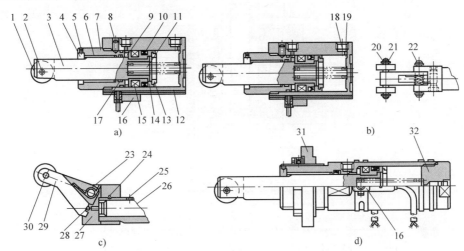

图 5.4-28 RSQ、RSG 系列止动气缸的结构原理图

1、30—滚轮 2—弹簧销 3—活塞杆 4—不回转导杆 5、8、25—止动螺钉 6—导向套 7—杆盖 9、13—缓冲垫 10—活塞密封圈 11—返回弹簧 12—缸筒 14—活塞 15—磁环 16—磁性开关 17—杆密封圈 18—卡环 19—过滤片 20—滚轮销 21—轴用 C 形卡环 22—杠杆销 23—杠杆弹簧 24—锥销 26—液压缓冲器 27—杠杆座 28—钢球 29—杠杆 31—法兰 32—头盖

图 5.4-29 所示为 RS2H 系列止动气缸的结构原理图。杆端形状为可调杠杆型。旋松紧定螺钉 3，回转调整轮 12，使液压缓冲器的能力达到与搬送工件软停止相适应的值，再拧紧紧定螺钉，固定住调整轮。RS2H 系列增设轴向配管，相对于传送方向，有多种不同方向的通口位置。

可选项有锁机构、解除帽和杠杆检出开关。它们的工作原理如图 5.4-30 所示。

锁机构的工作原理如图 5.4-30a 所示，活塞杆伸出，传送件撞上滚轮时，靠杠杆压下内置于缸内的液压缓冲器，以吸收冲击能。传送件撞上滚轮后，杠杆便被锁住，使传送件软停止。若没有锁机构，则液压缓冲器的抗力会通过杠杆滚轮将传送件弹回。当活塞杆缩回时，支架碰到气缸上的安装法兰而上行，则锁解除。

若在某位置，传送件不需要止动气缸进行止动，可将法兰上的解除帽拧下，倒置于活塞杆端上，解除帽便让杠杆处于水平位置，则允许传送件通过，如图 5.4-30b 所示。

杠杆移动至直立状态（吸收能量）时，检出开关便 ON，便知传送件已到达停止位置，见图 5.4-30c。

2. 选用

根据工件的传送速度及其质量，确定止动气缸的品种规格。如根据图 5.4-31 中的给定条件，便知应选 RSQ□40。

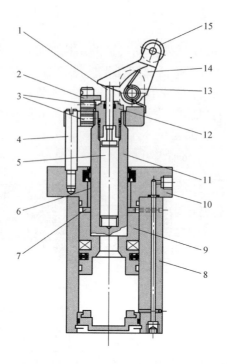

图 5.4-29 RS2H 系列止动气缸的结构原理图
1—端杆 2—限位器 3—内六角紧定螺钉 4—导杆 5—液压缓冲器
6—导向套 7—缓冲垫 8—缸筒 9—活塞 10—杆盖 11—活塞杆
12—调整轮 13—杠杆弹簧 14—杠杆 15—滚轮

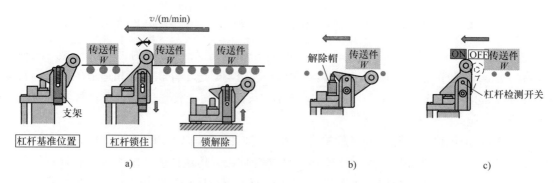

图 5.4-30 RS□系列止动气缸可选项的工作原理图
a) 带锁机构 b) 带解除帽 c) 带杠杆检出开关

根据横向负载的大小，由图 5.4-32 可以大致确定气缸的动作压力。

3. 使用注意事项

1) 对空气质量的要求与标准气缸相同。
2) 活塞杆的滑动部位不得损伤，以免密封圈受损造成漏气。
3) 止动气缸不要暴露在有油、水及灰尘的环境中。
4) 活塞杆的滑动部位不得使用油，以免产生误动作。
5) 活塞杆上不要施加回转力矩。

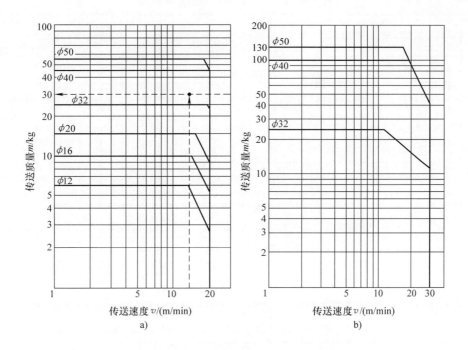

图 5.4-31 止动气缸 RSQ 系列的选用图
a）圆柱形、扁柱形和滚轮形 b）内置液压缓冲器的杠杆式

6）液压缓冲器吸收能量不能过载。

7）杠杆直立时（液压缓冲器已吸收了能量），若传送件再撞击杠杆是不允许的，因其冲击能量全部要气缸本体吸收了。

8）杠杆已被锁住时，不要从锁机构的反方向施加外力。

9）气缸与杠杆座之间，手不要被夹住。

10）使用止动气缸让别的气缸带动的负载停止时，气缸的推力变成了止动气缸的横向负载，必须在允许能量及允许横向负载的范围内，选取止动气缸的型号。

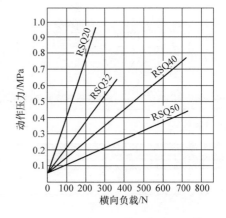

图 5.4-32 止动气缸的横向负载和动作压力

11）更换液压缓冲器或调整液压缓冲器的吸收能量时，应按使用说明书的步骤进行，且应让气缸降下，避免传送件撞击止动气缸。

（六）锁紧气缸（CL、CN、ML、MN 系列）和端锁气缸（CB 系列）

用三位式电磁阀控制标准气缸的中途停止，其停止精度差。锁紧气缸用于高精度的中途停止、异常事故的紧急停止和防止落下等，以确保安全。如保证关闭的门，不会因误动作而开启。各系列锁紧气缸的锁紧原理、锁紧方式和锁定方向等见表 5.4-11。

表 5.4-11　各种锁紧气缸的基本情况

名称	系列	锁紧原理	锁紧方式	锁定方向	缸径/mm														
					16	20	25	32	40	50	63	80	100	125	140	160	180	200	250
精密锁紧气缸	CLJ2	杠杆+楔形方式	1）弹簧锁 2）气压锁 3）弹簧+气压锁	双向锁	○														
	CLM2					○	○	○	○										
	CLG1					○	○	○											
带导杆精密锁紧气缸	MLGC					○	○	○											
带锁平板型气缸	MLU	斜板方式	弹簧锁（排气锁）	单向锁				○	○	○									
大功率锁紧气缸	CL1									○	○	○	○	○	○				
带锁薄型气缸	CLQ							○	○	○	○	○	○						
带锁带导杆薄型气缸	MLGP							○	○	○	○	○	○						
带锁气缸	CNG	球+锥形环方式	弹簧锁（排气锁）	双向锁		○	○	○											
	CNA								○	○	○								
	MNB							○	○	○	○								
	CNS														○	○	○		
	MWB	锥形活塞+制动环	机械锁							○	○	○	○						
	CLS	偏心凸轮方式	弹簧锁（排气锁）											○	○	○	○	○	○
机械接合式带制动的无杆气缸	ML1C	制动片式	弹簧锁						○	○									
	ML2B		弹簧锁 气压锁																

注：ML2B 有行程可读出功能。

在气缸内气压释放完之前，将气缸锁定在行程的末端，防止负载拖动气缸出现事故，以确保安全的气缸称为端锁气缸。端锁气缸按端锁位置有杆侧锁、无杆侧锁和两侧锁。

1. 结构原理

锁紧气缸由气缸部和锁紧装置部组合而成，几种锁紧装置的动作原理如下。

（1）杠杆+楔形锁紧方式

图 5.4-33 是由制动活塞、制动臂、制动弹簧、压轮、制动瓦和制动瓦座等组成。气缸的活塞杆在制动瓦内穿过，制动臂等形成杠杆扩力机构，以增大夹紧力。当 B' 口作为呼吸口时（在 B' 口装入青铜过滤片再拧上带呼吸孔的内六角螺塞），为弹簧制动式。当 B' 口作为

加压口时（去掉内六角螺塞及青铜过滤片），则为弹簧+气压制动式。如去掉制动弹簧，则为气压制动式。对于弹簧+气压制动式，当 A' 口加压，B' 口排气时，制动瓦处于自由状态，活塞杆可自由运动；当 B' 口加压，A' 口排气时，制动瓦在气压力及弹簧力的作用下，制动瓦抱紧活塞杆，起制动作用。

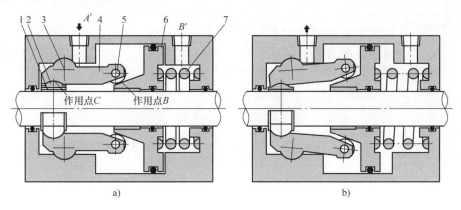

图 5.4-33 锁紧气缸的制动装置结构原理图
a）自由状态 b）锁紧状态
1—制动瓦 2—制动瓦座 3—转轴 A 4—制动臂 5—压轮 6—锥形制动活塞 7—制动弹簧

图 5.4-34 所示为 CLM2 系列锁紧气缸的结构原理图。

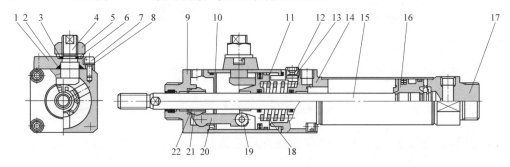

图 5.4-34 CLM2 系列锁紧气缸的结构原理图
1—凸轮盖 2—凸轮垫圈 3—弹性挡圈 4—手动锁开放凸轮 5—锁紧螺母 6—平垫圈 7—内六角螺钉
8—弹簧垫圈 9—端盖 10—中盖 11—制动活塞 12—内六角螺塞 13—青铜过滤片 14—杆侧缸盖
15—活塞杆 16—活塞 17—无杆侧缸盖 18—制动弹簧 19—压轮 20—制动臂 21—制动瓦座 22—制动瓦

（2）斜板式锁紧方式

图 5.4-35 所示为 CL1 系列（$\phi40 \sim \phi100$mm）锁紧气缸的结构原理图。它是在 CA1 系列标准气缸的杆端侧装上图 5.4-36 所示的锁机构；$\phi125 \sim \phi160$mm 的 CL1 系列是在 CS1 系列标准气缸的杆端侧装上锁机构。图 5.4-36b 中端锁的通口排气时，偏心的弹簧力使锁紧环倾斜，加上负载力的作用，使倾斜度加大，将活塞杆紧紧锁住。当通口加压时，释放活塞推锁紧环复位，这时为开锁状态（见图 5.4-36a），活塞杆可自由运动。

（3）球+锥形环的锁紧方式

球+锥形环的锁紧方式如图 5.4-37 所示。当锁通口排气时，作用在锥形环 1 外的制动弹簧 2 的弹簧力推锥形环左移，通过楔形作用而扩力。在锥形环内有排成两排的许多钢球 6

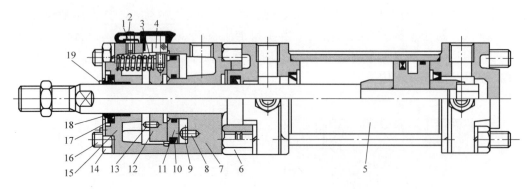

图 5.4-35　CL1 系列锁紧气缸的结构原理图

1—橡胶盖　2—固定盖的螺钉　3—弹簧　4—开锁螺钉　5—CA1 不给油气缸　6—长螺母　7—锁体　8—弹簧销
9—支枢　10—O 形圈　11—释放活塞　12—锁紧环　13—止转弹簧销　14—左端螺母　15—盖
16—锁组件固定用双头螺钉　17—压板　18—防尘圈　19—固定压板小螺钉

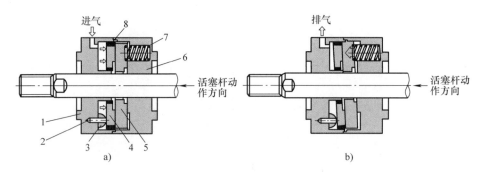

图 5.4-36　CL1 系列锁紧气缸杆端侧的锁机构
a）开锁状态（自由状态）　b）锁紧状态
1—主体　2—弹簧销　3—支枢　4—释放活塞　5—锁紧环　6—盖　7—弹簧　8—O 形圈

（见图 5.4-37b）。扩力通过钢球及制动瓦座 4 传递到制动瓦 5 上，便以很大的力将活塞杆锁住。一旦锁通口供气压，释放活塞 7 和锥形环在气压力作用下克服弹簧力而右移，当钢球保持器 3 碰上右侧缸盖时，通过保持器，使钢球脱离锥形环，则制动力解除。

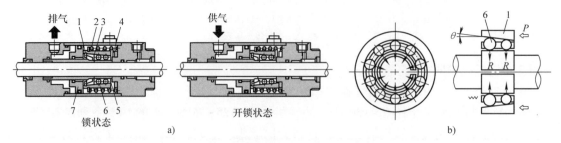

图 5.4-37　球 + 锥形环的锁紧方式
1—锥形环　2—制动弹簧　3—钢球保持器　4—制动瓦座　5—制动瓦　6—钢球　7—释放活塞

（4）锥形活塞 + 制动环

图 5.4-38 所示为 MWB 系列气缸的结构原理图。向解锁通口加压，则活塞下降，通过

活塞下部的锥形部打开金属制动器，活塞杆变为自由状态，解除锁紧。提供给解锁通口的气体排出后，则由活塞下部设置的弹簧的力和金属制动器的刚性力使活塞上升，金属制动器关闭，然后扣住活塞杆，变为锁紧状态。

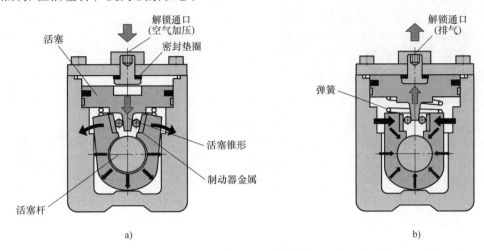

图 5.4-38　MWB 系列气缸的结构原理图
a) 解锁状态（空气加压时）　b) 锁紧状态（排气时）

（5）CB 系列端锁气缸

图 5.4-39 所示为 CBM2 系列端锁气缸的结构原理图。当活塞运动到行程末端，此侧气压释放后，锁定活塞便插入活塞杆的槽中，活塞杆被锁定。供气加压时，锁定活塞被压出而开锁，活塞杆便可运动。

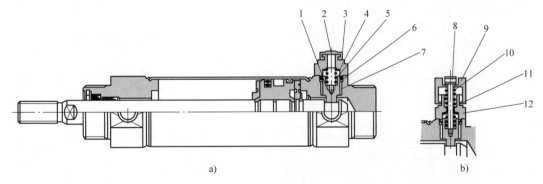

图 5.4-39　CBM2 系列端锁气缸的结构原理图
a) 手动解除非锁式　b) 手动解除锁式
1—锁定活塞　2—橡胶帽　3—A 帽　4—缓冲垫圈　5—锁用弹簧　6—密封件　7—导向套
8—M/O 螺钉　9—M/O 旋钮　10—M/O 弹簧　11—限位环　12—B 帽

2. 特点

（1）杠杆 + 楔形锁紧方式

1）具有三种锁紧方式。弹簧锁紧为排气时锁紧，故安全性高。气压锁紧必须加气压才能锁紧，锁紧保持力可调，且停止精度高。弹簧 + 气压锁紧具有上两种锁紧方式的优点。

2）制动瓦使用特殊摩擦材料，活塞杆不受损伤，故寿命长。

3) 两个方向都可锁紧。
4) 锁部设计紧凑, 仅缸的长度有所增长, 缸主体尺寸与其他标准气缸相同。
5) 锁紧前活塞的最大速度在 500~1000mm/s 间, 与气缸系列有关。
6) 开锁前, 要保持活塞两侧力平衡。
7) 维修时拆卸容易, 手动开锁简易。

(2) 斜板式锁紧方式
1) 为弹簧锁, 锁紧时的保持力大。
2) 停止精度高。
3) 在遇到停电、停气时, 能保持锁紧, 安全可靠。
4) 缸径 40~100mm 的锁紧气缸, 其外形尺寸与 CA1 系列相同; 缸径 125~160mm 的锁紧气缸, 其外形尺寸与 CS1 系列相同, 仅长度方向增长些。此外, 缸径 180~300mm 的锁紧气缸可以特殊订货。
5) 缸径 40~100mm 的锁紧气缸, 可手动开锁, 安装维修容易。

(3) 球+锥形环的锁紧方式
1) 锁部结构简单, 利用锥形环和钢球的楔形作用扩力。
2) 锁紧效率高, 锁紧力稳定, 锁开放压力低 (0.25MPa)。因锥形环是浮动的, 活塞杆偏心时也能稳定地锁紧。
3) 制动瓦耐磨性好, 且长度大大增加, 故保持力稳定、可靠。
4) 在许用动能范围内, 锁紧前的活塞最大速度可达 1000mm/s。
5) 有手动开锁装置。
6) 锁部和开锁腔是隔开的, 开锁时的压缩空气质量不好对锁部影响小。
7) 可双向锁紧。

(4) 锥形活塞+制动环锁紧方式
1) 手动解锁、解锁状态可保持。
2) 气缸易分解 (可维护性高)。
3) 提高锁紧力。
4) 轻量、紧凑化。

(5) CB 系列端锁气缸
1) 与标准气缸的使用方法一样, 供气驱动气缸。在行程末端, 切断气源后, 气缸能在原位被锁定。
2) 可以手动开锁。
3) CM2、CG1、MB、CA2、CQ2 等系列都有带端锁的形式。

3. 主要技术参数

(1) 停止精度

从发出停止信号到实际锁住气缸, 存在一个延迟时间。在此时间内, 气缸所走的行程称为超程。锁紧气缸的超程存在一定的偏差, 超程的最大值与最小值的差称为停止精度。故应将限位开关 (如磁性开关) 后置于气缸停止位置一个超程量。本公司磁性开关的动作范围在 8~14mm 之间, 若超程量超过此值, 则在开关的负载侧应进行触点的自保持。各系列锁紧、端锁气缸的制动锁的性能见表 5.4-12, 停止精度指标见表 5.4-13。

表 5.4-12 制动锁的性能

气缸系列	CLJ2、CLM2、CLG1、MLGC			CNG、CNA、MNB、CNS、CLS	MWB	ML1C	CL1、CLQ、MLGP、MLU	CBM2、CBA2、CBG1、MBB、CBQ2
锁紧方式	弹簧锁（排气锁）	弹簧+气压锁	气压锁（加压锁）	弹簧锁（排气锁）	机械锁		弹簧锁（排气锁）	
锁开放压力/MPa	≥0.3	≥0.1	≥0.25①	≥0.3		0.25	≥0.2	≥0.15
锁开始压力/MPa	≤0.25	≥0.05	≤0.2①			0.18	≤0.05	
锁定方向	可双向锁定					单向（可变更）	单侧、双侧	
最高使用压力/MPa	0.5		1.0②	1.0	0.5	1.0③		

① CNG 系列缸径 20mm 时，开放压力≥0.2MPa，开始压力≤0.15MPa。
② CNS 系列最高使用压力为 0.7MPa。
③ MLU 系列为 0.7MPa。

表 5.4-13 停止精度（不含控制系统的影响）

气缸系列及锁紧方式		活塞速度/(mm/s)					
		50	100	200	300	500	1000
		停止精度/mm					
CLJ2、CLM2、CLG1、MLGC	弹簧锁	±0.4	±0.5		±1	±2	
	气压锁，弹簧+气压锁	±0.2	±0.3		±0.5	±1.5	
CNG、MNB、CNA	弹簧锁			±0.3	±0.6	±1	±2
CNS、CLS				±0.5	±1	±2	
ML1C、ML2B				±0.5	±1	±2	±4
MWB	机械锁				±1		
CL1	弹簧锁	φ40～φ100	±0.6	±1.2	±2.3		
		φ125～φ160	±1	±2	±3		

为了提高停止精度，推荐使用气压锁或弹簧+气压锁的方式，并尽量缩短上述的延迟时间。为此，用于锁紧的电磁阀宜直接装在锁部的制动用的通口上，以缩短阀与缸之间的距离，并选用响应性能好的电气控制回路和电磁阀。

CBM2 和 CBA2 等系列气缸锁住时，活塞杆存在 1mm 以下的返回间隙。

（2）锁紧时的允许动能

部分气缸系列锁紧时的允许动能如图 5.4-40 和图 5.4-41 所示。

锁紧时负载的允许动能 $E_k = \frac{1}{2}mv^2$。式中 v 是锁紧时活塞的运动速度；m 是运动件质量。速度 v 比平均速度大，计算时可取 1.2～1.4 倍平均速度。锁紧时负载的动能应小于允许动能。

（3）锁紧时的保持力（最大静载荷）

锁紧时的保持力是指在无负载条件下气缸被锁紧后，能承受无振动、无冲击的静负载的能力,见表 5.4-14 和图 5.4-42。

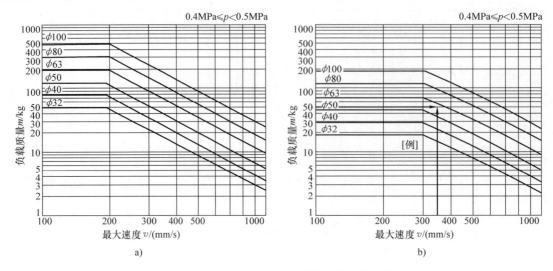

图 5.4-40　MNB 系列锁紧时的允许动能曲线
a) 气缸水平安装时　b) 气缸垂直安装时

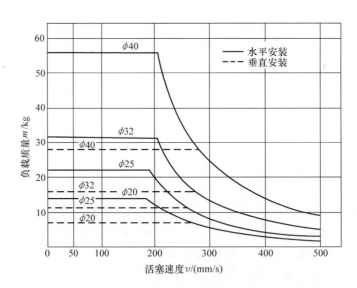

图 5.4-41　CLM2/CLG1/MLGC 系列锁紧时的允许动能曲线

表 5.4-14　部分气缸系列弹簧锁时的锁紧保持力（最大静负载）　（单位：N）

气缸系列	缸径/mm													
	16	20	25	32	40	50	63	80	100	125	140	160	200	250
CLJ2	122	—	—	—	—	—	—	—	—	—	—	—	—	—
CLM2、CLG1、MGC	—	196	313	443	784	—	—	—	—	—	—	—	—	—
MNB、CNA	—	—	—	552	882	1370	2160	3430	5390	—	—	—	—	—
CNS、CLS	—	—	—	—	—	—	—	—	—	8400	10500	13800	21500	23600

（续）

气缸系列	缸径/mm													
	16	20	25	32	40	50	63	80	100	125	140	160	200	250
CL1	—	—	—	—	1230	1920	3060	4930	7700	12100	15100	19700	—	—
MWB	—	—	—	630	980	1570	2460	—	—	—	—	—	—	—
CBM2	—	215	330	550	860	—	—	—	—	—	—	—	—	—
CBA2	—	—	—	—	860	1340	2140	3450	5390	—	—	—	—	—
CNG	—	215	335	550	860	—	—	—	—	—	—	—	—	—
CLQ	—	157	245	402	629	982	1559	2513	3927	—	—	—	—	—

注：杆侧保持力约下降15%。

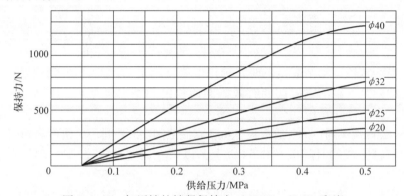

图 5.4-42　气压锁的锁紧保持力（CLM2、CLG1 系列）

4. 推荐气动回路

（1）对锁紧气缸

气缸水平安装时，基本回路如图 5.4-43 所示。气缸垂直安装时，基本回路如图 5.4-44 所示。

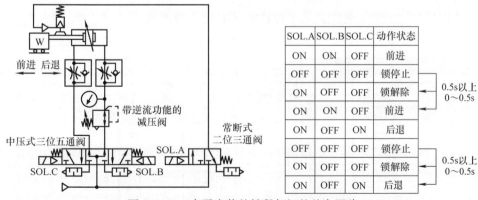

图 5.4-43　水平安装的锁紧气缸的基本回路

气缸锁紧后，活塞两侧必须处于力平衡状态，这才能防止开锁时由于活塞受力不平衡使活塞杆急速伸出而发生事故。为此，在气缸的无杆侧（顶起重物时则应是有杆侧）应设置一个带单向阀的减压阀。

对弹簧锁，开锁用的电磁阀应使用二位三通阀。通电时，制动解除，气缸便在主控阀的

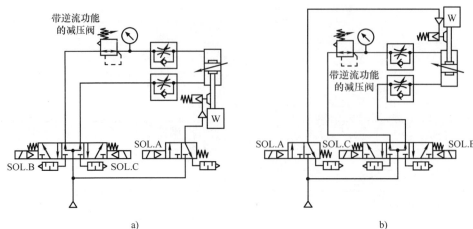

图 5.4-44 垂直安装的锁紧气缸的基本回路
a) 气缸吊 b) 举起重物

控制下动作。当活塞杆运动至需定位时,锁用电磁阀断电,活塞杆便被锁住。该阀的有效截面面积应是驱动锁紧气缸的电磁阀的有效截面面积的 50% 以上,且尽量靠近气缸安装,以缩短开锁时间,提高停止精度。

若开锁用电磁阀离锁通口的配管太长,可在它们之间安装快排阀,也可达到相同的目的。

从锁紧到解锁完成的时间应在 0.5s 以上,以防止活塞杆未受到速度控制阀的控制而急速伸出。

开锁信号应超前于气缸的往复信号或同时出现,否则活塞杆会以比速度控制阀的控制速度大的速度急速伸出。

对气压锁的锁紧气缸,开锁用电磁阀应使用二位五通电磁阀。

(2) 对端锁气缸

端锁气缸的控制回路如图 5.4-45 所示。不要使用三位阀及间隙密封方向阀。带锁侧的通口,如封入压力就锁不住。若电磁阀漏气,时间一长,气缸内压力上升,也会解锁。速度控制阀应使用排气节流式,若用进气节流式,锁有可能打不开。

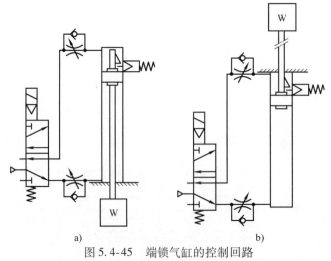

图 5.4-45 端锁气缸的控制回路
a) 无杆侧缸盖上带锁 b) 杆侧缸盖上带锁

5. 选用

1）根据停止精度要求，由表 5.4-13，选定锁紧方式及气缸系列。

2）根据安装姿势、负载质量、锁紧时活塞的运动速度及保持力等要求，选定气缸规格。

3）锁紧气缸的最大负载按下述情况设定。

防止落下时经常有静负载作用的场合，使用精密锁紧气缸（CLJ2、CLM2、CLG1）时，最大负载应小于保持力的 35%，且应选弹簧锁，不要用气压锁；使用大功率锁紧气缸（CL1）时，最大负载应小于保持力的 50%。

用于中间停止时（存在动能），应按允许动能选择气缸型号。另外，锁紧时气缸自身的推力也必须由锁紧机构吸收，故负载大小要受以下限制：对精密锁紧气缸，水平安装时的最大负载应小于弹簧锁保持力的 70%，垂直安装时的最大负载应小于弹簧锁保持力的 35%；对大功率锁紧气缸，水平安装时的最大负载应小于弹簧锁保持力的 50%，垂直安装时的最大负载应小于弹簧锁保持力的 25%。

例 5.4-1 水平安装气缸，负载质量为 20kg，移动 500mm 行程的时间为 2s，选锁紧气缸。

解 活塞平均速度为 $(500/2)\,\text{mm/s} = 250\,\text{mm/s}$，锁紧时的活塞运动速度取 1.2 倍平均速度则为 $(250 \times 1.2)\,\text{mm/s} = 300\,\text{mm/s}$。从图 5.4-41 可查出，应选用 CLM2 系列缸径 $\phi40$ 的锁紧气缸。

例 5.4-2 垂直吊气缸，已知负载质量为 50kg，上升 500mm 行程所用时间为 2s，使用压力为 0.4MPa，选锁紧气缸。

解 气缸平均速度为 $(500/2)\,\text{mm/s} = 250\,\text{mm/s}$，锁紧时的活塞运动速度取 1.4 倍平均速度，则为 $(250 \times 1.4)\,\text{mm/s} = 350\,\text{mm/s}$，从图 5.4-40 可查出，应选用 MNB 系列缸径 $\phi63$ 的锁紧气缸。

6. 使用注意事项

（1）锁紧气缸

1）安装和使用：

① 对空气质量的要求与标准气缸相同。

② 杆端连接负载时，锁必须处于开启状态，以避免对活塞杆施加回转力矩及保持力，导致锁机构破损。

③ 活塞杆上不要有横向负载，以免滑动部位偏磨，密封件受损，出现漏气或锁不住等。

④ 锁紧气缸是不给油型。制动部位严禁有油润滑。

⑤ 灰尘多的环境中，气缸应装伸缩防护套。

⑥ 在锁紧状态，不要施加冲击载荷、强振动及回转力矩。

⑦ 精密锁紧气缸虽是双向锁，但 CLJ2、CLM2、CLG1 系列杆伸出方向的锁紧保持力及 CL1 系列杆缩回方向的锁紧保持力约低 15%。

⑧ 利用磁性开关实现中间停止时，不要直接利用开关信号控制锁紧电磁阀，而应通过中间继电器转换的信号来控制锁紧电磁阀。

⑨ 气缸往复行程中，特别是锁紧前的负载应尽量不变，以提高停止精度。

⑩ 气缓冲行程中或气缸在开始动作的加速段，因速度变化大，停止精度的误差也大。

2) 手动锁紧和开锁的方法：

① CLM2 系列（CLJ2 系列和 CLG1 系列类似）气缸（见图 5.4-34）松开锁紧螺母 5，把凸轮 4 调节至凸轮盖 1 上标有"FREE"的位置上，再拧紧锁紧螺母，则制动瓦保持松开状态。松开锁紧螺母，将凸轮快速旋至凸轮盖上标有"LOCK"的位置上，再拧紧锁紧螺母，则气缸保持锁紧状态。凸轮约旋转 180°，不要旋转过度。

② CL1 系列气缸（见图 5.4-35）揭开橡胶盖 1，用适当长的螺钉 4，将倾斜的锁紧环 12 压平直，则锁开启，也可向锁通口供给 0.2MPa 以上气压，使锁开启。缸径 125~160mm 的气缸，没有手动解锁方式。

3) CL1 系列锁紧气缸改变锁紧方向的方法。

锁紧气缸只能在一个方向有锁紧作用，但锁紧方向可以变更，对图 5.4-35 的 CL1 系列气缸，可松开左端螺母 14，取下 4 根双头螺钉 16。若长螺母 6 被旋松，应重新拧紧，以确保气缸 4 拉杆不松动。开启橡胶盖 1，旋入作为附件的开锁螺钉 4，或通以 0.2MPa 以上气压，使锁开启。把整个锁组件从活塞杆上拔出。松开防尘圈的压板上的 3 个小螺钉 19，将压板及防尘圈取出，并按防尘圈及压板的次序装到组件的另一侧。没装防尘圈的一侧，装到气缸杆侧缸盖的内套头上。然后，将 4 根双头螺栓的短螺纹头拧入长螺母内，再拧紧锁紧螺母 14。安装调正终了以前，开锁螺钉或气压不要撤除，使锁一直处于开启状态。活塞杆伸出方向锁紧，锁组件的通气口应在外侧；返回方向锁紧，通气口应在内侧（靠近气缸侧）。

（2）端锁气缸

1) 安装前，连接配管内应充分吹洗，以防灰尘和切屑末等混入阀和缸内。

2) 活塞杆滑动部位不得损伤，以防密封件受损，出现漏气或锁不住。

3) 气缸活塞杆上承受横向负载是造成活塞杆弯曲和杆端螺纹部折损的原因。

4) 使用时，负载率应小于 70%。

5) 安装调试时，必须在无负载条件下手动解锁，不得锁住时进行作业。

6) 手动解除非锁式（见图 5.4-39a）从橡胶帽 2 的中间，将附件螺钉拧入锁定活塞 1 上的螺纹孔，拉拔螺钉，则锁解除。停止拉拔螺钉，锁复位。正常运转时，螺钉应卸下。

7) 手动解除锁式（见图 5.4-39b）边推边反时针将 M/O 旋钮 9 旋转 90°，旋钮不受限位环 11 的限制，靠 M/O 弹簧的弹簧力将旋钮及锁定活塞 1 弹出，锁解除。这时，B 帽 12 上的△记号与 M/O 旋钮上的▽记号（OFF）对上。充分推并顺时针将 M/O 旋钮旋转 90°，B 帽上的△记号与旋钮上的▽记号（ON）合上，则锁住。

8) 解锁前，不带锁紧机构一侧的通口必须供气，使锁紧机构上不承受负载，否则会损坏锁紧机构或活塞杆急速动作出现危险。气压解锁，M/O 螺钉伸出旋钮之外，可以看见 M/O 螺钉上的红色记号。

9) 锁侧通口压力降至 0.05MPa 以下，应自动锁住。若通口配管细长，速度控制阀离通口较远或电磁阀排气口上装有消声器，锁紧时间会延长。

10) 带锁紧机构侧的缓冲阀，若处于全闭或接近全闭状态，活塞杆走不到行程末端，则锁不起来。缓冲阀接近全闭状态不能解锁时，要适当调节缓冲阀的开度。

11) 不允许用两个锁定气缸同步带动一个工件。因为如一个气缸未开锁，那是危险的。

（七）夹紧气缸（CK□系列）

1. 夹紧气缸

夹紧气缸是汽车焊接工艺中使用的气缸。为了防止焊渣进入缸内，在杆侧缸盖内设置有金属防尘圈。为了能在强磁场环境中工作，有带耐强磁场的带光电传感器的自动开关的夹紧气缸，还有带锁夹紧气缸，在气压低下或残压释放时也能保持夹紧，如图 5.4-46 所示。同时，在非夹紧状态也能保持锁住。夹紧气缸的品种规格见表 5.4-15。

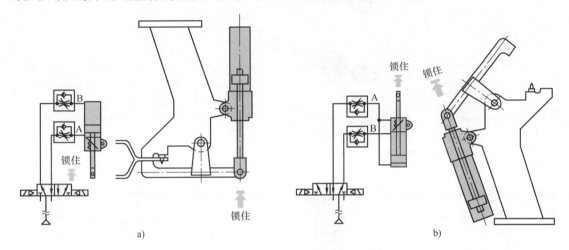

图 5.4-46 带锁夹紧气缸的应用例
a）夹紧状态保持锁住，防止因工件重量而使工件落下，锁住使活塞杆不能上升
b）未夹紧状态保持锁住，防止夹紧臂因重量而落下，锁住使活塞杆不能伸出

表 5.4-15 夹紧气缸的品种规格

名称		系列（磁性开关型号）	外形图	缸径/mm	标准行程/mm	安装形式
夹紧气缸	标准品	CK1		40、50、63	50、75、100、125、150	双耳环：耳环宽 16.5mm、19.5mm
	带耐强磁场的磁性开关	标准磁石	CKG1（P5DW）			
		强力磁石	CKP1（P7□、P80）			
		薄型	CDQ2□P（P7□、P80）		50、63、80	25、30、35、40、45、50、75、100	通孔、螺孔、脚座型、杆侧法兰型、无杆侧法兰型、双耳型
		拉杆安装型	CDA1□P（P7□、P80）		40	25～500	基本型、脚座型、杆侧/无杆侧法兰型、单/双耳环型、中间耳轴型
				50	25～600	
				63	25～600	
				80	25～700	

(续)

名称		系列（磁性开关型号）	外形图	缸径/mm	标准行程/mm	安装形式
夹紧气缸	大缸径型	CKGA、CKPA（P5DW）		80、100	50、75、100、125、150	双耳环：耳环宽：28mm
带锁夹紧气缸	标准品	CLK1		32、40、50、63	50、75、100、125、150	双耳环：耳环宽16.5mm、19.5mm
	带耐强磁场的磁性开关	CKG1P（P7□、P80）CLK1G（P5DW）				
销钉式夹紧气缸	带耐强磁场的磁性开关	不带锁 CKQ（P5DW）	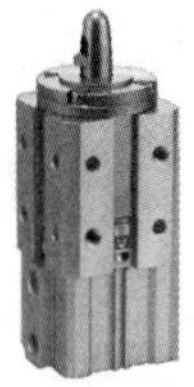	50	10~12	螺孔安装 销钉安装
		带锁 CLKQ（P5DW）				

耐强磁场的磁性开关规格见表5.4-16。

表5.4-16 耐强磁场的磁性开关规格

型号	P5DW	P70	P74	P75	P80
负载电压	DC24V（DC20~28V）	AC100V	AC100V、DC24V	DC24V	AC24、48、100V DC24、48、100V
指示灯	2色指示灯	OFF 灯亮	ON 灯亮	OFF 灯亮	无灯
磁性开关种类	无触点磁性开关	有触电保护电路		无触电保护电路	
说明	单相交流焊机用。焊接电流在16000A以下，焊接导体（焊枪、电缆）与气缸（或开关）的距离可在0mm下使用	缸内内置强力磁环，使用金属防尘圈，采用4层防护结构，故可在强磁场中工作			

焊机电极与磁性开关之间的允许距离与焊接电流大小有关，如图5.4-47所示。

2. 销钉式夹紧气缸（见图5.4-48）

销钉式夹紧气缸规格：使用压力范围 CKQ 为 0.1~1.0MPa，CLKQ 为 0.15~1.0MPa。使用活塞速度为 50~300mm/s，无缓冲，不给油。带锁时，解锁压力大于 0.2MPa（弹簧锁），锁起动压力小于 0.05MPa，锁保持力为 982N。

3. 夹紧气缸 CKZN 系列（见图5.4-49）

这是在环境差的生产线上使用的夹紧气缸。夹紧气缸内置肘节连杆机构，以得到强夹持力，保证安全。

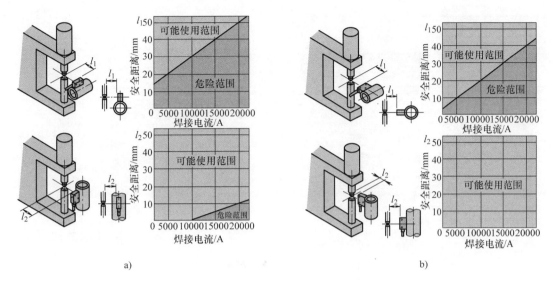

图 5.4-47 耐强磁场磁性开关的安全距离
a) 离磁性开关侧面的安全距离 b) 离磁性开关上面的安全距离

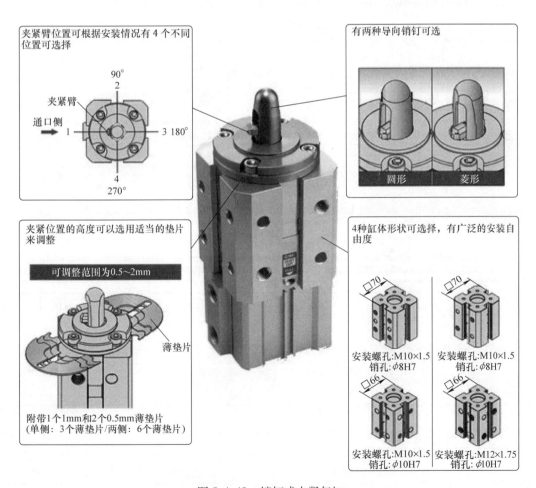

图 5.4-48 销钉式夹紧气缸

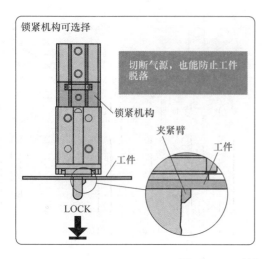
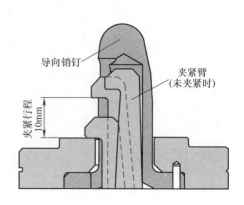

图 5.4-48 销钉式夹紧气缸（续）

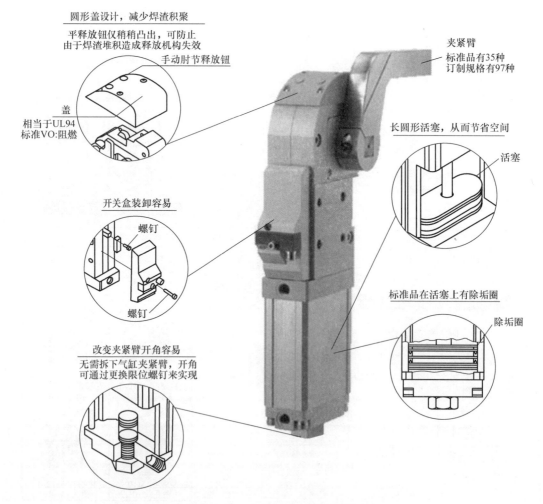

图 5.4-49 夹紧气缸 CKZN 系列

（八）回转夹紧气缸（MK 系列）

回转夹紧气缸是指活塞杆可边左（或右）回转 90°边伸缩，再利用夹紧行程由夹紧臂夹紧工件的气缸，用于夹紧小型工件。与直接夹紧相比，在未夹紧前，工件上方的空间可有效利用。

回转夹紧气缸有标准型 MK 系列（缸径 $\phi12 \sim \phi63\text{mm}$）和重载型 MK2 系列（缸径 $\phi20 \sim \phi63\text{mm}$）。重载型能承受更大的转动惯量。

1. 结构原理

回转夹紧气缸的外形如图 5.4-50a 所示，其动作方式如图 5.4-50b 所示。

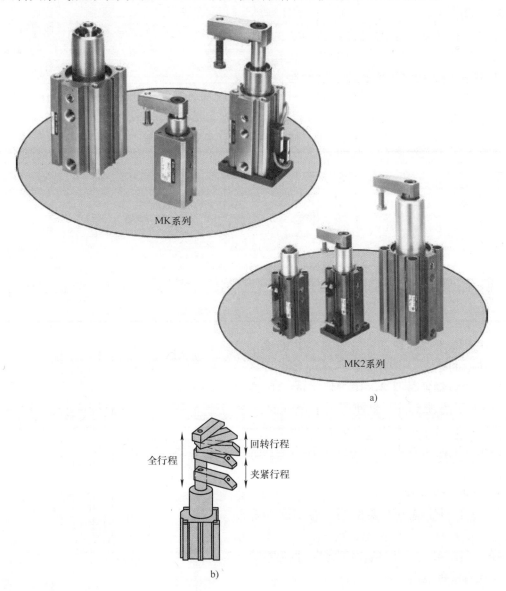

图 5.4-50 回转夹紧气缸的外形及动作方式

回转夹紧气缸的结构原理如图 5.4-51 所示。当 A 口进气 B 口排气时，活塞杆上的螺旋槽受导向销的约束，边回转边缩回一个回转行程，然后再走完直线的夹紧行程。

2. 主要技术参数（见表5.4-17）

理论夹紧力是压力为0.5MPa时，加在有杆腔侧的理论作用力。

允许弯曲力矩是在活塞杆上可施加的最大弯曲力矩。向左或向右的回转方向是从杆侧看，活塞杆缩回时的回转方向。

3. 选用

根据加在活塞杆上的允许弯曲力矩的要求，夹紧臂长度及使用压力的交点应在图5.4-52缸径曲线之下来预选缸径。当夹

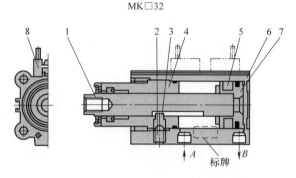

图5.4-51 回转夹紧气缸的结构原理图
1—活塞杆 2—紧定螺钉 3—导向销 4—杆侧缸盖
5—磁环 6—缸筒 7—活塞 8—磁性开关

紧臂长度 $l = 8$cm 时，选缸径 ϕ20mm 或 ϕ25mm，则使用压力 p 应小于 0.45MPa；选缸径 ϕ32mm 或 ϕ40mm，$p \leq 0.55$MPa；选缸径 ϕ50mm 或 ϕ63mm，$p \leq 0.8$MPa。

表5.4-17 回转夹紧气缸的主要技术参数

缸径/mm	12	16	20	25	32	40	50	63
使用压力范围/MPa	0.1~1.0							
回转角度/（°）	90±10（向左或向右）							
回转行程/mm	7.5		9.5		15		19	
夹紧行程/mm	10、20						20、50	
理论夹紧力/N	40	75	100	185	300	529	825	1400
允许弯曲力矩/N·m	1	3.8	7	13	27	47	107	182
活塞速度/（mm/s）	50~200							

再根据夹紧臂等转动件计算出的转动惯量及对气缸速度的要求，由图5.4-53来选择缸径。若夹紧臂等的转动惯量是 3×10^{-4}kg·m²，则使用缸径 ϕ20mm 或 ϕ25mm，缸速应小于 65mm/s；缸径 ϕ32mm 或 ϕ40mm，缸速应小于 150mm/s。

应根据上两条选出缸径中的大者确定为最终选定缸径。

4. 使用注意事项

1）在下列环境中不要使用：有切削油等液体作用在活塞杆上；有粉尘、焊花、切屑末的场合；环境温度超过允许值；有腐蚀性流体的场合；阳光直射的场合。

2）装拆夹紧臂时，用扳手固定住夹紧臂，再紧固或松开螺钉。

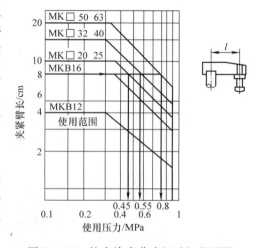

图5.4-52 按允许弯曲力矩选缸径用图

3）自制夹紧臂时，必须计算夹紧臂等转动件的转动惯量，并要求气缸的允许弯曲力矩

及转动惯量应在图 5.4-52 和图 5.4-53 所示的使用范围内。若夹紧臂过长，负载质量过大，会导致气缸内部零件的破损。

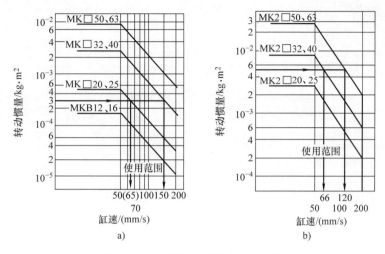

图 5.4-53　按转动惯量选缸径用图
a) MK 系列　b) MK2 系列

4) 气缸必须垂直安装；回转方向不许有外力作用；不许在回转行程范围内夹紧，只许在夹紧行程范围内夹紧。夹紧面必须垂直于气缸的轴线，即不许夹紧斜面。夹紧过程中，气缸的活塞杆上不许承受回转力矩（如夹紧工件仍处于移动状态）。

5) 夹紧臂是边回转边上下运动，在其动作范围内注意不要把手夹住。

（九）带阀气缸（CV、MVGQ 系列）

带阀气缸是将气阀置于缸体内或与气缸连成一体。

带阀气缸具有换向和（或）节流功能。它结构紧凑、使用方便、减少了配管、缩短了安装工时、省空间，缺点是不能把电磁方向阀集中装在一起，不利于管理。

按所带阀的不同，带阀气缸有带单向节流阀的（CJ2Z 系列），有带电磁方向阀的（CVJ3、CVJ5 系列），有带电磁方向阀和排气节流阀的（CV3 系列），有带电磁方向阀和单向节流阀的（CVS1、MVGQ 系列），有带电磁方向阀、排气节流阀并使用快换接头的（CVM3、CVM5 系列）。

按工作形式的不同，带阀气缸可分为活塞杆通电推出型和通电拉回型，如图 5.4-54 所示。

单电控带阀气缸无记忆作用，切断电信号，方向阀复位，气缸随之换向。双电控带阀气缸有记忆作用，切断电信号，阀位不变，气缸活塞杆位置也不变，气动系统不受突然停电的干扰。

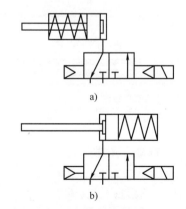

图 5.4-54　带阀气缸活塞杆的工作形式
a) 通电推出型　b) 通电拉回型

图 5.4-55 所示为 CVM3 系列带阀气缸的结构原理图。图 5.4-56 所示为 CVS1 系列带阀气缸的结构原理图。

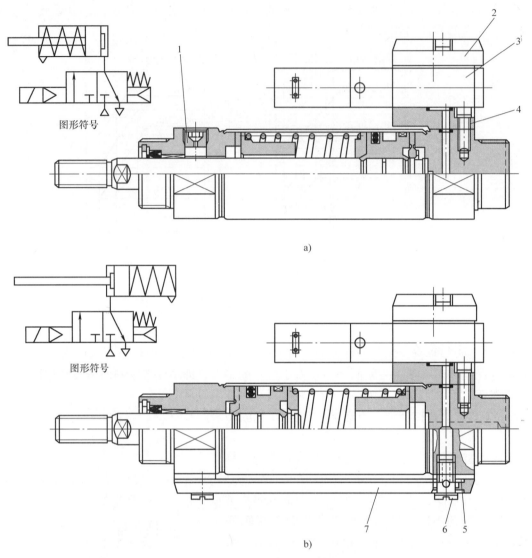

图 5.4-55 CVM3 系列带阀气缸的结构原理图
a) 弹簧压回型 b) 弹簧压出型
1—带固定节流孔的螺塞 2—压板 3—电磁阀
4—下板 5—连接板衬垫 6—螺钉 7—连接板

二、性能扩展型

（一）倍力气缸（MGZ□系列）

倍力气缸是指气缸断面积增加不大的条件下，由于采用独特的结构，使伸出方向的输出力增大一倍的气缸。其外形如图 5.4-57a 所示。它比输出力增大一倍的串联气缸的长度约缩短 30%。

倍力气缸的动作原理如图 5.4-57b 所示。从 A 口进气，气压力作用在面积①、②上，活塞杆伸出，输出力增大一倍。从 B 口进气，气压力作用在面积③上，活塞杆缩回。

倍力气缸有标准型（杆可回转）MGZR 系列和杆不回转型 MGZ 系列两种。杆不回转型

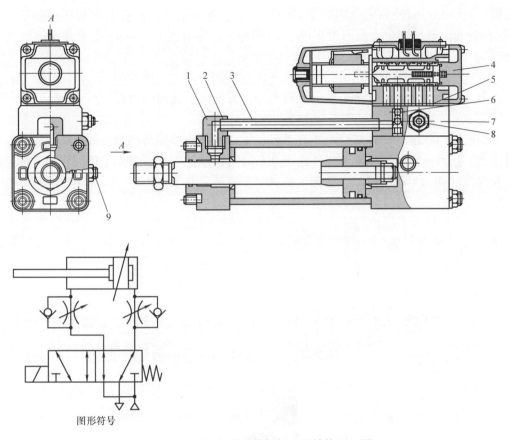

图 5.4-56 CVS1 系列带阀气缸的结构原理图
1—连接管接头 2—连接管垫圈 3—连接管 4—电磁阀
5—垫片 6—单向阀 7—下板 8—针阀 9—缓冲阀

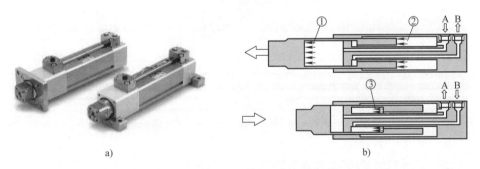

图 5.4-57 倍力气缸的外形及动作原理
a) 外形图 b) 动作原理图

内置滑动键作为不回转机构,故负载可直接安装。与带导杆气缸相比,因没有两根导杆,故气缸断面积比带导杆气缸约减小 40%。它应用于提升作业时,因伸出方向的输出力是缩回方向输出力的 2 倍多,故与标准气缸相比,可降低动作压力或减小缸径,且无需在气缸有杆侧的气路中加装带单向阀的减压阀。在工件的安装面上设有定位孔,故对中容易。其外形为流畅的正方形,四面都有安装磁性开关的沟槽。配管集中于无杆侧缸盖上。MGZ 系列可以带端锁。有杆密封圈外侧带金属防尘圈的形式。它为不给油润滑且具有垫缓冲功能。缸径 $\phi20 \sim \phi80$mm。其使用压力范围为 0.08~1.0MPa，行程可达 1000mm。活塞伸出速度为 50~700mm/s。

气缸水平安装及向下使用时，气缸无杆侧应使用双向型速度控制阀，以防止活塞杆急速伸出，但进气节流阀不要过分节流，以避免伸出方向的起动时间太长。

（二）行程可读出气缸（CE□系列）

行程可读出气缸的不回转杆上带有磁尺、缸体上装有检测传感器，外接计数器，行程可随时读出。这种气缸可用于检测零件的尺寸、合格产品的判别、判别工件放置的方向，检查加工孔的深度和加工孔的质量，检测提升机的位置等。几个应用例如图 5.4-58 所示。

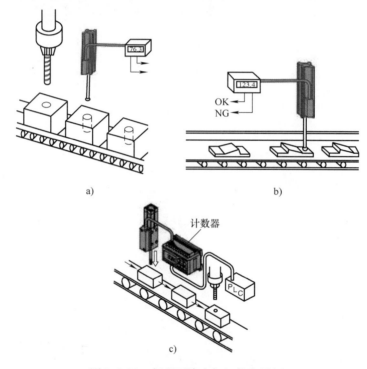

图 5.4-58　行程可读出气缸的应用例
a）加工孔的检查：可检测出加工孔的深度、毛刺、异物等
b）工件方向的判断：测定工件的高度，便可判别方向
c）加工尺寸的测定：加工前，测定零件尺寸，进行加工深度等的调整

图 5.4-59 所示为行程可读出气缸的系统构成图。该缸是单杆双作用气缸。检测传感器可直接与预置计数器相连。

位置检测传感器因使用磁栅，传感器周围不得有强磁场。外磁场的磁通量密度应在 145×10^{-4}T 以下。

位置检测传感器与计数器之间的最大传送距离达 23m。传感器电缆线与其他动力线应分开配线。

利用延长电缆，可使位置检测传感器每走 0.1mm 发一个脉冲并计数。计数器的计数速度应比气缸的运动速度快。当缸速为 500mm/s 时，计数器的计数速度应高于 5000Hz。

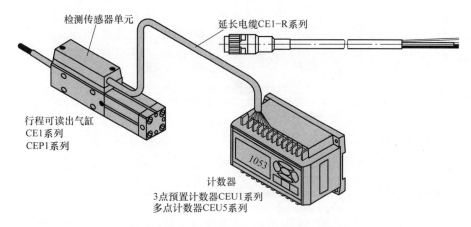

图 5.4-59 行程可读出气缸的系统构成图

安装时,连接配管内要充分吹洗,不得让灰尘、切屑末等混入缸内。

活塞杆应承受轴向负载,避免承受回转力矩。活塞杆滑动部位不得损伤。

CE1 系列行程可读出气缸的主要技术参数见表 5.4-18。

表 5.4-18　CE1 系列行程可读出气缸的主要技术参数

缸径/mm	杆径/mm	标准行程范围/mm	使用压力范围/MPa	环境和介质温度/℃	使用速度范围/(mm/s)	杆不回转精度	给油方式	磁性开关	安装方式	缓冲方式
12	6	25～150	0.07～1.0	0～60（相对湿度 25%～85%）	70～500	±2°	不给油	可带	B、D、F、G、L	无
20	10	25～200				±1°				
32	16	50～300	0.05～1.0							
40	16	100～500				±0.8°				气缓冲
50	20	200～500								
63	20									

CE1 系列的分辨率为 0.1mm,精度为 ±0.2mm;高精度行程可读出气缸 CEP1 系列的分辨率为 0.01mm,精度为 ±0.02mm。

电源电压为 DC12～24V。此外,还有带制动的行程可读出气缸 CE2 系列（ϕ40～ϕ100mm）等。

(三) 正弦气缸 (REC 系列)

能实现平稳加速、减速 (0.5g 以下) 的气缸称为正弦气缸。在缓冲套上,沿轴向的沟槽深度按正弦曲线变化以实现平稳缓冲而得名。与缓冲气缸、外部使用液压缓冲器及多级速度控制的气缸相比,不仅加减速时平稳性高,而且构成回路简单,且平稳加减速动作不受压力、负载及运动速度变化的影响。与低速气缸相比,传送时间缩短,最大驱动速度可达 500mm/s, 而低速气缸为 10～30mm/s。

正弦气缸的外形如图 5.4-60a 所示,结构简图如图 5.4-60b 所示,其动作原理如图 5.4-60c 所示。

1) 起动时,压缩空气从无杆侧的通口进入,通过右侧缓冲密封圈 6 和缓冲套 1 的外周面上设置的 U 形槽的间隙,进入活塞 3 右腔,而活塞左腔的气体则通过活塞杆 5 与左侧缓冲

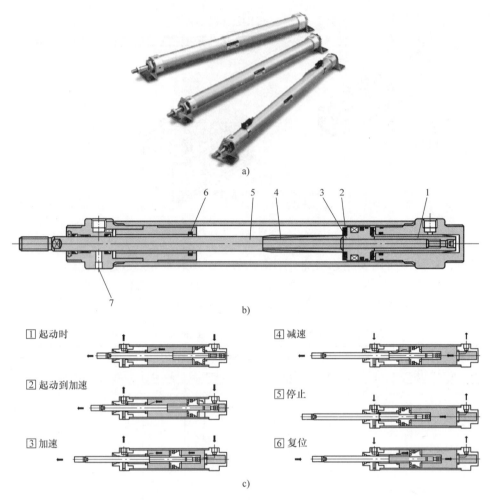

图 5.4-60 正弦气缸的外形及结构简图
a）外形图 b）结构简图 c）动作原理
1、4—缓冲套 2—缓冲垫 3—活塞 5—活塞杆
6—缓冲密封圈 7—内六角螺钉（卸去可作为洁净系列的溢流通口）

密封圈6之间的间隙，从杆侧通口排出。

2）从起动到加速，一旦活塞右左腔的压力差大于气缸或装置的始动阻力，活塞开始动作。活塞一动作起来，则缓冲套外周面上的U形槽逐渐变深（按正弦曲线变化），流入活塞右侧的流量与驱动速度相适应，使气缸加速。

3）加速，一旦活塞动作至右缓冲套脱离右缓冲密封圈，压缩空气便能自由出入，活塞便继续前进（加速或等速）。

4）减速，一旦左侧缓冲套4进入左侧缓冲密封圈6，杆侧缓冲室内的空气便只能从左侧缓冲密封圈与左侧缓冲套之间的U形槽流出，因沟槽深度按正弦曲线变化，气缸便能平稳减速。

5）停止，平稳缓冲实现后，便停止在杆侧行程末端。电磁方向阀一换向，便开始反方向动作。

主要技术参数：正弦气缸是带气缓冲的单杆双作用气缸，不给油润滑。使用压力范围为 0.2~1.0MPa。其缓冲行程较长，缸径 ϕ20、ϕ25 为 45mm，ϕ32 为 50mm，ϕ40 为 60mm。活塞速度为 50~500mm/s。最大制作行程可达 1500mm。

选用：①根据负载质量及刚进入缓冲套时的最大速度，由图 5.4-61 的缓冲能力图，预选缸径。②水平安装时，若有导向形式，负载率应小于 50%（见表 5.1-8 和表 5.1-9）。若不满足，应加大缸径重新验算。若无导向形式，则应按图 5.4-62 所示检查杆上承受的横向负载是否在允许范围内。此图供给压力为 0.5MPa，当供给压力 p（以 MPa 计）变化时，其气缸最大行程＝图中行程×p/0.5。③垂直安装时，负载率应小于 50%，且应检查活塞杆的弯曲强度应在允许值范围内（具体数值查产品样本），否则应加大缸径或外部使用导向装置。

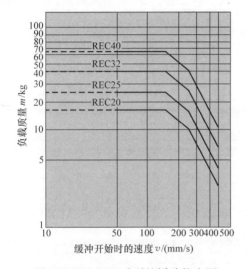 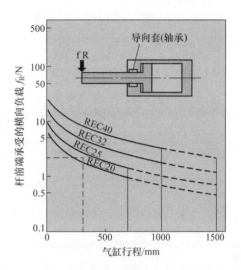

图 5.4-61　REC 系列的缓冲能力图　　　　图 5.4-62　按气缸横向负载可使用的最大行程

使用注意事项：缓冲无需调整。速度调节可使用节流阀进行。该系列气缸用于等级 100 的洁净室内时，将内六角螺钉 7 取下，该口便作为溢流口直接通向室外。因起动、停止要平稳运动，与一般气缸相比，其动作时间较长。

（四）高速气缸（RHC 系列）

高速气缸的最大速度可达 3m/s，从高速轻载到中低速重载都能平稳缓冲的气缸。其缓冲能力是普通气缸的 10~20 倍。

高速气缸的外形及结构原理图如图 5.4-63 所示。其工作原理如下。

缓冲开始前，通过缓冲密封圈 8 及活塞杆 1 之间的间隙进行给气、排气。一旦缓冲套 7 与缓冲密封圈接触上，便形成缓冲室，压缩空气只能通过设置在缸盖 2 内的缓冲通道流动。空气通过设置在溢流阀体 3 内的溢流阀，控制排气快慢，进入缓冲。缓冲完了，方向阀一旦换向，通过起单向阀作用的缓冲密封圈，压缩空气流入推动活塞，使活塞杆返回，在活塞杆返回方向，重复上述步骤。

由于给排气通口大，缓冲套长（80mm），使用强力缓冲密封圈，使用效果更好的溢流阀作为缓冲阀，故缓冲能力及使用寿命都大大提高。

主要技术参数：使用压力范围为 0.05~1.0MPa，使用速度范围为 50~3000mm/s，最大

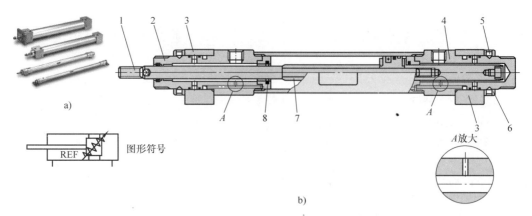

图 5.4-63 高速气缸的外形及结构原理图
a) 外形图 b) 结构原理图
1—活塞杆 2—左缸盖 3—溢流阀体 4—右缸盖 5—紧定螺钉
6—压板 7—缓冲套 8—缓冲密封圈

行程为 1500mm，不给油润滑。其最大吸收动能见表 5.4-19。

表 5.4-19　高速气缸的最大吸收动能

缸径/mm	20	25	32	40	50	63	80	100
最大吸收动能[①]/J	7	12	21	33	47	84	127	196

① 在 0.5MPa 下。

选用：根据安装姿势（水平安装、垂直安装）、供给压力、负载质量及气缸的最大速度（按平均速度的 1.5 倍估算）按图 5.4-64 所示选取缸径。

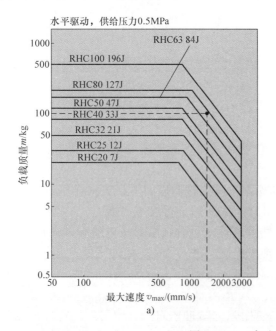
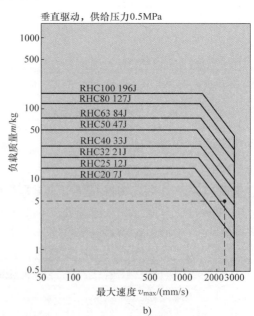

图 5.4-64　高速气缸的选型图例

使用注意事项：

1）气缸活塞杆上不要施加横向负载，特别是长行程时。若有横向负载，应设置导轨来支承。

2）缸径 $\phi20 \sim \phi40mm$ 的溢流阀体是可以在360°范围内回转的，故溢流阀的调节螺钉可在任意方向设定。其回转方法是，确认缸内无残压后松开气缸安装件（如脚座、法兰），压住溢流阀体，旋松紧定螺钉，溢流阀体便可回转。推压溢流阀体上的压板6的同时拧紧紧定螺钉5，溢流阀体便不能回转了。

3）气缸在安装状态，要确认溢流阀体不回转，否则缓冲可能失效。对 $\phi20 \sim \phi40mm$ 的气缸，安装气缸安装件时，要松开溢流阀体的紧定螺钉再进行，安装完后再拧紧紧定螺钉。

4）溢流阀的调整螺钉的最大回转圈数，对缸径 $\phi20 \sim \phi50mm$ 为5圈，对 $\phi63 \sim \phi100mm$ 为10圈，顺时针回转为关闭方向。从全闭至全开，严禁超过最大回转圈数。

5）气缸通口是按最高缸速 3m/s 设计的。若气缸行程短，充排气回路的有效截面面积不足够大，所希望的缸速可能达不到。

（五）低摩擦气缸（MQ□、□Q 系列）

低摩擦气缸是指活塞滑动阻力很小的气缸。这种气缸的活塞及活塞杆处的密封形式有两种，弹性密封及间隙密封。弹性密封形式所使用的密封圈有单向型密封圈（如Y形）和双向型密封圈（如组合型）。活塞上使用一个压缩量很小的组合型密封圈（如 CS1□Q 系列），其滑动阻力很小，随使用压力的增大，滑动阻力略有增加，且低摩擦方向是双向的。活塞上使用一个单向型密封圈，这种气缸在使用时是有方向性的，即只能单方向动作。单方向动作有两种形式：从杆侧通口加压（无杆侧通口通大气）或虽两侧加压，但杆侧压力高于无杆侧压力的形式，称为B型；从无杆侧通口加压（杆侧通口通大气）或虽两则加压，但无杆侧压力高于杆侧压力的形式，称为F型。随使用压力的增大，单向型密封圈的滑动阻力也随之增大。若活塞上对称安装一对单向型密封圈（如 CJ2Q 系列），其低摩擦方向是双向的。间隙密封形式是指活塞及活塞杆的滑动部位是间隙密封，不仅滑动阻力小，且长时间放置后，滑动阻力也不变，低摩擦方向且是双向的。间隙密封低摩擦气缸寿命长，可行走100000km 或往返1亿次。

各种低摩擦气缸的主要技术参数见表 5.4-20。

低摩擦气缸由于滑动阻力小，故最低使用压力很低，有微漏。滑动部位存有特殊润滑脂，故不必也不能给油润滑。除耐横向负载型外，活塞杆上不得承受横向负载，否则，滑动阻力会增大，造成气缸动作不良。

MQQL 系列低摩擦气缸的结构简图如图 5.4-65 所示。活塞杆是镀硬铬处理的碳钢，导筒、活塞和导向套都是不锈钢。活塞杆与导向套之间、活塞与导筒之间均为间隙密封。该系列采用滚珠导向套以提高承受横向负载的能力，如图 5.4-66 所示。

MQQ、MQM 系列低摩擦气缸可用于低压（最低压力为 0.005MPa）、高压（最高压力为 0.7MPa）、低速（最低速度为 0.3mm/s）、匀速、高速（最高速度为 3000mm/s）、高频（在短行程内每秒钟最高可往返 50 次）、低摩擦力（0.05N 左右的输出力也可实现稳定控制）等动作。MQML□H 系列缸内无固定节流孔，故可实现高速、高频动作。

表 5.4-20 低摩擦气缸的主要技术参数

密封形式	系列	缸径/mm	动作方式	低摩擦方向	使用压力范围/MPa	允许泄漏量/(L/min)(ANR)	动作速度/(mm/s)	最大行程/mm	给油	缓冲	品种
弹性密封	CJ2Q	10、16	双向		0.03~0.07		50~750	200		垫缓冲	标准型的扩展品种
	CM2Q	20、25、32、40			0.025~0.7			1000			
	CG1□Q	20、25、32、40	单向			<0.5	~500	1000		无	
		50、63、80、100								垫缓冲	
	MB□Q	32、40、50、63、80、100			0.01~0.7			800		无	
	CA2□Q										
	CS1□Q	125、140、160			0.005~0.7			1600		无	
	CQS-XB18	12、16	单杆双作用		0.03~0.7			30	不给油		特注品
		20、25			0.025~0.7			50			
	CQ2-XB18	30、40						100			
		50、63、80、100			0.01~0.7						
间隙密封	MQQT	10、16、20、25、30、40		双向	0.005~0.5	1.5~4	0.3~300			垫缓冲	标准型
	MQQL				0.005~0.7		0.5~500				耐横向负载型
	MQML	6			0.02~0.7		0.5~1000	100			
		10、16、20、25			0.005~0.7	1.5~3					
	MQML□H	10、16、20、25			0.01~0.7		5~3000				高速、高频型
	MQP	4、6、10、16、20	单作用	单向	0.001~0.7	<1.0	—	10			

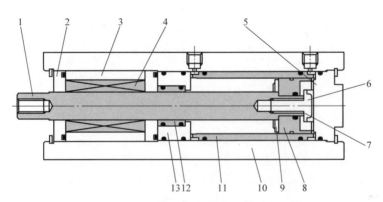

图 5.4-65 MQQL 系列低摩擦气缸的结构简图
1—活塞杆 2—杆盖 3—外导套 4—滚珠导向套 5—底盖 6—螺钉
7、9—缓冲垫 8—活塞 10—缸筒 11—导筒 12—导向套 13—导筒座

MQQ、MQM 系列低摩擦气缸的允许动能图线如图 5.4-67 所示。

MQP 系列是单作用（外力返回）低摩擦气缸，没有活塞的活塞杆内为中空的，可动件质量更轻，尺寸精度高，可精确控制 0.01N 左右的输出力。活塞杆前端不与装置或工件直接连接，保证活塞杆前端的球表面与外部装置的平面形成点接触，并保持活塞杆轴心线与负

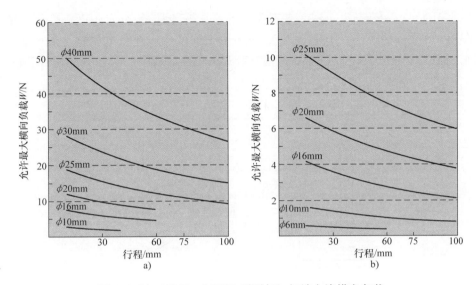

图 5.4-66　MQQL、MQML 系列气缸杆端允许横向负载
a) MQQL 系列　b) MQML 系列

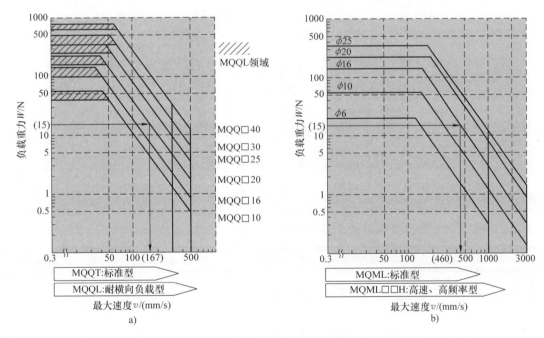

图 5.4-67　MQQ、MQM 系列低摩擦气缸的允许动能图线
a) MQQT、MQQL 系列　b) MQML/MQML□□H 系列

载的移动方向一致。装置上的气缸安装面允许角度偏差在 3°以内，最好在 1°以内，以防杆上出现横向负载造成球面接触部横向滑行、推力降低。

单向型低摩擦气缸在低摩擦方向的速度控制应使用进气节流。若使用排气节流，由于存在背压，滑动阻力会增大。

低摩擦气缸可用于低速下输出力的恒定控制。图 5.4-68 用于接触压力控制和张力控制。

随着卷筒外径的减小（卷筒上可以是塑料膜、纸等），低摩擦气缸发生微小变位，精密减压阀立即响应，以维持接触压力不变。图 5.4-69 用于维持作用在移动物体上的力 f 不变。例如，切断表面有点波浪不平的玻璃。这种控制回路，必须使用精密减压阀进行压力控制，不能设置节流回路，否则缸内压力下降，就不能控制输出力的恒定了。

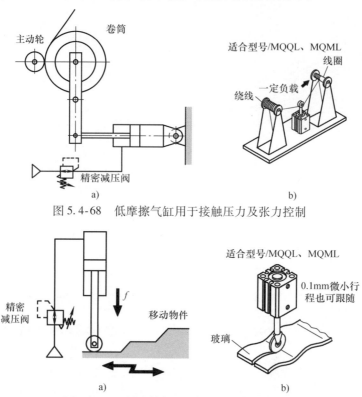

图 5.4-68　低摩擦气缸用于接触压力及张力控制

图 5.4-69　低摩擦气缸用于推力的恒定控制

低摩擦气缸可用于低速、等速驱动，其控制回路如图 5.4-70 所示。这种回路不能控制气缸输出力，因此应使用低速控制用双向速度控制阀及间隙密封电磁阀。若使用弹性密封电磁阀，由于主阀芯上的润滑脂的流出，会增大气缸的滑动阻力。

低摩擦气缸可用于高速、高频驱动，其控制回路如图 5.4-71 所示。应使用间隙密封电磁阀控制气缸，以适合高速、高频要求。可应用于高速传送带上推出不合格产品，在薄板上高频冲出一系列的孔等。

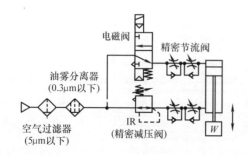

图 5.4-70　低摩擦气缸用于低速、等速驱动回路

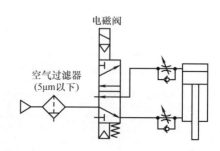

图 5.4-71　低摩擦气缸用于高速、高频驱动回路

(六) 平稳运动气缸（□Y 系列）

平稳运动气缸是指在一定条件下，气缸会以很小脉动的平均速度运动。图 5.4-72 所示为两个平稳运动气缸的运动特性线实例，在 5mm/s 下也能稳定动作，无爬行现象。

平稳运动气缸采用特殊的双向密封圈和特殊的润滑脂，故可实现双向低摩擦动作。可从两侧通口同时加压。若单侧加压（另一侧通大气），可实现低摩擦动作，如同单向型低摩擦气缸一样。图 5.4-73 所示为平稳运动气缸和标准气缸的滑动阻力随使用压力变化的比较。可见滑动阻力平稳运动气缸比标准气缸小一半。

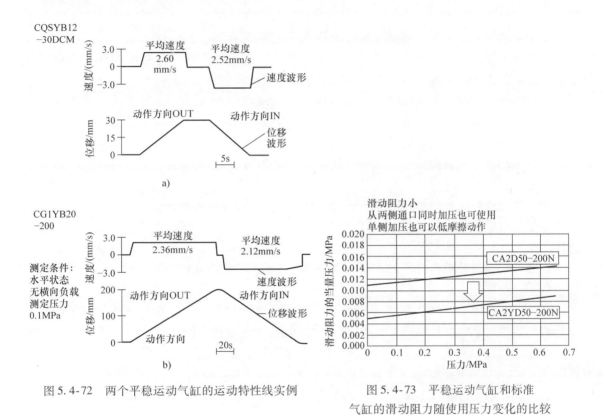

图 5.4-72 两个平稳运动气缸的运动特性线实例

图 5.4-73 平稳运动气缸和标准气缸的滑动阻力随使用压力变化的比较

平稳运动气缸的主要技术参数见表 5.4-21。平稳运动气缸不能高频动作（应在 30 次/min 以内），不得承受过大的横向负载，不要用于有振动的装置上。滑动部位不许损伤变形，气缸安装时不许别劲，避免使用造成滑动阻力变化的导轨，行程长时应有外部导向支承。滑动部位应使用本公司指定的润滑脂，且不许擦掉气缸滑动部位的润滑脂。

表 5.4-21 平稳运动气缸的主要技术参数

系列	CQSY	CQ2Y		CM2Y		CG1Y		CA2Y	
缸径/mm	12、16	20、25	32、40	50、63 80、100	20、25 32、40	20、25 32、40	50、63 80、100	40	50、63 80、100
使用压力范围/MPa	0.03~0.7	0.02~0.7	0.02~0.7	0.01~0.7	0.02~0.7	0.02~0.7	0.01~0.7	0.02~0.7	0.01~0.7

(续)

系列	CQSY	CQ2Y	CM2Y	CG1Y	CA2Y
泄漏量/(L/min)(ANR)	0.5				
活塞速度/(mm/s)	5~500				
给油	不给油				
缓冲	垫缓冲			无缓冲	

平稳运动气缸使用时，必须配合合理的调速回路。

气缸水平运动时，双向应采用进气节流，防止气缸急伸。双向也可使用双向调速阀调速，不仅可防止气缸急伸，而且能得到更稳定的低速运动。

气缸垂直运动时，双向都应使用双向调速阀。举起重物时，可在有杆侧双向调速阀的进口设置带单向阀的减压阀；吊起重物时，可在无杆侧双向调速阀的进口设置带单向阀的减压阀，可有效减少向下急速运动及向上运动的延迟。

低速运动时，应选用低速调速阀及低速双向调速阀。当然，使用低速调速阀时，最大速度会受限制。

调速阀与气缸通口间的配管应尽量短，有利于稳定的速度控制。

供给压力应足够，以防止由于负载状况变化使低速、低压运行不稳定或限制了最大速度。

注意，气缸滑动阻力的增大，有可能是因配管阻力增大造成的。

（七）低速气缸（□X 系列）

在很低的速度下（如 0.5~1mm/s）也能平稳无爬行动作的气缸称为低速气缸。低速气缸长时间放置后，也不易出现急伸动作的平稳起动。该系列可用于讨厌冲击动作的低速搬送工件。低速气缸□X 系列的外部尺寸与相应的标准气缸完全相同，但密封圈和润滑脂是不同的。

□X 系列低速气缸的主要技术参数见表 5.4-22。低速气缸是不给油润滑。

表 5.4-22　□X 系列低速气缸的主要技术参数

系列	CJ2X	CUX	CQSX		CQ2X		CM2X
缸径/mm	10、16	10、16	20、25、32	12、16	20、25	32、40	50、63、80、100	20、25、32、40
使用压力范围/MPa	0.06~0.7	0.06~0.7	0.03~1	0.025~1	0.025~1	0.025~1	0.01~1	0.025~1
活塞速度/(mm/s)	1~300	1~300	0.5~300	1~300	0.5~300	0.5~300	0.5~300	0.5~300
内泄漏/(L/min)(ANR)	0.1	0.1（仅 CUX10）	—				—	

低速气缸合理的调速回路与平稳运动气缸的调速回路相同。因 CJ2X 和 CUX10 的结构上有内泄漏，故不能用排气节流进行低速控制。

另外，气缸的特注品中，也有低速气缸。"-XB9"系列的缸速为 15~50mm/s，"XB13"系列的缸速为 5~50mm/s。

(八) 不锈钢气缸 (CJ5.S、CG5.S 系列)

气缸的外部金属件全使用不锈钢 (SUS304) 的气缸称为不锈钢气缸。目前有 CJ5.S (ϕ10mm、ϕ16mm) 和 CG5.S (ϕ20~ϕ100mm) 两个系列。其外形如图 5.4-74 所示。使用特殊防尘圈，可防止水等侵入气缸内部。此类气缸使用食品机械用的润滑脂，故在食品、饮料、医药品等设备机械上可放心使用。外部形状可抑制液体及异物的滞留。在水滴飞溅及含有某些化学品的环境中，此类气缸有很高的耐腐蚀性，但不可把气缸放在水中或化学液中使用。带磁性开关时，不可在有油分及化学品的环境中使用。因气缸较重，宜脚座式安装，不宜单侧法兰型支持。

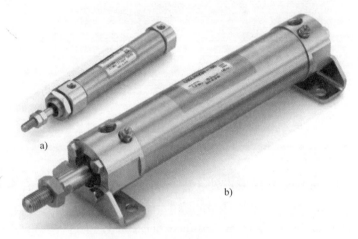

图 5.4-74 不锈钢气缸的外形
a) CJ5.S b) CG5.S

(九) 高耐水气缸 (HY□系列)

气缸缸体使用铝材制造，外形设计成平滑顺畅 (无沟槽及凹部等)，使得细菌无处藏身，并易于喷水清洗的气缸称为高耐水气缸，也有人称为卫生气缸。目前有 HYQ (ϕ20~ϕ63mm)、HYC (ϕ32~ϕ63mm)、HYG (ϕ20~ϕ63mm) 和 HYB (ϕ20~ϕ100mm) 4个系列。外形如图 5.4-75 所示。使用特殊防尘圈及食品用润滑脂，此类气缸可用于水滴飞溅的环境中，比标准气缸的扩展品种中的耐水气缸的耐水能力高5倍。

图 5.4-75 高耐水气缸的外形
a) HYQ b) HYC c) HYG d) HYB

不锈钢气缸及高耐水气缸的密封件材质有 NBR 和 FKM 两种，适应不同的使用环境。此类气缸可以安装耐水性强的磁性开关，其保护等级为 IP67。不使用的安装孔都用柱形螺塞堵住。呼吸孔上用配管引至水飞散的环境之外。各种气缸的耐水性及耐腐蚀性比较如图 5.4-76 所示。

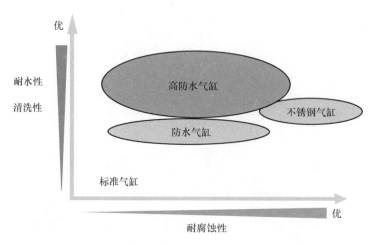

图 5.4-76　各种气缸的耐水性及耐腐蚀性比较

（十）三位气缸（RZQ 系列）

这种气缸除缩回位置和全行程位置外，还增加一个可自由指定（在全行程范围内）的中位停止位置（行程间隔 5mm，可选规格间隔 1mm），故称为三位气缸。

三位气缸的缸径有 φ32mm、φ40mm、φ50mm 和 φ63mm，全行程为 25～300mm。使用压力范围为 0.1～1.0MPa，活塞运动速度为 50～300mm/s。中位停止的重复精度在 ±0.02mm 以下。

三位气缸的外形及动作原理如图 5.4-77 所示。A 通口加压，处于初始缩回状态（见图 5.4-77b）。A、C 通口同时加压，气缸伸至中停位置（见图 5.4-77c）。A、B 和 C 通口同时加压，气缸伸至全行程（见图 5.4-77d）。大直径缸筒式活塞杆能承受较大的横向负载。

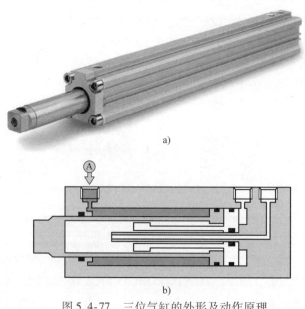

图 5.4-77　三位气缸的外形及动作原理
a）外形　b）动作原理

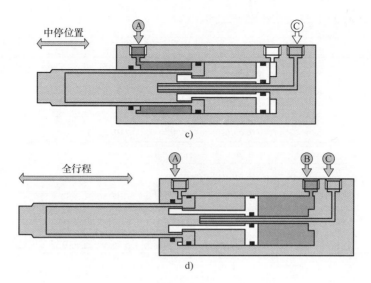

图 5.4-77 三位气缸的外形及动作原理（续）
c)、d) 动作原理

(十一) 气液增压缸

以压缩空气为动力源，利用气缸侧受力与液压缸侧受力相等原理，用低压的气压力获得高压的油压力的气液缸，称为气液增压缸，其工作原理如图 5.4-78 所示。在不计该缸的摩擦阻力时，有 $p_A A = p_B B$，故气液增压缸的增压比

$$p_B/p_A = A/B \tag{5.4-1}$$

式中　p_A——气压力；
　　　p_B——油压力；
　　　A——气压侧受压面积；
　　　B——油压侧受压面积。

油压侧的输出油量

$$V = BL \tag{5.4-2}$$

式中　L——推杆行程。

气液增压缸的外形如图 5.4-79 所示。

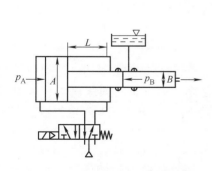

图 5.4-78　气液增压缸的工作原理

图 5.4-79　气液增压缸的外形

部分气液增压缸的主要技术参数见表 5.4-23。

表 5.4-23 部分气液增压缸的主要技术参数

型号	增压比	最高输入气压力/MPa	最高输出油压力/MPa	输出油量/cm³	液压缸缸径/mm			
					50	63	80	100
					高压行程/mm			
CA1BH63-100-5D-XB4	6	0.69	4.1	100	51	32	20	13
CDQ2L140-P4578-180	12.25	1.00	12.3	180	92	58	36	23
CQ2L100-P0987-238	16	0.87	13.9	100	51	32	20	13
CS1LH200-Q6410-165	25	0.56	14.0	165	84	53	33	21
CS1LH160-Q6528-80	32.7	0.40	13.1	80	41	26	16	10
CS1LH200-Q8405-350	44	0.32	14.1	350	178	112	70	45

气液增压缸的增压比可从几倍至几十倍，故输出力极大，但动作行程短，故适合需要极大输出力、但动作行程短的工作，如去毛刺、打印记、冲孔、弯料、压延、铆接、作为夹具等。机床夹具动作时间短、夹持时间长，理论上夹持时间是不耗能的。若使用液压夹具，夹持时间内液压泵也得运转而耗能，故气液增压器能够节能。

应用举例（见图 5.4-80）：某轴压入轴套内，深 15mm，为过盈配合，需输出力为 60kN，需要选择主要元件。选安全系数为 2，则液压缸有效输出力应为 120kN 左右。选供气压力为 0.56MPa 及增压比为 25，则油压力应为 14MPa。根据最高输出油压力及增压比应选气液增压缸为 CS1LH200-Q6410-165。根据液压缸的有效输出力及增压比，推算出液压缸缸径为 104mm，故应选液压缸为 CHD-KGL100-100（最高使用压力为

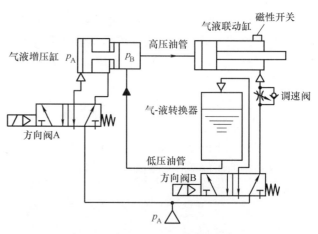

图 5.4-80 气液增压缸的应用例回路

16MPa）。气液增压缸的液压缸的有效高压行程为 21mm，输出油量为 165mL。气液转换器应选 CCT100-200，两个方向电磁阀可选 SY7120-5LZD-02。

（十二）定位器

由控制信号控制执行元件的位移，且位移与控制信号成比例变化的元件称为定位器。控制信号是电信号（电流大小），则为电-气定位器；若是气信号（气压大小），则为气-气定位器。作为被控制的执行元件，可以是直线位移（行程）的气缸、薄膜阀等，也可以是角位移的摆动气缸、转阀等。在周围环境有爆炸因素的场合，应选用气-气定位器。有防爆功能的电-气定位器才可用于相适应的防爆场所。

（1）气缸定位器（IP200 系列）

图 5.4-81 所示为 IP200 系列气缸定位器的外形及动作原理图。信号压力从输入口 IN 流入输入腔内，在压力作用下输入膜片向左方移动，则喷嘴内背压升高。在喷嘴背压的作用

下,膜片 A 上产生的力大于膜片 B 上产生的力,使阀芯左移。从 SUP 口供给的压力便流入 OUT1 侧,OUT2 侧则从 EXH 口排气,缸杆向右伸出,通过连接杆拉动反馈弹簧,直到弹簧力与输入膜片产生的力相平衡,则气缸便停止在与信号压力相对应的位置上,缸杆动作便确保得到与输入的信号压力成比例变化的位置上。

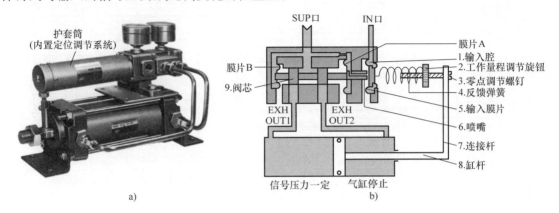

图 5.4-81 IP200 系列气缸定位器的外形及动作原理图
a) 外形 b) 动作原理

气缸定位器的气动回路例如图 5.4-82 所示。它是由电－气比例阀向 IP200 提供输入的信号压力。电－气比例阀 ITV2000 系列的输入电气信号与输出气压信号的关系如图 5.4-83 所示。IP200 系列的输入气压信号与气缸行程的关系如图 5.4-84 所示。可见,若气缸行程为 0mm 是零点,工作量程是行程 100mm,则 IP200 对应的信号压力应为 20kPa 和 100kPa,ITV2000 对应的输入电压应为 DC2V 和 DC10V。按线性关系,当气缸行程至 50mm 时,信号压力应为 60kPa,对应输入电压应为 DC6V。

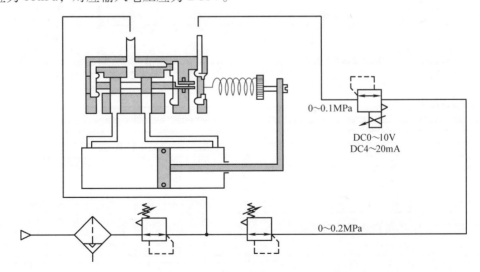

图 5.4-82 气缸定位器的气动回路例

零点调整:输入供气压力后,ITV2000 应输入 DC2V,以向 IP200 提供 20kPa 的输入信号压力。若定位器不动作或低于 20kPa 就已开始动作,则应先卸下护套筒,松开零调螺钉的锁母,重新调整零调螺钉至刚要开始动作的位置,再拧紧锁母。

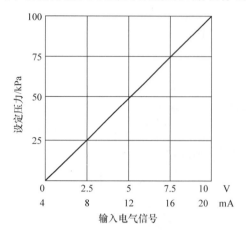

图 5.4-83 ITV2000 系列的输入电气信号与输出气压信号的关系

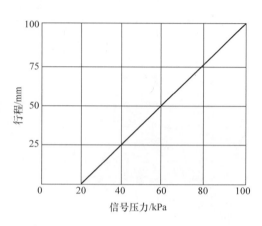

图 5.4-84 IP200 系列的输入气压信号与气缸行程的关系

工作量程调整:卸下护套筒,逐渐升高输入电压,带动信号压力逐渐升高,并同时不断调整工作量程调节旋钮,直至输入电压达 DC10V 时,信号压力达 100kPa,而气缸行程达 100mm,则调整完成,再装上护套筒。

IP200 系列气缸定位器的主要技术参数见表 5.4-24。

表 5.4-24 IP200 系列气缸定位器的主要技术参数

缸径/mm	适合行程范围/mm	供给压力/MPa	先导压力/MPa	最大流量/(L/min)(ANR)(0.5MPa 时)	耗气量/(L/min)(ANR)(0.5MPa 时)	灵敏度	直线度	迟滞	重复精度	使用温度范围/℃	输出口口径	信号口口径
50~160	50~300	0.3~0.7	0.02~0.1	OUT1 为 255,OUT2 为 270	<22	小于 0.5% F.S.	小于 ±2% F.S.	小于 1% F.S.	小于 1% F.S.	-5~60	1/4	1/8

使用注意事项:

1) 应使用洁净、干燥、无油的压缩空气。

2) 必须控制活塞的运行速度不超过图 5.4-85 所示的最短行程时间,否则会导致行程不稳定、冲出定位位置。可在气缸与定位器之间设置调速阀来调节缸速。

3) 定位器不要设置在有振动、冲击的场合,以免影响定位器的性能。

(2) 气-气定位器 (IP5000 和 IP5100 系列)

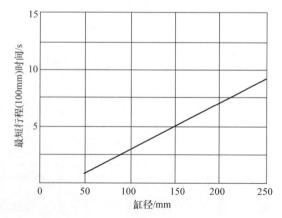

图 5.4-85 IP200 系列的最短行程时间

图 5.4-86 所示为气-气定位器的外形及动作原理图。图 5.4-86a 所示为杠杆式 IP5000 系列，图 5.4-86b 所示为回转式 IP5100 系列。

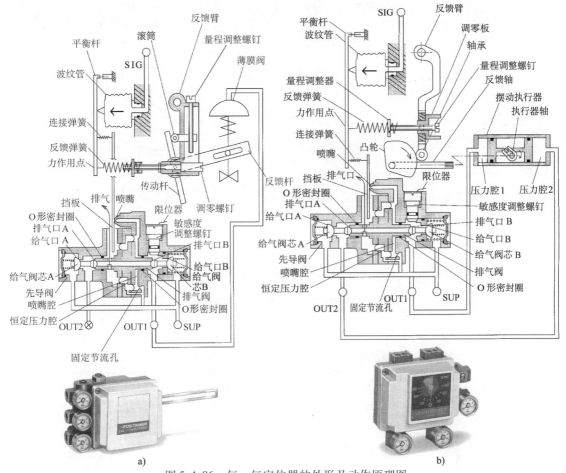

图 5.4-86 气-气定位器的外形及动作原理图
a) IP5000　b) IP5100

IP5000 系列：

定位器的信号口 SIG 的输入压力增加时，波纹管挤压平衡杆向左，通过连接弹簧，迫使挡板向左，则喷嘴与挡板之间的距离变宽，先导阀的喷嘴背压下降，结果，恒定压力腔的压力平衡被破坏，排气阀将给气阀芯 B 向右推，打开给气口 B。然后，输出压力 OUT1 上升，薄膜阀下移，通过反馈杆、传动杆和滚筒，使反馈臂右摆，导致反馈弹簧的拉伸力增大，并作用在平衡杆上，直到反馈弹簧的拉伸力与波纹管产生的力相平衡，薄膜阀才停止移动。因此，它通常设定在与输入压力成比例的位置上。当信号压力下降时，动作反向。

IP5100 系列：

定位器的信号口 SIG 的输入压力增加时，波纹管挤压平衡杆向左，通过连接弹簧，迫使挡板向左，则喷嘴与挡板之间的距离变宽，先导阀的喷嘴背压下降，结果，恒定压力腔的压力平衡被破坏，排气阀将给气阀芯 B 向右推，打开给气口 B，然后，输出压力 OUT1 上升。与此同时，排气阀右移，打开排气口 A，输出压力 OUT2 下降。因此，摆动执行器的压力腔 1 和压力腔 2 的压力不同，执行器轴按箭头方向转动。通过拨叉杠杆，执行器轴与反馈轴相连，带动凸轮也按箭头方向转动，推动轴承使反馈臂向右摆，使反馈弹簧的拉伸力增大，并作用在平衡杆上,直到反馈弹簧的拉伸力与波纹管产生的力相平衡,摆动执行器才停止移动。因此,它通常设定在与输入压力成比例的位置上。

(3) 电-气定位器(IP8000 和 IP8100 系列)

图 5.4-87 所示为电-气定位器的外形及动作原理图。图 5.4-87a 所示为杠杆式 IP8000 系列,图 5.4-87b 所示为回转式 IP8100 系列。

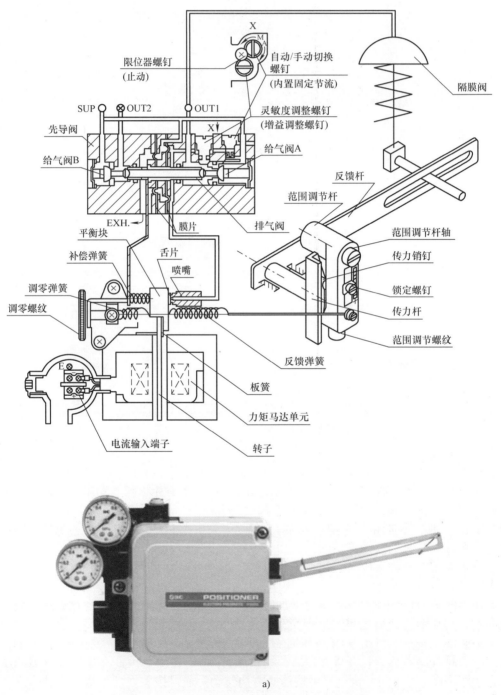

图 5.4-87 电-气定位器的外形及动作原理图
a) IP8000

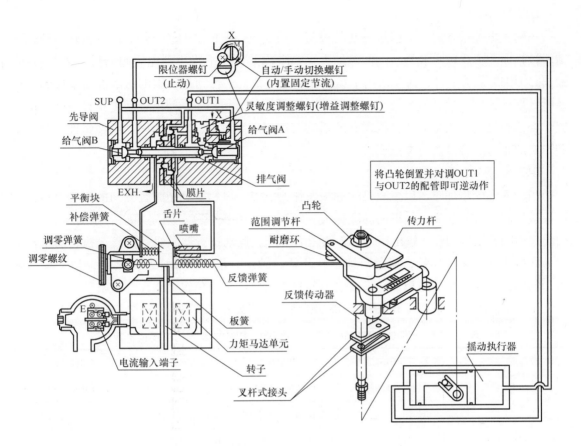

b)

图 5.4-87 电-气定位器的外形及动作原理图（续）
b) IP8100

IP8000 系列：

当输入电流增加时，以扭矩马达的板簧作为支点，电枢受到逆时针方向的回转力矩，平衡块被推向左方，喷嘴和挡板的间隙加大，喷嘴内的背压下降，则先导阀的排气阀芯右移，输出口 OUT1 压力上升，薄膜阀向下运动，通过反馈杆、传动杆、靠传动销推动量程调节杆逆时针摆动，则反馈弹簧受拉力，与输入电流产生的力相平衡，使电枢回复至设定的平衡位置。补偿弹簧的作用是立即将排气阀的运动反馈到平衡块上，以提高闭环的稳定性。改变零调弹簧的张力，便可进行零点调节。

IP8100 系列：

当输入电流增加时，以扭矩马达的板簧作为支点，电枢受到逆时针方向的回转力矩，平衡块被推向左方，喷嘴和挡板的间隙加大，喷嘴内的背压下降，则先导阀的排气阀芯右移，输出口 OUT1 压力上升，输出口 OUT2 的压力下降，摆动执行器顺时针回转。执行器主轴用拨叉式接头与反馈轴连接，通过反馈轴、凸轮、轴承、量程调节杆及传动杆，拉动反馈弹簧，与输入电流产生的力相平衡，使电枢回复至设定的平衡位置。

IP5000、IP5100 系列及 IP8000、IP8100 系列的主要技术参数见表 5.4-25。

表 5.4-25　IP5000、IP5100 系列及 IP8000、IP8100 系列的主要技术参数

项目		IP5000		IP5100		IP8000		IP8100	
		杠杆型杠杆式		回转型凸轮式		杠杆型杠杆式		回转型凸轮式	
		单作用	双作用	单作用	双作用	单作用	双作用	单作用	双作用
供给压力/MPa		0.14 ~ 0.7							
信号压力/MPa		0.02 ~ 0.1				—			
输入电流/mA		—				DC4 ~ 20			
输入阻抗/Ω		—				235 ± 15			
位移		10 ~ 85mm		60° ~ 100°		10 ~ 85mm（允许偏转角 10° ~ 30°）		60° ~ 100°	
灵敏度		≤0.1% F.S.		≤0.5% F.S.		≤0.1% F.S.		≤0.5% F.S.	
直线度		≤ ±1% F.S.		≤ ±2% F.S.		≤ ±1% F.S.		≤ ±2% F.S.	
迟滞		0.75% F.S.		≤1% F.S.		0.75% F.S.		≤1% F.S.	
重复精度		≤ ±0.5% F.S.							
输出流量/(L/min)(ANR)	0.14MPa	>80							
	0.4MPa	>200							
空气消耗量/(L/min)(ANR)	0.14MPa	<5							
	0.4MPa	<11							

(续)

项目	IP5000 杠杆型杠杆式		IP5100 回转型凸轮式		IP8000 杠杆型杠杆式		IP8100 回转型凸轮式	
	单作用	双作用	单作用	双作用	单作用	双作用	单作用	双作用
环境及使用流体温度/℃	−20~80				−20~80（非防爆）、−20~60（耐压防爆）			
温度系数	≤0.1% F.S. /℃							
防爆构造	—				有耐压防爆构造：ExdⅡBT5（带端子箱）			
空气连接口径	Rc1/4							

杠杆型可以控制薄膜阀的开度和气缸的位置，如图 5.4-88a、b 所示。回转型可控制单作用执行器和双作用执行器，如图 5.4-88c、d 所示。

使用时，耐压防爆型必须安装好端子盖及定位器盖，通电时不得拆卸盖。未使用时，配管通口堵头不要拆卸，以防水等进入。

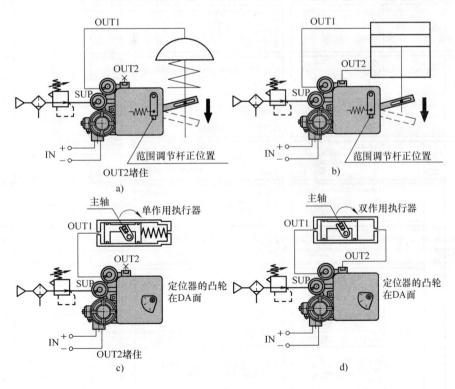

图 5.4-88　IP5000、IP5100 及 IP8000、IP8100 系列的应用例

第五节 气爪（MH、MIW、MIS 等系列）

气爪用于抓起工件。

根据工件的形状、大小、使用环境及作业目的等多方面要求的不同，气爪的品种规格很多。常见气爪系列及其特长如图 5.5-1 所示。

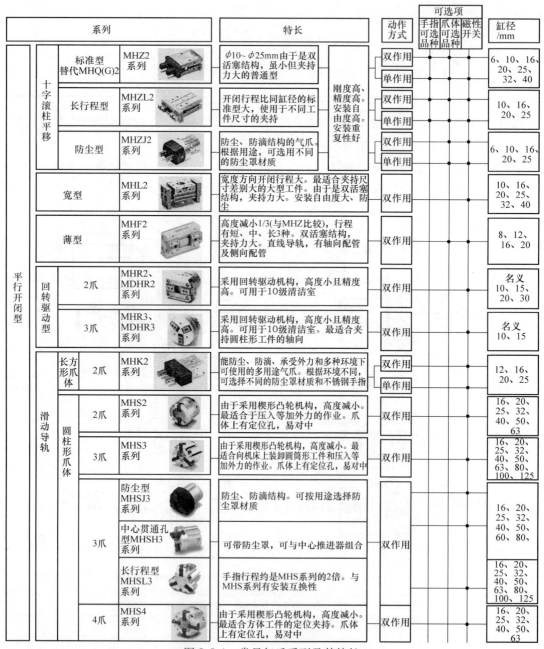

图 5.5-1 常见气爪系列及其特长

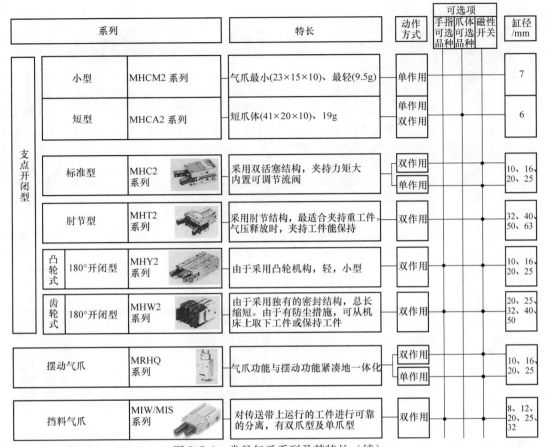

图 5.5-1 常见气爪系列及其特长（续）

手指可选品种如图 5.5-2 所示。爪体可选品种如图 5.5-3 所示。

一、结构原理

一般是在气缸活塞杆上连接一个传动机构，来带动气爪指作直线平移或绕某支点开闭，以夹紧或释放工件。

下面介绍几种气爪的结构原理。

图 5.5-4 所示为 MHF2 系列气爪结构原理图。两个齿条通过接头分别与两个手指连接，手指通过一组钢球在导轨上作平行移动。当 A 口进气、B 口排气时，两齿条由小齿轮传递，两手指分开；反之，两手指靠拢便可夹持工件。

图 5.5-5 所示为 MHZ2 - □D 气爪的结构原理图。当 A 口进气 B 口排气时，气缸活塞杆 3 伸出，通过杠杆 2 绕杠杆轴 4 回转，带动两个手指 6 通过一组钢球 1 在导轨 5 上作向外直线运动，两手指便张开，松开工件。止动块 7 限制手指张开行程，定位销 8 保证直线导轨不错位。

图 5.5-6 所示为 MHL2 系列气爪的结构原理图。爪体 9 的两侧有一对手指 1。左手指用前活塞杆 2 及后齿条杆 3 相连，右手指用前齿条杆 6 及后活塞杆 8 相连。爪体固定时，通过爪体侧面的通口进排气，通过两个活塞 10 及两个活塞杆 2、8，带动左手指向左、右手指向右。与此同时，两齿条杆靠齿轮轴 5 上的齿轮 4 也作同步反向运动。

图 5.5-2 手指可选品种

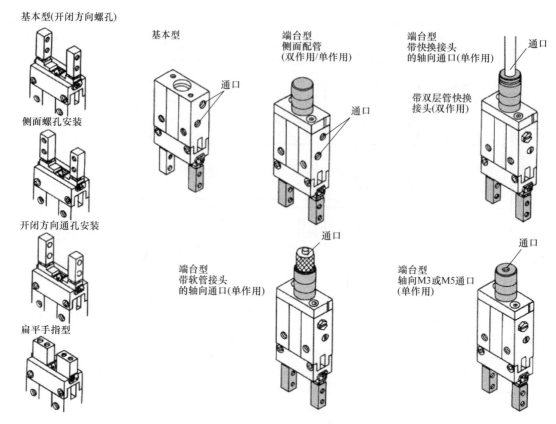

图 5.5-3 爪体可选品种

注：端台型，在爪体上部的圆筒形部件，可用于爪体安装，可用于爪体侧面安装螺孔不能使用的场合。

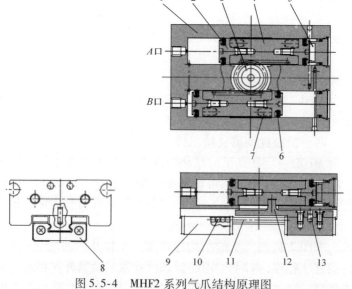

图 5.5-4 MHF2 系列气爪结构原理图

1—主体 2—活塞 3—小齿轮 4—齿条 5—缓冲垫 6—活塞密封圈
7—磁环 8—止动块 9—手指 10—钢球 11—导轨 12—接头 13—圆筒滚柱

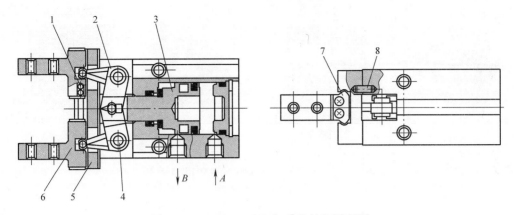

图 5.5-5　MHZ2-□D 气爪的结构原理图
1—钢球　2—杠杆　3—活塞杆　4—杠杆轴
5—导轨　6—手指　7—止动块　8—定位销

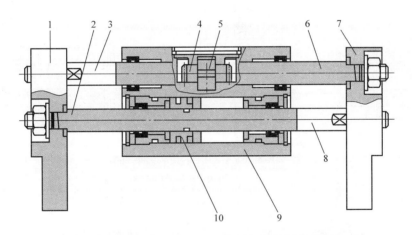

图 5.5-6　MHL2 系列气爪的结构原理图
1、7—手指　2—前活塞杆　3—后齿条杆　4—齿轮　5—齿轮轴　6—前齿条杆
8—后活塞杆　9—爪体　10—活塞

MHSH3 系列气爪的中心带贯通孔,可以安装中心推进器,借助它可以把工件可靠地插入加工设备的夹头内。推进器有气缸式(见图 5.5-7a)和弹簧式(见图 5.5-7b)两种。其控制回路如图 5.5-8 所示。弹簧式推进器的弹簧力为 6~59N。在 0.5MPa 时,气缸式推进器的推力为 45~524N,推进器行程为 5~15mm。ϕ16mm、ϕ20mm 和 ϕ25mm 气爪不带防尘罩,且不能安装中心推进器。

图 5.5-9 所示为 MHT2 系列气爪的结构原理图。气缸 3 的活塞杆推动接头 4 伸缩,通过杠杆 5,则手指 1 可绕轴 2 摆动进行开闭。

MIW/MIS 系列气爪的工作原理如图 5.5-10 所示,其结构原理如图 5.5-11 所示。它除用于分离连续运行的工件外,也可用于从振动送料器、仓库和漏斗处分离或送进各类连续流动的物料。

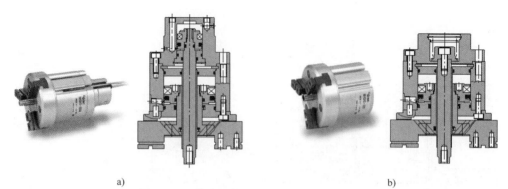

图 5.5-7　带中心推进器的气爪 MHSH3 系列
a) 气缸式　b) 弹簧式

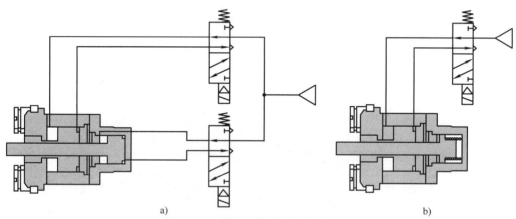

图 5.5-8　带中心推进器的控制回路
a) 气缸式　b) 弹簧式

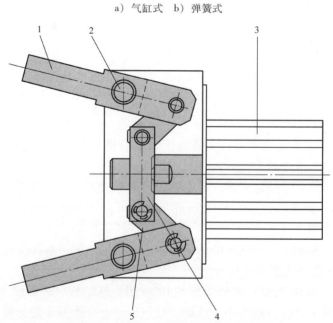

图 5.5-9　MHT2 系列气爪的结构原理图
1—手指　2—轴　3—气缸　4—接头　5—杠杆

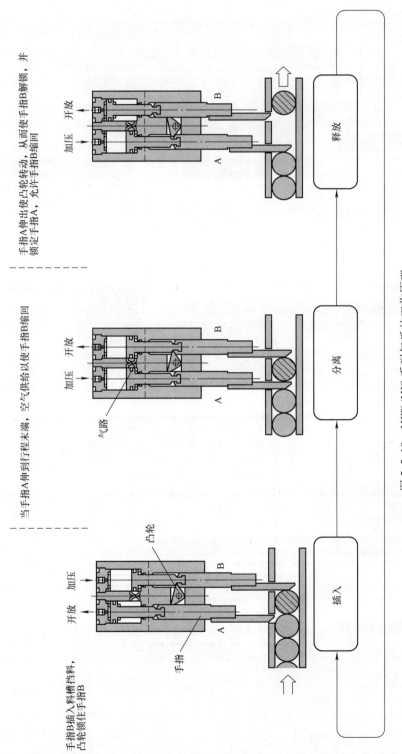

图 5.5-10 MIW/MIS 系列气爪的工作原理

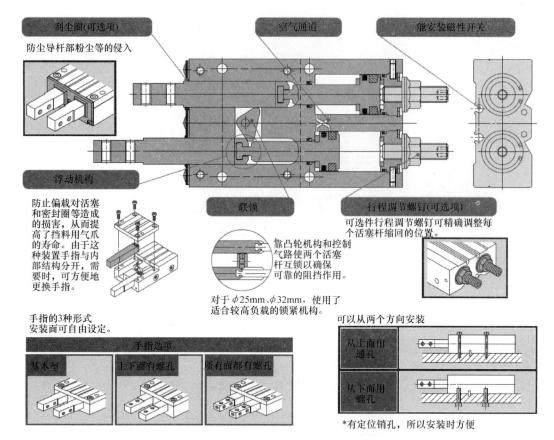

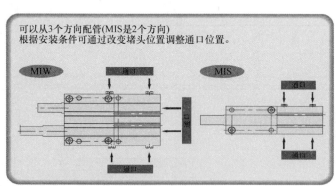

图 5.5-11　MIW/MIS 系列气爪的结构原理

二、主要技术参数（见表 5.5-1 和表 5.5-2）

表 5.5-1　气爪的主要技术参数（一）

系列	缸径 /mm	使用压力范围/MPa		环境及介质温度/℃	夹持力/N[①]				开闭行程[②]（两侧）/mm
		双作用	单作用		双作用		单作用		
					外径夹持	内径夹持	外径夹持	内径夹持	
MHZ2	φ6~φ40	φ6：0.15~0.7	0.3~0.7		3.3~254	6.1~318	1.9~217	3.7~267	4~30
MHZL2	φ10~φ25	φ10：0.2~0.7	0.35~0.7	-10~60	11~65	17~104	7.1~50	13~85	8~22
MHZJ2	φ6~φ25	其余：0.1~0.7	0.25~0.7		3.3~65	6.1~104	1.9~45	3.7~83	4~14

(续)

系列	缸径/mm	使用压力范围/MPa		环境及介质温度/℃	夹持力/N[①]				开闭行程[②]（两侧）/mm
		双作用	单作用		双作用		单作用		
					外径夹持	内径夹持	外径夹持	内径夹持	
MHL2	φ10~φ40	φ10：0.15~0.6 其余：0.1~0.6	—	−10~60	14~396	14~396	—	—	20~200
MHF2	φ8~φ20	φ8：0.15~0.7 其余：0.1~0.7	特注品		19~141		—		8~80
MDHR2	φ10~φ30	φ10：0.2~0.6 其余：0.15~0.6	—	0~60	12~58	12~59	—	—	6~18
MDHR3	10、15				7、13	6.5、12			6、8
MHK2	φ12~φ25	0.1~0.6	0.25~0.6		15~80	16~86	9~58	12~73	4~14
MHS2	φ16~φ63	φ16~φ25：0.2~0.6 φ32~φ125：0.1~0.6		−10~60	21~502	23~537			4~16
MHS3	φ16~φ125				14~1270	16~1320			4~32
MHSJ3	φ16~φ80				9~400	16~525			4~20
MHSH3	φ16~φ80				9~400	15~490			4~20
MHSL3	φ16~φ125				14~1270	16~1320			10~64
MHS4	φ16~φ63				10~251	12~268			4~16
MIW/MIS	φ8~φ32	0.2~0.7	—						8~50

① 夹持力是在 0.5MPa 下的值。
② MHS3、MDHR3 的开闭行程是指直径；MDHR2 的开闭行程是指两侧手指销的中心位置。

表 5.5-2 气爪的主要技术参数（二）

系列	缸径/mm	使用压力范围/MPa		环境及介质温度/℃	夹持力/N·m[①]		开闭角度（两侧）/(°)
		双作用	单作用		双作用外径夹持	单作用内径夹持	
MHCM2	φ7	—	0.4~0.6	−10~60	—	0.017	−7~20
MHCA2	φ6	0.15~0.6	0.3~0.6		0.038	0.024	−10~30
MHC2	φ10~φ25	0.1~0.6	0.25~0.6	−10~60	0.1~1.4	0.07~1.08	40
MHT2	φ32~φ63	0.1~0.6	—	5~60	12.4~106		25~31
MHY2	φ10~φ25	0.1~0.6	—	−10~60	0.16~2.28		183
MHW2	φ20~φ50	0.15~0.7	—	−10~60	0.3~8.27	—	184~186

① 夹持力矩是在 0.5MPa 下的值。

三、选型方法

用气爪夹持工件的外径和内径如图 5.5-12 所示。夹持力是指几个手指（及附件）一起完全与工件处于接触状态，在一个手指上所受的推力。夹持点距离是指夹持点至气爪导轨的距离。外伸量是指夹持点偏离气爪轴线的距离。

气爪型号的选定方法如图 5.5-13 所示。
1）根据工件大小、形状、质量和使用目的，选择平行开闭型或支点开闭型。
2）根据工件大小、形状、外伸量、使用环境及使用目的，选择气爪的系列。

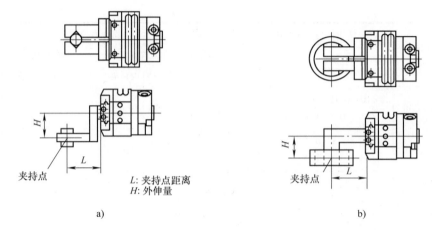

图 5.5-12 用气爪夹持工件的外径和内径
a) 夹持外径 b) 夹持内径

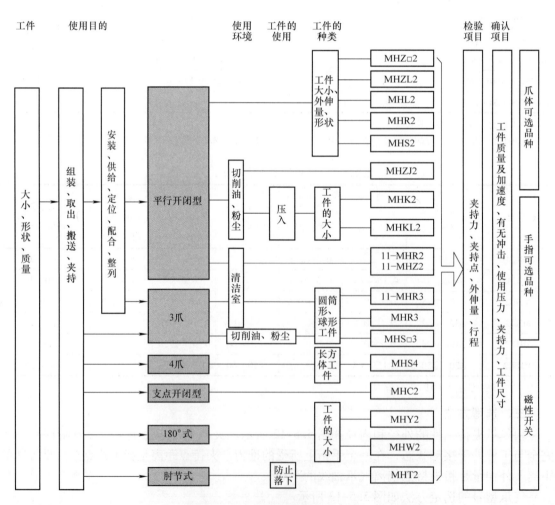

图 5.5-13 气爪型号的选定方法

3) 根据气爪夹持力大小、夹持点距离、外伸量及行程，选定气爪的尺寸，并进一步选定需要的可选项。

下面举例说明。

给出条件：气爪夹持重物如图 5.5-14 所示。气爪水平放置，夹持重物 0.1kg，夹持重物外径，夹持点距离 $L = 30\text{mm}$，向下外伸量 $H = 10\text{mm}$，使用压力 0.4MPa。

1) 计算夹持力：由图 5.5-15 可知，n 个手指的总夹持力产生的摩擦力 $n\mu F$ 必须大于夹持工件的重力 mg，考虑到搬送工件时的加速度及冲击力等，必须设定一个安全系数 α，故应满足

$$n\mu F > \alpha mg$$

即

$$F > \frac{\alpha mg}{n\mu} = \beta mg$$

式中　μ——摩擦系数，一般令 $\mu = 0.1 \sim 0.2$；
　　　α——安全系数，一般令 $\alpha = 4$；

$\beta = \frac{\alpha}{n\mu}$。对 2 个手指，$\beta$ 取 10~20；对 3 个手指，β 取 7~14；对 4 个手指，β 取 5~10。

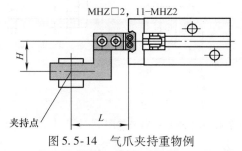

图 5.5-14　气爪夹持重物例　　　图 5.5-15　夹持力计算用图

本例若选用 2 个手指，则必要夹持力 $F = 20mg = (20 \times 0.1 \times 9.8)\text{N} = 19.6\text{N}$。由图 5.5-16 可知，$p = 0.4\text{MPa}$，$L = 30\text{mm}$ 时的夹持力为 24N，大于必要夹持力，故选 MHZ□2 - 16□是合格的。

2) 夹持点距离的确认：夹持点距离必须小于允许外伸量，否则会降低气爪的使用寿命。

由图 5.5-17 可知，MHZ□2 - 16□气爪当 $L = 30\text{mm}$，$p = 0.4\text{MPa}$ 时的允许外伸量为 13mm，大于实际外伸量 10mm，故选型合理。

3) 手指上外力的确认：MHZ□2 系列的最大允许垂直负载及力矩见表 5.5-3 及图 5.5-18。

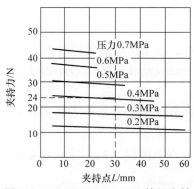 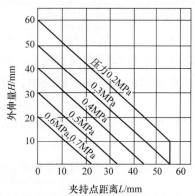

图 5.5-16　MHZ□2 - 16□外径夹持　　　图 5.5-17　MHZ□2 - 16□的允许外伸量

表 5.5-3　MHZ□2 系列的最大允许垂直负载及力矩

型号	允许垂直负载/N F_V	最大允许力矩/N·m		
		弯曲力矩 M_p	偏转力矩 M_y	回转力矩 M_r
MHZ□2-6	10	0.04	0.04	0.08
MHZ□2-10	58	0.26	0.26	0.53
MHZ□2-16	98	0.68	0.68	1.36
MHZ□2-20	147	1.32	1.32	2.65
MHZ□2-25	255	1.94	1.94	3.88
MHZ□2-32	343	3.00	3.00	6.00
MHZ□2-40	490	4.50	4.50	9.00

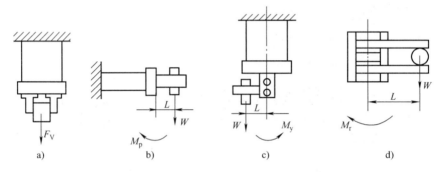

图 5.5-18　垂直负载及各种力矩的示意图
a) 垂直负载　b) 弯曲力矩　c) 偏转力矩　d) 回转力矩

由表 5.5-3 可知，MHZ□2-16 的允许垂直负载为 98N，最大允许弯曲力矩及偏转力矩均为 0.68N·m，最大允许回转力矩为 1.36N·m。本例仅存在弯曲力矩 $M_p = mgL = (0.1 \times 9.8 \times 0.03)$N·m $= 0.0294$N·m，远小于最大允许弯曲力矩，故选型合格。

四、使用注意事项

1) 有腐蚀性气体、化学药品、海水、水、水蒸气的氛围中或附着上述物质的场所，使用气爪应由本公司确认。

2) 碰到粉尘、切削油的场所，应选防尘型气爪。若对防尘罩及密封带材质有恶劣影响的情况下，不得使用。

3) 不给油气爪有预加润滑脂，可不给油工作。

4) 担心运动工件碰到人身或担心气爪夹住手指的场合，应安装保护罩。

5) 气爪不得跌落，以免造成变形，导致精度下降或动作不良。也不得受过大的外力及冲击力。

6) 安装气爪和附件时，螺纹紧固力矩应在允许范围内。手指上安装附件时，手指上不要受扭力。

7) 夹持点距离 L 和外伸量 H 应在气爪规定的允许范围内，以免手指承受过大力矩，降低寿命。

8) 气爪夹持工件时，考虑到工件尺寸误差及磁性开关存在磁滞，选用的开闭行程应有一定裕量。

9）安装在手指上夹持工件的附件应短且轻，以免开闭时的惯性力过大，使手指夹不住工件或影响气爪寿命。

10）对极细、极薄的工件，为防止夹持不稳、位置偏移等，在附件上应设置退让空间，如图 5.5-19 所示。

11）调整时，往返动作中的手指不得受横向负载或冲击负载，以防手指松动或破损。在气爪移动的行程末端，工件和附件不要碰上其他物体，应留有间隙，如图 5.5-20 所示。

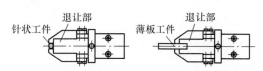

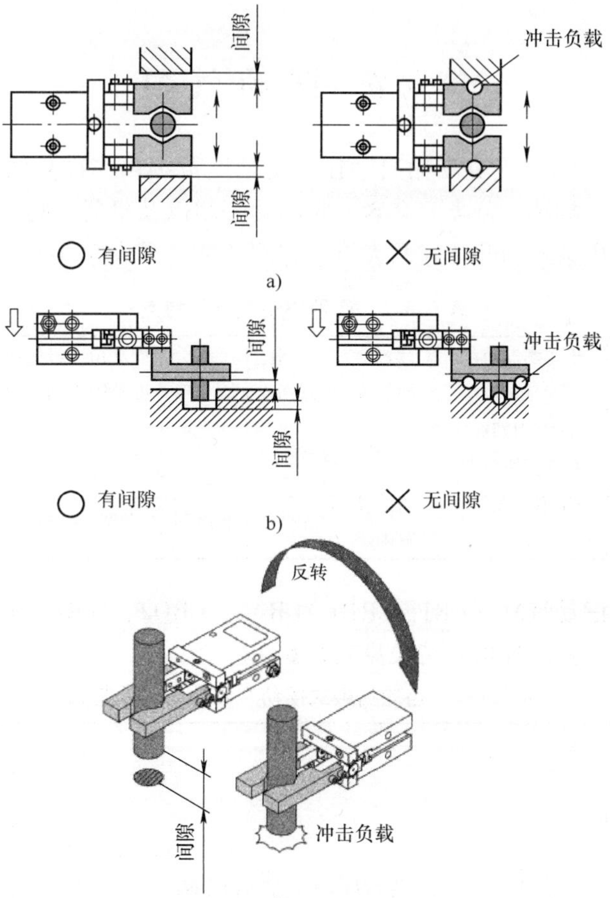

图 5.5-19　极细、极薄工件，在附件上应有退让空间

图 5.5-20　气爪调整时，注意各处留有间隙
a）气爪开启的行程端部　b）气爪移动的行程端部　c）反转动作时

12）插装工件时要充分对中，以免手指受到意外的力。调试时，可依靠手动或低压驱动气缸作低速运动，以确保安全无冲击，如图 5.5-21 所示。

13）用速度控制阀来调节手指的开闭速度不要太快，以免手指受过大的冲击力。

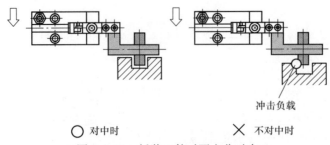

图 5.5-21 插装工件时要充分对中

14) 卸气爪时,应先确认没有夹持工件,并释放完压缩空气后再拆卸。

15) 遇到停电或气源出现故障,气压下降,造成工件脱落的场合,应采取防止落下的措施。

第六节 摆动气缸

摆动气缸是利用压缩空气驱动输出轴在一定角度范围内作往复回转运动的气动执行元件。用于物体的转位、翻转、分类、夹紧、阀门的开闭以及机器人的手臂动作等。

摆动气缸有齿轮齿条式和叶片式两大类。它们的特点见表 5.6-1。

表 5.6-1 两种摆动气缸的特点

品种	体积	质量	改变摆动角的方法	设置缓冲装置	输出力矩	泄漏	摆动角度范围	最低使用压力	摆动速度	用于中途停止状态
齿轮齿条式	较大	较大	改变内部或外部挡块位置	容易	较大	很小	可较宽	较小	可以低速	可适当时间使用
叶片式	较小	较小	调节止动块的位置	内部设置困难	较小	有微漏	较窄	较大	不宜低速	不宜长时间使用

一、齿轮齿条式摆动气缸(CRJ、CRJU、CRA1、CRQ2、MSQ、MSZ 系列)

齿轮齿条式摆动气缸的外形及特长见表 5.6-2。

表 5.6-2 齿轮齿条式摆动气缸的外形及特长

系列、缸径、外形	特长	选型要点
CRJ 系列,基本型 缸大小代号:0.5 (φ6mm),1 (φ8mm)	1) 小型、轻量 2) 配线、配管可集中在正面或侧面 3) 无齿隙 4) 不给油 本体上面、下面及背面可以安装	要求特别紧凑的场合
CRJU 系列,带外部限位器 缸大小代号:0.5 (φ6mm),1 (φ8mm)	1) 本体上面及背面可以安装 2) 角度可调整	1) 要求特别紧凑的场合 2) 要求角度可调的场合

(续)

系列、缸径、外形	特长		选型要点
CRA1系列，标准型 缸径：30mm、50mm、63mm、80mm、100mm	1）内漏、外漏很小 2）可较低速摆动 3）可带气缓冲（CRA1：30，CRQ2：10、15除外） 4）可带角度调整机构 5）可装磁性开关 6）不给油	1）使用单活塞结构，有1°以内的齿隙 2）规格多 3）可以有气液联用型（缸径30mm除外）	1）要求速度调整范围宽的场合 2）需要气液联用型的场合
CRQ2系列，薄形 缸径：10mm、15mm、20mm、30mm、40mm		1）使用双活塞结构，无齿隙 2）本体可作法兰用 3）本体安装对中容易 4）摆动角度有360°形式	1）要求特薄的场合 2）要求无齿隙的场合
MSQ系列，摆动平台型 缸大小代号：1、2、3、7、10、20、30、50、70、100、200 带外部缓冲器 缸大小代号：10、20、30、50	1）平台高度小的薄型摆台 2）无齿隙 3）可选择本体端面和侧面两个方向配管 4）可选择内部或外部液压缓冲器及调整螺钉 5）有基本型（MSQB）和高精度型（MSQA），MSQA系列摆台的摆动偏差小于0.03mm 6）本体安装时对中容易 7）负载可直接安装 8）在0°~190°之间的任何角度都可调 9）本体可作法兰使用 10）MSQB系列轴载荷是CRQ系列的3~4倍 11）不给油 12）缸大小代号1、2、3、7没有带内部缓冲器的形式		1）需要摆台的场合 2）要求特别薄的场合 3）要求无齿隙的场合 4）高精度型MSQA系列缸大小代号没有70、100、200
MSZ系列，三位摆台型 缸大小代号：10、20、30、50	1）用1只中压式三位电磁阀便可控制三位摆台 2）中停位置可调范围为±10°，从中位向两端的可调范围为0°~95° 3）摆动精度（在180°内），基本型（MSZB系列）为0.1mm，高精度型（MSZA系列）为0.03mm 4）不给油		将中间传送带上的工件分别向左右两侧的传送带上分配

图 5.6-1 所示为 CRA1 系列齿轮齿条式摆动气缸的结构原理图。气压力推动活塞带动齿条作直线运动，齿条推动齿轮作回转运动，由齿轮轴输出力矩并带动外负载摆动。

摆动平台是在转轴上安装了一个平台，故平台可在一定角度范围内摆动。齿轮齿条式摆动气缸的摆动角度为

$$\theta = \frac{2L}{D_0} \tag{5.6-1}$$

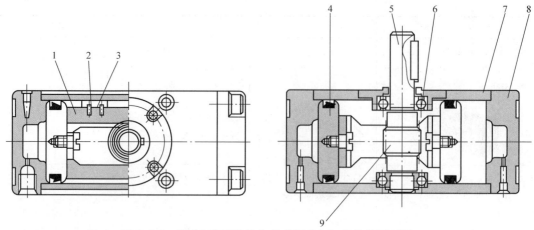

图 5.6-1 CRA1 系列齿轮齿条式摆动气缸的结构原理图

1—齿条组件 2—弹簧柱销 3—滑块 4—活塞 5—轴 6—轴承 7—缸身 8—缸盖 9—齿轮

式中 θ——摆动角度（rad）；

L——摆动气缸行程（mm）；

D_0——齿轮的节圆直径（mm）。

齿轮齿条式摆动气缸的理论输出力矩

$$M_0 = \frac{\pi}{8} D^2 D_0 p \times 10^{-3} \tag{5.6-2}$$

式中 M_0——理论输出力矩（N·m）；

D——缸径（mm）；

D_0——齿轮的节圆直径（mm）；

p——使用压力（MPa）。

图 5.6-2 所示为 MSZ 系列三位摆台的工作原理图。图 5.6-2a 所示为三位摆台的控制回路。当中压式三位电磁阀处于中位时，三位摆台的所有通口都供气，在气压力作用下，两个回转侧活塞的左右压力相等，故无推力。两个直动侧活塞在气压力作用下，向中间位置移动。当两个直动侧活塞与两个回转侧活塞接触上时，则停止在中间位置，如图 5.6-2c 所示。当下端电磁先导阀通电时，三位摆台下侧两通口（B、D 口）供气，上侧两通口（A、C 口）排气，摆台轴反时针回转，最大回转角为 95°，如图 5.6-2b 所示；当上端电磁先导阀通电时，摆台轴顺时针回转，最大回转角为 95°，如图 5.6-2d 所示。

图 5.6-3 所示为 MSZ 系列三位摆台的结构简图。摆台安装在齿轮 13 上，通过轴承与主体 14 连接。采用滚动轴承为基本型，采用高精度轴承为高精度型。

角度调整时，建议供给 0.2MPa 的低压力。先进行两端位置的调整。A、C 通口加压，用调整螺钉 b 调整回转范围；B、D 通口加压，用调整螺钉 a 调整回转范围。调整完后，用螺母 3 锁紧。再对所有通口加压，进行中间位置的调整。旋松螺母 1，让调整螺钉 c 及 d 差不多全部拧入（这时摆台可用手回转）。若顺时针调整中间位置时，先逆时针方向手动回转摆台，感到有阻力为止。再松开调整螺钉 d，让摆台顺时针回转至希望设定的位置，再旋松调整螺钉 c，感到有阻力为止（确认摆台回转时无松动），将调整螺钉 c 和 d 拧入约 45°（消除固定螺母螺纹间隙的影响），最后用螺母 1 锁紧调整螺钉 c 和 d。

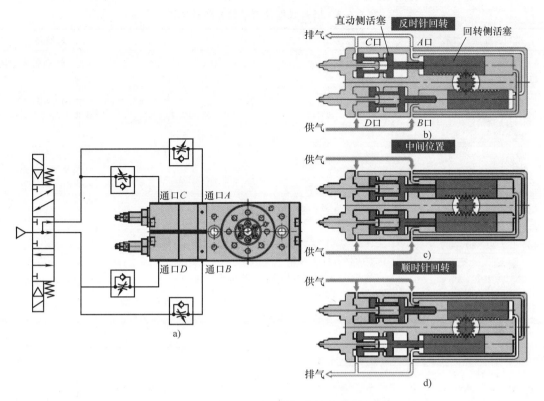

图 5.6-2 MSZ 系列三位摆台的工作原理图

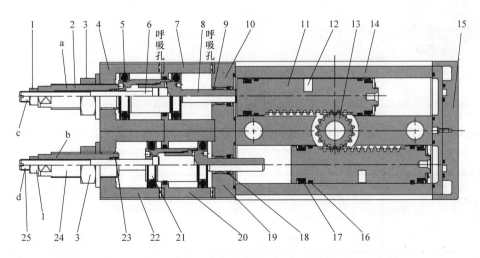

图 5.6-3 MSZ 系列三位摆台的结构简图

1、3—螺母 2—调整螺钉 a 4、22—缸筒盖 5、17—活塞密封圈 6—调整螺钉 c 7、20—缸筒
8、21—子活塞 9、23—导向套 10、19—端盖 11—活塞 12—磁石 13—齿轮 14—主体
15—侧盖 16—耐磨环 18—活塞杆密封圈 24—调整螺钉 b 25—调整螺钉 d

二、叶片式摆动气缸（CRB、MSU 系列）

叶片式摆动气缸的外形及特长见表 5.6-3。

表 5.6-3　叶片式摆动气缸的外形及特长

系列、缸径、外形	特长		选型要点
CRB2 系列 缸大小代号： 10、15、20、30、40		1）外观为圆柱体，外部无凸出部位，非常紧凑 2）可直接安装	1）特别需要紧凑的场合 2）因小且轻，可作为机器人手臂的一部分 注意：安装的磁性开关及角度调整单元在径向都不伸出
CRBU2 系列 缸大小代号： 10、15、20、30、40 	1）摆动角度可调（最大至280°），外观尺寸无变化的小型 2）不存在齿隙 3）配管方向有缸体侧面和轴向两种 4）双叶片式的外形尺寸与单叶片式相同（缸大小代号10除外），并有2倍的转矩 5）采用特殊密封结构，泄漏量很小 6）不给油	1）纵向、横向、轴向三个方向都可安装 2）可直接安装	安装方向有限制，有紧凑要求的场合
CRB1 系列 缸大小代号： 50、63、80、100 		1）带磁性开关，配管也能选择缸体侧面和轴向两个方向 2）可直接安装	摆动角度可到280°，转矩大且要求紧凑的场合
MSU 系列 摆动平台型 缸大小代号：1、3、7、20 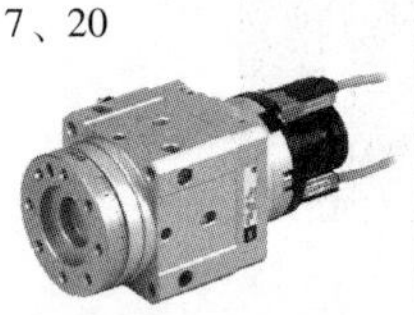	高精度型 MSUA 系列	MSUA 系列台面摆动偏差，小于0.03mm	要求台面摆动偏差小的场合
	基本型 MSUB 系列	1）摆动角度可调（最大至190°），外观尺寸无变化的小型 2）不存在齿隙 3）不给油	1）负载可直接安装 2）摆动范围易调整 3）角度调整是作为标准装备 4）缸体安装时易对中	1）需要带平台的场合 2）安装方向有限制，有紧凑要求的场合 3）可作为机械手的一部分

图 5.6-4 所示为叶片式摆动气缸的工作原理图。用内部止动块或外部挡块来改变其摆动角度。止动块与缸体固定在一起，叶片与转轴连在一起。气压作用在叶片上，带动转轴回转，并输出力矩。叶片式摆动气缸有单叶片式和双叶片式。双叶片式的输出力矩比单叶片式大一倍，但转角小于180°。

单叶片式摆动气缸的理论输出力矩为

$$M_0 = \frac{1}{8}(D^2 - d^2)bp \times 10^{-3} \tag{5.6-3}$$

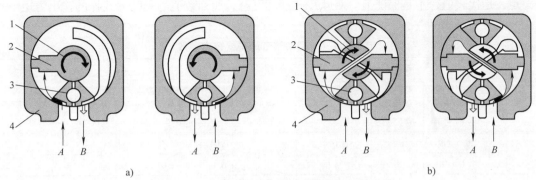

图 5.6-4 叶片式摆动气缸的工作原理图
a) 单叶片式 b) 双叶片式
1—转轴 2—叶片 3—止动块 4—缸体

式中 M_0——理论输出力矩（N·m）；
D——缸径（mm）；
d——转轴直径（mm）；
b——叶片的宽度（mm）；
p——使用压力（MPa）。

三、伸摆气缸（MRQ 系列）

伸摆气缸是将薄型气缸与摆动气缸一体化，可实现直线运动和摆动的复合运动。MRQ 系列的伸摆气缸如图 5.6-5 所示。缸径有 ϕ32mm 和 ϕ40mm，摆动角度为 80°~100°、170°~190°，直进行程有 5mm、10mm、15mm、20mm、25mm、30mm、40mm、50mm、75mm、100mm。

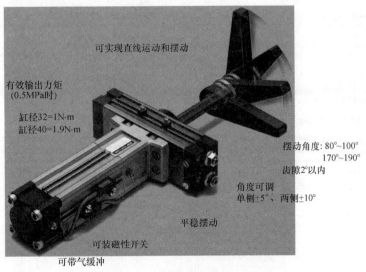

图 5.6-5 MRQ 系列的伸摆气缸

四、选用方法

1. 主要技术参数

有效输出力矩与使用压力成正比。表 5.6-4 中所列数值是在 0.5MPa 使用压力下的有效输出力矩，是代表值，不是保证值。对叶片式摆动气缸，所列数值为单叶片式样的输出力矩。

表 5.6-4　摆动气缸的主要技术参数

品种	系列	缸径/mm（缸大小代号）	动作方式及摆动角度/(°)	使用压力范围/MPa	摆动90°的时间范围/s	有效输出力矩/N·m	允许能量/N·m 无气缓冲（或单叶片）	允许能量/N·m 气缓冲（或双叶片）	安装①方式	允许横向负载/N	允许轴向负载/N 拉力	允许轴向负载/N 压力
小型	CRJ	0.5（φ6）		0.15~0.7	0.1~0.5	0.042	0.25~1.0	—	B	25	20	20
		1（φ8）				0.10	0.4~2.0	—		30	25	25
标准型	CRA1	30	单齿条 90、180	0.1~1	0.2~1	1.91	0.01	—	B、F、L	29.4	29.4	29.4
		40			0.2~1.5	5	—	—		—	—	—
		50			0.2~2	9.3	0.05	1.0		196	196	490
		63			0.2~3	17	0.12	1.5		294	196	588
		80			0.2~4	32	0.16	2.0		392	196	882
		100			0.2~5	74	0.54	2.9		588	196	980
薄型	CRQ2（替代CRQ）	10	双齿条 90、180	0.15~0.7	0.2~0.7	0.3	0.00025	—	B	14.7	7.8	15.7
		15				0.75	0.0004	—		19.6	9.8	19.6
		20		0.1~1	0.2~1	1.8	0.025	0.12		49	29.4	49
		30				3.1	0.048	0.25		78	49	98
		40				5.3	0.081	0.40		98	59	108
齿轮齿条式摆动平台型	基本型 MSQB	1（φ6）	双齿条 0~190	带调整螺钉A：0.1~0.7	A：0.2~0.7	0.087	A：0.001	—	B	31	41	41
		2（φ8）				0.18	A：0.0015	—		32	45	45
		3（φ10）				0.29	A：0.002	—		33	48	48
		7（φ12）			A：0.2~1.0	0.56	A：0.006	—		54	71	71
		10②（φ15）		带调整螺钉A：0.1~1.0 带内部液压缓冲器R：0.1~0.6	A：0.2~1.0 R：0.2~0.7	0.89	A：0.007	R：0.039		78	74	78
		20（φ18）				1.84	A：0.025	R：0.116		147	137	137
		30（φ21）				2.73	A：0.048	R：0.294		196	197	363
		50（φ25）				4.64	A：0.081	R：0.294		314	296	451
		70（φ28）			A：0.2~1.5 R：0.2~1.0	6.79	A：0.24	R：1.1		333	296	476
		100（φ32）			A：0.2~2 R：0.2~1	10.1	A：0.32	R：1.6		390	493	708
		200（φ40）			A：0.2~2.5 R：0.2~1	19.8	A：0.56	R：2.9		543	740	1009
三位摆台	基本型 MSZB 基本型	10	双齿条 0~190	0.2~1.0	0.2~1.0	1.06	0.007	—	B	78	74	78
		20				1.97	0.025	—		147	137	137
		30				3.00	0.048	—		196	197	363
		50				4.84	0.081	—		314	296	451

(续)

品种	系列	缸径/mm（缸大小代号）	动作方式及摆动角度/(°)	使用压力范围/MPa	摆动90°的时间范围/s	有效输出力矩/N·m	允许能量/N·m 无气缓冲（或单叶片）	允许能量/N·m 气缓冲（或双叶片）	安装①方式	允许横向负载/N	允许轴向负载/N 拉力	允许轴向负载/N 压力
叶片式	小型 CRB2	10	单叶片：90、180、270 双叶片：90、100	0.2~0.7	0.03~0.3	0.12	0.00015	0.0003	B、F	14.7	9.8	9.8
		15		0.15~0.7		0.32	0.0010	0.0012		14.7	9.8	9.8
		20				0.70	0.0030	0.0033		24.5	19.6	19.6
		30		0.15~1.0	0.04~0.3	1.83	0.02	0.02		29.4	24.5	24.5
		40			0.07~0.5	3.73	0.04	0.04		60	40	40
	大型 CRB1	50		0.15~1.0	0.1~1	5.7	0.082	0.112		245	196	196
		63				10.8	0.120	0.160		390	340	340
		80				18	0.398	0.540		490	490	490
		100				36	0.600	0.811		588	539	539
	自由安装型 CRBU2	10		0.2~0.7	0.03~0.3	0.12	0.00015	0.0003	B 轴向、纵向、横向三个方向都可安装	14.7	9.8	9.8
		15		0.15~0.7		0.32	0.0010	0.0012		14.7	9.8	9.8
		20				0.70	0.0030	0.0033		24.5	19.6	19.6
		30		0.15~1	0.04~0.3	1.83	0.02	0.02		29.4	24.5	24.5
		40			0.07~0.5	3.73	0.04	0.04		60	40	40
	摆动平台型 MSUB	1	单叶片：90、180 双叶片：90	0.2~0.7	0.07~0.3	0.11	0.005	0.005	B	20	15	10
		3		0.15~0.7		0.31	0.013	0.013		40	30	15
		7				0.69	0.032	0.032		50	60	30
		20		0.15~1		1.78	0.056	0.056		60	80	40

① B—基本型，F—法兰型，L—脚座型。
② ϕ10mm 的最低使用压力为 0.2MPa。

环境和介质温度：齿轮齿条式为 0~60℃，叶片式为 5~60℃。

摆动时间是指摆动一定角度所需的时间。表 5.6-4 中列出了摆动 90°的允许摆动时间范围。摆动时间太长，表示摆动速度太慢，会出现爬行现象；摆动时间太短，叶片外缘的线速度太大，密封件发热厉害，会出现异常磨损，降低气缸寿命。摆动速度的调节可使用排气节流方式。

允许能量是指气缸轴能承受的惯性能量。惯性能量不仅与负载的质量和摆动时间有关，还与负载的形状和安装方式有关。虽然气缸轴使用铬钼钢制造，并经过热处理，具有足够的强度，但过载仍会造成轴断裂等故障。

允许的横向负载和轴向负载是由支持轴的轴承承受的，过载会损坏轴承和内部滑动表面。

摆动气缸的最大耗气量[L/min(ANR)]

$$q_{rH} = 0.6V(p + 0.102)/t \tag{5.6-4}$$

摆动气缸的平均耗气量[L/min(ANR)]

$$q_{cH} = 0.02NV(p + 0.102) \tag{5.6-5}$$

式中 V——摆动气缸的内部容积（cm^3）；
　　p——使用压力（MPa）；
　　t——摆动时间（s）；
　　N——频度，即每分钟摆动气缸的往复周数（周/min）。

2. 摆动气缸选用步骤

（1）由摆动气缸所受力矩预选缸的尺寸

1）根据摆动气缸所受负载的性质，确定气缸的有效输出力矩 M_0。

有效输出力矩

$$M_0 = \frac{M}{\eta} \tag{5.6-6}$$

式中 M——摆动气缸承受的实际力矩（N·m）；
　　η——负载率，可按表5.6-5选取。

表5.6-5 摆动气缸的负载率

负载性质		负载示意图	负载率 η
静负载		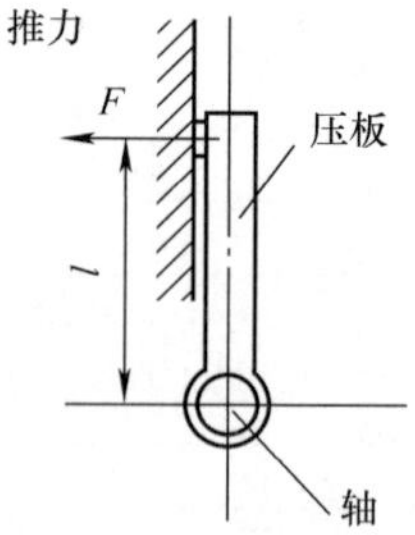	0.9
动负载	阻性负载	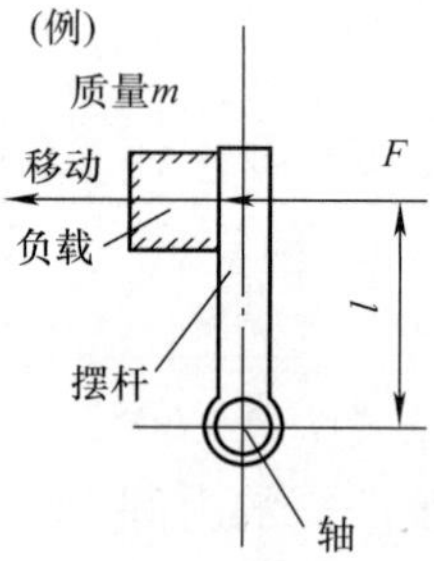	0.2~0.33
	惯性负载	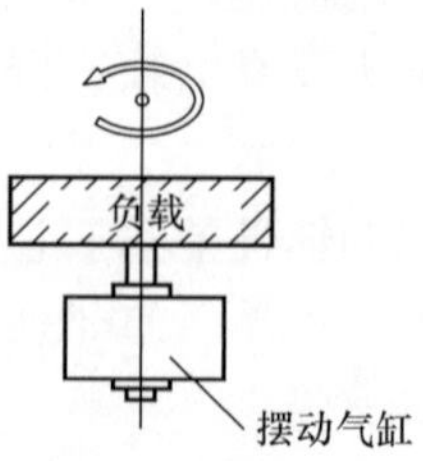	≤0.1

静负载是指摆动气缸施加在静止工件上的静力矩 M

$$M = Fl \tag{5.6-7}$$

式中 F——外力（N）；
　　l——外力臂（m）。

阻性负载是指惯性力可以忽略的运动负载。气缸承受的力矩 M 仍按式（5.6-7）计算。

工件移动速度越大，负载率应选得越小。

惯性负载是指摆动气缸驱动工件作往复摆动时所需要的摆动力矩

$$M = J\alpha \tag{5.6-8}$$

式中　M——摆动力矩（N·m）；
　　　J——转动惯量，表示负载难于回转或回转负载难于停止的程度（kg·m²）；
　　　α——负载的平均回转角加速度（rad/s²）。

$$J = mr^2 \tag{5.6-9}$$

$$\alpha = \pi\theta/(90t^2) \tag{5.6-10}$$

式中　m——回转负载的质量（kg）；
　　　r——负载的回转半径（m）；
　　　θ——摆动角度（°）；
　　　t——摆动时间（s）。

当负载回转时，其回转的难易程度与负载的形状和质量有关，用转动惯量 J 表示。J 值越大，摆动气缸让负载回转越困难，负载率应选小些。但 J 值过小，负载的摆动速度会过大，让负载停止下来变困难。

2）确定使用压力 p。

3）由摆动气缸承受的实际力矩 M 及负载率 η，计算有效输出力矩 M_0。由表 5.6-4，按 M_0 预选摆动气缸的品种规格。若使用压力不是 0.5MPa，可借助图 5.6-6 预选摆动气缸的品种规格。

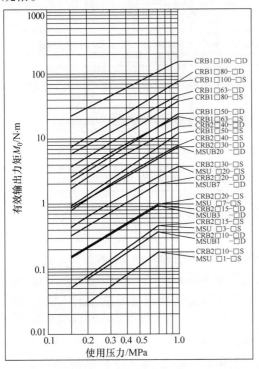
a)

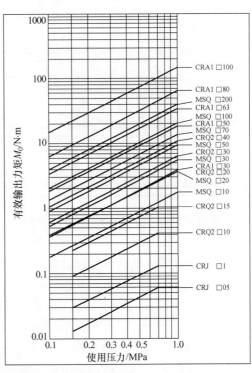
b)

图 5.6-6　摆动气缸的理论输出力矩 M_0 与使用压力 p
a) CRB1/CRB2/MSU 系列　b) CRQ2/CRA1/MSQ/CRJ 系列

(2) 验算摆动气缸的缓冲能力，确定摆动气缸的品种规格

惯性负载摆动至终端时所具有的转动动能 E_d(N·m)

$$E_d = \frac{1}{2}J(\alpha t)^2 \qquad (5.6-11)$$

该转动动能应小于摆动气缸的允许能量（见表 5.6-4），以此来确定摆动气缸的品种规格。若转动动能超过摆动气缸的允许能量时，必须在外部设置缓冲装置，以免产生惯性冲击而损坏摆动气缸。外部缓冲装置必须设置在摆动范围之内，即略小于摆动角度范围，且负载应直接作用在外部限位器上，如图 5.6-7 所示。

根据摆动气缸的允许能量，可以画出如图 5.6-8 所示的惯性负载的转动惯量与摆过 90°所需摆动时间的关系。由图 5.6-8 也可确定摆动气缸的品种规格。

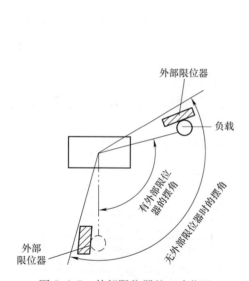

图 5.6-7 外部限位器的正确位置

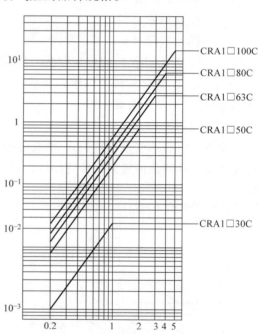

图 5.6-8 转动惯量与摆动 90°所需摆动时间的关系
（CRA1□缸径 50～100mm 带缓冲）

(3) 检查摆动气缸的轴向负载和横向负载应在允许范围内

当摆动气缸的转轴上受到的轴向负载和横向负载超过表 5.6-4 中规定的数值时，会引起动作不良。为避免发生这种情况，可使用图 5.6-9 所示的安装方式。

如要在摆动气缸的轴上安装附件，应避免让气缸本体承担负载力，如图 5.6-10 所示。

若负载变化较大，要想摆动气缸平稳摆动，宜使用气液转换器与齿轮齿条式摆动气缸并用的方式。

(4) 计算耗气量，正确选择充放气回路的 S 值

摆动气缸的最大耗气量和平均耗气量可由式 (5.6-4) 和式 (5.6-5) 求得。

由式 (5.6-4) 求得的最大耗气量是根据摆动气缸的摆动时间算出的。在摆动时间内，摆动气缸的摆动速度是不均匀的。设最大摆动速度是平均摆动速度的 1.2 倍，则最大摆动速

度时刻的耗气量是最大耗气量的 1.2 倍。根据式（D-20）和式（D-22），并设气源温度 $T_1 = 288\mathrm{K}$，则可算得摆动气缸充放气回路的有效截面面积 S（mm^2）

$$S \geqslant \frac{q_{rH}}{0.1 p_1} \left(\frac{p_2}{p_1} \leqslant 0.528 \right) \tag{5.6-12}$$

$$S \geqslant \frac{q_{rH}}{0.2 \sqrt{p_2 \Delta p}} \left(1 \geqslant \frac{p_2}{p_1} > 0.528 \right) \tag{5.6-13}$$

式中　q_{rH}——摆动气缸的最大耗气量 [L/min(ANR)]；
　　　p_1——充放气回路上游的绝对压力（kPa）；
　　　p_2——充放气回路下游的绝对压力（kPa）；
　　　$\Delta p = p_1 - p_2$。

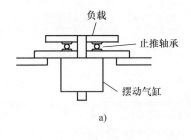

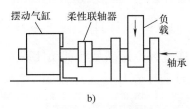

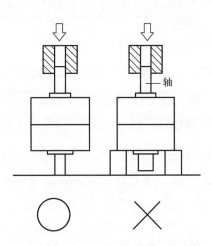

图 5.6-9　摆动气缸有轴向负载和
　　　　　横向负载时的安装方法
　　a）轴向负载　b）横向负载

图 5.6-10　在摆动气缸轴上安装附件

例 5.6-1　用摆动气缸进行弯管作业（见图 5.6-11），已知 $F = 150\mathrm{N}$，$l = 15\mathrm{cm}$，使用压力 $p = 0.5\mathrm{MPa}$，摆动角为 100°，选摆动气缸。

解　此题系阻性负载，选 $\eta = 0.33$，由式（5.6-6），可求得摆动气缸的有效输出力矩

$$M_0 = \frac{Fl}{\eta} = \frac{150 \times 0.15}{0.33} \mathrm{N \cdot m} = 68.2 \mathrm{N \cdot m}$$

根据摆动角为 100° 及理论输出力矩为 68.2N·m，由表 5.6-4，可选 CRA1B100 摆动气缸。

例 5.6-2　用摆动气缸使图 5.6-12 所示直径 $d = 20\mathrm{cm}$，厚 $h = 15\mathrm{cm}$ 的圆盘负载做摆动，已知摆动角 $\theta = 100°$，摆动时间 $t = 1\mathrm{s}$，圆盘材料密度 $\rho = 7850\mathrm{kg/m}^3$，使用压力 $p = 0.5\mathrm{MPa}$，选摆动气缸。

解　负载质量　$m = \frac{\pi}{4} d^2 h \rho = \left(\frac{\pi}{4} \times 0.2^2 \times 0.15 \times 7850 \right) \mathrm{kg} = 37\mathrm{kg}$

转动惯量　$J = \frac{1}{8} m d^2 = \left(\frac{1}{8} \times 37 \times 0.2^2 \right) \mathrm{kg \cdot m^2} = 0.185 \mathrm{kg \cdot m^2}$

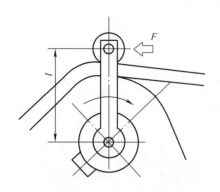
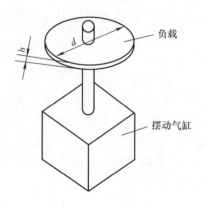

图 5.6-11 用摆动气缸进行弯管作业　　图 5.6-12 使负载做摆动

摆动角加速度　　$\alpha = \pi\theta/(90 t^2) = [100\pi/(90 \times 1^2)]\text{rad/s}^2 = 3.49\text{rad/s}^2$

对惯性负载,选 $\eta = 0.1$,则理论输出力矩 $M_0 = \dfrac{J\alpha}{\eta} = \dfrac{0.185 \times 3.49}{0.1}\text{N}\cdot\text{m} = 6.46\text{N}\cdot\text{m}$

要求摆动角 100°所需摆动时间为 1s,根据理论输出力矩的要求,由表 5.6-4,可选 CRA150 规格的齿轮齿条式摆动气缸或 CRB163 规格的单叶片式摆动气缸。

负载的转动动能 $E_d = \dfrac{1}{2}J(\alpha t)^2 = \left[\dfrac{1}{2} \times 0.185 \times (3.49 \times 1)^2\right]\text{N}\cdot\text{m} = 1.127\text{N}\cdot\text{m}$。由表 5.6-4 可知,CRA150 和 CRB163 摆动气缸的允许能量都不能满足转动动能的要求,故从缓冲能力考虑,应选 CRA163 规格的摆动气缸,其允许能量为 1.5N·m,能满足转动动能的要求。

五、使用注意事项

1. 使用注意事项

1)配管前,必须充分吹除异物,并要使用洁净压缩空气。

2)不要用于有腐蚀性流体的氛围中。不要用于粉尘多、有水滴、油滴飞溅的场所。轴和轴承不得在易生锈的氛围中使用。

3)要经常排放冷凝水,以免损伤摆缸的密封件及滑动面。

4)摆缸应在不给油的条件下使用,否则有可能出现爬行现象。应使用指定的润滑脂。

5)有负载变动的场合,要实现平稳摆动是困难的。对缸径 50mm 以上的标准型齿轮齿条式摆动气缸,可使用气液联用型来改善摆动的平稳性。

6)速度应从低速慢慢调整,不得从高速侧调整。缓冲阀应根据动作速度、负载的转动惯量来进行调整。缓冲阀不得处于全闭状态下使用。另外,缓冲阀调整时不要施力过大。

2. 设计注意事项

1)应根据负载大小及变化、升降动作、摩擦阻力的变化,估计动作速度,防止动作速度过大而造成人员、设备损伤。

2)可动部位要防止造成人员及装置损伤,必要时要装防护罩。

3)安装及连接部位必须牢固,特别是高频动作、振动多的场合。

4)被驱动物体质量大、速度高的场合,若摆动气缸的缓冲能力不够时,应在进入缓冲前设置减速回路或外设液压缓冲器来吸收冲击能，并要充分检查机械装置的刚性。

5）夹紧机构上使用摆动气缸时，要考虑到停电等原因造成夹持力下降、夹持工件脱落的危险，应设有安全保护措施。

6）排气节流控制方式，当排气侧无残压时，一旦进气侧加压，要防止执行元件出现急速动作带来的损伤。

7）停电、急停等时，安全装置应动作。机器停转时，要考虑执行元件动作不会引起人身及装置受损伤。执行元件要复位至始动位置，应有安全的手动装置。

8）要注意急停后再启动时的安全。

9）摆动气缸不能作为缓冲装置使用，以防止出现异常压力，造成密封件损伤等。

3. 安装注意事项

1）在供气压的条件下进行角度调整时，应保证装置在回转角度范围内，负载不会跌落，而且调整不会超出回转角度范围。

2）角度调整螺钉不要旋转超出调整范围，以防其脱落造成人身或装置受损。

3）不许对产品进行再加工（如扩大配管接口内的固定节流孔等）。

4）使用的轴接头应具有自由度，以避免偏心产生别劲现象。

5）外部限位器应安装在离开回转轴的位置上，若离回转轴太近，摆动气缸产生的力矩作用在限位器上的反力又加到回转轴上，会导致回转轴或轴承损坏，如图 5.6-13 所示。

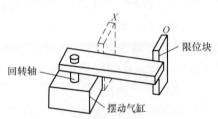

图 5.6-13　外部限位器的正确位置

第七节　吸　　盘

吸盘是直接吸吊物体的元件。吸盘通常是由橡胶材料与金属骨架压制成型的。制造吸盘所用的各种橡胶材料的性能见表 5.7-1。橡胶材料如长时间在高温下工作，则使用寿命变短。硅橡胶的使用温度范围较宽，但在湿热条件下工作则性能变差。吸盘的橡胶出现脆性断裂，是橡胶老化的表现。除过度使用的原因外，大多由于受热或日光（紫外线）照射所致，所以吸盘宜保管在冷暗的室内。

表 5.7-1　吸盘橡胶材料的性能

吸盘的橡胶材料	性能													搬运物体示例
	弹性	扯断强度	硬度	压缩永久变形	使用温度/℃	透气性	耐磨性	耐老化性	耐油性	耐酸性	耐碱性	耐溶剂性	耐候性	耐臭氧	电气绝缘性	耐水性
丁腈橡胶（NBR）	良	可	良	良	0~120	良	优	差	优	良	良	差	差	差	差	良	硬壳纸、胶合板、铁板及其他一般工件
聚氨酯橡胶（U）	良	优	良	可	0~60	良	优	优	优	差	差	差	良	良	良	差	

(续)

吸盘的橡胶材料	性能														搬运物体示例
	弹性	扯断强度	硬度	压缩永久变形	使用温度/℃	透气性	耐磨性	耐老化性	耐油性	耐酸性	耐碱性	耐溶剂性	耐候性	耐臭氧	电气绝缘性	耐水性	
硅橡胶（S）	良	差	良	优	-30~200	差	差	良	差	差	良+	差	优	优	良	良	半导体元件、薄工件、金属成型制品、食品类
氟橡胶（FKM）	可	可	优	良	0~250	良	良-	优	优	优	差	优	优	优	可	优	药品类

吸盘整体可以拆分为吸盘单体、锁紧环、连接件和缓冲件，通过连接件、缓冲件、锁紧环与吸盘单体之间的组合搭配，可以形成多种规格的吸盘整体产品，如图5.7-1所示。

吸盘的形式及其应用见表5.7-2。常用吸盘的直径见表5.7-3。真空吸盘的安装方式有螺纹连接、面板安装和用缓冲体连接（见图5.7-2）。ZP系列吸盘真空口的取出方向包括轴向（ZPT型）和侧向（ZPR型快换接头式和ZPY型带倒钩式），如图5.7-3所示。

ZP2和ZP3系列真空吸盘是SMC公司的新产品。ZP2系列中的大部分产品是将特殊定制吸盘（INO-3769）系列进行标准化集成。相较ZP系列，ZP2系列吸盘的种类、尺寸多样性更优。ZP3系列吸盘则是在ZP系列吸盘基础上极大程度削减整体尺寸（包含连接件、缓冲件），可以节省安装空间。

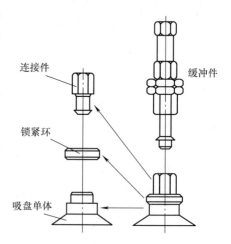

图5.7-1 吸盘的拆分

表5.7-2 吸盘的形式及其应用

	名称	形状	吸盘直径/mm	适合吸吊物
常用品种	平型（U）		φ2~φ50	表面平整不变形的工件
	带肋平型（C）		φ10~φ50	易变形的工件
	深型（D）		φ10~φ40	呈曲面形状的工件
	风琴型（B）		φ6~φ50	没有安装缓冲件的空间、工件吸附面倾斜的场合
	薄型（UT）		φ6~φ32	采用薄型唇边，最适合吸附薄型工件
	带肋薄型（CT）		φ10、φ13、φ16	纸、胶片等薄工件

(续)

名称		形状	吸盘直径/mm	适合吸吊物
常用品种	重载型（H）		φ40～φ125	适合显像管、汽车主体等大型重物
	重载风琴型（HB）		φ40～φ125	重物吸附面是弯曲的（如圆柱面）、斜面及瓦楞纸板箱等
	头可摆动型（F）		φ10～φ50	适合倾斜（±15°）工件
	长圆型（W）		宽×长：(35×7)～(8×30)	适合基盘及LCD面板等吸附面受限制的工件
	重载型		φ150～φ250	带肋平型，有多种吸盘材料、吸吊重工件
	防静电型		φ0.8～φ50	常规导电性材质，电阻率≤10^4，对应常规静电不敏感类元件
	无痕型		φ4～φ125	有吸附痕迹要求的场合，对应玻璃、车灯类工件
	紧凑型		φ1.5～φ16	同尺盘径吸盘抑制高度尺寸，使用（内）六角扳手更换吸盘
	喷丸型		φ2～φ30	吸盘进行喷丸处理，提升工件脱离性
	长行程缓冲型		通用	被吸吊工件的高度在变动又需缓冲的场合
	多级风琴型		φ2～φ46	适合曲面形状的吸附，偏心角可以大，金属弹簧形式的缓冲，总高可变低
	圆片吸附型	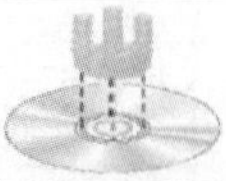	通用	数字式家电中的圆片形CD、DVD等的吸附（环形工件吸附）
	面板固定型		φ10～φ16	LCD面板等的吸附。为防止吸附痕迹，工件接触面上使用PTFE
	喷嘴型		φ0.8、φ1.1	IC芯片等小零件的吸附搬送

(续)

名称		形状	吸盘直径/mm	适合吸吊物
常用品种	软唇边型		φ20 ~ φ50	符合FDA认证的橡胶材质,可直接与食品接触。唇边极其柔软,吸附薄膜、食品袋类工件
	海绵型	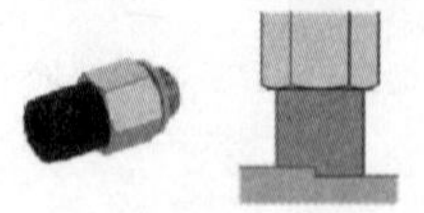	φ2 ~ φ15	适合BGA的球面、电气基板等有凸凹的工件吸附。在连接端面上,装有与工件接触时的冲击缓和作用的橡胶
	花键轴缓冲型		φ2 ~ φ8	缓冲部使用球花键导向,实现高精度不回转
订制品种	方形海绵型		非标准品	对应工件尺寸大小不统一,表面有高度差、间隙、凹凸等场合使用
	特殊导电型		φ2 ~ φ8	防止带静电时工件脱离不良,多用于不易碎工件
			非标准品	特殊导电性材质,$10^4 <$电阻率$< 10^9$,用于静电敏感类元件(液晶面板、芯片等)

表 5.7-3　常用吸盘的直径

吸盘直径/mm	2	4	6	8	10	13	16	20	25	32	40	50
平型	○	○	○	○	○	○	○	○	○	○	○	○
带肋平型					○	○	○	○	○	○	○	○
深型					○			○		○	○	
风琴型					○		○	○	○	○	○	○

此外,还有带单向阀的真空吸盘(INO - 3769 - 1321系列),其工作原理如图5.7-4所示。吸盘没有吸附工件时,吸盘的阀芯是关闭的,真空不会泄漏;吸盘接触工件表面时,柱销被上推,阀芯打开,则真空吸盘便吸附工件。用于一个真空发生器带多个吸盘、吸附面积不规则等工件场合。

除了上述介绍的几种利用真空与工件贴合吸附搬运的吸盘之外,SMC公司还有两种特殊的吸盘产品。

其中之一是与工件完全不接触搬运的产品(XT661),适合对于工件有严苛吸附痕迹要求的场合。非接触吸盘原理如图5.7-5所示。

另外一种吸盘产品(MHM系列磁石吸盘)并非采用真空的吸附方式,而是使用磁力作为吸附力,对应的工件类别主要是不规则的钢铁金属型材,如多孔、形状不一和凹凸等,用真空吸盘无法吸附的场合。MHM系列磁石吸盘如图5.7-6所示。

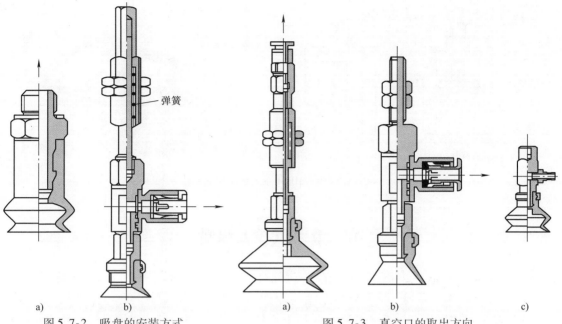

图 5.7-2 吸盘的安装方式
a) 螺纹连接
b) 利用缓冲体上的两个螺母固定在面板上

图 5.7-3 真空口的取出方向
a) ZPT 型（有内外螺纹连接式、快换接头式、倒钩式）
b) ZPR 型（快换接头式） c) ZPY 型（倒钩式）

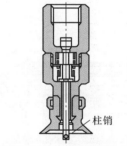

接触工件表面时，柱销被往上推，阀芯打开，则真空吸附工件

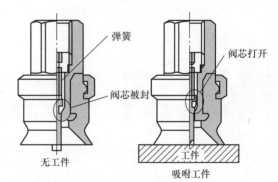

图 5.7-4 带单向阀的真空吸盘工作原理

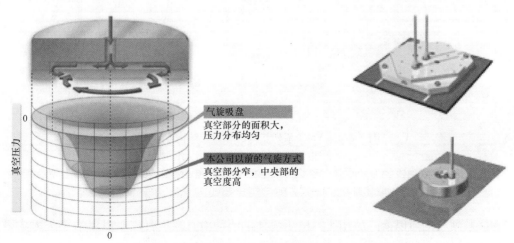

图 5.7-5 非接触吸盘原理

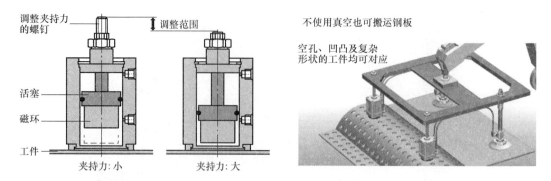

图 5.7-6 MHM 系列磁石吸盘

第八节 气枪及喷嘴

气枪是能喷射出一束高速空气的气动元件，可用于吹除工件、清理现场等作业。图 5.8-1 所示为 VMG 系列气枪的外形及结构原理图。在喷嘴保持座上有连接螺纹，可连接各种不同功能的喷嘴，如图 5.8-2 所示。压下杠杆，杠杆可绕销轴让力臂克服弹簧力推动阀芯导座向左移动，直到主阀芯处于阀芯导座扩大腔的中间位置，如图 5.8-1c 所示，则压缩空气便沿流动阻力很小的流道由喷嘴喷射出高速气流。

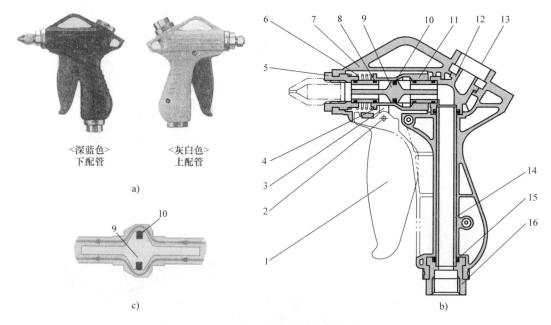

图 5.8-1 VMG 系列气枪的外形及结构原理图
a) 外形图 b) 结构原理图 c) 中间位置
1—杠杆 2—销轴 3—力臂 4—导座盖 5—喷嘴保持座 6—弹簧 7—枪体 8、15—O 型圈
9—阀芯 10—主阀芯密封圈 11—阀芯导座 12—弯头 13—盖 14—管子 16—通口接头

VMG 系列气枪与以前产品相比，由于流体的流动沿直线进行，所以压力损失大大减少，

如图 5.8-3 所示。气枪的有效截面面积为 30mm², 在 0.5MPa 下, 压力损失在 0.005MPa 以下。气枪操作力仅为 7N 左右, 几乎不受供给压力的影响, 如图 5.8-4 所示。其使用压力范围为 0～1MPa。配管连接口径有 Rc、NPT、G1/4、G3/8, 可选择上接管和下接管。喷嘴连接口径为 Rc1/4。使用的喷嘴口径有 ϕ1mm、ϕ1.5mm、ϕ2mm、ϕ2.5mm 等多个尺寸。喷嘴座上也可以连接带单向阀的快换接头 KK□系列。

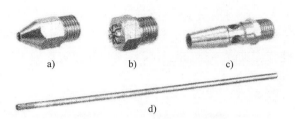

图 5.8-2 几种不同功能的喷嘴
a) 外螺纹喷嘴 b) 低噪声喷嘴
c) 高效喷嘴 d) 长铜管喷嘴

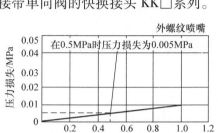

图 5.8-3 气枪的压力损失

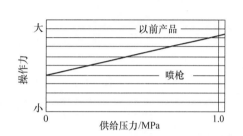

图 5.8-4 气枪的操作力

据统计, 压缩空气的能耗中, 吹气能耗占 70% 左右。可见, 吹气节能是十分重要的。例如, 图 5.8-5 所示的吹气系统, 将原来系统和改进系统的各种参数列于表 5.8-1 中。可见, 使用 VMG 气枪的改进系统, 其压力损失小得多, 可节能 90% 以上。

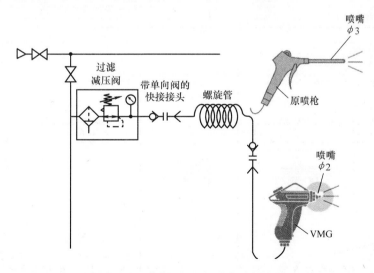

图 5.8-5 使用 VMG 气枪的吹气系统

VMG 系列气枪独特的平衡座阀式结构 (见图 5.8-6), 即使空气压力高的场合, 也可与低压时相同的操作力。

空压机的耗电量约占工厂总体的 20%, SMC 的气枪与以前产品相比由于有效截面面积增大,压力损失少,可在低压力下有效输出,空压机的输出压力可低压化,于是有效降低空压机的耗电量。图5.8-7将吹气作业上游变成有效截面面积大的SMC的气枪、S联轴器、螺旋管,其改善前和改善后系统的各种参数列于表5.8-2和图5.8-8中。

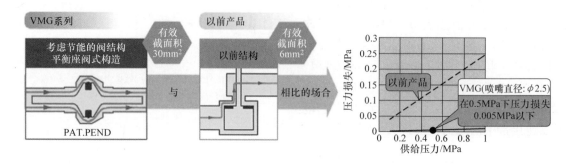

图 5.8-6　阀式结构和压力损失

表 5.8-1　使用 VMG 气枪与以前气枪的比较

项目		原系统	使用 VMG 气枪系统
有效截面面积/mm^2	气枪	15	30
	喷嘴	6.4（ϕ3mm）	2.8（ϕ2mm）
有效截面面积比		15:6.4	30:2.8
供气压力/MPa		0.7	0.7
减压阀输出压力/MPa		0.3	0.3
吹出压力/MPa		0.26	0.297
压力损失/MPa		0.04	0.003

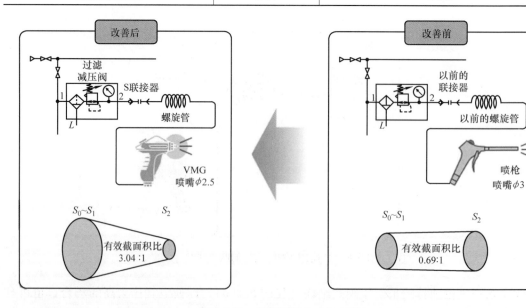

图 5.8-7　使用气枪的吹气系统

表 5.8-2　使用 VMG 气枪与以前气枪的比较

项目		改善后	改善前
使用元件	联接器	S 联接器	以前产品
	配管	TCU1065－1－20－X6	以前的螺旋管（内径 $\phi5$，相当长度 5m）
	气枪	VMG（喷嘴径 $\phi2.5$）	老产品（喷嘴径 $\phi3$）
有效截面积 /mm²	联接器，配管（S_0）	13.45	5.1
	喷枪（S_1）	30	6
	喷嘴（S_2）	4.4	6.3
有效截面积比（$S_0 \sim S_1 : S_2$）		3.04:1	0.69:1
冲击压力/MPa		0.011（距离 100mm 时）	0.011（距离 100mm 时）
减压阀压力/MPa		0.4	0.5
喷嘴内压力/MPa		0.385	0.276
空压机压力/MPa		0.5	0.6
空气消耗量/[dm³/min（ANR）]		257	287
空压机的耗电量/kW		1.25	1.56

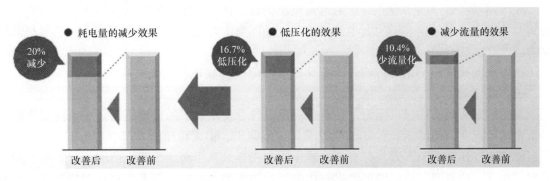

图 5.8-8　使用 VMG 气枪的节能效果

使用气枪前，要确认喷嘴安装牢固。不得使用气枪清除有害物及化学药品等。气枪只能使用洁净压缩空气，不得使用其他气体。气枪前端不要朝向人的面部及人身。使用气枪的人应戴保护镜，以防飞散物伤及使用者。

第六章 气动系统控制元件

在气压传动和控制系统中，气动控制元件是用来控制和调节压缩空气的压力、流量和方向，使气动执行机构获得必要的力、动作速度和改变运动方向，并按规定的程序工作。

按气动控制元件的作用，可分为压力控制阀、流量控制阀、方向控制阀和比例控制阀。

第一节 压力控制阀

调节和控制压力大小的气动元件称为压力控制阀。它包括减压阀（调压阀）、安全阀、顺序阀、压力比例阀及多功能组合阀等。

减压阀是出口侧压力可调（但低于进口侧压力），并能保持出口侧压力稳定的压力控制阀。

安全阀是为了防止元件和管路等的破坏，而限制回路中最高压力的阀。超过最高压力就自动放气。

顺序阀是当进口压力或先导压力达到设定值时，便允许压缩空气从进口侧向出口侧流动的阀。使用它，可依据气压的大小，来控制气动回路中各元件动作的先后顺序。顺序阀常与单向阀并联，构成单向压力顺序阀。

压力比例阀是输出压力与输入信号（电压或电流）成比例变化的阀。

一、减压阀

减压阀是将较高的进口压力，调节并降低到符合使用要求的出口压力，并保证调节后出口压力的稳定。其他减压装置（如节流阀）虽能降压，但无稳压能力。

减压阀按压力调节方式，有直动式减压阀和先导式减压阀。按调压精度，有普通型和精密型。此外，还有与其他元件组合成一体的复合功能的减压阀，将多个减压阀集装在一起的集装式减压阀，以及用于压缩空气以外的特殊流体用减压阀等。

（一）直动式减压阀（AR 系列）

利用手轮直接调节调压弹簧的压缩量来改变阀的出口压力的阀，称为直动式减压阀。

直动式减压阀有小型、普通型、高压型和精密型等。还有把压力表内置在手轮内的形式（ARG20、ARG30、ARG40 系列），将压力表换成压力开关的形式（压力开关作为可选项，代号为 E□，如 AR30 -03E1）。

1. 结构原理

（1）普通型（AR10~60 系列）

普通型减压阀受压部分的结构有活塞式和膜片式两种，如图 6.1-1 所示。

活塞式减压阀受压部分的有效面积大，但活塞存在滑动阻力。活塞式减压阀通常为小通径减压阀，连接方式有管式和模块式。

图 6.1-1a 所示为活塞式减压阀，阀杆 10 下部为一次侧压力。当一次侧压力及设定压力变化时，阀杆自身所受压力便出现变化，与原来的弹簧力失去平衡，故压力特性不好。

图 6.1-1b 所示为膜片式减压阀，阀芯 16 的下部与二次侧压力相通，故阀芯上下所受气压是平衡的，压力的变动（不论一次侧还是二次侧）不影响阀芯上下压力的平衡，故这种结构形式阀的压力特性好。

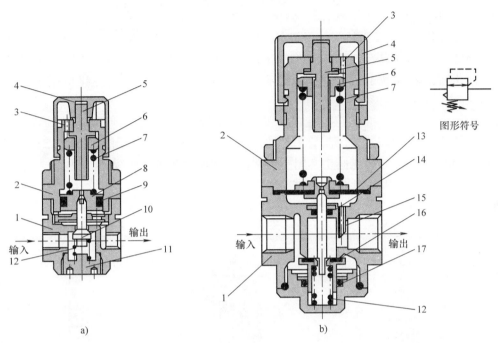

图 6.1-1 直动式减压阀的结构原理图
a) 活塞式（AR10） b) 膜片式（AR30）
1—下阀体 2—上阀体 3—排气孔 4—手轮 5—调节杆 6—螺母 7—调压弹簧 8—活塞
9—活塞密封圈 10—阀杆 11—弹簧座 12—复位弹簧 13—膜片组件 14—阀杆密封圈
15—反馈管 16—阀芯 17—阀芯密封圈

膜片式减压阀的工作原理是：将手轮外拉，见到黄色圈后，顺时针方向旋转手轮，调压弹簧被压缩，推动膜片组件下移，通过阀杆打开阀芯，则进口压力经阀芯节流降压，有压力输出。出口压力气体经反馈管进入膜片下腔，在膜片上产生一个向上的推力。当此推力与调压弹簧力平衡时，出口压力便稳定在一定值。

若进口压力有波动，譬如压力瞬时升高，则出口压力也随之升高。作用在膜片上的推力增大，膜片上移，向上压缩弹簧，从膜片组件中间的溢流孔有瞬时溢流，并靠回位弹簧及气压力的作用，使阀杆上移，阀门开度减小，节流作用增大，使出口压力回降，直至达到新的平衡为止。重新平衡后的出口压力又基本上恢复至原值。

如进口压力不变，输出流量变化，使出口压力发生波动（增大或减小）时，依靠溢流孔的溢流作用和膜片上力的平衡作用推动阀杆，仍能起稳压作用。当输出流量为零时，出口压力通过反馈管进入膜片下腔，推动膜片上移，回位弹簧力推动阀杆上移，阀芯关闭，保持出口压力一定。当输出流量很大时，高速流使反馈管处静压下降，即膜片下腔的压力下降，阀门开度加大，仍能保持膜片上的力平衡。

逆时针方向旋转手轮，调压弹簧力不断减小，阀芯逐渐关闭，膜片下腔中的压缩空气，经溢流孔不断从排气孔排出,直至最后出口压力降为零。

调压完成后,将手轮压回,手轮被锁住,以保持调定压力一定,故称为锁定型手轮。如果难以锁住,左右稍许转动手轮再推压便可。

溢流式减压阀常用于二次侧负载变动的场合,如进行频繁调整的场合、二次侧有容器(如气缸)的场合。在使用过程中,经常要从溢流孔排出少量气体。在介质为有害气体(如煤气)的气路中,为防止污染工作场所,应选用无溢流孔的减压阀,即非溢流式减压阀。非溢流式减压阀必须在其出口侧装一个小型放气阀,才能改变出口压力并保持其稳定。譬如要降低

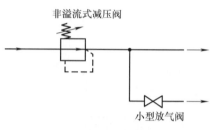

图 6.1-2 非溢流式减压阀的使用

出口压力,除调节非溢流式减压阀的手轮外,还必须开启放气阀,向室外放出部分气体,如图 6.1-2 所示。非溢流式减压阀也常用于经常耗气的吹气系统和气马达。

(2) 小型(ARJ210/310F/1020F 系列)

小型直动式减压阀的受压部分都是活塞式结构,为溢流式,其压力特性和流量特性较差。外形如图 6.1-3 所示。

图 6.1-3 小型直动式减压阀的外形
a) ARJ1020F – M5 – 04 b) ARJ210 – M5BG c) ARJ310F – 01G – 06

(3) 高压型(ARX20 系列)

最高输入压力为 2.0MPa 的减压阀的外形图和结构简图如图 6.1-4 所示,是溢流型活塞式结构,其流量特性及压力特性不及 AR□0 系列,但适合输出压力高于 1.0MPa 的小型空压机的输出压力的调整。使用时,输出压力不得超过设定压力范围,否则二次侧的装置有可能破损或动作不良。另外,二次侧压力处低压设定状态,若一次侧压力被释放,二次侧的残压有可能不能除去,一定要排出二次侧残压的场合,必须设置残压处理回路。

(4) 精密型(ARP20、ARP30、ARP40 系列)

图 6.1-5 所示为直动式精密型减压阀的结构原理图。与普通型减压阀的主要区别是有常泄式溢流孔。其设定灵敏度高,小于 0.2% F.S.。但存在微漏,在出口压力为 0.3MPa 时,泄漏量为 0.8L/min(ANR)。连接方式有管式和模块式。

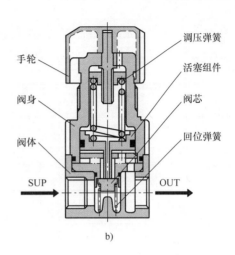

图 6.1-4 ARX20 系列减压阀的外形图及结构图
a) 外形图 b) 结构简图

2. 主要技术参数（见表 6.1-1）

1) 调压范围（也称为设定压力范围）。这是指出口压力的可调范围。在此压力范围内，要达到一定的稳压精度。使用压力最好处于调压范围上限值的 30%~80%。有的减压阀有几种调压范围可供选择。设定压力为 0.02~0.2MPa 的产品，其附属压力表的上限是 0.2MPa，是不能承受 0.2MPa 以上的压力，应注意。

2) 流量特性。这是指在一定进口压力下，出口压力与出口流量之间的关系。典型的流量特性曲线如图 6.1-6 所示。希望减压阀的稳压精度高，即在某设定压力 p_2 下，出口流量在很大范围内变化时，出口压力的相对变化 $\Delta p_2 / p_2$ 越小越好。例如，在出口关闭时，设定压力为

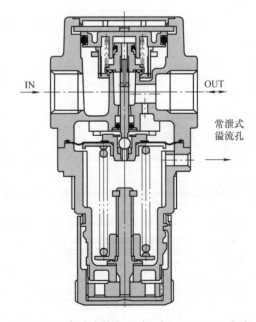

图 6.1-5 直动式精密型减压阀（ARP□0 系列）

0.3MPa 的条件下，当出口流量达 500L/min（ANR）时，AR30 出口压力降至 0.265MPa，而 ARP30 出口压力降至 0.285MPa，可见，ARP30 比 AR30 的稳压精度高 1 倍以上。

3) 压力特性。这是指在输出流量基本不变的条件下，出口压力与进口压力之间的关系。典型的压力特性曲线如图 6.1-7 所示。从图中起点（图 6.1-7a 中为 $p_1 = 0.7$MPa，$p_2 = 0.2$MPa）开始，沿箭头方向，测出出口压力随进口压力的变化。希望出口压力的变化与进口压力的变化之比 $\Delta p_2 / \Delta p_1$ 越小越好。

表 6.1-1 直动式减压阀的主要技术参数

品种	系列	连接口径（Rc、NPT、G）	最高进口压力/MPa	最低进口压力/MPa	调压范围/MPa	下列条件下的输出流量			
						一次侧压力/MPa	二次侧初始压力/MPa	二次侧压力/MPa	输出流量/(L/min)(ANR)
小型	ARJ1020F	IN：M5 OUT：φ4mm、φ6mm	0.8		0.1~0.7 (0.05~0.2)				3.3
	ARJ210	IN：1/8（外）、M5（内） OUT：M5（内）	0.8		0.2~0.7 (0.05~0.2)	0.7	0.5	0.45	45
	ARJ310	IN：1/8（外）、M5（内） OUT：1/8（内）、φ4mm、φ6mm	0.8		0.2~0.7 (0.05~0.2)				50
高压型	ARX20	1/8、1/4	2.0		0.05~0.85 (0.05~0.3)	2.0	0.5	0.45	100
普通型	AR10	M5×0.8			0.05~0.7				50
	AR20	1/8、1/4							200
	AR25	1/4、3/8							300
	AR30	1/4、3/8	1.0	设定压力+0.05MPa以上	0.05~0.85	0.7	0.5	0.45	1000
	AR40	1/4、3/8、1/2							1200
	AR40-06	3/4							1300
	AR50	3/4、1							1560
	AR60	1							1800
精密型	ARP20	1/8、1/4			0.05~0.2			0.273	300
	ARP30	1/4、3/8	0.7	比出口压力高10%以上	0.005~0.4	0.7	0.3	0.283	600
	ARP40	1/4、3/8、1/2			0.008~0.6			0.280	900

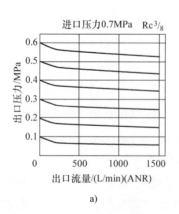
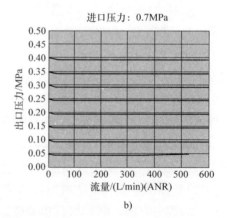

图 6.1-6 直动式减压阀的流量特性曲线
a) AR30 b) ARP30

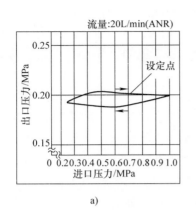
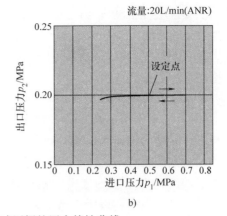

图 6.1-7 直动式减压阀的压力特性曲线
a) AR30 b) ARP30

测压力特性曲线时,在被测减压阀的下游,设置如图 6.1-8 所示的固定节流孔,管径 d 与被测阀的公称通径相同。

4) 溢流特性。这是指在设定压力下,出口的下游压力(也称为背压侧压力)偏离(高于)设定值时,从溢流孔(或排气口)流出的流量大小,如图 6.1-9 所示。当设定压力为 0.3MPa 时,若背压侧压力比设定压力高 0.04MPa,则溢流流量为 20L/min (ANR)。

5) 环境和介质温度。通常为 -5~60℃。

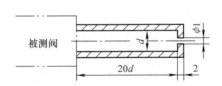

图 6.1-8 测压力特性用的固定节流孔

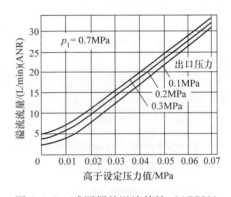

图 6.1-9 减压阀的溢流特性 (ARP30)

(二) 先导式减压阀 (AR□□5、IR 和 VEX1 系列)

用压缩空气的作用力代替调压弹簧力,以改变出口压力的阀,称为先导式减压阀。这种阀调压时操作轻便,流量特性好,稳压精度高,压力特性也好,适用于通径较大的减压阀。

先导式减压阀调压用的压缩空气,一般是由小型直动式减压阀供给的。若将这个小型直动式减压阀与主阀合成一体,称为内部先导式减压阀;若将它与主阀分离,则称主阀为外部先导式减压阀,它可实现远距离控制。

1. 结构原理

(1) 内部先导式

1) 普通型 (AR425~AR935 系列)。

图 6.1-10 所示为普通型内部先导式减压阀的结构原理图。顺时针方向旋转手轮,调压

弹簧被压缩，上膜片组件推动先导阀芯开启，输入气体通过恒节流孔流入上膜片下腔，此气压力与调压弹簧力相平衡。上膜片下腔与下膜片上腔相通，气压推下膜片组件，通过阀杆将主阀芯打开，则有出口压力。同时，此出口压力通过反馈孔进入下膜片下腔，与上腔压力相平衡，以维持出口压力不变。

2）精密型（IR□0□0系列）。

图6.1-11所示为精密型内部先导式减压阀的结构原理图。顺时针方向旋转设定手轮1，设定弹簧2被压缩，推动挡板6，关闭喷嘴5，输入气体压力通过固定节流孔7流入膜片B的上腔，气体压力推动膜片C，使主阀芯3开启，则有压力输出。此输出压力一方面作用在膜片C的下腔，与膜片B上腔的气压力相平衡；另一方面，通过OUT侧通路，进入膜片A下腔，与设定弹簧力相平衡，以维持出口压力不变。当出口压力增大，膜片A上移，喷嘴与挡板开启，膜片B上腔压力下降，则膜片B、C组件上移，常泄式排气阀芯4瞬时开启，出口压力下降，又维持出口压力不变。喷嘴挡板机构和常泄式排气阀的溢流作用对压力调节是很敏感的，故能实现精密稳压。SUP侧通路和OUT侧通路是设置在此减压阀的另一断面上。

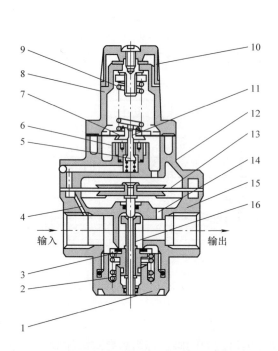

图6.1-10 普通型内部先导式减压阀
（AR425～AR935）

1—下阀盖 2—回位弹簧 3—主阀芯 4—恒节流孔
5—先导阀芯 6—上膜片下腔 7—上膜片 8—上阀盖
9—调压弹簧 10—手轮 11—上膜片组件 12—中盖
13—下膜片组件 14—反馈孔 15—阀体 16—阀杆

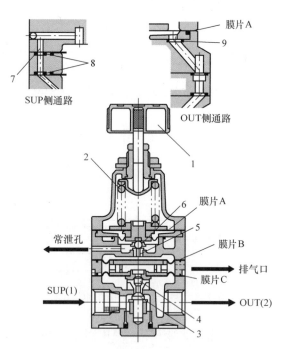

图6.1-11 精密型内部先导式减压阀（IR2000系列）
1—设定手轮 2—设定弹簧 3—主阀芯
4—排气阀芯 5—喷嘴 6—挡板 7—固定节流孔
8、9—O形圈

3）大流量型减压阀（VEX1□0$_1^0$系列）及大流量精密型减压阀（VEX1□3$_3^0$系列）。

减压阀的内部受压部分通常都使用膜片式结构，故阀的开口量小，输出流量受限制。

VEX1 系列减压阀的受压部分使用平衡座阀式阀芯,可以得到很大的输出流量和溢流流量,故称为大流量型减压阀。

大流量减压阀有气控型(VEX1□00 系列)、外部先导式电磁阀型(VEX1□01 系列)、气控精密型(VEX1□30 系列)和手动操作精密型(VEX1□33 系列)。连接方式有管式和板式,板式可以集装。

大流量减压阀的排气口上可以装消声器,其工作寿命比膜片式减压阀长。

图 6.1-12 所示为气控型大流量减压阀的结构原理图。其动作原理如图 6.1-13 所示。

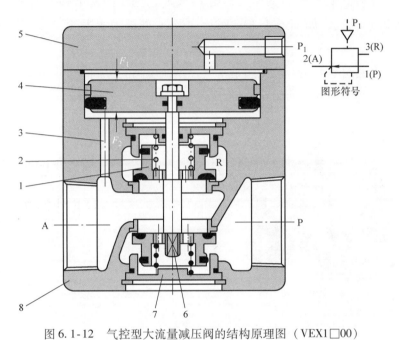

图 6.1-12　气控型大流量减压阀的结构原理图(VEX1□00)
1—座阀式阀芯　2—弹簧　3—反馈通道　4—调压活塞　5—阀盖　6—阀轴　7—阀芯导座　8—阀体

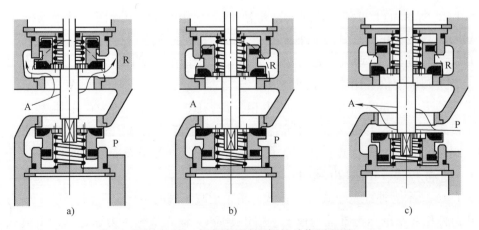

图 6.1-13　大流量型减压阀的动作原理图
a)溢流排气状态　b)压力设定状态　c)降压供气状态

先导压力 P_1 作用在调压活塞上的力为 F_1，A 口压力经反馈通道作用在调压活塞下的力为 F_2。当 $F_1 = F_2$ 时，一对座阀式阀芯处于封闭状态，如图 6.1-13b 所示。因两阀芯是对称结构，弹簧使阀芯复位。此时，A 口压力为设定压力。

当 A 口压力上升，高于 P_1 口的压力，则 $F_2 > F_1$，调压活塞上移，上座阀式阀芯开启，A 口与 R 口接通并排气，如图 6.1-13a 所示。当 A 口压力下降至 $F_2 = F_1$ 时，又复原至图 6.1-13b 所示的状态。

当 A 口压力下降，低于 P_1 口的压力，则 $F_2 < F_1$，调压活塞下移，下座阀式阀芯开启，P 口与 A 口接通并供气，如图 6.1-13c 所示。当 A 口压力上升至 $F_2 = F_1$ 时，又复原至图 6.1-13b 的状态。

外部先导式电磁阀型大流量减压阀是在气控型减压阀的控制口上直接连接一个二位三通电磁阀，其外形图及图形符号如图 6.1-14 所示。

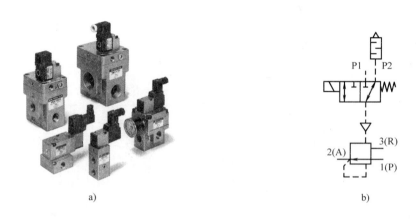

图 6.1-14　外部先导式电磁阀型大流量减压阀 (VEX1□01) 的外形图及图形符号
a) 外形图　b) 图形符号

图 6.1-15 所示为 VEX1□3_3^0 系列大流量精密减压阀的结构原理图。对手动操作型（见图 6.1-15a），设定手轮顺时针方向回转，设定弹簧产生的弹簧压缩力（若是气控型，见图 6.1-15b，信号压力 p_A 增大，通过膜片）推动挡板使喷嘴关闭。喷嘴的背压作用在活塞的上方，通过阀轴使供气用座阀式阀芯开启，压缩空气便从 P 口流入 A 口。A 口气压又作用在活塞的下方，与喷嘴背压产生的力相平衡，则 A 口压力便为设定压力。若二次侧压力高于设定压力，膜片被上推，使活塞上面压力下降，活塞上移，通过阀轴，使排气用座阀式阀芯开启，A 口向 R 口排气，使二次侧压力又回复至设定压力为止。

(2) 外部先导式 (IR□120 系列)

图 6.1-16 所示为外部先导式（气控式）精密型减压阀的结构原理图。进入 IN 口的控制压力上升，膜片 A 上的压力推动挡板 3，关闭喷嘴 4。输入供气压力通过固定节流孔 8 进入膜片 B 的上腔，气体压力推动阀杆 5 使主阀芯 6 开启，出口便有压力输出。此输出压力反馈至膜片 C 的下腔，与膜片 B 上腔压力进行平衡，以维持出口压力不变。若出口压力增大，

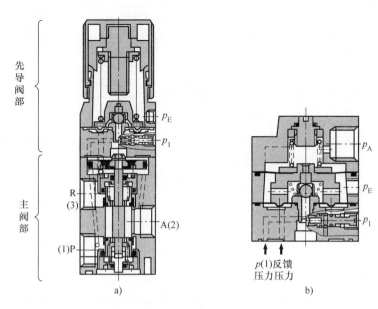

图 6.1-15 VEX1□3$_3^0$ 系列大流量精密减压阀的结构原理图
a) 手动操作型 b) 气控型

通过 OUT 侧通路,气体压力进入膜片 A 的下腔,使膜片 A 上移,喷嘴开启,膜片 B 上腔压力从常泄孔泄压,压力下降,则膜片 B、C 组件上移,溢流阀芯 7 瞬时开启,从排气口排气,以维持出口压力不变。若 IN 口的控制压力下降,出口压力也随之下降,达到新的设定压力。调零螺钉 2 可产生一定的初始控制压力。调整完毕,用锁紧螺母 1 锁紧。SUP 侧通路和 OUT 侧通路是设置在此减压阀的另一断面上。

2. 主要技术参数(见表 6.1-2)

灵敏度是指被测量能够测出的最小变化量与满值的百分比。此处满值是指调压范围的最大值。

重复度是指被测量重复测量出现的最大偏差与满值的百分比。

直线度是指出口压力随控制压力(先导压力)的增大而增大与直线增长的偏离程度对满值的百分比。

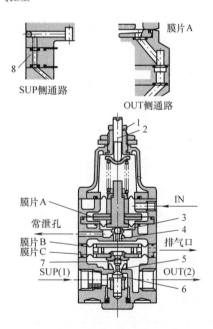

图 6.1-16 精密型外部先导式
减压阀 (IR2120 - A)
1—锁紧螺母 2—调零螺钉 3—挡板
4—喷嘴 5—阀杆 6—主阀芯
7—溢流阀芯 8—固定节流孔

表 6.1-2　先导式减压阀的主要技术参数

品种	系列	连接口径（G、Rc、NPT）	最高进口压力/MPa	最低进口压力/MPa	调压范围/MPa	控制压力/MPa	灵敏度	重复度	直线度
内部先导式	普通型 AR4$^2_3$5	1/4、3/8、1/2		比设定压力高10%以上	0.05~0.83	—	—	—	
	普通型 AR6$^2_3$5	3/4、1							
	普通型 AR8$^2_3$5	1$\frac{1}{4}$、1$\frac{1}{2}$			0.02~0.2				
	普通型 AR9$^2_3$5	2							
	精密型 IR1000	1/8		设定压力+0.05MPa	0.005~0.2	—	≤0.2%满值	≤±0.5%满值	—
	精密型 IR1010	1/8			0.01~0.4				
	精密型 IR1020	1/8			0.01~0.8				
	精密型 IR2000	1/4	1.0		0.005~0.2				
	精密型 IR2010	1/4			0.01~0.4				
	精密型 IR2020	1/4			0.01~0.8				
	精密型 IR3000	1/4、3/8、1/2			0.01~0.2				
	精密型 IR3010	1/4、3/8、1/2			0.01~0.4				
	精密型 IR3020	1/4、3/8、1/2			0.01~0.8				
	大流量精密型 VEX1^A_B33	M5、1/8		设定压力+0.1MPa	0.01~0.7	0.05~0.7			≤±1%满值
	大流量精密型 VEX1$^1_2$3□	1/8、1/4							
	大流量精密型 VEX133□	1/4、3/8、1/2							
	大流量精密型 VEX153□	1/2、3/4、1			0.05~0.7				
	大流量精密型 VEX173□	1、1$\frac{1}{4}$							
	大流量精密型 VEX193□	1$\frac{1}{2}$、2							
	大流量型 VEX110$^0_1$	1/8、1/4		设定压力+0.1MPa	0.05~0.7（气控型：0.05~0.9）	0.05~0.9	0.01MPa	0.01MPa	—
	大流量型 VEX120$^0_1$	1/8、1/4							
	大流量型 VEX130$^0_1$	1/4、3/8、1/2	1.0						
	大流量型 VEX150$^0_1$	1/2、3/4、1			0.05~0.9				
	大流量型 VEX170$^0_1$	1、1$\frac{1}{4}$							
	大流量型 VEX190$^0_1$	1$\frac{1}{2}$、2							
外部先导式	精密型 IR2120	1/4		设定压力+0.05MPa	0.005~0.8	0.005~0.8	≤0.2%满值	≤±0.5%满值	≤±1%满值
	精密型 IR3120	1/4、3/8、1/2		设定压力+0.1MPa	0.01~0.8	0.01~0.8			

IR2120-02 减压阀的特性曲线如图 6.1-17 所示。

VEX133$^0_3$系列大流量精密型减压阀的流量特性曲线如图 6.1-18 所示。左半部是溢流排气的流量特性线，右半部为降压后的出口流量特性线。

（三）复合功能减压阀（VEX5、AR□K、AW、AW□、AMR 系列）

1. 带速度控制阀和电磁方向阀的减压阀（VEX5）

VEX5 系列减压阀是在 VEX1 大流量型减压阀的基础上，增设了 2 个或 3 个电磁先导阀

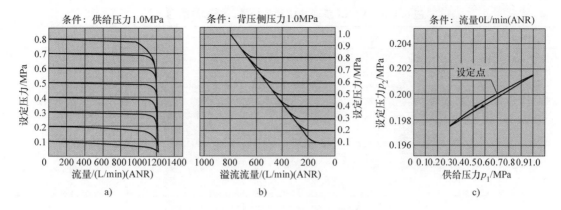

图 6.1-17 IR2120-02 减压阀的特性曲线
a) 流量特性 b) 溢流特性 c) 压力特性

和一个速度控制阀组合而成的复合功能减压阀。除功能多外，还具有流量大、经济的特点，故也称为经济型阀。譬如，原来系统用 φ32mm 管道，使用 VEX5 阀后，只需用 φ25mm 或 φ20mm 的管道，价格能力比（系统价格/有效截面面积）只是原来系统的一半，阀的连接口径从 1/2～2in 都有。

VEX5 系列复合功能减压阀有基本式和选择式两种。按操作方式有气控型和外部先导电磁阀型。表 6.1-3 列出了这种减压阀的分类、外形与图形符号。

VEX5 系列复合减压阀的结构原理图如图 6.1-19 所示。

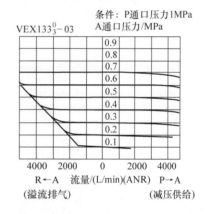

图 6.1-18 VEX133$_3^0$ 系列大流量精密型减压阀的流量特性曲线

图 6.1-19a 是基本式外部先导电磁阀型减压阀。电磁先导阀 a 通电，b 断电，气压从 P_1 口输入调压活塞下腔，调压活塞上移，使 R 口与 A 口接通，实现降压供气。A 口气压经反馈通道作用于调压活塞上腔。当两侧压力平衡时，靠弹簧力使上座阀式阀芯封闭，输出 A 口处达设定压力。先导阀 a 和 b 都不通电，调压活塞下腔余压从 P_3 孔排空，两座阀式阀芯都处于封闭状态，A 口保持压力不变。当先导阀 b 通电，a 不通电时，通口 P_2 气压进入操作活塞上腔，使 A 口与 P 口接通，但开口量大小取决于节流阀的调节位移量，故 A→P 实现节流排气。用一个 VEX5 减压阀可经济地实现对气缸的速度控制、中停等多种作业。图 6.1-20 所示为速度控制举例。气缸上升速度靠先导式减压阀，下降速度靠节流阀控制。

图 6.1-19b 所示为选择式外部先导电磁阀型减压阀。与图 6.1-19a 相比，增设了一个电磁先导阀 c。当 a 通电，b 和 c 不通电时，实现 R→A 降压供气。当 a、b 和 c 都不通电时，弹簧使两座阀式阀芯关闭，各通口都处于封闭状态。当 a、c 不通电，b 通电时，气压推动操作活塞向下，打开下座阀式阀芯，实现 A↔P 全开排气。当 b 和 c 通电（P_2 供气）、a 不通电时，限位活塞上移，但上移量受节流阀限制。操作活塞下移，但下移量受限位活塞限制，下座阀式阀芯开度小，实现 A↔P 节流排气。其应用回路实例如图 6.1-20 所示。

表 6.1-3　VEX5 系列减压阀的分类、外形与图形符号

分类	基本式		选择式	
气控型	(外形图)	(图形符号 P₁, 2(A), 3(R), 1(P), P₂)	(外形图)	(图形符号 P₁, 2(A), 3(R), 1(P), P₃, P₂)
外部先导电磁阀型	(外形图)	(图形符号 P₁, 2(A), 3(R), 1(P), P₂)	(外形图)	(图形符号 P₁, 2(A), 3(R), 1(P), P₂)

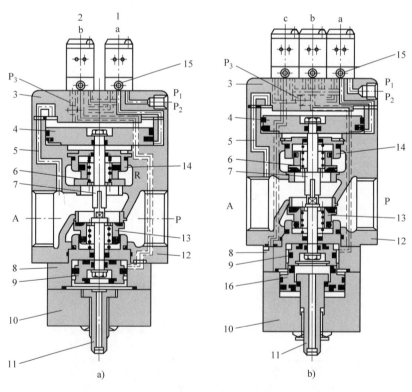

图 6.1-19　VEX5 系列复合减压阀的结构原理图
a) 基本式　b) 选择式

1—先导阀 a　2—先导阀 b　3—阀盖　4—调压活塞　5—反馈通道　6—弹簧　7—阀杆　8—盒　9—操作活塞
10—底板　11—节流阀　12—阀体　13—座阀式阀芯　14—阀芯导套　15—手动按钮　16—限位活塞

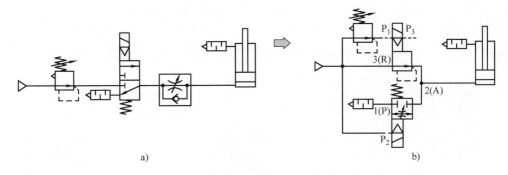

图 6.1-20 用 VEX5 系列减压阀实现气缸的速度控制
a) 采用一般气动元件的回路 b) 采用 VEX5□01 的回路

2. 带单向阀的减压阀（AR20K~60K）

要求输入气缸的空气压力可调时，需装减压阀，但一般减压阀无逆流功能，即释放了一次侧压力，却不能也释放掉二次侧压力。为了使气缸返回时能快速排气，需与减压阀并联一个单向阀，如图 6.1-21 所示。若把单向阀和减压阀设置在同一阀体内，则此阀便是带单向阀的减压阀，也称为具有逆流功能的减压阀。

图 6.1-22 所示为带单向阀的减压阀的结构原理图。当方向阀复位时，减压阀的进口压力被排空，膜片下腔的气压将单向阀压开，并从进口泄压。一旦下腔压力下降，调压弹簧通过阀杆将主阀芯压下，则出口压力迅速从进口排空。此阀装在方向阀与执行元件之间，压力表动作频繁，要定期检查压力表。

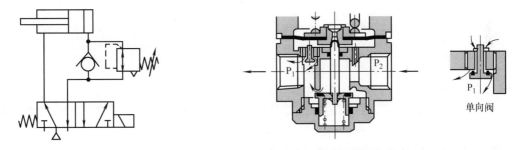

图 6.1-21 带单向阀的减压阀的应用　　图 6.1-22 带单向阀的减压阀的结构原理图

3. 过滤减压阀（AW10、AW20、AW30、AW40、AW60）

基本上是将 AF 系列过滤器与 AR 系列减压阀设计成一体，如图 6.1-23 所示。有将压力表置于手轮内的形式（AWG20~40 系列）；有将压力表换成压力开关的形式（AW□-E□系列）。

4. 油雾分离器与减压阀的组合（AMR3000、AMR4000、AMR5000、AMR6000）

它的工作原理是：从输入口流入的压缩空气，先经油雾分离器，除去大于 $0.3\mu m$ 的灰尘。再经过滤纤维层，靠惯性作用、拦截作用和布朗运动，将微雾凝集成较大的油滴，从压缩空气中分离出来，经下部排污口排出。含油量小于 $1mg/m^3$（ANR）的干净压缩空气，再经流通孔 A 进入减压阀，进行调压，最后从输出口输出，如图 6.1-24 所示。因其额定流量大，用于主管路中。

5. 减压阀与油雾分离器的组合（AWM20、AWM30、AWM40）

基本上是将 AR 系列减压阀与 AFM 系列油雾分离器设计成一体，如图 6.1-25 所示。过滤精度达 0.3μm，含油量小于 1mg/m³（ANR），用于用洁净空气吹气的场合。

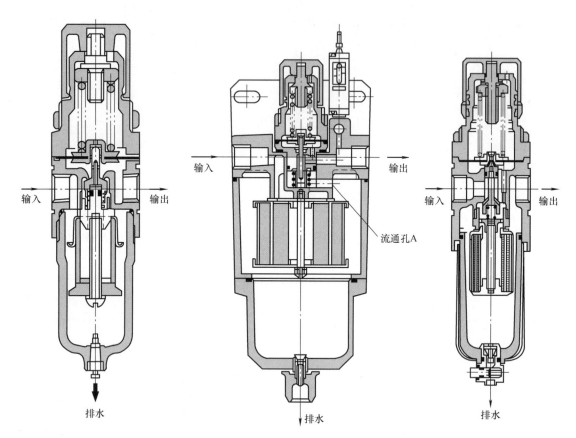

图 6.1-23　AW20 过滤减压阀　　图 6.1-24　油雾分离器与减压阀的组合式　图 6.1-25　减压阀与油雾分离器的组合（AWM20～AWM40）
（AMR3000～AMR6000）

6. 减压阀与微雾分离器的组合（AWD20、AWD30、AWD40）

基本上是 AR 系列减压阀与 AFD 系列微雾分离器设计成一体。过滤精度达 0.01μm，含油量小于 0.1mg/m³（ANR），用于用高洁净空气吹气的场合。

（四）集装式减压阀（ARM 系列）

将多个减压阀集装在一起，称为集装式减压阀。可节省配管和安装空间。

1. ARM5 系列

这是小型集装式减压阀，阀体为树脂材质。ARM5A 系列为集中供气，ARM5B 系列为各自供气。安装形式有直接安装型（利用拉杆连接）和 DIN 导轨安装型。图 6.1-26a 所示为集中供气直接安装型。图 6.1-26b 所示为各自供气 DIN 导轨安装型。图 6.1-26a OUT 口在集装式背面，因 OUT 口采用直通式快换接头，图中看不见；图 6.1-26b OUT 口采用弯头式快换接头。集中供气块可安装在左侧、右侧或两侧。非溢流式是准标准规格。

ARM5 系列也有单体式减压阀，型号为 ARM5S 系列。

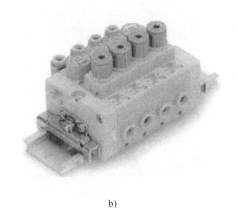

a)   b)

图 6.1-26 ARM5 系列集装式减压阀

2. ARJM10 系列

它是由 ARJ1020F 系列减压阀集装在一块整体式底板上，如图 6.1-27 所示。

3. ARM11 系列

它是小型树脂阀体的集装式减压阀。ARM11A 系列为集中供气规格，ARM11B 系列为各自供气规格。安装形式为 DIN 导轨安装型。图 6.1-28 所示为 ARM11 系列集装式减压阀的各种规格形式。

按设置条件，手轮位置可以在上方、正面或下方。配管方向可以在上方或下方。快换接头可以是直通型或弯头型。集中供气的场合，有四种供气隔板可

图 6.1-27 ARJM10 系列集装式减压阀

供选用。这些供气隔板可以安装在集装式的右侧、左侧或两侧。另外，准标准规格有 0.05~0.35MPa 的设定压力范围，有非溢流式，有禁油规格（接液部无润滑脂）。集中供气和各自供气还可以混装。可以安装数字式压力开关。

ARM11 系列也有单体式减压阀的形式，型号为 ARM10 系列。

4. ARM□000 系列

此系列有集中供气和各自供气两种，如图 6.1-29 所示。各自供气的单体阀结构简图如图 6.1-30 所示。图 6.1-31 所示为集装式减压阀的各种形式。图 6.1-31a 所示为 IN 口共用，OUT 口在集装板侧面，本体侧 OUT 口安装了压力表。图 6.1-31b 所示为 IN 口单用，在集装板侧面，OUT 口在本体侧，未装压力表。图 6.1-31c 所示为 IN 口共用，OUT 口在本体侧，压力表装在集装板侧面。图 6.1-31d 所示为共用 IN 口在端板上，单用 IN 口在本体侧面下方，OUT 口在本体侧面上方，对侧通口可装压力表或堵塞。

几种集装式减压阀的主要技术参数见表 6.1-4。

（五）洁净型减压阀（SR□系列）

在洁净室使用的减压阀，且使用介质有多种流体。洁净型减压阀的规格见表 6.1-5。

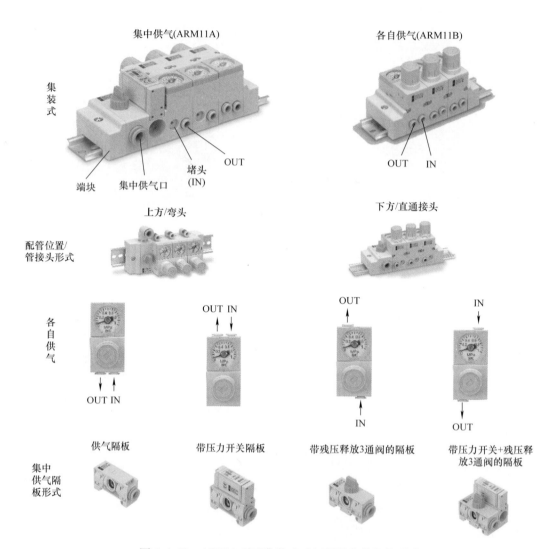

图 6.1-28 ARM11 系列集装式减压阀的各种规格形式

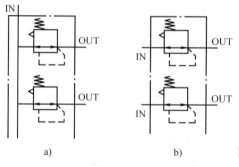

图 6.1-29 集装式减压阀的连接方式
a) 集中供气 b) 各自供气

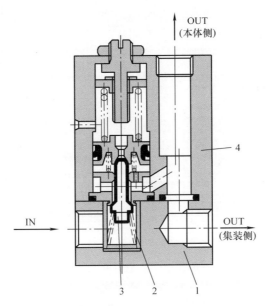

图 6.1-30 ARM$_2^1$000 系列减压阀的单体阀结构简图

1—阀座　2—滤芯　3—阀芯　4—本体

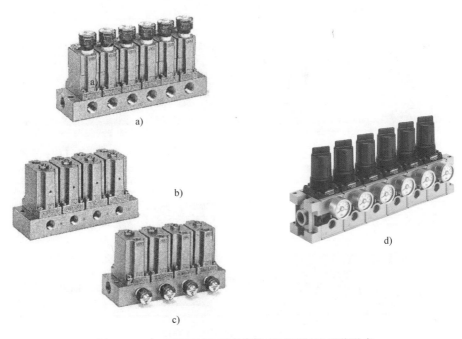

图 6.1-31 ARM□000 系列集装式减压阀的几种形式

a) ARM1000-6A1-01G　b) ARM2000-4B2　c) ARM2000-4A2-01G　d) ARM2500

表 6.1-4　集装式减压阀的主要技术参数

系列	接管口径		受压部分	结构形式	最高进口压力/MPa	设定压力范围/MPa	输出[①]流量/(L/min)(ANR)	集装位数	阀间的间距/mm
	IN 口	OUT 口							
ARM5A	直通式：$\phi6$ 弯头式：$\phi6$、$\phi8$	$\phi4$、$\phi6$	活塞式	直动式溢流型、非平衡式阀芯结构、带逆流功能	1.0	0.05～0.7 (0.05～0.35)	70～140	最多10	14
ARM5B	$\phi4$、$\phi6$								
ARJM10	M5X0.8	$\phi4$、$\phi6$	活塞式		0.8	0.1～0.7 (0.05～0.2)	34	4、6、10	20
ARM11A	$\phi6$、$\phi8$、$\phi10$	$\phi4$、$\phi6$	膜片式		1.0	0.05～0.7 (0.05～0.35)	110～160	最多10	28
ARM11B	$\phi4$、$\phi6$						110～160		
ARM1000	1/8	1/8	活塞式		0.8	0.05～0.7 (0.05～0.2)	100		19
ARM2000	1/8、1/4	1/8					230		28
ARM2500	1/4、3/8	1/4	膜片式		1.0	0.08～0.85	700		42
ARM3000	3/8、1/2	3/8					900		55

① 下列条件下的输出流量：进口压力为 0.7MPa，出口初始压力为 0.5MPa，输出压力为 0.4MPa。

表 6.1-5　洁净型减压阀的规格

系列	SRH$^3_4$□□0	SRH$^3_4$□□1	SRP11□1	SRF10/30/50	
名称	洁净型		精密洁净型	洁净型	
连接方式及外形图	Rc 螺纹连接	金属密封垫密封接头型	螺纹连接	接头一体型	管子伸出型
使用流体 A级	洁净空气、N_2、Ar、CO_2、纯水	洁净空气、N_2	空气、N_2、Ar、CO_2	纯水、N_2	
使用流体 B级	空气、N_2、Ar、CO_2、水	空气、N_2			
接管口径	Rc1/8、1/4、3/8、1/2 URJF1/4、3/8	Rc1/8、1/4、3/8、1/2	M5×0.8　Rc1/8	$\phi4$、$\phi6$/$\phi6$、$\phi8$、$\phi10$/$\phi12$、$\phi19$	1/4、3/8、1/2
接液部材质	SUS316		SUS316、PTFE 陶瓷	New PFA	
膜片材质	A级：PTFE，B级：FPM		FPM	PTFE	
溢流形式	非溢流式	溢流式	溢流式	非溢流式	

（续）

系列	SRH$^3_4$□□0	SRH$^3_4$□□1	SRP11□1		SRF10/30/50
名称	洁净型	洁净型	精密洁净型	精密洁净型	洁净型
流体消耗量	—	—	0.5L/min（ANR）以下	0.5L/min（ANR）以下	10mL/min（对水）
组装环境	洁净室 Class100	洁净室 Class100	洁净室 Class10000	洁净室 Class10000	洁净室 Class100
最高使用压力/MPa	1.0	1.0	1.0	1.0	0.5
设定使用压力/MPa	0.05~0.7、0.01~0.2	0.05~0.7、0.01~0.2	0.01~0.4、0.005~0.2	0.01~0.4、0.005~0.2	0.02~0.4
下列条件下的输出流量：进口压力/MPa	0.5	0.5	0.5	0.5	0.3
出口初设压力/MPa	0.2	0.2	0.2	0.2	0.2
出口压力/MPa	0.15	0.15	0.15	0.18	0.15
输出流量/(L/min)	160L/min（ANR）（SRH3000）500L/min（ANR）（SRH4000）	160L/min（ANR）（SRH3000）500L/min（ANR）（SRH4000）	94L/min（ANR）	120L/min（ANR）	1.88/7.1/32.7L/min（水）
说明	1）禁油 2）滞留少 3）抑制脉动的阀结构	1）禁油 2）滞留少 3）抑制脉动的阀结构	1）禁油 2）设定灵敏度小于0.3%F.S. 3）重复精度小于±1%F.S.	1）禁油 2）设定灵敏度小于0.3%F.S. 3）重复精度小于±1%F.S.	外部先导式减压阀（先导口：1/8in）

（六）隔板型减压阀（ARB系列）

在集装板上，设置了隔板型减压阀，便可对方向阀的相关压力进行减压。

隔板型减压阀有 A 口减压、B 口减压和 P 口减压三种形式，见表 6.1-6。部分隔板型减压阀的规格见表 6.1-7。

表 6.1-6　隔板型减压阀的三种减压形式

隔板型减压阀的型号	A 口减压	B 口减压	P 口减压
ARBY、SV□000-□-□	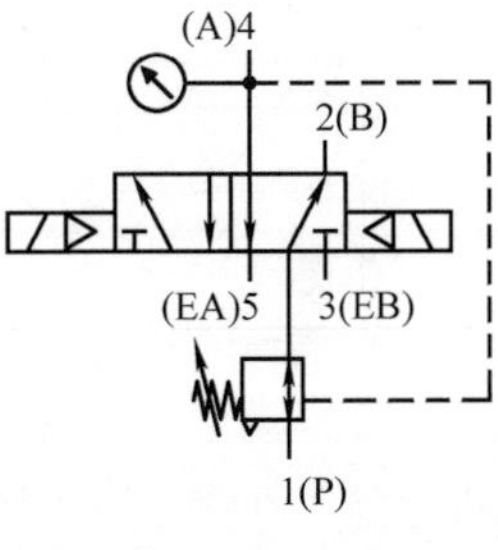 （图示）	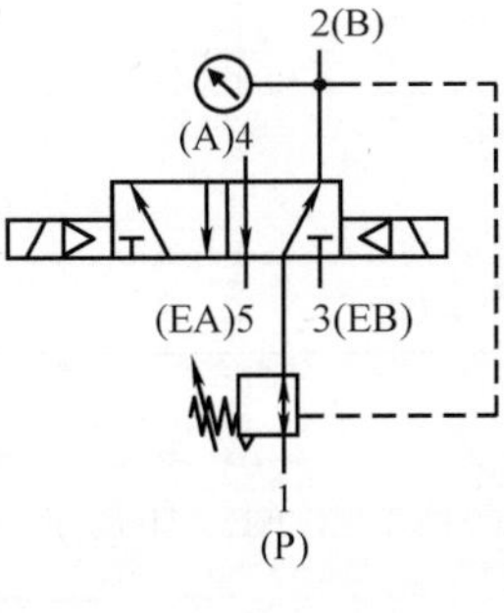 （图示）	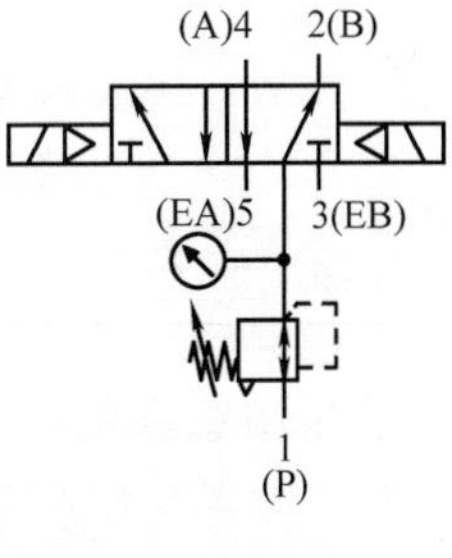 （图示）

（续）

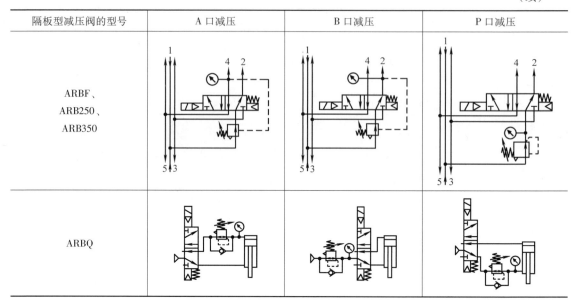

表 6.1-7　隔板型减压阀的规格

隔板型减压阀的型号	适合电磁阀	设定压力范围/MPa	减压通口		
			P 口	A 口	B 口
ARB250	VQ7-6	0.1~0.8	○	○	○
ARB350	VQ7-8				
ARBF2000	VFR/VFS2000	0.05~0.83	○		
ARBF3050	VFR/VFS3000	0.1~0.83	○	○	○
ARBF4050	VFR/VFS4000				
ARBF5050	VFR/VFS5000				
ARBQ4000	VQ4□$_5^0$□	0.05~0.85	○	○	○
ARBQ5000	VQ5□$_5^0$□				
ARBY3000	SY3□40（R）	0.1~0.7	○	○	○
ARBY5000	SY5□40（R）				
ARBY7000	SY7□40（R）				
ARBYJ5000	SYJ5000	0.05~0.7	○		
ARBYJ7000	SYJ7000				
SV1000-□-□	SV1000	0.1~0.7	○	○	○
SV2000-□-□	SV2000				
SV3000-□-□	SV3000				
SV4000-□-□	SV4000				

使用注意事项：

1）设定压力范围是指该隔板型减压阀自身的性能，但实际设定时，必须处在电磁阀的使用压力范围内。如隔板型减压阀的二次侧连接阀 VFR3100，其使用压力范围为0.2~

0.9MPa，故隔板型减压阀的设定压力范围应为 0.2~0.83MPa。

2）隔板型减压阀的压力设定后，若是 A 口减压，表示当 A 口输出压力与设定压力有偏差时，通过 A 口反馈至减压阀，能自动维持 A 口压力的稳定。

3）除使用逆加压阀外，隔板型减压阀都是从底板的 P 口加压（逆加压阀是从 E_A 或 E_B 口加压）。对 VQ_5^4000 系列而言，使用逆加压阀时，不能使用 P 口减压的隔板型减压阀，因 P 口已变成排气口了。逆加压阀与隔板型减压阀的组合，不能使用 P 口减压。

4）中压式阀和 A、B 口的隔板型减压阀的组合，只有 ARBF3050、ARBF4050、ARBF5050、ARB210 - $_B^A$ 和 ARB310 - $_B^A$。

5）ARBY 及 SV□000 - □ - □系列的中封式和中压式阀，仅可使用 P 口减压的隔板型减压阀。

6）中止式阀和隔板型减压阀的组合，是在集装板或底板上，按中止式隔板、隔板型减压阀和电磁阀的顺序叠装。

（七）选用

1）根据通过减压阀的最大流量，选择阀的规格。

2）根据功能要求，选择阀的品种，例如：根据调压范围、稳压精度，是否要选精密型减压阀；如需遥控，应选外部先导式减压阀；根据有无特殊功能要求，是否要选大流量减压阀或复合功能减压阀等。

（八）使用注意事项

1）普通型减压阀，出口压力不要超过进口压力的 85%；精密型减压阀，出口压力不要超过进口压力的 90%。输出压力不得超过设定压力的最大值。

2）连接配管要充分吹洗，安装时要防止灰尘、切屑末等混入阀内。也要防止配管螺纹切屑末及密封材料混入阀内。使用密封带时，其缠绕方法如图 6.1-32 所示。

3）空气的流动方向按箭头方向安装，不得装反。

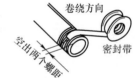

图 6.1-32 管螺纹接头处缠绕密封带的方法

4）进口侧压力管路中，若含有冷凝水、油污及灰尘等，会造成常泄孔或节流孔堵塞，使阀动作不良，故应在减压阀前设置空气过滤器、油雾分离器，并应对它们定期维护。

5）进口侧不得装油雾器，以免油雾污染常泄孔和节流孔，造成阀动作不良。若下游回路需要给油，油雾器应装在减压阀出口侧。

6）在方向阀与气缸之间使用减压阀，由于压力急剧变化，需注意压力表的寿命。

7）先导式减压阀前不宜安装方向阀。否则方向阀不断换向，会造成减压阀内喷嘴挡板机构较快磨耗，阀的特性会逐渐变差。

8）在化学溶剂的雾气中工作的减压阀，其外部材料不要用塑料，应改用金属。

9）使用塑料材料的减压阀，应避免阳光直射。

10）要防止油、水进入压力表中，以免压力表指示不准。压力表应安装在易于观察的位置。

11）若减压阀要在低温环境（-30℃以上）或高温环境（<80℃）以下工作，阀盖及密封件等应改变材质。对橡胶件，低温时应使用特殊 NBR，高温时使用 FKM。主要零件应使用金属。

12) 对常泄式减压阀,从常泄孔不断排气是正常的。若溢流量大,造成噪声大,可在溢流排气口装消声器。

13) 减压阀底部螺塞处要留出 60mm 以上空间,以便于维修。

14) 减压阀应留出调节压力的空间,手轮要用手操作,不要用工具操作。压力设定应沿升压方向进行。压力调整完后应锁定。

二、溢流阀

溢流阀是在回路中的压力达到阀的规定值时,使部分气体从排气侧放出,以保持回路内的压力在规定值的阀。

溢流阀 AP100 的结构原理如图 6.1-33 所示。调节螺母用于设定压力。当进口压力大于设定压力时,阀便开启,从出口溢流。溢流后,当进口压力降至小于设定压力时,出口便停止溢流。

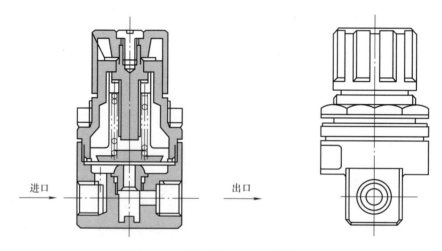

图 6.1-33 溢流阀 AP100 的结构原理

该阀的设定压力范围为 0.05~0.7MPa,环境和使用流体温度为 5~60℃,连接口径为 Rc1/8 和 Rc1/4。

三、双压阀(XT92-59、VR1211F 系列)

双压阀有两个进口,一个出口。当两个进口同时有气信号时,出口才有输出,起与门的作用。螺纹连接的 XT92-59 双压阀的通径为 1/8in。快换接头连接的双压阀 VR1211F 的连接管外径有 ϕ3.2mm、ϕ4mm、ϕ6mm、ϕ1/8in、ϕ5/32in、ϕ1/4in,C 值为 0.3~0.6dm^3/(s·bar),b 值为 0.25。使用压力范围为 0.05~1.0MPa。环境和介质温度为 -5~60℃。

双压阀主要用于互锁回路中,如图 6.1-34 所示,当工件定位信号压下机控阀 1 和工件夹紧信号压下机控阀 2 之后,双压阀 3 才有输出,使气控阀 4 换向,钻孔缸 5 进给。定位信号和夹紧信号仅有一个时,钻孔缸不会进给。

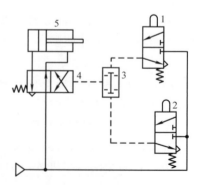

图 6.1-34 互锁回路
1、2—机控阀 3—双压阀
4—气控阀 5—钻孔缸

第二节 流量控制阀

在气动系统中，对气缸运动速度、信号延迟时间、油雾器的滴油量、气缓冲气缸的缓冲能力等的控制，都是依靠控制流量来实现的。控制流量的方法很多，大致可分成两类：一类是不可调的流量控制，如细长管、孔板等；另一类是可调的流量控制，如喷嘴挡板机构、各种流量控制阀等。控制压缩空气流量的阀称为流量控制阀。

一、单向节流阀（速度控制阀）（AS系列）

1. 概述

单向节流阀是由单向阀和节流阀并联而成的流量控制阀，常用于控制气缸的运动速度，故常称为速度控制阀。

图6.2-1所示为速度控制阀在回路中的两种连接方式。图6.2-1a所示为排气节流方式，方向阀通电后，气缸进气侧的单向阀开启，向气缸无杆腔快速充气，有杆腔的气体只能经排气侧的节流阀排气。调节节流阀的开度，便可改变气缸的运动速度。这种控制方式，活塞运行稳定，是最常用的回路。图6.2-1b所示为进气节流方式，进气侧单向阀关闭，排气侧单向阀开启。进气流量小，进气腔压力上升缓慢，排气迅速，排气腔压力很低。主要靠压缩空气的膨胀使活塞前进，

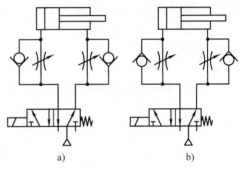

图6.2-1 气缸的排气节流和进气节流速度控制方式

故这种节流方式很难控制气缸的速度达到稳定。一般只用于单作用气缸、夹紧缸和低摩擦力气缸等的速度控制。

2. 结构原理

图6.2-2所示为带快换接头的弯头式速度控制阀。单向阀的功能是靠单向型密封圈来实现的。主图为排气节流型，局部放大视图为进气节流型，两者的区别只是单向型密封圈的装配方向改变。本阀直接装在气缸上，因此可节省接头及配管，节省工时，降低成本。由于采用铰接结构，安装后，配管方向可自由设定。节流阀带锁紧机构。

图6.2-3所示为带快换接头的万向式速度控制阀（弯头式）。接头体可绕阀体A转动360°，可任意改变连接管方向。接头体及阀体A又可绕阀体B转动360°。这种速度控制阀也可直接安装在气缸上，可节省接头及配管，节省工时。结构紧凑、重量轻。节流阀带锁紧机构。

图6.2-4所示为大流量直通式标准型速度控制阀。单向阀为一座阀式阀芯，当手轮开启圈数少时，进行小流量调节；当手轮开启圈数多时，节流阀杆将单向阀顶开至一定开度，可实现大流量调节。直通式接管方便，占空间小。推锁式速度控制阀，其手轮工作原理与AR系列减压阀的手轮类似。手轮拔起，节流阀可调；手轮压回，节流阀被锁住。速度控制阀的品种繁多。按安装方式，有直接安装型（接头体靠螺纹连接在气缸通口上，另一端为快换接头或配管）和面板安装型（将速度控制阀固定在面板上，气路连接为快换接头）。按气体流动方向，有直通式（进出口在一条线上）、弯头式（进出口方向成90°）和万向型（出口

方向可绕进口方向转动）。按阀体材质，有金属阀体和树脂阀体。按功能分，有标准型、带残压释放阀的形式（AS□FE 系列见图 6.2-5）、不锈钢阀体形式（AS□FG、ASG 系列可用于耐腐蚀的环境中）、低速控制用的形式（AS□FM 系列，10~50mm/s）、洁净环境用的形式（AS□FP$_Q^G$ 系列用于洁净室）、用旋具调节的形式（AS□1F－□T 系列见图 6.2-6）、用专用工具调节的形式（AS□1F－□T 系列见图 6.2-7）。此外，还有双向型速度控制阀 ASD 系列，如图 6.2-8 所示。带先导式单向阀的速度控制阀 ASP 系列，如图 6.2-9 所示，用于气缸的调速和中停等。

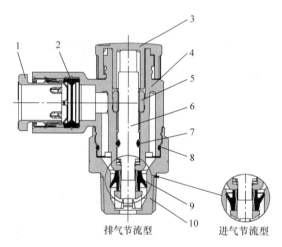

图 6.2-2　带快换接头的弯头式速度控制阀
1—释放套　2—密封件　3—手轮　4—阀体 A
5—针阀导套　6—针阀　7、8—O 型圈
9—U 型密封件　10—阀体 B

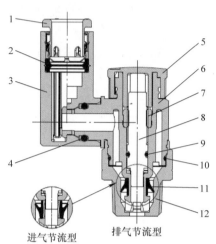

图 6.2-3　带快换接头的万向式速度控制阀
1—释放套　2—密封件　3—弯头部分
4、9、10—O 型圈　5—手轮　6—阀体 A
7—针阀导套　8—针阀
11—U 型密封件　12—阀体 B

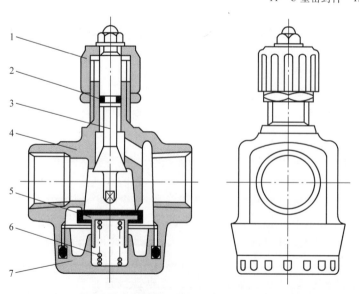

图 6.2-4　大流量直通式标准型速度控制阀（AS420、500、600）
1—手轮　2—O 形圈　3—节流阀杆　4—阀体　5—单向阀　6—弹簧　7—下盖

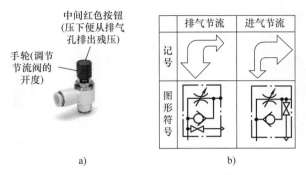

图 6.2-5 带残压释放阀的速度控制阀 AS□FE 系列
a) 外形图 b) 图形符号

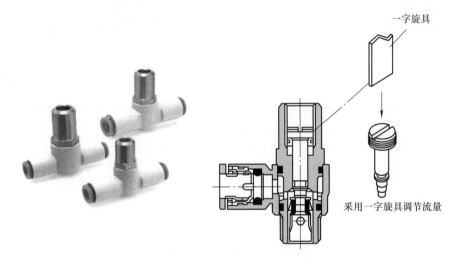

图 6.2-6 用旋具调节的速度控制阀

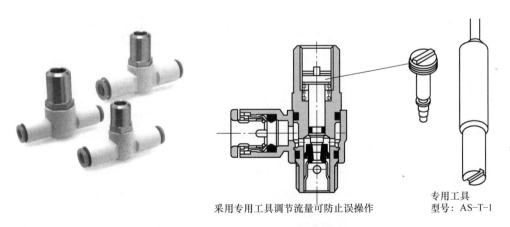

图 6.2-7 用专用工具调节的速度控制阀

使用 ASP 系列应注意:

1) 不能用于气缸的精确的中停。因为空气可压缩,用中停信号关闭先导式单向阀,气缸会动作到力平衡的位置。

2) 可用于较长时间的中停，但不能用于长时间中停，因不能保证完全不漏气。

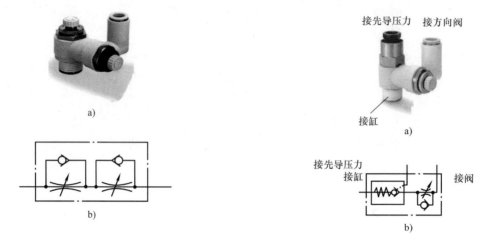

图 6.2-8 双向型速度控制阀 ASD 系列
a) 外形 b) 图形符号

图 6.2-9 带先导式单向阀的速度控制阀 ASP 系列
a) 外形 b) 图形符号

3) 必须设置残压释放，以保证维修检查时的安全。

4) 选用时，对平衡回路，若先导压力是使用压力的 1/2，单向阀有可能打不开。这时，先导压力应与使用压力相等。

5) 在最高使用压力下进行 ON – OFF 动作，可使用 1000 万次左右。

表 6.2-1 为速度控制阀的体系表。

表 6.2-1 速度控制阀的体系表

使用用途	阀体材质	连接形式	系列	连接螺纹	管子规格/mm	有效截面面积/mm²		备注
						控制流向	自由流向	
速度控制	PBT POM 黄铜 压铸锌	弯头型	AS□2□1F	M3 ~ 1/2	φ2 ~ φ12	0.3 ~ 26		—
			AS□2□1	M5 ~ 1/2	φ4 ~ φ12	1.5 ~ 26		
			AS□200	M3 ~ 1/2	—	0.3 ~ 26		
		万向型	AS□3□1F		φ2 ~ φ12			
			AS□002F	—		1.5 ~ 21		
		直通型	AS□000	M3 ~ 1/2		0.3 ~ 66		
			AS□00	1/4 ~ 2in	—	38 ~ 880	55 ~ 926	
	PBT 黄铜	面板安装型	AS□001F – 3	—	φ3.2 ~ φ12	1.5 ~ 21		
低速控制	PBT 黄铜	弯头型	AS□2□1FM	M5、1/8、1/4	φ3.2 ~ φ10	1.5 ~ 7		控制流动方向的有效截面面积约为标准品的 1/10，以实现低速
		万向型	AS□3□1FM					
		直通型	AS□001FM	—	φ3.2 ~ φ8			
	压铸锌 黄铜	弯头型	AS□2□0M	M5、1/8、1/4	—	0.1 ~ 0.6	1.6 ~ 6.5	

(续)

使用用途		阀体材质	连接形式	系列	连接螺纹	管子规格/mm	有效截面面积/mm²		备注
							控制流向	自由流向	
高速驱动		难燃PBT 黄铜	弯头型	ASV□□0F	M3~1/2	φ4~φ12	0.3~27		快排阀和排气节流阀一体化
耐环境	洁净型	聚丙烯树脂 黄铜	弯头型	AS□2□1FPQ	M5~1/2	φ4~φ12	1.5~26		洁净室用
		SUS 304		AS□2□1FPG					
	耐腐蚀型	PBT POM SUS303	弯头型	AS□2□1FG	M5~1/2	φ3.2~φ12	1.5~26		耐腐蚀环境用
			万向型	AS□3□1FG					
			直通型	AS□001FG	—		1.5~21		
		SUS316	弯头型	ASG□20F	M5~1/2	φ4~φ12	1.5~24		
	耐火花型	难燃PBT 黄铜	弯头型	AS□2□1F-□W2	M5~1/2	φ6~φ12	1.4~24		焊接环境用
		压铸锌 难燃PBT 黄铜	弯头型	AS□□□1-□-F□S□	M5~1/2	φ4~φ12	1.5~26		
附加功能	专用工具型	PBT POM 黄铜	弯头型	AS□2□1F-D、-T	M5~1/2	φ3.2~φ12	1.5~26		防止误手动操作
			万向型	AS□3□1F-D、-T					
			直通型	AS□001F-D、-T	—	φ3.2~φ12	1.5~21		
		压铸锌 黄铜	弯头型	AS□2□0-D、-T	M5~1/2	—	1.6~26		
	带残压释放阀	PBT、POM 黄铜	弯头型	AS□2□1FE	1/8~1/2	φ4~φ12	2.7~26		用手动按钮排残压
			万向型	AS□3□1FE					
		压铸锌 黄铜	直通型	AS□000E		—	3.8~25.5	5.2~25.5	
	带先导式单向阀	PBT 黄铜	万向型	ASP□30F	1/8~1/2	φ6~φ12	2.9~18.4		实现中停、防止落下
防止气缸急伸		PBT、黄铜	双向调速阀	ASD□30F	M5~1/2	φ4~φ12	1.1~19.8		速度控制
		PBT、SUS303		ASD□30FG					不锈钢系列
		PBT 黄铜		ASD□30FM	M5~1/4	φ4~φ10	0.1~0.6		低速控制
				ASD□30F-D、-T	M5~1/2	φ4~φ12	1.1~19.8		专用工具型
		压铸铝 黄铜	直通型	ASS□00	1/8~1	—	2.4~80	9.5~90	排气节流型
				ASS□10	1/8~3/8		2.4~16.5	5.4~23	进气节流型
节气阀		PBT POM 黄铜	万向型	ASR□30F	R1/4~R1/2	φ6~φ12	—		节气20%~40%
				ASQ□30F					

3. 主要技术参数

部分速度控制阀的主要技术参数见表6.2-2。

表 6.2-2 部分速度控制阀的主要技术参数

品种	系列	气缸侧连接口径	配管侧连接口径或外径/mm	外形图	使用压力范围/MPa	环境和介质温度/℃	回转圈数	控制流动方向 最大流量/(L/min)(ANR)	控制流动方向 声速流导 C值/[dm³/(s·bar)]	控制流动方向 b值:临界压力比	自由流动方向 最大流量/(L/min)(ANR)	自由流动方向 声速流导 C值/[dm³/(s·bar)]	自由流动方向 b值:临界压力比	适合缸径/mm
树脂阀体(螺纹接头体为金属) 快换接头连接 弯头型	AS□□1F	M5, 10~32UNF	φ2, φ3.2, φ4, φ6		0.1~1.0 (φ2为0.1~0.7)	-5~60	8, 10		0.2~0.3	0.2		0.2~0.3	0.3~0.4	φ2.5~φ20
		1/8~1/2in	φ3.2~φ16						0.4~4.9	0.2~0.3		0.4~4.8	0.2~0.3	φ20~φ100
树脂阀体(螺纹接头体为金属) 快换接头连接 方向型	AS□□1F	10-32UNF	φ2, φ3.2, φ4, φ6						0.2~0.3	0.2		0.2~0.3	0.3~0.4	φ2.5~φ6
		M5	φ2, φ3.2, φ4, φ6						0.2~0.3	0.2		0.2~0.3	0.3~0.4	φ2.5~φ20
		1/8~1/2in	φ3.2~φ12						0.4~4.9	0.2~0.3		0.4~4.8	0.2~0.3	φ20~φ100
直通型	AS□002F	—	φ2						0.06	0.2		0.06	0.25	φ2.5~φ6
			φ3.2~φ12						0.3~4.1	0.1~0.3		0.3~3.5	0.1~0.3	φ6~φ100

(续)

品种		系列	气缸侧连接口径/mm	配管侧连接口径或外径/mm	外形图	使用压力范围/MPa	环境和介质温度/℃	回转圈数	控制流动方向 最大流量/(L/min)(ANR)	控制流动方向 声速流导C值/[dm³/(s·bar)]	控制流动方向 b值:临界压力比	自由流动方向 最大流量/(L/min)(ANR)	自由流动方向 声速流导C值/[dm³/(s·bar)]	自由流动方向 b值:临界压力比	适合缸径/mm
金属阀体	快换接头连接 弯头型	AS□2□1	M5	φ3.2、φ6		0.1~1.0	−5~60	8	100	0.3	0.2	100	0.3	0.4	φ6~φ20
		AS1200、AS1400	1/8~1/2in	φ6~φ12		0.1~0.7		10	230~1710	0.7~5.2	0.25~0.3	230~1710	0.7~5.2	0.2~0.3	φ20~φ100
		AS□200	M3	M3		0.1~1.0	−5~60	10	20	0.06	0.2	20	0.06	0.4	φ2.5~φ6
			1/8~1/2in	1/8~1/2in				10	230~1700	3.5~26	0.25	230~1700	3.5~26	0.2~0.3	φ20~φ100
	配管连接 直通型		M5	M5				8	105	0.32	0.2	105	1.6	0.4	φ6~φ25
		AS□000	M3、M5	M3、M5		0.1~0.7	−5~60	10	20、80	0.06、0.22	0.2	20、90	0.06、0.25	0.15	φ2.5~φ25
		AS1200	1/8~1/2in	1/8~1/2in		0.05~1.0		8	250~4270	0.7~11.9	0.2	340~4270	0.94~11.9	0.35	φ20~φ100
		AS420	1/4~1/2in	1/4~1/2in				10	3600~6700	10~18.6	0.45	2500~6600	6.9~18.3	0.25	φ63~φ125
		AS□00	3/4~2in	3/4~2in		0.05~1.0		10、12	8100~60800	22.5~169	0.45	10100~57800	28.1~161	0.25	φ140~φ300

注：1bar = 10⁵Pa。

自由流动是指不被控制的流动,此处是指单向阀开启方向的流动。控制流动是指受控制的流动,此处是指单向阀关闭方向,即只能通过节流阀的流动。

流通能力可用有效截面面积或最大流量来表示。有效截面面积是指节流阀处于最大开度时的有效流通面积。最大流量是指节流阀处于最大开度时,进口压力为 0.5MPa,出口通大气,压缩空气温度为 20℃的条件下,通过阀的标准状态下的流量。

图 6.2-10 所示为速度控制阀的节流特性曲线,即在 0.5MPa 进口压力下,节流阀杆旋转圈数与通过流量之间的关系曲线。在曲线的线性段,速度改变比较均匀;在曲线的水平段,属于调节死区;在曲线很陡的段,微调性能不好。图 6.2-10b 中的几条曲线表示,该速度控制阀低速时的控制较容易。

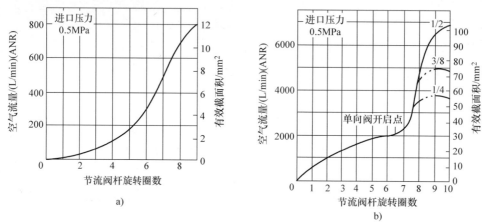

图 6.2-10　速度控制阀的节流特性曲线
a) AS3500　b) AS420

4. 选用

根据速度控制阀控制的气缸缸径和对气缸速度变化范围的要求,计算控制流量的范围;然后从产品样本上查节流特性曲线,选择速度控制阀的规格,即控制流量范围应处于速度控制阀的节流特性曲线的流量范围内,最大控制流量应小于节流阀全开时的流量。如果希望均匀调节,则节流特性曲线宜为直线,如图 6.2-11 所示曲线 I。如希望能微调,则节流特性曲线不宜太陡,即宜变化平缓些。但曲线过于平坦,会出现调节死区,如图 6.2-11 所示曲线 II。图 6.2-11 左半部为缸径不同的气缸,在不同缸速下所需的流量,便于判别节流阀的调节性能的优劣。

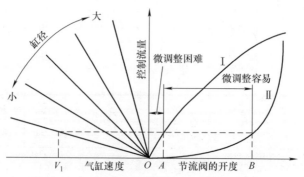

图 6.2-11　速度控制阀节流特性曲线的选用

5. 使用注意事项

1) 安装时,应事先将配管吹净,应确认阀中气体的流动方向没有装反。其标记示意如图 6.2-12 所示,由大箭头向小箭头方向连接,表示为控制流动方向;若反向连接,为自由流动方向。

图 6.2-12 速度控制阀的流动方向的标记

2) 接头螺纹用手拧上后,用工具再旋 2~3 圈,安装力矩要适当,见表 6.2-3。

表 6.2-3 速度控制阀的安装力矩

连接口径		M3	M5	Rc1/8	Rc1/4	Rc3/8	Rc1/2
安装力矩/ N·m	管接头	手拧后再旋 1/4 圈	手拧后再旋 1/6 圈	7~9	12~14	22~24	28~30
	锁紧螺母	0.07	0.3	1	1.5	4	10

3) 管接头螺纹上,一般都已涂好密封剂,通常可使用 2~3 次。管螺纹如拧得过紧,密封剂会被挤出,应清除。若密封剂剥离,密封不良,可卷上密封带使用。

4) 用手顺时针方向旋转调节手轮,节流阀是逐渐关闭的。使用时,应从全闭状态逐渐打开,将气缸调至要求的速度。调节完毕,用锁紧螺母锁紧。

5) 速度控制阀的调节圈数不得超过给定值,以免损坏针阀。

6) 万向型速度控制阀,不宜用于经常回转的情况。

7) 速度控制阀可能存在微漏,难以对气缸进行低速控制。另外,不得把它当截止阀使用。

8) 速度控制阀应保管在 40℃ 以下的环境中,避免阳光直射。密封剂含聚四氟乙烯材质,特殊环境下使用时要注意。

9) 应尽量靠近气缸安装,以提高控制性能;否则,响应时间过长,气缸速度有可能难以控制。当气缸至速度控制阀之间的配管容积远大于气缸容积时,就很难控制气缸速度。这也说明气缸缸径越小,速度控制越难。

二、带消声器的排气节流阀 (ASN2 系列)

带消声器的排气节流阀通常装在方向阀的排气口上,控制排入大气的流量,以改变气缸的运动速度。排气节流阀常带有消声器,可降低排气噪声 20dB 以上。这种节流阀在不清洁的环境中,能防止通过排气孔污染气路中的元件。一般用于方向阀与气缸之间不能安装速度控制阀的场合及带阀气缸上。与速度控制阀的调速方法相比,由于控制容积增大,控制性能变差。特别对座阀式方向阀和带单向密封圈的滑阀,使用排气节流阀会引起背压增大或密封圈摩擦力增大,可能使方向阀动作不良,使用时需注意。

带消声器的排气节流阀如图 6.2-13 所示。

下列情况下不能使用带消声器的排气节流阀 (见图 6.2-14):

1) 在中位止回式电磁阀 (如 VQ7-6-FPG、VQ7-8-

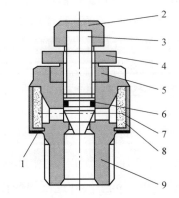

图 6.2-13 带消声器的排气节流阀
(ASN2 系列)

1—垫圈 2—手轮 3—节流阀杆
4—锁紧螺母 5—导套 6—O 形圈
7—消声材料 8—盖 9—阀体

FPG）的排气口上，如图 6.2-14a 所示。

2）电磁阀和气缸之间，使用先导式单向阀时，如图 6.2-14b 所示。

以上两种情况因节流阀的节流，形成背压，会影响单向阀的正常动作。

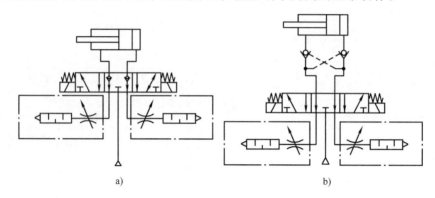

图 6.2-14　不应安装排气节流阀的回路

另外，在方向阀的排气口上，安装带消声器的排气节流阀，要注意相邻接头之间的相互干涉。

三、带消声器的快排型排气节流阀（ASV 系列）

带消声器的快排型排气节流阀如图 6.2-15 所示，使用压力范围为 0.1~1.0MPa。

四、防止活塞杆急速伸出阀（SSC 系列）

1. 工作原理

图 6.2-16 所示为回路的方向阀处于中位时，

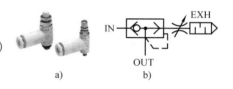

图 6.2-15　带消声器的快排型排气节流阀
a）外形　b）图形符号

气缸活塞两侧都排空。当方向阀切换至左位时，因无杆腔很快充气，有杆腔初始时为大气压力，故活塞杆会急速伸出伤人或损坏设备。若将无杆侧的排气节流式速度控制阀，改装成带固定节流孔和有急速供气机能的速度控制阀（SSC 系列），则可避免上述活塞杆急速伸出事故，如图 6.2-17 所示，故此阀也可称为防止活塞杆急速伸出阀。当方向阀由中位切换至左位时，有压气体经 SSC 阀的固定节流孔 7 和 6 充入无杆腔，压力 p_H 逐渐上升，有杆腔仍维持为大气压力。当 p_H 升至一定值，活塞便开始作低速右移，从图 6.2-18a 中的 A 位移至行程末端 B。到行程末端，p_H 压力上升。当 p_H 大于急速供气阀 4 的设定压力时，SSC 阀 4 切换至全开，并打开单向阀 5，急速向无杆腔供气，p_H 由 C 点压力急升至 D 点压力（供气压力）。CE 虚线表示只用进气节流的速度控制阀的场合。可见，使用 SSC 阀，不存在压力传递延迟的时间。当初期动作已使 p_H 变成供气压力后，方向阀再切换至左位或右位，气缸的动作、压力 p_H、p_R 和速度的变化，便与用一般排气节流式速度控制阀时的特性相同了，如图 6.2-18b、c 所示。

2. 结构原理

图 6.2-19 所示为 SSC 系列气阀的结构和工作原理图。SSC 系列气阀除排气节流的控制方式（ASS□00 系列）外，还有进气节流的控制方式（ASS□10 系列）。

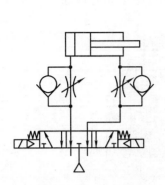
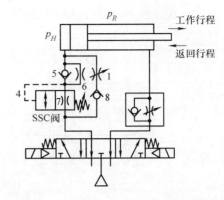

图 6.2-16　气缸活塞杆会急速伸出的回路　　图 6.2-17　防止活塞杆急速伸出事故的排气节流式回路

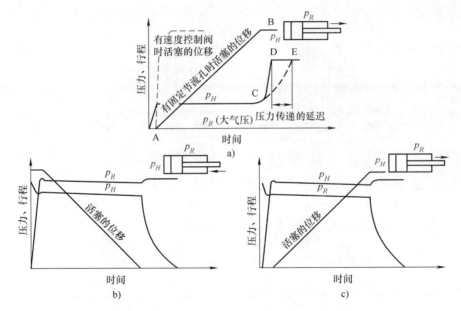

图 6.2-18　图 6.2-17 回路中气缸内压力和行程的变化曲线
a) 初期动作时的工作行程　b) 正常动作时的返回行程　c) 正常动作时的工作行程

3. 设定压力的调整（排气节流控制型）

1) 先进行正常动作时气缸速度的调整。在正常动作状态（一侧管路被加压），调整进口侧调速阀 1，顺时针方向为减速，调节到所定气缸速度，然后拧紧锁紧螺母。气缸上有缓冲阀应尽可能开启。

2) SSC 阀的出口侧有设定压力的调压阀 2，顺时针方向旋转，设定压力提高。出厂时，设定压力约调至 0.2MPa。

3) 将气缸两侧压力放空，才能进行初期动作的设定压力的调整。供气后，由于 SSC 阀有固定节流孔，属于进气节流控制，能防止活塞杆急速伸出。到达行程末端的急速升压情况，靠逆时针方向回转调压阀来调整。设定压力调得太低，不能完全防止初期动作时的活塞杆急速伸出现象；设定压力调高了，正常动作时的气缸速度受限制。设定压力调好后，应将锁紧螺母拧紧。

4)最后,在行程末端充分供给压力后,对正常动作时的气缸运动进行确认。

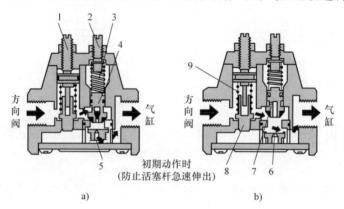

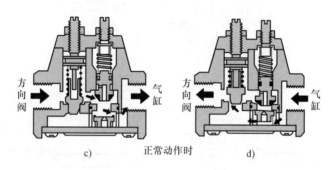

图 6.2-19 SSC 系列气阀的结构和工作原理图
a)急速供气阀设定压力大于缸内压力 b)急速供气阀设定压力小于缸内压力(在行程末端)
c)方向阀→气缸(工作行程) d)气缸→方向阀(返回行程)
1—调速阀 2—调压阀 3—调压弹簧 4—急速供气阀阀芯
5—单向阀 6、7—节流孔 8—单向阀(兼节流阀芯1) 9—调速弹簧

正常动作状态的气缸始动时,若存在明显的延迟才突动,或缸速极慢的情况下,表示有杆侧的速度控制阀或 SSC 阀的调速阀 1 过于节流,或 SSC 阀进口压力比调压阀 2 的设定压力低。应再按步骤 3)、4)重新调整。

当方向阀由中位切换至左位时,压力使单向阀 8 关闭。因调压阀 2 的设定压力大于缸内压力,急速供气阀阀芯 4 也关闭,有压气体只能经节流孔 7 和 6 向无杆腔充气,p_H 逐渐上升至一定压力,活塞开始移动直至行程末端,如图 6.2-19a 所示。当 p_H 压力升至大于急速供气阀阀芯 4 的设定压力时,阀芯全开,并打开单向阀 5,急速向无杆腔供气,p_H 升至供气压力,如图 6.2-19b 所示,初期动作便完成。往后,方向阀再切换,气缸的动作便进入正常动作。当方向阀切换至右位,p_H 使单向阀 5 关闭,缸内压力只能通过节流孔 6 和调速阀 1 从方向阀排出,缸速受调速阀 1 的开度控制,见图 6.2-19d。当方向阀又切换至左位,因有杆侧为供气压力,就不会出现杆急速伸出了。此时阀内动作状态如图 6.2-19c 所示,气缸特性变化如图 6.2-18c 所示。

SSC 阀的最高使用压力为 0.7MPa,设定压力为 0.1~0.5MPa。

4. 使用注意事项

1) SSC 阀应安装在防止活塞杆急速伸出的供气侧，IN 口接方向阀，OUT 口与气缸直接配管。若与气缸配管太长，在正常动作时，有可能不能进行速度控制。

2) 100mm 以下的短行程气缸及摆动气缸等容积比较小的执行元件，不要使用 SSC 阀。

3) 负载率在 50% 以下使用 SSC 阀，以免正常动作时的速度控制不起作用。

4) 排气节流控制的 SSC 阀，防止活塞杆急速伸出的初期速度是不能调节的。若希望低于初期速度且可调，则应选用进气节流控制的 SSC 阀（ASS110、ASS310）。

5) 缸内有残压的场合，SSC 阀不能防止活塞杆急速伸出。

五、节气阀（ASR/ASQ 系列）

节气阀的外形及动作原理如图 6.2-20 所示。在方向阀与气缸之间，无杆侧设置了 ASQ 阀（先导式方向阀与双向速度控制阀一体化结构），有杆侧设置了 ASR 阀（带单向阀的减压阀与流量控制阀一体化结构）。

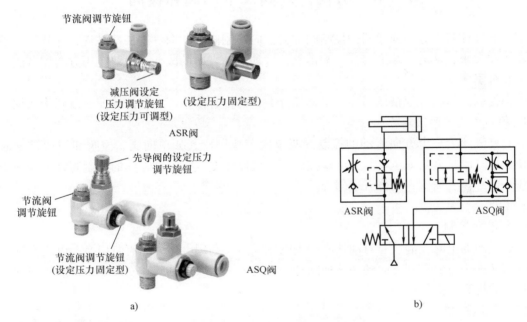

图 6.2-20 节气阀的外形及动作原理
a) 外形 b) 动作原理

电磁方向阀通电，无杆侧利用双向速度控制阀进行进气节流，有杆侧有节流阀节流，故气缸不会出现始动时的急速伸出。当无杆腔内压力超过先导式方向阀的设定压力时，该先导式方向阀接通，便向无杆腔快速供气，在行程末端供给需要的压力。当电磁方向阀复位时，ASR 中的减压阀的设定压力限制在 0.1~0.3MPa（指可调型，固定型为 0.2MPa），无杆侧的气控阀仍处于接通状态，故可快速排气，可大大缩短返回的时间。当无杆腔内压力低于气控阀的设定压力时，气控阀关闭，只能通过双向速度控制阀节流排气，实现低压驱动平稳返回，达到节气的目的。使用节气阀，设备成本也大大降低。

空气消耗量减少情况如图 6.2-21 所示，当工作行程侧供气压力为 0.5MPa，返回行程侧供气压力为 0.2MPa 时，可节气 25%。利用节气阀 ASQ，不仅可防止始动时活塞杆的急速伸出，而且由于气缸开始返回时是快速返回，故与单纯的低压返回回路相比，返回时间可大大缩短。

节气阀可直接安装在气缸通口上。接管口径为 R1/4 ~ R1/2。快换接头配管为 φ6 ~ φ12mm。使用压力范围为 0.1 ~ 1.0MPa。设定压力范围为 0.1 ~ 0.3MPa，固定型为 0.2MPa。节流阀的回转圈数为 10 圈。

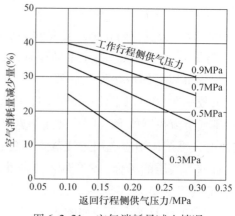

图 6.2-21　空气消耗量减少情况

第三节　方向控制阀及单向阀和梭阀

能改变气体流动方向或通断的控制阀称为方向控制阀。如向气缸一端进气，并从另一端排气，再反过来，从另一端进气，一端排气，这种流动方向的改变，便要使用方向控制阀。

一、分类

方向控制阀的品种规格相当多，了解其分类就比较容易掌握它们的特征，以利于选用。

1. 按阀内气流的流通方向分类

只允许气流沿一个方向流动的控制阀叫单向型控制阀，如单向阀、梭阀和快速排气阀等。快速排气阀按其功能也可归入流量控制阀。可以改变气流流动方向的控制阀称为换向型控制阀。如二位三通阀、三位五通阀等。

2. 按控制方式分类

（1）电磁控制

电磁线圈通电时，静铁心对动铁心产生电磁吸力，利用电磁力使阀芯切换，以改变气流方向的阀，称为电磁控制方向阀。这种阀易于实现电-气联合控制和复杂控制，能实现远距离操作，故得到广泛的应用。

（2）气压控制

靠气压力使阀芯切换以改变气流方向的阀称为气压控制方向阀。这种阀在易燃、易爆、潮湿、粉尘大、强磁场、高温等恶劣工作环境中，以及不能使用电磁控制的环境中，工作安全可靠，寿命长。但气压控制阀的切换速度比电磁阀慢些。

气压控制可分成加压控制、泄压控制、差压控制和延时控制等。

1）加压控制是指加在阀芯上的控制信号的压力值是渐升的。当压力升至某压力值时，阀被切换。这是常用的气压控制方式。

2）泄压控制是指加在阀芯上的控制信号的压力值是渐降的。当压力降至某压力值时，阀被切换。用于三位阀中，可省去回位弹簧，电磁先导阀要使用常通式。但泄压控制阀的切换性能不如加压控制阀。

3）差压控制是利用阀芯两端受气压作用的有效面积不等，在气压作用力的差值作用下，使阀芯动作而换向。差压控制的阀芯，靠气压复位，可以不需要回位弹簧。

4) 延时控制是利用气流经过小孔或缝隙被节流后,再向气室内充气,经过一定的时间,当气室内压力升至一定值后,再推动方向阀阀芯动作而换向,从而达到信号延迟的目的。常用于延时阀和脉冲阀上。

(3) 人力控制

依靠人力使阀芯切换的方向阀称为人力控制方向阀。它可分为手动阀和脚踏阀。

人力控制与其他控制方式相比,具有可按人的意志进行操作、使用频率低、动作速度较慢、操作力不宜大、阀的通径小等特点。

在手动气动系统中,人力控制阀一般直接操纵气动执行机构。在半自动和自动气动系统中,多作为信号阀使用。

(4) 机械控制

用凸轮、撞块或其他机械外力推动阀芯动作,实现换向的阀称为机械控制方向阀。这种阀常作为信号阀使用。可用于湿度大、粉尘多、油分多,不宜使用电气行程开关的场合,但不宜用于复杂的控制系统中。

3. 按动作方式分类

按动作方式分类,可分为直动式和先导式。直接依靠电磁力、气压力、人力和机械力使阀芯换向的阀,称为直动式方向阀。直动式阀的通径较小。通径小的直动式电磁阀常称为微型电磁阀,常用于小流量控制或作为先导式电磁阀的电磁先导阀。

先导式气动方向阀由先导阀和主阀组成。依靠先导阀输出的气压力,通过控制活塞等推动主阀芯换向的那部分称为主阀。通径大的方向阀大都为先导式方向阀。

先导式气动方向阀又分成内部先导式和外部先导式。先导控制的气源是主阀提供的为内部先导式;先导控制的气源是外部供给的为外部先导式。外部先导式方向阀的切换不受方向阀使用压力大小的影响,故方向阀可在低压或真空压力条件下工作。

4. 按切换通口数目分类

阀的切换通口包括供气口、输出口和排气口。按切换通口数目分,有二通阀、三通阀、四通阀、五通阀以及五通以上的阀。

二通阀有一个进口(用 P、IN 或 SUP 表示)和一个出口(用 A 或 OUT 表示),气开关便是一种二通阀。

三通阀有一个进口、一个出口和一个排气口(用 O、R 或 EXH 表示)。也可以是一个进口和两个出口,作为分配阀或两个进口(用 P_1 和 P_2 表示)和一个出口,作为选择阀。

二通阀和三通阀有常通式(NO)和常断式(NC)之分。无控制信号时,P、A 相通为常通式;P、A 断开为常断式。若通道内的流动方向不限定,则称为通断式(CO)阀。常通式和常断式阀,不得逆向流动,因逆向压力会造成单向型密封圈不密封或密封失效。

四通阀有一个进口、两个出口(用 A 和 B 或 OUT1 和 OUT2 表示)和一个排气口 R。通路为 P→A、B→R 或 P→B、A→R。

五通阀有一个进口、两个出口和两个排气口(用 O_1 和 O_2、EXH_1 和 EXH_2 或 R_1 和 R_2 表示)。通路为 P→A、B→R_2 或 P→B、A→R_1。五通阀也可变成选择式四通阀,即两个进口(P_1 和 P_2)、两个出口和一个排气口。其通路为 P_1→A、B→R 或 P_2→B、A→R。

换向阀的通口数与图形符号见表 6.3-1。

表 6.3-1 换向阀的通口数与图形符号

名称	二通阀			三通阀			四通阀	五通阀
	常 断	常 通	通 断	常 断	常 通	通 断		
图形符号	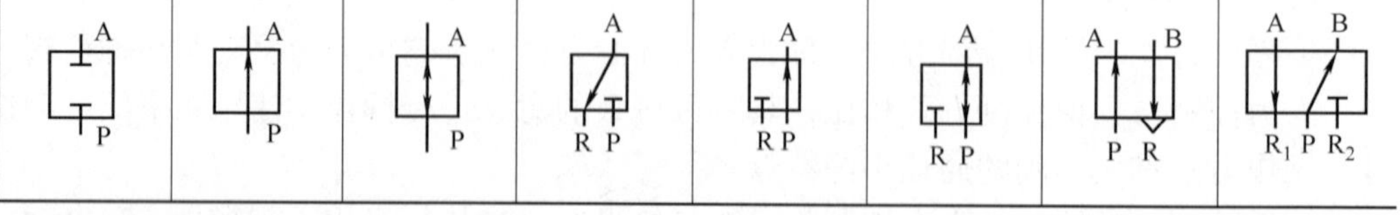							

5. 按阀芯的工作位置数分类

阀芯的工作位置简称为"位"。阀芯有几个工作位置的阀就是几位阀。

有两个通口的二位阀称为二位二通阀。它可实现气路的通或断。有三个通口的二位阀,称为二位三通阀。在不同工作位置,可实现 P、A 相通或 A、O 相通。这种阀可用于推动单作用气缸的回路中。常见的还有二位五通阀,它可用于推动双作用气缸的回路中。由于有两个排气口,能对气缸的工作行程和返回行程分别进行调速。

三位阀有三个工作位置。当阀芯处于中间位置时(也称为零位),各通口呈封闭状态,则称为中位封闭式阀;若出口与排气口相通,称为中位泄压式阀,也称为 ABR 连接式;若出口都与进口相通,则称为中位加压式阀,也称为 PAB 连接式;若在中泄式阀的两个出口内,装上单向阀,则称为中位止回式阀。

方向阀的阀芯处于不同的工作位置时,各通口之间的通断状态是不同的。若将它们分别表示在一个长方形的各个方框中,就构成了方向阀的图形符号。常见的二位和三位方向阀的图形符号见表 6.3-2。

表 6.3-2 二位和三位方向阀的图形符号

分类	二位	三 位			
		中位封闭式	中位泄压式	中位加压式	中位止回式
二通					
三通	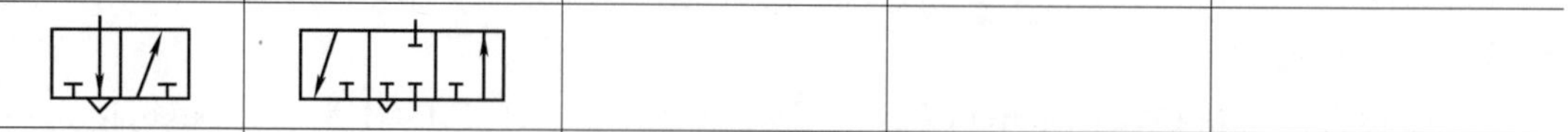				
四通	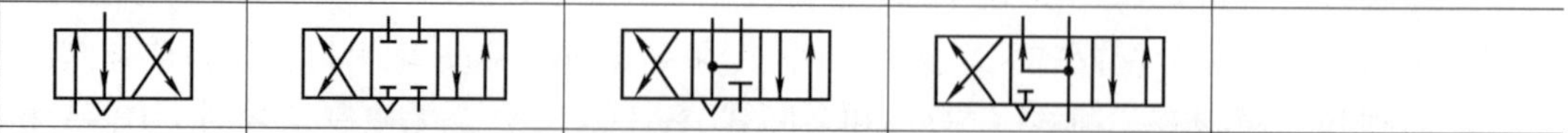				
五通	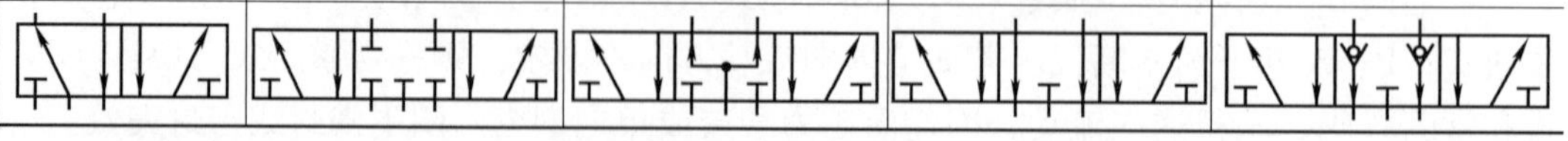				

6. 按控制数分类

按控制数可分成单控式和双控式。

1) 单控式是指阀的一个工作位置由控制信号获得(控制信号可以是电信号、气信号、人力信号或机械力信号等),另一个工作位置是当控制信号消失后,靠其他力来获得(称为复位方式)。靠弹簧力复位称为弹簧复位;靠气压力复位称为气压复位;靠弹簧力和气压力复位称为混合复位。气压复位阀的使用压力很高时,复位力大,工作稳定。若使用压力较低,则复位力小,阀芯动作就不稳定。为弥补这个不足,可加一回位弹簧,形成混合复位,混合复位可减小复位活塞的直径。二位阀的复位状态也称作零位。

2)双控式是指阀有两个控制信号。对二位阀,两个阀位分别由一个控制信号获得。当一个控制信号消失,另一个控制信号未加入时,能保持原有阀位不变的,称为具有记忆功能的阀。对三位阀,每个控制信号控制一个阀位。当两个控制信号都不存在时,靠弹簧力和(或)气压力使阀芯处于中间位置(简称为中位或零位)。

7. 按阀芯结构形式分类

阀芯结构形式是影响阀性能的重要因素之一。常用的阀芯结构形式有滑柱式、座阀式、滑柱座阀式(平衡座阀式)和滑板式等。

(1)滑柱式

它是用一个有台肩的圆柱体,在管状阀套内,沿其轴向移动,来实现气路通断的阀。其基本形状如图6.3-1所示。其特点有:

1)由于阀芯结构的对称性,容易做到使其具有记忆功能。即控制信号消失,仍能保持原有阀芯位置不变的功能。

2)切换时,不承受像作用于座阀式阀芯上的背压阻力,故换向力小,动作较灵敏。

3)通用性强。同一基型,只要更换少数零件,便可变成不同的控制方式。同一个阀,稍加改变,可以得到多种通路。如一个二位五通滑阀,由于接管方式不同,分别具有二通的常通和常断、三通的常通和常断及选择式二位四通(也称为逆加压)的功能,如图6.3-2所示。但要注意,有些结构的阀,如密封圈为单向型的,不能将排气口改为气源口。对三位阀,只要更换阀芯,便可实现中封式、中泄式或中压式。

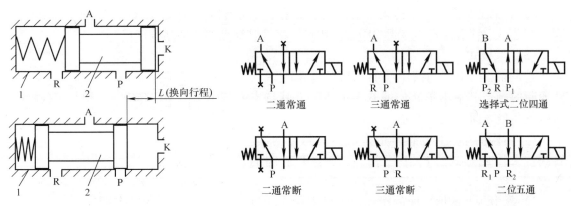

图6.3-1 滑柱式阀芯
1—阀套 2—阀芯

图6.3-2 两位五通阀的不同接管方式

4)阀芯的换向行程较座阀式长,故大通径的阀不宜使用滑柱式结构,以免体积过大。

5)滑动部分需精密加工,故制造成本高。

6)滑柱式阀芯对介质中的杂质较座阀式阀敏感,故对气源处理要求较高。

(2)座阀式

阀芯大于阀座孔径的圆盘或其他形状的密封件沿阀座的轴向移动来切换空气通路的阀。其基本形状如图6.3-3所示。其特点有以下几个方面。

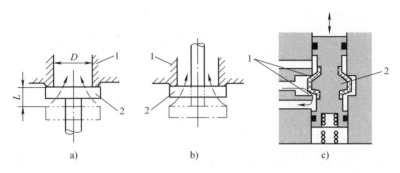

图 6.3-3　座阀式阀芯
1—阀座　2—阀芯

1）用很小的移动量,便可使阀芯完全开启。譬如,对图 6.3-3a 所示的阀芯来说,当流通面积 $\pi DL = \pi D^2/4$ 时,即为全开状态。可见座阀式阀芯的换向行程 $L = D/4$。故座阀式阀的流通能力强。大通径气阀通常都采用座阀式阀芯结构。

2）座阀式阀芯一般采用软质平面密封,故泄漏很小,能吸收阀芯关闭时的冲击力。开闭件的磨损小。对气源处理要求比滑柱式低。

3）不需油雾润滑,但仍要避免油泥对密封件的侵害。

4）阀芯关闭时,阀芯上始终存在进口压力的作用,这对阀的密封是有利的,不借助弹簧力也能将阀关闭。但由于背压的存在,特别是阀的流通面积大时,会形成很大的切换阻力。故座阀常采用平衡式阀芯结构或使用大的控制活塞推动阀芯换向。通径大的座阀,宜采用气压控制或先导控制方式。

5）阀的通口多时,结构太复杂,故主要用于二通阀和三通阀。图 6.3-3c 所示为滑柱座阀式阀芯是发挥滑柱式和座阀式阀芯的优点,避开其缺点的一种结构形式。

（3）滑板式

它是靠改变滑板与阀座间的相对位置来实现气路通断的阀。其基本形状如图 6.3-4 所示。其特点有以下几个方面:

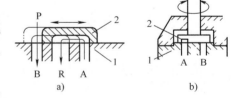

图 6.3-4　滑板式阀芯
a）滑板作直线平移　b）滑板作旋转运动
1—阀座　2—滑板

1）结构简单。容易设计成多位多通路方向阀。转阀常采用此形式。若用手控,可随意调节阀的开度。

2）靠滑板与阀座之间的滑动面进行密封,故滑动面需研配。可能有微漏。

3）若进口压力和弹簧力一起将滑板压向本体,则切换时的操作力较大。

4）寿命长。

8. 按密封形式分类

阀的密封形式可分为弹性密封和间隙密封,如图 6.3-5 所示。

弹性密封又称为软质密封,即在各工作腔之间用合成橡胶材料或氟橡胶（高温条件下）等制成的各种密封圈来保证密封。它与间隙密封相比,制造精度可低些,对工作介质的过滤精度要求也低些,基本无泄漏,密封件损伤可更换。弹性密封件受温度影响,故阀的使用温

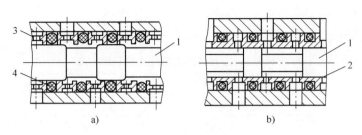

图 6.3-5　阀的密封形式
a) 弹性密封　b) 间隙密封
1—阀芯　2—阀套　3—隔套　4—密封圈

度一般为 -5~50℃。目前，大多数系列弹性密封件预先都添加了润滑脂，不需要额外给油。需注意的是，它也可以给油使用，但一旦给油，需持续给油，否则密封件磨损很快。特殊阀除外，详细参照各自技术参数。

间隙密封又称为硬配密封或金属（面）密封。它是靠阀芯与阀套内孔之间很小的间隙（2~5μm）来维持密封的。因间隙很小，故制造精度要求高。对工作介质中的杂质很敏感，要求气源过滤精度高于 5μm。如能保证过滤精度，特别是没有油泥粘接，则阀换向灵敏，切换频率高。因滑动阻力小，且与气压大小无关，可用电磁力直接推动大通径直动式电磁阀换向。但换向到达末端时的冲击力大，要在适当位置设置缓冲装置。间隙密封阀的使用温度可以较宽，不需油雾润滑，有微漏。若给油润滑，可减小滑动阻力，减少泄漏。但若油的黏度不当，反而会使阀芯动作灵活性变差。

9. 按连接方式分类

阀的连接方式有管式连接（也称为直接配管）、板式连接（也称为底板配管）、法兰连接和集装式连接等。

管式连接有两种：一种是阀体上的螺纹孔直接与带螺纹的接管相连；另一种是阀体上装有快换接头，将硬管或半硬管直接插入接头内。对不复杂的气路系统，管式连接简单，但装拆维修不便。拆下阀时，先要拆下配管。

板式连接需配专用的过渡连接板，管路与连接板相连，阀固定在连接板上。装拆阀时不必拆卸管路，对复杂气路系统维修方便。

法兰连接主要用于大通径的阀上。

集装式连接是将多个气阀连接在一起。各气阀的气源口或排气口可以共用，各气阀的排气口也可单独排气。这种方式可节省空间、减少配管，装拆方便，便于维修，可减少管道安装带来的污染。

10. 按流通能力分类

按流通能力的分类有两种：一种是按连接口径分类；另一种是按有效截面面积分类。在实际中，可通过声速流导 C 和临界值 b 来表示流通能力的强弱。连接口径有用阀的公称通径表示的，也有用连接口径的连接螺纹表示的。

按连接口径表示流通能力，较直观，但不科学。同一连接口径，通过流量差别很大，故用阀的有效截面面积表示比较合理。

有效截面面积分两档。B 系列是基本系列，A 系列是在流量可以减小时，从配管接口的通用性考虑，把配管接口尺寸缩小一级而形成的。

流通能力的几种表示方法及其大致对应关系见表 6.3-3。

表 6.3-3　方向阀的流通能力的表示方法

连接口径		有效截面面积/mm²				备 注
公称通径/mm	连接螺纹/in	三通电磁阀		四、五通电磁阀		
		直动式	先导式	A 系列	B 系列	
	M3×0.5				0.9	
2.5、4	M5×0.8			1.8	3.6	
4、6	1/8	1.2	10	5	10	
8	1/4	3	20	10	20	
10	3/8		40	20	40	
15	1/2		60	40	60	摘自 JIS B 8374 和 JIS B 8375
20	3/4		110	60	110	
25	1		190	110	190	
32	1 1/4			190	300	
40	1 1/2			300	400	
50	2			400	650	

方向阀不同分类方法之间的联系如图 6.3-6 所示，此图是对常见方向阀而言的。

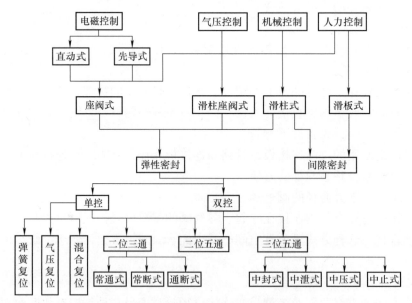

图 6.3-6　方向阀不同分类方法之间的联系

二、电磁方向阀（EVS、S070、SJ、SQ、SV、SY、SYJ、SZ、V100、VEX3、VF、VFR、VFS、VG、VK、VP、VQ、VQC、VQD、VQZ、VT 系列）

电磁方向阀是气动控制元件中最主要的元件，品种繁多，结构各异，但原理无多大区别。按动作方式，有直动式和先导式。按阀芯结构形式，有滑柱式、座阀式和滑柱座阀式。

按密封形式,有弹性密封和间隙密封。按使用环境,有普通型、防滴型、防爆型、防尘型等。按所用电源,有直流和交流。按功率大小,有一般功率和低功率。按润滑条件,有不给油润滑和油雾润滑等。

(一) 电磁铁

磁铁周围存在磁场,条形磁铁的磁力线如图6.3-7所示。

螺线管通以电流时,也会形成磁场,如图6.3-8所示。其磁力线方向可按右手螺旋定则确定。通电螺线管就像一根条形磁铁,具有吸引铁磁材料的能力。若将铁磁材料放入螺线管内,则可产生更大的电磁吸力。

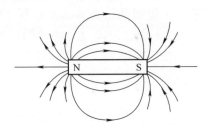

图6.3-7 条形磁铁的磁力线　　图6.3-8 通电螺线管的磁力

通过一个面的磁力线总数称为磁通。单位面积上的磁通量称为磁感应强度。工程上,在通电线圈中,加一闭合或包含窄气隙的铁磁材料时,如图6.3-9所示,则绝大部分磁力线都通过铁磁材料和窄气隙回路,这部分磁通称为主磁通。主磁通通过的路径称为磁路。穿出铁磁材料的少量磁通称为漏磁通。铁磁材料大大增强了磁感应强度,因而可得到强大的磁场力。电磁铁就是利用磁路把电能转化为磁能,再把磁能转换成使动铁心作直线运动的机械能。

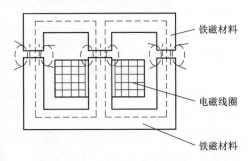

图6.3-9 电磁线圈磁路中的磁通

电磁铁通常是由激磁线圈、静铁心和动铁心三个主要部分组成。

1. 直流电磁铁和交流电磁铁

按通过激磁线圈的电流分类,有直流电磁铁和交流电磁铁。下面对它们作一比较。

(1) 结构

按动铁心的形状,主要有I形电磁铁和T形电磁铁,如图6.3-10所示。

直流电磁铁因不存在磁滞涡流损失,故铁心可用整块铁磁材料制成。动铁心常做成圆柱形,称为I形电磁铁或螺管式电磁铁,与T形电磁铁相比,结构紧凑,体积小,行程短,可动件轻,冲击力小,气隙全处在螺管线圈中,产生吸力较大。但直流电磁铁要防止剩磁过大而影响正常工作。

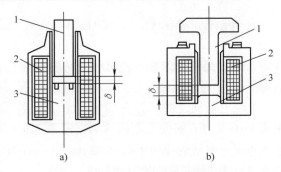

图6.3-10 I形电磁铁和T形电磁铁
a) I形　b) T形
1—动铁心　2—激磁线圈　3—静铁心　δ—行程

交流电磁铁通以交变电流时，在铁心中存在磁滞涡流损失。在小型电磁铁上及电磁先导阀上，可使用整体式 I 形电磁铁。需要较大吸力的直动式电磁阀上，为减少铁耗发热，常使用 T 形电磁铁，其铁心采用硅钢片叠制而成，以减少铁耗发热。T 形电磁铁可动件重量重，动作时冲击力大，但吸力大，行程大。

（2）蜂鸣声

对 50Hz 的交流电，每秒有 100 次吸力为零。动铁心因失去吸力而开始返回原位。但在很短的时间内，吸力又增大，动铁心又重新被吸合，形成动铁心振动，发出蜂鸣声。其预防措施是在电磁铁的吸着面上设置分磁环。被分磁环包围部分磁极中的磁通与未被包围部分磁极中的磁通有时差，相应产生的吸力也有时差，故任一瞬间动铁心的总吸力不会为零，可消除振动。分磁环的电阻越小越好（如黄铜、纯铜），但太小会使流过分磁环的电流过大，耗损大。设置分磁环，自然降低了机械强度。因分磁环往往会断裂，而使其寿命缩短。

直流电磁铁不存在蜂鸣声。

（3）吸力与行程的关系

电磁吸力与行程（即气隙）的关系称为吸力特性。弹簧力与重力之和与行程的关系称为反力特性。希望电磁铁在任何行程下，吸力略大于反力，既能保证动铁心吸合，又避免动作速度太快造成冲击和反弹。这样可避免触头熔焊或烧毁，以延长寿命。

直流电磁铁的吸力与行程的平方成反比，行程大时吸力很小，即起动力小。

交流电磁铁的吸力特性曲线比较平坦，即行程大时也有较大的吸力。

（4）起动电流和保持电流

交流电磁铁电压一定时，激磁电流的大小虽与线圈的电阻有关，但主要受行程的影响。行程大，磁阻大，激磁电流也大。最大行程时的电流称为起动电流，而吸着时的电流称为保持电流，也称为励磁电流。在大型电磁铁中，起动电流可达保持电流的 10 倍以上。小型电磁铁的起动电流也可达到保持电流的 2~4 倍。若动铁心被卡住，起动电流持续流过时，线圈发热厉害，甚至被烧毁。行程小的电磁先导阀就不易烧毁。交流电磁铁不宜频繁通断。寿命不及直流电磁铁长。

当电压一定时，直流电磁铁的线圈电流仅取决于线圈电阻，与行程大小无关。故动铁心被卡住时不会烧毁线圈。直流电磁铁可频繁通断，工作安全可靠。但错接高电压，流过电流过大时，仍会烧毁线圈的。

（5）视在功率和消耗功率

由于电感和电容对交流电的相位有影响，故交流电实际消耗功率（有效功率）为

$$P = UI\cos\phi$$

式中，$\cos\phi$ 是功率因数。它与电磁铁的结构有关，为 0.3~0.7。表示能有效使用的那部分电力。UI 称为视在功率。

交流电磁铁用视在功率 UI 表示，其单位为 V·A。已知视在功率为 3.4V·A，使用电压为 110V，则流过交流电磁铁的电流为 31mA。

直流电磁铁消耗功率用 P 表示，其单位为 W。已知消耗功率为 2W，使用电压为 24V，则流过直流电磁铁的电流为 83mA。

2. 电磁线圈的温升和绝缘种类

电磁线圈流过电流就会发热，温度会逐渐升高。经一定时间后，发热与散热处于平衡，

温度便达稳定值。此温度与环境温度之差称为温升。温升与磁性材料性能、磁路中间隙的大小、铁心吸合表面的不平度和粗糙度、分磁环尺寸、弹簧变形特性和浸漆质量等多种因素有关。

最高允许温升由线圈的绝缘种类决定,见表6.3-4。电磁线圈的温升值应比最高允许温升低。电磁阀的环境温度由线圈的绝缘种类的最高允许温度和电磁线圈的温升值来决定。一般电磁阀的电磁线圈使用B种绝缘,若环境温度不高于60℃,则电磁线圈温升不应超过70℃。

表6.3-4 温升和绝缘种类

绝缘种类	A	E	B	F	H
最高允许温升/℃	65	80	90	115	140
最高允许温度/℃	105	120	130	155	180

以前,电磁铁的绝缘大多只对线圈进行包塑处理,可防霉防潮,避免短路。随着电磁铁的小型化,现已对电磁铁及其外壳进行整体包塑处理,虽绝缘性好,但散热性差,内部温升高,故使用时一定不能超过线圈的最高允许温度。

3. 有触点开关的保护

电磁阀的电磁线圈是感性负载,当断开带感性负载的电路时,在触点间会产生电火花,使触点被烧蚀氧化,造成接触不良。

图6.3-11a所示为带感性负载L的电路。当开关突然断开时,电流由$i_0 = E/R'$迅速降至零。因$\dfrac{di}{dt}$为很大的负值,产生的自感电动势$e_L = L\dfrac{di}{dt}$就很大,方向与i相反,它与电动势E相加后的电动势为$E + e_L$,使开关S处两端电压U_S很高。

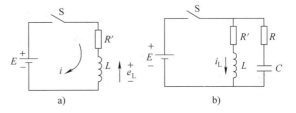

图6.3-11 直流电的触点保护电路

流过线圈的电流瞬间被切断时产生的非常高的反向电压称为冲击电压。这个冲击电压高于一定值,空气会被击穿,形成电火花。电路的过渡过程,即开关突然通、断瞬间,出现比稳态时大得多的冲击电压和冲击电流,会造成电子元件的损坏。纯电阻电路自然不会有过渡过程。含电感电容的电路,不论直流还是交流电路,都存在过渡过程。

图6.3-11b所示为在L和R'的两端,并联一个RC电路。S断开,i_L便从i_0开始对电容C充电,电感L中的电磁感应能量,一部分在电阻R和R'上变成热量,一部分转化为电容C中的电能,进而使电容C再放电,将能量不断消耗到R和R'上,从而避免了在开关S处产生电火花的可能。

(二)直动式电磁方向阀

由电磁铁的动铁心,直接推动阀芯换向的气阀,称为直动式电磁方向阀(其中包括电磁铁的动铁心就是阀芯的气阀)。

按线圈数目分类,有单线圈和双线圈,分别称为单电控和双电控直动式电磁方向阀。按使用电源及电压分有:直流(DC),电压有24V、12V(100V、48V、6V、5V、3V);交流

（AC），电压有 220V、110V（240V、200V、100V、48V、24V、12V），括号内的电压为非推荐值。按功率分，有 2W 以下的低功率电磁阀和一般功率电磁阀。低功率电磁阀可直接用半导体电路的输出信号来控制。

动作原理如下：

图 6.3-12 所示为单电控直动式电磁阀的动作原理图。通电时（见图 6.3-12b），电磁铁 1 推动阀芯向下移动，使 P、A 接通，阀处于进气状态。断电时（见图 6.3-12a），阀芯靠弹簧力复位，使 P、A 断开，A、R 接通，阀处于排气状态。

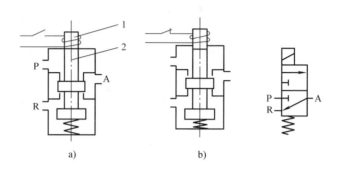

图 6.3-12　单电控直动式电磁阀的动作原理图
1—电磁铁　2—阀芯

图 6.3-13 所示为双电控直动式电磁阀的动作原理图。当电磁铁 1 通电，电磁铁 2 断电时（见图 6.3-13a），阀芯 3 被推到右位，A 口有输出，B 口排气。电磁铁 1 断电，阀芯位置不变，即具有记忆能力。当电磁铁 1 断电、电磁铁 2 通电时（见图 6.3-13b），阀芯被推到左位，B 口输出，A 口排气。若电磁铁 2 断电，空气通路仍保持原位不变。

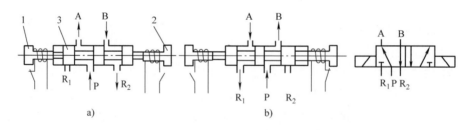

图 6.3-13　双电控直动式电磁阀的动作原理图
1、2—电磁铁　3—阀芯

图 6.3-14 所示为 V100 系列二位三通直动座阀式底板配管型单电控常断型电磁阀。不通电时，回位弹簧推动动铁心及推杆将阀芯推开，封住 P 口，且使 A、R 口相通。通电时，电磁力克服复位弹簧力使动铁心向右移动，在阀芯回位弹簧力的作用下，使阀芯开启，让 P、A 口相通，同时封住 R 口。调试时，不通电，利用手动调节杆（有非锁定推压式和旋具操作锁定式），推动动铁心向右移动，封住 R 口，使 P、A 口相通。P 口与 R 口换接，则变成常通型。由于与流体接触部的材料都是树脂和不锈钢等，故可用于无铜离子要求的场合。声速流导 C 值 P→A 为 $0.037\text{dm}^3/(\text{s}\cdot\text{bar})$，临界压力比 b 值为 0.11；A→R 为 $0.054\text{dm}^3/(\text{s}\cdot\text{bar})$，

临界压力比 b 值为 0.35。带节电回路时，线圈温升仅 1℃。响应时间在 5ms 以下，最大动作频度为 20Hz。

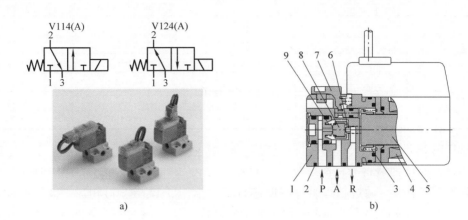

图 6.3-14　V100 系列二位三通电磁阀
a) 图形符号外形图　b) 结构简图
1—阀体　2—垫片组件　3—回位弹簧　4—线圈组件　5—动铁心
6—推杆　7—手动调节杆　8—阀芯　9—阀芯回位弹簧

图 6.3-15 所示为 S070 系列二位三通直动座阀式单电控常断型电磁阀。有直接配管型和底板配管型。直接配管型阀宽仅为 7mm，质量为 5g。直接配管的倒钩接头连接管为 $\phi 3.18/\phi 2$mm，底板配管的配管口径有 M3 和 M5。有效截面面积与消耗功率及最高使用压力有关，见表 6.3-5。

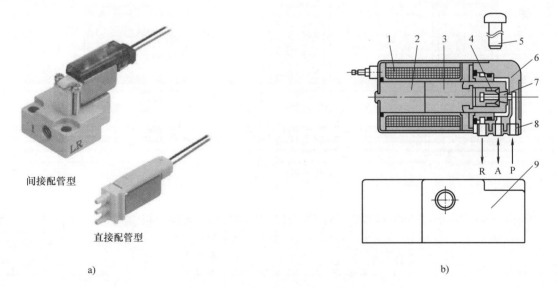

图 6.3-15　S070 系列二位三通电磁阀
a) 外形图　b) 结构简图
1—电磁线圈　2—静铁心　3—动铁心　4—回位弹簧
5—安装底板螺钉　6—阀体　7—阀芯　8—接口垫片　9—底板

表 6.3-5　S070 系列电磁阀的技术参数

记号	消耗功率/W	最高使用压力/MPa	流量特性（P→A）	
			$C/[dm^3/(s \cdot bar)]$	b
A	0.35	0.1	0.060	0.28
B		0.3	0.042	0.27
C	0.5	0.3	0.060	0.28
D		0.5	0.042	0.27
E	0.1	0.1	0.042	0.28
F		0.3	0.021	0.27

图 6.3-16 所示为 VT325 系列二位三通直动式滑柱座阀型单电控电磁阀。不通电时（见图 6.3-16a），回位弹簧将滑柱阀芯推上，封住①口，②口与③口相通。通电时（见图 6.3-16b），动铁心被吸引，通过超程组件将阀芯推下，这时①口与②口相通，③口封闭，非锁定推压式手动操作按钮用于不通电时调试和维修之用。实际阀的外形如图 6.3-16c 所示。

VT 系列电磁阀体积小，流通能力大，动作频率高，可用于真空压力条件下。但在真空压力下存在微漏，故不能用于保持真空。VT3□□E 是长时间通电型，不可用于高频动作，应一天动作少于 1 次，但 30 天内又必须切换 1 次。不可作为紧急断路器。

滑柱座阀型阀芯结构兼有滑阀和座阀的特点。因阀芯部分具有对称性，故任一通口都可作进口，即流动方向没有限制，在图形符号上表示流动方向的箭头同时指向两侧。因换向行程小，换向时阻力小，使用小型电磁铁，便可实现较大通径的直动式电磁阀换向，具有体积小、流通能力大、动作频率高的优点。座阀式软质密封的密封性好，不需要给油润滑。

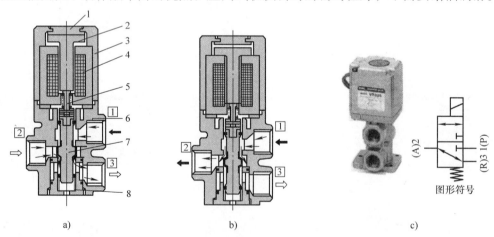

图 6.3-16　VT325 系列二位三通直动式滑柱座阀型单电控电磁阀
a）不通电时　b）通电时　c）外形图
1—手动按钮　2—动铁心　3—阀盖　4—电磁线圈　5—超程组件
6—阀体　7—滑柱阀芯　8—复位弹簧

VT 系列阀具有六种机能，见表 6.3-6。作三通阀时，P 口为进口，R 口为排气口，则为常断型；P 口为排气口，R 口为进口，则为常通型；P 口接 p_1，R 口接 p_2，则为选择阀；A 口为进口，P 口和 R 口为出口，则为分配阀；作二通阀使用时，堵住 R 口为常断；堵住 P 口，R 口改进口，则为常通。

表 6.3-6　VT 系列阀的六种机能

功能	三通常断	三通常通	二通常断	二通常通	选择阀	分配阀
断电	P①→②A, R③	P①←②A, R③	P①②A (阻塞), R③	P(阻塞)①②A, R③	P①→②A, R③	P①←②A, R③
通电	P①→②A, R③↓	P①←②A, R③↓	P①②A (阻塞), R③↓	P(阻塞)①②A, R③↓	P①→②A, R③↓	P①←②A, R③↓

图 6.3-17 所示为 VK3120 系列二位五通直动式滑柱座阀型单电控电磁阀。未通电时，回位弹簧将阀芯推向右端，P 与 B 相通，A 与 R_1 相通。通电时，动铁心被静铁心吸引，小弹簧推推杆，将阀芯推向左端，P 与 A 相通，B 与 R_2 相通。本阀结构紧凑，流通能力大，功耗低，标准型为 4W，低功率型为 2W。响应时间短，在 10ms 以下。抗振、抗冲击的能力强，有防尘结构，可与 VK300 系列三通阀混合安装在集装板上。

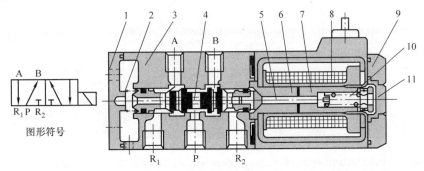

图 6.3-17　VK3120 系列二位五通直动式滑柱座阀型单电控电磁阀
1—端盖　2—回位弹簧　3—阀体　4—滑柱阀芯　5—推杆　6—静铁心　7—动铁心
8—模压线圈　9—头盖　10—小弹簧　11—手动按钮

图 6.3-18 所示为直动式间隙密封电磁滑阀。图 6.3-18a 所示为双电控二位五通阀，板式连接，左侧线圈通电，P→B 相通，A→E_A 相通。为了吸收阀芯换向时的冲击力，设置了制动用的定位装置。需手动使阀芯换向时，取下帽用螺塞，装上手动调节机构（见图 6.3-18b），用旋具等将调节杆推到底，使阀切换，这种形式称为手动旋具操作型。然后，向左或向右旋转 90°，便被锁住。解锁时，反方向旋转 90°便可。在阀通电动作前，务必解除手动锁紧机构。图 6.3-18c 所示为单电控二位五通阀。

间隙密封电磁阀的摩擦阻力虽比弹性密封小，但直动式电磁阀是直接靠电磁力的作用推动阀芯的，故阀的通径不应大于 20mm。

直动式电磁方向阀结构简单、切换速度快、动作频率高，但连接口径不宜大于 1/8（除间隙密封滑阀和滑柱座阀式阀芯外）。通径大，所需电磁力要大，体积和电耗都大。另外，当阀芯被粘住而动作不良时，如是交流电磁铁，容易烧毁线圈。为克服这些弱点，应采用先导式结构。

（三）先导式电磁方向阀

先导式是指电磁阀的主阀依赖先导气压力进行切换的一种动作方式。由电磁先导阀输出

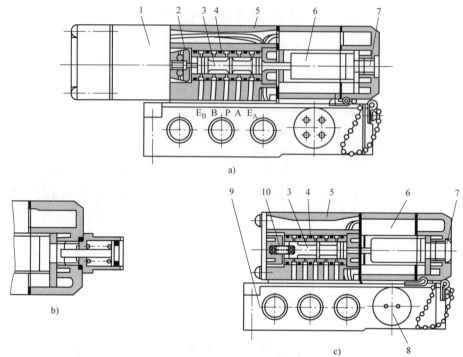

图 6.3-18 VS4□10 直动式间隙密封电磁滑阀
a) VS4210 b) 手动调节机构 c) VS4110
1—左侧线圈组件 2—定位装置 3—阀芯 4—阀套 5—阀体 6—右侧线圈组件
7—帽用螺塞 8—导线用橡胶堵头 9—底板 10—回位弹簧

先导压力,此先导压力再推动(气控)主阀阀芯换向的阀,称为先导式电磁方向阀。按电磁线圈数,先导式电磁方向阀有单电控和双电控之分。按先导压力来源,有内部先导式和外部先导式。它们的图形符号如图 6.3-19 所示。

1. 动作原理

图 6.3-20 所示为单电控外部先导式电磁阀的动作原理图。当电磁先导阀断电时(见图 6.3-20a),先导阀的 x、A_1 口断开,A_1、P_E 口接通,先导阀处于排气状态,即主阀的控制腔 A_1 处于排气状态。此时,主阀阀芯在弹簧和 x 口气压的作用下向右移动,将 P、A 口断开,A、R 口接通,即主阀处于排气状态。当电磁先导阀通电时(见图 6.3-20b),x、A_1 口接通,先导阀处于进气状态,即主阀控制腔 A_1 进气。由于 A_1 腔内气体作用于阀芯上的力大于 x 口气体作用在阀芯上的力与弹簧力之和,因此,

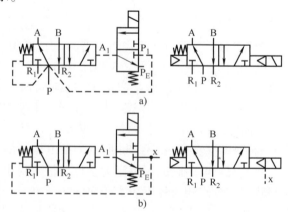

图 6.3-19 内部先导式和外部先导式电磁阀
的图形符号
a) 内部先导式 b) 外部先导式

将活塞推向左边,使 P、A 口接通,即主阀处于进气状态。图 6.3-20c 所示为单电控外部先导式电磁阀的详细图形符号,图 6.3-20d 所示为其简化图形符号。

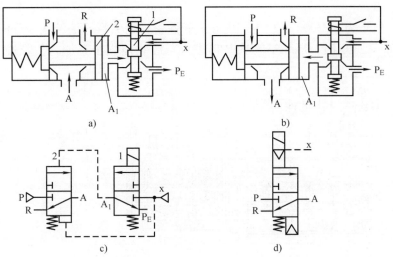

图 6.3-20 单电控外部先导式电磁阀的动作原理图
1—电磁先导阀 2—主阀

图 6.3-21 所示为双电控内部先导式电磁阀的动作原理图。当电磁先导阀 1 通电和电磁先导阀 2 断电时（见图 6.3-21a），由于主阀的 A_1 腔进气，A_2 腔排气，使主阀阀芯移到右边。此时，P、A 口接通，A 口有输出；B、R_2 口接通，R_2 口排气。当先导阀 2 通电和先导阀 1 断电时（见图 6.3-21b），主阀 A_2 腔进气，A_1 腔排气，主阀阀芯移到左边。此时，P、B 口接通，B 口有输出；A、R_1 口接通，R_1 口排气。双电控二位方向阀具有记忆性，即通电时阀芯换向，断电时能保持原阀芯位置不变。图 6.3-21c 所示为双电控内部先导式方向阀的简化图形符号。双电控二位方向阀可用脉冲信号控制。为保证主阀正常工作，两个先导阀不能同时通电，以防主阀芯切换不到位。电路中应设互锁保护。

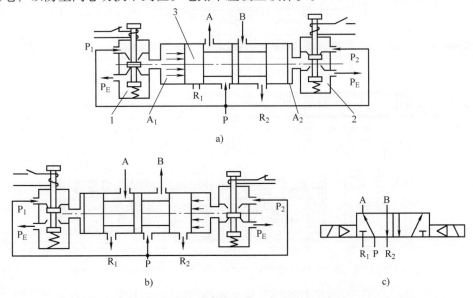

图 6.3-21 双电控内部先导式电磁阀的动作原理图
1、2—电磁先导阀 3—主阀

2. 结构原理

图 6.3-22 所示为 VF3000 系列内部先导式弹性密封电磁滑阀的结构原理图。图 6.3-22a 所示为单电控，未通电时，压缩空气从 P 口进入，经阀体内小孔流入复位腔，在复位腔气

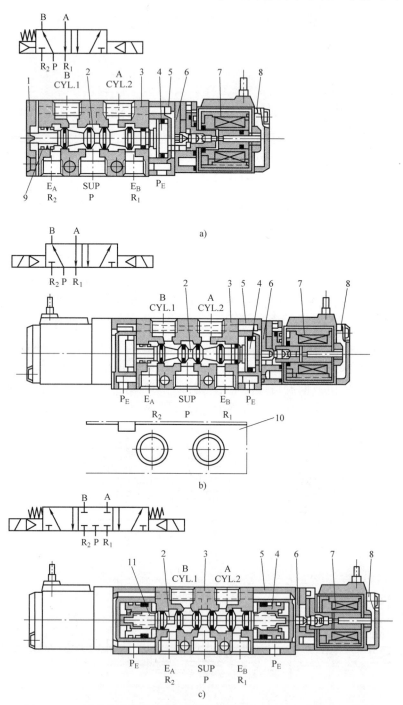

图 6.3-22　VF3000 系列内部先导式弹性密封电磁滑阀的结构原理图
1—阀盖　2—阀芯　3—阀体　4—控制活塞　5—连接板　6—先导阀阀体
7—先导阀组件　8—先导阀盖　9—回位弹簧　10—底板　11—对中弹簧

压力及回位弹簧 9 的共同作用下，将阀芯 2 推向右侧。这时，P、B 口接通，B 口有输出，A、R_1 接通，R_1 口排气。当先导阀组件 7 通电时，先导阀开启，压缩空气便进入控制活塞 4 的右腔。由于控制活塞的气压作用面积大，控制力足以克服混合复位力及密封圈的摩擦力，将阀芯推向左侧，实现 P、A 接通及 B、R_2 接通。图 6.3-22b 所示为双电控，仅左侧电磁先导阀通电，P、B 接通，B 有输出，R_1 口排气。当左侧先导阀断电时，仍是 B 有输出，R_1 口排气。仅右侧先导阀通电时，P、A 接通，A 有输出，R_2 口排气。PE 口是先导阀排气口兼呼吸口，控制活塞左移时，通过 PE 口将控制活塞左侧气体排出。控制活塞右移时，右侧与大气相通，右侧的气压力可从 PE 口排出，而左侧吸气。若要求配管不直接接在阀体上，而是接在底板上，则将阀装在底板 10 上，称为底板配管。图 6.3-22c 所示为三位五通中封式电磁方向阀。当两侧电磁先导阀都不通电时，在两侧对中弹簧 11 的作用下，阀芯便回复至中位，实现 P、A、B、R_1 和 R_2 都不相通。更换三位五通阀的阀芯，可得到中泄式和中压式的形式。

VF□000 系列电磁阀的主要技术参数见表 6.3-7。

表 6.3-7 VF□000 系列电磁阀的主要技术参数

系列			VF1000		VF3000		VF5000	
配管形式			直接配管	底板配管	直接配管	底板配管	直接配管	底板配管
连接口径（Rc、G、NPT、NPTF）/in			M5、1/8	1/4、1/8	3/8、1/4	3/8、1/4	1/2、3/8、1/4
阀规格	使用压力范围/MPa	二位单电控、三位	0.15~0.7（高压 0.15~1.0）					
		二位双电控	0.1~0.7（高压 0.1~1.0）					
	流量特性（P→A）	$C/[\mathrm{dm}^3/(\mathrm{s}\cdot\mathrm{bar})]$	0.49~0.76		2.4~5.5	2.1~3.4	6.7~9.2	6.6~11
		b	0.22~0.4		0.14~0.33	0.1~0.7	0.4~0.51	0.18~0.49
	环境和介质温度/℃		−10~50					
	响应时间/ms	二位/三位	<48/—	—	<48/<58		58/<78	
	最大动作频度/Hz	二位/三位	10/—	—	10/3		5/3	
	给油		不需要					
	手动操作方法		非锁定推压式、锁定式扁平螺钉旋具操作、锁定式手动操作					
	安装姿势		自由					
	耐冲击/耐振动		300/50m/s²					
	保护等级		防尘					
	先导阀排气方式		单独排气、主阀和先导阀集中排气（VF1000 除外）					
电气规格	导线引出方式		G、H、L、LN、LO、M、MN、MO、D、DO、Y、YO、T					
	额定电压/V		AC100、200、DC24，还有其他非标准电压					
	允许电压波动		额定电压的 −15%~+10%					
	视在功率/V·A	AC	≤1.55（带灯≤1.75）					
	消耗功率/W	DC	1.5（带灯 1.55）					
	指示灯及过电压保护回路		ZNR（可变电阻）、LED（AC 的 D、Y、T 型为氖灯）					

注：1. VF1000 系列无三位阀，无底板配管型。
   2. VF3000·5000 的三位阀有中封式、中泄式和中压式。
   3. VF□000 系列有多种集装形式。

先导式电磁阀的最大动作频度比直动式低,大型阀尤为显著,但主阀阀芯卡住,不会烧毁线圈,且耗电少。内部先导式电磁阀的响应时间受使用压力大小的影响,使用压力太低时(0.1~0.2MPa以下),换向不稳定。对响应时间要求稳定的使用场合,应特别注意。

图 6.3-23 所示为 VFS2000 系列二位五通内部先导式间隙密封电磁滑阀。图 6.3-23a 所示为单电控,采用混合复位方式。图 6.3-23b 所示为双电控,当阀芯换向至末端时,冲击力大,故设有锁定机构以吸收冲击。

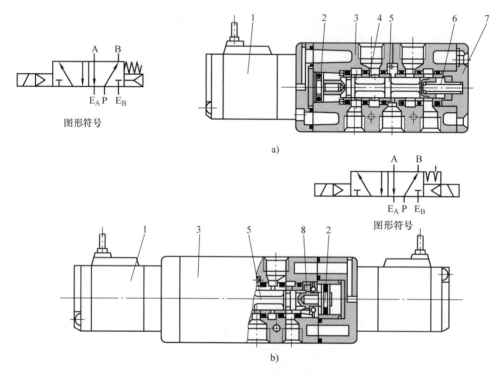

图 6.3-23 VFS2000 系列间隙密封电磁滑阀
1—电磁先导阀 2—控制活塞 3—阀体 4—隔套 5—阀芯 6—回位弹簧 7—端盖 8—锁定机构

VFS□000 系列电磁阀的主要技术参数见表 6.3-8。

表 6.3-8 VFS□000 系列电磁阀的主要技术参数

系列			VFS1000	VFS2000	VFS3000	VFS4000	VFS5000	VFS6000
配管形式			直接配管	底板配管	直接配管	底板配管	底板配管	
连接口径(Rc、G、NPT、NPTF)/in			1/8	1/4、1/8	3/8、1/4	1/2、3/8	3/4、1/2、3/8	1、3/4
阀规格	使用压力范围/MPa	二位阀	0.1~1					
		三位阀	0.15~1	0.1~1	0.15~1	0.1~1	0.15~1	0.1~1
	流量特性 P→A	$C/[dm^3/(s \cdot bar)]$	1.6~1.7	3.1~4	1.2~2.8	4~7.4	6.3~12	9~18	29
		b	0.18~0.24	0.11~0.25	0.15~0.23		0.15~0.3	0.1

(续)

系列			VFS1000	VFS2000	VFS3000	VFS4000	VFS5000	VFS6000
阀规格	环境和介质温度/℃		−10~60					
阀规格	响应时间/ms	单电控	<15	<22	<15	<20	<40	<45	<160
阀规格	响应时间/ms	双电控	<13	<13	<13	<15	<15	<25	<60
阀规格	响应时间/ms	三位	<20	<40	<20(25)	<40(50)	<50(55)	<55(60)	—
阀规格	最大动作频度 CPM	单电控	1200	1200	1200	1200	1000	600	180
阀规格	最大动作频度 CPM	双电控	1200	1200	1200	1500	1200	600	180
阀规格	最大动作频度 CPM	三位	600	600	600	600	600(200)	300(180)	—
阀规格	给油		不需要					
阀规格	先导阀手动操作		非锁定推压式					
阀规格	耐冲击/耐振动		150/50m/s²					
阀规格	保护等级		防尘	G、E 防尘 F、T、D 防沫		防尘	E：防尘，F：防滴，D：防沫	
电气规格	导线引出方式		G、E、T、D、Y、DO、YO				E、D、DO	
电气规格	额定电压/V		AC100、200、DC24					
电气规格	允许电压波动		额定电压的 −15%~+10%					
电气规格	绝缘等级		B 种					
电气规格	视在功率/V·A	起动/励磁	5.6/3.4					
电气规格	消耗功率/W	DC	1.8（带灯、过电压保护2.04）					
电气规格	指示灯及过电压保护回路		无、带过电压保护、带灯及过电压保护				无、带灯及过电压保护	

注：1. 除 VF1000 外，都有外部先导式。

2. VF6000 系列只有单电控和双电控，其他系列有单电控、双电控、中封式、中泄式、中压式和中止式。

3. 此处流量特性指 P→A。

4. ( ) 内数值表示中止式。

5. 防尘相当于 IP50，防滴相当于 IP52，防沫相当于 IP54。

图 6.3-24 所示为 VP4150 二位五通弹性密封单电控差压控制内部先导滑柱座阀式电磁阀。压缩空气从 P 口经阀体内的小孔，流入先导阀的 P_1 腔和主阀左端复位活塞腔。在复位活塞腔气压作用下，阀芯右移，控制活塞右腔气体经先导阀排气口 R_1，从消声器排出。先导阀通电，先导阀 P_1、A_1 口接通。由于控制活塞面积大于复位活塞面积，故控制活塞气压力克服复位活塞气压力和阀芯摩擦力之和，将阀芯上的座阀式阀瓣推至左侧阀座上，P、A 口接通。本阀阀芯采用座阀式弹性密封，故抗污染能力强，抗振性好，基本不泄漏，动作可靠。

图 6.3-25 所示为 SY 系列流通能力很大的内部先导式电磁阀的结构原理图。其主要技术参数见表 6.3-9。

该阀的特点有以下几个方面：

1）体积小，但流通能力大。其有效截面面积是相同宽度常规阀的 1.7~3 倍。可直接推动较大缸径的气缸，见表 6.3-10。表中气缸的使用压力为 0.5MPa，负载率为 50%，水平运动。本阀体积小，孔也小，故要求空气品质高。

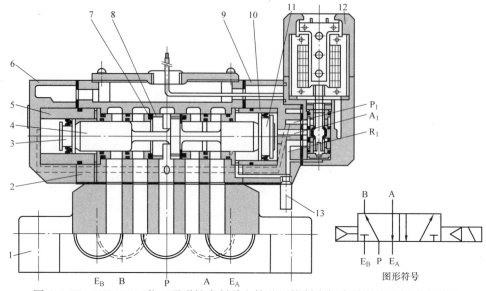

图 6.3-24 VP4150 二位五通弹性密封单电控差压控制内部先导滑柱座阀式电磁阀
1—底板 2—阀体 3—复位活塞 4—阀芯 5—复位活塞衬套 6—阀盖 7—阀座 8—中间阀套
9—连接板 10—控制活塞衬套 11—控制活塞 12—先导阀 13—消声器

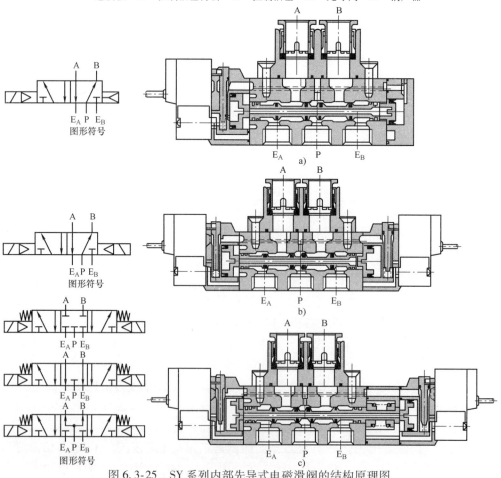

图 6.3-25 SY 系列内部先导式电磁滑阀的结构原理图
a) 单电控 b) 双电控 c) 三位式

2）电磁头行程短，起动电流小，发热少。功率低，仅为 0.35W，带节电回路为 0.1W。由于减少保持时的无用功率，相对于标准品（0.4W）而言，消耗功率可减至 1/4，如图 6.3-26 所示（额定电压为 DC24V 时，超过 62ms 的通电时间所示的效果）。对 DC24V，电流为 21mA，可编程序控制器来的信号可直接驱动。由于能耗少，开关元件小型化，故成本也低。

3）由于采用了新颖的先导阀结构，改善了主阀的换向性能，增大了复位力，故阀的可靠性高，寿命可达 5000 万次以上。

4）响应时间短。如 SY3200，在 0.5MPa 下，响应时间为 10ms 或更短。

5）耐水性好，主阀部分采用耐水性优良的特殊橡胶材料，故冷凝水引起的故障减少。

6）先导阀和主阀采用集中排气结构，可避免从先导阀排气口排出油雾和噪声。应当注意的是，先导阀动作过程中，先导阀是从主阀排气口排气，此排气并非主阀阀芯密封不良。

表 6.3-9 SY□000 系列电磁阀的主要技术参数

系列[①]		SY3□20	SY5□20	SY7□20	SY9□20	SY3□40	SY5□40	SY7□40	SY9□40
配管形式		直接配管				底板配管			
连接口径（Rc、G、NPT、NPTF）/in		M5×0.8、ϕ6、ϕ4	1/8、ϕ8、ϕ6、ϕ4	1/4、ϕ10、ϕ8	3/8、1/4、ϕ12、ϕ10、ϕ8	1/8	1/4	3/8、1/4	1/2、3/8
阀规格	内部先导使用压力范围/MPa 单电控	0.15~0.7							
	双电控	0.1~0.7							
	三位阀	0.2~0.7							
	外部先导式 使用压力范围/MPa	—				-0.1~0.7			
	先导压力范围/MPa	—				0.25~0.7			
	流量特性 P→A $C/[dm^3/(s \cdot bar)]$	0.47~0.77	0.74~2.2	2.5~4.3	4.3~8.9	0.73~1.2	1.4~3.3	2.6~5.3	7.2~12
	b	0.22~0.55	0.21~0.46	0.25~0.39	0.23~0.37	0.24~0.31	0.36~0.55	0.29~0.43	0.26~0.48
	环境及介质温度/℃	-10~50							
	响应时间[②] /ms（0.5MPa 时） 单电控	<12	<19	<31	<35	<12	<19	<31	<35
	双电控	<10	<18	<27	<35	<10	<18	<27	<35
	三位阀	<15	<32	<50	<62	<15	<32	<50	<62
	最大动作频度/Hz 二位阀	10	5	5	5	10	5	5	5
	三位阀	3	3	3	3	3	3	3	3
	手动操作方法	非锁定推压式、旋具推旋锁定式、手动推旋锁定式							
	给油	不需要							
	安装姿势	自由							
	耐冲击/耐振动	150/30m/s²							
	保护等级	防尘（DIN 型和 M8 出线型为 IP65）							
电气规格	导线引出方式	G、H、L、LN、LO、M、MN、MO、W、D（SY3000 无 D）、Y、DO、YO、W、WO							
	额定电压/V	AC100、110、200、220，DC3、5、6、12、24							
	允许电压波动	额定电压的 ±10%							
	消耗功率/W	0.35（带灯 0.4）							
	视在功率/VA	0.78~1.3（带灯 0.81~1.34）							
	过电压保护	二极管（D 型和无极性为可变电阻）							
	指示灯	LED（D 型的 AC 为氖灯）							

① SY 系列有二位单电控和双电控，三位中封式、中泄式和中压式。
② 在没有指示灯及过电压保护回路的条件下。

表 6.3-10 SY 系列电磁阀最适合驱动的气缸

SY 系列阀	连接口径（底板配管）	有效面积 /mm² C/[dm³/(s·bar)]	气缸速度/(mm/s)	CJ2 系列			CM2 系列				MB、CA2 系列			
				6	10	16	20	25	32	40	40	50	63	80	100
SY3140	1/8	1.0	100	○	○	○	○	○	○	○	○	○	○		
			200	○	○	○	○	○	○	○	○	○			
			300		○	○	○	○	○	○	○				
			400				○	○	○	○	○				
			500				○	○	○						
			600				○								
			700												
			800												
SY5140	1/4	2.4	100	○	○	○	○	○	○	○	○	○	○	○	
			200	○	○	○	○	○	○	○	○	○	○		
			300		○	○	○	○	○	○	○	○			
			400				○	○	○	○	○	○			
			500				○	○	○	○	○				
			600					○	○		○				
			700								○				
			800												
SY7140	3/8	4.9	100	○	○	○	○	○	○	○	○	○	○	○	○
			200	○	○	○	○	○	○	○	○	○	○	○	○
			300		○	○	○	○	○	○	○	○	○	○	
			400				○	○	○	○	○	○	○		
			500				○	○	○	○	○	○	○		
			600				○				○	○			
			700								○	○			
			800								○				
SY9140	1/2	8.0	100	○	○	○	○	○	○	○	○	○	○	○	○
			200	○	○	○	○	○	○	○	○	○	○	○	○
			300			○	○	○	○	○	○	○	○	○	
			400				○	○	○	○	○	○	○	○	
			500				○	○	○	○	○	○	○		
			600				○				○	○	○		
			700								○	○			
			800								○	○			

注：气缸使用压力为 0.5MPa，负载率为 50%，水平运动的情况。

7）组合型阀岛采用插入式阀片，集装位数可增减。导线接线方式多样。

8）外形美观，色调柔和的白色。

9）单体式有直接配管型和底板配管型。直接配管型有螺纹连接方式和快换接头连接方式。集装式有整块集装板和组合型集装板。

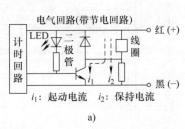
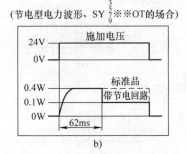

图 6.3-26 节电回路

图 6.3-27 所示为 new SY 系列在滑柱式五通电磁阀 SY 系列的基础上升级后的结构原理图。其主要技术参数见表 6.3-11。该系列阀与原 SY 相比，具有以下特点：

1）阀体宽度降低，但流通能力大幅提高。可用小阀体推动大缸径的气缸，如 new SY3000 的声速流导 C 由原来的 0.95 提高到 1.6；new SY5000 的声速流导 C 由原来的 2.5 提高到 3.6。同一工况使用的电磁阀可以降低一个尺寸，降低成本，并减小安装空间和减轻重量。

2）先导阀上内置滤网，防止异物混入。

3）寿命长，弹性密封型使用寿命为 7000 万次，金属密封型使用寿命为 2 亿次。

4）耐臭氧性能好，主阀部分采用 HNBR 密封材质，先导阀采用 FKM 密封材质。

5）插入式阀片，方便增减集装位数；可变更配管方向、尺寸及种类，省空间，操作性增强。

6）不同尺寸可混装，new SY3000/5000 及 new SY5000/7000 可使用同一组阀板集装。

7）可对应各种串行总线，并配备有四位双三通阀和背压防止阀。

8）采用锁定式手动滑钮，可手动操作滑钮进行 ON/OFF 以及锁定。

图 6.3-28 所示为三位五通弹性密封内部先导中止式（带双先导式单向阀的中泄式）电磁滑阀。图 6.3-28a 所示为其动作原理和图形符号，图 6.3-28b 所示为结构原理图。当三位阀处于中位时，气缸两腔压力及单向阀的弹簧力使两单向阀关闭，保持气缸两腔内气压不降低，实现中停动作。当气阀的出口压力高于气缸侧压力的一半以上时，中止阀块内的单向阀便能正常工作。中止活塞受中止弹簧的作用处于中间位置。若左侧先导阀通电，P 口气压进入中止活塞左腔，一方面打开左侧单向阀，向气缸无杆腔充气，另一方面推动中止活塞向右，推开右侧单向阀，则有杆腔气体便可从主阀排气口排出，活塞杆伸出。左侧先导阀断电，则主阀回复至中位。可实现较长时间气缸的中停。去掉中止阀块，则成中泄式。更换阀芯，也可变成中封式和中压式。本阀主阀体和先导阀的连接采用插入式。本阀使用介质为空气和惰性气体，不给油润滑。安装时，要注意检查缸与阀间的配管及接头、气缸的密封以及中止阀块内活塞的密封等处不得有泄漏。VQ7 系列及 EVS7 系列的安装面符合国际标准 ISO 5599-1 的尺寸 1（VQ7-6 及 EVS7-6）、尺寸 2（VQ7-8 及 EVS7-8）和尺寸 3（EVS7-10）。EVS1 系列的安装面符合国际标准 ISO 15047-1 的尺寸 1（EVS1-01）和尺寸 2（EVS1-02）。几种系列的主要技术参数见表 6.3-12，其外形如图 6.3-29 所示。VQ7 系列除 DIN 形插座式接线方式外，还可选用导线前置插头的形式。EVS 系列则采用电接头的连接形式，如图 6.3-29 所示。

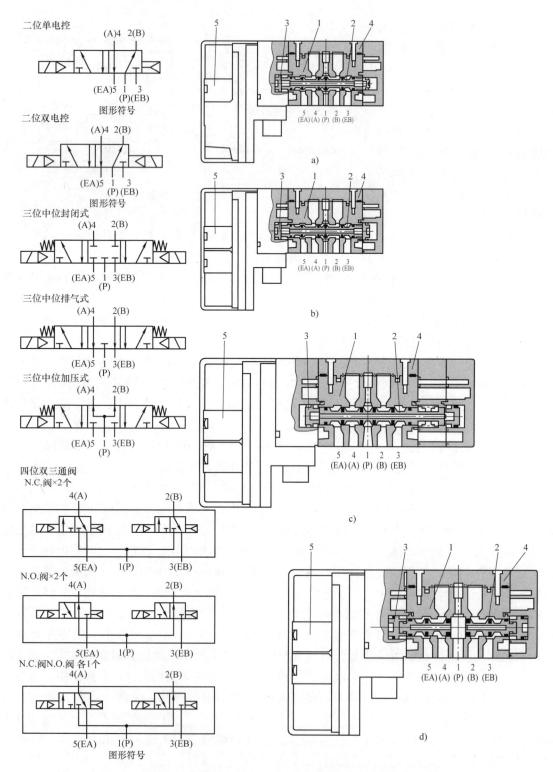

图 6.3-27 new SY 系列内部先导弹性密封式电磁滑阀的结构原理图
a) 单电控 b) 双电控 c) 三位式 d) 四位双三通式
1—主体 2—阀芯 3—活塞 4—主体盖组件 5—先导阀组件

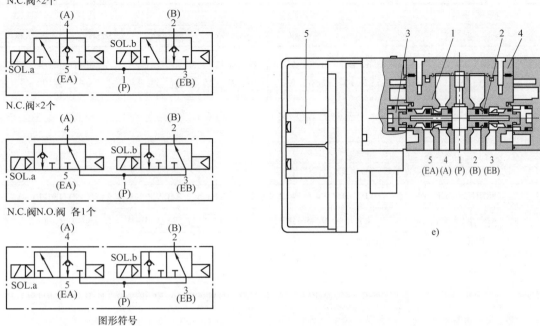

图 6.3-27 new SY 系列内部先导弹性密封式电磁滑阀的结构原理图（续）
e）四位双三通带背压防止式
1—主体　2—阀芯　3—活塞　4—主体盖组件　5—先导阀组件

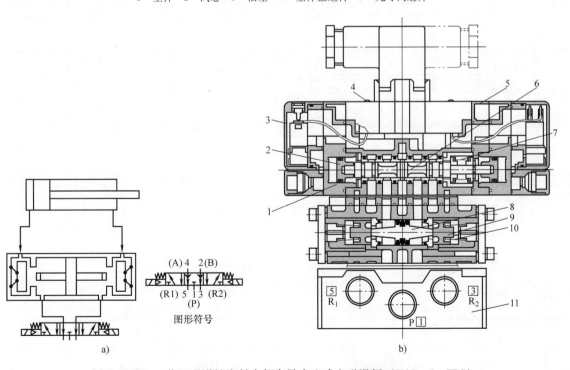

图 6.3-28　三位五通弹性密封内部先导中止式电磁滑阀（VQ7-6-FPG）
1—连接板　2—控制活塞　3—先导阀　4—指示灯　5—主阀体　6—主阀芯
7—对中弹簧　8—中止活塞　9—单向阀芯　10—单向阀弹簧　11—底板

表 6.3-11　new SY□000 系列电磁阀的主要技术参数

阀 构 造			弹性密封			金属密封		
系 列①			SY3000	SY5000	SY7000	SY3000	SY5000	SY7000
连接口径（Rc、G、NPT、NPTF）/in			M5×0.8、φ6、φ4、φ3.2、φ2	1/8、φ8、φ6、φ4	1/4、φ12、φ10、φ8、φ6	M5×0.8、φ6、φ4、φ3.2、φ2	1/8、φ8、φ6、φ4	1/4、φ12、φ10、φ8、φ6
阀规格	内部先导使用压力范围/MPa	单电控·四位双三通	0.15~0.7			0.1~0.7		
		双电控	0.1~0.7					
		三位阀	0.2~0.7					
	外部先导式/MPa	使用压力范围/MPa	-100kPa~0.7（4位置：-100kPa~0.6）			-100kPa~0.7（高压：-100kPa~1）		
		先导压力范围 二位/三位	0.25~0.7			0.1~0.7（高压：0.1~1）		
		先导压力范围 四位	使用压力+0.1以上（最低0.25）~0.7			—		
	流量特性 P→A	$C/[dm^3/(s \cdot bar)]$	1.1~1.8	2.6~4.2	3.8~6.5	0.9~1.4	2.2~3.2	3.2~4.6
		b	0.19~0.34	0.19~0.35	0.22~0.34	0.13~0.22	0.12~0.26	0.1~0.25
	环境及介质温度/℃		-10~50					
	响应时间②/ms（0.5MPa 时）	单电控	<15	<24	<47	<15	<24	<39
		双电控	<12	<12	<18	<12	<12	<17
		三位阀	<18	<30	<52	<18	<28	<38
		四位阀	<18	<35	<52	—	—	—
	最大动作频度/Hz	二位阀	5	5	5	20	20	10
		三位阀	3	3	3	10	10	10
		四位阀	5	5	3	20	20	—
	手动操作方法		非锁定推压式、旋具压下回旋锁定式、滑动锁定式					
	给油		不需要					
	安装姿势		自由			单电控：自由，双电控/三位阀：主阀水平安装		
	耐冲击/耐振动		150/30m/s²					
	保护等级		IP67					
电气规格	额定电压/V		DC24、12					
	允许电压波动		额定电压的±10%					
	消耗功率/W		0.35（带灯 0.4）					
	视在功率/VA		0.78~1.3（带灯 0.81~1.34）					
	过电压保护		二极管（无极性为可变电阻）					
	指示灯		LED					

① SY 系列有二位单电控和双电控，三位中封式、中泄式、中压式，四位双三通。
② 在没有指示灯及过电压保护回路的条件下。

表 6.3-12　VQ7 系列电磁阀的主要技术参数

系列		VQ7-6		VQ7-8	
密封形式		间隙密封	弹性密封	间隙密封	弹性密封
连接口径（Rc、G、NPT、NPTF）/in		3/8、1/4		3/4、1/2、3/8	
使用压力范围 /MPa	二位单电控·三位	0.15~1.0	0.2~1.0	0.15~1.0	0.2~1.0
	二位双电控		0.15~1.0		0.15~1.0
流量特性 (P→A)	$C/[dm^3/(s \cdot bar)]$	1.4~4.1	1.4~5.6	7.2~10	7.2~13
	b	0.1	0.13~0.16	0.16~0.26	0.24~0.27
响应时间/ms	二位阀	<20	<25	<40	<45
	三位阀	<50	<50	<60	<60
机能		二位：单电控 FG-S，双电控 FG-D 三位：中封式 FHG，中泄式 FJG，中压式 FIG，中止式 FPG			
环境和介质温度/℃		间隙密封：-10~60，弹性密封：-5~60			
手动操作方法		推压式（需工具）			
耐冲击/耐振动		150/30m/s²			
保护等级		IP65			
电磁阀接线端子		DIN 型、M12 电接头			
额定电压/V		AC100、110、200、220，DC12、24			
允许电压波动		额定电压的 ±10%			
消耗功率		DC1W，1.2~3VA			
线圈绝缘种类		B 种			

注：VQ7-6 与 EVS7-6、VQ7-8 与 EVS7-8 的使用压力范围、额定电压、消耗功率及可选项有所不同，可查产品样本。

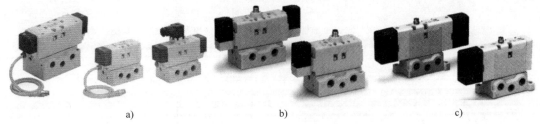

图 6.3-29　VQ7-6/8 和 EVS 系列电磁阀的外形
a) VQ7 系列　b) EVS7 系列　c) EVS1 系列

表 6.3-13 列出了弹性密封底板配管内部先导式五通电磁滑阀 VFR□000 系列的主要技术参数。

图 6.3-30 所示为二位三通内部先导混合复位滑柱座阀式电磁阀。图示为常断型。不通电时，阀芯复位，控制活塞左右腔通过内部孔道与 R 口和 P_E 口相通。通电时，动铁心被静铁心吸合，P_1、A_1 相通。动铁心内小柱塞在弹簧的作用下，封住静铁心的中心排气孔。气源由内部通道，经 P_1 腔及 A_1 腔，流入控制活塞右腔，推动阀芯切换。要改成常通型，除 P、R 两口换接外，要将端盖卸下，将端盖上有▲标记和阀体上有 N.O 标记处对上，再装上端盖便可。图示先导阀的手动操作为锁定式旋具操作型。本阀结构紧凑、流通能力大、耗电少

(1.8W)、易维修、寿命长。有外部先导式，可用于真空及低压的场合。由于阀芯是平衡式结构，对外部先导式，可用作分配阀和选择阀。

表 6.3-13　VFR□000 系列电磁阀的主要技术参数

系列			VFR2000	VFR3000	VFR4000	VFR5000	VFR6000
连接口径（Rc、G、NPT、NPTF）/in			1/4、1/8	3/8、1/4	1/2、3/8	3/4、1/2、3/8	1、3/4
阀规格	使用压力范围/MPa	二位单电控·三位	0.2~0.9				
		二位双电控	0.1~0.9				
	流量特性 (P→A)	$C/[dm^3/(s·bar)]$	0.79~3.2	6.5~9.3	13~15	16~23	38~40
		b	0.18~0.53	0.33~0.42	0.22~0.32	0.26~0.39	0.1~0.17
	环境和介质温度/℃		-10~50				
	响应时间/ms	二位/三位	<20/<30	<30/<50	<50/<70	<60/<80	<100/<150
	最大动作频度/Hz	二位/三位	10/5	5/3	5/3	5/3	2/1
	给油		不需要				
	手动操作方法		非锁定推压式				
	安装姿势		自由				
	耐冲击/耐振动		$300/50 m/s^2$				
	保护等级		防尘				
电气规格	导线引出方式		G、E、L、M、T、D、DO、Y、YO				
	额定电压/V		AC110~120、220、240，DC12、24				
	允许电压波动		额定电压的 -15% ~ +10%				
	视在功率消耗功率/W	AC（起动/励磁）	5.6/3.4				
		DC	1.8（带灯 2.04）				
准标准规格	外部先导方式		有				
	手动操作方法		非锁定推压式 A 型（突出型）、锁定式 B 型（要工具型）、锁定式 C 型（杠杆型）				
	可选项		指示灯及过电压保护回路				

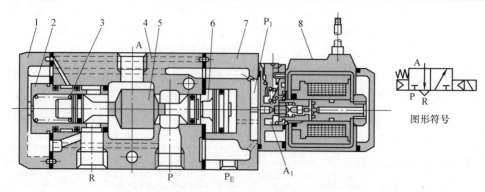

图 6.3-30　二位三通单电控阀 VP $\frac{3}{5}\frac{}{0}\frac{}{7}00$

1—端盖　2—护套　3—复位弹簧　4—阀体　5—阀芯　6—控制活塞　7—连接板　8—先导阀

外部先导式可分成真空，低压（0.2MPa以下）用外部先导型和一般用外部先导型。后者适用于进口节流较大、进口压力上升缓慢的场合以及吹除用或向气罐充气用时输出侧配管阻力小的场合。上述情况若用内部先导式，由于阀的进口压力变低，即先导压力不足，可能会出现阀的异常振动。

图 6.3-31 所示为 VG342 二位三通内部先导单电控滑柱座阀式常断型方向阀。不通电时，通过内部通道，复位腔与 P 口相通，在气压力及弹簧力的作用下，复位活塞推阀芯向下，A 口、R 口接通。通电时，P_1 口与 A_1 口相通，A_1 口与阀芯控制腔（下腔）相通，在气压力作用下，克服复位弹簧力和复位气压力，使阀芯上移，P 与 A 口相通。将常断型改为常通型，除 P、R 口换接外，还要旋转转换板的方向。根据转换板上的记号（N.C 为常断，N.O 为常通，x 为外部先导）与连接板上的▼记号对上即可。如 x 与▼对上，并卸下先导压力口 x 处的螺塞，接上先导压力，便由内部先导改为外部先导了。由于阀芯是平衡式结构，外部先导式可用作选择阀和分配阀等，可用于真空及低压的场合。本阀外部先导压力与使用压力相等。可用于真空及低压（0.2MPa 以下）的场合。本阀还具有体积小、重量轻、流通能力大、功率小（2W）、不给油润滑和寿命长等特点。

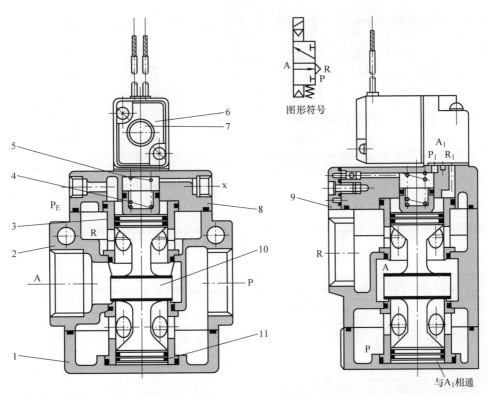

图 6.3-31　VG342 二位三通内部先导单电控滑柱座阀式常断型方向阀
1—端盖　2—阀体　3—护套　4—复位活塞　5—复位弹簧　6—先导阀
7—手动按钮　8—连接板　9—转换板　10—阀芯　11—耐磨圈

图 6.3-32 所示为三位三通同轴座阀型中封式先导电磁阀。对内部先导式，P 口与两个先导阀的气源口 P_{A1} 和 P_{A2} 相通，两先导阀的输出口 A_1 和 A_2 分别与驱动活塞的上腔和下腔相

通。先导口P_1堵塞，P_2通大气（作为先导排气口）。当两先导阀都不通电时，在两对中弹簧的作用下，两座阀式阀芯封住阀座，则P、A和R三口都被封闭。仅一个先导阀通电，先导阀输入的气压力推动驱动活塞向上或向下运动，则只有一个座阀式阀芯被开启，使P、A口接通或A、R口接通。

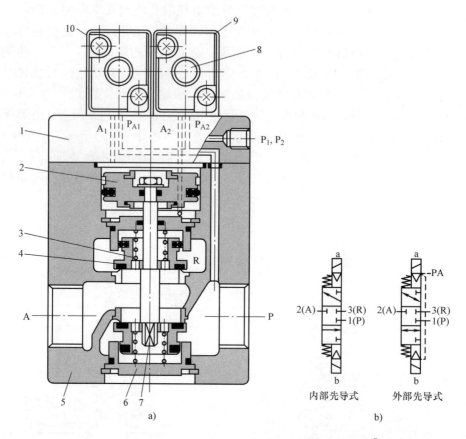

图6.3-32 三位三通同轴座阀型中封式先导电磁阀（VEX370□）

a) 结构简图 b) 图形符号

1—阀盖 2—驱动活塞 3—对中弹簧 4—座阀阀芯 5—阀体 6—阀套
7—轴 8—手动按钮 9—先导阀b 10—先导阀a

对外部先导式，先导气源压力口P_1与P_{A1}、P_{A2}口相通，P_2口与P_{A1}、P_{A2}口不通，P_2口仍通大气。

VEX3系列的主要规格见表6.3-14。

用一个VEX3阀可替代两个电磁阀，实现气缸的中停和急停（见图6.3-33）。同样通径的一个VEX3阀比两个电磁阀的流通能力增大近30%。外部先导式可用于真空场合，如图6.3-34所示，一个阀可实现真空吸着和破坏。由于阀芯是平衡式结构，可用作选择阀和分配阀等，如图6.3-35所示。用两个VEX3电磁阀控制一个双作用气缸，阀位可以有9种组合方式，实现9种机能控制，如图6.3-36所示。

表 6.3-14　VEX3□□□系列的主要规格

型号	直接配管	VEX312□-01/02	VEX332□-02/03/04	VEX350□-04/06/10	VEX370□-10/12	VEX390□-14/20
	底板配管	VEX322□-01/02	VEX342□-02/03/04	—	—	—
	动作方式	0—气控型、1—外部先导电磁阀型、2—内部先导电磁阀型					
使用压力范围	气控型	低真空~1.0MPa					
		外部先导压力 0.2~1.0MPa					
	外部先导电磁阀型	低真空~1.0MPa					
		外部先导压力 0.2~0.7MPa		外部先导压力 0.2~0.9MPa			
	内部先导电磁阀型	0.2~0.7MPa		0.2~0.9MPa			
流量特性	$C/[\mathrm{dm}^3/(\mathrm{s}\cdot\mathrm{bar})]$	2.4~4.1	4.1~13	—	—	—
	b	0.19~0.35	0.26~0.37	—	—	—
	有效截面面积/mm^2	—	—	160~180	300~330	590~670
环境温度及流体温度/℃		0~50（气控型60）					
响应时间/ms		<40		<60			
最大动作频度/Hz		3					
安装姿势		自由					
给油		不需要					
导线引出方式		G、H、L、M、D		G、H、D			
额定电压/V		AC100、110、200、220，DC6、12、24、48					
允许电压波动		额定电压的 -15%~+10%					
消耗功率	AC 起动/励磁	4.5/3.5VA			12.7/7.6VA		
	DC	1.8W（带灯2.1W）			4W（带灯4.2W）		
手动操作		非锁定推压式					

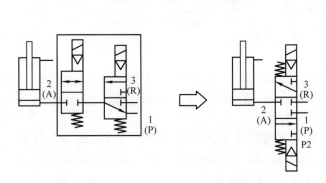

图 6.3-33　实现大型气缸的中停和急停

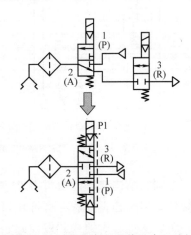

图 6.3-34　实现真空吸着和真空破坏

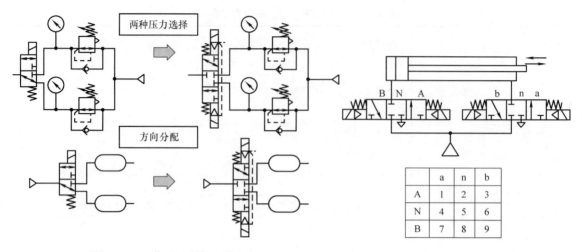

图 6.3-35 作为选择阀和分配阀

图 6.3-36 VEX3 系列电磁阀应用之一
1—中压式 2、4—中压+中封 3—活塞杆伸出
5—中封式 6、8—中封+中泄 7—活塞杆收回
9—中泄式（2、4、6、8 可实现缓停或减速）

AV 系列缓慢起动电磁阀可用于系统的安全保护。在气动系统的起动初期，它只允许少量压缩空气流过。当出口压力达到进口压力的一半时，该阀便完全开启，达到其最大流量，见图 6.3-37。该阀关闭时，残压会通过该阀快速排空。本阀可与空气组合元件模块式连接，见图 6.3-38。

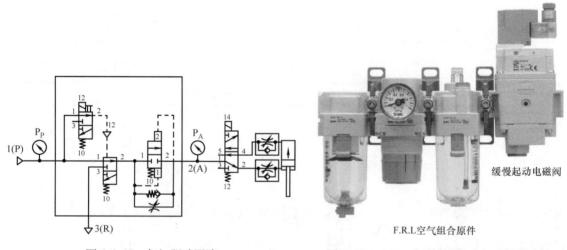

图 6.3-37 气缸驱动回路

图 6.3-38 AV 系列缓慢起动电磁阀的连接

本阀的结构原理如图 6.3-39 所示。先导阀 1 通电（或通过手动操作 ON），先导空气下压阀柱 2 和阀芯 3 接触，通向 R 口的流路关闭。这时，往上顶阀芯 3 的力≥往下压阀柱 2 的力，所以从阀芯 3 到 A 口的流路也被关闭。同时，先导空气将活塞 4 压下，从节流阀 5 到 A 口的流路打开，流量被调节，从 A 通口流出。气缸通过节流阀 5 进行进气节流控制，由 a 到 b 低速移动。当 P_A 超过一定的压力时，阀芯 3 向上顶的力<阀柱 2 往下压的力，阀芯 3 全

开,达到最大流量,P_A急升至P_P。因阀芯 3 保持全开状态,在通常动作时,气缸的速度控制便是通常的排气节流控制。当先导阀 1 断开时,阀柱 2 的先导空气从先导阀 1 排出,阀柱 2 和阀芯 3 由弹簧压回到上方,P 口封闭,R 口开启。活塞 4 的先导空气也从先导阀 1 排出,活塞 4 复位,节流阀 5 关闭。

AV 系列电磁阀的主要规格见表 6.3-15。

本阀的一次侧配管与本阀的合成声速流导 C 应大于表 6.3-15 中的值。否则,有可能造成供气压力不足、主阀不能切换、从 R 口漏气等。

在本阀的二次侧安装减压阀,必须具有逆流功能(如 AR25K～40K),以便能排出残压。

若系统需油雾润滑,油雾器应安装在本阀的一次侧,以避免排残压时,油逆流从 R 口吹出。

设置在本阀二次侧的电磁阀的动作,必须确认本阀的二次侧压力已上升至与一次侧压力同等之后才能进行。

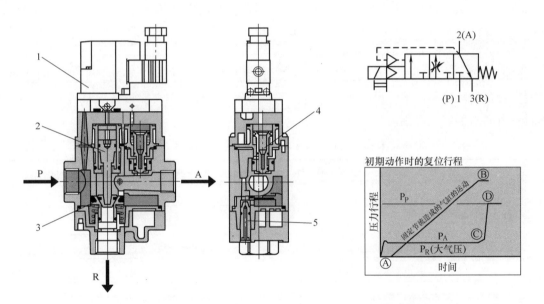

图 6.3-39 AV 系列缓慢起动电磁阀的结构原理及图形符号
1—先导阀 2—阀柱 3—阀芯 4—活塞 5—节流阀

表 6.3-15 AV 系列电磁阀的主要规格

型号			AV2000	AV3000	AV4000	AV5000	
阀规格	流量特性 P→A	$C/[dm^3/(s \cdot bar)]$	9.2	13.1	19.2	34.8	41.3
		b	0.36	0.27	0.32	0.66	0.34
	接管口径(Rc、G、NPT)		1/4	3/8	1/2	3/4	1
	使用压力范围/MPa		0.2～1.0				
	保护结构		IP65				
	使用温度范围/℃		0～50				

(续)

	型号	AV2000	AV3000	AV4000	AV5000
电气规格	线圈额定电压/V	AC100、200、110、220，DC12、24			
	允许电压波动	额定电压的±10%			
	消耗功率/W	0.35（带灯0.4/0.45）			
	视在功率/V·A	0.78~1.42（带灯0.81~1.6）			
	指示灯	LED（DIN型AC为氖灯）			
	本阀与一次侧配管的合成声速流导 $C/[dm^3/(s \cdot bar)]$	1	4	7	10

（四）防爆阀

符合中国3C认证，可在具有潜在的爆炸环境中使用的防爆电磁阀主要有52-SY-*-X140和50-VFE/VPE-*-X140系列。52系列符合本质安全防爆ATEX的Ⅱ组2类别G/D环境，规格参照表6.3-16，外形参照图6.3-40。50系列符合耐压防爆构造，规格参照表6.3-17，外形参照图6.3-41和图6.3-42。

SMC的所有设备全部为2级或3级的。2级的定义：设备具有一种防护形式，即使在频繁发生设备故障的条件下，设备也能保持其防护等级。3级的定义：设备保证在正常的操作中具备所要求的安全级别。

表6.3-16　52-SY-*-X140系列电磁阀的主要规格

系　　列		52-SY5000-*-X140	52-SY7000-*-X140	52-SY9000-*-X140
连接口径（Rc、G、NPT、NPTF）/in		1/8	1/4	3/8、1/4
使用压力范围/MPa	内先导型	0.15~0.7		
	外先导型	-0.100~0.7（先导阀压力0.25~0.7）		
环境及介质温度/℃	T6	45		
	T4、T5	50		
电气规格	电磁阀输入电压/V	DC12±10%		
	消耗功率/W	0.52（DC12V时）		
	气体组别	Exia Ⅱ CT4~T6Gb		
	导线引出方式	L、LL、TT		
	保护等级	IP40		

注：1. 使用压力范围和流量特性等规格同标准品。
2. 52-SY系列阀不包含安全栅，必须连接到一个合格的安全栅或本质安全回路。
3. 安全栅的作用：为了确保无论控制设备是否处于正常或故障状态，安全栅都能确保通过它传送给现场设备的能量是本质安全的。

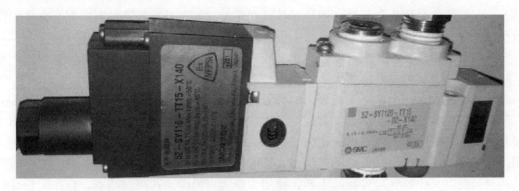

图 6.3-40 52-SY 防爆阀外形

表 6.3-17 50-VFE/VPE-*-X140 系列电磁阀的主要规格

系列		50-VFE3000-*-X140	50-VFE5000-*-X140	50-VPE500-*-X140	50-VPE700-*-X140
阀规格	连接口径（Rc、G、NPT、NPTF）/in	1/4、1/8	3/8、1/4	3/8、1/4	1/2、3/8
	内先导型使用压力范围/MPa	0.15~0.9（二位单电控·三位）		0.2~0.8（二位三通阀）	
		0.1~0.9（二位双电控）			
	外先导型使用压力范围/MPa	—		-0.1012~0.8（先导阀压力 0.2~0.8）	
	环境及介质温度/℃	T5：-10~50，T6：-10~40			
电气规格	导线引出方式	M20 电线管耐压螺纹结合式			
	额定电压/V	AC100、110、200、220，DC12、24			
	允许电压波动	额定电压的 -15%~10%			
	线圈绝缘种类	B 种（130℃）			

图 6.3-41 50-VFE 防爆阀外形

图 6.3-42 50-VPE 防爆阀外形

（五）电磁阀的配管、配线及附件

1. 电磁阀的配管

电磁阀的配管形式如图 6.3-43 所示。电磁阀除单体形式的阀外，还有将多个电磁阀集中装在一起的形式，称为集装阀。不论单体阀和集装阀，与外部配管的形式都有直接配管和底板配管两种。

集装阀可以有集装板，也可以没有集装板（又称为盒式集装式）。对集装板而言，可以是整块式集装板，也可以是由多个集装块组合起来的组合式集装板。

整块式集装板是一个多通连接板，结构紧凑，集装板上安装阀的数量为 2 个到 20 个不等，但集装阀的位数不能变动。集装板上的供气通路（P 口）是共用的。排气通路（R 口）一般是共用的，如图 6.3-44a、c、d 和 e 所示；也有各自排气的形式，如图 6.3-44b 所示。共用排气的形式不便于诊断各个阀控执行元件的故障。设计供排气通路时，要考虑到供气充足、排气通畅。集中排气口可装消声器，使用中要防止消声器孔眼被堵塞。直接配管型的输出口设置在阀体上（见图 6.3-44a、b 和 e），底板配管型的输出口设置在集装板的侧面（见图 6.3-44d）或底面（见图 6.3-44c）。底面配管用于侧向无空间或侧面配管不美观的场合。留作备用暂未装阀的位置，要用盖板盖上（见图 6.3-44a）。图 6.3-44e 集装板上的 x 口是外部先导加压口。

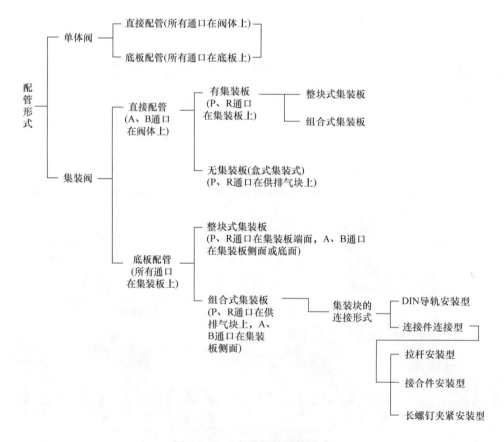

图 6.3-43　电磁阀的配管形式

组合式集装板是将多个集装块组件连接成一体，电磁阀安装在集装块上。集装块组件的连接形式有连接件连接型和 DIN 导轨安装型等。组合式集装形式的集装阀的位数可按需要变更。

连接件连接型有拉杆安装方式、接合件安装方式和长螺钉夹紧安装方式等。

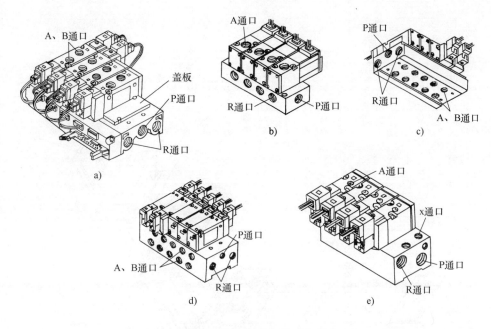

图 6.3-44 整块式集装板各通口的位置

图 6.3-45 所示为 DIN 导轨安装型的组合式集装阀。集装块组件 6 安装在 DIN 导轨 9 上，安装方法如图 6.3-45b 所示。电磁阀 4 是用安装螺钉 3 安装在集装块组件 6 上，安装时别忘记放置密封垫片 5。想增加集装阀的位数时，将右侧端块组件 8 上的螺钉ⓐ完全松开，想要增位处的集装块组件分离，就用按钮ⓑ压至锁住为止，再把其余集装块组件分离开，把追加的集装块组件按图 6.3-45b 所示方法安装在 DIN 导轨上，推压所有集装块组件，听到咔嚓声便连接在一起，将螺钉ⓐ紧固，便固定在 DIN 导轨上了。为了密封性好，用手轻轻推压集装块的同时，紧固左侧端块组件 1。向供排气块组件 2 和 7 供气时，要确认集装板各处不漏气。

图 6.3-46 所示为拉杆安装型的组合式集装阀。各阀用拉杆 6 连接，可防止集装板翘曲。想增位时，旋松 U 侧螺钉ⓐ，卸下供排气端块组件 10，拧入增位用拉杆 8，直至与拉杆 6 之间无间隙，再把想增位的集装块组件 3 及供排气端块组件 10 用连接用的螺钉ⓐ紧固在一起。此拉杆安装型可借助紧固件组件 5 安装在 DIN 导轨 11 上。SV、VQ 等许多系列都使用这种连接形式。

图 6.3-47 所示为盒式底板安装型的组合式集装阀。想增位时，旋松 U 侧供排气端块组件 2 上的两个固定螺钉ⓐ（若想把集装板从 DIN 导轨 1 上卸下，则应松开两侧 4 个螺钉ⓐ），用旋具等把想增位处的集装块组件 4 上的分离杠杆ⓑ往外拉，则相同的集装块组件的连接便松开，将追加的集装块组件安装在 DIN 导轨上，将相同的集装块组件压紧连接在一起，且分离杠杆确实压到底，再拧紧螺钉ⓐ固定在 DIN 导轨上。安装电磁阀时，注意插座垫片 3 和垫片 5 要装正。

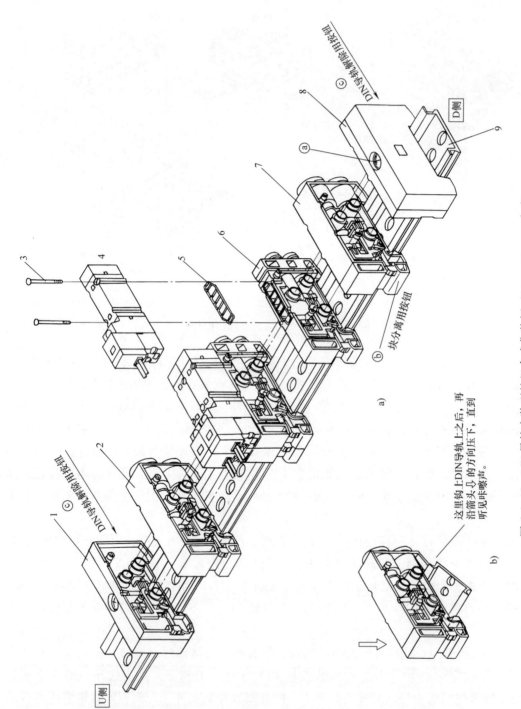

图 6.3-45　DIN 导轨安装型的组合式集装阀（SS5Y5□-45 系列）

1—左侧端块组件　2、7—供排气块组件　3—安装螺钉　4—电磁阀　5—密封垫片　6—集装块组件　8—右侧端块组件　9—DIN 导轨

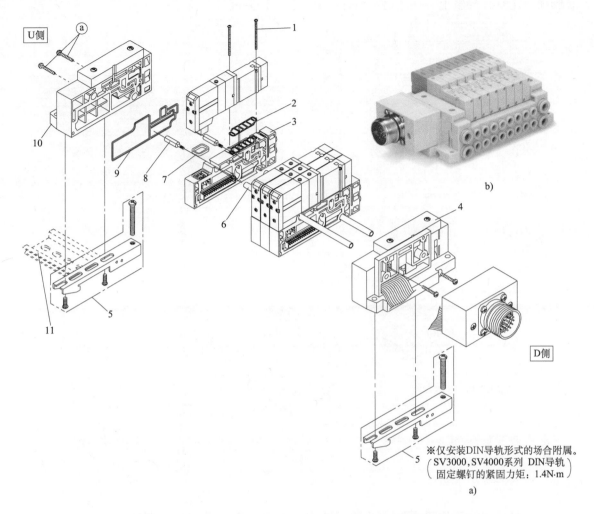

图 6.3-46 拉杆安装型的组合式集装阀（SS5V□－W10 系列）
1—阀安装螺钉　2—垫片　3—集装块组件　4—供排气块组件　5—紧固件组件　6—拉杆
7—插座垫片　8—增位用拉杆　9—集装块垫片　10—供排气端块组件　11—DIN 导轨

图 6.3-48 所示为接合件安装型的组合式集装阀。用接合件 A 和 B，将各集装块组件夹紧在一起。VFR 及 VFS 系列等使用这种连接形式。

图 6.3-49 所示为长螺栓夹紧安装型的组合式集装阀。集装位数不同，长螺钉 7 的长度也不同。图 6.3-50 所示为拉紧螺钉夹紧的组合式集装阀，是用两个拉紧螺钉 8 把多个阀夹紧在一起。

无集装板的盒式组合式集装阀如图 6.3-51 所示。它是将相同阀体的空气通路直接连接下去的集装形式。改变阀的位数容易。把被集装的阀夹在两端安装件（端块组件）之间，然后把它们安装在 DIN 导轨上。因无集装板，故高度小、重量轻、成本低。想增加集装位数时，旋松右侧端块组件 1 上的紧定螺钉ⓐ，把想增位处的原有阀分开，追加的阀按图 6.3-51b 所示，安装在 DIN 导轨 5 上，再将左侧端块组件 1、供排气块组件 2、集装阀 3、衬套组件 4、DIN 导轨 5 和右侧端块组件 1 推压在一起，然后拧紧两侧紧定螺钉ⓐ，便将集装阀固定在 DIN 导轨上。注意衬套组件不要装斜，以防漏气。

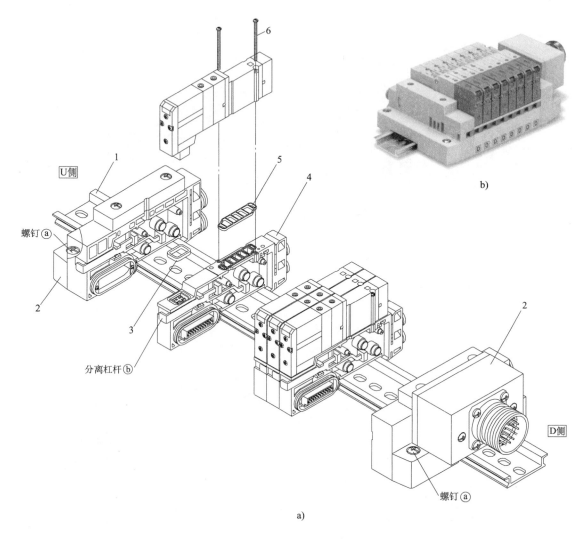

图 6.3-47 盒式底板安装型的组合式集装阀（SS5V□ - W16 系列）
1—DIN 导轨 2—供排气端块组件 3—插座垫片 4—集装块组件 5—垫片 6—阀安装螺钉

盒式集装式的增位方法（SZ3000 系列）如图 6.3-52 所示。

配管连接有螺纹连接式和快换接头连接式。使用最多的是由一个进气口供气和一个排气口排气。当集装位数较多时，则从集装板两侧的进气口供气和两侧的排气口排气。

集装阀的各种形式可按下列规则选用：

1）集装位数不用变更，可选整块集装板。
2）不必考虑省配线时间，可选各自配线。
3）集装位数虽要变更，但不算频繁时，可选组合式集装板拉杆安装。
4）集装位数变更频繁，但安装空间无限制时，可选组合式集装板 DIN 导轨安装。
5）集装位数变更频繁，且集装空间受限制时，可选盒式集装式 DIN 导轨安装。

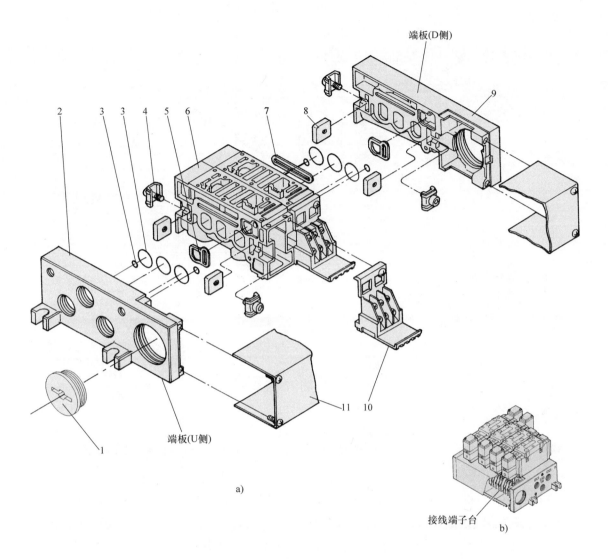

图 6.3-48 接合件安装型的组合式集装阀（VV5FR3-01T 系列）
1—橡胶螺塞 2—U 侧端板组件 3—O 形圈 4—接合件 A 5—垫片 6—集装块组件
7—垫片 8—接合件 B 9—D 侧端板组件 10—端子组件 11—连接盖组件

集装阀有多种扩展品种可供选用。

供排气塞板的使用（见图 6.3-53）：一个集装阀上要提供两种不同的供给压力时，可在需不同压力的位置间，装入供气塞板。有的阀的排气，对其他位置的阀控气缸有影响的场合，可在想分开排气的位置，装入排气塞板。

单独供气隔板的使用（见图 6.3-54）：在集装块上，设置单独供气隔板，则其上的电磁阀便可实现单独供气。

单独排气隔板的使用（见图 6.3-55）：在集装块上，设置单独排气隔板，则其上的电磁阀便可实现单独排气。这样，该阀的排气就不会影响到其他阀控气缸的动作。

采用单独供气（或排气）隔板时，在主供（或排）气路两侧，应使用供气（或排气）

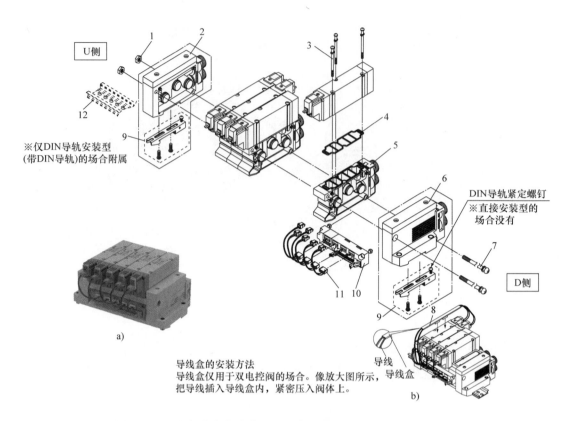

图 6.3-49 长螺栓夹紧安装型的组合式集装阀（SS5Y9-43P 系列）
1—六角螺母 2—U 侧供排气块组件 3—阀安装螺钉 4—垫片 5—集装块组件 6—D 侧供排气块组件 7—拉紧螺钉 8—导线盒 9—夹紧件组件（DIN 导轨安装型使用） 10—配线单元组件 11—插头组件 12—DIN 导轨

塞板进行隔断，见图 6.3-56a（或图 6.3-56b）。图 6.3-56a 单独供气隔板右侧电磁阀由 1'（P）口供气，其余电磁阀的压力仍由共用供气口 1（P）口供气。图 6.3-56b 单独排气隔板右侧的电磁阀从 3'（R）口排气，其余电磁阀仍从共用排气口 3（EB）、5（EA）口排气。

对盒式集装式，因没有集装板，供排气是使用供排气块组件实现的，如图 6.3-51 所示，故要实现单独供（排）气，则应设置单独供（排）气块组件，见图 6.3-57，共用供（排）气口应使用供（排）气塞板隔断。使用两种供气压力的场合，可使用一个单独供气块组件，如图 6.3-58a 所示；需两个排气通路的场合，可使用一个单独排气块组件，见图 6.3-58b。仅中间单个阀需单独供气的场合，需在该阀的一侧设置单独供气块组件，并用供气塞板封住共用供气口，如图 6.3-59a 所示。仅中间单个阀需单独排气的场合，需在该阀的一侧设置单独排气块组件，并用排气塞板封住共用排气口，见图 6.3-59b。

残压释放阀隔板的使用（见图 6.3-60）：对中封式及中止式三位阀，在气缸中停时，为了排出气缸等处的残压，将残压释放阀隔板设置在集装块上，利用手动操作，便可把通口 A 和 B 内的残压各自向外部排出。

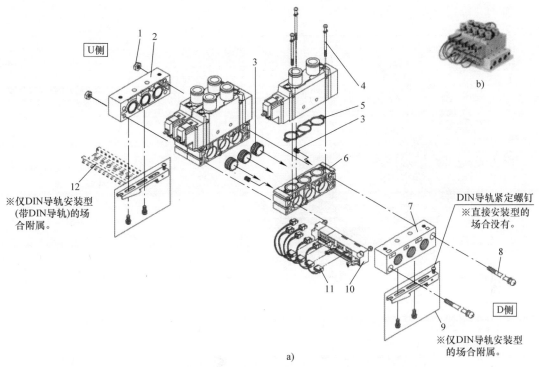

图 6.3-50 拉紧螺钉夹紧的组合式集装阀（SS5Y9-23P 系列）

1—六角螺母 2—U 侧供排气块组件 3—衬套组件 4—阀安装螺钉 5—密封垫片 6—集装块组件 7—D 侧供排气块组件 8—拉紧螺钉 9—夹紧件组件 10—配线单元组件 11—插头组件 12—DIN 导轨

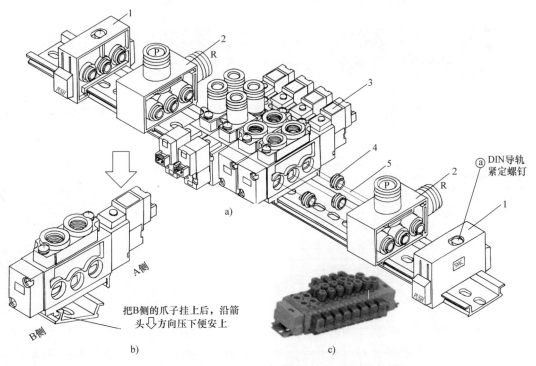

图 6.3-51 无集装板的盒式组合式集装阀（SS5Y5-60 系列）

1—端块组件 2—供排气块组件 3—集装阀 4—衬套组件 5—DIN 导轨

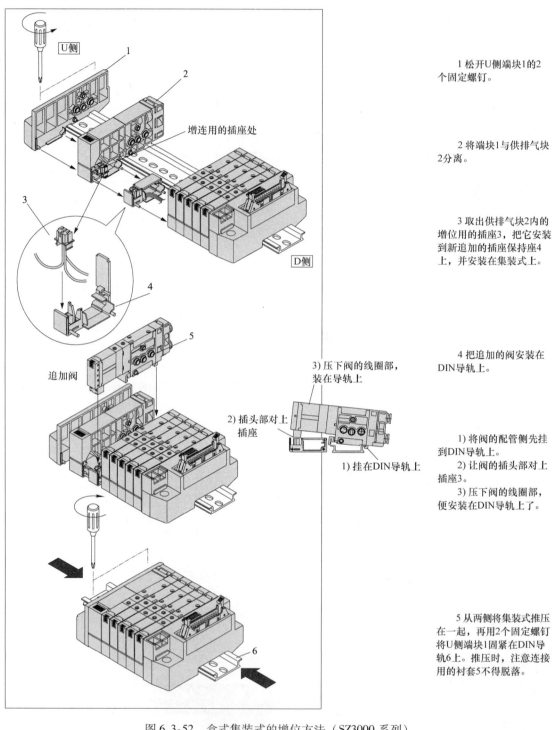

图 6.3-52 盒式集装式的增位方法（SZ3000 系列）
1—端块组件 2—供排气块组件 3—插座
4—插座保持座 5—衬套组件 6—DIN 导轨

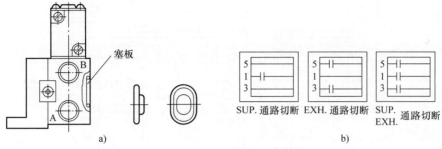

图 6.3-53 供排气塞板的使用

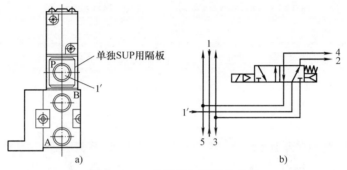

图 6.3-54 单独供气隔板的使用

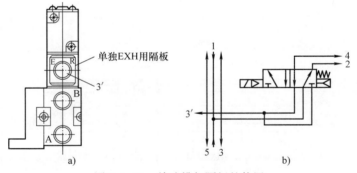

图 6.3-55 单独排气隔板的使用

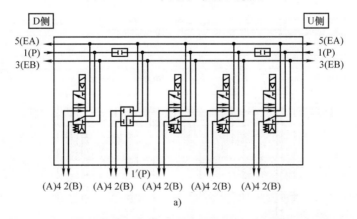

图 6.3-56 使用单独供（排）气隔板时的主供（排）气路的处理
a) 使用单独供气隔板时

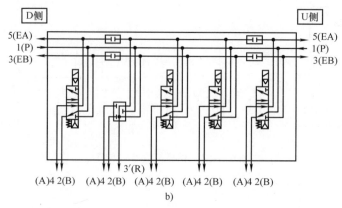

图 6.3-56 使用单独供（排）气隔板时的主供（排）气路的处理（续）
b）使用单独排气隔板时

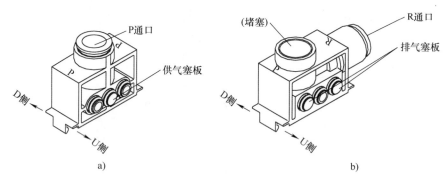

图 6.3-57 单独供（排）气块组件

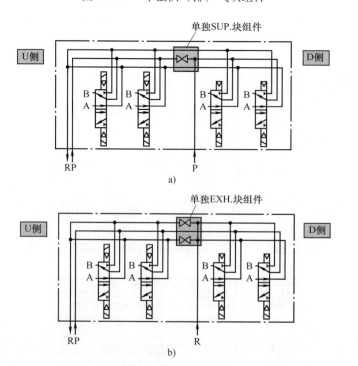

图 6.3-58 使用两个供（排）气通路的场合

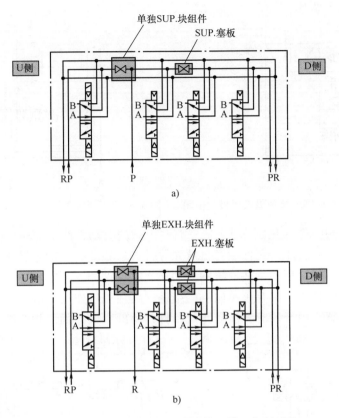

图 6.3-59 中间单个阀需单独供（排）气的回路

带残压释放阀的单独供气隔板（见图 6.3-61）：对单独供气隔板，为了停止供气，并排出二次侧的残压，可在集装块上设置带残压释放阀的单独供气隔板。压下手动钮便停止供气，并同时排出残压，回转手动钮便锁住。

带残压释放阀的中位止回隔板（见图 6.3-62）：让中泄式三位阀与中位止回隔板组合，可较长时间保持气缸中停。若中位止回隔板上再带残压释放阀，则在维

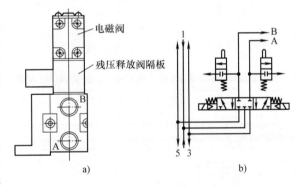

图 6.3-60 残压释放阀隔板的使用

护和调试时，可释放掉缸内的残压。因快换接头连接可能有漏气，为了能较长时间实现中停，宜使用螺纹连接。应当注意，缸侧压力不能大于供给压力的 2 倍，依此来设定气缸的负载。

反向加压用隔板（见图 6.3-63）：有时，为了某种目的（如节气），让气缸高压伸出、低压返回，五通电磁阀则需两个输入口，供给不同的压力，在这种情况下，该隔板让阀内原排气通路变成加压通路，原加压通路变成排气通路，故称为反向加压用隔板。此隔板设置在集装块与电磁阀之间，则隔板上的孔 1 变成排气通口，孔 5 变成供高压通口，侧面孔 3′ 变成

供低压通口，原孔3堵死。

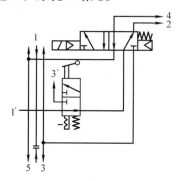
图 6.3-61 带残压释放阀的单独供气隔板的使用

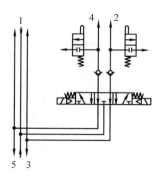
图 6.3-62 带残压释放阀的中位止回隔板的使用

内置背压防止阀组件（见图6.3-64）：有多个阀同时动作或动作频率高时，主排气通路内，有可能形成较大的背压，可使用各自从先导排气口独立排气的电磁阀，也可使用背压防止阀组件，来防止可能出现的某些气缸的误动作。本组件插入可能受到影响的集装阀与集装块之间，则排气口处相当于具有了单向阀的结构。对使用单作用气缸及中泄式电磁阀的场合十分有效。应当注意，由于装有背压防止阀组件，阀的有效截面面积会减小。

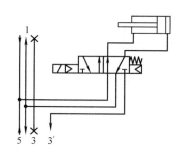
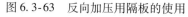

图 6.3-63 反向加压用隔板的使用

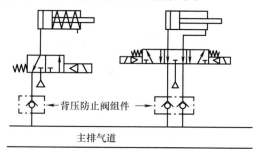
图 6.3-64 内置背压防止阀组件的使用

节流阀隔板（见图6.3-65）：在集装块上，装上此隔板，便可对气缸速度进行排气节流控制。

与两位集装的阀相匹配的管接头组件（见图6.3-66）：为了驱动大缸径气缸，让相邻的2个集装的阀同时动作，则流量可增大1倍，这种场合与气缸通口相连接的管接头称为与两位集装的阀相匹配的管接头组件，如VQ1000使用的该快换接头口径为$\phi 8mm$或$\phi 5/16in$。

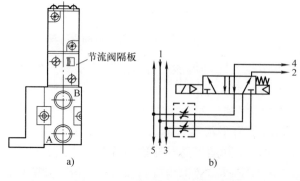

图 6.3-65 节流阀隔板的使用

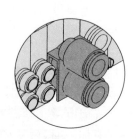

图 6.3-66 与两位集装的阀相匹配的管接头组件

由空气过滤器、减压阀、压力开关和残压释放阀组成的控制单元，也可以集装在集装板上，形成组合集装式，如图 6.3-67 所示。本组合集装式包括 AP 控制单元（含带自动排水器的空气过滤器、减压阀、压力开关和残压释放阀）、1 个二位五通内部先导式双电控方向阀、1 个三位五通中泄式方向阀、1 个二位五通内部先导式单电控方向阀、1 个单独排气隔板、1 个中位止回隔板和一个单独供气隔板。残压释放阀在复位状态，关断气源，气路系统中的残压可通过释放阀从 R_2 口排放掉。释放阀通电时，通过释放阀向集装板提供气源，便向三位五通阀和单电控阀供气，且压力开关动作。图中双电控阀是由 P′提供气源的。

2. 电磁阀的配线

要求接线方便、可靠。接线方便是指更换电磁阀时能迅速进行。可靠是指接头处不能有绝缘不良、通电不良的现象。另外，导线最好有耐弯曲性。

配线的种类如图 6.3-68 所示。

单体阀的插入式配线是指导线不露在阀体之外的形式，如图 6.3-69 所示的导（线）管接线座

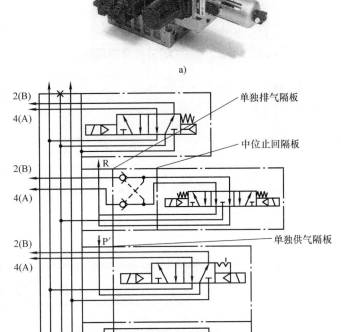

图 6.3-67 组合集装式及其回路

式。取下底板上的连接盖 1，就可以见到在底板内部的接线端子台 2。接线端子台上已标明与 A 侧和 B 侧电磁线圈相应的电源线位置。单体阀的非插入式是指导线露在阀体之外的配线形式。这有多种配线形式，如图 6.3-70 所示。

（1）直接出线式

从电磁阀的电磁线圈引出导线或从阀体引出导线。使用时，直接与外部端子接线。

（2）接线座出线式

电磁铁或电磁阀的本体上装有接线端子，接好线，盖上盖，导线从绝缘孔眼出来，或在导线出口装有橡胶护套的形式。

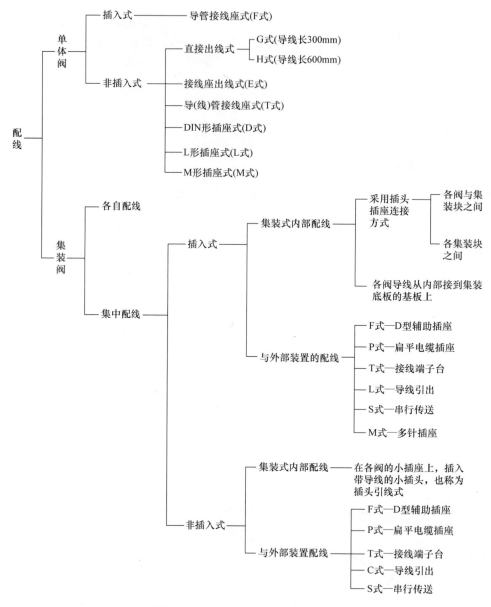

图 6.3-68 电磁阀配线的各种形式

(3) 导（线）管接线座式

在阀内部有端子台，接完线，导线从导管出来。在电气配线口，装有 PT1/2（或 G1/2）电线管用来防水以保护导线。也有使用橡胶绝缘电缆等带保护层的电线。

(4) DIN 形插座式

这是符合德国 DIN 标准设计的电气配线用端子，装在电磁阀内部，如图 6.3-71 所示。松开固定螺钉 4，把插头从电磁阀端子台上拔出来。拔出固定螺钉后，用一字旋具插入接线块 6 底部的缺口处向上推，使接线块与插头盒 5 分离。松开接线块上的端子螺钉 7，把导线的芯线插入，然后固紧端子螺钉。接线的规定是，对直流电，1 号端子接正极，2 号端子接负极。接线块与插头盒分开后，盒相对于接线块有 4 个安装方向，每转 90°为一个安装位置。这样，可改变导线的引出方向。最后将橡胶件的绝缘护套 3 和压盖垫圈 2 放入盒内，拧紧压盖螺母 1，则绝缘护套便会把导线固定住。注意，必须沿垂直方向把插头从端子台上拔出。这种导线引出方式易维修（因已标准化），能快速插拔。

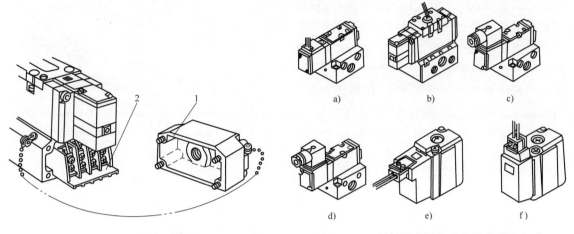

图 6.3-69　插入式的使用方法
1—连接盖　2—接线端子台

图 6.3-70　单体阀非插入式的导线引出方式
a) G式　b) E式　c) T式　d) D式　e) L式　f) M式

(5) L 型和 M 型插座式

L 型和 M 型插座式的使用方法如图 6.3-72 所示。用手指夹住闩 5 和插头体 7，将其笔直地插入插针 3 上，闩爪伸入盖 4 的凹沟 2 内便锁住。用拇指压下闩，便可从凹沟内往外拔出插头。1 是电磁线圈，6 是导线及导线插头，将其插入插头体 7 的方孔内插到底便锁住。导线插头有带罩的形式，可防止异物侵入造成短路。罩的材质是电气绝缘性及耐候性都好的氯丁二烯橡胶，但不要接触切削油等。这种插座式宜在环境较好的室内使用。

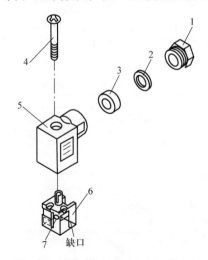

图 6.3-71　DIN 形插座式的使用方法
1—压盖螺母　2—压盖垫圈　3—绝缘护套　4—固定螺钉　5—插头盒　6—接线块　7—端子螺钉

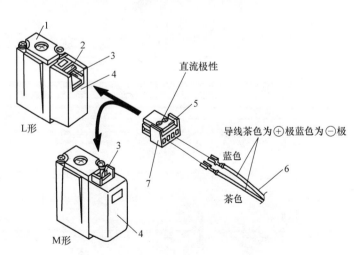

图 6.3-72　L 型和 M 型插座式的使用方法
1—电磁线圈　2—凹沟　3—插针　4—盖　5—闩　6—导线及导线插头　7—插头体

集装阀的导线引出方式有各自配线式和集中配线式。各自配线是各阀各自独立与外部设备进行配线，配线形式可参看单体阀的非插入式。集中配线的形式也有插入式和非插入式之分。插入式是指各电磁阀的配线已在集装式内部进行连接，导线不外露的形式。非插入式是在各电磁阀的小插座上，插入带导线的小插头，导线的另一端进行各种形式的集中配线，故也称为插头引线式。与外部装置的配线形式有 D 型辅助插座式、扁平电缆插座式、接线端子台式、导线引出式、串行传送式和多针插座式（S 式）等，见图 6.3-73 ~ 图 6.3-75 和表 6.3-18。

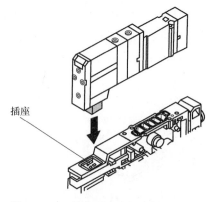

图 6.3-73 被集装的阀与集装块之间采用插头插座连接

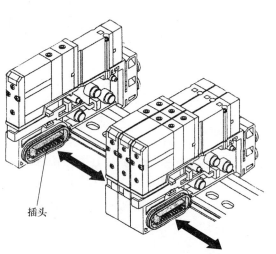

图 6.3-74 各集装块之间采用插头插座连接

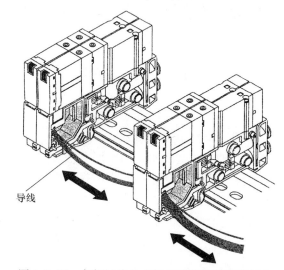

图 6.3-75 各阀导线从内部接到集装板的基板上

表 6.3-18 与外部装置配线的各种形式

各种形式	F式 D型辅助插座式	P式 扁平电缆插座式	T式 接线端子台式	C式、L式 导线引出式	S式 串行传送式	M式 多针插座式
插入式				L式		
插头引线式				C式		

SV 系列便是在集装块之间进行内部配线，使用插头插座的连接方式。与外部装置的配线有串行传送配线和并联配线。串行传送配线有分散型、集中型和单输出型。并联配线有多

针插座、D 型辅助插座和扁平电缆插座。在集装阀上，若装有继电器输出微型组件，可控制 AC110V、3A 以下的大型电磁阀等，见图 6.3-76。若使用 Y 型接头式的插头，可利用 2 点输出的继电器输出微型组件去控制两个系统，如图 6.3-77 所示。

（6）D 型辅助插座式

符合 MIL 标准的一种端子，可在较差的环境中（如粉尘多）使用，但不是防水型。有 25 针和 15 针。

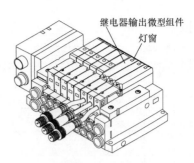

图 6.3-76 SV 系列集装阀带继电器输出微型组件

（7）扁平电缆插座式

符合 MIL 标准的一种扁平状电缆线并带扁平状插头，插入扁平状插座上。有 26 针、20 针、16 针和 10 针。可用于有粉尘的环境中。

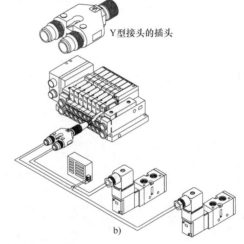

图 6.3-77 Y 型接头式插头的使用

（8）接线端子台式

将各电磁阀的导线依次接到接线盒内的端子台上，一排有 8 个端子，两排有 16 个端子。

（9）导线引出式

插入式的导线集中从导管引出（L 式），插头引线式的各阀导线各自引出（C 式）。

（10）串行传送式

可编程控制器、各类传感器和集装式电磁阀之间用一根电缆，通过可编程控制器的分时处理，将有关输入信号（各类开关、传感器）顺序传送，以驱动相关电磁阀动作的省配线系统，称为串行传送式。低功率电磁阀的出现，使得可编程控制器直接驱动电磁阀成为可能。这种串行传送系统不仅大大节省了接线工作，而且也减少了由于复杂接线而引起的故障。

（11）多针插座式

保护等级为 IP65（耐尘·防喷流型），26 针。

3. 串行传送技术简介

各种型号的电磁阀通过阀岛的形式与串行总线传送单元 SI 的集装式组合，能够实现电磁阀数据的串行传输，从而达到省配线的效果。

SMC 公司的串行传送配线方式有多种，见表 6.3-19。

表 6.3-19 各种串行传送配线方式

品种	I/O分散型										I/O一体型			
型号	EX120	EX121	EX122	EX124	EX126	EX140	EX180	EX260	EX500	EX245	EX250	EX600	EX510	EX600-W
保护等级	IP20	IP20		IP65			IP20	IP67/IP40	IP20		IP65		IP20	IP65
使用环境应用行业	可用于水和尘埃不飞散的场合/汽车、半导体等		可用于有水及尘埃的场合/汽车、机床等			可用于水和尘埃不飞散的场合/汽车、半导体等		可用于有水及尘埃不飞散的场合/汽车、机床等	可用于水和尘埃不飞散的场合/汽车、半导体等	可用于有水及尘埃的场合/汽车、机床等		可用于有水有尘埃的场合/汽车、机床等	可用于水和尘埃不飞散的场合/汽车、半导体等	可用于有水及尘埃的场合/汽车、机床等
安装方法	直接	DIN导轨		直接		直接			直接	直接	直接/DIN导轨		直接/DIN导轨	直接/DIN导轨
阀接口	插入式	扁平电缆	插入式	插头引线式		插入式							插头引线式、扁平电缆	插入式
适合协议 EtherNet/IP™								○				○		○
PROFINET								○				○		○
ModbusTCP								×				×		
EtherNet POWERLINK												×		
EtherCAT							×					○		
CC-Link IE Field												○		
PROFINBUS DP	○	○	○			○		○	○	×	○	○	○	○
DeviceNet™	○	○	○	×	○	○	○	×	○	×	○	○	○	○
CC-Link	○	○	○		○	○	○	○		×	○	○	○	○
AS-Interface							○							
CANopen							○	×						
CompoNet™	○	○	○		○									
INTERBUS								×		×				
IO-Link														
适合阀系列 SY	○	○	○	○	○			○	○	×	○	○	○	○
SJ							○							
S0700							○							
SV	○	○	○	○	○			○	○	×	○	○	○	○
VQC	○	○	○	○	○				○	×	○	○	○	○
VQ	○	○	○		○									
SQ						○								
SZ						○								
VQZ													○	○
SYJ													○	○

注：○—标准品，×—非标品。

根据输入集装式与输出集装式的配置形式，串行传送的配线方式可以分成 I/O 一体型和 I/O 分散型两种。其中 I/O 分散型还可以细分成单输出型和输入输出型。

I/O 一体型是指总线单元（SI）与电磁阀集装式和输入集装式为一体的形式。I/O 分散型是指电磁阀集装式和输入集装式分散配置的形式。

阀的接口是指 SI 单元与集装阀的连接方法，有插入式、插头引线式和扁平电缆插座式。插入式指 SI 单元与集装阀的端子直接连接（用接插件），导线不外漏的形式。插头引线式指 SI 单元与电磁阀线圈使用带插头的导线相连，导线外漏的形式。扁平电缆插座式指 SI 单元与集装阀使用带插头的扁平电缆连接的形式。

SMC 公司的 SI 单元根据功能和应用场合的不同，分成多种系列，每个系列都可以对应多种串行总线协议。

(1) I/O 分散型串行配线（EX500 系列）

分散型串行配线系统如图 6.3-78 所示。

EX500 是网关单元，有上位通信接口和下位分支接口。

网关单元通过上位通信接口，与现场总线的上位机进行串行总线通信。下位分支集装式的设备输入数据和输出数据也是通过网关单元与上位总线设备进行数据交互通信。

网关单元提供 4 个分支接口，根据总线协议的不同，一个分支可以连接最多 2 个到 4 个输入单元集装式或电磁阀集装式（阀岛），实现最大 128 点的输入和输出控制。每个集装式由 ［SI 单元+输入设备］或 ［SI 单元+集装式电磁阀］组成，网关和 SI 单元之间通过带 M8 或 M12 接头的通信线缆连接，线缆长度最长可达 20m。

4 个分支不需要单独进行地址设置和输入输出的映射设置，统一由网关单元进行所有分支和集装式的参数配置。不使用的 GW 单元接口及输入块的接口上，可安装防水盖，实现保护等级 IP65。不连接输入单元集装式的 SI 单元插座上，可拧上插头塞，以免 GW 单元 COM 端的 LED 灯不亮。

EX500 系列支持几种常见的开放式通信协议，如 PROFIBUS DP、DEVICENET、EtherNet/IP 和 PROFINET。

(2) I/O 一体型串行配线（EX600 系列）

EX600 系列集中型串行配线如图 6.3-79 所示。

EX600 总线单元通过侧面的插片接口，可以连接最大 9 连的输入单元、输出单元和输入输出单元，实现输入点和输出点的控制。SI 单元与输入/输出单元通过插片连接后，再将单元之间的连接固定螺钉拧紧。当 SI 与输入/输出单元的连接数量超过 6 台时，需要在 EX600 系统的中央部位加装中间补强用配件（EX600 - ZMB1）。

根据 SI 单元的产品型号不同，可以连接的输入单元、输出单元有所不同，见表 6.3-20。

EX600 总线单元最大可连接 32 点集装式电磁阀，实现 32 点电磁阀输出控制。连接电磁阀时，先将阀板安装在集装式电磁阀上，然后将阀板插入 SI 侧面的阀板安装沟槽即可实现 SI 单元与电磁阀的集装化，如图 6.3-80 所示。

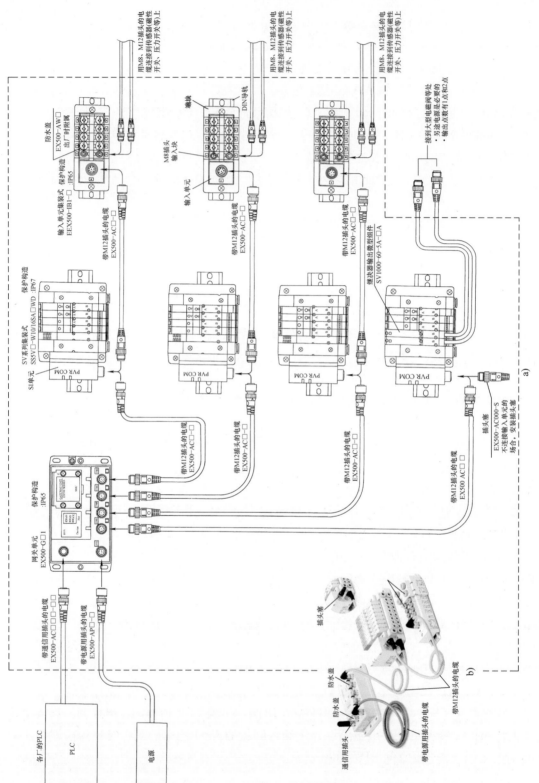

图 6.3-78 分散型串行配线系统

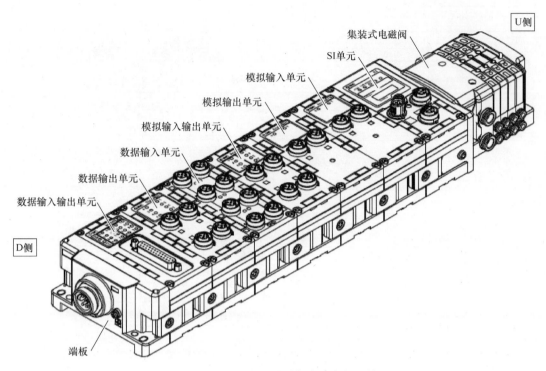

图 6.3-79 EX600 系列集中型串行配线

表 6.3-20 SI 单元对应输入单元、输出单元

可组装单元对应表		SI 单元型号	
		EX600 – SPR□	EX600 – SPR□A
产品型号	数字输入单元	EX600 – DX□B	○	○
		EX600 – DX□C□	○	○
		EX600 – DX□D	○	○
		EX600 – DX□EU	×	○
		EX600 – DX□F	×	○
	数字输出单元	EX600 – DY□B	○	○
		EX600 – DY□EU	×	○
		EX600 – DY□F	×	○
	数字输入输出单元	EX600 – DM□EU	×	○
		EX600 – DM□F	×	○
	模拟输入单元	EX600 – AXA	○	○
	模拟输出单元	EX600 – AYA	×	○
	模拟输入输出单元	EX600 – AMB	×	○
	手持终端	EX600 – HT1	○	○①
		EX600 – HT1A	○	○

① EX600 – HT1 不识别 EX600 – D□□E、EX600 – D□□F、EX600 – AYA、EX600 – AME。

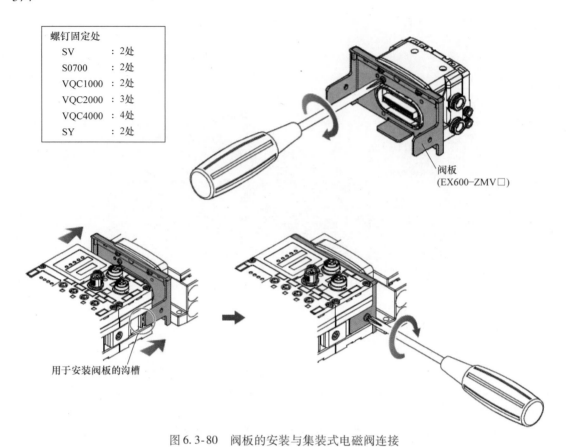

图 6.3-80　阀板的安装与集装式电磁阀连接

EX600 总线单元还支持 DIN 导轨安装,如图 6.3-81 所示。具体安装方式参考样本。

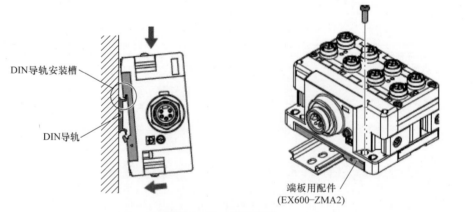

图 6.3-81　导轨安装

EX600 总线单元具有自诊断功能和 WEB 服务器功能。各输入/输出单元提供多种接口选择,如 M12、M8、D–sub 和插线式端子台等。

EX600 总线单元支持多种常用的通信协议,如 EtherNet/IP、PROFINET、PROFIBUS DP 等,具体参考表 6.3-19。

(3) I/O 分散型–单输出型串行配线(EX260 系列)

EX260 系列为薄型,省空间串行总线单元,如图 6.3-82 所示。

该系列单元为单输出总线单元，可以控制 32 点或 16 点的电磁阀输出，没有输入点控制功能。

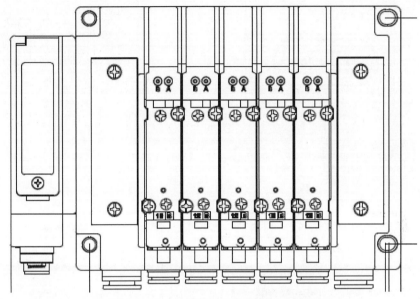

图 6.3-82　总线单元与电磁阀组成阀岛

EX260 总线单元配备了 BUS – IN 和 BUS – OUT 两个通信接口，能够实现电磁阀集装式的串联，节省了配线空间和配线成本，如图 6.3-83 所示。通信接口支持 M12 接口和 D – sub 接口。

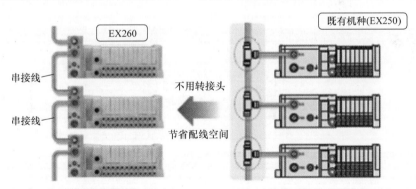

图 6.3-83　省配线通信线连接方式

EX260 总线单元还内置了终端电阻，通过开关可以方便地设置内置终端电阻的有效/无效，省去了外部配置终端电阻的手续。

EX260 与电磁阀阀岛连接时，使用电磁阀专用接口，实现电磁阀阀岛的直接安装，如图 6.3-84 所示。根据应用场合不同，EX260 可以连接上配管阀岛、内配管阀岛和横配管阀岛等多种阀岛形式。

EX260 系列支持 EtherNet/IP、PROFIBUS DP、DeviceNet 等多种串行总线通信协议。

（4）I/O 一体型 – 无线通信串行配线（EX600 – W）

EX600 – W 无线系统构成如图 6.3-85 所示。

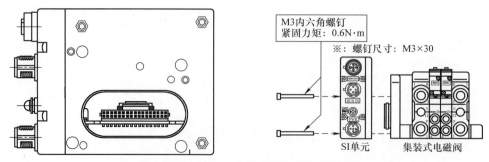

图 6.3-84　EX260 总线单元与阀岛的连接

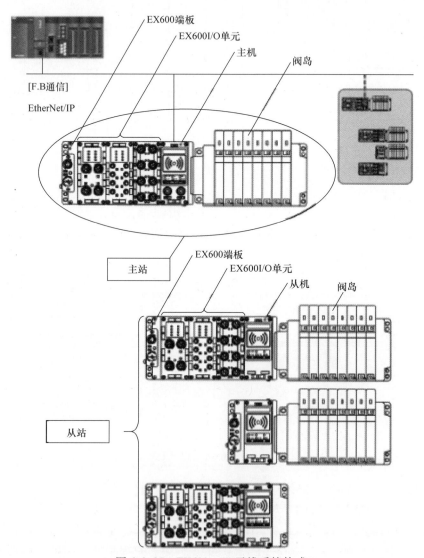

图 6.3-85　EX600-W 无线系统构成

EX600-W 是多点位输入输出一体型 EX600 系列的无线通信类型。它由一台无线主机单元和多台无线从机单元组成无线通信系统，实现多点式的输入点控制、输出点控制和电磁阀控制。

无线主机单元和无线从机单元分别可以连接输入/输出单元及电磁阀阀岛组成无线主机模块和无线从机模块。每台无线单元可以任意顺序连接最大 9 台的输入单元、输出单元和输入输出单元，实现输入点和输出点的控制。各输入/输出单元提供多种接口选择，如 M12、M8、D-sub 和插线式端子台等。无线单元与电磁阀之间通过电磁阀专用接口插入式连接，支持最大 32 点的电磁阀控制。无线单元与各个输入/输出模块及阀岛的连接方式与 EX600 系列相同。

根据无线主机单元的总线协议的不同，一台无线主机单元可以连接最大 127 台无线从机单元，通常情况下建议无线从机单元数量控制在最大 15 台。由无线主机单元负责与上位总线设备进行收发信，无线主机单元与各无线从机单元之间通过基于 SMC 私有协议的无线通信，实现无线主机模块与无线从机模块的数据交换。

无线主机模块与无线从机模块的参数配置，通过 NFC 贴卡式通信信号实现，断电情况下也可实现输入/输出点数等多种参数的配置，如图 6.3-86 所示。

图 6.3-86 通过 NFC 设置无线模块

4. 指示灯和冲击电压保护电路

1) 指示灯。为了能从外部辨别电磁阀是否通电，可在每个电磁线圈处装上指示灯。通电则灯亮，断电则灯灭。交流电多使用氖灯，因 60V 以上氖灯才亮。直流电多使用发光二极管。

2) 冲击电压保护电路。当电磁线圈之类的感性负载在电流切断瞬时，所产生的非常高的反向电压（称为冲击电压），有可能达到线圈额定电压的 10 倍以上，这会造成继电器触点烧损或控制电路中的电子元件损坏、线圈烧毁等事故。为了防止这种情况的发生，在电路中设置能够吸收冲击电压的元件所组成的回路称为冲击电压保护电路（也称为过电压保护回路）。

几种典型的冲击电压保护电路如图 6.3-87 所示。图 6.3-87a、b、c 所示为不带指示灯的冲击电压保护电路。图 6.3-87a 是利用非线性电阻 1 来吸收冲击电压，以避免线圈 2 烧损。可用于 AC 及较低电压的 DC，且是无极性的直流，即哪一极都可作 +、-极。图 6.3-87b 所示为利用二极管 4 来避免产生过大的冲击电压。当开关切断时，一旦产生反向冲击电压，便有电流在线圈 2 和二极管 4 构成的闭路中流动，不致出现电流值的突变，便避免了冲击电压的产生。图 6.3-87b 是有极性的，即茶色线接正极，蓝色线接负极。一旦反接，防止逆接二极管 3 处于反向，其电阻较大，便可防止回路中的二极管和开关元件损坏。图 6.3-87c 使用双向稳压二极管 5，可吸收冲击电压，且是无极性 DC。图 6.3-87d ~ i 都是带指示灯的冲击电压保护电路。图 6.3-87f 是有极性的，图 6.3-87e、g 是无极性的。图 6.3-87d、h 和 i 用于 AC，图 6.3-87h、i 用整流器防止冲击电压的产生，由于有整流回路，故 AC 电可直接驱动直流线圈。

5. 手动操作按钮

在电磁阀不通电时，操作电磁阀上的手动按钮，也可接通气路。用于回路的调试、检修和故障分析。

手动操作按钮有非锁定式和锁定式两种。非锁定式是压下按钮，气路接通（或断开）；放开按钮，气路复原。锁定式具有保持切换状态的功能。闭锁能保持切换后的状态，开锁才

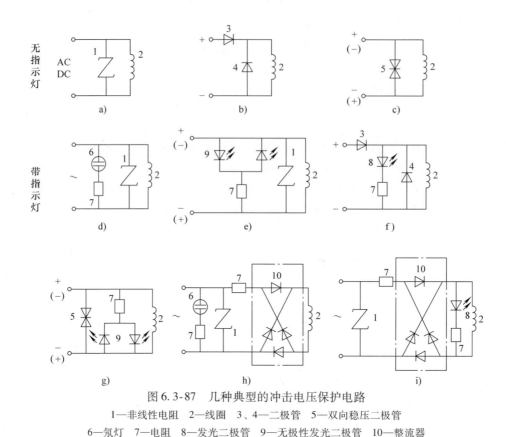

图 6.3-87　几种典型的冲击电压保护电路
1—非线性电阻　2—线圈　3、4—二极管　5—双向稳压二极管
6—氖灯　7—电阻　8—发光二极管　9—无极性发光二极管　10—整流器

能复位。锁定方式有旋钮式和一字旋具操作式。前者手动压下再转动 90°闭锁，返转 90°开锁。后者要使用一字旋具压下按钮再转动 90°才能闭锁，返转 90°便开锁。安装时，注意留出操作按钮的空间。

使用锁定式按钮时，在锁定状态下供气，要注意气缸可能处于非复位状态。在锁定状态下，电磁阀不得通电。否则，直动式电磁阀的线圈会烧毁。故通电前，手动按钮必须处于开锁状态。

（六）单体阀和集装阀的规格一览表

表 6.3-21 为二、三通电磁阀的规格。表 6.3-22 为四、五通电磁阀的规格。表 6.3-23 为集装阀的配管及配线规格。

锁定式线圈：锁定式电磁线圈是将原来的电磁线圈变成带自保持功能的线圈。锁定式双电控阀，其外观与单电控相同，线圈都集中于阀体一侧，而功能及使用方法与标准型双电控相同，但瞬时通电的励磁时间必须在 20ms 以上，线圈内的动铁心才能保持 ON。应当注意，出厂时，线圈的动铁心保持在 B 侧 ON，故要确认是 A 侧先 ON 还是 B 侧先 ON 再使用；ON 和 OFF 信号是不会同时通电的回路；有振动（30m/s² 以上）、冲击（150m/s² 以上）及高磁场的场合不要使用。

阀带开关：在电磁线圈上，内置一个开关的形式。在通常使用状态，开关处于 ON 位置，外来电信号可使阀切换。若开关处于 OFF 状态，有外来电信号也不会让线圈通电。在调试和维修时，从安全角度考虑，可以把各个阀的电源分别切断。

表 6.3-21 二、三通电磁阀的规格

密封方式	系列	机能(单电)			$C/[dm^3/(s \cdot bar)]$ P→A	连接口径(R口)	使用压力范围或最高使用压力/MPa	动作方式			配管形式		电流		导线引出方式				消耗功率/W			保护等级	真空用	低功率用	长期通电用	集装式		备注
		N.C	N.O	C.O				直动式	内部先导式	外部先导式	底板配管	直接配管	DC	AC	直接出线式	插头插座式	DIN形插座式	导管接线座式	带灯	节电回路						整块板	组合叠装式	
弹性密封	S070	○	△	△	0.021~0.060	3.2、M3、M5	0.1~0.5	○	—	—	—	○	○	—	○	○	—	—	0.35~0.5	0.1	IP40	○	○	—	○	○	宽7mm、5g
	V100	○	—	—	0.037 0.054	M5	0~0.7	○	—	—	—	○	○	—	○	○	—	—	0.4	0.1	防尘	○	○	—	○	○	替代VJ100
	SYJ□00	○	○	○	0.36~3.0	M3、M5、1/8、1/4	0.15~0.7	—	○	—	—	○	○	—	○	○	○	—	0.45	0.1	防尘	○	○	○	○	—	与VZ有互换性
	VKF300	○	—	—	0.56~0.68	M5、1/8	0~0.7	○	—	—	—	○	○	—	○	—	—	—	4.3	—	防尘	○	○	○	○	—	
	VQZ□00	○	○	○	1.2~3.5	M5、1/8、3/8、4~10	0.15~0.7	—	○	—	—	○	○	—	○	○	○	—	1.0	—	防尘	○	○	—	○	—	
	SY100	○	—	—	0.028 0.044	M3	0~0.7	○	—	—	—	○	○	—	○	○	—	—	0.8	—	防尘	○	○	○	○	—	
	VT307	○	○	○	0.41~0.71	1/8、1/4	0~1.0	○	—	—	—	○	○	—	○	○	○	○	4.2	—	防尘	○	○	○	—	—	
	VK300	○	○	—	0.41~0.85	M5、1/8	0~0.7	○	—	—	—	○	○	—	○	—	—	—	4.3	—	防尘	○	—	○	—	—	
	VT317	○	○	—	2.4	1/4	0~0.9	○	—	—	—	○	○	—	○	○	—	○	6.3	—	防尘	○	—	○	—	—	
	VT325	○	○	—	5.5	1/4、3/8	0~1.0	○	—	—	—	○	○	—	○	○	—	—	12	—	防尘	○	—	○	—	—	
	VP□00	○	○	○	3.5~15.1	1/8~1/2	0.2~0.7	—	○	—	○	○	○	—	○	○	○	—	1.75	0.75	防尘	○	○	○	—	—	
	VG342	○	—	—	26~38	1/2~1	0.2~0.9	—	○	—	○	—	○	—	○	○	○	—	4.2	—	防尘	○	○	○	—	—	
	VP31□5	○	—	—	19~28	3/8~2	0.2~0.8	—	—	○	○	—	○	—	—	○	—	—	12	—	防尘	○	—	○	—	—	
	VEX3□□□	中封式			2.4~13	1/8~1/2	低真空~1.0	—	○	—	—	○	○	—	○	○	○	—	1.1	—	防尘	○	—	—	○	—	
间隙密封	VQZ□00	○	○	○	1.2~3.5	M5、1/8、3/8、4~10	0.1~0.7	—	○	—	—	○	○	—	○	○	○	—	0.45	—	防尘	○	○	—	○	—	
	VS3110	○	○	—	3.3~4.0	1/8~3/8	0~1.0	○	—	—	—	○	○	—	○	—	—	—	5.5	—	防尘	—	—	—	○	—	需给油
	VS31□5	○	○	—	6.1~20	1/4~3/4	0~1.0	○	—	—	—	○	○	—	—	—	—	○	13.2/24	—	—	—	—	—	—	—	

表 6.3-22 四、五通电磁阀的规格

系列	机能 二位 单电控	机能 二位 双电控	机能 三位 中封式	机能 三位 中泄式	机能 三位 中压式	机能 三位 中止式	阀宽/mm	$C/[dm^3/(s·bar)]$ P→A/B (2位单电控)	连接尺寸 螺纹连接	连接尺寸 快换接头(管外径/mm)	最高使用压力/MPa	最低使用压力/MPa 二位单电	最低使用压力/MPa 二位双电	最低使用压力/MPa 三位	动作方式 直动式	动作方式 内部先导式	动作方式 外部先导式	密封形式 弹性密封	密封形式 间隙密封	配管形式 直接配管	配管形式 底板配管	电流 直流	电流 交流	配线方式 插入式	配线方式 非插入式 直接出线	配线方式 非插入式 DIN形插头插座	消耗功率/W 带灯	消耗功率/W 带节电回路	保护等级	备注
SJ□000	○	○	○	○	—	—	7.5、10	0.13~0.55	M3、M5	2、4、6	0.7	0.15	0.1	0.2	—	○	—	○	○	○	—	○	—	○	—	—	0.4	0.15	防尘	电磁先导阀在一侧，无单体阀
VQD1000	○	—	—	—	—	—	11	0.22~0.27	M5	—	0.7	○	—	—	○	—	—	○	—	○	—	○	—	—	○	—	2	—	防尘	四通座阀，有真空用阀
S0700	○	○	○	○	—	—	7.4	0.39~0.62	M3、M5	2、3.2、4	0.7	0.2	0.2	0.2	—	○	—	○	—	○	—	○	—	—	○	—	0.35	—	IP40	座阀
VK3100	○	—	—	—	—	—	18	0.38~0.84	M5、1/8	—	0.7	○	—	—	—	○	—	—	○	○	—	○	—	—	○	—	4.3	—	防尘	
SYJ□000	○	○	○	○	○	—	10.5~18	0.46~2.3	M3、M5、1/8、1/4	4、6、8	0.7	0.15	0.1	0.2	—	○	△	○	○	○	—	○	—	○	○	○	0.4	0.1	防尘	
VF□000	○	○	○	○	○	—	26.4~32	0.49~8.8	M5、1/8、1/4	—	1.0	0.15	0.1	0.15	—	○	—	○	○	—	○	○	—	—	○	○	1.55	—	防尘	
VQ□000	○	○	○	○	○	—	10.5~16	0.85~2.2	M5	3.2、4、6	1.0	0.1	0.1	0.1	—	○	—	○	○	—	○	○	—	○	○	○	0.5	0.2	防尘	电磁先导阀在一侧，有锁定式线圈
SZ3000	○	○	○	○	○	—	10.5	0.58~0.73	M4	4、6	0.7	0.15	0.1	0.2	—	○	—	○	—	—	○	○	—	—	○	○	0.65	—	防尘	无单体阀，电阀带开关，电磁先导阀在一侧
VQZ□000	○	○	○	○	○	—	10~18	0.9~3.1	M5、1/8、1/4、3/8	3.2~10	1.0	0.15	0.1	0.2	—	○	—	○	○	—	○	○	—	—	○	○	0.4	—	IP65	有锁定式线圈
SY□000	○	○	○	○	○	—	10~23	0.61~8.0	M5、1/8、1/4、3/8	4~12	0.7	0.15	0.1	0.2	—	○	—	○	—	—	○	○	—	—	○	○	0.4	0.1	防尘	
SQ□000	○	○	○	○	○	—	11.5、17.5	0.79~2.3	M5	3.2~8	1.0	0.15	0.1	0.2	—	○	—	○	—	—	○	○	—	—	○	○	0.4	—	防尘	有锁定式线圈，无单体阀

(续)

系列	机能					阀宽/mm	C/[dm³/(s·bar)] (2位单电控) P→A/B	连接尺寸		最高使用压力/MPa	最低使用压力/MPa			动作方式			密封形式		配管形式		电流		配线方式			消耗功率/W		保护等级	备注
	二位		三位					螺纹连接	快换接头(管外径/mm)		二位单电	二位双电	三位	直动式	内部先导式	外部先导式	弹性密封	间隙密封	直接配管	底板配管	直流	交流	插入式	非插入式		带灯	带节电回路		
	单电控	双电控	中封式	中泄式	中压式	中止式																		直接出线	非插头形插座	DIN形插座				
VQC□000	○	○	○	○	○	VQC4000 5000	10.5~41	0.85~16	M5、1/4、3/8、1/2	3.2~12	1.0	0.2	0.2	0.2	○	○	—	○	○	○	○	○	—	○	—	—	0.4	—	IP67	
SV□000	○	○	○	○	○	—	22~57	0.98~6.2	1/8~1/2	—	0.7	0.15	0.15	0.2	○	○	—	○	○	—	○	○	—	○	○	—	0.64	0.24	IP67	电磁先导阀在一侧
VFS□000	○	○	○	○	○	○	22~72	1.7~29	1/8~1	—	1.0	0.1	0.1	0.15	○	○	—	—	○	—	○	○	○	○	○	—	2.04	—	防尘	
VFR□000	○	○	○	○	○	○	22.6~72	2.5~40	1/8~1	—	0.9	0.2	0.1	0.2	○	○	—	—	○	—	○	○	○	○	○	—	2.04	—	防尘	
新SY□000	○	○	○	○	○	○	10.5~19	1.3~6.5	M5~3/8	2~12	0.7	0.15	0.1	0.2	○	○	—	○	○	○	○	○	—	○	—	—	0.4	0.1	IP67	
EVS1	○	○	○	○	○	—	18、26	2.2~3.6	1/8、1/4	—	1.0	0.15	0.1	0.2	○	○	—	○	○	—	○	○	—	○	○	—	1.0	—	IP65	安装面符合ISO标准
EVS7	○	○	○	○	○	○	38~65	5.0~16	门1/4~1	—	1.0	0.1	0.1	0.15	○	○	—	○	○	—	○	○	—	○	○	—	1.8	—	IP65	安装面符合ISO标准
VQ7	○	○	○	○	○	○	38、50	5.0~12	1/4~3/4	—	1.0	0.2	0.15	0.2	○	○	—	○	○	—	○	○	—	○	○	—	0.5	—	IP65	安装面符合ISO标准
VQ4000 VQ5000	○	○	○	○	○	○	24.6、40	7.2~16	1/4~1/2	—	1.0	0.2	0.1	0.2	○	○	○	○	○	—	○	○	—	○	○	—	0.7	—	IP65	电磁先导阀在一侧阀体无凸出
VP4000	○	○	○	○	○	—	86、150	15~60	3/8~11/2	—	0.9	0.2	0.2	0.2	○	○	△	△	○	—	○	○	—	○	○	—	12	—	IP65	给油润滑

注: 1. C值, 使用压力是弹性密封的值。
2. ○—有, △—准标准品。

表 6.3-23 集装阀的配管及配线规格

集装形式	整块集装板			组合型集装板													盒式集装式							阀型号
配管形式	直接配管	底板配管		连接件安装					直接配管					DIN导轨安装						DIN导轨安装			四位及三通阀	带背压防止阀
				直接配管					底板配管					底板配管					直接配管					
配线形式	各自配线	扁平电缆插座 P	串行传送 S	各自配线 L/C	扁平电缆插座 P	D型辅助插座 F	端子台 T	多针插座 M	串行传送 S	PC接线系统 J	带电源端子台扁平电缆 G	各自配线 L/C	接线盒 A/NA	扁平电缆插座 P	D型辅助插座 F	多针插座 M	端子台 T	PC接线系统 J	串行传送 S	各自配线 C	扁平电缆插座 P	D型辅助插座 F	串行传送 S	PC接线系统 J	端子台 T
SJ2000 SJ3000	○																								
VQD1000	○																			○					○
S0700	○	○	○																						
VK3100	○	○	○																						
SYJ3000 SYJ5000 SYJ7000	○			○	○	○	○	○	○	○															
VF1000 VF3000 VF5000	○			○																					
VQ0000 VQ1000 VQ2000				○								○	○	○	○		○		○	○	○	○	○		○
SZ3000			○																						
VQZ1000 VQZ2000 VQZ3000	○	○	○																	○	○	○	○		
SY3000 SY5000 SY7000 SY9000	○	○	○									SY9000								○	○	○	○	○	○
SQ1000 SQ2000																				○					○

(续)

集装形式			整块集装板		组合型集装板															盒式集装式						
配管形式			直接配管	底板配管	直接配管					连接件安装						底板配管					DIN导轨安装					DIN导轨安装	直接配管
配线形式	各自配线	串行传送 S	扁平电缆插座 P	串行传送 S	各自配线	扁平电缆插座 P	D型辅助插座 F	端子台 T	串行传送 S	PC接线系统 J	各自配线 L/C	扁平电缆插座 P	D型辅助插座 F	端子台 T	多针插座 M	串行传送 S	PC接线系统 J	带电源端子台扁平电缆 G	各自配线 L/C	接线盒 A/N A	扁平电缆插座 P	D型辅助插座 F	多针插座 M	端子台 T	PC接线系统 J	串行传送 S	各自配线 C	扁平电缆插座 P	D型辅助插座 F	串行传送 S	PC接线系统 J	端子台 T	四位双三通阀	带背压防止阀

阀型号:

阀型号	各自配线	串行传送S	扁平P	串行S	各自	扁平P	D型F	端子T	串行S	PCJ	各自L/C	扁平P	D型F	端子T	多针M	串行S	PCJ	带电G	各自L/C	接线盒A	扁平P	D型F	多针M	端子T	PCJ	串行S	各自C	扁平P	D型F	串行S	PCJ	端子T	四位双三通阀	带背压防止阀
VQC1000																																		
VQC2000						○	○	○	○	○	○										○	○	○	○	○	○							○	○
VQC4000																																		
VQC5000																																		
SV1000						○	○	○	○		○	○	○	○	○	○			○		○	○	○	○		○							○	○
SV2000																																		
SV3000																																		
SV4000																																		
VFS1000																																		
VFS2000	○ VFS2¹								○																									
VFS3000					VFS3				○		○																							
VFS4000									○		○																							
VFS5000																																		
VFR2000																																		
VFR3000																																		
VFR4000																																		
VFR5000																																		
VFR6000																																		
SY3000	○	○		○	○				○	○	○			○	○	○	○	○	○	○			○	○	○	○							○	○
SY5000																																		
SY7000																																		
EVS1-01											○																							
EVS1-02											○																							
EVS7-6											○																							
EVS7-8											○																							
EVS7-10											○																							
VQ7-6									○					○																				
VQ7-8																																		
VQ4000																																		
VQ5000																																		
VP4□50				○																														

383

四位双三通阀：两个三通阀内置于一个阀体内的形式，如图 6.3-88 所示。A 侧、B 侧的三通阀可各自独立动作。用作一个三通阀，只需使用一半。可得到 [N.C、N.C]、[N.O、N.O] 和 [N.C、N.O] 三种组合。可用作四位五通阀，如中泄式则使用 [N.C、N.C]；中压式则使用 [N.O、N.O]。

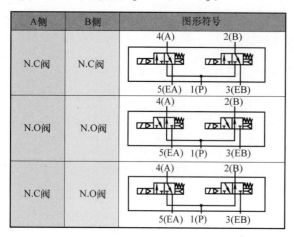
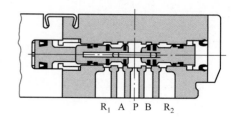

图 6.3-88　四位双三通阀机能

三、气控方向阀（□A 系列）

气控方向阀是靠气压力使阀芯切换的阀。该气压力称为先导压力或控制压力，由外部供给。

气控方向阀相当于去掉电磁控制方向阀的电磁先导阀部分，保留主阀部分。

气控阀的使用压力及控制压力见表 6.3-24。

表 6.3-24　气控阀的使用压力及控制压力

系列	机能	密封形式	单气控复位方式	使用压力范围/MPa			控制压力范围/MPa		
				二位单气控	二位双气控	三位	二位单气控	二位双气控	三位
SYJA300	二位三通	弹性密封	气复位	0.15~0.7	—		p~0.7	—	
SYJA500			混合复位	0.15~0.7	—		$(0.4p+0.1)$~0.7	—	
VZA200		间隙密封	混合复位	0.1~1	—		0.1~1	—	
VZA400			混合复位	0.15~1	—		0.15~1	—	
VTA301		弹性密封	弹簧复位	0~1	—		0.2~1	—	
VTA315			弹簧复位	0~1	—		0.1~1	—	
VGA342			混合复位	0.2~0.9	—		p	—	
VPA□00			混合复位	0.2~1	—		p	—	
VPA31□5			混合复位	0.2~0.8	—		$\left(\frac{5}{6}p+0.03\right)$~$(p+0.1)$	—	
			弹簧复位	-0.1~0.2	—		0.2~0.3	—	
VEX3□□0	三位三通			—	—	-0.1~1	—	—	0.2~1

（续）

系列	机能	密封形式	单气控复位方式	使用压力范围/MPa			控制压力范围/MPa		
				二位单气控	二位双气控	三位	二位单气控	二位双气控	三位
SYA□000	二位四五通	—	气复位	0.15~0.7	-0.1~0.7	-0.1~0.7	$(0.7p+0.1)$~0.7	0.1~0.7	0.2~0.7
SYJA3000		—	气复位	0.15~0.7	0.1~0.7	0.2~0.7	p~0.7	0.1~0.7	0.2~0.7
SYJA$_7^5$000			混合复位	0.15~0.7	0.1~0.7	0.15~0.7	$(0.4p+0.1)$~0.7	0.1~0.7	0.15~0.7
VZA2000		间隙密封	混合复位	0.1~1	0~1	0~1	0.1~1	0.1~1	0.1~1
VZA4000			混合复位	0.15~1			0.15~1	0.1~1	0.1~1
VFA1000		弹性密封	混合复位	0.15~1	-0.1~1	—	$(0.4p+0.1)$~0.9	0.1~1	
VFA$_5^3$000			混合复位	0.15~1	-0.1~1	-0.1~1	$(0.4p+0.1)$~0.9	0.1~1	0.15~1
VFRA$_4^3$000			混合复位	0.2~0.9	0~0.9	0~0.9 0.2~0.9	$(0.6p+0.1)$~0.9	0.1~0.9	0.2~0.9 $(0.6p+0.1)$~0.9
VPA4□$_7^5$0			气复位	0.2~0.9	0.2~0.9	0.2~0.9	p~$(p+0.1)$		
VSA4□□0		间隙密封	弹簧复位	≈1			0.1~1		

注：p—使用压力。

图 6.3-89 是中继阀 VR415$\frac{1}{2}$ 的结构原理图。它是单（双）气控二位五通间隙密封滑阀。该阀上装有手动按钮，也可安装气动显示器。在底板的侧面（或底面），设有 7 个配管通口（含 2 个先导口），接口为 Rc1/8、G1/8 或 NPT1/8。该阀的使用压力范围为 0~1.0MPa，先导压力范围为 0.15~1.0MPa，P→A/B 口的 C 值为 1.6dm^3/(s·bar)，b 值为 0.15~0.2。可以不给油润滑。在振动超过 5G 的场合，不要使用。

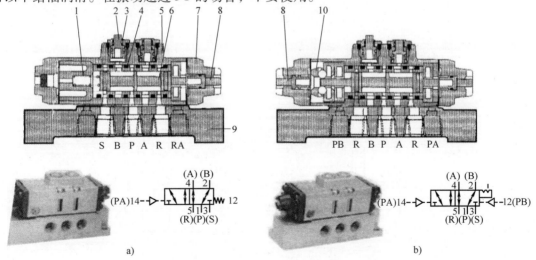

图 6.3-89　中继阀（VR415$\frac{1}{2}$）结构原理图
a）单气控　b）双气控
1—复位弹簧　2—气动显示器活塞　3—显示器弹簧　4—阀套　5—阀体
6—阀芯　7—先导盖　8—手动按钮　9—底板　10—止动组件

二位五通单电控滑阀（VP4150），如去掉电磁先导阀，并将连接板改成气控端盖，便成为二位五通单气控滑阀（VPA4150）。此阀芯虽具有对称性，但由于是气复位结构，故先导压力p_c与使用压力p有关，存在$p_c = p \sim (p+0.1)$的关系。

图 6.3-90 所示为二位三通单气控滑柱座阀型气阀，由前文电磁阀 VP□00 去掉先导阀部分演变而来。图 6.3-90a 所示为标准型，先导压力与使用压力相等。图 6.3-90b 所示为真空型，先导压力为 0.2MPa。

图 6.3-91 所示为 VEX3120 系列的三位三通（中封式）同轴座阀型双气控换向阀。

图 6.3-92 所示为二位五通间隙密封双气控滑阀。由于阀芯具有对称性，且滑动阻力小，故先导压力可以很低，高于 0.1MPa 便可。且先导压力与使用压力大小无关。

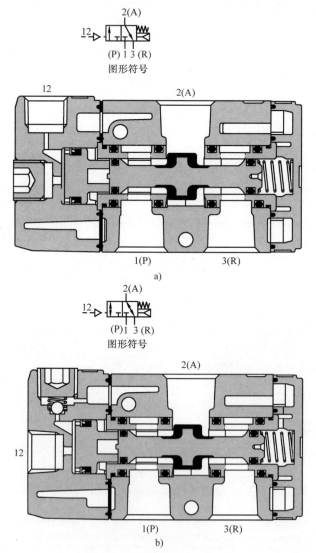

图 6.3-90 二位三通单气控滑柱座阀型气阀（VPA□00）

图 6.3-93 所示为二位三通气动延时阀。无信号压力 PIL 时，阀芯在复位弹簧力及气压力作用下复位，P 口封闭，A 与 R 相通。有信号压力 PIL 时，气体一方面关闭单向阀，另一

方面经可调节流阀向固定气室充气，压力不断升高。当作用在活塞上的气压力大于弹簧力时，活塞推动推杆向下，先与阀芯接触封住 R 口，然后再推开阀芯，使 P、A 相通。这就实现了 A 口压力比 PIL 口压力延时出现。当信号压力撤销后，气室内压力推开单向阀迅速从 EXH 排气。气室内压力降至一定值，活塞及阀芯复位。此阀实现常断延时通的状态。从有信号压力开始到 A 口有输出压力的时间，称为延时阀的延时时间。它与节流阀的开度及信号压力大小有关，如图 6.3-94 所示。在进口压力和信号压力均为额定值时，通过改变节流阀开度所得到的延时区间，称为延时时间范围。在延时范围内的任一调定点，若信号压力的变化为额定值的 ±10% 范围内，其延时时间的最大偏差与额定信号压力下的延时时间之比，称为延时阀的延时精度。从有输出信号到输出信号消失的时间，称为恢复时间。它与排气流道的有效截面面积大小（即阀的有效截面面积和排气管道的管径与管长）及信号压力、进口压力的大小有关。

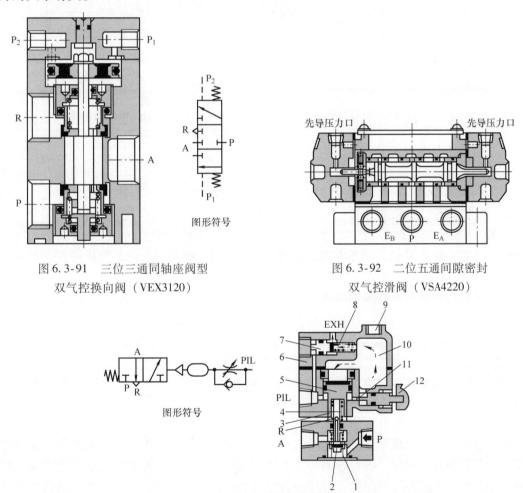

图 6.3-91　三位三通同轴座阀型
双气控换向阀（VEX3120）

图 6.3-92　二位五通间隙密封
双气控滑阀（VSA4220）

图 6.3-93　二位三通气动延时阀（VR2110）
1—复位弹簧　2—阀芯　3—弹簧　4—推杆　5—活塞　6—阀体　7—单向阀
8—单向阀弹簧　9—补充气室备用连接口　10—气室　11—节流阀　12—旋钮

本阀进口压力范围为 0～1.0MPa，信号压力范围为 0.25～0.8MPa，延时时间范围为

0.5～60s，介质温度为 -5～60℃，连接口径为1/8。

图6.3-95所示为压铸机上常用的气动回路。按下手动阀A的按钮，气缸向下压工件。工件受压时间的长短靠调节节流阀来实现。此回路中的单向节流阀B、气容C和气阀D三件，组成一个延时阀。

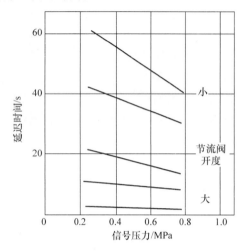

图6.3-94　VR2110延时阀的特性

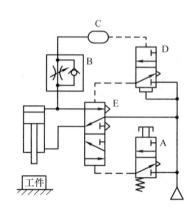

图6.3-95　延时阀的使用

四、机械控制方向阀（VM系列）

靠机械外力使阀芯切换的阀称为机械控制方向阀。方向阀的主阀部分与电磁阀的主阀类似。部分机控阀、人控阀的规格见表6.3-25。按阀的操作机构，有直动式、滚轮式、横向滚轮式、杠杆滚轮式、可调杆式、可调杠杆滚轮式和可通过式基本型等，如图6.3-96所示。

图6.3-97所示为座阀式基本型机控阀（VM131）。无外力时，阀芯复位；有外力时，推杆先接触阀芯，封住R口，再推开阀芯，使P、A相通。将推杆与阀芯分成两件，可避免切换过程中，P、A和R三口同时相通的路路通现象。

直动式机控阀不能承受非轴向推力。

滚轮式机控阀是在阀的推杆顶端加了一个滚轮，使撞块沿滚轮切向接触，再由滚轮传力给推杆，这样可减少推杆受到的侧向力，减少推杆与阀杆之间的蹩劲现象，以增加阀的寿命和可靠性。

横向滚轮式是指阀体内气流流动方向与滚轮滚动方向成直角，但撞块仍须沿滚轮切向运动。

杠杆滚轮式是借助杠杆以增大推杆的向下压力。

可通过式又称为单向动作杠杆滚轮式。当机械撞块正向运动时，阀芯被压下。撞块走过滚轮，阀芯靠弹簧力返回。撞块返回时，由于头部小杠杆可折，滚轮折回，阀芯不动，阀不换向，如图6.3-98所示。可见，这种阀的出口输出脉冲信号。它常用来消除回路中的障碍信号，以简化回路。

表 6.3-25 部分机控阀、人控阀的规格

品种		VM1000	VM100	VM200	VM400	VZM400	VZM500	VFM200	VFM300	VM800	VH300$^2_4$	VH600	VHK$^2_3$	VHS□□
位/通		2/2、2/3	2/2、2/3	2/2、2/3	2/3	2/5	2/5	2/5	2/5	2/3	2/4、3/4	3/4	2/2、2/3	2/3
结构、机能		座阀式 N.C	座阀式 N.C	座阀式 N.C	滑柱座阀式 N.O、N.C、C.O	同隙密封 滑柱式、内、外部先导、混合复位	弹性密封 滑柱式、内、外部先导、混合复位	同隙密封 滑柱式、内、外部先导、混合复位	弹性密封 滑柱式、内、外部先导、混合复位	滑柱座阀式 N.O、N.C、C.O	滑板式、中封式、中泄式、2位	滑板式、中封式	座阀式	滑柱座阀式
连接口径		φ4	M5、1/8	1/4	1/8	1/8	1/8	1/4	1/4	1/8	1/4~3/4	3/4、1	M5、R1/4~3/4、φ4~φ12	1/8~1
$C/[dm^3/(s·bar)]$ (P→A)		0.2	0.5~0.6	4	1.4	2.0	2.2	4.0	4.0	1.4	2.4~15.4 (P→A/B)	58.8、61.6 (P→A/B)	0.4~3.4	2.5~23.5 (A→R)
b		0.15~0.25	0.2	0.4	0.2	0.14	0.36	0.2	0.36	0.2	0.2~0.25 (P→A/B)	0.25 (P→A/B)	0.15	0.35~0.51 (A→R)
阀宽/mm		11	17	25	21	18	18	23	26.4	30	62~102	152	18~22	45~76
使用压力范围/MPa		0~0.8	-0.1~1	0~1	-0.1~1	外：0~1，内：0.15~1	外：0~0.7，内：0.15~0.7	外：0~1，内：0.15~1	外：0~0.9，内：0.15~0.9	-0.1~1	0.1~1	0.1~0.7	0.1~1	0.1~1
操作机构	机控阀 基本形		○	○	○	○	○	○	○	○				
	直动式		○	○	○	○	○	○	○					
	滚轮式		○	○	○	○	○	○	○					
	横向滚轮式	○	○	○	○	○	○	○	○					
	杠杆滚轮式	○	○	○	○	○	○	○	○					
	可通过式	○	○	○	○	○	○	○	○					
	人控阀 蘑菇式		○	○	○	○	○	○	○					
	按钮式 伸出式	○	○	○	○	○	○	○	○	○				
	平式		○	○	○	○	○	○	○					
	旋钮式	○	○	○	○	○	○	○	○	○				
	锁式		○	○										
	推拉式	○	○	○										
	肘杆式		○	○									○	○
	脚踏式		○	○							○			
	长手柄式											○		

注：1. VM100 和 VM200 还有旋钮式的三位三通中封式和三位五通中泄式。
2. VM800 还有可调杠杆滚轮式和可调杆式。

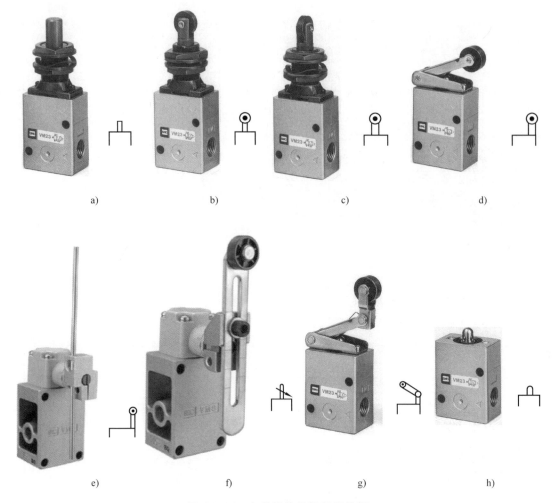

图 6.3-96 各种操作机构的机控阀
a) 直动式 b) 滚轮式 c) 横向滚轮式 d) 杠杆滚轮式 e) 可调杆式
f) 可调杠杆滚轮式 g) 可通过式 h) 基本型

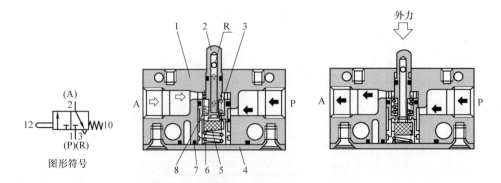

图 6.3-97 座阀式基本型机控阀 (VM131)
1—阀体 2—推杆 3—推杆复位弹簧 4—下盖 5—阀芯 6—阀芯复位弹簧 7—垫圈 8—阀座

在使用机控阀时，撞块与滚轮的接触面的倾斜角为 30°或 45°。不同的操作机构，其撞

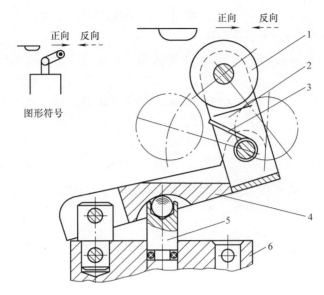

图 6.3-98 可通过式机控阀头部
1—滚轮 2—小杠杆 3—扭簧 4—杠杆 5—推杆 6—阀体

块的最大速度是不一样的,应查明遵守。气缸撞块压住机控阀的时间必须超过机控阀的切换时间,故气缸速度不能太快。若太快,撞块应增加长度。

不能将机控阀当作停止器使用。

图 6.3-99 所示为二位五通先导式机控滑阀。无外力时,阀芯靠压力及弹簧力复位;有外力时,推杆推开阀瓣,内部气源通过内部通道进入活塞 A 上腔,推动阀芯切换。此阀体积小,流通能力大,动作频率高(5 次/s),有外部先导式可供选择,排气口可接管或装消声器,以消除排气污染和排气噪声,可脚座安装或集装。

机械操作式请不要超过动作极限位置。否则,会造成阀本身破损和装置动作不良。机械操作式的操作行程范围 = (P.T. + 0.5 × O.T.) ~ (P.T. + O.T. − 0.1),其含义如图 6.3-100 所示。

五、人力控制方向阀(VM、VH 系列)

靠手或脚使阀芯换向的阀称为人力控制方向阀。与机控阀结构的区别,仅操作机构有所不同。人力控制阀的操作机构有按钮式(蘑菇形、伸出形、平

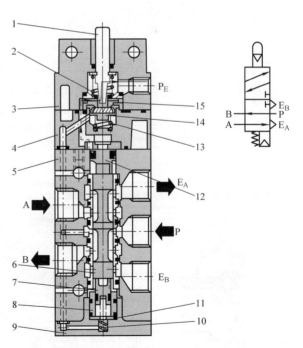

图 6.3-99 二位五通先导式机控滑阀(VZM400)
1—推杆 2—推杆复位弹簧 3—头盖 4—先导体 5—阀体
6—阀芯 7—活塞 B 8—活塞套 9—尾盖 10—复位弹簧
11—缓冲垫 12—活塞 A 13—阀瓣复位弹簧
14—阀瓣 15—阀座

形)、旋钮式、锁式、推拉式、肘杆式（拨叉式）和脚踏式，如图 6.3-101 所示。手动分配阀为滑板式结构，其操作机构为长手柄。

旋钮式、锁式、推拉式、肘杆式和长手柄式都具有定位功能或自保持功能，有时也称为双稳态功能。即阀被切换后，撤除人力操作，能保持切换后的阀芯位置不变。要改变切换位置，必须反向施加操作力。按钮式无保持功能，除去操作力，阀芯靠弹簧复位，称为单稳态功能。

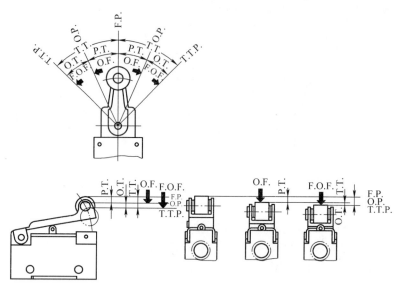

图 6.3-100 机控阀的操作行程

F. P. 〈自由位置〉—外部不加力时操作机构的位置
O. P. 〈动作位置〉—给操作机构加力，阀刚切换时的位置
T. T. P. 〈动作极限位置〉—操作机构推压到不能动作时的位置
O. F. 〈动作力〉—从自由位置驱动到动作位置加在操作机构上的操作力
F. O. F. 〈极限动作力〉—从自由位置驱动到动作极限位置加在操作机构上的操作力
P. T. 〈自由行程〉—从操作机构的自由位置到动作位置的移动距离或转动角度
O. T. 〈动作行程〉—从操作机构的动作位置到动作极限位置的移动距离或转动角度
T. T. 〈总行程〉—从操作机构的自由位置到动作极限位置的移动距离或转动角度

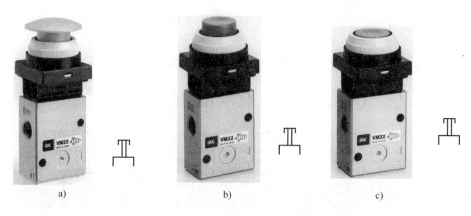

图 6.3-101 人力控制方向阀的操作机构
a) 按钮式（蘑菇形） b) 按钮式（伸出形） c) 按钮式（平形）

图 6.3-101 人力控制方向阀的操作机构（续）
d）旋钮式 e）锁式 f）推拉式 g）肘杆式 h）脚踏式 i）长手柄式

图 6.3-102 所示为二（或三）位四通手动转阀。阀体上有进口 P、出口 A 和 B、排气口 R。滑板上开有一个通孔和两个不打通的圆弧形长槽。长手柄通过转轴带动滑板旋转至不同位置，通过圆弧形槽，让阀体上的相应通口沟通，便可实现图形符号所示通路状态。对二位阀，长手柄有 A 位和 B 位，如图 6.3-102a 所示；对三位阀，长手柄还有一个中位 N，如图 6.3-102b 所示。

此阀必须 P 口接气源，否则会漏气。滑板与阀体上的配合面是硬配密封，靠弹簧力及气压力使配合面贴紧。装配及使用时，必须保持清洁。需油雾润滑。

脚踏阀的优点是脚操纵阀的同时，双手还可以工作。人力控制阀的操作机构露在外部，为防止被人误动作，应有保护措施。

图 6.3-103 所示为用手指操作旋钮的手指阀 VHK 系列，控制气路的通断。当旋钮朝向与气路一致时，阀全开；旋钮由"open"顺时针回转 90°至"SHUT"，阀关断。旋钮不得停在中间位置。灰色旋钮为二通阀 VHK2 系列，蓝色旋钮为三通阀 VHK3 系列。三通阀旋钮处于"SHUT"位置，则 A 侧的残压可从 R 处排出。连接方式有 4 种：快换接头（P）与快换接头（A），外螺纹（P）与快换接头（A），快换接头（P）与外螺纹（A）和外螺纹（P）

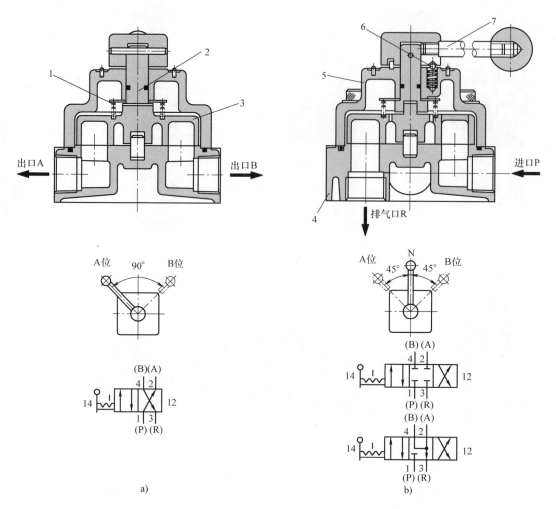

图 6.3-102　二（或三）位四通手动转阀 VH300
a）二位式　b）三位式
1—弹簧　2—转轴　3—滑板　4—阀体　5—阀盖　6—定位球　7—长手柄

与外螺纹（A）。只能从 P 口加压，不得从 A 口加压。产品除标准型外，还有难燃型。

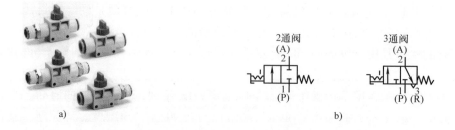

图 6.3-103　VHK 系列手指阀

图 6.3-104 所示为带锁孔的二位三通残压释放阀 VHS□0 系列，它符合 OSHA（美国职

业安全与健康管理局）标准。气路切断时，用挂锁锁住阀，可防止清扫时或设备维护时意外地将阀开启，导致安全事故。红色旋钮上，有 SUP（供气）、EXH（排气）显示窗，供排气一目了然。1 是进口，2 是出口，3 是排气口，必须从进口加压。操作旋钮时，必须切换到头，不得停止在中间位置。排气口若接配管，A→R 口的 C 值为 $2.5 \sim 23.5 \mathrm{dm}^3/(\mathrm{s} \cdot \mathrm{bar})$，$b$ 值为 $0.35 \sim 0.51$，其排气通路的有效截面面积不得小于 $5 \mathrm{mm}^2$。本阀可以与空气组合元件进行模块式连接。

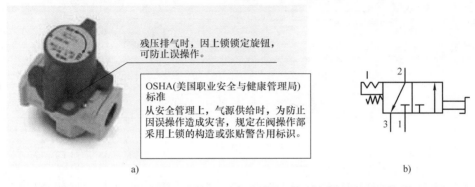

图 6.3-104　VHS□0 系列带锁孔的残压释放阀

图 6.3-105 所示为双手操作用控制阀 VR51 系列。通口 P_1 和 P_2 分别接一个按钮式二位三通阀，通口 A 接控制气缸用的（单）气控阀的控制口。双手同时按下（时差在 0.5s 以内，A 口才有输出信号）两按钮阀，则可防止作业时手不被压伤。连接管子外径为 $\phi 6\mathrm{mm}$，使用压力范围为 $0.25 \sim 1.0 \mathrm{MPa}$，$C$ 值 P→A 通路为 $0.3 \mathrm{dm}^3/(\mathrm{s} \cdot \mathrm{bar})$，A→R 通路为 $1.0 \mathrm{dm}^3/(\mathrm{s} \cdot \mathrm{bar})$。

六、单向阀和梭阀

单向阀和梭阀有单向阀、梭阀和快速排气阀等。

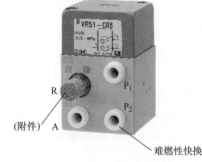

图 6.3-105　双手操作用控制阀 VR51 系列

（一）单向阀（AK 系列）

有两个通口，气流只能向一个方向流动而不能反方向流动的阀称为单向阀。

图 6.3-106 所示为两个系列单向阀。正向流动时，IN 口气压推动阀芯的力大于作用在阀芯上的弹簧力和阀芯与阀盖之间的摩擦阻力，阀芯被推开，OUT 有输出。

AK□000 系列单向阀的连接口径为 $1/8 \sim 1\mathrm{in}$，对应 C 值为 $5 \sim 46 \mathrm{dm}^3/(\mathrm{s} \cdot \mathrm{bar})$。

AKH 系列直通型两端都是快换接头（$\phi 4 \sim \phi 12\mathrm{in}$），可设置在配管途中。AKH 系列直通接头型一端为快换接头（$\phi 4 \sim \phi 12\mathrm{in}$），另一端为外螺纹（M5，$1/8 \sim 1/2\mathrm{in}$），可直接装在元件上。AKB 系列套筒型一端为内螺纹，另一端为外螺纹（$1/8 \sim 1/2\mathrm{in}$），可在冷却液及火花飞散的环境中使用。它们的使用压力范围为 $-0.1 \sim 1\mathrm{MPa}$，开启压力为 $0.005 \mathrm{MPa}$。

保持阀芯开启并达到一定流量时的压力（差），称为开启压力。AK□000 系列单向阀的开启压力为 $0.02\mathrm{MPa}$。开启压力太低，易漏气，且复位时间过长，不起单向阀的作用了。但开启压力太高则不灵敏。单向阀开启瞬间的压差称为最低动作压差 Δp_1，关闭瞬间的压差称

为关闭压差 Δp_2。$\Delta p_2 < \Delta p_1$。

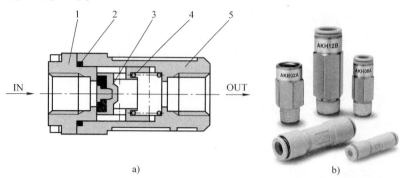

图 6.3-106　单向阀
a) AK□000 系列　b) AKH、AKB 系列
1—阀体　2—O 形圈　3—阀芯　4—弹簧　5—阀盖

单向阀的流量特性如图 6.3-107 所示。根据进口压力和出口压力之差（即压力降），由流量特性曲线可查得在不同进口压力下，通过单向阀的流量。譬如，对 AK4000-03，使用压力为 0.7MPa，两端压力降为 0.02MPa，则通过流量为 24000L/min（ANR）。

安装单向阀时，IN 为进口，OUT 为出口，不得装反。单向阀受冲击压力时，其冲击压力值不得大于 1.5MPa。

通过单向阀的流量变小时，阀两端压差 Δp 也变小。当 $\Delta p < \Delta p_2$ 时，阀关闭。关闭后，出口侧空气不断消耗，使出口压力下降。当 $\Delta p > \Delta p_1$ 时，阀又开启。若单向阀长期处于低流量条件下工作，阀启闭频繁，会出现振动。故单向阀必须通过合适的流量，以避免自振。

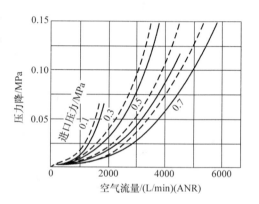

图 6.3-107　单向阀的流量特性
（AK4000-03,04）
---表示单向阀连接口径为 Rc3/8
—表示单向阀连接口径为 Rc1/2

单向阀可用于防止因气源压力下降，或因耗气量增大造成的压力下降而出现的逆流；用于气动夹紧装置中保持夹紧力不变；防止因压力突然上升（如冲击载荷作用于气缸），而影响其他部位的正常工作等。

（二）梭阀（VR12□0、VR12□0F 系列）

梭阀（见图 6.3-108）有两个进口 IN，一个出口 OUT。当进口中的一个有输入时，出口便有输出。若两个进口压力不等，则高压进口与出口相通。若两个进口压力相等，则先输入压力的进口与输出口相通。图 6.3-108 所示结构在切换过程中存在短时间的路路通现象。

梭阀的使用压力范围为 0.05~1.0MPa，环境和介质温度为 -5~60℃，VR12□0 系列连接口径为 1/8in 阀的 C 值为 1.3dm³/(s·bar)，b 值为 0.2，连接口径为 1/4in 阀的 C 值为 2.9dm³/(s·bar)，b 值为 0.2。VR12□0F 系列为快换接头连接，连接管外径为 ϕ3.2~10mm 时的 C 值为 0.5~3.1dm³/(s·bar)，b 值为 0.25。

梭阀主要用于选择信号。如应用于手动和自动操作的选择回路，如图 6.3-109 所示。由于管接头等选用不当，造成某通口的进气量或排气量非常小时，阀芯可能会换向不到位，造成路路通现象，必须防止。梭阀也可用于高低压转换回路，但必须在梭阀的高压进口侧加装一个二位三通阀，以免得不到低压，如图 6.3-110 所示。

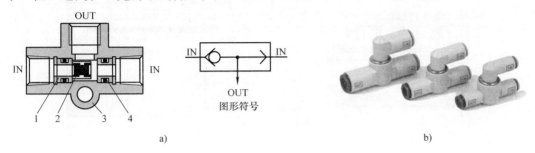

图 6.3-108　梭阀

a) VR12□0　b) VR12□0F

1—阀座　2—阀芯　3—阀体　4—O 形圈

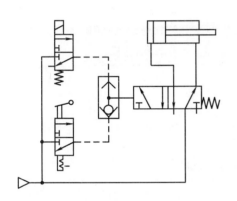

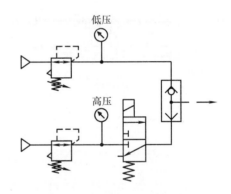

图 6.3-109　手动 - 自动选择回路　　　图 6.3-110　使用梭阀进行高低压转换的回路

（三）快速排气阀（AQ 系列）

当进口压力下降到一定值时，出口有压气体自动从排气口迅速排气的阀，称为快速排气阀（快排阀）。

图 6.3-111 所示为三种快速排气阀。进口有气压时，推开阀芯（单向型密封圈或膜片），封住排气口，并从出口输出。当进口排空时，出口压力将阀芯顶起，封住进口，出口气体经排气口迅速排空。

AQ15□0 的连接口径为 M5 和 1/8in 的快排阀，使用压力范围为 0.1~0.7MPa；AQ2000~5000 的连接口径为 1/8~3/4in，使用压力范围为 0.05~1.0MPa。AQ□40F 的连接口径为 ϕ4mm、ϕ6mm 和 1/4in，C 值为 0.34~0.8dm^3/(s·bar)，b 值为 0.15，使用压力范围为 0.1~1MPa。

快排阀的进口若有残压或背压，进出口的压差若小于最低使用压力，快排阀有可能排气不良和振动，产生噪声。

此外，还有带节流消声器的快排阀 ASV 系列。

快排阀用于使气动元件和装置迅速排气的场合。如把它装在气缸和方向阀之间（见图

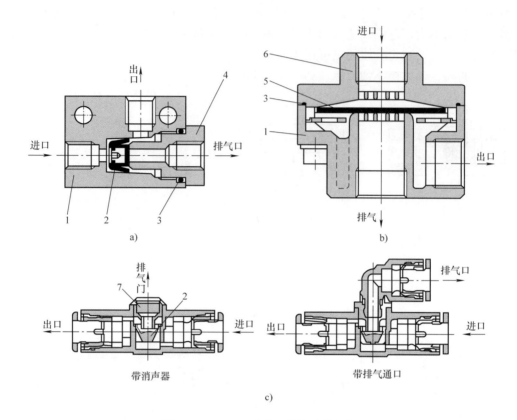

图 6.3-111　AQ 系列三种快速排气阀

a) AQ15$\frac{1}{0}$0　b) AQ3000$\frac{2}{5}$　c) AQ15$\frac{2}{3}$40F

1—阀体　2—阀芯　3—O 形圈　4—阀座　5—膜片（阀芯）　6—阀盖　7—消声材料

6.3-112)，气缸不再通过方向阀排气，直接从快排阀排气，可大大提高气缸的运动速度。当缸、阀之间的管路较长时，这种效果尤为明显。若方向阀排气口较大，缸、阀之间的连接管很短，就不必装快排阀。要实现快速排气，必须将快排阀进口的压力迅速排空，故进口的排气通道（方向阀与快排阀之间的通道）必须通畅。

使用快排阀时，必须保证气缸的缓冲能力。

七、方向阀的主要技术参数和选用

（一）主要技术参数

1. 使用压力范围

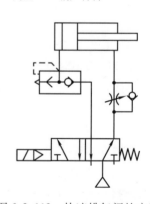

图 6.3-112　快速排气阀的应用

使用压力范围指气阀能正常工作所允许使用的压力范围。所谓正常工作，是指阀的灵敏度和泄漏量应在规定指标范围内。阀的灵敏度是指阀的最低先导压力、响应时间和最大动作频度在规定指标范围内。

使用压力范围内的最低使用压力，取决于阀芯结构形式、密封形式、动作方式和阀的机能。通常最低使用压力见表 6.3-26。因方向阀存在最低使用压力，故气缸相应存在最小输出力，应注意。而最高使用压力主要取决于阀的强度和密封性能。常见最高使用压力为 1.0MPa，少数阀为 0.7MPa。

表 6.3-26　方向阀的最低使用压力　　　　　　　　　　　（单位：MPa）

密封形式	直动式（弹簧复位）		外部先导式	内部先导式		
	滑柱式	座阀式		气压混合复位	双电气控	三位式
弹性密封	0	-0.1		0.15~0.2	0.1	0.15~0.2
间隙密封				0.1~0.15	0~0.1	0~0.1

2. 介质温度和环境温度

流入气动元件内的气体温度称为介质温度。气动元件工作场所的温度称为环境温度。通常，环境和介质温度可在 5~60℃ 之间。若使用干燥空气，可降至 -5~-10℃。

流入气动元件内的气体，虽经事先过滤（除水、滤灰等），仍会含有少量水蒸气。气体在元件内节流处作高速流动时，因温度下降，往往会引起水分凝结成水或冰，导致元件动作失灵。同时，阀内的密封材料及合成树脂材料，在高温下会软化、变形，低温下会硬化脆裂，影响密封性能，降低阀的寿命。温度过高，如超过电磁线圈的最高允许温度，还会烧毁线圈。故对气动元件规定了介质和环境温度的上下限。超出此规定温度范围，需经特殊处理。

3. 最低工作频度

气动元件长时间停放不用，润滑剂会变黏，密封材料与金属件间有亲合作用，使滑动阻力增大，动作不灵敏。所以要求气动元件必须 30 天以内至少动作一次，称为最低工作频度。

4. 恶劣条件下的工作能力

有些使用场合，要求气阀具有一定的抗冲击、抗振动的能力（如在冲击设备上、运输过程中），防尘能力（如用于铸锻、矿山、水泥设备等），防滴能力（如用于户外、有液体飞溅的场合），防燃、防爆能力（如化工设备、焊接设备、矿山设备、火药包装）等。对于这种要求应从设计和材料上加以保证。防止固体异物及水侵入元件内。SMC 气阀多数都具有防尘能力，部分产品具有防尘、防滴能力。多数阀都具有抗振能力（$50m/s^2$）和抗冲击能力（$150~300m^2/s$）。

5. 电源条件

电磁阀的电源类别（交流或直流）、电源频率（50Hz 或 60Hz）、电压大小和功率大小应符合工作要求。标准电压通常交流为 110V 和 220V，直流为 24V。非标准电压交流为 100V、200V，直流有 12V、6V、5V、3V。一般允许电压波动为额定电压的 -15%~10%。电压过高，线圈温升高，易烧毁线圈；电压过低，电磁吸力不足。

要让电磁阀在潮湿条件下工作，线圈端子和接地的金属壳体之间的绝缘电阻应在 1MΩ 以上。为保证电磁阀在高电压时不被击穿，在线圈端子和接地的金属壳体之间，加 AC1500V 电压 1min，元件应无破损、外泄及其他缺陷出现。

6. 最低先导压力

在允许的泄漏量范围内，能使气控阀正常换向的控制口的最低压力称为最低先导压力或最低控制压力。

最低先导压力的大小与阀的结构、阀停放时间和使用压力等有关。一般而言，气复位和混合复位的单气控阀的最低先导压力随使用压力的增大而增大。双气控滑阀和三位式滑阀的最低先导压力通常为 0.1~0.15MPa。但滑柱座阀式弹簧复位的气阀的最低先导压力 0.1~0.2MPa 与使用压力关系不大。弹性密封的滑阀的先导压力与阀的停放时间有些关系。停放时间长，最低先导压力增高。但放置一定时间后，最低先导压力趋于稳定。间隙密封的单气控阀，即便是混合复位，由于摩擦力小，加之控制活塞面积大，最低先导压力有可能为 0.1~0.15MPa。

7. 响应时间

响应时间应当是从加入输入信号的时间起，到输出达到规定值为止的时间。

日本标准规定，在电磁阀的进口施加 0.5MPa 的压力，出口接压力检测装置。从电磁阀通电或断电开始，到出口压力检测装置能测出压力变化的这段时间，称为响应时间，如图 6.3-113 所示。

日本标准规定的响应时间与中国标准规定的换向时间及欧共体标准规定的反响时间是不同的。

换向时间是指从电磁阀通电（或断电）开始，到出口压力上升到进口压力 p_s 的 90%（或出口压力下降到原来压力的 10%）的时间，称为被测阀的开启时间（或关闭时间），如图 6.3-114 所示。

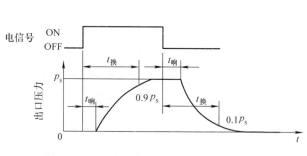

图 6.3-113 电磁阀的响应时间和换向时间

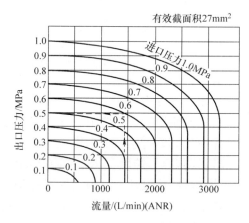

图 6.3-114 电磁阀的流量特性曲线（VT325）

反响时间是从电磁阀通电（或断电）开始，到出口压力上升至进口压力的 50%（或下降至原来压力的 50%）的时间。

影响响应时间的因素很多，主要有阀内可动件在换向过程中受到的运动阻力（如介质气压作用力、摩擦力、弹簧力等），加给可动件的换向力大小，可动件本身的质量，可动件的行程以及方向阀的覆盖特性等。

先导式电磁阀一般比直动式电磁阀的响应时间长。单电控阀比双电控阀的响应时间长。直流电磁阀比交流电磁阀的响应时间长。因直流线圈的吸力大小与行程的平方成反比，行程大时，吸力很小，故响应慢。且要注意复位电压不要太低，必须大于漏电压。交流线圈行程大时吸力大，故响应快。三位阀比二位阀的响应时间长。通径大的电磁阀比通径小的响应时间长。弹性密封比间隙密封的响应时间长。直动式电磁阀的响应时间与使用压力无关，但内部先导式电磁阀的响应时间受使用压力的影响很大。使用压力太低，电磁阀可能不能换向。

8. 最大动作频度

在保证正常换向的条件下，单位时间内气阀能连续往复切换的极限次数，称为最大动作频度，其单位为 Hz。

最大动作频度与阀的响应时间、电磁线圈连续高频工作时的温升及阀的耐久性等有关。还与阀的出口连接负载的容积大小有关。在高于最大动作频度下工作，温升快，阀的寿命显著降低。

关于最大动作频度，通径小的电磁阀比通径大的高，直动式电磁阀比先导式电磁阀高，间隙密封阀比弹性密封阀高，双电控阀比单电控阀高，二位阀比三位阀高，交流电磁阀比直流电磁阀高。

9. 流量特性

流量特性是指气阀在一定进口压力下，出口压力与出口流量之间的特性曲线。图 6.3-115 所示为一实例。由图 6.3-115 可知，当进口压力为 0.6MPa、出口压力为 0.5MPa 时，通过的流量为 1420L/min（ANR）。

通常，用有效截面面积 S 值或流通能力 C_V 值来表示气阀的流通能力。已知 S 或 C_V 值，可按式（6.3-1）～式（6.3-3）计算通过气阀的流量。

当阀内为亚声速流动，即 $(p_2+0.1)/(p_1+0.1) > b$ 时

$$q_a = 248S \sqrt{\Delta p \ (p_2+0.1)} \sqrt{\frac{293}{T_1}} \tag{6.3-1}$$

当阀内为声速流动，即 $(p_2+0.1)/(p_1+0.1) \leqslant b$ 时

$$q_a = 124S(p_1+0.1) \sqrt{\frac{273}{T_1}} \tag{6.3-2}$$

又

$$S = 18 C_V \tag{6.3-3}$$

式中　q_a——通过气阀的流量 [L/min（ANR）]；

　　　S——有效截面面积（mm²）；

　　　p_2——气阀下游压力（MPa）；

　　　b——临界压力比；

　　　p_1——气阀上游压力（MPa）；

　　　C_V——流通能力（USgal/min）；

　　　$\Delta p = p_1 - p_2$；

　　　T_1——气阀上游的温度（K）。

10. 泄漏量

泄漏量分主通道泄漏量和总体泄漏量。主通道泄漏量是指在使用压力范围内，阀的相邻两通口之间的内部泄漏，它可衡量阀内各条通道的密封情况。总体泄漏量是指整个阀所有各处向外泄漏的总和。

泄漏量是衡量阀的密封性好坏的标志。它的大小将影响整个气动装置的工作可靠性和气源能量的损失。泄漏量的大小与阀的密封形式、结构形式、加工装配质量、阀的通径和使用

压力等因素有关。

JIS B 8375 规定的电磁阀的允许泄漏量见表 6.3-27。实际电磁阀的泄漏量比表 6.3-27 中值小得多。

表 6.3-27 电磁阀的允许泄漏量   [单位：L/min（ANR）]

电磁阀的公称通径/mm	二通阀	三通阀		四、五通阀	
	弹性密封	弹性密封	间隙密封	弹性密封	间隙密封
6、8	10	10	500	10	500
10、15	25	25	1000	25	1000
20、25	50	50	1500	50	1500
32、40、50				70	2000

11. 耐久性

气阀经过若干次切换后，在不更换零部件的条件下，阀的主要性能参数（如灵敏度、泄漏量）都在允许范围内，该切换次数即为阀的耐久性。

提高阀的耐久性是保证设备的可靠性和经济性所必需的。耐久性与气阀的各部件的材料、制造工艺以及安装、空气品质、润滑状况、平时保养情况等许多因素有关。尤其是空气品质的好坏，对耐久性的影响极大。

日本工业标准 JIS B 8373~8375 规定的电磁阀的耐久性指标见表 6.3-28。实际上，电磁阀的耐久性指标比表 6.3-28 中值大得多。如 SY 系列在 5000 万次以上，VQC1000、VQC2000 系列可达 2 亿次。

表 6.3-28 电磁阀的耐久性   （单位：万次）

S/mm^2	10	20	40	60	110	190	300	400	650
二通阀	200								
三通阀				500					
四、五通阀			500				300		150

注：有效截面面积 S 为 B 系列。

（二）选型

合理选用各种控制元件是设计气动控制系统的重要一环，可保证气动系统正确、可靠、成本低、耗气量少、便于维护。

1) 根据使用目的和使用条件，选择结构形式，见表 6.3-29。

表 6.3-29 结构形式的选择

结构形式		特点
阀芯结构形式	座阀式	换向行程小，密封性好，对空气清洁度要求低于滑柱式，换向力较大
	滑柱式	换向力小，通用性强，双控式易实现记忆功能，换向行程大，对空气清洁度要求较高
	滑板式	结构简单，易实现多位多通，换向力较大，对空气清洁度要求较高

（续）

结构形式		特　点
动作方式	直动式	通径小，换向频率高，省电。若主阀芯黏住或动作不良，交流电磁线圈易烧毁
	先导式	使用压力可较低，有些可使用真空压力
密封形式	弹性密封	换向力较大，换向频率较低，密封性好，故泄漏少，对空气清洁度要求低于间隙密封
	间隙密封	换向力小，换向频率高，有微漏，对空气清洁度要求高

2) 根据控制要求，选择控制方式，见表 6.3-30。

表 6.3-30　控制方式的选择

控制方式	特　点
电磁控制	适合电、气联合控制和远距离控制以及复杂系统的控制
气压控制	适合易燃、易爆、粉尘多和潮湿等恶劣环境下的控制和简单控制，也用于流体的流量放大和压力放大
机械控制	主要用作行程信号阀，可选用不同的操作机构
人力控制	可按人的意志改变控制对象的状态，可选用不同的操作机构，可用于自动或手动操作的选择、机械装置的启动和停止等。需要保持功能时，可选用具有定位功能的手动阀

3) 根据工作要求，选择阀的机能，见表 6.3-31。

表 6.3-31　阀的机能的选择

阀的机能			特　点	
阀的位数	二位式	单气电控	控制信号撤除、阀芯复位。单电控只一个电磁先导阀，成本低	用于具有两个工作位置的场合
		双气电控	具有记忆功能（即一端控制口有控制信号，阀芯切换，当该控制信号撤除，阀芯保持原位置不变）。从安全性考虑，选双控好。一旦停电，因具有记忆功能，气缸能保持原状	
	三位式	中封式	两控制口都无电信号时，各通口都封闭。用于气缸在任意位置的停止或紧急停止。但停止精度不高（停止精度在几毫米以上）	用于具有三个工作位置的场合
		中泄式	两控制口都无电信号时，进口封闭，出口与排气口接通。气缸宜水平安装。一般用于急停时释放气压，以保证安全。或使气缸处于自由状态，以便于调整工作	
		中压式	两控制口都无电信号时，进口同时与两出口相通。在气缸无杆侧回路中加装减压阀，实现中停比中封式快。有少量泄漏仍可维持中停。不适用于负载变动的场合	
		中止式	两控制口都无电信号时，两出口都被单向阀封闭，气缸两腔的压力可较长时间保持不变，实现气缸较长时间的中停	
阀的通口数	二位二通		控制气源的通断、紧急切断气源，紧急快速泄压	
	二位三通		可控制单作用气缸，控制容器的充排气，控制气动制动器，紧急情况下切断气源，高低压切换，作主阀的先导阀	
	二位（三位）四、五通		可控制双作用气缸等	
	多位多通		用作气路分配阀	
阀的零位状态	常断式		无控制信号时，出口无输出	根据安全性及合理性来选择
	常通式		无控制信号时，出口有输出	
	通断式		流动方向不受限制	

有时为了减少元件的品种规格，或暂时选不到合适元件，可以选机能一致的替代品。如用二位五通阀代替二位三通阀，用两个二位三通阀替代一个二位五通阀等。

4）根据流通能力的要求或阀的有效截面面积大小，预选阀的系列型号。对信号阀（手动阀、机控阀），应考虑控制距离、要求的动作时间及被控制阀的数量等因素选定阀的通径。

5）连接方式的选择，见表6.3-32。

表6.3-32 连接方式的选择

连接方式	特点
管式	连接简单，价格低，装拆维修不便，用于简单系统
板式	装拆时，不拆下配管，维修方便。可避免接管错误，价格较高，用于复杂系统
集装式	节省空间，减少配管，便于维护

6）按工作条件和性能要求，最终确定阀的型号。

阀的工作条件，应考虑是否需要油雾润滑、环境和介质温度范围、抗冲击、抗振动、防滴、防尘、防爆等的能力，使用压力范围等。

阀的性能除前面已考虑的有效截面面积外，对电磁阀来说，应考虑阀的响应时间和最大动作频度；对气控阀来说，应考虑阀的最低先导压力。

7）电气规格的选择

对电磁阀来说，应选择电源种类、电压大小、功率大小、导线引出方式，先导阀的手动操作方法，是否需要有指示灯和冲击电压保护装置等，见表6.3-33和表6.3-34。

表6.3-33 交、直流电磁铁的特征

交流 AC	直流 DC
行程大时吸力较大	行程大时吸力小，行程小时吸力大
启动电流比保持电流大得多，故动铁心不能吸合时，易烧毁线圈；电磁铁不宜频繁启动；易发生蜂鸣声	电流保持一定，与行程无关，故动铁心不能吸合时，不会烧毁线圈。电磁铁可频繁启动，无蜂鸣声

表6.3-34 电压的规格　　　　　　（单位：V）

电源	标准电压	非标准电压
AC	220、110	240、200、100、48、24、12
DC	24	110、100、48、12、6、5、3

8）标准化、通用化、系列化

元件选型要提高三化水平，尽量减少元件的品种规格，以利于降低成本和维修管理。

八、使用注意事项

1）接配管前，应充分吹净管内的碎屑、油污、灰尘等。接配管时，应防止管螺纹碎屑密封材料碎片进入阀内。使用密封带时，螺纹头部应留下1个螺牙不绕密封带。应顺时针方向绕密封带。

2）在方向阀上安装管接头时，一定要注意管接头尺寸不存在相互干涉的问题。配管系统的设计，要考虑万一出现故障，容易拆卸、安装、分解方向阀，即应留出检查、维护和更换新阀的空间。

3）安装配管时的力矩参照表6.3-35。拧得过紧，易造成接口产生裂缝。

表 6.3-35　安装配管时的力矩

连接螺纹	M3	M5	Rc1/8	Rc1/4	Rc3/8	Rc1/2	Rc3/4	Rc1	Rc1 1/4	Rc1 1/2	Rc2
力矩/N·m	0.4~0.5	1~1.5	3~5	8~12	15~20	20~25	28~30	36~38	40~42	48~50	48~50

4）使用空气应洁净，一般在方向阀的上游应设置 5μm 的空气过滤器。空压机产生的碳粉多时，附着在阀内将导致阀动作不良。除选用产生碳粉少的压缩机油外，管路中宜设置油雾分离器，以清除劣质油雾。

5）对冷凝水要及时清除，以免造成元件动作不良、响应性变差。管理不便处应使用自动排水过滤器。环境和介质温度低于 5℃ 时，应设置适当的干燥器，保证空气干燥，电磁阀则可以用到 -10℃ 的低温环境中。

6）不给油元件因有预润滑，可以不给油。给油元件应使用 1 号透平油（ISO VG32）。不给油元件也可给油工作。一旦给油，就不得再中止，否则，会导致阀动作不良。1 号透平油在 0℃ 以下，黏度增加，可能导致意想不到的故障，应注意。

7）应避免将阀装在有腐蚀性气体、化学溶液、海水飞沫、雨水、水蒸气存在的场所及环境温度高于 60℃ 的场所。有水滴、油滴的场所，应选防滴型阀。灰尘多的场所，应选防尘型阀。有火花飞溅的场所（如焊接工作），阀上应装防护罩。在易燃易爆的环境中，应使用防爆型阀。排气口应装消声器，其作用除消声外，还可防止灰尘侵入阀内。排出油雾多时，在排气口应装排气洁净器，以减少油雾排出，并可消声。但在排气口安装消声器或排气洁净器（带排气配管）时，背压会上升，要考虑对气缸运动速度是否有影响。

8）硬管应使用防锈的镀锌钢管等。缸、阀之间的连接软管应尽量短，并避免打折。

9）电气接线应无接触不良现象。线圈长时间通电会造成发热，使绝缘恶化，并损失能量，可使用有记忆功能的电磁阀，以缩短通电时间。

10）电磁阀不通电时，才可使用手动按钮对阀进行换向。若用手动按钮切换电磁阀后，不可再通电，否则直动式电磁阀会烧毁。

11）电磁阀的电压要保证在允许电压波动范围内。

12）对先导式电磁阀，脉冲电信号的通（或断）电时间应在 0.1s 以上，以免时间过短，主阀尚未被完全切换而出现误动作。若脉冲电信号太短，应通过时间继电器使脉冲电信号保持一定的时间。

13）若要求长期连续通电，应选用具有长期通电功能的电磁阀，这类阀一天动作应低于一次，但必须 30 日以内至少切换一次。也可选用低功率电磁阀或带节电回路的电磁阀。

14）电磁阀安装在控制柜内，通电时间长时，要注意控制柜内的通风、散热。确保柜内温度在电磁阀的允许温度范围之内。

15）为防止双电控阀的两个线圈同时通电，应使用连锁电路。特别是要防止直动式间隙密封双电控电磁阀的线圈烧毁。

16）开关元件和阻容元件并联使用的场合（见图 6.3-115 的电路），因通过阻容元件存在漏电流，此漏电流在电磁线圈两端产生漏电压。电磁线圈允许漏电压的大小见表 6.3-36。漏电压过大时，就会产生电磁铁一直通电而不能关断的情况。在此情况

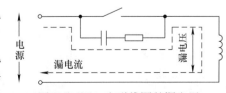

图 6.3-115　电磁线圈的漏电压

下，可接入漏电阻。保证动铁心能复位的通过电磁线圈的允许电压，称为复位电压。若电磁阀的复位电压小于漏电压，则动铁心就不能复位，故要动铁心能复位，使用的电压必须大于漏电压。

17）电磁阀的安装姿势是自由的，但双电控滑阀及三位式滑阀应水平安装。安装方向要注意防止水、灰尘的侵入，如电磁头或电磁线圈不要朝下安装以免冷凝水侵入。有振动的场合，滑阀应与振动方向垂直安装。振动加速度大于 $50\mathrm{m/s^2}$ 的场合，不能使用电磁阀。

18）内部先导式电磁阀的进口不得节流，以防换向时压力降太大出现误动作。

19）主阀内控制活塞处的呼吸孔及先导阀的排气孔不得阻塞或排气不畅。

20）使用机械控制阀时，要防止过载，不要超出动作极限位置。

21）方向阀尽可能靠近气缸安装，一是可减少耗气量，二是响应快。

表 6.3-36 电磁线圈的允许漏电压

电源	阀的品种	不超过额定电压的百分比
直流	VQD、VZ、VZS、VK、VT317、VT325	<2%
	SV、SY、SYJ、SX、SZ、SJ、VV061（V060）、VQ（V100）、VQC（V100）、SQ（V100）、VQZ、VF、VFR、VFS、VP7、VS7、VP□00、VT307、VG342	<3%
	VT301、VT315、VP31□5、VP4□50、VP4□70	<5%
交流	VZ、VZS、VT307、VG342、VT301、VT315、VT325、VP31□5、VP4□50、VP4□70	<15%
	VK、VFR、VFS、VP7、VS7、VT317	<20%
	SY、SYJ、VQZ、VF、VP□00、VQ（V100）	<8%

22）使用集装阀时，要注意背压可能会造成某些执行元件的误动作，特别是使用三位中泄式方向阀及驱动单作用气缸的场合更应注意。担心有可能出现误动作时，可使用单独排气隔板组件或使用单独排气集装式。

23）考虑维修检查的需要，应设置具有残压释放的能力。特别是使用三位中封式或中止式方向阀时，必须考虑能将方向阀与气缸之间的残压能释放掉。

24）用于吹气的场合，应使用直动式或外部先导式电磁阀。

25）用于喷涂的场合，注意有机溶剂会损坏树脂类标牌等。

26）直流规格带（灯及）过电压保护电路的电磁阀上接线时，要确认有无极性。有极性时，若没有内置极性保护二极管，一旦极性接错，电磁线圈会烧毁。带极性保护二极管，一旦极性接错，阀只是不切换。

27）因臭氧存在，可能会引起气动元件上的橡胶（一般以 NBR 为多）龟裂、漏气、动作不良等。对减压阀和速度控制阀可能造成不能调整。标准品适合低浓度臭氧环境（$1\mathrm{m^3}$ 空气中含臭氧在 $0.03\times10^{-6}\mathrm{m^3}$ 以下）。产品型号前加"80-"，则为防臭氧产品。

第四节 电气比例阀

一、概述

自动控制可分成断续控制和连续控制。

断续控制即开关控制。气动控制系统中使用动作频率较低的开关式（ON – OFF）的方向阀来控制气路的通断。靠减压阀来调节所需要的压力，靠节流阀来调节所需要的流量。这种传统的气动控制系统要想具有多个输出力和多个运动速度，就需要多个减压阀、节流阀及方向阀。这样，不仅元件需要多，成本高，构成系统复杂，且许多元件都需要预先进行人工调节。

电气比例控制属于连续控制，其特点是输出量随输入量的变化而变化，输出量与输入量之间存在一定的比例关系。比例控制有开环控制和闭环控制之分。开环控制的输出量与输入量之间不进行比较，如图 6.4-1 所示。通过转换元件，将输入量（电信号或气信号）按比例转换成机械力和位移，通过放大元件，转换成气体的压力或流量，去推动执行元件动作。

图 6.4-1　开环控制系统

由于电气元件具有多方面的适应性，信号的检测、传输、综合、放大等都很方便，而且几乎各种物理量都能转换成电量，故气动比例控制系统中的输入量以电信号居多，转换元件便以电磁式居多，其典型代表便是比例电磁铁。它是利用电磁力作用在转换元件的可动部件上，通过其中的弹性元件转变为位移，通过此位移来调节气动放大器（放大元件）的节流面积，从而控制通过气动放大器的气体压力或流量。气动放大器的结构形式有滑阀、喷嘴挡板阀等。

电气比例阀是由电－机械转换器（转换元件）和气动放大器（放大元件）所组成。驱动电－机械转换器的功率一般只需要几瓦，而气动放大器的输出气流的功率可达几千瓦。

闭环控制系统如图 6.4-2 所示。在闭环控制系统中，从系统的输出端不断地检测出输出量，反馈到系统的输入端，与输入量进行比较。这种闭环控制也称为反馈控制。当系统输出量的实际值偏离希望值时，系统自动进行纠正，使输出量向着接近希望值的方向变化，从而保持输出量与输入量的一定比例关系。检测元件按检测量的不同，可以是位移传感器、压力传感器等。

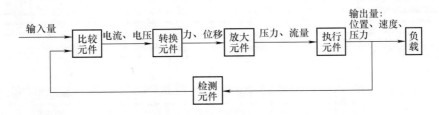

图 6.4-2　闭环控制系统

电气比例阀按控制参量的不同可分成压力型电气比例阀和流量型电气比例阀。前者是输出压力随输入电信号（电流或电压）的变化而成比例地变化，后者是输出流量随输入电信号的变化而成比例地变化。

使用电气比例阀的控制系统有以下特点：

1) 可实现压力、速度的无级调节，避免了传统的开关式气阀换向时的冲击现象。

2) 能实现远程控制和程序控制。

3) 与断续控制相比，系统简化，元件大大减少。

4) 与液压比例阀相比，体积小、重量轻、结构简单、成本较低，但响应速度比液压系统慢得多，对负载变化也比较敏感。

5) 使用功率小、发热少、噪声低。

6) 不会发生火灾，不污染环境。受温度变化的影响小。

综合而言，电气比例阀控制系统适合于输出功率不大、动态性能要求不太高、工作环境要求不太高的场合。

二、先导式压力型电气比例阀（ITV 系列）

1. 特点

通过电气比例信号，实现对压缩空气的无级控制。灵敏度高、性能好，保护等级为 IP65（耐尘防喷流型）。电缆方向有直通型和直角型。各系列外形如图 6.4-3 所示。

ITV0000 系列为薄型（仅 15mm 厚）、轻量（100g）可集装的薄型电气比例阀。最多可集装至 10 位，采用 DIN 导轨安装。响应快（无负载时为 0.1s）。快换接头连接。带错误显示灯（LED 灯）。

ITV0090 为薄型真空比例阀。

ITV1000、2000、3000 系列为正压型，最大流量不同。设定压力范围有三档。在平衡状态时耗气量为 0。在不加压状态下，可以进行零位调整和满位调整。在加压状态下若断电，能暂时保持输出压力不变。有两种监控输出方式（模拟输出、开关输出）可供选择。有三位 LED 数字显示。有洁净室用品种。输入信号除模拟量输入外还有预置输入和现场总线对应型。

ITV2090 系列为真空型。有两种监控输出方式可供选择。

ITVH 和 ITVX 为高压型电气比例阀。

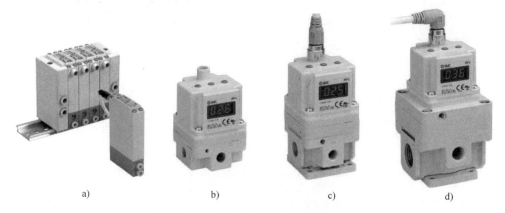

图 6.4-3 ITV 系列电气比例阀外形
a) ITV0000　b) ITV1000　c) ITV2000　d) ITV3000

2. 动作原理

ITV1000、2000、3000 的动作原理如图 6.4-4 所示。以模拟量输入型 ITV2000、3000 为

例，输入信号增大，供气用电磁阀①换向，而排气用电磁阀②处于复位状态，则供气压力从 SUP 口通过供气用电磁阀①进入先导室③，先导室③压力上升，气压力作用在膜片④的上方，则和膜片④相连的供气阀⑤便开启，排气阀⑥关闭，产生输出压力。此输出压力通过压力传感器⑦反馈至控制回路⑧。在这里，与指令值进行快速比较修正，直到输出压力与输入电信号成一定比例为止，从而得到输出压力与输入电信号的变化成比例的变化。由于没有使用喷嘴挡板机构，故阀对杂质不敏感，可靠性高。

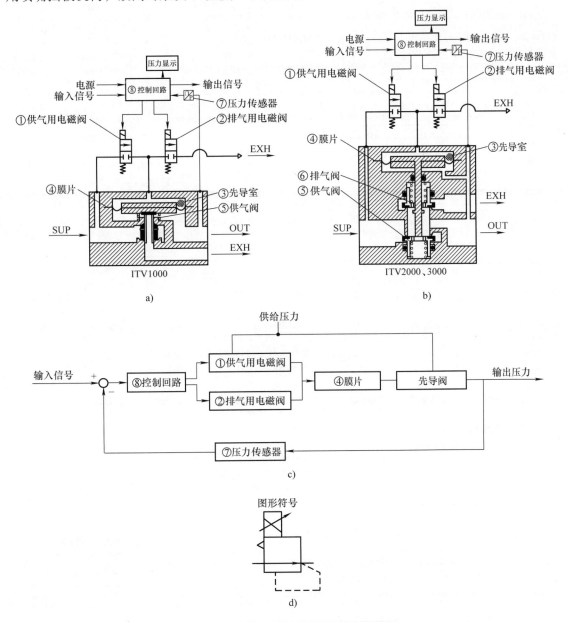

图 6.4-4 ITV 系列电气比例阀动作原理
a) ITV1000 动作原理 b) ITV2000、3000 系列动作原理 c) 框图 d) 图形符号

3. 主要技术参数（见表6.4-1）

表6.4-1　ITV系列电气比例阀的主要技术参数

系列		ITV0000				ITV1000、2000、3000			ITV209□	ITVH	ITVX
型号		ITV001□	ITV003□	ITV005□	ITV009□	ITV101□ ITV201□ ITV301□	ITV103□ ITV203□ ITV303□	ITV105□ ITV205□ ITV305□	ITV209□	ITVH2020	ITVX2030
最大流量/ (L/min) (ANR)		6 (供给压力：1.0MPa， 设定压力：0.6MPa)			—	ITV1000：200 ITV2000：1500 ITV3000：4000 (供给压力：1.0MPa， 设定压力：0.6MPa)			—	3000 (供给压力： 3.0MPa， 设定压力： 1.0MPa)	3000 (供给压力： 5.0MPa， 设定压力： 3.0MPa)
设定压力范围/MPa		0.001~ 0.1	0.001~ 0.5	0.001~ 0.9	-0.001~ -0.1	0.005~ 0.1	0.005~ 0.5	0.005~ 0.9	-0.0013~ -0.08	0.2~ 2.0	0.01~ 3.0
最高供给压力/MPa		0.2	1.0		-0.101	0.2	1.0		-0.101	3.0	5.0
最低供给压力		设定压力+0.1MPa			设定压力 -1kPa	设定压力+0.1MPa			设定压力 -13.3kPa	0.5MPa或设定压力 +0.2MPa中数值高的一个	
电源电压/V		DC24±10%，DC12~15								DC24±10%	
输入信号	电流型	DC：4~20mA，0~20mA（汇式）									
	电压型	DC：0~5V，0~10V									
	预置输入	—				4点（-COM），16点（COM无极性）				4点 (-COM)	—
输入阻抗	电流型	约250Ω				250Ω以下				500Ω以下	
	电压型	约10kΩ				约6.5kΩ				6.0~6.5kΩ（25℃时）	
	预置输入	—				电源电压DC24V型：约2.7kΩ 电源电压DC12V型：约2.0kΩ				约4.7kΩ	—
输出信号（监控输出）	模拟输出	DC1~5V（负载阻抗：1kΩ以上） 输出精度±6%F.S以内				DC1~5V（负载阻抗：1kΩ以上） DC4~20mA（汇式）（负载阻抗：250Ω以下） 输出精度±6%F.S以内					
	开关输出	—				NPN集电极开路输出：最大30V，80mA PNP集电极开路输出：最大80mA					
电缆插头形式		无电缆插头、直通型（3m）、直角型									
性能参数		线性度：≤±1%F.S　重复性：≤±0.5%F.S 灵敏度：≤0.2%F.S　迟滞：≤0.5%F.S 温度特性：≤±0.12%F.S/℃								线性度：≤±1%F.S 重复性：≤±1%F.S 灵敏度：≤1%F.S 迟滞：≤1%F.S 温度特性：≤±0.12%F.S/℃	
使用温度范围/℃		0~50（未结露）									

注：上述特性仅限于静态、输出侧消耗空气的场合，压力会变动。

监控输出的模拟输出和开关输出只能选择一个。模拟输出的电流型（4~20mA）和电压型（1~5V）也只能选择一个。开关输出的PNP型和NPN型也只能选择一个。预置输入型没有监控输出。在很多使用场合，不需要对压力进行连续控制，只需预先设定几个压力，这就可以选择开关量控制的压力预置型ITV。这样，不但压力设定准确，而且无须A/D、D/A转换模块。

ITV系列电气比例阀可选现场总线通信规格见表6.4-2。

表6.4-2 ITV系列电气比例阀可选现场总线通信规格

型号	ITV□0□0-CC	ITV□0□0-DE	ITV□0□0-PR	ITV□0□0-RC
协议名	CC-Link	DeviceNet®	PROFIBUS DP	RS-232C
版本①	Ver1.10	Volume1（Edition3.8），Volume3（Edition1.5）	DP-VO	—
通信速度	156k/625k，2.5M/5M/10M bps	125k/250k/500k bps	9.6k/19.2k/45.45k，93.75k/187.5k/500k，1.5M/3M/6M/12M bps	9.6kbps
设定文件	—	EDS	GSD	—
占有域（输入/输出数据）	4word/4word，32bit/32bit（1局、远程设备局）	16bit/16bit	16bit/16bit	—
通信数据分辨率	12bit（4096分辨率）	12bit（4096分辨率）	12bit（4096分辨率）	10bit（1024分辨率）
通信错误时的输出	保持/清零（开关设定）	保持/清零（开关设定）	清零	保持
电气绝缘	绝缘	绝缘	绝缘	非绝缘
终端电阻	产品中内置（开关设定）	产品中无内置	产品中内置（开关设定）	—

① 版本信息有可能变化。

4. 配线方式

把电缆接到本体插座上应按图6.4-5所示进行配线。如果配线错误，阀可能损坏。此外，DC电源应使用容量足够、电压波动小的电源。

5. 特性曲线

以ITV305□为例，其特性曲线如图6.4-6所示。

三、高速开关阀式复合型电气比例阀（VY1系列）

1. 特点

VY1系列是以VEX1系列大流量溢流型减压阀为基础开发出的电气比例快速调压阀。它利用一个高速通断动作的二位三通电磁阀（即高速开关阀）来控制VEX1减压阀的调压活塞的上腔压力。为了提高压力控制精度，被控压力由压力传感器检测反馈至控制回路，经与目标值比较决定上述微型高速开关阀的开闭，以调整调压活塞上腔的压力。这样，既实现了高精度的电气比例控制，又保留了VEX1系列的大流量的充排气特性。因此，本阀是由电磁阀和减压阀组成的能控制压力和方向的复合型电气比例阀，可用于气缸的快速的速度控制和

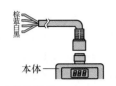

电流信号型
电压信号型

1	棕	供给电源
2	白	输入信号
3	蓝	GND(COMMON)
4	黑	监控输出

预置型

1	棕	供给电源
2	白	输入信号1
3	蓝	GND(COMMON)
4	黑	输入信号2

监控输出配线图

模拟输出、电压型

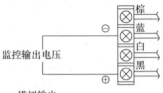

监控输出电压

模拟输出、电流型(汇式)

监控输出电流

配线图

电流信号型

Vs:供给电源DC24V,
　　DC12～15V
A:输入信号DC4～20mA,
　　DC0～20mA

电压信号型

Vs:供给电源DC24V,
　　DC12～15V
Vin:输入信号DC0～5V,
　　　DC0～10V

开关输出、NPN型

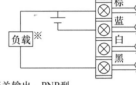

开关输出，PNP型

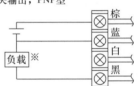

4点预置输入型

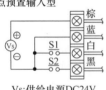

Vs:供给电源DC24V
　　DC12～15V

16点预置输入型

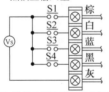

Vs:供给电源DC24V(无极性)

请使用负载以确保输出电流不超过80mA。

根据S1、S2的ON、OFF组合选择预置压力P1～P4中的1个。

S1	OFF	ON	OFF	ON	OFF	…	ON	OFF	ON
S2	OFF	OFF	ON	ON	OFF		OFF	ON	ON
S3	OFF	OFF	OFF	OFF	ON		ON	ON	ON
S4	OFF	OFF	OFF	OFF	OFF		ON	ON	ON
预置压力	P01	P02	P03	P04	P05		P14	P15	P16

出于安全方面的考虑,预置压力的1个推荐设定为压力0MPa。

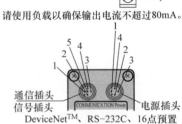

通信插头
信号插头　　　　　　　　　电源插头
DeviceNet™、RS-232C、16点预置

	IN、OUT通信插头				信号插头
针号	CC-Link	DeviceNet™	PROFIBUS DP	RS-232C	16点预置
1	SLD	DRAIN	NC	NC	输入信号1
2	DB	V+	RxD/TxD-N	TxD	输入信号2
3	DG	V-	NC	RxD	输入信号3
4	DA	CAN_H	RxD/TxD-P	GND	输入信号4
5	NC	CAN_L	NC	NC	COM

	电源插头				
针号	CC-Link	DeviceNet®	PROFIBUS DP	RS-232C	16点预置
1	Vcc	Vcc	Vcc	Vcc	Vcc
2	FG	NC	FG	NC	NC
3	GND	GND	GND	GND	GND
4	NC	NC	NC	FG	信号输出

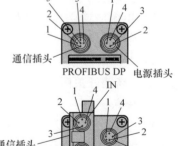

通信插头　　　　　　　　　电源插头
PROFIBUS DP

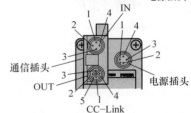

通信插头　　　　　　　　　电源插头
OUT
CC-Link

图6.4-5　ITV电气比例阀配线方法

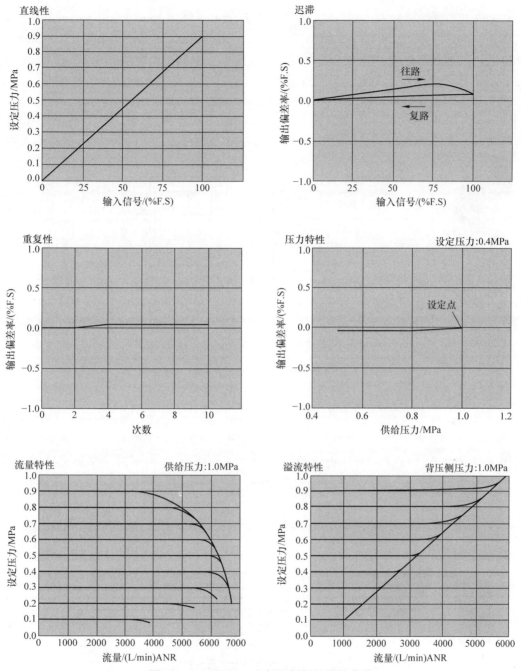

图 6.4-6　ITV305□电气比例阀的特性曲线

压力控制、向大容器进行快速的稳压控制等。

2. 动作原理

VY1D00－M5 电气比例阀的动作原理如图 6.4-7 所示。输入信号在开始动作的输入信号（电压或电流）以下时，电磁阀不动作，通口 A 压力为零。一旦输入信号大于开始动作的输入信号，电磁阀便切换。A 口有输出压力，且 A 口压力通过压力传感器反馈至控制回路。在那里反馈信号与给定的指令信号进行比较。当反馈信号小，则电磁阀仍通电，A 口压力上升（P→A）；当反馈信号大，则电磁阀断电，A 口压力下降（A→R）。由于电磁阀进行高频通断动作，A 口压力便被设定。本阀相当于用一个二位三通高速开关阀来替代 ITV 系列中的两个电磁阀。本阀断电时，输出压力为零，不能保压。本阀是由电磁阀1、控制回路2、罩3、阀体4、压力传感器5和底板6等组成，是直动式小型电气比例阀。带底板时，可作为单体式小型比例阀使用。无底板时，可作为 VY1A、VY1B、VY11~14 系列比例阀的先导阀使用。

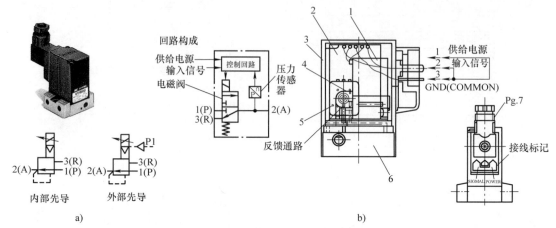

图 6.4-7　VY1D00-M5 电气比例阀的动作原理
a）外形图和符号　b）动作原理图
1—电磁阀　2—控制回路　3—罩　4—阀体　5—压力传感器　6—底板

VY1A、VY1B 系列电气比例阀的动作原理如图 6.4-8 所示。调压活塞 3 右侧的先导压力［是先导阀 2（VY1D00-00）提供的］所产生的作用力 F_1 与通过反馈通路 A 通口压力

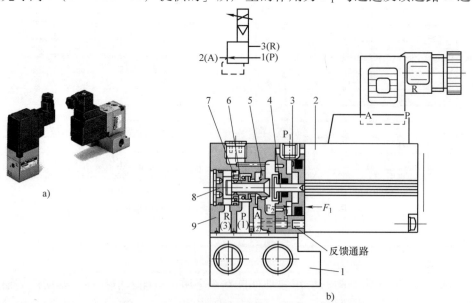

图 6.4-8　VY1A、VY1B 系列电气比例阀的动作原理
a）外形图　b）动作原理图
1—底板　2—先导阀　3—调压活塞　4—阀杆　5—导套　6—阀芯　7—复位弹簧　8—阀座　9—阀体

作用在调压活塞左侧的作用力 F_2 相平衡时，则阀芯 6 的供气口开启（P→A），排气口关闭（A→R），与先导压力对应的 A 口压力便是设定压力。一旦 A 口压力上升，$F_2 > F_1$，调压活塞右移，排气阀座开启，A 口从 R 口排气。一旦 A 口压力降至达到新平衡时，便又恢复至设定状态。相反，若 A 口压力下降，$F_1 > F_2$，调压活塞左移，供气阀座开启，从 P 口向 A 口供气。一旦 A 口压力升至达到新平衡时，便又恢复至设定状态。

VY11、12、13、14（先导阀是 VY1D00 - 00）、VY15、17、19（先导阀是 VY1B00 - 00）系列电气比例阀的动作原理如图 6.4-9 所示。调压活塞上方的先导压力所产生的作用力 F_1 与通过反馈通路的 A 通口压力作用在调压活塞下方的作用力 F_2 相平衡时，一对平衡式座阀式阀芯都关闭，与先导压力相对应的 A 口压力便是设定压力。一旦 A 口压力上升，$F_2 > F_1$，调压活塞上移，上座阀式阀芯开启，A 口从 R 口排气，A 口压力下降至达到新的平衡时，便恢复至设定状态。反之，A 口压力下降，$F_1 > F_2$，调压活塞下移，下座阀式阀芯开启，P、A 接通，A 口压力便上升至达新平衡时，又恢复至设定状态。

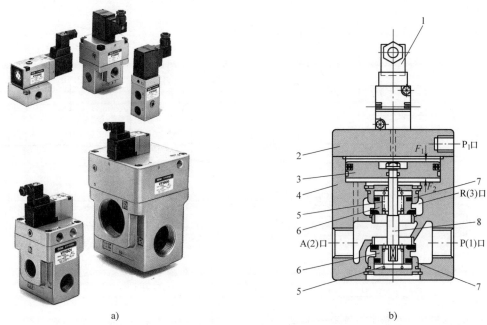

图 6.4-9　VY11～VY15、17、19 系列电气比例阀的动作原理
a）外形图　b）动作原理图
1—先导阀　2—阀盖　3—调压活塞　4—阀体　5—弹簧　6—座阀式阀芯　7—阀导座　8—阀杆

3. 主要技术参数（见表 6.4-3）

表 6.4-3　VY1 系列电气比例阀的主要技术参数

系列	VY1D	VY1A	VY1B	VY11	VY12	VY13	VY14	VY15	VY17	VY19
接管口径（Rc）	M5	M5	M5、1/8	1/8、1/4	1/8、1/4	1/4、3/8、1/2	1/4、3/8、1/2	1/2、3/4、1	1、1¼	1½、2
有效截面面积/mm²	0.13	5	5、10	16、25	16、25	36、60、70	36、60、70	130、160、180	300、330	590、670
迟滞	1%F. S.	2.5%F. S.				3%F. S.			5%F. S.	
灵敏度	0.5%F. S.	1%F. S.				1.5%F. S.			2%F. S.	

（续）

系列	VY1D	VY1A	VY1B	VY11	VY12	VY13	VY14	VY15	VY17	VY19
重复度	±0.5% F.S.	±1% F.S.					±1% F.S.		±2% F.S.	
响应时间/ms	10	30								
环境及介质温度/℃	0~50（但未结露）									
最高使用压力/MPa	0.9									
设定压力范围/MPa	0.05~0.84（供给压力 0.9MPa）									
外部先导压力/MPa	—（直动）	设定压力 +0.04MPa~0.9MPa（VY1□01 的场合）								
指令信号	DC1~5V、DC0~10V、DC4~20mA、DC0~20mA									
电源	DC12V±12×10%V、DC24V±24×10%V、18W 以下									
导线引出方式	DIN 形插座式									
常泄量	不动作时：0；动作时：最大 10L/min（ANR）（供给压力 0.88MPa 时）									
适合电缆	电缆外径 $\phi4 \sim \phi6.5$mm									
给油	不需要（若比例阀的 2 次侧给油，也不允许外部先导空气给油）									

4. 特性曲线

以 VY150□为例，其特性曲线如图 6.4-10 所示。

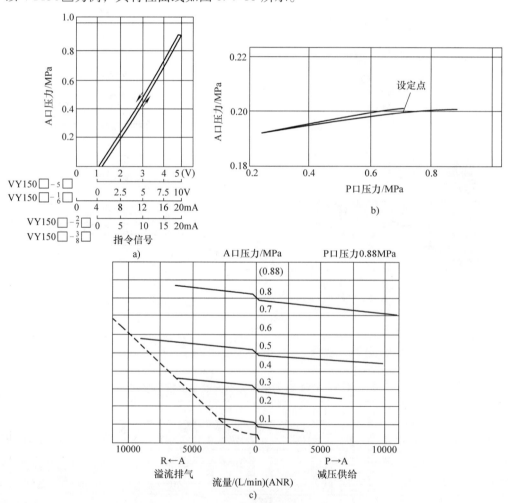

图 6.4-10　VY150□电气比例阀的特性曲线

a）信号-2 次压力特性　b）压力特性　c）流量特性

四、比例电磁铁型电气比例阀（VEF、VEP、VER 系列）

1. 特点

VEF 系列是流量型电气比例阀。根据电流的大小，可对输出流量进行比例控制。具有电气式节流阀功能，有二通阀和三通阀两种。根据使用目的来选择合适的通口数及最大有效截面面积等。

VEP 系列是压力型电气比例阀。根据电流的大小，可对输出压力进行比例控制。另外，在构造上，排气口在全开时的有效截面面积与其他通口相同，排气能力大，可作为溢流阀使用（具有电气式减压阀功能的 3 通阀）。

VER 系列是五通口复合型（调压及换向）电气比例阀。仅 VER 可实现气缸的切换驱动和用电气信号来进行 A 通口的无级压力控制。

2. 动作原理

1）VEF 系列如图 6.4-11 所示，图 6.4-11a 中，根据比例电磁铁的电磁力 F_1 和弹簧的

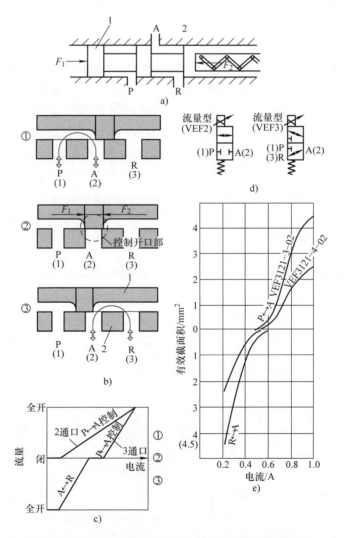

图 6.4-11 VEF 系列电气比例阀的动作原理和特性曲线
1—滑柱 2—阀套

f)

图 6.4-11 VEF 系列电气比例阀的动作原理和特性曲线（续）

1—滑柱　2—阀套

反力 F_2 的力平衡状况，来控制滑柱 1 与阀套 2 之间的开口量。以三通口阀为例，无电流时，在弹簧力的作用下，滑柱在左边，P 口封闭，A、R 两口相通，通口有效面积最大。随加入比例电磁铁的电流逐渐增大，当 F_1 仍小于 F_2 时，A、R 两口仍全通。当 F_1 开始大于 F_2 时，滑柱逐渐右移，A 与 R 两口的开口量逐渐减小，见图 6.4-11b③。当电流增大至某值，滑柱位移至图 6.4-11b②所示位置时，A 口处于全封闭状态。电流继续增大，滑柱继续右移，如图 6.4-11b①所示，P 与 A 口的开口量也逐渐增大，直至 A 口达全开状态。电流与开口量的关系如图 6.4-11c 所示。通过的流量大，开口量大，流量大小用有效截面面积来表示。图 6.4-11e 给出了有效截面面积（即代表控制流量）与电流大小之间的关系。图 6.4-11d 所示为二通阀 VEF2 和三通阀 VEF3 的图形符号。

2) VEP 系列如图 6.4-12 所示，在图 6.4-12a 中，与电流大小成比例的电磁力 F_1 与经反馈通路作用在滑柱端面的气压力 F_2 相平衡时（见图 6.4-12a②），输出口 A 被封闭，此时气压力便为输出侧的设定压力。电流增大，因 $F_1 > F_2$，输出口 A 处开口量增大，则通过反馈通道，F_2 也增大。当再次 $F_1 = F_2$ 时，输出口又被封闭，但已处于更高的设定压力。故电流越大，设定压力越高，如图 6.4-12b 所示。

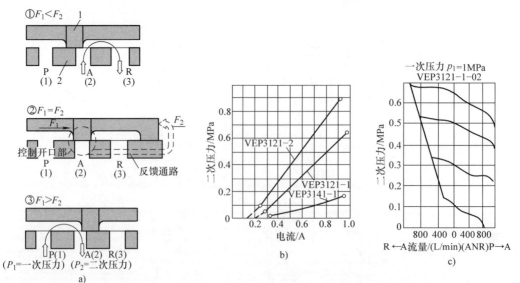

图 6.4-12 VEP 系列电气比例阀的动作原理及特性曲线

a) 动作原理　b) 二次压力与电流　c) 流量特性

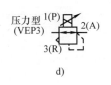

图 6.4-12　VEP 系列电气比例阀的动作原理及特性曲线（续）
d）图形符号　e）外形图

3) VER 系列与 VEF、VEP 系列一样，也是滑阀式电气比例阀。有三种形式，即直动式 VER2000、内部先导式 VER4000 和外部先导式 VER4001。其图形符号及外形图如图 6.4-13 所示。A 口为电气比例阀压力控制输出口；B 口为一般输出口，不能进行比例控制。对直动式，当电磁力 F_1 小于滑柱端部弹簧力加 A 口反馈而来的气压力之和 F_2 时，B 口有输出，A 口排气，如图 6.4-14①所示，当电磁力 F_1 大于弹簧力加端部气压力之和 F_2 时，阀切换，B 口排气，A 口有输出；然后，$F_1 = F_2$，处于力平衡状态，P 口封闭，A 口达设定压力。此设定压力大小与输入电流大小成比例，如图 6.4-15 所示。

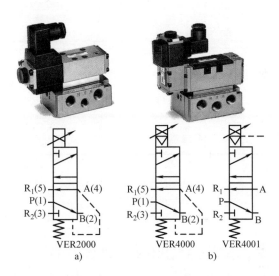

图 6.4-13　VER 系列的外形及图形符号
a) VER2000　b) VER400□

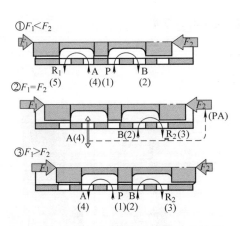

图 6.4-14　VER 系列电气比例阀的动作原理

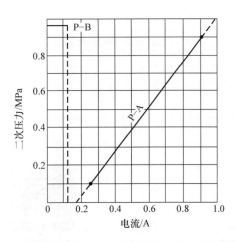

图 6.4-15　VER2000 电气比例阀的电流－压力特性曲线

3. 主要技术参数（见表6.4-4）

表6.4-4 比例电磁铁型电气比例阀的主要技术参数

项目	流量型			压力型		复合型		
				直动式		直动式	内部先导式	外部先导式
	VEF$^2_3$121	VEF2131	VEF$^2_3$141	VER3121	VER3141	VER2000	VER4000	VER4001
连接口径（Rc）	1/4、3/8	1/4、3/8、1/2	3/8、1/2、3/4	1/4、3/8	3/8、1/2、3/4	1/4、3/8	3/8、1/2、3/4	3/8、1/2、3/4
最大有效截面面积/mm²	5~13、2.5~12	30	4.5、25			16（0.9）	52（2.9）	
最高使用压力/MPa	1.0							
A口设定压力范围/MPa	—			0.05~0.65、0.1~0.9		0.005~0.15	0.1~0.9	
环境和介质温度/℃	0~50							
润滑	可不给油使用（给油时，为透平油1号 ISO VG32）							
响应时间/s	<0.03	<0.05	<0.03		<0.05	<0.04	<0.06	
迟滞	3% F.S.							
重复度	3% F.S.							
灵敏度	0.5% F.S.					1.5% F.S.		
直线度	—			3% F.S.				
比例电磁铁规格	适合功率放大器：VEA25□　　线圈绝缘种类：H种 最大电流：1A　　导线引出方式：DIN形插座式 线圈阻抗：13Ω（20℃） 额定消耗功率：13W（20℃、最大电流时）							

五、小型电-气比例阀（PVQ系列）

PVQ系列小型电-气比例阀是根据输入电流产生电磁力，动铁心被吸向静铁心，吸引力与输入电流大小成比例变化。此吸引力与弹簧力相平衡，靠动铁心的移动行程变化，实现对流量的比例控制。PVQ系列二通电磁阀的主要技术参数见表6.4-5。其寿命可达2500万次。电源断开时，阀返回关闭状态，其泄漏量小于5cm³/min。也可用于真空压力[最低使用压力为0.1Pa（绝对压力）]。

表6.4-5 PVQ系列二通电磁阀的主要技术参数

型号	PVQ13	PVQ31	PVQ33
配管形式	底板配管/M5	直接配管1/8in	底板配管1/8in
阀构造	直动座阀式，N.C.		
外形图			

（续）

型号	PVQ13				PVQ31		PVQ33
孔口直径/mm	0.3	0.4	0.6	0.8	1.6	2.3	4.0
最高使用压力/MPa	0.7	0.45	0.2	0.1	0.7	0.35	0.12
流量范围/（L/min）	0~5	0~6	0~6	0~5	0~100		0~75
电源	DC24V/DC12V				DC24V/DC12V		
施加电流/mA	0~85/0~170				0~165/0~330		
使用介质	空气、惰性气体				空气、惰性气体、水		
使用温度/℃	0~50						

本电磁阀主要用于分析仪器、医疗设备等需要比例控制的场合，如真空室的供排气流量的控制、气动血压计、小型风动工具的回转控制、吹除切屑末、吹除水、吹除工件等。

六、使用注意事项

1）电气比例阀之前，应设置 5μm 以下过滤精度的空气过滤器和油雾分离器，保证气源处理系统达到本公司压缩空气清净化系统第④系列的要求，向比例阀提供清洁干燥的压缩空气，以便能达到电气比例阀应有的各种特性。

2）安装前，配管应进行充分吹洗，清除配管内的灰尘、锈末等。

3）有水滴、油及焊花附着的场所，应采取合适的防护措施。

4）ITV、VY1 系列比例阀之前，不得装油雾器，以免出现动作不良。若后面的回路需要油雾润滑，应在本阀之后装油雾器。要注意，外部先导式电气比例阀 VY1□01 的先导空气也不得给油。

5）ITV 系列在加压状态下切断电源，出口侧压力能暂时保持，不保证一直保持。想排气时，在降下设定压力后再切断电源，用残压释放阀排气。

6）ITV 系列在控制状态，由于停电等失去电源，出口侧压力可保持一次。另外，让出口侧向大气开放时，压力会不断下降直至为大气压力。

7）ITV 系列通电后，若切断供给压力，电磁阀仍动作，会产生啪啪声，降低寿命。故切断气源时一定要切断电源。

8）ITV2000 系列出口侧会有 $\frac{1}{3}$ 0.005MPa，要想完全降至 0，出口应装三通阀排放残压。

9）ITV 系列产品出厂时，已按订制规格调整好，故不要分解、拆卸，以免造成故障。

10）ITV 系列电缆插头是 4 芯线时，不使用监控输出（开关输出或模拟输出）的场合，监控输出线（黑线）不能与其他线接触，以免出现误动作。

11）ITV 系列电缆直角引出方向仅能指向一个方向（SUP 口侧），不可以回转。

12）应避免电噪声引起误动作。

① 交流电源线上设置线路滤波器，以除去电源噪声。

② 本产品及其配线应远离电机及动力线等，以免受电噪声影响。

③ 感性负载（电磁阀、继电器等）必须有过电压吸收措施。

13）输出侧容积大，把溢流功能作为目的使用时，溢流时排气噪声大，排气口应装消声器。

14）VY1 系列带压力表时，因压力表经常受到急剧压力变化，故要注意压力表的寿命。

15）VY1 系列使用 3 芯屏蔽线（含电源线、信号线）（0.5mm²）作为使用电缆，应设置在无电噪声的场所或被屏蔽的场所。若不得已在有电噪声的场所使用，电源线及 100V 的信号线的电缆上应使用能除去电源噪声的线路滤波器、灭弧器等。电源及信号线应尽量短。

16）VY1 系列的输入信号开始动作的电压（电流）会有偏差。不动作时的输入信号一旦超过开始动作的电压（电流）的下限值，先导阀内的电磁阀动作，就变成动作状态。本产品的寿命是指先导阀内电磁阀的动作时间，而不含不动作时的动作状态。在使用干燥空气（-40℃大气压露点）时，先导阀的寿命大约是 3000h。

17）比例电磁铁型电气比例阀中，因比例电磁铁有高频振动，故阀也有点振动，讨厌振动的场合，应安装防振橡胶垫。

18）VEF、VEP 系列不通电时，可进行阀的动作检查。松开螺母，用一字形旋具推压铁心的前端。检查完后，橡胶盖应返回。

七、应用示例

1. 用于加压力控制

图 6.4-16 所示为点焊电极的加压力控制。五通电-气比例阀在无电信号时复位。在供给压力作用下，气缸返回。根据焊件的材质、厚度、重叠层数等，按电极应施加的（压）力及选定的加压气缸的缸径，由图 6.4-15，可选定二次侧压力及其对应的电流。当向电气比例阀输入至该电流时，切换后的电气比例阀便输出相应的气压力，使气缸得到应有的施加压力，进行点焊工作。

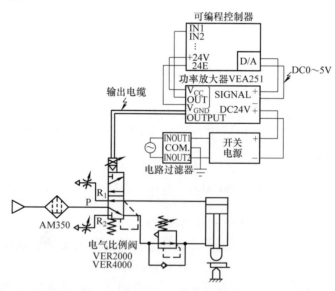

图 6.4-16　点焊电极的加压力控制

图 6.4-17 所示为低压铸造炉的加压力控制。使用压力型电气比例阀，来控制 VEX1 系列大流量型精密减压阀的压力，提供稳定的大流量的压缩空气，以提高压铸生产速度和压铸成品质量。

图 6.4-18 所示为冲压缓冲器的加压力控制。利用压力型电-气比例阀调节 VEX1 系列减压阀的输出压力，使冲压缓冲器具有合适的缓冲能力，以减小冲击时产生的噪声和冲击。

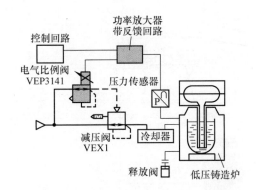

图 6.4-17 低压铸造炉的加压力控制

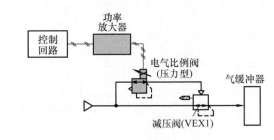

图 6.4-18 冲压缓冲器的加压力控制

图 6.4-19 用于切割玻璃。通过传感器测定玻璃厚度,将信息传给可编程序控制器,由它将信号传给电-气比例阀,来改变切割玻璃刀具所需的气压力。

2. 用于自动力平衡

图 6.4-20a 利用电-气比例阀使气缸与负载保持力平衡,则使用的电动执行器的电动机输出力便大大减小,不仅节能,而且能降低成本。

图 6.4-20b 所示为上下开闭门系统。根据门的重量,调节气压力,以平衡门的重量,则手动开闭门就很轻松。

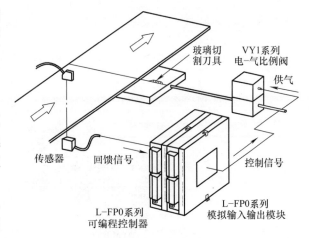

图 6.4-19 切割玻璃

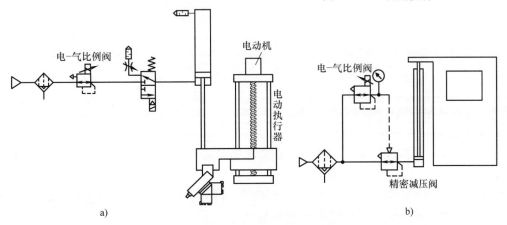

图 6.4-20 用于自动力平衡

3. 用于张力控制

图 6.4-21a 若张力大于或小于设定值,张力检测器便会输出信号给可编程序控制器,再由它输送相应电信号给 ITV 系列电-气比例阀,并转换成气压信号,以维持气缸具有一定的张力。

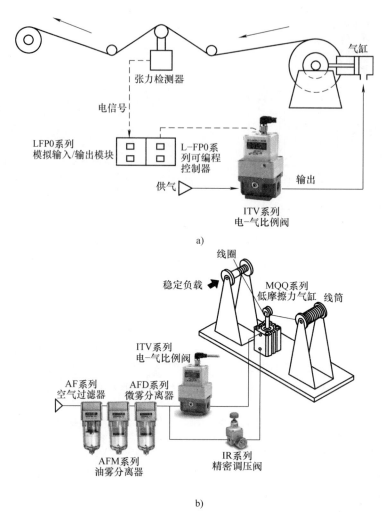

图 6.4-21 用于张力控制

图 6.4-21b 所示为当线圈绕线的张力发生变化时，ITV 系列电-气比例阀利用输入电信号来输出稳定的气压力，再通过 MQQ 系列低摩擦力气缸来控制绕线时的张力保持一定。缸内压缩空气可从精密减压阀的溢流口排出。

4. 容器内的压力控制

图 6.4-22a 所示为利用电-气比例阀提供准确且易控制的射胶压力，适应生产线传送速度变化来调节射胶量，以提高产品包装质量。

图 6.4-22b 用于定量喷食油。根据食品不同，利用电-气比例阀，向食油罐上输入合适的气压力，在烘焗前，向食品喷涂所需要的食油量。

5. 用于风量控制

图 6.4-23 用于氮气的流量控制。在集成回路的焊接过程中，需要不断供应氮气以防止氧化。可选用电-气比例阀，按设定压力来控制氮气流量。流量大小可由流量开关显示。

6. 气缸的多级速度控制

图 6.4-24 利用 VEF 系列电-气比例阀控制气缸的输入/输出流量，从而控制气缸的不同的移动速度。

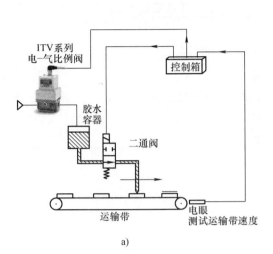
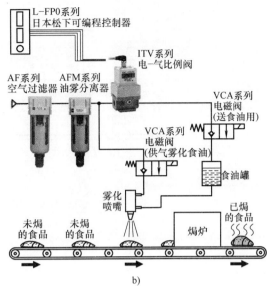

图 6.4-22 容器内的压力控制
a) 用于包装　b) 用于食品加工

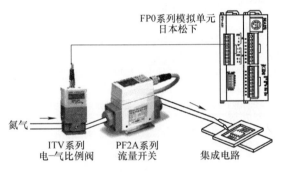

图 6.4-23 用于风量控制

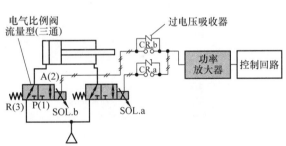

图 6.4-24 气缸的多级速度控制

7. 用于阀的开度控制

在图 6.4-25 中，用差压传感器检出液体的流量，用调节计进行接收信号演算，将 DC4～20mA 的电信号向电-气比例阀传送，变成 0.02～0.1MPa 的气压信号，将此信号提供给气-气定位器，来控制薄膜阀的开度，以与输出流量相适应。

8. 用于接触压力控制

图 6.4-26 所示的研磨工作，工件与磨石之间的接触压力是通过基盘上的气缸压力进行控制的。使用低摩擦气缸，可提高气缸输出力的控制精度。

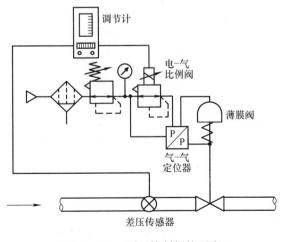

图 6.4-25 用于控制阀的开度

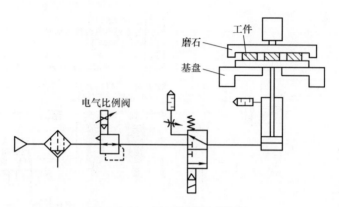

图 6.4-26 用于接触压力控制

第七章 气动系统气源及周边元件

第一节 系统气源设备

产生、处理和贮存压缩空气的设备称为气源设备。由气源设备组成的系统称为气源系统。典型的气源系统如图 7.1-1 所示。

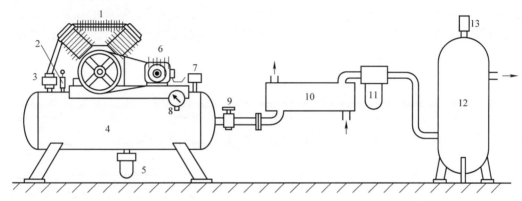

图 7.1-1 气源系统的组成

1—空气压缩机 2、13—安全阀 3—单向阀 4—小气罐 5—排水器 6—电动机
7—压力开关 8—压力表 9—截止阀 10—后冷却器 11—油水分离器 12—大气罐

通过电动机驱动的空气压缩机,将大气压力状态下的空气压缩成较高的压力,输送给气动系统。压力开关是根据压力的大小来控制电动机的起动和停转。当气罐内压力上升到设定的最高压力时,让电动机停止运转;当气罐内压力降至设定的最低压力时,让电动机又重新运转。当小气罐内压力超过允许限度时,安全阀 2 自动打开向外排气,以保证空压机安全。同样,当大气罐内压力超过允许限度时,安全阀 13 自动打开向外排气,以保证大气罐的安全。大气罐与安全阀之间不许安装其他的阀(节流阀、方向阀之类)。单向阀是在空压机不工作时,用于阻止压缩空气反向流动。后冷却器是通过降低压缩空气的温度,将水蒸气及污油雾冷凝成液态水滴和油滴。油水分离器用于进一步将压缩空气中的油、水等污染物分离出来。在后冷却器、油水分离器、空气压缩机和气罐等的最低处,都设有手动或自动排水器,以便排除各处的冷凝的液态油水等污染物。

一、空气压缩机

1. 作用和分类

空气压缩机(简称空压机)的作用是将电能转化成压缩空气的压力能,供气动设备使用。空压机按压力高低可分成低压型(0.2~1.0MPa)、中压型(1.0~10MPa)和高压型(>10MPa)。按工作原理分类如图 7.1-2 所示。

通过缩小气体的体积来提高气体压力的方法称为容积型。提高气体的速度,让动能转化成压力能,来提高气体压力的方法称为速度型。速度型也称为透平型或涡轮型。

2. 工作原理

(1) 活塞式空压机

这是最常用的空压机形式。工作原理如图 7.1-3 所示。当活塞向右移动时,气缸内活塞左腔的压力低于大气压力,吸气阀开启,外界空气进入缸内,这个过程称为"吸气过程"。当活塞向左移动,缸内气体被压缩,这个过程称为"压缩过程"。当缸内压力高于输出管道内压力后,排气阀被打开,压缩空气输送至管道内,这个过程称为"排气过程"。活塞的往复运动是由电动机带动曲柄转动,通过连杆带动滑块在滑道内移动,则活塞杆便带动活塞在缸体内作直线往复运动。

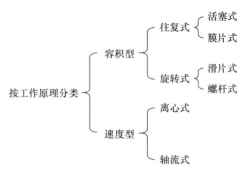

图 7.1-2 按工作原理分类

图 7.1-3 所示为单级活塞式空压机,常用于需要 0.3~0.7MPa 压力范围的系统。单级空压机压力超过 0.6MPa,产生的热量太大,空压机工作效率太低,故常使用两级活塞式空压机,如图 7.1-4 所示。若最终压力为 1.0MPa,则第 1 级通常压缩至 0.3MPa。设置中间冷却器是为了降低第 2 级活塞的进口空气温度,以提高空压机的工作效率。

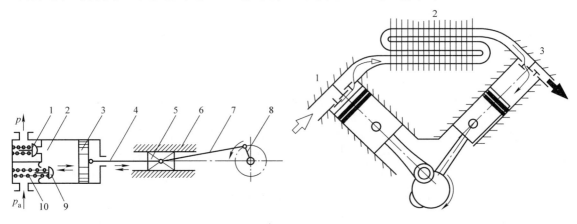

图 7.1-3 活塞式空压机的工作原理
1—排气阀 2—气缸 3—活塞 4—活塞杆 5—滑块
6—滑道 7—连杆 8—曲柄 9—吸气阀 10—弹簧

图 7.1-4 两级活塞式空压机
1—1 级活塞 2—中间冷却器 3—2 级活塞

(2) 滑片式空压机

滑片式空压机的工作原理如图 7.1-5 所示。转子偏心地安装在定子内,一组滑片插在转子的放射状槽内。当转子旋转时,各滑片主要靠离心作用紧贴定子内壁。在转子回转过程中,左半部(输入口)吸气。在右半部,滑片逐渐被定子内表面压进转子沟槽内,滑片、转子和定子内壁围成的容积逐渐减小,吸入的空气就逐渐地被压缩,最后从输出口排出压缩空气。由于在输入口附近向气流喷油,对滑片及定子内部进行润滑、冷却和密封,故输出的压缩空气中含有大量油分,所以在输出口需设置油雾分离器和冷却器,以便把油分从压缩空气中分离出来,冷却后循环再用。

（3）螺杆式空压机

螺杆式空压机的工作原理如图7.1-6所示。两个咬合的螺旋转子以相反方向转动，它们当中的自由空间的容积沿轴向逐渐减小，从而两转子间的空气逐渐被压缩。若转子和机壳之间相互不接触，则不需润滑，这样的空压机便可输出不含油的压缩空气。它可连续输出无脉动的流量大的压缩空气，出口空气温度为60℃左右。

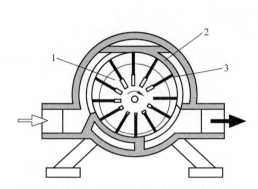

图7.1-5 滑片式空压机的工作原理
1—转子 2—定子 3—滑片

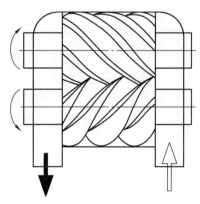

图7.1-6 螺杆式空压机的工作原理

3. 特性比较

各种空压机的特性比较见表7.1-1。

表7.1-1 各种空压机的特性比较

空压机类型	活塞式	螺杆式	透平式
成本	低（0.2~500kW）	高（0.75~370kW），75kW以上与活塞式的价格差变小	高（750kW以下无优势）
脉动	大	小	小
振动	大	小	较小
噪声	大	小	大
空气中的污染	尘埃（大气中）、水分、油雾（无油型除外）、碳末（无油型除外）	尘埃（大气中）、水分、油雾（无油型除外）	尘埃（大气中）、水分
排气方式	断续排气、需设气罐	连续排气、不需设气罐	连续排气、不需设气罐
综合评价	活塞式空压机设置场所受限制，空压机房需要防振、防噪声。为防止压力脉动，需设气罐。活塞式存在碳末等，要求空气清洁度高的场合，还需对压缩空气作特别处理，故总体而言，比螺杆式费用有可能高		

SMC配套用空压机有活塞式和螺杆式。活塞式空压机的吸入流量范围为0.1~30m³/min（ANR），所需功率为0.75~220kW；螺杆式空压机的吸入流量范围为0.2~40m³/min（ANR），所需功率为1.5~220kW。

4. 选用

首先按空压机的特性要求，选择空压机的类型。再根据气动系统所需要的工作压力和流量两个参数，确定空压机的输出压力p_c和吸入流量q_c，最终选取空压机的型号。

(1) 空压机的输出压力 p_c 为

$$p_c = p + \sum \Delta p \tag{7.1-1}$$

式中 p_c——空压机的输出压力（MPa）；

p——气动执行元件的最高使用压力（MPa）；

$\sum \Delta p$——气动系统的总压力损失（MPa）。

一般情况下，令 $\sum \Delta p = 0.15 \sim 0.2 \text{MPa}$。

(2) 空压机的吸入流量 q_c 为

不设气罐　　　　　　　　　　$q_b = q_{max}$

设气罐　　　　　　　　　　　$q_b = q_{sa}$　　　　　　　　　　　(7.1-2)

式中 q_b——向气动系统提供的流量（m³/min）（ANR）；

q_{max}——气动系统的最大耗气量（m³/min）（ANR）；

q_{sa}——气动系统的平均耗气量（m³/min）（ANR）。

空压机的吸入流量　　　　　　$q_c = kq_b$　　　　　　　　　　　(7.1-3)

式中 q_c——空压机的吸入流量（m³/min）（ANR）；

k——修正系数。主要考虑气动元件、管接头等各处的漏损和气动系统耗气量的估算误差、多台气动设备不同时使用的利用率以及增添新的气动设备的可能性等因素。一般 $k = 1.5 \sim 2.0$。

(3) 空压机的功率 P 为

$$P = \frac{(n+1)k}{k-1} \frac{p_1 q_c}{0.06} \left[\left(\frac{p_c}{p_1} \right)^{\frac{k-1}{(n+1)k}} - 1 \right] \tag{7.1-4}$$

式中 P——空压机的功率（MPa）；

n——中间冷却器个数；

k——等熵指数，对空气，$k = 1.4$；

p_1——吸入空气的绝对压力（MPa）；

q_c——空压机的吸入流量（m³/min）（ANR）；

p_c——输出空气的绝对压力（MPa）。

5. 使用注意事项

(1) 空压机用润滑油

往复式空压机若冷却良好，排出空气温度约为 70~180℃；若冷却不好，可达 200℃以上。为防止高温下因油雾炭化变成铅黑色微细炭粒子，非常微细的油粒子高温下氧化，而形成焦油状的物质（俗称油泥），必须使用厂家指定的不易氧化和不易变质的压缩机油，并要定期更换。

(2) 空压机的安装地点

安装空压机的周围必须清洁、粉尘少、湿度小、温度低、通风好，以保证吸入空气的质量。回转部位要有防护措施，要留有维护保养的空间。同时，要严格遵守限制噪声的规定（见表 7.1-2），可使用隔声箱（室）消声。若空压机的环境温度高，空压机活塞环及缸筒易磨耗，寿命降低；润滑油更易氧化生成碳末，且输出流量也会减少。

表 7.1-2　中国城市环境噪声标准 [dB（A）]

适合区域	特殊住宅区	居民及文教区	一类混合区	二类混合区商业中心区	工业集中区	交通干线道路两侧
白天	45	50	55	60	65	70
晚间	35	40	45	50	55	55

（3）空压机起动前，应检查润滑油位是否正常

用手拉动传送带使活塞往复运动1~2次，尤其是冬季。起动前和停车后，都应将小气罐中的冷凝水排放掉。

（4）要定期检查吸入过滤器的阻塞情况

二、后冷却器（HAA 和 HAW 系列）

1. 作用和分类

空压机输出的压缩空气温度可达180℃，在此温度下，空气中的水分完全呈气态。后冷却器的作用就是将空压机出口的高温空气冷却至40℃以下，将大量水蒸气和变质油雾冷凝成液态水滴和油滴，以便将它们清除掉。

后冷却器有风冷式（HAA系列）和水冷式（HAW系列）两种。

风冷式不需要冷却水设备，不用担心断水或水冻结。占地面积小、重量轻、紧凑、运转成本低、易维修，但只适用于进口空气温度低于100℃，且处理空气量较少的场合。

水冷式散热面积是风冷式的25倍，热交换均匀，分水效率高，故适用于进口空气温度低于200℃，且处理空气量较大、湿度大、粉尘多的场合。

2. 工作原理

HAA系列风冷式后冷却器的工作原理如图7.1-7所示。它是靠风扇产生的冷空气吹向带散热片的热气管道来降低压缩空气温度的。

HAW系列水冷式后冷却器的工作原理如图7.1-8所示。它把冷却水与热空气隔开，强迫冷却水沿热空气的反方向流动，以降低压缩空气的温度。水冷式后冷却器出口空气温度约比冷却水的温度高10℃。

后冷却器最低处应设置自动或手动排水器，以排除冷凝水。

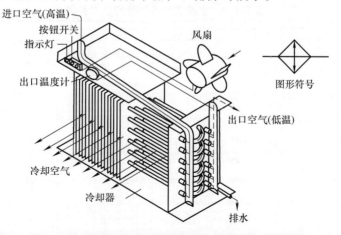

图 7.1-7　HAA系列风冷式后冷却器的工作原理图

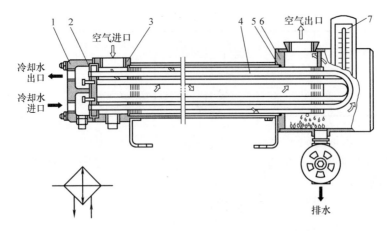

图 7.1-8 HAW 系列水冷式后冷却器的工作原理
1—水室盖 2、5—垫圈 3—外筒 4—带散热片的管束 6—气室盖 7—出口温度计

3. 技术参数

风冷式后冷却器的技术参数见表 7.1-3。最高使用压力是指该元件可能使用的最高压力。额定流量是指使用压力为 0.7MPa、进口空气温度为 70℃、环境温度为 32℃、保证出口空气温度为 40℃时的处理空气量。出口空气温度与进口空气温度、环境温度和处理空气量有关。

水冷式后冷却器的技术参数见表 7.1-4。水冷式后冷却器的出口空气温度与进口空气温度、冷却水温度、冷却水量和处理空气量有关。

表 7.1-3 风冷式后冷却器的技术参数

系列	适合螺杆式空压机功率 /kW	额定流量 /(L/min)(ANR)	配管口径	风扇规格	最高使用压力 /MPa	进口空气温度 /℃	环境温度 /℃	出口空气温度 /℃
HAA7	7.5	1000	Rp3/4	50Hz、单相200V	1.0	5~100	2~50	<40
HAA15	15	2200	1in	50Hz、三相200V				
HAA22	22	3300	1½in					
HAA37	37	5700	1½in					

表 7.1-4 水冷式后冷却器的技术参数

系列	螺杆式空压机		活塞式空压机		最高使用压力 /MPa	进口空气温度 /℃	冷却水进口温度 /℃	冷却水量 /(L/min)	出口空气温度 /℃	配管口径	
	功率 /kW	额定流量/(L/min)(ANR)	功率 /kW	额定流量/(L/min)(ANR)						水管	气管
HAW2	2.2	300	2.2	300	1.0	5~100	<30	5	<40	Rc1/2	Rc1/2
HAW7	7.5	1000	7.5	1000						Rc1/2	Rc3/4
HAW22	22	3300	15	2100				17		Rc3/4	Rc1½
HAW37	37	5700	22	4300				25			
HAW55	55	8600	37	5600		5~200		36		Rc1	Rc2
HAW75	75	12000	55	8000				40			
HAW110	110	18000	75	11000				45		Rc1¼	3in 法兰

4. 选用

按表 7.1-5 和表 7.1-6 选用后冷却器系列。当进口空气温度超过 100℃ 或处理空气量很大时，只能选用水冷式后冷却器。

表 7.1-5 风冷式后冷却器选用

进口空气温度/℃	系列			
	HAA7	HAA15	HAA22	HAA37
	处理空气量/(L/min)(ANR)			
50	1500	4000	6000	13000
70	1000	2200	3300	5700
100	700	1500	2200	4300

注：进口空气压力为 0.7MPa，环境温度为 32℃，保证出口空气温度为 40℃。

表 7.1-6 水冷式后冷却器选用

进口空气温度/℃	系列						
	HAW2-04	HAW7-06	HAW22-14	HAW37-14	HAW55-20	HAW75-20	HAW110-30
	处理空气量/(L/min)(ANR)						
50	1000	2000	6000	12000	15000	22000	30000
70	300	1000	3300	5700	8600	12000	18000
100	150	700	2500	5000	7000	10500	14000
180	—	—	2100	4300	5600	8000	11000

注：进口空气压力为 0.7MPa，冷却水温度为 30℃，保证出口空气温度为 40℃。

5. 使用注意事项

1）应安装在不潮湿、粉尘少、通风好的室内，以免降低散热片的散热能力。

2）离墙或其他设备应有 15~20cm 的距离，便于维修。

3）配管应水平安装，配管尺寸不得小于标准连接尺寸。

4）风冷式后冷却器要有防止风扇突然停转的措施。要经常清扫风扇、冷却器的散热片。

5）水冷式后冷却器应设置断水报警装置，以防突然断水。空压机生成碳末多的场合，一旦冷却水不流动，堆积的炭末及酸性油在高温下（150℃以上）会自然着火，将后冷却器的管子烧成小洞是可能的。高温的压缩空气会流至下游，造成下游的空气过滤器、油雾分离器和干燥器等的动作不良或破坏。

6）冷却水量应在额定水量的范围内，以免过量水或水量不足而损伤传热管。

7）不要使用海水、污水作冷却水。为防止冷却水塔的地下水中含有浮游物质，应在水的进口处设置 100μm 的过滤器。

8）要定期排放冷凝水，特别是冬季要防止水冻结。要定期检查排水机构的动作是否正常。

9）要定期检查压缩空气的出口温度，发现冷却性能降低，应及时找出原因并予以排除。

三、气罐（AT 系列）

1. 作用

1）消除压力脉动。

2）依靠绝热膨胀及自然冷却降温，进一步分离掉压缩空气中的水分和油分。

3）贮存一定量的压缩空气。一方面可解决短时间内用气量大于空压机输出气量的矛盾；另一方面可在空压机出现故障或停电时，维持短时间的供气，以便采取措施保证气动设备的安全。

2. 气罐结构

图 7.1-9 所示为气罐的外形图。气罐上应配置安全阀、压力表、排水阀。容积较大的气罐上，应有人孔或清洁孔，以便检查和清洗。气管直径在 1½in 以下为螺纹连接，在 2in 以上为法兰连接。

图 7.1-9　AT 系列气罐
1—排水阀　2—气罐主体　3—压力表　4—安全

3. 技术参数（见表 7.1-7）

表 7.1-7　AT 系列气罐的技术参数

型号	AT6C	AT11C	AT22C	AT37C	AT55C	AT75C	AT125C	AT150C	AT220C
配管口径	Rc1/2	Rc3/4	Rc1½	Rc1½	2in 法兰	2in 法兰	3in 法兰	4in 法兰	4in 法兰
适合空压机功率/kW	5.5	11	22	37	55	75	125	150	220
容积/L	100	200	400	500	700	1000	1500	2000	3000
最高使用压力/MPa	1.0									
使用流体温度/℃	0 ~ 100									

4. 选用

按空压机功率（对应空压机吸入流量），由表 7.1-7 选定气罐的容积。此气罐的主要作用是消除压力脉动并进一步清除冷凝油水。

需要气罐存贮一定量压缩空气时，气罐容积的确定方法如下。

1）当空压机或外部管网突然停止供气（如停电），仅靠气罐中贮存的压缩空气维持气动系统工作一定时间，则气罐容积 V 的计算式为

$$V \geqslant \frac{p_a q_{max} t}{60(p_1 - p_2)} \tag{7.1-5}$$

式中　V——气罐容积（L）；

p_a——大气压力，$p_a = 0.1 \mathrm{MPa}$；

q_{max}——气动系统的最大耗气量（L/min）（ANR）；

t——停电后，应维持气动系统正常工作的时间（s）；

p_1——突然停电时，气罐内的压力（MPa）；

p_2——气动系统允许的最低工作压力（MPa）。

2）若空压机的吸入流量是按气动系统的平均耗气量选定的，当气动系统在最大耗气量下工作时，应按下式确定气罐的容积。

$$V \geqslant \frac{(q_{\max} - q_{\text{sa}})p_{\text{a}}}{p} \frac{t}{60} \tag{7.1-6}$$

式中 V——气罐容积（L）；

$q_{\max}$——气动系统的最大耗气量（L/min）（ANR）；

q_{sa}——气动系统的平均耗气量（L/min）（ANR）；

p——气动系统的使用压力（绝对压力）（MPa）；

p_{a}——大气压力，$p_{\text{a}} = 0.1\text{MPa}$；

t——气动系统在最大耗气量下的工作时间（s）。

最终气罐容积应是由式（7.1-5）和式（7.1-6）算出的最大容积。

5. 使用注意事项

1）气罐属于压力容器，应遵守压力容器的有关规定。必须有产品耐压合格证明书。

2）压力低于 0.1MPa、真空度小于 0.02MPa，或容积内径小于 150mm 或公称容积小于 25L 的容器，可不按压力容器处理。

3）气罐上必须装有安全阀、压力表，且安全阀与气罐之间不得再装其他的阀等。最低处应设有排水阀，每天排水 1 次。

四、管路系统

1. 管路系统的布置原则

（1）按供气压力考虑

有多种压力要求，则供气方式有：

1）多种压力管路供气系统适用于气动设备有多种压力要求，且用气量都比较大的情况。应根据供气压力大小和使用设备的位置，设计几种不同压力的管路供气系统。

2）降压管路供气系统适用于气动设备有多种压力要求，但用气量都不大的情况。应根据最高供气压力设计管路供气系统。需要低压的气动设备，利用减压阀降压来得到。

3）管路供气与瓶装供气相结合的供气系统适用于大多数气动设备都使用低压空气，少部分气动设备需用气量不大的高压空气。应根据对低压空气的要求设计管路供气系统，而气量不大的高压空气采用气瓶供气方式来解决。

（2）按供气的空气品质考虑

根据各气动设备对空气品质的不同要求，分别设计成一般供气系统和清洁供气系统。若一般供气系统的用气量不大，为减少投资，可用清洁气源代替。若清洁供气系统的用气量不大，可单独设置小型净化干燥装置来解决。

（3）按供气可靠性和经济性考虑

1）终端管网供气系统如图 7.1-10 所示，这种系统简单、经济性好，多用于间断供气。一条支路上可装一个截止阀。也可两个截止阀Ⅰ、Ⅱ串联，常用阀Ⅱ，万一不能关闭时，可用备用阀Ⅰ。

2）环状管网供气系统如图 7.1-11 所示，这种系统供气可靠性高。每条支路都设置截止阀。当某支路上出现故障需要修理时，将该支路上的截止阀关闭，整个系统仍会正常工作。若空压机有两台，一台有故障时可由另一台供气。

2. 安装管路的注意事项

1）供气管路应按现场实际情况布置，尽量与其他管线（如水管、煤气管、暖气管等）、

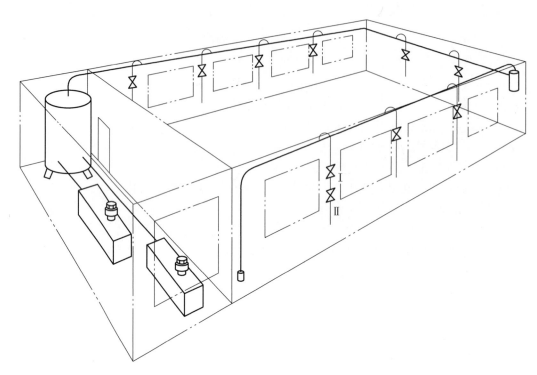

图 7.1-10 终端管网供气系统

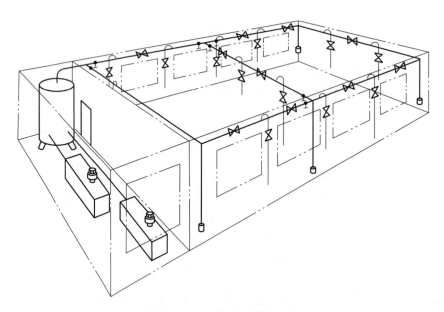

图 7.1-11 环状管网供气系统

电线等统一协调布置。

2）压缩空气主干管道应沿墙或柱子架空铺设，其高度不应妨碍运行，又便于检修。长管道对热空气的流动具有散热作用，会使管内空气中的水蒸气冷凝成水。为便于排出冷凝水，顺气流方向，管道应向下倾斜，倾斜度为 1/100～3/100。为防止长管道产生挠度，应在适当部位安装管道支撑（见表 7.1-8）。管道支撑不得与管道焊接。

3) 沿墙或柱子接出的分支管必须在主干管的上部采用大角度拐弯后再向下引出,见图 7.1-12,以免冷凝水进入分支管。在主干管及支管的最低点,应设置集水罐。集水罐下部设置排水阀。支管沿墙或柱子接下来,离地面约 1.2~1.5m 处接一气源分配器,并在分配器两侧接分支管或管接头,以便用软管接到气动装置上。

表 7.1-8 管道支撑的间距

管道内径/mm	≤10	10~25	≥25
支撑间距/m	1.0	1.5	2.0

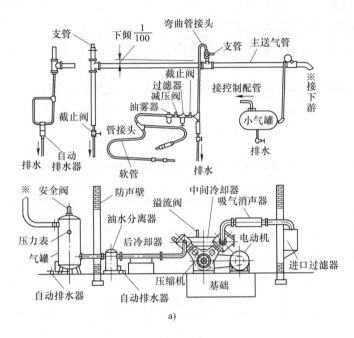

a)

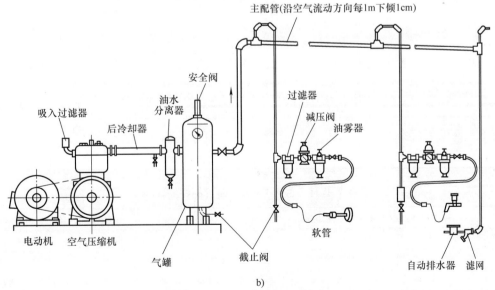

b)

图 7.1-12 气管道安装布置示意图

4）在管路中装设后冷却器、主管路过滤器、干燥器等时，为便于调试、不停气维修、故障检查和更换元件，应设置必要的旁通管路和截止阀，如图 7.1-13 所示。

5）管道装配前，管道、接头和元件内的流道必须充分吹洗干净，不得有毛刺、铁屑、氧化皮、密封材料碎片等污染物混入管道系统中。安装完毕，应作不漏气检查。

6）使用钢管时，应使用镀锌钢管或不锈钢管。配管过长，要考虑热胀冷缩。

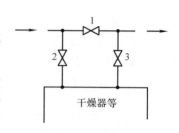

图 7.1-13　旁通管路
1—旁通管路的截止阀
2、3—主管路的截止阀

7）管路上设置过滤器、减压阀的场合，为了更换和检修元件，应使用可以分解的法兰连接或管接头连接，并确保分解用的空间。

8）2in 以上配管宜用法兰连接，2in 以下配管可用螺纹连接，外径 12mm 以下配管可用软管。螺纹连接的拧紧力矩见表 7.1-9，力矩过大易损坏螺纹，力矩过小不能密封。软管要有不被拉长的充分长度。露在外面的软管，应加保护罩，以防踩踏。

表 7.1-9　螺纹连接的拧紧力矩

连接螺纹	PT1/8	PT1/4	PT3/8	PT1/2	PT3/4	PT1	PT1¼	PT1½	PT2
拧紧力矩/N·m	≈12	30~40	40~55	60~90	100~150	140~200	200~250	≤320	≤400

9）常用连接螺纹见表 7.1-10。日本 PT 螺纹与其配管的称呼见表 7.1-11。圆锥外螺纹 R 可以拧入尺寸代号相同的圆柱内螺纹 G 或圆柱内螺纹 Rp 上。NPT 螺纹是符合美国 ANSI 标准的标准型圆锥管螺纹，而 NPTF 也是美制圆锥管螺纹，但比 NPT 螺纹连接更紧密。

表 7.1-10　常用连接螺纹

连接螺纹名称		普通螺纹	管螺纹		
			非螺纹密封（圆柱螺纹）	螺纹密封	
				圆锥螺纹	圆柱螺纹
代号	中国	M	G	R（外螺纹）Rc（内螺纹）	Rp（内螺纹）
	日本	M	PF	PT R（外螺纹）Rc（内螺纹）	RS - Rp（内螺纹）
	北美	M		NPT NPTF	

表 7.1-11　日本 PT 螺纹与其配管的称呼

PT 螺纹	PT1/8	PT1/4	PT3/8	PT1/2	PT3/4	PT1	PT1¼	PT1½	PT2
	1分	2分	3分	4分	6分	1in	1in 2分	1in 4分	2in
配管称呼	6	8	10	15	20	25	32	40	50
	1/8	1/4	3/8	1/2	3/4	1	1 1/4	1 1/2	2

10）管径的选择为了减少管路系统的压力损失，主管道内压缩空气的流速宜为

8~10m/s，支管道内压缩空气的流速宜为 10~15m/s。可按下式求管径

$$d = \sqrt{\frac{4q}{\pi u}} \times 10^3 \tag{7.1-7}$$

式中　d——管径（mm）；
　　　q——通过管内压缩空气的最大流量（m³/s）；
　　　u——管内压缩空气的流速（m/s）。
求出 d 值后应标准化。

第二节　气源处理元件

一、概述

1. 气源处理的必要性

从空压机输出的压缩空气中，含有大量的水分、油分和粉尘等污染物，必须适当清除这些污染物，以避免它们对气动系统的正常工作造成危害。

变质油分的黏度增大，从液态逐渐固态化而形成焦油状物质。它会使橡胶及塑料材料变质和老化；积存在后冷却器、干燥器内的焦油状物质，会降低其工作效率；堵塞小孔，影响元件性能；造成气动元件内的相对运动件的动作不灵活；焦油状物质的水溶液呈酸性，会使金属生锈、污染环境和产品。

水分会造成管道及金属零件腐蚀生锈，使弹簧失效或断裂；在寒冷地区以及在元件内的高速流动区，由于温度太低，水分会结冰，造成元件动作不良、管道冻结或冻裂；管道及元件内滞留的冷凝水，会导致流量不足、压力损失增大，甚至造成阀的动作失灵；冷凝水混入润滑油中，会使润滑油变质；液态水会冲洗掉润滑脂，导致润滑不良。

锈屑及粉尘会使相对运动件磨损，造成元件动作不良，甚至卡死；粉尘会加速过滤器滤芯的堵塞、增大流动阻力；粉尘等会加速密封件损伤，导致漏气。

液态油水及粉尘从排气口排出，会污染环境、影响产品质量。

空气品质不良是气动系统出现故障的最主要因素，它会使气动系统的可靠性和使用寿命大大降低，由此造成的损失会大大超过气源处理装置的成本和维护费用，故正确选用气源处理系统及其元件是非常重要的。

2. 污染物的来源

1）由系统外部通过空压机等吸入的污染物大气中所含污染物的大小如图 7.2-1 所示。这些污染物可通过空压机吸入气动系统内。空压机的吸入口通常装有过滤器，但 2~5μm 以下的尘埃仍会被吸入空压机内。特别是在重化学工业区，会含有 SO_2、H_2S 等污染物被空压机吸入，压缩后其浓度增大约 8 倍，将对下游的气动元件造成腐蚀。即使在停机时，外界的污染物也会从阀的排气口进入系统内部。

2）由系统内部产生的污染物，如湿空气被压缩、冷却，就会出现冷凝水；压缩机油在高温下会变成焦油状物质；管道内部会产生锈屑；相对运动件磨损而产生金属粉末和橡胶细末；密封和过滤材料的细末等。

3）系统安装和维修时产生的污染物，如维修时未清除掉的螺纹牙屑、毛刺、纱头、焊接氧化皮、铸砂、密封材料碎片等。

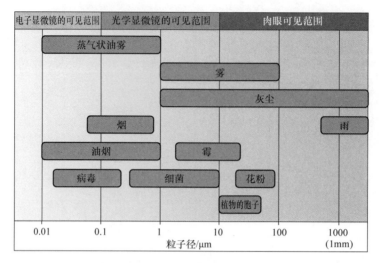

图 7.2-1　大气中所含污染物的大小

3. 压缩空气的净化方法及 ISO8573-1：2010 对空气净化等级的规定

针对空气中的不同污染物，可以分别采用图 7.2-2 所示的不同方法进行净化。

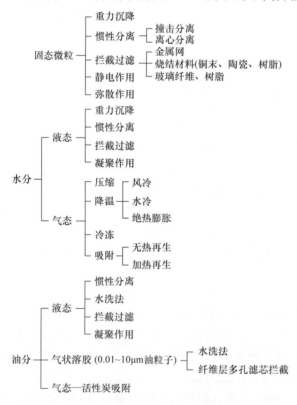

图 7.2-2　空气污染物的净化方法

表 7.2-1 是 ISO8573-1：2010 对空气净化等级的规定。

表 7.2-1 空气净化等级 (ISO 8573-1: 2010)

等级	固态微粒 每1m³ 的最大粒子数 粒径 d/μm			等级	水分 压力露点 (空气压力0.7MPa时) ℃	等级	油分 油雾浓度 mg/m³
	$0.1 < d \leq 0.5$	$0.5 < d \leq 1.0$	$1.0 < d \leq 5.0$				
1	≤20000	≤400	≤10	1	≤ -70	1	≤0.01
2	≤400000	≤6000	≤100	2	≤ -40		
				3	≤ -20	2	≤0.1
3	无规定	≤90000	≤1000	4	≤ +3		
4	无规定	无规定	≤10000	5	≤ +7	3	≤1
5	无规定	无规定	≤100000	6	≤ +10	4	≤5

注：表示方法：固体粒子等级为1、水分等级为4、油等级为2的系统的场合品质等级表示为 (1, 4, 2)。

4. 对空气品质的要求

压缩空气中，绝对不许含有化学药品、有机溶剂的合成油、盐分和腐蚀性气体等。

不同的气动设备，对空气品质的要求不同。空气品质低劣，非常好的气动设备也会事故频繁发生，使用寿命缩短。但如对空气品质提出过高要求，又会增加压缩空气的成本。表 7.2-2是几种典型的气源处理系统，它们各自能达到的空气品质水平见表中"压缩空气中的不纯物"，其应用例见表中"适合用途例"。

二、自动排水器

自动排水器用于自动排除管道低处、油水分离器、气罐及各种过滤器底部等处的冷凝水。可安装于不便进行人工排污水的地方，如高处、低处、狭窄处。并可防止人工排水被遗忘而造成压缩空气被冷凝水重新污染。

自动排水器有气动式和电动式两大类。

(一) 气动自动排水器 (AD、ADH 系列)

1. 分类

按工作原理，使用最多的是浮子式，还有弹簧式等。浮子式又可分为带手动操作排水型和不带手动操作排水型；常开型和常闭型。无气压时，排水口处于开启状态为常开型；排水口处于关闭状态为常闭型。

2. 工作原理

1) 带手动操作的自动排水器结构原理如图 7.2-3 所示。

壳体内无气压时，弹簧使活塞复位，排水口被关闭。若需排水，可手拉操作杆，克服弹簧力使活塞右移，便可排放冷凝水。

当壳体内有气压时，作用在活塞小头端面上的气压力不足以克服弹簧力，不排水。随着水位的不断升高，浮子的浮力大于浮子重量和作用在喷嘴的盖板上的气压力之和时，喷嘴开启，这时活塞大头的左端面上也受气压力的作用，则作用于活塞上的气压力大于弹簧力，使活塞右移而排水。

排水至一定量，浮子落下，封住喷嘴。活塞大头左腔气压从溢流孔泄去，活塞复位，这个延时时间可使水基本排完。

表 7.2-2

		主管路			分支管路	
名称		气罐	风冷式后冷却器/水冷式后冷却器	主管路过滤器	冷冻式空气干燥机	
代表型号		AT	HAA,HAW	AFF	IDF	IDU
处理流量 L/min(ANR)		容积 100~3,000L	1,000~5,700 / 300~18,000	300~45,000	100~65,000	320~12,500
最高进口空气温度		100°C	70°C / 70°C,180°C (随型号而异)	60°C	50°C	80°C
过滤精度(捕集效率)				3μm (99%)		
注①出口侧油雾浓度Max.						
大气压露点[进口空气压力0.7MPa时]					−17°C 进口温度35°C时	−17°C 进口温度55°C时

系统号 No.	适合用途例	压缩空气中的不纯物					系统②品质等级
		水分		过滤精度	油雾浓度①	油味	
		露点	含有水分量				
A	除去水滴的空气 ·吹气(简易的除去固态微粒) ·一般空气压工具	大气压露点 6°C, 0.7MPa 压力露点 40°C	7g/m³ (ANR)	0.3μm 捕集效率 99.9%	—		4:—:—
B	干燥空气 ·与A同用途,用于配管途中温度下降大的场合						4:4:— 4:5:— 4:6:—
C	干燥空气 ·一般用气动元件 ·一般涂装			0.3μm 捕集效率 99.9%	Max. 1mg/m³ (ANR) 0.8×10⁻⁶	有	2:4:3 2:5:3 2:6:3
D	干燥洁净空气 ·高级涂装 ·顺序控制 ·计测器·计装 ·干燥,洁净(精密部件) ·机床(空气轴承)	大气压露点 −14~−23°C, 0.7MPa 压力露点 15~3°C	1.7g/m³ (ANR) ~ 0.8g/m³ (ANR)		Max. 0.1mg/m³ (ANR) 0.08×10⁻⁶		1:4:2 1:5:2 1:6:2
E	干燥洁净空气 ·支管路中,无冷冻式空气干燥器的场合 ·装置内置(机床、三维测量仪等的内置)			0.01μm 捕集效率 99.9%	Max. 0.01mg/m³ (ANR) 0.008×10⁻⁶		1:4:1 1:5:1 1:6:1
F	脱臭气 ·搅拌输送干燥包装 ·食品工业(除向食品直接吹气)				Max. 0.004mg/m³ (ANR) 0.0032×10⁻⁶	无	
G	低露点洁净空气 ·电气,电子零部件的干燥 ·干燥充填罐 ·粉末输送 ·臭氧发生装置 ·低温室动作装置	大气压露点 −30~−60°C, 0.7MPa 压力露点	0.5g/m³ (ANR)		Max. 0.01mg/m³ (ANR) 0.008×10⁻⁶	有	③ 1:1:1 1:2:1
H	低露点洁净空气 (洁净室内空气) ·洁净室内的半导体零部件吹气	压力露点 −6~−42°C	0.02g/m³ (ANR)	0.01μm 捕集效率 99.9%	Max. 0.004mg/m³ (ANR) 0.0032×10⁻⁶	无	1:3:1

① 进口侧的油雾浓度(压缩机输出浓度)约30mg/m³(ANR)以下的场合。
② 根据ISO8573-1:2010(JIS B8392-1:2012)表示压缩空气品质等级,标明其系统所得到的最高品质等级。但随进口侧的空气条件而不同。
③ 可非标对应(根据使用条件)。

443

典型的气源处理系统

使用端管路										
水滴分离器	油雾分离器	无热再生式空气干燥器	带前置过滤器的微雾分离器	微雾分离器	高分子膜式空气干燥器		超微油雾分离器	除臭过滤器	洁净型空气过滤器	洁净型气体过滤器
AMG	AM	ID	AMH	AMD	IDG		AME	AMF	SFD	SFA,SFB,SFC
300~12,000	80~780	200~12,000	200~40,000	10~1,000	75~300		200~12,000		100~500	26~300
					50~150					
60°C		50°C	60°C		50°C,55°C (随型号而异)		60°C		45°C	80°C,120°C (随型号而异)
水滴除去率 99%	0.3μm (99.9%)		0.01μm (0.3μm) 内置前置过滤器	0.01μm (99.9%)			0.01μm (99.9%)		0.01μm (99.99%)	0.01μm (99.99%)
	1mg/m³(ANR) [≈0.8×10⁻⁶]		0.1mg/m³(ANR) [≈0.08×10⁻⁶]				0.01mg/m³(ANR) [≈0.008×10⁻⁶]	0.004mg/m³(ANR) [≈0.0032×10⁻⁶]		
		−30°C〜−50°C 进口温度35°C时			−15°C〜−20°C 进口温度25°C时	−40°C〜−60°C 进口温度25°C时				

典型气源处理系统配置图（A～H 行方案）

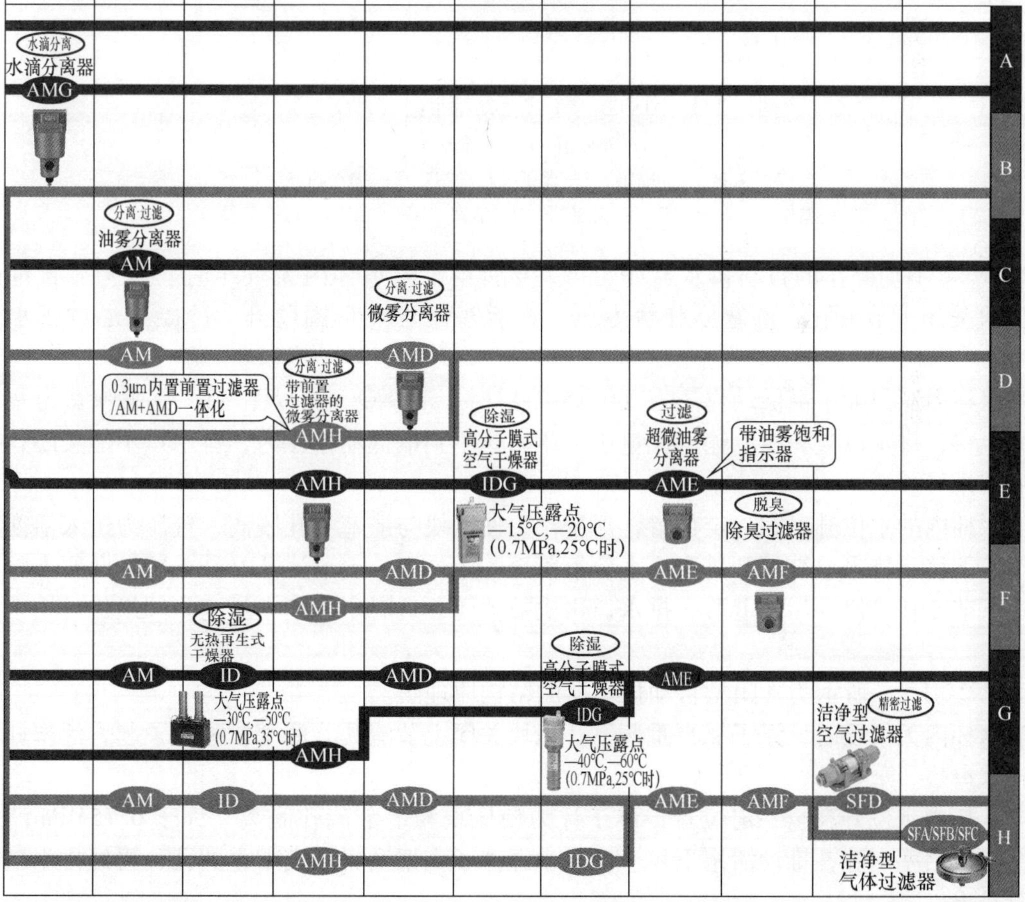

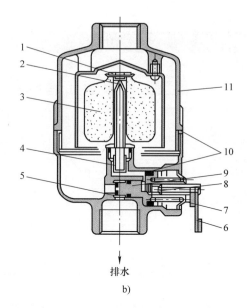

图 7.2-3 AD600 浮子式自动排水器（常闭型）
a）外形图 b）工作原理
1—盖板 2—喷嘴 3—浮子 4—滤芯 5—排水阀座
6—操作杆 7—弹簧 8—溢流孔 9—活塞 10—O 形圈 11—壳体

2）不带手动操作的自动排水器如图 7.2-4 所示，当水杯内无气压时，浮子靠自重落下，压块关闭上节流孔，活塞靠弹簧力压下，活塞杆与 O 形圈脱开，冷凝水通过排水口排出。

当水杯内压力大于最低动作压力（0.1MPa）时，活塞受气压力作用，克服弹簧力及摩擦阻力上移，排水口被关闭。输入流量小，压力达不到最低动作压力，排水口不能关闭，排完水后就排气。

当水杯内的水位升高到一定位置，浮子浮力使压块与上节流孔脱离，气压力进入活塞上腔，活塞下移，排水口被打开排水。水位下落至一定位置，上节流孔又被关闭。活塞上腔气压通过下节流孔排泄，活塞上移，排水口再次被关闭，这时水已基本排完。阀组件可用于排放残压。

图 7.2-4b、c 所示为常闭型自动排水器的结构原理图。

当水杯内无气压时，浮子靠自重落下，压块关闭上节流孔，活塞被弹簧顶起，活塞杆端封住排水口。

当水杯内水位升高至一定位置，浮子浮力使压块与上节流孔脱离。大于 0.15MPa 的空气压力进入活塞上腔，推动活塞下移，冷凝水经浮子支架及排水支架上的孔，再经排水口从排水管排出。

水位下落至一定位置，上节流孔又被关闭。活塞上腔气压通过下节流孔泄压，降至一定压力时，活塞又被弹簧顶起，封住排水口，这时水已基本排完。

3）图 7.2-5 所示为 ADH4000 系列重载型自动排水器的动作原理图。无冷凝水时，先导阀 9 靠浮子 2 的重量及杠杆 8 的作用而关闭，由于气压力作用在膜片组件 5 下方，则排水阀组件 1 被关闭。

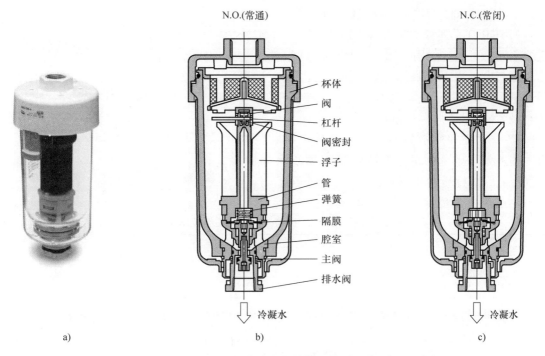

图 7.2-4 AD402-A 浮子式自动排水器结构原理图（常通型 & 常闭型）

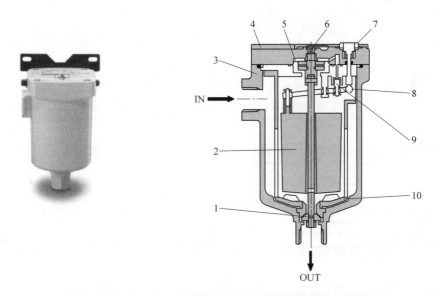

图 7.2-5 ADH4000 系列重载型自动排水器的动作原理图
1—排水阀组件 2—浮子 3—器身 4—器体 5—膜片组件 6—小孔口
7—按钮 8—杠杆 9—先导阀 10—冷凝水防护套

当冷凝水升至一定高度，浮子上升，通过杠杆使先导阀开启，则气压进入膜片 5 的上腔，靠气压力将排水阀组件推开，则器身 3 中的冷凝水便从 OUT 口被气压力吹出。

排水快完毕时，浮子落下，先导阀再次关闭。膜片上腔的残压则通过小孔口 6 从两侧的先导排气口泄掉。与其他自动排水器的动作相比，不易出现误动作。器体 4 上的按钮 7 能进行排水阀的冲洗。附件 10 是冷凝水防护套。

ADH4000 系列自动排水器不需要电源，不浪费压缩空气，可靠、耐用（因先导阀、膜片组件及小孔口等与冷凝水不接触）、适合污水的排放（排水阀为座阀式结构），适合集中排水，操作、维护容易。最大排水量为 0.4L/min。

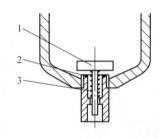

4）图 7.2-6 所示为弹簧式自动排水器的工作原理图。无气压时，阀杆 1 被弹簧 3 顶起而排水；有气压时，阀杆压紧在 O 形圈 2 上，不排水。

图 7.2-6 弹簧式自动排水器的工作原理图
1—阀杆 2—O 形圈 3—弹簧

3. 主要技术参数（见表 7.2-3）

表 7.2-3 浮子式自动排水器的主要技术参数

系列	AD402–A	AD600	ADH4000
动作压力范围/MPa	0.1~1.0	0.3~1.0	0.05~1.6
环境及介质温度/℃	−5~60（未冻结时）		5~60
配管口径 Rc	1/2（1/4、3/8）	1（3/4）	1/2
排水口径 Rc	3/8	1（3/4）	1/2
排水状态	常开型	常闭型	常开型
手动排水装置	无	有	有
排水管	内径≥10mm，长度≤5m		内径≥8mm，长度≤10m
空压机功率	>3.7kW		空气流量应大于 50L/min（ANR）

4. 使用注意事项

1）排水口应垂直向下。安装排水管时，管内径及长度应符合表 7.2-3 的规定，且要避免管子上弯，如图 7.2-7 所示。

2）空压机功率必须符合表 7.2-3 中的要求，才能保证达到自动排水器的最低动作压力所必需的流量。

3）自动排水器中，若混入较大颗粒的杂质或高黏度油，就不能稳定工作，故要选好安装地点，并使用滤网。或选用 ADH 系列或 ADM 系列。

4）常开型自动排水器无气压时可排放冷凝水，但压力低于最低动作压力时，排水口可能有排气现象。

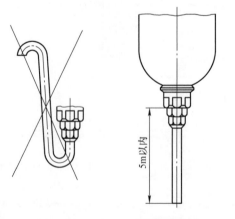

图 7.2-7 自动排水器的排水管

5）要留出维护操作空间。要定期用手动操作检查自动排水器的动作是否正常。

6）排水管应固定住，以防冷凝水排出速度过快排水管甩伤人。

7) ADH 系列自动排水器安装在空压机附近应注意防振。排水口应确认一天排放 1 次以上。先导排气口绝对不许堵塞。

(二) 电动自动排水器 (ADM 系列)

1. 工作原理

图 7.2-8 所示为电动自动排水器的结构原理图。电动机驱动凸轮旋转，拨动杠杆，使阀芯每分钟动作 1～4 次，即排水口开启 1～4 次。按下手动按钮，也可排水。

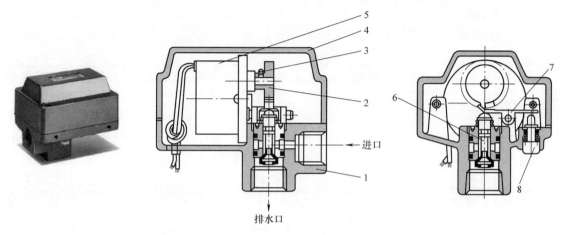

图 7.2-8　ADM200 电动自动排水器结构原理图
1—主体　2—凸轮　3—定位螺钉　4—外罩　5—电动机　6—阀芯组件　7—杠杆　8—手动按钮

2. 主要技术参数

ADM200 系列电动自动排水器的主要技术参数为：最高使用压力为 1.0MPa，环境及介质温度为 -5～60℃（未冻结时），动作频率为 1～4 次/min，排水时间为每次 2s。进口 Rc1/2，排水口 Rc3/8。电源 50Hz、220V，耗电量为 4W。图 7.2-9 所示为 ADM 应用示意图。

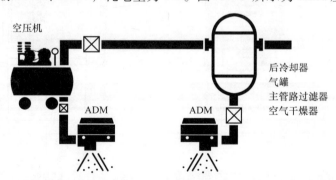

图 7.2-9　ADM 应用示意图

3. 特点

1) 可靠性高，高黏度液体也可排出。
2) 排水能力大。
3) 可将气路末端或最低端（如气罐最低处）的污水排尽，以防止锈及污水干后产生的污染物危害下游的元件。
4) 排水口可装长配管。

5) 可直接装在空压机下端使用。
6) 抗振能力比浮子式强。

4. 使用注意事项

1) 安装前，必须清除残留在气罐内的积水。
2) 自动排水器的进口处应装截止阀，以便检查保养。排水口应垂直向下。
3) 阀芯组件内积有灰尘时，可按手动按钮进行清洗。

三、过滤器

(一) 主管路过滤器 (AFF 系列)

1. 作用

安装在主管路中。清除压缩空气中的油污、水和粉尘等，以提高下游干燥器的工作效率，延长精密过滤器的使用时间。

2. 工作原理

图 7.2-10 所示为主管路过滤器 AFF 系列的结构原理图。通过过滤元件分离出来的油、水和固态污染等，流入过滤器下部，由手动（或自动）排水器排出。

滤芯的过滤面积比 AF 系列大 10 倍，配管口径在 2in 以下的过滤器的过滤元件还带有金属骨架，故本过滤器使用寿命长。法兰连接的过滤器的上盖可直接固定滤芯，故滤芯更换容易。

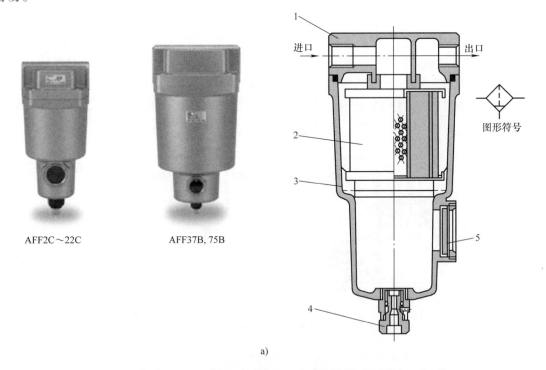

图 7.2-10 主管路过滤器 AFF 系列的结构原理图
a) AFF2C~22C, 37B, 75B
1—主体 2—滤芯 3—外罩 4—手动排水器 5—观察窗 6—上盖 7—密封垫

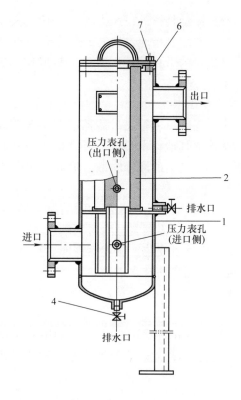

AFF75A~220A

b)

图 7.2-10 主管路过滤器 AFF 系列的结构原理图（续）
b) AFF75A~220A
1—主体 2—滤芯 3—外罩 4—手动排水器 5—观察窗 6—上盖 7—密封垫

3. 技术参数（见表 7.2-4）

表 7.2-4 AFF 系列主管路过滤器的技术参数

系列	AFF2C	AFF4C	AFF8C	AFF11C	AFF22C	AFF37B	AFF75B	AFF75A	AFF125A	AFF150A	AFF220A
配管口径 （名义直径）	Rc1/8 Rc1/4	Rc1/4 Rc3/8	Rc3/8 Rc1/2	Rc1/2 Rc3/4	Rc3/4 Rc1	Rc1 Rc1½	Rc1½ Rc2	法兰 2in	法兰 3in	法兰 4in	法兰 4in
额定流量 /(L/min)(ANR)	300	750	1500	2200	3700	6000	12000	12400	23700	30000	45000
额定流量下 的压降/MPa	0.016	0.007	0.01	0.0145	0.012	0.012	0.012	0.0033	0.0072	0.0046	0.0079
使用压力范围/MPa	带自动排水器：0.15~1.0（N.C.）、0.1~1.0（N.O.） 不带自动排水器：0.05~1.0											
过滤精度/μm	3（去除99%）											
环境和介质温度/℃	5~60											
过滤元件寿命	2年（A型为1年）或当压力降超过0.1MPa时，应更换滤芯											

额定流量是指进口压力为0.7MPa、在进出口的压降为表中值时通过过滤器的流量。

过滤精度是指通过滤芯的最大颗粒直径，也有定义为能除去固态颗粒大小的水平。

过滤器内带自动排水器时，AFF2B～22B系列有常开型和常闭型；AFF37B～220A只有常开型。

4. 选用

应根据通过主管路过滤器的最大流量不得超过其额定流量，来选择主管路过滤器的规格，并检查其他技术参数也要满足使用要求。若通过流量过大，则通过滤芯的流速过大，会将凝聚在滤芯上的液体吹散，流向二次侧，反而造成下游的污染。

5. 使用注意事项

1）本过滤器要用于压力没有脉动的场合。

2）用差压表测定过滤器两端压降，当压降大于0.1MPa时，应更换过滤元件。

3）应垂直安装。从观察窗能看见液面时，应打开手动排水阀放水。

4）使用自动排水器时，排水管外径使用10mm、长度应小于5m。若空压机功率小于3.7kW，必须使用常闭型自动排水器。若使用常开型自动排水器，有可能不能停止向外排气。

5）主管路过滤器上可带滤芯阻塞指示器。当过滤器两端压降大于0.1MPa时，红色指示器完全露出，此时应更换滤芯。滤芯阻塞指示器也可以安装在AM、AMD和AMH上。

（二）空气过滤器（AF系列）

1. 作用和分类

除去压缩空气中的固态杂质、水滴和污油滴等，不能除去气态油、水。

按过滤器的排水方式，有手动排水型和自动排水型。自动排水型按无气压时的排水状态，有常开型和常闭型。

2. 工作原理

图7.2-11所示为AF-A系列空气过滤器的结构。从进口流入的压缩空气，经导流片切线方向的缺口强烈旋转，液态油水及固态污染物受离心作用，被甩到水杯的内壁上，再流至底部。除去了液态油水及杂质的压缩空气，通过滤芯进一步清除微小固态颗粒，然后从出口流出。但是，空气中的溶胶状的微粒是能通过$5\mu m$的滤芯的。挡水板能防止下部的液态油水被卷回气流中。聚积在水杯内的冷凝水，按动手动按钮，便可从排水口排出。滤芯有金属网型、烧结型和纤维凝聚型。烧结型有铜珠烧结、树脂烧结和陶瓷烧结等。铜珠烧结滤芯的表面和内部都起过滤作用，强度好、耐用，可清洗几次重复使用。纤维凝聚型有树脂类、人造纤维类材料等。金属网型只是表面起过滤作用。

3. 技术参数

AF系列空气过滤器的技术参数见表7.2-5。

1）耐压试验压力，对元件施加相当于最高使用压力1.5倍的压力，保压1min，保证元件无损坏，且元件仍能正常工作。此指标只表示短时间内元件所能承受的压力，而不是长时间使用的极限压力。各种元件对耐压试验压力的规定都一样，以后不再重述。

2）过滤精度，标准过滤精度为$5\mu m$，对一般气动元件的使用便可以了。其他可供选择的过滤精度有$2\mu m$、$10\mu m$、$20\mu m$、$40\mu m$、$70\mu m$、$100\mu m$。

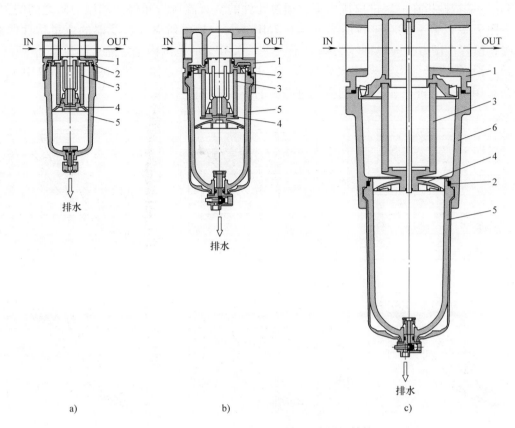

图 7.2-11 AF-A 系列空气过滤器的结构

a) AF10-A、AF20-A b) AF30-A～AF40-06-A c) AF50-A、AF60-A

1—主体 2—杯体密封圈 3—滤芯组件 4—挡板 5—杯体组件 6—底座

表 7.2-5　AF 系列空气过滤器的技术参数

系列	AF10-A	AF20-A	AF30-A	AF40-A	AF40-06-A	AF50-A	AF60-A	AF800	AF900
配管口径 Rc	M5×0.8	1/8、1/4	1/4、3/8	1/4、3/8、1/2	3/4	3/4、1	1	1¼、1½	2
使用压力范围 /MPa	常开型：0.1~1.0					常闭型：0.15~1.0			
环境和介质温度 /℃	-5~60（未冻结时）								
可带自动排水器系列	AD17（N.C.）	AD27（N.C.）	AD37（N.C.）、AD38（N.O.）		AD47（N.C.）、AD48（N.O.）			AD16M（N.C.）、AD34（N.O.）	
耐压试验压力 /MPa	1.5								
过滤精度/μm	5（2、10、20、40、70、100）								
分水效率（%）	>80								

3）流量特性指在一定进口压力下，通过元件的空气流量与元件两端压力降之间的关系曲线。图 7.2-12 所示为在进口压力 $p_1 = 0.7\text{MPa}$ 下，AF 系列空气过滤器的流量特性曲线。使用时，最好在压力损失（即压力降）不大于 0.02MPa 的范围内选定通过的流量。

4）分水效率指分离出来的水分与进口空气中所含水分之比。进口压力在 0.7MPa、压力降为 0.01MPa 条件下，AF 系列空气过滤器的分水效率高于 80%。

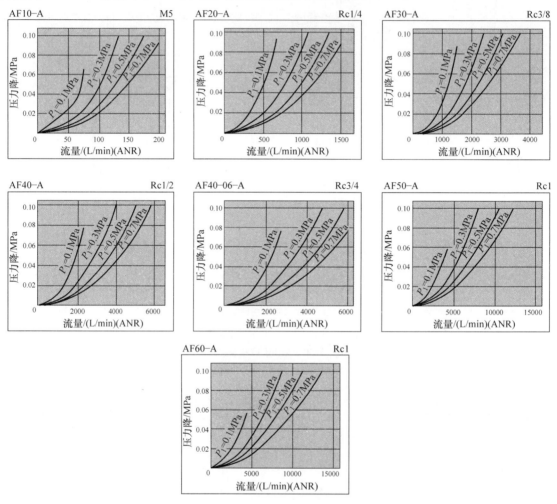

图 7.2-12　AF－A 系列过滤器的流量特性曲线

4. 选用

根据对空气品质的要求来选择过滤精度。根据通过过滤器的最大流量及两端允许的最大压力降来选择过滤器的规格。再选择过滤器的其他功能，如是否需自动排水。水杯可以选尼龙杯、金属杯，金属杯上还可以带液位计，还有引出排水管的形式、带排水活门等。

5. 使用注意事项

1）装配前，要充分吹除掉配管中的切屑、灰尘等，防止密封材料碎片混入。

2）进出口方向不得装反。要垂直安装，水杯向下。为便于维修，上下应留出适当空间。

3) 不得安装在接近空压机处。因该处空气温度较高，大量水分仍呈水蒸气状态。应安装在用气装置的附近，以保证空气中大部分水分都已冷凝成液态水。

4) 当水位快升至挡水板时要排水，或定期排放冷凝水。要用手排放，不得用工具排放。若忘记排放冷凝水，一旦冷凝水到达滤芯部位，被分离出来的冷凝水又会从二次侧流出，污染下游的气动元件，必须注意。

5) 为防止水杯破裂伤人，在水杯外应装金属保护罩。要定期检查水杯有无裂纹、是否被污染。

6) 水杯材质是聚碳酸酯，要避免在有机溶剂及化学药品雾气的环境中使用。若要在上述环境中使用，应使用金属水杯或尼龙水杯。较高温度的场所（70~80℃）也应使用金属水杯。

7) 应避免日光照射。

8) 滤芯要定期清洗或更换，或在过滤器两端压降大于 0.1MPa 时更换。清洗水杯应使用中性清洗剂。

(三) 油雾分离器（AM 和 AFM 系列）

1. 作用

可分离掉主管路过滤器和空气过滤器难以分离掉的 0.3~5μm 气状溶胶油粒子及大于 0.3μm 的锈末、炭粒。装在电磁先导阀及间隙密封滑阀的气源上最合适。

2. 工作原理

AM 系列油雾分离器与 AFF 系列主管路过滤器的结构相类似，仅滤芯材料不同，见图 7.2-13。本滤芯以超细纤维和玻璃纤维材料为主，两端靠橡胶密封。由于滤芯过滤面积大，且滤芯有金属骨架，故其使用寿命长，可不使用前置过滤器。

AFM 系列油雾分离器与 AF 系列空气过滤器的主体结构相类似，如图 7.2-14 所示，其工作原理如图 7.2-15 所示。压缩空气从进口流入滤芯内侧，再流向外侧。进入纤维层的油粒子，依靠其运动惯性被拦截，并相互碰撞或粒子与多层纤维碰撞，被纤维吸附。更小的粒子因布朗运动被纤维吸附。且越往外，粒子逐渐增大而成为液态，凝聚在特殊的泡沫塑料层表面，在重力作用下流落至杯子底部再被排出。

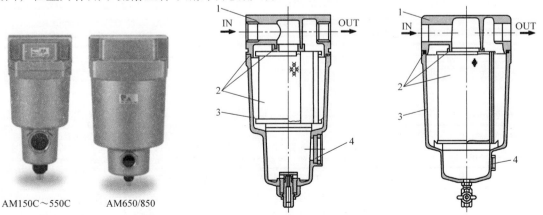

图 7.2-13　AM 系列油雾分离器的结构图

1—主体　2—滤芯组件　3—壳体　4—视窗玻璃

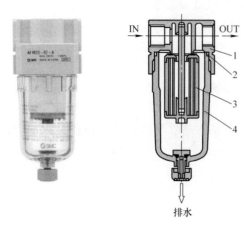

图 7.2-14　AFM 系列油雾分离器的工作原理
1—主体　2—杯体密封　3—滤芯组件　4—杯体组件

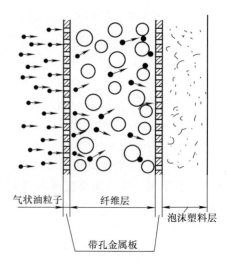

图 7.2-15　凝聚式滤芯的工作原理图

3. 技术参数（见表 7.2-6）

表 7.2-6　油雾分离器的技术参数

系列	AM150C	AM250C	AM350C	AM450C	AM550C	AM650	AM850	AFM20-A	AFM30-A	AFM40-A	AFM40-06-A
配管口径	Rc1/8、Rc1/4	Rc1/4、Rc3/8	Rc3/8、Rc1/2	Rc1/2、Rc3/4	Rc3/4、Rc1	Rc1、Rc1½	Rc1½、Rc2	Rc1/8、Rc1/4	Rc1/4、Rc3/8	Rc1/4、Rc3/8、Rc1/2	Rc3/4
额定流量/(L/min)(ANR)(0.7MPa下)	300	750	1500	2200	3700	6000	12000	200	450	1100	1100
额定流量下压降/MPa	0.022	0.022	0.027	0.027	0.025	0.030	0.026	0.013(0.03)*	0.01(0.032)*	0.011(0.034)*	0.011(0.034)*
使用压力范围/MPa	0.05~1.0（若装自动排水器，最低使用压力由排水器确定）										
环境和介质温度/℃	5~60							-5~60（未冻结时）			
过滤精度/μm	0.3（去除99%）										
输出侧油雾浓度/(mg/m³)(ANR)	1.0，当空压机输出油雾浓度＜30mg/m³（ANR）时										
滤芯寿命	2年或当压降大于0.1MPa时，更换滤芯										
可装自动排水器系列	常开型、常闭型						常开型	AD27	AD37、AD38	AD47、AD48	

注：*处的值为滤芯上油已处于饱和状态下的压力降。

4. 使用注意事项

AM 系列油雾分离器的使用注意事项参见 AFF 系列主管路过滤器的使用注意事项。

AFM 系列油雾分离器的使用注意事项参见 AF 系列空气过滤器的使用注意事项。

在 AFM 系列油雾分离器的前面,应安装 AF 系列空气过滤器,以提高 AFM 油雾分离器的使用寿命。

要用于压力没有脉动的条件下,要尽量靠近使用端安装。

内外压差不得超过 0.1MPa。

使用流量不要超过额定流量,否则已凝聚的油滴会被气流从滤芯的表面上撕下来流向出口侧,不能充分发挥油雾分离器的性能。

(四) 微雾分离器(AMD 和 AFD 系列见图 7.2-16)

1. 作用

可清除 0.01μm 以上的气状溶胶油粒子及 0.01μm 以上的炭粒和尘埃。可作为精密计量测量用的高洁净空气和洁净室用压缩空气的前置过滤器。

2. 工作原理

AMD 系列微雾分离器与 AM 系列油雾分离器的结构相类似,仅滤芯材料不同。另外,AMD 系列微雾分离器有法兰连接的形式。

AFD 系列微雾分离器与 AFM 系列油雾分离器的结构相类似,仅滤芯材料有所不同。

图 7.2-16 微雾分离器外形
a) AMD b) AFD

3. 技术参数(见表 7.2-7)

表 7.2-7 微雾分离器的技术参数

系列	配管口径	额定流量/(L/min)(ANR)(0.7MPa 下)	额定流量下的压降/MPa	使用压力范围/MPa	环境及介质温度/℃	过滤精度/μm	输出油雾浓度/(mg/m³)(ANR)	滤芯寿命	可装自动排水器系列
AMD150C	Rc1/8、Rc1/4	200	0.009	0.05~1.0(若装自动排水器,则最低使用压力由排水器确定)	5~60	0.01(去除99.9%颗粒)	油饱和前为0.01油饱和后为0.1(空压机输出油雾浓度应小于30)	2年或当两端压力降大于0.1MPa时更换滤芯	N.C. N.O.
AMD250C	Rc1/4、Rc3/8	500	0.012						
AMD350C	Rc3/8、Rc1/2	1000	0.014						
AMD450C	Rc1/2、Rc3/4	2000	0.02						
AMD550C	Rc3/4、Rc1	3700	0.014						
AMD650	Rc1、Rc1½	6000	0.02						N.O.
AMD850	Rc1½、Rc2	12000	0.02						
AMD800	法兰 2in	8000	0.011						
AMD900	法兰 2in、3in、4in	24000	0.01						可带
AMD1000	法兰 4in、6in	40000	0.01						
AMD801	法兰 2in	8000	0.011						
AMD901	法兰 2in、3in、4in	24000	0.01						

（续）

系列	配管口径	额定流量/(L/min)(ANR)(0.7MPa下)	额定流量下的压降/MPa	使用压力范围/MPa	环境及介质温度/℃	过滤精度/μm	输出油雾浓度/(mg/m³)(ANR)	滤芯寿命	可装自动排水器系列
AFD20-A	Rc1/8、Rc1/4	120	0.012	0.05~1.0（若装自动排水器，则最低使用压力由排水器确定）	-5~60（未冻结时）	0.01（去除99.9%颗粒）	油饱和前为0.01油饱和后为0.1（空压机输出油雾浓度应小于30）	2年或当两端压力降大于0.1MPa时更换滤芯	AD27
AFD30-A	Rc1/4、Rc3/8	240	0.01						AD37 AD38
AFD40-A	Rc1/4、Rc3/8、Rc1/2	600	0.012						AD47 AD48
AFD40-06-A	Rc3/4	600							

4. 使用注意事项

AMD 系列微雾分离器的使用注意事项与 AM 系列油雾分离器相同。

AFD 系列微雾分离器的使用注意事项与 AFM 系列油雾分离器相同。此外，AFD 系列微雾分离器的前面应设置作为前置过滤器的油雾分离器。若需设干燥器，则应把干燥器放在 AFD 系列微雾分离器的上游。

（五）超微油雾分离器（AME 系列见图 7.2-17）

1. 作用

可去除压缩空气中的气态油粒子，且寿命长。能把有油雾的压缩空气变成无油压缩空气。用于涂装线、洁净室及对无油要求很高的机器使用的高度洁净的压缩空气的场合。

2. 工作原理

AME 系列超微油雾分离器的结构原理与 AMD 系列微雾分离器相类似，但没有排水口了。主体及外壳的材质为铝，经酸洗处理后，其内表面涂上环氧树脂。滤芯采用特殊构造，故寿命长。当滤芯被油饱和后，则表面由白变红，必须更换。

AME150C~350C AME450C/550C　　AME650/850

图 7.2-17　超微油雾分离器外形

3. 技术参数（见表 7.2-8）

表 7.2-8　超微油雾分离器的技术参数

系列	AME150C	AME250C	AME350C	AME450C	AME550C	AME650	AME850
配管口径	Rc1/8、Rc1/4	Rc1/4、Rc3/8	Rc3/8、Rc1/2	Rc1/2、Rc3/4	Rc3/4、Rc1	Rc1、Rc1½	Rc1½、Rc2
额定流量/(L/min)(ANR)(0.7MPa下)	200	500	1000	2000	3700	6000	12000
额定流量下压降/MPa	0.033	0.04	0.042	0.042	0.035	0.04	0.043
使用压力范围/MPa	0.05~1.0						

(续)

系列	AME150C	AME250C	AME350C	AME450C	AME550C	AME650	AME850
环境和介质温度/℃	5~60							
过滤精度/μm	0.01（去除99.9%颗粒）						
输出侧清洁度	0.3μm以上油粒子在3.5个/L（ANR）以下						
滤芯寿命	滤芯产生红斑、压降大于0.1MPa或已使用2年都应更换						

4. 使用注意事项

1）输入气体必须是干燥的空气。

2）进出口不得装反，应水平安装，观察窗应装在便于观察侧。

3）在AME系列超微油雾分离器之前必须设置AM系列油雾分离器。

4）滤芯寿命已到，若继续使用，油雾会飞散，必须一天检查一次滤芯颜色。为便于判别滤芯颜色是否变红，可将两个AME系列超微油雾分离器串联使用。

（六）除臭过滤器（AMF系列见图7.2-18）

1. 作用

除去压缩空气中的气味及有害气体等，以获得洁净室所要求的压缩空气。

2. 工作原理

AMF系列除臭过滤器的结构原理如图7.2-19所示。滤芯使用吸附面积很大的活性炭素纤维（1420m²/g），且易更换。

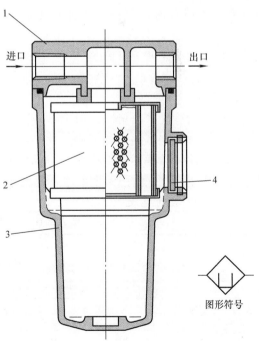

图7.2-18 除臭过滤器外形

图7.2-19 AMF系列除臭过滤器的结构原理
1—主体 2—滤芯 3—外罩 4—观察窗

3. 技术参数（见表7.2-9）

表7.2-9　除臭过滤器的技术参数

系列	AMF150C	AMF250C	AMF350C	AMF450C	AMF550C	AMF650	AMF850
配管口径	Rc1/8、Rc1/4	Rc1/4、Rc3/8	Rc3/8、Rc1/2	Rc1/2、Rc3/4	Rc3/4、Rc1	Rc1、Rc1½	Rc1½、Rc2
额定流量/(L/min)（ANR)(0.7MPa下）	200	500	1000	2000	3700	6000	12000
额定流量下压降/MPa	0.005	0.007	0.009	0.014	0.015	0.015	0.016
使用压力范围/MPa	0.05～1.0						
环境和介质温度/℃	5～60						
过滤精度/μm	0.01（去除99.9%颗粒）						
输出侧洁净度	0.3μm以上的粒子在3.5个/L（ANR）以下						

4. 使用注意事项

1）必须前置AMD系列微雾分离器或AME系列超微油雾分离器，必须使用干燥空气。

2）应按箭头方向配进出管，不得反接，进出口要水平安装。

3）活性炭对有些气体（如一氧化碳、二氧化碳、甲烷）难以去除，故不要使用本除臭器。

4）长时间使用，滤芯对气味会饱和，但气味浓度达到多少就认为滤芯寿命已到，未作规定。确认除臭性能保持期，在此之后应更换滤芯，也可在滤芯两端压降达0.1MPa或滤芯已使用2年就予以更换。

（七）水滴分离器（AMG系列见图7.2-20）

1. 作用

它也称为冷凝水收集器，用于除去压缩空气中99%的水滴。分水效率比主管路过滤器高，比空气干燥器低。它不需要电源，采用特殊滤芯。价格比干燥器便宜得多，且易于安装。一般用于对空气露点温度要求不高的场合。

图7.2-20　水滴分离器外形

2. 技术参数（见表7.2-10）

表7.2-10　水滴分离器的技术参数

系列	AMG150C	AMG250C	AMG350C	AMG450C	AMG550C	AMG650	AMG850
连接口径	Rc1/8、Rc1/4	Rc1/4、Rc3/8	Rc3/8、Rc1/2	Rc1/2、Rc3/4	Rc3/4、Rc1	Rc1、Rc1½	Rc1½、Rc2
使用压力范围/MPa	0.05～1.0（带自动排水器：N.C.型为0.15～1.0，N.O.型为0.1～1.0）						
额定流量/(L/min)（ANR）	300	750	1500	2200	3700	6000	12000
环境和介质温度/℃	5～60						
分水效率（%）	99						
排水	有手动或自动排水，但AMG650、850只有常开型						

3. 使用注意事项

应按箭头方向连接进出口。

当冷凝水液面达到观察窗的中位之前应排放。

滤芯的使用寿命为2年或两端压降不得大于0.1MPa。

（八）洁净气体过滤器（SF系列）

SF系列洁净气体过滤器用于洁净空气系统。它具有以下特点：

1）具有高洁净度和高可靠性的高分子隔膜式滤芯，过滤精度为$0.01\mu m$。二次侧洁净度可达6L内没有$0.1\mu m$以上微粒。

2）全部产品都经过$0.1\mu m$洁净度检查。

3）全在洁净室内洗净、组装、检查、包装。

洁净气体过滤器的技术参数见表7.2-11。

在满足使用流体（空气、氮气）、压力、过滤精度及环境要求的前提下，可根据一次侧压力及最大流量的要求，选定型号，如图7.2-21所示。

使用SF系列过滤器时，应当注意：

1）过滤器是在洁净室内进行防静电双层密封包装的，打开内侧包装，一定要在洁净环境（洁净室等）中进行。

2）与人体直接或间接接触的使用（如呼吸用医疗等），事先应与本公司商量。

3）安装在二次侧的气动元件不得发尘，否则洁净度会下降。

4）对处理空气量，初期压力降应小于0.02MPa，否则会缩短过滤器的使用寿命。配管连接应遵守各种管接头相应的规定。

5）应设置在压力脉动不会超过0.1MPa处。

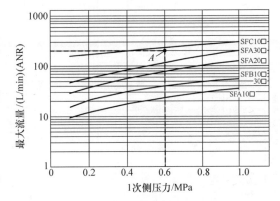

图7.2-21　SF系列过滤器的流量特性

注：图中A表示当SF的进口压力为0.6MPa时，最大流量为200L/min（ANR）。

（九）过滤器的派生规格

为了增加各种过滤器的功能，有些洁净化元件还有多种派生规格。其派生规格如下：

1）在冷凝水排出部可以设置排水活门，用手动排水；可在器身内设置N.O.或N.C.自动排水器，进行自动排水；可以设置排水导管，将冷凝水引至室外排出。

2）不含铜离子及氟离子的规格（不含铜系和氟系材料，或铜系材料进行镀镍处理）及不含硅材料的规格，以满足彩色显像管等制造工艺的要求。

3）用白色凡士林替代O形圈及垫圈等上用的润滑脂、透平油等油脂类的白色凡士林规格，适合涂装用。

4）洁净系列规格，用于洁净室内。

5）带孔眼阻塞指示器的规格，能目视确认滤芯阻塞状况，以确认滤芯寿命。带开关的差压表规格，可目视及用电气信号确认滤芯阻塞状况，以确认滤芯寿命。

6）进出口也有法兰连接形式。

7）可以带托架，用于元件安装。

表 7.2-11 洁净气体过滤器的技术参数

系列	SFA100	SFA200	SFA300	SFB100	SFB300	SFC100	SFD100	SFD200	SFD10$\frac{1}{2}$
名称	夹头圆盘式			直筒式	一次性使用的直筒式	一次性使用的多层盘式	一次性直筒式	夹头直筒式	
外形图									
推荐使用流量/(L/min)(ANR)	26	70	140	45	45	240	60~100	300~500	100
连接口径	Rc1/4、NPT1/4			Rc1/4、TSJ1/4、UOJ1/4	Rc1/4、TSJ1/4、URJ1/4	Rc1/4、3/8 TSJ1/4、3/8 URJ1/4、3/8	$\phi4$、$\phi6$、$\phi8$ Rc1/4、G1/4、NPT1/4	$\phi8$、$\phi10$、$\phi12$ Rc1/4、G1/4、NPT1/4	Rc1/4、G1/4、NPT1/4
使用压力范围	1.3×10^{-6} kPa~1.0MPa			1.3×10^{-6} kPa~1.0MPa	1.3×10^{-6} kPa~1.0MPa	1.3×10^{-6} kPa~1.0MPa	-100kPa~1.0MPa		
滤芯耐差压(最大)/MPa	0.1			0.5	0.5	0.42	0.5		
滤芯耐逆压(最大)/MPa	0.05				0.07				
过滤面积/cm²	13.85	33.18	56.75	10		300			
使用温度/°C	5~80			5~120			5~45		
说明	滤芯更换快捷的夹头式			一次性使用的夹头式		一次性使用的滤芯半导体工业用	一次性使用的滤芯		可在有机溶剂、化学药品的氛围中使用

8）密封材料可改为氟橡胶 FKM。
9）最高使用压力达 1.4MPa 的中压规格和 2.0MPa 以上的高压规格。
10）适应寒冷地区和热带地区使用的低温环境用规格（-30~60℃）和高温环境用规格（-5~80℃）。

四、干燥器

压缩空气经后冷却器、油水分离器、气罐、主管路过滤器得到初步净化后，仍含有一定量的水蒸气。气动回路在充排气过程中，元件内部存在高速流动处（如节流阀及方向阀内部的孔口处）或气流发生绝热膨胀处，温度要下降，空气中的水蒸气就会冷凝成水滴，这对气动元件的工作产生不利的影响。故有些应用场合，必须进一步清除水蒸气。干燥器就是用来进一步清除水蒸气的，但不能依靠它清除油分。

干燥器有冷冻式、吸附式和高分子隔膜式等。

（一）冷冻式干燥机（IDF 和 IDU 系列）

1. 工作原理

冷冻式干燥机利用冷媒与压缩空气进行热交换，把压缩空气冷却至 2~10℃ 的范围，以除去压缩空气中的水分（水蒸气成分）。

图 7.2-22 所示为带后冷却器及自动排水器的冷冻式干燥机。潮湿的热压缩空气，经风冷式后冷却器冷却后，再流入冷却器冷却到压力露点 2~10℃。在此过程中，水蒸气冷凝成水滴，经自动排水器排出。除湿后的冷空气，通过热交换器，吸收进口侧空气的热量，使空气温度上升。提高输出空气的温度，可避免输出口管外壁结霜，并降低了压缩空气的相对湿度。把处于不饱和状态的干燥空气从输出口流出，供气动系统使用。只要输出空气温度不低于压力露点温度，就不会出现水滴。压缩机将制冷剂压缩以升高压力，经冷凝器冷却，使致冷剂由气态变成液态。液态制冷剂在毛细管中被减压，变为低温易蒸发的液态。在热交换器中，与压缩空气进行热交换，并被气化。汽化后的制冷剂再回到压缩机中进行循环压缩。所用制冷剂为不破坏臭氧层的氟里昂 R134a 和 R407c。容量控制阀是通过旁通管路，把高温制

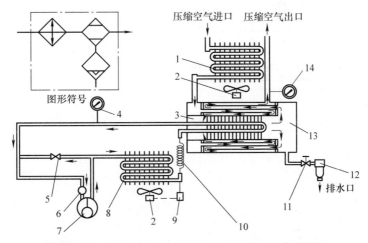

图 7.2-22　IDU22C1~75C 冷冻式干燥机的工作原理图
1—后冷却器　2—风扇　3—冷却器　4—蒸发温度表　5—容量控制阀　6—抽吸贮气罐　7—压缩机
8—冷凝器　9—压力开关　10—毛细管　11—截止阀　12—自动排水器　13—热交换器　14—出口空气压力表

冷剂（气态）与进入热交换器的低温制冷剂进行导通，调整至合适的温度，以适应处理空气量的变化或改变压力露点。蒸发温度表显示制冷剂低压侧的温度。

IDU 系列冷冻式干燥机为高温型冷冻式干燥机，压缩空气进口温度上限定为 60～80℃，干燥器进口通常装有风冷式后冷却器（IDU3E～6E 不带后冷却器）。

IDF 系列冷冻式干燥机为标准型冷冻式干燥机，压缩空气进口温度上限定为 50℃，不带后冷却器。

IDUE/IDFE 系列为带不锈钢热交换器型冷冻式干燥机。它改善了防腐蚀性能，且流通能力增大 40%，功率消耗减少 38%，总尺寸也减小些。

2. 技术参数（见表 7.2-12）

表 7.2-12　冷冻式干燥机的技术参数

系列		螺杆式空压机功率/kW	额定处理空气量/(L/min)（ANR）	使用压力范围/MPa	进口空气温度/℃	环境温度/℃	冷媒	电压/V（50Hz）	耗电量/W	配管口径
小型	IDF1E	0.75	100	0.15～1.0	5～50	2～40（相对湿度85%以下）	R134a	单相 AC100	180	Rc3/8
	IDF2E	1.50	200						180	
	IDFA3E	2.2	320					单相 AC230	180	Rc1/2
	IDFA4E	3.7	520						180	
	IDFA6E	5.5	750						180	Rc3/4
	IDFA8E	7.5	1220						208	
中型	IDFA11E	11	1650				R407c		385	
	IDFA15E1	15	2800						470	Rc1
	IDFA22E	22	3900						760	R1
	IDFA37E	37	5700						760	R1 ½
	IDFA55E	55	8400					三相 AC200	1390	R2
	IDFA75E	75	11000						1700	
大型	IDF100F	100	16000	0.15～0.97	5～50	2～43（相对湿度85%以下）	R407c	三相 AC200	2900	R2
	IDF125F	120	20100						4000	法兰 2 ½ in
	IDF150F	150	25000						4000	法兰 3 in
	IDF190D	190	32000						4900	法兰 3 in
	IDF240D	240	43000						6300	法兰 4 in
	IDF370D	370	54000						8100	法兰 6 in
小型	IDU3E	2.2	320	0.15～1.0	5～80	2～40（相对湿度85%以下）	R134a	单相 AC220	180	Rc3/8
	IDU4E	3.7	520						208	Rc1/2
	IDU6E	5.5	750						385	Rc3/4
	IDU8E	7.5	1100						250	
	IDU11E	11	1500						425	
	IDU15E1	15	2600						585	Rc1
中型	IDU22E	22	3900		5～70		R407c	三相 AC200/380 配备变压器	750	R1
	IDU37E	37	4300						870	R1 ½
	IDU55E	55	8400		5～60				1520	R2
	IDU75E	75	11000						2290	

冷冻式干燥机的额定处理空气量是在表 7.2-13 中所标定的条件下得到的。

表 7.2-13　冷冻式干燥机额定处理空气量的条件

系列	标定条件			
	进口空气压力/MPa	进口空气温度/℃	环境温度/℃	压力露点/℃
IDF1E～IDFA37E、IDF370D	0.7	35	32	10
IDF55E～75E、IDF100F～150F、IDF190D～240D		40		
IDU3E～15E1、IDU22E～37E		55		
IDU55E、75E		55		

3. 选用

当压缩空气的压力高、温度低、环境温度低且处理空气量小时，则可得到低压力露点。修正后的处理空气量 q 不得超过表 7.2-12 中的额定处理空气量，依此来选择干燥机的规格。

$$q = q_c / (C_1 C_2 C_3 C_4) \tag{7.2-1}$$

式中　q——修正后的处理空气量（L/min）（ANR）；

　　　q_c——干燥器的实际处理空气量（L/min）（ANR）；

　　　C_1——进口空气温度修正系数，见表 7.2-14；

　　　C_2——进口空气压力修正系数，见表 7.2-14；

　　　C_3——出口空气压力露点的修正系数，见表 7.2-14；

　　　C_4——环境温度修正系数，见表 7.2-14。

冷冻式干燥机适用于处理空气量大、压力露点温度为 2～10℃ 的场合。它具有结构紧凑、占用空间较小、噪声低（仅 45dB）、使用维护方便和维护费用低等优点。

表 7.2-14　温度修正系数

表Ⓐ　进口空气温度

IDF系列 IDF1E~37E		IDF55E、75E、190D~240D		IDF100F~150F		IDF370D		IDU系列 IDU3E~IDU37E		IDU55E、75E	
进口空气温度/℃	修正系数	进口空气温度/℃	修正系数	进口空气温度/℃	修正系数	进口空气温度/℃	修正系数	进口空气温度/℃	修正系数	进口空气温度/℃	修正系数
5~30	1.3	5~30	1.35	5~30	1.41	5~30	1.25	5~45	1.15	5~45	1.21
35	1	35	1.25	35	1.21	35	1.00	50	1.07	50	1.10
40	0.82	40	1	40	1	40	0.83	55	1	55	1
45	0.68	45	0.8	45	0.92	45	0.70	60	0.95	60	0.87
50	0.57	50	0.6	50	0.75	50	0.60	65	0.9	65	0.76
				55	0.63			70	0.86	70	0.74
				60	0.53			75	0.82	75	0.72
								80	0.79	80	0.70

表Ⓑ　环境温度①

IDF系列 IDF1E~75E		IDF100F~150F		IDF190D~240D		IDU系列 IDU3E~IDU37E		IDU55E、75E	
环境温度/℃	修正系数	环境温度/℃	修正系数	环境温度/℃	修正系数	环境温度/℃	修正系数	环境温度/℃	修正系数
2~25	1.14	2~25	1.06	2~25	1.10	2~25	1.2	2~25	1.25
30	1.04	30	1.02	30	1.05	30	1.04	30	1.11
32	1	32	1	32	1	32	1	32	1
35	0.96	35	0.99	35	0.95	35	0.93	35	0.90
40	0.9	40	0.98	40	0.90	40	0.84	40	0.63
		45	0.92						

①水冷的场合，修正系数=1时对应2~45℃。

(续)

表ⓒ 出口空气压力露点

IDF系列 IDF1E~75E 190D~370D

出口空气压 力露点/℃	修正 系数
3	0.55
5	0.7
10	1
15	1.3

IDU系列 IDU3E~IDU37E

出口空气压 力露点/℃	修正 系数
3	0.55
5	0.7
10	1
15	1.3

IDF100F~150F

出口空气压 力露点/℃	修正 系数
3	0.55
5	0.7
10	1
15	1.4

IDU55E、75E

出口空气压 力露点/℃	修正 系数
3	0.53
5	0.67
10	1
15	1.30

表ⓓ 进口空气压力

IDF系列

IDF1E~75E

进口空气 压力/MPa	修正 系数
0.2	0.62
0.3	0.72
0.4	0.81
0.5	0.88
0.6	0.95
0.7	1
0.8	1.06
0.9	1.11
1~1.6	1.16

IDF100F~150F

进口空气 压力/MPa	修正 系数
0.2	0.84
0.3	0.87
0.4	0.9
0.5	0.93
0.6	0.96
0.7	1
0.8	1.03
0.9	1.06
1~1.6	1.09

IDF190D~370D

进口空气 压力/MPa	修正 系数
0.2	0.68
0.3	0.77
0.4	0.84
0.5	0.90
0.6	0.95
0.7	1
0.8	1.03
0.9	1.06
1.0	1.08

IDU系列

IDU3E~37E

进口空气 压力/MPa	修正 系数
0.2	0.62
0.3	0.72
0.4	0.81
0.5	0.88
0.6	0.95
0.7	1
0.8	1.06
0.9	1.11
1~1.6	1.16

IDU55E、75E

进口空气 压力/MPa	修正 系数
0.2	0.62
0.3	0.69
0.4	0.77
0.5	0.85
0.6	0.93
0.7	1
0.8	1.08
0.9	1.16
1~1.6	1.23

例 7.2-1 进口空气温度为55℃，环境温度为35℃，进口空气压力为0.7MPa，实际处理空气量为350L/min（ANR），要求出口空气压力露点为10℃，选择冷冻式干燥机规格。

解 因进口空气温度为55℃，由表7.2-12，应选 IDU 系列。由进口空气温度、环境温度及出口空气压力露点，查表7.2-14，可初选 $C_1 = 1.0$、$C_3 = 1$、$C_4 = 0.93$。由进口空气压力，查表7.2-14，可得 $C_2 = 1$。由式（7.2-1），可得修正后的处理空气量 $q = 376$L/min（ANR）。查表7.2-12，应选 IDU4E。

4. 使用注意事项

1）不要放置在日晒、雨淋、风吹或相对湿度大于85%的场所；不要放置在灰尘多、有腐蚀性或可燃性气体的环境中；不要放置在有振动、冷凝水有冻结危险的地方。不要离壁面太近，以免通风不良；不得已需在有腐蚀性气体的环境中使用，应选用铜管经防锈处理的干燥机或不锈钢热交换器型的干燥机；应在环境温度40℃以下使用。

2）压缩空气的进出口不要接错。为便于维修，要确保维修空间，并应设置旁通管路。要防止空压机的振动传给干燥机。配管重量不要直接加在干燥机上。对 IDFA6E 和 IDU6E 以上的干燥机，为防止出口配管表面结霜，配管外应包上绝热材料。

3）排水管不要向上立着，不要打折或压扁。排水管为聚氨酯管，IDF1E~A37E 和 IDU3E~15E 的排水管外径为10mm。

4）电源电压允许波动小于±10%。应设置适当容量的漏电断路保护器。使用前必须接地。

5）压缩空气进口温度过高、环境温度过高（40℃以上）、使用流量超过额定处理空气量、电压波动超过±10%、通风太差（冬季也要换气，否则室温也会升高）等情况下，保护电路会发挥作用，指示灯灭，停止运转。

6）当空气压力高于0.15MPa时，常开式自动排水器的排水口才能关闭。空压机的排气量太小时，排水口处于开启状态，有空气吹出。所以，IDF2E~A37E 和 IDU3E~15E 干燥机的空压机输出气量必须大于100L/min（ANR）；IDF55C~75C 和 IDU22C1~75C 干燥机的空压机输出气量必须大于300L/min（ANR）。

7）压缩空气质量差，如混入大量灰尘和油分，这些脏物会黏附在热交换器上，降低其工作效率，同时排水也易失效。希望在干燥机进口处设置 AFF 系列过滤器，并要确认一天排水不少于一次。

8）干燥机的通风口每月要用吸尘器清扫一次。

9）接通电源，待运转状态稳定后，再接通压缩空气。停止运转后，必须等待3min以上才能再起动。

10）若使用自动排水器，应经常检查其排水功能是否正常。要经常清扫冷凝器上的灰尘等；要经常检查冷媒的压力，可判断冷媒是否泄漏及压缩机的能力是否有变化；要检查排出冷凝水的温度是否正常。

11）冷冻式干燥机不同系列还有许多可选规格：

① 冷压缩空气（A）：冷却除湿后的压缩空气不再加热就输出，用于冷却用。

② 铜管防锈处理（C）：在腐蚀性气体（硫化氢、二氧化硫等）的环境中使用时，为了使腐蚀降至最低限度，在铜、铜合金部喷涂环氧树脂（电气周围除外）。

③ 中压空气（H）：热交换器、自动排水器、压力表都变更成中压规格，最高使用压力为1.5MPa。

④ 带重载型自动排水器（L）：排污能力强，比一般浮子式自动排水器排水更可靠。

⑤ 带电动式自动排水器（M）：排高黏度污液的能力强。

⑥ 带水冷式冷凝器（W）：用于周围环境温度高也不减少处理空气量的场合，也可用于密闭室内环境温度不上升的场合。

⑦ 带漏电断路器（R）：将漏电断路器（漏电流30mA）内置或设置在干燥器侧面的面板上。

⑧ 电源端子台连接（S）：在端子台上进行电源的连接。

⑨ 带远程操作、运转、异常信号取出用端子（T）：在分置的场合，设置有靠远程操作进行干燥器的运转或停止的端子，以及取出运转信号（运转时无电压触点闭）、异常信号（异常时无电压触点闭）的端子。

⑩ 电源变压器一体型：使用标准规格电压之外的电源电压时，将变压器与干燥机设置在同一台架上。

（二）吸附式干燥器（ID系列）

1. 工作原理

图7.2-23所示为无热再生吸附式干燥器的工作原理图。其中的吸附剂对水分具有高压吸附、低压脱附的特性。为利用这个特性，干燥器有两个充填了吸附剂的相同的吸附筒T_1和T_2。除去油雾的压缩空气，通过二位五通阀，从吸附筒T_1的下部流入，通过吸附剂层流到上部，空气中的水分在加压条件下被吸附剂层吸收。干燥后的空气，通过单向阀，大部分从输出口输出，供气动系统使用。同时，约占10%~15%的干燥空气，经固定节流孔O_2，从吸附筒T_2的顶部进入。因吸附筒T_2通过二位五通阀和二位二通阀与大气相通，故这部分干燥的压缩空气迅速减压，流过T_2中原来吸收水分已达饱和状态的吸附剂层，吸附剂中的水分在低压下脱附，脱附出来的水分随空气排至大气，实现了不需外加热源而使吸附剂再生的目的。由定时器周期性地对二位五通电磁阀和二位二通电磁阀进行切换（通常5~10min切换一次），使T_1和T_2定期地交换工作，使吸附剂轮流吸附和再生，便可得到连续输出的干燥压缩空气。在干燥压缩空气的出口处，装有湿度显示器，可定性地显示压缩空气的露点温度（见表7.2-15）。

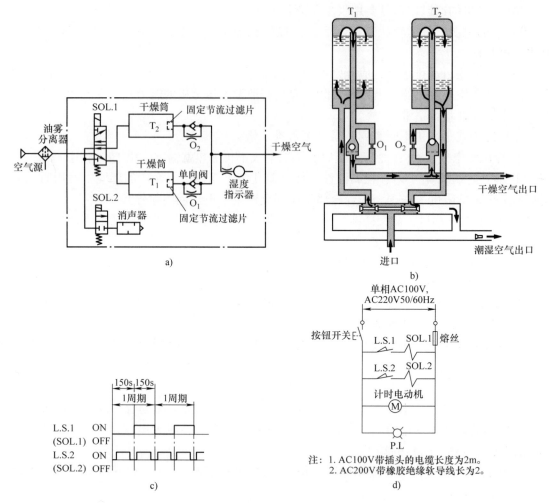

图 7.2-23 ID 系列无热再生吸附式干燥器
a) 气动回路图 b) 工作原理图 c) 时序图 d) 电气回路图

表 7.2-15 显示器的颜色与露点温度

显示器的颜色	深蓝	浅蓝	浅红	粉红
大气压露点温度/℃	< -30	-18	-10	-5

注：在进口压力为 0.7MPa、进口空气温度为 30℃ 的条件下得出。

2. 技术参数（见表 7.2-16）

表 7.2-16 无热再生吸附式干燥器的技术参数

型号	输入流量/(L/min)(ANR)	输出流量/(L/min)(ANR)	再生流量/(L/min)(ANR)	使用压力范围/MPa	配管口径	出口大气压露点	电源
ID20□	100	80	20	0.3~1.0	Rc1/4	-30℃以下（进口压力 0.7MPa、温度 35℃、输入流量下）	AC100V（或 AC200V）30W
ID30□	192	155	37	0.3~1.0	Rc1/2		
ID40□	415	330	85	0.3~0.9	Rc1/2		
ID60□	975	780	195	0.3~0.9	Rc3/4		

吸附式干燥器输入流量与压力降的关系曲线如图 7.2-24 所示，再生流量与进口压力的关系如图 7.2-25 所示。出口空气在大气压下的露点温度与进口空气温度的关系曲线如图 7.2-26 所示。

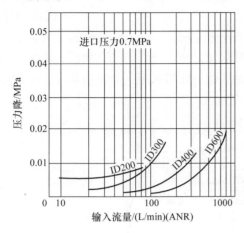

图 7.2-24　ID 系列干燥器的输入流量与压力降的关系曲线

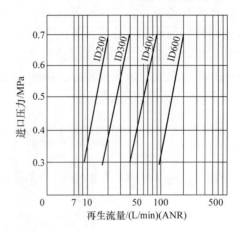

图 7.2-25　ID 系列干燥器再生流量与进口压力的关系曲线

3. 选用

冷冻式干燥机虽能提供大量稳定的优质干燥空气，但大气压露点只能达到 -17℃。

吸附式干燥器体积小、重量轻、易维护，大气压露点可达 -30 ~ -50℃，但处理流量小，最大流量不大于 780L/min（ANR），故适合处理空气量小但干燥程度要求高的场合。

4. 使用注意事项

1) 进出口不得装反，应水平安装。进口应设置空气过滤器和油雾分离器，否则，压缩空气中的油雾和灰尘等将使吸附剂的毛细孔堵塞，使其吸附能力下降，使用寿命变短。

2) 若在吸附式干燥器前设置冷冻式干燥机，则出口大气压露点可低至 -50℃。

3) 若希望在不停气条件下更换吸附剂，应设计旁路系统。

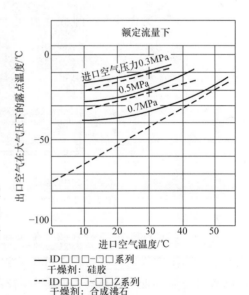

图 7.2-26　ID 系列干燥器出口空气在大气压下的露点温度与进口空气温度的关系曲线

4) 应先加压再接通电源。若加压前接通电源，由于单向阀动作差（特别是压力低时），有可能一开始出现异常多的再生流量。

5) 要防止电磁方向阀动作不良可能出现的压缩空气不流动问题。

6) 排出的再生流量及湿度显示器排出的空气应对环境无影响。

7) 吸附剂长期使用会粉化，应在粉化之前予以更换，以免粉末混入压缩空气中。

8) 减压阀不得装在干燥器的一次侧，因在低压状态，除湿能力发挥不出来。

（三）高分子隔膜式干燥器（IDG 系列）

1. 工作原理

图 7.2-27 所示为 IDG 系列高分子隔膜式干燥器的工作原理图。特殊的高分子中空隔膜只让水蒸气透过，空气中的氮气和氧气不能透过。当湿的压缩空气进入中空隔膜内侧时，在隔膜内外侧的水蒸气分压力差的作用下，仅水蒸气透过隔膜，进入中空隔膜的外侧，出口便得到干燥的压缩空气。利用部分出口的干燥压缩空气，通过极细的小孔降压，流向中空隔膜外侧，将水蒸气带出干燥器外。因中空隔膜外侧总处于低的水蒸气分压力状态，故能不断进行除湿，不需设置排水器。

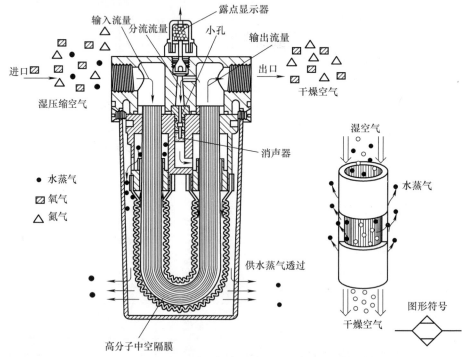

图 7.2-27　IDG 系列高分子隔膜式干燥器的工作原理图

2. 特点

这种干燥器体积小、重量轻、无需排水器，带露点显示器，不用氟里昂，不用电源，除水率高，输出空气的大气压露点可达 -60℃，无振动，无排热，使用寿命长，安装方便，可与前置过滤器（油雾分离器、微雾分离器）组合使用。

3. 技术参数（见表 7.2-17）

输入流量为输出流量与分流流量之和。分流流量占输入流量的比例越大，则输出空气的大气压露点越低。

4. 选用

1) 确认使用条件。例如，出口空气流量为 150L/min（ANR），出口空气大气压露点为 -15℃，进口空气压力为 0.5MPa，进口空气温度为 35℃，允许压力降为 0.03MPa，压缩空气的供给能力为 300L/min（ANR）。

2) 根据进口空气温度对出口空气流量进行修正。进口空气温度以 25℃ 为基准，不是 25℃ 时的修正系数见表 7.2-18。

表 7.2-17 高分子隔膜式干燥器（单体式）的技术参数

型号	进口压力范围/MPa	环境和介质温度/℃	输出流量/(L/min)(ANR)	分流流量/(L/min)(ANR)	输出空气大气压露点/℃	配管口径/in
IDG1~20	0.3~0.85	-5~55	10~200	25~50	-20	1/8~3/8
IDG30~100	0.3~1.0	-5~50	300~1000	60~190	-20	1/4~1/2
IDG3H~20H	0.3~0.85	-5~55	25~200	3~22	-15	1/8~3/8
IDG30H~100H	0.3~1.0	-5~50	300~1000	29~110	-15	1/4~1/2
IDG30LA~100LA	0.3~1.0	-5~50	75~300	18~100	-40	1/4~1/2
IDG60SA~100SA	0.3~1.0	-5~50	50~150	25~85	-60	3/8~1/2

根据进口空气温度35℃，若选 A 类干燥器，则修正系数为0.4；若选 B 类干燥器，则修正系数为0.86。故修正后的出口空气流量，对 A 类为150/0.4 = 375L/min（ANR）；对 B 类为150/0.86 = 175L/min（ANR）。

3）按修正后的出口空气流量预选干燥器的型号。

表 7.2-18 IDG 系列的进口空气温度与出口空气流量的修正系数

进口空气温度/℃	A 类	B 类
	IDG□	IDG□A
10	3.00	1.35
15	2.17	1.22
20	1.52	1.10
25	1.00	1.00
30	0.65	0.92
35	0.40	0.86
40	0.25	0.80
45	0.19	0.75
50	0.14	0.70

按图 7.2-28 所示的性能曲线，本例进口空气压力为 0.5MPa，出口空气大气压露点为 -15℃，修正后的出口空气流量，A 类为 375L/min（ANR），B 类为 175L/min（ANR），则 A 类可选 IDG60，B 类可选 IDG50HA。

4）确认分流流量。根据预选的型号及进口空气压力，由图 7.2-29 可读取分流流量。对本例，对 IDG60，分流流量为 94L/min（ANR）；对 IDG50HA，分流流量为 45L/min（ANR）。

5）计算进口空气流量 q_1，确认进口空气流量 q_1 不超过压缩空气的供给能力 q。

进口空气流量是出口空气流量与分流流量之和，故本例进口空气流量，对 IDG60，q_1 =（150 + 94）L/min（ANR）= 244L/min（ANR）；对 IDG50HA，q_1 =（150 + 45）L/min（ANR）= 195L/min（ANR）。它们都小于压缩空气的供给能力 q = 300L/min（ANR），故

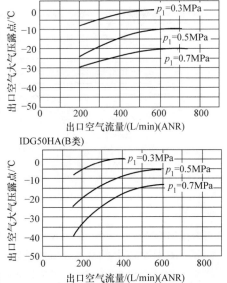

图 7.2-28 IDG 系列的部分性能曲线

两种型号都满足要求。

6）确认压力降 Δp_1 低于允许压力降 Δp。由图 7.2-30 可查得在进口压力为 0.5MPa、进口空气流量为 244L/min（ANR）（对 IDG60）或 195L/min（ANR）（对 IDG50HA）的条件下的压力降 Δp_1 分别为 0.0055MPa（对 IDG60）和 0.009MPa（对 IDG50HA）。它们都小于允许压力降 $\Delta p=0.03$MPa，故选型正确。

7）选择其他附件等。

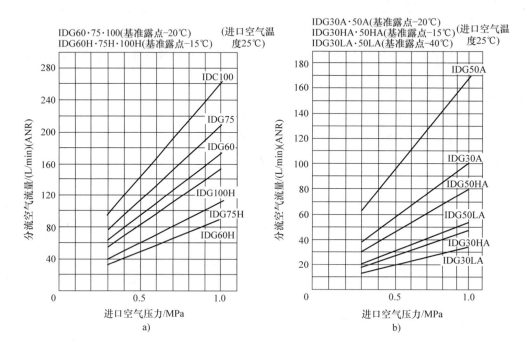

图 7.2-29　IDG 系列分流流量曲线

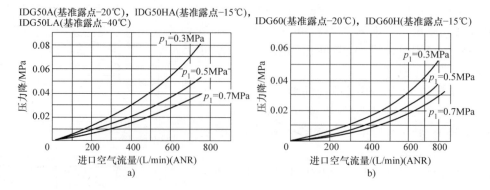

图 7.2-30　IDG 系列的压力降特性

5. 注意事项

1）按干燥器上的箭头方向安装。

2）本干燥器要消耗一定量的压缩空气，将水蒸气从外罩和露点显示器处吹出。若处于湿态的分流流量不能直接排至室内，可以安装排出分流流量的接头，用管子将这些湿空气引至室外排出。

3）本干燥器的一次侧，必须安装油雾分离器和微雾分离器，以清除进口空气中的油分。高分子隔膜式干燥器有两种组合单元，IDG□M 系列为油雾分离器+微雾分离器+高分子隔膜式空气干燥器，IDG□V 系列是在 IDG□M 系列之后再接上减压阀。

4）进口空气温度应低于环境温度，以避免内部积存水滴，使除湿能力降低。

5）低露点（-40℃）空气的配管应使用不锈钢或聚四氟乙烯材质，不要使用尼龙管、聚氨酯管，因尼龙管易受周围空气的影响，使二次侧配管末端可能得不到低露点。

6）露点显示器蓝色为正常，露点温度高时为粉红色，若混入油分多则为茶色，红色、茶色时，应更换显示器及高分子隔膜。

五、空气组合元件（AC 系列）

为得到多种功能，将空气过滤器、减压阀和油雾器等元件进行不同的组合，就构成了空气组合元件。各元件之间采用模块式连接方式，如图 7.2-31 所示。元件之间使用了带托架的隔板组件，将保持器夹住需要连接的两个产品和隔板，再拧紧紧定螺母，使组件紧紧拉紧在一起。这种连接方式安装简单，密封性好，易于实现标准化、系列化，可缩小外形尺寸，节省空间和配管，便于维修，便于集中管理。

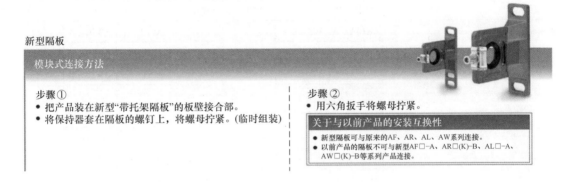

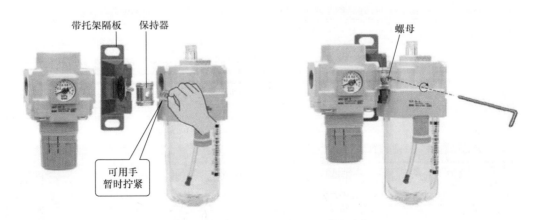

图 7.2-31 空气组合元件的模块式连接

空气组合元件的不同组合方式见表 7.2-19。

表 7.2-19　AC 系列空气组合元件

组合	系列	连接口径	构成元件				
			空气过滤器 AF	减压阀 AR	油雾器 AL	过滤减压阀 AW	油雾分离器 AFM
AF + AR + AL	AC10 – A	M5 × 0.8	AF10 – A	AR10 – A	AL10 – A	—	—
	AC20 – B	1/8、1/4	AF20 – A	AR20 – B	AL20 – A		
	AC25 – B	1/4、3/8	AF30 – A	AR25 – B	AL30 – A		
	AC30 – B	1/4、3/8	AF30 – A	AR30 – B	AL30 – A		
	AC40 – B	1/4、3/8、1/2	AF40 – A	AR40 – B	AL40 – A		
	AC40 – 06 – B	3/4	AF40 – 06 – A	AR40 – 06 – B	AL40 – 06 – A		
	AC50 – B	3/4、1	AF50 – A	AR50 – B	AL50 – A		
	AC55 – B	1	AF60 – A	AR50 – B	AL60 – A		
	AC60 – B	1	AF60 – A	AR60 – B	AL60 – A		
AW + AL	AC10A – A	M5 × 0.8			AL10 – A	AW10 – A	—
	AC20A – B	1/8、1/4			AL20 – A	AW20 – B	
	AC30A – B	1/4、3/8			AL30 – A	AW30 – B	
	AC40A – B	1/4、3/8、1/2	—	—	AL40 – A	AW40 – B	
	AC40A – 06 – B	3/4			AL40 – 06 – A	AW40 – 06 – B	
	AC50A – B	3/4、1	—	—	AL50 – A	AW60 – B	
	AC60A – B	1	—	—	AL60 – A	AW60 – B	
AF + AR	AC10B – A	M5 × 0.8	AF10 – A	AR10 – A	—	—	—
	AC20B – B	1/8、1/4	AF20 – A	AR20 – B			
	AC25B – B	1/4、3/8	AF30 – A	AR25 – B			
	AC30B – B	1/4、3/8	AF30 – A	AR30 – B			
	AC40B – B	1/4、3/8、1/2	AF40 – A	AR40 – B			
	AC40B – 06 – B	3/4	AF40 – 06 – A	AR40 – 06 – B			
	AC50B – B	3/4、1	AF50 – A	AR50 – B			
	AC55B – B	1	AF50 – A	AR50 – B			
	AC60B – B	1	AF60 – A	AR60 – B			

(续)

组合		系列	连接口径	构成元件				
				空气过滤器 AF	减压阀 AR	油雾器 AL	过滤减压阀 AW	油雾分离器 AFM
AF + AFM + AR		AC20C – B	1/8、1/4	AF20 – A	AR20 – B	—	—	AFM20 – A
		AC25C – B	1/4、3/8	AF30 – A	AR25 – B			AFM30 – A
		AC30C – B	1/4、3/8	AF30 – A	AR30 – B			AFM30 – A
		AC40C – B	1/4、3/8、1/2	AF40 – A	AR40 – B			AFM40 – A
		AC40C – 06 – B	3/4	AF40 – 06 – A	AR40 – 06 – B			AFM40 – 06 – A
AW + AFM		AC20D – B	1/8、1/4	—	—	—	AW20 – B	AFM20 – A
		AC30D – B	1/4、3/8				AW30 – B	AFM30 – A
		AC40D – B	1/4、3/8、1/2				AW40 – B	AFM40 – A
		AC40D – 06 – B	3/4				AW40 – 06 – B	AFM40 – 06 – A

AW 系列是将空气过滤器和减压阀一体化，称为过滤减压阀。空气过滤器、减压阀和油雾器的顺序组合，通常称为气动三大件。

此外，还有与其他元件或连接件组合在一起的空气组合元件，下面一一说明。

为便于安装维修，可在组件两端装上配管接头，如图 7.2-32 所示。这样，不拆管道，便可拆卸组件。

图 7.2-32 空气组合元件上带配管接头

空气组合元件上的配管接头带压力开关如图 7.2-33 所示。当压力达某值时，压力开关发出电信号。

在油雾器前，插入单向阀，如图 7.2-34 所示。

在组件的元件间使用 T 形隔板（Y□10），可引出一条支路，如图 7.2-35 所示。

在组件的二次侧，可以模块式连接一个残压释放阀（二位三通手动阀），如图 7.2-36 所

图 7.2-33 配管接头上带压力开关

示。它可将下游侧的残余压力向外界排泄掉，以便安全地进行维修工作。所谓残压，是指切断供给压力后，不希望残留在元件和回路中的压力。

在空气组合元件的前后连接配管时，拧入螺纹的紧固力矩应适当。不得让配管承受元件自重以外的弯曲力矩和扭转力矩。若是钢性配管（如钢管），为避免配管侧传递不必要的力矩负载和振动，可加装一段柔性管。

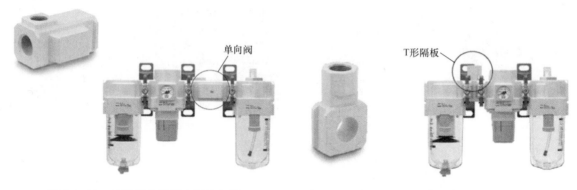

图 7.2-34　油雾器前带单向阀的组件　　　　图 7.2-35　组件间使用 T 形隔板

在空气组合元件之后，可模块式连接软启动电磁阀 AV 系列，可用于系统的安全保护，如图 7.2-37 所示。动作初期，它只允许少量空气流过（流量可以调节），即慢速供气。当出口压力等于进口压力的一半时，该阀便完全开启，达到最大流量。阀关闭时，可将下游压缩空气快速释放。本阀消耗功率小，DC 为 1.8W，AC 励磁时为 3.4V·A，有手动操作按钮，流通能力大，连接口径为 1/4～1，其对应的有效截面面积为 20～122mm^2。

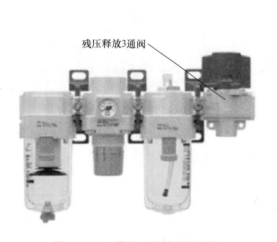
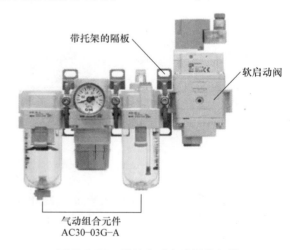

图 7.2-36　带残压释放阀的组件　　　　图 7.2-37　带软启动电磁阀的组件

第三节　局部增压元件

增压元件是出口压力比进口压力高的阀。

工厂气路中的压力通常不高于 1.0MPa，但在下列情况下，却需要少量、局部高压气体：

1）气路中个别或部分装置需使用高压（比主管路压力高）。

2）工厂主气路压力下降，不能保证气动装置的最低使用压力时，利用增压阀提供高压气体，以维持气动装置正常工作。

3）空间窄小，不能配置大缸径气缸，但输出力又必须确保。

4）气控式远距离操作，必须增压以弥补压力损失。

5）需要提高气液联用缸的液压力。

6）希望缩短向气罐内充气至一定压力的时间。

7）防爆氛围气中想提高压力时。

8）气缸一侧想增压时。

9）气路终端用户的装置要求各不相同的高输出力的场合。

上述情况可通过局部增压元件（增压阀 VBA 系列），将工厂气路中的压力增至 2 倍或 4 倍，但最高输出压力小于 2MPa。这样做与建立高压气源相比，可大大节省成本和能源。

一、动作原理

图 7.3-1 所示为增压阀的动作原理图。输入的气压分两路：一路打开单向阀充入小气缸的增压室 A 和 B；另一路经调压阀及方向阀，向大气缸的驱动室 B 充气，驱动室 A 排气。这样，大活塞左移，带动小活塞也左移，增压室 B 增压，打开单向阀从出口送出高压气体。小活塞走到头，使方向阀切换，则驱动室 A 进气，驱动室 B 排气，大活塞反向运动，增压室 A 增压，打开单向阀，继续从输出口送出高压气体。以上动作反复进行，便可从出口得到连续输出的高压气体。出口压力反馈至调压阀，可使出口压力自动保持在某一值。当需要改变出口压力时，可调节手轮，便能得到在增压比范围内的任意设定的出口压力。

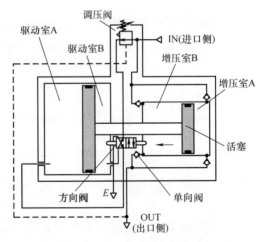

图 7.3-1　增压阀的动作原理图（VBA1111）

二、主要技术参数

增压阀的主要技术参数见表 7.3-1。最大增压比是最高二次侧压力与一次侧压力之比。

表 7.3-1　增压阀的主要技术参数

技术参数	手轮操作型					先导压力控制型（气控型）	
	VBA43A	VBA11A	VBA10A	VBA20A	VBA40A	VBA22A	VBA42A
接管口径	Rc1/2	Rc1/4	Rc1/4	Rc3/8	Rc1/2	Rc3/8	Rc1/2
最大增压比	2	2~4	2	2	2	2	2
最高进口压力/MPa	1.0						
设定压力范围/MPa	0.2~1.6	0.2~2.0	0.2~2.0	0.2~1.0	0.2~1.0	0.2~1.0	0.2~1.0
最大流量/(L/min)(ANR)	1600	70	230	1000	1900	1000	1900

图 7.3-2 所示为 VBA 系列增压阀的特性曲线。图 7.3-2a 所示为流量特性曲线。不增压时，进口压力 p_1 出口压力 p_2 相等，出口流量最大。随增压比增大，出口流量减少。当增压比达最大时，出口流量为零。最大流量与不增压时的进口压力成正比。图 7.3-2b 所示为压力特性曲线。它是在一定出口流量 [如 20L/min（ANR）] 下，从一定的进口压力和出口压力的设定点开始，描出出口压力随进口压力而变化的曲线。图 7.3-2c 所示为充气特性曲线，表示向容器内充气时，容器内的压力随时间变化的曲线，图中给出在不同增压比下，向 10L 气罐充气的充气时间。譬如，气罐内初始压力为 0.5MPa，当罐内压力充至 0.7MPa 和 0.95MPa 时，相对于初始压力的增压比分别为 1.4 和 1.9，对增压阀 VBA10A 而言，从

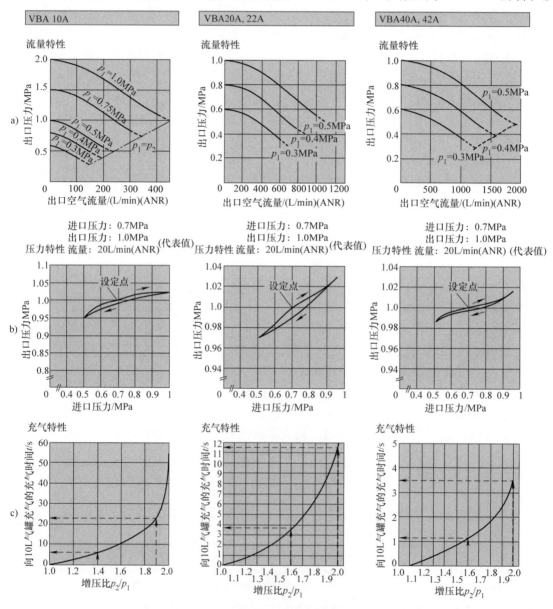

图 7.3-2　VBA 系列增压阀的特性曲线
a）流量特性　b）压力特性　c）充气特性

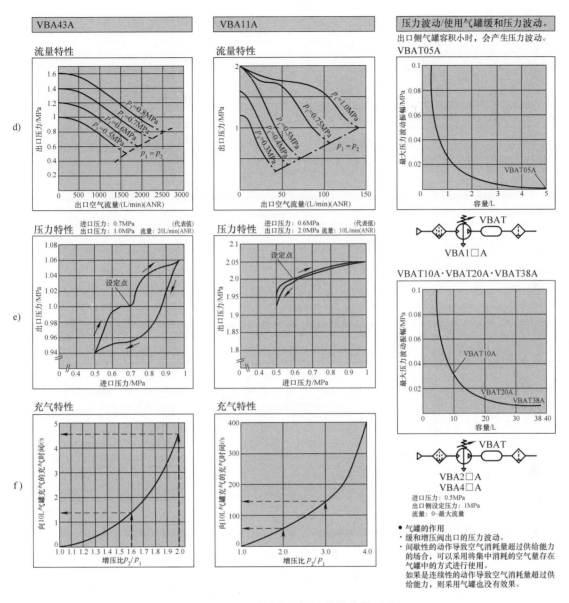

图 7.3-2　VBA 系列增压阀的特性曲线（续）
d）流量特性　e）压力特性　f）充气特性

图 7.3-2c 可查得向 10L 气罐充气的时间分别为 6s 和 23s，则从 0.7MPa 充至 0.95MPa 所需的时间为 17s；若气罐容积为 5L，罐内初始压力为 0.5MPa，则罐内压力从 0.7MPa 充至 0.95MPa 所需的时间为 8.5s。

为了减小出口压力的脉动，出口侧应设置一定容积的气罐。

三、选用方法

某气动设备，需 1.5MPa 压力，要供给 200L/min（ANR）的流量。从图 7.3-2a 可知，可选用 VBA10A 增压阀，进口压力应达到 0.9～1.0MPa。若要供给 300L/min（ANR）的 1.5MPa 的压缩空气，从图 7.3-2a 可知，没有合适的增压阀。在这种情况下，可在增压阀下游,设置一个一定容积的小气罐贮气,以备短时间供应较大流量的高压气体,如图 7.3-3 所示。

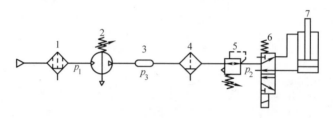

图 7.3-3 增压阀配置小气罐的气动系统
1—油雾分离器 2—增压阀 3—小气罐 4—空气过滤器 5—减压阀 6—气动方向阀 7—气缸

在气缸停止运动的时间内,让增压阀继续工作,向气罐充气,以补充气缸动作时的流量不足。

增压阀及小气罐容积的选择程序如图 7.3-4 所示。

举例说明:已知 $D=80$mm,$L=500$mm,$u=500$mm/s,气缸的动作循环时间图如图 7.3-5 所示,气缸伸出后的停留时间 $T_{s1}=30$s,气缸缩回后的停留时间 $T_{s2}=40$s,$p_1=0.5$MPa,$p_2=0.8$MPa,$p_3=1.0$MPa,计算如下:

$$Q = \frac{\pi}{4} \times 80^2 \times 500 \times \frac{0.8+0.101}{0.101} \times 1 \times 60 \times 10^{-6} \text{L/min(ANR)} = 1345 \text{L/min (ANR)}$$

当 $p_1=0.5$MPa、$p_2=0.8$MPa 时,从图 7.3-2 中,可选 VBA20A,其出口流量 $q_b=600$L/min(ANR);若选 VBA40A,其出口流量 $q_b=1050$L/min(ANR),都小于气缸所需耗气量,故必须在增压阀后增设小气罐。

气缸走完一个行程的时间内,增压阀向气缸提供的气量不足部分,需要设置多大容积的小气罐呢?在图 7.3-4 中,给出了计算气罐容积 V 的公式。

气缸走完一个行程的时间 $T_c=L/u=500/500$s$=1$s。K 值的选取方法是,若双作用气缸取 2,单作用气缸取 1,根据本例,应选 $K=1$。

对 VBA20A $\quad V = \frac{(1345-600/2) \times 1 \times 1}{60} \times \frac{0.101}{1.0-0.8}\text{L} = 8.8\text{L}$

对 VBA40A $\quad V = \frac{(1345-1050/2) \times 1 \times 1}{60} \times \frac{0.101}{1.0-0.8}\text{L} = 6.9\text{L}$

可提供的小气罐规格有 5L、10L 和 20L,故本例可选 10L 小气罐,型号为 VBAT10(碳钢)或 VBAT10S(不锈钢)。若选不锈钢材质的小气罐,则图 7.3-3 中的空气过滤器可以省去。

气缸停止运动的时间 T_s 内,向 10L 小气罐充气,能否从 p_2 充至 p_3 呢?可利用增压阀的充气特性线来判断。由增压比 p_2/p_1 及 p_3/p_1,查充气特性线,确定向 10L 小气罐内充气的时间 T_1 及 T_2,列于表 7.3-2。故由 $p_2=0.8$MPa 充至 $p_3=1.0$MPa 的充气时间,对 VBAT20A,$T=\frac{8.8}{10} \times (11.5-3.7)/1\text{s}=6.8$s;对 VBAT40A,$T=\frac{6.9}{10} \times (3.5-1.1)/1\text{s}=1.7$s。两个增压阀的充气时间 T 都远小于气缸伸出和缩回后停止运动的最短时间($T_{s1}=30$s),故最终应选增压阀 VBAT20A 及小气罐 VBAT10。

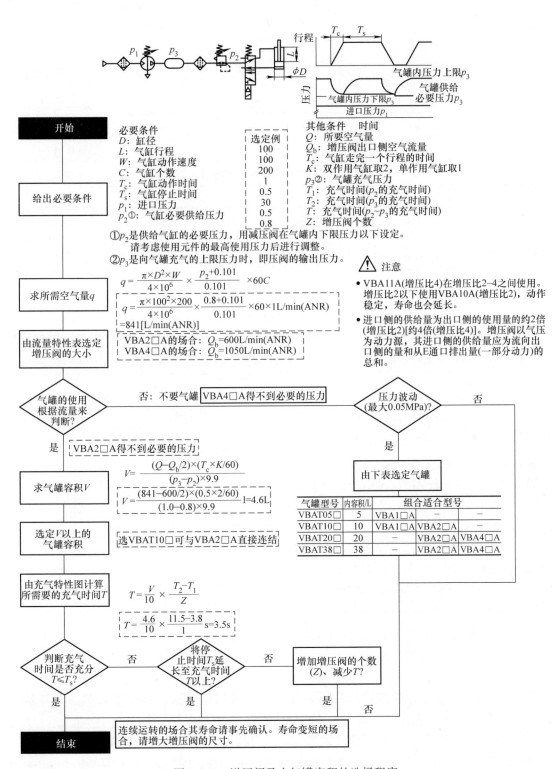

图 7.3-4 增压阀及小气罐容积的选择程序

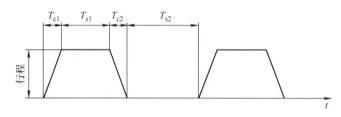

图 7.3-5 气缸的动作循环时间图

表 7.3-2 举例的有关充气时间

型号	p_2/p_1	p_3/p_1	T_1	T_2
VBA20A	$\dfrac{0.8}{0.5}=1.6$	$\dfrac{1.0}{0.5}=2.0$	3.8s	11.5s
VBA40A	$\dfrac{0.8}{0.5}=1.6$	$\dfrac{1.0}{0.5}=2.0$	1.1s	3.5s

四、使用注意事项

1）增压阀出口压力超过 1.0MPa，应确认管接头、气管道、气阀等的压力规格。

2）接管前，应将配管吹洗干净。油泥多的场合，进口侧应设置油雾分离器，以保证增压阀内滑动部件动作良好，防止动作不良（不增压），寿命降低。增压阀的排气口应装消声器或排气洁净器。

3）活塞应保持水平安装。安装螺母必须牢固。如有振动，应安装防振橡胶垫。

4）先导压力控制型增压阀的先导压力为 0.1~0.5MPa，可由远距离操作的小型溢流式减压阀提供（AR20、AW20），如图 7.3-6 所示。但气控型增压阀的进口压力必须比先导压力高 0.05MPa 以上。

5）手轮操作型增压阀出口压力的设定。出厂状态，一供气便溢流，应快速向外拔调节手轮，按箭头方向回转，压力设定后，将手轮再压回。不许超出设定压力范围。压力设定后，要让二次压降压，可利用手轮退出

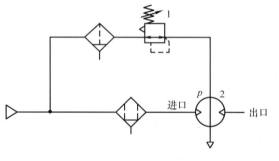

图 7.3-6 气控型增压阀的气动回路
1—小型直动式溢流型减压阀　2—气控型增压阀

(-)。再设定时，应将压力降至预设定的压力之下再进行。

6）先导压力控制型增压阀出口压力的设定，可按先导压力是出口压力的 1/2 来设定先导压力。

7）非常情况下，要求快速排放残压，可在增压阀出口侧安装残压处理阀（三通阀），如图 7.3-7 所示。若设置在增压阀前，由于单向阀存在，残压排不出。

8）一次侧压力变动大，有可能导致二次侧压力超出设定范围，应有安全对策。

9）在二次侧也有安装空气过滤器及油雾分离器的必要，因增压阀内有滑动部位，其所用气罐内表面也可能未处理，二次侧会有尘埃等流出。

10）安装油雾器，应装在二次侧，不可装在一次侧，以防积存油造成增压阀动作不良。

11）完成后，一次侧残压应释放掉。

12) 增压阀排气口应单独配管，以防形成背压。

13) 应夹持增压阀两端搬运，绝对不要拿中间的黑色凸部手轮。

14) 不要淋雨，不要阳光直射。

15) 一日排放（手动式）和检查（自动式）一次冷凝水（各处）。

16) 长时间处在设定状态，当增压阀切换时，从 E 口排气时间变长是正常现象。

17) 为了缩短向气罐内充气的时间，增压阀可并联一单向阀使用，如图 7.3-8 所示。气罐内压力充至 p_1 前，只经单向阀充气；由 p_1 充至 p_2 时，才使用增压阀。若不并联单向阀，则气罐内压力充至 p_1 前也需经增压阀，所以充气时间长。

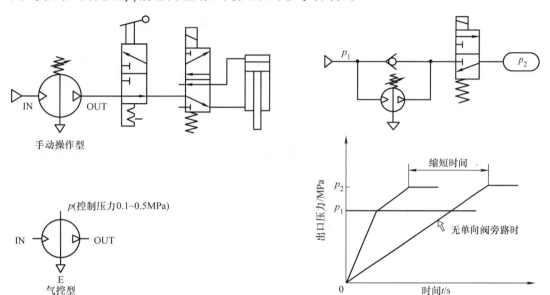

图 7.3-7　增压阀出口侧安装残压处理阀　　图 7.3-8　增压阀与单向阀并联使用缩短充气时间

第四节　局部真空元件

一、概述

以真空吸附为动力源，作为实现自动化的一种手段，已在电子、半导体元件组装、汽车组装、自动搬运机械、轻工机械、食品机械、医疗机械、印刷机械、塑料制品机械、包装机械、锻压机械、机器人等许多方面得到广泛的应用，例如：真空包装机械中，包装纸的吸附、送标、贴标、包装袋的开启；电视机的显像管、电子枪的加工、运输、装配及电视机的组装；印刷机械中的双张、折面的检测、印刷纸张的输送；玻璃的搬运和装箱；机器人抓起重物，搬运和装配；真空成型、真空卡盘等。总之，对任何具有较光滑表面的物体，特别对于非铁、非金属且不适合夹紧的物体，如薄的柔软的纸张、塑料膜、铝箔，易碎的玻璃及其制品，集成电路等微型精密零件，都可使用真空吸附来完成各种作业。

真空发生装置有真空泵和真空发生器两种。真空泵是吸入口形成负压，排气口直接通大气，两端压力比很大的抽除气体的机械。真空发生器是利用压缩空气的流动而形成一定真空度的气动件。由它们组成的典型真空回路如图 7.4-1 所示。表 7.4-1 给出了两种真空发生装置的特点及其应用场合。

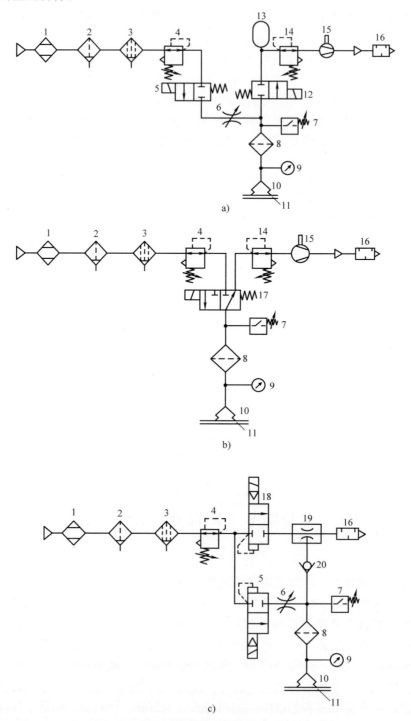

图 7.4-1 典型的真空回路

1—IDF 冷冻式干燥器 2—AF 空气过滤器 3—AM 油雾分离器 4—AR 减压阀 5—真空破坏阀 6—节流阀
7—真空压力开关 8—真空过滤器 9—真空表 10—真空吸盘 11—被吸吊物 12—真空切换阀 13—真空罐
14—真空调压阀 15—真空泵 16—消声器 17—真空选择阀 18—供气阀 19—真空发生器 20—单向阀

表 7.4-1　两种真空发生装置的特点及其应用场合

参数	真空泵		真空发生器	
最大真空度	可达 101.3kPa	能同时获得大值	可达 88kPa	不能同时获得大值
吸入流量	可很大		不大	
结构	复杂		简单	
体积	大		很小	
重量	重		很轻	
寿命	有可动件，寿命较长		无可动件，寿命长	
消耗功率	较大		较小	
价格	高		低	
安装	不便		方便	
维护	需要		不需要	
与配套件复合化	困难		容易	
真空的产生及接触	慢		快	
真空压力脉动	有脉动，需设真空罐		无脉动，不需真空罐	
应用场合	适合连续、大流量工件、不宜频繁启停，适合集中使用		需供应压缩空气，宜从事流量不大的间歇工件，适合分散使用。改变材质，可实现耐热、耐腐蚀	

图 7.4-2 所示为真空元件，包括真空吸盘、真空发生器、其他真空元件。

图 7.4-2　真空元件

二、真空发生器

典型的真空发生器的结构原理如图 7.4-3 所示。它是由先收缩后扩张的拉瓦尔喷管 1、负压腔 2 和接收管 3 等组成的，有供气口、排气口和真空口。当供气口的供气压力高于一定值后，喷管射出超声速射流。由于气体的黏性，高速射流卷吸走负压腔内的气体，使该腔形成很高的真空度。在真空口处接上真空吸盘，靠真空压力便可吸起吸吊物。

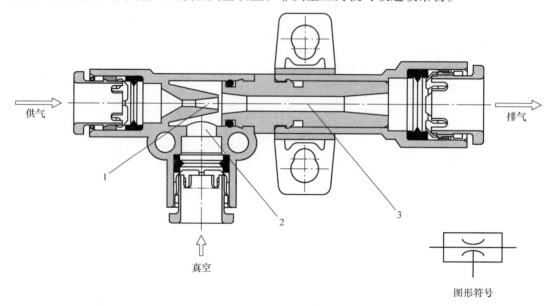

图 7.4-3　ZH 系列真空发生器的结构原理图
1—拉瓦尔喷管　2—负压腔　3—接收管

ZH 系列真空发生器按外形分，有盒式（B 型）和管式（D 型）两种。盒式在排气口带消声器，管式没有消声器。按性能分，有标准型（S 型）和大流量型（L 型）两种。标准型的最大真空度可达 -88kPa，但最大吸入流量比大流量型小。大流量型的最大真空度为 -48kPa，但最大吸入流量比标准型大，可用于吸吊有透气性的瓦楞硬纸之类的物体。按喷管喉部直径分，有 0.5mm、0.7mm、1.0mm、1.3mm、1.5mm、1.8mm 和 2.0mm。按连接方式分，有快换接头式和锥管螺纹连接式，见表 7.4-2。

图 7.4-4 所示为 ZH10DSA 真空发生器的排气特性和流量特性曲线。排气特性表示最大真空压力、空气消耗量和最大吸入流量与供给压力之间的关系。最大真空压力是指真空口被完全封闭时，真空口内的真空压力。空气消耗量是通过喷管的流量（标准状态下）。

表 7.4-2　ZH□A 系列真空发生器的连接尺寸

喷管喉部直径/mm	供气口		真空口		排气口		连接管外径、内径	
	连接管外径/mm	锥管螺纹	连接管外径/mm	锥管螺纹	连接管外径/mm	锥管螺纹	外径	内径
0.5	6	Rc1/8	6	Rc1/8	6	Rc1/8	φ6	φ4
0.7	6	Rc1/8	6	Rc1/8	6	Rc1/8	φ8	φ6.5
1	6	Rc1/8	6	Rc1/8	8	Rc1/8	φ10	φ7.5
1.3	8	Rc1/8	10	Rc1/4	10	Rc1/4	φ12	φ9
1.5	10	Rc1/4	12	Rc3/8	12	Rc3/8	φ16	φ13
1.8	12	Rc3/8	12	Rc3/8	12	Rc3/8		
2			16	Rc1/2	16	Rc1/2		

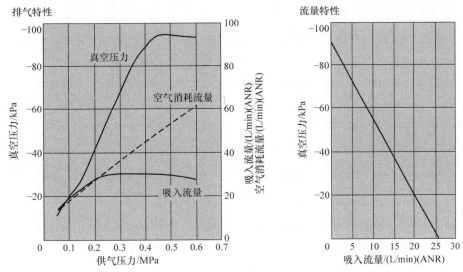

图 7.4-4 ZH10DSA 真空发生器的排气特性和流量特性曲线

最大吸入流量是指真空口向大气敞开时，从真空口吸入的流量（标准状态下）。流量特性是指供给压力为 0.45MPa 条件下，真空口处于变化的不封闭状态下，吸入流量与真空度之间的关系。

从图 7.4-4 中的排气特性曲线可以看出，当真空口完全封闭时，在某个供气压力下，最大真空压力达极限值；当真空口完全向大气敞开时，在某个供气压力下的最大吸入流量达极限值。达到最大真空压力和最大吸入流量的极限值时的供气压力不一定相同。为了获得较大的真空压力或较大的吸入流量，真空发生器的供气压力宜处于 0.25~0.6MPa 范围内，最佳使用范围为 0.4~0.45MPa。

真空发生器的使用温度范围为 5~60°C。不得给油工作。

ZU 系列直通型真空发生器如图 7.4-5 所示，为快换接头连接形式，接头口径为 ϕ4mm 和 ϕ6mm 两种，喷嘴口径为 ϕ0.3mm、ϕ0.4mm、ϕ0.5mm、ϕ0.7mm。分类有高真空型（S 形）和大流量型（L 形）。标准供气压力为 0.45MPa。

由上述可见，这两种真空发生器的结构都相对简单，除了这种树脂主体的产品，还有不锈钢主体，可以用于恶劣环境的产品如 ZH-X267 系列，可以用作冷却液抽吸使用的产品如 ZH-X388/X266。

三、真空阀

1. 减压阀

正压管路中的减压阀（见图 7.4-1 中的 4），应使用正压减压阀（如 AR 系列）。真空管路中的调压阀（见图 7.4-1 中的 14），应使用真空调

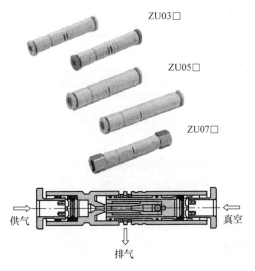

图 7.4-5 ZU 系列直通型真空发生器

压阀 IRV□0 系列和真空电－气比例阀 ITV209□系列。真空调压阀可调节设定侧的真空压力并保持其稳定。

IRV10 真空调压阀的结构原理如图 7.4-6 所示。真空口接真空泵，设定口接负载用的真空罐。真空泵开始工作，真空口压力降低。顺时针旋转手轮 2，设定弹簧 1 的弹簧力推动膜片组件 6 及主阀芯 5 向下，VAC 侧和 SET 侧接通，SET 侧的真空度增大（向绝对真空变化）。然后，SET 侧的真空压力通过 SET 侧通路进入真空室 3，作用在膜片 4 的上方，与设定弹簧的压缩力相平衡，则 SET 侧的压力便被设定。若 SET 侧的真空度比设定值高（向绝对真空变化），设定弹簧力和真空室的 SET 侧压力失去平衡，膜片被上拉，大气吸入阀芯 7 开启，主阀芯 5 关闭，大气通过大气吸入阀芯孔 8 进入真空室。当设定弹簧的压缩力与 SET 侧的真空压力（与真空室一致）达到平衡时，SET 侧压力又被设定。若设定侧的真空度比设定值低，设定弹簧力与真空室的 SET 侧压力又失去平衡，膜片被推下，大气吸入阀芯 7 关闭，主阀芯 5 开启，则 SET 侧真空度增大。当设定弹簧的压缩力与 SET 侧的真空压力达平衡时，SET 侧的压力又被设定。设定压力完成后，应将手轮锁住。

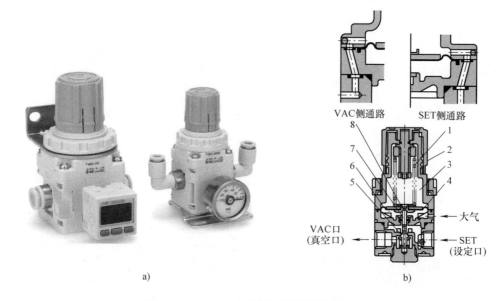

图 7.4-6 IRV10 真空调压阀的结构原理图
a) 外形图 b) 结构原理图
1—设定弹簧 2—手轮 3—真空室 4—膜片 5—主阀芯
6—膜片组件 7—大气吸入阀芯 8—大气吸入阀芯孔

IRV10 真空调压阀的流量特性曲线如图 7.4-7a 所示。在调压阀的设定口的上游设有截止阀。截止阀关闭时，调节调压阀至某个初期设定压力。截止阀由全闭至全开，吸入流量与设定真空度的关系称为流量特性。图 7.4-7b 所示为该阀的压力特性曲线。它表示从某设定点起，由于真空侧压力变化引起设定侧压力的变化量。当吸入流量为 0 时，可在 1.3 ~ 100kPa 真空度范围内调节初期真空度的大小。随吸入流量增大，真空度减小。此阀最大吸入流量不超过 140L/min（ANR）。灵敏度为 0.13kPa，它表示靠手动调节能设定的最小真空度。环境和介质的温度范围为 5 ~ 60℃。连接口径为 $\phi 8$。

流量特性(代表值)　　条件: 真空泵排气速度为2500L/min　　压力特性(代表值)
　　　　　　　　　　VAC侧压力-101kPa(初期设定时)

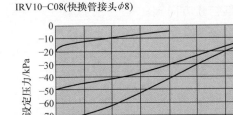
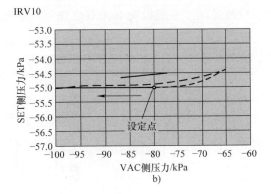

图 7.4-7　IRV10 真空调压阀的流量特性曲线

IRV20 的侧管连接外径分别为 $\phi6mm$、$\phi8mm$ 和 $\phi10mm$，最大吸入流量为 240L/min（ANR）。

此阀不许施加正压力，以免主阀芯处于"开"状态。正压力进入真空泵，泵可能会出现故障。若真空泵能力较小，或使用配管内径小，设定压力会变动大（即从无流量状态到流过流量时的压力变化幅度），则应加大配管内径或在 VAC 侧增设真空罐。

使用的电磁方向阀通断后的压力响应时间与 SET 侧的容积大小有关，真空泵的能力也影响响应时间，使用时应注意。

2. 方向阀

使用真空发生器的回路中的方向阀，有供气阀和真空破坏阀（见图 7.4-1c 中的 18 和 5）。使用真空泵的回路中的方向阀，有真空切换阀（见图 7.4-1a 中 12）和真空选择阀（见图 7.4-1b 中 17）。

供气阀是供给真空发生器压缩空气的阀。真空破坏阀是破坏吸盘内的真空状态，将真空压力变成大气压力或正压力，使工件脱离吸盘的阀。真空切换阀就是接通或断开真空压力源的阀。真空选择阀可控制吸盘对工件的吸着或脱离，一个阀具有两个功能，以简化回路设计。

供气阀因设置在正压力管路中，可选用一般方向阀。真空破坏阀、真空切换阀和真空选择阀设置在真空回路或存在有真空状态的回路中，故必须选用能在真空压力条件下工作的方向阀，常见的真空方向阀见表 7.4-3。真空方向阀要求不泄漏，且不用油雾润滑，故使用座阀式和膜片式阀芯结构比较理想。通径大时，可使用外部先导式电磁阀。不给油润滑的软质密封滑阀，由于其通用性强，也常作为真空方向阀使用。间隙密封滑阀存在微漏，只宜用于允许存在微漏的真空回路中。

表 7.4-3　常见真空方向阀

操作方法	复位方式	主阀结构形式
直动式	弹簧复位	座阀
外部先导式	弹簧复位 气压复位 弹簧+气压复位	滑阀 $\left\{\begin{array}{l}\text{无方向性的软质密封}\\\text{间隙密封}\end{array}\right.$

真空回路中方向阀的连接方法见表 7.4-4。破坏阀和切换阀一般使用二位二通阀。选择阀应使用二位三通阀。使用三位三通阀可节省能量，并减少噪声。控制双作用真空气缸应使用二位五通阀。一般情况下，不要选用内部先导式和气控式方向阀。

表 7.4-4　真空回路中方向阀的连接方法

形式	供气阀	破坏阀	切换阀	选择阀
直动式	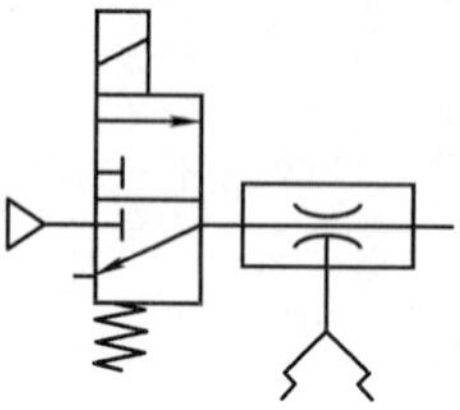	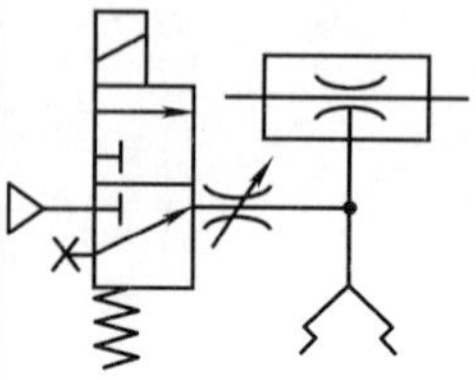	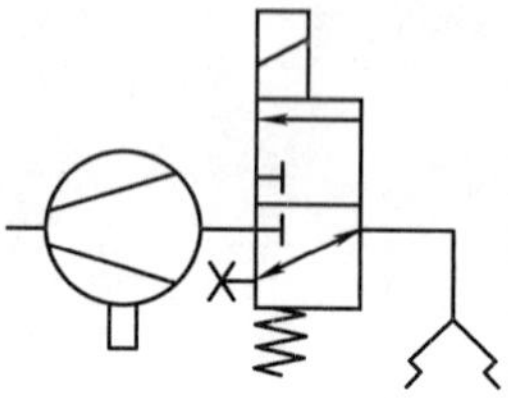	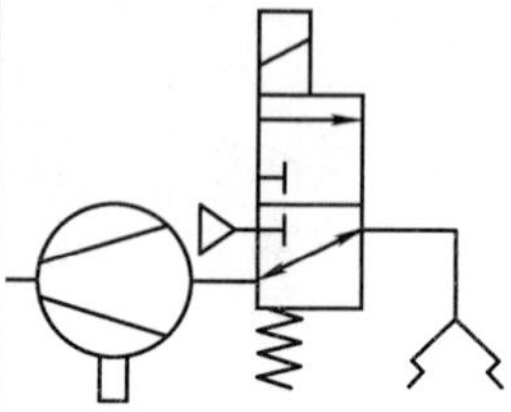
外部先导式	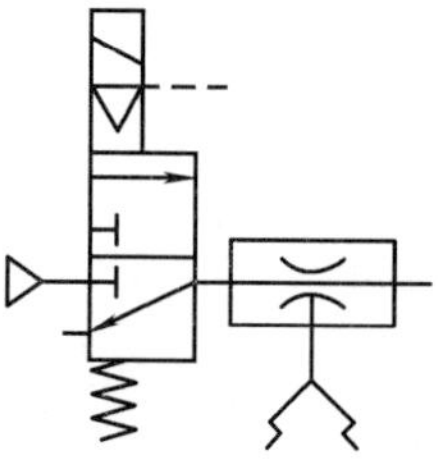	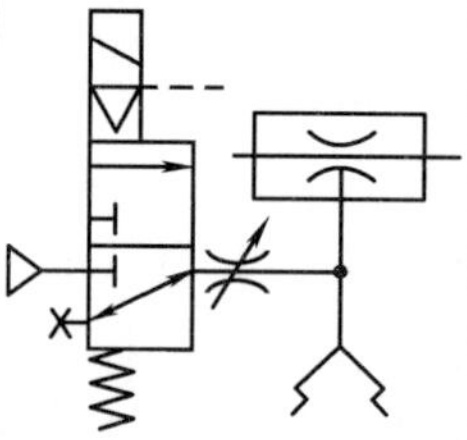	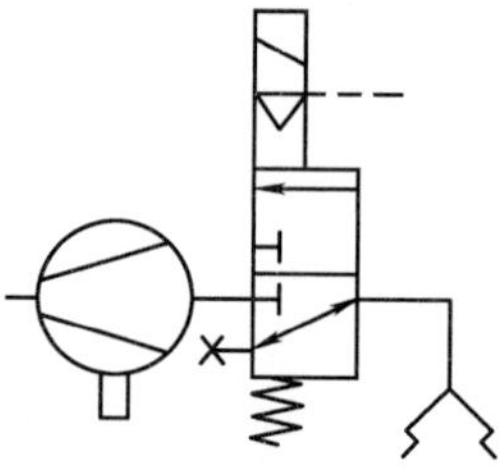	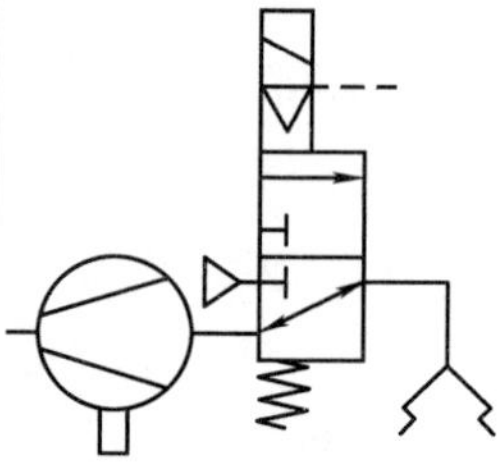
外部先导式	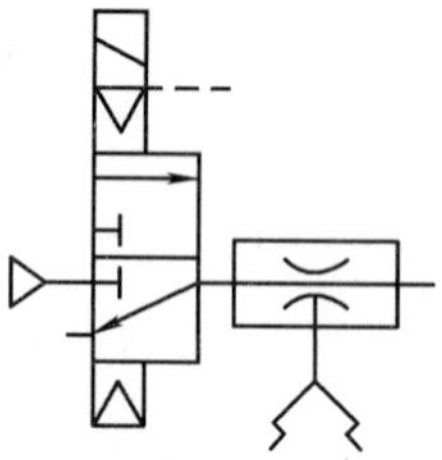	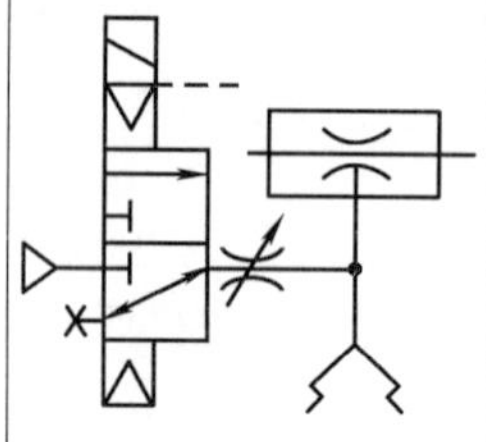	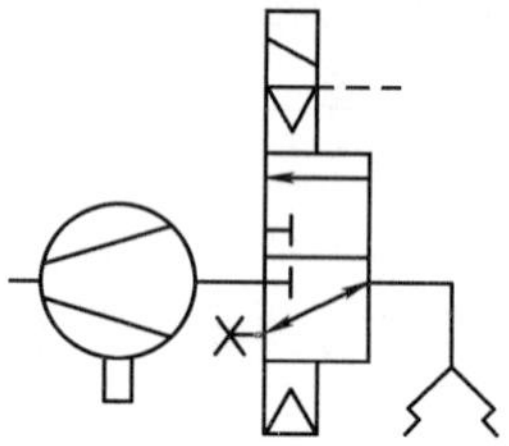	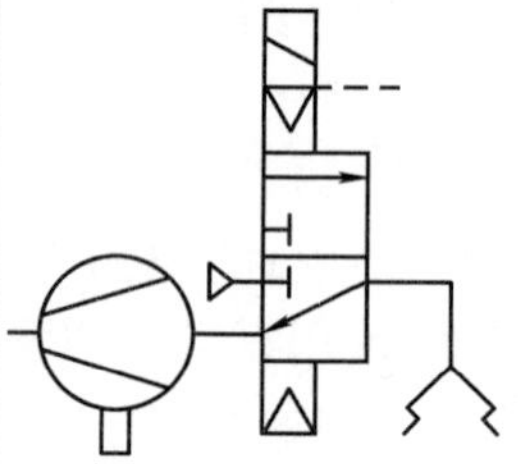
外部先导式	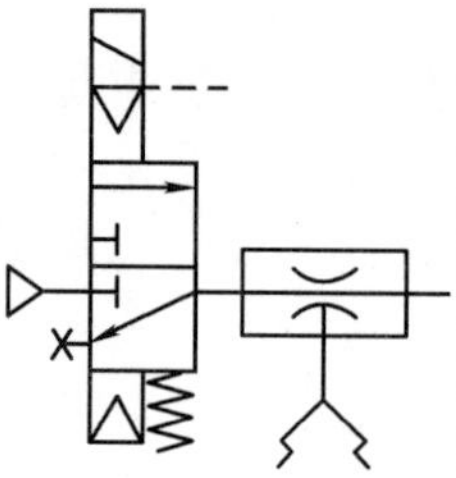	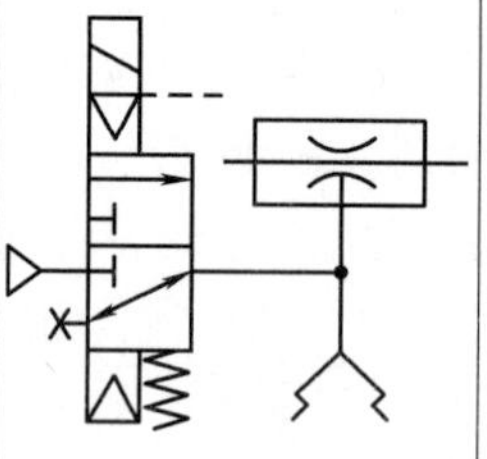	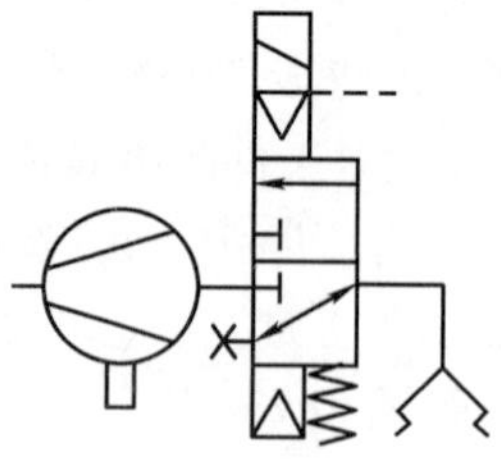	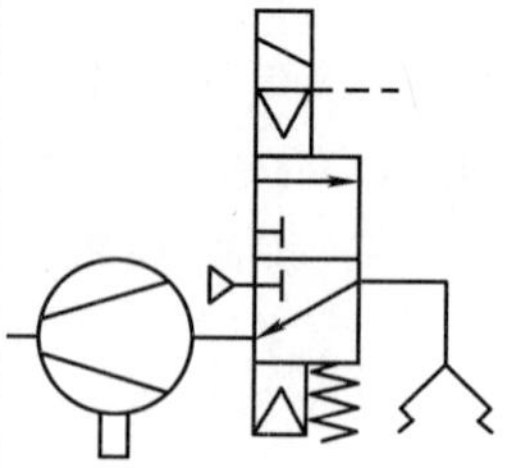
外部先导式	—	—	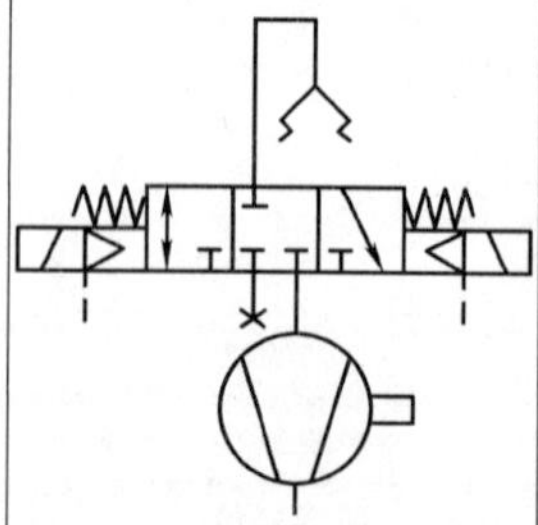	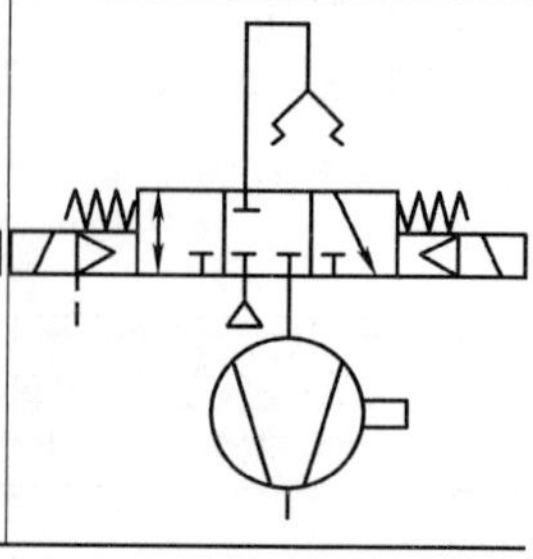

表 7.4-5 给出了能用于真空系统中的 SMC 方向阀系列，供选用。

表 7.4-5 真空系统中的 SMC 方向阀系列

方向阀系列 Y 低功率型 R 外部先导型 V 真空型	供气阀			破坏阀			切换阀			选择阀			有效截面面积/mm²	连接口径
	标准型	外部先导型	真空型	标准型	外部先导型	真空型	标准型	外部先导型	真空型	标准型	外部先导型	真空型		
SYJ300R、500R、700R		○						○			○		2~14	M3×0.5 M5×0.8 Rc1/8、Rc1/4
VX31、32、33	○			○		○②	○①	○②			○①		1.4~9	Rc1/8~Rc3/8
VK330	○			○									2.7~4.2	M5×0.8 Rc1/8
VK330V									○			○		
VX2	○			○		○②	○②		○①	—	—	—	3~43	Rc1/8~Rc1/2
VT325、307、317	○			○			○						2.3~27	Rc1/8~Rc3/8
VT325V、307V、317V									○			○		
VP300R、500R、700R	○			○			○						16.2~72	Rc1/8~Rc1/2
VS311□	○			○			○			○			12.5~18	Rc1/8~Rc3/8
VEX3□□	○			○			○						12.5~670	Rc1/8~Rc2
VEX3□□1														
VP31□5	○												90~670	Rc3/8~Rc2
VP31□5V									○			○		
VG342R	○			○			○			○			140~235	Rc1/2~Rc1

① 泄漏量小于 10^{-5} mL/min (ANR)。
② 泄漏量小于 1mL/min (ANR)。

3. 节流阀

真空系统中的节流阀用于控制真空破坏的快慢。节流阀的出口压力不得高于 0.5MPa，以保护真空压力传感器和抽吸过滤器。可使用 AS 系列弯头型带快换接头的速度控制阀，对进气节流型，螺纹接头应接在真空口一侧。

4. 单向阀

单向阀有两个作用：一是当供气阀停止供气时，保持吸盘内的真空压力不变，可节省能量；二是一旦停电，可延缓被吸吊工件脱落的时间，以便采取安全对策。应选用流通能力大、开启压力低（0.01MPa）的 AK 系列单向阀。

四、真空压力传感器

1. 概述

真空压力传感器用于检测真空压力，包括具有压力开关功能的 ZSE10、ZSE10F、ZSE30A 和不具有压力开关功能的 PSE541、PSE543 系列，如图 7.4-8~图 7.4-10 所示。当真空压力未达到设定值时，压力开关处于断开状态；当真空压力达到设定值时，压力开关处于接通状态，发出电信号，控制真空吸附机构动作。当真空系统存在泄漏、吸盘破损或气源压力变动等原因影响到真空压力大小时，装上真空压力传感器便可保证真空系统安全可靠工作。

图 7.4-8　ZSE10 系列　　　图 7.4-9　ZSE30A 系列　　　图 7.4-10　PSE541、PSE543 系列

真空压力传感器按功能分，有通用型和小孔口吸附确认型；按压力开关的电触点的形式分，有无触点式（电子式）和有触点式（磁性舌簧开关式等）。一般使用的压力开关，主要用于确认设定压力。真空压力开关确认设定压力时工作频率高，所以真空压力开关应具有较高的开关频率，即响应速度要快。

2. 工作原理

无触点式（电子式）真空压力传感器是硅扩散型半导体压力传感器。

3. 主要技术参数（见表 7.4-6）

1）ZSE10 系列主要特点：超薄主体，IP40 防护等级，开关量及模拟量输出，两种配管方向，支持复制功能，可与真空组件配合使用。

2）ZSE30A 系列主要特点：四位数码显示，IP40 防护等级，1 路或 2 路输出，开关量（PNP/NPN）和模拟量（1～5V/4～20mA）输出均可提供。

3）PSE541、PSE543 系列主要特点：超小体积，IP40 防护等级，可对应 1～5V 模拟电压输出，多种配管规格可选，可对应真空压、混合压及正压范围规格。

表 7.4-6　真空压力传感器的技术参数

系列	ZSE10	ZSE10F	ZSE30A	PSE541	PSE543
品种	数字式压力传感器（有压力开关功能）			压力传感器（无压力开关功能）	
适合流体	空气、非腐蚀性气体、不燃性气体				
额定压力范围/kPa	-101～0	-101～100	-101～0	-101～0	-101～100
耐压力/kPa	500				
设定最小单位/kPa	0.1			—	
电源电压	DC12～24V±10% 脉冲（P-P）10% 以下			DC12～24V±10% 脉冲（P-P）10% 以下	
消耗电流/mA	40 以下			15 以下	
输出形式	NPN 或 PNP 集电极开路输出、模拟输出			模拟输出	
最大负载电流/mA	80			—	
最大外加电压/V	28（NPN 输出时）			—	
残留电压/V	2 以下（负载电流 80mA 时）			—	
响应时间/ms	2.5 以下			—	
短路保护	具备			—	

（续）

系列	ZSE10	ZSE10F	ZSE30A	PSE541	PSE543
重复精度	±0.2% F.S.		±1digit	±0.2% F.S.	
直线性	±1% F.S.			±0.4% F.S.	
迟滞模式	从0开始可变			—	
比较模式				—	
显示方式	3½位 7段 LED 1色显示红		4位 7段 LCD 2色显示（红色/绿色）	—	
显示精度	±2% F.S. ±1digit				
动作指示灯	开关输出 ON 时亮灯 OUT1：绿 OUT2：红			—	
保护结构	IP40				
温度范围/℃	保存时：-10~60（未结露、未冻结）			保存时：-20~70（未结露、未冻结）	
湿度范围	动作时、保存时：35%~85%RH（未结露）				
耐电压	AC1000V 1min 充电部及壳体间			—	
绝缘电阻	50MΩ 以上（DC500V 兆欧表） 充电部及壳体间			—	
导线	耐油乙烯橡胶绝缘电缆				
温度特性	±2% F.S.（以环境温度25℃为基准）				
连接方式	M5内螺纹、R1/8、NPT1/8		M、R、NPT、快换接头	M、R、NPT、插杆连接	
适用真空发生器系列	ZK、ZB、ZQ、ZL	ZK、ZB、ZQ	ZL	ZK、ZB	

4. 使用注意事项

1）工件的吸附和搬运，应由真空压力传感器确认，吸吊重物或危险品时，还应使用可显示式真空压力表进行目视确认。

2）对尺寸很小、很轻的电子元件、精密小零件之类，使用的吸附孔口在 $\phi 2mm$ 以下时，真空传感器中的压力开关的闭合压力和开启压力之差很小，必须选用迟滞小且精度高的吸附确认型传感器。吸附力大的真空发生器反而不能用于检测小件，应选用合适吸附力的真空发生器。另外，保持真空发生器或真空泵的压力稳定也很重要。

3）设定压力必须调到确认吸附的最低真空度以上，以避免吸附不稳定，如图 7.4-11 所示。但真空度不宜设定过高，以防因高真空度达不到而开关不能接通的情况。

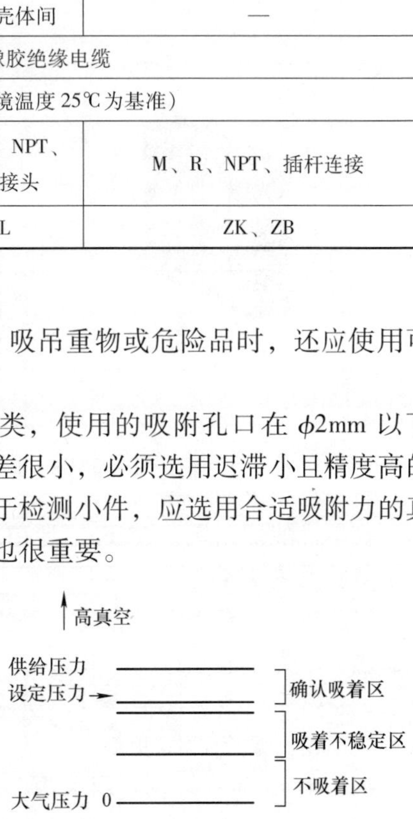

4）真空压力传感器瞬时承受 0.5MPa 的压力，性能没有变化，但不可长时间承受 0.2MPa 以上的压力。

5）设定压力范围是指可能设定的压力范围，额定压力范围是指可以保证产品规格（精度、直线型等）性能的压力范围，超过额定压力范围时也可在压力设定的范围内设定，但不保证规格性能。

图 7.4-11 设定真空度的调节范围

五、真空过滤器

真空过滤器的作用是将从大气中吸入的污染物（主要是尘埃）收集起来，以防止真空系统中的元件受污染而出现故障。在吸盘与真空发生器（或真空阀）之间，应设置真空过滤器。真空发生器的排气口、真空阀的吸气口（或排气口）和真空泵的排气口都应装上消声器，这不仅能降低噪声而且能起过滤作用，以提高真空系统工作的可靠性。

对真空过滤器的要求是，滤芯污染程度的确认简单，清扫污染物容易，结构紧凑，不致使达到真空的时间增长。

真空过滤器有三个系列：ZFA型（见图7.4-12）、ZFB型（见图7.4-13）和ZFC型（见图7.4-14）。ZFA型是箱式结构，便于集成化，滤芯呈叠褶形状，所以过滤面积大，可通过流量大，使用周期长。ZFB型是管式连接，由于使用了万向接头，配管可在360°范围内自由安装，使用快换接头，装卸配管迅速。ZFC型是小型直通式（进出口在一条线上，本体上有△指示流向），使用快换接头连接，不需工具便可更换滤芯。当过滤器两端压降大于0.02MPa时，滤芯应卸下清洗或更换。

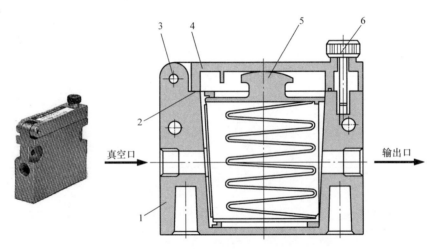

图7.4-12　ZFA型真空过滤器
1—箱体　2—箱盖密封圈　3—弹簧销　4—箱盖　5—滤芯组件　6—止动螺钉

真空过滤器耐压0.5MPa，使用压力范围为-100~0kPa，滤芯耐压差为0.15MPa，其余技术参数见表7.4-7。

安装时，注意进出口方向不得装反，配管处不得有泄漏。维修时，密封件不得损伤。过滤器进口压力不要超过0.5MPa，这可通过调节减压阀和节流阀来保证。真空过滤器内流速不大，空气中的水分不会凝结，所以该过滤器无需分水功能，不要用AF系列过滤器取代ZF系列过滤器，避免性能变差。

图7.4-15所示为真空用水滴分离器AMJ系列，采用专用滤芯，可除去90%以上的水滴，即使滤芯被水饱和，压降也几乎不上升，使用压力范围为-100kPa~1MPa。

真空过滤器AFJ系列（见图7.4-16），根据用途的不同可选择两种类型，大流量型和除水型。过滤精度可以选择5μm、40μm、80μm。安装在真空发生器的前面，可过滤固体杂质，延长真空发生器的寿命。吸盘吸附时，阻止工件上的液体被吸入真空发生器。

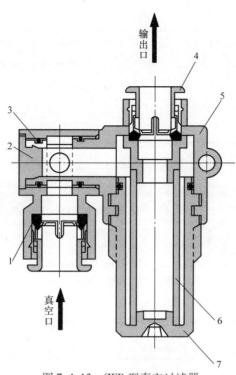

图 7.4-13 ZFB 型真空过滤器

1—万向接头 2—堵头 3—O 型圈 4—快换接头 5—壳体 6—滤芯 7—透明盖

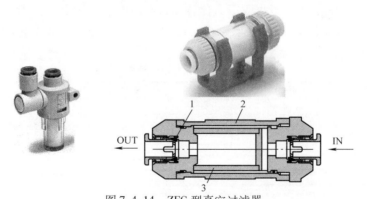

图 7.4-14 ZFC 型真空过滤器

1—密封圈 2—外壳 3—滤芯

表 7.4-7 ZF 系列真空过滤器的技术参数

型号	ZFA100	ZFA200	ZFB100-04	ZFB100-06	ZFB200-06	ZFB200-08	ZFB300-08/-10	ZFC100		ZFC200		AMJ3000	AMJ4000	AMJ5000
								-04	-06	-06	-08			
连接口径或管外径（Rc、NPT、G）	1/8	1/4	4mm	6mm	6mm	8mm	8mm、10mm	4mm	6mm	6mm	8mm	1/4、3/8	3/8、1/2	3/4、1
推荐流量 /(L/min)（ANR）	50	200	10	20	30	50	75	10	20	30	50	200	300	500

（续）

型号	ZFA100	ZFA200	ZFB100-04	ZFB100-06	ZFB200-06	ZFB200-08	ZFB300-08/-10	ZFC100-04	ZFC100-06	ZFC200-06	ZFC200-08	AMJ3000	AMJ4000	AMJ5000
使用温度范围/℃	5~60	5~60	0~60	0~60	0~60	0~60	0~60	0~60	0~60	0~60	0~60	5~60	5~60	5~60
过滤精度/μm	30	30	30	30	30	30	30	10	10	10	10	除水率90%	除水率90%	除水率90%

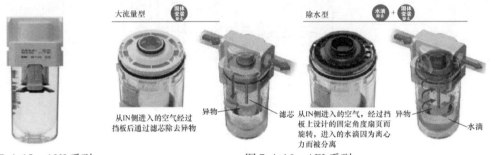

图 7.4-15　AMJ 系列　　　　　　　　图 7.4-16　AFJ 系列

六、真空组件

真空组件是将真空回路中的所有元件组合起来，真空组件由于集成了压力传感器和电磁阀等产品，所以防护等级普遍为 IP40。表 7.4-8 为 ZK2 系列的各种组合形式。

1. ZK2 系列节能型真空组件

ZK2 系列具备节能功能，可集成压力传感器、电磁阀、过滤器、消声器等产品，可选项灵活，见表 7.4-9。两段式拉瓦尔喷管结构也使得产品本身的真空效率相较 ZH 这类一段式的提升 50%。

表 7.4-8　ZK2 系列的各种组合形式

真空发生器/真空泵系统	消声器	供给阀	破坏阀	真空压力开关	真空过滤器
○	○	○	○	○	○
○	○	○	○	○	
○	○	○	○		○
○	○	○	○		
○	○	○		○	○
○	○	○			
○	○		○	○	○
○	○		○		
○	○			○	○
○	○		○		
○	○			○	
○	○				○

ZK2 系列真空发生器的组合多样，除了上述表格，还具备集装型可选，最大可集装数为 10 联。

图 7.4-17 所示为 ZK2 系列真空发生器两级抽吸，ZK2 系列真空发生器组合元件回路如图 7.4-18 所示，节流阀是用于调节破坏流量大小，控制破坏速度的。内部采用两段式拉瓦尔喷管结构，在对应的抽吸口位置设置单向阀膜片，吸盘内的真空度较小时，由于单向阀上部真空度大于下部真空度，单向阀开启，前后抽吸口都起抽吸作用，所以吸入流量增大。当吸盘内真空度增大至一定值后，单向阀关闭，后级抽吸口不起抽吸作用了。若不设此单向阀，将会形成从后抽吸口向前抽吸口的流动，使吸盘内达不到较大真空度。

表 7.4-9　各种真空发生器规格

系列	ZK2	ZL	ZB	ZM	ZMA	ZQ	ZA	ZR
类型	节能型	大流量型	高速响应型	二级型	带破坏延时型	薄型	小型	大型
外形图								
真空系系统	○		○			○		○
喷嘴口径/mm	0.7/1.0/1.2/1.5	1.2/1.5/1.9	0.3/0.4/0.5/0.6	0.5/0.7/1.0/1.3/1.5	0.5/0.7/1.0/1.3/1.5	0.5/0.7/1.0	0.5　0.7	1.0/1.3/1.5/1.8/2.0
最大真空度/kPa	−91	−93	−90	−84	−84	−80	−78	−84（S型），−53（L型）
最大吸入流量/(L/min)（ANR）	89	600	7	15/30/50/66	15/30/50/66	5/10/22	4　8	S型：22～84，L型：42～105
供气阀、破坏阀	○	○	○	○	○	○	○	○
带过滤器（30μm）	○	○	○	○	○	○	○	○
消声器	○	○	○	○	○	○	○	○
真空压力传感器 开关输出	○	○	○	○	○	○	○	○
真空压力传感器 数字显示	○	○	○	○	○	○	○	○
真空压力传感器 模拟输出	○	○	○	○	○	○	压力传感器	○

(续)

系列	ZK2	ZL	ZB	ZM	ZMA	ZQ	ZA	ZR
类型	节能型	大流量型	高速响应型	二级型	带破坏延时型	薄型	小型	大型
带延时器					20~2000ms			
带真空破坏用针阀	○	○	○	○		○	○	○
带单向阀	○	○	○	○		○	○	○
最多集装位数	10		12	10	15.5	8	8	6
单体式宽/mm	15	33/40/40	10	15.5	15.5	10	9.9	31
单体式质量/g	99	180/390/470	46	400	400	109	50	275
高清声型	○	○						
说明	集成化产品,采用双级型喷管结构,相较一级型喷管产品,最大吸入流量增加50%。可匹配压力开关,压缩空气消耗削减可达90%以上	采用三级喷管结构,流量增加。ZL1/3系列采用单个单级喷管,ZL6采用双层三叉喷管,吸入流量可达600L/min(ANR),可匹配节能型压力开关,压缩空气消耗削减可达90%以上	集成化产品,真空响应时间28ms,真空破坏时间14ms(我司试验条件下),目前响应时间最快	集成化产品,采用双级型喷管相较一级型喷管产品,最大吸入流量增加40%	匹配延时器,无需PLC控制即可实现破坏时间调整	尺寸紧凑,带LED显示的真空压力开关	尺寸小,重量轻,适用于P&P单元前端,靠近吸盘位置	双电控有自保持功能,适合搬着搬着的工件送0.5~5kg(标准型S型)(大流量型L型)

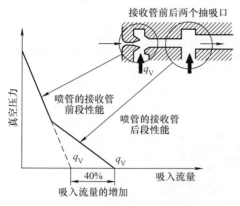

图 7.4-17 ZK2 系列真空发生器两级抽吸

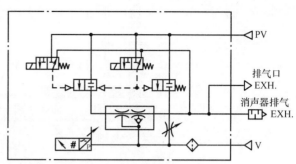

图 7.4-18 ZK2 系列真空发生器组合元件回路

ZK2 除了一般的发生器集成单元外，还有配合真空泵使用的真空泵系统，但请注意，真空泵系统并非真空泵，而是真空泵回路中控制元件、检测元件、过滤器等原件的集成，需要另外配备真空泵而产生真空，是作为辅件的集成模块使用的，具体的元件组合回路如图 7.4-19 所示。

ZK2 最有特点的功能是其自带的节能功能，利用自带的节能型压力传感器设定

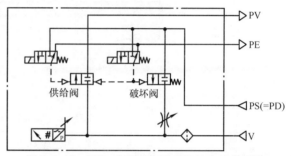

图 7.4-19 ZK2 系列真空泵系统组合元件回路

真空度的保压节点及区间，检测工作过程中真空度的变化，达到节点后自动关闭供气阀，无需任何外围信号控制，待真空度由于泄漏原因下降到设定区间之下时，会再度打开供气阀，实现自动的间歇耗气（见图 7.4-20）。对于非快速吸附释放类使用场合，耗气量最多可节省 90% 以上。图 7.4-21 所示为 ZK2 系列真空发生器结构原理图，图 7.4-22 所示为 ZK2 系列真空发生器排气特性和流量特性。

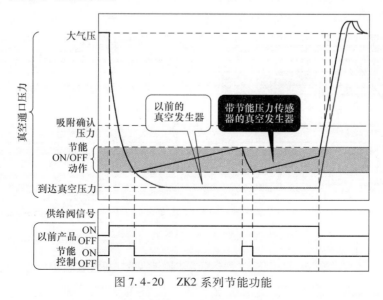

图 7.4-20 ZK2 系列节能功能

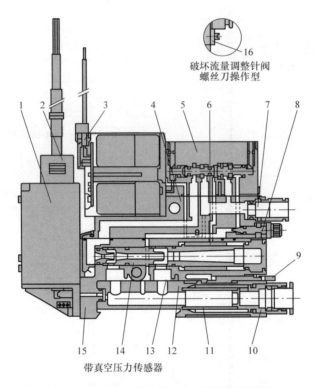

图 7.4-21 ZK2 系列真空发生器结构原理图

1—真空压力传感器组件 2—待插头的导线 3—插头组件 4—阀体组件 5—阀组件 6—吸声材料
7—快换接头组件 8—针阀组件 9—释放压杆 10—真空通口附件组件 11—滤芯 12—过滤器外壳
13—主体密封垫 14—真空发生器组件 15—真空发生器主体组件 16—锁定螺帽

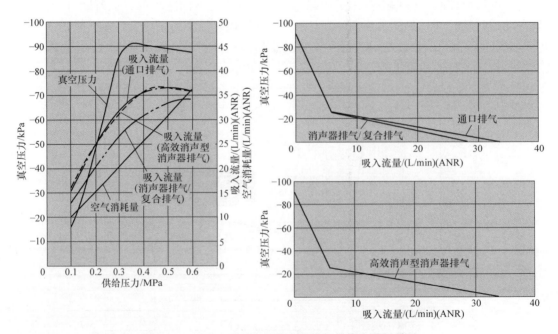

图 7.4-22 ZK2 系列真空发生器排气特性和流量特性

2. ZB 系列高速响应型真空组件

ZB 系列真空组件是目前响应最快的产品系列，电磁阀的响应时间为 5ms，真空吸附建立时间为 28ms，真空破坏时间为 14ms（在 SMC 公司试验室条件下）。ZB 系列也可集成电磁阀、压力传感器、过滤器、消声器等产品，同时具备真空发生器系统和真空泵系统的可选项，元件组合的气路图如图 7.4-23 所示。

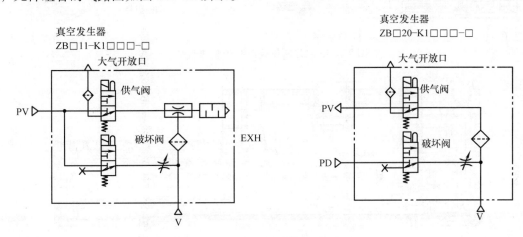

图 7.4-23　ZB 系列组合元件回路

带有大气开放口，与供气阀 R 口连通，既可缩短破坏时间，还可抑制破坏时压力上升过大，防止工件吹飞（见图 7.4-24）。单独设置排气口，可防止集装时排气干涉引起的误破坏。另外，也提供可配管的单独排气口规格。带锁定功能电磁阀选项，可防止由于瞬间停电造成的工件掉件（前端压缩空气供给不停止的场合）。

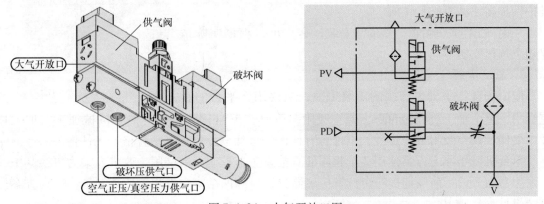

图 7.4-24　大气开放口图

真空吸附通路和破坏通路分开，破坏时，可避免将吸入的粉尘再向环境中喷出，避免二次污染（见图 7.4-25）。

3. ZL 系列大流量型真空组件

采用三级型的喷管结构（见图 7.4-26），相较 ZH/ZU 这类单级型喷管产品，最大吸入流量提升 250% 以上，可达 600L/min。可匹配压力传感器、电磁阀、滤芯和消声器，同样可以匹配节能型压力传感器。

ZL6 系列标配高效型消声器，其综合流量特性（最大吸入、空气消耗、排气）均达到

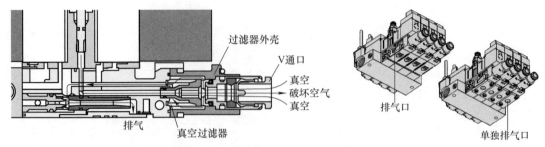

图 7.4-25 大气开放口及单独排气口图

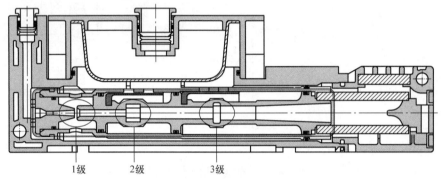

图 7.4-26 ZL 系列内部结构图

历史最高,但通过高效型消声器,排气噪声只有 68dB(见图 7.4-27),对于设备集中性使用,要求低噪声的客户现场也能满足。

滤芯、消声器的部件的更换只需手动操作,无需工具,维护性提高,减少维护工时。

三面(顶部、侧面、底部)安装,客户可以根据实际情况随意选择安装方向。

4. 应用示例

应用场合:手机生产线的组装工段,主要用作平台的真空吸附,整个加工过程为 300s,真空吸附与气动夹紧缸固定工件,便于机械加工。加工过程中要保证真空吸附的稳定性,工件若有任何偏移均会导致加工不合格,工件报废。

图 7.4-27 ZL6 系列消声器

单台机械手原先方案使用 2 个相同的真空发生器控制平台吸附,改进方案为更换其中一个发生器为 ZK2,前端连接一个流量传感器分别检测两个真空发生器的耗气量,得到方案比较结果见表 7.4-10。

表 7.4-10 方案比较结果

方案比较	供给压力/MPa	真空度/kPa	测试时间/s	累积耗气量/L	年运行成本/元
原先方案	0.5	-88	300	913.3	6576
改进方案 SMC (ZK2)	0.5	-88 ~ -75	300	90	648

注:年运行成本按照工作 300d/年,20h/天,压缩空气使用成本 0.1 元/m^3。

分析：

1）对于长时间吸附，非短促高频次吸附释放类搬运场合，利用节能型压力开关的自动检测反馈控制功能，可以最大限度降低压缩空气消耗（90%以上）。

2）整个真空系统的稳定性高，通过自行反馈控制，可保证整体真空度的稳定性。

3）压缩空气的成本主要为空压机使用、维护、初期投入等成本的综合考虑，此处以 0.1 元/m^3 核算。

图 7.4-28 所示为可供选择的各种真空发生器产品。

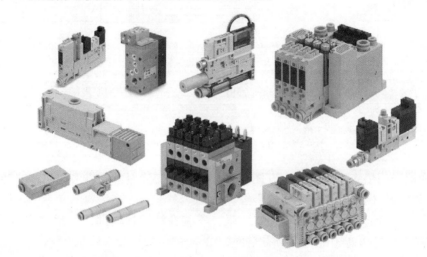

图 7.4-28　真空发生器

七、其他真空元件

1. 真空表

真空表是测定真空压力的计量仪表，装在真空回路中，显示真空压力的大小，便于检查和发现问题。常用 GZ46 真空表的量程是 0 ~ -100kPa，3 级精度。

2. 管道及管接头

在真空回路中，应选用真空压力下不变形、不变瘪的管子。可使用硬尼龙管（T 系列）、软尼龙管（TS 系列）和聚氨酯管（TU 系列）。

管接头要使用可在真空状态下工作的，如 KJ、KQ、KF、KS 和 M 系列等。

3. 空气处理元件

在真空系统中，处于正压力回路中的空气处理元件仍使用 AF 系列空气过滤器，过滤精度为 5μm；AM 系列和 AFM 系列的油雾分离器，过滤精度为 0.3μm，出口侧油雾浓度小于 1.0mg/m^3（ANR）。在真空侧，可以使用 ZF 系列和 AFJ 系列真空过滤器吸附抽吸上来的固体杂质，过滤精度为多种规格，最高可到 0.5μm。吸盘附近有水分的地方，可在吸盘与真空发生器之间，设置真空水滴分离器 AFJ 和 AMJ 系列。它可以将从吸盘吸入水分除去，最高除水效率为 90%，待真空切断后，用手动方式将水滴分离器中的水分排出。

4. 真空气缸

ZCUK 系列为自由安装型真空气缸，其结构原理如图 7.4-29 所示。

ZCUK 系列具有以下特点。

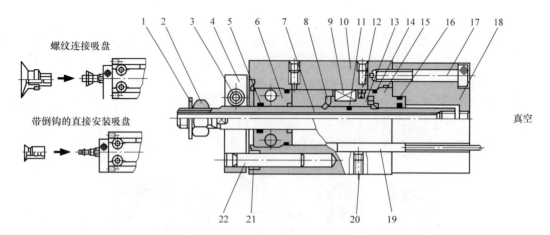

图 7.4-29　ZCUK 系列自由安装型真空气缸的结构原理图

1—密封垫　2—杆螺母　3—内六角螺钉　4—端板　5—杆密封圈　6—杆盖 A　7—活塞杆　8—缓冲垫　9—磁环
10—缸体　11—O 形圈　12—活塞杆密封圈　13—活塞　14—密封圈　15—杆盖 B　16—缸盖密封圈
17—内六角紧固螺钉　18—端盖　19—磁性开关　20—止动螺钉　21—导向套　22—导向杆

1）作为双作用垫缓冲不给油长方体气缸，有多个安装面可供自由选用，安装精度高。

2）活塞杆带导向杆，为杆不回转型缸。

3）活塞杆内有通孔，作为真空通路。吸盘安装在活塞杆端部，有螺纹连接式和带倒钩的直接安装式。这样可省去配管、节省空间，结构紧凑。

4）真空口有缸盖连接型和活塞杆连接型。前者缸盖及真空口连接管不动，活塞运动，真空口端活塞杆不会伸出缸盖外。后者气缸轻、结构紧凑，缸体固定，活塞杆运动。

5）在缸体上可以安装磁性开关。

ZCUK 系列真空气缸的技术参数见表 7.4-11。

表 7.4-11　ZCUK 系列真空气缸的技术参数

缸径/mm	10	16	20	25	32
杆径/mm	4	6	8	10	12
标准行程/mm	5、10、15、20、25、30		5、10、15、20、25、30、40、50		
使用压力范围/MPa	0.13~0.7		0.11~0.7		
真空口使用压力范围/MPa	−101kPa~0.6MPa				
使用温度范围/℃	无冻结：−10~70（无磁性开关），−10~60（带磁性开关）				
杆不回转精度/(°)	±0.8		±0.5		

5. 真空逻辑阀

真空逻辑阀是真空环境下使用的一种特殊阀，无需任何外界信号控制，主要用于真空发生器和吸盘之间，当吸盘破裂或腐蚀导致丧失密封性时，可以自动节流保证真空发生器与吸盘间管路的真空度稳定。其结构原理如图 7.4-30 所示。

ZP2V 系列真空逻辑阀因为其特殊的功能，广泛应用于客户有安全和多尺寸工件的场合，尤其适用于单个发生器带多个吸盘的工况。具体的使用如图 7.4-31 所示。

ZP2V 的通口有多种可选规格，如图 7.4-32 所示。

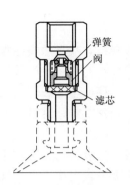 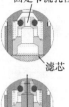

未吸附状态：通道完全打开，逻辑阀相当于一通路。吸附开启，未吸附工件：大流量带动滤芯上移，顶住球阀关闭主通道。

吸附工件：吸入流量降低，滤芯下移，主通道打开。真空破坏：反向破坏，滤芯无作用，主通道正常打开。

图 7.4-30　真空逻辑阀结构原理

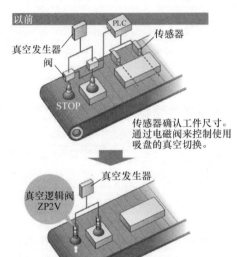 

a)　　　　　　　　　　　　　　　b)

图 7.4-31　ZP2V 系列使用场合

图 7.4-32　ZP2V 系列多种接口外形图

八、真空元件的选择

1. 吸盘的选定

吸盘的理论吸吊力是吸盘内的真空度 p 与吸盘的有效吸附面积 A 的乘积。吸盘的实际吸吊力应考虑被吸吊工件的重量及搬运过程中的运动加速度外，还应给予足够的余量，以保证吸吊的安全。搬运过程中的加速度，应考虑启动加速度、停止加速度、平移加速度和转动加速度（包括摇晃）。特别是面积大的板状物的吸吊，不应忽视在搬运过程中会受到很大的风阻。

对面积大的吸吊物、重的吸吊物、有振动的吸吊物，或要求快速搬运的吸吊物，为防止吸吊物脱落，通常使用多个吸盘进行吸吊。这些吸盘应合理配置，以使吸吊合力作用点与被吸吊物的重心尽量靠近。

使用 n 个同一直径的吸盘吸吊物体，其吸盘直径 D 为

$$D \geqslant \sqrt{\frac{4Wt}{\pi n p}} \tag{7.4-1}$$

式中　D——吸盘直径（mm）；

　　　W——吸吊物重力（N）；

　　　t——安全率，水平吊 $t \geqslant 4$；垂直吊 $t \geqslant 8$，水平吊和垂直吊如图 7.4-33 所示；

　　　p——吸盘内的真空度（MPa）。

吸盘内的真空度 p 应在真空发生器（或真空泵）的最大真空度 p_V 的 63%~95% 范围内选择，以提高真空吸附的能力，又不致使吸附响应时间过长。

2. 真空发生器及真空切换阀的选定

（1）求吸着响应时间 T

吸附响应时间是指从供给阀（或真空切换阀）换向开始，到吸盘内达到吸附工件所必须的真空度为止所需的时间。供给阀（或真空切换阀）换向后，吸盘内的真空度与到达时间的关系曲线如图 7.4-34 所示。

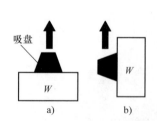

图 7.4-33　水平吊和垂直吊
a) 水平吊　b) 垂直吊

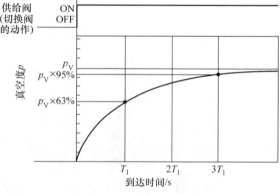

图 7.4-34　吸盘内的真空度与到达时间的关系曲线

设吸盘内的压力从大气压降至真空度达 $63\% p_V$ 的到达时间为 T_1，降至真空度达 $95\% p_V$ 的到达时间为 T_2，则

$$T_1 = \frac{60V}{q_V} \quad T_2 = 3T_1 \tag{7.4-2}$$

式中 T_1（或 T_2）——吸附响应时间（s）；

V——真空发生器（或真空切换阀）至吸盘的配管容积（L）；

$$V = \frac{\pi}{4000}d^2 l$$

d——配管的内径（mm）；

l——配管的长度（m）；

q_V——通过真空发生器（或真空切换阀）的平均吸入流量 q_{V1} 和通过配管的平均吸入流量 q_{V2} 中的小者，L/min（ANR）；

q_{V1}——通过真空发生器（或真空切换阀）的平均吸入流量，L/min（ANR）；

对真空发生器　　$q_{V1} = C_q q_{Ve}$ （7.4-3）

对真空切换阀　　$q_{V1} = C_q \times 11.1 S_c$ （7.4-4）

q_{Ve}——真空发生器的最大吸入流量（L/min）（ANR）；

C_q——系数，$C_q = 1/2 \sim 1/3$，一般取 $C_q = 1/2$，若真空管路中流动阻力偏大，可取 $C_q = 1/3$；

S_c——真空切换阀的有效截面面积（mm²）；

$\overline{q}_{V2}$——通过配管的平均流量（L/min）（ANR）

$$q_{V2} = C_q \times 11.1 S \quad (7.4-5)$$

S——配管的有效截面面积（mm²）。

（2）求工件吸附时的泄漏量 q_{VL}

吸着透气性工件（如纸张）、表面粗糙的工件等，由于吸盘内从大气吸入流量 q_{VL}，吸盘内的真空度有可能达不到吸附工件所必须的真空度，所以在选定真空发生器（或真空切换阀）时，必须考虑吸附工件的泄漏量。

知道吸附工件的有效截面面积 S_L，则泄漏量

$$q_{VL} = 11.1 \times S_L \quad (7.4-6)$$

式中 q_{VL}——工件吸附时的泄漏量（L/min）（ANR）；

S_L——吸附漏气工件的有效截面面积（mm²）。

由真空计测得吸附工件时吸盘内的真空度，便可由真空发生器的流量特性曲线，查得工件吸附时的泄漏量。

（3）真空发生器或真空切换阀的选定

1）无泄漏量 q_{VL} 时，最大吸入流量为

$$q_{V\max} = (2 \sim 3)q_V = (2 \sim 3) \times \frac{60V}{T} \quad (7.4-7)$$

式中 $q_{V\max}$——最大吸入流量（L/min）（ANR）；

T——吸附响应时间，可选 T_1 或 T_2。

由最大吸入流量 $q_{V\max}$，查找真空发生器的排气特性曲线，选定真空发生器的规格。

若使用真空泵，则按真空切换阀的有效截面面积 S_c（mm²）应大于或等于 $q_{V\max}/11.1$ 来选定真空切换阀的规格。

2）有泄漏量 q_{VL} 时，按最大吸入流量 $q_{V\max} = (2\sim3)q_V = (2\sim3) \times \left(\frac{60V}{T} + q_{VL}\right)$ 选定真空

发生器的规格。

若使用真空泵，则按真空切换阀的有效截面面积 $S_c \geqslant q_{V\max}/11.1$ 来选定真空切换阀的规格。

例 7.4-1 水平上吊 20kg 的平板玻璃，已知吸附容积 $V=0.1$L，连接管长 $l=1$m，要求吸附响应时间 $T \leqslant 1.0$s，选吸盘及真空发生器。

解 已知工件重 $W = 20 \times 9.8\text{N} = 196\text{N}$。因平板玻璃面积大，预选 6 个直径为 50mm 的吸盘，选安全率 $t=4$，由式（7.4-1），可得吸吊所需真空度

$$p = \frac{4Wt}{\pi D^2 n} = \frac{4 \times 196 \times 4}{\pi \times 50^2 \times 6}\text{MPa} = 0.0665\text{MPa}$$

选用标准型真空发生器，其最大真空度 $p_V = 88$kPa。因 $p/p_V = 0.757$，由图 7.4-34 查得到达时间 $T = 1.41T_1$，由式（7.4-2），得

$$q_V = 1.41\frac{60V}{T} = 1.41\frac{60 \times 0.1}{1.0}\text{L/min(ANR)} = 8.5\text{L/min(ANR)}$$

平均吸入流量 $q_{V1} = 8.5$L/min（ANR）。由式（7.4-3），选系数 $C_q = 1/2$，则真空发生器的最大吸入流量 $q_{Ve} = 2 \times 8.5$L/min（ANR）= 17L/min（ANR）。由图 7.4-4，选喷管喉部直径为 1mm 的 ZH10DSA 真空发生器，其极限吸入流量约为 24L/min（ANR）。所以实际吸附响应时间为

$$T = 1.41\frac{60 \times 0.1}{24/2}\text{s} = 0.705\text{s}$$

ZH10DSA 真空发生器的真空口连接管内径 $d=4$mm，若管长 $l=1$m，得连接管的有效截面面积 $S = 6.7\text{mm}^2$。由式（7.4-5）得通过配管的平均吸入流量

$$q_{V2} = \frac{11.1 \times 6.7}{2}\text{L/min(ANR)} = 37.2\text{L/min(ANR)}$$

此流量远大于通过真空发生器的平均吸入流量 $q_{V1} = 8.5$L/min（ANR），所以本连接管能满足吸附响应时间的要求。

此例若使用真空泵系统，因通过真空切换阀的平均吸入流量 $q_{V1} = 8.5$L/min（ANR），由式（7.4-4），选 $C_q = 1/2$，则 $S_c = \frac{8.5 \times 2}{11.1}\text{mm}^2 = 1.53\text{mm}^2$，所以选用有效截面面积 $S > 1.53\text{mm}^2$ 的直动式弹簧复位的电磁阀作为真空切换阀。

3. 其他原件的选定

供给阀的有效截面面积 S 值，不宜小于真空发生器喷嘴的几何面积的 4 倍；真空发生器供气口的连接管内径，不宜小于喷嘴直径的 4 倍，以减少供给回路的压力损失，提供足够的空气消耗量。

真空选择阀的有效截面面积大小与真空切换阀的选定方法相同。

选择真空过滤器的规格时，应明确通过真空过滤器的最大吸入流量，应小于该过滤器的推荐流量。

九、真空元件的使用注意事项

1）供给气源应是净化的、不含油雾的空气。因真空发生器的最小喷嘴喉部直径为 0.5mm，所以供气口之前应设置 AF 系列过滤器和 AM 系列油雾分离器。

2）真空发生器与吸盘之间的连接管应尽量短而直，连接管不得承受外力。拧动管接头

时，要防止连接管被扭变形或造成泄漏。

3）真空回路各连接处及各元件，应严格检查，不得让外部灰尘、异物从吸盘、排气口、各连接处等吸入真空系统内部。

4）真空发生器的排气口，在使用时不能堵塞。一旦堵塞，则不产生真空了。若必须设置排气管，则排气管尽量不要节流，以免影响真空发生器的性能。

5）由于各种原因使吸盘内的真空度未达到要求时，为防止被吸吊工件吸吊不牢而跌落，回路中必须设置真空压力传感器。吸附电子元件或精密小零件时，应选用小孔口吸附确认型真空压力传感器。对于吸吊重工件或搬运危险品的情况，除要设置真空压力传感器外，还应设真空表，以便随时监视真空压力的变化，及时处理问题。

6）在恶劣环境中工作时，真空压力传感器前也应装过滤器。

7）为了在停电情况下仍保持一定真空度，以保证安全，对真空泵系统，应设置真空罐；对真空发生器系统，吸盘与真空发生器之间应设置单向阀。供给阀宜使用具有自保持功能的常通型电磁阀。

8）真空发生器的供给压力在 0.40~0.45MPa 为最佳，压力过高或过低都会降低真空发生器的性能。

9）选型时，若配管容积选择过大，则吸附响应时间会增长；若吸入流量选择过大，对几毫米大小的小工件，吸附和未吸附时的真空压力差太小，会使真空压力传感器的设定很困难。

10）吸盘宜靠近工件，避免受大的冲击力，以免吸盘过早变形、龟裂和磨耗。

11）吸盘的吸附面积要比吸吊工件表面小，以免出现泄漏。

12）面积大的板材宜用多个吸盘吸吊，但要合理布置吸盘位置，增强吸吊平稳性，要防止边上的吸盘出现泄漏。为防止板材翘曲，宜选用大口径吸盘。

13）吸附高度变化的工件，应使用缓冲型吸盘或带回转止动的缓冲型吸盘。

14）对有透气性的被吊物，如纸张、泡沫塑料，应使用小口径吸盘。漏气太大，应提高真空吸吊能力，加大气路的有效截面面积。

15）吸附柔性物，如纸、乙烯薄膜，由于易变形、易皱折，应选用小口径吸盘，或带肋吸盘且真空度宜小。

16）一个真空发生器带一个吸盘最理想。若带多个吸盘，其中一个吸盘有泄漏，会减小其他吸盘的吸附力。为克服此缺点，可选用带单向阀的真空吸盘，如图 7.4-35 所示。

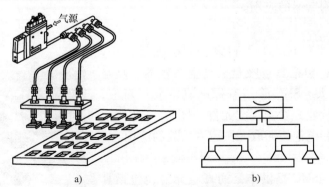

图 7.4-35　一个真空发生器带多个吸盘
a）利用单个发生器同时吸附多个物体　b）允许吸附不规则尺寸的物体

17) 对真空泵系统来说，真空管路上一条支线装一个吸盘是理想的，如图7.4-36a所示。若真空管路上要装多个吸盘，由于吸附或未吸附工件的吸盘个数变化或出现泄漏，会引起真空压力源的压力变动，使真空压力传感器的设定值不易设定，特别是对小孔口吸附的场合影响更大。为了减少多个吸盘吸吊工件时相互间的影响，可设计成图7.4-36b所示的回路。使用真空罐和真空调压阀可提高真空压力的稳定性。必要时，可在每条支路上装真空切换阀，这样一个吸盘泄漏或未吸附工件，不会影响其他吸盘的吸附工作。

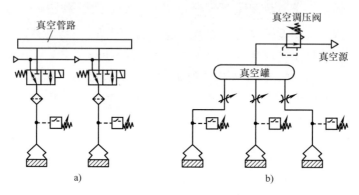

图7.4-36 真空管路中带多个吸盘的匹配

18) 不得用在有腐蚀性气体、爆炸性气体、化学药品的环境中。用于有油、水飞溅的场所，应采取防护措施。要注意有些材质不能接触有机溶剂。有振动、冲击的场所，必须在允许规格范围内。日光照射时应加保护罩。周围有热源应隔断辐射热。真空组件被包围，且通电时间长的场合，应采取散热措施，保证真空组件在使用温度范围内。

19) 要定期清洗真空过滤器及消声器。点检时，应将设定压力回复至大气压力，且真空泵的压力已完全被切断后，才能拆卸元件。

十、真空元件的应用示例

随着工业4.0以及智能制造的推广，真空元件在各行各业应用也越来越广泛。

1. 智能手机行业

该行业真空元件应用非常广泛。由于行业的特殊性，吸盘要求防静电、无痕迹，真空发生器需要响应快、结构紧凑、吸入流量大，SMC公司对此提供丰富的产品。图7.4-37所示为手机电子元件吸附搬运的应用。

2. 太阳能行业

太阳能行业的串焊机、上下料设备、检测设备中，真空元件应用广泛，包括真空吸盘、真空发生器、真空过滤器需求量非常大。SMC除了有标准真空元件对应，也有专门为太阳能行业开发的真空元件。图7.4-38所示为真空元件在太阳能电池板抓取-搬运-拾放的应用。

3. 包装行业

针对包装行业，SMC提供丰富的真空元件，包括真空吸盘、真空发生器、真空压力传感器等产品。特别是集成了吸盘与真空发生器功能的ZHP系列元件，能够减

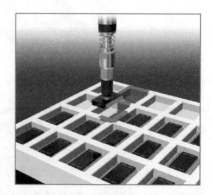

图7.4-37 手机电子元件吸附搬运

少安装空间，减少配管、提高设备效率。图 7.4-39 所示为真空元件在包装行业的应用。

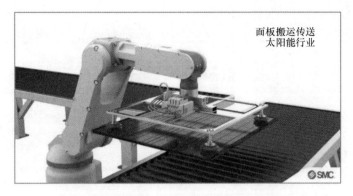

图 7.4-38　太阳能电池板搬运

4. 食品行业

能够吸附搬运软包装产品的真空吸盘，为能够贴合软袋的形变（高度、倾斜等）及缓和对袋中物品的冲击，需要多段风琴型吸盘 ZP3P 系列。该吸盘符合 FDA（美国食品医药局）标准，为方便异物混入的检查，采用容易识别的蓝色吸盘。图 7.4-40 所示为真空产品在食品行业的应用。

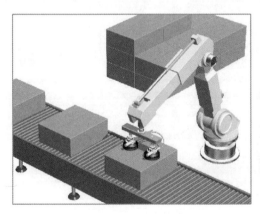

图 7.4-39　包装行业应用

图 7.4-40　食品行业应用

5. 工业机器人端持系统

工业机器人端持系统，通过真空系统抓取、搬运、拾放，广泛应用在电子、机床、食品等行业。针对冲压件、不锈钢板、钣金等大型重负载工件，SMC 提供一套完整的真空元件，为现场自动上下料提供完美的解决方案。图 7.4-41 所示为真空元件在工业机器人端持器系统的应用。

6. 玻璃抓取、搬运、拾放应用

工件为玻璃材质，要求无痕防静电，通过采用特殊材质的吸盘，提供完美的解决方案。图 7.4-42 所示为真空元件在玻璃搬运中的应用。

7. 特殊工件应用

使用多个真空发生器的吸附搬运装置，要求省空间，削减空气消耗量，为减轻搭载在机械手上的负载，提出轻量化的要求，真空发生器 ZU 系列可以完美实现该工艺的解决方案。图 7.4-43 所示为真空元件在特殊工件搬运中的应用。

图 7.4-41　机器人的真空端持器系统

图 7.4-42　玻璃搬运

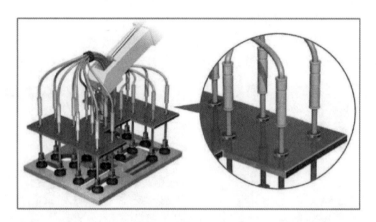

图 7.4-43　特殊工件搬运

第八章 气动系统附件

第一节 润滑元件

气动元件内部有许多相对滑动部分，有些相对滑动部分靠密封圈来密封。为了减少相对运动件间的摩擦力，以保证元件动作正常；为了减少密封材料的磨损，以防止泄漏；为了防止管道及金属零部件的腐蚀，延长元件使用寿命，保证良好的润滑是非常重要的。

润滑可分为不给油润滑和喷油雾润滑。

有许多气动应用领域是不允许喷油雾润滑的，如食品和药品的包装、输送过程中，油粒子会污染食品和药品；油粒子会影响某些工业原料、化学药品的性质；油雾会影响高级喷涂表面及电子元件表面的质量；油雾会影响测量仪的测量准确度；油雾会危害人体健康等。故目前使用油雾润滑已逐渐减少，不给油润滑已很普及。

不给油润滑仍采用橡胶材料作为滑动部位的密封件，但密封件带有滞留槽的特殊结构，以便内存润滑脂。其他零件应使用不易生锈的金属材料或非金属材料。不给油润滑元件也可给油使用，但一旦给油，就不得中途停止供油。同时，要防止冷凝水进入元件内，以免冲洗掉润滑脂。

不给油润滑元件不仅节省了润滑设备和润滑油，改善了工作环境，而且减少了维护工作量，降低了成本。另外，也改善了润滑状况。其润滑效果与通过流量、压力高低、配管状况等都无关。也不存在因忘记加油而造成故障的事。

下面介绍油雾润滑元件。

油雾润滑元件有油雾器和集中润滑元件两大类。油雾器有普通型（又称全量式）和微雾型（又称选择式）。微雾型油雾器的油雾粒径大约是 $2\mu m$ 以下，可输送 $8\sim10m$ 远的距离。集中润滑元件有差压型油雾器（ALD 系列）和增压型油雾器（ALB 系列）。

一、油雾器

（一）普通型油雾器（AL 系列）

1. 结构原理

图 8.1-1 所示为普通型油雾器。图 8.1-1a 所示为结构原理图，压缩空气从进口流入后，推开舌状活门，从出口输出。同时，经舌状活门前方小孔 a，经座阀进入油杯上腔，使杯内的油面受压。当进口流量很小时，舌状活门开度小，如图 8.1-1b 所示，但开口处流速较高，使孔 b 处压力下降，与油面压力形成一定的压力差，能将油杯中油吸上喷出雾化，故这种结构在很小流量下便能起雾。当进口流量逐渐增大时，舌状活门开度也增大，油杯液面与孔 b 处的压力差也增大，借助此压力差，润滑油经吸油管将单向阀的钢球顶起，再经节流阀流入视油窗内，从滴油器上方小孔滴下。滴下的油被高速气流引射雾化后，随主流从出口流出。节流阀是用来调节滴油量的。顺时针回转，滴油量减少；逆时针回转，滴油量增多。油杯使用透明的聚碳酸酯材料，便于观察油位。

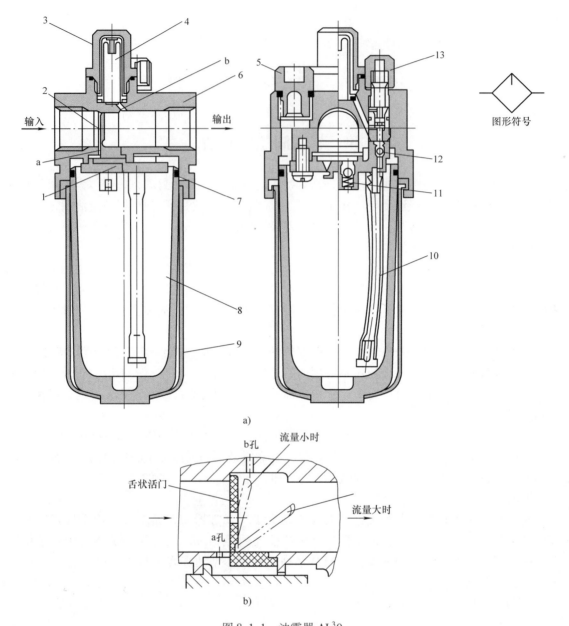

图 8.1-1 油雾器 AL_4^3O
a) 油雾器结构 b) 舌状活门组件工作原理
1—固定舌状活门组件 2—舌状活门 3—视油窗 4—滴油器 5—注油塞 6—器体
7—O 形圈 8—油杯 9—保护罩 10—吸油管 11—座阀 12—单向阀 13—节流阀

本油雾器可在不停气情况下补油。当需要补油时，拧开注油塞，油杯内的油面压力降至大气压力，座阀的钢球和单向阀钢球都被压在各自的阀座上，封住了油杯的进气道，便可从注油口补油。补油完毕，重新拧紧注油塞。由于座阀座上有一些微小沟槽，压缩空气可通过沟槽泄漏至油杯上腔，使上腔压力不断上升，直到将座阀及单向阀的钢球从各自阀座上推开，油雾器便又处于正常工作状态。

2. 主要技术参数

1）压降流量特性。在进口压力一定的条件下，通过油雾器的流量与两端压降之间的关系曲线，称为压降流量特性曲线，如图 8.1-2 所示。使用时，最好两端压降不大于 0.02MPa。

2）最小滴下流量。进口压力为 0.5MPa，润滑油为 1 种透平油（ISO VG32），油位处于正常位置，滴油量为 5 滴/min 的条件下，通过油雾器所需的流量称为最小滴下流量，也称为最小起雾流量，见表 8.1-1。由表 8.1-1 可见，本系列油雾器的最小滴下流量很小。

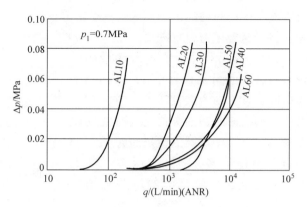

图 8.1-2 油雾器的压降流量特性曲线（AL 系列）

3）最低不停气加油压力，指在不停气情况下补油时，要求输入压力的最低值（一般不得低于 0.1MPa）。

表 8.1-1 普通油雾器的主要技术参数

系列	AL10	AL20	AL30	AL40		AL40-06	AL50	AL60	AL800	AL900	
连接口径（Rc、G、NPT）	M5×0.8	1/8、1/4	1/4	3/8	1/4	3/8	1/2	3/4	3/4、1	1	1¼	1½	2
最小滴下流量/(L/min)(ANR)	4	15	30	40	30	40	50	50	190	220	460	650	1800
注油杯/cm³	7	25	55		135			135			440		
使用压力范围/MPa	0.05 ~ 1.0												
环境和介质温度/℃	-5 ~ 60												

3. 选用

应根据通过油雾器的最大输出流量和最小滴下流量的要求，选择油雾器的规格。通过最大输出流量时，两端压降不宜大于 0.02MPa。还有在油杯下带排水活门、尼龙杯、金属杯及金属杯上带液位计的形式，供选用。若油雾输送距离长，且流路复杂（流阻大），宜选用集中润滑元件。

4. 使用注意事项

1）应选用对合成橡胶密封材料的变形、硬化、软化影响很小的清洁润滑油。黏度不宜太大或太小，以免吸油困难或耗油太多。推荐使用 1 种透平油（ISO VG32），即油的运动黏度约为 $32mm^2/s$。绝对不要使用锭子油或机油，以免造成密封件泡胀。

2）油雾器的进出口方向不得装反，以免失去油雾器功能，损坏舌状活门。应垂直安装，油杯在下。若倾斜安装，油可能附在滴油器上，看不见滴油，造成给油过多。应尽可能安装在比润滑部位高的地方。安装时，应留出调节节流阀及补油的空间。

3）油杯内的油面应处于上下限之间，超过上限，油雾器可能不能正常工作。注意及时补油。

4) 油雾器应装在空气过滤器和减压阀之后,以防水分进入油杯内使油乳化。避免减压阀中的节流小孔被油污染及橡胶件受油雾的影响。减压阀后流速高于阀前,也有利于油的雾化。且可避免压力表中进油。

5) 油雾器应尽量靠近需润滑的气阀和气缸。由图 8.1-3 可知,方向阀未通电时,管①内为大气压力。方向阀一通电,刚换向时,油雾器与气缸之间压差最大,通过油雾器的流量也最大,油滴雾化量也最多。随缸内压力不断上升,减压阀至气缸之间的压差逐渐减小,产生的油雾也随之减少,直到不能产生油雾。可见,方向阀切换后,仅在一个短时间内有油雾产生。

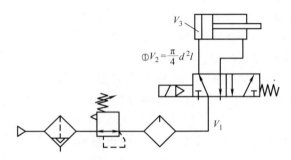

图 8.1-3 计算油雾器至被润滑气缸的连接管长的用图

方向阀未通电时,气缸排气管的体积 V_2 内为大气压力,且无油雾。油雾器至方向阀的管道体积 V_1 内虽有压力,也有存贮的油雾,但经一定时间,油雾可能已变成油滴了。阀通电后,要想将新产生的油雾送入气缸右腔 V_3 中,必须满足 $V_3 > V_1 + V_2'$ 才行。V_2' 是将压力为大气压力、体积为 V_2 的气体压缩成有压力状态的体积。故 $V_2' = V_2 \times 0.1/(p+0.1)$。要将新生油雾送入气缸中,管①的管长必须满足

$$l < a(V_3 - V_1)(p+0.1)/(0.0785d^2) \tag{8.1-1}$$

式中 a——修正系数。水平配管,取 $a=0.5 \sim 0.6$;垂直配管,取 $a=0.2 \sim 0.3$;

p——压缩空气的压力(MPa);

l——管长(mm);

d——管径(mm);

V_1——油雾器至方向阀的管道体积(mm³);

V_3——气缸右腔体积(mm³)。

由式(8.1-1)可见,如气缸内的体积过小,油雾是不会进入气缸的。油雾器与方向阀之间的距离一般小于5m。若管道直径小,管道的流动阻力大(如弯头多等),管道伸向高处,则油雾能传送的距离会大大缩短。

6) 使用节流阀调节滴油量时,必须用手调节,不得用工具调节。

7) 回路所需滴油量主要取决于油雾器的输出流量,其关系如图 8.1-4 所示。故必须在供气状态下调节滴油量。

8) AL10 油雾器不能不停气补油。要补油时,必须将进口压力泄掉。

9) 油杯、视油窗和滴油器的材料为聚碳酸酯,要定期检查有无裂纹、是否被污染。不能在有机溶剂的环境中使用。清洗时,要使用中性洗涤剂,要避免阳光直接照射。油杯外面应带金属保护罩,以防油杯破裂伤人。

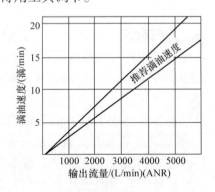

图 8.1-4 推荐滴油速度与输出流量的关系

10) 不需供油雾的部位不设油雾器。为了防止停机时出现空气逆流，导致油雾混入不需供油的回路，可在油雾器前装设单向阀，如图 8.1-5 所示。

11) 若需同时润滑多个流量不等的气动元件或需润滑的气缸在高处，油雾器的油雾达不到时，应使用集中润滑元件。

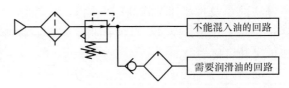

图 8.1-5 不供油回路和供油回路的并联

（二）自动补油型油雾器（ALF 系列）

人工补油很麻烦，且一旦出现油雾中断，便可能发生故障。为此，可采用自动补油型油雾器，这可大大减少维护工作量，且安全可靠。

1. 结构原理

图 8.1-6 所示为自动补油型油雾器。配套的油箱（见图 8.1-6b）的输出口与油雾器（见图 8.1-6a）的底部进油口相连。手轮 A 顺时针旋转 90°，阀 B 开启，压缩空气进入油箱，

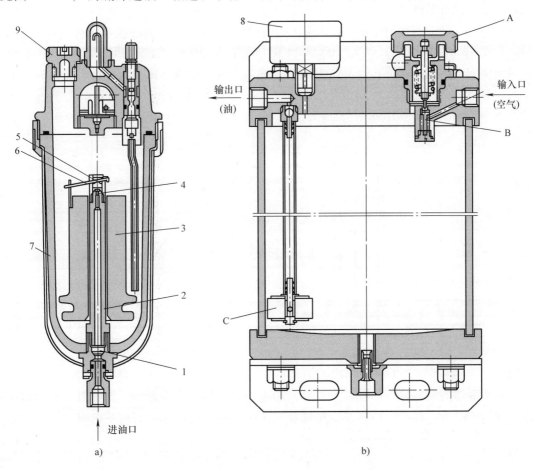

图 8.1-6 自动补油型油雾器（ALF 系列）

a）油雾器　b）油箱

1—过滤片　2—导油管　3—浮子　4—喷嘴　5—挡板　6—杠杆　7—油杯　8—压力表　9—油塞

经过滤网 C 及过滤片 1 将油压入油雾器，油从喷嘴流入油杯中。当油杯内油量增至一定高度时，浮子升起，通过杠杆使挡板下降，封住喷嘴，停止供油。当油量减少到一定高度时，挡板又开启自动补油。

油箱内的气压力必须高于油雾器的进口压力，两个压力的关系如图 8.1-7 所示。油箱内最高压力为 1.0MPa，油雾器的最高进口压力为 0.7MPa。当油雾器进口压力为零时，油箱内压力不得高于 0.6MPa，但高于 0.1MPa 才可能将油压入油杯内。

2. 使用注意事项

1）在差压为 0.3MPa 时，能耐 $9.8m/s^2$ 以下的振动，故自动补油型油雾器不要用于冲床类设备上。

2）垂直安装时，应保证浮子与导油管不接触。

3）油雾器进口端的气路关断时，若油箱内的气压力高于 0.6MPa，则油箱内的压力也必须降至 0.6MPa，以防止油逆流。

4）本油雾器不能在加压下从油塞处给油。

二、集中润滑元件

雾化油粒子的下沉和附壁的问题与油粒子的大小、粒子在管内的流速有关，如图 8.1-8 所示。直径 $5\mu m$ 的油粒子，以大于 0.5m/s 的流速碰撞表面，便能黏附在表面，起润滑作用。易附壁的油雾称为湿雾，不易附壁的油雾称为干雾。在管内流速较小的细小油粒子易成为干雾，它可输送到较远处。但油粒子太小，不易起润滑作用。如 $1\mu m$ 左右的油粒子，运动速度大于 18m/s 才能附壁起润滑作用。

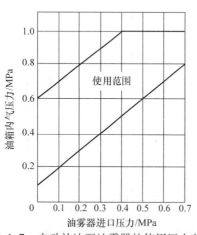

图 8.1-7 自动补油型油雾器的使用压力范围

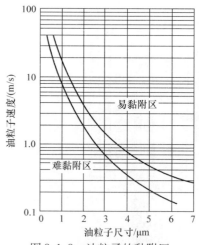

图 8.1-8 油粒子的黏附区

普通油雾器的油雾粒子体积较大，且大小不均匀，油雾容易附着于管壁上，不能远距离输送，故耗油量大。且一个油雾器很难保证对多个供油点进行恰当的油雾供应。

（一）差压型油雾器 ALD 系列

差压型油雾器 ALD 系列可向主气路提供 $2\mu m$ 以下的油粒子。因主管道内流速较小，微雾可传送至很远的距离。流至支管道时，由于流速加快，微雾则易于附壁，达到润滑的目的。故一只差压型油雾器可供给多点润滑，如图 8.1-9 所示，故称其为集中润滑元件。

1. 结构原理

图 8.1-10 所示为 ALD600 差压型油雾器的工作回路图，图 8.1-11 所示为其结构原理图。

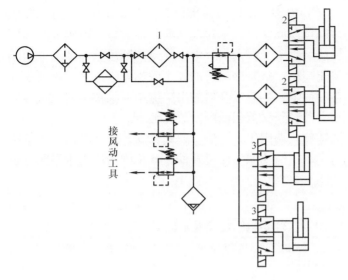

图 8.1-9 用差压型油雾器实现多点润滑
1—差压型油雾器 2—间隙密封电磁阀 3—弹性密封电磁阀

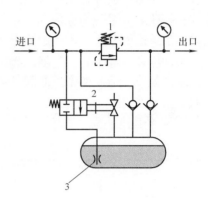

图 8.1-10 ALD600 差压型油雾器的工作回路图
1—差压调整阀 2—给油塞
3—微雾发生喷口

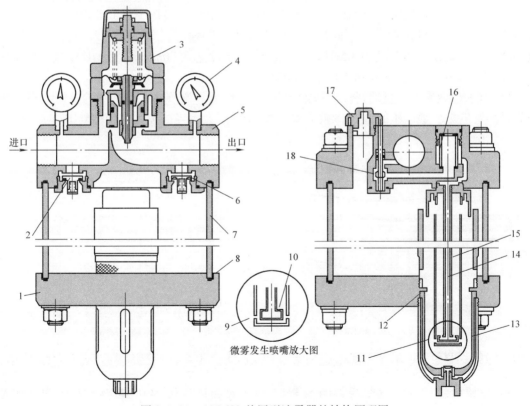

图 8.1-11 ALD600 差压型油雾器的结构原理图
1—油箱下盖 2—进口侧单向阀 3—差压调整阀 4—压力表 5—器体 6—出口侧单向阀
7—油箱 8—密封垫 9—吸油口 10—喷口 11—微雾发生器 12—O 形圈 13—油杯
14—气室 15—微雾流道 16—滤芯 17—给油塞 18—二位二通阀

顺时针旋转差压调整阀的调节螺杆，阀芯开度变小，可形成进口和出口间 0.03~0.1MPa 的压差，以保证进口侧单向阀关闭，出口侧单向阀开启。旋转给油塞，将二位二通阀的阀杆压下，阀开启，油雾器进口有压气体通过滤芯进入油杯内的气室。气室内的压力与油面上的压力有一定压差，故气体从喷口以高速气流喷出，从吸油口将油杯中的油卷吸进来，被高速气流带出雾化。大量较小雾粒飘浮至油箱油面上，然后从开启的出口侧单向阀被引射至油雾器出口，形成微雾与主气流一起输出。较大油粒子又落回油中，故耗油少。

本油雾器也能不停气补油。将给油塞旋松两圈半，二位二通阀关断，待油箱内气压从给油塞缝隙处全泄后，两个单向阀都关闭，取下给油塞，便可补油。油箱内气压尚未泄完，不得取下给油塞。

2. 主要技术参数（见表 8.1-2）

表 8.1-2　ALD、ALB 系列油雾器的主要技术参数

型号	连接口径 （Rc、NPT）	注油量/L	使用压力范围 /MPa	使用差压范围 /MPa	环境和介质温度 /℃	最大流量 （m³/min）（ANR）
ALD600	3/4、1	2	0.1~1	0.03~0.1	5~60	6
ALD900	1¼、1½、2	5				15
ALB900	Rc1、Rc2、3in 法兰	5	0.4~1	0.05~0.2	5~50	60

1）油雾器的流量特性曲线如图 8.1-12 所示。它是在进口压力为 0.5MPa，差压设定流量为 250L/min（ANR）时，在不同初始设定差压下，随输出流量的变化导致差压变化的曲线。例如，初始设定差压为 0.05MPa 时，当输出流量达 3800L/min（ANR）或 6000L/min（ANR）时，差压分别变成 0.06MPa 或 0.065MPa。

2）差压与微雾发生量的特性曲线如图 8.1-13 所示。调节差压调整阀的差压大小，便可调节微雾发生量。随差压的增大，微雾发生量线性增大。当压差小于 0.03MPa 时，有可能产生不了微雾。

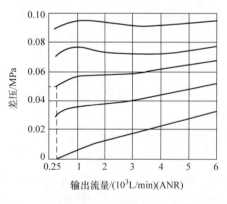 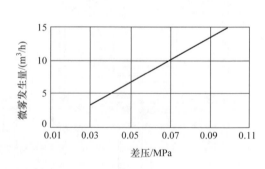

图 8.1-12　ALD600-10 油雾器的流量特性曲线　　图 8.1-13　ALD 系列油雾器的差压与微雾发生量的关系

3）差压设定最少流量曲线如图 8.1-14 所示。当进口压为 0.5MPa，差压为 0.05MPa 时，最少流量为 102L/min（ANR）。小于此流量，则差压设定不能到 0.05MPa。

3. 选用

主要应根据通过差压型油雾器的最大输出流量，按油雾器的流量特性曲线，来选择油雾

器的规格。再根据差压大小判断微雾发生量够否。

4. 使用注意事项

1）检查油雾发生状况的方法：取出给油塞，用工具将二位二通阀的阀杆压下，则微雾便从给油口喷出，这时可对微雾发生状况进行检查。

2）油雾器要垂直安装。为便于维修，油雾器上下方应留出 30cm 的空间。

3）出厂时，差压设定在 0.05MPa。差压大小由主气路上下游压力表的读数读出。

（二）增压型油雾器（ALB 系列）

图 8.1-15 所示增压型油雾器是利用升压器供给比主气路更高的压力，利用它与主气路的压差作为产生微雾的差压，这样，主气路的压力降小（与差压型油雾器比较），便可得到大量稳定的微雾供给，其主要技术参数见表 8.1-2。

差压型和增压型油雾器都可以设置浮标开关，通过浮标开关的 ON（或 OFF）来指示油是否用完。

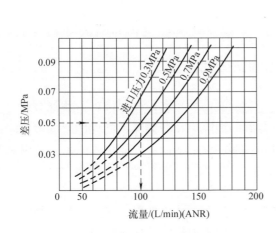

图 8.1-14 ALD 系列油雾器的差压设定最少流量曲线

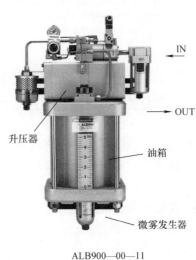

图 8.1-15 增压型油雾器

第二节 消声器和排气洁净器

一、消声器（AN 系列）

1. 概述

噪声有机械性噪声、电磁性噪声和气动力噪声。由固体振动产生的噪声为机械性噪声。在电磁线圈中，由于交流电所引起的动铁心振动，为电磁性噪声。当气体流动时出现涡流或压力发生突变，引起气体的振动，为气动力噪声。

气缸排气侧的压缩空气，通常是经方向阀的排气口排入大气的。由于余压较高，最大排气速度在声速附近，空气急剧膨胀，引起气体的振动，便产生了强烈的排气噪声。噪声的大小与排气速度、排气量和排气通道的形状等有关。

噪声的大小用分贝（dB）度量。一般机加工车间的噪声为 70~85dB，气铆枪等风动工具发出的噪声约为 100dB。按国际标准规定，每天 8h 工作，允许的连续噪声为 90dB；时间减半，允许提高噪声 3dB，但 115dB 为最高限度。高于 85dB 都应设法降低噪声。

人对噪声的感觉还和噪声的频率有关。一般能听到的声频范围为 20~20000Hz，正常说话的声频为 500~2000Hz。同样分贝数的噪声，听起来高频噪声要比低频噪声响得多。

在容积为 24L，罐内压力为 0.5MPa 的气罐上，装有有效截面面积为 48.5mm² 的电磁阀，打开电磁阀向外界放气时，在距离电磁阀出口 1m 处，测得的噪声与声频的关系如图 8.2-1 所示。一般排气噪声为 80~120dB。

长期在噪声环境下工作，会使人感到疲劳，工作效率降低；降低人的听力，影响人体健康。所以，必须采取相应降低噪声的措施。

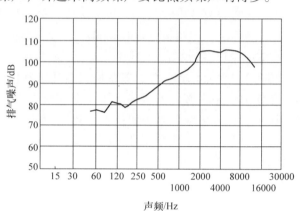

图 8.2-1　电磁阀的排气噪声

2. 消声原理

好的消声性能是指在产生的噪声频率范围内，有足够大的消声量。下面介绍两种消声原理：

（1）吸收型

让压缩空气通过多孔的吸声材料，靠气流流动摩擦生热，使气体的压力能部分转化为热能，从而减少排气噪声。吸收型消声器具有良好的消除中、高频噪声的性能。一般可降低噪声 25dB 以上。图 8.2-2 所示为电磁阀用消声器的降噪能力举例。吸声材料大多使用聚氯乙烯纤维、玻璃纤维、烧结铜珠等。

（2）膨胀干涉型

这种消声器的直径比排气孔径大。气流在里面扩散、碰撞反射，互相干涉，减弱了噪声强度，最后从孔径较大的多孔外壳排入大气。主要用于消除中、低频噪声。

把一些气阀排出的气体引至内径足够大的总排气管，总排气管的出口可安装排气洁净器，也可将排气管的出口设在室外或地沟内，以降低工作环境里的噪声，称为集中排气阀，如图 8.2-3 所示，这种方法就是利用了膨胀干涉型原理来降低噪声的。

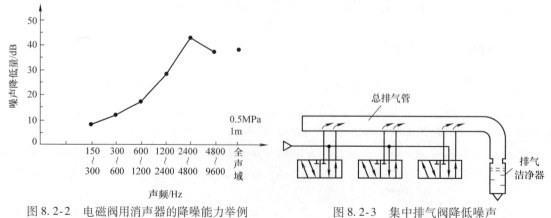

图 8.2-2　电磁阀用消声器的降噪能力举例　　图 8.2-3　集中排气阀降低噪声

3. 消声器的特点及主要技术参数（见表 8.2-1）

最高使用压力为 1.0MPa，环境和介质温度为 5～60℃（烧结金属型为 5～150℃）。

表 8.2-1　消声器的特点及主要技术参数

系列	型号	接管口径（R、NPT）	有效截面面积 /mm²	最大直径 /mm	消声效果 /dB	特点
小型树脂型	AN05～AN40	M5、1/8～1/2	5～90	6.5～24	>30	吸声材料为 PE（聚乙烯）或 PP（聚丙烯）烧结体 连接体材料为树脂类 PP 或聚醛
金属主体型	AN500～AN900	3/4～2	160～960	46～86	>30	小通气阻力，小型 吸声材料为 PE 烧结连接体材料为 ADC（铝合金压铸）或聚醛
金属外壳型	2504～2511	1/4～1	17.2～130	22～60	>19	只向轴向排气，避免声音和油雾的横向扩散，耐横向冲击，连接螺纹不易损坏，吸声材料为 PVC（氯化聚氯乙烯） 连接体材料为 ZDC（锌合金压铸）
烧结金属型	AN101-01	R1/8	20	11	16	适合微型阀及先导阀的排气消声 吸声材料为 BC（青铜）烧结金属体 连接材料为磷青铜
	AN110-01	R1/8	35	13	21	
	AN120	M3、M5	1、5	6、8	13～18	
高消声型	AN202～AN402	1/4～1/2	35～90	22～34	>35	壳体使用难燃材料 PBT（聚苯并噻唑） 吸声材料为 PVF（聚氟乙烯） 连接体材料为 PBT
快换接头型	AN10-C	φ6、φ1/4	7	11	>30	主体为树脂类 吸声材料为 PP、PE
	AN15-C	φ8	20	13		
	AN20-C	φ10、φ3/8	25～30	16.5		
	AN30-C	φ12	41	20		
高消声型	ANA1	R1/8～2 φ8～φ12	10～610	16～86	>40	连接体为 ADC 吸声材料为 PP、PVF 有插杆（管）连接
	ANB1	R1/8～1½ φ6～φ10	15～610	16～86	>38	

图 8.2-4 所示为几种消声器的外形图。图 8.2-5 所示为典型消声器的结构原理图。

图 8.2-4　几种消声器的外形图

a）小型树脂型　b）金属主体型　c）金属外壳型　d）烧结金属型　e）高消声型

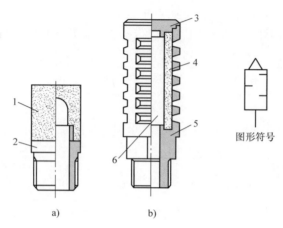

图 8.2-5 典型消声器的结构原理图
a) AN101 b) AN202
1—吸声材料（BC 烧结体） 2—器体 3—端盖
4—吸声材料（PE 烧结体） 5—连接体 6—膨胀室

4. 选用及使用注意事项

1) 对消声器的要求是，在噪声频率范围内消声效果好，排气阻力小（即有效截面面积要大），以免影响方向阀的方向性能。要求结构耐用，即孔眼不易堵塞，并便于清洗。通常根据方向阀的连接口径来选择消声器的规格。孔眼堵塞要清洗或更换，否则，流量减少，执行元件速度逐渐变慢，响应性能逐渐变差。

2) 连接体采用树脂材料时，虽有足够强度，但安装力不宜过大，也不要承受横向冲击载荷。

3) 吸声材料为 PP、PE 或 PVF 时，不宜用于存在有机溶剂的场合。

4) 要注意排气时绝热膨胀温度下降，导致压缩空气中含有的水分会在消声器上冻结，造成排气阻力增大，故排气前的管路中要尽量分离掉水分。

二、排气洁净器（AMC、AMV、AMP 系列）

排气洁净器用来吸收排气噪声，并分离掉和集中排放掉排出空气中的油雾和冷凝水，以得到清洁宁静的工作环境。

1. AMC 系列

(1) 结构原理

图 8.2-6 所示为排气洁净器的结构原理。排油口有排水活门排出和接管排出两种形式。分离油雾的原理与油雾分离器相同，必须频繁排放冷凝水或不能安装手动排水的场合，可取下排水活门，装上 R1/4 接头，便可改为冷凝水接管形式。

(2) 主要技术参数

进口压力和排出空气流量的关系如

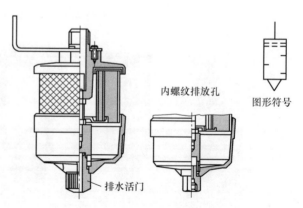

图 8.2-6 AMC 系列排气洁净器

图 8.2-7 所示。AMC 系列排气洁净器的连接口径为 Rc1/4 至 R2，最大处理空气流量为 200～10000L/min（ANR），消声效果大于 35dB（A），油雾回收率为 99.9%以上。

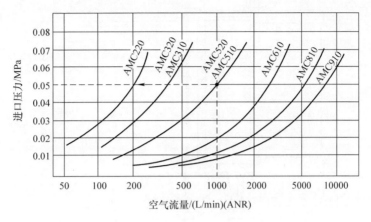

图 8.2-7 排气洁净器的流量特性曲线

（3）选用

计算通过集中排气管同时排气的气缸的最大空气耗气量，加上配管耗气量，二者之和应小于排气洁净器的最大处理流量，来选定排气洁净器的型号。

（4）使用注意事项

排气洁净器通常装在集中排气管的出口，如图 8.2-3 所示。当排气洁净器排气时，进口压力达 0.1MPa 或已使用了 1 年，都应更换器内的滤芯元件。或者由于孔眼堵塞，造成排气速度减小，导致执行元件动作不良时，也应更换滤芯元件。吸声材料破损时，消声效果及油雾分离能力都变差，必须更换。多个排气洁净器同时将油污排放至一个油桶时，应使用接管排出方式。洁净器外壳是合成树脂，故不得接触有机溶剂。

排气洁净器必须垂直安装，排水口朝下。在一次侧，可安装截止阀和压力表，如图 8.2-8 所示。不点检时，关闭截止阀，以保护压力表。

2. AMV 系列

AMV 系列为真空用排气洁净器，能够吸收从真空泵排出的 99.5% 的油烟，实现无油烟、清洁宁静的工作环境。对小流量下高浓度的油烟也可 99.5% 捕捉分离，从真空泵的排气导管不需要。

图 8.2-9 所示为 AMV 系列排气洁净器的结构原理图，排出空气中的油雾由于惯性冲击或布朗运动散布在滤芯表面及内部而被捕捉，被捕捉的油雾凝集成液滴，在滤芯表面粗糙的聚氨酯泡沫上运送，靠重力降下分离在外壳内部。

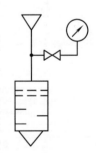

图 8.2-8 排气洁净器进口应装点检用压力表

AMV 系列的流量特性如图 8.2-10 所示。

3. AMP 系列

AMP 是洁净室内使用的排气洁净器，如图 8.2-11 所示。第一级滤芯是主滤芯，第二级滤芯是保护用滤芯。当第一级滤芯油饱和后（出现红色斑点），流出的油雾被第二级滤芯捕捉，在一定时间内，可防止油雾向外飞散。排出空气洁净度相当于洁净室等级 100，大致是

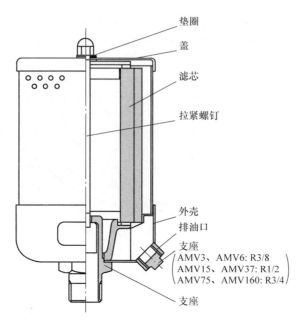

图 8.2-9 AMV 系列排气洁净器

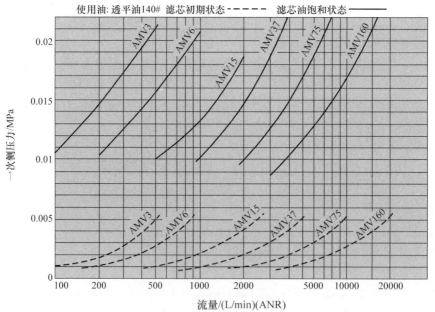

图 8.2-10 AMV 系列的流量特性

0.3μm 以上的微粒在 3.5 个/L 以下（即 100 个/ft³ 以下）。消除噪声在 40dB（A）以上。

AMP 系列的流量特性如图 8.2-12 所示，排气速度如图 8.2-13 所示。因存在排气速度，故洁净器应设置在不会卷起粉尘或卷起粉尘不会造成坏影响的场所。

洁净器连接口径 Rc、NPT、G1/4～3/4，进口压力小于 0.1MPa，过滤精度为 0.01μm（捕捉率 95% 以上），滤芯寿命为从开始使用起达一年或虽未满一年，但进口压力已大于 0.1MPa 或滤芯表面已出现红色斑点。

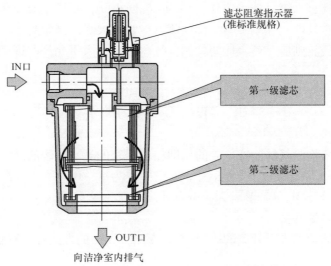

图 8.2-11 洁净室内使用排气洁净器 AMP 系列

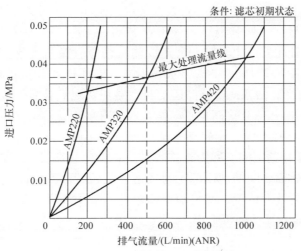

图 8.2-12 AMP 系列的流量特性

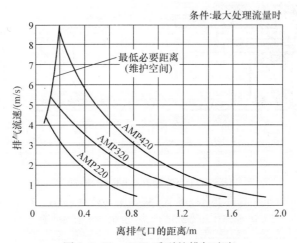

图 8.2-13 AMP 系列的排气速度

选用：对驱动气缸系统，选用方法与 AMC 系列相同。若用于真空发生器等排气场合，先要注意排气背压对其他元件无影响，排气流量应是最大吸入流量与空气消耗量之和。若采用集中配管方式排气，则应计算合计的最大排气流量不得大于允许的进口压力下的最大处理流量。

第三节 磁 性 开 关

磁性开关是用来检测气缸活塞位置的，即检测活塞的运动行程的。它可分成有触点式和无触点式两种。D-□系列磁性开关，□中无记号或为 A、B、C、E、Z 者为有触点式，□中为 F、G、H、J、K、M、P、Y 者为无触点式。

一、有触点式磁性开关

通过机械触点的动作进行开关的通（ON）断（OFF）的方式称为有触点式磁性开关。

1. 动作原理

将舌簧开关成型于合成树脂块内，有的还将动作指示灯和过电压保护电路也塑封在内。带有磁环的气缸活塞移动到一定位置，舌簧开关进入磁场内，两簧片被磁化而相互吸引，触点闭合，发出一电信号；活塞移开，舌簧开关离开磁场，簧片失磁，触点自动脱开，如图 8.3-1a 所示。触点开闭若产生弹跳，会造成输出信号有振荡现象。活塞向右运动时，当磁环到 A 位置时（见图 8.3-1b），舌簧开关被接通，磁环移到 B 位置时，舌簧开关才脱开，A-B 区间称为动作范围。活塞向左反向运动时，磁环移到 C 位置，开关才接通，继续左行至 D 位置，开关才脱开，C-D 区间也是动作范围。有触点磁性开关的动作范围一般为 5～14mm，与开关型号及缸径有关。从磁环运动到使开关 OFF（或 ON）的位置，再反向运动又使开关 ON（或 OFF）的区间，称为磁滞区间，如图 8.3-1b 中的 BC 段和 DA 段，此区间通常小于 2mm。扣除磁滞区间的动作范围为最适安装位置。其中间位置称为最高灵敏度位置。磁环停止在最高灵敏度位置，开关动作稳定，不易受外界干扰。若磁环停止在磁滞位置，则开关动作不稳定，易受外界干扰。

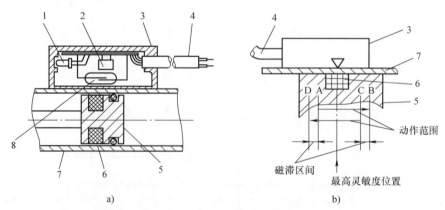

图 8.3-1 舌簧开关的动作原理
1—动作指示灯 2—保护电路 3—开关外壳 4—导线 5—活塞
6—磁环（永久磁铁） 7—缸筒 8—舌簧开关

2. 特点

触点密闭在惰性气体中，减少开闭时火花引起氧化、碳化、避免灰尘污染，触点镀贵金属、耐磨。

用磁性开关来检测活塞的位置，从设计、加工、安装、调试等方面，都比使用其他限位开关方式简单、省时。内部阻抗小，无指示灯的情况下，一般为1Ω以下，若内置触点保护回路，在25Ω以下。吸合功率小，过载能力较差。

磁性开关安装位置的改变很方便。有动作指示灯显示，安装、维护、检查都非常方便。寿命为107～108次，价廉，易冷焊粘接。

响应快，动作时间为12ms。耐冲击，冲击加速度可达$300m/s^2$，无漏电流存在。

3. 机能

按机能不同，舌簧式磁性开关有普通型和二色指示型，普通型又有2线式和3线式。

二色指示型，是指在磁性开关的动作范围内，指示灯用红色显示，但在最高灵敏度位置，指示灯用绿色显示，如图8.3-2所示。

普通型带动作指示灯的，在动作范围内为全红色显示。

二色指示型能显示出最适合的开关安装位置，故使开关的安装调试工作更简单、快速、准确。

磁性开关有带指示灯的，也有不带指示灯的。有带触点保护电路的，也有不带的。

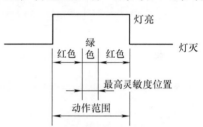

图8.3-2 动作指示灯的二色指示型

4. 开关的内部电路

对舌簧磁性开关电路，当一感性负载（如继电器、电磁阀）被关断时，存贮在其中的电能会通过打开的触点进行放电，产生火花。电火花会在触点的接触表面上产生放电痕迹，影响触点的接触性能。故带感性负载时，应在舌簧磁性开关电路中，设置触点保护电路。

若开关太小，不能内装触点保护电路，在下述三种情况下，应外接含触点保护电路的触点保护盒。

1) 使用负载是感性负载。

2) 到负载为止的配线在5m以上。

3) 负载电压为AC100V、AC200V。

根据磁性开关使用负载的不同以及是否带有动作指示灯和触点保护措施，其内部电路有多种形式，典型的几种内部电路如图8.3-3所示。

图8.3-3a所示无指示灯，也无触点保护电路。

图8.3-3b所示有指示灯，但无触点保护电路，正向接线，当开关吸合时，指示灯（发光二极管）点亮；反向接线，开关仍可吸合，通过稳压二极管接通电路，但指示灯不亮。适合负载为继电器、PLC。

图8.3-3c所示有保护电路，但无指示灯，过压吸收器用于吸收舌簧开关断开瞬时，感性负载产生的冲击电压。正常回路时，ZNR处相当于开路。有冲击电压时，ZNR才有电流流过。ZNR无极性，DC、AC都可以用。扼流圈用于吸收舌簧开关断开时，连接外负载的长导线产生的突入电流（即冲击电流）。适合负载为继电器、PLC。

图 8.3-3d 所示有指示灯，无过电压保护电路，为 3 线式。若电源接反了，防止逆流二极管不通（因电阻大），以保护开关不受损伤。3 线式与 2 线式相比，由于内部电压降小，故允许负载通过的电流大。适合负载为 IC 回路。

图 8.3-3e 所示有指示灯，也有保护电路。适合负载为继电器、PLC。

图 8.3-3f 所示有指示灯，又有保护电路的二色指示型。开关断开瞬时，遇冲击电压，由于稳压二极管起稳压作用，保护开关不受损伤。适合负载为继电器、PLC。

图 8.3-3g 所示有指示灯，但无保护电路的二色指示型。有防止逆接功能。适合负载为继电器、PLC。

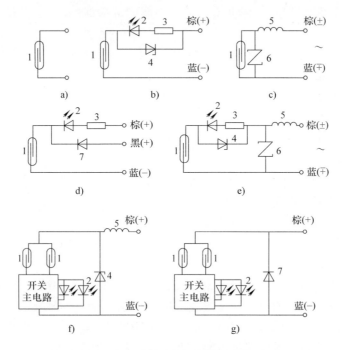

图 8.3-3 舌簧磁性开关的内部电路
1—舌簧开关 2—发光二极管 3—电阻 4—稳压二极管 5—扼流圈
6—过压吸收器 ZNR 7—防止逆流二极管

触点保护盒内的保护电路如图 8.3-4 所示。图 8.3-4a 用于 AC200V 和 100V，图 8.3-4b 用于直流电。触点保护盒的规格见表 8.3-1。

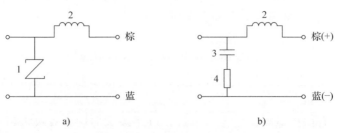

图 8.3-4 触点保护盒内的保护电路
1—过电压吸收器 2—扼流圈 3—电容 4—电阻

表 8.3-1　触点保护盒的规格

型号	CD – P11		CD – P12
负载电压/V	AC100	AC200	DC24
最大负载电流/mA	25	12.5	50

5. 使用注意事项

1）安装时，不得让开关受过大的冲击力，如将开关打入、抛扔等。

2）除耐水性的磁性开关外，不要让磁性开关处于水或冷却液等环境中，以免造成绝缘不良、开关内部树脂泡胀、造成开关误动作。如需在这种环境中使用，应加盖遮挡。

3）绝对不要用于有爆炸性、可燃性气体的环境中。

4）周围有强磁场、大电流（像电焊机等）的环境中，不能使用一般磁性开关，应选用耐强磁场的磁性开关，如 D – P7。

5）不要把连接导线与动力线（如电动机等）、高压线并在一起。

6）磁性开关周围不要有切屑末、焊渣等铁粉存在，若堆积在开关上，会使开关的磁力减弱，甚至失效。

7）在温度循环变化的环境中（不是通常的气温变化）不得使用。

8）配线时，应切断电源，以防配线失误造成短路、损坏开关及负载电路。配线时，导线不要受拉伸力和弯曲力。用于机械手等有可动部件的场合，应使用具有耐弯曲性能的导线，以免开关受损伤或断线。

9）磁性开关的配线不能直接接到电源上，必须串接负载。且负载绝不能短路，以免开关烧毁。电源（负载）电压 – 内部电压降 > 负载工作电压（对 PLC 为 ON 电压）。

10）因磁性开关有个动作范围，故安装磁性开关的气缸存在一个最小行程。若气缸行程小于最小行程，只装一个磁性开关会出现不能断开、装两个开关会出现同时 ON 的情况。

11）为加强可靠性，可通过传感器将机械信号转换成开关信号，与磁性开关信号并用，构成连锁电路。

12）导线的引出方式有直接出线式、插座式、导管接线座式和 DIN 形插座式。插座式是将带导线的插头插入开关上，然后再拧紧锁紧环，如图 8.3-5 所示。

13）负载电压和最大负载电流都不要超过磁性开关的最大允许容量，否则其寿命会大大降低。舌簧式磁性开关的最大触点容量为 25VA，远小于限位开关的容量，应注意。

14）对直流电，茶线接 + 级，蓝线接 – 级。对 3 线式，黑线接负载。带指示灯的开关，当开关吸合时，指示灯亮。若接线接反，开关可动作，但指示灯不亮。有触点磁性开关的接线方法如图 8.3-6 所示。

15）带指示灯的有触点磁性开关，当电流超过最大电流时，发光二极管会损坏；若电流在规定范围以下，如小于 5mA，发光二极管会变暗或不亮。

16）将开关设置在气缸行程中间位置时，活塞通过，让继电器动作的场合，若活塞太快，开关的闭合时间过短，继电器有可能尚未动作，应注意。

17）没有触点保护电路的磁性开关需配用触点保护盒时，接线如图 8.3-7 所示。应将保护盒上有"Switch"标记侧的导线和磁性开关本体的导线相连。其导线长度越短越好，不要超过 1m。

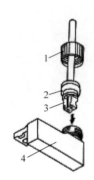

图 8.3-5 插座式的引线方式
1—锁紧环 2—套筒 3—插头 4—磁性开关

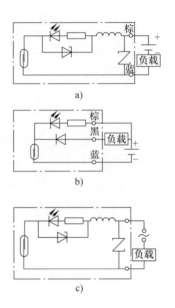

图 8.3-6 有触点磁性开关的接线方法

18）带触点保护电路的磁性开关，如连接负载的导线在 30m 以上，则当开关吸合时，存在很大的突入电流，它会降低保护电路的寿命。为延长寿命，有必要再设置触点保护盒。

19）负载若是继电器，为延长开关的使用寿命，除使用触点保护盒外，应选用下列继电器的同等品：富士电机 HH5 型、东京电器 MPM 型、立石电机 MY 型、和泉电气 RM 型、松下电器 HC 型和三菱电机 RD 型。

20）多个开关串联使用时（见图 8.3-8），由于每个发光二极管都有内部压降，故开关吸合时的负载电压是电源电压减去各开关的内部压降之和。若负载电压低于负载的最低动作电压，即便开关动作，负载也可能不动作。故开关串联时，一般不多于 4 个。若串联电路中，只使用一个带指示灯的开关，其余开关都不带指示灯，则可提高负载电压。多个开关串联时，只有所有开关都吸合时，指示灯才亮。

21）多个开关并联使用时（见图 8.3-9），随并联开关个数的增加，每个开关两端的压降和通过的电流都减小，故指示灯会变暗或不亮。

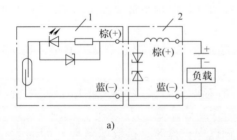
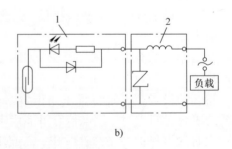

图 8.3-7 磁性开关与触点保护盒的连接
1—开关电路 2—触点保护盒

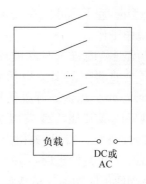

图 8.3-8　多个开关的串联（有触点开关）　　图 8.3-9　多个开关的并联

二、无触点式磁性开关

无触点式磁性开关也称为固态电子型磁性开关。它是利用半导体（磁敏电阻）特性加上放大回路构成的开关形式。

1. 动作原理

在图 8.3-10 所示的磁性开关内，有一磁敏电阻作为磁电转换元件。磁敏电阻是由对温度变化不敏感的、对磁场变化相当敏感的强磁性合金薄膜制成的。当磁性开关进入永久磁铁的磁场内时，磁敏电阻的输出信号的变化如图 8.3-10 所示。此信号经放大器放大处理，转换成磁性开关的通断信号。

2. 特点

无触点式磁性开关内无可动部件，故寿命是半永久的。动作时间短，在 1ms 以下。动作范围一般为 3～10mm，磁滞区间通常小于 1mm。检测可靠性高。耐冲击，可达 $1000m/s^2$。适合需开关高频动作的场合。但应注意这种开关有漏电流，三线式在 100μA 以下，二线式在 0.8mA 以下。

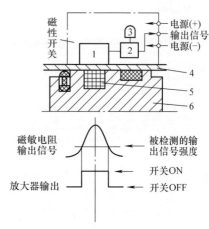

图 8.3-10　无触点式磁性开关的动作原理
1—磁敏电阻　2—放大器　3—发光二极管
4—缸筒　5—磁环　6—活塞

3. 机能

按机能不同，无触点式磁性开关有普通型、二色指示型、带诊断输出的二色指示型、耐水性强的二色指示型、耐热的二色指示型、耐强磁场的二色指示型和有延时功能型。

普通型磁性开关，在开关闭合时，用红色灯单色显示。二色指示型磁性开关，在最适合的安装位置用绿色灯显示，在其余动作范围内用红色灯显示，如图 8.3-11 所示。

二色指示型无触点磁性开关安装后，由于外界因素使开关安装位置发生变动，或者由于缸速变化等使活塞的停止位置改变，导致开关的正确安装位置偏移时，带诊断输出型的磁性开关可以输出异常信号，以便对开关位置进行调整。因有通常输出和诊断输出，故此类开关为 4 线式。

耐水型比普通型的耐水性能高 10 倍，可用于有冷却液等的环境中。

耐热型的无触点式磁性开关可在 0～150℃ 的环境中工作。

耐强磁场型磁性开关可以在交流焊机电流小于16000A的环境中工作。

有延时功能型是内置延时断的磁性开关将开关检出时间（开关的动作范围除以活塞的运动速度）延长（200±50）ms，以保证开关信号接通时间足以使程序中的电磁阀或其他负载被切换。可用于高速气缸的中间位置的检出。若开关检出时间不经延时，在气缸速度高时，开关检出时间短于电磁阀的切换时间，则电磁阀便不能切换，造成误动作。

4. 开关的内部电路

几种典型无触点磁性开关的内部电路如图8.3-12所示。图 8.3-12a、b 所示为三线式，图 8.3-12c所示为二线式，图 8.3-12d 所示为四线式。二线式配线工时少。三线式与二线式相比，内部电压降小，漏电流小得多，通过负载的电流大。

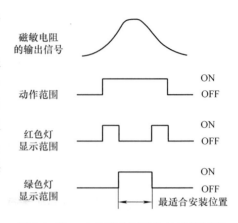

图8.3-11 二色指示型开关的动作原理

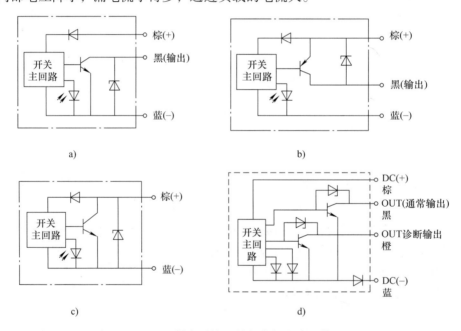

图 8.3-12 无触点磁性开关的内部电路（普通型）
a)、c) NPN 型　b)、d) PNP 型

5. 使用注意事项

有触点磁性开关使用注意事项的前12条，同样适用于无触点磁性开关，此外，还应注意以下几点：

1) 配线长度对功能有影响，请在100m以内。此外，无触点磁性开关的导线前端，有带插头的形式。M8 接头有 3 针和 4 针，M12 接头有 4 针，可减少接线作业。

2) 应根据导线的颜色正确配线。常见配线如图8.3-13所示。茶线接＋极，蓝线接－极，黑线接负载。

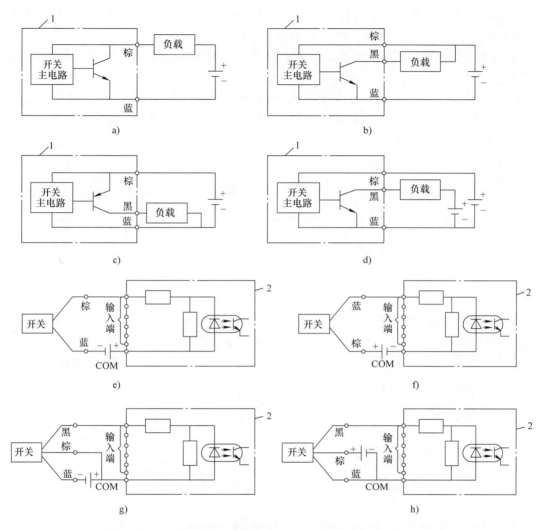

图 8.3-13 无触点磁性开关的接线方法
a) 2 线式 b) 3 线式 NPN 型 c) 3 线式 PNP 型 d) 3 线式 NPN 型（开关电源和负载电源是分开的）
e) 2 线式（外部电源 + 极接 COM） f) 2 线式（外部电源 - 极接 COM） g) 3 线式（外部电源 + 极接 COM）
h) 3 线式（外部电源 - 极接 COM）
1—无触点磁性开关 2—可编程序控制器的输入端部分

3) 直流 2 线式开关，由于内部电压降在 4V 以下，漏电流在 0.8mA 以下，能满足大部分程序控制器的输入要求。注意不是全部市售 PLC 都可直接连接。有问题的场合，可使用直流 3 线式。

4) 虽无触点磁性开关有过电压保护用的稳压二极管，但冲击电压反复作用，元件仍可能损坏，故直接驱动继电器和电磁阀之类的感性负载时，应使用内置过电压吸收器的继电器和电磁阀。

5) 对 2 线式开关，由于有保护电路，反接时开关并不损坏，变成常通状态。负载处短路状态，反接开关会损坏的。对 3 线式，电源 + 端与 - 端反接，有保护电路的保护。但电源 + 端与蓝线连接，电源 - 端与黑线连接，开关要损坏的。

6) 多个开关串联使用时，连接情况如图 8.3-14 所示。使用注意事项与多个有触点开关串联时的情况相同，因每个无触点开关都有内部电压降。

7) 多个开关并联使用时，连接如图 8.3-15 所示。并联开关电路中只要一个开关动作，便有输出。是哪个开关动作，可由各自的指示灯确认。当开关未吸合时，由于每个开关都存在漏电流，所以总漏电流较大，有可能导致误动作。故要求负载动作电流必须大于总漏电流。对 3 线式开关，因每个开关的漏电流仅为 100μA，所以多个开关并联使用，一般不会导致负载误动作。

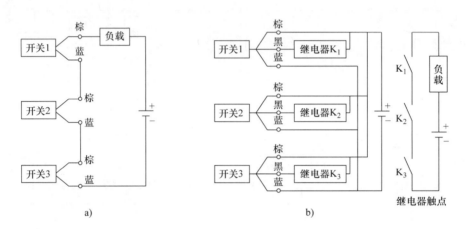

图 8.3-14　多个无触点开关的串联
a) 2 线式　b) 3 线式

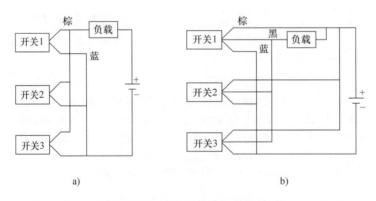

图 8.3-15　多个无触点开关的并联
a) 2 线式　b) 3 线式

8) 无触点磁性开关 2 线式也有适合交流负载（继电器、PLC）的规格（D - J51）。负载电压为 AC80 ~ 260V，负载电流为 5 ~ 80mA，内部电压降 14V 以下，漏电流在 AC100V 时为 1mA 以下，在 AC200V 时为 15mA 以下。

三、磁性开关的选用

选用磁性开关可按表 8.3-2 中的顺序进行。磁性开关的使用环境温度在 -10 ~ 60℃ 之间。

表 8.3-2 磁性开关的选用

顺序	项目	说明							
		漏电流	动作时间/ms	寿命	可靠性	迟滞	安装空间	自激振荡	耐冲击性能/(m/s^2)	耐电压
1	有触点	无	1.2	500~1500万次，与负载关系较大	较高	大	大	有	300	AC1500V，持续1min（电缆与壳体间）
	无触点	3线式：100μA以下 2线式：0.8mA以下	≤1	半永久 适合高频工作	高	小	小	无	1000	AC1000V，持续1min（电缆与壳体间）
2	用途	PLC（可编程序控制器），IC（集成电路），继电器，小型电磁阀								
3	使用电压/V	有触点 $\begin{cases} DC24（100、48、12、8、5、4） \\ AC200、100（48、24、12、5） \end{cases}$，无触点，DC24（10~28）								
4	2线式、3线式	大多数情况下：		配线工作量		内部电压降/V		负载电流/电压		
		有触点	2线式	小		<3.5（≈50mA） <2.4（≈20mA） 2色指示<4		（5~25）mA/AC100V （5~12.5）mA/AC200V （5~50）mA/DC24V		
			3线式	大		<0.8		20mA/DC（4~8）V		
		无触点	2线式	小		<4		（5~40）mA/DC24V		
			3、4线式	大		<0.8（负载电流10mA）		50mA（4线）以下/DC28V，40mA（3线）以下/DC28V		
5	指示灯	无指示灯； 有指示灯 $\begin{cases} 开关吸合时亮 \\ 开关不吸合不亮 \end{cases}$ 2色指示型：最适合安装位置呈绿色，安装方便、准确								
6	其他	绝缘性能：DC500V量度时，最少50MΩ（电缆与壳体间）。有耐水（油）型、延时功能型、耐强磁场型								
7	导线引出方式	直接出线式、插座式、DIN形插座式、导管接线座式								
8	导线长度/m	0.5（3、5）								

表 8.3-3 列出了有多种安装形式的磁性开关，用户可按其性能优先选用。

表 8.3-3 有多种安装形式的磁性开关规格

	型号	A90（V）			A93（V）		A96（V）
有触点	适合负载	IC回路、继电器、PLC			继电器、PLC		IC回路
	负载电压/V	DC/AC 24以下	DC/AC 48以下	DC/AC 100以下	DC24	AC100	DC4~8
	最大负载电流或负载电流范围/mA	50	40	20	5~40	5~20	20

（续）

	型号	A90（V）			A93（V）		A96（V）
有触点	触点保护回路	无			无		
	内部阻抗	1Ω 以下（含导线长 3m）			—		
	内部电压降				A93—2.4V 以下（≈20mA） A93—3V 以下（≈40mA） A93V—2.7V 以下		0.8V 以下
	指示灯	无			ON 时红色发光二极管亮		
	导线引出方式	直接出线式			直接出线式		
	型号	M9N（V）	M9P（V）	M9B（V）	F9NW（V）	F9PW（V）	F9BW（V）
无触点	配线方式	3 线式		2 线式	3 线式		2 线式
	输出方式	NPN 型	PNP 型	—	NPN 型	PNP 型	—
	适合负载	IC 回路、继电器、PLC		DC24V 继电器、PLC	IC 回路、继电器、PLC		DC24V 继电器、PLC
	电源电压/V	DC5、12、24（4.5~28）		—	DC5、12、24（4.5~28）		—
	消耗电流/mA	10 以下		—	10 以下		—
	负载电压/V	DC28 以下	—	DC24（DC10~28）	DC28 以下		DC24（DC10~28）
	负载电流/mA	40 以下		2.5~40	40 以下	80 以下	5~40
	内部电压降/V	0.8 以下		4 以下	1.5 以下（负载电流 10mA 为 0.8）	0.8 以下	4 以下
	漏电流	DC24V 时 100μA 以下		0.8mA 以下	DC24V 时 100μA 以下		0.8mA 以下
	指示灯	ON 时红色发光二极管亮			动作位置：红色发光二极管亮 最适动作位置：绿色发光二极管亮（两色指示）		
	导线引出方式	直接出线式					

注：（V）—导线纵向引出。

四、IO-Link 对应产品

磁性开关对应 IO-Link 的产品系列及参数见表 8.3-4。

表 8.3-4　位置传感器 IO-Link 规格

系列	版本	通信速度	过程数据大小	最小循环时间/ms
D-MP025 D-MP050 D-MP100 D-MP200	V1.1	COM3（230.4kb/s）	输入：2byte 输出：0byte	1

使用 1 根通信线周期性传送 ON、OFF 信号（4 输出）及位置测量值，通过数字通信读取元件信息、一次性设定参数（见表 8.3-5）。使动作状况、元件状态可视化，通过通信远

程监视内部异常、内部温度异常及磁场降低，并可进行远程操作。

表 8.3-5　设定参数一览

功能	通过示教板设定	通过 IO – Link 设定
测量范围的变更	○	○
测量范围的复位	○	○
模拟输出模式的变更	○	○
模拟输出的反转	○	○
单点模式的设定	○	○
磁性开关模式的设定	○	○
窗口模式的设定	○	○
2 点模式的设定	×	○
开关点位置的复位	○	○
开关输出的反转	○	○
迟滞的设定	×	○

五、应用示例

执行器的行程位置通过模拟信号输出，通过监测模拟信号的输出值可以检测工件尺寸（见图 8.3-16），用于检查加工孔（见图 8.3-17），用于辨别工件（见图 8.3-18）。

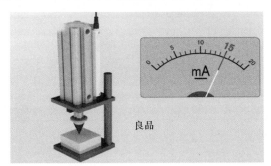
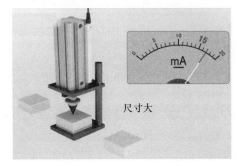

图 8.3-16　用于尺寸检测

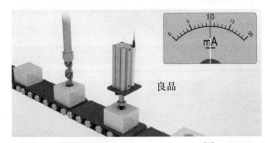

图 8.3-17　用于检查加工孔

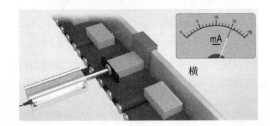

图 8.3-18　用于辨别工件

第四节 液压缓冲器

一、概述

用来吸收冲击能量,并能降低机械撞击噪声的液压元件称为液压缓冲器。

在机械传动、液压传动和气压传动系统中,振动和冲击现象是常见的。如快速运动的气缸活塞杆,在行程末端会产生很大的冲击力。若气缸内部的缓冲能力不足时,为避免撞击缸盖,应在外部设置液压缓冲器,以吸收冲击能。

液压缓冲器主要用于吸收冲击能量,同时也能降低噪声。液压缓冲器可吸收较多的动能,还可限制移动件的位置,提高劳动生产率。但不能把它当作止动器使用。

各种缓冲方式的比较如下:

橡胶垫缓冲和弹簧缓冲,这类缓冲方式的缓冲力与行程的关系如图 8.4-1a、b 所示。曲线与行程横坐标之间所包围的面积即为吸收的能量。行程小时,缓冲力小。要达到一定的缓冲力,行程需增长。橡胶垫和弹簧所吸收的能量大部分都转化成弹性能贮存起来了,一旦外负载力撤去,此弹性能将产生反弹作用,可能会造成设备的损伤。

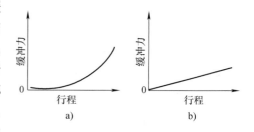

气缓冲气缸的缓冲力与缓冲行程的关系如图 8.4-1c 所示。这种缓冲方式当缓冲行程较小时,缓冲力就较大,调节合理可以不存在反弹现象,但因缓冲腔容积不大,又由于强度限制,缓冲腔室的最高压力不宜太大,则最大缓冲力也不会太大,故气缓冲气缸只能吸收较小的能量。

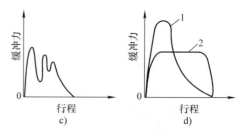

图 8.4-1 缓冲器的缓冲力与行程的关系
a) 橡胶垫缓冲 b) 弹簧缓冲
c) 气缓冲气缸 d) 液压缓冲器

液压缓冲器的缓冲力与缓冲行程的关系如图 8.4-1d 所示。可在很短的行程内,使缓冲力达到最大值,如曲线 1。设计合理的话,在行程范围内,可保持缓冲力基本不变,如曲线 2。由于液压缓冲器在高压下工作,很小直径的缓冲器便可得到较大的缓冲力,故能吸收大的冲击能。由于所吸收能量都转化成热能,不会出现反弹现象。

SMC 公司的液压缓冲器有标准型(RB 系列)、耐冷却剂的标准型(RBL 系列)、短型(RBQ 系列)、带缓冲垫的短型(RBQC 系列),ENIDING 公司生产可调型(RB - OEM 系列)和伸缩两用型(RB - ADA 系列)。

二、工作原理

图 8.4-2 所示为 RB 系列液压缓冲器的结构原理图。当运动物体撞到活塞杆端部时,活塞向右运动。由于内筒上小孔的节流作用,右腔中的油不能通畅出流,外界冲击能使右腔的油压急剧上升。高压油从小孔以高速喷出,使大部分压力能转变为热能,由筒体逸散至大气中。当缓冲器活塞位移至行程终端之前,冲击能量已被全部吸收掉。小孔流出的油返回至活塞左腔。由于活塞位移时,右腔油体积大于左腔(因左腔有活塞杆),泡沫式贮油元件被油

压缩，以贮存由于两腔体积差而多余的油液。一旦外负载撤去，油压力和复位弹簧力使活塞杆伸出的同时，活塞右腔产生负压，左腔及贮油元件中的油就返回至右腔，使活塞复位至端部。防尘圈和杆密封圈为双层密封，保证不漏油，以增长其工作寿命。应当注意的是，冲击物接触缓冲器瞬时的速度若很低，缓冲器内筒内的油液很容易通过节流小孔流入外筒的内侧，则内筒内的油的体积未被压缩，而形不成很强的背压，故不能承受外加的不大的负载，这就是为什么冲击速度很低时，反而要选更大尺寸的缓冲器，甚至没有合适尺寸可选的原因。

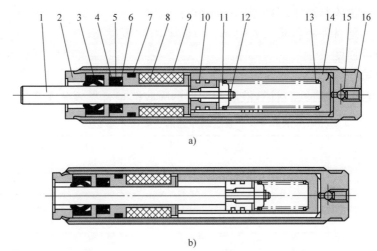

图 8.4-2 RB 系列液压缓冲器
a) 不作动时 b) 作动时
1—活塞杆 2—限位器 3—防尘圈 4—密封架 5—杆密封圈 6—轴套 7—密封圈 8—贮油元件
9—外筒 10—活塞 11—弹簧座 12—螺母 13—复位弹簧 14—内筒 15—钢球 16—止动螺堵

高强度的限位器，可直接用于定位。固定孔口节流式，吸收能量是不能调整的。

图 8.4-3 所示为 RBQ 系列液压缓冲器的结构原理图。设有防漏油的双层密封结构。由于阻尼孔设计独特，对高速轻载到低速重载、从小能量到大能量的广泛范围内，无需调节，

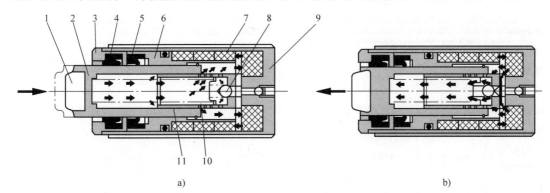

图 8.4-3 RBQ 系列液压缓冲器
a) 受冲击时 b) 复位时
1—缓冲垫 2—活塞杆 3—限位器 4—防尘圈 5—杆密封圈 6—轴套
7—贮油元件 8—单向阀 9—外筒 10—复位弹簧 11—活塞

即可实现最佳的能量吸收。此短型缓冲器的贮油元件体积大。当外负载撤去后，复位弹簧使活塞杆伸出的同时，由于负压使单向阀开启，油迅速返回至活塞杆及活塞的内腔。短型缓冲器允许外负载偏离轴线±5°，适合吸收摇动回转机构的能量。

图 8.4-4 所示为液压缓冲器的外形。两个锁紧螺母 2 用于安装。聚氨酯材料的帽 1 起缓冲保护作用。

三、主要技术参数（见表 8.4-1）

冲击速度是指物体与液压缓冲器刚接触瞬时的速度。

最大允许推力是对外静负载力的限制，以防器内油压过高，超出缓冲器的设计强度。

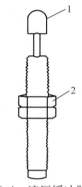

图 8.4-4 液压缓冲器的外形

四、选用方法

1）根据负载的冲击方式，计算液压缓冲器的吸收能量，见表 8.4-2。

表 8.4-1 液压缓冲器的主要技术参数

型号	外径	最大吸收能量/J	吸收行程/mm	冲击速度/(m/s)	最高使用频度/(周/min)	最大允许推力/N	允许温度范围/℃
RB0604	M6×0.75	0.5	4	0.3~1.0	80	150	
RB0805、RBC0805	M8×1.0	0.98	5		80	245	
RB0806、RBC0806	M8×1.0	2.94	6		80	245	
RB1006、RBC1006	M10×1.0	3.92	6		70	422	
RB1007、RBC1007	M10×1.0	5.88	7		70	422	
RB1441、RBC1411	M14×1.5	14.7	11		45	814	
RB1412、RBC1412	M14×1.5	19.6	12		45	814	
RB2015、RBC2015	M20×1.5	58.8	15	0.05~5.0	25	1961	−10~80
RB2725、RBC2725	M27×1.5	147	25		10	2942	
RBL1006、RBLC1006	M10×1.0	3.92	6		70	422	
RBL1007、RBLC1007	M10×1.0	5.88	7		70	422	
RBL1411、RBLC1411	M14×1.5	14.7	11		45	814	
RBL1412、RBLC1412	M14×1.5	19.6	12		45	814	

(续)

型号	外径	最大吸收能量 /J	吸收行程 /mm	冲击速度 /(m/s)	最高使用频度 /(周/min)	最大允许推力 /N	允许温度范围 /℃
RBL2015、RBLC2015	M20×1.5	58.8	15	0.05~5.0	25	1961	-10~80
RBL2725、RBLC2725	M27×1.5	147	25	0.05~5.0	10	2942	-10~80
RBQ1604、RBQC1604	M16×1.5	1.96	4	0.05~3.0	60	294	-10~80
RBQ2007、RBQC2007	M20×1.5	11.8	7	0.05~3.0	60	490	-10~80
RBQ2508、RBQC2508	M25×1.5	19.6	8	0.05~3.0	45	686	-10~80
RBQ3009、RBQC3009	M30×1.5	33.3	8.5	0.05~3.0	45	981	-10~80
RBQ3213、RBQC3213	M32×1.5	49.0	13	0.05~3.0	30	1177	-10~80

表8.4-2中，m是冲击物体的质量，v是冲击物接触到液压缓冲器瞬时的速度，h是落下高度，J是摆动物体的转动惯量，$J=mr^2$，r是摆动物体的回转半径，ω是旋转角速度，F_1是气缸的推力，$F_1=p\frac{\pi}{4}D^2$，p是气缸的使用压力，D是缸径，L是液压缓冲器的吸收行程，μ是摩擦因数，M是力矩，R是回转中心至冲击点的距离。

2) 计算冲击物体的当量质量M_e。当量质量是将冲击物体的全部能量都转化为动能时所相当的质量。故有，$M_e=2E/v^2$。

3) 根据冲击物体的速度v和当量质量M_e，查图8.4-5选择合适的液压缓冲器。

4) 确认吸收行程、冲击速度、使用频度、温度范围、最大允许推力（指F_1）都在选用的液压缓冲器的性能范围之内。否则应另选。

五、使用注意事项

1) 标准型缓冲器轴线与负载轴线偏角不得大于3°。摆动负载的轴线应与缓冲器轴线成直角安装，如图8.4-6所示。为保证偏角不大于3°，应保证$L/R<0.05$。其中，L是缓冲器行程，R是摆动负载回转中心至缓冲器轴线的距离。

2) 锁紧螺母的安装力矩见表8.4-3。

3) 安装台架上承受的力$F=2E/L$。安装液压缓冲器的台架必须有足够的强度。

4) 液压缓冲器底部的螺堵绝对不许拧动，否则会造成漏油，使缓冲器失效。

5) 活塞杆的滑动面不得损伤，否则会引起复位不良，寿命下降。外筒外径螺纹不得有损伤，否则无法安装。

表 8.4-2 液压缓冲器的吸收能量

冲击方式	气缸驱动负载（水平）	气缸驱动负载（垂直下降）	气缸驱动负载（垂直上升）	负载水平输送	自由下落冲击	摆动力矩冲击
图示	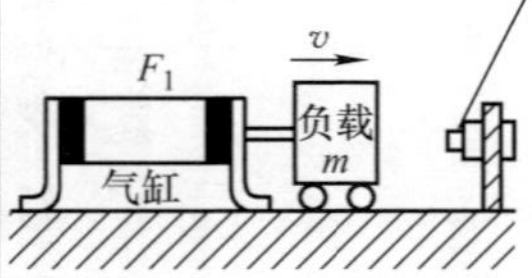	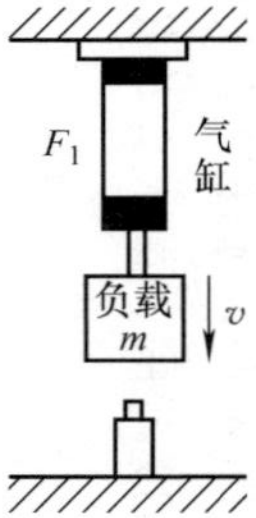	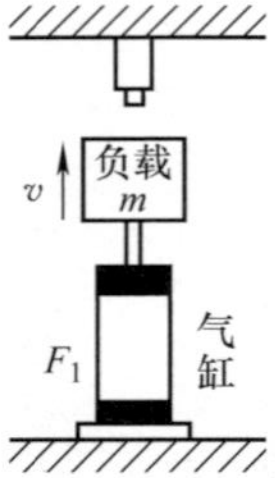	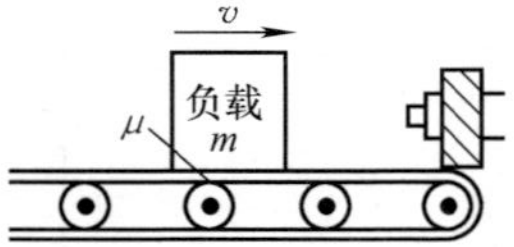	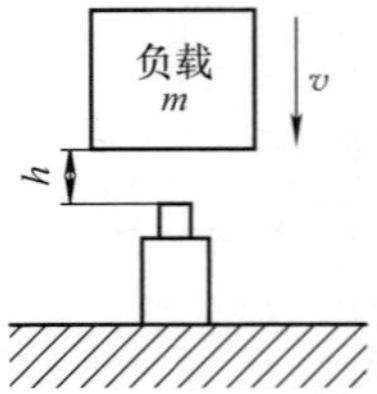	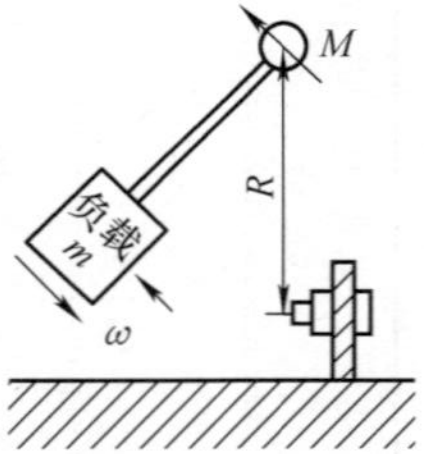
动能 E_1	$\dfrac{1}{2}mv^2$	$\dfrac{1}{2}mv^2$	$\dfrac{1}{2}mv^2$	$\dfrac{1}{2}mv^2$	mgh	$\dfrac{1}{2}J\omega^2$
推力能 E_2	$F_1 L$	$F_1 L + mgL$	$F_1 L - mgL$	$mg\mu L$	mgL	$\dfrac{M}{R}L$
吸收能量 E	$E = E_1 + E_2$					

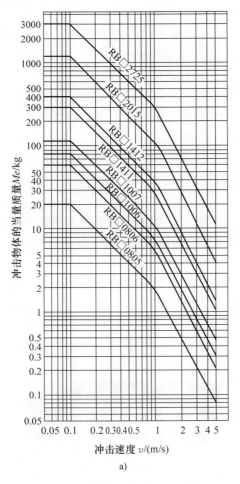
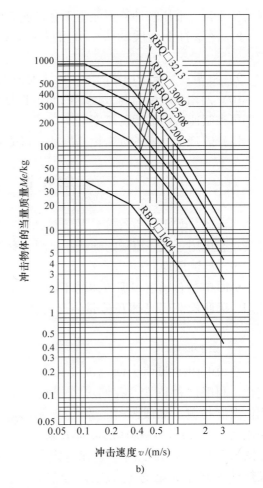

图 8.4-5 液压缓冲器的选用图
a) RB 系列　b) RBQ 系列

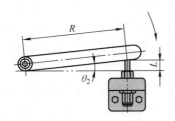

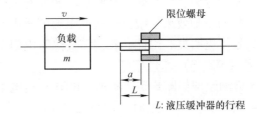

图 8.4-6 液压缓冲器安装偏角　　图 8.4-7 液压缓冲器上限位螺母的调节

表 8.4-3　液压缓冲器锁紧螺母的安装力矩

外螺纹	M6×0.75	M8×1	M10×1	M14×1.5	M16×1.5	M20×1.5	M25×1.5	M27×1.5	M30×1.5	M32×1.5
安装力矩/(N·m)	0.85	1.67	3.14	10.8	14.7	23.5	34.3	62.8	78.5	88.3

6) 调节限位螺母的位置，可改变 a 值（见图 8.4-7），以控制冲击物体的停止时间。

7) 液压缓冲器的活塞杆，应避免接触切削油、水等液体或其他雾状体及灰尘，以免造成动作不良。液压缓冲器不能用于有腐蚀的环境中。

8) 活塞杆上的缓冲垫,可用扁平旋具类工具取出。装上时,将缓冲垫的小径朝外压入。

9) 可调式是指缓冲器内的小孔流通面积可调,以得到合适的冲击速度。

10) 两用型缓冲器与被控制的冲击物是机械连接,缓冲器在伸长和(或)压缩两个方向都可控制冲击物的运动速度。

11) 若产生异常的冲击声和振动,可能寿命已到,应更换。

第五节 流量开关

当流体(如水、空气等)的流量达到一定值时,电触点便接通或断开的元件称为流量开关。它可用于流体流量的确认和检测,有数字式流量开关和机械式流量开关两大类。

一、检测原理

SMC 流量传感器根据流体的不同,工作方式也有差别。液体用传感器采用了卡门涡街原理,因此检测的是体积流量。而气体用传感器采用了热式的检测方式,测量的是质量流量。

1. 热敏电阻

热敏电阻的阻值会随温度变化而变化。利用这种特性,我们可以把它用作温度检测。热线测量技术可以检测流动空气对被加热物体的冷却效果。在图 8.5-1 所示的回路中,热敏电阻 2 在热线回路中被通过它的电流加热。通过检测它的电阻值我们能知道热敏

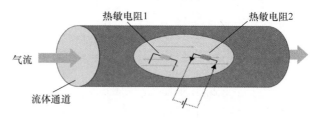

图 8.5-1 热敏电阻检测原理

电阻 2 的温度并且可以通过调节电流大小使之保持恒定。通过热敏电阻 2 的空气会对其进行冷却,空气流量越大,冷却效果越明显。调节通过热敏电阻的电流大小,可使其温度维持恒定并得出空气的冷却效果。维持热敏电阻温度所需要的电流直接与流量成正比。冷空气比热空气的冷却效果更明显,因此,我们需要热敏电阻 1 来测量空气温度并实施补偿。

2. 热式(MEMS)工作原理

MEMS 检测原理如图 8.5-2 所示。RTD 是指电阻式温度检测器,它的阻值会随温度的改变而变化。当没有空气流过时,加热元件 Rh 会对周围的空气加热,这个热场会均匀地分布,因此从上游和下游的 RTD(Ru 和 Rd)中会读取出相同的阻值。当气流从左向右流动时,热空气会被强行从 Ru 吹向 Rd 的方向,因此 Rd 的温度会高于 Ru。通过 Ru 和 Rd 之间的差值可以计算出流量大小。Ra 用来修正环境空气温度所带来的影响,以提高测量精度。

3. 卡门涡街式

卡门涡街检测原理如图 8.5-3 所示,当流体通过涡街发生器的方形边缘时,在交替侧形成一个个涡街。这些涡街随着流体一起流动经过压电传感器,压电传感器则感测由每个涡街产生的压力脉冲。传感器将这些压力脉冲信号输出,其频率与流体的速度成正比。由于流体通道的尺寸是已知的,因此可以计算出流体的体积流量。

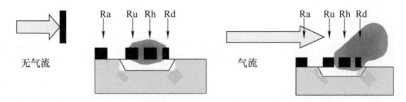

图 8.5-2　MEMS 检测原理

注：Ra = 环境 RTD，Ru = 上游 RTD，Rh = 加热器，Rd = 下游 RTD。

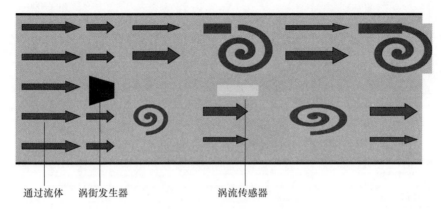

图 8.5-3　卡门涡街检测原理

二、产品系列

SMC 流量传感器主要技术参数见表 8.5-1。

表 8.5-1　流量传感器主要技术参数

系列			形式（使用温度范围）	使用流体	测定流量范围/(L/min)	输出规格		
一体型	分离型		一体型外形图			开关输出	模拟输出	累计脉冲输出
	传感器	显示部						
PFM710	PFM510	PFM3□□		空气、N_2、Ar、CO_2	0.2~10 (0.2~5)	○	○	○
PFM725	PFM525				0.5~25 (0.5~12.5)			
PFM750	PFM550				1~50 (1~25)			
PFM711	PFM511				2~100 (2~50)			
PFMB7201	—	PFG300		干燥空气、N_2	2~200	○	○	○
PFMB7501					5~500			
PFMB7102					10~1000			
PFMB7202					20~2000			

(续)

系列 一体型	系列 分离型 传感器	系列 分离型 显示部	形式（使用温度范围）一体型外形图	使用流体	测定流量范围/(L/min)	输出规格 开关输出	输出规格 模拟输出	输出规格 累计脉冲输出
PFMC7501	—	PFG300		干燥空气、N$_2$	5~500	○	○	○
PFMC7102					10~1000			
PFMC7202					20~2000			
PF3A703H	—	PFG300		空气、N$_2$	30~3000	○	○	○
PF3A706H					60~6000			
PF3A712H					120~12000			
—	PFMV505	PFMV3		干燥空气、N$_2$	0~0.5	○	○	—
	PFMV510				0~1			
	PFMV530				0~3			
	PFMV505F				-0.5~0.5			
	PFMV510F				-1~1			
	PFMV530				-3~3			
PF2A710	PF2A510	PF2A30□		空气、N$_2$	1~10	○	—	○
PF2A750	PF2A550				5~50			
PF2A711	PF2A511	PF2A31□			10~100			
PF2A721	PF2A521	PF2A20□			20~200			
PF2A751	PF2A551				50~500			
PF2A703H	—	—		干燥空气、N$_2$	150~3000	○	○	○
PF2A706H					300~6000			
PF2A712H					600~12000			
PF3W704	PF3W504	PF3W30□		水、乙醇（黏度：3mPa·s [3cP] 以下）	0.5~4	○	○	○
PF3W720	PF3W520				2~16			
PF3W740	PF3W540				5~40			
PF3W711	PF3W511				10~100			
PF3W721	PF3W521				50~250 (30~250)①			
—	PF2D504	PF2D30□ PF2D20□		不腐蚀、不浸透纯水及聚四氯乙烯液体（黏度：3mPa·s [3cP] 以下）	0.4~4	○	○	○
	PF2D520				1.8~20			
	PF2D540				4~40			
PF2M710	—	—		干燥空气、N$_2$、Ar、CO$_2$	0.1~10 (0.1~5)	○	○	○
PF2M725					0.3~25 (0.3~12.5)			
PF2M750					0.5~50 (0.5~25)			
PF2M711					1~100 (1~50)			

(续)

系列			形式（使用温度范围）一体型外形图	使用流体	测定流量范围/(L/min)	输出规格		
一体型	分离型					开关输出	模拟输出	累计脉冲输出
	传感器	显示部						
PF3W704-Z	PF3W504-Z	PF3W30□		水、乙醇（黏度：3mPa·s［3cP］以下）	0.5~4	○	○	○
PF3W720-Z	PF3W520-Z				2~16			
PF3W740-Z	PF3W540-Z				5~40			
PF3W711-Z	PF3W511-Z				10~100			
PF3W704-L-Z	PF3W504-Z				0.5~4			
PF3W720-L-Z	PF3W520-Z				2~16			
PF3W740-L-Z	PF3W540-Z				5~40			
PF3W711-L-Z	PF3W511-Z				10~100			
PF3W721-L	—	—			50~250			
PF3WB-04	—	—	PF3W30□	水、乙二醇（黏度：3mPa·s［3cP］以下）	0.5~4	○	○	○
PF3WB-20	—	—			2~16			
PF3WB-40	—	—			5~40			
PF3WC-04	—	—			0.5~4			
PF3WC-20	—	—			2~16			
PF3WC-40	—	—			5~40			
—	PF3WS-04				0.5~4			
—	PF3WS-20				2~16			
—	PF3WS-40				5~40			
—	PF3WR-04				0.5~4			
—	PF3WR-20				2~16			
—	PF3WR-40				5~40			

① 氯乙烯制配管对应。

IO-Link 对应产品通信规格见表 8.5-2。

表 8.5-2 IO-Link 对应产品通信规格

系列	版本	通信速度	过程数据大小	最小循环时间/ms
PF2M7□-L	V1.1	COM2（38.4kb/s）	输入：4byte 输出：0byte	3.4
PF3W7□-L	V1.1	COM2（38.4kb/s）	输入：6byte 输出：0byte	3.5
PF3WB/C/S/R	V1.1	COM2（38.4kb/s）	输入：6byte 输出：0byte	3.5

三、使用注意事项

1) 开关不得用于有爆炸性、可燃性的气体环境中。

2）要握住开关本体，不要拎导线。开关不得摔扔、碰撞。清除配管中的灰尘等之后，认清开关的进出口方向再安装。扳手应用于开关的金属部位，按允许的紧固力矩将开关装在配管上。但不许把开关当作配管的支撑。

3）介质和环境温度低于5℃时，为防止水分冻结，应在开关前设置空气干燥器。开关不得用于温度急剧变化的场合。为了防止异物侵入，进口前应设置空气过滤器。

4）为保证流量开关上下游管道内流速均匀、测量正确，开关上下游的配管长度应是配管内径的8倍以上（PFM系列无此要求）。安装姿势无限制。

5）必须在规定的使用压力范围和测定流量范围内使用，否则，测量数据会不正确，甚至损坏开关。

6）因流量开关使用时有内部电压降，故电源电压扣除流量开关的内部电压降之后必须大于最小使用电压。

7）使用PFW系列时，要防止出现水锤而损坏开关。设计管路系统时，要保证水是满流的流过检测通道。特别是垂直安装管道时，应保证水从下向上流动。

8）因显示部为开放型，不得用于有液体飞溅的场所。

9）开关的初期设定和流量设定应在输出保持OFF的状态下进行。

10）流量开关的数据可在切断电源后保持。

四、应用示例

在图8.5-4中，列出了流量开关的一些应用示例。

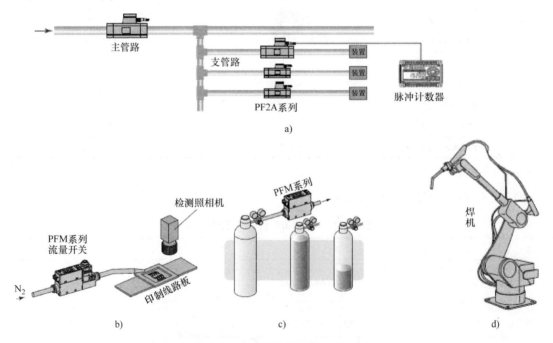

图8.5-4 流量开关的应用示例

图8.5-4a所示为对主管路及各个装置的支管路进行流量管理。利用流量开关PF2A系列，掌握每台装置流过的流量状况，便可分析如何减少流量，采取必要的改善对策，达到节气的目的。

利用脉冲计数器的累计脉冲输出功能，便可远距离检测累计流量。

图 8.5-4b 所示为利用 PFM 系列流量开关，对 N_2 进行流量控制，可防止半导体印制线路板被氧化，也可防止由于空气扰动造成照相机成像的失真。在流量开关二次侧的配管途中应设置洁净气体过滤器，以提高 N_2 的洁净度。

图 8.5-4c 所示为利用流量开关的累计流量功能，确认 N_2 等气瓶中已使用掉的气量和瓶内残存的气量。

图 8.5-4d 所示为利用 PFM 系列流量开关上的流量调整阀，控制 Ar 和 CO_2 达到不同的配比，利用这种混合气体进行焊接工作。

第六节 压 力 开 关

一、检测原理

气压力达到预定设定值，电气触点便接通或断开的元件称为压力开关，也称为压力继电器。它可用于检测压力的大小和有无，并能发出电信号，反馈给控制电路。如用于空气压缩机的自动起停，用于压力控制回路等。流量、温度、液位等其他物理量，若能转化为压力信号，也可用压力开关对这些物理量的变化进行控制。

压力开关由检测部（即压力感受部）和输出部（控制部）组成。按工作原理分，有机械式压力开关和电子式压力开关两大类。机械式压力开关是以气压力推动机械动作，实现电触点的通断。其压力感受部有膜片式、活塞式、膜盒式和波纹管式。橡胶膜片用于低压，金属膜片比橡胶膜片承压高。膜盒式、波纹管式和活塞式用于较高压力。输出部的触点部分有微动开关型和磁性舌簧开关型。按电触点的形式分，常见的有表 8.6-1 所示几种。

表 8.6-1 电触点的形式

形式	1a	1b	1a1b	1ab	2ab
名称	常开	常闭	1开1闭	单开闭	双开闭
触点构成	① ②	① ②	① ③ ② ④	① ③ ②	② ③ ⑤ ⑥ ① ④
说明	压力上升时，①、②接通	压力上升时，①、②断开	压力上升时，①、②接通，③、④断开	压力上升时，①、②断开，②、③接通	压力上升时，①、③及④、⑥接通，①、②及④、⑤断开

机械式压力开关有气动式压力开关、磁性舌簧式压力开关和通用压力开关等。

电子式压力开关因没有触点，故也称为无触点式压力开关。电子式压力开关的压力检测部是压力传感器，如图 8.6-1 所示，压力传感器包括一个隔膜（硅膜片或不锈钢膜片）及其分散的阻压式应变计。施加压力时，隔膜会弯曲且使应变计改变电阻器的值。电阻器相互连接就如惠斯顿电桥，它输出的电阻与施加的压力成直接正比关系。所以如果施加压力，隔膜就会弯曲，并且会相应产生信号，经电子回路将信号放大后，进行开关输出或模拟输出。硅膜片用于一般空气压，如空气、非腐蚀性气体和不燃性气体。不锈钢膜片用于高压气体及多种流体（不腐蚀该不锈钢的流体）。

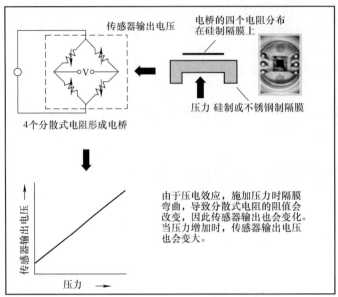

图 8.6-1　压力传感器检测原理

二、产品类别

压力开关的比较见表 8.6-2。

表 8.6-2　压力开关的比较

项目		机械式	电子式
检测部	精度	有可动件，精度低	无可动件，重复精度高
	响应性	响应性差	响应快，响应时间为 10ms
	寿命	短	长（半永久）
	电源	不需要	要
输出型	触点	使用微动开关等，有触点，触点容量大	晶体管输出，触点容量小
	开关动作	迟滞动作	按设定方法，可以得到接近无迟滞动作和有迟滞动作
	寿命	短	长（半永久）
	电源	AC、DC 均可	仅 DC
尺寸		较大	较小
配线		省（2 根导线）	多
价格		较低	较高

电子式压力开关的检测部和输出部有一体型和分置型。一体型有小型压力开关（无数字显示功能）和数字式压力开关。数字式压力开关的检测部（压力传感器）和控制部（显示器）为一体，其设定值及被测（量）值等都能用数值显示出来。数字式压力开关不仅读取方便，且提高测值精度，并可记录下来，进行数值管理。压力传感器与其配套的控制器有分置连接的形式，压力传感器可在狭窄空间安装，可远距离进行数值管理。按输入气压的大小，可分成真空型、混合压（真空、低压）型、低压型、微压差型、标准型和高压型压力开关。

SMC 压力开关的系列名称及主要技术参数见表 8.6-3。

表 8.6-3　SMC 压力开关的系列名称及主要技术参数

品种	小型压力开关(无数字显示)		一体型数字式压力开关						
系列	PS1□00	I/ZSE20□	I/ZSE30A	ISE35	I/ZSE40A	I/ZSE10	ISE7□	ISE7□G	ISE75（H）	I/ZSE80
适用流体	空气、非腐蚀性气体、不燃性气体							不腐蚀 SUS304、SUS430 及 SUS630 液体或气体	不腐蚀 SUS304、SUS430 及 SUS630 液体或气体	不腐蚀 SUS304 及 SUS630 液体或气体
额定压力范围 −101～0kPa	—	—	—	—	—	—	—	—	—	○
−101.3～0kPa	—	—	○	—	○	○	—	—	—	○
−100～100kPa	—	—	○	—	○	○	—	—	—	—
−100～0kPa	○	○	—	—	—	—	—	—	—	○
−100kPa～1MPa	—	—	○	○	○	○	—	—	—	—
0～2kPa	—	—	—	—	—	—	—	—	—	—
0～100kPa	—	—	—	—	—	—	○	○	—	—
0～500kPa	—	—	—	—	—	—	—	—	—	—
−0.1～0.45MPa	○	—	—	—	—	—	—	—	—	—
−0.1～0.4MPa	○	—	—	—	—	—	—	—	—	—
0～1MPa	—	—	—	○	—	—	○	○	—	○
0～2MPa	—	—	—	—	—	—	—	—	○	○
0～5MPa	—	—	—	—	—	—	○	○	○	○
0～1.6MPa	—	—	—	—	—	—	—	—	—	—
0～10MPa	—	—	—	—	—	—	—	—	—	○
0～15MPa	—	—	—	—	—	—	—	—	—	○
设定方法	微调电容器设定						数字设定			
开关输出 1 输出	○	○	○	○	○	○	○	○	○	○
2 输出	—	—	○	—	○	○	○	○	○	○
1～5V	—	—	○	—	○	○	—	—	—	○
0.6～5V	—	—	—	—	—	—	—	—	—	○
0.8～5V	—	—	—	—	—	—	—	—	—	○
模拟输出 4～20mA	○	○	○	—	○	○	—	—	—	○
2.4～20mA	—	—	○	—	○	○	—	—	—	○
3.2～20mA	—	—	—	—	—	—	—	—	—	○
迟滞 迟滞型	PS1000/PS1100：4%F.S.以下；PS1200：10%F.S.以下	可调					可调			
上下限比较型	—	—								

(续)

品种	小型压力开关（无数字显示）	一体型数字式压力开关								
系列	PSI□00	I/ZSE20□	I/ZSE30A	ISE35	I/ZSE40A	ISE7□	ISE□G	ISE75(H)	I/ZSE80
模拟输出精度	—	±2.5%F.S.	—	—	—	±2.5%F.S.	—	—	±1%F.S.
直线度	±1%F.S.	±1%F.S.	±1%F.S.	±1%F.S.	±1%F.S.	—	—	—	±1%F.S.
重复精度	±0.3%F.S.	±0.2%F.S. ±1digit	±0.2%F.S. ±1digit	±1%F.S.	±0.2%F.S. ±1digit	±0.2%F.S. ±1digit	±0.5%F.S.	±0.2%F.S. ±1digit	±0.2%F.S. ±1digit
温度特性(25℃基准)	±3%F.S.	±2%F.S.	±2%F.S.	—	±2%F.S.	±2%F.S.	±3%F.S.(ISE70G) ±5%F.S.(其他)	±3%F.S.	
使用电压/V	5~40				DC12~24±10%				
消耗电流/mA	—	25 以下	40 以下	55 以下	45 以下	40 以下	55 以下	35 以下	55 以下	45 以下
数字显示方式(显示精度)	—	三色(红/绿/橙)	两色(红/绿)	—	两色(红/绿) ±2%F.S. ±1digit	—	三色(红/绿/橙)	两色(红/绿) ±2%F.S. ±1digit	两色(红/绿) ±2%F.S. ±1digit
动作指示灯	红灯	OUT1: 橙	OUT1: 绿 OUT2: 红	OUT: 绿	OUT1: 橙 OUT2: 橙	OUT1: 绿 OUT2: 红	OUT1: 橙 OUT2: 橙	OUT1: 绿 OUT2: 红	OUT1: 橙 OUT2: 橙
保护等级	IP40	IP40	IP40	IP40	IP65	IP67	IP67	IP67	IP65
接线方式	直接出线式	直接出线式	3芯耐油乙烯橡胶绝缘电缆4芯	3芯耐油导线	5芯耐油导线	5芯耐油导线	导线带M12(4针)		耐油软导线
接管口径	R06: φ6, R07: 1/4	R1/8, NPT1/8, R1/4, NPT1/4, G1/4, Rc1/8, URJ1/4,TSJ1/4	R1/8,NPT1/8(带M5闪螺纹)φ4、φ6、φ5/32,φ1/4快换接头	R1/8,NPT1/8,M5,M5R	R1/8,NPT1/8(带M5内螺纹)、G1/8、M5、φ5/32,φ4,φ6供换接头	内螺纹(Rc、NPT,G)1/4	内螺纹1/4	—	Rc1/8, R, NPT, G1/8(带内螺纹M5×0.8)、URJ1/4, TSJ1/4
功能	自动移位	○	○	—	○	—	—	—	○
	自动预置	○	○	—	○	—	—	—	○
	显示值微调	○	○	○	○	○	○	○	○
	峰值,谷值显示	○	○	○	○	○	○	○	○
	错误显示	○	○	○	○	○	○	○	○
	单位切换	○	○	○	○	○	○	○	○
	键锁定	○	○	○	○	○	○	○	○
	置"0"	○	○	○	○	○	○	○	○
	防止振荡	○	○	○	○	○	○	○	○
	复制	—	—	—	—	—	—	—	—

（续）

品种		分置型压力开关							控制器		
系列		压力传感器									
		PSE53□	PSE54□	PSE550	PSE56□	PSE57□	PSE200	PSE200A	PSE300	PSE300A	PSE300AC
适用流体		空气、非腐蚀性气体		不燃性气体	不腐蚀 SUS316L 的流体				—		
额定压力范围	-101~0kPa	○	—	—	—	—	—	—	—	—	—
	-101~10kPa	—	—	—	—	—	—	—	○	—	—
	0~101kPa	○	—	—	—	—	—	—	—	—	—
	-10~101kPa	—	—	—	—	—	—	—	—	—	—
	-10~100kPa	—	—	—	—	—	○	○	—	○	○
	-10~105kPa	○	—	—	—	—	○	○	○	—	—
	-101~101kPa	—	—	—	—	—	—	—	—	—	—
	-105~10kPa	—	○	—	○	○	—	○	○	○	○
	-100~100kPa	—	—	—	—	—	—	—	—	—	—
	-105~105kPa	—	—	—	—	—	—	○	○	○	○
	-50~500kPa	—	—	—	—	—	—	—	—	—	—
	-50~525kPa	—	—	—	—	○	—	○	○	○	○
	0~2kPa	—	—	○	—	—	—	—	—	—	—
	-0.2~2.1kPa	—	—	—	—	—	○	—	○	—	—
	-0.2~2kPa	—	—	—	—	—	—	—	—	—	—
	0~50kPa	—	—	—	—	—	—	—	—	—	—
	0~500kPa	—	—	—	○	○	—	○	—	○	○
	0~1MPa	○	○	—	○	—	○	—	—	—	—
	-0.105~1.05MPa	—	—	—	—	—	—	○	—	○	○
	-0.105~2.1MPa	—	—	—	—	—	—	—	—	—	—
	-0.1~1MPa	—	—	—	—	○	—	○	—	○	○
	0~2MPa	—	—	—	—	○	—	—	—	—	—
	0~5MPa	—	○	—	—	—	—	—	—	—	—
	-0.25~5.25MPa	—	—	—	—	—	—	○	—	○	○
	-0.1~5.25MPa	—	—	—	—	○	—	—	—	—	—
	0~10MPa	—	—	—	—	—	—	—	—	—	—
	-0.1~10.5MPa	—	—	—	—	—	—	○	—	○	○
	-0.5~10.5MPa	—	—	—	—	—	—	—	—	—	—
设定方法		—							数字设定		

(续)

品种		压力传感器				分置型压力开关		控制器		
系列		PSE53□	PSE54□	PSE550	PSE56□	PSE570	PSE573/4	PSE57 5/6/7	PSE20□	PSE200A	PSE300	PSE300A	PSE300AC
适用流体		空气、非腐蚀性气体、不燃性气体				不腐蚀 SUS316L 的流体							
开关输出	2 输出	—	—	—	—				—	—	—	—	○
	5 输出	○	○	○	○				○	○	○	○	—
模拟输出	1～5V	—	○	—	○	○	○	—	—	—	○	○	—
	4～20mA	—	—	—	○	○	○	—	—	—	—	—	—
迟滞型		—	—	—	—						可调		
上下限比较型									3digit		可调		
模拟输出精度		±2.5% F.S.	±2% F.S. (PSE54□) ±1% F.S. (PSE54□A)	±1% F.S.	±1% F.S.	±1% F.S.		±2.5% F.S.	—	—	≤0.6% F.S. ～2% F.S.	±0.5% F.S.	—
直线度		±1% F.S.	±0.7% F.S. (PSE540) ±0.4% F.S. (其他)	±0.5% F.S.							±0.2% F.S.		
重复精度		±1% F.S.	±0.2% F.S.	±0.3% F.S.	±0.2% F.S.		±0.5% F.S.		±0.1% F.S.		±0.1% F.S. ±1digit		
温度特性 (25℃基准)		±2% F.S.	±3% F.S.		±2% F.S. (0～50℃) ±3% F.S. (−10～60℃)		±3% F.S. ±4% F.S.	±5% F.S.			±0.5% F.S.		
使用电压/V		DC12～24±10%											
消耗电流/mA		15 以下				10 以下			55 以下		50 以下	35 以下	25 以下
数字显示方式 (显示精度)		—				—			单色（橙） ±0.5% F.S. ±1digit	单色（橙）± 0.5% F.S. ±1digit	两色（红/绿） ±0.5% F.S. ±1digit	单色（橙）± 0.5% F.S. ±1digit	单色（橙） ±0.5% F.S. ±1digit

(续)

品种	分置型压力开关											
	压力传感器								控制器			
系列	PSE53□	PSE54□	PSE550	PSE56□	PSE570	PSE573/4	PSE575/6/7	PSE20□	PSE200A	PSE300	PSE300A	PSE300AC
动作指示灯	—	—	—	—	—	—	—	红灯	OUT1、OUT2：橙	OUT1：绿 OUT2：红	OUT1、OUT2：橙	OUT1、OUT2：橙
保护等级	IP40	IP40	IP40	—	IP65	IP65	IP65	控制器IP65，余IP40	IP40	IP40	IP40	IP65
接线方式	插座式	插座式	插座式	三芯电缆带 e-CON 插头	直接出线式	直接出线式	直接出线式	8针插座	e-CON	5针插座	e-CON	M12 (4Pin)
接管口径	M5×0.8、插杆φ6mm、1/4in	M3×0.5、M5×0.8、外螺纹(R, NPT) 1/8（内螺纹 M5×0.8）、插杆φ4mm、φ6mm、内螺纹 M5×0.8（贯通）	内径 φ4mm 树脂管	外螺纹 (R, NPT) 1/8、1/4（内螺纹 M5×0.8）、Rc1/8、URJ1/4、TSJ1/4	外螺纹（R）1/8、1/4（内螺纹 M5×0.8）	外螺纹（R）1/8、1/4（内螺纹 M5×0.8）	外螺纹（R）1/8、1/4（内螺纹 M5×0.8）	—	—	—	—	—
功能 自动移位								○	○	○	○	—
功能 自动预置								○	○	○	○	○
功能 自动识别								○	—	—	—	—
功能 显示值微调								○	○	○	○	○
功能 峰值·谷值显示								○	○	○	○	○
功能 错误值显示								○	○	○	○	○
功能 单位切换								○	○	○	○	○
功能 键锁定								○	○	○	—	○
功能 置"0"								○	○	○	○	○
功能 防止震荡								○	○	○	—	○
功能 通道扫描								○	—	—	—	—
功能 复制								○	○	○	○	—

三、选用方法

根据表 8.6-3 选用压力开关。选用时应考虑使用的流体、设定压力范围、设定值的精度、要求的特长及使用方便等因素，要响应性好，且安装空间受限制，大多选用分置型压力开关。通常都选用一体型，在测定处便有显示。一通道的一体型比分置型的成本低。需要多通道时，选用 4 通道控制器（PSE200），不仅显示部占空间小，且比一体型成本低。

四、使用注意事项

1）不要用于有腐蚀性的气体及可燃、易爆的气体中。

2）有油、水飞溅的场合，应选防滴型压力开关。

3）不能用于温度急剧变化的场所（即使处在使用温度范围内）。在 5℃ 以下工作，为防止水分冻结，应设置空气干燥器。

4）装拆时，不要摔扔压力开关。电源的软线不要承受过大的力。安装时，要夹住开关主体侧面旋紧，不要夹住电源防护罩旋拧。

5）千万不要错误配线，且不得与动力线、电力线一起配线，以免由于电噪声引起误动作。开关不得用于有脉冲发生源（如电机）的周围。

6）开关必须接负载后再接通电源，切勿短路。

7）在电源接通状态下，不要插拔插头，以免开关输出出现误动作。

8）绝不要用金属丝之类插入压力通口内，以免损坏压力传感器内部。

9）必须在设定压力范围内使用。

10）应在规定电压下使用，要注意开关的内部电压降，即电源电压开关内部的电压降＞负载动作电压。要注意漏电流，即负载动作电流＞漏电流。

11）液晶显示部分在动作中不要用手摸。由于静电，显示会有变化。

12）设定微调电容器时，要用钟表螺钉旋具轻轻转动，且不要超过两端的止动标记。

13）数字式压力开关在电源切断后，设定压力等输入数据可保持 10 万小时。

14）本公司分置型压力传感器可以单体使用，也可以直接连接到模拟输入装置上。

15）2 输出是指有 2 根开关输出线，2 个设定值是指设定上限值和下限值，这是两个不同的概念。2 输出型只使用 1 个输出时，另一个不使用的输出线末端可用绝缘胶带卷起来。不使用的输出的指示灯（若是红灯），若无要求，可设 $p_3 = p_1$，$p_4 = p_2$，则红灯与绿灯同步 ON/OFF；若不需要 ON/OFF，可让 p_3 及 p_4 设定在比较高的压力值（即达不到的压力值）。

16）模拟输出往往用于工厂的集中管理。将现场的压力状态通过模数转换，转换成数字信号，以信息的方式传送到用户的显示屏，便知生产线上处于何种状态。

五、IO – Link 对应产品

使用 1 根通信线周期性传送 ON、OFF 信号及模拟值，通过数字通信读取元件信息，包括生产商名称、产品型号、序列号等，可以远程监视元件的正常/异常状态、电缆断线等异常状态，可以通过上位机设定临界值及动作模式。压力传感器支持 IO – Link 系列产品及通信规格见表 8.6-4。

六、应用示例

1. 液面检测（利用微压检测）

气源压力经过减压阀后再通过调速阀调节，施加于配管末端，通过确认配管末端的压力，可检测出配管末端的液面高度，如图 8.6-2 所示。

表 8.6-4　压力传感器支持 IO – Link 系列产品及通信规格

系列	版本	通信速度	过程数据大小	最小循环时间/ms
ZSE20BF – L				
I/ZSE20B – L			输入：2byte	
ISE70/71	V1.1	COM2（38.4kb/s）	输出：0byte	2.3
ISE70G/75G/76G/77G				
PSE200A				

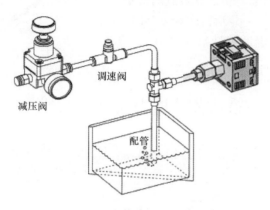

图 8.6-2　压力传感器用于液面检测

2. 监控

通过 PSE200A，把分离型压力传感器的模拟值转换成 IO – Link 的过程数据，PSE200A 连接在 IO – Link 主站上并通过 EtherNet/IP 通信与上位 PLC 相连，客户可通过这种连接方式完成传感器数值监控及管理，如图 8.6-3 所示。

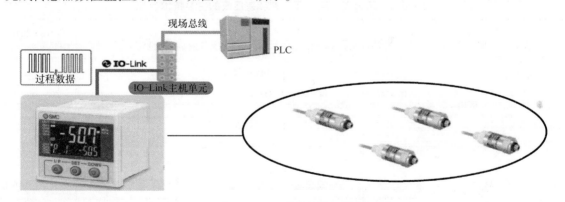

图 8.6-3　压力传感器用于监控

第七节　便携式数字压力计（PPA 系列）

便携式数字压力计（PPA 系列）可用于测定空气、非腐蚀性气体的混合压 – 0.1 ~ 1MPa、低压 10 ~ 100kPa 和真空压 – 101 ~ 10kPa，其外形如图 8.7-1 所示。

本压力计体积小（40mm×110mm×20mm）、重量轻（100g，其中机身50g、电池50g），可选择多种压力度量单位；可显示当时压力、最高压力和最低压力；可校正零点及满值。该压力计带辅助照明，可在黑暗中使用。电源为DC3V、AA电池2只，可连续工作12个月。如不工作，超过5min，可自动关机。压力计上有束带，便于携带。本压力计可用于测定射流的冲击压力，以进一步估算射流的流量。

压力显示分辨率：1‰。显示精度≤±2%F.S.。重复精度≤±1%F.S.。温度特性≤±3%F.S.（环境温度为0~50℃）。接管口径M5×0.8。

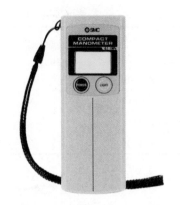

图8.7-1 便携式数字压力计（PPA系列）

第八节 压力表（G系列）

测定高于大气压力的压力仪表称为压力表，其所指示的压力为表压力。测定正压力及真空压力的压力表称为混合压压力表。测定真空压力的仪表称为真空压力表。测定两压力之差的仪表称为差压表。

一、技术参数

压力表、真空压力表和差压表的主要技术参数见表8.8-1。

连接螺纹在背面的形式称为DT形，在纵向的形式称为AT形，如图8.8-1所示。

精度等级是指压力表指示压力的最大误差相对于该表最高指示压力的百分比，如1.5级精度，当最高指示压力值为1.0MPa时，其指示压力的最大误差为0.015MPa。

表8.8-1 压力表、真空压力表和差压表的主要技术参数

品种		系列	连接螺纹		压力界限/MPa	外径/mm	精度等级
			形式	连接口径			
压力表	一般用	G15	DT	R1/8、M5内螺纹	0~1.0	15	5
		G27		R1/16		26	
		G43		R1/8、R1/4	0~0.2、0~0.4、0~0.6、0~0.7、0~1.0	43	
	带限位指示	G36	DT	R1/8	0~0.2、0~0.4、0~0.7、0~1.0、0~1.5	37.5	3
		GA36	AT				
		G46	DT	R1/8、R1/4		42.5	
		GA46	AT				
	禁油、无铜离子、带限位指示	G46E	DT	R1/8、R1/4	0~0.2、0~0.4、0~0.7、0~1.0	42.5	
真空压力表		GZ46	DT	R1/8、R1/4、M5内螺纹	-0.1~0、-0.1~0.1、-0.1~0.2	42.5	3
差压表		GD40	AT	Rc1/8、R1/8	0~0.2	62	

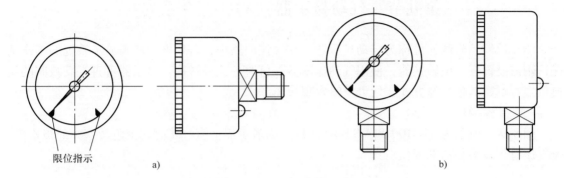

图 8.8-1 DT 形和 AT 形压力表
a) DT 形 b) AT 形

二、使用注意事项

1) 冷凝水、油等侵入表内，则压力指示值会产生误差。

2) 用手指移动上下限位指示针。若用小旋具等工具来移动时，注意不要划伤指示盘，不要使指示针弯曲。

3) 不适用于有腐蚀性气体的环境。由于视窗为塑料制品，不得粘上化学物质。不得用于外部有振动和冲击的地方。

4) 差压表要垂直安装。"HIGH"口接高压侧，"LOW"口接低压侧。它用于测定过滤器等的压力损失，以判断是否应更换滤芯。

5) 需精密测定压力时，应选用精密压力表。

6) 选用压力表时，压力表的使用量程应比最高指示压力值低 20% 左右。

7) 系统压力有脉动或冲击而造成压力急剧变化时，会出现压力指示值不准，要采取保护措施。如用节流阀等对其输入压力进行节流控制（见图 8.8-2）。图 8.8-2a、b 用于冲击压力的测量。图 8.8-2c 所示为使空气快速进入压力表，但排气时进行节流，可用于检测脉动压力的上限近似值。图 8.8-2d 用于检测脉动压力的下限近似值。

8) 压力表应定期进行检查和校准。

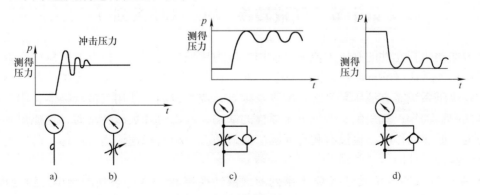

图 8.8-2 压力表的保护方法

第九节 气动显示器（VR31□0 系列）

能显示气信号的元件称为气动显示器。在气控回路中，若用电灯泡来显示系统的工作情况，则需设置气-电转换器。使用气动显示器，可避免这种转换。显示器可直观反映阀的切换位置，不需其他检测方式，便可及时发现故障。

一、工作原理

图 8.9-1 所示为 VR3100 和 VR3110 两种气动显示器。有气压时，带色活塞头部被推出。无气压时，弹簧使活塞复位。

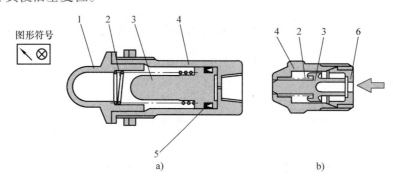

图 8.9-1 气动显示器
a) VR3100　b) VR3110
1—显示器罩　2—复位弹簧　3—带色活塞　4—本体　5—密封圈　6—插头

二、气动显示器性能（见表 8.9-1）

表 8.9-1 气动显示器性能

型号	使用压力范围/MPa	温度范围/℃	切换频率/Hz	连接口径/in	颜色
VR3100	0.1~0.8	-5~60	<1.67	Rc1/8	红、绿、橙
VR3110	0.15~1.0	-5~60	<5	R1/8	红、绿

第十节 气液转换单元（CC 系列）

作为推动执行元件的有压力流体，使用气压力比液压力简便，但空气有压缩性，难以得到定速运动和低速（50mm/s 以下）平稳运动，中停时的精度也不高。液体一般可不考虑压缩性，但液压系统需有液压泵系统，配管较困难，成本也高，使用气液转换器，用气压力驱动气液联用缸动作，就避免了空气可压缩性的缺陷，起动时和负载变动时，也能得到平稳的运动速度。低速动作时，也没有爬行问题。故最适合于精密稳速输送、中停、急停、快速进给和旋转执行元件的慢速驱动等。

CC 系列气液转换单元是将 CCT 系列的气液转换器和 CCV□系列的阀单元组合成一体，如图 8.10-1 所示。通过它，便可将气动控制信号转换成液压执行动作。

一、工作原理

将空气压力转换成相同压力的液压力的元件称为气液转换器。

a) 气液转换装置　b) 气液转换器　c) 阀单元

图 8.10-1　CC 系列气液转换单元

气液转换器是一个油面处于静压状态的垂直放置的油筒，如图 8.10-2 所示。其上部接气源，下部与气液联用缸相连。为了防止空气混入油中造成传动的不稳定性，在进气口和出油口处，都安装有缓冲板。进气口缓冲板还可防止空气流入时发生冷凝水，防止排气时流出油沫。浮子可防止油、气直接接触，避免空气混入油中，防止油面起波浪。所用油可以是透平油或液压油，油的运动黏度为 $40 \sim 100 \mathrm{mm}^2/\mathrm{s}$，添加消泡剂更好。

阀单元是控制气液转换单元动作的各类阀的组合。其中，方向阀可能有中停阀和变速阀，速度控制阀可能有单向节流阀和带压力补偿的单向调速阀。它们都有小流量型和大流量型两种。它们可以构成的组合形式见表 8.10-1，以适应不同使用目的的要求。

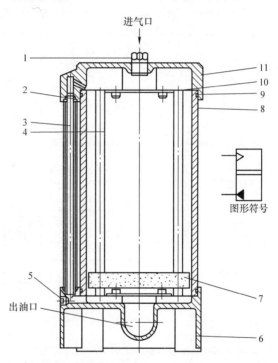

图 8.10-2　CCT 系列气液转换器

1—注油塞　2—油位计垫圈　3—油位计　4—拉杆
5—泄油塞　6—下盖　7—浮子　8—筒体
9—垫圈　10—缓冲板　11—头盖

表 8.10-1　气液转换器和各类阀的组合及与其相适应的使用目的

方向阀、速度控制阀	无	单向节流阀	带压力补偿的单向调速阀	使用目的
无中停阀无变速阀	—			仅需速度控制的场合

（续）

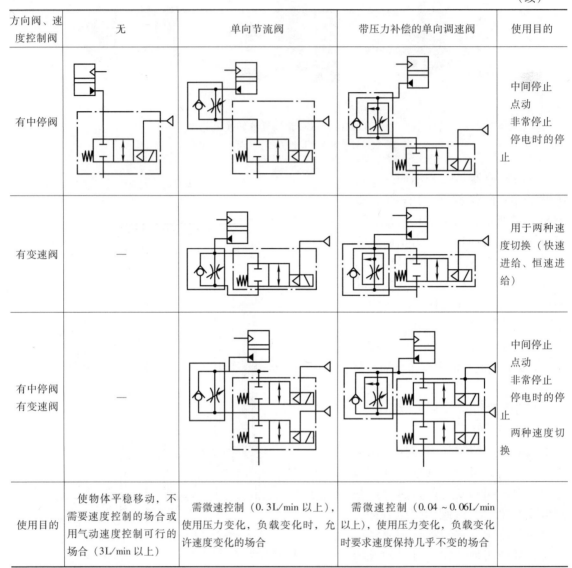

二、选用方法

1. 选气液联用缸的缸径及行程

根据该缸的轴向负载力大小及负载率（应在0.5以下）来选择气液联用缸的缸径。

2. 选气液转换器

选气液转换器时先由气液联用缸的缸径和行程，计算出气液联用缸的容积，根据气液转换器的油容量应为气液联用缸容积的1.5倍来选定气液转换器的名义直径和有效油面行程。也可由图8.10-3进行选择。如缸径为100mm、行程为450mm的气液联用缸，应配用名义直径为160mm、有效油面行程为300mm的气液转换器。按图8.10-3选择气液转换器，实际上就是满足气液转换器的油面速度不大于200mm/s的要求。CCT系列气液转换器的主要技术参数见表8.10-2。

3. 按需要功能选择阀单元（见表8.10-1）

阀单元的主要技术参数见表8.10-3。

阀单元使用介质温度和环境温度为5~50℃，使用透平油的黏度为40~100mm²/s，不得使用机油、锭子油。

小流量型阀与气液转换器名义直径63mm和100mm相配；大流量型阀与气液转换器名义直径100mm和160mm相配。

4. 选择阀单元的规格和配管尺寸

根据对气液联用缸的驱动速度图（见图8.10-4）来选择阀的大小（小流量型或大流量型）及配管内径。

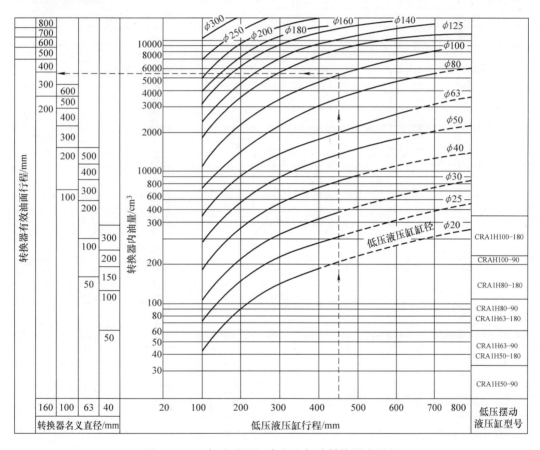

图8.10-3 气液联用缸容积和气液转换器容量图

表8.10-2 CCT系列气液转换器的主要技术参数

名义直径 /mm	标准有效油面行程 /mm	使用压力范围 /MPa	环境和介质温度 /℃	油面限制速度 /(m/s)	限制流量 /(L/min)
40	50、100、150、200、300	0~0.7	5~50	0.2	15
63	50、100、200、300、400、500				36
100	100、200、300、400、500、600				88
160	200、300、400、500、600、700、800				217

表 8.10-3 阀单元的主要技术参数

品种		变速阀、中停阀		节流阀		流量控制阀		
		小流量型	大流量型	小流量型	大流量型	微小流量型	小流量型	大流量型
使用压力/MPa		0~0.7		0~0.7		0.3~0.7		
外部先导压力/MPa		0.3~0.7		—		—		
有效截面面积/mm²	变速阀、中停阀	40	88	—		—		
	控制阀全开	—		35	77	18	24	60
	控制阀自由流动	—		30	80	23	30	80
最小控制流量/(L/min)		—		0.3		0.04	0.06	
压力补偿能力		—		—		±10%		
压力补偿范围		—		—		负载率在60%以下		
阀的零位状态		N.C.		—				

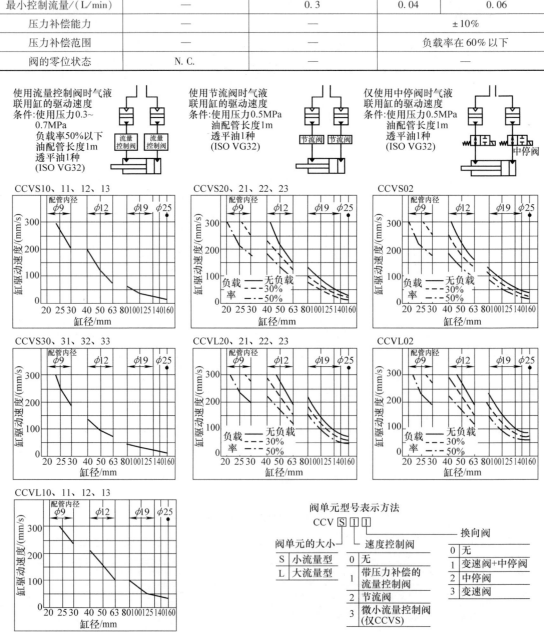

图 8.10-4 阀单元和气液联用缸的驱动速度图

三、使用注意事项

1. 气源

为防止冷凝水混入、防止气液转换单元的故障、延长工作油的使用寿命，建议使用空气过滤器及油雾分离器。

2. 环境

气液转换单元不要靠近火源使用，不要用于洁净室，不要在60℃以上的机械装置上使用。油位计是用丙烯材料制成的，不要在有害雾气中（如亚硫酸、氯、重铬酸钾等）使用。

3. 安装

1) 转换器必须垂直安装，气口应朝上。

2) 安装气液转换单元要留出维护空间，便于补油（系统中会有微量油排出，油量会逐渐减少）及释放油中空气。

3) 气液转换器的安装位置应高于气液联用缸，若比缸低，则缸内会积存空气，必须使用缸上的泄气阀排气。若没有泄气阀，就得旋松油管进行排气了。

4) 气液联用缸动作时，不能回避会发生微量漏油。特别是气液联用缸一侧使用空气时，会从气动方向阀出口排出油分，故气动方向阀排气口上应设置排气洁净器，并要定期排放，如图8.10-5所示。

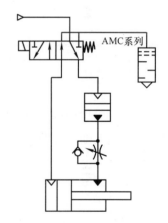

图8.10-5 气动方向阀排气口上应设置排气洁净器

4. 配管

1) 安装前，配管应充分吹净。

2) 油管应使用白色尼龙管。油管路部分内径不要变化太大，管内应无突起和毛刺。油管路中的弯头及节流处尽量减少，且油管应尽量短，否则所要求的流量可能达不到，或由于过分节流处速度高，会发生气蚀出现气泡。

3) 管接头不要使用快换接头，应使用卡套式接头等。

4) 不能发生从油管处吸入空气。

5) 中停阀和变速阀是电磁阀时，因是外部先导式，空气配管中的压力应为0.3~0.7MPa，外部先导压力应高于缸的驱动压力。

6) 中停阀和变速阀是气控阀时，信号压力应为0.3~0.7MPa，气控压力应高于缸的驱动压力。

7) 由于气蚀，缸动作中会产生气泡。为了不让这些气泡残留在配管中，缸至转换器的配管应向上，且油管应尽量短。

5. 日常维护

1) 缸两侧为油时，因油有可能微漏，则会一侧转换器油量增加，另一侧转换器油量减少。可将两转换器连通，中间加阀A将油量调平衡，如图8.10-6所示。

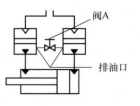

图8.10-6 缸两侧为油时的油量平衡

2) 缸一侧为油时，气液转换单元最好两侧为油，但一侧为油也能用。因油的黏性阻力约减半，速度约增40%，空气有可能混入作动油中，这会产生以下现象：

① 缸速不是定速。

② 中停精度降低。
③ 变速阀的超程量增加。
④ 带压力补偿的流量控制阀（也含微小流量控制阀）有震动声。
因此，要定期检查是否油中混入空气。产生上述现象要进行泄气。

6. 注油

1) 在确认被驱动物体已进行了防止落下处置和夹紧物体不会掉下的安全处置后，切断气源和电源，将系统内的压缩空气排空后，才能向气液转换器注油。若系统内残存压缩空气，一旦打开气液转换器上的注油塞，油就会被吹出。

2) 气液转换器的位置应高于气液联用缸，见图 8.10-7a，应让气液联用缸的活塞移动至注油侧的行程末端。打开缸上的泄气阀。带中停阀的场合，提供 0.2MPa 左右的先导压力，利用手动或通电，让中停阀处于开启状态。打开注油塞注油，当缸上的泄气阀不再排出带气的油时便关闭。确认注油至透明油位计的上限位置附近便可。然后再对另一侧气液转换器注油。这时，要将活塞移动至另一侧行程末端，重复上述步骤。

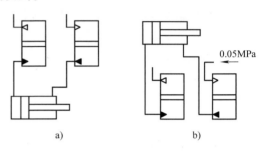

图 8.10-7 气液转换器的注油方法
a) 气液转换器高于气液联用缸
b) 气液转换器低于气液联用缸

3) 如气液转换器一定要低于气液联用缸，如图 8.10-7b 所示，注油步骤与上面 2) 相同。当注油至油位计的上限后，拧入注油塞，从进气口加 0.05MPa 的气压力，将油压至缸内，直至缸上的泄气阀不再排出带气的油时，关闭泄气阀。这种使用方法，在缸动作过程中，要定期排放缸内的空气。若缸上没有泄气阀，应在配管的最高处设置泄气阀。

7. 回路中的注意事项

1) 执行元件在往复动作中，仅一个方向需控制动作快慢，可在控制方向的缸通口上连接气液转换单元。

2) 两个执行元件共用一个气液转换器，但不要求两个执行元件同步动作的场合，应每个执行元件使用一个阀单元，如图 8.10-8 所示，各执行元件动作有先有后。

3) 使用变速阀时，高低速之比最大也就 3∶1。这个比值若过大，会因"弹跳"而产生气泡，将带来许多问题。变速阀动作时，由于没有速度控制阀，快进速度取决于气液单元的品种、配管条件及执行元件。在这种情况下，若缸径小，缸速会很高，若要控制快进速度，可像图 8.10-9 所示为气动用速度控制阀。

4) 中停阀应使用出口节流控制。往复方向都需中停时，杆侧和无杆侧都应使用中停阀。使用缸吊起重物时，若杆侧设置中停阀让其中停，由于杆侧压力为 0 活塞杆会下降，为防止此现象，在无杆侧也应设置中停阀。中停阀因间隙密封，稍有泄漏，故缸中停时会有图 8.10-10 所示的移动量。

5) 冲击压力。缸高速动作时，一旦到达行程末端，在杆侧或无杆侧会产生冲击压力。这时，若杆侧或无杆侧的中停阀关闭，冲击压力被封入，中停阀就有可能不能动作。这时，应让中停阀延迟 1~2s 再关闭。

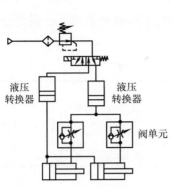

图 8.10-8 两个执行元件共用一个气液转换器的回路

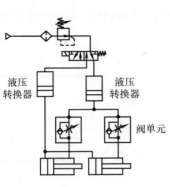

图 8.10-9 控制快进速度的回路

6）温升的影响。缸在行程末端停止中，其对侧的中停阀一旦关闭（杆缩回时指杆侧的中停阀，杆伸出时指无杆侧的中停阀），有温度上升时，缸内压力也会增大，中停阀有可能打不开。在这种情况下，就不要关闭中停阀。

7）压力补偿机构的跳动量。在缸动作时，压力补偿机构伴随有图 8.10-11 所示的跳动量。所谓跳动量，是指缸速不受控制时，以比控制速度高的速度动作而产生的移动量。

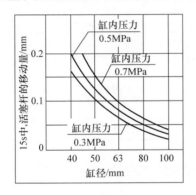

图 8.10-10 气液单元缸中停时的移动量

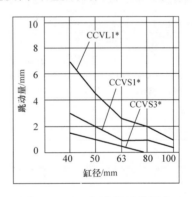

图 8.10-11 气液单元带压力补偿机构的跳动量

第十一节 管子及管接头

一、管子（T□系列）

在气动装置中，连接各种元件的管道有金属管和非金属管。常用金属管有镀锌钢管、不锈钢管、拉制铝管和纯铜管等，主要用于工厂主干管道和大型气动装置上，适用于高温、高压和固定不动的部位之间的连接。铜管、铝管和不锈钢管的防锈性好，但价格高。表 8.11-1 和表 8.11-2 列出了常用镀锌钢管和纯铜管的规格。

非金属管有硬尼龙管、软尼龙管和聚氨酯管等。非金属管经济、轻便、拆装方便、易剪断、不生锈、摩擦阻力小，但存在老化问题，不宜高温使用，要防止受外部损伤。它们的规格及主要性能见表8.11-3~表8.11-6。此外，还有寸制尺寸系列管，一般为1/8~1/2in（1in=0.0254m）。管子的颜色有黑色、白色、红色、蓝色、黄色和绿色共29种。尼龙管有一定的柔性，但不宜弯曲过度，耐压高，耐化学性好。聚氨酯管柔性比尼龙管好。另有极软聚氨酯管，其弯曲半径更小，适合狭窄空间使用。

表8.11-1 常用镀锌钢管规格

名义尺寸	A系列/mm	6	8	10	15	20	25	32	40	50
	B系列/in	1/8	1/4	3/8	1/2	3/4	1	1¼	1½	2
外径/mm		10.5	13.8	17.3	21.7	27.2	34.0	42.7	48.6	60.5
内径/mm		6.5	9.2	12.7	16.1	21.6	27.6	35.7	41.6	52.9

表8.11-2 常用纯铜管规格 （单位：mm）

外径	4	6	8	10	12	14	18	22
壁厚	0.5	0.75	1	1	1	1	1.5	2

表8.11-3 硬尼龙管（T系列） （单位：mm）

外径	4	6	8	10	12	16
内径	2.5	3	4	4.5	6	7.5	9	13
最小弯曲半径	13	20	24	30	40	50	60	100

表8.11-4 软尼龙管（TS系列） （单位：mm）

外径	4	6	8	10	12	16
内径	2.5	4	6	7.5	9	12
最小弯曲半径	15	23	45	55	65	90

表8.11-5 聚氨酯管（TU系列） （单位：mm）

外径	2	4	6	8	10	12	16
内径	1.2	2.5	4	5	6.5	8	10
最小弯曲半径	4	10	15	20	27	35	45

除圆管外，还有螺旋管（TCU系列）和排管（TFU系列），用于需要柔性连接和紧凑配管处。难燃性管（TRS系列）主要用于点焊等产生火花的场所。

表8.11-6 非金属管子的主要性能

系列	材质	管子外径范围/mm	最小弯曲半径范围/mm	最高使用压力（20℃时）/MPa	使用温度/℃	适合流体及使用场合
T	尼龙	4、6、8、10、12、16	13~100	1.6	-40~100，0~70（水）	空气、水
TS	软尼龙	4、6、8、10、12、16	15~90	1.3	-40~100，0~50（水）	空气、水

（续）

系列	材质	管子外径范围 /mm	最小弯曲半径范围/mm	最高使用压力（20℃时）/MPa	使用温度 /℃	适合流体及使用场合
TUS	软聚氨酯	4、6、8、10、12	8~29	0.6	-20~60	空气
TU	聚氨酯	2、4、6、8、10、12、16	4~45	0.8	-20~60、0~40（水）	空气、水
TUH	硬聚氨酯	4、6、8、10、12	10~36	0.8/1.0	-20~60	空气
TRBU	双层管 外层：聚烯烃树脂 内层：聚氨酯	6、8、10、12	15~35	0.8	-20~60、0~40（水）	空气、水 适合焊接场合
TRB	双层管 外层：PVC难燃树脂 内层：尼龙12	6、8、10、12	15~45	1.0	-20~60、0~60（水）	空气、水 适合焊接场合
TRS	难燃软尼龙	6、8、10、12	17~32	1.2	-20~60、0~60（水）	空气、水 适合焊接场合
TAU	防静电聚氨酯	3.2、4、6、8、10、12	10~35	0.9	0~40	防静电用
TAS	防静电软尼龙	3.2、4、6、8、10、12	12~32	1.2	0~40	防静电用
TPS	软聚烯烃树脂	4、6、8、10、12	10~40	0.7	-20~80、5~80（水）	空气、N_2、水（纯水）
TPH	聚烯烃树脂	4、6、8、10、12	15~55	0.7~1.0	-20~80、5~80（水）	空气、N_2、水（纯水）
TL	SuperPFA	4、6、8、10、12、19	20~160	0.6~1.0（$\phi4$~$\phi19$mm）	最高使用260℃，随温度上升，最高使用压力下降	多种化学液体（如多种酸、碱、纯水）超洁净场合使用
TH	FEP（四氟乙烯与六氟丙烯共聚合树脂）	4、6、8、10、12	15~130	0.7~2.3（$\phi4$~$\phi12$mm）	-20~200	空气、惰性气体
TH	FEP（四氟乙烯与六氟丙烯共聚合树脂）	4、6、8、10、12	15~130	0.7~2.3（$\phi4$~$\phi12$mm）	0~100	水
TD	软质氟树脂	4、6、8、10、12	15~75	0.9~1.6（$\phi4$~$\phi12$mm）	最高使用温度260℃	空气、水、惰性气体

配管的辅件有多管卡座（TM）、管剪（TK）、拔管工具（TG）、剥管器（TKS系列）。管剪用于剪断尼龙管、聚氨酯管和其他软塑料管，保证切口为直断面。不得用剪刀、剪钳、钢丝钳剪管子。拔管工具适用于拔拆空间狭小或集装式快换接头上的管子。剥管器用于剥双层管外层（难燃性树脂），再与快换接头连接。

上述尼龙管、软尼龙管和聚氨酯管都可用于真空压力下。

连接管要求易于装拆、安全、不漏气、压力损失小，通过流量能满足气动元件的要求。安装软管时，管子不能扭曲。当气动装置运转时，管子不会产生急剧弯曲和变形。管子太长时，应有适当支撑。为防止管子被外部设备损伤，可加适当保护。要防止管道破裂对人身及设备的伤害。

钢管和尼龙管的有效截面面积分别如图8.11-1和图8.11-2所示。

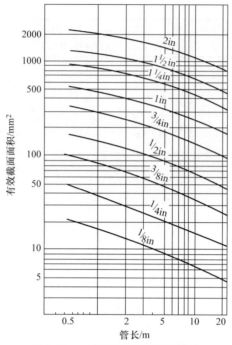

图 8.11-1 钢管的有效截面面积

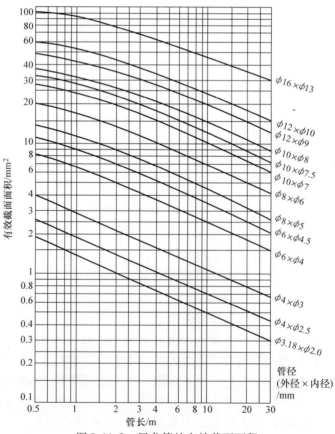

图 8.11-2 尼龙管的有效截面面积

二、管接头（K□系列）

管接头是连接管道的元件，要求连接牢固、不漏气、装拆快速方便、流动阻力小。SMC公司生产的管接头见表8.11-7。此外，还有适应世界不同地区使用的寸制快换接头及可拧入 Rc、G、NPT 内螺纹上的万用螺纹（Uni 螺纹）管接头。万用螺纹接头采用了独特的结构，可用于狭窄的安装空间。

表8.11-7 SMC公司生产的管接头

名称	系列	结构原理图	适合管材	连接螺纹[①]	连接管外径/mm	特点
快换接头	KQ2系列	见图8.11-3a	硬尼龙、软尼龙、聚氨酯	M3、M5、M6、(1/8、1/4、3/8、1/2)	2、3.2、4、6、8、10、12、16	可用于真空压力，装拆快速
可回转式快换接头	KS、KX	见图8.11-3b	PEP、PFA、尼龙、软尼龙、聚氨酯	M5、M6、(1/8、1/4、3/8、1/2)	4、6、8、10、12	可用于真空压力 可高速旋转（KS: 250~500r/min，KX: 1000~1500r/min） 用于机械手等的摆动部、回转部等
集装式快换接头	KM	见图8.11-3c	PEP、PFA、尼龙、软尼龙、聚氨酯	(1/4、3/8、1/2)	4、6、8、10、12	集中配管、紧凑、装拆快速
多管对接式接头	盘形 DM、长方形 KDM	见图8.11-3d	尼龙、软尼龙、聚氨酯		(3.2)、4、6、(8)	可减少安装工作量，常用于控制板上或机械装置上
微型接头	M	见图8.11-3e	尼龙、软尼龙、聚氨酯	M3、M5、(1/8)	2、3.2、4、6	螺纹连接或倒钩连接
卡套式接头	H、DL、L、LL	见图8.11-3f	硬尼龙、软尼龙、软质铜管	(1/8、1/4、3/8、1/2)	4、6、8、10、12	使用压力范围为 0~1.0MPa 流动损失小 靠金属套管夹住管子，用螺母锁紧
嵌入式接头	KF、KFG2（不锈钢）	见图8.11-3g	尼龙、软尼龙、聚氨酯	(1/8、1/4、3/8、1/2)	4、6、8、10、12、(16)	流动损失较大 将管子插入管座后，用锁母推管卡夹住管子，管卡有尼龙（-5~60℃）、黄铜（-5~150℃，可用于蒸气）
难燃性快换接头	KR - W2、KRM（集装式）	与KQ系列相似，在释放套外加有难燃材质的罩子，防止火花侵入	难燃软尼龙	(1/8、1/4、3/8、1/2)	6、8、10、12	部分零件使用难燃材料 用于有火花发生的环境中，使用压力范围为 0~1.0MPa KR系列可用于真空压力
耐腐蚀环境用快换接头	KG	与KQ系列相似	PEP、PFA、硬尼龙、软尼龙、聚氨酯	M5、(1/8、1/4、3/8、1/2)	4、6、8、10、12、16	金属零件使用不锈钢 可用于真空压力

（续）

名称	系列	结构原理图	适合管材	连接螺纹①	连接管外径/mm	特点
耐腐蚀微型接头	MS	与M系列相似	尼龙、软尼龙、聚氨酯	M5、R1/8	3.2、4、6	金属零件使用不锈钢
自封式快换接头	KC	见图8.11-3h	尼龙、软尼龙、聚氨酯	M5、(1/8、1/4、3/8、1/2)	4、6、8、10、12	管子拔出，气路自动关闭；管子插入，气路接通
速度控制阀带快换接头（弯头型）	AS	见图8.11-3i	尼龙、软尼龙、聚氨酯	M5、(1/8、1/4、3/8、1/2)	3.2、4、6、8、10、12	使用压力范围为0.1~1.0MPa 万向型管子的安装方向可在360°内变化 尺寸小，重量轻
快排阀带快换接头	AQ	—		—	4、6	排气口有带消声器和带快换接头两种
带单向阀的快接接头	KK	见图8.11-3l	尼龙、软尼龙、聚氨酯	M5、(1/8、1/4、3/8、1/2、3/4)	3.2、4、6、8、10、12、16	使用压力范围 KKA4、KK4系列以上：0~1MPa KKA3、KK2：-100kPa~1MPa，KK3：-90kPa~1MPa KKA：不锈钢，禁油，不易漏 KKH：带吸冲击罩
	KKA			(1/8~1½)	—	
	KKH			(1/8~1/2)	5、6、6.5、8、8.5	
配管组件	KB	见图8.11-5		M5、M6、(1/8、1/4、3/8、1/2)	4、6、8、10、12、16	使用压力范围：-100kPa~1MPa 不用工具，可快速锁紧 按用途需要，对配管进行集中和分配，输出空气的方向可在360°内自由选择 无铜离子
不锈钢快换接头	KQG		硬尼龙、软尼龙、聚氨酯、聚烯、PEP、PFA	M5、(1/8、1/4、3/8、1/2)	4、6、8、10、12	使用压力范围：-100kPa~1MPa 使用温度：可达150℃，可用于蒸气 适合多种流体 无润滑脂
不锈钢嵌入式管接头	KFG	—				
防静电用快换接头	KA	—	防静电软尼龙、防静电聚氨酯	M5、M6、(1/8、1/4、3/8、1/2)(Uni螺纹)	3.2、4、6、8、10、12	使用压力范围：-100kPa~1MPa 难燃 无铜离子
洁净型快换接头	KP、KPQ、KPG	—	洁净型管材	M5、(1/8、1/4、3/4、1/2)	4、6、8、10、12	使用压力范围：-100kPa~1MPa 洁净室使用，完全禁油，发尘等级1 KP系列可用于空气、N_2、水（纯水） KPQ压力接头为无电解镀镍黄铜，KPG压入接头为不锈钢

(续)

名称	系列	结构原理图	适合管材	连接螺纹①	连接管外径/mm	特点
氟树脂高级管接头	LQ1、LQ3、LQHB	见图8.11-6	氟树脂管 TL/TIL	(1/8、1/4、3/8、1/2、3/4、1)	3、4、6、8、10、12、19、25	适合多种流体，耐腐蚀 洁净化管理 密封性高，防液漏 液体滞留少；液体置换性优良 耐热循环 抗管子的弯曲、变形 管子尺寸可改变
低回转力矩的回转接头	MQR	见图8.11-7		M5×0.8		使用压力范围：-0.1~1MPa 回路数：1、2、4、8、12、16 回转力矩：0.003~0.5N·m（不受压力、温度影响） 转速：200~3000r/min 使用温度：-10~80℃ 寿命：1亿~10亿次回转
半导体工业用高级管接头	TSJ	见图8.11-9	不锈钢管	TSJ	1/4in(ϕ6.35mm) 3/8in(ϕ9.53mm)	非泄漏型（泄漏量小于1×10^{-10}Pa·m³/s）
	UOJ			UOJ	1/4in(ϕ6.35mm)	
	URJ			URJ	1/4in(ϕ6.35mm) 3/8in(ϕ9.53mm)	

① 括号内数值的单位为in。

快换接头只需将连接管插到底便能连接牢固。拔管子时，先用手将释放套均匀向里推到底，使弹簧夹头张开，管子便可拔出。

可回转式快换接头是采用了含油滑动轴承、球轴承和特殊形状的密封圈，故能实现本体绕接头座作高速回转运动。

带单向阀的快接接头（也称S型对接式接头）装配时，是将插头插入内置有单向阀的插座，听到"咔嚓"声表示已充分插入。KK系列流路中没有弹簧，流动阻力小，流通能力大，泄漏极小，且可用于一般工业用水。插头、插座接通后，可双向流动。

多管对接式接头的使用方法（见图8.11-4）：

1) 脱离，将固紧环24旋松，插头21与插座19便分离，如图8.11-4a所示。

2) 管子的插拔（见图8.11-4b），用十字旋具左旋固紧螺钉17，限位螺母18和插座盖

20 便松开。将倒钩盒 25 沿 A 向拔出，倒钩和插座盖 20 的紧固部位 B 被松开，便可插拔管子。若管子插入过紧，可事先让限位螺母向头部 C 向移动，便可顺利插拔。管子要插过倒钩。

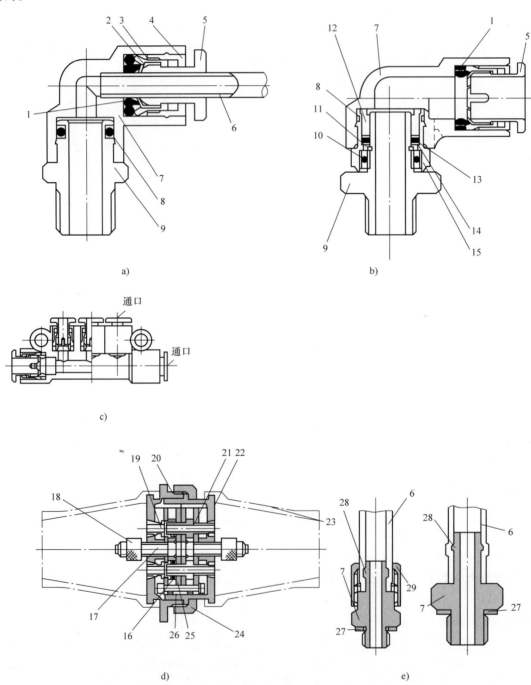

图 8.11-3　管接头的结构原理图
a) 快换接头　b) 可回转式快换接头　c) 集装式快换接头　d) 多管对接式接头　e) 微型接头

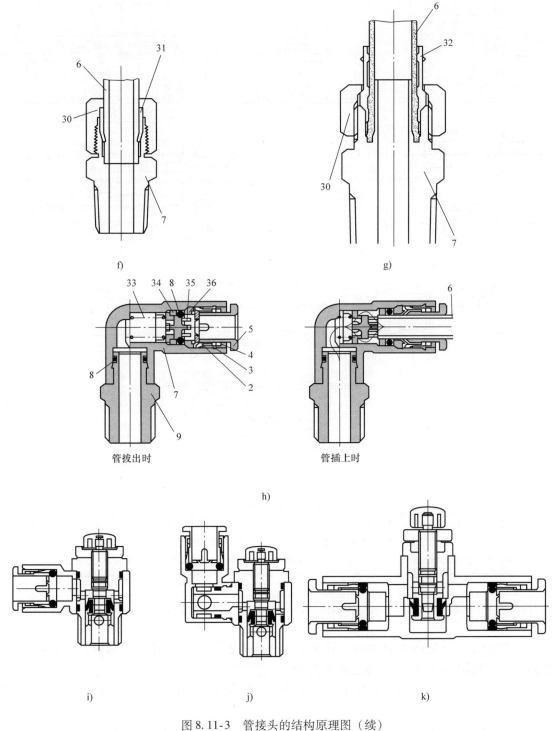

图 8.11-3 管接头的结构原理图（续）
f）卡套式接头　g）嵌入式接头　h）自封式快换接头　i）速度控制阀带快换接头（弯头型）
j）速度控制阀带快换接头（万向型）　k）速度控制阀带快换接头（直通型）

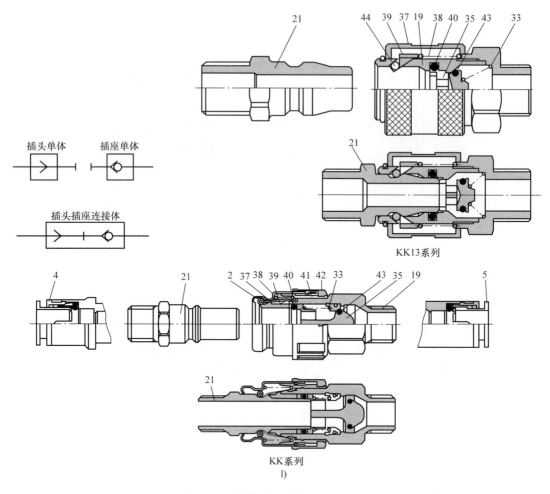

图 8.11-3 管接头的结构原理图（续）
1) 带单向阀的快接接头

1—密封件 2—夹头 3—弹簧夹 4—导向套 5—释放套 6—管子 7—主体 8—O形圈 9—接头 10—球轴承 11—卡圈 12—滑动轴承 13—旋转用密封圈 14—护圈 15—轴承架 16—U形密封圈 17—固紧螺钉 18—限位螺母 19—插座 20—插座盖 21—插头 22—插头盖 23—盖 24—固紧环 25—倒钩盒 26—衬垫 27—密封垫圈 28—倒钩 29—螺母 30—锁母 31—金属套管 32—管卡 33—弹簧 34—挡圈 35—单向阀芯 36—限位器 37—套筒 38—套筒弹簧 39—套环 40—插头密封圈 41—衬套 42—锁环 43—单向阀密封圈 44—锁紧销

3）管子紧固（见图 8.11-4c），管子插入后，用十字旋具拧紧固紧螺钉。沿 D 向将倒钩盒压入，则倒钩和插座盖在 B 处固紧管子。

4）连接（见图 8.11-4d），将插头插入插座，然后回转，使 E 处两凸凹面压合，再锁紧固紧环。

5）盖的安装，将盖 23 的扩张部压入插头及插座的凹沟内，如图 8.11-4e 所示。

图 8.11-5 所示为配管组件 KB 系列。

氟树脂高级管接头 LQ1 系列采用独特的四重密封（见图 8.11-6a），故密封性高，防液漏的可靠性高。LQ1 系列管子尺寸可以改变，是利用缩径嵌入导套来实现的，如图 8.11-6b

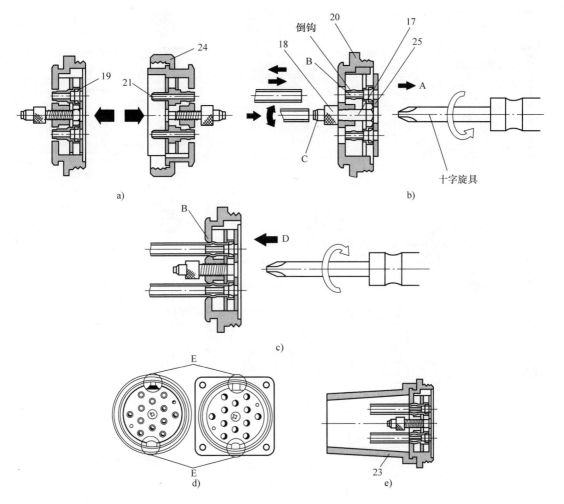

图 8.11-4 多管对接式接头的使用方法
(图中各序号的意义同图 8.11-3)

所示。LQ3 系列是采用独特的三重密封，如图 8.11-6c 所示，是扩口式接头。

MQR 系列是低回转力矩的回转接头，其外形及结构原理如图 8.11-7 所示。滑柱与滑套间采用间隙密封，故长时间放置后，回转力矩也不会变化（与弹性密封相比）。连接板及器体上分别有回路号是一一对应的连接螺纹 $M5 \times 0.8$，可连接管接头。使用时，可以固定器体，让连接板带动滑柱回转，如图 8.11-8a、b 所示，也可以固定连接板及滑柱，让器体回转，如图 8.11-8c 所示。因是间隙密封结构，通口之间会有泄漏。在相邻通口间使用不同的压力时，应注意以下几点：①使用不同的正压时，泄漏会从低压侧的减压阀的溢流口排出；②使用正、负压时，泄漏会使小型真空发生器的真空度减小数 kPa，这可以由真空发生器的流量特性来确定；③使用不同真空压力时，因真空发生器自身没有溢流功能，会产生压力的相互干扰问题，低真空侧的真空度会增大。

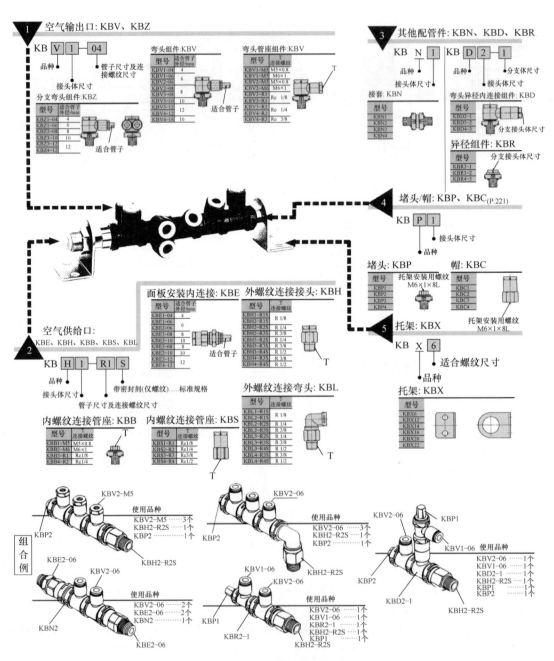

图 8.11-5　配管组件 KB 系列

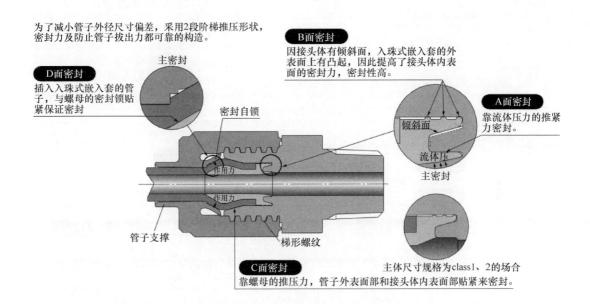

图 8.11-6 氟树脂高级管接头 LQ□ 系列
a) LQ1 系列基本型   b) LQ1 系列变径型

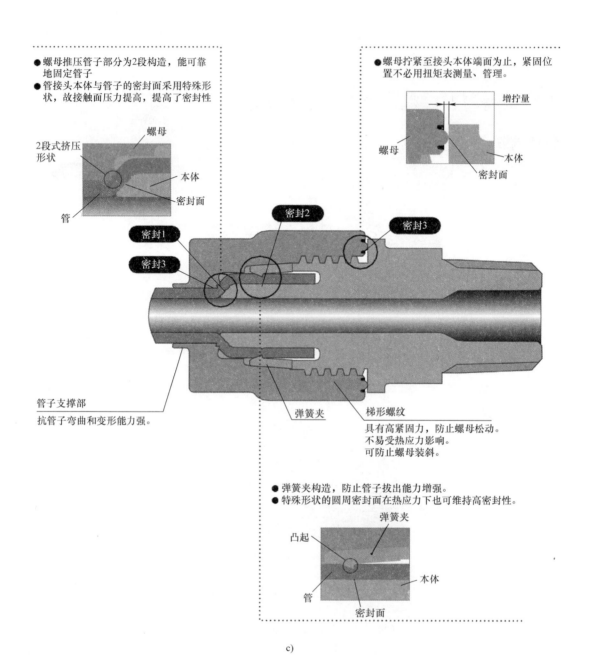

图 8.11-6 氟树脂高级管接头 LQ□系列（续）
c) LQ3 系列

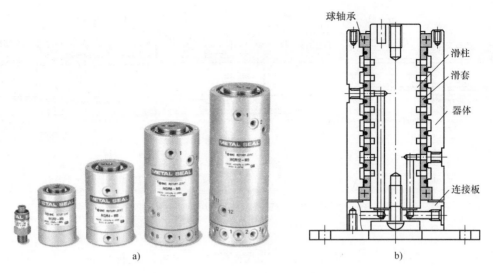

图 8.11-7 MQR 系列低回转力矩的回转接头
a) 外形图　b) 结构原理图

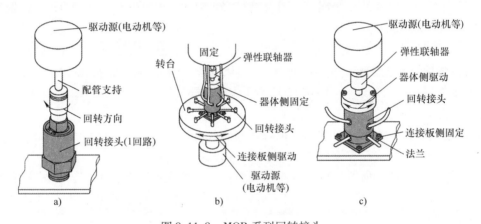

图 8.11-8 MQR 系列回转接头
a) 1 回路安装例　b) 连接板驱动例　c) 器体驱动例

半导体工业用的高级管接头有 TSJ（Tube Swage Joint）系列嵌入式接头、UOJ（Union O Ring Joint）系列用 O 形圈密封的管接头式接头和 URJ（Union Ring Joint）系列用金属垫圈密封的管接头式接头，见图 8.11-9。它们的共同点是几乎无泄漏，泄漏量小于 $1 \times 10^{-10} Pa \cdot m^3/s$。UOJ 及 URJ 系列的压盖和配管进行焊接后再使用。焊接时，配管内应充入 N_2 等惰性气体，以防止焊接烧伤时产生氧化膜。外部焊接处要进行电解研磨、酸洗等表面处理，以除去氧化膜。

三、使用注意事项

1）配管安装前，应充分吹净管道及管接头内的灰尘、油污、切屑末等杂质。确认型号及尺寸，确认产品上无伤痕、裂纹等。

2）配管是螺纹连接时，可选用涂有密封膜的管接头，或沿螺纹旋紧方向缠 1.5~3 圈密封带，但管端应空出 1.5~2 个螺距。装配时，要防止螺纹屑及密封材料碎片混入管内。缠

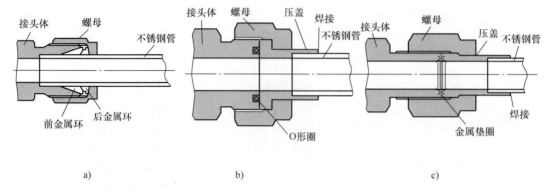

图 8.11-9　半导体工业用的高级管接头
a) TSJ 系列　b) UOJ 系列　c) URJ 系列

绕密封带,一是密封用,二可防止铁屑末进入配管内,三可防止螺纹粘接(特别是铝等软金属)。

3) 管子切断时,应保证切口垂直,且不变形,管子外部无伤痕。

4) 使用本公司以外的非金属管,要注意外径的精度。尼龙管小于 ±0.1mm,聚氨酯管在 -0.2～0.15mm 范围内。

5) 管接头拧到气动元件上时,应使用合适的扳手夹住接头体拧入,拧紧力矩不要过大,以防损坏螺纹或造成密封垫变形而漏气。M5 接头用手拧紧后,再用工具增拧 1/6 圈便可。微型接头用手拧入后,再用工具增拧 1/4 圈。

6) 配管随设备转动时,需注意配管方向,以防配管转松。

7) 使用直插式管接头,必须保证把管子插到底。

8) 若环境中不允许存在铜离子,可选用表面镀镍的管接头。

9) 金属管不要超出所需长度,以减小压力损失,增大有效截面面积,并减少耗气量。

10) 非金属管应满足最小长度的要求,以防设备运行中管子扭转变形。可动部件上的连接管可选用螺旋管。

11) 管道弯曲处不得压扁或打褶。管子弯曲应大于最小弯曲半径。不要让非金属管处于易磨损处。由于管子自重引起过大张力时,应有支撑。管子损坏(如脱落)会引起危险时,如有气时软管脱落会甩动伤人,必须将其屏蔽起来。

12) 连接螺纹部及管子连接部位不允许有拉动或旋转,以免连接松脱。有旋转的场合,可选用可回转式快换接头。

13) 带密封剂的管接头用手拧入后,再用工具增拧 2～3 圈。拧入过分,密封剂会挤出过多。卸下的接头可再使用 2～3 次,但必须将挤出的密封剂清除掉。密封剂太少不能密封时,可卷绕密封带再使用。

14) 有些管接头可用于一般工业用水,但要注意冲击压力不要超过最高使用压力。

15) 管内不得输送煤气、气体燃料及冷媒等可燃性、溶剂性或有毒性的气体,因管子及接头有漏气的可能。

16) 不要用于直接接触切削油、润滑油及冷却液等液体的环境中。

17) 洁净室内应使用洁净系列快换接头 KP/KPQ/KPG 系列及洁净系列管子 TPH/TPS 系

列，有关使用注意事项参见产品样本。

18）有静电的场合，应使用防静电管接头 KA 系列及防静电管子 TA 系列。

19）有焊花的场合，应选用难燃性管接头 KR、KRM 等系列及难燃性管子 TRS、TRB 等系列。

20）要定期检查管子是否有划伤、磨耗、腐蚀、扭拧、压扁、硬化、软化和漏气等。

21）换掉的管接头及管子不要再使用。

第九章　与气动系统相关的新兴元件

第一节　流体阀（VDW、VX、VN、SG 系列）

一、流体阀产品地图

SMC 流体阀产品经过近半个世纪的不断升级，已经形成了一套比较完整的产品体系，涵盖机床、食品、医药、纺织、电子、半导体、太阳能、过程控制等多个行业，服务于工业、农业及民生等领域，不仅为客户生产生活提供所需，而且在提高用户设备效率、创造附加价值、优化使用体验等方面，都发挥着非常积极的作用。图 9.1-1 所示为流体阀发展历程。

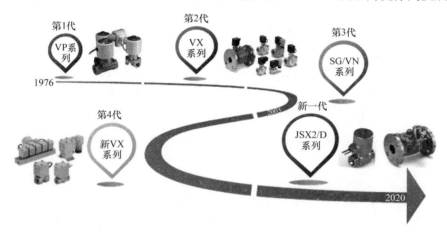

图 9.1-1　流体阀发展历程

SMC 流体阀产品约 40 余种，大体分为通用型、高频型以及隔离结构型（见图 9.1-2）。本节主要讲解通用型产品。

通用型流体阀常见的回路有：吹气回路（见图 9.1-3）、流体控制回路（见图 9.1-4）、高低压冷却液系统回路（见图 9.1-5）等。

二、流体阀的工作介质

气动元器件的工作介质通常为压缩空气。本节所述流体阀的工作介质包含空气（包括真空状态）、氮气、氩气及氦气等惰性气体，以及水、油、蒸气等（见图 9.1-6）。我司流体阀产品种类丰富，系列较多。不同产品系列允许通过的工作介质不尽相同。适合哪些工作介质，与阀体材质、密封件材质、静铁心支座材质、铁心上的分磁环材质及线圈绝缘等级均有关。分磁环的材质有铜和银两种。对气控阀，还与阀芯支座材质有关。表 9.1-1 列出了通用型流体阀对应的常用流体介质，表 9.1-2 列出了不同介质对阀体材质、密封件材质和绝缘等级的要求。SMC 流体阀产品的线圈绝缘等级有 B 级和 H 级两种。绝缘等级和线圈温升见表 9.1-3。

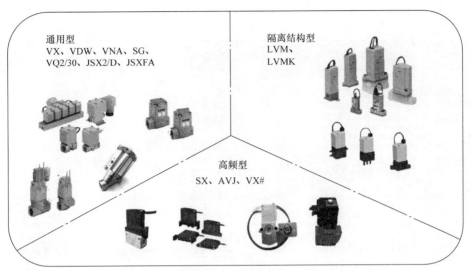

图 9.1-2　流体阀分类

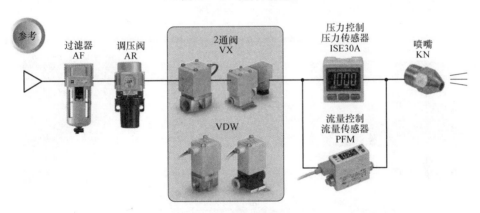

图 9.1-3　吹气回路

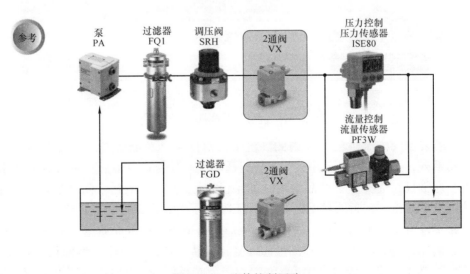

图 9.1-4　流体控制回路

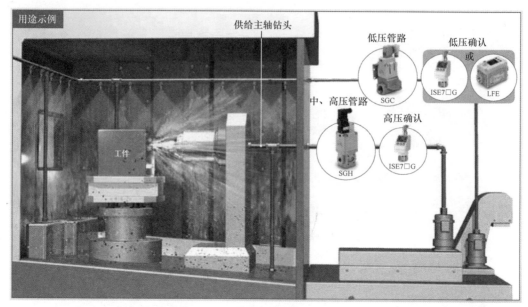

图 9.1-5　高低压冷却液系统回路

图 9.1-6　几种常见的液体和气体

例如，若要求阀内流通 99℃ 以内的高温水，根据产品功能要求，从表 9.1-1 中可选出对应的产品系列，再从表 9.1-2 中确定本体材质和密封件材质，最后从表 9.1-3 中查到线圈温升情况。通常可以选择多个产品系列，如果已选定为 VX2 系列常闭型二位二通电磁阀，那么阀体选择不锈钢，密封件材质为 FKM 或 EPDM，线圈绝缘等级为 H 级。

由于密封件材质的不同，对同一种工作介质，可适合不同的介质温度，且阀产生的泄漏量也不同。例如，VXP 系列电磁阀，当选择密封件为 PTFE 时，蒸气温度最高可达 183℃，阀的（空气）泄漏量有可能达 300mL/min；当选择密封件为 FKM 时，蒸气温度最高只能达 120℃，但阀的（空气）泄漏量却小于 1mL/min。

表 9.1-1 通用型流体阀对应的常用流体介质

适合流体	VX2	VXD	VXZ	VXR	VX3	VXP	VXH	VXE	VXA2,VXA3	VXF,JSXF	VXK	VXG	VXB,VXS	VDW	VNA	VNB	VND	VNC,SGC	VNH,SGH
	N.C.,N.O.	N.C.,N.O.	N.C.,N.O.	N.C.,N.O.	N.C.,N.O.,C.O.	N.C.,N.O.	N.C.	N.C.	N.C.,N.O.,C.O.	N.C.	N.C.,N.O.		N.C.	N.C.,N.O.,C.O.	N.C.,N.O.,C.O.	N.C.,N.O.,C.O.	N.C.,N.O.	N.C.,N.O.	N.C.,N.O.
空气	○	○	○		○	○	○	○	○	○	○		○	○	○	○	○		
低真空 (133Pa 以上)	○		○		○	○		○	○					○		○			
中真空 (0.133Pa 以上) 低泄漏 (10^{-6} Pa·m³/s)	○													○					
蒸汽系统 (蒸汽 183℃)	○	○	○		○	○			○		○						○		
蒸汽系统 (冷凝液)	○				○	○											○		
氮气 (N_2), 二氧化碳 (CO_2), 氩气 (Ar)	○	○			○	○	○	○	○		○			○		○			
氦气 (He)	○								40℃以下										
水 (60℃以下)		○	○	○	○	○													
水 (99℃以下)		○	○	80℃以下	○	○	○	○	40℃以下		○					○			
液氮 (-196℃)	○																		
纯水	○	○	○		○	○						○							
透平油	○	○	○	○	○	○				○						○			
汽油	○	○	○		○	○				○						○			
液压油	○	○	○		○	○				○					○				
矿物油	○	○	○		○	○									○				
硅油	○	○	○		○	○										○			
刹车油	○	○	○		○	○										○			
柴油 (60℃以内)	○	○	○	80℃以下	○	○													
柴油 (99℃以内)	○	○	○		○	○				○									
绝缘油	○	○				○													
氢氧化钠 (NaOH) (≤25%)						○											○		
甲醇	○	○	○			○													
乙醇 (酒精)	○	○				○													
乙二醇	○	○			○	○													
冷却液																		○	○

表 9.1-2　不同介质对阀体材质、密封件材质和绝缘等级的要求

流体	阀体材质					密封件材质				绝缘等级		说明
	铜	黄铜、青铜	不锈钢	铝	树脂 PPS	NBR	FKM	EPDM	PTFE	B	H	
空气	○	○	○	○	○	○	○	○	○	○	—	大气压露点在 $-30℃$ 以下
中真空	×	○	○	×	×	×	○	—	—	○	—	选定真空规格
氮气（N_2）	○	○	○	○	○	○	○	○	○	○	—	无腐蚀性，禁油规格，惰性气体
二氧化碳（CO_2）	○	○	○	○	○	○	○	○	○	○	—	
氩气（Ar）	○	○	○	○	○	○	○	—	○	○	—	惰性气体，无腐蚀性，指定禁油规格
氦气（He）	○	○	○	○	○	○	○	○	○	○	—	惰性气体，无腐蚀性
汽油	○	○	○	×	○	×	○	×	○	○	—	
煤油	○	○	○	×	○	○	○	×	○	○	—	
矿物油	○	○	○	×	○	×	×	×	○	○	—	
刹车油	○	○	○	×	○	×	○	×	○	○	—	
柴油（60℃以内）	○	○	○	×	○	△	○	×	○	○	—	注意黏度及添加剂。高热量的柴油，不适合 NBR
柴油（99℃以内）	○	○	○	×	×	×	×	×	○	—	○	防爆（d1G1）场合，请用气控方式
甲醇（酒精）	○	○	○	×	○	×	×	○	○	○	—	防爆（d1G1）场合，请用气控方式
乙醇	○	○	○	×	○	×	×	○	○	○	—	防爆（d1G2）场合，请用气控方式
乙二醇	○	○	○	○	○	○	○	○	○	○	—	用于不冻液
氟里昂	○	○	○	○	○	×	×	×	○	○	—	作冷媒、洗净用
氢氧化钠（NaOH）≤25%	×	○	×	×	○	△	×	○	○	○	—	干燥时，注意结晶体析出
三氯乙烯	△	○	△	×	○	×	○	×	○	○	—	
三氯乙烷	△	○	△	×	○	×	○	×	○	○	—	混入水分，会增强腐蚀
四氯乙烯	×	○	×	○	○	×	○	×	○	○	—	在干洗溶剂上使用，有挥发性
水（60℃以内）	○	○	○	×	○	○	○	○	○	○	—	
水（99℃以内）	○	○	○	×	○	×	○	○	○	—	○	
冷却液	○	○	○	○	×	×	○	—	○	○	—	

注：1. ○表示有耐性；△表示一定条件下有耐性；×表示无耐性，不适合；—表示无使用例。
2. 材质说明：NBR—丁腈橡胶；FKM（=FPM）—氟橡胶；EPDM（=EPR）—乙烯·丙烯橡胶＜三元乙丙橡胶＞；PTFE—聚四氟乙烯树脂。

表 9.1-3　绝缘等级和线圈温升

绝缘种类	A	E	B	F	H
最高允许温升/℃	60	75	80	100	125
最高允许温度/℃	105	120	130	155	180

注：线圈温度 = 温升值 + 0.5 × (环境温度 + 流体温度)；当流体为空气时，线圈温度 = 温升值 + 环境温度。

三、流体阀的几种典型结构

图 9.1-7 所示为 VX2 系列电磁阀的结构原理图。图 9.1-7a 所示为 N.C. 型，当电磁线圈 1 通电时，动铁心组件 5 克服复位弹簧 4 的弹簧力，被静铁心 2 所吸引，IN 口与 OUT 口开启。图 9.1-7b 所示为 N.O. 型，电磁线圈组件 1 不通电时，复位弹簧 4 将阀芯顶起，IN 口与 OUT 口处于开启状态。当电磁线圈 1 通电时，动铁心被静铁心吸引，将推杆组件 3 压下，阀芯落在阀座上，将 IN 口与 OUT 口关闭。VX2 系列属于直动型电磁阀，其结构简单、体积小、重量轻、性价比高，是很多客户的首选系列之一。

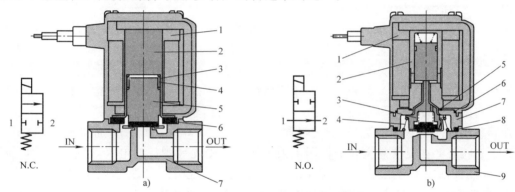

图 9.1-7　VX2 系列电磁阀的结构原理图
1—电磁线圈　2a—静铁心　2b、3a—套筒、套筒组件　3b—推杆组件　4—复位弹簧　5a—动铁心
5b、6、8—密封件　7a、9—阀体　7b—连接件

图 9.1-8 所示为 VXZ 系列电磁阀的结构原理图。线圈不通电时 (见图 9.1-8b)，IN 侧的流体通过供给孔口充入压力作用室。压力作用的流体力及复位弹簧力使主阀关闭。刚一通电 (见图 9.1-8c)，动铁心被吸上，先导孔口开启。充入压力作用室的流体，经先导孔口流向 OUT 侧。由于流体从先导孔口排出，压力作用室内的压力下降，当膜片组件上腔压力下降至小于向上的作用力时，主阀芯开启 (见图 9.1-8d)。即使在 IN 侧没有压力或压力很低时，提升弹簧的反力后能让主阀芯保持开启，即最低动作压力差为零，其称为零差压动作。VXZ 系列属于零启动压力的先导式电磁阀。

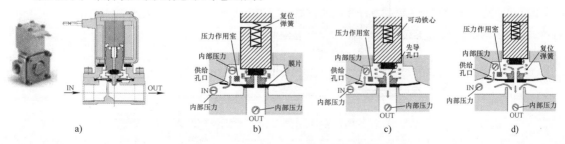

图 9.1-8　VXZ 系列电磁阀的结构原理图

图 9.1-9 所示为 VXR 系列电磁阀的结构原理图，它是防水锤型二位二通常闭型先导式电磁阀。当电磁线圈 2 断电时，IN 口水压从 D 处小孔进入 E 及 A 腔，主阀芯 6 关闭，OUT 口无水压输出。当电磁线圈 2 通电时，静铁心组件 1 吸引动铁心组件 4，先导阀的阀芯 5 开启，则压力腔 B 内的压力下降，主阀 C 的阀芯（为膜片组件）6 开启，IN 口与 OUT 口接通。主阀芯组件上升时，单向阀 8 被顶杆 9 顶开。电磁线圈一断电，动铁心在复位弹簧 3 的作用下关闭先导阀。IN 口压缩空气可以从单向阀

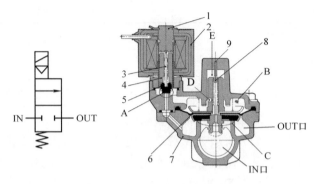

图 9.1-9 VXR 系列电磁阀的结构原理图
1—静铁心组件 2—电磁线圈 3—复位弹簧 4—动铁心组件
5—先导阀的阀芯 6—膜片组件（主阀芯） 7—主阀体
8—单向阀 9—顶杆

及 D 处的小孔进入 E 腔及通过小孔进入 B 腔，在 B、E 腔的压力作用下，膜片组件 6 向主阀阀座移动，主阀开口量逐渐减小。当膜片组件 6 下移至一定位置时，单向阀关闭，仅能从 D 处小孔充压，则主阀芯的关闭速度变慢，可防止电磁阀关闭时出现水锤现象。

图 9.1-10 所示为 VNA 系列二位二通流体控制阀，有外部先导式电磁阀和气控阀两种，为正反方向都可流动的平衡座阀式结构，可用于气动回路中，也可用于液压回路中。零差压便能让阀芯动作。对 N.C. 型，电磁先导阀 8 不通电时（对气控阀，P_1 通口排气），连接在活塞 5 上的阀芯 2 在复位弹簧 6 的作用下被关闭。电磁先导阀一通电（对气控阀，P_1 通口加压），作用在活塞下方的先导压力将活塞顶起而打开阀芯 2。电磁先导阀一断电（对气控阀，P_1 通口排气），活塞下方的先导压力泄去，复位弹簧又将阀芯关闭。对 N.O. 型，与 N.C. 型相反，电磁先导阀不通电时（对气控阀，P_2 通口排气），复位弹簧使阀芯开启；电

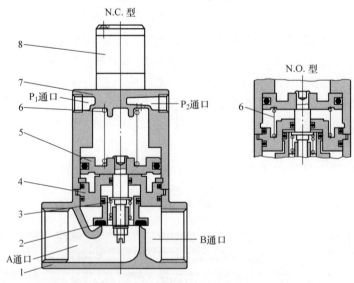

图 9.1-10 VNA 系列二位二通流体控制阀
1—阀体 2—阀芯 3—动作行程弹簧 4—阀套 5—活塞 6—复位弹簧 7—阀盖组件 8—电磁先导阀

磁先导阀一通电（对气控阀，P_2 通口加压），阀芯便关闭。对 C.O. 型，由于没有复位弹簧，P_1 通口加压（气压进入活塞下腔），P_2 通口排气，则阀芯打开；P_2 通口加压，P_1 通口排气，则阀芯关闭。VNA 系列流体阀的气动符号见表 9.1-4。

表 9.1-4　VNA 系列流体阀的气动符号

零位状态	常闭 N.C.	常开 N.O.	共通 C.O.
气控型	VNA□01　12(P_1)	VNA□02　10(P_2)	VNA□03　12(P_1)　10(P_2)
外部先导电磁型	VNA□11　12(P_1)	VNA□12　12(P_1)	

二位二通常闭式电磁阀的图形符号为（OUT/IN），这表示在不通电时，从 IN 口至 OUT 口是切断的。若存在逆压，即 OUT 口压力大于 IN 口压力，则不能隔断，即隔断是有方向的，也表示 IN 口与 OUT 口不能对换。如果需要耐逆压的情况，请联系 SMC。

四、主要技术参数

有关流体阀的主要技术参数见表 9.1-5。

最高动作压力差指在阀开启或关闭状态，动作上能允许的最高的压力差，即一次侧与二次侧压力之差。当二次侧压力为大气压时，就变成一次侧的最高使用压力。

最低动作压力差指主阀芯保持全开状态所必需的最低的压力差（即一次侧与二次侧的压力之差）。

耐压力指按规格压力（静压）保持 1min，恢复至使用压力范围时，性能不会下降，即所能承受的压力。

禁油处理，虽组装时不用润滑脂，但零件加工时不可能一点油分不接触，故与流体接触的阀内的零部件应经脱脂洗净处理。

孔口直径指控制流量的小孔直径。通常是指阀座上的开孔直径。例如，VXD 系列 N.C. 型电磁阀，当连接螺纹为 Rc3/8 时，孔口直径有 10mm 和 15mm 两种，其型号是 VXD230B、VXD240G 或 VXD240J。

五、选型方法

1) 由表 9.1-1，根据使用的工作介质选出哪些系列流体阀有可能使用。

2) 由表 9.1-5，根据几位几通的要求、阀的零位状态（N.C、N.O、C.O）的要求、电磁阀还是气控阀的要求、直动式还是先导式的要求和接管口径的要求等选择阀的系列。

3) 确认流体阀使用的工作介质是否为适合流体。要查明阀体材质、密封件材质、线圈绝缘等级都能适应该流体，可参考表 9.1-2 和表 9.1-3。使用可燃性油及可燃性气体时，要注意阀的泄漏量是否符合要求，见表 9.1-5。

表 9.1-5 有关流体阀的主要技术参数

系列	外形图	机能	结构形式	接管口径/in	最高动作压力差/MPa	最低动作压力/MPa	介质温度/℃	环境温度/℃	阀的泄漏量/(mL/min)①	额定电压②/V	S 值/mm² 或 (C_v)	导线引出方式③	电气可选项④	备注
VDW	IP65	直动式、2/2、电磁阀、N.C.、直动式、2/3、电磁阀、C.O.	座阀式	M5、M6、1/8、1/4、φ3.2mm、φ4mm、φ6mm	0.1Pa. abs～大气压（中真空）、0.2～0.9、1.0（正压）	0	-10～50	-10～50	水：0.1～1，真空：10^{-6}Pa·m³/s，空气：1（AL），15（PPS）		0.6～7.5（0.03～0.44）	G	—	2/2、可集装、耐蚀性强、AC线圈内置整流回路
VQ21	IP65	内部先导式、2/2、电磁阀、N.C.	座阀式	快换接头 C6～C12	0.6、0.5	0.01	-10～50	-10～50	—		7～15（0.33～0.81）	G、D	S、Z	可集装、AC线圈内置整流回路
VX2	IP65	直动式、2/2、电磁阀、N.C.、N.O.	座阀式	1/8、1/4、3/8、1/2、φ6mm、φ8mm、φ10mm、φ12mm、φ3/8in	0.1～3⑤、0.1Pa. abs～大气压（中真空）	0	-10～183⑥	-20～60	水/油/温、水：0.1，蒸汽：1.0，真空：10^{-6}Pa·m³/s，空气：1（AL），15（PPS）		(0.23～2.21)	G、D、C、T、F		空气、水、真空、油用可集装，本体材质铝合金、树脂、铜C37、铜C48可选
VXD	IP65	先导式、2/2、电磁阀、N.C.、N.O.	膜片式动作阀式	1/4、3/8、1/2、3/4、1、1¼、2、32A、40A、50A	0.4～1⑤	0.02～0.03	-10～100⑥	-20～60	水温水/高温油、0.1～1，空气：2（PPS/AL）	DC: 24，12V，AC: 220，110	42～880（1.9～49）		L、S、Z	本体材质铝合金、树脂C37、铜、不锈钢 CAC48 可选
VXP	IP63	先导式、2/2、电磁阀、N.C.、N.O.	膜片式动作阀式	1/4、3/8、1/2、3/4、1、1¼、1½、2、32A、40A、50A	N.C. 水1.0、油0.7、N.O. 水0.7、油0.6	0.03～0.04	-10～183⑥	DC: -10～40 AC: -10～60				G、D、C、T		本体材质铝合金、树脂C37、铜、不锈钢可选，1in以上可对应法兰
VXR	IP63		防水锤型膜片动作阀式	1/2、3/4、1、1¼、1½、2		0.04	-5～80⑥				(48～65)			

(续)

系列	外形图	机能	结构形式	接管口径/in	最高动作压力差/MPa	最低动作压力/MPa	介质温度/℃	环境温度/℃	阀的泄漏量/(mL/min)①	额定电压②/V	S值/mm² 或 (C_V)	导线引出方式③	电气可选项④	备注
VX3		直动式, 2/3 电磁阀, NC, NO, C.O.	座阀式	1/8, 1/4, 3/8	0.15~1⑤	0	-10~183⑥	DC: -20~40, AC: -20~60	空气: 1~150, 蒸气: 50以下, 液体: 0.1~5, 真空: 10^{-6} Pa·m³/s	DC: 24, 12, AC: 220, 110	1.4~9 (0.08~0.5)	G, D, C, T		可集装, 介质为蒸气, 导线引出方式无D
VXH		内部先导式, 2/2 电磁阀, N.C.	膜式型动作式高压型	1/4, 3/8, 1/2	油: 1.5, 水: 空气: 2	0.05	—	—	—	AC: 220, 110	34~43 (1.9~2.4)		L, S, Z	—
VXZ		内部先导式, 2/2 电磁阀, N.C., N.O.	零差压膜片动作型座阀式	1/4, 3/8, 1/2, 3/4, 1	NCDC 0.7, AC 0.7~1.0, NODC 0.6, AC 0.7	0	-10~100⑥	DC: -10~40, AC: -10~60	水/温水/高温油: 0.1, 空气: 1 (金属) 15 (PPS/AL)	DC: 24, 12, AC: 220, 110	34~215 (1.7~10.2)	G, D, C, T, F		本体材质铝合金, 树脂, 不锈钢, 铜C37可选
VXA2		直动式, 2/2, 气控阀, NC, NO	座阀式	1/8, 1/4, 3/8, 1/2	0.1~1⑦	—	-5~60⑧	-5~40	空气: 1以下, 液体: 0.1以下, 真空: 10^{-6} Pa·m³/s	—	6.5~55 (0.33~2.4)	—		可集装
VXA3		直动式, 2/3 气控阀		1/8, 1/4, 3/8	0.3~1⑦	—					1.4~9 (0.08~0.5)			
VXF		内部先导, 2/2 电磁阀	膜片式	3/4, 1, 1½, 2, 2½, 3, 3½, 4	0.7	VXF(A) 21~23: 0.03, VXF(A) 24~28: 0.1	-10~100⑧	5~60	内泄: 1000以下, 外泄: 100以下	AC: 220, 110, DC: 24, 12	380~7850 (21~436)	G, C, D, T, F	—	集尘器可用, 大流量筛选
VXFA		外部先导, 2/2 气控阀												
JSXF		内部先导, 2/2 电磁阀, 气控阀	膜片式	3/4, 1, 1½, 2, 3	0.9	0.1	-40~60	-40~60	—	DC: 24, AC: 100	(18~56)	G, D, T, M	L, S	灰尘吹飞, 干燥用, 集尘器可用

(续)

系列	外形图	机能	结构形式	接管口径 /in (mm)	使用压力范围 /MPa	介质温度 /℃	环境温度 /℃	阀的泄漏量 /(mL./min)[1]	额定电压[2]/V	S 值 /mm² 或 (C_V)	导线引出方式[3]	电气可选项[4]
VNA		外部先导式, 电磁阀, 2/2, N.C., N.O., 气控阀, 2/2, N.O., N.C., N.O., C.O.	平衡座阀式零差压控制活塞动作	1/8, 1/4, 3/8, 1/2, 3/4, 1, 1¼, 1½, 12 (32F, 40F, 50F)	0~1	−5~60 (电磁阀), −5~99 (气控阀)	−5~50 (电磁阀), −5~60 (气控阀)		DC: 24, 12 AC: 220, 110	17.5~770 (0.88~43) (对空气)	G、D、C、T	L、S、Z
VNB				1/8, 1/4, 3/8, 1/2, 3/4, 1, 1¼, 1½, 12 (32F, 40F, 50F, 65F, 80F)	低真空~1.0					16.5~770 (0.8~43)		
VNC		外部先导式, 2/2, 电磁阀, N.C., N.O. 2/2, 单气控, N.C./N.O.	通过外部导压力推动活塞让阀芯启闭	3/8, 1/2, 3/4, 1, 1¼, 1½, 12	0~0.5, 0~1, 0~1.6	−5~60	−5~50		DC: 24, 12 AC: 220, 110	$A_V =$ (30~2400) $\times 10^{-6}$ m²	G、D、T	L、S、Z
SGC		外部先导式, 电磁阀, N.O. 2/2, 单气控, N.C./N.O.		3/8, 1/2, 3/4, 1, 1¼, 1½, 12	0~0.97	−5~180	−5~50	20 以下 (冷却液)		0.5MPa: $A_V =$ (110~1680) $\times 10^{-6}$ m²; 1.0MPa: $A_V =$ (85~1152) $\times 10^{-6}$ m²; 1.6MPa: $A_V =$ (30~174) $\times 10^{-6}$ m²	D、T、M12接头型	
VND		2/2, 气控阀, N.C., N.O.		3/8, 1/2, 3/4, 1, 1¼, 1½, 12 (32A, 40A, 50A)	0~0.97	−5~180	−5~50			$A_V =$ (26~1500) $\times 10^{-6}$ m²	—	—
VNH		外部先导式, 电磁阀, 气控阀, 2/3, 2/2		3/8, 1/2, 3/4, 1	0~3.5, 0~7 (仅2通阀)	−5~60 (NBR), −5~99 (FKM)	−5~50		DC: 24, 12 AC: 220, 110	$A_V =$ (46~210) $\times 10^{-6}$ m²	T	L、S、Z

① 与工作介质、密封件材质、压力等有关。
② 还有其他电压规格, 具体请参考样本。
③ G—直接出线式, D—DIN 形插座式, C—一号管式, T—导管接线座式, F—扁平接线座式, H—不带省功率, 等有关。
④ L—带指示灯, S—带过电压保护, Z—带指示灯及过电压保护。
⑤ 与工作介质、电源 (DC、AC)、通径 (孔口直径)、N.C./N.O.、线圈绝缘等级等有关。
⑥ 与工作介质、电源 (DC、AC)、密封件材质等有关。
⑦ 与通径有关。
⑧ 与工作介质、密封件材质等有关。

若介质是干燥空气，应选用 VQ20/30 系列；若介质是惰性气体，且要求低泄漏，应选 VXZ、VNB、VX2※4、VDW※4 或 VX※M 等；若使用真空压力，真空度在 100Pa 以上（低真空）或在 0.1Pa 以上（中真空），应选 VX2※4、VDW※4、VX※M 等；当真空度在 0.1～10^{-6}Pa（高真空）时，应选高真空阀 XL、XS、XM 系列；若介质为纯水（指水中无杂质），应选用新 VX 和 VDW 去离子水规格或化学液用阀 LV 系列。器体是含有铅、锌之类的合金时，当流体流过时，铅锌分子有析出的可能，不宜用于饮料食品，故应使用不含锌的青铜或进行脱锌处理的黄铜为器体材质。

4) 确认动作压力差主阀处于全开状态所需的最低动作压力差、先导阀及主阀在高压差下也能开启的最高动作压力差都应满足，见表 9.1-5。

5) 检查流量是否满足要求液体由式（9.1-1）进行估算。查得某阀的 C_V 值，便可求得在不同压力差 $\Delta P = P_1 - P_2$ 下流过该阀的体积流量 q_V（L/min）。表 9.1-6 列出了 VX2 系列的流量系数 C_V 值、S 值和 A_V 值。

表 9.1-6 VX2 系列的流量系数（部分型号）

接管口径 /mm	孔口直径/ mm	型号	流量特性				
			C/ [$dm^3/(s \cdot bar)$]	b	C_V/ (USgal/min)	A_V/ $10^{-6} mm^2$	S/mm^2
1/8、1/4、 φ6、φ8	2	VX210	0.63	0.63	0.23	5.52	3.16
	3		1.05	0.68	0.41	9.84	5.27
	5		2.20	0.39	0.62	14.88	11.05
1/4、3/8、 φ8、φ10	4	VX220	1.90	0.52	0.62	14.88	9.54
	7		3.99	0.44	1.08	25.92	20.04
1/4、3/8、 φ10	5	VX230	1.96	0.55	0.75	18	9.84
	8		5.67	0.33	1.58	27.92	28.47
	10		5.74	0.64	2.21	53.04	28.83
1/2、φ12	10		8.42	0.39	2.21	53.04	42.29

$$q_V = 45.6 C_V \sqrt{\frac{\Delta p}{\gamma}} \tag{9.1-1}$$

$$\left. \begin{array}{l} q_a = 248S \sqrt{\dfrac{p_2 \Delta p}{\gamma}} \quad 1 \geq \dfrac{p_2}{p_1} > 0.5 \\ q_a = 124Sp_1 \sqrt{\gamma} \quad \dfrac{p_2}{p_1} \leq 0.5 \end{array} \right\} \tag{9.1-2}$$

$$\left. \begin{array}{l} q_m = 8.3 \times 10^6 A_V \sqrt{\Delta p p_2} \quad 1 \geq \dfrac{p_2}{p_1} > 0.5 \\ q_m = 4.15 \times 10^6 A_V \quad \dfrac{p_2}{p_1} \leq 0.5 \end{array} \right\} \tag{9.1-3}$$

式（9.1-1）中的 γ 是某液体相对于水的相对密度，故对水而言，$\gamma = 1$。式中 Δp 以 MPa 计。对气体，按式（9.1-2）估算标准状态下的体积流量 q_a（L/min）（ANR）。式中 p_1、p_2

及 Δp 以 MPa 计，p_1、p_2 为绝对压力，S 以 mm^2 计，γ 是某气体（相对于空气）的相对密度，故对空气而言，$\gamma=1$。若给出某阀的声速流导 C 值和临界压力比 b 值，则可计算该阀的流量特性。

对饱和水蒸气，按式（9.1-3）计算每小时通过阀的质量，即质量流量 q_m（kg/h）。式中 p_1、p_2 为绝对压力，p_1、p_2 及 Δp 以 MPa 计，A_V 以 m^2 计。

6）选择电源（DC 或 AC）及其电压，选择导线引出方式。除表 9.1-5 中列出的电压规格外，还有其他的电压规格，电气可选项等可查样本。

六、使用注意事项

1）必须确认使用的工作介质适合所选定的流体阀。应检查该阀的阀体材质、阀座材质、密封件材质、线圈绝缘等级、电源种类、使用温度范围等都应满足该工作介质的要求。

2）不要在有腐蚀性和爆炸性气体的场合（个别产品可用，请联系本公司）使用。使用可燃性液体或气体时，内外泄漏量应符合规格要求。不要用于有振动和冲击的场所。有振动无法避免时，阀应尽量靠近支点，以防共振。周围有热源时应加以隔断。有水、油、焊花飞溅的场所，应设置防护罩等。

3）流路中不允许有油之类的污染物时，应使用禁油规格。

4）工作介质为液体时，其黏度一般应在 $50mm^2/s$（cst）以下。液体中不得混入异物，否则，由于阀座、铁心的磨耗，异物附着在铁心和滑动部位，会造成阀动作不良、密封不良。阀前应设置合适的滤网，一般使用 100 目的筛网。

5）工作介质是空气时，应使用洁净空气。压缩空气中，不得含有化学药品、含有机溶剂的合成油、盐分、腐蚀性气体等，以免造成流体阀的动作不良。靠近阀的上游，应安装 $5\mu m$ 以下的空气过滤器。需要时，还应设置空气干燥器、油雾分离器等，以清除压缩空气中的水分和油分。

6）在液压系统中使用流体阀时，因流体阀上没有泄气孔，故应在系统中（缸上或配管途中）设置泄气阀，以排出液压系统中的空气。

7）工作介质是蒸气或阀长时间连续通电，阀体表面温度高，不要触及，以免烫伤。

8）高温流体应选用耐热的管接头（如卡套式）及管子（聚四氟乙烯管、铜管）。

9）VN 系列外部先导式方向阀的先导口 P1、P2 的配管按表 9.1-7 进行。呼吸口及阀的排气口上应安装消声器，可降低噪声，并防止灰尘等进入阀内。

10）使用电源电压允许有一定的波动范围，一般为额定电压的 ±10%；当使用过电压保护回路时会存在漏电压，漏电压的范围为额定电压的 5%（AC 型）、额定电压的 2%（DC 型）。

表 9.1-7　VN 系列方向阀的先导口配管

先导口	气控阀 N.C	气控阀 N.O	气控阀 C.O	外部先导式电磁阀
P1	外部先导口	呼吸口	外部先导口	外部先导口
P2	呼吸口	外部先导口	外部先导口	先导排气口

七、应用示例

通用型流体阀的应用领域涉足广泛，以下列举几个流体阀的新型应用案例，以供参考学习。

示例一：某海报制造商，年产大型海报打印机上百台，其某款机型如图 9.1-11a 所示，每小时可打印面积约 180m² 的各类海报。打印机墨头内部（见图 9.1-11b），使用了我司小型 VDW 系列流体阀（见图 9.1-11c），做走墨通断控制。由于墨头部要求体积小巧、重量轻便、走墨响应速度快、泄漏量甚微、功耗低，所以客户选择了 VDW 系列，性能满足要求。

图 9.1-11　大型海报打印机
a）设备外观　b）墨头部内部　c）VDW 安装区域

示例二：某品牌汽车 4S 店自动洗车机设备，如图 9.1-12 所示，使用了气控型角座阀 VXB 系列控制喷洗剂的通断，对汽车进行清洁清洗。随着自动洗车技术的成熟和发展，自动洗车站已普及开来，用自动洗车替代人工洗车，不仅节省人工成本，还使工作效率大幅度提升。

本案例中，通过 EX250 总线模块控制 SY3000 系列电磁阀集装阀岛，SY3000 系列控制角座阀 VXB 的先导气。VXB 通断碱性清洗剂、水等，通过管路喷洗车辆，VXB 系列具有多层 FKM 密封结构，耐腐蚀程度高、耐异物侵入能力强，且可承受 1.6MPa 的压力、压损低、流量大，非常适合此类设备的使用要求。

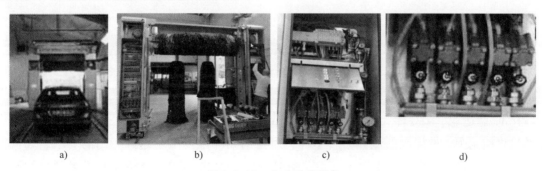

图 9.1-12　自动洗车设备
a）待洗状态　b）洗车辊　c）气控柜部　d）角座阀 VXB

示例三：高铁列车风笛控制系统，高铁进出站、加减速、调车及遇到异常情况时会鸣笛以作警示。通过人为按动按钮开关使电路接通，从而使电控阀得电，接通风路，使风笛内的膜片产生振动，发出声响，电路原理图如图 9.1-13a 所示，其中电控阀使用我司 VX2 系列。为保证系统平稳运行，同时缩短排查故障时间，常使用两个 VX2 做双通道冗余控制。

示例四：电子行业全自动背光组装机（见图 9.1-14），小型液晶面板贴合设备，主要工序为：①在转盘模具上放置背光模组外框；②清洁（除尘、除静电）；③贴扩散片、增光

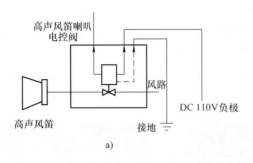 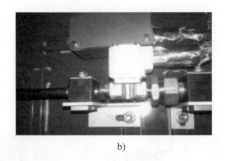

图 9.1-13 动车风笛装置
a) 原理图 b) 风笛内部

片、遮光片；④压合、取出成品放至传送带下料。流体阀 VX2 系列用于上下料的破坏真空。除此之外，此设备工艺还包含了多种气动产品应用，如静电消除器、真空发生器、小型气缸等。

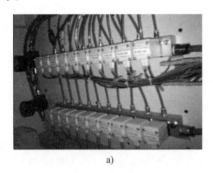 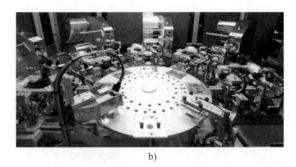

图 9.1-14 全自动背光组装机
a) 气动控制柜 b) 组装机机台

第二节 化学液用阀（LV□、SRF 系列）

一、概述

在 IC 制造业、半导体、太阳能、药品医疗、分析仪器、洗净装置、食品等许多行业的生产过程控制中，被控制的流体多种多样，对控制元件也提出了越来越高的要求，如低发尘、液体残留最低、极少产生微小气泡、耐腐蚀等。为此，SMC 公司开发了多种化学液用的超纯净产品，如 LV□ 系列气控阀、手动阀、针阀，LVM 系列隔离结构类型的阀，以及 SRF 系列减压阀，PF2D 系列流量传感器，PSE56□系列压力传感器，PA□31□系列隔膜泵及配套的特氟龙管接头 LQ□系列和 TL、TH、TD 系列的管子等。

二、适合工作介质及结构原理

化学液用 LV□ 系列气控阀的结构原理如图 9.2-1 所示。不同的阀体材质、膜片材质与适合使用的工作介质见表 9.2-1。表 9.2-1 中的材质与使用的工作介质的适合性作为参考，不清楚处可向 SMC 公司询问。

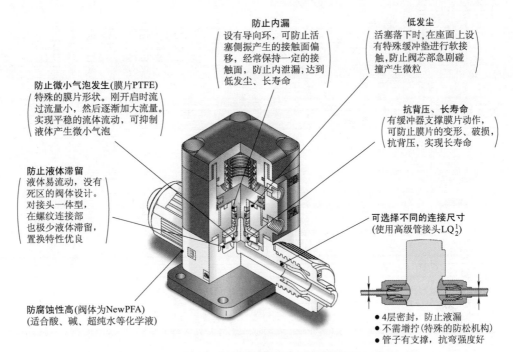

图 9.2-1 化学液用 LV□系列气控阀的结构原理

表 9.2-1 化学液用阀的工作介质

使用的工作介质 （化学液名称）	阀体材质				膜片材质	
	不锈钢 SUS316	氟树脂 PFA	对聚苯硫 PPS	氟树脂 PTFE	丁腈橡胶 NBR	乙－丙橡胶 EPAM
丙 酮	○	○①	○①	○②	×	×
氨水	○	○	○	○②	×	×
异丁醇	○	○①	○①	○②	○	○
异丙醇	○	○①	○①	○②	○	○
盐 酸	×	○	○	○	×	×
臭氧（干）						
过氧化氢 浓度 5% 以下 50℃ 以下	×	○	○	○	×	×
醋酸乙基		○①	○①	○②		
醋酸丁基	○	○①	○①	○②		
硝酸 浓度 10% 以下 发烟硝酸 除 外	×	○	○	○②	×	×
纯水	○	○	○	○		○
氢氧化钠，浓度 50% 以下	○	○	○	○	×	×
氮气	○	○	○	○	○	○
超纯水	×	○	○	○	×	×
甲苯	○	○①	○①	○②	×	×
氟酸	×	○	×	○②	×	×
硫酸，发烟硫酸除外	×	○	×	○②	×	×
磷酸，浓度 80% 以下	×	○	×	○	×	×

注：○—可使用，×—不可使用。
① 有可能产生静电，应使用 SUS 阀体。
② 有透过的可能。

三、主要技术参数

化学液用阀的主要技术参数和特点见表 9.2-2。

表 9.2-2　化学液用阀的主要技术参数和特点

元件名称	系列	外形图	主管路			机能		使用压力范围/MPa	背压/MPa	环境和介质温度/℃	泄漏量/(mL/min)	C_V 值	可选项				特点	
			连接方式	孔口直径/mm	管子外径/mm								带流量调整	带旁路	带指示器	带回抽阀		
气控阀	LVD		接头一体型(LQ1系列)	2、4、8、10、16	3、4、6、8、10、12、19、25	2位2通		0~0.5 (LVD$\begin{smallmatrix}1\\2\end{smallmatrix}$) 0~0.3 (LVD$\begin{smallmatrix}3\\5\end{smallmatrix}$)	0.3以下 (LVD$\begin{smallmatrix}1\\2\end{smallmatrix}$) 0.2以下 (LVD$\begin{smallmatrix}3\\5\end{smallmatrix}$)	介质：0~100 环境：0~60	0（水压时）	0.09~5	○	○	—	—	能防止微小气泡发生 能防止液体滞留 发尘低 抗背压，寿命长 耐蚀性优良	小型（与LVC比，配管方向尺寸短） 气控口可从4个方向配管 外部为非金属，不担心外部受腐蚀
			管子伸出型	4、8、10、16	6、8、10、12、19													
	LVQ		接头一体型(LQ$^{1}_{2}$系列)	4、8、10、16、22	4、6、8、10、12、19、25	单气控	N.C.	−98kPa~0.5 (LVQ$\begin{smallmatrix}2\\3\\4\end{smallmatrix}$) −98kPa~0.4 (LVQ$\begin{smallmatrix}5\\6\end{smallmatrix}$)	0.3以下 (LVQ$\begin{smallmatrix}2\\3\\4\end{smallmatrix}$) 0.2以下 (LVQ$\begin{smallmatrix}5\\6\end{smallmatrix}$)			0.35~8	○	○	○	—	能防止内泄漏 接头的管子尺寸可改变 用于和纯水、化学液、气体等流体的通断和换向控制	膜片式座阀 省空间型 控制口可从8个方向配管 不用金属螺钉，就可把驱动部(PVDF)固定在主体(NewPFA)上
							N.O.											
						双气控												

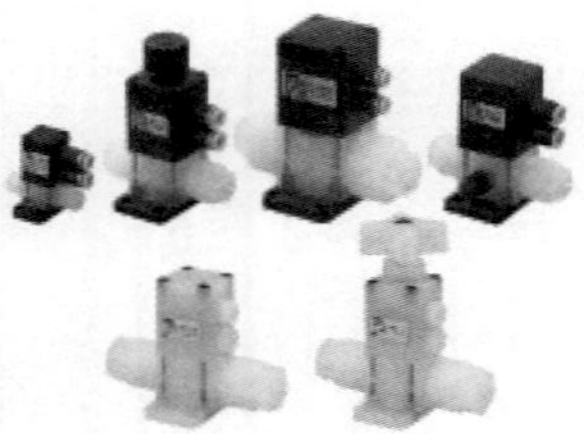

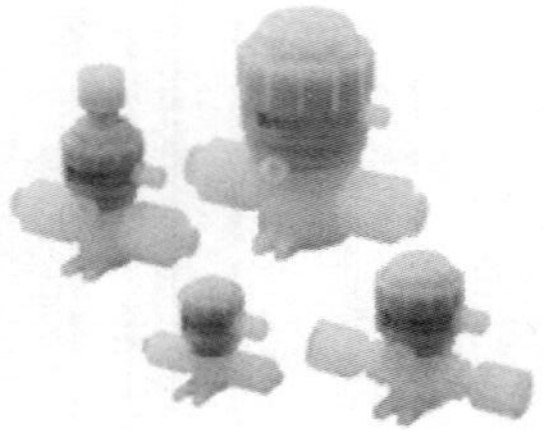

（续）

元件名称	系列	外形图	主管路 连接方式	主管路 孔口直径/mm	主管路 管子外径/mm	机能	使用压力范围/MPa	背压/MPa	环境和介质温度/℃	泄漏量/(mL/min)	C_V 值	可选项 带流量调整	可选项 带旁路	可选项 带指示器	可选项 带回抽阀	特点	
气控阀	LVC		接头一体型	4、8、10、16、22	3、4、6、8、10、12、19、25 1/8～1in	2位2通、2位3通 单气控（N.C.、N.O.）双气控	0～0.5（4～10mm） 0～0.4（6mm、22mm）	单气控：0.3以下（4～10mm） 0.2以下（16～22mm） 双气控：0.4以下（4～10mm） 0.3以下（16mm、22mm）	介质：0～100 环境：0～60	0（水压时）	0.35～8（水）	○	○	○	○	能防止微小气泡发生 能防止液体滞留 发尘低 抗背压，寿命长 耐蚀性优良 能防止内泄漏 接头的管子尺寸可改变 用于和纯水、化学液、气体等流体的通断和换向控制	可集装
	LVA		螺纹拧入型	2、4、8、12、20、22	1/8～1in		0～0.5（2～12mm） 0～0.4（20mm、22mm）	单气控：0.15以下（2mm） 0.3以下（4～12mm） 0.2以下（20mm、22mm） 双气控：0.3以下（2mm、20mm、22mm） 0.4以下（4～12mm）			0.07～8（水）	○	○	○	—		
手动阀	LVH		接头一体型	4、8、10	4、6、8、10、12	2位2通，N.C，锁定式，	0～0.5	0.3以下	0～60		0.35～2.5（水）	—	—	—	—		可集装 手动控制阀的开闭。可作为放气阀，排放液体中的气泡
			螺纹拧入型	4、8、12	1/8～1/2in	非锁定式					0.35～3.3（水）						

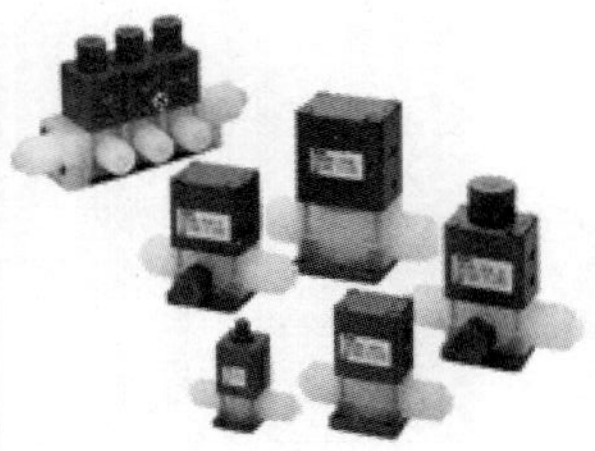

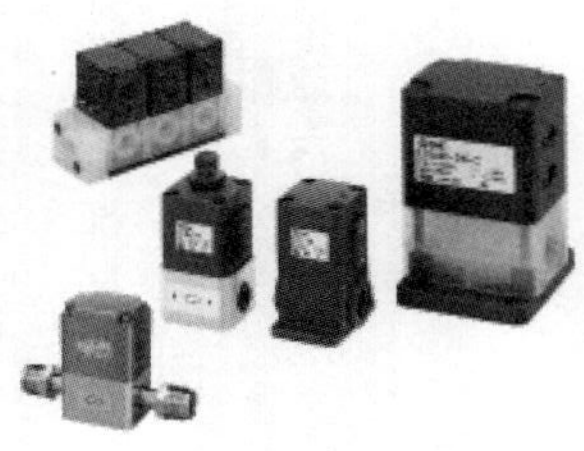

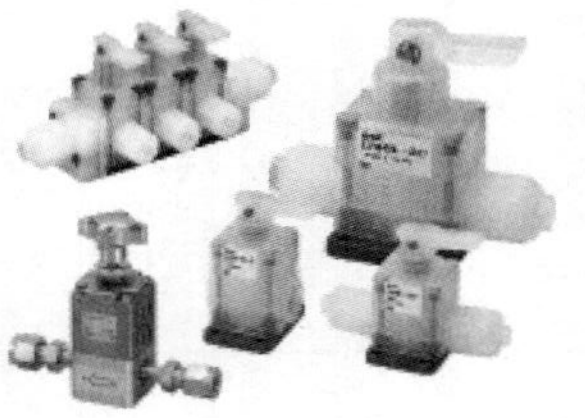

(续)

元件名称	系列	外形图	主管路 连接方式	主管路 孔口直径/mm	主管路 管子外径/mm	机能	使用压力范围/MPa	背压/MPa	环境和介质温度/℃	泄漏量/(mL/min)	C_v值	可选项 带流量调整	可选项 带旁路	可选项 带指示器	可选项 带回油阀	特点
电磁阀	LVM11		内螺纹M5 直接配管	1.5	—		0~0.25				0.04					小型（宽7~20mm）超小容积（8~84μL）轻（7~80g）节能（0.6~1W）耐化学液好，无残留液体膜片式座阀直接出线式，额定电压DC24V，12V±10%，保护等级IP40，B种线圈绝缘用于空气、水、纯水、尿、血液、稀释液、洗净液、化学液等流体的通断和换向控制接液部材质主体/底板PEEK 膜片 EPDM/FKM /Kalrez®
电磁阀	LVM09/10/20/090/100/200		管子插入 直接配管	1、1.4、2	2.2、2.8、3.4	直动式 2位2通(N.C/N.O) 2位3通(C.O)	-75kPa~0.25	—	0~50	0（水压时）	0.018、0.03、0.065	—	—	—	—	
电磁阀	LVM07/09/090	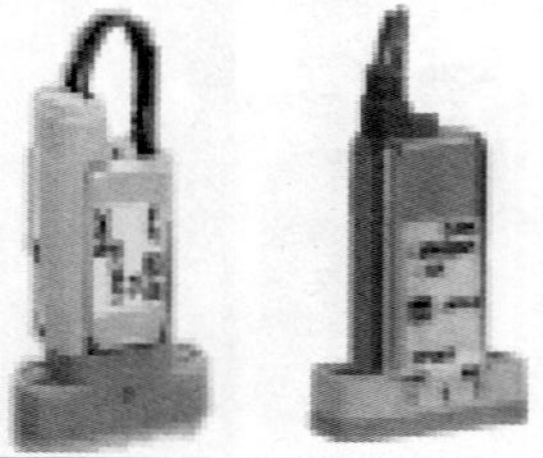		0.8、1.1	—		-75kPa~0.2				0.005、0.018					
电磁阀	LVM10/100		M6、1/4-28UNF 底板配管	1.4	—		-75kPa~0.25				0.03					

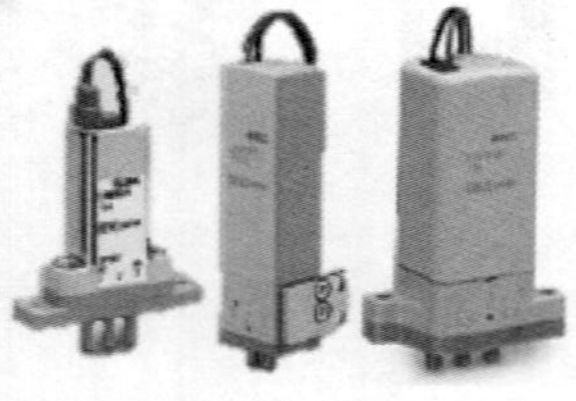

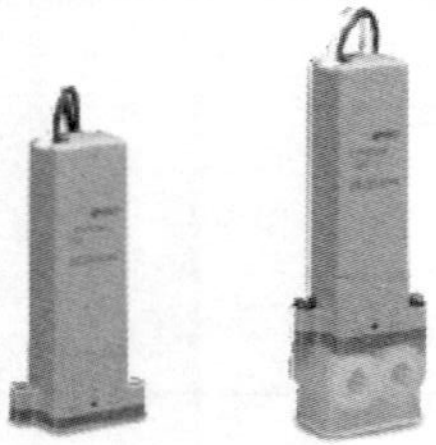

(续)

元件名称	系列	外形图	主管路 连接方式	主管路 孔口直径/mm	主管路 管子外径/mm	机能	使用压力范围/MPa	背压/MPa	环境和介质温度/℃	泄漏量/(mL/min)	C_v值	可选项 带流量调整	可选项 带旁路	可选项 带指示器	可选项 带回抽阀	特点
电磁阀	LVM 15/150		底板配管	1.6	—	直动式 2位2通 (N.C) (N.O) 2位3通 (C.O)	−75kPa～0.25	—	0～50	0 (水压时)	0.04	—	—	—	—	小型(宽9.5～20mm) 超小容积(11～84μL) 轻(20～80g) 节能(0.6～1W) 耐化学液好、无残留 膜片式座阀 直接出线式,额定电压DC24V,12V±10%,保护等级IP40,B种线圈绝缘 用于空气、水、纯水、尿液、血液、稀释液、洗净液、化学等流液体的通断和换向控制 接液部材质:PEEK 主体/底板,膜片:EPDM/FKM/Kalrez
电磁阀	LVM 20/200		底板配管	2.0	—		−75kPa～0.3	—	0～50		0.065	—	—	—	—	
针阀	LVN		接头一体型(LQ2系列)	4、8、10	4、6、8、10、12	—	0～0.5	—	介质:5～90 环境:0～60	—	—	—	—	—	—	主通道连接为4层密封,针阀调节部为3层密封 流量调整范围:0～12L/min
减压阀	S R F		接头一体型(LQ2系列)	—	4、6、8、10、12、19	—	最高使用压力:0.5 设定压力:0.02～0.4 最高先导压力:0.5	—	5～60	10以下(水)	—	—	—	—	—	耐蚀性好 使用介质:纯水、N_2
			带螺母接头一体型	—	6、10、12、19、25											
			管子伸出型	—	1/4、3/8、3/4											

连接方式有接头一体型、管子伸出型和螺纹拧入型，如图 9.2-2 所示。

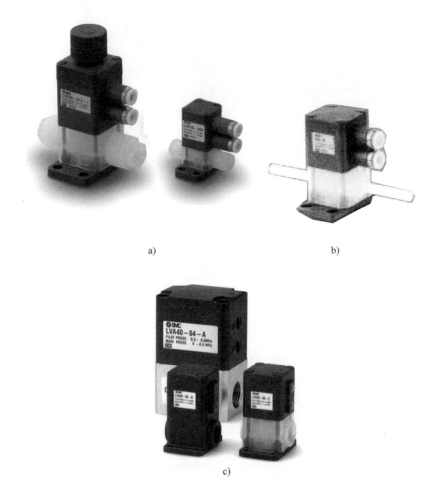

图 9.2-2　化学液用阀的连接方式
a）接头一体型　b）管子伸出型　c）螺纹拧入型

化学液用阀的结构形式如图 9.2-3 所示。

带流量调整是指使用调整手轮控制膜片的行程，以调节通过阀的流量。调整完后，用螺母固定手轮位置，如图 9.2-4 所示。

阀关闭后，流体一旦停止流动，滞留在一次侧的流体会滋生细菌。带旁路是指阀体内设有旁路。当阀关闭时，让一次侧的残存流体不断流向二次侧，如图 9.2-5 所示。

带指示器可指示阀是否动作。

带回抽阀，其作用如图 9.2-6 所示。当右侧截止阀关闭时，左侧回抽阀若关闭，出口液体会鼓出滴下；左侧回抽阀若开启，阀芯向内移动，形成空隙增大，此空隙容积会吸引喷嘴前端的液体凹进，有抽吸作用，可防止液体滴下，以防滴下液体过量。空隙大小是可调的。

背压是指阀关闭时（A 口与 B 口不通），B 口内存在的压力。因膜片上有硬芯橡胶作为支撑，能承受背压，可防止膜片变形及破损，如图 9.2-7 所示。

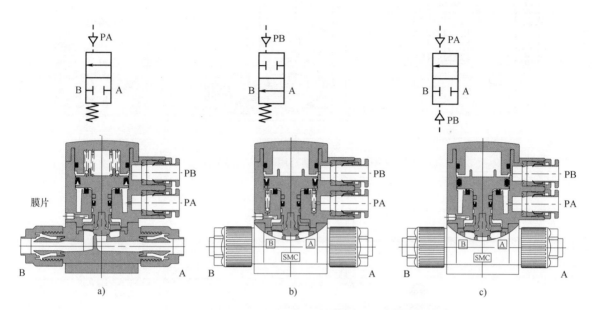

图 9.2-3 化学液用阀的结构形式
a) 单气控 N.C b) 单气控 N.O c) 双气控

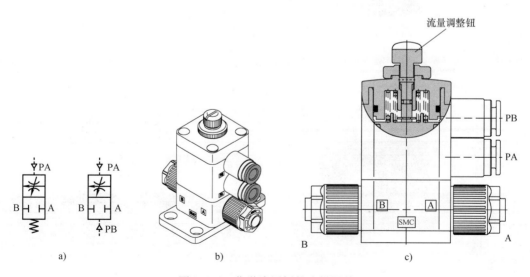

图 9.2-4 化学液用阀的流量调整
a) 图形符号 b) 外形 c) 局部剖视图

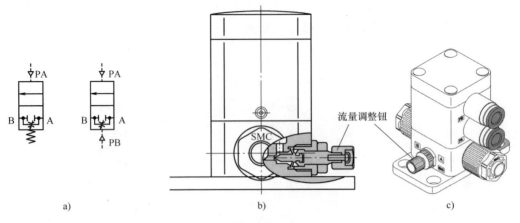

图 9.2-5 化学液用阀的带旁路
a) 图形符号 b) 局部剖视图 c) 外形

LVA 系列不同的主体及膜片材质的大致使用流体见表 9.2-3。

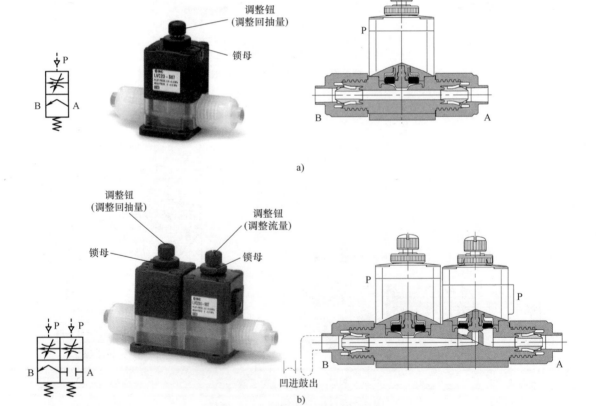

图 9.2-6 带回抽功能的化学液用阀
a) 单体式回抽阀 b) 组合式回抽阀

表 9.2-3 LVA 系列不同的主体及膜片材质的大致使用流体

LVA 系列	材质	主要用途	成本
主体	PFA	酸、碱等各种化学液（耐蚀性强，金属离子不析出）	中
	SUS316	酒精类（树脂材料由于摩擦易发生静电，故不使用 PFA）	高
	PPS	纯水（超纯水不可）、N_2、洁净吹气	低
膜片	PTFE	酸、碱等各种化学液（耐蚀性强，金属离子不析出）	
	NBR	吹气、水、惰性气体等	
	EPR	纯水（超纯水不可）、N_2、洁净吹气	

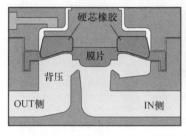
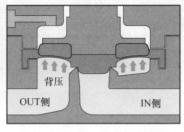
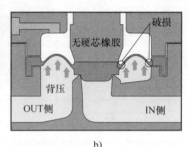

图 9.2-7 膜片上带缓冲器（硬芯橡胶）、抗背压
a）有硬芯橡胶　b）无硬芯橡胶

四、应用示例

LV□化学液用阀，由于其优秀的耐蚀性，在半导体制造领域被大量采用。例如厂务端的化学药业供给系统（CDS），湿化学工艺的主设备，如研磨设备、清洗设备、匀胶显影设备、电镀设备等。LV□系列阀在这些系统和设备中主要用于酸性、碱性或其他腐蚀性流体的通断或换向控制。除此之外，还有可用于腐蚀性化学液流体的温控器、减压阀、节流阀、隔膜泵等产品，可为整个化学液供给回路提供完整的解决方案，如图 9.2-8 所示。

图 9.2-8 LV□系列组装、测试
a）洁净间内组装　b）氢氟酸和硝酸测试　c）高温测试

LVM 系列成熟应用于体外诊断（IVD）领域，如生化、免疫、分子诊断、POCT 等。适用于医院检测、实验室仪器或环境在线监测设备，如基因测序仪、生化/免疫检测设备、三/五分类血球仪、光谱仪、色谱仪、质谱仪、水质分析仪、烟气或大气分析及前处理设备等，如图 9.2-9 所示。

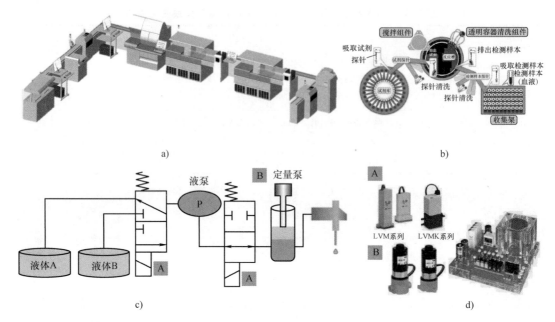

图 9.2-9 IVD 相关

a) IVD 体外诊断流水线 b) IVD 样本分析处理单元 c) 流体控制部 d) LVM 实物照片

第三节 气动隔膜泵（PA、PB、PAX、PAF 系列）

气动隔膜泵是以压缩空气为动力，用于输送各种液体的新型泵。泵体内用隔膜将压缩空气与被输送的液体隔开。

一、适合输送的液体

适合输送的液体见表 9.3-1。

表 9.3-1 适合输送的液体

泵型号	PA311$_3^0$ PA511$_3^0$	PA3120 PA5120	PA321$_3^0$ PA521$_3^0$	PA3220 PA5220	PAX1112	PAX1212	PB1011	PB1013	PA□31□ PAP□31□	PAF□41□
泵体材质	铝（ADC12）		不锈钢（SCS14）		铝（ADC12）	不锈钢（SCS14）	聚丙烯（PP）、不锈钢（SUS316）		氟树脂（newPFA）	
隔膜材质	氟树脂	腈橡胶	氟树脂	腈橡胶	氟树脂				氟树脂（变性PTFE）	
可使用的液体	乙醇、甲苯、切削油、制动油①、高穿透性液	透平油	丁酮、丙酮、助熔剂、异丙醇、不活性溶剂①、高穿透性液	工业用水、不活性溶剂	乙醇、甲苯、切削油、制动油	丁酮、丙酮、助熔剂、异丙醇、不活性溶剂	市水、洗剂	市水、洗剂、油类、乙醇、煤油	纯水、丁酮、次氯酸苏打、苏打、IPA	

(续)

泵型号	PA3111[0][3] PA5111[0][3]	PA3120 PA5120	PA3211[0][3] PA5211[0][3]	PA3220 PA5220	PAX1112	PAX1212	PB1011	PB1013	PA□31□ PAP□31□	PAF□41□
不可使用的液体	洗净液类、水类、酸、碱、高渗透性液、金属腐蚀性液	洗净液类、水类、酸、碱、高渗透性液、金属腐蚀性液	酸、碱、高渗透性液、高穿透性液、金属腐蚀性液	溶剂类、酸、碱、高渗透性液、高穿透性液、金属腐蚀性液	洗净液类、水类、酸、碱、高渗透性液、高穿透性液、金属腐蚀性液	酸、碱、高渗透性液、高穿透性液、金属腐蚀性液	酸、碱、信纳水类、可燃性液	酸、碱、信纳水类		

① 仅适合气控型隔膜泵。因排气中含有透过隔膜的液体，故不要朝电磁阀侧排气。

本泵不得用于医用及食品。要注意液体中的添加剂及不纯物的影响。异物混入应先清除，以免影响泵的寿命。

二、气动隔膜泵的工作原理

气动隔膜泵有双作用型 PA 系列和单作用型 PB 系列。双作用型又分成气控方向阀内置的自动运转型（PA□□□0）和气控方向阀外置的气控型（PA□□13）以及为了消除压力脉动而内置脉动衰减器的自动运转型（PAX1□12）。单作用型又分成内置电磁阀型（PB1011）和气控方向阀外置的气控型（PB1013）。接液部没有滑动部位，膜片使用新材质，不仅耐磨、低发尘且寿命长。

双作用自动运转型隔膜泵的动作原理如图 9.3-1 所示。一供气，通过方向阀，压缩空气便进入驱动室 B。膜片 B 向右移动，同时膜片 A 也向右移动，直至推压先导阀 A。先导阀 A 一受压，便使方向阀切换，驱动室 A 变成供气状态，驱动室 B 内的空气便向外部排气。驱动室 A 一进气，膜片 B 便左移，推压先导阀 B。先导阀 B 一受压，方向阀便复位，驱动室 B 再次变成供气状态，这样便形成连续的往复动作。驱动室 B 一进气，泵室 B 中的液体便被压出，同时泵室 A 吸入液体。膜片反向移动时，泵室 A 中的液体被压出，泵室 B 吸入液体。膜片往复运动，便得到连续的吸入和输出液体。

双作用气控型隔膜泵的动作原理如图 9.3-2 所示。方向阀不在泵体内部，较自动运转型寿命长。改变外部电磁阀的 ON/OFF 频率，可简单地进行流量控制。可以在较低频率下工作，故输出流量可以很小。先导压力也可以比自动运转型低。

内置脉冲衰减器的自动运转型隔膜泵的动作原理如图 9.3-3 所示。它是在自动运转型的基础上增加了脉动衰减部。因隔膜泵左右两个膜片交替压出输出液体，故输出压力有脉动。当输出压力上升时，便推动转换杆压脉冲衰减器吸气阀，压缩空气便进入脉冲衰减空气室。相反，当输出压力下降时，转换杆压脉冲衰减器排气阀，空气室内便排气，使膜片的位置保持一定。这样便能抑制压力脉动，防止输出液的飞散和液箱内泡沫的上升。

单作用内置电磁阀型隔膜泵的动作原理如图 9.3-4 所示。供气后，电磁阀通电，压缩空气便进入驱动室，膜片向左移动，泵室内的液体便通过上侧单向阀从输出口输出。电磁阀断电，驱动室内的压缩空气便从排气口排出。由于复位弹簧的复位，使膜片向右移动。液体便从吸入口经单向阀流入泵室内。电磁阀反复通断电，液体便反复输出和吸入。

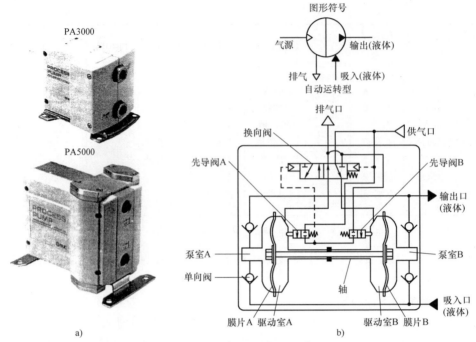

图 9.3-1 双作用自动运转型隔膜泵 $PA_5^3\square\square0$ 的动作原理

a) 外形图 b) 动作原理图

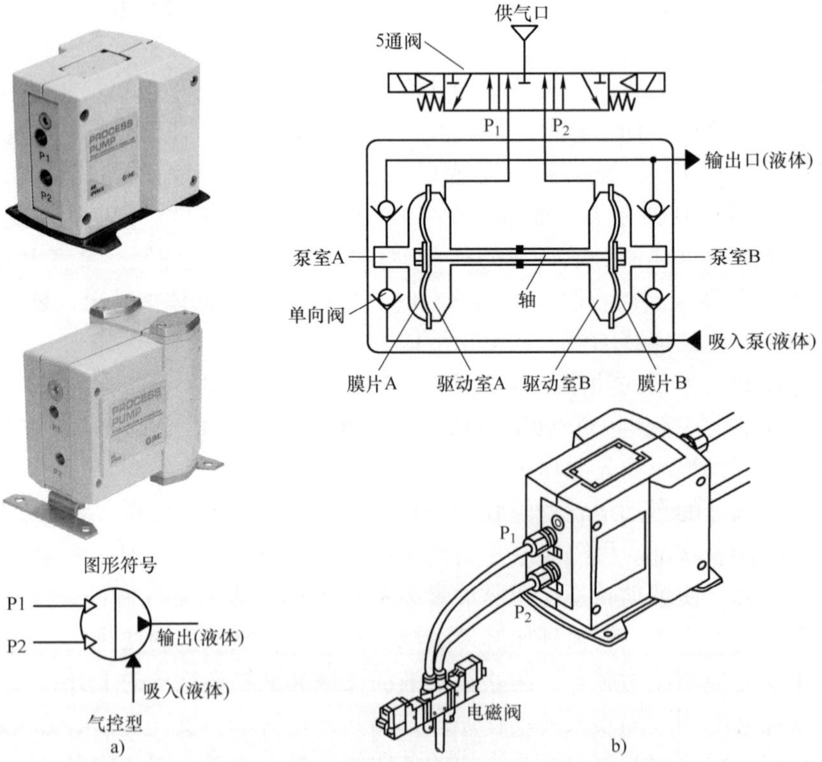

图 9.3-2 双作用气控型隔膜泵 $PA_5^3\square13$ 的动作原理

a) 外形图 b) 动作原理图

PAF□41□、PA□31□和PAP□31□是超纯净系列产品,化学液用隔膜泵。

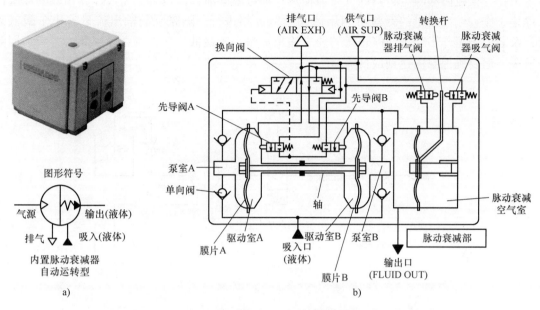

图 9.3-3 内置脉冲衰减器的自动运转型隔膜泵的动作原理
a) 外形图 b) 动作原理图

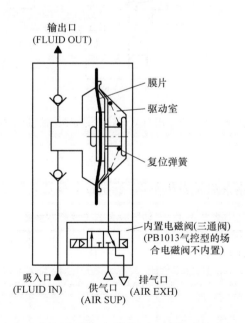

图 9.3-4 单作用内置电磁阀型隔膜泵的动作原理

三、气动隔膜泵的使用方法

双作用自动运转型隔膜泵的控制回路如图 9.3-5 所示。将减压阀的设定压力设定在 0.2~0.7MPa,电磁阀一通电,泵便开始工作,但液体输出侧的球阀应处于开启状态。泵开始工作前，泵内无液体（干状态），也能吸入液体。在干状态的最大吸入扬程为1m。让泵停止工作，让电磁阀断电，泵内气压力便从三通电磁阀泄掉。也可关闭液体输出侧的球阀让泵停止工作。输出流量的调整可利用球阀或节流阀进行。隔膜泵的输出流量若小于最低流量，泵会由于工作不稳定而停止。若要求输出流量小于最低流量，可在输出侧设置旁通回路来解决，但要确保泵内达到最低流量。

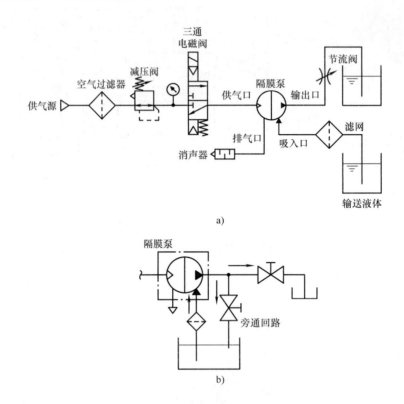

图9.3-5 双作用自动运转型隔膜泵的控制回路

四、主要技术参数

气动隔膜泵的主要技术参数见表9.3-2，表中各参数是对常温清水而言。

表9.3-2 气动隔膜泵的主要技术参数

型号		自动运转型		气控型		内置脉冲衰减器	单作用内置电磁阀型	
		PA3□□0	PA5□□0	PA3□13	PA5□13	PAX1□12	PB1011	PB1013
连接口径	液体吸入、输出口 Rc、G、NPT	3/8	1/2、3/4	3/8	1/2、3/4	1/4、3/8	1/8	
	供气口/排气口 Rc、G、NPT	1/4					1/8、M5×0.8	

(续)

型号	自动运转型		气控型		内置脉冲衰减器	单作用内置电磁阀型	
	PA3□□0	PA5□□0	PA3□13	PA5□13	PAX1□12	PB1011	PB1013
推荐使用频率/Hz	—	—	1~7	1~7	—	1~10	1~10
输出流量/(L/min)	1~20	5~45	0.1~12	1~24	0.5~10	0.008~2	0.008~0.5
平均输出压力/MPa	0~0.6	0~0.6	0~0.4	0~0.4	0~0.4	0~0.6	0~0.6
吸入扬程/m 干态	1	2	1	0.5	2	2.5	2.5
吸入扬程/m 湿态	6	6	6	6	6		
最大先导空气消耗量/(L/min)(ANR)	200	300	150	250	150		
先导空气压力/MPa	0.2~0.7	0.2~0.7	0.1~0.5	0.1~0.5	0.1~0.5	0.2~0.7	0.2~0.7
使用流体温度/℃	0~60					0~50	0~50
环境温度/℃	0~60					0~50	0~50
安装姿势	水平（安装脚座在底面）				水平（底面在下）	OUT 口在上侧（带标牌）	
输出侧脉冲衰减能力	—				最高输出压力的30%以内	—	
说明						电磁阀内置型	气控型

型号	自动运转型	气控型	自动运转型	气控型	自动运转型		气控型	
	PAF3410	PAF3413	PAF5410	PAF5413	PA3310	PAP3310	PA3313	PAP3313
连接口径 液体吸入、输出口 Rc、G、NPT	3/8、管子（1/2）伸出、带螺母（φ10mm、12mm、19mm）		3/4、管子（3/4）伸出、带螺母（φ12mm、19mm、25mm）		3/8	3/8、管子（3/8、1/2）伸出	3/8	3/8、管子（3/8、1/2）伸出
连接口径 供气口/排气口 Rc、G、NPT	1/4	1/8	1/4	1/8	1/4		1/4	
推荐使用频率/Hz	—	2~4	—	1~3				
输出流量/(L/min)	1~20	1~15	5~45	5~38	1~13		0.1~9	
平均输出压力/MPa	0~0.4							
吸入扬程/m 干态	1				0.5			
吸入扬程/m 湿态	4							
最大先导空气消耗量/(L/min)(ANR)	230		300		140			
先导空气压力/MPa	0.2~0.5							
使用流体温度/℃	0~90				0~100			
环境温度/℃	0~70				0~100			
安装姿势	水平（底面在下）							
输出侧脉冲衰减能力	—							
说明	无金属零部件、全氟树脂泵				通常环境组装	洁净室组装	通常环境组装	洁净室组装

干态是指泵内事先不注入液体便进行液体的抽吸，湿态是指泵内事先注入液体再抽吸液体的状态。

先导空气压力就是减压阀应设定的压力范围，即泵的供气压力。气控型的吸入扬程是使用频率在 2Hz 以上时的数值。

五、选型方法

隔膜泵的流量特性是指在某供气压力下，输出流量与总扬程的关系曲线。图 9.3-6 所示为自动运转型 PA3000、PA5000 的流量特性曲线。它是以动力黏度为 1mPa·s 的清水为工作介质测定的。当液体的黏度不同时，在相同供气压力和总扬程等条件下，其输出流量有很大变化。图 9.3-7 所示为流体的不同黏性对输出流量的修正曲线。

例 9.3-1 输出流量 2.7L/min、总扬程 25m、动力黏度为 100mPa·s 的液体，应提供的先导压力及先导空气消耗量是多少？

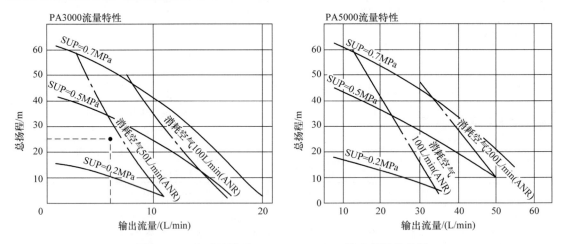

图 9.3-6 自动运转型 PA3000、PA5000 的流量特性曲线

选型步骤：

1）按要输送的液体选择适合的型号及其主要件材质。

2）按使用目的及要求的使用条件（压力、流量、流体温度、环境温度等），确认在使用范围内。

3）从图 9.3-7，在黏度为 100mPa·s 时，得出该液体与清水输出流量的比率为 45%。

4）液体黏度在 100mPa·s 的输出流量为 2.7L/min，这相当于清水时的输出流量的 45%，故折算成清水时的输出流量应是 2.7L/min ÷ 0.45 = 6L/min。

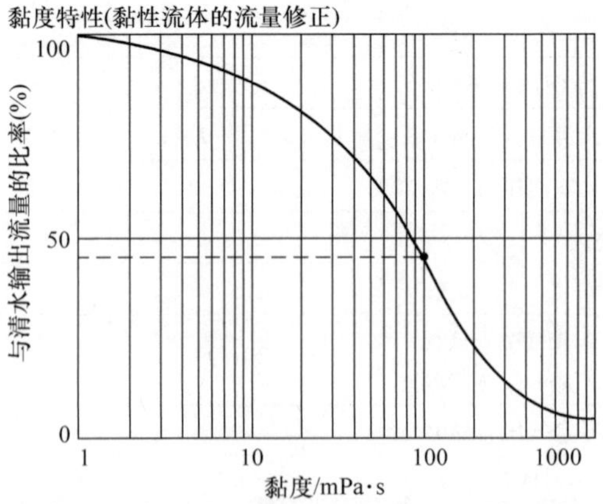

图 9.3-7 流体的不同黏性对输出流量的修正曲线

5）从图 9.3-6，作出输出流量 6L/min 和总扬程 25m 的交点。

6）由交点位置可近似得出先导压力约为 0.38MPa 和先导空气消耗量为 50L/min（ANR）。

六、使用注意事项

1）液体流过时，在系统上方应设置排泄阀，避免形成液封回路。

2）注意不要出现水锤压力。液体阀应缓慢关闭，连接管使用橡胶软管，增设蓄能器，可吸收冲击压力。

3）输送易燃液体时，要防止泄漏。

4）自动运转型应使用3通电磁阀，不要使用2通电磁阀。否则，断电时，残存在泵内的空气压力只能慢慢消耗掉，可能造成先导空气切换部的动作位置不稳定，有可能不能再启动。不能再启动时，可压下复位按钮。

5）气控型应使用中泄式5通电磁阀，或者使用释放残压用3通电磁阀和驱动泵用4通电磁阀。泵停止工作时，保证驱动室内压缩空气被排出，隔膜处于不受压状态，以延长寿命。选定时，要注意电磁阀的最大动作频度是否满足要求。

6）液体是否适合输送与液体的种类、添加物、浓度、温度等有关，故选定材质时要充分考虑。

7）泵内没有液体时不能长时间运转。

8）一旦发生逆压、逆流，会造成元件的破损和动作不良。要注意接口不得接错。

9）膜片反复动作，故安装螺钉应牢固。

10）气动隔膜泵不得在水中（或液中）使用。

11）使用泵时，由于膜片的寿命的关系，使用液体有可能泄漏。这种情况，要防止泄漏对人身及设备带来不良的影响。

12）发生异常（如异声、异味），应立即停止供气。点检时，要切断电源及气源，将残压释放完，将系统内的液体也泄去，才能拆卸检查。

七、应用示例

通用型流体阀的应用领域涉足广泛，以下列举几个流体阀的新型应用示例，以供参考学习。

示例一：某血液净化公司，洁净室消毒和废液排放工位，考虑多种方式进行给断液，使用我司 PAX 系列隔膜泵产品，由于不锈钢本体和膜片均耐腐蚀，寿命长；内置脉冲衰减器，可以自动运转，无需再加外部装置，省空间，且脉冲波动较小；带消声器，噪声小，性能完全满足使用要求。

示例二：某光电子公司的清洗机设备上，使用电动隔膜泵，存在成本较高、体积较大、安装不方便等缺点，而且有些设备在易燃易爆环境中，不能使用电动隔膜泵。推荐客户使用我司 PA 系列气动隔膜泵替换电动隔膜泵，降低设备采购成本，可以在易燃、易爆场所使用，安全可靠。

示例三：某专用设备公司的线束切割设备上，切断线皮容易有黏连，刀具需要清洗，用油清洗容易比较脏。由于酒精黏度不够，无法使用脉冲油雾器吸取酒精，且其密封件容易腐蚀。使用我司 PB 系列隔膜泵（阀体 616 不锈钢材质、膜片 PPP 材质、密封件 FKM 材质），抽取可燃液体，避免与可燃液体接触，达到较好效果。图 9.3-8 所示为线束切割设备回路图及使用隔膜泵。

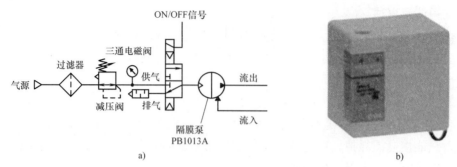

图 9.3-8 线束切割设备回路图及使用隔膜泵

第四节 高真空阀（XL、XM、XY 系列）

一般认为，$100 \sim 1 \times 10^5 Pa$ 为低真空，$0.1 \sim 100 Pa$ 为中真空，$1 \times 10^{-5} \sim 0.1 Pa$ 为高真空，$1 \times 10^{-10} \sim 1 \times 10^{-5} Pa$ 为超高真空。

一、高真空阀的应用

在半导体制造过程中，要把芯片、液晶基板等放在真空室内进行工艺处理。这个真空室的抽真空的管路（称为排气管路）中，以及将芯片等由洁净室送入真空室时，室内一度返回至大气压力，而必须向室内供给高洁净的 N_2 或空气的供气管路中，都必须使用各种高真空阀进行气路的通断和控制。典型的高真空室的控制回路系统如图 9.4-1 所示。

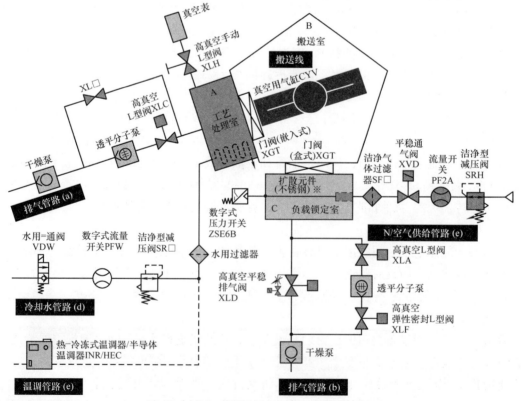

图 9.4-1 典型的高真空室的控制回路系统

真空室由工艺处理室 A、搬送室 B 和负载锁定室 C 组成。芯片、基板等是在工艺处理室中进行必要的温度控制和工艺处理。搬送室是将芯片等从负载锁定室及工艺处理室进行搬进及搬出。芯片等是从洁净室先送入负载锁定室。为了保持各室的真空状态，用真空泵对各室进行抽气以形成需要的真空。

排气管路：分成工艺处理室的排气管路 a 和搬送室、负载锁定室的排气管路 b。

排气管路 a 是在干燥真空泵和透平分子泵之间有一只高真空手动 L 型（即直角型）阀（XLH）的支配管，在透平分子泵和工艺处理室之间有一只高真空 L 型阀 XLC。关闭各阀，在保持工艺处理室的真空时，可对泵进行维修。另外，关闭高真空 L 型阀，便能把处理气体（反应气体）输入工艺处理室内。

排气管路 b 是对搬送室及负载锁定室进行排气。负载锁定室送入芯片时，让室内一度返回至大气压力。送入芯片后，用干燥真空泵排气。降至一定真空度时，使用透平分子泵进行排气。用高真空平稳排气阀 XLD 和高真空 L 型阀 XLA/XLF 设置旁通回路。由于使用高真空平稳排气阀 XLD，初期慢慢排气，降至一定真空度后，切换至主排气阀变成全量排气，可防止微粒卷入。

N_2/空气供给管路 c：负载锁定室送入芯片时，室内一度返回至大气压力，应流入高洁净的 N_2 或空气。接触流体部基本上应使用不锈钢制接头，尽可能使用非泄漏规格的 VCR® 接头或 URJ® 接头。使用平稳通气阀 XVD 输入 N_2 或空气时，初期是慢慢供气，达到一定的真空度后，切换至主阀芯开启，变成全量供气，可防止微粒卷入。腔室进口设置洁净气体过滤器（$0.01\mu m$ 能 100% 除去）。室内使用不锈钢制的扩散元件进行整流。

冷却水管路 d/温调管路 e：各室（特别是工艺处理室）应严格控制温度，以进行最佳的芯片等工艺处理及去除生成物。冷却水管路使用水用二通阀 VDW、流量开关 PF2W、洁净型减压阀 SRH 和压力开关等元件。温调器除冷却外，进行加温或保持一定温度的控制时，可使用热-冷冻式温调器、热电式温调器等。

门阀/搬送：各室分开时，利用门阀 XGT 将真空和大气隔开。另外，使用真空用气缸 CYV 可在室内进行芯片等的搬送。

除上述应用外，高真空阀还用于电子显微镜、电子束焊机等需要真空的装置中的供排气系统以及一般真空工业、研究装置用的设备中的供排气系统。

二、高真空阀的特点与名词说明

1. 铝制阀体直角型阀 XL 系列的特点

1) 发尘量少，每次动作产生 $0.1\mu m$ 以上的微粒在 0.5 个以下。
2) 放出气体少，使用较小能力的泵，抽气时间也能缩短。
3) 重金属污染少，因不含镍、铬等重金属，对半导体芯片受重金属污染少。
4) 抗氟腐蚀能力强。
5) 体积小，流通能力大，重量轻（见表 9.4-1）。

表 9.4-1　XLA 系列的主要参数

型号	A[①]/mm	B/mm	质量/kg	流导/(L/s)
XLA-16-2	40	108	0.28	5
XLA-25-2	50	121	0.47	14
XLA-40-2	65	171	1.1	45
XLA-50-2	70	185	1.8	80
XLA-63-2	88	212	3.1	160
XLA-80-2	90	257	5.1	200

① 所有系列都一样。

6）均匀的烤焙温度因阀体材质是铝，热传导率高，阀体全部都变成均一的温度，使阀内生成的气体的污染物锐减（见图9.4-2）。

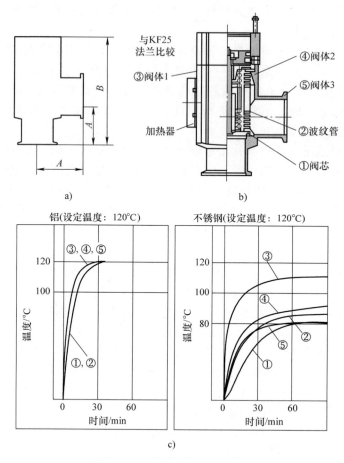

图9.4-2 高真空阀 XL□系列
a) 外形尺寸 b) 结构 c) 均一的烤焙温度

2. 不锈钢阀体 XM/XY 系列阀的特点

1）XM 系列与 XL 系列的安装有互换性。因阀体为 SCS13，故质量比同尺寸 XL 系列大。

2）采用精密铸造一体型阀体结构，故无气体滞留。

3. 高真空阀的其他特点

1）XLA/XLAV、XMA/XYA（波纹管密封，单气控）。

① 波纹管型是无微粒完全洁净化（不用内部润滑脂）。

② 压力平衡结构允许不受限制的抽气方向。

2）XLC/XLCV、XMC/XYC（波纹管密封、双气控）。

① 波纹管型是无微粒完全洁净化（不用内部润滑脂）。

② 压力平衡结构允许不受限制的抽气方向。

③ 用再调整机构，能保持阀芯密封的 O 形圈的压缩量不变（对尺寸 50、63、80）。

3）XLF/XLFV（O 形圈密封、单气控）。

① 使用 O 形圈密封方式，气体卷入少。

② 高速响应、高寿命。

③ 通过轴密封的特殊表面处理，可减少微粒。

4）XLG/XLGV（O 形圈密封、双气控）。

① 使用 O 形圈密封方式，气体卷入少。

② 高速响应、高寿命。

③ 用再调整机构，能保持阀芯密封的 O 形圈的压缩量不变（对尺寸 50、63、80）。

④ 通过轴密封的特殊表面处理，可减少微粒。

5）XLD/XLDV、XMD/XYD（2 段控制、单气控）。

① 是初期排气阀和主排气阀的一体化（称为 2 段流量控制阀）。

② 实现系统紧凑化和省配管。

③ 排气时，可防止室内尘埃卷起。

④ 可防止泵过载运转。

⑤ 初期排气阀的流量是可调的，且能锁住。

6）XLH、XMH/XYH（波纹管密封、手动操作）。

① 波纹管型是无微粒完全洁净化（不用内部润滑脂）。

② 压力平衡结构，允许不受限制的抽气方向。

③ 动作力矩小（0.5N·m 以下）。

④ 弹簧提供了一定的密封压紧力。

⑤ 阀开闭时的手柄高度不变。

⑥ 确认阀开闭的指示器是标准件。

7）XLS（波纹管压力平衡，N.C 电磁式）。

① 因没有金属滑动件，故微粒少。

② 驱动电磁阀用的控制电源回路是标准型。

③ 因驱动不需要空气，在手提式装置上也可以使用。

8）XSA（直通式电磁操作）。

① 带金属密封接头（VCR®/swagelok®）的电磁阀。

② 因没有金属滑动件，故微粒少。

③ 逆压性能提高。

4. 名词说明

放出气体：是指附着在金属等表面和极浅的内部气体，一旦压力很低，全从表面脱离而飞出至真空中的现象。按表面的平滑度及氧化膜的紧密度而增减。

分子流：在高真空状态，气体已很稀薄，气体分子的平均自由程 λ 与管径 D 差不多是同一数量级。一般认为，克努森数 $\lambda/D > 0.3$ 或绝对压力 p（以 Torr 计）和管径 D（以 cm 计）的乘积小于 0.015，则称为分子流。将 $\lambda/D < 0.01$ 或 $pD > 0.5$ 时称为黏性流。介于分子流与黏性流之间称为中间流。故高真空阀内的流动应是分子流的流动。

分子流的流导：

1）孔口的流导：极薄板上有孔口 ϕA（以 cm² 计）的场合，其流导 $C = \dfrac{1}{4}vA$，其中，气体分子的平均速度 $v = \sqrt{\dfrac{8RT}{\pi M}}$，摩尔气体常数 $R = 8.31 \text{J}/(\text{mol}\cdot\text{K})$，绝对温度 T 以 K 计，摩

尔质量 M 以 kg/mol 计。故孔口的分子流流导为

$$C = A\sqrt{\frac{RT}{2\pi M}} = 1.15A\sqrt{\frac{T}{M}} \tag{9.4-1}$$

对 20℃ 的空气（$M = 0.029$ kg/mol），流过 1cm^2 的孔口，$C = 11.6$ L/s。

2) 长管道的流导：长度 l（cm）、直径 D（cm）（$l \gg D$）的长管道的分子流的流导为

$$C = \sqrt{\frac{2\pi RT}{M}} \frac{D^3}{6l} \tag{9.4-2}$$

3) 短管的流导：根据图 9.4-3，由短管的长细比 l/D，查得修正系数 k，则短管的分子流的流导 C_k 为

$$C_k = kC \tag{9.4-3}$$

其中，C 是孔口的分子流的流导。

4) 分子流的流导的合成：各个流导记为 C_1、C_2、…、C_n，其合成流导为

并联时

$$C_{并} = C_1 + C_2 + \cdots + C_n \tag{9.4-4}$$

串联时

$$C_{串} = \frac{1}{1/C_1 + 1/C_2 + \cdots + 1/C_n} \tag{9.4-5}$$

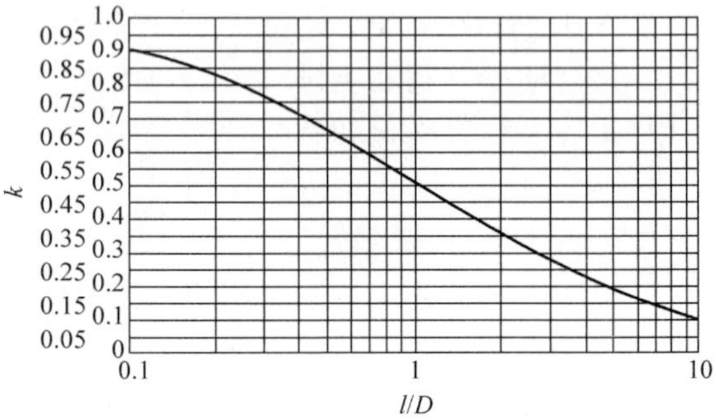

图 9.4-3 修正系数 k

烤焙：即高温干燥处理。尤其是让吸附滞留时间比气体长的水，在很短的时间内排出。例如水，在 20℃ 时的滞留时间是 5.5×10^{-6} s，在 150℃ 时为 2.8×10^{-8} s，约是 20℃ 时的 1/200。

波纹管密封是洁净的密封方式，产生微粒及放出气体少。它有成型波纹管和焊接波纹管两种。前者产生微粒少、抗污染能力强；后者行程大，但产生微粒及抗污染能力不及前者。

O 形圈密封：抗气体卷入及产生微粒等不及波纹管密封，但高速动作时，耐久性相对较高。

阀的形式：单气控阀是指阀只有一个控制口。在控制口不加压（控制压力）时，在弹簧力的作用下，阀芯是关闭的。加压时，气压力推动控制活塞移动，打开阀芯，阀才开启。控制部的动作如同单作用气缸那样，故也称为单作用阀。双气控阀有两个控制口，仅一个控制口加压。若一个控制口加压阀芯开启，则另一个控制口加压阀芯便关闭。控制部的动作如同双作用气缸那样，故也称为双作用阀。

三、高真空阀的动作原理

图 9.4-4 所示为 XMC/XYC 系列高真空阀的动作原理，XMC 系列为直角型（指进出口成直角），XYC 系列为直通型。控制通口 1 加压则阀芯关闭，控制通口 2 加压则阀芯开启。图 9.4-5a 所示为 XYD 系列高真空阀的结构原理。

1. 调整初期排气用阀芯的开度

在使用前（控制通口 S 上不加压），调整初期排气量：顺时针连续回转调整螺母 16，一旦轻轻回转停止（不得使用工具回转），初期排气量则为零。再反时针回转设定初期排气量。调整螺母回转圈数（1mm/圈）与初期排气阀流导的关系如图 9.4-5b 所示。

2. 初期排气用 S 阀芯 8 的开启

控制通口 S 一旦加压，通过内部通路，气压力进入小活塞 17 的下腔，S 阀芯便从 S 阀

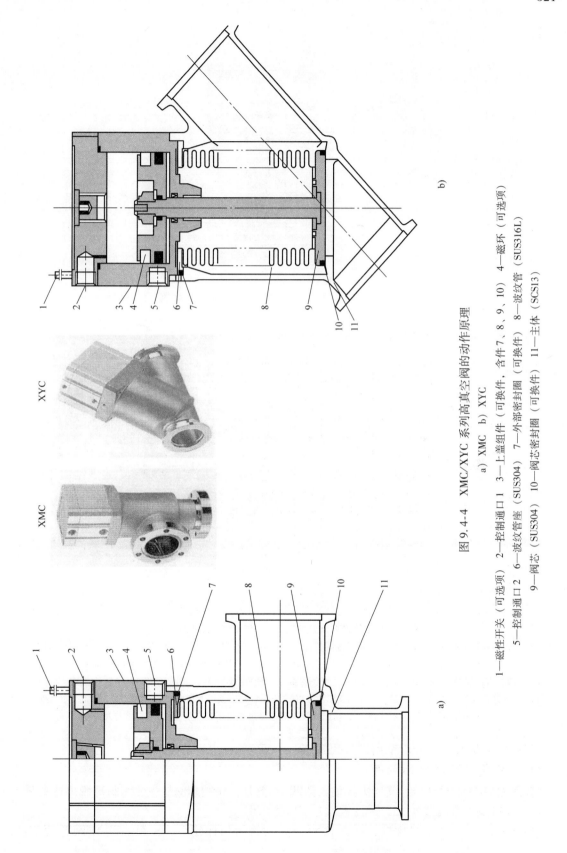

图 9.4-4 XMC/XYC 系列高真空阀的动作原理
a) XMC b) XYC

1—磁性开关（可选项） 2—控制通口 1 3—上盖组件（可换件，含件 7、8、9、10） 4—磁环（可选项）
5—控制通口 2 6—波纹管座（SUS304） 7—外部密封圈（可换件） 8—波纹管（SUS316L）
9—阀芯（SUS304） 10—阀芯密封圈（可换件） 11—主体（SCS13）

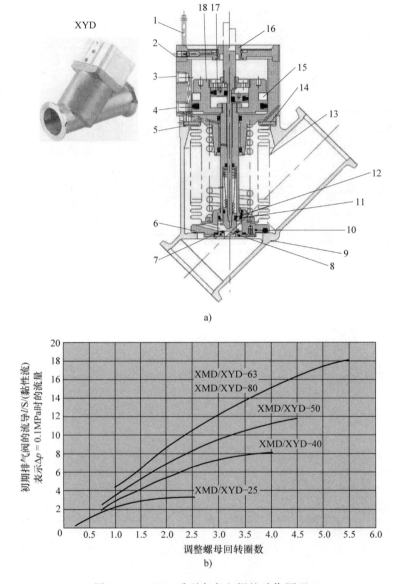

图 9.4-5 XYD 系列高真空阀的动作原理
a) XYD 系列结构原理 b) 调整螺母回转圈数与初期排气阀流导

1—磁性开关（可选项） 2—上盖组件（可换件，含件 6、8、10、11、13 和 14） 3—控制通口 S（初期排气阀用）
4—控制通口 M（主排气阀用） 5—外部密封圈（可换件） 6—阀芯密封件（可换件）
7—S 阀芯密封圈组件 8—S 阀芯（SUS304） 9—主体（SCS13） 10—M 阀芯（SUS304） 11—固定用 O 形圈
12—S 阀芯滑动用 O 形圈（FKM） 13—波纹管（SUS316L） 14—波纹管座（SUS304） 15—磁环（可选项）
16—调整螺母（外部滚花加工，初期排气用阀芯开度调整用） 17—小活塞 18—大活塞

芯密封圈组件 7 脱离，开启至预调整的开度。

3. 主排气用 M 阀芯 10 的开启

控制通口 M 一旦加压，气压力推动大活塞 18 上升，M 阀芯便从主体密封部脱离达全开。

4. 初期排气用阀芯 8 及主排气用阀芯 10 的关闭

控制通口 S 及 M 一旦排气，在弹簧力及波纹管力的作用下，S 阀芯及 M 阀芯便复位，气路被关闭。

四、高真空阀的规格（见表9.4-2和表9.4-3）

表面泄漏量指在常温（20~30℃）下，从密封面及密封材料表面产生的泄漏。对弹性密封，是试验开始数分钟内的值，但不含气体穿透。气体穿透是指从弹性密封材料的内部扩散而形成的泄漏。温度越高，穿透量越大，大多比表面泄漏量大。穿透量与密封的断面积成正比，与密封厚度（大气和真空侧的距离）成反比。金属垫圈的场合，仅考虑氢的扩散。

表9.4-2 直通式电磁阀（带间隙密封接头）（一）

控制方式	应用	轴的密封方式	系列		阀形式	使用压力/Pa	控制压力/MPa	泄漏量/(Pa·m³/s)		使用温度/℃	寿命/百万次	法兰尺寸/mm						可选项			
			直角型	直通型				内部	外部			16	25	40	50	63	80	磁性开关	加热器	指示器	高温规格
气控式	无微粒,完全洁净化	波纹管密封	XLA	—	单气控(N.C.)	10⁻⁶~10⁵	0.4~0.7	10⁻¹⁰	10⁻¹¹	5~60	2	⊕	⊕	⊕	⊕	⊕	⊕				⊕
			XLAV带电磁阀							5~50		⊕	⊕	⊕	⊕	⊕	⊕				⊕
			XLC	—	双气控		0.3~0.6			5~60		⊕	⊕	⊕	⊕	⊕	⊕				⊕
			XLCV带电磁阀							5~50		⊕	⊕	⊕	⊕	⊕	⊕				⊕
	高速动作、高频动作	O形圈密封	XLF	—	单气控(N.C.)	10⁻⁵~2×10⁵	0.4~0.7	10⁻¹⁰	10⁻¹⁰	5~60	3(尺寸16、25、40) 2(尺寸50、63、80)	⊕	⊕	⊕	⊕	⊕	⊕				
			XLFV带电磁阀							5~50		⊕	⊕	⊕	⊕	⊕	⊕				
			XLG	—	双气控		0.3~0.6			5~60		⊕	⊕	⊕	⊕	⊕	⊕				
			XLGV带电磁阀							5~50		⊕	⊕	⊕	⊕	⊕	⊕				
	防止微粒上卷、防止泵过载	波纹管及O形圈密封	XLD	—	单气控(N.C.)	10⁻⁶~10⁵	0.4~0.7	10⁻¹⁰	10⁻¹¹	5~60	2	⊕	⊕	⊕	⊕	⊕	⊕			标准	⊕
			XLDV带电磁阀							5~50		⊕	⊕	⊕	⊕	⊕	⊕			标准	
	无微粒	波纹管密封	XMA	XYA	单气控(N.C.)	10⁻⁶~10⁵	0.4~0.7	1.3×10⁻¹⁰	1.3×10⁻¹¹	5~60	2	*	⊕	⊕	⊕	⊕	⊕				
			XMC	XYC	双气控		0.3~0.6					*	⊕	⊕	⊕	⊕	⊕				
	防止微粒上卷、防止泵过载	波纹管及O形圈密封	XMD	XYD	单气控(N.C.)		0.4~0.7													标准	
手动式	手提装置上无空气时使用。无微粒,完全洁净化	波纹管密封	XLH	—	手动	10⁻⁶~10⁵		10⁻¹⁰	10⁻¹¹	5~150	0.1	⊕	⊕	⊕	⊕	⊕	⊕		标准	标准	
			XMH	XYH								*							标准	标准	
电磁式	手提装置上无空气时	波纹管平衡	XLS	—	单电控(N.C.)	10⁻⁶~2×10⁵		10⁻⁸	10⁻¹¹	5~40	0.5	⊕	⊕	⊕	⊕	⊕	⊕				

表 9.4-3 直通式电磁阀（带间隙密封接头）（二）

型号	阀形式	配管口径	孔口直径/mm	有效截面面积/mm²	使用压力		泄漏量/(Pa·m³/s)			寿命/百万次
					压差/MPa	通口 A/Pa	内部	外部	接头	
XSA1-12	直通式电磁动作（N.C.）	1/4	2	3	0.8	10^{-6}	10^{-9}	10^{-11}	VCR® 10^{-11} SWJ® 10^{-10}	2
XSA1-22			3	6	0.3					
XSA2-22					1.0					
XSA2-32			4.5	11	0.3					
XSA3-32					0.8					
XSA3-43		3/8	6	19	0.3					

注：1. 压差：指 P 口和 A 口之间的最大使用压力差。在 0.8MPa 时，若 A 口是真空，则 P 口可加压 0.8MPa（表压为 0.7MPa）。

2. VCR® 和 SWJ® 接头分别是 Cajon 公司和 Crawford Fitting 公司的商标。

五、使用注意事项

1）使用介质：对 XL□系列，为不腐蚀铝合金（A6063）及 SUS304/316 的气体；对 XM□/XY□系列，为惰性气体。

2）应在使用压力范围内使用。从波纹管侧及轴侧（XLF、XLG）瞬时可加压至 0.2MPa，阀侧不要高于大气压，否则内部泄漏增大。

3）使用温度应在允许范围内。应检查配管材料及接头的使用温度是否合理。使用加热器时，应设置防止温度升高过高的装置。

4）要求响应快的场合，应注意管径及管长的合理选择。

5）沉积物多的场合，使用加热器加热阀体，防止沉积物流向阀芯。

第五节 工业过滤器

SMC 公司生产的工业用过滤器有许多系列。表 9.5-1 列出了部分产品的基本规格，但因许多系列产品已属于压力容器，故本书不作介绍。下面仅介绍一些小型的工业用过滤器。

表 9.5-1 部分产品的基本规格

系列	连接口径	设计压力/MPa	适合流体	说明
FGA	法兰 1~6	1.0	多种流体	大流量（MAX3200L/min）
FGC	法兰 1/2、3/4、1	1、2、4	多种流体	小流量（MAX80L/min）
FGD	Rc3/8、1/2、3/4	0.7、1	多种流体	小流量（MAX60L/min）
FGE	R1、2	0.7	多种流体	中流量（MAX230L/min）
FGF	Rc2，法兰 4、6	0.5	高浓度、高黏度液体	袋式过滤器（MAX2000L/min）
FGG	Rc2	0.7	多种流体	大流量（MAX350L/min）
FGH	R3/8~2½	0.7、1.0	洗净液	高精度过滤器（MAX70L/min）
FHW	Rc3/8、1/2、3/4 R1、2	0.7	润滑油、有机溶剂	吸水过滤器
FQ1	1/2、3/4、1	1.0	多种洗净液	快速更换滤芯型（MAX30L/min）
FN1	Rc1	0.5	洗净液、冷却液	不用更换滤芯型（MAX80L/min）

一、不用更换滤芯的工业用过滤器（FN1 系列）

一般工业用过滤器使用一定时间后，都需要取出滤芯进行清洗再生或更换。这不仅增大了维修工作量，而且被更换的滤芯便成为工业废弃物，造成资源的浪费。FN1 系列工业过滤器（见图 9.5-1a）通过逆流让滤芯再生，故滤芯不用更换。

1. 结构及其动作原理

滤芯采用带沟槽（沟部 5μm 或 20μm）的过滤片和波形垫圈层层叠加而成，如图 9.5-1b 所示。当滤芯处于压缩状态时，需要过滤的液体只能从滤芯的外侧通过过滤片上的沟槽（见图 9.5-1c）流入滤芯的内侧，从而将大于沟槽缝隙的污染物被阻挡在滤芯外侧，落入过滤器下侧再排出。滤芯需要再生时，通过过滤器上端的气缸让滤芯张开（见图 9.5-1c），波形垫圈恢复原状而扩大了滤芯层与层之间的缝隙，通过控制回路的逆流进行

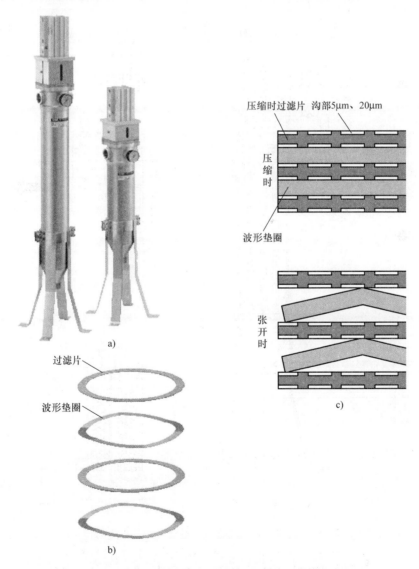

图 9.5-1　FN1 系列工业用过滤器的外形及滤芯的结构形式
a）外形　b）滤芯结构　c）滤芯压缩及张开状态

清洗，将层与层之间的污染物冲洗掉流入过滤器下方，然后通过气缸再让滤芯处于压缩状态，滤芯的再生便完成。

过滤器对工作介质的过滤和逆洗使滤芯再生的控制系统如图 9.5-2 所示。阀 1 驱动过滤器上端的气缸动作，实现滤芯的压缩与张开。关闭控制阀 2（VNB 系列）及冷却液用排污阀（球阀）5，开启冷却液用流体阀 4（VNC 系列）及冷却液用球阀 3，过滤器 FN1 便进入过滤运转。要让滤芯再生，就应进行逆洗运转。首先关闭阀 3，停止向过滤器供给液体。关闭流体阀 4，将液体封在过滤器及存储罐 7（FNR 系列，可选项）中。打开阀 2，将存储罐内的液体向过滤器内输送。让阀 1 切换使气缸活塞杆向下运动，则滤芯呈张开状态。打开排污阀 5，存储罐内的液体和滤芯处的污染物（如切屑末、粉尘）进入粉尘回收过滤器 8（FND 系列，为可选项），再流入已除尘污的液箱 9。

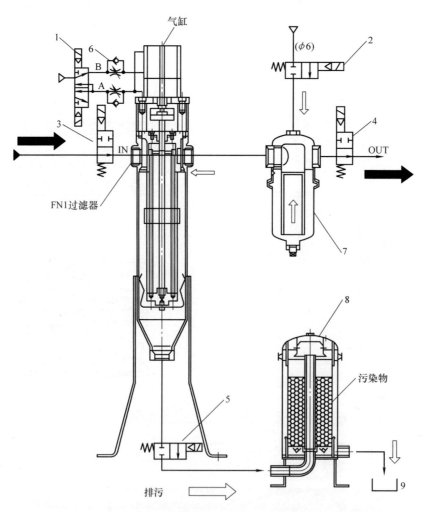

图 9.5-2　FN1 系列工业用过滤器的过滤与滤芯再生的控制系统
1—2 位阀　2—控制阀　3—球阀　4—流体阀　5—排污阀
6—速度控制阀　7—存储罐　8—粉尘回收过滤器　9—已除尘污的液箱

2. 适合过滤液体（见表 9.5-2）

表 9.5-2　FN1 系列过滤器适合过滤液体

密封件材质	水系			冷却系		石油系		碱系	
	自来水	工业用水	蒸馏水	水溶性	油性	汽油、煤油	二甲苯	氨水	氢氧化钠
丁腈橡胶 NBR	◎	◎	◎	◎	◎	◎	×	◎	◎
氟橡胶 FPM	○	○	○	○	○	○	◎	×	×

注：◎—最适合；○—适合；×—不适合。

3. 主要技术参数

FN1 系列工业用过滤器的过滤部分的主要技术参数见表 9.5-3。其操作部分是使用带锁的气缸 CDLQB63 - □D - F，其使用压力为 0.2~1.0MPa，锁开放压力大于 0.2MPa，锁开始压力大于 0.05MPa，前进时锁。处理流量是指过滤精度为 $20\mu m$、压力降为 0.02MPa 以下的水流量。存储罐接口为 Rc1，容积有 1.1L 和 1.8L 两种。粉尘回收过滤器接口为 R1，过滤精度为 $149\mu m$。

表 9.5-3　FN1 系列工业用过滤器的过滤部分的主要技术参数

型号		FN1111	FN1101	FN1102	FN1112
滤芯尺寸/mm		65×250		65×500	
使用流体		洗净液、冷却液等			
最高使用压力/MPa		1.0			
最高使用温度/℃		80			
处理流量/(L/min)		40		80	
接管口径		Rc1（IN、OUT、排水口）			
材质		外壳、上盖：SUS304　　O 形圈：NBR/FPM			
滤芯	材质	SUS304			
	结构形式	圆筒型	错位型	圆筒型	错位型
	过滤精度/μm	5、20	5	5、20	5
	耐压差/MPa	0.6			

圆筒型滤芯的过滤片与波形垫圈的外形尺寸相同。错位型滤芯的过滤片外形尺寸比波形垫圈小，与圆筒型相比，其表面呈现凸凹结构，在液体中的粉尘粒径不均匀的场合，通过滤芯的波形垫圈的外环可捕捉粒径较大的粉尘，粒径较小的粉尘可由过滤片的凹部捕捉，故液体中的粉尘不均匀的场合，选错位型可获得较好的过滤效果，并延长滤芯的使用寿命。圆筒型适合液体中粉尘均匀的场合，其过滤面积更大。

通过过滤器的压力损失如图 9.5-3 所示（工作介质为常温水的条件下）。

FN1 系列过滤器的初期过滤效率如图 9.5-4 所示。测试条件是：常温自来水流量 20L/min，投入粉尘量 0.2mg/min。

4. 使用注意事项

1）带锁气缸供气压力在 0.25~0.3MPa，若超过此值，过滤片会因受力过大出现故障。

2）图 9.5-2 中阀 2 的供气压力在 0.25~0.3MPa 便可，压力升高也不会改变逆洗效果。

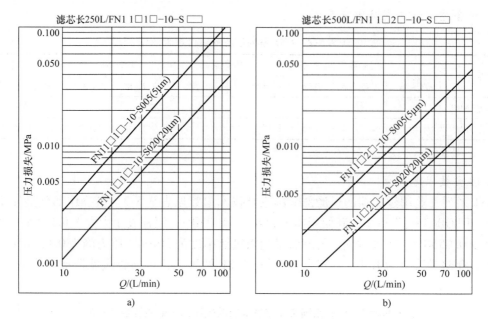

图 9.5-3　FN1 系列过滤器的压力损失

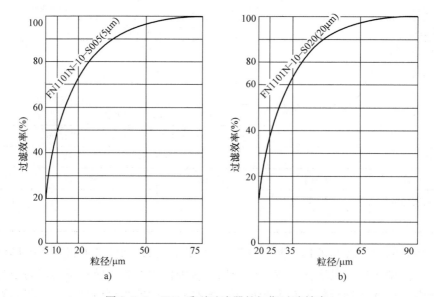

图 9.5-4　FN1 系列过滤器的初期过滤效率

3）存储罐的作用是储存逆洗时所需的液体，若自备罐，应保证其容积相当。

4）调节图 9.5-2 中速度控制阀 6 的开度；保证滤芯张开速度不要太慢，以免逆洗效果不好。

5）由于滤芯被部分阻塞，为提高逆洗效果，应将压差调至 0.1MPa 进行逆洗。

6）可将两个 FN1 系列过滤器并联设置，交替使用，逆洗时，运转可不停止。处理流量不够时，可将 2～3 个 FN1 过滤器并联使用。

7）为防止污染物的固着，停止运转前必须进行逆洗。

8）逆洗后，开始正常运转前，应利用液体将过滤器内的残留空气充分置换掉。
9）初期压力降应调至 0.01~0.02MPa 以下，故通过流量要适当。
10）要避免产生冲击压力及水锤，压力高于 1MPa 不得使用。
11）担心腐蚀的情况下不得使用。有振动和冲击的场所，要防止疲劳破坏。

二、快速更换滤芯型过滤器（FQ1 系列）

本过滤器排放液体约 45s。不用工具便可取下外壳、更换滤芯、再安装外壳，约需 51s。故整个排放液体、更换滤芯的作业可在 2min 内完成，故称为快速更换滤芯型过滤器。

1. 过滤器的结构

FQ1 系列快速更换滤芯型过滤器的外形及结构简图如图 9.5-5 所示。

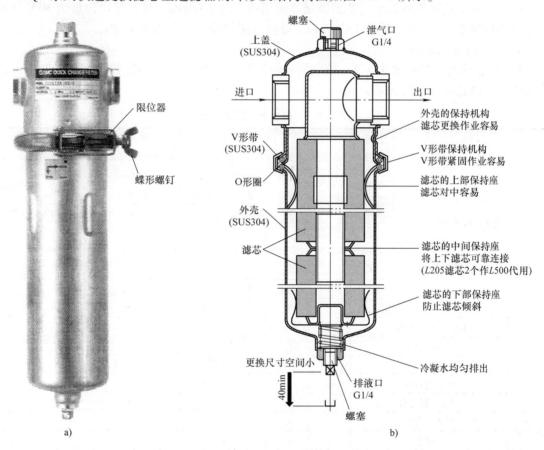

图 9.5-5　FQ1 系列快速更换滤芯型过滤器的外形及结构简图
a）外形　b）结构简图

2. 更换滤芯的方法

1）停止向过滤器供给液体（若过滤器前后有阀的话，应关闭）。
2）旋松泄气口的螺塞，将过滤器内的压力泄去。
3）取下排液口的螺塞，将过滤器内的液体排空。
4）旋松 V 形带的锁紧螺钉（蝶形），从护圈上取下限位器。
5）将外壳逆时针回转约 20°后，向下方移动 40mm，从上盖上将滤芯等取下。

6) 外壳内部、垫圈、密封件、保持座及螺塞等，应在清洁的使用流体或溶液中洗净。

7) 确认 O 形圈没有损伤、变形等，否则应更换新的。

8) 将滤芯的下部保持座装入外壳内。使用 2 个滤芯时，在上滤芯的下部，插入中间保持座后，再将中间保持座的另一端，插入带下部保持座的下滤芯的上部，再装入外壳内。

9) 将外壳的凹部与上盖正面的凸起部对上，将外壳上移 10mm，顺时针回转约 20°。

10) V 形带的护圈把上盖和外壳的法兰部整个周向夹入，将 V 形带外围推合后，把限位器装在护圈上，再将拉紧螺钉拧紧至规定的位置。

11) 拧紧冷凝水螺塞及泄气口螺塞。

3. 主要技术参数

FQ1 系列快速更换滤芯型过滤器的最高使用压力为 1.0MPa，最高使用温度为 80℃（不超过液体的沸点），连接口径为 1/2～1in，更换滤芯的最大压差为 0.1MPa。

4. 型号的选定方法

1) 滤芯的选定根据表 9.5-4，按洗净液的种类、洗净水平（一般洗净或精密洗净）、温度条件和过滤精度等选定滤芯。

表 9.5-4 标准滤芯适合流体

洗净液的种类		洗净水平	一般洗净				精密洗净	密封件材质和洗净液的适合表	
			公称过滤精度 0.5～105μm				绝对过滤精度 2～13μm		
		名称	纤维滤芯	纤维滤芯	微网滤芯	微网滤芯	HEPOⅡ滤芯	丁腈橡胶	氟橡胶
		材质	P	棉	SUS	SUS	PP	NBR	FPM
		温度范围/℃	0～100	0～100	0～100	0～250	0～80		
		滤芯型号	EHM	EH	EM	EM	EJ		
		滤芯记号	Q	H	M	L	R		
水系	水道水（自来水）		○	◎	○	○	◎	◎	○
	工业用水		◎	◎	○	○	◎	◎	○
	蒸馏水		×	×	×	×	◎	◎	○
	离子交换水		×	×	×	×	◎	◎	○
	纯水、超纯水		×	×	×	×	◎	◎	○
石油系	轻油、煤油		◎	○	○	○	◎	×	◎
	二甲苯		×	◎	○	○	×	×	◎
碱系	氨水		◎	×	○	○	◎	◎	×
	氢氧化钠		◎	△①	○	○	◎	◎	×
氯系	三氯乙烯		×	◎	○	○	×	×	◎
	氯化亚甲基		×	◎	○	○	×	×	◎
酒精系	异丙基酒精（IPA）		◎	◎	◎	◎	○	◎	○

注：◎—最适合；○—适合；×—不适合。

① 低温、低浓度下可使用。

2) 计算滤芯个数由表 9.5-5 查得选定滤芯的推荐流量。用需要流量除以推荐流量，取整数值（朝大值取），即为必要滤芯（相当于 250mm 长）的个数。

表 9.5-5　滤芯的推荐流量

滤芯记号	Q				H				M			L			R			
过滤精度/μm	0.5	1	5	10	20	50	75	100	5	10	20	40	74	105	2	4	6	13
推荐流量/(L/min)	5	15	25		30				25			30			30			
耐差压/MPa	0.2								0.7						0.5			

3) 器体的选定由表 9.5-6 选定。器体选定后,要确认使用温度范围、压力及洗净液的种类要符合规格。

表 9.5-6　器体的选定

滤芯个数	1	1	2
滤芯长度/mm	125	250	250×2
器体型号	FQ1010	FQ1011	FQ1012

4) 过滤器型号的决定应当注意的是,流过过滤器的流量若大于推荐流量,则压力损失将大于 0.01~0.02MPa,即推荐流量是按初期压力损失为 0.01~0.02MPa 时的流量。

三、小流量的工业用过滤器（FGD 系列）

1. 适合过滤的流体

表 9.5-7 列出 FGD 系列过滤器适合过滤的流体。

表 9.5-7　FGD 系列过滤器适合过滤的流体

适合使用工业	适合流体名	滤芯材质	过滤精度/μm	适合过滤器型号
食品、酿造、药品	工业用水	聚丙烯	10	FGDT FGDF
	洗罐用水		20	
食品、酿造、药品、化妆品	酒精	人造丝	10	
	糖浆		50	
食品、酿造	食用油		40	
	香料	微网	5	
食品、酿造、计量仪器	CO_2	人造丝	10	FGD□
食品、酿造、药品、化妆品、合成洗剂、机床、电子、涂装、照相业、计量仪器	空气（干燥）		10、0.5	
药品	纯水	聚丙烯	1、10	FGDT FGDF
	乙醚	人造丝	10	
	安瓿			
化妆品	水	聚丙烯	20	
	香料	人造丝	10	
洗涤机	氟里昂			
	三氯乙烯		50	
	四氯化碳		10	
	温水	微网		
合成洗剂	苯、甲苯	人造丝	10、50	
	溶剂	微网	40	

(续)

适合使用工业	适合流体名	滤芯材质	过滤精度/μm	适合过滤器型号
机床	研削液（研磨机）	聚丙烯	10	FGD□
	研削液（油石）	滤纸		
	润滑油			
	冷却水	人造丝	50	FGDT、FGDF
照相业 电子	洗涤水	聚丙烯	1、10	FGDT
	显像液		10	FGDF
	定影液			
计量仪器	N_2	人造丝	10	FGD□
	H_2	微网		
涂装	信纳水	人造丝	10	FGDT
	漆		50	FGDF
冷冻机	氨液（NH_3）	微网	10、40	FGDT
	氟利昂	人造丝	10	

2. 内部结构

FGD 系列工业用过滤器的外形及内部结构如图 9.5-6 所示。

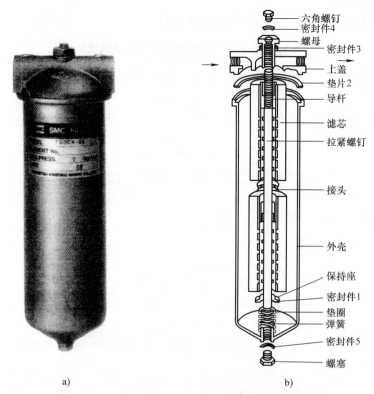

图 9.5-6 FGD 系列工业用过滤器的外形及内部结构
a) 外形 b) 内部结构

3. 主要技术参数

FGD 系列工业用过滤器的主要技术参数及主要零件材质见表 9.5-8。FGDE、FGDF 系列有防静电规格。

表9.5-8 FGD系列工业用过滤器的主要技术参数及主要零件材质

系列		口径 Rc	设计压力① /MPa	设计温度/℃	滤芯个数	滤芯尺寸 /mm	主要材质			
							上盖	外壳	垫片 O形圈	密封件
FGDCA FGDEA	03 04 06	3/8 1/2 3/4	0.7	80	1	65×L250	铝	SPCD③	NBR	尼龙
FGDCB FGDEB	03 04 06	3/8 1/2 3/4	0.7	80	1②	65×L500	铝	SPCD③	NBR	尼龙
					2	65×L250				
FGDTA FGDFA	03 04 06	3/8 1/2 3/4	1	80	1	65×L250	SCS14③	SUS316L	氟树脂	氟树脂
FGDTB FGDFB	03 04 06	3/8 1/2 3/4	1	80	1②	65×L500	SCS14③	SUS316L	氟树脂	氟树脂
					2	65×L250				

① 气体的场合是0.5MPa。
② 烧结金属滤芯、滤纸滤芯的场合。
③ SCS为不锈耐酸铸钢。SPCD为优质碳素结构钢。

4. 选用

FGD系列工业用过滤器，根据使用用途（即过滤哪个工业行业的何种工作介质）、处理流量（确定连接口径）和过滤精度的要求，选择阀芯材质及过滤器型号。过滤器的允许处理流量见表9.5-9。在表9.5-9中流量条件下，过滤器的初期压力损失是0.0015MPa（对气体）或0.015MPa（对液体）。

表9.5-9 FGD系列过滤器允许处理流量　　　（单位：L/min）

适合过滤器系列		流体名 适合滤芯材质	空气（干燥）	空气（干燥）	氟里昂	甲苯	纯水、水	纯水、洗涤水	工业用水	洗仓用水、冷却水	润滑油(20cst)②	氢气	香料(1cst)②	氨液	氨液
			人造丝				聚丙烯				滤纸		微网		
		过滤精度/μm	0.5①	10①	10	50	1	5	10	20	10	10①	5	10	40
FGDCA FGDEA	03 04 06	FGDTA FGDFA 03 04 06	110 110 110	550 750 1000	12 14 15	22 28 32	11 12 13	21 27 32	23 30 36	26 36 46	22 28 32	600 900 1200	29 42 57	30 43 60	30 45 64
FGDCB FGDEB	03 04 06	FGDTB FGDFB 03 04 06	200 200 210	600 840 1200	18 22 25	27 37 50	17 21 23	25 35 46	26 37 50	28 41 56	26 38 50	600 900 1300	30 44 63	30 45 65	30 45 66

① 表示标准状态下的流量[L/min（ANR）]。
② 黏度 $1cst = 10^{-6} m^2/s$。

四、滤芯的主要技术参数

各种滤芯的主要技术参数见表9.5-10。

表 9.5-10　各种滤芯的主要技术参数

滤芯品种		使用温度 /℃	过滤精度 /μm	耐最大差压 /MPa	逆洗最大压差 /MPa	耐化学品性		使用粘接剂	特　点
						酸	碱		
烧结金属	青铜	−180~200	2、5、10、20、40、70、100、120	0.7	0.4	不可	有条件的使用	—	1. 机械强度高、耐热、耐化学品性好 2. 可清洗再用 3. 适合多种液体、气体、高温流体、一般溶剂
	SUS 316	−180~300				盐酸、氟酸、磷酸不可	可		
滤纸（含浸棉、苯酚树脂）		0~80	5、10、20	0.6	—	不可	不可	环氧树脂	1. 折叠式、过滤面积大、滤芯寿命长、经济 2. 不可再用 3. 适合各种油类、液化气、干燥惰性气体及干燥空气
滤网	SUS 304	−5~100	5、10、20、40、74、105	0.7	0.15	不可	可	镍铜焊	1. 耐热、耐化学品性好 2. 折叠式，具有圆筒3倍的过滤面积 3. 可清洗再用 4. 适合各种液体、气体、高温流体
	SUS 316	−180~300				盐酸、氟酸、磷酸不可	可		
纤维滤芯	人造丝	−20~100	0.5、1.5、10、20、50、75、100	0.2		不可	不可	—	一般溶剂、酒精、干燥空气、其他气体
	棉								洗净水、一般中性液
	聚丙烯	0~50				可	可		电镀液、一般酸碱液、工业用水、纯水、蒸馏水、冷却水
	玻璃纤维	0~400	1.5、10、20						氧气、高温流体
薄膜滤芯	聚醚砜、聚丙烯	0~80	0.2	0.5		可	可	—	1. 过滤材料高空隙率、低压力降，寿命长 2. 过滤面积大，过滤效率高达99.9%以上
	醋酸纤维素、聚酯、聚丙烯		0.4						

纤维滤芯特点：
1. 粒子捕捉容量大，滤芯寿命长、经济
2. 不可再用

第六节 高压气动元件

本书中的高压气动元件是指最高使用压力超过1MPa的气动元件,包括电磁阀、电气比例阀,减压阀、单向阀、压力开关、消声器等。

高压气动元件可用于吹气、向容器充气及从容器放气(见图9.6-1,用于吹瓶机实现高压成形)和驱动气缸(见图9.6-2)。

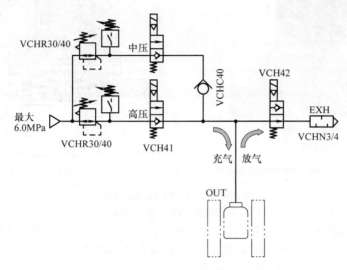

图9.6-1 高压气动元件用于吹瓶机

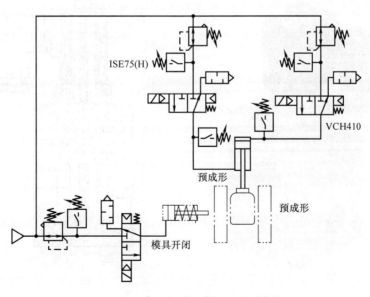

图9.6-2 高压气动元件用于驱动气缸

一、产品简介

图9.6-3所示为二位二通 N.C. 型 VCH41 系列电磁阀的外形图和结构原理图。图9.6-4

所示为二位三通 VCH410 系列电磁阀的外形图和结构原理图。高压电磁阀的主要技术参数见表 9.6-1。

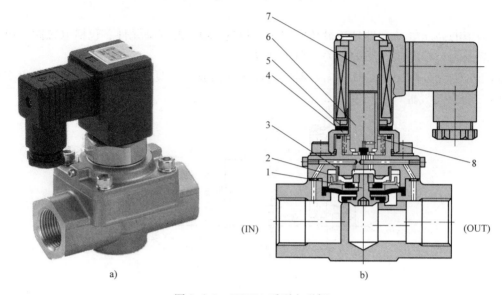

图 9.6-3　VCH41 系列电磁阀

a）外形图　b）结构原理图

1—膜片组件　2—主阀芯导座　3—主阀芯复位弹簧　4—螺母　5—橡胶安装件
6—动铁心组件　7—静铁心组件　8—复位弹簧

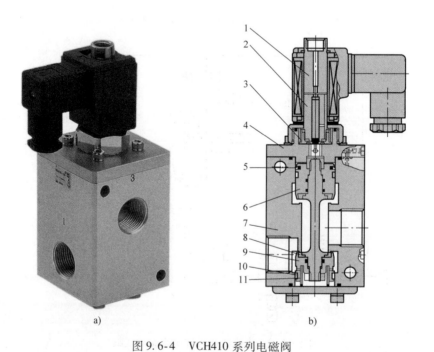

图 9.6-4　VCH410 系列电磁阀

a）外形图　b）结构原理图

1—静铁心组件　2—动铁心组件　3—复位弹簧　4—阀盖　5—环　6—控制活塞 A
7—阀体　8—座阀式阀芯　9—控制活塞 B　10—导环　11—主阀芯复位弹簧

表 9.6-1　高压电磁阀的主要技术参数

系列	VCH41	VCH42	VCH410
机能	二位二通		二位三通
结构形式	先导式座阀		
使用介质	空气、惰性气体		
连接口径	G3/4、1		G1/2、3/4、1
孔口直径/mm	φ16	φ17.5	φ18
最高使用压力/MPa	5		
动作压力差/MPa	0.5~5		0.5~5①
有效截面面积/mm²	85	110	100~120
环境和介质温度/℃	-5~80		
额定电压/V	DC12、24，AC200、100		
导线引出方式	DIN 形插座式		
消耗功率	5W（DC）、13VA（AC）		
保护等级	IP65		
线圈绝缘等级	B 种		

① 三通阀作为选择阀，应一通口压力 > 三通口压力 ×2。

5.0MPa 的单向阀 VCHC40 的结构原理如图 9.6-5 所示。

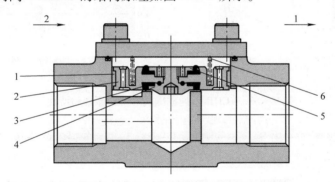

图 9.6-5　VCHC40 系列单向阀
1—导环　2—控制活塞　3—座阀式阀芯　4—固定螺钉　5—螺母　6—复位弹簧

直动式减压阀 VCHR 系列的结构原理如图 9.6-6a 所示。VCHR30 减压阀的流量特性和压力特性见图 9.6-6b、c。本减压阀在内部的滑动部和密封圈上使用了润滑脂，以提高其响应性。若二次侧不能存在油雾的场合，应注意与相应厂商沟通。

VCHN 系列消声器的结构原理如图 9.6-7 所示。当消声器内部压力达 1.8MPa 以上时，溢流阀动作，开始溢流。连接口径 R3/4~11/2，相应有效截面面积为 200~320mm²，环境和介质温度为 5~80℃，消声效果为 35dB（A）（当供给压力为 4MPa、背压为 2MPa 时）。此外，还有减少冻结影响的消声器 VCHNF 系列，在高压、急速排气时可减少或避免冻结的影响。

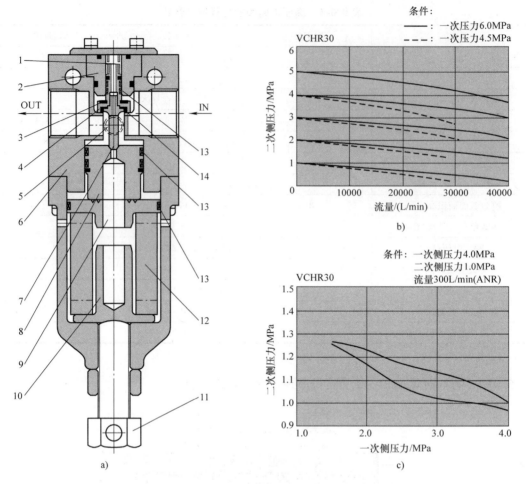

图 9.6-6 VCHR 系列减压阀的结构原理和特性
a) 结构原理 b) 流量特性 c) 压力特性
1—复位弹簧 2—阀柱导座 3—缓冲垫 4—阀柱 5—内六角螺塞 6—阀体 7—阀杆
8—活塞 9—弹簧导座 10—弹簧座 11—调压螺钉 12—弹簧 13—导环 14—座阀芯

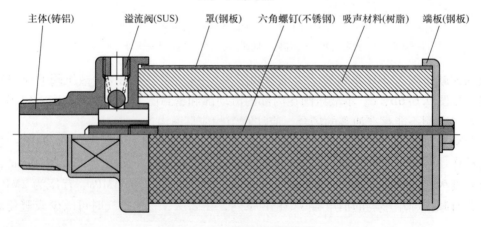

图 9.6-7 VCHN 系列消声器

二、使用注意事项

1）高压空气一旦急速排气，温度会显著变化，会产生结露或冻结，造成阀芯动作不良。使用消声器可减少冻结。

2）二、三通电磁阀的排气通口若节流过大，一旦形成背压超过供给压力，阀可能切换不良或动作不稳定。三通电磁阀在切换过程中，高压空气会回流至中压空气侧，因此，作为选择阀使用时，中压侧减压阀必须使用溢流型 VCHR 系列。

3）电磁阀一次侧配管不得过分节流，以免流量不足，造成切换不良或响应慢。二次侧配管也要合理选用。设置减压阀的场合，电磁阀刚切换后，因减压阀响应速度的关系，一时为无供气状态，因此，对于存在最低动作压力的场合，应考虑选好配管尺寸、长度、设置气容等。

4）若没有高压气源，可利用增压阀将普通气源增压至高压。

三、应用示例

高压元器件可应用于激光切割中辅助气体的控制，如图 9.6-8 所示。

激光切割辅助气体主要分为三种：压缩空气、O_2 和 N_2，这些气体主要根据激光切割的材料的不同来进行选择。压缩空气主要是用来切割薄板时使用，成本低，O_2 主要是用来切割普通碳钢，N_2（纯度为 99.999%）主要用来切割不锈钢和合金钢。

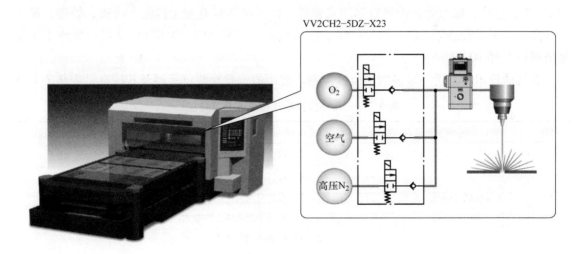

图 9.6-8 激光切割中辅助气体的控制

该运用主要使用 VV2CH2－5DZ－X23 模块化高压阀组（见图 9.6-9），配合 ITVX 高压电气比例阀（见图 9.6-10），二者都是专为激光加工行业开发的特殊定制产品。O_2、N_2 作为切割气体分别对应铁和不锈钢，根据钣金厚度来设定气体压力，进行切割。

图 9.6-9　VV2CH2-5DZ-X23 模块化高压阀组

图 9.6-10　ITVX 高压电气比例阀

第七节　气动位置传感器

传感器是一种将被测量（如物体的位置、尺寸、液位、力、压力、流量、速度、加速度、转速、温度等）转换为与之有确定对应关系的、易于精确测量和处理的某种物理量（如电压、电流、压力等）的测量部件或装置。由于电学量有便于传输、转换、处理、显示等特点，故通常传感器是将非电量转换成电量输出。此外 SMC 的部分传感器也集成了工业通信接口（如 IO-Link）。

在气动技术中，遇到最多的是位置检测。常用的位置检测传感器及其特点见表 9.7-1。

表 9.7-1　几种位置检测传感器及其特点

名称	工作原理	特点
行程开关	靠外部机械（撞块、凸轮等）使开关的触点动作，发出电信号	1) 不受磁场的影响 2) 安装件、挡块要设计、制作 3) 安装空间大 4) 检测位置调整工作量大 5) 检测占用空间大 6) 是接触式传感器
限位阀	靠外部机械（撞块、凸轮等）使机控阀换向，发出气信号	1) 能在较恶劣环境中工作。因不存在电火花，可用于防爆、防燃的场合，不怕电磁干扰 2) 安装件、挡块要设计、制作 3) 安装空间大 4) 检测位置调整工作量大 5) 检测占用空间大 6) 是接触式传感器

(续)

名称	工作原理	特点
气动位置传感器	将位移的变化转变为压力的变化，再转变为电量的变化	1) 检测探头与被测物体不接触，是一种非接触式传感器 2) 适合高温、振动、电磁干扰、化学腐蚀、易燃、易爆等恶劣环境中工作 3) 安装件要设计、制作 4) 检测位置调整工作量大 5) 价格较高
磁性开关	利用磁场的变化来检测物体的位置，并输出电信号	1) 不需设计制作安装件 2) 安装空间小 3) 检测位置易调整 4) 不受污染的影响 5) 价格低 6) 易受外磁场的影响
光电开关	利用光的变化检出物体的有无或是否接近 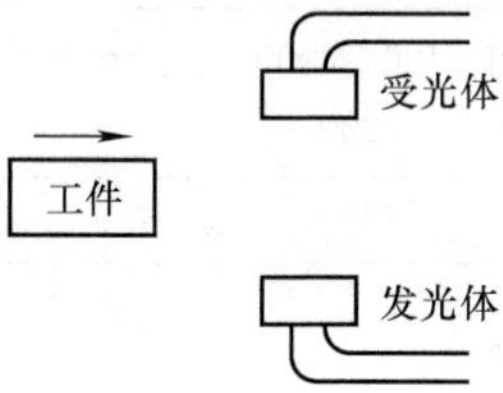	1) 是非接触式传感器，检测距离长 2) 不受磁场的影响 3) 安装件要设计制作 4) 安装空间大 5) 检测位置调整（光轴的调整）工作量大 6) 怕污染 7) 价格较高
接近开关	当工件接近开关时，根据开关的某种物理量（如电感、电容量、电频率、磁感应势、超声波声学参数等）的变化来进行开关的动作	1) 不怕污染 2) 工件仅限金属 3) 安装件需设计制作 4) 安装空间大 5) 检测位置调整工作量大 6) 价格较高

从表9.7-1中可以看出，位置检测大体上可分成电测法和气测法。按检测探头与被测物体是否直接接触，又可分成接触式和非接触式传感器。电测法比气测法响应快、传输距离长、信号转换、处理、显示等都很方便，但气测法在恶劣环境中工作有优越性。有些工业应用，若要求响应速度不高、传输距离不远，有限的承载能力，气测法还是有广泛的应用。特别是气动位置传感器作为一种非接触式传感器，且使用压力一般较低，即便对非常脆弱的对象（如非常薄的玻璃）也不会损坏，探头也不存在磨耗的问题，这都是气测法的优势所在。

一、检测原理（ISA3系列）

ISA3系列检测原理如图9.7-1所示，用孔口前后的压力传感器检测并输出供给压力、2次侧压力及缝隙量。

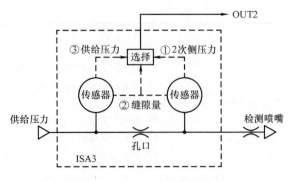

图 9.7-1 ISA3 系列检测原理

二、主要技术参数（见表 9.7-2）

表 9.7-2 ISA 系列位置传感器主要技术参数

系列		ISA2		ISA3		
型号		ISA2-G	ISA2-H	ISA3-F（L）	ISA3-G（L）	ISA3-H（L[①]）
适用流体		干燥空气（5μm 过滤精度）				
检测距离/mm		0.01~0.25	30~200	0.01~0.03	0.02~0.15	0.05~0.30
额定压力范围/kPa		30~200	50~200	距离检测：100~200 压力检测：0~200		
推荐检测喷嘴		φ1.5	φ2.0	φ1.5		
输出形式		开关 1 输出		开关 2 输出 OUT1：缝隙量检测 OUT2：缝隙量、2 次侧压力、供给压力检测可选		
消耗流量	供给压力 50kPa	<5L/min	<10L/min	<5L/min	<12L/min	<22L/min
	100kPa	<8L/min	<15L/min			
	200kPa	<12L/min	<22L/min			

① IO-Link 对应，通信规格见表 9.7-3。

表 9.7-3 IO-Link 通信规格

系列	版本	通信速度/(kb/s)	过程数据大小/byte	最小循环时间/ms
ISA3-□L	V1.1	COM2（38.4）	输入：8 输出：0	4.2

三、使用注意事项

1) 不要使用含有化学药品、含有机溶剂的合成油、盐分、腐蚀性气体等流体。要使用干燥空气，过滤精度要小于 5μm，以防止异物进入小径喷口。

2) 使用含有冷凝水的空气时，要在过滤器前安装冷干机和冷凝水收集器，并定期排水。

3) 吹净配管内残留的异物等后，再与产品进行配管。

4) 从本体至检测喷口的配管中，不要使用有泄漏、有阻力的元件、接头等。有水的场合，不要使用快换接头。

5）电缆的极限抗拉强度为50N。

6）为防止干扰信号、电涌的混入，配线尽量要短，最长要低于30m，配线时DC（-）线（蓝色）要尽量靠近电源。

7）要将本体安装到高于检测喷嘴的位置上，否则可能会有水货切削油等从检测喷嘴逆流到产品本体，造成无动作或故障。

四、应用示例

用气动位置传感器（ISA3系列），可进行轴压入基准面确认（见图9.7-2a）、加工基准面紧贴确认（见图9.7-2b）、机床加工件到位确认（见图9.7-2c）。

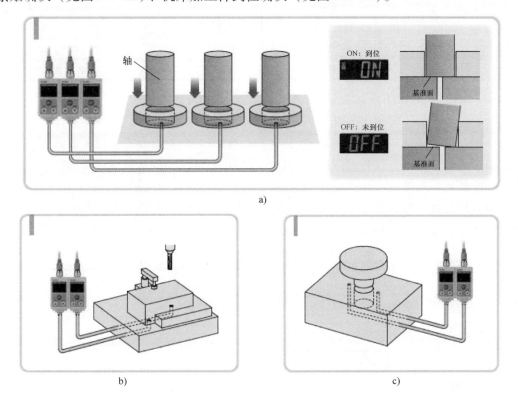

图9.7-2　应用气动位置传感器
a）轴压入基准面确认　b）加工基准面紧贴确认　c）机床加工件到位确认

第八节　电动执行器（LE□系列）

一、概述

由电动机带动螺杆（丝杠）旋转，通过螺母来驱动滑台（可安装工件）作往复直线运动的元件，称为电动执行器，简称为电缸。常见的电缸，除了采用丝杠传动的方式以外，还有同步带形式的应用也很广泛。

电动执行器与气缸的性能比较见表9.8-1。从表9.8-1中可以看出，电动执行器适合用于搬送轻负载、希望多点定位且要求定位精度高的控制系统中，在一些无法提供气源的场合也有着应用。如大规模集成电路的制造、数控机床、柔性制造系统、医疗设备、机器人及军用武器随动系统等。

表 9.8-1　电动执行器与气缸的性能比较

比较	驱动动力源	速度控制性	速度再现性	终端冲击	急速伸出现象	重复定位精度/mm	运动速度/(mm/s)
电缸	电源驱动电动机	非常好	非常好	无	无	±0.01	0.1~3000
气缸	压缩空气	较差	较差	有,要防止	有,要防止	>0.2	5~1500

比较	负载/kg	行程范围/mm	元件成本	改变行程、速度、出力的方法
电缸	<1200	5~3000	较高	改变程序,调整方便
气缸	>200	1~6000	较低	改变行程、开关位置及气压

SMC 公司生产的电动执行器的主要系列及产品规格见表 9.8-2。LEF、LEJ、LEM 和 LEL 系列无杆式电缸,可用于各种水平、垂直搬运,适用范围极广;LEYG 出杆式电缸,除正常水平搬运外,还适用于各种精确推力、拉力,以及垂直顶升场合;LES 电动滑台,内置导轨,对应高精度搬运;LEP 系列微型电缸,可用在各种狭小安装空间以及多轴系统组合的 Z 轴;LER 系列电动摆台可对应旋转动作、可 360°旋转对应分度台使用;LEH 系列电动夹爪可夹取各种易碎产品,并可区分大小工件;LAT3 系列卡片式电缸对应高精度、小负载和高频次的运动。

表 9.8-2　电动执行器主要系列及产品规格

名称	系列	外观	电动机类型	传动	导轨形式	重复定位精度/±mm	水平负载/kg	最大速度/(mm/s)	行程范围/mm	控制器
无杆式电缸	LEFS		DC 步进电动机、DC 伺服电动机、AC 伺服电动机	滚珠丝杠	滑轨	0.01	65	1500	50~1200	LECP1、LECP2、LECP6、LECPA、LECPMJ、JXC*1、JXC*3、JXC92、LECA6、LECS*-T、LECY*
	LEFB			同步带	滑轨	0.04	25	2000	300~3000	
出杆式电缸	LEY			滚珠丝杠	滑轨	0.01	1200	1200	30~800	
	LEYG			滚珠丝杠	滑轨	0.01	90	1000	30~300	

（续）

名称	系列	外观	电动机类型	传动	导轨形式	重复定位精度/±mm	水平负载/kg	最大速度/(mm/s)	行程范围/mm	控制器
高刚性电缸	LEJS		AC 伺服电动机	滚珠丝杠	直线导轨	0.01	400	1800	200~1500	LECSB-T、LECSC-T、LECSS-T、LECYM、LECYU
	LEJB			同步带	直线导轨	0.04	30	3000	200~3000	
滑台电缸	LES	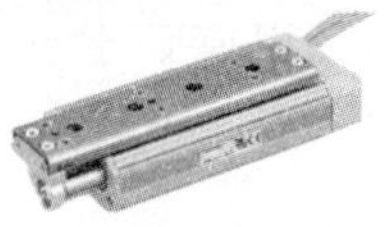	DC 步进电动机、DC 伺服电动机	滑动丝杠	一体导轨	0.05	5	400	30~150	LECP1、LECP2、LECP6、LECPA、LECPMJ、JXC*1、JXC*3、JXC92、LECA6
	LESH			滑动丝杠	直线导轨	0.05	12	400	50~150	
导杆电缸	LEL		DC 步进电动机	同步带	导杆	0.1	5	1000	100~1000	LECP1、LECP2、LECP6、LECPA、LECPMJ、JXC*1、JXC*3、JXC92
简易电缸	LEM	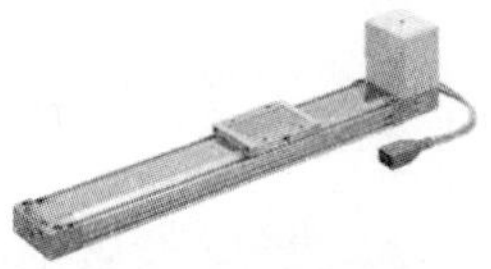		同步带	导轨	0.1	20	2000	50~2000	
微型电缸	LEPS			滑动丝杠	直线导轨	0.05	2	350	25~50	
	LEPY			滑动丝杠	滑轨	0.05	6	350	25~75	
电摆缸	LER			蜗轮蜗杆	球轴承	0.03	10 N·m	420°/s	360	
电动夹爪	LEH			滑动丝杠	导轨	0.05	210N		120	

SMC 的电缸采用了 3 种控制电动机：直流步进电动机、直流伺服电动机以及交流伺服电动机。

步进电动机是一种将电脉冲转化为角位移的电器设备，其控制原理如图 9.8-1a 所示。当步进驱动器接收到一个脉冲信号（即移动命令），它就驱动步进电动机按设定的方向转动一个固定的角度（称为步进角）。这样，便可以通过控制脉冲个数来改变转角大小。通过丝杠转化成滑台的直线位移大小，从而达到准确定位的目的。同时，还可以通过控制脉冲频率来改变电动机转动的速度和角加速度，从而达到改变滑台运动速度的目的。但传统的步进电动机没有编码器（能检测出电动机回转位置的装置），所以不能将实际位置反馈回控制器，故应在电动执行器的器体沟槽内安装磁性开关，或直接给电动机追加编码器，来确认滑台位移至什么位置。SMC 使用的所有步进电动机都追加了编码器，可以实现位置的反馈。

DC/AC 伺服电动机与步进电动机的形状构造不同，但控制原理与步进电动机类似，都是通过脉冲信号来控制电动机的旋转，并且伺服电动机本身就配有编码器，可根据移动命令来驱动电动机，通过编码器，便可将滑台的位置反馈至控制器，以确认滑台的位置是否正确，从而实现滑台位置的精确控制，其控制原理如图 9.8-1b 所示。

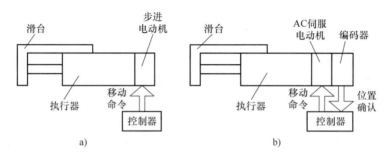

图 9.8-1 电动执行器的电动机控制原理
a）步进电动机 b）直流伺服电动机

三种电动机的成本依次为：AC 伺服电动机 >> DC 伺服电动机 > DC 步进电动机，三种电动机在选择时最主要的考虑因素是速度和负载能力，步进电动机常用于低速重载的情况，DC 伺服电动机用于中速低载，而 AC 伺服电动机可对应较大的速度和负载，三者的负载曲线对比图如图 9.8-2 所示。

SMC 的电缸采用的传动方式有丝杠与同步带两种，两种方式在使用时的主要参数对比见表 9.8-3。通常来说，丝杠对应负载较大且精度较高的情况，而同步带适用于速度较快或行程较大的场合。

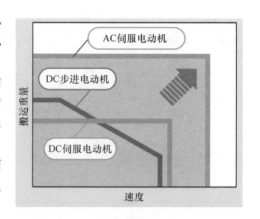

图 9.8-2 三种电动机的速度负载曲线图

表 9.8-3 丝杠与同步带传动的主要参数对比

传动类型	负载/kg	速度/(mm/s)	最大行程/mm	重复定位精度/mm	成本
丝杠	1200	1800	1500	±0.01	高
同步带	30	3000	3000	±0.04	低

二、动作原理（LEY、LEFB 系列）

下面将选取两个典型系列，来说明两种传动方式的基本结构和动作原理。

第一种是丝杠传动的出杆式电缸 LEY 系列，整体结构如图 9.8-3 所示。动作原理：电动机连接电动机侧同步带，通过皮带，驱动丝杠侧皮带旋转，丝杠旋转驱动螺母前后移动，螺母通过中空活塞杆，连接杆端内螺纹接头，将运动传导至外部。

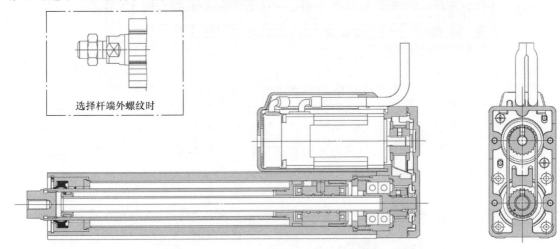

图 9.8-3　LEY 出杆式电缸解剖图

图 9.8-4 所示为 LEY 系列的另一种结构形式，电动机与丝杠呈直线放置。电动机 5 通过成对的联轴器 7，直接将旋转动作传导至丝杠，后续动作同上。

第二种是 LEFB 系列，同步带传动的电缸，如图 9.8-5 所示。电动机旋转，通过连接的电动机同步带轮 11，驱动同步带 7，与成对的端部同步带轮 4 配合，同步带在缸体内部循环运动。6、5 为同步带保持座和同步带连接件，起到将一条同步带连接成环形结构的作用，同时，缸体外部的滑台通过与同步带保持座 6 连接，可以将同步带的往复运动传导至缸体外部滑台，进行往复直线运动。

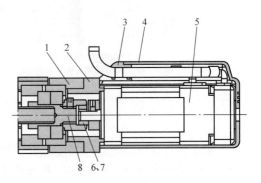

图 9.8-4　电动机直线型安装
1—电动机安装块　2—电动机安装法兰
3—线套　4—电动机罩　5—电动机
6—十字垫　7—联轴器　8—插轴

三、控制系统（LEC、JXC□系列）

无论何种传动方式，电缸的动作都是由电动机进行控制的。因此，对于电缸的控制，其关键就在于对电动机的控制。电缸在正式运行之前，需要先进行原点回归，确定基准点。原点，是电缸动作的基准点，只有确定了基准点之后，电缸才能通过电动机编码器的反馈来计算和记忆移动的实际位置。通常来说，电动机配置的编码器都是相对型的，电缸控制器每次断电重新上电之后，都要重新进行原点回归。这样的要求，无法满足一些特殊的工艺，比如设备运行一天断电休息，第二天需要继续运行的情况，对于这种需要断电能记忆位置的要求，在选择电动机时，可以选择带绝对编码器的电动机。绝对式的编码器，即使断电之后再

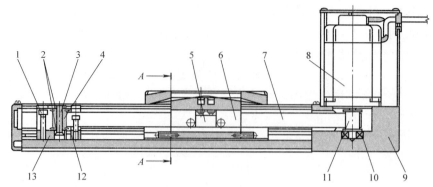

图 9.8-5　LEFB 同步带型电缸解剖图

1—同步轮固定螺钉　2—轴承　3—同步带轮轴　4—端部同步带轮　5—同步带连接件　6—同步带保持座
7—同步带　8—电动机　9—电动机安装件　10—轴承　11—电动机同步带轮　12—限位器　13—同步带轮座

上电,也可以通过读取码盘的位置来确定电缸的位置。绝对型编码器和相对型编码器的结构和大致工作原理如图 9.8-6 所示。

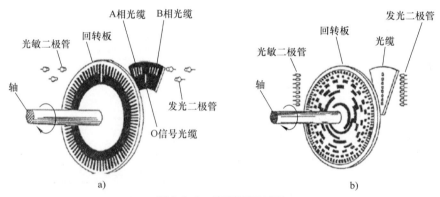

图 9.8-6　编码器原理图
a) 相对型编码器　b) 绝对型编码器

目前对于电动机的主要控制方式有三种:第一种是传统的脉冲控制方式,即通过上位机发送脉冲信号给驱动器,再由驱动器驱动电动机的转动,转动的速度、角度等,均由脉冲的频率、个数来决定;第二种是比较方便的定位控制方式,即驱动器本身可以存储位置,可以通过 PC 或手持编程器将需要定位的位置信息(包括速度、出力等)存入驱动器中,再由上位机发送开关量信号,便可控制电缸运动;第三种是通过串行通信的方式进行控制,随着工业自动化的发展,总线技术越来越成熟并且应用广泛,串行通信的方式高效、稳定,可以根据使用者的要求进行随心所欲的控制。

三种控制方式对比见表 9.8-4。

表 9.8-4　三种控制方式对比

对比项	脉冲型	定位型	总线型
控制系统成本	高	低	较高
控制难易程度	较难	容易	难
电缸操控性(速度、位置及出力等)	高	低	高
可多轴联动(直线、圆弧插补)	可以	不可	可以
原点回归	需要上位机配合	控制器可完成	控制器可完成
输入信号抗干扰能力	差	强	强

SMC 可选的控制器种类丰富（见图 9.8-7），根据对应的电动机和想要采用的控制方式，可以有很多种匹配方案。

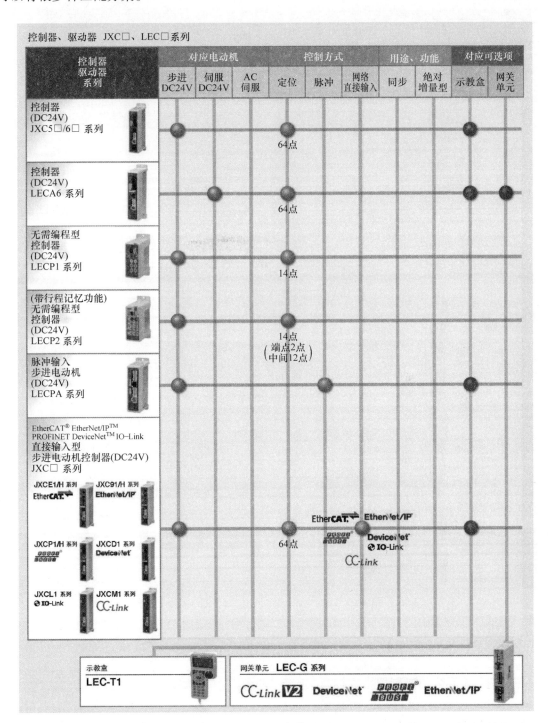

a)

图 9.8-7 控制器种类

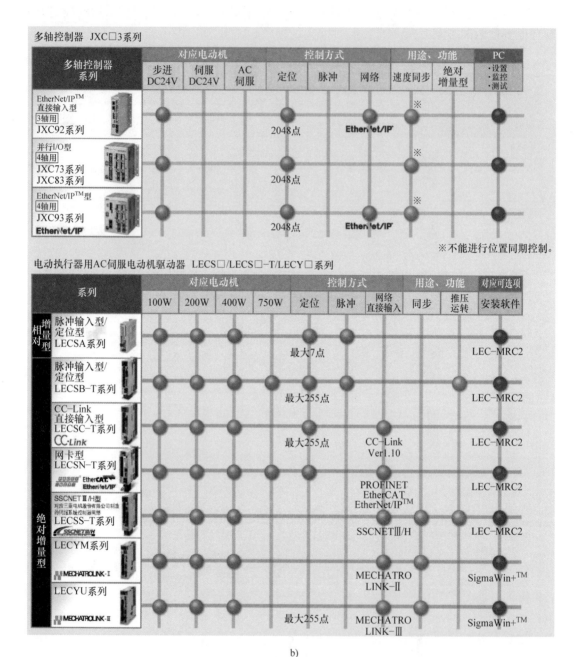

图 9.8-7 控制器种类(续)

下面选三个系列的控制器来进行说明。

1. 脉冲型控制器(LECSB - T 系列)

脉冲控制方式,是比较传统同时也是最常见的一种控制电动机的方式。通常上位机会匹配一个定位模块(专门用来控制脉冲型控制器的控制单元模块),定位模块通常都会有固定数量的脉冲输出点,以匹配不同数量的轴数,即电缸数量。一般一个轴需要两个脉冲输出点,分别控制正反转动作。一个复杂的定位模块,通常还具有进行多轴控制的功能,可以实现直线或圆弧插补动作。脉冲控制系统如图9.8-8所示。

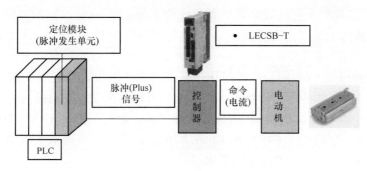

图9.8-8 脉冲控制系统

控制器接收上位机定位模块或脉冲发生单元发出的脉冲串信号,该脉冲串信号的个数、频率直接决定了电缸运动的行程和速度等。这些基本参数,都由PLC编程进行设定。而且脉冲型的控制器,一般本身不具有原点回归功能,而是由电缸的输入输出,配合定位模块本身来实现。

对于一个脉冲型的控制器来说,使用之前需要调整的控制器关键参数有两个:①指令脉冲的方式,务必与上位机发出的指令脉冲方式匹配即可;②电子齿轮比,电动机编码器的分辨率配合电子齿轮比,可以决定电缸每接收一个脉冲运行的距离。

LECSB-T系列控制器的参数调整需要通过三菱公司的伺服调试软件MR configurator2来进行,如图9.8-9所示,参数PA13,名称*PLSS,即是指令脉冲输入形式,总共6个可选项,通过左侧单选框选择对应的模式即可。

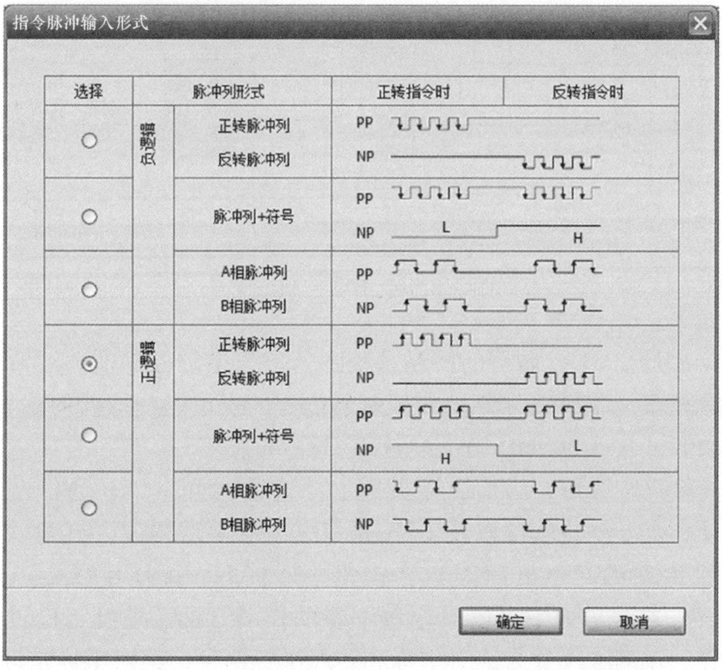

图9.8-9 LECSB-T指令脉冲输入形式可选项选择界面

电子齿轮比，通常包含电子齿轮比分子和电子齿轮比分母两个选项，如一个编码器分辨率为10000的电缸，导程12mm，电子齿轮比为1:1，那么控制器每收到10000个脉冲，电缸就运行12mm，这样如果要运行整数距离，比如10mm时，在计算时很不方便。那么可以将电子齿轮比调整为10:12，这样控制器每收到10000个脉冲，电缸就运行10mm，计算方便。

LECSB-T的控制器参数中，已经简化了电子齿轮比的参数设置，无需再分别设定电子齿轮比的分子、分母，然后还要再计算，而是改为可以直接设定电动机每转一圈的指令脉冲数量。参数PA05，名称 *FBP，每转指令输入脉冲数，填写范围为1000~1000000，直接填入相应的数值即可。如前面例子中导程12mm的电缸，可以将该参数直接设置为12000，那么也可以实现10000个脉冲走10mm的要求。

2. 定位型控制器（JXC51系列）

JXC51系列是一款针对DC步进电动机的控制器，该控制器操作简单，可以设定64个点位（步数据），由普通的PLC的开关量信号即可控制，硬件成本也较低。JXC51控制器使用时无需配置脉冲发生单元，本身具有位置存储功能和内置的脉冲发生装置，只需由PLC等上位机的普通I/O模块发送开关量信号（见图9.8-10），触发内部相应的步数据，JXC51控制器自身可以驱动电缸移动到相应的位置。

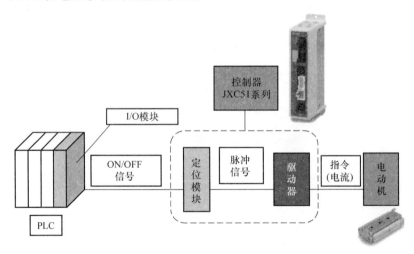

图9.8-10 I/O控制系统

图9.8-11所示为JXC51控制器的控制系统图，定位型的控制器，通常需要通过调试软件或者是专用的示教盒（手持编程器）对控制器内部的点位进行提前的示教和设定。JXC51系列控制器匹配的调试软件为SMC提供的ACT Controller。

首先，正确连接电缸线缆，给电源接头通电。然后，通过USB通信电缆连接电缸控制器和计算机，在计算机上安装软件以及USB通信电缆的驱动程序。打开软件，进行通信设定，匹配通信电缆对应的端口（COM）号，建立连接后，选择步数据内容，即可显示如图9.8-12所示画面，在该界面中可以设定每一步的作动方法、速度、位置、出力及定位精度等详细参数内容。作动方法分为绝对坐标和相对坐标两种，绝对坐标是以电缸的原点为基准来表示位移的坐标，相对坐标也称为增量坐标，是以电缸实际移动量来表示的坐标，可通

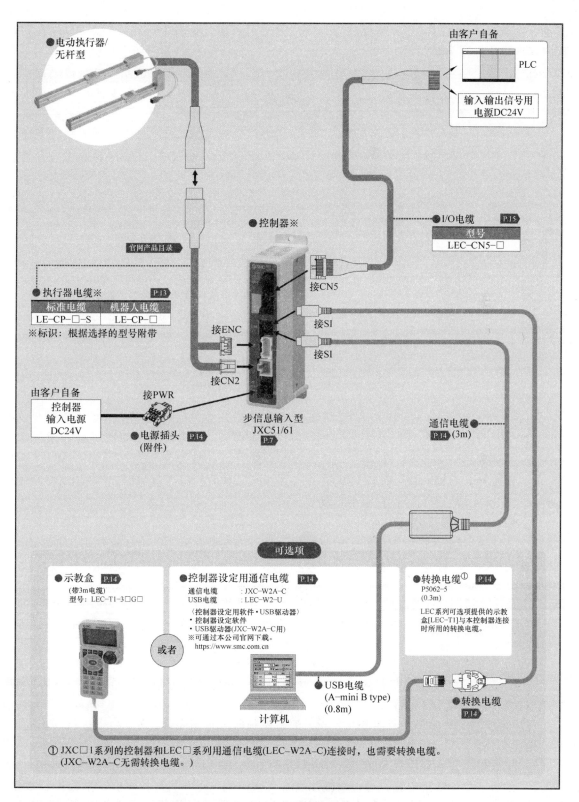

图 9.8-11 控制器的控制系统图

过正负号来区分运动方向。步数据内容写完之后通过点击"下载 PC -> LE",可以将步数据内容下载并保存至控制器中。

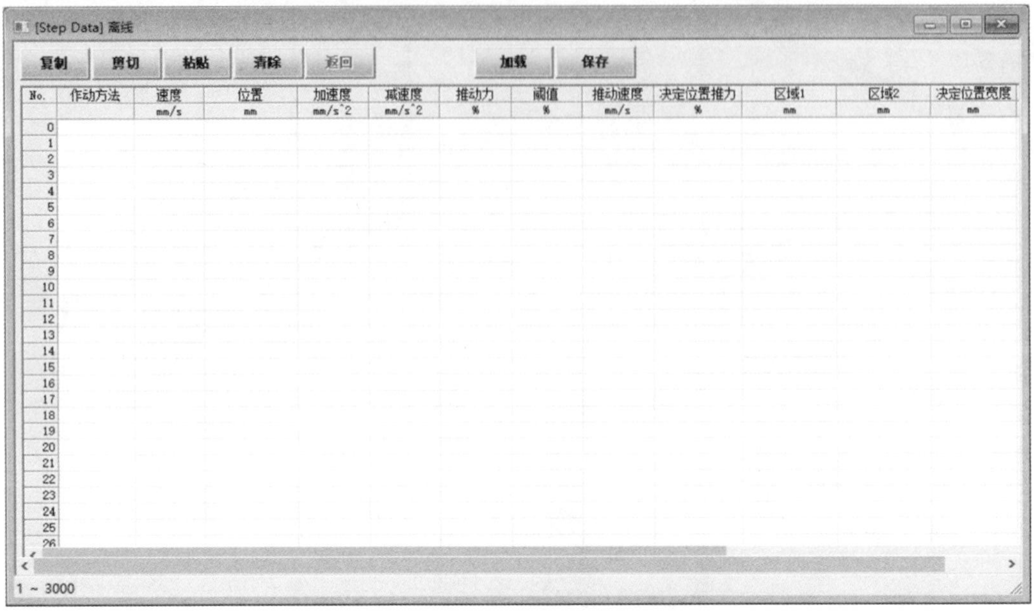

图 9.8-12　ACT Controller 步数据修改画面

之后,就可以通过连接 PLC 的 IO 线缆,用 PLC 的开关量进行控制了。图 9.8-13 所示为 JXC51 控制器运行定位控制时的时序图,控制器完成原点回归之后,可以进行定位动作。首先通过 IN0~IN5,6 个输入信号,以 2 进制的方式,选择步号(No.),例如,IN0 与 IN2 为 ON,其他 IN1、IN3、IN4 和 IN5 均为 OFF,此时选定的是 No.5 步数据。然后按照时序图的要求收发相关信号即可控制电缸的运动。

3. 协议型控制器(JXCP1 系列)

协议型控制器最大的优点就在于电缸的控制,不再由数量有限的 I/O 点限制,而是由一根串行通信线发送数据进行控制。这样的方式,大大增加了电缸控制的自由度,比如 JXCP1 控制器,是一款基于 JXC51 系列控制器开发的,可配合 Profinet 协议的控制器。除了具有 JXC51 系列控制器本身的控制功能以外,还具备了通过数据对电缸直接进行控制的功能。同时,对于电缸控制的状态,如当前速度、当前位置、输出力等详细信息,都可以通过通信进行读取。

JXCP1 型的控制器在使用之前,需要通过西门子的 PLC 软件(以博图为例)组态,载入 GSDML 文件,将控制器配置到 Profinet 网络中后,即可进行控制。下面介绍一下协议型控制器独有的数据直接控制方式。

具体的控制时序如下:下述 Byte、bit,都是控制器组态完成后,PLC 可以进行读写的寄存器地址及其内容。

1)将数据模式启动信号 Start flag,输出寄存器 Byte4,bit0 置 OFF。

2)预选一步步数据内容,通过对输出寄存器 Byte0,bit0~5 进行赋值,来选择步数据 No.。数据运行模式,必须以这一步选定的步数据作为运行依托,如选取步数据 No.1,Byte0,bit0:IN0 = ON,Byte0,bit1~5:IN1~5 = OFF。

(1) 选步：
　　输入：IN0~IN5→ON
↓
(2) IN0~IN5输入30ms之后，运行；
　　(控制器扫描周期)
　　　　输入：DRIVE→ON
　　执行器扫描IN0~IN5端口状态，识别并运行。
↓
(3) 执行器开始运动；
　　输出：BUSY→ON
　　　　　INP→OFF
↓
(4) DRIVE输入30ms之后；
　　输入：DRIVE→OFF
　　　　　IN0~IN5→OFF
↓
(5) DRIVE信号OFF同时；
　　输出：OUT0~OUT5→ON
　　(输出匹配扫描出的IN0~IN5状态)
↓
(6) 定位完成、执行器停止运动；
　　同时，输出：INP→ON
　　　　　　　　BUSY→OFF

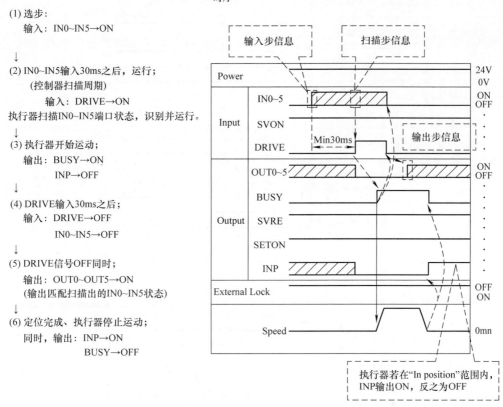

图 9.8-13　JXC51 控制器运行定位控制时序图

3）选择需要通过数据运行确定的内容，输出寄存器的 Byte2, bit 4~7；Byte3, bit0~7 是步数据参数的状态标志位。例如：只需要对步数据的【位置】参数进行修改，将 Byte2, bit6 置 ON、Byte2, bit4~5 = OFF, Byte3, bit0~7 = OFF。那么后面发送的数据除了位置是以第 4）步中发送的数据运行以外，其他运行参数，都与第 2）步选定的步数据一样。如果对应的步数据参数的状态标志位为 OFF 状态，那相应的对步数据的发送数据无效。

4）针对步骤 3）中对应的步数据内容，需要对相应的输出寄存器赋值。
例如：此次数据运行的目标位置为 50mm，需要对寄存器 Byte8、9、10、11 进行赋值。
50mm→5000（该数值单位为 0.01mm）→转化为 16 进制（00001388）h
Byte8：Position（HH）赋值为（00）H
Byte9：Position（HL）赋值为（00）H
Byte10：Position（LH）赋值为（13）H
Byte11：Position（LL）赋值为（88）H

5）步数据的状态标志位和步数据输入完成后，将输出寄存器的数据模式启动信号，Byte4, bit0 的 Start flag 置 ON，电缸开始动作。

6）电动执行器运行期间，输入寄存器的 Byte1, bit0：BUSY 将会为 ON。

7）当电动执行器到达目标位置时，输入寄存器的 Byte1, bit3：INP 将会为 ON（关于 INP 的详细介绍，请参考相关操作手册）。当电动执行器运行完成后，输入寄存器的 Byte1, bit0：BUSY 将会为 OFF。当输入寄存器的 Byte1, bit3：INP 的 ON 状态和 Byte1, bit0：BUS-

Y 的 OFF 状态同时建立时，指定的运行完成，如图 9.8-14 所示。

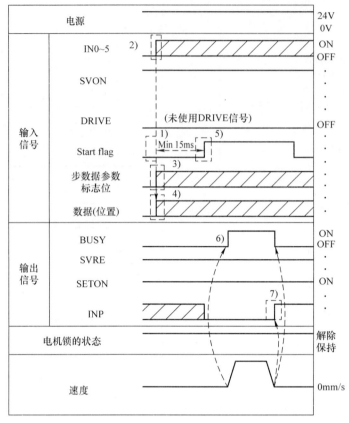

图 9.8-14 JXCP1 数据模式控制时序

四、选型方法

想要选择一款合适的电动执行器，首先要选择一款满足机械强度的电缸本体，然后要选择一款满足使用工艺的控制器，最后还要配齐一些相关的附件，如图 9.8-15 所示。

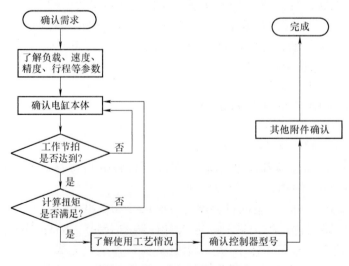

图 9.8-15 电缸选型流程图

1. 确认执行器型号

要确认电缸本体型号,先要了解使用的几个硬件条件,要根据用途,选定电缸系列,然后根据机械要求确定四个关键参数:①负载重量;②运动速度(工作节拍);③(重复)定位精度;④行程。

1)选定系列之后,即可得知该系列的最大行程和重复定位精度,以此判断能否满足应用需求。

2)根据需求的负载重量和速度,查找样本中的负载-速度曲线图,选定合适的产品。

3)翻看样本查找到该产品的最大速度和最大加速度,由此可以通过计算得知该产品运行的节拍(运行时间),以确认是否满足机械要求。

4)根据产品安装的方式和尺寸,核算导轨负载率是否达到要求。

详细的选型过程,将在例题中进行说明,这里重点解释一下导轨的选型计算。需要5个步骤。

① 首先确定型号、安装方式,然后确定产品的负载、加速度及安装重心的位置。
② 根据型号、安装方式确定图表。
③ 根据负载、加速度从图表中查出运行的最大偏心量。
④ 将对应方向的重心位置除以最大偏心量,算出各个方向的负载率。
⑤ 将所有方向的负载率相加,和必须≤100%,该产品导轨才可以满足强度。
具体计算参见例9.8-1。

例9.8-1

① 选定产品为 LEFB40,水平安装,负载为 20kg,加速度为 3000mm/s²,安装重心位置根据图9.8-16 所示,$x=0$、$y=50$、$z=200$。

② 从样本中查找出对应 LEFB 系列,40 缸径的"允许动力矩"图表,如图9.8-17 所示,见最右侧 LEFB40 图表。

③ 查表得 20kg 负载,3000mm/s² 加速度时,允许的最大力臂 $L_x=250$mm,$L_y=180$mm,$L_z=1000$mm。

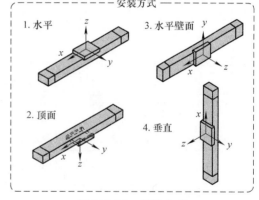

图 9.8-16 安装方式

④ 计算各方向负载率:

$$R_x = x/L_x = 0/250 = 0$$
$$R_y = y/L_y = 50/180 = 0.27$$
$$R_z = z/L_z = 200/1000 = 0.2$$

⑤ 则导轨的总负载率:

$$\alpha = R_x + R_y + R_z = 0.47 = 47\% \leq 100\%$$

因此,该导轨满足上述负载要求。

2. 确认控制器型号

确认电缸本体后,可以根据实际使用的情况来选定控制器(见图9.8-18)。主要的判定条件有:电动机种类、单轴系统、多轴系统和具体动作要求。

首先,确认选定的电动机是什么类型的,具体分为 DC 步进电动机、DC 伺服电动机和

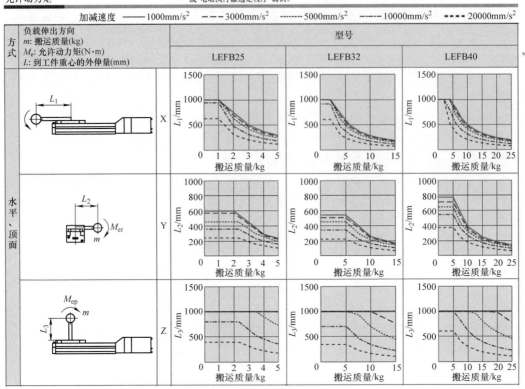

图 9.8-17 LEFB 扭矩图

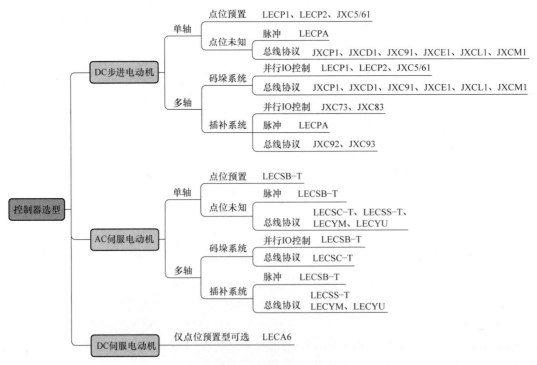

图 9.8-18 控制器选型判断图

AC伺服电动机三类。然后，根据使用的是单轴还是多轴的情况进行进一步分析。最后，根据电缸的动作，来最终判断使用的控制器，第一类如一般的搬运、装配，每次走的位置都是固定的，几乎或者很长时间不会变化，可以将这一类归为点位预置型的，这一类包括多轴系统里的码垛系统；第二类如柔性产线、配合视觉系统等进行实时控制的，每次运动的位置无法预知，需要实时变化，这一类归为点位未知型的，包括多轴系统中的插补系统（即需要两轴甚至多轴进行联动，配合走出曲线轨迹的系统）。

实际选型判断过程见图9.8-18，如选定了$x-y-z$三轴系统，采用的都是步进电动机，用来进行多行多列的规律码放（俗称码垛系统），无轨迹要求，即可选用LECP6系列产品。

3. 确认附件

附件通常包括调试编程线缆、软件和（AC伺服外置型）回生装置。

不同系列的控制器，所用的线缆和软件也不同，见表9.8-5。根据不同系列的控制器直接选取即可。

表9.8-5　附件型号表

控制器系列	LECPA	JXC5/61 JXC∗1	LRCSA/LECSB－T LECSC－T/LECSS－T	LECMY/LECMU	JXC73/83 JXC93	JXC92
编程线+软件	LEC－W2	JXC－W2A	—	—	JXC－W1	JXC－MA1
编程线	LEC－W2－C （通信线） LEC－W2－U （USB线）	JXC－W2A－C （通信线） LEC－W2－U （USB线）	LEC－MR－J3USB	LEC－JZ－CVUSB	JXC－W1－2	JXC－MA1－2
软件型号 （软件名）	LEC－W2A－S/JXC－W2A－S （ACT Controller）		LEC－MRC2C （SETUP211E/MR Configurator 2）	（SigmaWin＋™）	JXC－W1－1 （JXC Controller）	JXC－MA1－1 （JXC Controller 三轴版）

回生装置也称为再生电阻、回生可选项、再生可选项等。电动机高速转动的情况下，减速停止时，会产生能量返回控制器，称为回生能量，回生装置就是用来消耗这个能量的，防止控制器烧毁。DC步进电动机和伺服电动机的回生能量较小，通常控制器有内置回生装置。而AC伺服电动机通常需要使用外置的大功率的回生装置来吸收由于高转速大负载产生的较大的回生能量。

具体的选择需要查看图表，当使用的负载、速度超过某个曲线之后，就需要选定对应的回生装置。

例9.8-2　现有一工位，单轴水平搬运，行程为800mm，要求1s内走完全行程，重复定位精度为±0.03mm，负载为4kg，控制要求可以任意位置停止。

根据条件，LEF、LEJ等产品均在考虑范围内，按照选型流程，首先确定4个参数，行程为800mm，精度为±0.03mm，负载为4kg，平均速度为

$$\bar{v}=800\text{mm}/1\text{s}=800\text{mm/s}$$

最大速度通常可以通过1.5倍的平均速度进行试算，如果快了或者慢了可以再调整速度。所以最大速度为

$$v_{max} = 1.5\bar{v} = 1200\text{mm/s}$$

根据这4个条件,可以首先选择较常用的系列 LEF,其中根据精度条件,可以判断同步带传动的产品无法采用(同步带的重复定位精度最高为±0.04mm)。再根据负载、速度,查看速度负载曲线图9.8-19。

可以选择交流伺服,H 导程的产品,LEFS25S*H-800,且从图中曲线可以看出,此次无需选择再生可选项。

进一步查看样本,不同行程的产品,允许运行的最大速度也不同,根据表9.8-6,不同行程的允许速度,可查得 LEFS40S*H-800 的产品,最大速度为1140mm/s,比较接近1200mm/s,由于前面最大速度本身是估算,因此可以采用该产品进行第一步的试算。

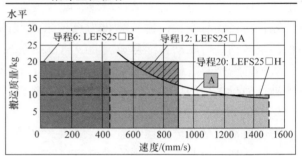

图 9.8-19 LEFS25 速度负载曲线图

表 9.8-6 LEFS 系列行程-最大速度对应关系

不同行程的允许速度

(单位: mm/s)

型号	AC 伺服电动机	导程/mm		行程/mm									
		记号	数值	~100	~200	~300	~400	~500	~600	~700	~800	~900	~1000	~1100	~1200
LEFS25	100W/□40	H	20	1500			1200	900	700	550	—	—	—	—
		A	12	900			720	540	420	330	—	—	—	—
		B	6	450			360	270	210	160	—	—	—	—
		(电动机回转数)		(4500r/min)			(3650 r/min)	(2700 r/min)	(2100 r/min)	(1650 r/min)	—	—	—	—
LEFS32	200W/□60	H	24	1500			1200	930	750	610	510	—	—	—
		A	16	1000			800	620	500	410	340	—	—	—
		B	8	500			400	310	250	200	170	—	—	—
		(电动机回转数)		(3750r/min)			(3000 r/min)	(2325 r/min)	(1875 r/min)	(1537 r/min)	(1275 r/min)	—	—	—
LEFS40	400W/□60	H	30	—		1500		1410	1140	930	780	500	500
		A	20	—		1000		940	760	620	520	440	380
		B	10	—		500		470	380	310	260	220	190
		(电动机回转数)		—		(3000 r/min)		(2820 r/min)	(2280 r/min)	(1860 r/min)	(1560 r/min)	(1320 r/min)	(1140 r/min)

AC 伺服的产品,还需要根据负载和占空比确定最大加速度。占空比为运动时间与整体循环时间的比值,例如,某电缸单向运行1s,到位后停止等待其他动作2s,后反向返回之

前位置运行3s，到达后等待4s，重复上述动作，那么该案例的占空比应该为：$(1+3)/(1+2+3+4) = 40\%$。本例题由于负载较小，即使占空比为100%也可达到最大加速度20000mm/s^2。

那么已知行程$L = 800$mm，$v = 1140$mm/s，$a = 20000$mm/s^2，需计算运行的时间是否满足1s完成。电缸的运行过程，可以理解为一个理想的匀加速、匀速、匀减速的运动过程，计算如下：

首先是加速时间T_1 = 减速时间T_3

$$T_1 = T_3 = v/a = 1140/20000\text{s} = 0.057\text{s}$$

匀速时间T_2

$$T_2 = \frac{L - 0.5v(T_1 + T_3)}{v} = \frac{800 - 0.5 \times 1140 \times (0.057 + 0.057)}{1140}\text{s} = 0.645\text{s}$$

那么实际运行时间T

$$T = T_1 + T_2 + T_3 + T_4 = 0.057\text{s} + 0.645\text{s} + 0.057\text{s} + 0.05\text{s} = 0.809\text{s}$$

其中，T_4为整定时间，即电动机在运动完成后会有个微调时间，这个时间是一个固定参考值，一般DC电动机产品取0.2s，AC电动机产品取0.05s，本例题为AC伺服电动机，因此取$T_4 = 0.05$s。

经计算，该产品满足上述1s完成的要求，本例题单轴负载直接安装，扭矩可以忽略不计，导轨能满足强度要求，因此选型合适。

图9.8-20所示为LEFS40搬运质量-加（减）速度图。

控制方面要求任意位置可停，可以选LECSB-T系列控制器，采用脉冲控制。综上我们翻看LEFS系列AC伺服电动机选型样本，如图9.8-21所示，可最终选出型号为：LEFS40□□H-800*-S*B2。"*"为是否带磁开等规格以及线缆长度，可以根据实际需要进行选择。

五、使用注意事项

1）垂直搬运的，一般不建议使用同步带，并且建议选择电动机带锁，防止掉落。

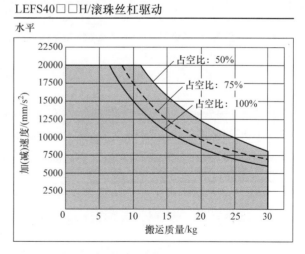

图9.8-20　LEFS40搬运质量-加（减）速度图

2）选用产品如果是直流步进电动机，最大速度和最大负载是无法同时达到的，请务必考虑速度负载曲线（负载越大时，速度越低）。

3）选用产品如果是丝杠的，务必考虑长行程时最高速度的降低。

4）DC电动机的最大加速度与产品有关，而AC伺服产品的最大加速度除了与产品有关外还与实际负载有关，需要计算占空比并且查表得知。

5）不同产品的供电电源不同，有DC24V的，也有AC110V和AC220V的，使用前务必

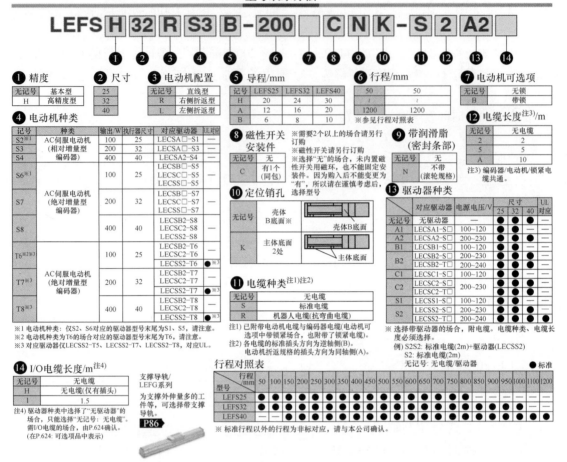

图 9.8-21　LEFS 选型

加以确认。DC24V 的产品，务必确认电源功率足够大，足够驱动电缸。

6）在有切屑末、粉尘及切削油（水、液体）等的氛围中使用时，应选择相应的防护等级的产品，或是在产品外部设置罩等。

7）用于洁净室或无发尘环境中时，需选择洁净型，以免粉尘或润滑脂挥发至无尘环境中。

8）执行器线缆可动的场合（即本体需要移动），必须选用机器人线缆，且弯曲半径大于 50mm。

9）安装面有平面度要求，外部配合导轨安装时，应该保证平行度、直线度等，电缸各零部件都是通过精密的公差加工和装配而成，微小的形变都会导致动作不良。

六、应用示例

1. 码垛系统的经典应用

图 9.8-22 所示为气缸端盖收料设备，将加工完成后的端盖，从设备上取下，进行多行多列的规律码放。由两根 LEFS 电缸，搭接成 $x-y$ 轴进行定位，z 轴为气缸，和气爪实现伸缩取放端盖的动作。

图 9.8-22 气缸端盖收料设备

2. 多工位的对应

视觉检测设备如图 9.8-23 所示，每次检测 6 个工件，上方为 LEFB 电缸，带动摄像头，在每个工位停止拍照，传输至视觉系统进行判定比对，以此判断工件是否合格。

图 9.8-23 视觉检测设备

3. 多轴插补系统——轨迹运行

图 9.8-24 所示设备为展示设备，由 LEFB 配合 LEL 实现 $x-y$ 轴的动作，z 轴为 LES 滑台，配合 LEHS 电爪抓取工件，该设备采用三菱控制系统的 SSCNETIII 运动协议，可以与 $x-y$ 轴的电缸，通过通信配合走出样机中的 SMC 的曲线轨迹。工业上比较常见的是用在点胶工位。

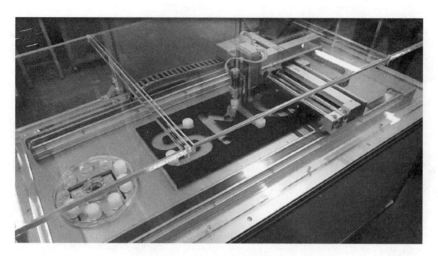

图 9.8-24 SMC 演示装置

第九节 温控器（HE□、HRW、HRS、HRZ 系列）

一、概述

温控器是对循环液进行温度调节，通过热交换，以维持用户装置中使用的液体介质（如洗净液、抗蚀液、显像液、血液、制造薄膜的溶液等）达到设定的温度且保持温度稳定。

温控器在各行各业中都有广泛的应用。

在半导体制作的蚀刻过程及薄膜形成过程中，要对硅晶圆片、液晶基板进行温度控制，以防止硅晶圆片的凹蚀，提高形成薄膜时的厚度均匀性，清除生成物，如图 9.9-1a 所示。

在印制线路板制作过程中，对显像液、抗蚀液等进行温度控制，提高液体黏性的稳定性，以保证膜厚均匀，如图 9.9-1b 所示。

在硅晶圆片、液晶基板洗净过程中，对洗净液进行温度控制，可提高洗净度的稳定性，如图 9.9-1c 所示。

对激光发生器进行温度调节，达到最合适的激光波长，可提高激光加工机的加工断面精度，如图 9.9-1d 所示。

对数控机床中的主轴轴承进行温度控制，以防止主轴温度过高引起的材料膨胀导致机械间隙变小而出现噪声和机械损伤，如图 9.9-1e 所示。

对 X 射线设备的 X 射线管及感光部进行温度调节，可提高成像质量，如图 9.9-1f 所示。此外，在医疗设备（如血液保冷装置）、分析仪器（如电子显微镜、气体色谱分析等）、等离子焊机等许多方面都有应用。

二、工作原理

SMC 的温控器有冷冻式温控器、水冷式温控器、使用珀耳帖元件的热电式温控器、热电式恒温槽，其外形如图 9.9-2 所示。

1. 冷冻式温控器（HRS*、HRZ 系列）（见图 9.9-3）

循环液回路：用循环泵向用户装置侧输出循环液。循环液在用户装置侧被冷却或加热后，再返回热交换器进入主罐。通常运转时不使用辅罐。从用户装置侧回收循环液时才使用。内部泵是用于将循环液从辅罐输送至主罐。循环液回路中，设有压力传感器、温度传感

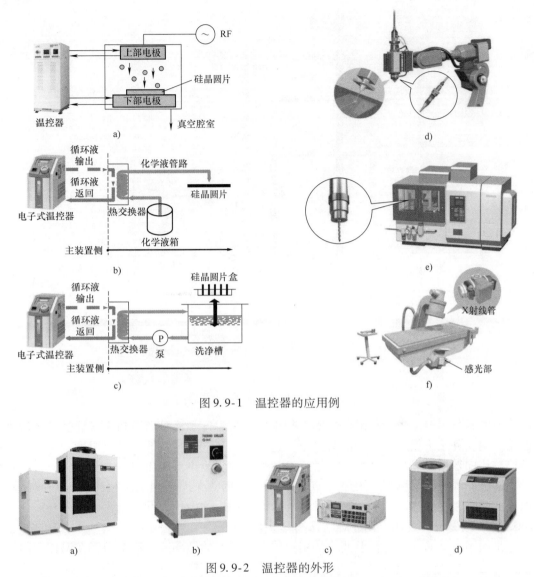

图 9.9-1 温控器的应用例

图 9.9-2 温控器的外形
a) 冷冻式温控器 b) 水冷式温控器 c) 热电式温控器 d) 热电式恒温槽

器、流量传感器、液位开关等,将检测出的信号发往控制部,以便对循环液进行适时温度控制、控制泵的 ON/OFF 和报警等。

冷冻回路:用冷冻机将冷媒(氟利昂)气体压缩成高温高压气体,通过水冷式(也有风冷式)冷凝器、膨胀阀,变成低温气体,在热交换器中,对循环液进行热交换后,再流回冷冻机,形成冷媒的循环流动。循环液返回时,若循环液的温度高于设定温度,仅打开膨胀阀 a,让低温氟利昂气体流入热交换器,以冷却循环液。相反,若返回循环液的温度低于设定温度,仅打开膨胀阀 b,不通过冷凝器,让高温氟利昂气体流入热交换器,以加热循环液。

冷却水回路:冷却水由冷却水进口流入冷凝器,利用控制阀控制冷却水的流量,便可控制冷媒温度。

2. 水冷式温控器(HRW 系列)(见图 9.9-4)

不使用冷媒气体。在热交换器中,让循环液与输入的冷却水(即放热水)进行热交换

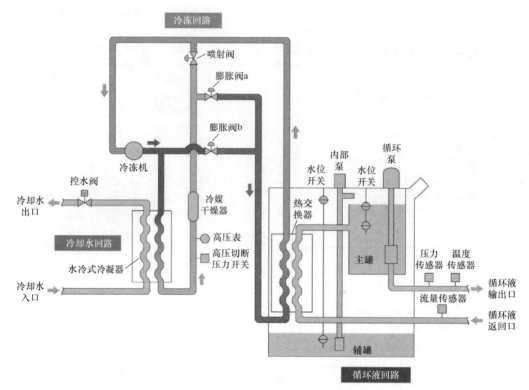

图 9.9-3 冷冻式温控器的工作原理

来进行温度调节。温度设定范围取决于冷却水的进口温度和流量。被热交换后的循环液进入主液箱,用循环泵将循环液从输出口输出。返回的循环液温度若低于设定温度,可切断冷却水进口,让加热器对循环液进行升温后,再让循环液从输出口流出。

想回收循环液时,输入一定压力的干净 N_2,单向阀关闭,则主液箱内的循环液便被压入循环液回收箱。起动内部泵,则可将循环液回收箱内的循环液返回至主液箱内。

3. 热电式温控器(HE□系列)(见图 9.9-5)

这是利用珀耳帖元件进行温调。从用户装置侧返回的循环液,流至内置在温控器内的储液罐内,通过泵在热交换器内进行温调至设定温度,再从输出口将循环液输给用户装置。热交换器内有珀耳帖元件及放热水流动。珀耳帖元件是把 P 型、N 型两种热电元件如图 9.9-6 所示连接,当直流电流流过时,是利用一侧电极面吸热(冷却),而另一侧电极面发热(加热)效应的元件。当电流方向改变时,吸热和发热随之被切换。若返回温度低于设定温度,由出口侧的温度传感器检知,反馈至控制部,切换珀耳帖元件的电流方向,对循环液加温。若循环液的返回温度高于设定温度,同样也切换珀耳帖元件的电流方向,对循环液进行冷却。珀耳帖元件的发热热量为放热水吸收。

三、主要技术参数(见表 9.9-1)

四、选用方法

应考虑循环液的种类,设定温度范围,温度稳定性要求及冷却、加热能力等来选定温控器的型号。

在选择冷却能力时,应留有 20% 的裕量。若不知道需要多大的冷却能力,可对发热量进行必要的估算。

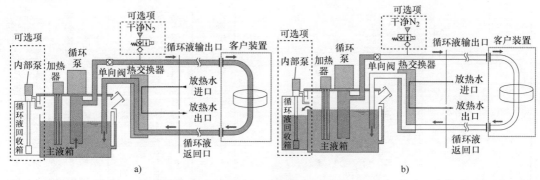

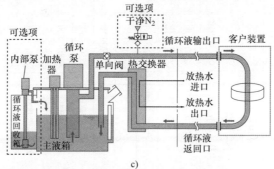

图 9.9-4 水冷式温控器的工作原理
a) 通常运行　b) 循环液回收　c) 由循环液回收箱返回主液箱

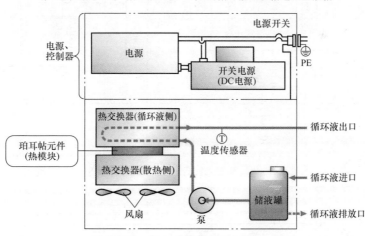

图 9.9-5 热电式温控器的工作原理

发热量

$$Q = \frac{\Delta T q_V \rho c}{60 \times 1000} \quad (9.9\text{-}1)$$

式中　Q——以 kW 计；

ΔT——为 $T_2 - T_1$，T_2 是循环液返回温度，T_1 是循环液出口温度，均以 K 计；

q_V——循环液的体积流量，以 L/min 计；

ρ——循环液的密度，以 kg/m^3 计；

c——循环液的质量热容，以 $J/(kg \cdot K)$ 计。

常见循环液的密度 ρ 及质量热容 c 见表 9.9-2。

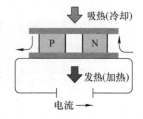

图 9.9-6 珀耳帖元件

表 9.9-1 温控器的主要技术参数

名称		系列	循环液	设定温度范围/℃	温度稳定性/℃	使用冷媒	冷却方式	冷却能力/W	加热能力/W	特点
热电式温控器		HEBC002	清水、氟化液	-15~60	±0.02		水冷式	140（水）	300（水）	• 使用电子式冷热元件（珀耳帖元件）进行温度调节 • 不用氟利昂制冷，不用冷冻机，故小型、轻 • 温度控制精度高 • 风冷式不需冷却水设备
		HEC002-A	清水、乙二醇水溶液20%				风冷式	230（水）	600（水）	
		HEC006-A					风冷式	600	900	
		HEC001-W					水冷式	140	320	
		HEC003-W					水冷式	400	770	
		HEC006-W	清水、氟化液	10~60	±0.01~±0.03	—	水冷式	600（水） 400（氟化液）	900（水） 600（氟化液）	
		HEC012-W					水冷式	1200（水） 800（氟化液）	2200（水） 1500（氟化液）	
		HECR0□-A	清水、乙二醇水溶液20%				风冷式	200~1000	600~2000	
		HECR008-W					水冷式	800	1400	
		HECR012-W					水冷式	1200	2000	
恒温水循环装置	冷冻式温控器	HRS012~030	清水、乙二醇水溶液15%	5~40	±0.1	R407C	风冷式	1100~2600	530~600	• 简易型，用于一般工业机械直至半导体产业
		HRS040~060					水冷式	3800~4900	900~1000	
		HRSH□-A		5~35	±0.1	R410A	风冷式	9500~28000	2500~7500	• 采用全铝制冷凝器，实现小型化（外形小35%，轻30%），省能（与管式散热片比，消耗功率省25%，冷媒使用量少50%）
		HRSH□-W					水冷式	11000~24000	2500~7200	
高功能循环液冷水式温控器		HRW0□-H	氟化液、溶液60%、清水、纯水	20~90	±0.3	—	水冷却式	2000	6500	• 与放热水直接进行热交换，大大节能，耗电省71%，放热水量省90% • 不需冷冻机，省空间 • 冷却能力达100kW也可提供
		HRW0□-H1						8000		
		-H1						15000		
		-H2						30000		

（续）

名称	系列		循环液	设定温度范围/℃	温度稳定性/℃	使用冷媒	冷却方式	冷却能力/W	加热能力/W	特点
高功能循环液温控装置	HRZ00□	-L	氟化液	-20~40	±0.1	R404A	水冷冷冻式	1000~8000 (-10℃)	2800~5900 (-10℃)	• 温度稳定性高。可对零下温度进行调节 • 利用特殊温控技术，最大限度地发挥冷冻机的能力，冷却时间大大缩短 • 节电最多40%，循环液最多省40%，放热水量最多省75% • 冷却能力最大可达15kW (20℃时) • 对HRZ010-W□S系列，使用DC变频器冷冻机和变频泵，可对循环液进行流量调整，最多可节电82%，放热水量最多省90%
		-H		20~90				1000~8000 (20℃)	2300~3000 (20℃)	
		-W		-20~90				2000~8000 (20℃)	2300~3300 (20℃)	
	HRZ00□	-L1	乙二醇水溶液60%	-20~40				1000~8000 (-10℃)	2500~6100 (-10℃)	
		-H1		20~90				1000~8000 (20℃)	1800~3000 (20℃)	
		-W1		-20~90				2000~8000 (20℃)	2200~3300 (20℃)	
		-L2	清水、纯水	10~40		R134a		1000~8000 (20℃)	900~1250 (20℃)	
	HRZ010	-WS	氟化液	-20~90		R404A		10000 (20℃)	5000 (20℃)	
		-W1S	乙二醇水溶液60%	-20~90				9000 (20℃)	4500 (20℃)	
		-W2S	清水、纯水	10~60					2500 (20℃)	

例 9.9-1 向装置流入的氟化液,要求返回温度 $T_2 = 26℃$,出口温度 $T_1 = 20℃$,流量 $q_V = 20\text{L/min}$,估算所需温控器的冷却能力。

解 查表 9.9-2,得 $\rho = 1.8 \times 10^3 \text{kg/m}^3$、$c = 0.96 \times 10^3 \text{J/(kg·K)}$。由式(9.9-1),有

$$Q = \frac{(26-20) \times 20 \times 1.8 \times 10^3 \times 0.96 \times 10^3}{60 \times 1000} \text{kW} = 3.5\text{kW}$$

因此冷却能应选 $3.5 \times 1.2\text{kW} = 4.2\text{kW}$。

表 9.9-2 常见循环液的密度 ρ 及质量热容 c

循环液种类	水	氟化液	乙二醇水溶液60%(不冻液)
密度 $\rho/(\text{kg/m}^3)$	1×10^3	1.8×10^3	1.08×10^3
质量热容 $c/[\text{J/(kg·K)}]$	4.2×10^3	0.96×10^3	3.15×10^3

第十节 静电消除器(IZ□系列)

一、概述

原子失去或得到电子后称为离子。失去电子的原子带正电荷,叫正离子;得到电子的原子带负电荷,叫负离子。不流动的正负电荷称为静电。

产生静电的原因有多种。两个物体相互摩擦时,它们都带上了异性电荷,称为接触带电。物体 A 一旦接近带静电的物体 B,物体 A 也就带电了,这叫诱导带电。使用紫外线的装置会产生离子,这些离子附着在工件上,称为离子附着带电。

静电的存在,会带来很多危害。静电会吸引空气中的灰尘,造成印刷质量下降,生产的药品达不到标准的纯度,生产的合成纤维质量下降,造成芯片回路的短路,造成液晶玻璃部分发光。静电贴附会造成纸张分不开,树脂成型品不易脱模,小薄片(如芯片)不易脱离吸盘,送料器发生阻塞,粉尘等会聚集等。静电相斥力会使胶片、成型品等排列不良,商标粘贴不正等。大多数静电的电压非常高,但电量很小。静电达 3~5kV,人体便有触电感。半导体设备遇到几百伏的静电就会损坏。静电的最大危害是有可能因静电火花点燃某些易燃物而引起火灾和爆炸。

最简单而又可靠的防静电方法是用导线让设备接地,把电荷引入大地,避免静电积累。但有些场合,无法用导线接地,则需使用静电消除器来消除静电。静电消除器也称为离子发生器,它是通过产生正负离子以除去静电的电气元件。

二、静电消除器相关专业名词

电晕放电:在静电消除器的电极针上,施加数千伏电压,会发生没有火花的放电,施加正电压放出正离子,施加负电压放出负离子(电极针尖有微弱的光)。

带电斑:在同一绝缘物上发生电位差的现象,即不均匀带静电。

离子斑:指存在相反的电荷场,即使使用静电消除器也不能消除静电,存在不能除静电的区域。

静电容量:指物体间积蓄的静电量。它是带静电物的电荷量与静电的电压之比。用微微法拉(pF)表示,$1\text{pF} = 1 \times 10^{-12}\text{F}$。

离子平衡(偏移电压):离子平衡又称作偏移电压,表示静电消除器能消除静电到什么

程度的规格值。

除静电时间：指电压（引起静电）从初期值衰减至任意设定的最终值所需的时间。按IEC61340—5 标准规定，是静电电压下降至最初静电电压的 10% 的时间。SMC 技术文档中所标注的除静电时间为静电电压从 1000V 降至 100V 的时间。

电位振幅：由静电消除器造成的工件表面电位振荡的峰峰值。

三、工作原理

静电消除器采用电晕放电方法，在电极针上施加数千伏的高电压，使其电离出正负离子。通过将正负离子吹到工件表面，带电离子与工件表面的静电进行中和，从而达到除静电的作用。关于在电极针上施加高电压的方式，见表 9.10-1。

四、静电消除器

1. 棒型静电消除器（IZS、IZT 系列）

（1）一体式棒型静电消除器（IZS 系列）

SMC 公司的一体式棒型静电消除器 IZS 系列主要有三种型号：IZS40、IZS41、IZS42。

IZS40 为标准型，其外观如图 9.10-1 所示，只要接通电源就可以除静电，操作简单。

IZS41 为反馈传感器型，如图 9.10-2a 所示，它在 IZS40 的基础上增加了许多功能，可与反馈传感器组合使用。使用反馈传感器时，如图 9.10-2b 所示，通过反馈传感器对除静电对象的极性与带电量进行检测，当检测到 ±30V 以上的带电量时，产生与其极性相反的离子，从而起到加快除静电时间的作用。

IZS40 和 IZS41 施加高电压的方式相同，均有脉冲 AC 方式和直流 DC 方式 2 种。可通过"FREQ SELECT"频率选择旋钮开关进行脉冲 AC 方式的频率调节以及与 DC 方式之间的切换。

IZS42 为双 AC 型，如图 9.10-3 所示，高电压加载的方式为双 AC 方式，可有效降低电位振幅，可应用于对静电敏感的电子零件加工工位。

IZS41 和 IZS42 可利用自动平衡传感器来对离子平衡进行监测，使其能够通过自动调节将离子平衡一直保持在零点附近，不发生偏移。自动平衡传感器有两种：内置型、高精度型。内置型为标配，内置于静电消除器本体里，无需单独设置；高精度型需要单独配置，将高精度型自动平衡传感器设置在工件附近，可对工件附近的离子平衡进行调节，可去除由调整静电消除器高度等环境变化引起的离子平衡变化。

（2）控制器分离式棒型 IZT 系列

为了满足在狭小空间（如机器内部）安装静电消除器的需求，SMC 公司开发了控制器分离式的棒型静电消除器 IZT 系列，如图 9.10-4a 所示。IZT 系列同样有三种型号：IZT40、IZT41、IZT42，分别对应一体式棒型 IZS 系列的 IZS40、IZS41、IZS42，功能和施加高电压方式与 IZS 系列相似。IZT 系列的静电消除器的棒体小巧，高度仅为 37mm，较 IZS 系列缩短了 60%，如图 9.10-4b 所示。在安装方法上，控制器以及高电压电源组件既可以进行一体式安装（见图 9.10-4a），又可以进行分离式组装（见图 9.10-4c）。一台控制器最多可连接 4 台高压电源组件，每台高压电源组件可连接 1 根棒体。这样，可通过控制器对多台静电消除器进行集中地监控与管理。

2. 风扇型静电消除器（IZF 系列）

风扇型静电消除器 IZF 系列，如图 9.10-5 所示，与棒型的工作原理不同，它的高电压

表 9.10-1 施加高电压的方式

施加方式	AC 方式	DC 方式	脉冲 DC 方式	脉冲 AC 方式	高频率 AC 方式	双 AC 方式
电压施加原理图	工频交流正负离子交替释放，7~8kV 至 -8~-7kV	直流，产生正离子/产生负离子	脉冲，-7~8kV 产生正离子，-8~-7kV 产生负离子	脉冲，-7~8kV 产生正离子，-8~-7kV 产生负离子	高频，产生正离子/产生负离子	双脉冲，-7~8kV 与 -8~-7kV 产生正/负离子
离子释放原理图	工频交流电源经转换加在电极针上	直流电源+控制电路，正极放大电路/负极放大电路	直流电源+控制电路，正极放大电路/负极放大电路	直流电源+控制电路，正极放大电路/负极放大电路	直流电源+振荡电路	直流电源+控制电路，正极放大电路/负极放大电路
特点	通过变压器将工频交流电压升高后加载在电极针上。正负离子以频率 50Hz 交替释放	电极针上施加正或负直流电压，连续释放正或负离子	电极针上加载正负脉冲信号，通过控制电路使相邻两电极针交替释放正负离子	在同一电极针上加载交流脉冲信号，使之交替释放正负离子	通过压电转换器将电压升高，释放约 70kHz 的高频率的正负离子	与脉冲 AC 方式类似，相邻电极针释放性相反的离子
优势	• 结构简单易用 • 单一增压电源单元可供电，多个电极针电极针组件增加容易	• 正负离子连续释放，效率高 • 适用于中长距离空间的除电	• 除电速度快 • 可远距离离除电 • 可根据环境，通过调整正负电压值来调整离子平衡	• 与 DC 方式比，离子斑较少 • 与 AC 方式比，除电距较远 • 每根针的耗损程度相似，比较均匀	• 离子平衡不需要调整即可保持良好性能 • 小型轻量 • 电位振幅较小	• 离子平衡性能良好，除电位振幅偏小，速度快
劣势	• 离子释放时间慢，远距离除电效果不好 • 电源较大	• 在安装时要注意，电极针附近以及两侧易产生离子斑 • 放正、负离子的电极针耗损以及脏污程度相差较大	• 在安装时要注意，电极针附近以及两侧易产生离子斑 • 放正、负离子的电极针耗损以及脏污程度相差较大	• 与 DC 方式相比，除电效率较低 • 与 DC 方式相比，离子耗损较大	• 正负离子分布差，远距离除离子多相互中和 • 产生的臭氧较多 • 压电转换器易破损 • 只能将电压加载在一根电极针上	• 电路、控制复杂

图 9.10-1　IZS40 静电消除器

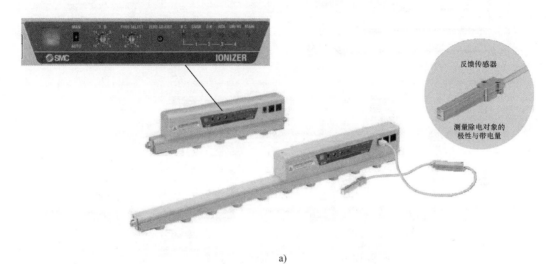

a)

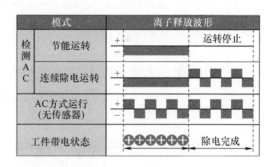

b)

图 9.10-2　静电消除器与反馈传感器

a) IZS41 静电消除器　b) IZS41 反馈传感器模式

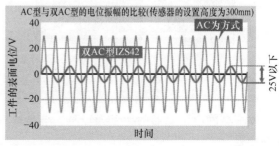

图 9.10-3　IZS42 静电消除器

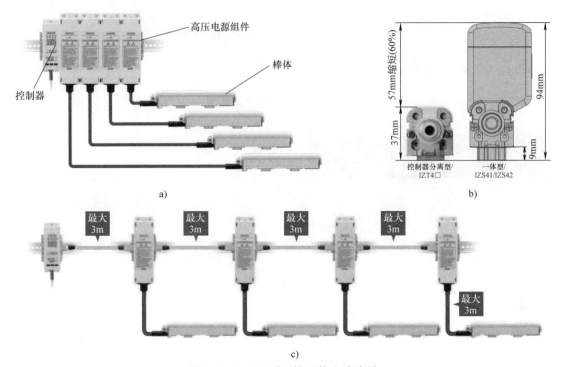

图 9.10-4 IZT 系列棒型静电消除器
a) IZT 系列静电消除器 b) IZT 系列与 IZS 系列棒体尺寸对比 c) IZT 系列分离式组装示意图

施加方式为直流 DC 方式。通过对电极针施加 DC 直流高压电，同极性电极针间隔分布的方式，如图 9.10-6 所示，进行高电压放电。电离出的正负离子，通过扇叶转动产生的风混合，吹送到工件表面，从而对工件表面静电进行中和，达到消除静电的作用。IZF 系列的离子平衡可达到 ±5V 以内。在使用风扇型静电消除器时，无需压缩空气，可以使用在无气源的场合，安装、使用更加灵活。

图 9.10-5 IZF 系列静电消除器

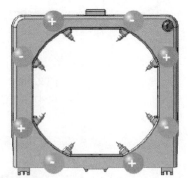

图 9.10-6 IZF 系列高压电施加方式

3. 喷嘴型静电消除器（IZN10E 系列）

喷嘴型静电消除器的特点为轻薄、小巧，占用空间小，所以用途广泛，易安装，深受顾客的喜爱。

SMC 公司的喷嘴型静电消除器为 IZN10E 系列，如图 9.10-7a 所示。其外形尺寸仅为 16mm×100mm×46mm，有 3 种喷嘴可选：节能喷嘴、大流量喷嘴以及内螺纹配管方式。其中，内螺纹配管方式，可与多种形式的喷嘴通过螺纹配合安装在一起，适用于更多特定的工位场合，如图 9.10-7b 所示。

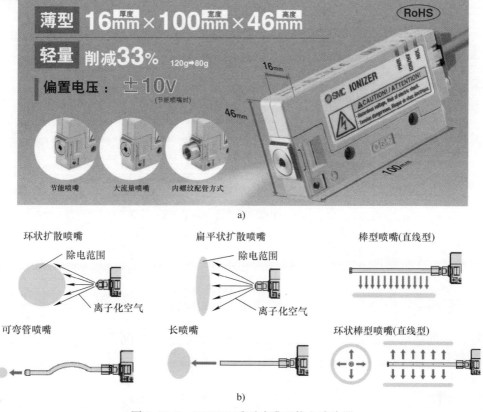

图 9.10-7 IZN10E 系列喷嘴型静电消除器
a) IZN10E 系列静电消除器　b) IZN10E 系列喷嘴扩展品

IZN10E 的高电压施加方式为高频率 AC 方式，释放正、负离子切换的频率高达几十千赫兹。由于频率过快，静电消除器本身释放的正、负离子更容易在未到达工件表面时就提前互相中和，所以必须使用压缩空气为其提供气源，使产生的正、负离子快速到达工件表面。也正是因为频率很快，所以产生的电位振幅较 IZS 系列相比很小。

五、主要技术参数

静电消除器 IZS 系列、IZT 系列、IZF 系列以及 IZN10E 系列的主要技术参数见表 9.10-2 ~ 表 9.10-5。表面电位传感器的主要技术参数见表 9.10-6。

表 9.10-2　IZS 系列的主要技术参数

静电消除器型号	IZS40	IZS41 – □□ （NPN）	IZS41 – □□P （PNP）	IZS42 – □□ （NPN）	IZS42 – □□P （PNP）
离子产生方式	电晕放电式				
施加电压方式	AC、DC	AC、检测 AC、DC		双 AC	
施加电压/V	±7000			±6000	
离子平衡[①]	±30V 以内				

（续）

静电消除器型号		IZS40	IZS41-□□（NPN）	IZS41-□□P（PNP）	IZS42-□□（NPN）	IZS42-□□P（PNP）
净化空气	使用流体	空气（洁净干燥空气）				
	使用压力/MPa	0.5 以下				
	保证耐压力/MPa	0.7				
	连接配管径/mm	$\phi4$、$\phi6$、$\phi8$、$\phi10$				
消耗电流/mA		330 以下	440 以下（检测 AC、自动运转、手动运转时 480 以下）		700 以下（自动运转、手动运转时 740 以下）	
电源电压/V		DC21.6～26.4（DC24±10% 以内）				
功能		高压电异常放电检测（检测时放电停止）	根据内置传感器控制离子平衡、维护检测、高电压异常放电检测（检测时放电停止）、放电停止输入、连续配线、遥控器（另外订购）、外部传感器连接			
有效除电距离/mm		50～2000	50～2000（检测 AC 时：200～2000；手动运转、自动运转时：100～2000）		50～2000（手动运转、自动运转时：100～2000）	
使用环境温度、使用流体温度/℃		0～40				
使用环境湿度		30%～80%RH（未结露）				
材质		静电消除器外壳：ABS；电极针卡盒：PBT；电极针：钨钢、单晶硅				
耐冲击/(m/s^2)		100				
符合规格、指令		CE（EMC 指令、2004/108/EC）				

① 带电物与静电消除器的距离为 300mm，有净化空气时。

表 9.10-3　IZT 系列的主要技术参数

静电消除器种类		IZT40	IZT41（NPN）	IZT41（PNP）	IZT42（NPN）	IZT42（PNP）
离子产生方式		电晕放电式				
电压释放方式		AC、DC①	AC、DC①		双 AC	
施加电压/V		±7000			±6000	
偏置电压②/V		±30 以内				
空气吹扫	使用流体	空气（洁净干燥空气）				
	使用压力/MPa	0.5 以下				
	保证耐压力/MPa	0.7				
	连接管子外径（允许单侧堵头）/mm	$\phi4$、$\phi6$、$\phi8$、$\phi10$、$\phi3/16in$、$\phi1/4in$、$\phi5/16in$、$\phi3/8in$				

（续）

静电消除器种类	IZT40	IZT41（NPN）	IZT41（PNP）	IZT42（NPN）	IZT42（PNP）
消耗电流/A	0.7 以下（连接时，1 根平均 +0.6 以下）	0.8 以下（连接时，1 根平均 +0.7 以下）		1.4 以下（连接时，1 根平均 +1.3 以下）	
电源电压/V	DC24 ± 10%				
功能	高压异常检测（检测时停止离子产生）	自动平衡，维护检测，高压异常检测（检测时停止离子产生），离子产生停止输入			
有效除电距离/mm	50 ~ 2000				
使用环境温度、使用流体温度/℃ 控制器高压电源组件	0 ~ 40				
使用环境温度、使用流体温度/℃ 棒体	0 ~ 50				
使用环境湿度	35% ~ 80% Rh（无结露）				
材质 控制器	盖：ABS、铝；开关：硅橡胶				
材质 高压电源组件	盖：ABS、铝				
材质 棒体	盖：ABS；电极针卡盒：PBT；电极针：钨或单晶硅；高压电缆：硅橡胶、PVC				
适合规格	CE（EMC 指令）				

① DC 加载正极或负极。
② 带电物体与静电消除器之间的距离为 300mm，有空气吹扫时。

表 9.10-4 IZF 系列的主要技术参数

型号	IZF10 - □□	IZF10 - L - □□	IZF10R - □□	IZF10 - P - □□	IZF10 - LP - □□	IZF10R - P - □□
最大风量/(m³/min)	0.66	0.46	0.80（max）	0.66	0.46	0.80（max）
离子发生方式	电晕放电式					
输入电压方式	DC 方式					
输入电压/kV	±5					
偏移电压（离子平衡）[①]/V	±13 以内					
电源电压/V	DC24 ± 10%					
消耗电流/mA	220 以下	140 以下	270 以下	250 以下	170 以下	270 以下
使用环境温度/℃	使用时：0 ~ 50；保存时：- 10 ~ 60					
使用环境湿度	使用时、保存时：35% ~ 80% RH（无结露）					
材质	外壳：ABS、不锈钢；电极针：钨					
适合规格、指令	CE（EMC 指令：2004/108/EC）		CE（EMC 指令：2004/30/EU）	CE（EMC 指令：2004/108/EC）		CE（EMC 指令：2014/30/EU）

① 符合 ANSI/ESD - STM3.1—2015 规格。

表 9.10-5　IZN10E 系列的主要技术参数

型号		IZN10E-□（NPN 规格）	IZN10E-□P（PNP 规格）
离子产生方式		电晕放电式	
外加电压方式		高频率 AC 方式	
外加电压[①]/kV		AC2.5	
偏置电压 离子平衡[②]/V	节能喷嘴	±10	
	大流量喷嘴	±15	
吹扫空气	使用流体	空气（清洁干燥空气）	
	使用压力[③④]/MPa	0.05~0.7	
	连接软管外径	ϕ6mm、ϕ1/4in	
电源电压/V		DC24±10%	
消耗电流/mA		80 以下	
有效除电范围[⑤]/mm		20~500	
周围温度（使用时、保存时）/℃		0~55	
周围湿度（使用时、保存时）		35%~65%RH（无结露）	
材质	壳体	ABS、不锈钢	
	喷嘴	不锈钢	
	电极针	钨	
耐冲击/(m/s^2)		100	
适合规格、指令		CE UL CSA RoHS	

① 1000MΩ，5pF 探针时的测定值。
② 以按照美国 ANSI 规格（ANSI/ESD-STM3.1—2015）而制定的带电板（尺寸 150mm×150mm，静电容量 20pF）为对象，带电板和静电消除器间的距离 100mm，吹扫空气 0.3MPa（节能喷嘴）/0.1MPa（大流量喷嘴）时的测定值。
③ 若无空气吹扫则无法除电，喷嘴内部的臭氧浓度有可能上升，还可能会对本产品、周边元件造成不良影响，因此离子产生时必须进行空气吹扫。
④ 本产品在执行中，暂时停止空气吹扫时，为了避免喷嘴内部的臭氧浓度上升，请关闭放电停止信号的输入，停止放电。
⑤ 内螺纹配管方式除外。

表 9.10-6　表面电位传感器的主要技术参数

型号	IZD10-110/510	IZH10（手提式）
电源电压/V	DC24±24×10%	DC1.5 干电池 2 只
消耗电流/mA	40 以下	—
有效检测距离/mm	10~50、25~75	50
测定电压/kV	±0.4（25mm 时）、 ±20（50mm 时）	±20（50mm 时）
使用环境温度/℃	0~50	0~40（动作时）、 -10~60（保存时）
使用环境湿度	35%~80%Rh（未结露）	
耐振动	50Hz、振幅 1mm、 XYZ 三方向各 2h	10~150Hz、振幅 1.5mm 或 98m/s^2 中的小者、 在 XYZ 方向各 2h
耐冲击/(m/s^2)	100	
符合标准	CE 标准$\begin{pmatrix}\text{EMC 指令}\\\text{低电压指令}\end{pmatrix}$	

六、使用注意事项

静电消除器棒长的选择：根据工件尺寸，按除静电的范围来选择棒长。

静电消除器的安装空间：侧面距离墙壁应大于 200mm，长度方向距离墙壁应大于 150mm，以免影响除静电的效果。

电极针的选用：电极针材质为钨或单晶硅时，静电消除器的离子平衡为 ±30V 以下；电极针材质为不锈钢时，静电消除器的离子平衡为 ±100V 以下。由于电极针会发尘，钨材质的电极针会带来金属污染，所以对金属污染要求严格的环境应选单晶硅。

电极针的维护：电极针会发尘。断开电源后，可用专用工具清扫，也可用棉棒浸酒精擦拭，推荐 2 周清扫一次。电极针插头宜 2 年更换一次。

七、应用示例

IZS 系列应用示例如图 9.10-8 所示，IZT 系列应用示例如图 9.10-9 所示，IZF 系列应用示例如图 9.10-10 所示，IZN 系列应用示例如图 9.10-11 所示。

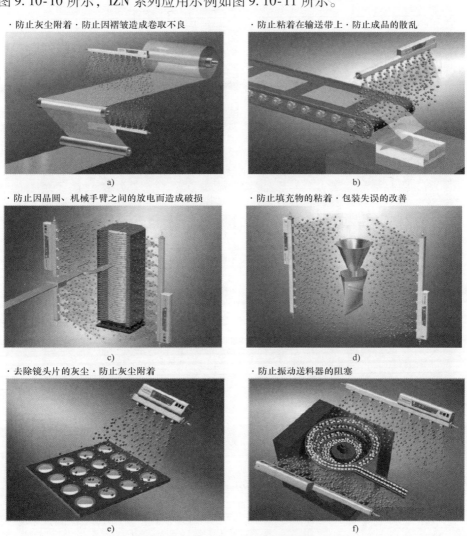

图 9.10-8 IZS 系列应用示例
a) 薄膜的除电 b) 胶片成型品的除电 c) 搬运晶片时的除电 d) 包装膜的除电
e) 镜头片的除电 f) 振动送料器的除电

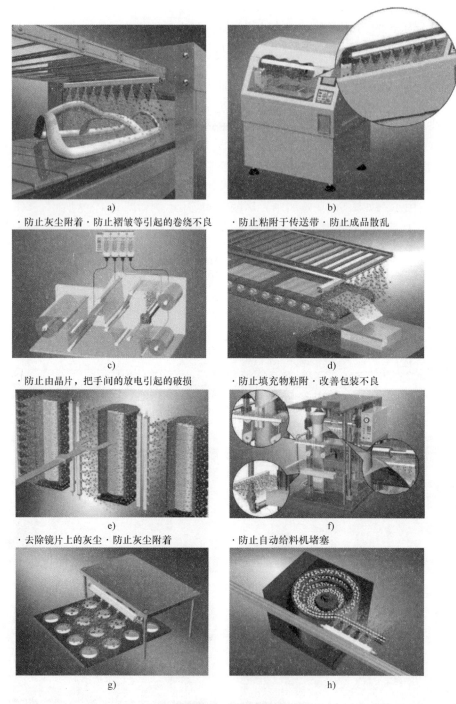

图 9.10-9 IZT 系列应用示例

a）树脂机架的除静电　b）基板分割机内的除静电　c）薄膜的除静电　d）薄膜成型品的除静电
e）晶片搬运时的除静电　f）包装薄膜的除静电　g）镜片的除静电　h）自动给料机的除静电

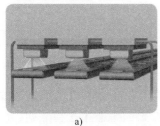 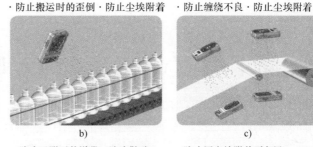 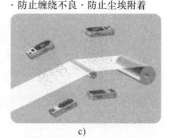

 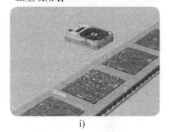

图 9.10-10 IZF 系列应用示例

a) 传送带上的除静电　b) PET 瓶的除静电　c) 薄膜的除静电　d) 成型品的除静电
e) 薄膜成型品的除静电　f) 发泡聚苯乙烯捆包材料的除静电　g) 包装薄膜的除静电
h) 给料机的除静电　i) 电气基板的除静电

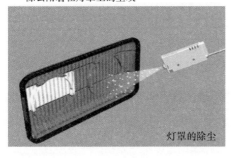 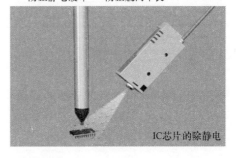

图 9.10-11 IZN 系列应用示例

a) 吹气除尘和除静电　b) 焊点除静电

第十章　气动系统中的工业通信技术

随着工业通信技术的不断发展，很多气动元件直接集成了工业通信接口，节省了安装维护成本的同时也为用户提供了更丰富的功能和应用。特别是在当前工业 4.0 智能制造的大背景下，气动元件呈现着数字化、智能化的发展趋势。通过本章的学习，可以了解气动系统中应用的工业通信技术和实际应用时的一些注意事项。

第一节　工业通信技术概述

本节将对气动系统中实际应用的工业通信的情况以及今后的发展方向进行介绍。

应用在工业上的通信技术按用途可大致分为两大类：

1. 现场总线与工业以太网

通信技术应用在工业上，最初是为了节省电气配线、提高控制系统的可靠性和可维护性。自动化生产线或装置通常由控制器（如 PLC）、执行机构、检测机构、操作部、显示器等一系列设备组成。每个元件有很多的输入和输出信号（I/O），通过电气连接将输入信号反馈给 PLC，同时 PLC 通过输出信号实现对元件的控制。早期这些信号都通过并联配线连接（见图 10.1-1a），一路信号就要一根配线，配线时间长、占用面积大、维护不便、可靠性不高。

将各元件间大量的电气并联配线，通过一根通信线缆即串行配线（见图 10.1-1b）来代替，并将 I/O 信号按照事先约定的数据格式、通信速度等进行传送，从而实现信号的双向传输，这种技术被称为串行传送技术，也称为现场总线，其从 20 世纪 80 年代问世以来快速取代了传统的并联配线方式。

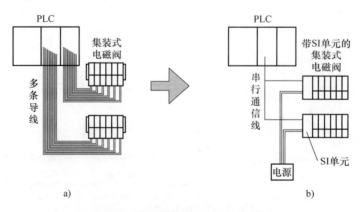

图 10.1-1　并联配线与串行配线
a）并联配线　b）串行配线

对数据格式、通信速度等的约定，被称为通信协议。可分成两大类：一类是由大公司联合成立的协会制定的开放式通信协议，协议公开且被市场广泛应用；另一类就是某些厂商自行定义的通信协议，也可称为私有协议。

开放式通信协议的诞生背后都离不开大集团公司的支持，也成立了相应的国际组织。每种协议都拥有自身的技术特点，有其擅长的应用领域，并一直致力于扩大自身影响，以获得更大的市场。为了提高竞争力，很多现场总线都成为国家或地区的标准。元件制造商往往需要对应多种现场总线以扩大产品的使用范围。

关于现场总线（Fieldbus）的定义，在国际标准 IEC 61158《工业通信网络现场总线》中描述如下："一种应用于生产现场，在现场设备之间，现场设备与控制装置之间进行双向、串行、多节点、数字式的数据交换的通信技术"。

该 IEC 标准在 2000 年第二版中所规定的主流开放式通信协议有 8 种。而随着互联网以太网技术（IEEE 802.3）的蓬勃发展，将以太网技术应用到工业上也成为重要的课题，各协会也都各展所长，在以太网的基础上形成了多种工业以太网（又称为实时以太网）通信协议。IEC 61158 所规定的协议也在 2019 年第五版中增加至 26 种。而其相关国际标准 IEC 61784《工业通信网络行规文件》的 2019 年版本中则归结了 21 大族合计 55 小类。我国也对很多通信协议进行了 GB/T 标准转化。除此之外，还有一些工业通信协议也在国内的某些领域得到了应用。应蓬勃发展的用户需求，SMC 的气动元件比如阀岛、电缸、传感器、ITV、定位器、温控器，也相应集成了一些现场总线接口，有些产品类别可支持 10 余种主流协议，见表 10.1-1。

2. 现场设备集成和工业 4.0 数据融合

对于元件，早期我们只关心元件的控制动作和状态反馈，然而自动化产业升级带来了对元件数字化、信息化、智能化的新要求，对于每一个元件，我们希望获得更多的信息，可设定更多的参数，甚至期待元件的智能化。

早期为了应对用户对参数设置、诊断报警等需求，每个元件厂商为自己的元件配套了各种设定软件。然而在实际应用现场中有大量来自不同厂商的元件，维护这些不同厂商开发的各种软件十分困难，而且无法实现客户的一些定制化、差异化需求。现场设备集成技术的出现，打破了这一局面，各元件厂商只需在元件上留有设备集成用的通信接口，并配套提供一些设备集成用的类似驱动的软件或文件，系统集成商就能够将来自不同厂商的元件，用同样的可视化方式呈现给最终用户，也可快速实现定制化的二次开发。

现场设备集成协议主要有 4 种（见表 10.1-2）。与为了解决设备间通信问题的现场总线相比，这些技术更多地关注了数据交互，并规定了通用接口以实现数据交互。图 10.1-2 是一个典型的工厂车间关于现场总线和设备集成的综合运用的示意图。

图 10.1-3 所示为工业 4.0 未来工厂愿景。未来的工厂不再关注或局限于某个具体协议，而协议间也无须再考虑谁取代谁，重要的是考虑如何打破壁垒进行数据融合，从而做到互联、互通、互操作。未来的工业将会是通信技术（CT）、信息技术（IT）、数据技术（DT）、操作技术（OT）的深度融合。

表 10.1-1 现场总线协议一览表

协议名称	说明	CPF&CP number①	Type②	GB 国家标准	SMC 可对应产品类别
FOUNDATION™ Fieldbus	前身是美国 Fisher – Rosemount 公司支持的 ISP 和欧洲支持的 WorldFIP 所联合开发协议，在过程自动化领域应用较多，可分为低速 H1 和高速 H2 以及以太网 HSE3 类	CP1/1 FF H1 CP1/2 FF HSE CP1/3 FF H2	1, 9 5 1, 9	— — —	— — —
CIP™	以美国 Rockwell 公司为首的 ODVA 协会主推，在工业自动化应用较多，分为基于 CAN 的 DeviceNet，基于以太网的 EtherNet/IP 和自定义物理层的 ControlNet	CP2/1 ControlNet™ CP2/2 EtherNet/IP™ CP2/3 DeviceNet™	2 2 2	— — GB/T 18858	— 阀岛，电缸 阀岛，电缸，ITV
PROFIBUS& PROFINET	以德国 SIEMENS 公司为首的 PI 协会主推，欧洲 3 大标准之一。DP 基于 RS485 用在离散行业，PA 基于 MBP 用在过程行业。PROFINET 作为工业以太网实现，分类标准 A 对应 RT 类型 IO，B 在 A 的基础上扩展了 IT 管理/诊断功能，C 则增加了 IRT 同步功能。在中国的标准转化支市场推广力度非常大	CP3/1 PROFIBUS DP CP3/2 PROFIBUS PA CP3/3 void CP3/4 PROFINET IO CC – A CP3/5 PROFINET IO CC – B CP3/6 PROFINET IO CC – C	3 3 — 10 10 10	GB/T 2054 GB/T 2752 — GB/Z 20830 GB/T 25105 —	阀岛，ITV — — 阀岛，电缸 — 阀岛，电缸
P – NET®	丹麦 Proces – Data A/S 公司支持，欧洲 3 大标准之一。应用在衣林、水产、食品等行业，适合有时间需求的工业系统，可以达到微秒级、小系统、低成本是其主要特征	CP4/1 P – NET RS – 485 CP4/2 removed CP4/4 P – Net on IP	4 — 4	— — —	— — —
WorldFIP®	法国 Alstom 公司支持，欧洲 3 大标准之一。其双重冗余总线设计能确保不会因为电缆损坏而停机，应用于电力、交通运输及制造等行业	CP5/1 WorldFIP CP5/2 WorldFIP with subMMS CP5/3 WorldFIP minimal for TCP/IP	7 7 7	— — —	— — —
INTERBUS®	德国 Phoenix Contact 公司支持，广泛应用于汽车、烟草、仓储、造纸、包装、食品、工业等	CP6/1 INTERBUS CP6/2 INTERBUS TCP/IP CP6/3 INTERBUS subset CP6/4 CP6/5 CP6/6	8 8 8 8	— — — —	阀岛 — — —

（续）

协议名称	说明		CPF&CP number[①]	Type[②]	GB 国家标准	SMC 可对应产品类别
SwiftNet	美国波音公司支持，已取消	7	—	6	—	—
CC – LINK	日本三菱电机主导，可适应从管理层到传感器层的各层级应用，广泛应用于汽车、楼宇、化工等。分类中 V2 比 V1 扩展数据量，而 LT 则更省配线是用于传感器层，IE 则基于以太网，可达到 1Gbps 高速，又分为控制网络用和现场网络用 2 类。此外还有低配版 Filed Basic（100Mbps）	8	CP8/1 CC – LINK/V1	18	—	阀岛、ITV
			CP8/2 CC – LINK/V2	18	GB/T 19760	阀岛
			CP8/3 CC – LINK/LT	18	GB/T 33537	—
			CP8/4 CC – LINK IE Controller Network	23		—
			CP8/5 CC – LINK IE Filed Network	23		阀岛
HART®	美国 Rosemount 支持，模拟传输线上实现数字通信，且总线供电可满足本安防爆，广泛应用于仪表行业	9	CP9/1 HART	20	GB/T 29910	定位器
			CP9/2 WirelessHart（IE62591）	20		—
Vnet/IP	日本横河公司推出的用于 DCS 的整制网络（1Gbps）	10	CP10/1 Vnet/IP	17	—	—
TCnet	—	11	CP11/1 TCnet – star	11	—	—
			CP11/2 TCnet – loop 100	11		—
			CP11/13 TCnet – loop 1G	11		—
EtherCAT®	由德国 Beckhoff 公司研发，是实时性和灵活性较好的工业以太网	12	CP12/1	12	GB/T 31230	阀岛、电缸
			CP12/2	12		—
Ethernet POWERLINK	由奥地利 B&R 公司研发，结合了 CANopen 和以太网技术，无须专用硬件，且代码开源的工业以太网	13	CP13/1 POWERLINK	13	GB/T 27960	阀岛
EPA	以浙江大学中控为主的中国自主研发的实时应用以太网协议，将 Ethernet 和 TCP/IP 等 IT 技术直接应用于工业，解决了传输不确定性问题，实现本安防爆，并建立起开放网络平台	14	CP14/1 NRT	14	GB/T 20171、GB/T 26796	—
			CP14/2 RT	14		
			CP14/3 FRT	14		
			CP14/4 MRT	14		
MODBUS® – RTPS	由法国施耐德提出，将 Modbus（ASCII/RTU）和以太网 TCP/IP 结合的工业以太网	15	CP15/1 MODBUS TCP	15	GB/T 1958	阀岛
			CP15/2 RTPS	15		

(续)

协议名称	说明		CPF&CP number[①]	Type[②]	GB 国家标准	SMC 可对应产品类别
SERCOS	源自德国，规范了数字伺服同传动系统间通信，在数控机械设备中得到了广泛应用。SERCOS I 和 II 统称为 SERCOS，而 SERCOS III 是工业以太网	16	CP16/1 SERCOS I	16	—	—
			CP16/2 SERCOS II	16	—	—
			CP16/3 SERCOS III	19	—	—
RAPIEnet	起源于韩国的实时以太网标准	17	CP17/1 RAPIEnet	21	—	—
SafetyNET p™	德国的 Pilz 研发，基于以太网的多主站安全总线	18	CP18/1 SafetyNET p RTFL	22	—	—
			CP18/1 SafetyNET p RTFN	22	—	—
MECHATROLINK	最早由日本安川电机研发，分类 II 是 10Mbps 总线，III 是 100Mbps 以太网	19	CP19/1 MECHATROL - II	24	—	—
			CP19/2 MECHATROL - III	24	—	—
ADS - net	由德国 Beckhoff 公司提出，TwinCAT 系统中自动化设备间的通信行规	20	CP20/1 ADS - net/NETWORK - 1000	25	—	—
			CP20/2 ADS - net/NX	25	—	—
FL - net	日本电机工业会（JEMA）开发的通信行规	21	CP21/1 FL - net	26	—	—
LONWORKS®	美国 ECHELON 公司开发的，应用于楼宇自动化	—	—	—	—	—
AS - i	起源于欧洲的执行器传感器接口，2线制可供电	—	—	—	GB/T 1885	阀岛
CompoNet™	ODVA 早期开发，用于传感器等末端	—	—	—	—	阀岛
CompoBus/S	日本 OMRON 公司早期开发的高速传感器系统控制总线	—	—	—	—	阀岛
NKE 省配线系统	日本 NKE 公司推出的现场总线	—	—	—	—	阀岛
S - LINK V	日本 S - LINK 公司推出的传感器末端层级用总线	—	—	—	—	阀岛
AnyWireASLINK	日本三菱电机公司推出的传感器末端层级用总线	—	—	—	—	阀岛
CANOPEN	德国 CIA 协会主推基于 CAN 的总线，应用于车机道交通	—	—	—	GB/T 28029	阀岛
IO - Link	IEC61131 定义传感器末端层级用通信，因 1 对 1，并非现场总线，和 Profibus 一起由 PI 协会运营中	—	—	—	—	阀岛，电缸，传感器，ITV

① CPF&CP Number 据 IEC 61784：2019 定义。
② Type 据 IEC 61158：2019 定义。

表 10.1-2 现场设备集成协议

协议名称	说明	国际标准	国家标准	SMC 对应产品类别
EDDL	电子设备描述语言，采用文本结构，跨平台，应用于早期的系统集成，支持 HART/FF/PROFIBUS	IEC 61804	GB/T 21099	定位器
FDT/DTM	现场设备工具，Windows 平台软件，独立于通信协议存在，国内系统集成商多选用此技术	IEC 62453	GB/T 229618	阀岛
OPC/UA	OPC 统一架构，定义了工业控制系统程序间接口标准	IEC 62541	GB/T 33863	阀岛
FDI	现场设备集成，为打破 EDDL 和 FDT 以及 OPC 间壁垒，实现数据交互而开发的标准	IEC 62769	—	—

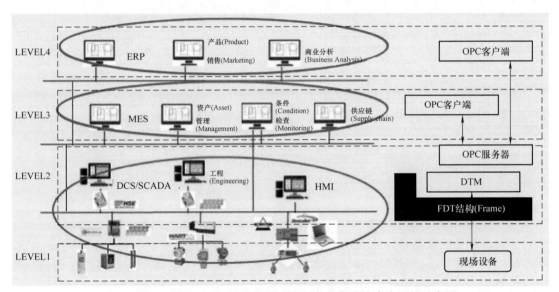

图 10.1-2 典型工厂车间中现场总线与设备集成综合应用的示意图

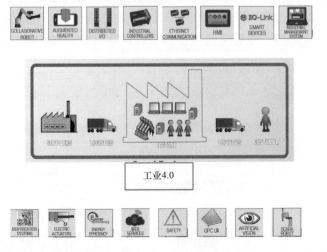

图 10.1-3 工业 4.0 未来工厂愿景

第二节 工业通信技术原理及基础

第一节介绍了很多协议，看上去无从下手，但其实万变不离其宗。本节简单介绍通用的原理和基础，以帮助大家尽快入门。

1. OSI 七层模型和数据的封装与解封装

应用于气动元件的工业通信技术与应用在其他产品上的相比并无差异，都完全遵循各个协议的规定，且只有保证了与协议的一致性才能实现与其他产品间的互联互通。掌握了 OSI 七层模型（见图 10.2-1）和数据的封装和解封装，就会发现各种协议的差别无非是对各层的定义的不同。

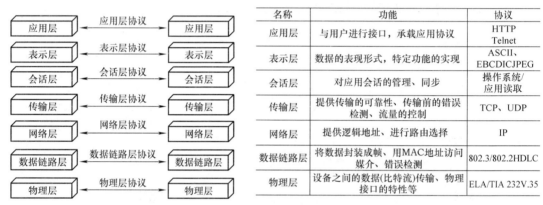

图 10.2-1 OSI 七层模型

开放式通信系统互联参考模型（Open System Interconnection，OSI），由 ISO 组织发布。OSI 每一层所传输的数据单元的大小，所关心和解决的事情是不同的。每个层级本身也应用了某种或几种协议，因此很多通信协议本身是一个协议族。为了各个层级间能保持独立性，即便单独更换某一层级的协议，也不影响其他层级的协议，各层级间也制定了通信接口。

图 10.2-2 所示为数据在 OSI 各层级间的流动，即封装与解封装（或打包与解包）过程。真正的语义是"吃了没"，在发问者的计算机上经过各个层级的封装后，转变成电气信号发给了远程的另一位用户，然后又经过接收者的计算机的层层解封，最终显示给接收者。

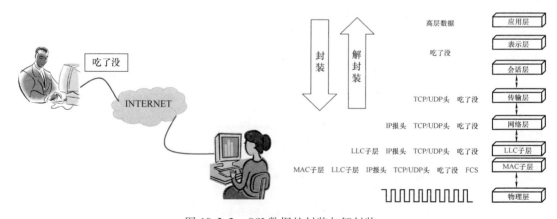

图 10.2-2 OSI 数据的封装与解封装

现场总线也是符合 OSI 模型的，只不过将一些层级进行了简化合并。现场总线协议间的各层级，有时有区别，有时又有联系，我们学习通信协议，一定要搞清楚它的各层级是怎样定义的。以图 10.2-3 为例，DeviceNet、ControlNet、EtherNet/IP 在应用层都遵循于 CIP 协议，但在物理层的实现则完全不同。而 PROFINET 和 EtherNet/IP 在物理层都使用了以太网，在应用层的实现上则有所不同。

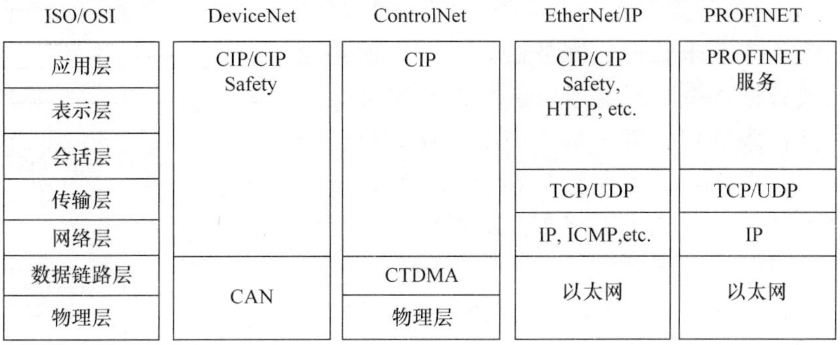

ISO/OSI	DeviceNet	ControlNet	EtherNet/IP	PROFINET
应用层	CIP/CIP Safety	CIP	CIP/CIP Safety, HTTP, etc.	PROFINET 服务
表示层				
会话层				
传输层			TCP/UDP	TCP/UDP
网络层			IP, ICMP, etc.	IP
数据链路层	CAN	CTDMA	以太网	以太网
物理层		物理层		

图 10.2-3 OSI 与现场总线（DeviceNet、ControlNet、EtherNet/IP、PROFINET）

那么应用在工业领域的通信和其他领域的通信技术有何不同？互联网如此发达，为何不直接使用互联网技术，却出现这么多工业以太网技术？除了各个协会出于自身发展的考虑，更多地是缘自工业对通信技术的特殊要求：①数据传输的顺序性；②数据传输的实时性；③数据传输的安全性；④对环境的适应性和可靠性问题（振动、冲击、EMC、温度等）；⑤总线供电的解决；⑥本质安全与防爆问题。

其实工业总线所定义的每一个新技术（总线供电、快速启动、功能安全、冗余、TSN 时间敏感性网络、省电化、无线传输）的出现，都是为了解决实际的工业问题。比如 SMC 公司的气动元件，也会与时俱进地集成一些新技术，以解决用户的实际问题，给用户更好的使用感受。SMC 公司也开发了一些使用私有通信协议的方案，如 SMC 公司的分散式解决方案和无线解决方案。

所谓无线通信技术无非是在物理层上采用了无线传输。我们熟悉的 Wi-Fi、蓝牙、4G 和新兴的 5G 等都是无线传输的一种。无线传输虽然比有线传输直接省去了有形的通信线缆，但是如果直接采用民用无线技术，传输不稳定，无法保证实时性。所以应用在工业的无线技术也有所不同，近年来各开放式通信协议也给出了自己的无线解决方案，如 WireLessHart、IO-Link WireLess、Wireless Profinet 等。SMC 公司目前推出的无线解决方案采用了 2.4G 宽频跳频技术，独特的通信和安全机制，真正地将无线阀岛实际应用于工业生产中。

2. 通信模式

通信模式用来描述通信对象间的关系，也有人称为通信模型。常见的模式有：主-从、客户端-服务器、生产者-消费者。了解通信模式，能让我们更好地理解通信的发起和接受，以及数据的流向。

（1）主-从模式

主站（又称为主机）负责发起与多个从站（又称为从机）间的通信，用以发送或请求数据，如图 10.2-4 所示。我们常说的 PLC 就是主站（Master），它下边连接的设备元件是从站（Slave）。网络上一般只有一个主站，但有时会有多个主站，出现一个从站受多个主站控制的情况。主站发给从站的过程数据为输出数据（Output），而从站回给主站的过程数据为输入数据（Input）。

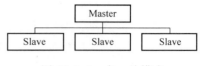

图 10.2-4　主-从模式

（2）客户端-服务器模式

客户端（Client）负责发起与服务器（Server）间的通信，用以向服务器请求数据，服务器如果拥有所请求的服务以及相关数据，将回复给客户端，如图 10.2-5 所示。数据都存储在服务器，客户端一般不存储数据，只负责视觉呈现，网页就是一个典型的客户端。其他的节点（Node）不会参与客户端和服务器间的通信。

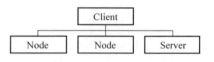

图 10.2-5　客户端-服务器模式

（3）生产者-消费者模式

生产者（Producer）将数据广播于网上，消费者（Consumer）进行消费。生产者会根据有请求（拉模 pull）或无请求（推模 push）等方式来进行数据的发送，如图 10.2-6 所示。有些 PLC 在与设备建立连接时，可选择谁是生产者，或者是互为生产者。

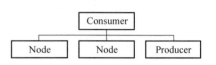

图 10.2-6　生产者-消费者模式

3. 循环、非循环

工业通信中通信方式常可分为循环和非循环两种。

（1）循环通信

循环通信是指一旦通信建立连接后就周期性进行通信，除非一方要求停止或一方发生了不按时通信的超时事件。因为循环通信在通信建立初期时通过握手（HandShake）过程来充分地确认连接的各事项，之后的周期通信中就只交互重要的、实时的数据，数据有效性高，所以通信传输效率高。在大部分的现场总线协议中，及时性要求高的过程数据（即 I/O 数据）多采取循环通信。循环通信的建立、停止和异常检出机制，如图 10.2-7 所示。循环时间和看门狗时间并不是越短越好，循环时间越短、网络负荷越大，看门狗时间越短越容易因网络波动而断开重连，所以应根据现场实际情况来设置。

（2）非循环通信

非循环通信则是当有需要时，按照一定的格式发起通信请求，建立通信连接，再将需传送的数据分成几段分几次来传输，传输完毕后即关停连接。非循环通信一般用于数据量较大，但实时性要求不高的数据收发，如参数设置或诊断监控。现场应用时需均衡网络负载，使非循环通信不影响循环通信，否则会发生现场总线"时断时连"的断网现象。网络负载均衡如图 10.2-8 所示。

4. 网络拓扑

网络拓扑（Network Topology）是传输介质互连各种设备的物理布局，不考虑大小、形状、距离等物理属性，只描述设备的位置与关系，反映设备间的连接结构。设计网络时，应根据自己的实际情况选择合适的拓扑方式，每种拓扑都有优缺点。常见拓扑有：总线形、菊花链形、星形、环形、树形等（见图 10.2-9），将几种拓扑混合在一起称为混合型。

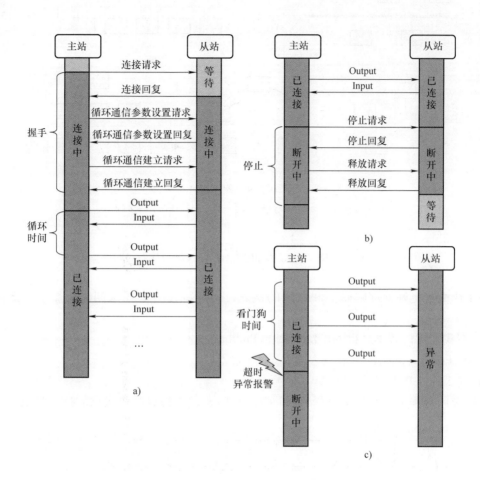

图 10.2-7　循环通信过程例（建立、停止、异常）
a）通信建立　b）通信停止　c）通信异常

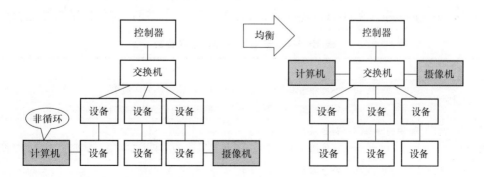

图 10.2-8　网络负载均衡

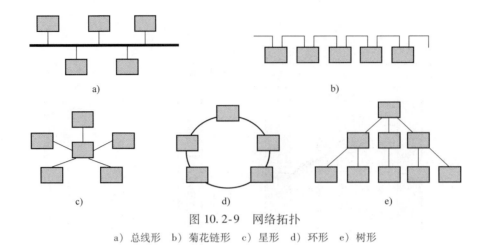

图 10.2-9 网络拓扑
a) 总线形 b) 菊花链形 c) 星形 d) 环形 e) 树形

第三节 工业通信技术应用示例

为了让大家更好地理解通信和数据的概念，本节将在一个场景同时应用下列 3 种通信技术。

1) 在我国推广较早且得到广泛应用的 Profibus 技术。
2) 与 Profibus 同宗的工业以太网 Profinet 技术。
3) 受工业 4.0 青睐的 IO – Link 技术。

实际应用过程主要有 7 个过程（见图 10.3-1），过程都有需要注意的技术参数。

图 10.3-1 工业通信产品应用过程

1. 选型

现场总线产品选型时，除了对电气类（电压、电流等）和环境类参数（振动、EMC、IP 防护等级、温湿度等）要注意，还应确认表 10.3-1 所列的通信相关技术参数是否合适。

表 10.3-1 选型时应确认技术参数

No.	确认事项	判断标准
1	通信协议	类型和版本一致 但有一些通信协议不同版本间可兼容，具体参照各个协议的定义
2	通信功能（如快速连接、环网等）	符合需求 通信协议除定义了必须功能外，也有一些可选功能。选型时需要确认是否支持
3	使用点数（最大点数、实际使用点数）	符合需求 产品所支持的 I/O 点应满足控制需要
4	通信连接器	端口类型、编码、管脚定义符合需求 不一致的情况下，需要使用接口转换线缆或模块

本例选用硬件品牌与型号见表 10.3-2，软件品牌与版本见表 10.3-3。
此外还需要计算机、若干电源线缆和通信线缆。
硬件连接示意图如图 10.3-2 所示。

表 10.3-2 示例中所用硬件品牌与型号

No.	设备名称	品牌	型号	图片	性能指标			
					协议类型 & 版本	快换 FSU	I/O 点数	连接器
1	1500PLC 的 CPU 自带 Profinet 接口	西门子	6ES7510-1SJ01-0AB0		ProfinetIO RT/IRT	支持	32kbyte/32kbyte	RJ45
2	1500PLC 的 ProfibusDP 主站模块	西门子	6ES7545-5DA00-0AB0		ProfibusV1/V0	—	244byte/244byte	DSUB 9 针
3	1500PLC 的 IO-Link 主站模块	西门子	6ES7137-6BD00-0BA0		IO-Link V1.0/1.1	—	32byte/32byte	端子台
4	光电转化模块 SCALANCE X202-2PIRT	西门子	6GK5202-2BH00-2BA3		—	支持	—	RJ45 和 AIDA 光纤
5	EX600 系列 ProfibusDP 通信模块	SMC	EX600-SPR1A	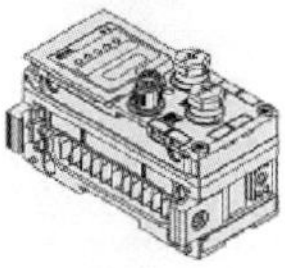	ProfibusV0	—	0byte/4byte	M12
6	EX600 系列 模拟输入输出模块	SMC	EX600-AMB	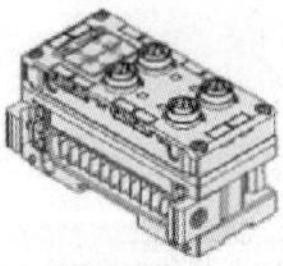	SMC 私有协议	—	4byte/4byte	M12
7	EX600 系列 电源模块	SMC	EX600-ED2	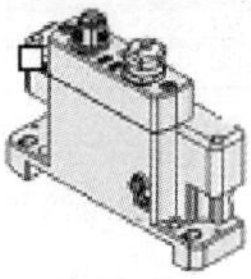	—	—	—	M12
8	EX260 系列 Profinet 通信模块	SMC	EX260-SPN1		ProfinetIO RT Version 2.2	支持	0byte/4byte	M12 铜缆
9	EX245 系列 Profinet 通信模块	SMC	EX245-SPN1		ProfinetIO RT Version 2.2	支持	0byte/4byte	AIDA 光纤

(续)

No.	设备名称	品牌	型号	图片	性能指标			
					协议类型 & 版本	快换 FSU	I/O 点数	连接器
10	ISE 系列压力传感器	SMC	ISE20B-L-01		IO-LinkV1.1	—	2byte/0byte	M12 ClassA
11	24V 电源	明纬	SDR-120-24		—	—	—	—

表 10.3-3　示例中所用软件品牌与版本

No.	软件名称	品牌	版本
1	TIA Portal（博途自动化编程工具）	西门子	V15 当前最新版已达到 V16
2	S7-PCT（IO-Link 配置工具）	西门子	V3.5 当前最新版
3	EX600-SPR1A 配置文件	SMC	SMCB1411
4	EX260-SPN1 配置文件	SMC	GSDML-V2.3-SMC-EX260
5	EX245-SPN1 配置文件	SMC	GSDML-V2.3-SMC-EX245-V1.0-20130730
6	ISE20B-L-01	SMC	SMC-ZSE20B_ISE20B-L

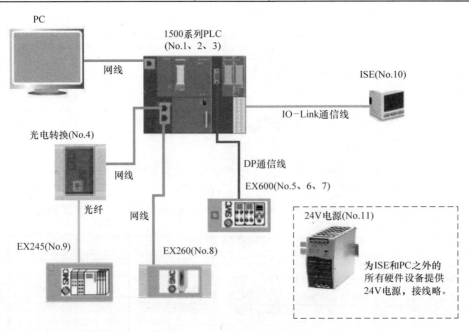

图 10.3-2　硬件连接示意图

2. 安装

现场总线产品安装时，除需要保证电气类和环境类特性符合设计要求外，还需要按照通信规范进行合理的网络规划和布线。在工业现场应用时，合理的网络规划、合规的布线都能提升通信性能，保证生产线长久运转。

（1）ProfibusDP 的安装

ProfibusDP 在物理层使用了 RS485 传输方式。其标准的 A 类电缆是屏蔽双绞电缆，其中 2 根数据线（A、B 不能接反），电缆外部包裹着 2 层屏蔽，表皮是紫色的，如图 10.3-3a 所示。线缆长度越长通信速度越慢，如图 10.3-3b 所示。线缆本身也应注意不要形成"环"或弯曲超过 90°。

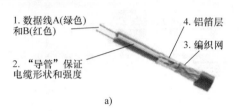

波特率/(kbit/s)	9.6~93.75	187.5	500	1500	3000~12000
A型电缆长度/m	1200	1000	400	200	100

a)　　　　　　　　　　　　　　　　b)

图 10.3-3　ProfibusDP 线缆

a) 线缆构成　b) 通信速度和线长

ProfibusDP 采用的是多点接地的方式，即线缆的屏蔽层接入产品接头时与各设备的 FG 金属部分相连，然后通过机柜背板等实现接地，从而保证通信信号的稳定。此外，由于通信线上的信号是 5V 量级，为了避免来自空间的干扰以及其他电缆的干扰，现场应按照远离高电压、大电流的原则，采取分线槽布线、加装全封闭盖板、金属线槽接地处理等方式进行安装。

Profibus 总线的主干线的两端需要设置终端电阻，以消除线缆上产生的信号反射。线缆比较短时（如 1m 内），信号反射少，不设置终端电阻也能通信，但实际应用时一定要正确设置终端电阻，且要保持终端电阻始终带电，如图 10.3-4 所示。

本例中 DP 主站和 EX600 从站连接使用了 5m 的通信线缆，需在两端设置终端电阻。在本例中一端将 DP 主站上的通信连接器 D – SUB 自带的终端电阻开关拨到 ON，另一端则将 EX600 – SPR1A 自带的终端电阻开关拨到 ON。

 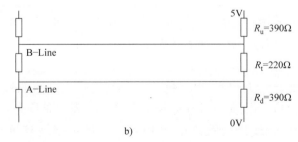 

a)　　　　　　　　b)　　　　　　　　c)

图 10.3-4　终端电阻

a) D – SUB 自带终端电阻　b) 终端电阻　c) EX600 – SPR1A 自带终端电阻

Profibus 网络拓扑有菊花链形和总线形。总线形利用 T 接头进行分支，此时应确保主干线的总长大于 6.6m，每段短支线小于 25cm，且短支线总长小于 6.6m。控制器可以在拓扑的任何一个位置，最大可以连接 125 台从站。当线缆过长时，可以通过中继器进行信号的增幅，也可通过中继器来进行网段的划分，如图 10.3-5 所示。对于段内设备的数量，线缆长度和终端电阻设置等都要符合规范。

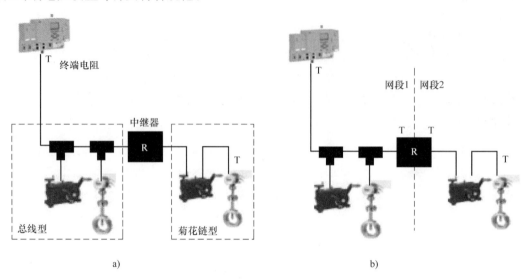

图 10.3-5 Profibus 拓扑和中继器的 2 种用法
a) 信号放大（网络两端有终端电阻） b) 网络划分（各网段两端都有终端电阻）

Profibus 的通信速度是由主站来决定的，其他从站是自适应的，所以无须为从站设置速度，但需要为从站设置通信地址。一般地址 1 和 2 是分配给 PLC 和监视器等，因此从站的地址一般从 3 开始设置。注意需要保证地址唯一，否则无法正常通信。设备地址有些可通过硬件开关设置，有些设备可通过 PLC 的软件进行设置。本例中 EX600 - SPR1A 的地址通过硬件开关进行设置（见图 10.3-6）。

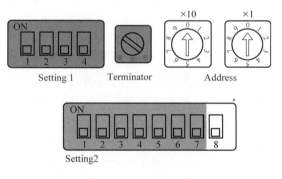

图 10.3-6 EX600 - SPR1A 地址开关

总体来说，Profibus 的物理安装十分重要，实际应用时发生通信不良 90% 是物理安装的问题，10% 是逻辑应用，所以一定要重视安装的每一个环节。

（2）Profinet 的安装

Profinet 在物理层使用了以太网。其标准的 A 类线缆也是屏蔽双绞电缆，其中有 4 根数据线（2 根 1 组成对使用），电缆外部包裹着 2 层屏蔽，表皮是绿色的。连接器有 RJ45 和 M12 等（见图 10.3-7）。铜缆传输距离小于 100m。在屏蔽接地和抗干扰的理念上基本与 ProfibusDP 相同。也可采用抗电磁干扰传输距离更长的光纤连接方式。

以太网传输速度快且相对稳定，无须考虑终端电阻的设置。通信速度也是自适应，无须硬件设置。而 Profinet 的设备寻址所用的机制是通过 PLC 来分配的设备名称（Device Name），无须特别考虑 MAC 地址、IP 地址等以太网常规地址要素，因此硬件设置上相比其

信号线	颜色	2种连接器的PIN序	
		RJ45	M12
TD+	黄色	1	1
TD-	橘色	2	3
RD+	白色	3	2
RD-	蓝色	6	4

图 10.3-7　Profinet 线缆和连接器

他总线来说很简单。

Profinet 的网络拓扑与以太网相似，可采用总线形、菊花链形、星形、树形、环形。注意使用环网时要求所有设备都支持并开启 Profinet 的 MRP（Media Redundancy Protocol）功能。此外在树形或星形网络中，选用 Profinet 专用的交换机，能优先发送 Profinet 实时数据，从而保证通信的实时性。

在本例中，PLC 有 3 个网口，一个网口连接了计算机用于 PLC 组态和下载，一个网口连接 EX260，一个网口通过光电转换器与 EX245 连接。

总体来说，Profinet 安装更多是要进行合理的拓扑规划，经验上，90% 以上的通信不良是逻辑应用、拓扑方面的问题，10% 是物理安装的问题。这与 ProfibusDP 刚好相反。

（3）IO-Link 的安装

IO-Link 是点对点通信，应用在现场最末端传感器/执行器层。主站上的每个端口与 1 台设备相连。端口有 2 类，ClassA 是由信号 C/Q 和给 IO-Link 设备供 24V 电源用的 L+、L- 构成，ClassB 是在此基础上追加 L2+、L2-，电源供给可达到 4A。采用非屏蔽的 3 芯或 5 芯的标准电缆，最长可达 20m，如图 10.3-8 所示。根据现场需求，可灵活选择安装方式。

Port Class A
通信孔

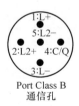
Port Class B
通信孔

3芯非屏蔽

5芯非屏蔽

图 10.3-8　IO-Link 线连接器和线缆

3. 组态

现场总线产品在使用时，首先要在 PLC 软件上进行组态，即将设备和网络信息按照实际使用状态进行配置，下载至 PLC，使 PLC 完成与设备间的 I/O 连接。Profibus 从站的设备信息是通过 GSD 文件，Profinet 从站的设备信息是通过 GSDML 文件来导入到 PLC 软件中。具体步骤如下：

1）选择"创建新项目（Create new project）"，并在"项目名称（Project name）"中填入任意名称，点击"创建（Create）"即可，如图 10.3-9 所示。

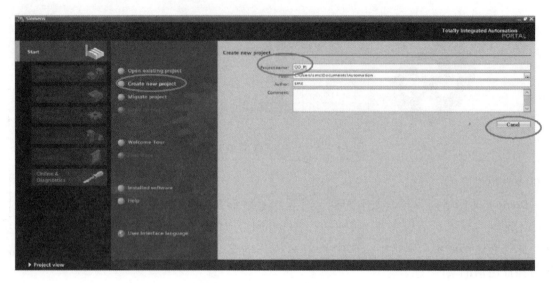

图 10.3-9 TIA 创建新项目

2) 项目创建成功后,点击"设备与网络 (Devices&networks)",再点击"组态网络 (Configure a device)",如图 10.3-10 所示。

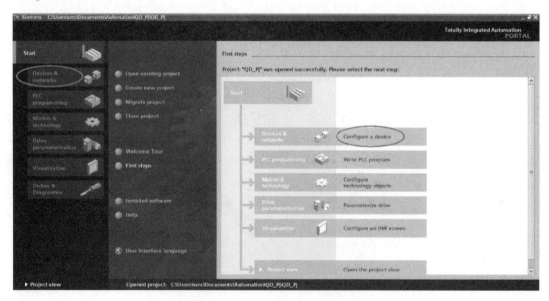

图 10.3-10 TIA 进入组态网络画面

3) 进入网络视图后,在右侧硬件目录 (Catalog) 中输入"6ES7510 – 1SJ01 – 0AB0"找到后双击即可添加 PLC 到网络视图里,如图 10.3-11 所示。

4) 双击 PLC 图形,可进入 PLC 的设备视图。按 PLC 实际构成情况,从硬件目录中输入 DP 主站,IO – Link 模块型号,双击依次添加,如图 10.3-12 所示。

5) 对于首次使用的 SMC 从站设备,需通过"选项"→"管理通用站描述文件 (GSD)"来导入 GSD 文件。选择 GSD 存放路径,扫描得到相关 GSD,如果未安装则点安

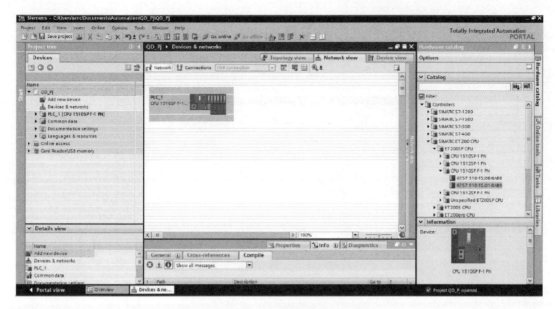

图 10.3-11　TIA 添加 PLC 的模块

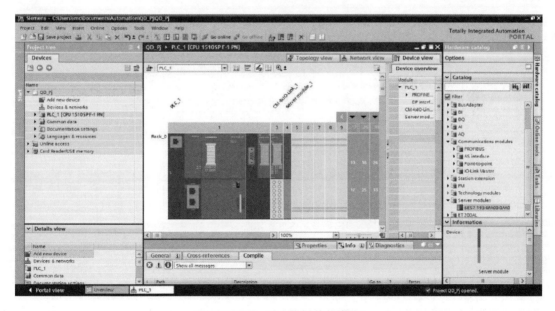

图 10.3-12　TIA 添加其他模块

装,如图 10.3-13 所示。

注意:GSD 文件由设备商提供,最新的 GSD 一般可通过官方网站下载取得,但一款产品的不同版本所使用的 GSD 一般也不同,需要额外注意版本的对应关系。否则可能无法使用产品,或者只能使用部分功能。

6) 在网络视图中,通过硬件目录找到并添加所用的 SMC 的产品和西门子的光电转换模块,如图 10.3-14 所示。

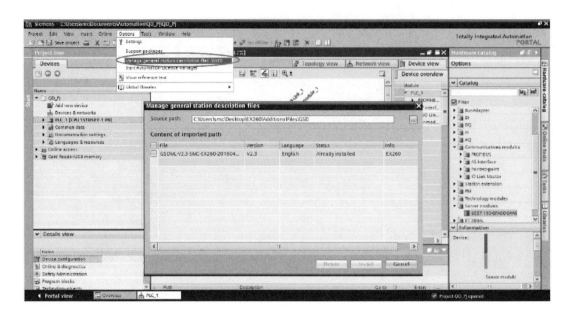

图 10.3-13 TIA 添加 GSD

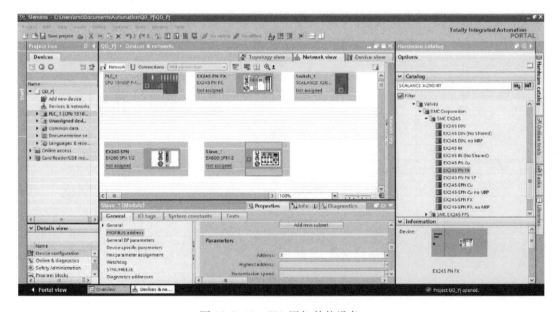

图 10.3-14 TIA 添加其他设备

7) 单击 Profibus 设备,在属性中设置 Profibus 地址(见图 10.3-15),与设备实际地址相同。

8) SMC 公司的产品和西门子 PLC 一样也是模块化的,也需要双击设备进入设备视图,按照实际构成继续添加 I/O 模块(见图 10.3-16)。

注意:产品不同,所支持的模块也不同。比如 EX600 的各种数字输入/输出单元、模拟输入/输出单元、温度单元、频率单元以及电磁阀点数,都是需要根据实际构成,确认顺序

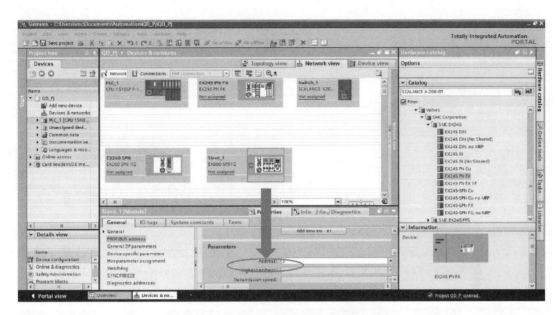

图 10.3-15　TIA 中设置设备的 Profibus 地址

和型号，依次加入。如果顺序或型号错误，下载后都会报错，无法正常通信。使用模块构成不同，该设备实际占用的 I/O 点数也是不同的。

图 10.3-16　TIA 中 EX600 的构成

9）在网络视图中将设备与 PLC 进行连接。点击"未分配（Not assigned）"，并选中 PLC 相应的通信接口。分配后，通信线将自动连接，如图 10.3-17 所示。

10）右击 Profinet I/O 设备，打开分配 Profinet 设备名称（Assign device name）画面。通

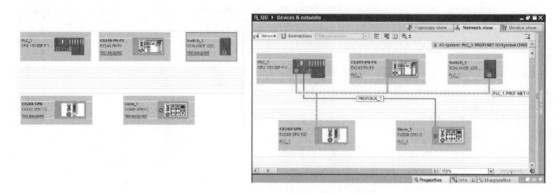

图 10.3-17　TIA 中 PLC 与设备的网络连接

过在线访问更新列表的方式可以找到网络上的设备。如果希望连接的设备已经有设备名称（Device name）则直接确认，如果设备名称处为空，可以通过"分配名称"来设置名称。

在 Profinet 网络中设备的 Device name 必须是唯一的，如果 Device name 没有设置正确，则无法正常建立通信连接。

11）完成全部设置，保存项目后，将组态信息下载到 PLC 中，如图 10.3-18 所示。

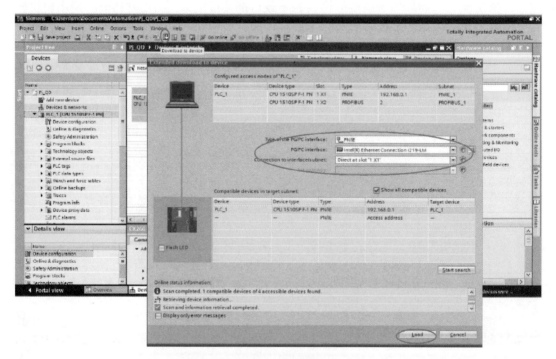

图 10.3-18　TIA 中下载组态到 PLC

注意：计算机与 PLC 相连网口的 IP 地址应与 PLC 的 IP 地址需设置在同一网段，如图 10.3-19 所示。

12）对于 IO – Link 设备的组态，需通过额外安装西门子软件 S7 – PCT 完成。设备视图

图 10.3-19　计算机 IP 设置

中右击选择 IO – Link 主站，双击 "Start device tool"，选择 S7 – PCT 后，点击 "Start" 键，如图 10.3-20 所示。

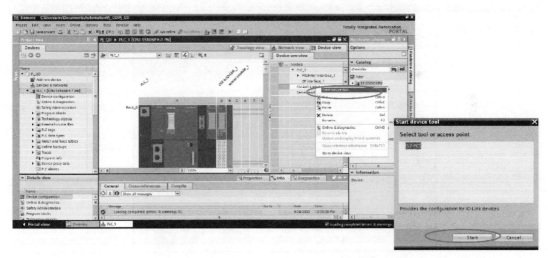

图 10.3-20　TIA 中打开 S7 – PCT

13）在 S7 – PCT 软件中，首次使用的产品，需要导入 IODD（IO – Link 产品的设备设定文件）。

通过上方 "Options" 导入 IODD 文件，如图 10.3-21 所示。

14）选中 Ports 画面中的 Port，双击目录中的 IODD，即可添加该设备到此 Port，如图 10.3-22所示。Port Info 可以进行该 Port 的一些配置。

15）在左侧设备树中选择设备，即可对设备进行相应的操作，如图 10.3-23 所示。

16）设定完成后，选中主站模块进行下载，如图 10.3-24 所示。

Load 只下载 Port 设定，Load with Devices 则包含了设备设定一起下载。

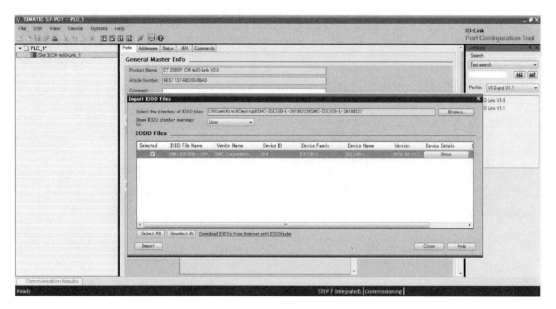

图 10.3-21　S7 – PCT 导入 IODD 文件

图 10.3-22　S7 – PC Port 连接设备

4. 诊断

下载完成后，可以通过 PLC 与设备上的 SF（System Fault）、BF（Bus Fault）灯来确认是否组态正确。没有发生错误的情况下，SF 和 BF 应该都是灭的。如果 BF 亮，一般需要确认接头线缆是否松脱，以及通信参数设置（如地址、设备名称等）是否正确。如果 SF 亮，一般需要确认模块构成，参数设置以及是否设备发生了异常的诊断报警（如短路、电源低下等）。

此外，我们可以通过 PLC 的在线功能来确认诊断情况。点击转至在线后，在诊断正常

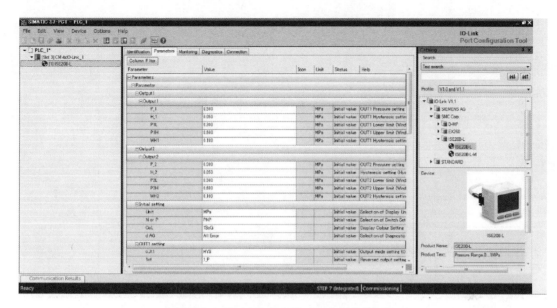

图 10.3-23　S7 – PC IO – Link 设备视图

图 10.3-24　S7 – PC 下载

的情况下，如图 10.3-25 所示全部为绿标。如果诊断异常，如图 10.3-26 所示异常处亮起红标，双击可进一步察看设备上传的诊断性情报。

现场初次调试时，如果遇上通信不良、组态不上等问题时，一般可按照如图 10.3-27 所示的顺序进行排查。

1) 物理地址设置是否合理。
2) 通信速度设置是否合理。
3) 物理拓扑设置是否合理。

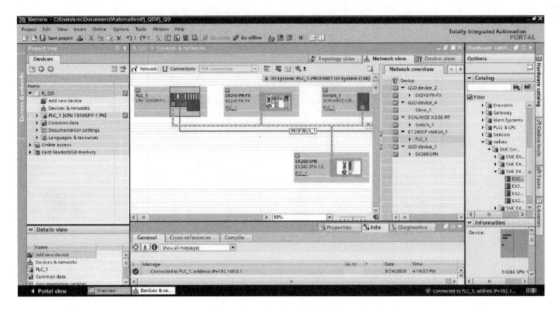

图 10.3-25　TIA 中在线诊断正常

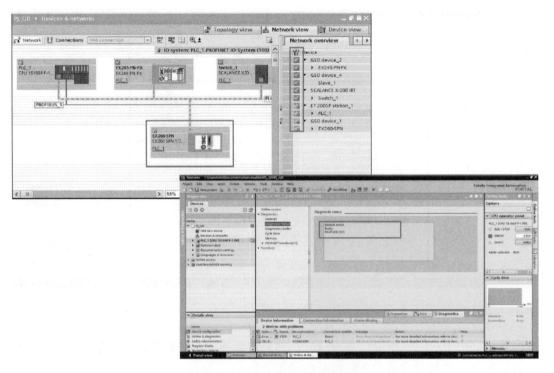

图 10.3-26　TIA 中在线诊断异常

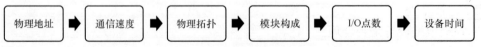

图 10.3-27　组态问题查找

4) I/O 点数设置是否合理。

5) 组态信息和实际物理网络是否一致。

此外，还应根据网络应用的实际规模，为设备设置合适的 I/O 循环时间和异常处理（重试、看门狗）时间等，如图 10.3-28 所示。

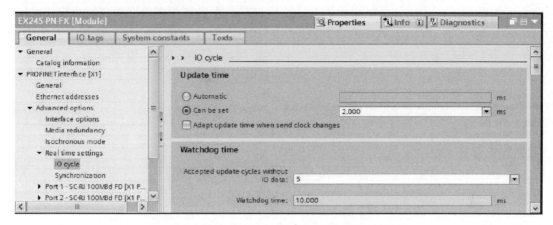

图 10.3-28　TIA 中 I/O 循环时间和看门狗的设置

5. 参数设置

有些功能的开启和关闭，需要进行参数设置。为应对客户的多样需求，同一个参数可以通过多种途径进行确认以及设置，有些参数可能只能通过几种特定途径设置。

常见的参数设置途径有：通过 PLC 软件在组态时进行设置；通过设备资产管理用软件进行设置；通过配套的手操器进行设置；通过安装计算机上的配套应用软件进行设置；通过网页进行设置。比如电磁阀异常时的状态值 Hold clear 是通过硬件开关设置还是通过软件设置，可以在 PLC 的组态中进行更改，如图 10.3-29 所示。通过下载到 PLC 以完成设置。

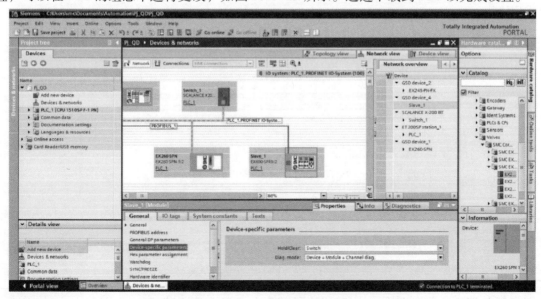

图 10.3-29　TIA 中参数设置

注意：PLC 组态设置中所含参数，在 PLC 和设备建立通信时会被设置，所以即便用手操器或其他软件一时修改了参数，也会在下一次建立通信时被组态设置的值覆盖掉。因此建议对于 PLC 组态设置中无法设置的参数，通过其他途径进行设置。

6. 编程

在开始编程前，我们首先需要确认 I/O 映射情况。在设备视图可以看到每个模块的输入地址、输出地址。也可以在 PLC 的设备视图的［属性］→［常规］→［地址总览］里看到。地址一般是 PLC 自动分配的，也可以手动更改起始地址，如图 10.3-30 所示。

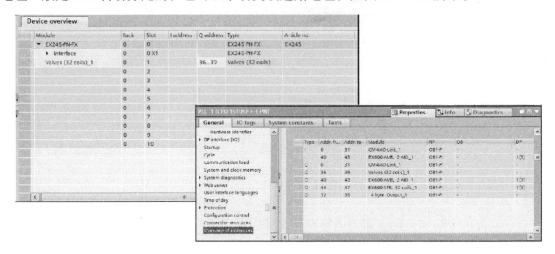

图 10.3-30　TIA 中 I/O 地址确认

IO-Link 设备的映射关系可通过 S7-PCT 主站的 Address 表来确认。选择 PLC 地址显示，则可以看到每个 Port 在 PLC 中的地址分配。在线时还可以看到监视值，如图 10.3-31 所示。

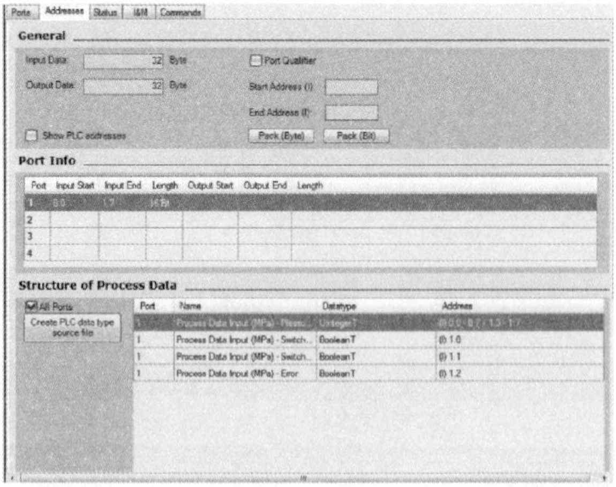

图 10.3-31　S7-PCT 中 I/O 地址确认

本例中 EX245 阀岛 Valves（32coils）是 32 点（bit）数字量输出，因此占用的 Q 地址（西门子的出力地址以 Q 命名）空间是 4byte。为了进一步确认 I/O，我们可以使用监控表测试。打开监控表，输入地址，全部监视即可在线实时看到该地址下的监视值。当 PLC 在 STOP 模式下，可将修改值反映到输出上来进行测试，如图 10.3-32 所示。

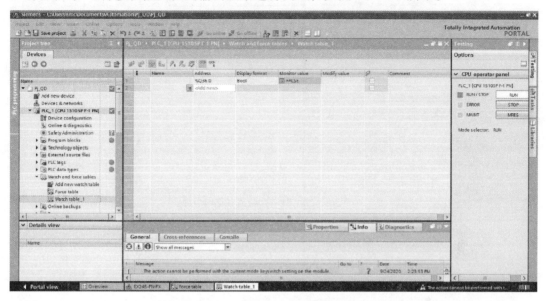

图 10.3-32　TIA 中监控表

确认了 I/O 地址后，我们即可开始编程。PLC 的编程功能十分强大，本例只简单说明。

1）通过"PLC_1"栏的"程序块"选择"添加新块"，就可以创建新程序，如图 10.3-33 所示。以添加函数为例。选择函数单击"确定"，添加 LAD 程序。

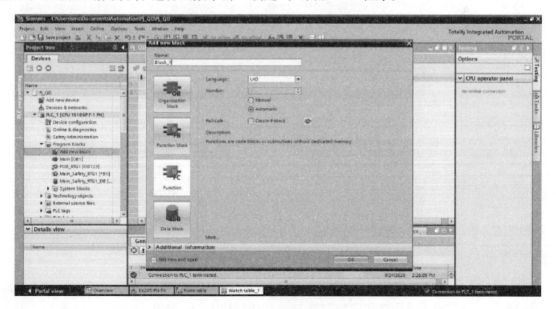

图 10.3-33　TIA 中添加新块

2）按图 10.3-34 编写 LAD 程序。这段程序可实现 EX245 阀岛的全点 ON 和 OFF 的交替。需要启用 PLC 的时钟存储器，设置为 M255，如图 10.3-35 所示。

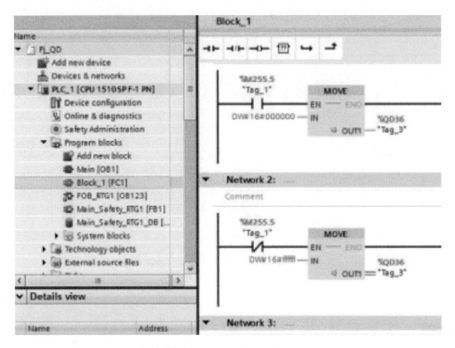

图 10.3-34 TIA 中添加 LAD 程序

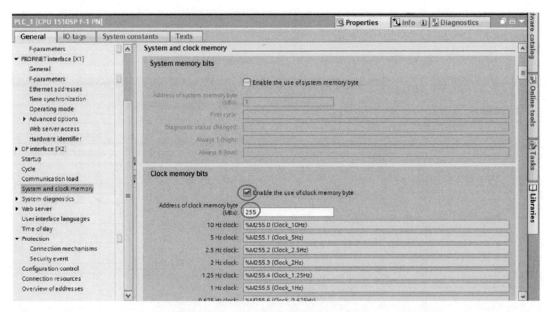

图 10.3-35 TIA 中 PLC 的时钟存储器

3) 将创建的函数块或函数写入 Main (OB1) 中, 并通过下载在函数块或函数中生成的程序的操作, 执行单元动作。选中块_1→拖动到程序段 1 中→单击"编译"→单击"下载到设备", 如图 10.3-36 所示。

7. 维护

在产品使用过程中, 一般都需要定期维护, 确保产品状态正常。在现场总线产品使用过

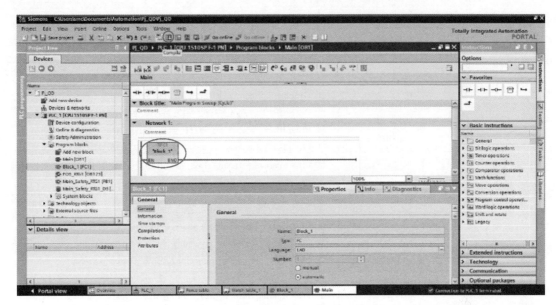

图 10.3-36 执行单元动作

程中,除了需要对产品本身进行维护,还需要定期确认整个通信线路的通信质量。现在流行的维护的思路是预防性维护(见图 10.3-37),即通过对关键指标的监控从而预判问题,及时采取对策,从而消除掉在生产过程中突发问题导致的停工。通信质量的判定主要通过物理上通信电信号的质量以及逻辑上通信数据的质量来确定。在调试验收前,对通信质量进行评测,留存数据报告用于比对。定期实施再评测对比,或者采取在线监控预警的方式,都能有效降低停机风险。

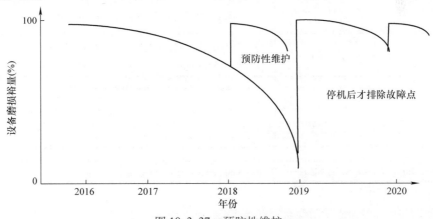

图 10.3-37 预防性维护

8. 小结

综上,我们以实例简单讲解了现场总线的应用过程。现场有时会综合运用多种现场总线技术。设备与 PLC 间通过通信或网关相连,设备和 PLC 间建立 I/O 映射进行控制。类似的应用还有很多,DeviceNet 和 EtherNet/IP、ModbusASCII/RTU 和 Modbus/TCP 等。本节所提及技术在协议规范中都有更详尽的定义,开放性协议的技术应用规范都是公开的,一般在所属协会网站上即可免费取得,见表 10.3-4。实际应用时需要认真学习协议规范并遵守,才能保证通信系统长久稳定运行。

表 10.3-4　主流工业通信协议的安装布线标

协议	协会官方网址	标准名称（2018年10月时最新）
Profibus	https://www.profibus.com	① Earthing – Shielding_8102_V10_Mar18.pdf ② PROFIBUS_Design_8012_V113_May15.pdf ③ PROFIBUS_Assembling_8022_V114_May15.pdf ④ PROFIBUS_Commissioning_8032_V109_May15.pdf ⑤ PB – Intercon – Techn_2142_V14_Jan07.pdf ⑥ RS485 – IS_User_Inst_2262_V11_jun03.pdf
Profinet	https://www.profibus.com	① Earthing – Shielding_8102_V10_Mar18.pdf ② PROFINET_Design_8062_V114_Dec14.pdf ③ PROFINET_Guideline_Assembly_8072_V10_Jan09.pdf ④ PROFINET_Commissioning_8082_V136_Dec14.pdf ⑤ network_load_calculation_tool_V7_2.xls ⑥ PN – Cabling – Guide_2252_V400_May17.pdf ⑦ PN – CCA – Cabling_7072_V10_Jul08.pdf
Profisafe	https://www.profibus.com	PROFIsafe – Environment_2232_V26_Dec15.pdf
DeviceNet	https://www.odva.org/	① PUB00147_DeviceNet_Plant_Floor_Troubleshooting_Guide.pdf ② PUB00027R1_Cable_Guide_Print_Copy.pdf
EtherNet/IP	https://www.odva.org/	① PUB00148R0_EtherNetIP_Media_Planning_and_Installation_Manual ② PUB00316R0_Guidelines_for_Using_Device_Level_Ring_（DLR）_with_EtherNetIP.pdf ③ PUB00035R0_Infrastructure_Guide.pdf ④ PUB00269R1.1_ODVA_Securing_EtherNetIP_Networks.pdf
EtherCAT	https://www.ethercat.org.cn/	① ETG1600_V1i0i2_G_R_InstallationGuideline.pdf ② EtherCAT_Diagnosis_For_Users_CN.pdf
CC – LINK	https://www.cc – link.org/	cc081106g.pdf（Cable wiring Manual）
CC – LINK IE	https://www.cc – link.org/	① cc080913a.pdf（CC – Link IE Controller Network Cable Installation Manual） ② cc100615a.pdf（CC – Link IE Field Network Cable Installation Manual）
IO – Link	http://www.IO – Link.com/	IO – Link_Design_Guideline_eng_2018.pdf

第三篇 回 路 篇

第十一章 气动系统基本回路和应用回路

根据各种不同的控制目的和功能的要求，人们经过长期的实践，组成了许多气动基本回路和实用回路。本章将介绍这些气动回路，希望读者将本章内容与下一章气动程序控制回路的设计方法结合起来，以便最终构成实用、可靠、经济、完善的气动回路。

第一节 气动换向回路

利用各种方向控制阀可以对单作用气动执行元件和双作用气动执行元件进行换向控制。

1. 使用二位二通阀

二位二通阀用于气路的通断。

（1）用于吹气

常用于喷射（如用喷枪吹出气体吹除切屑末、吹洗气管道及气动元件等）、喷涂，为风动工具提供气源等。其典型吹气系统如图 11.1-1 所示。若在减压阀的一次侧，增设干燥器和油雾分离器，则可向控制柜内供应冷却气源，使柜内降温。二位二通阀可用于间歇式吹气，以节省气量。图 11.1-1 中空气过滤器的过滤精度、减压阀的设定压力、油雾器是否需要及整个管系的通径等，取决于吹气系统的目的和要求。

（2）用于供气、排气

图 11.1-2 所示为二位二通阀用于供气和排气的应用回路。让手柄式手动阀 3 切换，气压力通过阀 1 使主控阀 4 切换，则活塞杆伸出。这时，阀 1 虽关闭，但通向阀 4 的控制信号并未排除，使阀 4 一直保持换向状态，直到伸出的活塞杆上的撞块压住阀 2 的滚轮时，阀 4 的控制信号才从阀 2 排除，使阀 4 复位，活塞杆缩回。当活塞杆缩回至压住阀 1 的滚轮时，活塞杆再次伸出，实现连续往复运动。可见，阀 1 起供气作用，阀 2 起排气作用。

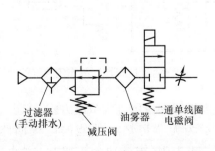

图 11.1-1 二位二通阀用于吹气系统

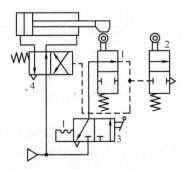

图 11.1-2 二位二通阀用于供气和排气的应用回路

(3) 用于测试泄漏量

图 11.1-3 所示为测试泄漏量的回路。用精密减压阀 1 设定检查压力，当二位三通电磁阀 2 通电时，则测定物（如暖气片等）内充入压力。当二通电磁阀 3 通电，则压力被封入。利用压力开关 4，根据封入压力在一定时间内的下降量，便可测出该测定物的泄漏量。要求二位二通阀应选择泄漏量极小的阀（如 VX2 系列）。阀 1 也可改为压力型电气比例阀，便于电控及调整。

(4) 用于冷却液的供给和吹除

图 11.1-4 所示为利用二位二通阀，在加工时进行冷却液的供给，加工完成后进行吹气，以消除切屑末及冷却液。

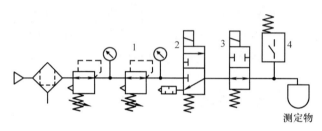

图 11.1-3 测试泄漏量的回路

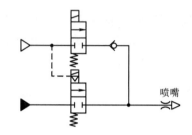

图 11.1-4 用于冷却液的供给和吹除的回路

2. 使用二位三通阀

(1) 控制单作用气缸

单作用气缸通常使用二位三通阀来实现方向控制。

1) 使用二位三通手动阀，缸径小的单作用气缸可直接利用手动阀控制，如图 11.1-5 所示。图 11.1-5a 所示为弹簧复位的按钮式手动阀。图 11.1-5b 所示为带定位功能的手柄式手动阀，手柄扳至切换位置，活塞杆伸出。旋钮保持在切换位置，活塞杆仍伸出。只有当旋钮返回至原位时，活塞杆才缩回。

2) 使用二位三通气控阀，当缸径较大时，手柄式手动阀 1 的流通能力小，不能使气缸达到需要的速度时，可用通径较大的气控阀手柄式 2 来控制气缸，而气控阀的先导压力可由小型手柄式手动阀 1 来提供，如图 11.1-6 所示。

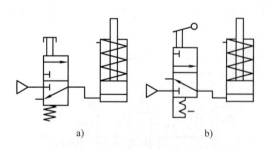

图 11.1-5 手动阀控制单作用气缸的回路

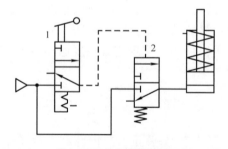

图 11.1-6 二位三通气控阀控制单作用气缸的回路

3) 使用二位三通电磁阀，如图 11.1-7 所示。速度控制阀使用进气节流方式。

图 11.1-7a 所示为气控回路图，图 11.1-7b 所示为无"记忆"功能的电气回路图，图 11.1-7c 所示为有"记忆"功能的电气回路图。图 11.1-7b 按下动合按钮 S，触点动合

（接通），电磁铁 YA 得电，二位三通电磁阀换向，活塞杆伸出；放开按钮 S，YA 失电，活塞杆返回。图 11.1-7c，按下按钮 S，中间继电器 K 得电，使 YA 得电，活塞杆伸出；放开按钮 S，虽 S 的触点断开，但由于与按钮 S 并联的 K 触点继续接通和通电（自锁），使 YA 保持通电，活塞杆仍伸出。只有当按钮 LS 按下，动断按钮 LS 断开，K 失电，触点断开，使 YA 失电，活塞杆才返回。

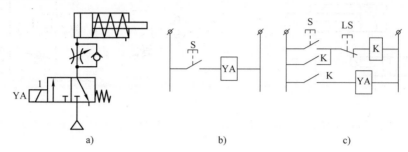

图 11.1-7　二位三通电磁阀控制单作用气缸

图 11.1-8 所示为使用二位三通电磁阀举起重物，断电时靠重力使气缸返回。

4）使用具有二位三通阀功能的大流量减压阀（VEX1□01 系列），外部先导电磁型大流量减压阀 VEX1□01 系列的功能如图 11.1-9a 所示。利用它可供给气缸所需的稳定的压力，并驱动气缸动作。电控阀通（断）电，便可实现气缸的伸出（缩回），且排气口 R 上可以安装消声器，如图 11.1-9b 所示。

图 11.1-8　二位三通电磁阀举起重物

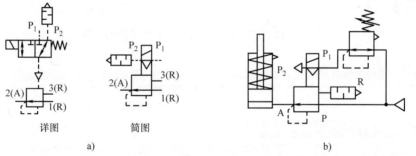

图 11.1-9　利用外部先导电磁型大流量减压阀驱动单作用气缸回路

（2）控制双作用气缸

1）差动气缸的控制如图 11.1-10 所示，是使用二位三通阀控制差动气缸的控制回路。所谓差动气缸是指活塞两侧的有效受压面积有较大差别的气缸。

2）双作用气缸的高低压控制如图 11.1-11 所示，是二位三通阀装在气缸的无杆腔侧，供给高压空气，而在有杆腔侧，通过减压阀 1，供给低压空气，实现气缸的往复运动。它与单作用气缸的复位方式相比，活塞杆返回时的气压复位力是不变的。而单作用气缸由于使用弹簧，随行程增大弹簧被压缩，阻力逐渐增大。若选用弹簧刚度小的弹簧，则气缸安装长度又增大。可见使用双作用气缸代替单作用气缸，在不增大阻力的条件下还可缩短气缸的长度。但低压侧的减压阀必须使用溢流减压阀。若气缸行程长且速度快，就不能仅靠减压阀的溢流孔来保持有杆腔内压力的恒定。这时，要并用其他溢流阀。注意：溢流阀的设定压力不能比减压阀低，应略高于减压阀的设定压力。

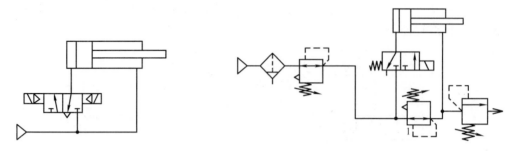

图 11.1-10　二位三通阀控制差动气缸回路　　　图 11.1-11　双作用气缸的高低压控制回路

（3）实现气缸的中间停止

可以使用两个二位三通阀实现气缸的中间停止，如图 11.1-12 所示。图 11.1-12a 相当于一个中泄式三位五通阀的功能；图 11.1-12b 相当于一个中压式三位五通阀的功能。

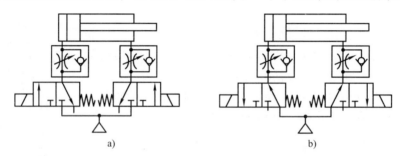

图 11.1-12　用二位三通阀实现中间停止的回路

（4）用作选择阀或分配阀

通断型（c.o.）二位三通阀可以用作选择阀（见图 11.1-13a）或分配阀（见图 11.1-13b）。

（5）用作残压释放阀

气动系统进行维护作业时，从安全性考虑，应将系统中的剩余残压排空，图 11.1-14 中的 a、b、c 均为残压释放阀 VHS□00 系列。

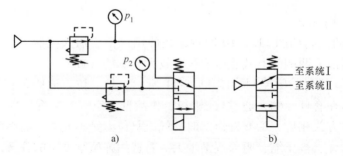

图 11.1-13　通断型二位三通阀用作选择阀或分配阀的回路

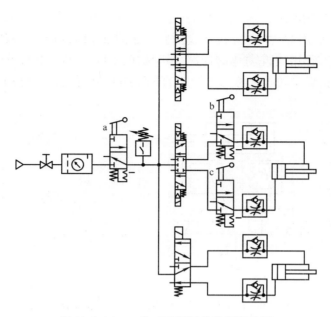

图 11.1-14 二位三通阀用作残压释放阀

3. 使用二位五通阀

（1）控制双作用气缸

使用二位五通阀控制双作用气缸的动作，如图 11.1-15 所示。通电则活塞杆伸出。如果气缸在伸出状态突然失电，气缸便立即缩回。因此在电路中，应设计一个有记忆功能的线路，如图 11.1-7c 所示，才能防止突然断电使活塞杆缩回。

使用双电控二位五通阀控制双作用气缸动作的回路，如图 11.1-16 所示。双电控阀为双稳态阀，具有记忆功能。当气缸在伸出状态突然失电时，气缸仍能保持在原来的状态。图 11.1-16b 是电气控制回路图，S 与 LS 两开关实行互锁，确保双电控二位五通阀的安全。当按下按钮 S

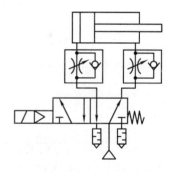

图 11.1-15 使用二位五通单电控阀控制双作用气缸的动作

时，S 动合，YA_1 得电，双电控二位五通阀切换至左位，活塞杆伸出；放开按钮 S，因双电控二位五通阀具有记忆功能，活塞杆保持在伸出位置。当按下按钮 LS 时，LS 动合，YA_0 得电，阀切换至右位，活塞杆缩回。即使遇到突然停电，双电控二位五通阀仍保持在原来的状态。由于不小心误操作，当 S 与 LS 同时按下，第一路 S 动合，LS 动断，YA_1 失电，阀不换向；第二路 LS 动合，S 动断，YA_0 失电，阀也不换向。因此，双电控二位五通阀也保持在原有位置上，这样就避免了两电磁铁线圈因同时失电使活塞杆缩回。即使遇到突然停电，二位五通阀仍保持在原来的状态。由于不小心误操作，当 S 与 LS 同时按下，第一路 S 动合，LS 动断，YA_1 失电，阀不换向；第二路 LS 动合，S 动断，YA_0 失电，阀也不换向。因此，双电控二位五通阀也保持在原有位置上，这样就避免了两电磁铁线圈因同时得电而引起顶牛和电流上升，避免了电磁线圈被烧毁的可能，也避免发生气缸的误动作。故互锁回路起到了对双电控二位五通阀和回路的安全保护作用。对于交流电的直动式双电控二位五通阀的换向控制电路必须进行互锁保护。

图 11.1-17 是使用单气控二位五通阀（见图 11.1-17a）和双气控换向阀（见图 11.1-17b）控制双作用气缸动作的回路。可利用图 11.1-17a 中的单电控二位五通阀和图 11.1-17b 中的手柄式手动阀（称为主控阀的先导阀）进行遥控，可用于有防爆等特殊要求的场合。

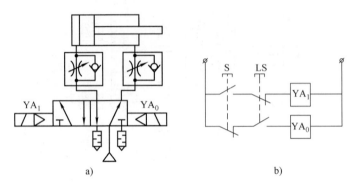

图 11.1-16 使用双电控二位五通阀控制气缸动作的回路

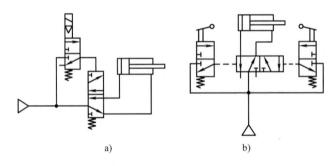

图 11.1-17 使用单气控二位五通阀控制气缸动作的回路

图 11.1-18 所示为利用手动阀及电控阀混合操作控制气缸往返动作的回路。电控模式 1（阀 2 在右位）：阀 1 断电，活塞杆缩回；阀 1 通电，活塞杆伸出。电控模式 2（阀 2 在左位），阀 1 通电：活塞杆缩回；手动模式 1 阀 2 在右位，活塞杆缩回。阀 2 在左位，活塞杆伸出。手动模式 2（阀 1 通电）：阀 2 在左位，活塞杆缩回；阀 2 在右位，活塞杆伸出。

(2) 驱动摆动气缸

可以利用二位五通阀驱动摆动气缸在一定角度范围内往复摆动，如图 11.1-19 所示。

4. 使用三位三通阀

(1) 控制单作用气缸

图 11.1-20 所示为使用三位三通阀（见图 11.1-20a）控制单作用气缸的回路，并能实现单作用气缸简单的中间停止。三位三通阀的功能可通过一个二位三通阀和一个二位二通阀的组合来替代，如图 11.1-20b 所示。

(2) 使用两个三位三通阀可控制双作用气缸进行多种动作

使用两个三位三通阀 A 和 B 可控制双作用气缸进行多动作动作的回路，如图 11.1-21 所示。当 a_1 和 b_0 通电时，气缸活塞杆伸出；当 b_1 和 a_0 通电时，活塞杆缩回；当 a_1 和 b_1 通电时，则为中压式；当四个电磁先导阀都不通电时，则为中封式；当 a_0 和 b_0 通电时，则为中泄式；在活塞杆伸出过程中（a_1 和 b_0 通电），让 b_0 断电，则活塞杆减速并停止；若活塞杆伸出快至端部时，让 b_0 断电，则起缓冲作用；在活塞杆缩回过程中（b_1 和 a_0 通电），让 a_0 断电，活塞杆同样减速并停止。因本阀不是无泄漏阀，故不能用于长时间的中停和急停。

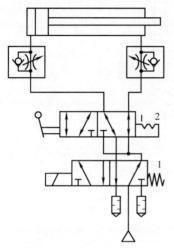

图 11.1-18　使用二位五通手柄式手动阀及电控阀控制气缸往返动作的回路

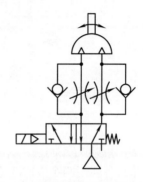

图 11.1-19　驱动摆动气缸换向的回路

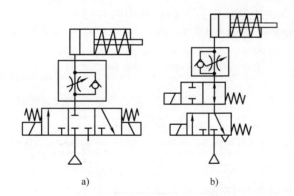

a)　　　　b)

图 11.1-20　使用三位三通阀控制单作用气缸的回路

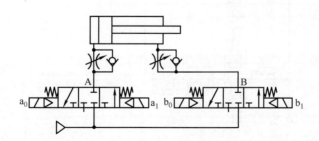

图 11.1-21　使用两个三位三通阀可控制双作用气缸进行多种动作的回路

（3）作为分配阀或选择阀

利用三位三通阀（VEX3 系列），可作为分配阀或选择阀使用，如图 11.1-22 所示。

（4）用于真空吸着和真空破坏

可利用VEX3系列的三位三通阀进行真空吸附和真空破坏，如图11.1-23所示。A口接吸盘，要注意真空吸盘及配管等处的泄漏。

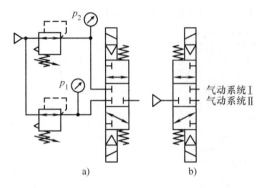

图11.1-22 利用三位三通阀作为分配阀或选择阀的回路
a）用作选择阀 b）用作分配阀

（5）进行气罐内的压力控制

图11.1-24所示为利用两个VEX3系列三位三通阀1、2控制气罐3内压力的回路。罐内的设定压力由压力传感器检知。当阀1两侧都不通电时，可利用阀2及单向节流阀4对罐内升压进行微调；利用阀2及单向节流阀5对罐内降压进行微调。低压（0.05MPa以下）控制的场合，阀1及阀2应使用外部先导式电磁阀。

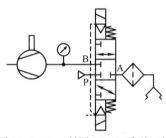

图11.1-23 利用VEX3系列三位三通阀的回路进行真空吸附和真空破坏

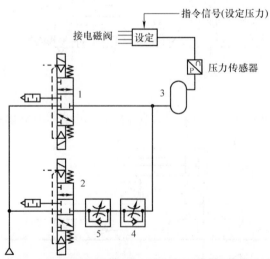

图11.1-24 利用两个VEX3系列三位三通阀1、2控制气罐3内压力的回路

5. 使用三位五通阀

使用三位五通阀可以实现气缸在行程途中停止下来，如图11.1-25所示。图11.1-25a使用中位封闭式阀。因气体有可压缩性，且缸、阀及管接头等气动元件不能保证绝对无泄

漏，故气缸不能长时间保持在中间停止位置，即气缸的定位精度较差。若配管容积比率增大，则中停会延迟。

图 11.1-25b 所示为双活塞杆气缸使用中位加压式阀的回路。当三位五通阀处于中位时，由于活塞两侧的压力作用面积相等，若气缸无轴向外负载力，则活塞保持力平衡，能停止在中间某位置，停止精度较高，但气缸不能垂直使用。

图 11.1-25c 所示为单活塞杆气缸使用中位加压式三位五通阀的回路，因活塞两侧的压力作用面积不相等，为了使活塞两侧达到力平衡，应在气缸的无杆侧安装带单向阀的减压阀。图 11.1-25b、c 的气缸处于力平衡时，可用手移动气缸，便于调试。

图 11.1-25d 所示为使用中位泄压式三位五通阀的回路。当阀处于中位时，气缸可在外力的推动下自由移动。该回路受活塞运动惯性的影响，气缸停止位置不易控制，不宜用于需中间定位的场合。此回路若与其他回路组装在同一集装板上时，受其他回路来的背压影响，中停位置也可能改变。这种情况下应设置单独排气隔板。此回路在重新起动时，由于排气侧没有残压，活塞杆会出现急速伸出现象，必须设置防止活塞杆急速伸出的回路。

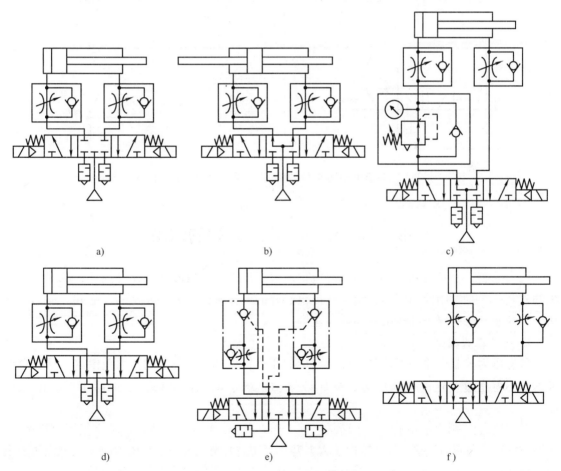

图 11.1-25 使用三位五通阀控制气缸的回路

若在气缸与中位泄压式三位五通阀之间加入带先导式单向阀的调速阀（ASP 系列），可实现较长时间的气缸中间停止，如图 11.1-25e 所示。将带先导式单向阀的调速阀直接装在缸上，即使配管脱落，也能保证气缸安全工作。若将先导式单向阀与中位泄压式三位五通中泄式换向阀组合成一体，则称为中位止回式三位五通阀，其回路如图 11.1-25f 所示。

为了中停响应快，调速阀应安装在五通主控阀上，或在五通阀排气口安装排气节流阀。

图 11.1-26 所示为用一只三位五通手柄式手动阀（中位为排气双加压式）对三只气缸分别进行控制的回路。该阀切换至 A 侧，缸 a 伸出；切换至 B 侧，缸 b 伸出；在中位，缸 c 伸出。一只缸伸出时，另两只缸处于缩回状态。

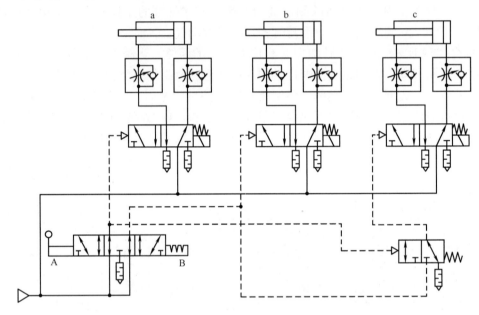

图 11.1-26　三位五通手柄式手动阀控制三只气缸分别进行控制的回路

第二节　压力（或力）控制回路

压力控制，一是控制气源压力，避免出现过高压力，导致配管及元件损坏，确保气动系统的安全；二是控制使用压力，给元件提供必要的工作条件，保持元件的性能和气动回路的功能，控制气缸所要求的输出力和运动速度。

1. 气源压力控制回路

气源压力控制回路用于控制气源中气罐的压力，使其处于一定的压力范围内。从安全性考虑，不得超过调定的最高压力；从保证气动系统正常工作考虑，也不低于调定的最低压力。

气源压力控制回路如图 11.2-1 所示。其工作原理是：起动电动机，带动空气压缩机运转，压缩空气经单向阀向气罐充气，罐内压力上升。当压力升至调定的最高压力时，电触点压力表内的指针碰到上触点，即控制其中间继电器断电，则电动机停转，空气压缩机停止运转，压力不再上升；当压力下降至调定的最低压力时，指针碰到下触点，中间继电器动合通电，则电动机起动，空压机运转，向气罐再充气，使压力上升。电触点压力表的上下触点是可调的。也可用压力开关替代电触点压力表，二者选一便可。压力开关的压力上下值也是可调的。

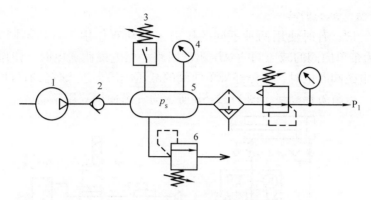

图 11.2-1　气源压力控制回路

1—空气压缩机　2—单向阀　3—压力开关　4—电触点压力表　5—气罐　6—安全阀

当电触点压力表（或压力开关）或电路发生故障时，空气压缩机若不能停止运转，则气罐内压力会不断上升，当压力升至安全阀的调定压力时，则安全阀会自动开启向外界溢流，以保护气罐的安全。

2. 工作压力控制回路

为了使气动系统得到稳定的工作压力，其控制回路如图 11.2-2 所示。调节减压阀以保证气阀、气缸或摆动气缸等气动元件得到所需要的稳定工作压力。若下游使用的是不给油润滑气动元件，则可不设置油雾器。

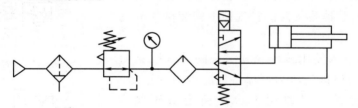

图 11.2-2　工作压力控制回路

如回路中需要多种不同的工作压力，可采用图 11.2-3 所示回路。

3. 向气罐内快速充气回路

若用 VEX1 系列大流量减压阀替代 AR 系列溢流减压阀，可实现向气罐内快速充排气，如图 11.2-4 所示。因 VEX1 系列减压阀是使用了平衡座阀式阀芯结构，而不是一般减压阀的受压部分使用膜片式结构，故其流通能力很大（包括溢流能力）。

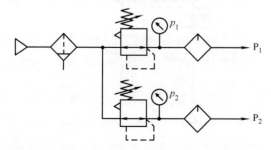

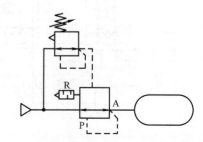

图 11.2-3　需要不同工作压力的回路　　图 11.2-4　使用 VEX1 系列大流量减压阀向气罐内快速充排气的回路

4. 用双压驱动气缸的回路

为了节省耗气量，有时使用两种不同的压力来驱动双作用气缸在不同方向上的运动。图 11.2-5a 所示为带单向阀的减压阀的双压驱动回路。当电磁阀通电时，使用正常压力驱动活塞杆伸出；当电磁阀断电时，气体经带单向阀的减压阀后，进入气缸有杆腔，以较低压力驱动活塞杆缩回，以节省耗气量。图 11.2-5b 所示为气吊使用双压驱动。

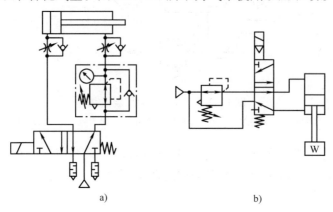

图 11.2-5 使用双压驱动回路

图 11.2-6 所示为使用带消声器的快速排气阀 + 带单向阀的减压阀的双压驱动回路。但要注意高速伸出时的缓冲问题。若在快速排气阀的排气口上安装排气节流阀，可调节气缸伸出速度。

图 11.2-7 所示为使用减压阀和溢流阀的双压驱动回路，溢流阀 2 调整排气压力可保持气缸推力的稳定。减压阀 1 和溢流阀 2 可以用大流量精密减压阀 3（VEX1）代替，如图 11.2-7b 所示。

图 11.2-8 所示为使用带消声器的快速排气阀和溢流阀的双压驱动回路两者组合起来调节排气压力，使气缸的动作能适应负载变动，也有过载保护的作用。

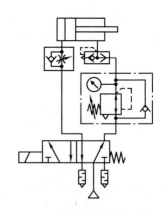

图 11.2-6 使用带消声器的快速排气阀 + 单向减压阀的双压驱动回路

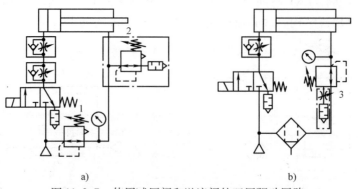

图 11.2-7 使用减压阀和溢流阀的双压驱动回路

图11.2-9所示为使用外部先导式大流量减压阀实现双压驱动的回路,利用电磁先导阀的切换,实现对外部先导式大流量减压阀1的压力切换,压力设定通过小流量减压阀2进行。

差压回路是指有杆腔侧供给低压空气实现差压驱动气缸伸出的回路。对于不需要大推力驱动时,可以节省耗气量。但是气缸速度较低,容易出现爬行现象,因此需要考虑气缸速度的设定。

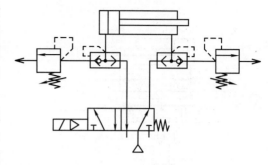

图11.2-8 使用带消声器的快速排气阀和溢流阀的双压驱动回路

图11.2-10所示为使用三通阀和减压阀实现差压驱动的回路。三通阀切换后,无杆腔侧供给高压空气,与有杆腔侧低压空气形成差压,驱动活塞杆伸出。该回路在有杆腔侧设置气罐,可以避免因有杆腔侧配管容积小,活塞杆伸出时,可能出现因有杆腔侧压力上升而影响活塞杆伸出的情况。此外,减压阀应选择溢流型,可以避免出现气缸内部泄漏时,差压不足以驱动活塞杆伸出的情况。

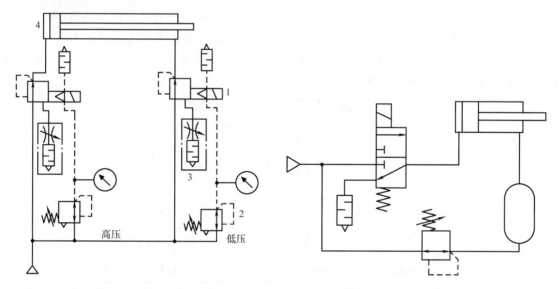

图11.2-9 利用外部先导式大流量减压阀实现双压驱动的回路

图11.2-10 差压驱动的回路

5. 高低压转换回路

有的气动设备时而需要高压、时而需要低压,可使用高低压转换回路。图11.2-11是使用外部先导电磁型大流量减压阀VEX1□01系列实现高低压转换的回路。将大流量减压阀的先导口P_2改为压力输入口。应当注意的是,两个小型减压阀应选用溢流减压阀,从高压向低压快速切换时,必须慎重选用小型减压阀的排气流量。

图11.2-12所示为使用电磁阀的组合实现高低压驱动的回路。以低压驱动气缸到接触工件时,切换三通电磁阀1,便以高压对工件施加所需的力。如果五通电磁阀2的最低动作压力在使用压力以上,该阀也可使用内部先导式。

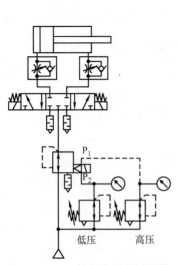 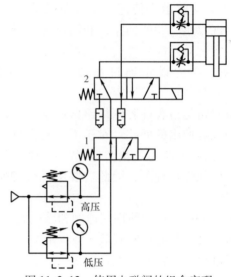

图 11.2-11 使用大流量减压阀实现高低压转换的回路

图 11.2-12 使用电磁阀的组合实现高低压驱动的回路

压紧长工件时，采用数条单作用气缸直线排列，若用同一压力，工件易出现翘曲变形，可像图 11.2-13 所示，用两个减压阀，设定高低压，靠切换集装式三通电磁阀 1，向驱动单作用气缸动作用的三通电磁阀 2 供应高低压，采用强压紧力和弱压紧力相结合的高低压控制。三通电磁阀 1 应选用万用通口型。

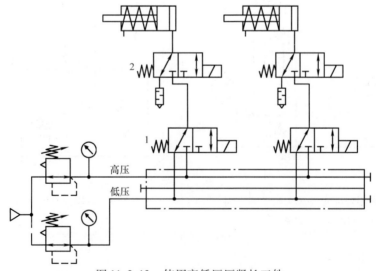

图 11.2-13 使用高低压压紧长工件

图 11.2-14 所示为高低压驱动的平衡控制回路。其使用五通和三通电磁阀、大流量减压阀和单向减压阀，实现高低压驱动的平衡控制。对应两种负载重量，设置了轻负载用的低压用小流量减压阀和重负载用的高压用小流量减压阀，以向大流量减压阀 3 提供不同的先导压力。这样，无论哪个负载，都能得到同等速度。负载上升（即气缸下降），阀 2 复位，五通阀 b 侧得电。负载下降，五通阀 a 侧得电，由单向减压阀向无杆腔充气。对轻负载，三通阀 2 及 4 均得电，而对重负载，三通阀 4 应断电。

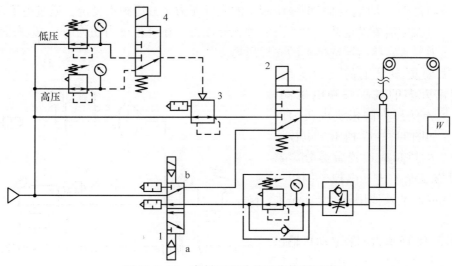

图 11.2-14 高低压驱动的平衡控制回路

图 11.2-15 所示为辊压的可变控制回路。减压阀 3 利用减压阀 5 的设定压力与气缸前端的重量相平衡。用大流量精密减压阀 2 通过阀 1 控制推出力 F。当用于辊子有歪斜等的场合时，气缸一直以一定的推力 F 压在辊子上，使其返回至正确位置。三通电磁阀 4 不通电时，气缸在高压下返回。工件（辊子）改变时，用手动调整减压阀 5 和 2，以改变辊压大小。

6. 多级压力控制回路

在一些场合，如在平衡系统中，需要根据工件重量的不同，提供多种平衡压力，这时可使用多级压力控制回路。图 11.2-16 所示为使用大流量排气型减压阀 1 进行多级压力控制的

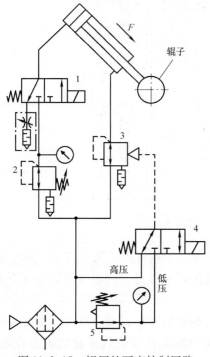

图 11.2-15 辊压的可变控制回路

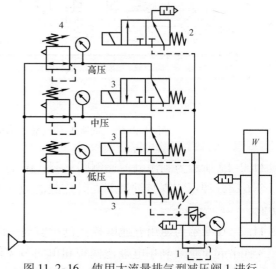

图 11.2-16 使用大流量排气型减压阀 1 进行多级压力控制的回路

回路。在该回路中，大流量排气型减压阀 1 的先导压力由减压阀 4 设定，通过电磁阀 3 的切换来控制。可根据需要设定低、中、高三种先导压力。在进行压力切换时，必须用电磁阀 2 先将先导压力泄去，然后再选择新的先导压力。

如果需要更多设定的压力等级，为避免使用太多的减压阀和电磁阀，可使用电控比例压力阀来实现压力的无级控制，如图 11.2-17 所示。电控比例压力阀 2 的进口应设置微雾分离器 3，防止油雾及杂质进入电控比例压力阀，影响阀的性能及使用寿命。1 是大流量减压阀。

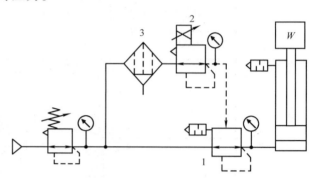

图 11.2-17　使用电控比例压力阀的压力无级控制回路

图 11.2-18 所示为伺服电动机输出力的辅助平衡控制回路。用三个精密减压阀 1，设定与三种负载重量相平衡的压力，切换三通电磁阀 2，以平衡负载的重量，便可减小电动执行器的伺服电动机的输出力，既节能，又降低成本。若初期状态有负载需平衡的场合，三通电磁阀中的一台应选常通型规格。气缸应选用低摩擦力气缸，以提高负载的响应速度。

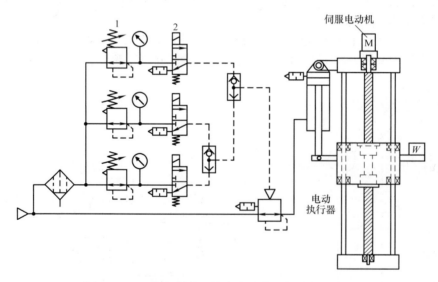

图 11.2-18　伺服电动机输出力的辅助平衡控制回路

图 11.2-19 所示为利用电控比例阀 1 替代图 11.2-18 中三个精密减压阀、三个三通电磁阀和两个梭阀，便可实现与重量不同时负载的力平衡。选用锁紧气缸，则增加了防止落下及中停功能。

图 11.2-20 所示为使用五通电控比例阀实现无级压力控制的回路。五通电控比例阀 1 复位时，气缸吊起重物。利用电控比例阀和单向节流阀，对气缸无杆腔进行任意的压力控制，以改变气缸的输出力。进行气缸的速度控制和任意的压力控制时，必须要考虑达到设定压力的到达时间的延缓。

图 11.2-21 所示为使用锁紧气缸及电控比例阀进行无级压力控制的回路。用电控比例阀 1,任意调整加压力。用锁紧气缸（弹簧锁）进行落下防止和中停。为防止活塞杆急伸,要用减压阀 2 和电控比例阀 1 进行压力平衡。

7. 张力控制回路

在纸和布等片状物的张力一定、推力一定的情况下,减压阀、电磁阀和气缸组合进行张力控制的回路为张力控制回路。这种情况下的输出精度由气缸的阻尼力和减压阀的精度决定。为了提高精度,要选择阻尼力低的气缸、精密的减压阀,且电磁阀使用 PAB 连接。

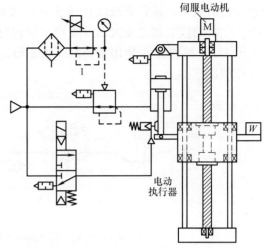

图 11.2-19 输出力辅助的自动平衡控制回路

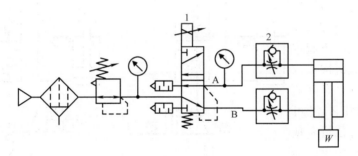

图 11.2-20 使用五通电控比例阀实现无级压力控制的回路

图 11.2-22 为了减轻液压马达起动时的张力,向气缸的两侧供给压缩空气。因此,能够

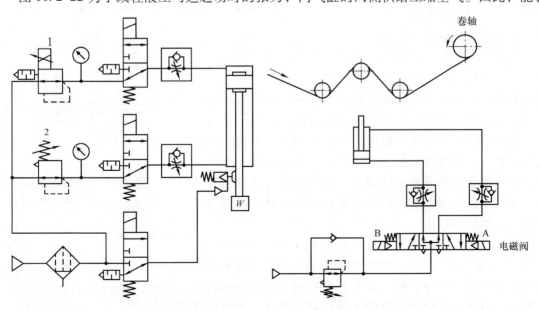

图 11.2-21 使用锁紧气缸及电控比例阀进行无级压力控制的回路

图 11.2-22 张力控制回路

防止马达的烧毁、减轻负载以及防止片材破损。当马达达到稳定旋转时,如果电磁阀 B 侧通电,气缸的推力就会变大,获得稳定旋转时的张力。

图 11.2-23 所示为使用精密减压阀的设定压力来决定气缸的输出力,即维持张力不变。推荐使用低摩擦力气缸。

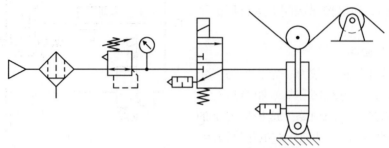

图 11.2-23　使用精密减压阀进行张力控制的回路

8. 举(提)升控制回路

图 11.2-24 所示的气缸靠自重落下。图 11.2-24a 中三通电磁阀通电,举起重物。两个单向节流阀构成双向调速阀可控制气缸升降的速度。图 11.2-24b 不仅可以举起重物,而且还可实现中停。五通阀实现中停,为了中停快,调速阀应尽可能靠近三通电磁阀安装。中停时间长短,与调速阀、配管、气缸等的泄漏情况有关。

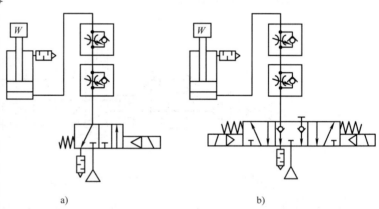

a)　　　　　　　b)

图 11.2-24　靠自重落下的举升控制回路

图 11.2-25 所示为使用三通电磁阀进行提升控制的回路。三通电磁阀不通电,气缸处下降端,通电则上升。当再度断电时,为防止气缸下降时受负载重量的作用而急速下降,调速阀 2 应是进气节流,而调速阀 3 应是排气节流。

图 11.2-26 所示为使用两个三通主阀及一个五通阀进行提升控制。先用减压阀 3 与气缸的负载进行力平衡调节。气缸的升降靠切换五通电磁阀使三通主阀 1 或 2 切换来进行。紧急时,五通电磁阀断电,靠封入气缸内的平衡压力实现气缸的中间停止。

图 11.2-27 所示为利用减压阀进行举升控制的回路。图 11.2-27a 利用三通电磁阀的高压信号,对外部先导式减压阀 1 进行高压设定,使气缸上升。利用三通电磁阀的低压信号,对外部先导式减压阀 1 进行低压设定,使气缸下

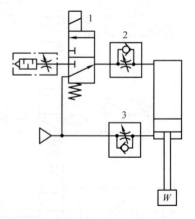

图 11.2-25　使用三通电磁阀进行提升控制的回路

降至与负载平衡的位置。三通电磁阀都不通电，气缸便下降至行程末端。图11.2-27b使用了大流量精密减压阀1，当先导阀不通电时，低压使气缸下降；当先导阀通电时，高压使气缸上升。要快速从高压向低压设定，应检查小流量减压阀2的排气能力。

图11.2-28所示为利用中止式三位五通阀进行举升控制的回路，实现上下驱动及中停。为防止气缸下降时负载重量引起急跌，在有杆侧应增设进气节流式单向节流阀1。

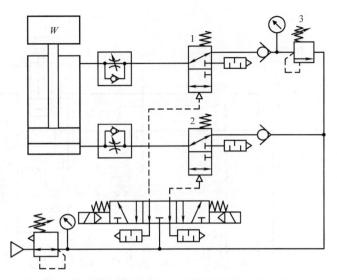

图11.2-26 利用三通主阀及五通阀进行提升控制的回路

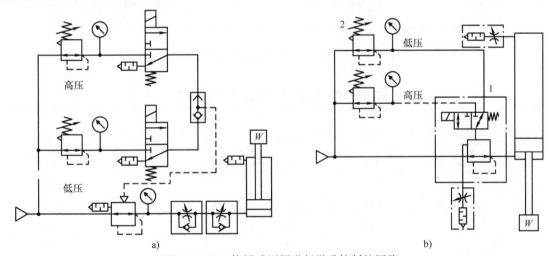

图11.2-27 使用减压阀进行举升控制的回路

图11.2-29所示为使用经济型选择阀进行举升控制的回路。该回路使用了选择式经济型阀1（含三通电磁阀Ⓐ、Ⓑ、Ⓒ）和基本式经济型阀2（含三通电磁阀Ⓓ、Ⓔ）。可实现高速或低速的升降驱动及中间停止。其动作情况见表11.2-1。气缸无杆腔的平衡空气与气容3往返使用，不消耗气量。仅有杆侧的低压空气每一个循环排气一次，故本回路为省能系统。

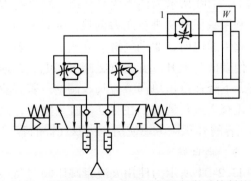

图11.2-28 利用中止式三位五通阀进行举升控制的回路

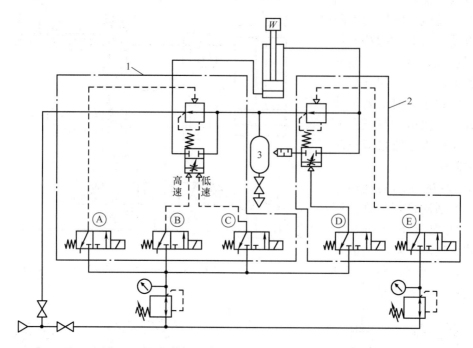

图 11.2-29 使用经济型选择阀进行举升控制的回路

表 11.2-1 图 11.2-29 回路的动作情况

气缸动作		三通电磁阀				
		Ⓐ	Ⓑ	Ⓒ	Ⓓ	Ⓔ
上升	高速	ON	ON	OFF	ON	OFF
	低速	ON	OFF	ON	ON	OFF
下降	高速	OFF	ON	OFF	OFF	ON
	低速	OFF	OFF	ON	OFF	ON
中间停止		OFF	OFF	OFF	OFF	OFF

图 11.2-30 所示为使用两只平衡气缸进行省能的平衡举升控制回路。当二通电磁阀 4 通电时，利用减压阀 9 进行压力调整，两只平衡气缸 2 便与负载实现力平衡。五通电磁阀和二通电磁阀 4 通电时，驱动气缸 1 高速上升。若二通电磁阀 5 也通电，靠单向节流阀 6，驱动气缸 1 便以低速上升。五通电磁阀不通电、二通电磁阀 4 通电、5 不通电，驱动气缸便以高速下降，下降速度由单向节流阀 3 调整。若要驱动气缸低速下降，则二通电磁阀 5 通电，由单向节流阀 7 进行调整。在驱动气缸下降时，两只平衡气缸内的空气几乎无消耗地返回气容 8 中。气容的容积应考虑使用压力及气缸的容积来选定。

9. 力平衡回路

图 11.2-31 所示为使用大流量减压阀与负载进行力平衡控制的回路。气缸靠外力驱动。推荐使用低摩擦力气缸。

图 11.2-32 所示为使用减压阀和快排阀进行力平衡控制的回路。用减压阀调节压力，与

负载进行力平衡。气压锁的锁紧气缸需使用五通电磁阀，不通电时进行锁住，以实现落下防止和紧急停止。本回路可用作气锤等。

10. 终端瞬时加压回路

装配机械零件时，气缸的活塞杆在接触到该零件之前，可以用低压驱动。一旦接触到该零件，气缸无杆腔加压，将该零件压入安装位置。这可以利用 SSC 阀 1 来完成，如图 11.2-33 所示。在气缸动作前，两侧处于泄气状态。当方向阀 2 通电使气缸活塞杆伸出时，由于有杆腔没有背压，通过 SSC 阀 1 可用进气节流方式和很低的气体压力驱动气缸。当气缸的活塞杆接触到该零件时，气缸的无杆腔内的压力升高，当压力升至一定值时，SSC 阀内的两位两通阀切换，压力气体便不经过节流口而直接进入气缸的无杆腔，以供给压力给气缸瞬时加压。

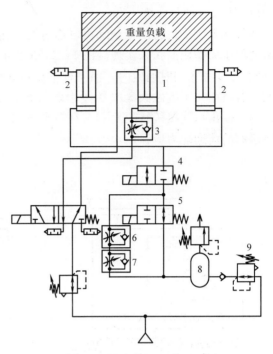

图 11.2-30　使用两只平衡气缸进行省能的平衡举升控制回路

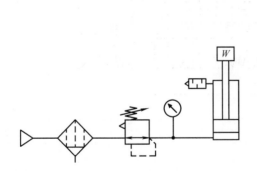

图 11.2-31　使用大流量减压阀与负载进行力平衡控制的回路

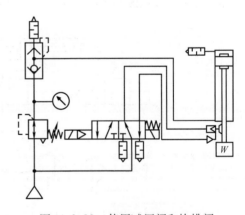

图 11.2-32　使用减压阀和快排阀进行力平衡控制

图 11.2-34 所示为使用限位开关进行终端加压控制的回路，这种回路可用于铆接等作业。为了作业上的安全，在进行铆接等作业之前，切换五通电磁阀 1，以低速下降。当气缸检出限位开关信号 a 后，让五通电磁阀 2 切换，气缸便以高速驱动至终端，给予冲击力。让五通电磁阀 1、2 返回至初期状态，气缸便以低压上升。五通电磁阀 2 应使用直动式排气双加压型，不必自保持的场合，也可使用单电控及三通电磁阀（万用通口型）。当五通电磁阀 1 的最低动作压力在使用压力之上时，可选用内部先导式。

11. 多级力控制回路

在气动系统中,力的控制除可以通过改变输入气缸的工作压力来实现外,还可以通过改变活塞的压力作用面积来实现。图 11.2-35 所示为使用串联气缸实现 3 倍力控制的回路。当电磁阀 1、2 和 3 同时通电时,活塞杆上获得 3 倍的输出力。当 3 个阀都不通电时,活塞杆返回。若只用一个电磁阀 3 来控制串联气缸,该阀的一个输出口连接气缸 A 口、C 口和 E 口,另一输出口连接气缸的 B 口、D 口和 F 口,则可实现活塞杆伸缩方向都是 3 倍输出力,但电磁阀的流通能力应保证。

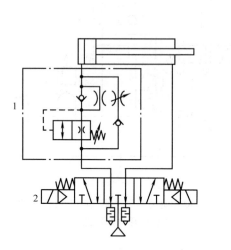

图 11.2-33 终端瞬时加压回路　　图 11.2-34 使用限位开关进行终端加压控制的回路

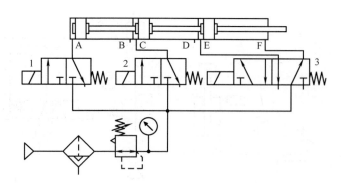

图 11.2-35 使用串联气缸实现 3 倍力控制的回路

12. 增压回路

（1）使用增压阀

一般气动系统的工作压力在 0.7MPa 以下,但在有些场合,由于气缸尺寸受限制得不到应有的输出力,或局部需要使用高压的场合,可使用增压阀构成增压回路,如图 11.2-36 所示。增压阀 3 的一次侧,必须设置油雾分离器 1,以保护增压阀。作业完成后,一次侧压力应通过残压释放阀 2 排放掉,让增压阀停止工作。在气缸耗气量较大的情况下,增压阀和主方向阀 7 之间应使用一定容积的小气罐 4。在二次侧,有必要安装带手动排水分离器的过滤器 5 及油雾分离器等净化元件,因增压阀内有滑动部位,增压阀用的小气罐内表面也没有处理，可能有污染物流向二次侧。维修时，二次侧的残压也要迅速排放掉，故在增压阀的出口，也要设置残压释放阀6。在不希望有压力脉动的场合，增压阀的二次侧应设置减压阀。

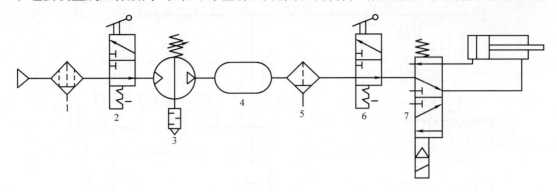

图 11.2-36　使用增压阀的增压回路

只需要气缸单侧增压时，增压的回路如图 11.2-37 所示。当五通电磁阀断电时，利用气控信号使气控方向阀切换，进行增压夹紧；当电磁阀通电时，气缸在正常压力作用下返回。

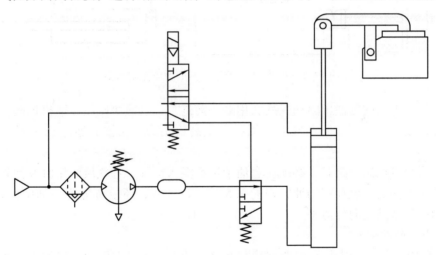

图 11.2-37　气缸单侧增压的回路

(2) 使用气液增压器

气动控制的压力较低，若在狭窄空间要获得很大的作用力时，可使用气液增压器，把低压空气转换成高压油压，去推动气液联用缸动作。

图 11.2-38 中的三通电磁阀 3 和 4 都通电时，通过气液转换器 5 和气液增压器 1 的油路，利用与空气压力相同的油压，驱动气液联用缸 2 动作。当需要高输出力时，五通电磁阀通电，气液增压器动作，用增压后的油压，推动气液联用缸产生高输出力。气液增压器的增压力取决于减压阀的设定压力及增压器内空气压侧与油压侧的活塞面积比。当五通电磁阀及两个三通电磁阀都不通电时，气液联用缸返回。要针对增压后的压力大小来选用气液联用缸及油压配管、接头等。不可使用机油、锭子油，应选用相当于 ISO – VG32 的液压油。使用回路时，要注意调速阀 6 的节流阀开度。

图 11.2-39 所示为使用机控阀及气液增压器进行增压控制的回路。切换五通电磁阀，仍

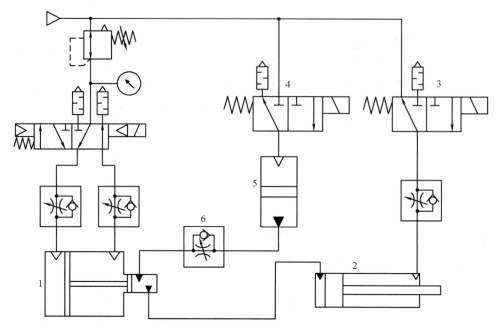

图 11.2-38 使用气液增压器的增压控制回路

是利用与空气压力相同的油压驱动气液联用缸 2 前进,一旦撞块压住三通机控阀,则气液增压器 1 动作,使油压增压,驱动气液联用缸产生高输出力。切换五通电磁阀则气液联用缸返回。

使用气液增压控制回路时,必须注意油中不得混入空气,且气液联用缸及油管中的容积必须小于增压器内液压侧存有的油容积的 1.5 倍。设计时,还应考虑万一油中混入空气时,能将油中的空气从高处向外泄去。

13. 冲击力的控制回路

图 11.2-40 所示为冲击气缸的典型控制回路。冲击气缸是把压缩空气的压力能转换成活塞杆等运动部件高速运动的动能,利用此动能对外做功,完成打印、铆接、拆件、压套、下料、冲孔、锻压、去毛刺等多种作业。当电磁阀 1 通电时,冲击气缸 3 的下腔气压经快速排气阀 2 迅速排气。同时使二位三通气控阀 4 切换,小气罐 5 内的压缩空气直接进入冲击气缸的储能腔。一旦储能腔喷口处的作用力超过活塞下腔的作用力,活塞便开启。一旦活塞开启,工作压力便迅速扩展至整个活塞上表面,活塞上下两侧产生很大的压差力,使活塞以极快的速度向下运动,该运动件所具有的动能若撞击到物体上,则物体便受到很大的冲击力。减压阀 6 可用于调节小气罐内的压力,即可改变冲击气缸的动能。

图 11.2-41 所示为吸收冲击力的控制回路。摆动气缸 1 在摆动过程中及在摆动末端停止时,由于惯性力的存在,有可能产生很大的冲击力。可以让气液单元(点画线框内)中的二位二通阀(即中停阀)的先导压力,通过排气节流阀 2,进行缓慢排气卸压,使中停阀缓慢关闭,让摆动气缸减速。由三通电磁阀 3 来控制开始减速的时刻。

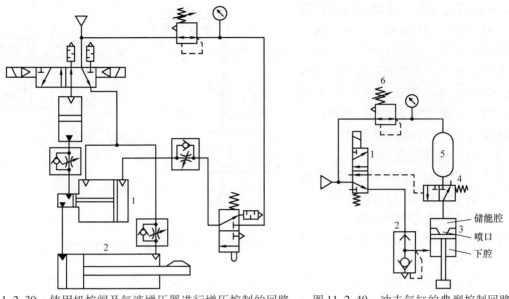

图 11.2-39　使用机控阀及气液增压器进行增压控制的回路　　图 11.2-40　冲击气缸的典型控制回路

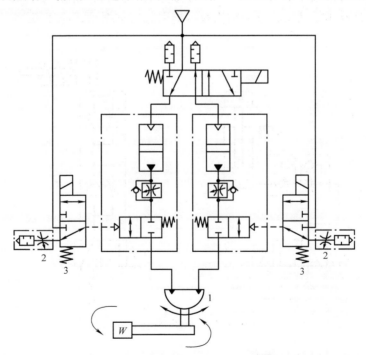

图 11.2-41　吸收冲击力的控制回路

第三节　速度控制回路

速度控制回路就是通过控制流量的方法来控制气缸运动速度的气动回路。
1. 单作用气缸的速度控制回路
（1）慢进-快退调速回路

图 11.3-1a 所示为利用进气节流式单向节流阀实现活塞杆伸出速度可调及快速返回，

图 11.3-1b 所示为在三通阀进口设置节流阀（AS 系列的订制规格为"-X214"）来解决的。

若想实现气缸的快进-慢退，可将图 11.3-1 中的进气节流式单向节流阀改为排气节流式单向节流阀，也可在三通阀的排气口上安装排气节流阀。

（2）双向调速回路

图 11.3-2 所示为利用双向调速阀（ASD 系列）实现气缸伸缩两个方向的调速及垂直气缸的升降速度调节。在不影响排气节流的设定速度的情况下，可让供气侧节流（进气节流），防止活塞杆急伸。双向调速回路若用两个单向节流阀串联（构成双向调速阀），应采用图 11.3-2a 所示的连接方式，不要采用图 11.3-2b 所示的连接方式。因为，若使用 AS2000 之类的单向节流阀，其单向阀是座阀式结构，这种结构有可能引起气缸振动，应注意。

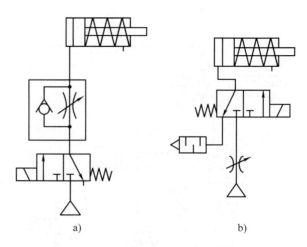

图 11.3-1 慢进-快退调速回路（单作用气缸）

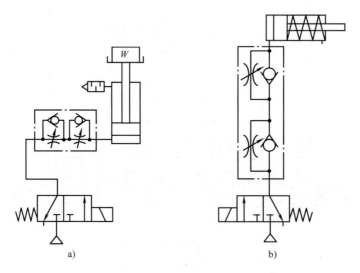

图 11.3-2 双向调速回路

2. 双作用气缸的速度控制回路

（1）排气节流调速与进气节流调速

图 11.3-3 所示为排气节流调速回路与进气节流调速回路。两种调速方式的特点比较见表 11.3-1。由于排气节流调速的调速特性和低速平稳性较好，故实际应用中大多采用排气节流调速方式。进气节流调速方式可用于单作用气缸、夹紧气缸、低摩擦力气缸和需要防止气缸起动时活塞杆"急速伸出"的气缸。单向节流阀尽可能靠近气缸安装，则调速特性好。

（2）慢进-快退调速回路

慢进-快退调速回路如图 11.3-4 所示。电磁阀通电，受排气节流式单向节流阀的作用，气缸慢进。当电磁阀断电时，经快速排气阀迅速排气，气缸则快退。在方向阀与气缸距离较远时，可用此回路。

（3）快进–慢退调速回路

将图 11.3-4 中的排气节流式单向节流阀与快速排气阀对换即可实现。

（4）快进–快退调速回路

将图 11.3-4 中的排气节流式单向节流阀也换成快排阀即可。但要注意气缸行程末端是否需要缓冲及快速排气阀上出现结露现象。

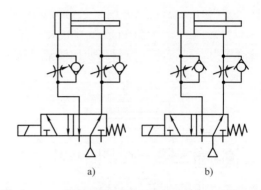

图 11.3-3　排气节流调速回路与进气节流调速回路
a）排气节流调速　b）进气节流调速

（5）用排气节流阀调速回路

在方向阀与气缸之间不能安装速度控制阀的场合，可在方向阀的排气口上安装带消声器的排气节流阀，用于调节气缸的运动速度，如图 11.3-5 所示。且在不清洁的环境中，还能防止通过排气孔污染气路中的元件。

表 11.3-1　两种调速方式的特点比较

特性项目	进气节流调速	排气节流调速
低速平稳性	易产生低速爬行	好
阀的开度及速度	没有比例关系	有比例关系
惯性的影响	对调速特性有影响	对调速特性影响很小
起动延时	小	与负载率成正比
起动加速度	小	大
行程终点速度	大	约等于平均速度
缓冲能力	小	大

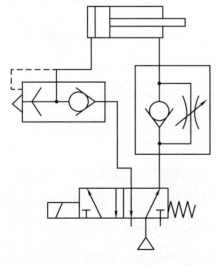

图 11.3-4　慢进–快退调速回路（双作用气缸）

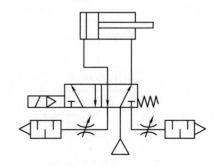

图 11.3-5　用排气节流阀调速回路

（6）高速驱动回路

图 11.3-6 所示为使用快速排气阀 2 进行高速驱动的回路。速度快慢可由排气节流阀 1

调整。使用时，要注意快速排气阀的冻结及行程末端大动能的外部吸收问题。

图 11.3-7 所示为图 11.3-6 中的排气节流阀改为溢流阀的回路，也可进行高速驱动。调整溢流压力，进行速度控制。使用溢流功能，可经常保持活塞上有一定的压差，以适应负载的变动让气缸动作。

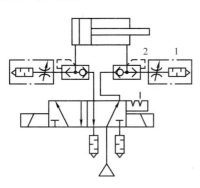

图 11.3-6 使用快速排气阀 2 进行高速驱动的回路

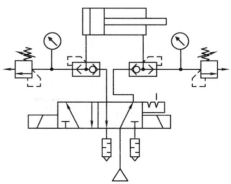

图 11.3-7 使用快速排气阀和溢流阀进行高速驱动的回路

（7）低速驱动回路

图 11.3-8 所示为使用大流量精密减压阀实现低速驱动和低速控制的回路。五通和三通电磁阀同时通电，无杆气缸两侧导入大流量精密减压阀的设定压力，形成差压驱动，实现稳定的低速驱动。若仅五通电磁阀通电，待气缸加速后，再让三通电磁阀通电，利用减压阀的设定压力，可进行减速控制。推荐选用低速规格的无杆气缸。

（8）变化负载的速度控制

在有转向动作的情况下，转向过程中，气缸所受负载力会发生变化。为了得到较稳定的缸速，不要以单向节流阀作为调速阀，而应选用由两个单向节流阀构成双向调速阀，如图 11.3-9 所示。

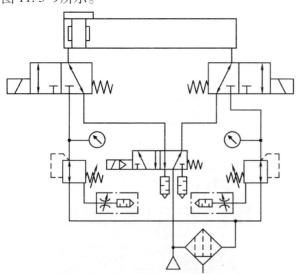

图 11.3-8 使用大流量精密减压阀实现低速驱动和低速控制的回路

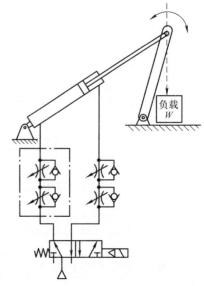

图 11.3-9 有转向动作时的速度控制回路

图 11.3-10 所示为使用摆动气缸在垂直面内对工件进行 180°摆动的速度控制回路。与 90°位置相比，由于负载力的变化及空气的可压缩性，摆动速度会发生变化，不能平稳动作。当三通电磁阀通电时，将减压阀的设定压力作为摆动气缸的背压，实现减速控制。若需要控制背压，可加设单向节流阀进行进气节流控制。在行程末端，需要输出力时，可在动作完成之前，让三通电磁阀断电，卸去背压便可。

（9）行程中途变速回路

图 11.3-11a 所示为将两个二位二通阀与速度控制阀并联，活塞运动至某位置，使二位二通电磁阀通电，则气缸背压腔气体便排入大气，从而改变了气缸的运动速度。

图 11.3-11b 所示为五通阀通电，气缸快进，至某位置时让二通阀通电，则变成慢进。

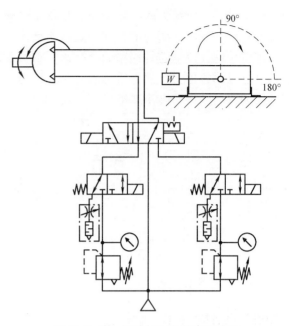

图 11.3-10　摆动气缸在垂直面内对工件进行摆动的速度回路

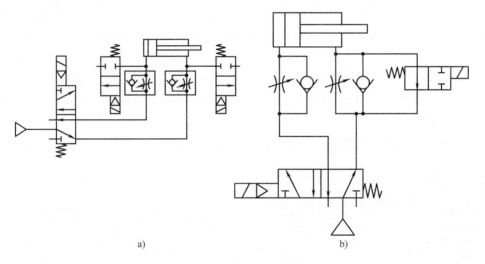

图 11.3-11　行程中途变速回路

（10）高速驱动与减速控制回路

下面介绍气缸以高速驱动、但在行程末端进行减速控制的几个回路。

图 11.3-12 所示为利用反向加压进行减速控制的回路。当五通电磁阀左侧通电时，长行程气缸高速动作。事先利用小流量减压阀 1 设定了减压阀 2 的先导压力，当气缸接近行程端部时，让三通阀通电，则气缸杆侧便导入了反向压力，进行减速控制。到达行程末端后，可利用延时器设定时间，让三通阀断电，气缸便得到应有的输出力。反向压力与减速范围取决于负载的大小及缸速。

图 11.3-13 所示为使用减速阀 1 对高速驱动气缸进行终端减速控制的回路。切换五通电磁阀至左侧，让减速阀通电，则气缸高速动作，在到达行程末端之前，让排气侧的减速阀断电，进行减速控制。这种回路适合高速、重负载的终端低速控制。使用 NC 型减速阀，断电时，可进行紧急停止。急停后再起动时，为防止气缸急速动作，在气缸到达行程末端之前，排气侧的减速阀应一直不通电。

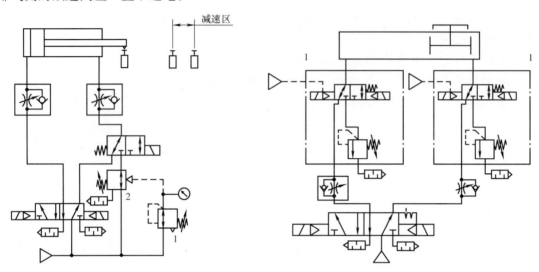

图 11.3-12 利用反向加压进行减速控制的回路　　图 11.3-13 使用减速阀 1 进行终端减速控制的回路（一）

图 11.3-14 除实现气缸的高速驱动和终端的减速控制外，中位双加压式的三位五通阀与单向阀的组合，在紧急停止、较长时间中间停止后，也不会发生急速伸出，因设置减压阀，可实现气缸的力平衡。三位五通电磁阀应选用直动式，不可使用内部先导式。

图 11.3-15 所示为使用减速阀进行终端减速控制的回路，其减速阀及磁性开关控制气动

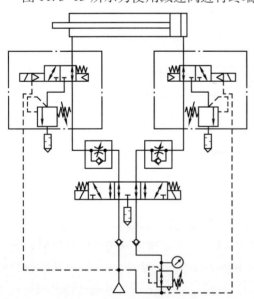

图 11.3-14 使用减速阀进行终端减速
控制的回路（二）

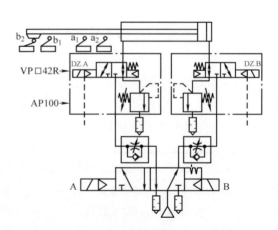

图 11.3-15 使用减速阀进行终端减速
控制的回路（三）

门的开闭。a_1、a_2是缩回端用磁性开关，b_1、b_2是伸出端用磁性开关。当气缸缩回时，电磁铁 A 接通，电磁铁 B 断开，且 DZ.A 及 DZ.B 接通，气缸开始缩回。当磁性开关 a_1 接通时，令 DZ.B 断开，则右侧溢流阀（AP100）使缸内无杆腔压力上升。当升至一定压力时（此背压使气缸减速），溢流阀溢流。当磁性开关 a_2 接通时，DZ.B 再接通，气缸便缩回至末端。当气缸伸出时，电磁铁 B 接通，电磁铁 A 断开，且 DZ.A 及 DZ.B 也接通，气缸开始伸出。当磁性开关 b_1 接通时，令 DZ.A 断开，有杆腔压力上升并减速，直至左侧溢流阀溢流。当磁性开关 b_2 接通时，DZ.A 再接通，气缸伸出至末端。注意：a_1 与 b_1 应选用高速用的磁性开关。

图 11.3-16 所示为使用减速阀控制锁紧气缸的减速与中停回路，该回路是在减速后，再对锁紧气缸进行锁定的。气缸运动速度大，若不减速就进行锁定，会导致锁机构的破损或寿命大大缩短。

图 11.3-17 所示为长行程气缸高速动作至行程末端附近进行减速的回路，其后活塞杆微速至行程末端。在气缸整个动作过程中，中封式三位五通阀、中压式三位五通阀及两个二位二通阀的电磁铁通断状况见表 11.3-2。端部附近的减速是由单向减压阀调节的，以控制两个外部先导式精密减压阀获得不同的输出压力来实现的。当活塞杆高速伸出时，一旦停止排气（减速动作），由于有杆侧背压升高，活塞杆会出现反弹，外部先导式精密减压阀起消除冲击压力的溢流阀作用。

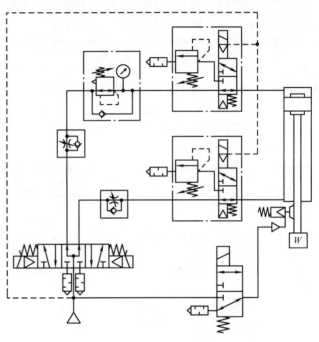

图 11.3-16 使用减速阀控制锁紧气缸的减速与中停回路

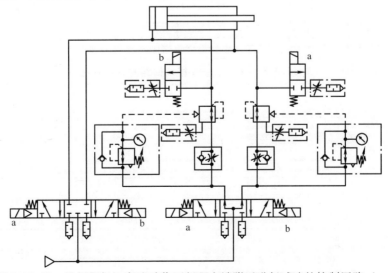

图 11.3-17 长行程气缸高速动作至行程末端附近进行减速的控制回路（一）

表 11.3-2　图 11.3-17 控制回路的动作状况

气缸动作状况	中封式三位五通电磁阀		中压式三位五通电磁阀		二位二通电磁阀	
	a	b	a	b	a	b
高速伸出	ON	OFF	ON	OFF	ON	OFF
减速	OFF	OFF	OFF	OFF	OFF	OFF
微速伸出	OFF	OFF	ON	OFF	ON	OFF
伸出至行程末端	OFF	OFF	OFF	OFF	ON	OFF

图 11.3-18 所示为长行程气缸高速动作至行程末端附近减速的回路，在需紧急停止时及接近行程末端时进行减速，其后以微速移动至行程末端。在整个动作过程中，各个电磁阀的电磁铁通断状况见表 11.3-3。当活塞杆高速前进时，需紧急减速，由于有杆侧背压升高，活塞杆会出现反弹，使用外部先导电磁式减压阀 5 的溢流功能，可将冲击背压卸出。高速前进、减速等的减压阀 4 和 5 的压力是由带单向阀的减压阀 6 设定的。减速后微速前进时的气缸推出力是由减压阀 7 设定的。应当注意：紧急停电时的气缸锁定，必须在确认减速后进行。锁定后再起动前，有杆侧及无杆侧都封入压力，以防止活塞杆急速伸出。阀 6、7 应尽量靠近阀 4、5 进行配管，则设定压力、切换响应性变好。

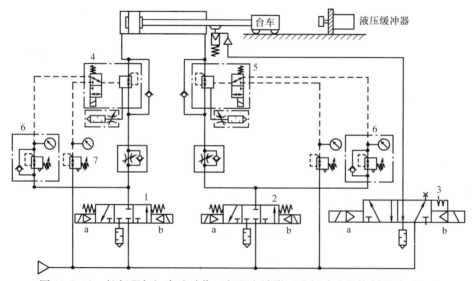

图 11.3-18　长行程气缸高速动作至行程末端附近进行减速的控制回路（二）

表 11.3-3　图 11.3-18 控制回路的动作状况

动作状况	三位三通阀 1		三位三通阀 2		电磁阀 3		外部先导电磁式减压阀 4	外部先导电磁式减压阀 5
	a	b	a	b	a	b		
高速前进	OFF	ON	ON	OFF	ON	OFF	OFF	OFF
（紧急减速）	OFF	ON	OFF	ON	ON	OFF	OFF	OFF
（紧急停止锁）	OFF	OFF	OFF	OFF	OFF	ON	OFF	OFF
减速前进	OFF	ON	OFF	ON	ON	OFF	OFF	OFF
微速前进	OFF	ON	OFF	ON	ON	OFF	ON	OFF
伸至行程末端	OFF	ON	ON	OFF	ON	OFF	OFF	OFF

（11）双速驱动回路

在实际应用中，常要求实现气缸高低速驱动。下面介绍几种回路。

图 11.3-19 所示为使用中间释放回路的双速驱动回路。该回路的三通电磁阀 2 上有两条排气通路，一条使用排气节流阀 3 实现快速排气，另一条通过排气单向节流阀 4 再经主方向阀 1 实现慢速排气。使用时应注意：如果快速和慢速的速度差太大，气缸速度在转换时，容易产生跳动现象。当活塞杆伸出快接近行程终端时，让三通电磁阀断电则变成慢速。希望气缸运动速度由高速转为低速，但因存在气体的压缩性和气缸运动的惯性，气缸不会很快减速，故应提早减速为好。

图 11.3-20 所示为使用多功能阀（VEX5 系列）的双速驱动与中间停止回路。该回路的控制元件只有多功能阀 1 和小流量减压阀 2，故系统很简单。其中，多功能阀具有调压、调速和换向三种功能。当电磁铁 a 通电、b 和 c 不通电时，多功能阀以与先导压力同等的压力，将流量放大，实现 R 口向 A 口降压供气，驱动气缸上升；当电磁铁 a、b 和 c 都不通电时，P、R 和 A 口都处于封闭状态，可使气缸处于中停位置；当电磁铁 b 通电、a 和 c 不通电时，A 口与 P 口接通，实现快速排气，则气缸快速下降；当电磁铁 b 和 c 通电、a 不通电时，实现节流排气，则气缸慢速下降。

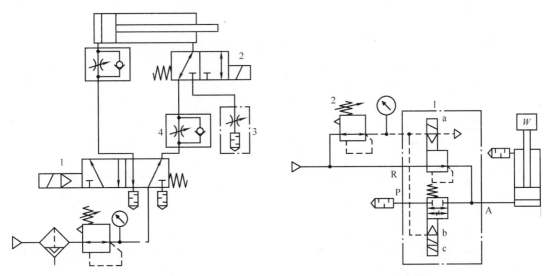

图 11.3-19　使用中间释放回路的双速驱动回路　　图 11.3-20　使用多功能阀的双速驱动与中间停止回路

图 11.3-21 所示为使用并联单向节流阀实现双速驱动的回路。该回路通过切换三通电磁阀，可选择高速或低速驱动气缸。靠近行程气缸末端，由高速向低速切换时，要考虑空气的压缩性及惯性力，在切换时间上应留有余量。高低速度差别大时，会产生气缸的跳动。

图 11.3-22 所示为通过并联两个三位五通阀实现双速驱动的回路。需高速驱动时，两个三位五通阀同时通电；低速驱动时，只让一个三位五通阀通电。可通过调节排气节流阀，以适应压力、负载及气缸速度的变化。

（12）三速驱动回路

图 11.3-23 所示为使用外部先导电磁式减压阀 1 等实现气

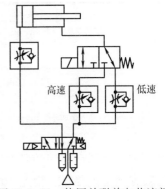

图 11.3-21　使用并联单向节流阀实现双速驱动的回路

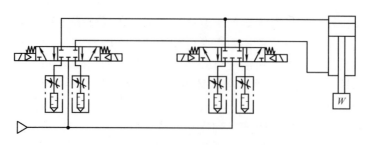

图 11.3-22 使用并联三位五通阀实现双速驱动的回路

缸缩回时的三种速度驱动回路。当三位三通阀 2 的 b 侧通电，外部先导电磁式减压阀 1 电磁铁 b 通电及二通电磁阀 3 通电时，气缸高速缩回。当阀 1 电磁铁仅 c 通电，阀 2 的 b 侧及阀 3 仍通电时，则气缸中速缩回。当阀 1 的 b 侧通电、阀 2 的 b 侧通电、阀 3 不通电时，则气缸低速缩回。本回路也可实现中间停止。

(13) 利用电气比例流量阀的速度控制回路

图 11.3-24 所示为利用电气比例流量阀（VEF 系列）实现气缸的速度控制回路。当三通电磁阀 2 通电时，给电气比例流量阀 1 输入电信号，便可使气缸以与电信号大小相匹配的速度前进。气缸后退时，让三通电磁阀 2 断电，利用电信号设定电气比例流量阀的节流口开度，进行排气流量控制，从而使气缸以设定的速度后退。

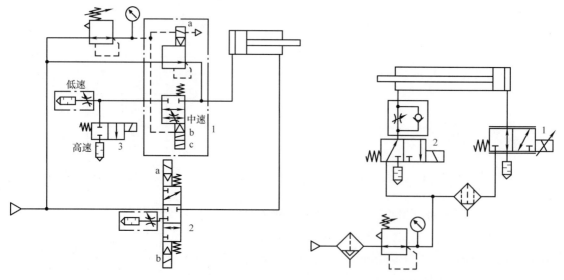

图 11.3-23 三种驱动回路　　图 11.3-24 利用电气比例流量阀的速度控制回路

3. 使用气液单元的速度控制回路

由于空气有可压缩性，气缸的运动速度很难平稳。尤其在负载变化时，其速度波动更大。在有些场合，例如机械切削加工中的进给气缸要求速度平稳，以保证加工精度，普通气缸很难满足此要求。为此，可通过气液联合控制，调节油路中的节流阀来控制气液联用缸的运动速度，实现慢速和平稳的进给运动。

(1) 气液联用缸的调速回路

气液联用缸的调速回路如图 11.3-25 所示。用气动方向阀 1 通过气液转换器 2 推动气液联用缸 4 动作。由单向节流阀 3 来控制气液联用缸的运动速度，以实现调速精度高、缸运动平稳。起动时、低速运动时，无跳动现象。但要注意气液转换器的贮油量应大于气液联用缸的容积，且要避免气油混合，否则会影响调速精度和运动平稳性。

若在单向节流阀与气液联用缸之间，增设外部先导式二位二通电磁阀（如 VNA 系列），如图 11.3-26 所示，不仅可进行气液联用缸的进退调速，还可实现中停。阀 3 及阀 1、2 通电，缸前进。阀 1 不通电则中停。阀 3 断电、阀 1、2 通电，缸缩回。阀 2 断电则中停。

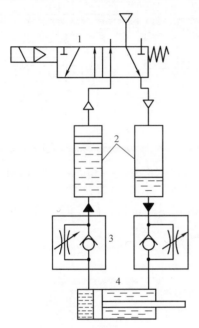

图 11.3-25　气液联用缸的
调速回路

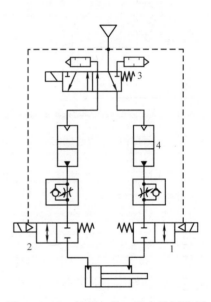

图 11.3-26　使用二位二通电磁阀进行
气液联用缸的进退与中停

气液联用缸的调速回路如图 11.3-27 所示。在活塞杆伸缩过程中，负载出现大幅度变化，如果使用普通气缸回路，会导致缸输出力和速度变化大，甚至可能出现作动停止的情况。而使用本回路可通过将负载的变化转变为油压的变化，而缸两侧作动油可以较平稳地流入排出缸体，带来活塞杆伸缩速度的平稳。

但要注意如果作动油中混入空气，则可能因温度上升、作动油的黏度变化而出现作动偏差的情况。

(2) 实现快进-慢进-快退的变速回路

快进-慢进-快退的变速回路如图 11.3-28 所示。当电磁阀 5 通电时，气液联用缸 1 无杆腔进气，而有杆腔的油经行程阀 2 回至气液压力转换器 4，活塞杆快速前进。当活塞杆撞块压住行程阀 2 后，油路切断，有杆腔的油只能经单向节流阀 3 的节流阀回油至转换器 4，实现活塞杆慢进。调节节流阀就可得到所需的进给速度。当电磁阀断电，通过气液压力转换器，油经阀 3 的单向阀进入缸 1 的有杆腔，推动活塞杆迅速返回。

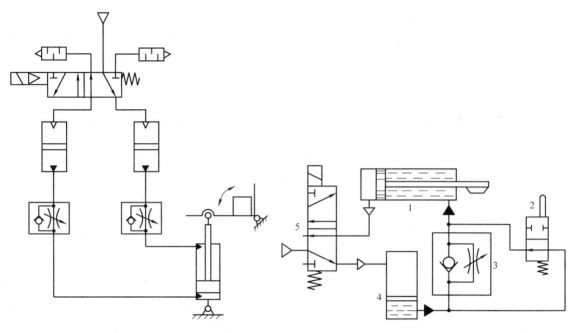

图 11.3-27 气液联用缸的调速回路　　　图 11.3-28 快进－慢进－快退的变速回路

本变速回路常用于金属切削机床上推动刀具进给和退回，行程阀 2 的位置可根据加工工件的长度进行调整。

(3) 利用气液单元（CC 系列）的应用回路

利用气液单元的应用回路如图 11.3-29 所示。中停阀 4 和变速阀 3 使用外部先导式。当中停阀和变速阀通电时，如阀 1 断电，则气液联用缸 2 快退；如阀 1 通电，则缸 2 快进。阀 1 通电、阀 3 断电，则缸 2 慢进，慢进速度取决于节流阀 6 的开度。阀 1 通电、阀 4 断电，则缸 2 实现中停。

以钻孔为例，说明本回路的应用。缸 2 快进，钻头快速接近工件。缸 2 慢进，进行钻孔。钻孔完毕，缸 2 快速退回。遇到异常，让中停阀断电，实现中停。当钻孔贯通瞬时，由于负载突然变小，为防止钻头飞速伸出，可将单向节流阀 6 和 5 改为带压力补偿的单向调速阀。当负载突然减小时，缸 2 有杆腔的压力会突增，则指挥带压力补偿的单向调速阀的开度变小，以维持缸 2 的速度基本不变，可防止钻头飞伸。

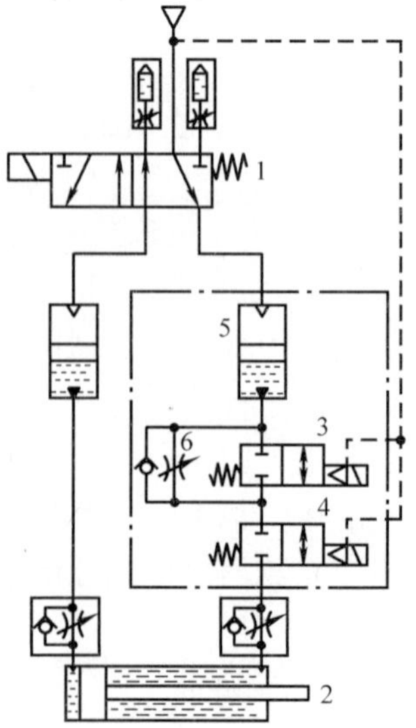

图 11.3-29 利用气液单元的应用回路

4. 使用气液阻尼缸的速度控制回路

这是用气缸传递动力、由液压缸阻尼和稳速，并由调速机构进行调速的回路，该回路调速精度高、运动速度平稳。在金属切削机床中使用广泛。

（1）使用双向速度控制阀调速

使用双向速度控制阀调速如图11.3-30所示。由气动方向阀5控制气液阻尼缸1进退，由双向速度控制阀4控制阻尼缸的进退速度。油杯2用于补充回路中少量的漏油。单向阀3防止回路工作时油流入油杯。

（2）快进-慢进-快退的变速回路

快进-慢进-快退的变速回路如图11.3-31所示。当电磁阀2通电，气液阻尼缸1快进。当活塞杆前进到一定位置，其撞块压住行程阀4，受单向节流阀3节流，则缸1慢进。当阀2断电，则缸1快退。若取消阀3中的单向阀，则回路能实现快进-慢进-慢退-快退的动作。

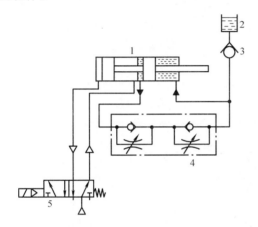

图11.3-30　使用双向速度控制阀调速

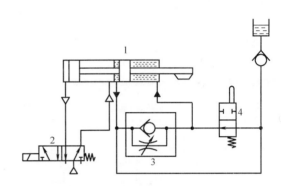

图11.3-31　快进-慢进-快退的变速回路

第四节　位置（角度）控制回路

气缸通常只能保持在伸出和缩回两个位置上。如果要求气缸在运动过程中的某个中间位置停下来，则要求气动系统具有位置控制功能。由于气体具有压缩性及气动系统不能保证长时间不漏气，所以只利用三位五通电磁阀对气缸进行位置控制，难以得到高的定位精度。要求定位精度较高的场合，可使用机械辅助定位、多位气缸、制动气缸或气液转换单元等方法。

1. 使用外部挡块的定位方法

为了使气缸在行程中间定位，最可靠的方法是在定位点设置机械挡块，如图11.4-1所示。这种方法要达到高的定位精度，调整较困难。挡块的设置既要考虑有较强的刚度，又要考虑具有吸收冲击能量的缓冲能力。

2. 原位置的复位控制

在图11.4-2中，用锁定阀2（IL200系列）设定任意的压力来切换主阀3，用电磁阀1控制气缸动作。一旦供给压力低于锁定阀的设定压力，锁定阀复位，主阀也复位，靠气缸杆侧的气容4内的蓄压供气，可让气缸返回至原位。气容的容积应考虑气缸的容积、输出力及返回时间的要求来选定。应十分注意从单向阀5至气缸的元件及配管的泄漏。

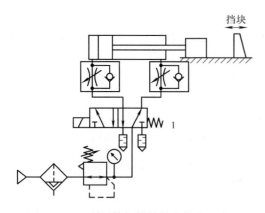

图 11.4-1 利用外部挡块的定位方法实现
位置控制的回路

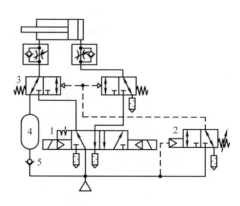

图 11.4-2 供给压力过低时，能使气缸返回
原位的控制回路

在图 11.4-3 中，电磁阀 2、4 通常为通电状态，切换电磁阀 1，便可驱动单作用气缸伸出。遇突然停电，则利用延时阀 5 的延迟信号切换主阀 3，从气容向单作用气缸供气，以保持气缸伸出状态。

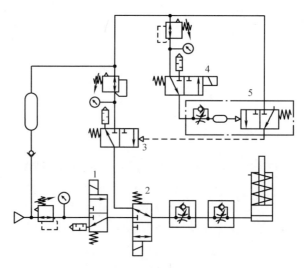

图 11.4-3 断电时能保持单作用气缸处伸出状态的回路

在图 11.4-4 中，气缸在行程两端，一旦断电，三位五通阀处中位，压缩空气从机控阀流入气缸，实现行程端部的自保持，且不怕微漏。

3. 利用多位气缸的位置控制

在图 11.4-5 中，利用减压阀 4，使气缸以低压返回，此时 3 个电磁阀都不通电。当阀 1 通电时，靠快速排气阀 5 排气，A 缸活塞杆推 B 缸活塞杆从 I 位伸至 II 位。当阀 2、3 通电时，B 缸活塞杆继续从 II 位伸至 III 位。若阀 3 不通电，由于减压阀的设定压力而使气缸前进时的输出力减小。若阀 1、2、3 同时通电，且 B 缸活塞杆限止在 II 位，则可得到 2 倍输出力。此外，若在两侧缸盖 f 处，安装与活塞杆平行的调节螺钉，则可改变定位行程。

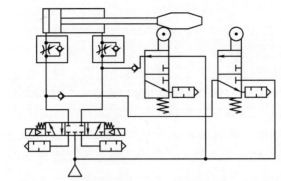

图 11.4-4 在行程两端断电时,气缸保持原位置的控制回路

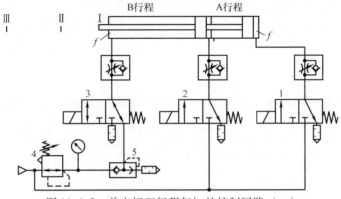

图 11.4-5 单出杆双行程气缸的控制回路(一)

在图 11.4-6 中,用大流量精密减压阀 3 设定能使气缸返回的压力。阀 2 左电磁铁通电,气缸上升。当阀 1 通电,切换阀 4,从阀 3 溢流口排气降至设定压力,驱动气缸完成 A 行程并停止。当阀 1 复位及阀 2 右电磁铁通电,驱动气缸完成 B—A 行程。阀 2 使用中止式,在断电时可防止落下。

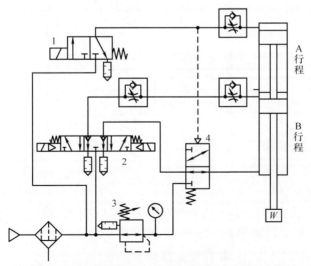

图 11.4-6 单出杆双行程气缸的控制回路(二)

在图11.4-7中，使用外部先导式减压阀，设定气缸的返回压力。三位五通阀b侧通电，驱动A行程且停止；a侧通电，驱动B—A行程。三位五通阀不通电，则减压阀驱动气缸返回。在突然停电时，气缸自动返回。

在图11.4-8中，使用减压阀4设定气缸的返回压力。阀1通电，驱动A行程且停止。阀2通电，驱动B—A行程。在气缸下降端，阀3通电，气缸可得到最大输出力。阀1、2不通电，切换阀3，可选择低压返回（以阀4的设定压力）和高压返回。

在图11.4-9中，使用单向减压阀3设定气缸的返回压力。阀1的a侧通电，驱动A行程且停止。断电则能保持中停。阀1的a侧和阀2通电，驱动B—A行程。根据与负载进行力平衡来设定阀3的输出压力。

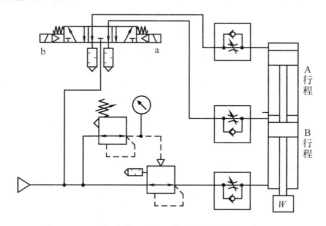

图11.4-7 单出杆双行程气缸的控制回路（三）

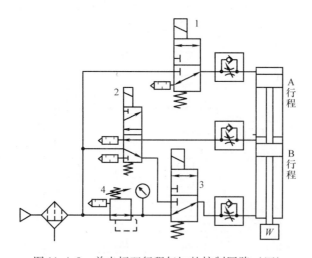

图11.4-8 单出杆双行程气缸的控制回路（四）

图11.4-10所示为一只双出杆双行程气缸，仅手动阀1切换时，气缸处于Ⅰ位；仅手动阀2切换时，气缸动作A行程至位置Ⅱ；仅手动阀3切换时，气缸动作B行程至位置Ⅲ；仅手动阀4切换时，气缸动作A+B行程至位置Ⅳ。

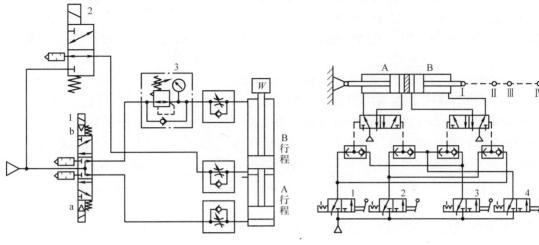

图 11.4-9　单出杆双行程气缸的控制回路（五）　　图 11.4-10　使用多位气缸的位置控制回路

4. 中间停止的位置控制

在图 11.4-11 中，用减压阀 2 设定与负载进行力平衡的压力。电磁阀 1 通电时，气缸吊起重物。两个电磁阀不通电时，进行中停控制。在充入背压平衡负载的场合，应使用单向阀 3。排气节流阀可防止因负载重量引起气缸急速下降。

在图 11.4-12 中，在集装板上装有三位五通电磁阀 1 和二位五通电磁阀 2（作常断型三通阀用）。当两个电磁阀都不通电时，因液控单向阀 3 的控制信号消失，靠无杆气缸内的背压实现中停。靠机控阀在行程端部实现自保持控制。为了中停响应快，液控单向阀应装在气缸上，使配管容积小。中停及自保持回路，应注意各元件及配管的泄漏。

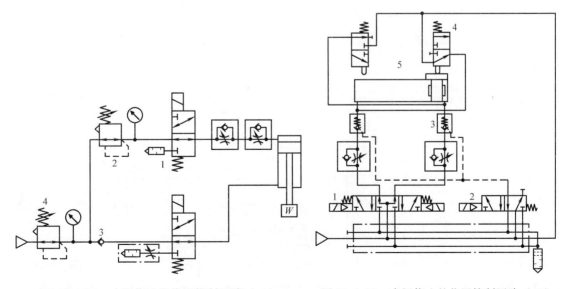

图 11.4-11　中间停止的位置控制回路（一）　　图 11.4-12　中间停止的位置控制回路（二）

图11.4-13 所示为使用五通电磁阀的压力平衡实现中间停止控制。五通电磁阀2不通电时,使用减压阀1,与负载进行力平衡,实现中间停止。

5. 使用锁紧气缸的位置控制

使用锁紧气缸可以实现中间停止的控制,有的三位五通中压式电磁阀及带单向阀的减压阀可以用两个常通型二位三通电磁阀及1个溢流减压阀来替代,其控制功能相同,如图11.4-14所示。

图11.4-15 是控制锁紧气缸进行中停的全气控回路,用手动操作实现中间停止。为防止活塞杆急伸,二位三通解锁阀应靠近锁紧气缸的锁通口安装。梭阀也应尽可能靠近解锁用二位三通阀,以便能迅速解锁。

图11.4-16 所示为使用三位五通中位双加压型直动式电磁阀替代中压式三位五通阀控制锁紧气缸中停的回路。本回路停电时能自动锁住。供给压力波动大时,应让其锁住。三位阀不能使用内部先导式。

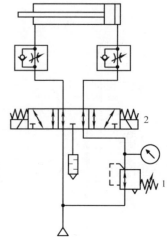

图11.4-13 使用五通电磁阀的压力平衡实现中间停止控制回路

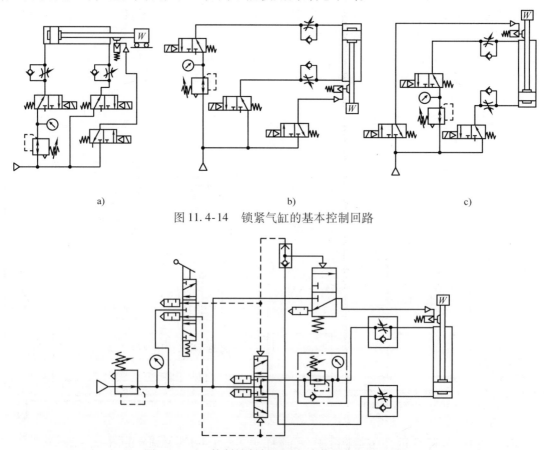

a)　　　　　　　　　　b)　　　　　　　　　　c)

图11.4-14 锁紧气缸的基本控制回路

图11.4-15 控制锁紧气缸进行中停的全气控回路

图 11.4-17 所示为使用两个二位五通电磁阀控制锁紧气缸进行中停。阀 1 通电，缸前进，断电则锁住中停。阀 2 通电，缸后退，断电则锁住中停。

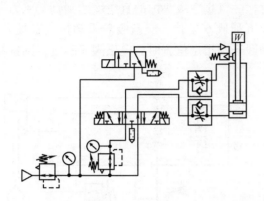
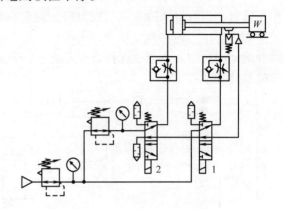

图 11.4-16　使用三位五通中位双加压型直动式
电磁阀控制锁紧气缸中停的回路

图 11.4-17　使用两个二位五通电磁阀
控制锁紧气缸进行中停的回路

6. 使用磁性开关（或行程开关）或机控阀等实现位置控制

图 11.4-18a 所示为带磁性开关的气缸，若改变气缸上两个磁性开关 a_0 和 a_1 的间距时，则活塞杆的检测行程便改变。图 11.4-18b 所示为机控阀控制气缸连续往复回路，若两机控阀的间距改变，就能改变气缸的伸缩行程。

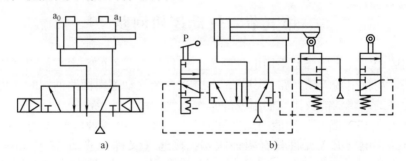

图 11.4-18　使用磁性开关或机控阀实现位置控制回路

7. 使用气-液压力转换器的位置控制

为了获得较高的定位精度，可以通过气-液转换器，用气体压力推动液体的执行元件（如气液联用缸、气液联用摆动执行器）动作，如图 11.4-19 所示。当然，运动速度不宜要求较高。

8. 使用气动位置传感器实现位置控制

在图 11.4-20 中，按下手动阀 1 的按钮，发一脉冲信号，活塞杆便可伸出，当活塞杆伸出至行程终端，活塞杆前端的挡板 2 一靠近气动位置传感器 3 的喷嘴时，传感器腔室内的背压上升，使气控方向阀 4 换向，主控阀 5 切换，气缸返回。用气动位置传感器可以保证定位精度高。为了减少气动传感器的耗气量，故设有减压阀 6 及节流阀 7。

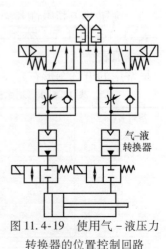

图 11.4-19　使用气-液压力
转换器的位置控制回路

9. 利用压力信号的位置控制

图 11.4-21 所示为利用压力信号的位置控制回路，其真空吸盘 1 吸吊重物 2。电磁阀 5 和 6 通电，当气缸下降至真空吸盘接触到重物时，一旦真空吸盘内的真空度达到真空压力开关 4 的设定压力时，真空压力开关动作，使二位五通阀 6 复位，吸盘吸着重物被气缸提升。提升期间用真空发生器 3 保持真空状态。当重物搬送到指定位置时，电磁阀 5 断电，则重物与吸盘分开。

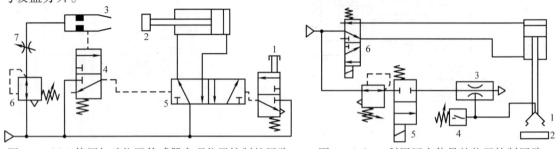

图 11.4-20 使用气动位置传感器实现位置控制的回路　　图 11.4-21 利用压力信号的位置控制回路

10. 使用定位器来定位

气缸带定位器，可对气缸进行精确稳定的位置控制。也可以用电－气定位器来控制调节阀的开度、对气缸及摆动执行器进行定位控制。其输入信号是电流，将电流信号成比例地转换成气压信号对执行元件进行位置控制。

第五节　气动逻辑回路

在气动回路中，许多场合是采用电气开关元件作控制元件的，由它们组成用电气控制的气压传动回路，简称电控气动回路。因此，本节在介绍气动逻辑回路的同时，也一并介绍常用电气开关元件的逻辑功能及用它们组成的基本电气回路。

实现"接通"和"断开"功能的元件称为开关元件，由各种电气开关元件组成的电气线路为开关电路。电气开关元件只有两种状态：接通（又称为"动合"）和断开（又称为"动断"）。接通用逻辑"1"表示，断开用逻辑"0"表示。电气回路中必须带有负载，例如：电磁铁线圈、中间继电器线圈、电灯泡等。若无负载，会发生短路。控制开关可以是按钮开关、旋钮开关和磁性开关等。

表 11.5-1 列出了基本逻辑回路（"与""或""非"）和常用回路的电气回路和气动回路及其真值表。

最常用的电气图形符号见表 11.5-2。

表 11.5-1　基本逻辑回路和常用回路的电气回路和气动回路及其真值表

逻辑名称 逻辑函数式	电气回路	气动回路	真值表	
			输入信号 a	输出信号 S
"是"回路 $S = a$			0	0
			1	1

（续）

逻辑名称 逻辑函数式	电气回路	气动回路	真值表		
			输入信号		输出信号
			a	b	S
"与"回路 "AND"回路 $S = a \cdot b$			0	0	0
			1	0	0
			0	1	0
			1	1	1
"或"回路 "OR"回路 $S = a + b$			输入信号		输出信号
			a	b	S
			0	0	0
			1	0	1
			0	1	1
			1	1	1
"非"回路 "NOT"回路 $S = \bar{a}$			输入信号 a		输出信号 S
			0		1
			1		0
"或非"回路 "NOR"回路 $S = \overline{a + b}$			输入信号		输出信号
			a	b	S
			0	0	1
			1	0	0
			0	1	0
			1	1	0
"与非"回路 "NAND"回路 $S = \overline{a \cdot b}$			输入信号		输出信号
			a	b	S
			0	0	1
			1	0	1
			0	1	1
			1	1	0

逻辑名称 逻辑函数式	电气回路	气动回路	真值表
"禁"回路 $S = a \cdot \bar{b}$ $S = \bar{a} \cdot b$	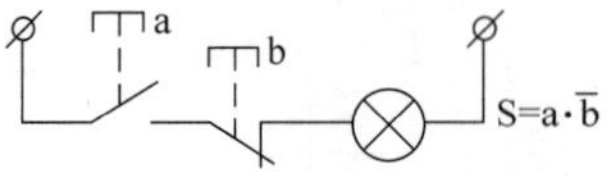 a) 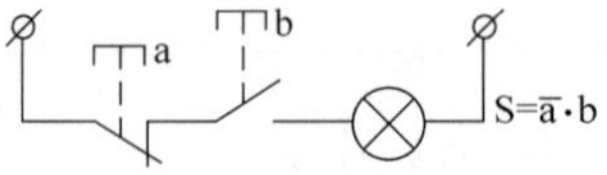 b)	a) $S=a \cdot \bar{b}$ b) $S=\bar{a} \cdot b$ 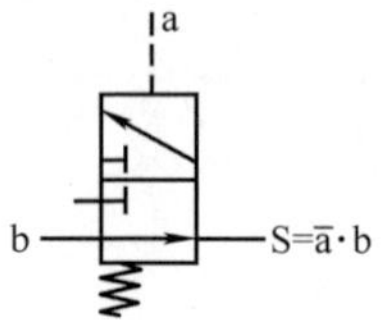	输入信号 | 输出信号 a | b | S 0 | 0 | 0 1 | 0 | 1 0 | 1 | 0 1 | 1 | 0 此真值表为 $S = a \cdot \bar{b}$
"双稳"回路 "FLIP FLOP"回路 $S_1 = (a+k) \cdot \bar{b} \leftrightarrow K_b^a$ $S_2 = \overline{S_1} \leftrightarrow K_b^a$	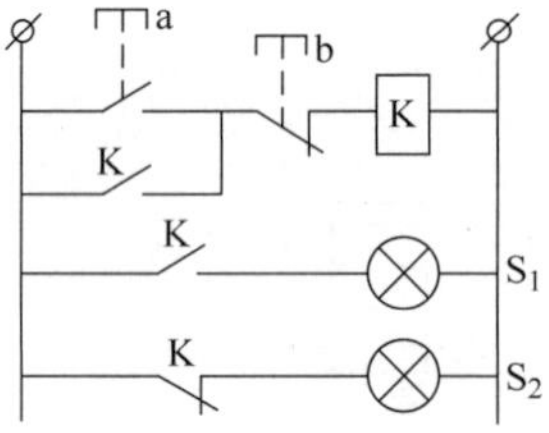	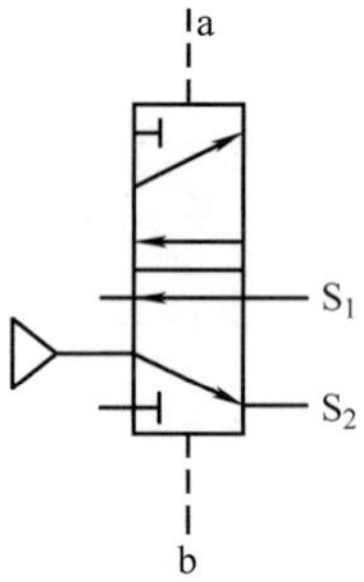	输入信号 | 输出信号 a | b | S_1 | S_2 0 | 0 | 0* | 1* 1 | 0 | 1 | 0 0 | 0 | 1 | 0 0 | 1 | 0 | 1 0 | 0 | 0 | 1 * 是此输出状态

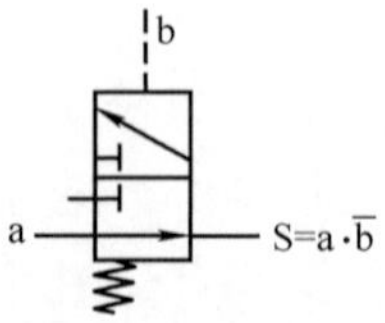

表 11.5-2 最常用的电气图形符号（GB/T 4728.7—2000、GB/T 4728.4、5—2018）

名称	图形符号	名称	图形符号
动合（常开）触点	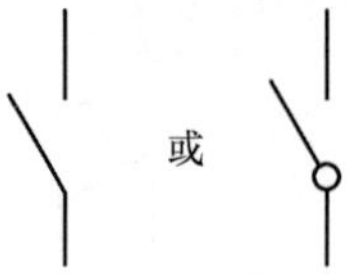 或	延时断开的动断（常闭）触点	
动断（常闭）触点		手动开关的一般符号	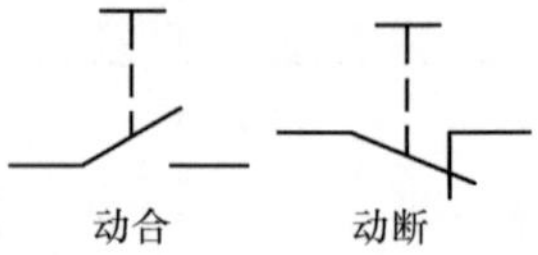 动合　动断
延时闭合的动合（常开）触点	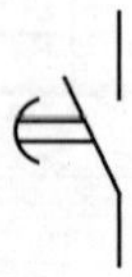	按钮开关	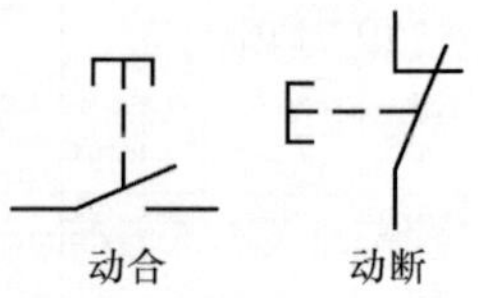 动合　动断

(续)

名称	图形符号	名称	图形符号
旋钮开关		电感器	
		灯	
电磁铁线圈继电器线圈		二极管	
缓吸继电器线圈		发光二极管	
缓放继电器线圈		单向击穿二极管	
		双向击穿二极管	
电阻器		PNP 晶体管	
电容器		NPN 型半导体管	

表示输入信号与输出信号相互关系的表称为真值表。这种关系如果用函数的形式表示称为逻辑函数。输入信号为自变量，输出信号是因变量，即输出信号是输入信号的函数。

逻辑"1"对电气回路表示"有电"，对气动回路表示"有气"。逻辑"0"对电气回路表示"无电"，对气动回路表示"无气"。此处讲"有气""无气"只是一个相对的概念，一个不足以引起元件切换的信号，就认为它是"0"；一个足以让元件切换的信号，才认为它是"1"。所以，逻辑"1"和"0"与普通算术中的"1"和"0"不是一个概念。

1. "是"回路

表 11.5-1 中的电气"是"回路是用中间继电器 K 进行转换的"是"电路。此回路有多种用途：

1) 一个信号 a 可以转换成多个"是"信号和"非"信号。在一般情况下，中间继电器有四对"动合"触点，可由它组成四个"是"信号（K = a），还有四对"动断"触点，可组成四个"非"信号（K = $\bar{a}$），可用于回路中需多处使用同一信号或该信号的"非"信号的场合。

2) 使小电流信号（通过中间继电器线圈）转换成大电流信号（通过中间继电器的触点），即利用"是"回路起电流放大作用。

3) 使低电压转换成高电压。

4) 使直流电转换成交流电，或相反。

5) 用中间继电器与其他开关元件组成双稳态"记忆"信号或电路。

表 11.5-1 中的气动"是"回路可以起信号放大作用，即先导信号压力 p_a 放大至阀的供给压力 p_s。

2. "与"回路

表 11.5-1 中的电气"与"回路是由两个动合按钮开关串联而成的。当信号 a 与信号 b 同时有时,则有输出 S。其逻辑函数式 $S = a \cdot b$,称为 a 乘 b。

气动"与"回路可以实现多种用途。图 11.5-1 所示为利用"与"门思想的双手操作回路。只有手动按钮阀同时压下时,有压气体才能推动压入气缸并将零件 A 压入零件 B,具有安全保护作用。

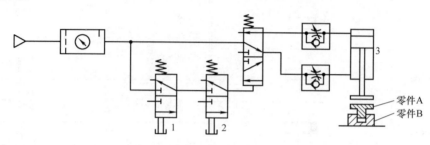

图 11.5-1 "与"回路的应用

3. "或"回路

表 11.5-1 中的电气"或"回路是由两个动合按钮开关并联而成的。当信号 a 或信号 b 有时,则有输出 S。其逻辑函数式 $S = a + b$,称为 a 加 b。

气动"或"回路用于选择信号。梭阀可实现"或"门机能。

4. "非"回路

表 11.5-1 中的电气"非"回路是通过中间继电器 K 转换而成。当有信号 a 时,中间继电器线圈 K 得电,然后用中间继电器的动断触点接负载 S,则可得到反相信号 $S = \overline{K} = \overline{a}$。其逻辑函数式 $S = \overline{a}$,称为 a 非。

5. "或非"回路

表 11.5-1 中的电气"或非"回路是先由 a、b 两个动合按钮开关并联,然后用中间继电器 K 转换成反相信号而成。其逻辑函数式 $S = \overline{a + b}$,读作 a 加 b 非。

6. "与非"回路

表 11.5-1 中的电气"与非"回路是先由 a、b 两个动合按钮开关串联,然后用中间继电器 K 转换成反相信号而成。其逻辑函数式 $S = \overline{a \cdot b}$,读作 a 乘 b 非。

7. "禁"回路

表 11.5-1 中的电气"禁"回路是由一个动合开关和一个动断开关串联而成的。但函数式 $S = a \cdot \overline{b}$ 和 $S = \overline{a \cdot b}$ 两者不等效,不能相互置换。

8. "双稳"回路

"双稳"回路也称为"记忆"回路。表 11.5-1 中的电气"双稳"回路,当 a 有信号时,K 通电并吸合,其动合触点 K 也闭合,信号灯 S_1 发光;a 信号消失后,由于第一路中有触点 K 动合接通,故中间继电器线圈能自保持而继续通电,S_1 继续发光;故本回路有"记忆"性。只有当 b 信号有时,电路中 b "动断"而失电,K 失电,S_1 随之失电,灯不发光。当 b 信号消失,K 依旧不通电,S_1 依旧不发光,也具有"记忆"性,故称为"双稳"回路。双稳回路要求 a、b 两信号不能同时存在,即要求 $a \cdot b = 0$,以防发生故障。S_2 与 S_1 互为反相,

即 S_1 有，则 S_2 无；或 S_1 无，则 S_2 有。

S_1 的逻辑函数式是 $S_1 = (a+K) \cdot \bar{b}$。在气动回路中，$S_1$ 常用 K_b^a 来表示，a、b 是记忆元件的"通""断"控制信号。即当 a 信号有、b 信号无时，有输出 S_1，但输出 S_2 无；当 a 信号消失，仍保持输出 S_1 有、S_2 无；当 b 信号有、a 信号无时，输出 S_1 则无，而输出 S_2 有；当 b 信号消失，仍保持输出 S_2 有、S_1 无。

实际的许多复杂回路，通常都可用上述基本回路组合而成。

第六节 气动往复回路

下面只介绍单个气缸的气动往复回路。

1. 单往复回路

图 11.6-1 所示为利用手动阀及机控阀控制的单往复回路。手动阀按动一次，气缸完成一次往复动作。

图 11.6-2 所示为单缸单往复电控气动回路。图 11.6-2a 所示为使用单电控电磁方向阀，图 11.6-2b 所示为使用双电控电磁方向阀。

对图 11.6-2a 压下启动按钮开关 S，K_1 自保持，电磁方向阀换向，气缸活塞杆伸出。当活塞行走至磁性开关 a_1 被吸合时，K_2 有则 K_1 断开，电磁阀失电，电磁阀复位，活塞杆返回，完成一次动作。

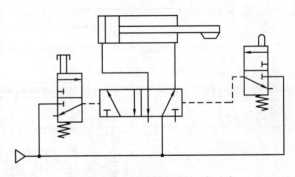

图 11.6-1 单缸单往复气动回路

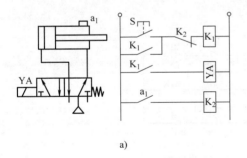

a)

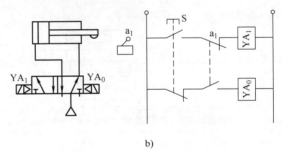

b)

图 11.6-2 单缸单往复电控气动回路

对图 11.6-2b，按下启动按钮开关 S，则 YA_1 得电，此时放开按钮 S，由于双电控方向阀具有记忆功能，仍维持换向的动作状态，使活塞杆伸出，直至行程开关 a_1 吸合（此时按钮开关 S 早已放开），YA_0 得电，让电磁阀切换，仍靠方向阀的记忆功能，维持切换后的动作状态，使活塞杆缩回。

图 11.6-3 所示为控制气缸活塞杆伸出时间的单往复气动回路。调节延时阀中的节流阀，就能改变活塞杆的伸出时间。

图 11.6-4 所示为控制气缸活塞杆返回时间的气动回路。通过改变气阻 R 和气容 C 来控制延时时间的长短。

图 11.6-5 所示为控制气缸活塞杆延时返回的电控气动回路。图 11.6-5a 所示为气压传动图,图 11.6-5b 所示为电气控制回路图。其中,S 为启动按钮开关,a_1 为行程开关,KT 为缓慢吸合延时继电器,延时返回是由调节延时继电器实现的。

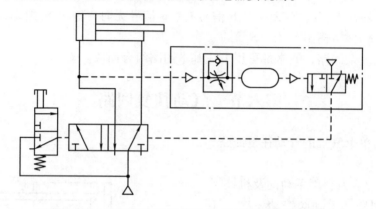

图 11.6-3　控制气缸活塞杆伸出时间的单往复气动回路

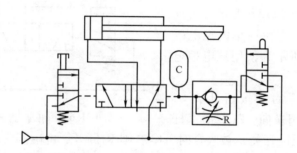

图 11.6-4　控制气缸活塞杆返回时间的气动回路

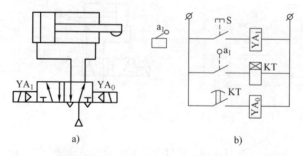

图 11.6-5　控制气缸活塞杆延时返回的电控气动回路

2. 两次往复回路

图 11.6-6 所示为利用行程控制的单缸两次往复回路。按下启动按钮阀 P 一次,P 阀的输出压力供给 A 阀和 B 阀的左侧控制口,A 阀换向,使气缸活塞杆伸出,伸至行程端部,机控阀 a_1 被切换。a_1 的输出信号使阀 A 切换至右侧,并使阀 B 获得气源,进而切换阀 C 至左侧,使机控阀 a_0 获得气源。当气缸返回至端部切换机控阀 a_0 时,则 a_0 阀输出信号便经梭阀 D 到达阀 A 的左控制口及阀 B 的右控制口,阀 A 则第二次推动气缸活塞杆伸出。当活塞杆二次伸至行程端部时,阀 a_1 切换,a_1 输出信号作用在阀 A 的右控制口,并通过阀 B 使阀 C

切换至右侧，则阀 a_0 便没有气源供给了，故气缸第二次返回至端部便停止下来。阀 B 和 C 是能计数的计数回路。

图 11.6-7 所示为利用时间控制的两次往复回路。接通带定位功能的手动阀的气源，活塞杆便伸出→返回→再伸出→再返回。伸出及返回的行程取决于相应节流阀的开度，与行程是否到达行程末端无关。按此回路方式依次排列，增加梭阀和延时阀，可实现三次、四次、多次往复动作。

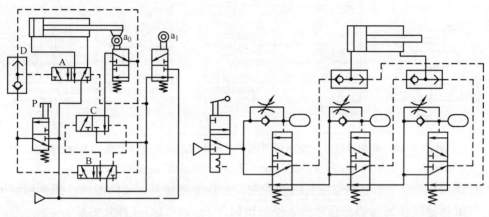

图 11.6-6　单缸两次往复回路　　　　图 11.6-7　利用时间控制的两次往复回路

3. 连续往复回路

图 11.6-8 所示为使用完全气动控制对气缸进行连续驱动。调节速度控制阀 3 的节流阀的开度，则可改变阀 1、2 的切换时间，来改变气缸的动作行程。上述调节与缸径大小、外负载情况等有关。

图 11.6-9 所示为使用二位五通气控阀实现气缸连续往复的回路，采用完全气控方式。调节单向节流阀 3 的节流阀，当活塞杆缩回至某位置，阀 2 的气控信号足以让阀 2 切换时，则活塞杆伸出。当活塞杆到达前进端，气控信号消失时，则阀 2 复位，活塞杆缩回，如此反复动作。活塞杆行程与节流阀的开度有关。供给压力必须高于气控阀的控制信号压力。阀 1 也可使用电磁阀。

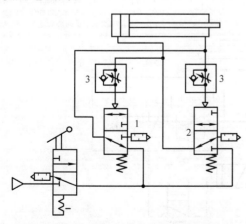 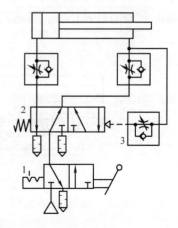

图 11.6-8　使用二位三通气控阀实现　　　图 11.6-9　使用二位五通气控阀实现
　　　　连续往复运动回路　　　　　　　　　　　　连续往复运动的回路

图 11.6-10 所示为使用双电控二位三通电磁方向阀实现活塞杆连续往复运动的回路。a_0、a_1 是装在气缸上的磁性开关。压下启动按钮开关 S_1，活塞杆便作连续往复运动。压下停止按钮 S_2，按图 11.6-10b，活塞杆将停止在缩回状态；按图 11.6-10c 活塞杆将停止在前进（或后退）的终端。图 11.6-10c 增设的两个中间继电器 K_2 和 K_3，一方面是为了进行互锁（尤其是当 a_0 和 a_1 使用行程开关时），另一方面是为了减小开关的电流负载以延长其使用寿命。

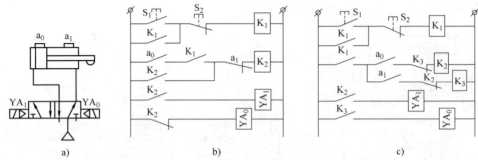

图 11.6-10 使用双电控二位三通电磁方向阀实现活塞杆连续往复运动的回路
a）气动回路 b）电气控制回路 c）带互锁的电气控制回路

图 11.6-11 所示为单电控二位五通阀控制气缸作连续往复运动的回路。按下启动按钮开关 S_1，气缸作连续往复运动，直至按下停止按钮开关 S_2，气缸才停止运动。

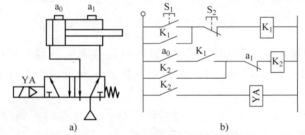

图 11.6-11 单电控二位五通阀控制气缸作连续往复运动的回路
a）气动回路 b）单电控电气控制回路

图 11.6-12 所示为使用延时阀 1、2 控制气缸作连续往复运动的回路。往返行程取决于气容大小和节流阀的开度。这种回路用于安装行程阀有困难的场合及不能安装磁性开关的场合。用延时阀控制行程长短，其延时精度稍差。

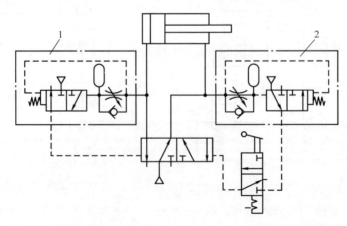

图 11.6-12 使用延时阀 1、2 控制气缸作连续往复运动的回路

图 11.6-13 所示为使用全气动控制进行连续的废液处理回路。切换三通手动阀 4,用延时阀 2 的延时气控信号,切换二位五通双气控阀 1,驱动液体收集器 3,将油盆内的废液连续地排至废液箱。应注意,延时阀设定的延时时间,要比液体收集器的原位置复位时间长。

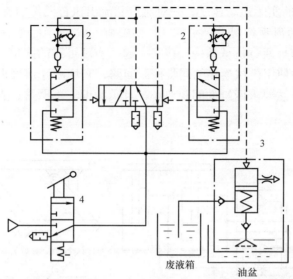

图 11.6-13　使用全气动控制进行连续的废液处理回路

图 11.6-14 所示为气缸自动往复运动的振荡回路,适用于在前进端和后退端无法设置位置检测用限位阀的场合。由于不能由位置检测用限位阀直接检测,所以作为间接的代替,使用了节流阀和气罐。若切换手动阀 S,则通过方向阀 R 的先导压力 1 向 4 侧切换主阀 M,气缸前进。

此时,如果通过节流和气罐,延迟一定时间 5 的先导压力切换方向阀 R,通过先导压力 2 切换主阀 M,气缸后退。这时通过节流和气罐,在一定时间延迟之后,通过先导压力 6 将方向阀 R 切换到初始状态,气缸自动进入第二循环操作。该重复动作持续到手动阀 S 关闭为止。

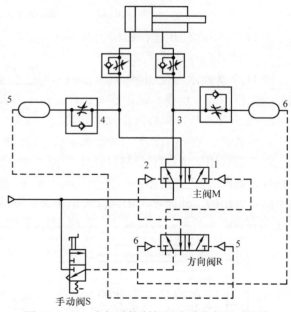

图 11.6-14　全气动控制气缸自动往复运动回路

第七节　气缸同步回路

同步控制是指两个或多个执行元件在运动过程中的位置保持同步。这实际是速度控制的一种特例。由于气体的压缩性,加上负载的变化,要严格实现同步动作是很困难的。当各执行机构的负载发生变动时，为了实现基本同步，通常采用以下方法：

1) 使用机械连接使各执行元件同步动作。
2) 使流进和流出执行元件的流量保持一定。
3) 测量执行元件的实际运动速度，并对流进和流出执行元件的流量进行连续控制。

1. 使用机械连接的同步控制

将两只气缸的活塞杆通过机械结构连接在一起，实现可靠的同步动作。

图 11.7-1a 所示为使用机械连接的同步控制回路，它用刚性连接板 C 把 A、B 两只气缸活塞杆连接起来。此方法要求两缸的间距要小，且负载偏心不严重，否则活塞杆在运动中会出现别劲现象。

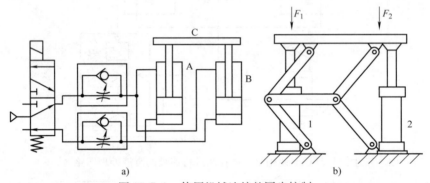

图 11.7-1　使用机械连接的同步控制

图 11.7-1b 是使用连杆机构辅助两只气缸 1、2 实现同步动作的结构简图。

2. 使用调速阀的同步控制回路

图 11.7-2 所示为使用单向节流阀 1~4 通过排气节流实现两只气缸的同步控制回路。若气缸的缸径相对于负载来说足够大，且工作压力大，而负载变化小，就有较好的同步效果。

3. 使用气液联用缸的同步控制回路

若负载在运动中有变化，又要求运动平稳，使用气液联用缸可取得较好的效果。

将气液联用缸 A 的下腔与 B 的上腔充入液压油，若两只缸缸径相同，可获得较高的同步精度，如图 11.7-3 所示。回路中的阀 1 是注油（当发生油外漏时必须补油）及排除混入油中的空气用的。此回路中的两缸可以不装在同一个地方。需要注意的是，B 缸活塞下腔的空气压力所产生的力，与负载 F_A 及 F_B 之和平衡，设计时必须考虑。

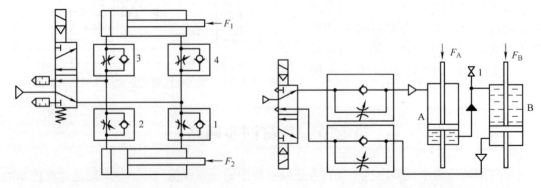

图 11.7-2　使用单向节流阀实现两只气缸的同步控制回路　　图 11.7-3　使用气液联用缸的同步控制回路

若将图11.7-3中二位五通阀改为中封式三位五通电磁阀，将单向节流阀改为排气节流阀，可实现气缸的中停，且可提高停止灵敏度。中停的同步性受负载大小及缸速大小的影响。

4. 使用气液阻尼缸的同步控制回路

图11.7-4所示为使用气液阻尼缸的同步回路，并用刚性连接板10连接两缸活塞杆实现高精度同步。当电磁阀3的a侧通电时，压缩空气进入缸7、8的气缸下腔，使活塞杆伸出。与此同时，压缩空气经梭阀6使二位二通阀4、5切换，切断液压缸与蓄能器9的油路，则7、8两只液压缸上下腔交叉排油与进油，以保证两缸等速同步向上运动。当阀3的b侧通电时，两活塞杆将同步返回。当阀3的a、b侧都不通电时，蓄能器9可以自动向液压缸部分补油，以解决可能出现的漏油问题。液压缸部分的泄气阀11和12是用于将液压缸顶端的空气排出。1、2是排气节流阀，用于调速。

图11.7-5所示为使用并联气液阻尼缸的同步回路，此回路将气缸3与液压缸4并联安装在一起实现同步。两缸并联，不会发生液压缸向气缸窜气，但存在两缸安装不平行时有别劲现象。液压缸的活塞杆在伸缩过程中，由于密封不良及活塞杆表面不光滑等原因，有可能油中会混入空气，故必须定期用放气塞1排放空气。设置储油罐2是用于吸收（考虑到有杆腔与无杆腔油量的不同）和补充（考虑到漏油）油量的变化。为了得到更好的同步，必须用过滤器保持油液清洁，以免污垢堆积在节流阀的节流口，并应选用即使油温上升黏性也变化不大的液压油。虽然气液阻尼缸有使运动平稳的效果，但负载F_1或F_2发生变化，会引起压力乃至流量的变化，两气缸也难以同步。

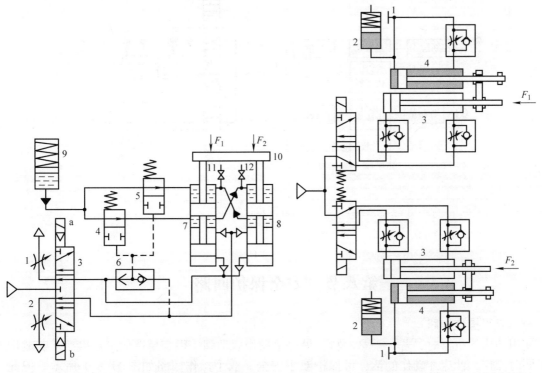

图11.7-4 使用气液阻尼缸的同步控制回路　　图11.7-5 使用并联气液阻尼缸的同步回路

图 11.7-6 所示为使用串联气液阻尼缸的同步回路。因液压缸两侧活塞杆直径相同,故进出油量相等,储油罐容积可小些。

5. 使用闭环同步控制方法

为了实现高精度的同步控制,应使用闭环同步控制方法。在同步动作中连续地对同步误差进行修正。图 11.7-7 所示为闭环同步控制方法的方框图和气动回路。

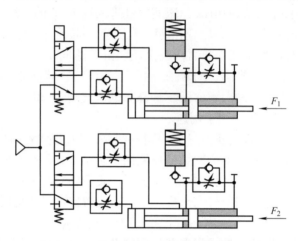

图 11.7-6 使用串联气液阻尼缸的同步回路

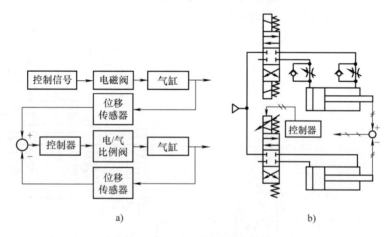

图 11.7-7 闭环同步控制方法
a) 方框图 b) 气动回路

第八节 安全保护回路

一、双手操作回路

使用冲床等机器时,若一手拿冲料,另一手操作启动阀,很容易造成工伤事故。若改用两手同时操作,冲床才动作的话,可保护双手安全。双手操作回路如图 11.8-1 所示。但此回路中,若其中一个手动阀因弹簧失效而不复位,不小心碰上另一个手动阀按钮,气缸便会动作,故该回路安全性稍差。

图 11.8-1 所示回路，需要双手在很短时间间隔内"同时"操作，气缸才能动作。若双手不同时按下阀 1、2，气容 3 中的气体将从阀 1 的排气口排空，主阀 4 就不能切换，气缸不能动作。此外，阀 1 或 2 因弹簧失效而未复位时，气容 3 得不到充气，气缸也不会动作。但此回路要求气容至阀 4 控制口的管路容积尽量小（与气容容积相比），且阀 4 的控制压力宜低，以保证阀 4 能被切换。

图 11.8-2 所示为使用 VR51 系列的双手操作用控制阀组成的双手操作安全回路。双手操作两个按钮阀的时差应在 0.5s 以内才有输出信号 A。时差大小与使用压力高低有关。使用压力在 0.25～1.0MPa（时差在 0.1～0.5s 以内。若双手操作时差大于 0.5s），或仅操作一只按钮阀，或有一只按钮阀的复位弹簧失效不能复位，都不会有输出信号 A，则气缸就不会伸出。

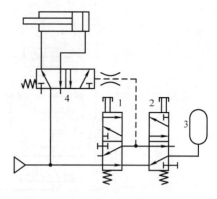

图 11.8-1 双手"同时"操作回路

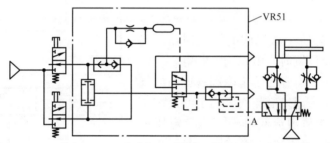

图 11.8-2 使用 VR51 系列的双手操作用控制阀组成的控制回路

二、过载保护回路

图 11.8-3 所示过载保护回路，当活塞杆伸出途中遇到过大反抗阻力时，气缸无杆腔压力升高；当压力超过顺序阀 A 的设定压力时，顺序阀开启，气缸便中途返回，实现过载保护。

三、互锁回路

图 11.8-4 所示互锁回路是使用梭阀 1、2、3 和二位五通阀 4、5、6 对三个气缸 A、B、C 实现互锁，即一个缸动作、另两个缸则不能动作。例如，当电磁阀 7 切向时，使阀 4 切换，A 缸活塞杆伸出。与此同时，阀 4 的输出气流经梭阀 1、2 通向阀 5、6 的右控制口，使阀 5、6 处在复位状态，则 B、C 两缸的活塞杆不能伸出。

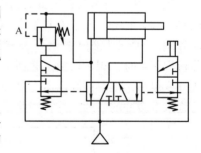

图 11.8-3 过载保护回路

四、缓冲回路

气缸的负载可分为阻性负载（静负载）和惯性负载（有惯性力的负载）。当惯性负载较大时，气缸停止运动时的冲击能量较大。通常在气缸内设置垫缓冲或气缓冲来吸收这种冲击能量。若冲击能量超过气缸自身能吸收的能量时，通常是在外部设置液压缓冲器或设计缓冲回路来解决。

图 11.8-5 所示为缓冲回路的基本回路。负载气缸移动，到达停止位置前，碰上能量吸

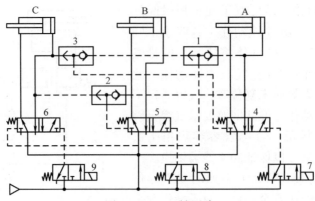

图 11.8-4 互锁回路

收气缸，于是能量吸收气缸无杆腔侧的压力上升，气缸内的空气经节流阀通过电磁阀向大气释放，吸收动能。另外，当负载气缸返回初始状态时，能量吸收气缸也通过节流阀的空气压力，同样返回初始状态。

图 11.8-6 所示为使用溢流阀的缓冲回路。当气缸杆下落接近停止位置时，电磁阀 1 断电，三位五通阀处于中封状态，有杆腔至电磁阀管道内的气体被绝热压缩，当压力超过溢流阀 2 调定的设定压力时，该处气体才能从溢流阀排出。若设定压力（一定大于供气压力）设定的较高，则此背压将对气缸产生较好的缓冲作用。

图 11.8-7 所示为在气缸的行程终端实现缓冲的回路。阀 1 通电，气缸有杆腔的气体经阀 2 的节流阀和阀 3、阀 4 从阀 1 排气。调节节流阀 3 的开度，可改变活塞杆伸出速度。当活塞杆撞块压住行程阀 4 时，阀 4 切换，通路被切断，有杆腔气体只能从阀 2 的节流阀排出。若阀 2 的节流阀开度很小，则有杆腔内压力急升，对活塞产生反向作用力，阻止活塞高速运动，从而达到在行程末端缓冲的目的。这种回路常用于运动速度较高、行程较长的气缸。

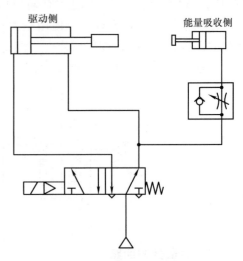

图 11.8-5 缓冲回路的基本回路

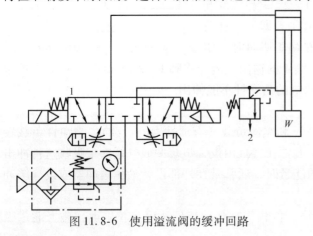

图 11.8-6 使用溢流阀的缓冲回路

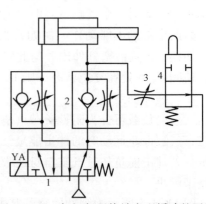

图 11.8-7 气缸行程终端实现缓冲的回路

五、防止起动时活塞杆"急速伸出"的回路

气缸在起动时，如果排气侧没有背压，活塞杆会急速伸出，如果现场人员不注意，有可能发生伤害事故。为避免这种情况的发生，一是在气缸起动前使排气侧产生背压，二是使用进气节流的调速方法。

图 11.1-25c 使用中压式三位五通电磁阀，一接通气源，气缸两侧就有气压，这样可避免起动时活塞杆急速伸出现象。为了使气缸两侧保持力平衡，对单活塞杆气缸，可在无杆侧设置一个单向减压阀。

图 11.8-8 所示为使用进气单向节流阀防止起动时活塞杆急速伸出的回路。它们都利用单向节流阀 1 的进气节流防止活塞杆急速伸出。由于进气节流的调速特性较差，故串联了一个排气单向节流阀 2 实现排气节流，来改善起动后的调速特性。需要注意的是，进气单向节流阀 1 应靠近气缸安装。

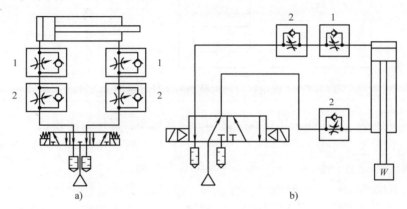

图 11.8-8　使用进气单向节流阀防止起动时活塞杆急速伸出的回路

由于进气节流的调速特性较差，因此希望在气缸起动后，完全消除进气节流的影响，只使用排气节流来进行速度控制。SSC 阀可实现上述功能。

图 11.8-9 所示为使用软启动阀防止活塞杆急速伸出的回路。所谓软启动阀，是指逐渐进行空气气压系统的初始压力上升的低压供给和切断供给而进行快速排气的启动阀。图 11.8-9 中的气缸是处于初始状态和前进状态的例子。

低速供给：先导阀 1 通电或手动打开时，主阀 2 通过先导空气打开，供给空气通过针阀 4 调整通往气缸的流量，进行进气节流控制。此时，气缸从前进端向后退端缓慢移动。

高速供给：气缸到达后退端后，阀 3 的二次侧压力达到设定压力以上时，阀 3 全开，气缸的后退切换侧迅速升压，达到供气压力。

通常工作：阀 3 为了保持全开状态，工作时气缸的速度控制通常为排气节流控制。

快速排气：先导阀 1 关闭时，主阀 2 的供给侧被切断，二次侧向排气侧切换。此时，由于单向阀两端产生的压差，单向阀 5 打开，气缸侧的残压被迅速排出。

六、防止落下回路

气缸举起重物或吊起重物时，一旦气源被切断，为了安全，必须有防止重物落下的措施。

图 11.8-10 所示为使用先导式单向阀及中泄式三位五通电磁阀来防止由于突然停电导致

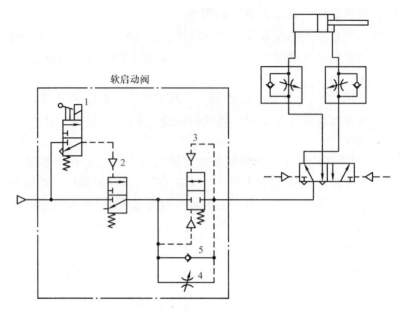

图 11.8-9 使用软启动阀防止活塞杆急速伸出的回路

重物落下的气动回路。单向阀采用座阀式结构,泄漏极小,保压时间较长。

图 11.8-11 所示的回路,当供给压力释放时,使用先导式单向阀,可防止气缸吊起重物下落。需长时间保持不下落,必须注意元件及配管不泄漏。

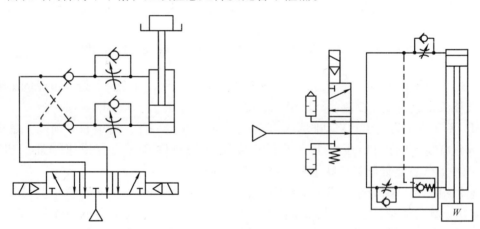

图 11.8-10 使用先导式单向阀及中泄式三位五通电磁阀防止重物落下的气动回路

图 11.8-11 使用先导式单向阀防止重物落下的回路

端锁气缸可用于在行程上升端防止落下,但不能用于紧急时的中间停止。图 11.8-12 所示为端锁气缸可中间停止的回路。图 11.8-12a 用中封式三位五通阀实现中停。三位五通阀在断电之前,在上升端的气缸无杆侧的压缩气体若能完全排出,也可不设置用于端锁排气的二位三通阀 2。图 11.8-12b 用中泄式三位五通阀及先导式单向阀 3 进行中停。在上升端,三位五通阀断电实现端锁控制。图 11.8-12c 用中止式三位五通阀进行中停。三位五通阀下电磁线圈一直通电至气缸升至上升端,无杆侧压力完全泄去,端锁起作用,进行气缸的防止落下。

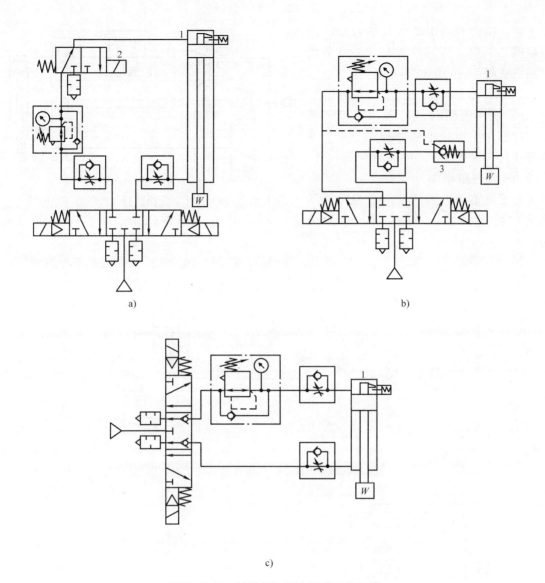

图 11.8-12 端锁气缸可中间停止的回路

当供给压力出现异常（低于设定压力）时，可利用图 11.8-13 所示的回路防止落下。用三通锁定阀 1 的压力调整螺钉设定压力，当供给压力高于设定压力时，锁定阀二次侧有输出，锁紧气缸解锁，用五通阀可驱动锁紧气缸动作。当供给压力低于设定压力时，锁定阀二次侧压力被排空，锁紧气缸被锁住，实现落下防止。锁定阀应尽量靠近锁通口安装，则锁紧响应快。

七、残压释放回路

1. 气源处

在图 11.8-14 中，非常停止时，用截止阀 3 停止供气，用残压释放阀释放残压，二者可同时进行。残压释放阀可以是二位三通常断型电磁阀 1，也可以是带定位功能的手动二位三通方向阀 2。

在图 11.8-15 中，当气源不稳定或其他情况导致供给压力下降到压力开关 1 的设定压力以下时，压力开关1的电气信号使三通电磁阀2断电，则残压被排出。此处的三通电磁阀2应使用长期通电型。

2. 执行元件处

1) 使用电磁阀，如图11.1-25d 所示，用三位中泄式电磁阀控制气缸。非常停止时（如断电），可瞬时释放残压。靠外力推动气缸动作。

对垂直落下，再启动时，会出现活塞杆"急速伸出"，应使用 SSC 阀来防止。

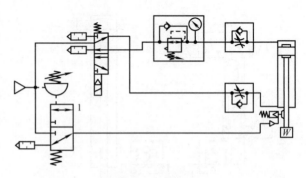

图 11.8-13　使用锁定阀进行供给压力不足时的防止落下控制回路

2) 使用截止阀，如图11.8-16所示，急停后，用截止阀释放残压。气缸靠外力动作。

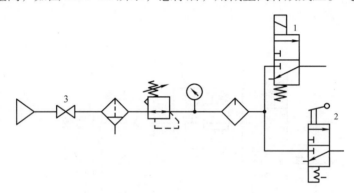

图 11.8-14　气源处的残压处理回路（一）

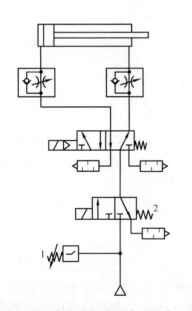

图 11.8-15　气源处的残压处理回路（二）

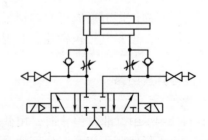

图 11.8-16　使用截止阀释放残压的回路

垂直落下时，分别操作单侧截止阀。注意不要忘记关闭截止阀。

再启动时，为防止活塞杆"急速伸出"，应使用 SSC 阀。

3) 在电磁方向阀进口使用截止阀，如图 11.8-17 所示，用一个截止阀释放残压。气缸靠外力动作。该回路可用于垂直落下。再启动前，勿忘关闭截止阀。若气缸在行程末端，要防止活塞杆"急速伸出"。

4) 使用截止阀连通气缸两腔，如图 11.8-18 所示，用一个截止阀释放残压，可用于垂直落下。再启动时，勿忘关闭截止阀。若气缸在行程末端，要防止活塞杆"急速伸出"。

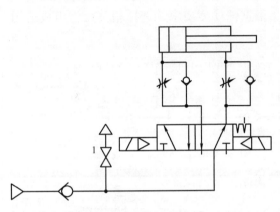

图 11.8-17　在电磁方向阀进口使用
截止阀释放残压回路

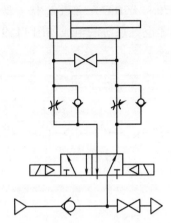

图 11.8-18　使用截止阀连通气缸
两腔释放残压回路

5) 用两个单向阀及一个截止阀释放残压，如图 11.8-19 所示，打开截止阀可释放残压。可用于垂直落下。再启动时，要防止活塞杆"急速伸出"。

6) 用电磁阀（或手动阀）A 自动（或手动）释放残压，如图 11.8-20 所示，电磁阀 A 断电或手动阀切换至下位，再利用单向节流阀 B，可实现缓慢释放残压。可用于垂直落下。再启动时，要防止活塞杆"急速伸出"。

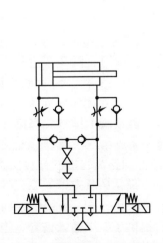

图 11.8-19　使用两个单向阀及一个
截止阀释放残压的回路

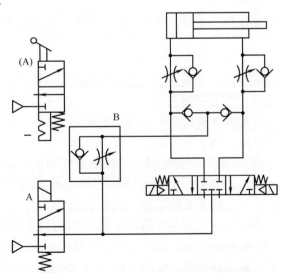

图 11.8-20　用电磁阀（或手动阀）A
自动（或手动）释放残压的回路

第九节 其他回路

一、洁净压缩空气系统

在半导体、液晶、药品、医疗、分析仪器、清洗、食品等许多行业的部分生产流程中，对控制空气的洁净度提出了越来越严格的要求，即能稳定地供给低露点（大气压露点要求达到-70～-20℃）和低发尘（要求0.1μm以上的微粒在1个以下）的洁净压缩空气。其气动压缩空气系统的组成如图11.9-1所示。根据洁净度要求，选择相关元件组成适用、经济的系统。

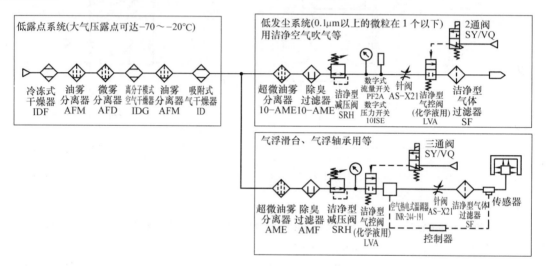

图 11.9-1　洁净压缩空气系统的组成

二、计数回路

当计数位数较多时，可用专门的计数器计数。而计数较少时，可采用气动计数回路。

图11.9-2a所示为使用方向控制阀组成的二进制计数回路。其中手动阀1、气控阀2、单向节流阀7和气容8，用于产生脉冲信号。每按一次阀1，气控阀4输出口就交替出现S_1和S_0的输出状态，以此完成二进制计数功能。

计数动作原理：图11.9-2a所示状态是S_0有输出的状态。按动阀1，阀2产生一个脉冲信号，经气控阀3输给阀3和阀4右侧控制口，阀3、阀4均切换至右位，S_1变成有输出，完成一次翻转。阀3切换至右位时，脉冲信号已消失，为下次配气至左侧作好准备。当脉冲消失后，阀3、阀4两侧控制口的压缩空气均经单向阀6（5）、再经阀1排空。当第2次按动阀1，阀2又出现一次脉冲，阀4、阀3都换向至左位，阀4完成第二次翻转，S_0又变成有输出，……。阀1每按2次，S_0（或S_1）才有一次输出，故此回路为二进制计数回路。

图11.9-2b所示为由气动逻辑元件组成的二进制计数回路。设初始状态下双稳元件SW_1的"0"位S_0有输出（$S_0=1$）。此时，与门Y_1与Y_2均无输出，因此$S_0=1$反馈给禁门元件J_1，使J_1有输出，导致SW_2的"1"位有输出，为与门元件Y_1提供了一个输入信号。当输入脉冲时，与门Y_1有输出，并使SW_1元件切换至"1"位，S_1有输出（$S_1=1$），完成一次翻转。脉冲消失，Y_1与Y_2均无输出，此时$S_1=1$反馈到J_2输入口，J_2有输出，使SW_2换向到

"0"位，给 Y_2 提供一个输入信号；当第二次来脉冲时，Y_2 有输出（$Y_2=1$），使 SW_1 切换至 "0"位，S_0 又有输出（$S_0=1$），完成第二次翻转。脉冲消失，又回到初始状态。此后依此重复上述过程。此回路，来两次脉冲信号，S_1（或 S_0）才出现一次输出信号（S_1 与 S_0 交替出现），故为二进制计数回路。

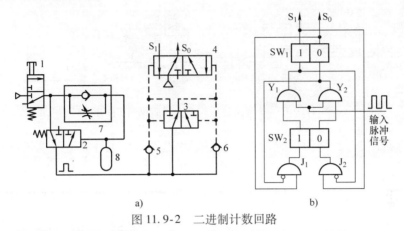

图 11.9-2 二进制计数回路

三、节能回路

根据粗略统计，空气压缩机耗电约占总用电量的 20% 左右，故气动系统的节能是很重要的。气动系统的节能，可以采取多种措施。

选用空气压缩机时，应选效率高的空气压缩机。空压站应设置多台空气压缩机的组合，根据实际耗气量的需要，随时调整空气压缩机的运转台数。不要任何情况下空气压缩机都全部运转，则可大大节能。

应选用环保节能元件。选低功率（0.1W 或 0.5W）、长寿命电磁阀，不仅节能，且可直接与 PLC 连接，不需另设中继放大器。选节气阀，让气缸高压伸出、低压快速返回，可大大节气，且不会出现活塞杆急速伸出现象。使用减压阀，让压力降至使用压力以节能。选增压阀，避免设置高压空气压缩机或液压泵系统，既节能又降低成本。选倍力气缸，气缸伸出力比缩回力可大 1 倍，可降低动作压力或减小缸径等。

漏气往往占气动系统总耗气量的 20%，故防止漏气就是重要的节能措施之一。在有些场合，应选用带单向阀的快换接头或嵌入式管接头，可做到无泄漏。使用管剪切断管子，可防止管子插入接头时漏气。在有焊渣、切屑末的场合，应使用双层管，避免管子损伤造成漏气。臭氧多的场合，应选用抗臭氧密封件的元件等。

气动回路设计合理，也可大大节能。下面介绍一些典型实例。

在图 11.9-3 所示的气动回路中，安装有二位三通阀（电磁主控阀），不运转时，停止支管路（或主管路）供气，可将支管路（或主管路）装置不运转时的耗气量全部节省下来。

图 11.9-4a 所示为使用 $\phi 4mm$ 管道直接进行吹气，图 11.9-4b 是在 $\phi 4mm$ 管道上安装上 $\phi 1.5mm$ 喷嘴再进行吹气，二者相比，后者可节气 75% 左右。

为了减少使用风动工具时的耗气量，在管路进口处应设置过滤减压阀（见图 11.9-5），增大接头及气管的尺寸。与气管道上不设置减压阀、压力不能调整相比，前者紧靠套筒气扳手进口的压力变化小，循环时间缩短，扭矩稳定，且节气约 25%。

图 11.9-6 所示为使用气动量仪时的节气回路，在回路中增设二通气控阀和三通机控阀。

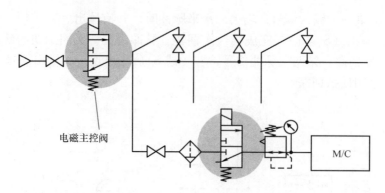

图 11.9-3 支管路及主管路上设置断气阀的回路

当工件靠近气动量仪时，即测量时，二通气控阀才供气，无工件靠近气动量仪时则停气，可节气 95% 左右。

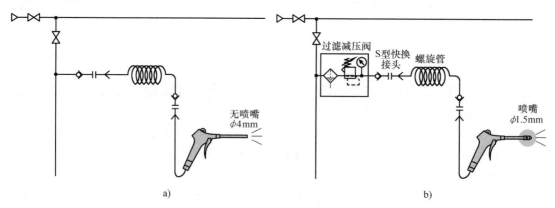

图 11.9-4 吹气系统的节能

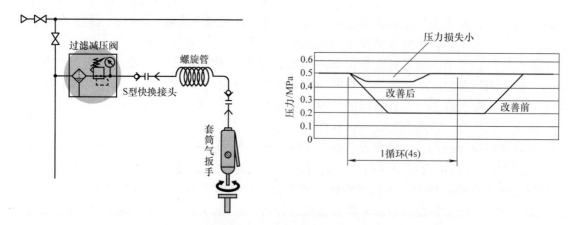

图 11.9-5 使用风动工具的节气回路

图 11.9-7 所示为涂料搅拌机的节气回路。为了让涂料槽内的涂料不凝固，应一直让搅拌机工作。图 11.9-7a 所示为生产线运行或不运行都得供气。图 11.9-7b 增设 3 个控制阀。当生产线不运行时，电磁阀切换，则 2 个气控阀切换。这样，以较小的流量让搅拌机工作，

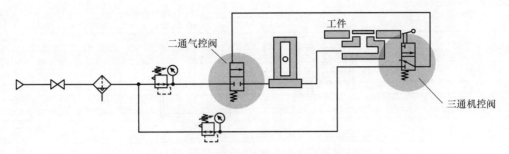

图 11.9-6 使用气动量仪时的节气回路

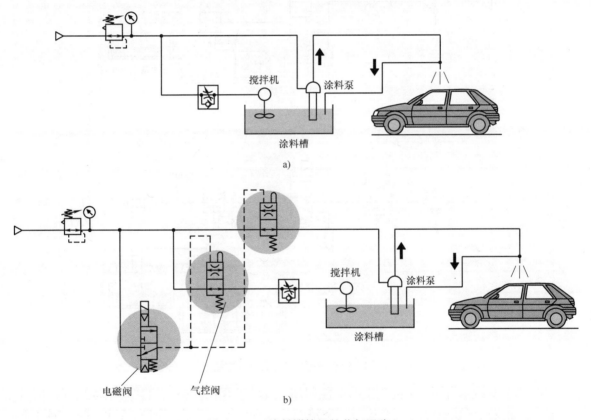

图 11.9-7 涂料搅拌机的节气回路

则可节气 50% 左右。

使用真空发生器时，为了节气，可使用带单向阀的真空发生器，也可选用三段扩压段的真空发生器 $ZL_2^1 12$ 系列。

图 11.9-8a 所示为废液回收的节气回路，其通过气压式液体回收泵将油箱中的液体回收至废油箱中。油箱中不论有无液体，泵都在运行，能耗大，且空运转还导致膜片易损，异物易混入，造成单向阀损坏。若改成真空发生器回收液体，无液体便能自动停止运行，图 11.9-8b、c 无泵用电，且耗气少。与图 11.9-8a 相比，节能可达 70% ~ 95%。图 11.9-8b 适合水溶性冷却液，可直接用真空发生器回收。图 11.9-8c 适合油性冷却液，因易雾化，故先回收至容器中，再流入废油箱。

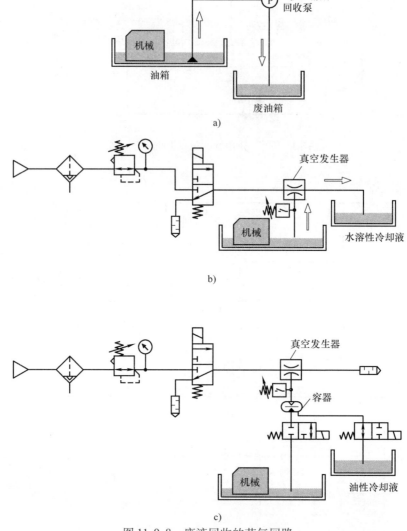

图 11.9-8 废液回收的节气回路

图 11.9-9 所示为用切削液吹洗的节能回路。在吹洗回路中,追加切削液用阀,则可让连续吹除变成间歇吹除。当冷却刀具和清扫工作面时,可停止切屑末清除。一个循环下来,可减少切削液 20%～50%,达到节能目的。在该回路中,上游侧配管系统的有效截面面积 S_1 与喷嘴的有效截面面积 S_2 之比为 2 左右,管路系统压力损失小(即节能)。

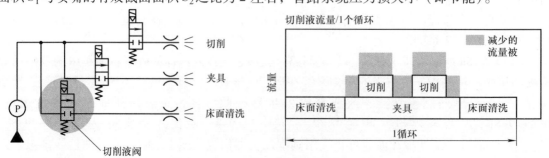

图 11.9-9 用切削液吹洗的节能回路

图 11.9-10 所示为气缸高速下降进行冲压作业，在低压中返回的节能回路。气缸的杆侧与装有低压空气的气罐连接，气缸的返回由气罐提供的低压空气进行。无杆腔侧由于需要冲压输出，供给高压空气，气缸下降时排出低压空气。

冲压工作时：电磁阀1、电磁阀2通电。

冲压返回时：电磁阀1、电磁阀2断电。

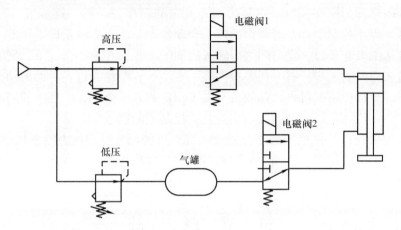

图 11.9-10　气缸高速下降进行冲压作业，在低压中返回的节能回路

第十二章 气动系统程序控制回路的设计

程序控制也可称为顺序控制。它是按预先确定的顺序或条件,逐步进行各个工步的控制。也就是说,程序控制中存在着预定的若干个动作工步。在有些情况下,前一工步的动作结束后,或者从结束起经过一定时间之后转入后面的工步;在有些情况下,同时还要满足某种条件才能转入后面的工步;有时还要根据前一工步的控制结果选择后面的动作,再转入后面的工步。但最后这种情况可供选择的也只限于预定的若干个动作。程序控制的控制信号是开关信号(ON-OFF 信号),故有时也称为开关控制或断续控制。

程序控制包括行程(位置)程序控制(局部也可使用延时和压力控制)、时间程序控制和数字程序控制等。气动程序控制中使用最多的是行程程序控制。本章将主要介绍行程程序控制的回路设计方法。

第一节 概 述

一、行程程序控制

一个典型的气动程序控制系统方框图如图 12.1-1 所示。

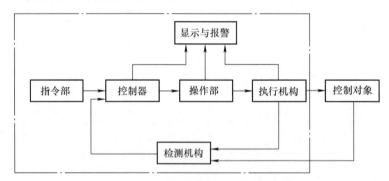

图 12.1-1 气动程序控制系统方框图

(1) 指令部

这是程序控制系统的人机接口部分。该部分使用各种按钮开关、选择开关来进行气动装置的起动,运行模式的选择等操作。

(2) 控制器

这是程序控制系统的核心部分。它接受输入控制信号后,进行逻辑运算、记忆、放大、延时等各种处理,产生出完成各种控制作用的输出控制信号。气动控制可分为气控气动和电控气动两大类。对气控气动,控制器部分主要由各种气动方向控制阀、气动逻辑元件等组成;对电控气动,控制器使用可编程序控制器(PLC)及由继电器、定时器、计数器等构成的继电器控制回路居多。

(3) 操作部

对电控气动，接受控制器的微小信号，将其转换成具有一定压力和流量的气动信号，驱动后面的执行机构动作。常用的元件是各种压力控制阀、流量控制阀和方向控制阀。

(4) 执行机构

将操作部的输出转换成各种机械动作。执行机构是由气动执行元件及由它联动的机构所构成的。常用的气动执行元件是气缸、摆动气缸、气液联用缸、气爪、气马达和真空吸盘等。

(5) 检测机构

检测执行机构、控制对象的实际工作情况，并将检测出的信号送回控制器。检测机构中的行程发信器是一种发出位置（行程）信号的传感器（转换器），用得最多的是磁性开关（通过磁力转换为电信号）、行程开关（将机控信号转换为电信号）、行程阀（将机控信号转换为气信号）、喷嘴挡板机构等。此外，液位、压力、流量、温度等各种传感器也可以当作广义的行程发信器，在控制系统中运用。

(6) 显示与报警

用于监控系统的运行情况，出现故障时发出故障报警。常用的元件有压力表、报警灯、显示屏等。

指令部发出启动信号后，经控制器进行逻辑运算，通过操作部发出第一个执行信号，推动第一个执行元件动作。动作完成后，执行元件在其行程终端触发第一个行程发信器，发出新的信号，再经控制器进行逻辑运算后发出第二个执行信号，指挥第二个执行元件动作，依次不断地循环运行，直至控制任务完成切断启动指令为止。这是一个闭环控制系统。显然，只有前一工步动作完成后，才能进行后一工步动作。这种控制方法具有连锁作用，能使执行机构按预定的程序动作，故非常安全可靠，是气动自动化设备上使用最广的一种方法。

有些生产工艺设备严格要求各执行机构在规定的不同时刻开始和终止动作，这时可使用时间程序控制，其方框图如图 12.1-2 所示。时间发信装置（各种时间程序器）每隔一定时间（如 1s）发出一个脉冲信号，不同的脉冲数量表示不同的时间间隔。脉冲分配回路将把不同数量的脉冲分配给各个执行机构，使得各个执行机构能在不同时刻开始动作。这是一种开环控制系统。执行元件之间没有直接联系，万一一个执行机构出现故障，后一执行机构依旧按规定时间动作，容易发生事故，故不如行程程序控制回路安全。

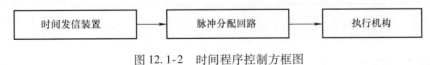

图 12.1-2　时间程序控制方框图

二、行程程序的表示方法

行程程序是根据生产工艺流程的要求，确定应使用的执行元件数量以及完成任务的动作顺序要求，可用程序框图来表示。每一个方框表示一个动作或一个行程。如一台车外圆的专用车床，需使用三个气缸：送料缸、顶紧缸和切削进给缸。其动作次序可用图 12.1-3 所示的程序框图表示。

如果用文字符号表示，则程序框图及回路图将大大简化。因此，对气缸、主控阀、行程发信器的文字符号做如下规定：

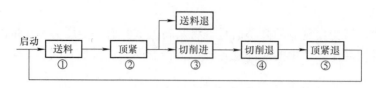

图 12.1-3 车外圆自动车床动作程序框图

1) 用大写字母 A、B、C 等表示气缸 (执行元件)。用下标 "1" 表示气缸活塞杆的伸出状态，用下标 "0" 表示气缸活塞杆的缩回状态。如 A_1 表示 A 缸活塞杆伸出，A_0 表示 A 缸活塞杆缩回。

2) 用带下标的小写字母 a_1、a_0、b_1、b_0 等分别表示由 A_1、A_0、B_1、B_0 等动作触发的相对应的行程发信器及其输出信号。如 a_1 是 A 缸活塞杆伸出至终端位置所触发的行程发信器及其输出信号。

3) 主控阀用 F 表示，其下标为其控制的气缸号。如 F_A 是控制 A 缸的主控阀。主控阀的输出信号与气缸的动作是一致的。如主控阀 F_A 的输出信号 A_0 有气，即活塞杆缩回。

气缸、主控阀、行程发信器之间的关系如图 12.1-4 所示，图中行程发信器是行程阀。

根据上述规定，图 12.1-3 所示的程序框图可表示成图 12.1-5a 或 b 或 c 的形式。

其中 $\xrightarrow{a_1} B_1$ 表示行程阀 a_1 发出的信号控制 B 缸活塞杆伸出的动作。

$B_1 \xrightarrow{b_1}$ 表示 B 缸活塞杆伸出到行程终端触发行程阀 b_1，发出 b_1 信号。

$b_1 \begin{bmatrix} A_0 \\ C_1 \end{bmatrix}$ 表示信号 b_1 同时控制 A 缸活塞杆缩回和 C 缸活塞杆伸出动作。

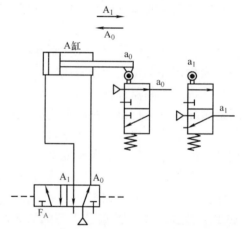

图 12.1-4 气缸、主控阀、行程发信器之间的关系

确定工作程序是回路设计的依据。同一设备，确定的程序不同，设计出来的回路也不同。例如上述车外圆自动车床，也可把程序改为 $A_1B_1A_0C_1C_0B_0$ 或其他程序。究竟采用哪种程序，要根据生产工艺流程的要求，并考虑到回路的可靠性、实用性和经济性等因素来确定。

三、行程程序回路设计中的主要矛盾

下面通过实例来说明。

某表盘自动刻线机的工作程序如图 12.1-6 所示，设计其气动控制回路。

第一步：先按程序中的信号 (原始信号) 与动作的关系接线，画出气动回路原理图，如图 12.1-7 所示。

第二步：检查图 12.1-7 所示的气动回路原理图能否按 $A_1B_1B_0A_0$ 程序运行。下面对每个行程逐个检查。

第①行程：合上起动阀 P，P 接通。按照程序在第①行程中要求 $P \cdot a_0 \to A_1$，即要求信

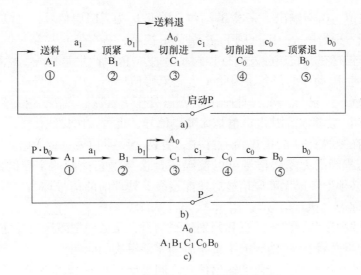

图 12.1-5 车外圆自动车床程序的表示方法
a) 一般式　b) 简化式　c) 最简式

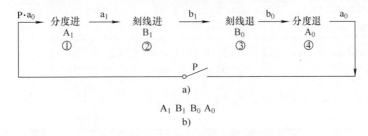

图 12.1-6 某表盘自动刻线机的工作程序
a) 一般形式　b) 最简化形式

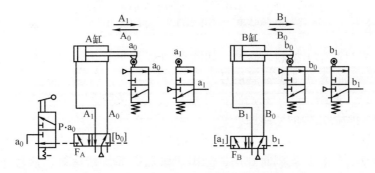

图 12.1-7 自动刻线机的原始气动回路原理图

号 $P \cdot a_0$ 控制主控阀 F_A 切换到左位，使输出 A_1 进气、A_0 排气，实现活塞杆伸出动作 A_1。然而此时 F_A 右端的控制信号 b_0 还存在；因 B 缸还处在退的位置，它触发行程阀 b_0，b_0 有气，阻碍信号 $P \cdot a_0$ 行使主控阀 F_A 切换。因此，此刻 b_0 就成为"障碍"。为便于对比分析，用方括号 [ ] 把障碍信号框住。

第②行程：程序要求 $a_1 \rightarrow B_1$，主控阀 F_B 右端的控制信号 b_1 不存在（即无气），能使 a_1

正常切换 F_B 至左位，B_1 有输出，完成 B_1 动作。因此 b_1 为无障碍信号，可以按图接线。

第③行程：程序要求 $b_1 \to B_0$。阀 F_B 左端受 a_1 控制，右端受 b_1 控制。但是，在第①行程时产生的 A_1 动作仍存在，它还触发着行程阀 a_1，使 a_1 依旧产生气信号。此刻 a_1 信号就障碍 b_1 信号切换 F_B 产生 B_0 动作的任务，因此 a_1 也是障碍信号，也用方括号 [ ] 框起来。

第④行程：程序要求 $b_0 \to A_0$。此刻由于 A 缸处于 A_1 状态，a_0 无气信号，它不障碍信号 b_0 控制 F_A 切换产生 A_0 动作。因此 a_0 也是无障碍信号，也可按图接线。

由上可见，在刻线机的 $A_1 B_1 B_0 A_0$ 程序中，有两个障碍信号（a_1、b_0）和两个无障碍信号（a_0、b_1）。行程阀的无障碍信号可以按程序直接与由它控制的主控阀的相应控制口接线；而障碍信号必须处理成无障碍信号后才能接线。处理前的信号称为"原始信号"，处理后的无障碍信号称为"执行信号"，用 a_1^*、b_0^* 表示。

如何在复杂的程序和回路中检查和判别障碍信号，又如何把障碍信号处理成无障碍的执行信号呢？这就是回路设计中遇到的主要矛盾和需要解决的问题。

原始信号和被它控制的主控阀的输出信号之间可能存在图 12.1-8 所示的三类情况：

图 12.1-8a 要求输出 A_1（或 A_0），只有信号 m（或 n）存在，无障碍，m（或 n）为无障碍信号。

图 12.1-8b 要求输出 A_1，而信号 n 先于 m 存在，则 n 妨碍 m 对主控阀的切换，n 称为"Ⅰ型"障碍信号。

图 12.1-8c 要求输出 A_1，却只有信号 n 存在，n 导致主控阀输出 A_0，产生误动作，n 称为"Ⅱ型"障碍信号。

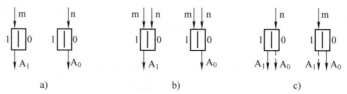

图 12.1-8　主控阀可能产生的三类输入 - 输出状态
a) 无障碍　b) Ⅰ型障碍　c) Ⅱ型障碍

单往复程序中只产生Ⅰ型障碍信号，如图 12.1-7 中的 a_1 和 b_0；在多往复程序中既可产生Ⅰ型障碍信号，又可产生Ⅱ型障碍信号。

由上可见，设计回路，必须在确定工作程序之后，先判别障碍、消除障碍、确定"执行信号"后，才能画出正确的回路图。

行程程序回路设计有多种方法，例如直观设计法、"信号 - 动作状态图法"（简称"X - D 图法"）、卡诺图法、区间直观法、分组供气法、插入禁法等。信号 - 动作状态图法具有直观易懂的优点，本章重点介绍"X - D 图"设计法。

第二节　单往复程序回路的设计方法

单往复程序是指在一个循环中，系统中所有气缸都只作一次往复运动的程序。图 12.1-5 所示程序即为单往复程序。其特点是：系统中每个行程阀或行程开关在一个循环中只发出一次信号，且该信号指挥的动作是固定不变的。

如果在一个程序循环中，有部分气缸作两次或两次以上往复运动的程序，称为多往复程序。例如：$A_1B_1B_0B_1B_0A_0$程序。

一、绘制"信号－动作状态图"

"信号－动作状态图"简称"X－D图"。其中"X"是"信号"一词汉语拼音的字头，"D"是"动作"一词的字头。这里的信号是指行程阀或行程开关被触发而产生的机械信号或再由发信器转换的气信号、电信号，如a_1、a_0、b_1等。"动作"是指气缸活塞杆伸出或返回的动作，如A_1、A_0、B_1等。如果将"动作"看作主控阀的输出信号，则又可称为"信号状态图"，即主控阀的输入信号－输出信号状态图。

1. 绘"X－D图"的方格图

车外圆自动车床X－D图的方格图如图12.2-1所示，图中以图12.1-3所示程序为例。

行程序号 X-D组 程序	①	②	③	④	⑤	执行信号	
	A_1	B_1	A_0 C_1	C_0	B_0	双控	单控
1	$b_0(A_1)$ A_1						
2	$a_1(B_1)$ B_1						
3	$b_1(A_0)$ A_0						
	$b_1(C_1)$ C_1						
4	$c_1(C_0)$ C_0						
5	$c_0(B_0)$ B_0						
备用格							

图12.2-1　车外圆自动车床X－D图的方格图

根据已给程序，在方格第一行"行程"栏内自左至右依次填上行程序号①、②、…；第二行"程序"栏内依次填上相应的动作符号A_1、B_1、…；在最右边一纵列填写"执行信号"，即消障后的逻辑函数表达式。最左边一纵列栏内依次每格内填上"信号"－"动作"组的符号；同一横格的上行填行程阀（或行程开关）的信号，即原始信号，如b_0（A_1）、a_1（B_1）、…，下行填该信号控制的动作状态符号，如A_1、B_1、…。例如a_1（B_1）表示控制B_1动作的信号是a_1、…。最下面留一些备用格，供初学者在消除障碍时进行逻辑运算中画辅助信号用。双控执行信号是指采用双气（双电）控主控阀所用的执行信号，单控执行信号是指采用单气（单电）控方向阀作主控阀时所用的执行信号。

2. 画动作状态线

绘好X－D图的方格图后，接着先画动作状态线。每一纵格代表一个行程，行程与行程之间的交界线（纵线）是气缸动作的换向线。

每一动作状态线的起点，是该动作程序的开始处，应落在该程序与上一程序的交界线上，用符号"。"表示，例如图 12.2-1 中 A_1 的起点处在该第①程序的左侧纵列线上。每一动作状态线的终点，位于该动作状态的换向线处，即位于其相反动作的起点处，例如 A_1 的终点即为 A_0 的起点。A_1 的终点应落在第②和第③行程之间的交界线上，用符号"×"表示。两点之间用粗实线相连接，其连接线就是该动作的状态线。也可以说，A_1 的状态线从第①行程的 A_1 程序的开始起画，到第③行程的 A_0 程序开始前终止。其余 B_1、C_1、A_0、…动作状态线与 A_1 的画法规则一样。应该指出，由于程序是一个循环接一个循环地连续运转，因此第⑤行程末的纵列线与第①行程开始的纵列线是重合的。例如，第 4 组的 C_0 从第④行程开始画到第⑤行程末以后，接着又从第①行程开始画到第③行程 C_1 程序开始前终止。图 12.2-1 所示的动作状态线的画法如图 12.2-2 所示。

3. 画信号状态线

某一信号是由控制它的气缸的某一动作完成时触发相应发信器产生的。因此该信号的起点处于控制它的动作的行程终端，也就是说，信号的起点比控制它动作的起点晚一个行程。信号随着控制它动作的返回瞬间而消失（因解除了对行程阀的触发力，行程阀复位，气信号

行程序号 程序 X–D组	①	②	③	④	⑤	执行信号 （双控）
1	$b_0(A_1)$ A_1					$b_0^*(A_1)=P\cdot b_0$
2		$a_1(B_1)$ B_1				$a_1^*(B_1)=a_1$
3			$b_1(A_0)$ A_0			$b_1^*(A_0)=b_1$ 或 $b_1^*(C_1)$
			$b_1(C_1)$ C_1			$b_1^*(C_1)=b_1\cdot a_1$ $=b_1\cdot \bar{a}_0$ $=b_1\cdot K_{c1}^{a1}$ $=b_1\cdot K_{c1}^{b0}$
4				$c_1(C_0)$ C_0		$c_1^*(C_0)=c_1$
5					$c_0(B_0)$ B_0	$c_0^*(B_0)=c_0\cdot a_0$ $=c_0\cdot K_{c1}^{a1}$ $=c_0\cdot K_{b0}^{c1}$
备用格	a_0					
	$\bar{a}_0$					
	K_{c1}^{a1}					
	K_{c1}^{b0}					
	K_{a1}^{c1}					
	$b_1\cdot a_1$					
	$b_1\cdot \bar{a}_0$					
	$b_1\cdot K_{c1}^{a1}$					
	$b_1\cdot K_{c1}^{b0}$					
	$c_0\cdot a_0$					
	$c_0\cdot K_{a1}^{c1}$					
	$c_0\cdot K_{b0}^{c1}$					

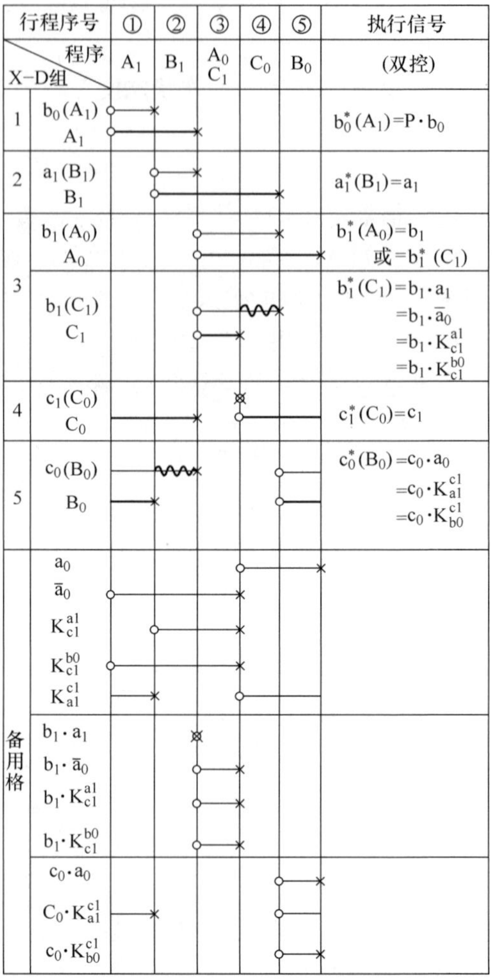

图 12.2-2　车外圆自动车床的 X–D 图

消失），信号的终点与控制它动作的终点相同。例如图 12.2-2 中的 a_1 信号是由气缸的 A_1 动作完成后触发行程阀 a_1 而产生的，因此 a_1 信号的起点应比 A_1 动作的起点晚一个行程；而随着 A_1 的终止（即 A_0 的开始）而解除了 A_1 对 a_1 行程阀的触发力，a_1 信号随即消失，因此 a_1 的终点与 A_1 的终点相同。同样，起点用符号"。"表示，终点用符号"×"表示，用细实线连接起来，即是信号状态线。其余信号 b_1、c_1、…，其画法规则与 a_1 相同。信号线的起点应与由其控制的（即同组的）动作线的起点对齐，这是检验信号–动作状态线是否画正确的方法之一。

图 12.2-1 所示的 X–D 图如图 12.2-2 所示。从图 12.2-2 不难看出，程序之间的纵向分界线是执行元件的动作换向线，信号的起点是信号控制主控阀切换和执行元件换向的执行点。因此，实际上信号线的起点应超前于动作线起点，而信号线的终点应滞后于触发该信号产生的动作线的终点。若切换线和换向线上不计时间，则信号线的起、终点都要在切换线和换向线两侧"出头"。图 12.2-2 中信号线的起点和终点都放在交界线上，说明把行程阀、主控阀、气缸的换向时间和信号在管道内的传递时间都包括在交界线内了。

如果信号线的起点和终点重合在同一交界线上，即出现"⋈"符号时，表示该动作完成后立即返回，停留时间很短，而由其产生的信号为一脉冲信号，其脉冲宽度（即停留时间）相当于行程阀受到动作触发而切换的时间、主控阀的切换时间、气缸的起动时间以及信号在管道内的传递时间的总和。

信号-动作状态图的用途：

1) 可从 X-D 图上方便地看出信号与动作之间的关系。

2) 可以很方便地从图中找出"障碍信号"。

3) 它展示出消除障碍的各种可能性。从 X-D 图中可以找出消除障碍所必须使用的"制约信号"，确定消障函数表达式，即"执行信号"。

4) 从图中能看出各行程任一瞬时回路中所有元件所处的逻辑状态，可以检查回路的可靠性与正确性。它又是维修和排除回路故障的有用资料。

5) 能确定系统零位时各元件所处的状态，即系统的静止状态（通常为最后一个行程末各元件的状态）。依此可迅速而正确地绘制回路图，或检查已绘成回路的正确性。

二、判断障碍信号、消除障碍信号和确定执行信号

1. 利用 X-D 图判断障碍信号

判断 I 型障碍信号的基本方法是：当主控阀应当在某一侧输出时，若控制另一侧输出的信号还存在，则此信号就是障碍信号。例如图 12.2-2 中的 b_1（C_1）和 c_0（B_0）就是障碍信号。主控阀 F_C 和 F_B 的输入输出信号如图 12.2-3 所示。在图 12.2-2 的第④行程中，理应由控制信号 c_1 控制 C 缸换向产生 C_0 动作，但此时却还存在控制 C_1 动作的 b_1 控制信号，因此 b_1 在第④行程就障碍 C_0 动作的产生，b_1 在第④行程就是障碍，把这段信号状态线用波浪线表示出来（见图 12.2-2）称为信号的"障碍段"。从图 12.2-2 中还可以看出，b_1（C_1）信号带波浪

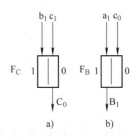

图 12.2-3 图 12.2-2 中的 I 型障碍信号

线的障碍段，正好是超过被它所控制的动作线 C_1 的部分。同理，c_0 在第②行程中也障碍 a_1 按程序要求切换成 B_1 动作，c_0 在第②行程也成了障碍段，也用波浪线表示出来。可以看出，c_0 信号带波浪线的障碍段，同样正好是超过被它控制的动作线 B_0 的部分。

由此可以作出新的判断：比较 X-D 图中同一组的信号和动作两条状态线的长度，超过动作线的信号尾部一段（带波浪线）为信号的障碍段，而该信号就成为有障碍的信号。应当指出，并不是 b_1 和 c_0 整段都是障碍信号而全部无用。只是有波浪线的一段是障碍，要消除的只是信号尾部的障碍段，而前面有用的执行段要保留。

从 X-D 图看，当控制信号短于或等于被它控制的动作线长度，则该控制信号为无障碍信号。无障碍信号是有用的信号，要保留。

利用 X-D 图判断信号有无障碍的准则是：

1) 信号线比动作状态线短，没有障碍，该信号为无障信号。

2) 信号线比动作状态线长，则有障碍，该信号为障碍信号。信号线长出由它控制的动作线的那个尾部线段，是信号的障碍段，这一段必须消除。

应当指出，对有记忆性能的主控阀来说，障碍信号可以划分为三段：

① 信号的"执行段"：即信号头部划小圆圈的一段。它是控制主控阀切换所必须有的控

制信号段。

② 信号的"障碍段"：即画波浪线的线段，它们是障碍主控阀按程序要求正常切换的信号段，必须消除。

③ 信号的"自由段"：即处于执行段和障碍段之间的一段细实线。对于有记忆的主控阀来说，由于它有记忆性，自由段对它来说可有可无、可长可短，故称为"自由段"。但对无记忆的单控主控阀来说，为满足程序要求，信号线必须与动作线等长，因此要保留全部自由段。

消除障碍段以后的无障信号称为"执行信号"，用"m*"表示。

2. 消除障碍信号和确定执行信号

在完成判别障碍的步骤之后，可将无障碍的控制信号（由行程阀转换成的气信号或由行程开关转换成的电信号）直接和受它控制的主控阀的控制口连接。但是，有障碍的信号则不能直接连接，必须经过适当办法消除障碍段以后才能与有关主控阀的控制口连接。

从 X-D 图上看出，消除信号障碍段，就是要使障碍段消失或失效。下面将介绍一些消除障碍的方法。

(1) 用逻辑"与"运算消除障碍

通过逻辑"与"运算可以把长信号变成短信号，以达到消除障碍段的目的。方法是：将有障碍的原始信号 m 与另一个合适的信号 x（称为"制约信号"）进行逻辑"与"运算，所得结果应是一个保留信号的执行段，消除了信号障碍段的新信号 m*，称它为"执行信号"。其消除障碍的公式为

$$m^* = mx \qquad (12.2\text{-}1)$$

逻辑"与"消除障碍的接线图如图 12.2-4 所示。

显然，用这个执行信号 m*，可直接接到它所控制的主控阀的控制口上。

制约信号 x 必须满足的条件：表现在 X-D 图上，①制约信号 x 必须与障碍信号 m 的执行段重合，使执行信号 m* 中保留信号执行段；②x 必须与 m 的障碍段不重合，以使 m* 中不再有障碍段。制约信号的选择如图 12.2-5 所示。

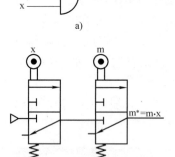

图 12.2-4 逻辑"与"消除障碍的接线图

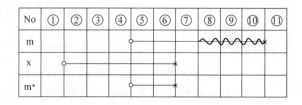

图 12.2-5 制约信号的选择

制约信号 x 的选择：通常应借助于 X-D 图，从图中可寻找下列几种信号作为制约

信号：

1）其他原始信号。
2）其他原始信号的"非"（反相）信号。
3）其他主控阀的输出（记忆）信号。
4）用中间记忆元件的输出信号。中间记忆元件通常使用具有记忆功能的双气（电）控方向阀，其制约信号和消除障碍公式为

$$x = K_R^S \tag{12.2-2}$$

$$m^* = m \cdot x = m \cdot K_R^S \tag{12.2-3}$$

式中，K_R^S 是中间记忆元件（辅助元件）的输出信号，S 和 R 分别是中间记忆元件的"通""断"控制信号。

采用中间记忆元件消除障碍如图 12.2-6 所示，中间记忆元件常使用双气控二位三通阀 F_K。当 S 有信号时，K_R^S 就有输出，当 R 有信号时，K_R^S 就无输出。要求 S 与 R 不能同时存在。

S 为使 F_K 阀"通"的信号。其起点应选在障碍信号 m 的障碍段之后、执行段之前；其终点应在障碍段之前、执行段之后。

R 为使 F_K 阀"断"的信号。其起点应选在 m 的执行段之后、障碍段之前或障碍段的起点；其终点应在执行段之前，如图 12.2-7 所示。

5）组合信号。如上述信号还不能满足制约信号的条件，可以用上述各种信号组合起来的信号作为制约信号。

例 12.2-1 消除图 12.2-2 中的障碍信号，写出执行信号。

在图 12.2-2 的 X－D 图中，b_1（C_1）和 c_0（B_0）为障碍信号。根据上述原则，可做 b_1（C_1）的制约信号有：①其他原始信号 a_1；②其他原始信号的非 $\overline{a_0}$；③中间记忆元件的输出信号 K_{c1}^{a1} 和 K_{c1}^{b0} 等。因此可以产生三种四个执行信号，即：

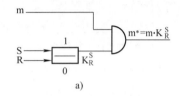

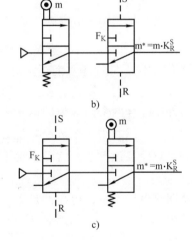

图 12.2-6 采用中间记忆元件消除障碍

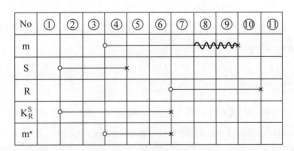

图 12.2-7 对中间记忆元件"通"（S）、"断"（R）信号的选择

① $b_1^*(C_1) = b_1 \cdot a_1$；② $b_1^*(C_1) = b_1 \cdot \overline{a_0}$；③ $b_1^*(C_1) = b_1 \cdot K_{a1}^{a1}$；④ $b_1^*(C_1) = b_1 \cdot K_{c1}^{b0}$ 的四个执行信号线段均列入图 12.2-2 的备用格中，便于观察和比较。由图 12.2-2 的备用格中可以看到，这四个执行信号均保留了执行段、消除了障碍段，都变成了无障碍信号。它们是等效的，可以在回路中互相替换。它们均可与被它控制的主控阀的控制口连接。

同理，对障碍信号 c_0（B_0）的执行信号也可列出三个：① $c_0^*(B_0) = c_0 \cdot a_0$；② $c_0^*(B_0) = c_0 \cdot K_{a1}^{c1}$；③ $c_0^*(B_0) = c_0 \cdot K_{b0}^{c1}$。其线段也画在图 12.2-2 的备用格中。

图 12.1-5 程序的全部执行信号均列入图 12.2-2 的 X–D 图的双控执行信号栏内。其中 $b_0^*(A_1) = P \cdot b_0$，P 为启动信号，由它控制整个程序的运行（"通"）和停止（"断"），一般都设在最后一个行程的终了处，故与最终一个信号 b_0 相"与"。

从图 12.2-2 中看出，同一工作程序可组成多组执行信号，画出多个回路图，而且它们都是等效回路。究竟选哪个执行信号组方案和回路更好，要根据当地、当时条件，从安全可靠性、经济性、实用性等方面对各方案进行比较后才能确定。例如图 12.2-2 的 X–D 图中，$b_1^*(C_1)$ 可选用四个执行信号。从经济性看，$b_1 \cdot a_1$ 可以用 a_1 和 b_1 两个行程阀串联来实现，连接管路也短；而 $b_1 \cdot \overline{a_0}$ 要增加一个 $\overline{a_0}$ 元件，因为本程序可以不设 a_0 行程阀，为了消除障碍，要增设一个常通式二位三通行程阀 $\overline{a_0}$，不够经济；而 $b_1 \cdot K_{c1}^{a1}$ 或 $b_1 \cdot K_{c1}^{b0}$ 也需增加一个中间记忆元件，且连接管路也多。故从经济性、实用性来分析，选用 $b_1 \cdot a_1$ 好。但是，从可靠性来分析，$b_1 \cdot a_1$ 最差。因为在本程序中，$b_1 \begin{matrix} A_0 \\ C_1 \end{matrix}$，$b_1 \cdot a_1$ 又是一个脉冲信号，如果 A_0 先于 C_1 动作，a_1 也就随 A_0 动作产生而消失，则 $b_1 \cdot a_1$ 在 C_1 动作前就消失，$b_1 \cdot a_1$ 就无法指挥 C_1 动作，使程序不能正常运行。而其他三个执行信号的线段都存在一个或两个行程，都不存在上述问题，因此是安全可靠的。

另外，综合两个消除障碍信号来看，若采用 $b_1^*(C_1) = b_1 \cdot K_{c1}^{a1}$ 和 $c_0^*(B_0) = c_0 \cdot K_{a1}^{c1}$ 做执行信号，可以共用一个双控二位五通阀产生 K_{c1}^{a1} 和 K_{a1}^{c1} 两个制约信号，即两个障碍信号只要增加一个双控二位五通阀就全部消除障碍，比较经济（用 K_{c1}^{b0} 和 K_{b0}^{c1} 也是如此），而且 $b_1 \cdot K_{c1}^{a1}$ 线段有一个行程长，$c_0 \cdot K_{a1}^{c1}$ 线段有两个行程长，用作执行信号是可靠的。

从回路设计来看，可靠性是第一位的，其次要考虑经济性和实用性。因此，综合上述分析，选用 $b_1^*(C_1) = b_1 \cdot K_{c1}^{a1}$ 和 $c_0^*(B_0) = c_0 \cdot K_{a1}^{c1}$，或者 $b_1^*(C_1) = b_1 \cdot K_{c1}^{b0}$ 和 $c_0^*(B_0) = c_0 \cdot K_{b0}^{c1}$ 比较合适。

（2）用活络撞块或可通过式行程阀（开关）消除障碍

此法可将有障碍的原始信号变成无障碍的脉冲信号，从而消除障碍。

图 12.2-8a 所示为使用活络撞块撞击行程阀发脉冲信号的原理图。当活塞杆伸出时，活络撞块只有瞬时压住行程阀，故发出脉冲信号。活塞杆返回时，活络撞块绕小轴转动，通过行程阀时不发信号（避免了重复发信号）。

图 12.2-8b 所示为使用可通过式行程阀发脉冲的原理图。凡是有障碍信号的行程阀换上它们，就变成消除障碍后的执行信号，把它们接到相应的主控阀的控制口，即可运行。但应指出，只有活塞杆压住此行程阀阀杆后又继续前进（或后退）到行程终端，使阀杆松开，才能得到脉冲信号。因此这两种行程阀必须安装在活塞杆未到达终端一小段距离的位置上，以便使撞块或凸轮能够通过。这样做，信号必然在行程终端前就已发出，然后活塞杆继续前进或后退到终端，并需要机械死挡块限位。

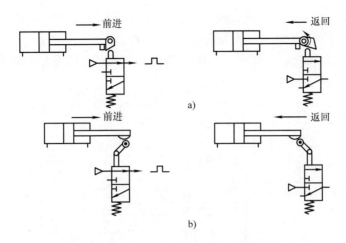

图 12.2-8 单方向发脉冲信号消除障碍
a) 由活络撞块撞击行程阀发脉冲信号 b) 由可通过式行程阀发脉冲信号

此种方法对电控气动回路同样适用（使用可通过式电行程开关等）。

(3) 用差压原理消除障碍

1) 用差压式二位阀造成差压进行消除障碍。

2) 用减压阀使障碍信号降低压力造成压差实现消除障碍。

采用此法，必须满足两个条件：①控制某一主控阀的两个信号中仅能有一个障碍信号；②在这两个信号中，无障的信号必须迟于有碍信号终止。

图 12.2-9 所示为程序 $A_1B_1C_0B_0A_0C_1$ 的 X-D 图，a_1 (B_1) 和 b_0 (A_0) 为障碍信号，并符合上述两个条件，故可以用差压原理消除障碍。图 12.2-10a 所示为使用双气控差压阀消除障碍的气动回路。其中 c_1 (A_1) 与 b_0 (A_0) 分别为主控阀 F_A 两端的控制信号。其接线方法是，有障信号 b_0 接到 F_A 的活塞面积较小的一侧，无障信号 c_1 接到 F_A 的活塞面积较大的一侧，当合上 P，程序进入第①行程，X-D 图上显示 b_0 障碍 c_1 信号执行使 A_1 动作的任务，此时主控阀 F_A 两侧都有控制信号，但因 b_0 的作用面积小于 c_1 的作用面积，形成压差力，故信号 c_1 能推动活塞正常换向，完成 A_1 的动作；由于信号

行程序号 \ 程序 X-D	①	②	③	④	⑤	⑥	执行信号
	A_1	B_1	C_0	B_0	A_0	C_1	
1	$c_1(A_1)$ A_1						
2	$a_1(B_1)$ B_1						
3		$b_1(C_0)$ C_0					
4			$c_0(B_0)$ B_0				
5				$b_0(A_0)$ A_0			
6					$a_0(C_1)$ C_1		

图 12.2-9 程序 $A_1B_1C_0B_0A_0C_1$ 的 X-D 图

c_1 比信号 b_0 终止得晚，就不产生 c_1 终止后 b_0 把活塞杆推回来而产生误动作的现象。到第⑤行程，虽然 b_0 作用于小面积活塞上，但此时 c_1 已不存在，故 b_0 (A_0) 可以正常换向，完成程序规定的 A_0 动作。同理，a_1 (B_1) 与 c_0 (B_0) 中，a_1 是障碍信号，故接到 F_B 阀的活塞面积较小的一侧；c_0 为无障信号，且迟于 a_1 终止，故接到 F_B 的活塞面积较大的一侧。

在图 12.2-10a 中，主控阀 F_C 与二位四通行程阀 b_1 合并，一端为机控信号 b_1 控制，另一

端由气控信号 a_0 来控制。这是等效置换，可以节省元件。但是若气缸 C 的缸径很大，而 b_1 阀通径小，流量供给不足的话，就不能合并使用。

图 12.2-10b 所示为使障碍信号 a_1（B_1）通过减压阀减小压力，以便利用差压原理消除障碍，图中以主控阀 F_B 为例，对主控阀 F_A 也同样适用。

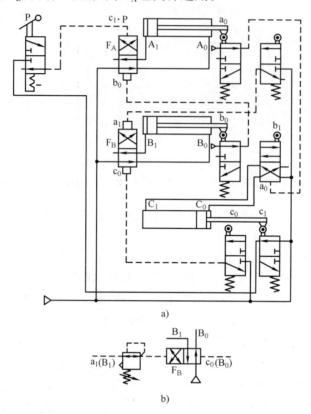

图 12.2-10　利用差压阀及差压原理消除障碍的回路
a）使用差压阀消除障碍的气动回路（程序 $A_1B_1C_0B_0A_0C_1$）　b）利用差压原理消除障碍

三、绘制控制回路

1. 气控气动回路的绘制

气控气动回路是气动控制气压传动回路的简称，它可直接根据 X–D 图绘制。它把执行元件（如气缸）、主控阀、行程阀以及其他控制元件或辅件，依据一定的关系用管线连接起来，其中控制回路根据执行信号来连线。绘图时，要注意以下几点：

1) 一般执行元件、控制阀等只用图形符号表示，不必画出具体控制对象。要用 GB/T 786.1—2021《流体传动系统及元件　图形符号和回路图　第 1 部分：图形符号》。

2) 应按控制回路系统处于静止（即系统零位）时的状态绘图。通常，规定工作程序最后一个行程终了时刻的状态为气动回路的静止状态。

3) 根据系统零位，确定气缸活塞杆的位置或状态，确定主控阀、行程阀以及其他控制阀所处的位置或状态，并以此作为连线的依据。

4) 工作管路（气源管路、主控阀输出管路、气缸或其他执行元件的管路等）画实线，控制管路均画虚线。

根据上述规定，依据图 12.2-2 所示的 X-D 图，可绘出图 12.2-11 所示的气控气动回路。

从图 12.2-2 所示的 X-D 图中可以看出，本程序系统零位时气缸均处于 A_0、B_0、C_0 状态，故图 12.2-11 中 A 缸、B 缸、C 缸活塞杆均处于退回状态。与此相应的行程阀 b_0、c_0 处于被活塞杆压住的触发状态，b_0 阀、c_0 阀均切换至上部位置，并由上面的方格位置接线，而 a_1、b_1、c_1 三阀均未被触发而处于复位（靠弹簧一侧）状态，故在复位一侧的方格内接线。主控阀 F_A、F_B、F_C 与气缸的接线位置，要使其气流流动状态与气缸的静止状态相适应。图 12.2-11 中 F_A 等均在右侧方格内接线。F_A、F_B、F_C 阀控制口按相应的执行信号接线。F_X 为中间记忆元件，它的左右控制口受 a_1 和 c_1 控制，输出记忆信号 K_{c1}^{a1} 与 K_{a1}^{c1} 分别作 b_1 和 c_0 的制约信号，并与它们串联连接，得到两个消除障碍后的执行信号 $b_1^*(C_1) = b_1 \cdot K_{c1}^{a1}$ 和 $c_0^*(B_0) = c_0 \cdot K_{a1}^{c1}$，由它们分别控制 C_1 和 B_0，即 b_1^* 与 F_C 的左控制口连接，c_0^* 与 F_B 的右控制口连接，其他无障信号（如 a_1、b_0、c_1）分别直接接到相应的主控阀的控制口即成。由于启动阀 P 设在 B_0 动作之后，B_0 触发的信号 b_0 要通过 P 后才能控制 A_1，故 b_0 要与 P 阀串联后接到 F_A 的左控制口，实现 $b_0 \cdot P \rightarrow A_1$ 的动作。启动阀 P 是一个带定位机构具有记忆性的手动二位三通阀，由它控制系统的运转和停止。合上 P，图 12.2-11 所示气动回路即可按预定程序无障碍地连续地自动运转，直至 P 断开为止。为省元件和连线方便起见，在回路图中，$b_1^*(A_0)$ 也采用 $b_1^*(C_1) = b_1 \cdot K_{c1}^{a1}$ 执行信号，它们是等效的。

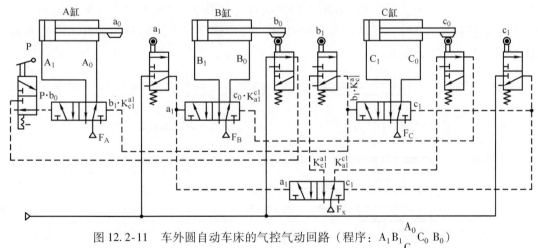

图 12.2-11　车外圆自动车床的气控气动回路（程序：$A_1 B_1 \begin{smallmatrix} A_0 \\ C_1 \end{smallmatrix} C_0 B_0$）

2. 电控气动回路原理

电控气动回路原理图是由电气开关元件与电磁方向阀的电磁线圈组成的电气控制回路和由电磁方向阀的主控阀和执行元件（如气缸）、调节阀等组成的气动回路共两部分组成。这两部分是不可分割的整体，故称为电控气动回路。

绘制电控气动回路应注意的事项：

1）主控阀可采用直动式电磁方向阀或先导式电磁方向阀。电源可以用直流电或交流电。应该特别注意的是，采用交流双电控直动式电磁阀时，该阀两侧电磁线圈不得同时得电，以防烧毁线圈。为此，必须设计保护电路（如互锁），使两侧线圈不同时得电。其他，如交流单电控、直流双电控电磁阀一般无须保护。至于双电控先导式电磁阀，由于它是由两个单独的电磁先导阀（二位三通）和双气控方向阀组成，一般不会引起烧线圈问题，可不加保护。当然，从回路上讲，只要是双控阀，一般都要求两控制口不能同时有信号，对双电控电磁阀来说就要求不能同时得电，为此而加互锁保护是可以的。

2）电磁阀和各种电气元件（如中间继电器）所用电源（如直流或交流，以及电压等）尽可能一致，以便简化线路。

3）电气图的图形符号应采用国家标准：GB/T 4728.1～13—2008—2018《电气简图用图形符号》，GB/T 5465.2—2008《电气设备用图形符号》，GB/T 6988.1—2008《电气技术用文件的编制》的规定绘制。

4）回路图依据 X-D 图或逻辑原理图进行绘制。

5）电控气动回路应按系统处于静止状态时绘制。由于电气简图用图形符号只能表示元件的一种位置（元件零位），它不同于气动元件，要注意由中间继电器组成的记忆信号 K_R^S，在选择"通（S）""断（R）"信号时，尽量使其在最后一个行程末时使记忆信号处于逻辑"0"状态。为此"断"信号 R 应选择在行程中比 S 靠后的信号。这样，就能保证在行程末了，不论电源断开与否，使该中间继电器处于逻辑"0"状态。中途停电时也处于逻辑"0"状态。

图 12.2-12 所示的电控气动回路是依据 X-D 图绘制的。图 12.2-12a 所示为气动回路，它是由气缸、双电控二位五通阀（主控阀）、电行程开关组成的气动回路，并根据系统的零位状态绘制的。YA_1 和 YA_0 为电磁阀 F_A 左右两端电磁线圈的文字符号，其余类推；行程开关仍用 a_1、a_0、b_1、…表示。YA_1 表示它得电时使电磁阀 F_A 切换至左位，A_1 输出有气，推动 A 缸活塞杆伸出（A_1）；同理，若 YA_0 得电，F_A 切换至右位，A_0 有气输出，推动 A 缸活塞杆退回（A_0）。其余类推。

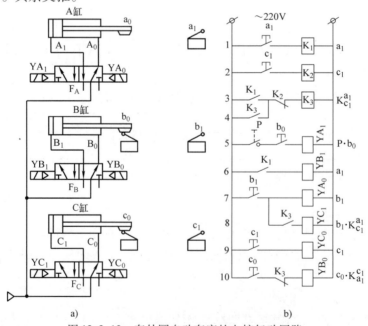

图 12.2-12　车外圆自动车床的电控气动回路

（程序：$A_1 B_1 {{A_0}\atop{C_1}} C_0 B_0$）

a）气压回路　b）电气控制回路

图 12.2-12b 所示为电气控制回路，其中 YA_1、YA_0 的方框就是 F_A 左右两端的电磁线圈，这是图 12.2-12 中 a、b 两图的结合点，其方框用粗实线表示，以区别中间继电器的线圈方框。其余类推。在图 12.2-12 中 b 左侧注上"行"数 1、2、…在右侧注上执行信号的函数表达式，便于检查线路（简单线路也可不注）。由于采用的执行信号组中，信号 a_1、c_1 均两次使用，而若行程开关中只有一对常通触点和一对常断触点，就需用中间继电器 K_1 和 K_2 把它们转换成多对 a_1、c_1 信号，任其选用。执行信号中有一对记忆信号 K_{cl}^{a1} 和 K_{a1}^{cl}，它们具有对偶性，故只要组成一条记忆线路就行了（另一路用其反相）。考虑在停机时使中间继电器的线圈不带电，故只搭 K_{cl}^{a1} 一条记忆线路，即用 a_1 作"通"信号、c_1 作"断"信号。因从 X–D 图中可以看出，在行程中，a_1 在前，c_1 信号在后，这就保证了在行程终了时（即起动开关 P 断开时），K_{cl}^{a1} 处于逻辑"0"（即断开）状态，不管电源是否切断，使该中间继电器 K_3 的线圈都不带电。

3. 完善气动回路

在工程应用中，单靠图 12.2-11 所示的气动回路原理图是不够全面的，因此要在气动回路原理图的基础上加以完善。

完整的气动回路，一般应包括如下内容：

1）工作程序和对操作要求的文字说明。

2）根据工作程序和执行信号画出气动回路和电气控制回路，这是自动控制回路的核心。

3）速度控制回路。

4）自动、手动操作回路。

5）起动、复位和紧急停车回路。

6）连锁保护回路。

7）气源压力调节、分配和净化处理等回路。

8）必要的显示和报警回路。

9）与气动控制有关的电气控制线路（如控制电动机和指示灯等的电路）。

10）选择气动元件和附件，列出元件、附件明细表，注明元件名称、型号、规格、数量和图号等，必要时还要注明生产工厂。对特殊的非标准、非通用元件还要附详细的设计图样资料。

11）其他必要的内容和说明，包括设计和使用说明书。

以上内容，根据自动化设备的具体条件和要求而定，不一定每台设备全都需要上述全部内容。

例 12.2-2 根据图 12.1-6 的程序 $A_1B_1B_0A_0$，设计一个较为完整的气动回路。

1）画出 X–D 图，判障、消除障碍、列出执行信号，如图 12.2-13 所示。

2）绘制气动回路，因为在安装调试和设备维修时需要对气缸的每一动作逐个进行操作，因此在图 12.2-14 所示的气动回路中，除按 X–D 图中的执行信号绘制自动控制回路（在图 12.2-14 的右侧）外，还增加了手动操作回路（在图 12.2-14 的左侧）。两种回路的气缸和主控阀是共用的，只是在主控阀的控制口上增加一个梭阀。梭阀的一端接自控执行信号，另一端接手控信号，分别控制主控阀。

为了避免手动操作和自动控制运行之间的干扰，两者间需要"互锁"保护。图 12.2-14

中采取的措施是把手控阀的气源与行程阀、辅助阀 F_X 的气源分开，使自控气源与手动操作气源实行互锁，图 12.2-14 中采用手动二位五通阀作为手动-自动转换装置。当手动操作气缸时，接通手控气源、断开自控气源（排空），避免行程阀发出的信号干扰手动操作。反之，当需要按程序自动运行时，接通自控气源，断开手控气源，避免由误操作的手控信号干扰气动回路按程序正常的自动运行。这就是气源分配回路。另外，对气源需要净化处理，在管路中加了空气过滤器。回路中气体需要调压，增加了减压阀。气缸需要润滑，增加了油雾器，构成了简单的气源处理和压力调节回路。图 12.2-14 中在管路上设置了一个大气容或气罐作为常控气源，通常主控阀的气源口与它连接，供给气缸用气。由于回路中所用的多个气缸，其缸径大小不一、速度不同，因此在不同时刻回路中用气量也不一样，所以要用适当容积的容器做常控气源，以调节供气量、减少气缸气源的压力波动，保证气缸输出力的稳定性。

行程序号	①	②	③	④	执行信号
程序 X-D组	A_1	B_1	B_0	A_0	(双控)
1	$a_0(A_1)$ ✕ A_1				$a_0^*(A_1)=Pa_0$
2		$a_1(B_1)$ ✕ B_1			$a_1^*(B_1)=a_1 K_{b1}^{a0}$
3			$b_1(B_0)$ ✕ B_0		$b_1^*(B_0)=b_1$
4				$b_0(A_0)$ ✕ A_0	$b_0^*(A_0)=b_0 K_{a0}^{b1}$
备用格	K_{b1}^{a0}	$a_1 K_{b1}^{a0}$		$b_0 K_{a0}^{b1}$	

图 12.2-13　程序 $A_1 B_1 B_0 A_0$ 的 X-D 图

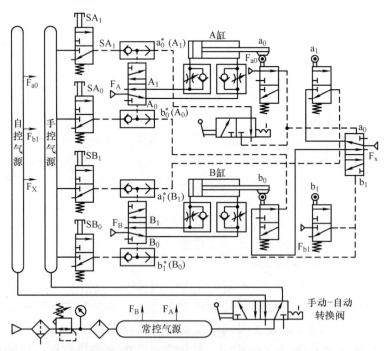

图 12.2-14　自动刻线机气控气动较为完整的回路
程序：$A_1 B_1 B_0 A_0$
执行信号：$a_0^*(A_1)=a_0 \cdot P$；$a_1^*(B_1)=a_1 \cdot K_{b1}^{a0}$；
$b_1^*(B_0)=b_1$；$b_0^*(A_0)=b_0 \cdot K_{a0}^{b1}$

本回路中，在主控阀输出口和气缸之间的管路上串联了单向节流阀，以调节气缸运动的速度。单向节流阀采用排气节流的接线方式，以增加气缸运动的平稳性。

图 12.2-14 中列出了工作程序和执行信号，便于看懂回路或对回路进行检查，方便安装与维修。因此，本回路比起图 12.2-11 所示的回路要完善得多。

电气控制回路也可采用手控和自控两套操作电路，如图 12.2-18 所示。

四、单控主控阀控制回路的设计方法

前面介绍了双气（或电）控二位阀为主控阀的单往复行程程序控制回路的设计方法。但在实际工程中，也经常用单气（或电）控二位阀作为主控阀来进行控制。二者的设计方法和回路的画法有些不同，下面对其进行介绍。

1. 单气（或电）控主控阀控制回路的特点和对控制信号的要求

1）在由单控主控阀操纵的执行元件的基本回路中，主控阀的控制信号只要一个。如图 12.2-15 所示，如果气缸 A 的静止位置处于退回状态，则需要的控制信号为 m^* (A_1)；反之，气缸 A 的静止位置处于活塞杆伸出状态，则需要的控制信号为 m^* (A_0)，也就是要使主控阀元件的零位（一般在靠弹簧一端，当 $m^* = 0$ 时，元件可由弹簧推动而自动复位）与系统零位（气缸静止状态，由程序决定）保持一致，并由此确定单控主控

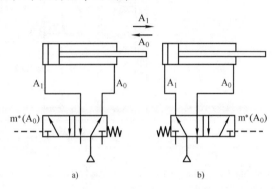

图 12.2-15　单气控主控阀的控制信号

阀哪一端的控制信号做执行信号。例如，从图 12.2-16 的 X-D 图中可以看出，程序为 $A_1B_0C_1B_1A_0C_0$ 的系统零位中，A 缸和 C 缸处于活塞杆退回状态，B 缸处于活塞杆伸出状态。因此需要选用的三个执行信号分别为：c_0^* (A_1)、a_1^* (B_0)、b_0^* (C_1)。

2）由图 12.2-15a 可知，主控阀的输出信号 A_1 与执行信号 m^* 的逻辑关系为

$$A_1 = m^* (A_1);\ A_0 = \overline{A_1}$$

因此，表现在 X-D 图上，即要求单控执行信号的状态线必须和受它控制的动作状态线（其长度由程序决定）等长。这就是对执行信号要求保证的条件。

2. 确定单控执行信号的方法

下面介绍几种方法：

1）信号叠加：若原始信号状态线短于动作状态线时使用。可与其他原始信号或其他原始信号的"非"信号叠加，使产生的新信号状态线等于动作状态线，如图 12.2-16 中 c_0^* (A_1) = $c_0 + \overline{b_1}$。但是，由它直接控制的气缸动作触发而产生的原始信号不能作为叠加信号，否则会造成自反馈而使被控动作停不下来。

2）若信号线长于动作状态线（双控阀时为障碍信号），若能找到一个信号的"非"作为制约信号，能消除全部障碍段，保留执行信号和全部自由段，则消除障碍后的信号线与动作线等长。它既是双控执行信号，也是单控主控阀的执行信号，如图 12.2-16 中的 a_1^* (B_0) = $a_1 \cdot \overline{c_1}$。

3）若信号线长于动作状态线，如能找到一个中间记忆信号 K_R^S 作制约信号，能消除全

行程序号	①	②	③	④	⑤	⑥	执行信号	
程序 X-D组	A_1	B_0	C_1	B_1	A_0	C_0	双控	单控
1 $c_0(A_1)$ A_1							Pc_0	1. $P(c_0+\bar{b}_1)$ 2. $K_{b_1c_1}^{Pc_0}$
2 $a_1(B_0)$ B_0							$a_1\bar{c}_1$ 或 $a_1 K_{c_1}^{a_0}$	1. $a_1\bar{c}_1$ 2. $a_1 K_{c_1}^{a_0}$
3 $b_0(C_1)$ C_1							b_0	$K_{a_0}^{b_0}$
4 $c_1(B_1)$ B_1							c_1	
5 $b_1(A_0)$ A_0							b_1c_1	
6 $a_0(C_0)$ C_0							a_0	
备用格 $a_1\bar{c}_1$								
$a_1 K_{c_1}^{a_0}$								
b_1c_1								
$P(c_0+\bar{b}_1)$								
$K_{b_1c_1}^{Pc_0}$								
$K_{a_0}^{b_0}$								

图 12.2-16 程序 $A_1B_0C_1B_1A_0C_0$ 的 X-D 图

部障碍段,保留执行段和全部自由段,则消除障碍后的信号线与动作状态线等长,如图 12.2-16 中的 $a_1^*(B_0) = a_1 \cdot K_{c_1}^{a_0}$。

4) 任何双控主控阀的一对执行信号,均可作单控主控阀执行信号 K_R^S 中的 S 和 R,则此记忆信号 K_R^S 状态线与动作状态线等长,如图 12.2-16 中的 $c_0^*(A_1) = K_{b_1c_1}^{Pc_0}$ 和 $b_0^*(C_1) = K_{a_0}^{b_0}$。

3. 单气(或电)控主控阀的回路绘制

1) 单气控主控阀的气控气动回路的绘制。图 12.2-17 是依据图 12.2-16 绘制的单气控主控阀的气控气动回路。图 12.2-17 中 b_1、c_1 使用了常通式二位三通行程阀(逻辑"非"),可节省两个非门元件。a_1、a_0、b_0 和 c_0 依旧使用常断式二位三通行程阀(是门元件)。

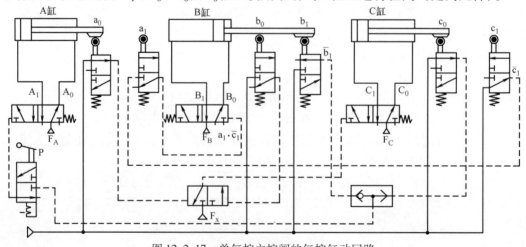

图 12.2-17 单气控主控阀的气控气动回路
(程序:$A_1B_0C_1B_1A_0C_0$)

2) 单电控主控阀的电控气动回路图的绘制。图 12.2-18 所示为依据图 12.2-16 绘制的单电控主控阀的电控气动回路。在图 12.2-18b 所示的电气控制回路中，同时有自动控制回路和手动操作回路。"自动"回路的电源接在中间继电器 K_1 的动合触点上；"手动"回路的电源接在 K_1 的动断触点上，两者电源"互锁"，以防止两回路运转中互相干扰。

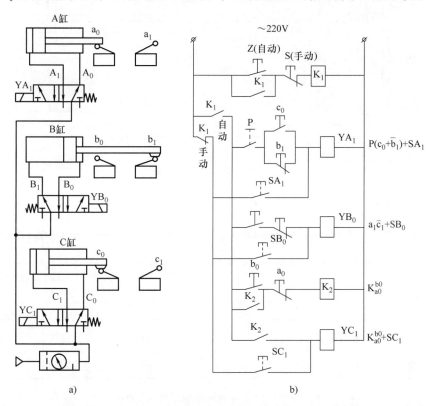

图 12.2-18 单电控主控阀的电控气动回路与电气控制回路
（程序：$A_1 B_0 C_1 B_1 A_0 C_0$）
a）电控气动回路　b）电气控制回路

第三节　多往复程序回路的设计方法

多往复程序是指在一个循环中，某一或某些气缸进行多次往复运动的程序。它的回路设计方法与单往复程序的回路设计方法基本相同，但又有些区别。

一、多往复运动的特点和处理方法

下面以图 12.3-1 所示的门式气动拾放单元为例进行分析。门式拾放单元由手臂升降缸（A 缸）、气爪开闭缸（B 缸）和横向移动用无杆气缸（C 缸）组成。在初始状态，手臂在左端（x 线上）；B 缸缩回，气爪开启；A 缸缩回，手臂上升。其动作程序如图 12.3-2 所示，其中，a_1、a_0、b_1、b_0、c_1 和 c_0 是安装在气缸上的磁性开关。

1. 特点

1）在多往复程序中，多往复气缸的多次动作，在不同行程可能由不同的信号控制。例如气缸 A 的 A_1 动作，在第①行程受 c_0 控制，而在第⑤行程受 c_1 控制。

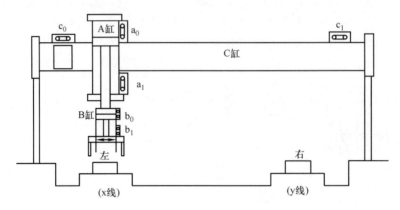

图 12.3-1　门式气动拾放单元

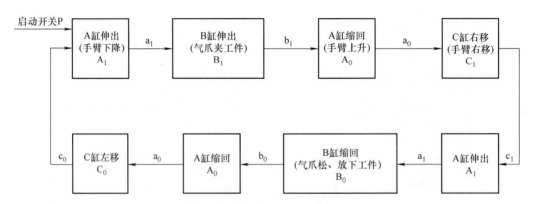

图 12.3-2　门式气动拾放单元的动作程序
（程序：$A_1 B_1 A_0 C_1 A_1 B_0 A_0 C_0$）

2）多往复气缸在动作终端触发发信器产生的信号，在不同的行程可能控制不同的动作。例如 A_1 触发产生的信号 a_1，在第②行程控制动作 B_1，在第⑥行程控制动作 B_0。这是产生Ⅱ型障碍的原因。

以上两点不同于单往复行程。

2. 处理原则和方法

1）上述第1个特点可通过信号叠加来解决。例如，A 缸伸出的控制信号可由 c_0^*（A_1）和 c_1^*（A_1）两个执行信号经梭阀接到使 A 缸伸出的控制口上，如图 12.3-3 所示。

2）第2个特点可通过建立"相异"的信号来解决。例如，把同一信号 a_1 处理成不同的信号 a_{11} 和 a_{12}，使它们分别在不同的行程独立控制不同的动作，如图 12.3-4 所示，a_{11} 控制 B_1，a_{12} 控制 B_0。其处理方法常见的有以下几种。

① 借助制约信号，通过"逻辑与"运算而求得。

② 多设发信器。在许可条件下，在不同的行程设不同的发信器，以便各自独立地控制一个固定的动作。

③ 用计数的办法来区别。如使用计数回路、机械计数器、电子计数器等。

二、多往复程序 X – D 图的画法

多往复程序的行程较多，如果仍按单往复程序那样将每一行程中相应的信号和动作二者状态线画在同一组（横行）内，势必造成状态线的重复和 X – D 图纵向过长。为避免这一缺陷，规定：控制同一动作的几个不同的控制信号与被它们控制的动作（只画一条线）编为一组，它们的状态线画在同一横格内。具体画法如下。

1）纵列画法与单往复程序的画法相同。

2）横行中按动作数目确定横行数。按动作出现的先后次序将动作和控制信号成组地分别填入最左一列，其余按单往复程序的方法画，最后形成多往复的程序框图，如图 12.3-4 所示。

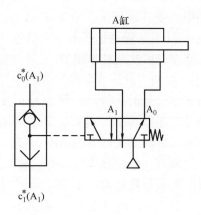

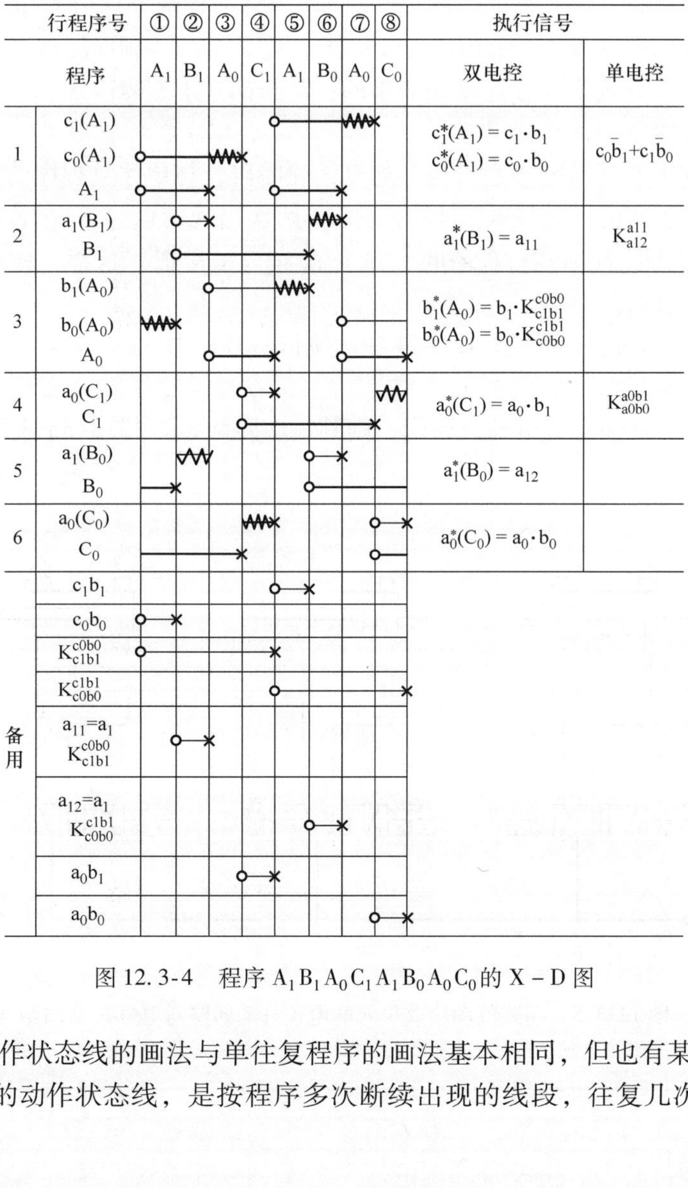

图 12.3-3　多个信号控制一个动作的处理

行程序号		①	②	③	④	⑤	⑥	⑦	⑧	执行信号	
程序		A_1	B_1	A_0	C_1	A_1	B_0	A_0	C_0	双电控	单电控
1	$c_1(A_1)$ $c_0(A_1)$ A_1									$c_1^*(A_1) = c_1 \cdot b_1$ $c_0^*(A_1) = c_0 \cdot b_0$	$c_0 \bar{b}_1 + c_1 \bar{b}_0$
2	$a_1(B_1)$ B_1									$a_1^*(B_1) = a_{11}$	K_{a12}^{a11}
3	$b_1(A_0)$ $b_0(A_0)$ A_0									$b_1^*(A_0) = b_1 \cdot K_{c1b1}^{c0b0}$ $b_0^*(A_0) = b_0 \cdot K_{c0b0}^{c1b1}$	
4	$a_0(C_1)$ C_1									$a_0^*(C_1) = a_0 \cdot b_1$	K_{a0b0}^{a0b1}
5	$a_1(B_0)$ B_0									$a_1^*(B_0) = a_{12}$	
6	$a_0(C_0)$ C_0									$a_0^*(C_0) = a_0 \cdot b_0$	
备用	$c_1 b_1$										
	$c_0 b_0$										
	K_{c1b1}^{c0b0}										
	K_{c0b0}^{c1b1}										
	$a_{11} = a_1$ K_{c1b1}^{c0b0}										
	$a_{12} = a_1$ K_{c0b0}^{c1b1}										
	$a_0 b_1$										
	$a_0 b_0$										

图 12.3-4　程序 $A_1 B_1 A_0 C_1 A_1 B_0 A_0 C_0$ 的 X – D 图

3）信号、动作状态线的画法与单往复程序的画法基本相同，但也有某些不同的特点：

① 多次出现的动作状态线，是按程序多次断续出现的线段，往复几次就有几段。如程

序中 A 缸往复两次，则 A_1 和 A_0 的状态线各有两段。

② 多往复动作产生多次信号，它们的信号状态线也是多次断续出现。例如 a_1 和 a_0 的状态线都是两次断续出现的。

③ 同一发信器多次出现的信号，其前端并不都是执行段，应按 X－D 图中所列的程序来确定信号的执行段。例如对 a_0 来说，在第④行程中 $a_0 \to C_1$，对 C_1 来说，a_0 应有执行段；但是对于 C_0 来说，此行程的 a_0 不仅不是执行段，而是障碍段（Ⅱ型障碍），同样用波浪线表示，并且其头部不画圆圈。

同理，a_0 在第⑧行程中，对 C_0 应有执行段；而对 C_1 来说，此行程的 a_0 不仅不应有执行段，而且是障碍段（Ⅱ型障碍）。其余类推。

其 X－D 图如图 12.3-4 所示。

三、判断障碍、消除障碍信号和确定执行信号

1. 判别障碍

与单往复程序相同。即不管Ⅰ型、Ⅱ型障碍，从 X－D 图上显示可知，凡是信号线比动作状态线长的部分都是障碍段，都用波浪线标出。从图 12.3-4 中可以看出，只有 a_0 和 a_1 是Ⅱ型障碍，是由于 A 缸两次往复运动而产生的；其余都是Ⅰ型障碍。

2. 消除障碍信号和确定执行信号

消除障碍的方法本例仍用"逻辑与"运算消除障碍，与单往复程序消除障碍方法相同。

本例通过建立中间记忆元件 K_{c1b1}^{c0b0} 便可以把 a_1 两次出现的信号区分开。如第②行程中的 a_1 可变成 $a_{11} = a_1 K_{c1b1}^{c0b0}$，而第⑥行程中的 a_1 可变成 $a_{12} = a_1 K_{c0b0}^{c1b1}$。这样，便可利用 a_{11} 控制 B_1 动作，a_{12} 控制 B_0 动作。

消除障碍后的执行信号写在图 12.3-4 中的执行信号栏中。

3. 绘制控制回路

若本例三个气缸都使用双电控方向阀，则其气动回路如图 12.3-5a 所示，其电气控制回路如图 12.3-5b 所示。

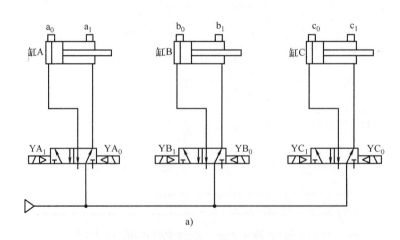

图 12.3-5 门式气动拾放单元的电控气动回路与电气控制回路
a) 气动回路

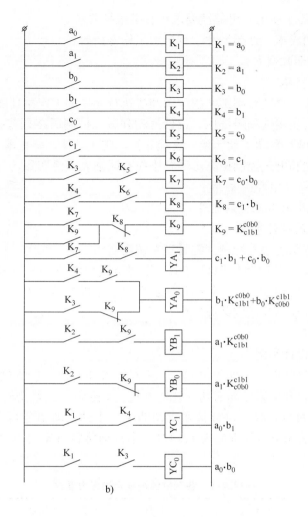

图 12.3-5　门式气动拾放单元的电控气动回路与电气控制回路（续）
b）电气控制回路

第四节　气动系统的设计

一、气动系统的设计步骤

1. 明确设计要求

1）了解主机结构、工作程序、气动系统与其他部分（如机械、电气、液压系统）的分工与配合，弄清主机对气动系统提出的要求。

2）对工作环境提出的要求。如现有气源条件，环境温度、湿度和清洁度，腐蚀的可能性，振动情况，防水防爆要求，能提供的空间等。

3）对执行元件的具体要求。如负载大小及其变化规律，负载性质（阻性负载、惯性负载），运动速度大小，运动平稳性的要求，定位精密，移动距离等。

4）对操作的要求。如控制方式（手动、自动或半自动），操作距离，操作场所条件，连锁保护要求，紧急停车要求，可靠性要求，日常维护要求等。

5) 其他要求。如成本、外形尺寸、重量、工作寿命等。

2. 合理选择传动和控制方式

3. 设计气动控制回路

1) 根据动作要求，合理绘制工作程序图和各执行元件的工作循环图。

2) 根据可靠性、实用性和经济性，设计气动和电气控制回路。包括速度控制、压力控制、起动、复位、急停、自动手动转换、连锁保护、防止急伸、防止落下等诸方面。

3) 绘制气动控制和电气控制回路。回路中应有明细表，注明每个元件（含管子）的编号、名称、型号、数量、生产厂家等。

4. 选择气动系统中所有元件的型号

5. 其他可能需要的设计事项

1) 设计气源处理系统，并绘制气源处理系统图。

2) 选择气源系统，并绘制气源系统图。注明空气压缩机型号（排气压力、额定排气量）、后冷却器型号、气罐容积、主管路过滤器型号、干燥器型号等。

3) 设计管道，并绘制管道安装施工图。

4) 设计控制柜等。

二、气动系统的设计举例

以半自动落料机床为例，其动作过程是，棒料放置在有滚轮的导轨上，用机械手抓料、送料至机床上，进行定长夹紧，然后切断。抓放料、送退料、夹紧及松夹、退刀等的时间不大于 0.5s，进刀时间可以长些，每分钟要求切断 8 个工件，即切断每个工件的循环时间为 7.5s。各气缸的行程及输出力要求见表 12.4-1。半自动落料机床共 10 台。按以上要求，设计本气动系统。

表 12.4-1 各气缸的行程及输出力要求

行程及输出力	抓料缸	送料缸	夹紧缸	切断缸
行程/mm	60	80	20	60
输出力/N	300	300	1200	1200

1. 设计工作程序、绘制工作循环图

为缩短循环周期，可将有些动作合并成一个节拍，最后确定的工作程序如图 12.4-1 所示。根据例题要求，绘出 4 个缸的工作循环图，如图 12.4-2 所示。

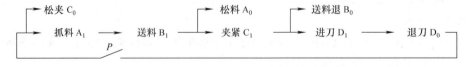

图 12.4-1 工作程序

2. 绘制 X-D 图（见图 12.4-3）

3. 绘制全气动控制回路

根据 X-D 图，便可绘制全气动控制回路。

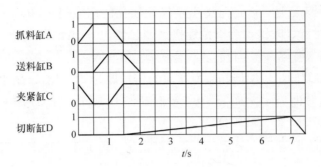

图 12.4-2　工作循环图

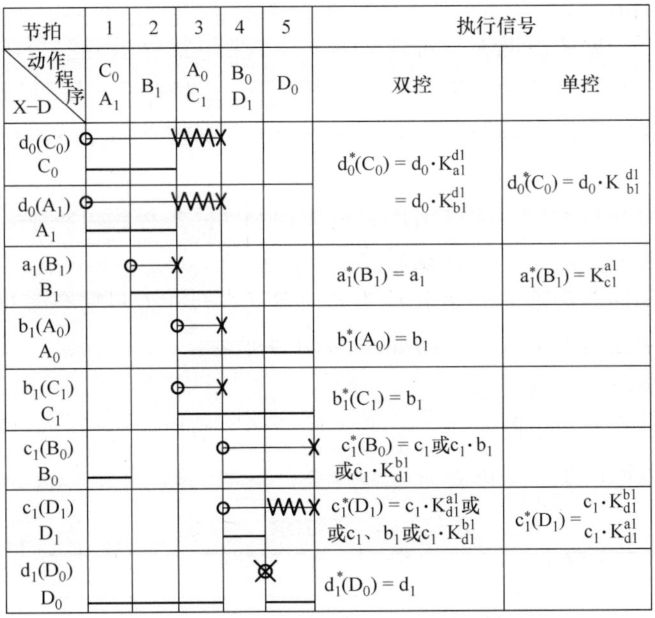

节拍 动作程序 X–D	1	2	3	4	5	执行信号	
	C_0 A_1	B_1	A_0 C_1	B_0 D_1	D_0	双控	单控
$d_0(C_0)$ C_0	⊙		⋙✕			$d_0^*(C_0) = d_0 \cdot K_{a1}^{d1}$ $= d_0 \cdot K_{b1}^{d1}$	$d_0^*(C_0) = d_0 \cdot K_{b1}^{d1}$
$d_0(A_1)$ A_1	⊙		⋙✕			$d_0 \cdot K_{b1}^{d1}$	
$a_1(B_1)$ B_1		⊙	✕			$a_1^*(B_1) = a_1$	$a_1^*(B_1) = K_{c1}^{a1}$
$b_1(A_0)$ A_0			⊙ ✕			$b_1^*(A_0) = b_1$	
$b_1(C_1)$ C_1			⊙ ✕			$b_1^*(C_1) = b_1$	
$c_1(B_0)$ B_0				⊙ ✕		$c_1^*(B_0) = c_1$ 或 $c_1 \cdot b_1$ 或 $c_1 \cdot K_{d1}^{b1}$	
$c_1(D_1)$ D_1				⊙ ⋙✕		$c_1^*(D_1) = c_1 \cdot K_{d1}^{a1}$ 或 或 $c_1 \cdot b_1$ 或 $c_1 \cdot K_{d1}^{b1}$	$c_1^*(D_1) = \begin{array}{c} c_1 \cdot K_{d1}^{b1} \\ c_1 \cdot K_{d1}^{a1} \end{array}$
$d_1(D_0)$ D_0					✕	$d_1^*(D_0) = d_1$	

图 12.4-3　信号－动作状态图

画出 4 只气缸的原始状态。C 缸伸出，A、B 和 D 缸缩回。为了实现 D 缸的慢进快退、平稳切断，D 缸应选用气液阻尼缸。

从图 12.4-1 中的工作程序可知，不必设置信号阀 a_0、b_0 和 c_0。

画出控制 4 只气缸处于原始状态的 4 只主控阀（$F_A \sim F_D$）的控制位置。

控制 C_0、A_1 动作的信号若选 $d_0 \cdot K_{b1}^{d1}$，控制 D_1 动作的信号若选 $c_1 K_{b1}^{d1}$，因其信号线与其动作线等长，故控制 A 缸、C 缸和 D 缸的主控阀可以选择单气控阀，且只需增设一个辅助阀 F_K，便可产生一对信号 K_{b1}^{d1} 和 K_{d1}^{b1}。

控制 B_0、D_1 动作的信号若选 $c_1 \cdot b_1$，因 $c_1 \cdot b_1$ 是脉冲信号，若 B 缸先缩回（则信号 b_1 消失），D 缸后伸出，则因 $c_1 \cdot b_1$ 信号消失，会造成 D 缸不能伸出。考虑到 $c_1 \cdot b_1$ 控制 B_0、D_1 存在潜在的不安全性，故不宜选 $c_1 \cdot b_1$ 作为控制 B_0、D_1 的控制信号。

在 4 个主控阀上，注明最终选定的控制信号。画出辅助阀 F_K，注明其控制信号及输出信号 K_{b1}^{d1} 和 K_{d1}^{b1}。

画出 5 个信号阀 a_1、b_1、c_1、d_0 及 d_1。撞块压住的信号阀 c_1 和 d_0，原始状态为上位连接。未压住的信号阀 a_1、b_1 和 d_1 为下位连接（复位侧）。a_1、b_1 和 d_1 应为有源信号阀。d_0 和 c_1 与 F_K 相连，因 F_K 为有源，故 d_0 和 c_1 应选为无源信号阀。

用虚线将各信号线画出。K_{b1}^{d1} 与 d_0 串联后的信号即为 $d_0 \cdot K_{b1}^{d1}$，用于控制动作 A_1 和 C_0。K_{d1}^{b1} 与 c_1 串联后的信号即为 $c_1 \cdot K_{d1}^{b1}$，用于控制动作 D_1 和 B_0。B_0 动作虽可选 c_1 作为控制信号，但因 c_1 已选为无源元件，故不能选 c_1 作为控制信号了。

在信号 $d_0 \cdot K_{d1}^{b1}$ 的来路上，设置二位三通带定位功能的手动阀 P，调试时，可实现从 A_1 至 D_0 动作的一个循环。

若每个缸都要分别调试，则每个主控阀的控制信号处，都应设置一个梭阀，一侧为手动信号，另一侧为自动信号。

在进刀过程中，若要紧急退刀，可让信号 $c_1 \cdot K_{d1}^{b1}$ 与紧急退刀信号 T（使用一个二位三通带定位功能的手动阀）使用一个双压阀，由该双压阀的输出信号控制 D 缸动作。

因 C 缸行程很短，该缸运动速度低，不必调速。其他 3 个缸可设置速度控制阀用于调速。

为防止手动信号与自动信号同时出现，造成控制回路失控，可将手控气源与自控气源分开，使用手动控制阀 Z 实现手动－自动转换。

所有气缸、气阀均选为不给油润滑元件，则空气组合元件只需空气过滤器及减压阀。

按以上说明，绘制出的全气控回路如图 12.4-4 所示。

4. 气缸选型及耗气量计算

已知每个缸的行程及要求的输出力，按工作循环图给出的每个缸的伸缩动作时间，便可计算出每个缸伸缩方向的平均速度，各缸的技术参数列于表 12.4-2。

表 12.4-2　各缸的技术参数

气缸号	A	B	C	D
行程/mm	60	80	20	60
输出力/N	300	300	1200	1200
平均速度(伸/缩)/(mm/s)	120	160	40	10.9/120
负载率 η	0.5	0.5	0.5 或 0.7	0.5
缸径/mm	40	40	80	80
缓冲	垫缓冲	垫缓冲	无缓冲	返回方向垫缓冲
平均耗气量/(L/min)(ANR)	7.2	9.7	9.7	29
最大速度/(mm/s)	144	192	48	13.1/144
最大耗气量/(L/min)(ANR)	63.7	85.1	85.1	23.3/255.3
合成有效截面面积 $S_合$/mm²	1.03	1.37	1.37	4.12
预估主控阀的有效截面面积/mm²	1.78	2.37	1.94	7.12

缸速为 50～500mm/s，可选负载率 $\eta = 0.5$。C 缸负载率选 0.7 也可以。

令使用压力 $p = 0.5$MPa，按式（5.1-6）、式（5.1-8）可计算各缸的缸径。对计算出的缸径数值进行标准化，选出各缸缸径列于表 12.4-2 中。

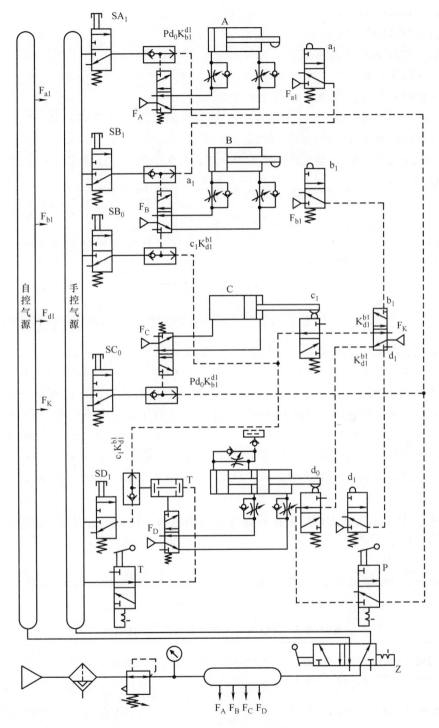

图 12.4-4 全气控回路

因 A、B 两缸速度不高，可选垫缓冲气缸。C 缸行程很短，可选无缓冲气缸。D 缸因是气液阻尼缸，故缩回方向可选垫缓冲。选出 4 个气缸的型号如下：

① A 缸：CM2L40 - 75。

② B缸：CM2L40-100。

③ C缸：MB1L80-25。

④ D缸：MB1L80-75N-XC12。

气缸行程都选标准行程，比要求的行程长，可通过调节信号阀（全气控时）或磁性开关（电控气动时）的位置来满足给定行程的要求。

按式（5.1-10），因气缸工作频度 $N=8$，使用压力可选 $p=0.5$MPa，配管容积先忽略不计，可算出各缸的平均耗气量，列于表12.4-2中。

设气缸的最大速度是平均速度的1.2倍，按式（5.1-9）可计算出各缸的最大耗气量，也列于表12.4-2中。

回路的总平均耗气量是各缸平均耗气量之和，故一台机床的总平均耗气量为55.6L/min（ANR），10台机床的总平均耗气量为556L/min（ANR）。

由图12.4-2可知，此回路只有2个缸同时动作，其最大耗气量之和为148.8L/min（ANR）（A缸和C缸），但小于D缸缩回时的最大耗气量255.3L/min（ANR），故此回路的最大耗气量应是255.3L/min（ANR）。10台机床的总最大耗气量为2553L/min（ANR）。

5. 主控阀、辅助阀、流量控制阀、信号阀、消声器、配管等的选型

根据式（3.4-27），令 q_a 为各缸的最大耗气量，$p_1=500$kPa，$T_1=273$K，则可预估出各缸的充排气回路的合成有效截面积 $S_合$，列于表12.4-2中。

以A缸充排气回路为例，来预选主控阀等的有效截面面积。A缸充排气回路的合成有效截面面积 $S_合=1.03$mm^2，它是由主控阀 F_A、流量控制阀、管路、管接头及消声器等构成。设主控阀、流量控制阀（单向节流阀）、管路及其他部分各占流动阻力的1/4，可初步推算出主控阀的有效截面面积为 $2S_合=2\times1.03$mm$^2=2.06$mm^2。按此可预选主控阀为SYA3140-01，其 S 值为5.5mm^2。装在主控阀上的消声器选AN101-01，其 S 值为20mm^2。装在A缸上的速度控制阀选AS2201F-02-08，其 S 值为7mm^2。配管选 ϕ8mm/ϕ6mm（外径/内径），设管长在3m以内，查图8.11-2，则有效截面面积 S 大于14mm^2。按式（3.4-34），计算出上述选型后的合成有效截面面积为4.05mm^2。考虑到调节缸速时，流量控制阀的实际有效截面面积一定小于7mm^2，故合成有效截面面积4.05mm^{2}比预估值2.06mm^{2}大，元件选型应是合理的。

用同样方法可选出B缸、C缸和D缸的充排气回路中的各个元件型号，列于表12.4-3中。

表12.4-3 各缸充排气回路中的各个元件型号

气缸	主控阀（气控）	消声器	流量控制阀	管接头	配管（长3mm）(外径/内径)
A	SYA3140-01（5.5）	AN101-01（20）	AS2201F-02-08（7）	ϕ8×R1/8 ϕ6×R1/8 ϕ6×M5	TU0806（14）
B	SYA3240-01（5.5）	AN101-01（20）	AS2201F-02-08（7）	ϕ8×R1/8 ϕ6×R1/8 ϕ6×M5	TU0806（14）

（续）

气缸	主控阀（气控）	消声器	流量控制阀	管接头	配管（长3mm）（外径/内径）
C	SYA3140-01 (5.5)	AN101-01 (20)	—	$\phi 8 \times R3/8$ $\phi 8 \times R1/8$ $\phi 6 \times R1/8$ $\phi 6 \times M5$	TU0806 (14)
D	SYA5140-02 (14)	AN203-02 (15)	AS3201F-03-08 (12)	$\phi 8 \times R1/4$ $\phi 6 \times R1/8$ $\phi 6 \times M5$	TU0806 (14)

注：( ) 内数值为有效截面积。

辅助阀 F_K 选 SYA3240-01，与 F_B 相同。

滚轮式信号阀 a_1、b_1、c_1、d_0 及 d_1 选 VM130-01-06S。按钮式手动阀 SA_1、SB_1、SB_0、SC_0 和 SD_1 选 VM130-01-30□。带定位功能的手柄旋钮式手动阀 P 和 T 选 VM130-01-34□，Z 选 VZM550-01-34□。梭阀选 VR1210F-06，双压阀选 VR1211F-06。控制管外径选 $\phi 6$mm，主控管外径选 $\phi 8$mm。为连接方便，阀上是螺纹连接（含先导口），应安装管接头，变成快换接头连接。

下面估算一下 D 缸能否在 0.5s 内缩回。

当信号 d_1 出现后，切换了辅助阀 F_K，主控阀 F_D 控制腔内的压缩空气才能经 F_D 用的双压阀、梭阀、信号阀 c_1，从 F_K 排气口排出。因该控制腔容积很小，故这个排气时间很短（1ms 左右）。当 F_D 控制腔压力失去后，F_D 弹簧复位，D 缸的气缸部分右侧充气、左侧排气。左侧气缸容积 $V = \frac{\pi}{4} \times 8^2 \times 6 \text{cm}^3 = 301.5 \text{cm}^3$（未计活塞杆）。在排气回路中，3m 长外径 $\phi 8$mm 管子的 $S = 14 \text{mm}^2$，流量控制阀 $S = 12 \text{mm}^2$，主控阀 F_D 的 $S = 14 \text{mm}^2$，消声器 $S = 15 \text{mm}^2$，按式 (3.4-34)，则排气回路的 $S_合 = 6.82 \text{mm}^2$。气缸左腔压力从 $p_1 = 0.5$MPa 降至 $p_2 = 0$MPa，表示成与使用压力 0.5MPa 之比则是从 1 降至 1/6，由图 3.5-2 曲线，设排气回路的临界压力比 $b = 0.2$，则 $\frac{\sqrt{RT_{10}}St}{V}\left(\frac{p_2}{p_{10}}\right)^{\frac{1}{7}}$ 从 1.96 降至 -0.157。已知 $T_{10} = 288$K，$V = 301.5 \times 10^{-6}$ m³，$S = 6.82 \times 10^{-6}$m²，$p_2 = p_a = 0.1$MPa，$p_{10} = 0.6$MPa，因 $\frac{\sqrt{287 \times 288} \times 6.82 \times 10^{-6} t}{301.5 \times 10^{-6}} \times \left(\frac{0.1}{0.6}\right)^{\frac{1}{7}} = 1.96 - (-0.157)$，所以 $t = 0.42$s < 0.5s。

D 缸缩回过程，虽不是定容积向大气排气，而是在右侧变动气压力作用下推动左侧排气，故实际气缸左侧排气时间是短于 0.42s，说明所选定的排气回路能满足 D 缸 0.5s 内缩回的要求。

用上述相同方法可以估算其他缸的动作时间，也都能满足要求。

6. 选气源系统及气源处理系统

从节能方面考虑，按式 (7.1-2)、式 (7.1-3)，应选吸入流量为 1m³/min (ANR)，输出压力为 0.7MPa 的空压机便可。

按式 (7.1-5)，选气罐容积。设 $p_1 = 0.7$MPa，$p_2 = 0.4$MPa，$q_{max} = 2553$L/min (ANR)，

$t = 60\text{s}$,则 $V \geqslant \dfrac{0.1 \times 2553 \times 60}{60 \times (0.7 - 0.4)}\text{L} = 851\text{L}$。故遇到突然停电,让气动系统仍维持 1min 工作时,选 1m^3 气罐即可。

在压缩空气进入每台机床的气动系统之前,设置过滤减压阀便可。按最大耗气量,选 AW20-02BCE。因所选缸、阀,均为不给油元件,故不必设油雾器。按图 7.2-2 气源处理系统应选系统 C。

主管路为 1/4in,内径 $d = 8\text{mm}$,计算管内流速时,应将标准状态下的最大消耗量 255.3L/min(ANR)折算成有压($p = 0.5\text{MPa}$)状态下的流量,故流速为

$$u = \dfrac{q_{\max}}{\dfrac{\pi}{4}d^2} \dfrac{p_a}{p + p_a} = \dfrac{255.3 \times 10^{-3}/60}{0.785 \times 0.008^2} \times \dfrac{0.1}{0.5 + 0.1}\text{m/s} = 14.1\text{m/s}$$

7. 绘制电控气动回路

若省去主控阀 F_A,用主控阀 F_C 的控制信号 $\text{Pd}_0\text{K}_{b_1}^{d_1}$ 使 F_C 切换,利用主控阀 F_C 切换后的输出信号,一方面推动 C 缸缩回,同时通过 A 缸的流量控制阀再推动 A 缸伸出。从逻辑关系看,是可行的。但该输出信号能否保证在 0.5s 内让 C 缸缩回、A 缸伸出呢?

已知 C 缸缩回容积 $V_C = \dfrac{\pi}{4} \times 8^2 \times 2\text{cm}^3 = 100.5\text{cm}^3$(未计及活塞杆),A 缸伸出容积 $V_A = \dfrac{\pi}{4} \times 4^2 \times 6\text{cm}^3 = 75.4\text{cm}^3$。该输出信号经 C 缸管道($S = 14\text{mm}^2$)向 C 缸有杆腔充气,同时经 C 缸管道后,又经 A 缸管道($S = 14\text{mm}^2$)及 A 缸流量控制阀($S = 7\text{mm}^2$)向 A 缸无杆腔充气,如图 12.4-5 所示。对此充气回路,要算出 A 缸、C 缸内压力从 0MPa 充至 0.5MPa 的时间是很复杂的。但可把此难题简化成图 12.4-6a,即假设成经 C 缸管道、A 缸管道和 A 缸速度控制阀,向 C 缸缩回容积和 A 缸伸出容积充气,且容积内压力从 0MPa 充至 0.5MPa 所需的时间。按式(3.4-34),计算出图 12.4-6b 的充气回路的合成有效截面面积 $S_{合} = 5.72\text{mm}^2$。设此充气回路的临界压力比 $b = 0.2$。查图 3.5-5 可知,容积 $V_C + V_A$ 内压力比从 1/6 升至 1,$\dfrac{k\sqrt{RT_1}St}{V}$ 从 -0.042 升至 1.864。又 $k = 1.4$,设 $T_1 = 288\text{K}$,$V = (100.5 + 75.4)\text{cm}^3 = 175.9\text{cm}^3$,$S = 5.72\text{mm}^2$,故充气时间 $t = \{[1.864 - (-0.042)] \times 175.9\}/(1.4 \times \sqrt{287 \times 288} \times 5.72)\text{s} = 0.146\text{s}$。很显然,图 12.4-6 比图 12.4-5 的充气时间要长,图 12.4-6 的充气时间都远小于 0.5s,故省去主控阀 F_A 的方案从性能上讲也是可行的。实际情况是,A 缸伸出过程存在弹簧阻力,C 缸缩回存在无杆腔气压力的阻力,但这都不会影响省去 F_A 的结论。

省去主控阀 F_A 后的电控气动回路如图 12.4-7 所示。各缸型号选为:A 缸 CDM2L40-75S-C73CS,B 缸 CDM2L40-100-C73CS,C 缸 MDB1L80-25N-Z73S,D 缸 MDB1L80-75N-Z73-XC12。

各电磁阀型号选为:F_B 为 SY3240-5GZ-01,F_C 为 SY3140-5GZ-01,F_D 为 SY5140-5GZ-02,3 个阀的消耗功率为 0.55W。a_1 和 b_1 的磁性开关型号为 C73C,c_1、d_0 和 d_1 的磁性开关型号为 Z73。选择磁性开关时,要考虑应满足适合负载(继电器)、负载电压(DC 24V)、负载电流范围(5~40mA)等方面的要求。

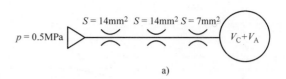

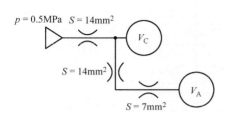
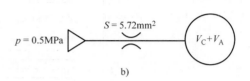

图 12.4-5　气缸 A、C 的充气回路　　　图 12.4-6　气缸 A、C 的简化充气回路
　　　　　　　　　　　　　　　　　a) 合理简化后的充气回路　b) 元件合成后的充气回路

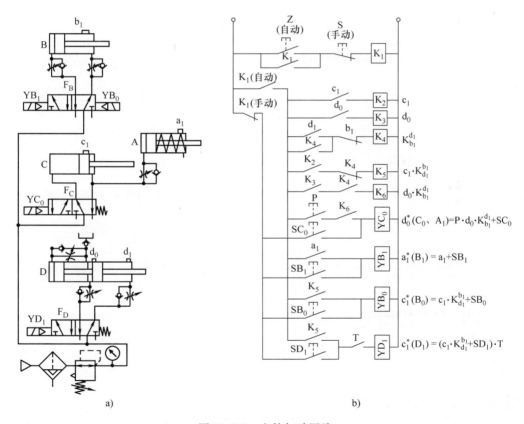

图 12.4-7　电控气动回路
a) 气动回路　b) 电气控制回路

8. 画出电控气动回路所有缸及磁性开关的动作时序图

图 12.4-7 的动作时序图如图 12.4-8 所示。

从动作时序图上,任何节拍,各缸及各磁性开关的动作状态一目了然。例如,在第三节拍,A 缸在缩回过程中,B 缸处于伸出状态,C 缸在伸出过程中,D 缸处于缩回状态。磁性

开关 b_1 和 d_0 处于接通状态，而 a_1、c_1 和 d_1 处于未接通状态。又 d_1 是个脉冲信号。

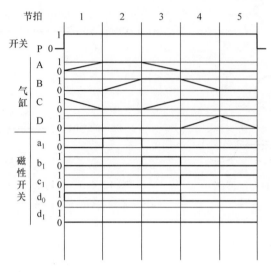

图 12.4-8　动作状态时序图

第四篇 节 能 篇

第十三章 气动系统节能理论

气动系统中的耗能设备——空气压缩机的耗电约占工厂总耗电量的10%~20%，有些工厂甚至高达35%。我国空气压缩机每年耗电量为1000亿~1200亿kW·h，约占全国总发电量的6%。在原油日益高涨、能源问题突出的今天，气动系统效率偏低、浪费严重等问题也引起了人们的关注。目前，我国大部分企业对气动系统能耗问题认识不足，节能意识淡薄。因此，研究气动系统中的能量转换，明确压缩空气所携带的能量，分析气动系统内的主要损失，对今后制定相应的气动节能措施，深入地开展气动节能活动具有重要意义。

本章先分析工业现场广泛使用的能量评价指标——空气消耗量，然后在介绍热力学理论中压缩空气的绝对能量——焓的概念及其适用性的基础上，阐述一种新的能量评价指标——表征相对能量的有效能与气动功率。最后，基于气动功率概念，讨论气动系统的系统损失及造成气动功率损失的因素。

第一节 空气消耗量

空气消耗量是指气动设备单位时间或一个动作循环下所耗空气的体积。该体积通常换算成标准状态（100kPa、20℃、相对湿度65%）下的体积来表示。空气消耗量是当前评价气动设备耗气的主要指标，在工业现场被广泛采用。

由于空气消耗量表示的是体积而不是能量，所以用它来表示能量消耗时需通过压缩机的比功率（Specific Power）或比能量（Specific Energy）指标来换算。比功率表示的是输出单位体积流量压缩空气所需的平均消耗电力，单位通常为kW/(m³/min)；比能量表示的是输出单位体积压缩空气所需的平均耗电量，单位通常为kW·h/m³。从以上定义可以看出，两者虽名称不同，但表示的是同一概念，在单位上可以相互换算。例如，某压缩机额定功率为75kW，额定输出流量为12m³/min，其比功率 a_1 为

$$a_1 = \frac{75\text{kW}}{12\text{m}^3/\text{min}} = 6.25\text{kW}/(\text{m}^3/\text{min})$$

其比能量 a_2 为

$$a_2 = \frac{75\text{kW} \times 1\text{h}}{12\text{m}^3/\text{min} \times 60\text{min}} = 0.104\text{kW}\cdot\text{h}/\text{m}^3$$

注意：以上计算中用的额定输出流量通常是指换算成压缩机吸入口附近大气状态的体积流量。比功率/比能量因压缩机类型、厂家、型号和输出压力而异。

这样，通过比功率或比能量就可进行空气消耗量的能耗换算。比如某设备的空气消耗量

（ANR）$q_a = 1.0 \text{m}^3/\text{min}$，其所在工厂压缩机的比功率 $a_1 = 6.25 \text{kW}/(\text{m}^3/\text{min})$，压缩机进口处的大气压力 $p = 101.3 \text{kPa}$，大气温度 $T = 30℃$，该设备的实际用气能耗可按以下步骤计算：

1）将设备耗气转换成压缩机进口处大气状态下的体积流量为

$$q = q_a \frac{p_a}{p} \frac{T}{T_a} = 1.0 \times \frac{100}{101.3} \times \frac{273+30}{273+20} \text{m}^3/\text{min} = 1.02 \text{m}^3/\text{min}$$

2）用比功率进行能耗计算为

$$W = qa_1 = 1.02 \times 6.25 \text{kW} = 6.375 \text{kW}$$

这样的能耗换算关系如图 13.1-1 所示。

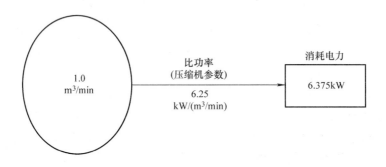

图 13.1-1 基于比功率的能耗换算

上述这种能耗评价体系尽管可以评价设备最终的用气能耗，但具有以下两个不足：

1）表示设备特性之一的空气消耗量不具有能量单位，不能独立地表示设备能耗，设备能耗还依赖于所用气源的比功率或比能量。

2）无法对气源输出端到设备使用端的中间环节的能量损失做出量化，比如管道压力损失导致的能量损失无法计算，即无法对气动系统中存在的能量损失做出分析。

要克服以上缺点，必须使用具有能量单位的评价指标，该指标既独立于气源，同时又与流量及压力变化相关，如同电能不仅取决于电流，还取决于电压一样。

第二节 压缩空气的有效能

根据热力学理论，流动空气的绝对能量由焓、运动能和势能组成。对闭口系统，运动能和势能比较小，基本可以忽略不计，而焓由内能 I 与推动功 pV 组成，可表示为

$$H = I + pV = mc_p T$$

式中　m——空气质量；

　　　c_p——质量定压热容；

　　　T——空气绝对温度。

空气的绝对能量取决于空气的质量和温度。即使是大气状态的空气，也含有大量的焓。

对于气动系统内的能量转换，可直观地考虑为压缩机电动机先做功将空气压缩，做功能量储存到压缩空气中，随后压缩后的空气在气缸等执行器处将该能量释放输出机械能，实现动力传递的目的。该能量伴随空气的压缩或膨胀而增减，为了表示气动系统中储存在压缩空

气中用于动力传动的能量,引出"有效能"的概念。

一、气动系统中的能量转换

气动系统通常工作在大气环境中,在压缩机处消耗电能,通过电动机输出机械动力做功,将该部分机械能储存于压缩空气中。随后,通过管路将压缩空气输送到终端设备,在终端设备的气缸等执行元件处对外做功,将储存于压缩空气中的能量还原成机械能。另外,由于管路摩擦、接头等的存在,压缩空气在输送过程中压力会逐渐下降,损失一部分能量。在以上过程中,压缩空气呈如下状态变化循环:大气状态→压缩状态→压缩状态(压力略降)→大气状态。因此,气动系统中能量的转换/损失在压缩空气的状态变化中得到反映,用空气的状态量来表示储存于压缩空气中的能量是可行的。

为了验证这点,以下分别讨论对应于大气状态→压缩状态的压缩过程和对应于压缩状态→大气状态的做功过程,分析这两个过程中的能量转换与空气状态变化间的关系。

二、空气的压缩与做功

空气压缩与做功过程因压缩机与执行器种类而不同。为了讨论方便,以构造最为简单的往复活塞式容积压缩机和气缸为对象,并忽略摩擦力等因素,讨论压缩与做功的理想过程。

一般而言,压缩机输出的压缩空气都是高温空气,经过冷却干燥处理后以常温状态再输送给终端设备。为制造这样的压缩空气,从大气吸入空气后进行等温压缩所需要的功最小。理想的空气压缩过程按如下步骤进行,如图 13.2-1 所示。

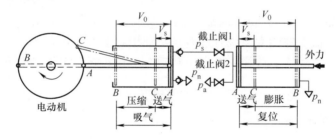

图 13.2-1　空气的理想压缩和理想做功

1) 吸气过程:将活塞从位置 A 拉到位置 B,从大气环境中缓慢地、准静态地吸入大气

$$W_{A \to B} = 0$$

2) 压缩过程:将活塞从位置 B 推到位置 C,将密闭大气以等温变化压缩到供气压力 p_s

$$W_{B \to C} = \int_{V_0}^{V_s} (p - p_0)(-dV) = p_s V_s \ln \frac{p_s}{p_a} - p_a(V_0 - V_s)$$

3) 送气过程:将截止阀 1 打开,活塞从位置 C 推到位置 A,将压缩好的空气完全推送出去。此时,出口压力始终保持为供气压力 p_s。

$$W_{C \to A} = (p_s - p_a)V_s$$

因为是等温压缩,所以 $p_a V_0 = p_s V_s$ 成立。以上三个步骤中压缩机做的总功为

$$W_{\text{ideal\_compress}} = W_{A \to B} + W_{B \to C} + W_{C \to A} = p_s V_s \ln \frac{p_s}{p_a}$$

以上做功获得的压力 p_s、体积 V_s 的压缩空气被输送到右侧的气缸,在气缸处对外做功。此时同样,等温膨胀可使压缩空气做功最大。压缩空气的理想做功过程按如下步骤进行:

1) 送气过程:以上压缩过程中的送气过程将活塞从位置 A 推到位置 C,缓慢地、准静

态地将压力 p_s 的压缩空气推入气缸

$$W_{A \to C} = (p_s - p_a) V_s$$

2）膨胀过程：关闭截止阀 1，使推入的压缩空气以等温变化膨胀，其压力从 p_s 变到大气压 p_a，活塞从位置 C 移动到位置 B

$$W_{C \to B} = \int_{V_s}^{V_0} (p - p_a) \mathrm{d}V = p_s V_s \ln \frac{p_s}{p_a} - p_a (V_0 - V_s)$$

3）复位过程：打开截止阀 2 让活塞两侧向大气开放，使活塞从位置 B 复位到位置 A

$$W_{B \to A} = 0$$

因为是等温膨胀，所以 $p_a V_0 = p_s V_s$ 成立。以上三个步骤中压缩空气对外做的总功为：

$$W_{\text{ideal\_work}} = W_{A \to C} + W_{C \to B} + W_{B \to A} = p_s V_s \ln \frac{p_s}{p_a}$$

以上讨论的都是理想过程，而实际上由于各种损失的存在，以下不等式成立。

$$W_{\text{compress}} > p_s V_s \ln \frac{p_s}{p_a} > W_{\text{work}} \tag{13.2-1}$$

由式（13.2-1）可以看出，$p_s V_s \ln \dfrac{p_s}{p_a}$ 是空气理想压缩和空气理想做功过程中的能量转换量，是一个仅取决于空气状态的物理量。

三、有效能的定义

压缩空气有效能 E（Available Energy）的定义为：以大气温度和压力状态为外界基准，压缩空气具有的对外做功的能力。该有效能是一个相对于大气状态基准的相对量，是建立在气动系统都工作在大气环境下这样一个事实基础上。有效能在大气温度下为

$$E = pV \ln \frac{p}{p_a} \tag{13.2-2}$$

式中　p——空气绝对压力；

　　　V——空气体积；

　　　p_a——大气绝对压力。

根据式（13.2-1），有效能相当于压缩空气在执行器处能做的最大功，在压缩机处制造同样空气所需的最小功。

根据式（13.2-2），有效能取决于空气的压力和体积，在空气压力等于大气压力时有效能为零，压力越高有效能值越大。

第三节　气动功率

一、气动功率的定义

空气流动时，空气流束所含的有效能表现为动力形式，称之为气动功率（Pneumatic Power）。其表达式为

$$P = \frac{\mathrm{d}E}{\mathrm{d}t} = pq \ln \frac{p}{p_a} = p_a q_a \ln \frac{p}{p_a} \tag{13.3-1}$$

式中　q——压缩状态下的体积流量；

　　　q_a——换算到大气状态下的体积流量。

气动功率计算见表 13.3-1。

表 13.3-1　气动功率计算

绝对压力 p/MPa	体积流量 q_a/(L/min)(ANR)		
	气动功率 P/kW		
	100	500	1000
0.1013	0.00	0.00	0.00
0.2	0.11	0.57	1.15
0.3	0.18	0.92	1.83
0.4	0.23	1.16	2.32
0.5	0.27	1.35	2.70
0.6	0.30	1.50	3.00
0.7	0.33	1.63	3.26
0.8	0.35	1.74	3.49
0.9	0.37	1.84	3.69
1.0	0.39	1.93	3.87
1.1	0.40	2.01	4.03

例如，绝对压力 0.8MPa、流量 1000L/min（ANR）的压缩空气的气动功率为 3.49kW。从单位 kW 可以看出，气动功率使工厂中的压缩空气可以与电能一样，在 kW 单位下统一来进行能量消耗管理。

这样，气动设备的用气能耗可以不再依赖于气源，直接用其气动功率值来表示。此时的用气能耗将区别于用比功率计算的能耗，不再包含气源及输送管道的损失，是供给到设备的纯能量。

此外，气源、输送管道等各个环节的损失可以分别用气动功率计算出来。例如，流量 1000L/min（ANR）的输送管道压力从 0.8MPa 降到 0.6MPa 时，其气动功率从 3.49kW 降到 3.00kW，能量损失为 0.49kW。压缩机的效率也可以用气源输出的气动功率与所耗电能的比值来评价。

运用气动功率的量化方法，将区别于传统的基于空气消耗量的评价体系，可以将气动系统中各个环节的损失计算出来，这对明确节能目标有着非常重要的意义。

二、气动功率的构成

在液压系统中，工作油从液压泵输出后流向下游，对流动压力 p、体积 V 的工作油，就向下游传送 pV 的机械能。这个能量与内能不同，不是流体固有的能量，而是流体流动过程中从上游向下游传送的能量。压缩空气在压缩状态下流动时，与液体一样传送该能量，我们称该能量为压缩空气的传送能。

压缩空气与液体不同，在传送传送能的同时，如前所述还具有利用其膨胀性进行对外做功的能力，我们称利用膨胀对外做功的能量为压缩空气的膨胀能。

压缩空气的有效能由这两部分构成：

（1）传送能（Transmission Energy）

由于有效能是以大气状态为基准的相对能量，传送能中对大气做功的部分必须减去。这

样，压缩空气的传送能可表示为

$$E_t = (p - p_a)V \tag{13.3-2}$$

对时间进行微分得压缩空气的传送功率为

$$P_t = (p - p_a)q \tag{13.3-3}$$

(2) 膨胀能 (Expansion Energy)

压缩空气的膨胀能可用它的最大膨胀功来表示，采用等温膨胀可求得该膨胀功。与传送能一样，膨胀功中减去对大气做功的部分，就是有效能。

$$E_e = pV\ln\frac{p}{p_a} - (p - p_a)V \tag{13.3-4}$$

对时间进行微分得压缩空气的膨胀功率为

$$P_e = pq\ln\frac{p}{p_a} - (p - p_a)q \tag{13.3-5}$$

储存在固定容器中的压缩空气没有传送能，有效能仅为膨胀能，可用式 (13.3-5) 算出。

图 13.3-1 表示的是体积流量为 $1.0 m^3/min$ (ANR) 的压缩空气的气动功率。其中，灰色部分表示的是传送功率，网格部分表示的是膨胀功率。可以看出，随着压力的上升，两个功率都在上升。在大气压附近，膨胀功率很小，传送功率占据支配地位。但随着压力上升到 0.52MPa 时，两个功率变为相等。压力再向上升，膨胀功率超过 50% 继续上升。

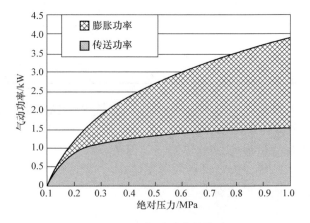

图 13.3-1 气动功率的构成

由此可见，由于空气的压缩性而产生的膨胀功率在气动功率中占很大的比例，在评价和利用空气的能量时，必须考虑这部分能量。在当前气缸的驱动回路中，膨胀能基本都没有得到利用，这也是将来提高气缸效率必须面对的一个问题。

三、温度的影响

式 (13.3-1) 中表示的是大气温度状态下的压缩空气的气动功率。在偏离大气温度时，其气动功率可表示为

$$P = p_a q_a \left[\ln\frac{p}{p_a} + \frac{\kappa}{\kappa - 1}\left(\frac{T - T_a}{T_a} - \ln\frac{T}{T_a}\right) \right] \tag{13.3-6}$$

这里，T 是空气的绝对温度，T_a 是大气温度，κ 是空气的等熵指数。图 13.3-2 表示的是气动功率受温度影响的情况。空气温度越偏离大气温度，其气动功率越高。这是因为气动功率表示的相对于基准——大气状态的一个相对量，越偏离基准，其值就越高。

通常，压缩机输出的压缩空气温度比大气温度高 10~50℃，见图 13.3-2，其气动功率要增加几个百分点。由于压缩空气从压缩机到终端设备的输送过程中，会在干燥器或管路中自然冷却成大气温度，所以在温度的处理上需要谨慎。通常，是将高温压缩空气按等压变化换算成大气温度，然后用式 (13.3-1) 进行计算。

四、动能的考虑

压缩空气的动能与有效能一样可以转换为机械能。严格来说，动能也应包括在压缩空气的有效能中。

空气密度很小，但其动能能否忽略不计取决于其速度。如图 13.3-3 所示，平均流速在 100m/s 以下时，动能在有效能中的比率低于 5%，可以忽略不计。通常，工厂管道中的空气流速远低于 100m/s，所以一般可以不用考虑。但是，在处理流速很快的气动元器件内部的能量收支时，就必须考虑动能，否则，能量收支无法平衡。

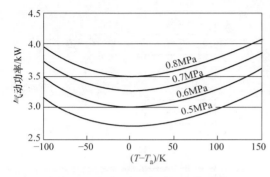

图 13.3-2　气动功率随温度的变化

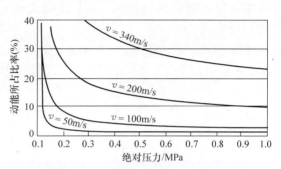

图 13.3-3　动能在有效能中所占比率

第四节　能量损失分析

一、气动功率的损失因素

气动系统中的能量损失实际上是气动功率的损失。因此，有必要分析导致气动功率损失的因素。

气动功率的有效能实际也是热力学中的有效能，其损失将遵守热力学中有效能的损失法则。这个法则就是热力学第二定律。根据这个法则，不可逆变化将导致有效能减少，熵增加。因此，不可逆变化将导致气动功率损失。

气动系统中的不可逆变化大致可区分为机械不可逆变化和热不可逆变化。

（1）机械不可逆变化

外部摩擦：空气在管路中流动时，与管路内壁发生摩擦产生阻力。空气流经管路的压力损失就是这部分摩擦引起的。

内部因素：空气在管路中流动时，空气分子之间的黏性摩擦力尽管可以不计，但流动的紊乱及漩涡引起的损失却无法忽略。压缩空气流经接头或节流孔时产生的损失主要就是由这部分因素造成的。

（2）热不可逆变化

外部热交换：气动系统中空气温度随着空气压缩或膨胀极易变化，因而与外界的热交换较多。气动系统中热交换量最大的地方就是空气被压缩后从压缩机输出后的冷却处理。另外，容器的充放气以及空气流经节流孔后的温度恢复过程等处都存在热交换。

现以空气绝热压缩后再冷却到室温的等压过程为例，压缩到绝对压力 0.6MPa 后的冷却处理过程将导致 23.4% 的有效能损失。

内部因素：对容器充气是把高压空气充入到低压空气中的过程，相当于内部混合。这样的混合是不可逆的，所以也将导致有效能的损失。例如，将绝对压力 0.6MPa、体积 1L 的压缩空气充入绝对压力 0.3MPa、体积 10L 的容器中，将损失相当于充入有效能三成的 359J 的能量。

以上气动功率损失因素的明确将有助于深入分析和理解气动系统中的能量损失。

二、气动系统的系统损失

考虑气动系统中的能量转换，可得如图 13.4-1 所示的流程。这样的变化用 $p-V$ 线图来表示，如图 13.4-2 所示。

气源处的空气压缩及输出可用 A→B→C 来表示。在这个过程中，空气从电动机做功得到的能量为

$$W_{in} = S_{ABCGA}$$

输出的压缩空气供给气缸做功可用 D→E→F→A 来表示，对外做功量为

$$W_{out} = S_{DEFGD}$$

两者的差就是系统的损失

$$\Delta W = W_{in} - W_{out} = S_{ABCDEFA}$$

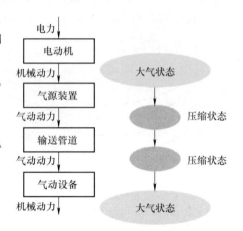

图 13.4-1 气动系统中的能量流程及空气状态变化

在图 13.4-2 中，气动系统中的状态变化的方向是 A→B→C→D→E→F，与内燃机正好相反，是将机械能转换为热能，热能释放到大气的系统。如要释放热量，即系统损失为零，则需使状态循环线 A→B→C→D→E→F 围起的面积为零。这样就要使状态变化在图 13.4-2 所示的虚线上，即大气等温线上进行，也就意味着压缩和做功都必须是等温过程，但是，在实际的气动系统中，实现等温压缩是不现实的，而且，还存在节流孔及排气等不可逆因素，很多损失不可避免。

从图 13.4-2 中还可以看到，空气有效能实际上就是图上两部分阴影面积之和。E_t 代表压缩空气流动所伴随的传递能，而 E_e 代表压缩空气的膨胀能。

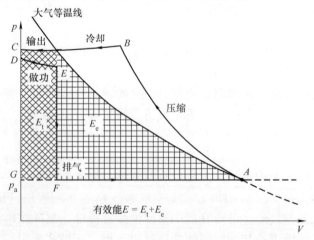

图 13.4-2 气动系统中的空气状态变化及系统损失

三、气动系统中的主要损失

这里运用气动功率的分析手法,对损失主要发生的以下三个环节中的能量损失情况进行了分析,结果如下。

1. 气源压缩机环节

工业中常用的压缩机有活塞式、螺杆式和离心式。其驱动主要是电动机驱动,即直接能耗是电能。工业电动机效率通常为80%~96%,功率小的电动机效率可能还会再低一些。

电动机轴将动力输出给压缩装置后,冷却不足、气动泄漏、机械摩擦将导致20%~40%的损失。具体损失大小将由压缩机类型、功率大小和冷却条件决定。这部分损失导致压缩机效率低下。

压缩机效率如前所述,建议用气动功率来评价。压缩机全效率定义如下

$$\eta_{cp} = (P_{air}/P_{ele}) \times 100\% \quad (13.4\text{-}1)$$

式中 P_{air}——输出压缩空气的有效气动功率;

P_{ele}——消耗电能。

这里"有效"是指将高温输出的压缩空气冷却到室温后的气动功率。因为,对气动设备而言,压缩机的有效输出是室温压缩空气,而不是高温压缩空气。

全效率定义简单,易于理解,并区别于压缩机中常用的绝热效率,将热交换损失和电动机损失也包含了进来,是评价压缩机整体效率的非常重要的指标。这样,用全效率指标就可以评价市场上一些压缩机的效率。功率10kW以下的压缩机的全效率为35%~50%,10~100kW压缩机的全效率为40%~60%,100kW以上压缩机的全效率为50%~70%,如图13.4-3所示。

此外,根据"ISO1217——容积式压缩机验收试验"中定义的比能量指标,也可估算出对各类压缩机的全效率许可值,见表13.4-1。这里,电动机的效率假设为90%。

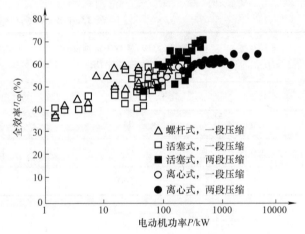

图13.4-3 压缩机的全效率

表13.4-1 全效率的许可值

类型	输出流量(0.8MPa)q_a/(m³/min)(ANR)	比能量α/(kW·h/m³)(ANR)	压缩机全效率η_{ep}(%)
活塞式	<1.2	0.133	39.6
	1.2~12	0.095	55.4
	12~120	0.072	73.1
螺杆式	<1.2	0.116	45.4
	1.2~12	0.100	52.7
	12~120	0.092	57.2
离心式	24~60	0.091	57.9
	60~120	0.083	63.4

2. 管道输送环节

管道输送环节的损失由两部分构成：管道压力损失和泄漏。

例如，绝对压力 0.8MPa、流量 1000L/min（ANR）的压缩空气流经直径 20mm、长 100m 的内壁光滑圆管时，压力损失约为 0.05MPa。折合成气动功率损失是 3.1%。只要合理地进行配管，这部分损失可以控制得较小。但在实际的工业现场，一是配管复杂，二是为考虑某些设备的瞬态大流量消耗，通常这部分压力损失在设计时留有较大的余地。很多工厂气源输出压力是 0.8MPa，而终端设备供给压力只有或通过减压阀减到 0.6MPa。这 0.2MPa 的系统压力损失折合成气动功率损失是 13.9%。由此可见，合理配置管道，降低压缩机输出压力是减少气源耗电的一个非常有效的途径。在日本工厂的节能应用中，都采用这一措施。

工厂设备不工作，供气管道中仍有流量时，说明供气管道或设备回路存在泄漏。尽管安装时的泄漏标准大多低于 5%，但很多工厂的管道和设备回路的泄漏量实际高达 10% ~ 40%。这些泄漏主要发生在接头、气缸和电磁阀等处。泄漏很难察觉，其造成的能源浪费十分严重，见表 13.4-2。要减少泄漏，最简单有效的方法就是设备停止时，关断气源。其次，就是用超声波泄漏探测器等检测出泄漏位置，进行补救。

表 13.4-2 泄漏导致的损失

泄漏孔径 D/mm	绝对压力 0.7MPa 下的泄漏量 q_1/(L/min)(ANR)	气动功率损失 P_{loss}/W	气源的年电力损失（运转 2500h，气源效率 50%）E_{loss}/(kW·h)
0.5	18	59	295
1.0	75	246	1230
2.0	375	1232	6160
4.0	1260	4140	20700

3. 驱动元件环节

气动系统的驱动元件主要是气缸。气缸一个动作循环的能耗为

$$E_{\text{cycle}} = p_a V_a \ln \frac{p_s}{p_a} \tag{13.4-2}$$

式中 V_a——气缸一个动作循环的空气消耗量；

p_a——大气绝对压力；

p_s——供气压力。

式（13.4-2）的能耗在气缸内部的能量分配如图 13.4-4 所示。其中，对外做功和用于节流速度控制的能量消耗约占到 60%，剩下的 40% 主要是排气损失。由此可见，要提高气缸的效率，必须减少排气损失。另外，还需认识到气缸的出口和进口节流速度控制回路中的速度控制是要消耗能量的。这部分能量尽管没有转化为功，但对于气缸的驱动是必要的。

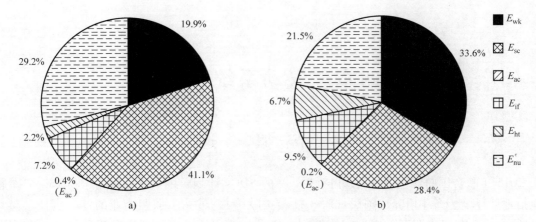

图 13.4-4 气缸内部的能量分配
a) 出口节流速度控制回路 b) 进口节流速度控制回路
E_{wk}—对外做功 E_{sc}—节流速度控制 E_{ac}—加速
E_{if}—克服内部摩擦做功 E_{ht}—热交换损失 E_{nu}—排气

第十四章 气动系统节能技术

第一节 概 述

2015 年联合国向各国提出了可持续发展的 SDGs 计划，围绕 17 个目标和 169 个课题（包括地球环境、人才培养、国民健康、社会贡献等），进一步强调企业的社会责任。与其他行业一样，在"十四五"规划实施期间，气动产业应该更加重视生态工厂的建设和生态产品、节能系统的开发，以全面削减 CO_2 的排放量为己任，这既是国家发展的基本方针，也是时代的要求。"节能降耗、绿色环保"成为今后产业发展的社会责任。

气动产品应该追求产品的小型化、轻量化、高性能、高可靠性、低能耗、少耗气等，从设计、制造到使用、报废、再利用的产品生命周期审视削减对环境的影响，SMC 经过多年努力，将产品和生产过程对自然环境的影响降低到最小，在推动人类社会的可持续发展上，承担社会责任，发挥着积极作用。在 SMC 采取的 CO_2 减排总体方案中，主要围绕生态产品、生态工厂、节能服务展开。

一、生态产品

SMC 正在致力于降低产品设计和开发乃至产品整个生命周期的环境影响。此外，根据产品评估，从省资源（小型、轻量）、寿命长、节能、安全性、包装材料的种类和数量以及废弃方法等方面出发，评估产品对环境的影响，推进环保产品的开发。产品采用优化设计，在同样的性能参数下，产品比以前更小、更轻，制造过程中的 CO_2 排放量大幅削减，在使用时也有助于节能和减少 CO_2 的排放，如图 14.1-1 所示。通过使用小型、轻量化产品实现装置小型、轻量化，提升工厂内空间利用率，提高效率。

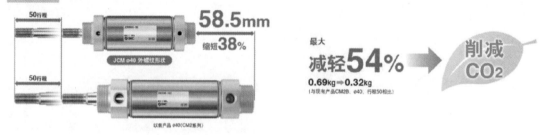

图 14.1-1 产品小型、轻量化案例

二、生态工厂

SMC 于 1998 年引入环境管理国际标准 ISO 14001，并开始系统地致力于工厂的环境保护和节能工作（次年 1999 年 12 月获得认证）。SMC 事业活动中产生 CO_2 的最大原因是电力的使用。SMC 通过努力采用扎实稳定的节电措施，达到减少 CO_2 排放的目标，如图 14.1-2 所示。另外工厂努力减少水、化学物质的使用量，加工现场使用流量传感器监控各工厂的空气使用量，努力尽早发现因机器故障等造成的空气泄漏。

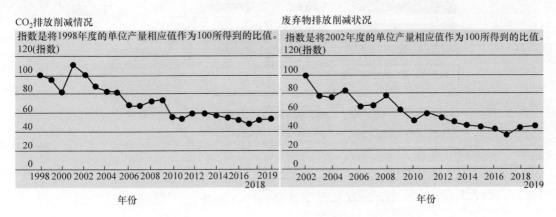

图 14.1-2　SMC CO_2 排放及废弃物排放削减情况

三、节能服务

很多企业特别是机械类工厂，气动系统的耗电量大约占整体能耗的 20%，如何与客户携手分析、诊断、制定气动系统的节能方案，降低压缩空气所需能耗对于我国产业节能减排、可持续发展具有重要意义。为此，SMC 中国公司与高校合作，成立了气动技术节能中心，为国内广大用户提供节能培训、节能技术咨询、现场诊断，协助实施节能改造，所得的成果得到了客户的充分认可和社会高度评价，如图 14.1-3 所示。

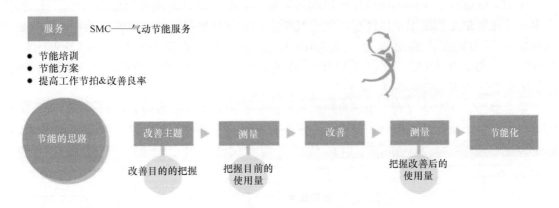

图 14.1-3　节能服务

气动产业必须走节能环保的绿色制造之路，SMC 结合生态产品、生态工厂及节能服务的推进，致力于 CO_2 排放量的削减。SMC 的节能减排思路是，不仅要测定产品使用时排出的温室气体，还应该测定从购买产品的原材料，到该产品生产时甚至使用时排放的温室气体，将该排放量换算成 CO_2 来计算，如图 14.1-4 所示。本节针对气动系统设计及应用中的实际情况，提出节能技术方案及相关的节能产品，为气动系统节能活动提供基础的专业知识和实用的操作指南。

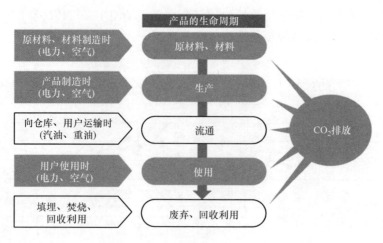

图 14.1-4 产品生命周期 CO_2 排放

第二节 节能技术路线

一、压缩空气的成本

煤气、天然气有成本，需要购入后才能使用，而空气来自大气，取之不尽，用之不竭。有的工业现场人员因此错误地认为使用压缩空气是不需要成本的，对压缩空气成本认识非常淡薄，成为导致现场浪费的主要原因。

压缩空气的成本主要体现在压缩机的耗电量。工业压缩机的能耗指标通常用"比能量"来表示，比能量是指输出单位体积压缩空气所需的平均耗电量，压缩机的比能量因压缩机类型和输出压力而异。输出压力为 0.7MPa 的压缩机的比能量为 $0.08 \sim 0.12 kW \cdot h/m^3$（ANR），一般取 $0.10 kW \cdot h/m^3$（ANR），我国工业用电平均电费约为 0.8 元/$kW \cdot h$，制造 $1m^3$ 压缩空气所需电费约为 0.08 元。

除电费外，压缩空气成本中还有压缩机润滑油、定期保养费及设备折旧费等。对于工厂而言，空气压缩机在整个生命周期中的成本绝大部分为电费成本，占整个生命周期总成本的 84% 左右，如图 14.2-1 所示。由此估计，在我国工厂中，压缩空气综合成本约为 0.10 元/m^3。

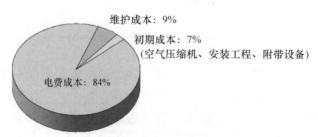

图 14.2-1 空气压缩机生命周期总成本

二、气动节能技术路线

根据气动功率概念，当空气流动时，空气流束所含的有效能表现为动力形式，所用压缩

空气的能耗依据式（13.3-1）为

$$E = \int p_a q_a \ln \frac{p}{p_a} \mathrm{d}t$$

式中　p——压缩空气的绝对压力；
　　　p_a——大气压绝对压力；
　　　q_a——换算到大气状态下的体积流量；
　　　t——消耗压缩空气的时间。

由此可见，只要降低流量 Q_a、压力 p、时间 t 中的任何一个值，都可降低压缩空气的能耗，如图 14.2-2 所示。

因此，气动系统节能的主要技术路线可以归纳如下：

1）削减流量：减少泄漏，改善喷嘴，尽可能地避免搅拌用气等。

2）降低压力：降低系统供气压力，对于个别高压设备采用局部增压方式供气，降低配管压损等。

3）缩短时间：停机断气，将连续吹气改为间歇吹气，缩短吹气距离等。

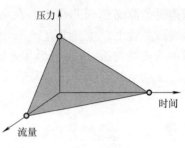

图 14.2-2　气动系统节能技术要素

基于上述三条技术路线，针对工厂气动系统提出 8 项节能课题，如图 14.2-3 所示。

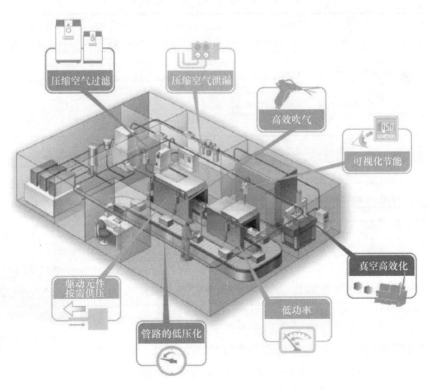

图 14.2-3　气动系统 8 项节能课题

第三节 压缩空气泄漏

压缩空气泄漏是工厂最常见、最直接的能源浪费现象，在很多工厂中，泄漏量通常占供气量的10%~30%，管理不善的工厂甚至可能高达40%。有的现场管理人员由于对压缩空气成本没有意识，远远低估泄漏造成的损失。在图14.3-1中，一个焊渣导致气管上产生一个直径1mm的小孔，在管内气压为0.7MPa的条件下，此小孔一年泄漏的能量损失折合约3525kW·h，几乎相当于两个三口之家的全年家庭用电。

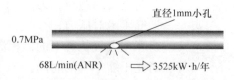

图14.3-1 直径1mm小孔的泄漏损失

压缩空气管壁小孔泄漏量为

$$Q = 120 \times \frac{\pi}{4}d^2 \times 0.9 \times (p + 0.1) \tag{14.3-1}$$

式中 d——泄漏孔径（mm）；
　　p——管道供气压力（MPa）。

表14.3-1为在供给压力0.7MPa的条件下，管壁上几种不同直径小孔的泄漏量及其折算成耗电量的估计数据。

表14.3-1 管壁小孔泄漏损失估计

泄漏孔径/mm	泄漏量（压力:0.7MPa）/(L/min)(ANR)	折算成压缩机年耗电量（时间:24h/天×360天）/kW·h
0.5	17	881
1	68	3525
2	272	14100
4	1088	56402

工厂的实践经验表明，通过以下步骤查漏、补漏，可以在很大程度上减少气动系统发生泄漏。

一、确定泄漏位置

通过实地考察表明，气动系统泄漏在工业现场广泛存在，在一个汽车焊装车间的泄漏点就可能达到数千个之多。当发生泄漏时，气体通过裂纹或小孔向外喷射形成声源，通过和管道相互作用，声源向外辐射能量形成声波，这就是管道泄漏声发射现象。对由泄漏引起的声发射现象进行信号采集和分析处理，可以对泄漏量以及泄漏位置进行判断。很多泄漏检测设备利用上述原理来对泄漏点进行定位。图14.3-2所示为一种泄漏扫描枪，可以准确定位5m外的微小泄漏点的位置，定位精度可达到±1cm。

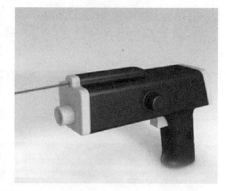

图14.3-2 泄漏扫描枪

漏气检查可以在白天车间休息的空闲时间或下班后进行。在气动装置停止工作时，车间内噪声小，只要管道内还有一定的空气压力，就可以根据漏气的声音确认泄漏的位置。

二、核算泄漏损失

确定泄漏位置之后，通过检测泄漏整改前后的流量差异，可以核算泄漏整改措施实现的节省金额。表 14.3-2 中是泄漏量测量常用的 2 种流量测试仪。

表 14.3-2 流量测试仪

测试仪	外形	特点	应用场合
流量计 PF3A 系列		可检测瞬时流量、累计流量并反馈	需串联接入设备主管路才能测量 需外接电源
便携流量测试仪 PR - DNS2081		内置充电电池组，充电一次工作 4~6h，实时显示压力、流量数据	测试前需要设备短暂停机，将测试仪串联接入设备主管路之后，才能测量

三、剖析泄漏原因，提供解决方案

产生泄漏的原因有很多，在确认原因后，提供针对性改善方案，防止之后因同样原因导致泄漏再次发生。以下介绍四种常见的泄漏原因及解决方法。

1. 气管裁切不规范

使用美工刀、剪刀等去裁切气管时，切断面很容易发生歪斜，插入快换接头中会产生密封不完全的情况，从而引起泄漏，如图 14.3-3 所示。针对此类问题，使用专用的管剪（TK 系列）裁切气管，并确保气管截面为垂直于气管轴线的断面，避免泄漏发生。

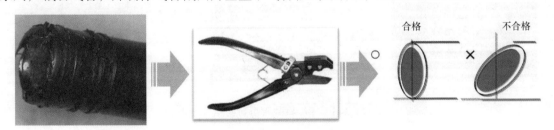

图 14.3-3 气管斜切引起泄漏

2. 现场环境粉尘多

气缸缩回时，附着在活塞杆上的粉尘易导致活塞杆端密封圈漏气，如图 14.3-4 所示。针对此类问题，应当采用在活塞杆侧的缸盖处配备强力刮尘圈的气缸，以防止粉尘进入气缸内部。

3. 焊接场合焊渣飞溅

高温焊渣掉落在气管上会导致气管破损。为解决此类问题，可选用双层（TRBU 系列）

图 14.3-4　环境粉尘引起泄漏

或三层（TRTU 系列）耐燃材质气管，如图 14.3-5 所示。

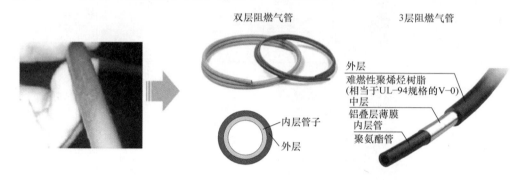

图 14.3-5　高温焊渣导致气管破损泄漏

4. 压缩空气湿度过大

气源空气湿度较大时，进入阀或气缸内部的压缩空气中的水蒸气析出为液态水之后，可能会冲刷掉内部的润滑脂，导致密封部件和缸筒内壁之间摩擦力增大，从而引起密封件破损，导致压缩空气泄漏，如图 14.3-6 所示。为防止压缩空气析出水分，建议在车间管路上游配置冷干机（IDF/U 系列），或在设备上游追加除水元件（ID/IDG 系列）。

图 14.3-6　压缩空气水分过多引起泄漏

确认泄漏原因后，依据其原因进行泄漏修补，如紧固接头连接、更换气管、更换过滤器杯体等。

泄漏的存在要求气动系统维护人员对泄漏有正确的认识，以及对设备进行定期检查和维护。在工厂中，试图通过采取一次性的全面堵漏运动，完全堵死泄漏是不现实的，因为一段时间之后仍会出现泄漏。所以，对企业而言，堵漏工作应该常态化，必须将其作为一项日常维护工作来实施，这样才能将泄漏动态地控制在最低水平。一般而言，将压缩空气管路泄漏量控制在系统总供气量 10% 以下为必须达到的目标。

对于泄漏管理维护，可遵循以下经验：

1）配合：必须整个工厂一起参与改善活动（明确泄漏点位置）。
① 定期进行泄漏检查（2 次/年）。
② 以各部门为单位定期开展泄漏点检查和泄漏感知培训。
③ 泄漏点的常见位置：软管（约75%）、过滤器（约15%）、阀门（约10%）。
④ 设备的内部泄漏、连接部位泄漏以及电磁阀等气动元件处的少量泄漏。
2）方法：在节假日期间，检查有无泄漏声音，管道、设备安装场所的墙壁有无变色；在压缩机运转时，通过负载率变化来掌握泄漏状况。
① 发出声音的泄漏要立即处理。
② 用手遮挡时能感觉到的泄漏要引起注意。
③ 在无负荷状态下，压缩机间隔性的短时间发生加载运转时，肯定有泄漏。
④ 在无负荷状态下，根据储气罐在一定时间内的压力下降程度，可以推算泄漏量。
3）注意点：泄漏的改善需要各部门单位一起努力，否则难以见效。
① 埋设的管道难以检查其是否泄漏，因此尽量不要埋设管道。
② 用肥皂水才能检查到的泄漏量很小，可暂时不采取措施。
③ 所有系统、设备都不开机时，应当利用主管路上安装的主控阀停止供气。

第四节　吹气合理化

在很多工厂中，吹气是消耗供气量中最大的一部分。在吹气过程中经常存在管道过长、压力过高、用直管做喷嘴等问题。现场人员为了追求大冲击力而随意扩大喷嘴喷口、提高供气压力，为了消除这些情况造成的巨大浪费，实现吹气合理化，提出下述四项改善课题。

一、喷口合理化

直管和喷嘴的喷吹试验可以说明安装喷嘴的必要性，如图 14.4-1 所示。通过安装喷嘴，可减小吹气过程中的压损，在同样吹扫效果的情况下，可降低前端供给压力，见表 14.4-1。

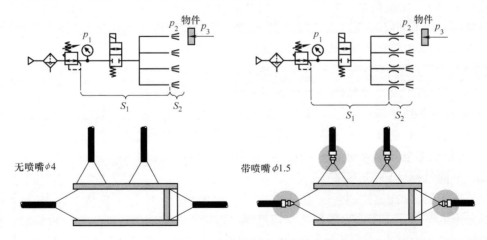

图 14.4-1　有无喷嘴喷吹对比试验

SMC 提供多种节能型喷嘴以及吹气特性参数计算软件，喷嘴外形如图 14.4-2 所示。

表 14.4-1 有无喷嘴喷吹对比试验结果

气路参数	无喷嘴气路	有喷嘴气路
上游侧有效截面面积 S_1/mm^2	22.6	22.6
喷吹侧有效截面面积 S_2/mm^2	45.2	6.4
有效截面面积比 $S_1:S_2$	0.5:1	3.5:1
直管口径/mm	$\phi 4$	—
直管数量/个	4	—
喷嘴直径/mm	—	$\phi 1.5$
喷嘴数量/个	—	4
减压阀出口压力 p_1/MPa	0.4	0.25
吹出压力 p_2/MPa	0.08	0.225
冲击压力 p_3/MPa	0.002	0.002

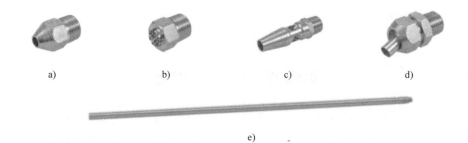

图 14.4-2 几种不同功能的喷嘴
a) 单孔喷嘴 b) 低噪声喷嘴 c) 高效喷嘴 d) 旋转喷嘴 e) 长管喷嘴

图 14.4-2c 所示的高效喷嘴利用了科恩达空气放大效应，作为动力的少量压缩空气在通过高效喷嘴内 1~2mm 的喷口喷出时，形成高速气流，产生负压效应，周围环境中的大量空气通过喷嘴主体上的吸气孔进入喷嘴内部流道，并与高速流动的压缩空气一起从喷嘴出口吹出。

其特点如下：
1) 产品内部没有运动部件，因此使用更加安全，且免于维护。
2) 材质为铝或不锈钢，结构紧凑、体积小、操作简单、便于安装。
3) 有气流增强功能，耗气量小，可节约用气，产品性价比高。
4) 采用压缩空气作为动力，不用电，没有电气干扰，无电气隐患。

二、节能气枪（VMG 系列）

气枪能喷射出高速空气束，可用于吹除工件表面异物、吹扫工作等。图 14.4-3 所示为气枪的外形及结构原理图。喷嘴保持座通过螺纹连接不同功能的喷嘴。扣压扳机时，扳机绕销轴旋转，带动力臂克服弹簧力，推动阀芯导座向左移动，当主阀芯处于阀芯导座扩大腔的中间位置时，流道阻力最小，由喷嘴射出高速气流。

VMG 系列喷枪的有效截面面积为 30mm^2，在入口压力 0.5MPa 时，压力损失在 0.005MPa 以下，与以前产品相比，压力损失大大减少，如图 14.4-4 所示。

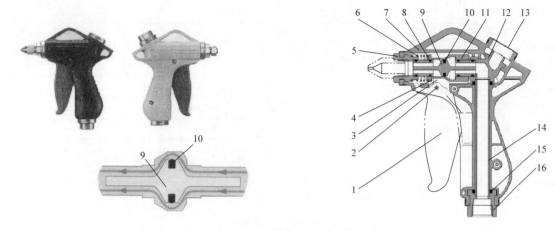

图 14.4-3 气枪的外形及结构原理图

1—扳机 2—销轴 3—力臂 4—导座盖 5—喷嘴保持座 6—弹簧 7—枪体 8、15—O形圈
9—主阀芯 10—主阀芯密封圈 11—阀芯导座 12—弯头 13—盖 14—管子 16—通口接头

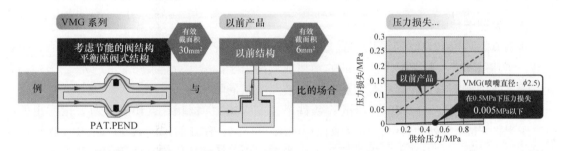

图 14.4-4 VMG 节能气枪阀芯结构

某集团客户现场 CNC 机床使用普通型气枪（见图 14.4-5），耗气量较大，气枪进气螺纹接口为树脂材质，由于使用频率较高，螺纹接口经常破裂漏气，需要经常更换。改换为 VMG 气枪之后，依据表 14.4-2 和表 14.4-3，每把气枪每年可节省金额 602 元。另外 VMG 进气接口为金属螺纹接头，有效避免了以前气枪因拉扯导致树脂材质的进气接口发生破裂的现象。

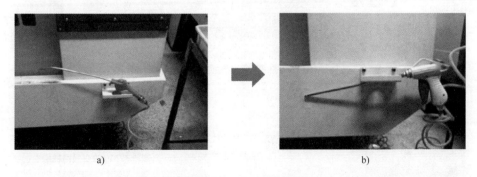

图 14.4-5 气枪改善案例

表 14.4-2 气枪耗气量对比

被测项	气枪供气压力/kPa	吹气时压力/kPa	压力降/kPa	喷嘴冲击压力/kPa	瞬时耗气量/(L/min)	年耗气量/m³	年运行费用/元	年削减费用/元	削减率(%)
普通气枪	670	600	70	5~15	355	17040	1704	—	—
	550	456	44	3~6	285	13680	1368	336	19.7
VMG节能气枪	670	205	40	5~15	205	9840	984	720	42.3
	500	158	40	3~8	158	7584	758	946	55.5
	400	130	30	3~6	130	6240	624	1080	63.4

注：吹气时间按照 1 次/min，每次 20s，工作时间按照 8h/天×300 天/年计算。

表 14.4-3 改善效果 （单位：元）

项目	硬件成本	运行成本	总使用成本	年节约
现状	8	1368	1376	—
改善方案	150	624	774	602

三、新型节能喷枪（IBG 系列）

新型节能喷枪 IBG 系列采用内置气囊，可瞬间吹出高峰值压力，在短时间内达到吹扫效果，尤其适用于去除附着了切削液的切屑或剥离由于油分等黏连在一起的工件。喷枪内置节流阀，通过调节喷枪外部的节流旋钮可以控制吹气的峰值压力。

图 14.4-6 表明，在 SMC 公司试验条件下，与 VMG 气枪相比，IBG 系列喷枪吹出的高峰值压力是 VMG 系列的 3 倍，空气消耗量削减了 85%，作业时间削减 90%。IBG 喷枪由于内置气囊，其喷出压力基本不受供给压力的影响。IBG 系列喷枪配套使用的喷嘴有三种，如图 14.4-7 所示。

图 14.4-6 IBG 与 VMG 工作过程对比示意图

在使用 IBG 喷枪之前，请用手拉拽喷嘴，确认喷嘴无松动、无间隙后再使用；由于 IBG 喷枪吹气压力极大，因此请勿将喷枪口对准人体；请务必使用洁净压缩空气。

图 14.4-7　IBG 喷枪配套喷嘴
a) 长管喷嘴　b) 带消声器的喷枪　c) 带防护罩的喷嘴

IBG 系列喷枪可在短时间内除去使用以往吹气方式难以去除的灰尘等，如图 14.4-8 所示。

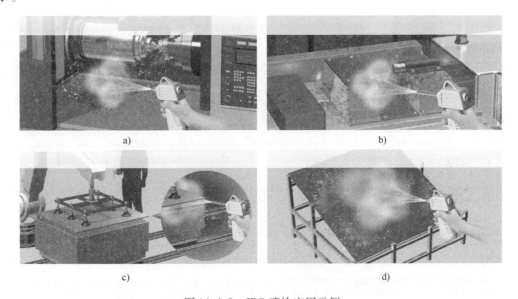

图 14.4-8　IBG 喷枪应用示例
a) 短时间内去除附着了油性的切削末　b) 即使距离稍远，通过 1 次吹扫即可消除杂质
c) 可剥离由于油分等黏连在一起的工件　d) 可短时间内去除水滴

四、脉冲吹气阀（AXTS 系列）

传统的气枪吹扫常采用连续吹扫，耗气量较大，SMC 结合一些客户的实际吹气用途，设计了一款可实现间歇吹气的脉冲吹气阀，该阀将连续吹扫变为间歇吹扫，可节省约 50% 的空气消耗量。使用脉冲吹气阀时无需另外配备脉冲发生装置，仅需供给压缩空气即可进行吹扫，由于内部使用金属密封，可以在低压下稳定动作，寿命可达 2 亿次以上，如图 14.4-9 和图 14.4-10 所示。

AXTS 系列脉冲吹气阀主体尺寸有 Rc1/4 和 Rc1/2 两项可选，根据先导气供应方式可分为内部先导型和外部先导型两种。内部先导型动作频率为 1~5Hz，外部先导型为 1~8Hz。

 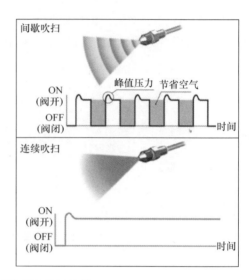

图 14.4-9　脉冲吹气阀外观及节气效果

选用内部先导型时，吹气阀的一次侧需要设置具有同等或更大流量特性的二通阀作为 ON/OFF 阀；选用外部先导型时，先导气路使用小型三通阀控制脉冲吹气阀的动作，一次侧不需要再安装二通阀。注意：当二次侧配管较长时，脉冲峰值压力会减小，吹扫效果会减弱。

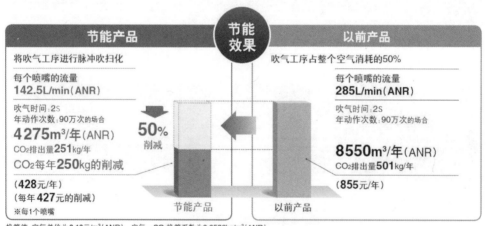

图 14.4-10　脉冲吹气阀节能效果

第五节　真空吸附高效化

真空吸附是实现自动化的一种手段，在电子、半导体元件组装、汽车组装、包装机械等许多方面得到广泛的应用，例如：真空包装机械中，包装纸的吸附、送标、贴标，包装袋的开启；电视机的显像管、电子枪的加工、运输、装配，电视机的组装；玻璃的搬运和装箱等。总之，对具有光滑表面的物体，尤其是对于非铁、非金属等不适合夹紧的物体，如薄的柔软的纸张、塑料膜、铝箔、集成电路等微型精密零件，可使用真空吸附来完成拾放等操作。

一、节能型真空发生器组件

真空发生器在工作时,为保持真空度,排气口会持续排气,消耗大量压缩空气。基于此种情况,SMC 开发了节能型 ZK2 真空发生器组件。图 14.5-1 所示节能型真空发生器使用带节能功能的真空压力开关,当真空度达到设定的最大真空度时自动切断压缩空气,真空管路通过单向阀密闭保压,真空发生器停止耗气;当真空度降低到设定的最小真空度时,真空供给阀自动打开,真空发生器工作,使真空度提升,达到上限值时又自动切断压缩空气;如此循环,在吸附时间段内真空发生器间歇耗气,对于泄漏量小的工件,可实现 90% 的节能效果。

 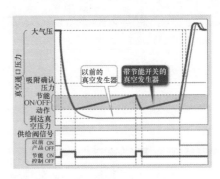

图 14.5-1 节能型真空发生器外观及工作时序图

某电子产品工厂的 CNC 机械手需要完成吸附手机后盖的工序,其吸附时间为 390 ~ 510s。在使用普通真空发生器时,现场存在以下问题:由于吸附时间较长,导致车间耗气量较大;同时吸附时,管网压力会出现下降的现象,导致个别真空发生器出现掉件;由于真空发生器数量较多,现场噪声较大。

由于吸附时间较长,且工件表面较为平整,泄漏量较小,可以使用节能型真空发生器组件替代普通真空发生器,经过现场实测对比,数据见表 14.5-1。

表 14.5-1 真空发生器测试数据对比

项目	测试序数	工作压力 /MPa	真空度 /kPa	吸附时间 /s	累计耗气量 /L	瞬时耗气量 /(L/min)	年运行成本 /元
改善前	1	0.5	−86	505	470	55.8	2410.6
	2			425	450	63.5	2743.2
	3			430	450	62.8	2712
	平均值			456.7		60.7	2622
节能型 ZK2	1	0.5	−86 ~ −70	425	50	7	302.4
	2			425	40	5.6	242
	3			390	50	7.7	332.6
	平均值				46.7	6.8	293.8

注:工作时间按每天工作 24h,每年工作 300 天计算。

改善之后每个真空发生器每年可节省 2328.2 元,压缩空气运行成本削减 88%。另外由于节能型 ZK2 是间歇供气,改善后现场管道压降及噪声问题有明显改善,提升了真空吸附及设备运行稳定性,有效地避免了掉件情况的产生。

二、磁力吸盘 MHM 系列

磁力吸盘依靠磁石吸附工件,其动作原理如图 14.5-2 所示,活塞带动磁铁上下移动,移动过程中吸附工件的磁力发生变化从而实现工件吸附和工件释放的动作。采用磁力吸附时,即使吸附到位后关断气源,工件也可保持吸紧状态。相较于传统真空吸附,磁石吸盘不使用真空,耗气量较少,适用于多孔、不平整的铁磁类工件。

MHM 系列磁力吸盘最大吸附力可达 1000N,且磁力大小可调节,释放工件时残余吸附力为 0.3N,在吸附状态下,耗气量为零。

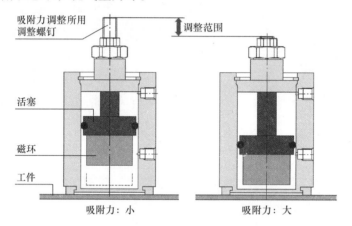

图 14.5-2 磁力吸盘动作原理

第六节 局部增压

对于工厂各设备压力需求不一的场合,为了满足少数高压设备的压力需求,往往使空压机输出较高的压力,这种粗放式供气方式使空压机能耗过高。一般来说,以螺杆式空压机为例,输出压力降低 0.1MPa,可使空压机节电 7%~10%,反之,能耗会相应增加。

增压阀适用场合如图 14.6-1 所示,在低压需求占主导地位,仅少量设备需要高压的场合,降低空压机输出压力,对于高压设备使用增压阀进行局部增压,可显著降低空压机运行费用。

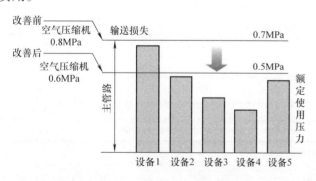 

图 14.6-1 增压阀适用场合

一、VBA 系列增压阀

VBA 系列增压阀是将低压空气转换成高压空气的元件，它不需要连接电源，而是以压缩空气作为动力源，可将空气压力提高一倍以上。通过调压手轮，可以设定所需要的压力，当输出气压达到设定压力值时，增压阀自动停止工作，节省能源。现有 VBA 系列提供手轮操控型和气控型，增压比最高可达 4 倍，出口最高可调压力 2MPa，输出流量最大 1900L/min。

二、带排气回收回路的增压阀

VBA 系列增压阀耗气量较大，要求进气量为二次侧消耗量的 2.2 倍以上。新型节能增压阀 VBA-X3145 采用排气回收技术，其内部三个活塞分别处于主体内的三个独立密封的容腔内，其工作原理如图 14.6-2 所示。活塞向右移动时，主气源通过内部回路进入驱动腔体 A 及增压腔体 A，驱动活塞向右移动，增压腔体 B 内的气体得到进一步压缩，从而压力增大；在活塞向右移动的过程中，腔体 D 内的压缩空气一部分排向大气，另一部分通过内部流道流向驱动腔体 C。活塞向左移动时，驱动腔体 A 内的压缩空气一部分通过内部流道流向驱动腔体 B 做驱动使用。将完成驱动作用的压缩空气向驱动腔体 B 中转移，再次发挥驱动活塞的作用。VBA-X3145 相比于现有 VBA10 系列增压阀可以减少 40% 的空气消耗量。

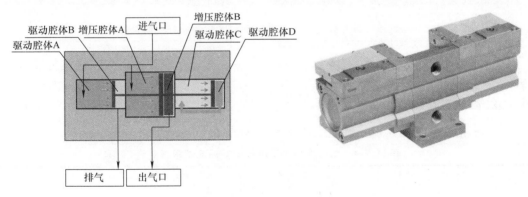

图 14.6-2 排气回收原理

新型节能增压阀 VBA-X3145 系列取消了压力调节手轮，固定 1.7 倍增压比，输出流量最大为 1000L/min，与现有增压阀相比，内部采用了橡胶密封，可竖直安装，因内部增加了排气回收回路，排气噪声有较大的改善。

第七节 驱动元件节能

一、非做功行程低压化

多数工厂最常见的气动元件是气缸，目前很多气缸使用时只是伸出方向有负载，但在使用时伸出方向与缩回方向供给压力相同。通过使用节能型调速阀，降低气缸缩回方向的供气压力，以削减回程耗气量，是实现气缸节能的简单且有效的方式。

使用节能型调速阀的气动回路如图 14.7-1 所示。在方向阀与气缸之间，无杆侧设置了 ASQ 阀（先导式方向阀与双向速度控制阀一体化结构），有杆侧设置了 ASR 阀（可逆流减压阀与流量控制阀一体化结构）。电磁方向阀通电，无杆侧利用双向速度控制阀进行进气节流,气缸不会出现始动时的急速伸出。当无杆侧腔内压力超过先导方向阀的设定压力时,该先导式方向阀接通,向无杆腔快速供气。当电磁方向阀复位时,ASR 中的减压阀的设定压力限制在 0.1~0.3MPa(指可调型,固定型为 0.2MPa),无杆侧的气控阀仍处于接通状态,可快速排气,大大缩短返回的时间。当无杆腔内压力低于气控阀的设定压力时,气控阀关闭,只能通过双向速度控制阀节流排气,实现低压驱动平稳返回,达到节气的目的。

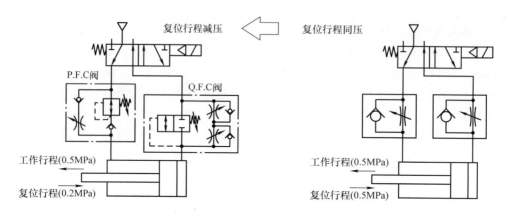

图 14.7-1　节能型调速阀与普通调速阀气动回路图

某成型车间内有 17 台成型机使用气缸进行托举、搬运动作,伸出行程存在负载,缩回行程空载。通过在气缸驱动回路中加装 ASR - ASQ 节能型调速阀,将缩回行程的供给压力由 0.5MPa 降低至 0.2MPa。单台成型机节能改善前后测试数据对比见表 14.7-1,改善效果为车间 17 台成型机每年可节约 17×1914=32538(元)。

表 14.7-1　单台成型机节能改善前后测试数据对比

序号	基本情况					改善前		改善后		
	气缸型号	数量/个	缸径/mm	行程/mm	动作周期/(次/min)	往复行程使用压力/MPa	年运营成本/元	非做功侧使用压力/MPa	年运营成本/元	年节约/元
1	CP95SDB100~200	4	100	200	1	0.5	2755	0.2	2030	725
2	MDBB100~1000	1	100	1000	1	0.5	3346	0.2	2469	877
3	CP95SDB100~350	1	100	350	1	0.5	1147	0.2	875	312
总计	—	6	—	—	—		7288	—	5374	1914

注:工作时间按每年 300 天每天工作 10h 计算。

二、倍力气缸省能

与普通气缸相比,倍力气缸 MGZ 系列采用独特结构,使气缸伸出方向和缩回方向相比,受压面积增大一倍,所以伸出方向输出力比缩回方向的输出力增大一倍,适合举升和冲压作业。倍力气缸的工作原理如图 14.7-2 所示。

通过表 14.7-2 中的数据,在输出力同为 1500N 以上时,倍力气缸比普通气缸缸径小,

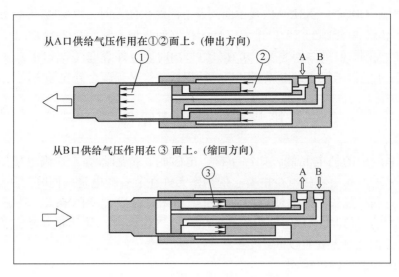

图 14.7-2 倍力气缸的工作原理

供气压力小,耗气量少。

表 14.7-2 普通气缸与倍力气缸比较数据

参数	普通气缸	倍力气缸
缸径/mm	$\phi 80$	$\phi 63$
行程/mm	500	500
供气压力/MPa	0.3	0.26
一次往复耗气量/L	19.1	14.8

三、排气回收气缸

普通双作用气缸在缩回或伸出时,无杆腔或有杆腔内的气体会通过电磁阀排放到大气中。为削减气缸耗气量,对于杆缩回行程为轻载的工况可以考虑采用排气回收气缸。所谓排气回收气缸是指将无杆腔内气体作为动力源进入气缸的有杆腔,驱动气缸缩回。相比于普通双作用气缸,排气回收气缸可节省接近50%的耗气量。其原理如图14.7-3所示,气缸伸出时,气源压力驱动气缸正常伸出;气缸缩回时,无杆腔压缩空气一部分通过电磁阀、节流阀排入大气,另一部分气体通过单向阀、电磁阀返回至有杆腔,驱动气缸缩回。

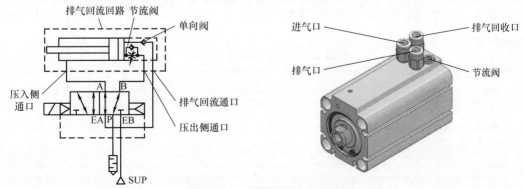

图 14.7-3 排气回收气缸原理

排气回收气缸 CDQ2B-X3150 内置单向阀及节流阀，使用时，电磁阀的 A、B 口接入气缸的进气口和排气口，电磁阀的 EA 口接入气缸的排气回收口，气源接入到 EB 口。气缸本身自带的调速阀可以控制气缸的缩回速度，可在气缸伸出时通过外置进气节流阀控制气缸的伸出速度。因为该回路中气源未接入到电磁阀 P 口，所以该气缸必须配合外先导两位五通阀使用。

第八节　低功率元件

对于气动系统中的耗电元件，如冷干机、电磁阀、传感器等，在满足使用要求的条件下，采用低功率的产品可直接减少电费。低功率元件在节省耗电量的同时，其温升较小，产品发热量少，有利于延长产品的使用寿命。对于晶体管输出类型的 PLC，其负载电流较小，当驱动功率较大的元件时，只能通过中间继电器与 PLC 连接。使用低功率元件可直接省去中间继电器的成本，节省安装空间。

一、带节电功能五通电磁阀

标准五通电磁阀 SY 系列工作时功率为 0.35W，带节电回路的五通电磁阀启动电流与标准品相同，如图 14.8-1 所示，在 67ms 后，内部阀芯移动完成，通过节电回路降低保持时的消耗电流，保持功率仅为 0.1W，消耗功率约为标准五通电磁阀的 1/3。功率降低后，不仅耗电减少，而且电磁线圈发热减少。

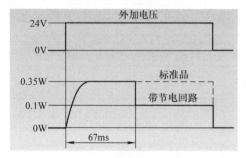 

图 14.8-1　带节电回路的电磁阀 SY

二、省功率型两通电磁阀

VXE 系列两通电磁阀内置省功率回路，其省电原理与五通电磁阀 SY 系列类似，保持时的消耗功率大约降低至 1/3。VXE 系列可流通空气、水、油（VXE21/22/23 系列），其起动保持消耗功率及温升值见表 14.8-1。VXE 系列的安装尺寸与基本规格与 VX2 系列相同，因此具有安装互换性。现有 VX2、VXD、VXZ 系列的电磁线圈组件也可变换成省功率型线圈（额定电压限于 DC12V、24V）。

表 14.8-1　VXE 系列功耗及温升

型号	消耗功率（保持时）/W	起动电流（起动时间:200ms）/A		温升值/℃
		DC24V	DC12V	
VXE□21（VXED2130）	1.5（1.8）	0.19（0.23）	0.38（0.46）	25（30）
VXE□22	2.3	0.29	0.58	25
VXE□23	3	0.44	0.88	30

第九节　过滤元件规范化管理

空压机制造的压缩空气及压缩空气传输过程中，会含有大量的水分、油分和粉尘等杂质，为避免它们对气动系统的正常工作造成危害，必须使用过滤器清除这些杂质。滤芯是空气过滤器的关键，当滤芯已达使用寿命却未更换时，则会造成进出口压力差，空压机为此需要输出更高的压力，能耗也相应增加。

空气过滤器滤芯应当定期检查并规范化管理，以避免压差过大造成能耗高。对于大型过滤器，建议使用一年或者进出口压降高于0.1MPa时更换滤芯；对于小型过滤器，建议使用两年或者进出口压降高于0.1MPa时更换滤芯。滤芯的更换管理可以采用下述方法。

一、滤芯更换指示牌

在过滤器附近悬挂滤芯更换指示牌，可以在指示牌上记录滤芯安装日期、下次更换日期、滤芯备件型号等信息，如图14.9-1所示。根据记录信息按时更换滤芯，防止因滤芯堵塞造成的压力损失。

二、滤芯堵塞指示器、差压指示计

滤芯堵塞指示器依据过滤器进出口的压力差改变指示器的颜色。过滤器初始安装时，进出口压力差较小，指示器处于透明状态，随着使用过程中滤芯表面附着杂质逐渐增多，进出口压差逐渐增大，当压差达到0.1MPa时，内部红色指示器自动弹出，提醒现场人员更换滤芯，如图14.9-1所示。

差压指示计需要同时连接在过滤器一次侧与二次侧，表盘中数值为进出口的压力差，当表盘指针达到红色指示环内，即进出口压力差超过0.1MPa时，应及时更换滤芯，如图14.9-1所示。

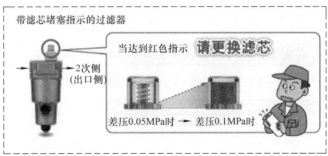

图14.9-1　滤芯更换指示

三、压力降监测报警

前述方法适用于过滤器安装在易观察的位置，当过滤器安装在较高、较低或设备内部等不易观察的位置时，可采用电子式压力传感器进行压力降监测报警，见图 14.9-2，在过滤器进出口分别安装压力传感器（PSE530 系列），两个传感器检测的数据显示在 PSE200A 系列显示器上。每个 PSE200A 系列显示器可连接四个传感器，可同时测量两个过滤器的进出口压差。在压差检测模式下，当过滤器进出口压力差超过 0.1MPa 时，PSE200A 可以输出开关量信号进行报警。

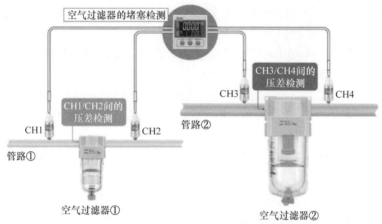

图 14.9-2　空气过滤器压力降监测报警

第十节　能源可视化

压缩空气作为生产现场的动力来源或工作介质被广泛使用。对于气动系统中的压力、流量、露点的实时监测及管理是保证企业高效率生产、避免浪费、提高经济效益的重要手段之一。

可视化节能措施通过监测管路中的压缩空气参数，协助现场工作人员进行能耗分析，及时发现工作现场中存在的问题，并采取相应的措施减少浪费。以图 14.10-1 为例，通过各支

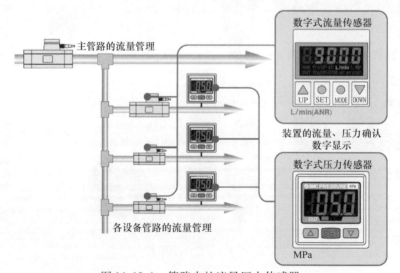

图 14.10-1　管路中的流量压力传感器

路安装流量和压力传感器，可及时发现泄漏问题。现场设备停机时若有流量消耗，流量传感器可输出开关量信号，该信号可通过与设备报警灯连接，实现自动泄漏报警，提醒现场人员及时进行堵漏。压力传感器可监测设备超压使用问题，避免超压使用造成能耗过大及安全隐患。

一、模块式流量传感器

为检测气路流量，需安装流量传感器，流量传感器通过串接方式接入管路时，对于硬管气路极为不便。新型模块式流量传感器与 AC30/40 系列三联件实现模块化，使用三联件隔板进行安装，简化了配管问题。与两端螺纹口的流量传感器相比，模块式流量传感器的检查、清洁、更换维护更为简单，如图 14.10-2 所示。新型模块式流量传感器的检测范围有10 ~ 1000L/min 和 20 ~ 2000L/min 两种规格，流通方向可选择从左至右或从右至左，且支持 IO – Link 通信等。

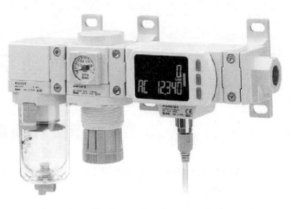

图 14.10-2　模块式流量传感器

二、无线监控系统

无线监控系统通过流量传感器、压力传感器实时采集设备、管路中压缩空气的压力、流量数据，在显示屏界面可实时显示流量、压力参数，并记录保存历史数据。无线监控系统可以为能耗分析提供量化数据，可以及时发现异常情况并输出报警信号，可以实时监控工厂压缩空气使用情况，有助于企业建立智能工厂，如图 14.10-3 所示。

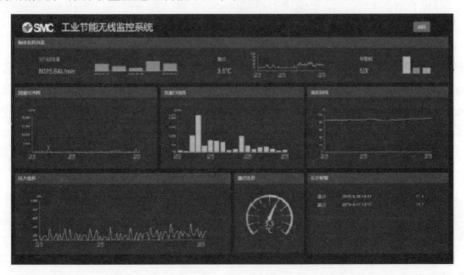

图 14.10-3　工业节能无线监控系统的软件界面

第五篇 维 护 篇

第十五章 气动系统的维护管理

第一节 气动系统的管理

一、气动系统的使用要求

1. 对使用环境的要求

气动系统是由各种气动元件所组成。气动元件对使用环境的要求如下：

1）不要用于有腐蚀性气体、化学药品（如有机溶剂）、海水、水及水蒸气的环境中，或附着上述物质的场所。

2）不要用于有爆炸性气体的场所（防爆气动元件除外）。

3）不要用于有振动和冲击的场所，或者各类气动元件耐振动、耐冲击的能力要符合产品样本上的规定。

4）不要用于周围有热源、受到辐射热影响的场所，或者采取措施遮断辐射热。

5）在阳光直射的场所，应加保护罩遮阳光。

6）有水滴、油或焊花等的场所，要采取适当的防护措施。

7）在湿度大、粉尘多的场所使用，要采取必要的措施。

2. 对选型者的要求

气动系统的设计者和气动元件选型者应根据对气动系统提出的性能要求，考虑安全性和可能会出现的故障，按最新产品样本和资料来决定气动元件的规格。必要时，还应做相应的分析和试验。用于原子能、铁路、车辆、航空、医疗器械、食品及饮料机械、娱乐设备、紧急切断回路、压力机用离合器及制动器回路、安全机器等方面时，以及预计对人身和财产有重大影响的应用，都应与SMC公司协商后进行选型工作。

3. 对使用者的要求

一旦压缩空气使用失误是有危险的，故气动设备的组装、操作和维护等应由受过专门培训和具有一定实际经验的人员来进行。

二、气动系统的安装工作

1. 配管的施工

气动系统的配管有硬管和软管。硬管通常使用钢管，在钢管两端加工管螺纹进行连接。软管常用的是塑料管、橡胶管和软铜管，是将它们接到管接头上。

（1）钢管的配管

1）钢管切断后，外切口应使用平锉去毛刺，内切口应使用圆锉去毛刺。用专用攻螺纹机加工锥管螺纹，再用压缩空气吹除，或用三氯乙烯洗净液之类洗净。

2）螺纹部分要卷绕聚四氟乙烯的密封带，螺纹前端应空出1~2个螺距不卷绕。顺时针方向绕1~2层，并用手指将密封带压入螺纹上。

3）使用液态密封材质时，同样螺纹前端空出1~2个螺距不涂布，且不要涂布过多。元件的内螺纹上不得涂布。

4）考虑到元件更换、检查方便，要卸下部位用管接头等连接较好，以免将不要拆卸部分也得拆卸，加大工作量，且保管也困难。

5）空气压力比油压力低，密封容易。气动元件使用压铸铝较多，螺纹拧入力矩不要过大，以免螺纹部分产生裂纹。特别是卷绕密封带后滑溜性好，很易拧入，应按规定紧固力矩操作。

（2）管接头的配管

1）上面介绍钢管的配管中的2）、3）和5）仍适用。

2）用管剪垂直剪断软管端面，管口若是斜的、扁平形的或有残留物时，会造成密封不良。

3）管接头及管子的密封方式，因系列不同、生产厂家不同而不同，使用前要确认。不同厂家的同类接头不要混用。管子尺寸是米制还是英制要区分开。

4）软管不像钢管，安装时不要损伤，以免影响寿命。

5）在管接头的金属根部的软管不得急剧弯曲，要保证金属根部的软管有3倍软管外径以上的直管段，且管子的弯曲半径要符合厂家的规定。

6）软管不得拧扭，尤其是要运动的软管。加压时，拧扭状软管有恢复原状的作用力，其反作用力会使接头螺纹松动或出现其他异常，特别是软管短时，影响更大。

7）要避免软管与其他运动物体接触，要避免与高温部位接触。

8）软管长度要适当。利用压紧法或使用管接头卡座或多管卡座来整理配管。管子两端管接头的接头螺母的紧固力矩要适当，过度紧固有可能造成密封面变形而漏气。

9）软管内部要用压缩空气吹除干净。

2. 配管的吹除工作

（1）元件串接

元件串接时，应如图15.1-1所示从上游侧依次吹除后再接管。

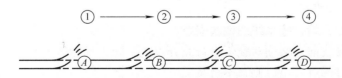

图15.1-1 串联配管的吹除方法

（2）底板配管的吹除法

空气中的异物特别容易对电磁阀的工作带来影响，安装配管后的吹除工作十分必要。吹除步骤如图15.1-2所示。

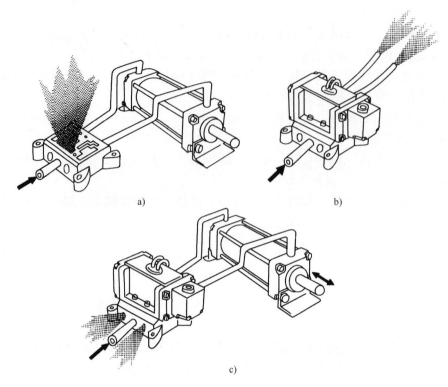

图 15.1-2 底板配管的吹除步骤

1）取下阀体，从供气侧利用强气流吹出切屑末等（见图 15.1-2a）。

2）在底板上装上阀体，从气缸上卸下连接管，利用手动操作按钮切换电磁阀，让气流交替吹气，吹除电磁阀至气缸之间气路中的异物等（见图 15.1-2b）。

3）在气缸的通口上接上配管，用手动操作按钮让电磁阀切换，从排气口交替吹气，吹除工作完毕（见图 15.1-2c）。

（3）直接配管的吹除方法

1）类似于图 15.1-2b，用手动操作按钮让电磁阀切换，交替吹除电磁阀至气缸之间气路中的异物。

2）类似于图 15.1-2c，用手动操作按钮让电磁阀切换，从排气口交替吹气，吹除工作完毕。

3. 元件安装注意事项

1）应从气源侧开始，按系统图依次安装。

2）元件间配管之前，必须对配管进行充分吹洗，防止异物进入系统内。

3）确认各元件的进、出口侧，不得装反。

4）空气过滤器、油雾器的水杯应垂直朝下安装。要确保更换滤芯的空间，要排水方便。要便于向油雾器内注油，要便于操作油雾器的节流阀以调节滴油量，要便于观察滴油状况及油杯内的贮油状况。

5）减压阀安装要考虑调压手轮操作方便，压力表应处于能观察的方位。

6）电磁方向阀应尽量靠近被控的气缸安装。

三、调试工作和作业完成工作

1. 气动系统的试运转

1）试运转前,截止阀应处于关闭状态,减压阀输出压力应为零,油雾器的节流阀应全闭,速度控制阀的节流阀应全闭,气缸上的缓冲阀应全闭或稍许开启。

2）排放各处冷凝水,例如:空压机的小气罐处、后冷却器、气罐及管路系统中的低处等。

3）确认油雾器的贮油量在上限附近。

4）确认整个气动系统内没有工具、异物存在。可动件动作范围内不会碰上配管及其他物体等。气缸不接负载,确认气缸动作正常。

5）截止阀全开,但电源不接通。

6）将减压阀调至设定压力。

7）利用电磁阀的手动按钮,确认电磁阀的动作正常(可让阀的输出口通大气)。

8）逐渐打开两侧速度控制阀的节流阀,边看边调整节流阀,逐渐提高气缸的速度。

9）在逐渐提高气缸速度的同时,逐渐开启缓冲阀,让气缸平稳动作,直至行程末端为止。

10）逐渐调整节流阀及缓冲阀的开度,直至达到要求的气缸运动速度,且气缸能平稳动作至行程末端。调整完毕,应锁住节流阀及缓冲阀。

11）调整油雾器的滴油量。

12）让电磁阀的手动按钮复位。

2. 气动系统的自动运转调试

1）接通电源。

2）试运转调试完成后,调整速度控制阀,使执行元件在低速下动作。

3）进行执行元件限位器的最终调整。

4）进行限位开关,如磁性开关、限位阀等的检测位置的调整。

5）带负载进行执行元件的速度调整和缓冲阀的调整。

6）进行各个独立回路及非常停止回路的确认。

7）进行连续运转。

8）调整油雾器的滴油量。

3. 完成作业后的工作

1）关闭截止阀,利用残压释放阀释放残压。

2）切断电源。

3）排放各处冷凝水。

四、非正常停止的处理

从非正常停止到再次启动前,若气动装置的全部执行元件及可动部件都停止不动,则是安全的。处理完非正常停止的故障后,便可再次启动。

若释放压力,负载会落下或复位;充入压力,负载才停止,或者借助外力才停止等情况下,压力就不能释放,否则要发生事故。

在下列情况下,出现非正常停止时,可以将压力释放掉:

1）水平移动时,执行元件的惯性力和输出力不大,则可快速释放残压。

2）水平移动时，执行元件惯性力大，一旦瞬时释放残压，由于惯性作用，执行元件会过快动作，则应慢慢释放残压。

3）运动负载下落或滑落（垂直方向或斜面上）时，水平移动负载在某方向有弹簧力或其他外力存在时，或夹紧等工作情况下，需要短时间保压，经确认已安全时才能释放残压。

第二节 维护保养

气动装置如果不注意维护保养工作，就会过早损坏或频繁发生故障，使装置的使用寿命大大降低。在对气动装置进行维护保养时，应针对发现的事故苗头，及时采取措施，这样可减少和防止故障的发生，延长元件和系统的使用寿命。因此，企业应制定气动装置的维护保养管理规范，加强管理教育，严格管理。

维护保养工作的中心任务是：保证供给气动系统清洁干燥的压缩空气；保证气动系统的气密性；保证油雾润滑元件得到必要的润滑；保证气动元件和系统得到规定的工作条件（如使用压力、电压等），以保证气动执行机构按预定的要求进行工作。

当气动装置出现异常时，应切断电源，停止供气，并将系统内残压释放完，才能进行检查修理工作。

维护工作可以分为经常性的维护工作和定期的维护工作。前者是指每天必须进行的维护工作；后者可以是每周、每月或每季度进行的维护工作。维护工作应有记录，以利于今后的故障诊断和处理。

一、经常性的维护工作

日常维护工作的主要任务是冷凝水排放、检查润滑油和空压机系统的管理。

冷凝水排放涉及整个气动系统，从空压机、后冷却器、气罐、管道系统，直到各处空气过滤器、干燥器和自动排水器等。在作业结束时，应当将各处冷凝水排放掉，以防夜间温度低于0℃，导致冷凝水结冰。由于夜间管道内温度下降，会进一步析出冷凝水，故气动装置在每天运转前，也应将冷凝水排出。注意查看自动排水器是否工作正常，水杯内不应存水过量。

在气动装置运转时，每天应检查一次油雾器的滴油量是否符合要求，油色是否正常，即油中不要混入灰尘和水分等。混入水分的油呈白浊状态。

空压机系统的日常管理工作是：是否向后冷却器供给了冷却水（指水冷式）；空压机是否有异常声音和异常发热，润滑油位是否正常。

使用电源的气动元件，为防止触电，注意维护时不要把手及物体放入元件内。不得已时要先切断电源，确认装置已停止工作，并排放掉残压后才能进行维护。注意不要用手碰高温部位。

二、定期的维护工作

每周维护工作的主要内容是漏气检查和油雾器管理，并注意空压机是否要补油、传动带是否松动、干燥器的露点有否变动、执行元件有无松动处。目的是早期发现事故的苗头。

漏气检查应在白天车间休息的空闲时间或下班后进行。这时，气动装置已停止工作，车间内噪声小，但管道内还有一定的空气压力，根据漏气的声音便可知何处存在泄漏。泄漏的部位和原因见表15.2-1。严重泄漏处必须立即处理，如软管破裂、连接处严重松动等。其他泄漏应作好记录。

表 15.2-1　泄漏的部位和原因

泄漏部位	泄漏原因
管子连接部位	连接部位松动
管接头连接部位	接头松动
软管	软管破裂或被拉脱
空气过滤器的排水阀	灰尘嵌入
空气过滤器的水杯	水杯龟裂
减压阀阀体	紧固螺钉松动
减压阀的溢流孔	灰尘嵌入溢流阀座，阀杆动作不良，膜片破裂，但恒量排气式减压阀微漏是正常的
油雾器器体	密封垫不良
油雾器调节针阀	针阀阀座损伤，针阀未紧固
油雾器油杯	油杯龟裂
方向阀阀体	密封不良，螺钉松动，压铸件不合格
方向阀排气口漏气	密封不良，弹簧折断或损伤，灰尘嵌入，气缸的活塞密封圈密封不良，气压不足
安全阀出口侧	压力调整不符合要求，弹簧折断，灰尘嵌入，密封圈损坏
快排阀漏气	密封圈损坏，灰尘嵌入
气缸本体	密封圈磨损，螺钉松动，活塞杆损伤

油雾器最好选用一周补油一次的规格。补油时，要注意油量减少情况。若耗油量太少，应重新调整滴油量。调整后滴油量仍少或不滴油，应检查通过油雾器的流量是否减少，油道是否堵塞。

每月或每季度的维护工作，应比每日和每周的维护工作更仔细，但仍限于外部能够检查的范围。其主要内容是：仔细检查各处泄漏情况，紧固松动的螺钉（包括接线端子处）和管接头，检查方向阀排出空气的质量，检查各调节部分的灵活性，检查指示仪表的正确性，检查电磁阀切换动作的可靠性，检查气缸活塞杆有无损伤以及一切从外部能够检查的内容。每季度的维护工作见表 15.2-2。

表 15.2-2　每季度的维护工作

元件	维护内容
自动排水器	能否自动排水，手动操作装置能否正常动作
过滤器	过滤器两侧压差是否超过允许压降
减压阀	旋转手柄，压力可否调节。当系统的压力为零时，观察压力表的指针能否回零
压力表	观察各处压力表指示值是否在规定范围内
安全阀	使压力高于设定压力，观察安全阀能否溢流
压力开关	在最高和最低的设定压力，观察压力开关能否正常接通和断开
方向阀的排气口	查油雾喷出量，查有无冷凝水排出，查有无漏气
电磁阀	查电磁线圈的温升，查阀的切换动作是否正常
速度控制阀	调节节流阀开度，能否对气缸进行速度控制或对其他元件进行流量控制
气缸	查气缸运动是否平稳，速度及循环周期有无明显变化，安装螺钉、螺母、拉杆有无松动，气缸安装架有否松动和异常变形，活塞杆连接有无松动，活塞杆部位有无漏气，活塞杆表面有无锈蚀、划伤和偏磨，端部是否出现冲击现象，行程中有无异常，磁性开关动作位置有无偏移
空压机	进口过滤器网眼是否堵塞
干燥器	冷媒压力是否变化，冷凝水排出温度变化情况

检查漏气时应采用在各检查点涂肥皂液等办法，因其显示漏气的效果比听声音更灵敏。

检查方向阀排出空气的品质时应注意以下三个方面：一是了解排气中所含润滑油量是否适度，其方法是将一张清洁的白纸放在方向阀的排气口附近，阀在工作3~4个循环后，若白纸上只有很轻的斑点，表明润滑良好；二是了解排气中是否有冷凝水；三是了解不该排气的排气口是否有漏气。少量漏气预示着元件的早期损伤（间隙密封阀存在微漏是正常的）。若润滑不良，应考虑油雾器的安装位置是否合适，所选规格是否恰当，滴油量调节得是否合理及管理方法是否符合要求。若有冷凝水排出，应考虑过滤器的位置是否合适，各类除水元件设计和选用是否合理，冷凝水管理是否符合要求。泄漏的主要原因是阀内或缸内的密封不良、复位弹簧生锈或折断、气压不足等所致。在正常使用条件下，半年内弹簧不会出现问题。间隙密封阀的泄漏较大时，可能是阀芯、阀套磨损所致。

像安全阀、紧急开关阀等，平时很少使用，定期检查时，必须确认它们的动作可靠性。

让电磁阀反复切换，从切换声音可判断阀的工作是否正常。对交流电磁阀，若有蜂鸣声，应考虑动铁心与静铁心没有完全吸合，吸合面有灰尘，分磁环脱落或损坏等。

气缸活塞杆常露在外面，观察活塞杆是否被划伤、腐蚀和存在偏磨。根据有无漏气，可判断活塞杆与缸盖内的导向套、密封圈的接触情况、压缩空气的处理品质，气缸是否存在横向载荷等。

气液单元的油应6个月至1年间更换一次。当油中混入冷凝水，变成白浊状态或变色时，必须换新油。

第十六章　气动元件的故障检测

第一节　故障诊断与对策

一、故障种类

由于故障发生的时期不同，故障的内容和原因也不同。因此，可将故障分为初期故障、突发故障和老化故障。

1. 初期故障

在调试阶段和开始运转的二、三个月内发生的故障称为初期故障。其产生的原因有：

1）元件加工、装配不良，如元件内孔的研磨不符合要求，零件毛刺未清除干净，不清洁安装，零件装错、装反，装配时对中不良，紧固螺钉拧紧力矩不恰当，零件材质不符合要求，外购零件（如密封圈、弹簧）质量差等。

2）设计失误，如设计元件时，对零件的材料选用不当，加工工艺要求不合理等；对元件的特点、性能和功能了解不够，造成回路设计时元件选用不当；设计的空气处理系统不能满足气动元件和系统的要求；回路设计出现错误。

3）安装不符合要求，安装时，元件及管道内吹洗不干净，使灰尘、密封材料碎片等杂质混入，造成气动系统故障；安装气缸时存在偏载；管道的防松、防振动等没有采取有效措施。

4）维护管理不善，如未及时排放冷凝水，未及时给油雾器补油等。

2. 突发故障

系统在稳定运行时期内突然发生的故障称为突发故障，例如：油杯和水杯都是用聚碳酸酯材料制成的，如它们在有机溶剂的雾气中工作，就有可能突然破裂；在空气或管路中，残留的杂质混入元件内部，突然使相对运动件卡死；弹簧突然折断、软管突然爆裂、电磁线圈突然烧毁；突然停电造成回路误动作等。

有些突发故障是有先兆的，如排出的空气中出现杂质和水分，表明过滤器已失效，应及时查明原因，予以排除，不要酿成突发故障。但有些突发故障是无法预测的，只能采取安全保护措施加以防范，或准备一些易损备件，以便及时更换失效的元件。

3. 老化故障

个别或少数元件达到使用寿命后发生的故障称为老化故障。参照系统中各元件的生产日期、开始使用日期、使用的频繁程度以及已经出现的某些征兆，如声音反常、泄漏越来越严重，大致预测老化故障的发生期限是可能的。

二、故障诊断方法

下面主要介绍经验法和推理分析法两种常用的故障诊断方法。

1. 经验法

主要依靠实际经验，并借助简单的仪表，诊断故障发生的部位，找出故障原因的方法，称为经验法。经验法可按中医诊断病人的四字"望、闻、问、切"进行。

1）望。例如：看执行元件的运动速度有无异常变化；各测压点的压力表显示的压力是否符合要求，有无大的波动；润滑油的品质和滴油量是否符合要求；冷凝水能否正常排出；方向阀排气口排出空气是否干净；电磁阀的指示灯显示是否正常；紧固螺钉及管接头有无松动；管道有无扭曲和压扁；有无明显振动存在；加工产品质量有无变化等。

2）闻。包括耳闻和鼻闻，例如：气缸及方向阀换向时有无异常声音；系统停止工作但尚未泄压时，各处有无漏气，漏气声音大小及其每天的变化情况；电磁线圈和密封圈有无因过热而发出的特殊气味等。

3）问。即查阅气动系统的技术档案，了解系统的工作程序、运行要求及主要技术参数；查阅产品样本，了解每个元件的作用、结构、功能和性能；查阅维护检查记录，了解日常维护保养工作情况；访问现场操作人员，了解设备运行情况，了解故障发生前的征兆及故障发生时的状况；了解曾经出现过的故障及其排除方法。

4）切。如触摸相对运动件外部的手感和温度，电磁线圈处的温升等。触摸2s感到烫手，则应查明原因。气缸、管道等处有无振动感，气缸有无爬行感，各接头处及元件处手感有无漏气等。

经验法简单易行，但由于每个人的感觉、实际经验和判断能力的差异，诊断故障会存在一定的局限性。

2. 推理分析法

利用逻辑推理、步步逼近，寻找出故障的真实原因的方法称为推理分析法。

（1）推理步骤

从故障的症状到找出故障发生的真实原因，可按以下三步进行：

1）从故障的症状，推理出故障的本质原因。

2）从故障的本质原因，推理出可能导致故障的常见原因。

3）从各种可能的常见原因中，推理出故障的真实原因。

例如，阀控气缸不动作的故障，其本质原因是气缸内气压不足或阻力太大，以致气缸不能推动负载运动。气缸、电磁方向阀、管路系统和控制线路都可能出现故障，造成气压不足，而某一方面的故障又有可能是由于不同的原因引起的。逐级进行故障原因推理，可画出如图16.1-1所示的故障分析方框图。由故障的本质原因逐级推理出来的众多可能的故障，常见原因是依靠推理和经验积累起来的。怎样从众多可能的常见故障原因中，找出一个或几个故障的真实原因呢？下面结合图16.1-1介绍一些推理分析方法。

（2）推理方法

推理的原则是：由简到繁、由易到难、由表及里地逐一进行分析，排除掉不可能的和非主要的故障原因；故障发生前曾调整或更换过的元件先查；优先查故障概率高的常见原因。

1）仪表分析法。利用检测仪器仪表，如压力表、差压计、电压表、温度计、电秒表及其他电子仪器等，检查系统或元件的技术参数是否合乎要求。

2）部分停止法。暂时停止气动系统某部分的工作，观察对故障征兆的影响。

3）试探反证法。试探性地改变气动系统中部分工作条件，观察对故障征兆的影响。

4）比较法。用标准的或合格的元件代替系统中相同的元件，通过工作状况的对比，来判断被更换的元件是否失效。

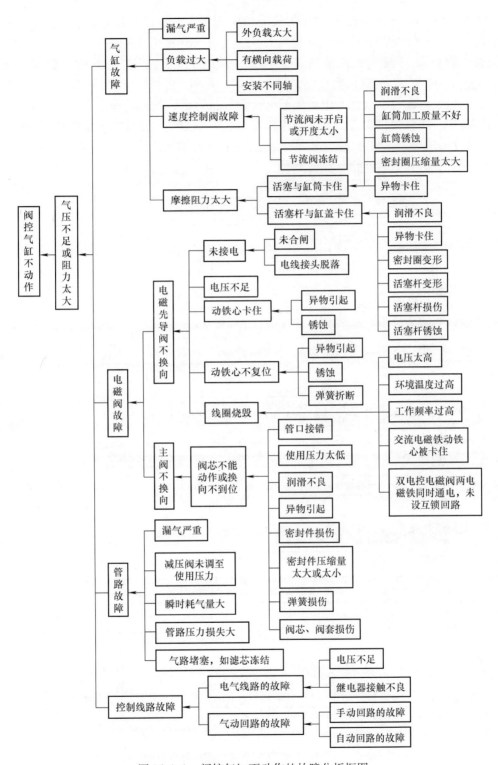

图 16.1-1 阀控气缸不动作的故障分析框图

为了从各种可能的常见故障原因中推理出故障的真实原因，可根据上述推理原则和推理方法，画出故障诊断逻辑推理框图，以便于快速准确地找到故障的真实原因。

图 16.1-2 所示为阀控气缸不动作的故障诊断逻辑推理框图。首先查看气缸和电磁阀的漏气状况，这是很容易判断的。气缸漏气大，应查明气缸漏气的故障原因。电磁阀漏气，包括不应排气的排气口漏气。若排气口漏气大，应查明是气缸漏气还是电磁阀漏气。对图 16.1-3 所示回路，当气缸活塞杆已全部伸出时，R_2 孔仍漏气，可卸下管道②，若气缸口漏气大，则是气缸漏气，反之为电磁阀漏气。漏气排除后，气缸动作正常，则故障真实原因即是漏气所致。若漏气排除后，气缸动作仍不正常，则漏气不是故障的主要原因，应进一步诊断。

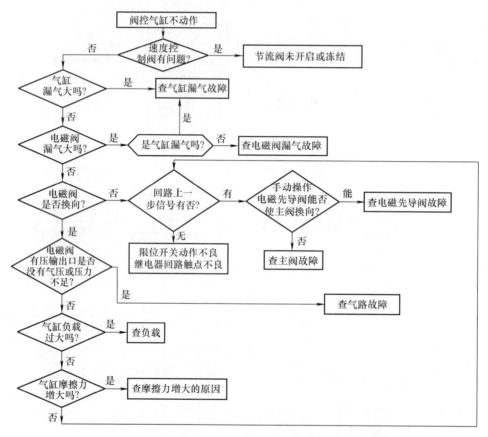

图 16.1-2　阀控气缸不动作的故障诊断逻辑推理框图

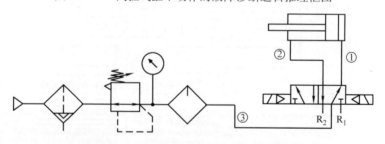

图 16.1-3　阀控气缸不动作的故障诊断图

若缸和阀都不漏气或漏气很小，应先判断电磁阀能否换向。可根据阀芯换向时的声音或电磁阀的换向指示灯来判断。若电磁阀不能换向，先要检查气动回路上一步是否有信号。若没有信号，应查回路故障；若有信号，可使用试探反证法，操作电磁先导阀的手动按钮，来判断是电磁先导阀故障还是主阀故障。若主阀能切换，即气缸能动作了，则必是电磁先导阀故障；若主阀仍不能切换，便是主阀故障。然后进一步查明电磁先导阀或主阀的故障原因。

若电磁阀能切换，但气缸不动作，则应查明有压输出口是否没有气压或气压不足。可使用试探反证法，当电磁阀换向时活塞杆不能伸出，可卸下图 16.1-3 中的连接管①。若阀的输出口排气充分，则必为气缸故障；若排气不足或不排气，可初步排除是气缸故障。进一步查明气路是否堵塞或供压不足。可检查减压阀上的压力表，看压力是否正常。若压力正常，再检查管路③各处有无严重泄漏或管道被扭曲、压扁等现象；若不存在上述问题，则必是主阀阀芯被卡死。若查明是气路堵塞或供压不足，即减压阀无输出压力或输出压力太低，则应进一步查明原因。

电磁阀输出压力正常，气缸却不动作，可使用部分停止法，卸去气缸外负载。若气缸动作恢复正常，则应查明负载过大的原因；若气缸仍不动作或动作不正常，则可进一步查明是否摩擦力过大。

下面介绍一个顺序控制回路的故障诊断方法。三个气缸的循环动作是 $A_1 B_1 C_0 B_0 A_0 C_1$，最终设计出的气动控制回路图如图 16.1-4 所示。若气动回路发生的故障是 A_1 行程停止运行，应先检查有无严重漏气或连接管被堵死的现象。若有这些现象，经排除后故障仍未消除，则故障诊断可按图 16.1-5 所示逻辑框图进行。

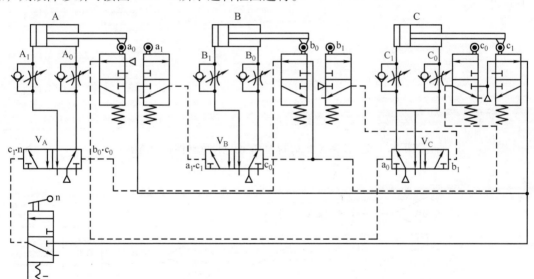

图 16.1-4　程序 $A_1 B_1 C_0 B_0 A_0 C_1$ 的气动控制回路图

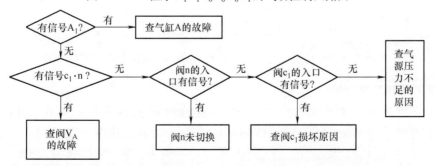

图 16.1-5　图 16.1-4 程序中，诊断 A_1 处出现故障的逻辑推理框图

由于 A 缸活塞杆不能伸出，先检查 A_1 管道内是否有信号（此处讲"有"信号，是指有能推动活塞正常动作或方向阀正常换向的压力，否则为"无"）。若 A_1 有信号，但不能实现 A_1 动作，便是 A 缸存在故障。A 缸不能动作，还可能是方向阀 V_A 的阀芯被卡死，启动阀 n 未切换，机控阀 c_1 的故障和气源压力不足等原因。

三个气缸的循环动作程序 $A_1B_1C_0B_0A_0C_1$ 的电控气动控制回路图如图 16.1-6 所示。若动作循环至 A 缸不能伸出，其故障的逻辑推理框图见图 16.1-7。

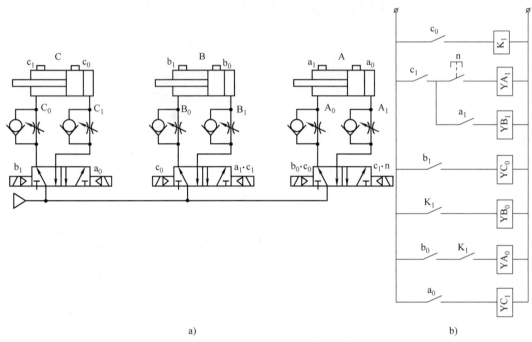

图 16.1-6　程序 $A_1B_1C_0B_0A_0C_1$ 的电控气动控制回路图
a) 气压传动图　b) 电气控制回路图

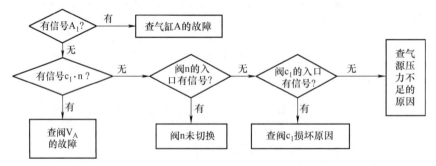

图 16.1-7　图 16.1-6 程序中，诊断 A_1 处出现故障的逻辑推理框图

三、常见故障及其对策

为便于分析故障的真实原因，下面以图表的形式说明常见故障的原因及其对策。表 16.1-1 中列出了本书收录的气动元件的常见故障及对策。其中，表 16.1-2～表 16.1-43 及图 16.1-8～图 16.1-11 为各类气动元件的故障对策图表，表 16.1-44～表 16.1-61 为 SMC 气动元件系列的故障检测单。

表 16.1-1　气动元件的常见故障及对策

气动系统	元件分类		各类气动元件的故障对策		SMC 气动元件系列的故障检测单
			表	图	表
综合	—			图 16.1-8	
气源	系统气源		表 16.1-2 ~ 表 16.1-5		
	局部增压				表 16.1-44
	局部真空				表 16.1-45
气源周边元件	后冷却器		表 16.1-6		
	气罐		表 16.1-7		
	冷冻式干燥器		表 16.1-8		
	吸附式干燥器		表 16.1-9		
	主管路过滤器		表 16.1-10		
气源处理元件	过滤器		表 16.1-11		
	减压阀		表 16.1-12		表 16.1-46
	油雾分离器		表 16.1-13		表 16.1-47
	油雾器		表 16.1-14		
	差压型油雾器		表 16.1-15		
气动执行元件	综合		表 16.1-16 ~ 表 16.1-29	图 16.1-9	
	普通气缸				表 16.1-48
	无杆气缸	机械接合式			表 16.1-49
		磁性耦合式			表 16.1-50
	带导杆气缸				表 16.1-51
	气动滑台				表 16.1-52
	带锁气缸				表 16.1-53
	摆动气缸		表 16.1-30		表 16.1-54
	气爪				表 16.1-55
	气液联用		表 16.1-31 ~ 表 16.1-34	图 16.1-10 ~ 图 16.1-11	
气动控制元件	电磁方向阀		表 16.1-35		
	速度控制阀		表 16.1-36		表 16.1-56
	SSC 阀		表 16.1-37		
	电空比例阀				表 16.1-57
	流体阀				表 16.1-58

（续）

气动系统	元件分类	各类气动元件的故障对策		SMC 气动元件系列的故障检测单
		表	图	表
气动辅助元件	磁性开关	表 16.1-38		表 16.1-60
	液压缓冲器	表 16.1-39		
	消声器	表 16.1-40 ～ 表 16.1-42		
	压力传感器			表 16.1-59
	密封圈	表 16.1-43		
	综合	表 16.1-40 ～ 表 16.1-43		
电动执行元件	电缸			表 16.1-61
	电缸（LECY 控制器）			
	综合		图 16.1-8	

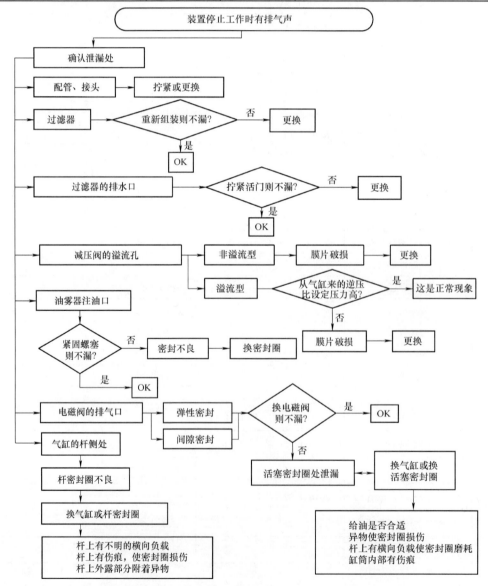

图 16.1-8　装置停止工作时有排气声的故障诊断逻辑推理框图

1. 气源相关的常见故障及对策（见表 16.1-2 ~ 表 16.1-5）

表 16.1-2 气路没有气压

故障原因	对策
气动回路中的开关阀、启动阀、速度控制阀等未打开	予以开启
换向阀未换向	查明原因后排除
管路扭曲、压扁	纠正或更换管路
滤芯堵塞或冻结	更换滤芯
介质或环境温度太低，造成管路冻结	及时清除冷凝水，增设除水设备

表 16.1-3 供压不足

故障原因	对策
耗气量太大，空压机输出流量不足	选择输出流量合适的空压机，或增设一定容积的气罐
空压机活塞环等磨损	更换零件；在适当部位装单向阀，维持执行元件内压力，以保证安全
漏气严重	更换损坏的密封件或软管；紧固管接头及螺钉
减压阀输出压力低	调节减压阀至使用压力
速度控制阀开度太小	将速度控制阀打开到合适开度
管路细长或管接头选用不当，压力损失大	重新设计管路，加粗管径，选用流通能力大的管接头及气阀
各支路流量匹配不合理	改善各支路流量匹配性能；采用环形管道供气

表 16.1-4 异常高压

故障原因	对策
因外部振动冲击产生了冲击压力	在适当部位安装安全阀或压力继电器
减压阀损坏	更换

表 16.1-5 油泥太多

故障原因	对策
压缩机油选用不当	选用高温下不易氧化的润滑油
压缩机的给油量不当	给油过多，在排出阀上滞留时间长，助长碳化；给油过少，造成活塞烧伤等。应注意给油量适当
空压机连续运转时间过长	温度高，润滑油易碳化，应选用大流量空压机，实现不连续运转；气路中装油雾分离器，清除油泥
压缩机运动件动作不良	当排出阀动作不良时，温度上升，润滑油易碳化。气路中装油雾分离器

2. 气源周边元件的常见故障及对策（见表 16.1-6 ~ 表 16.1-10）

表 16.1-6 后冷却器故障及排除对策

故障现象		故障原因	对策
共同现象	压缩空气中混入冷凝水	冷凝水排出不当	1）定期进行排水 2）检查自动排水功能，失效则应修理或更换
		二次侧温度下降	二次侧应设置干燥器
	打开排水阀不排水	固态异物堵住排水口	清扫

（续）

故障现象		故障原因	对　　策
共同现象	从排水阀漏气	排水阀松动	增拧
		排水阀密封部嵌入异物或密封部有伤	拆开清洗或更换
	带自动排水机构，但冷凝水不排出，间歇排水声音也没有	自动排水机构有故障	
	从连接口漏气	连接口松动	拧紧
		紧固螺钉松动	换垫圈后再紧固
风冷式后冷却器	风扇不转	电路断线	修理
		开关触点磨耗	更换开关
		安装螺钉脱落，扇叶碰到罩等	取下罩，重新调整扇叶，正确安装
		过载运转或单相运转（3相时），电动机烧损	更换电动机
	出口压缩空气温度高	出口温度计不良	更换温度计
		冷却风扇不转	参见上条现象
		冷却风扇反转	3相接线中的2相互换
		散热片阻塞	清扫
		环境温度高	换风扇，吸入通道供给外界低温空气
		后冷却器容量不足，即二次侧流量过大	换上冷却能力大的型号
		下部冷却管的内侧积存水	排冷凝水
		通风不畅	检查安装场所
		进口压缩空气温度高	查空压机
水冷式后冷却器	出口压缩空气温度高	出口温度计不良	换温度计
		冷却水量不足	增大冷却水量
		附着水垢	分解冷却水侧、清理
		后冷却器容量不足	换上冷却能力大的型号
		进口空气温度高	查空压机
		冷却水温上升	查冷却功能
		散热片阻塞	清扫
	水侧混入空气或空气侧混入水	冷却管破损	1. 更换冷却器 2. 检查水质，腐蚀性强的场合要中和
	本体内部烧损	由于断水或冷却水极少，不能冷却压缩空气；附着内部的劣质油雾起火	1. 更换冷却器 2. 设置断水报警器 3. 检查空压机，确认冷却机构正常

表 16.1-7　气罐故障及排除对策

故障现象	故障原因	对　　策
气罐内压力不上升	压力表不良	换压力表
	空压机系统有故障	检修空压机
异常升压	空压机压力调节机构有故障	检修空压机
	安全阀故障	检修安全阀

表 16.1-8　冷冻式干燥器故障及排除对策

故障现象	故障原因	对　　策
出口压缩空气的温度高（即冷却不足）	进口压缩空气温度高	检查空压机、后冷却器
	环境温度高	1) 用导管引入外部冷空气 2) 冷凝器部吹气降温
	二次侧流量过大	改选更大的干燥器
	冷凝器阻塞	清扫
	通风不畅	检查安装场所
	冷媒泄漏	检查泄漏原因，修理，充填冷媒
二次侧有水流出	自动排水器不良	修理或更换
	冷却不足	参见上述现象的对策
	二次侧温度下降（如外界吹风、内部绝热膨胀等）	二次侧若使用喷嘴等，温度会急骤下降，一定有水流出，应重新评估配管、喷嘴等
	旁通配管的阀打开了	关闭该阀
	在二次侧，与没有设置空气干燥器的配管共同流动	检查配管系统
二次侧没有空气流出	1) 冷却器内水分冻结所致 2) 冷凝器上经常碰上外部冷风	在冷凝器上安装外罩
	冷媒泄漏。发生泄漏处碰上含水分的空气，则冷却温度下降	检查冷媒回路
二次侧配管上结露	热交换器故障，使空气不能变暖	检查修理或更换
	容量控制阀调节不当	重新调节
运转停止	二次侧流量过大	改选更大的干燥器
	进口压缩空气温度高	检查空压机、后冷却器
	环境温度高	在通风口、冷凝器部吹风降温
	冷凝器阻塞	清扫
	通风不畅	检查安装场所
	冷媒气体过量	减至适量
	电压波动过大	查电压

表 16.1-9　吸附式干燥器故障及排除对策

故障现象	故障原因	对　　策
露点不能降低	吸附剂劣化	更换
	混入油	安装油雾分离器等
	电磁阀故障，空气不能流动	修理或更换
	再生空气不流动	孔口堵塞，清扫
	压力降低	检查配管气路
	计时器故障	修理或更换

(续)

故障现象	故障原因	对　　策
压力降太大	过滤器阻塞	清扫或更换
压力变动大	二通电磁阀故障	修理或更换
	计时器设定不良	

表 16.1-10　主管路过滤器故障及排除对策

故障现象	故障原因	对　　策
压力降增大，使流量减少	滤芯阻塞	换滤芯
紧靠主管路过滤器之后，出现异常多的冷凝水	冷凝水到达了滤芯位置	1. 排放冷凝水 2. 安装自动排水器

3. 气源处理元件的常见故障及对策（见表 16.1-11～表 16.1-15）

表 16.1-11　空气过滤器故障及排除对策

故障现象	故障原因	对　　策
压力降太大	通过流量太大	选更大规格的过滤器
	滤芯堵塞	清洗或更换
	滤芯过滤精度太高	选合适的过滤精度
水杯破损	在有机溶剂的环境中使用	选用金属杯
	空压机输出某种焦油	更换空压机润滑油，使用金属杯
从输出端流出冷凝水	未及时排放冷凝水	每天排水或安装自动排水器
	自动排水器有故障	修理或更换
	超过使用流量范围	在允许的流量范围内使用
输出端出现异物	滤芯破损	更换滤芯
	滤芯密封不严	更换滤芯密封垫
	错用有机溶剂清洗滤芯	改用清洁热水或用煤油清洗
打开排水阀不排水	固态异物堵住排水口	清除
装了自动排水器，冷凝水也不排出	过滤器安装不正，浮子不能正常动作	检查并纠正安装姿势
	1）灰尘堵塞节流孔 2）存在锈末等，使自动排水器的动作部分不能动作 3）冷凝水中的油分等黏性物质阻碍浮子的动作	停气分解，进行清洗
带自动排水器的过滤器，从排水口排水不停	1）排水器的密封部位有损伤 2）存在锈末等，使自动排水器的动作部分不能动作 3）冷凝水中的油分等黏性物质阻碍浮子的动作	停气分解，进行清洗并更换损伤件
水杯内无冷凝水，但出口配管内却有大量冷凝水流出	过滤器处的环境温度过高，压缩空气温度也过高，到出口处才冷却下来	过滤器安装位置不当，应安装在环境温度及压缩空气温度较低处

（续）

故障现象	故障原因	对　策
从水杯安装部位漏气	1）紧固环松动 2）O形圈有伤 3）水杯破损	增拧紧固环仍漏气，应停气分解，更换损伤件
从排水阀漏气	1）排水阀松动 2）异物嵌入排水阀的阀座上或该阀座有伤 3）水杯的排水阀安装部位破损	拧紧排水阀后仍漏气，则应停气分解，清除异物或更换损伤件

表 16.1-12　减压阀故障及排除对策

故障现象	故障原因	对　策
压力不能调整	进出口装反了	正确安装
	1）调压弹簧损坏 2）复位弹簧损坏 3）膜片破损 4）阀芯上的橡胶垫损伤	分解，更换损伤件
	1）阀芯上嵌入异物 2）阀芯的滑动部位有异物卡住	分解，清扫
旋转手轮，调压弹簧已释放，但二次侧压力不能完全降下①	1）阀芯处有异物或有损伤 2）阀芯的滑动部固着在阀芯导座上 3）复位弹簧损伤	分解，清扫，更换密封件
二次侧压力慢慢上升	阀芯上的橡胶垫有小伤痕，或嵌入小的异物	清扫、更换
二次侧压力慢慢下降	膜片有裂纹（由于二次侧设定压力频繁变化及流量变化大所致）	更换
二次侧压力上不去	调压手轮破损	更换
	先导通路堵塞（对内部先导式减压阀、精密减压阀）	清洗通路，在减压阀前设置油雾分离器
输出压力波动过大	减压阀通径小、进口配管通径小（一次侧有节流，供气不畅）和出口配管通径小（还会影响到内部先导式电磁阀的换向及气缸正常动作），当输出流量变动大时，必然输出压力波动大	根据最大输出流量，重新选定减压阀通径，并检查进出口配管系统口径
	进气阀芯导向不良	更换
	溢流孔堵塞	分解，清扫
不能溢流（对溢流型）	溢流孔堵塞	分解，清扫
	橡胶垫的溢流孔座的橡胶太软	更换
溢流口总漏气（对非常泄式）	进出口装反了	改正
	输出侧压力意外升高	查输出侧回路
	1）溢流阀座有伤或嵌入异物 2）膜片有裂纹	清扫或更换
阀体漏气	上阀盖紧固螺钉松动	均匀紧固
	膜片破损（含膜片与硬芯松动）	更换

① 只要二次侧压力能上升，就不会是调压弹簧损伤、膜片龟裂及阀芯与阀杆上O形圈损伤之故。因调压弹簧变软，可朝压力变低的方向调压。若调压弹簧折损，则二次侧压力只能为零，不会出现压力还能上升。膜片龟裂，仍可进行有限的压力调整。阀芯与导杆（阀杆）之间的O形圈损伤，会影响导通的流量大小，但还会有一定的调压功能。

表 16.1-13　油雾分离器故障及排除对策

故障现象	故障原因	对　策
压力降增大，使流量减少	聚结式滤芯阻塞	更换滤芯
紧靠油雾分离器之后，出现异常多的冷凝水	冷凝水已到达滤芯位置	应及时排放冷凝水
装了自动排水器，冷凝水也不排出	油雾分离器安装不正，浮子不能正常动作	纠正油雾分离器的安装姿势
	冷凝水中的油分等黏性物质阻碍浮子动作	停气、分解、清洗
装了自动排水器，从排水口排水不停	排水口的密封件损伤	更换
	冷凝水中的油分等黏性物质阻碍浮子动作	停气、分解、清洗
二次侧有油雾输出	滤芯破损或滤芯密封不严	修理或更换
	通过的流量过大	按最大通过流量重新选型
漏气	排水阀紧固不严	重新紧固
	油杯 O 形圈损坏	更换

表 16.1-14　油雾器故障及排除对策

故障现象	故障原因	对　策
压缩空气流动，但不滴油或滴油量太小	油雾器进出口装反了	改正
	通过流量小，形成压差不足以形成油滴	按使用条件及最小滴下流量重新选型
	节流阀未开启或开度不够	调节节流阀至必要开度
	油杯内油量过多（超过上限）或不足（低于下限）	油量应加至合适范围内
	油道阻塞（导油管滤芯阻塞、单向阀处阻塞、滴下管阻塞）	停气分解、检查、清洗
	气路阻塞，使油杯上腔未加压（杯内有气泡产生）	停气分解、清洗（注意座阀式阀座处）
	注油塞垫圈损坏、油杯密封圈损坏或紧固环不紧，使油杯上腔不能加压（有漏气现象）	停气分解，更换密封圈，紧固环拧紧
	油黏度过大	换油
	压缩空气短时间间歇流动，来不及滴油	改用强制给油式
	舌状活门失效	更换
耗油过多	节流阀开度过大	调至合理开度
	节流阀失效	更换
油量不能调节	1）节流阀处嵌入灰尘等 2）节流阀或阀座有伤	分解检查、清洗或更换
从节流阀处向外漏油	节流阀过松	调至合理开度
	O 形圈有伤	更换
从油杯安装部位漏气	1）紧固环松动 2）O 形圈有伤 3）油杯破损	增拧紧固环后仍漏气，应停气检查，更换损坏件

(续)

故障现象	故障原因	对　策
虽滴油正常，但出现润滑不良现象	1）二次侧配管过长，油雾输送不到应润滑部位 2）竖直向上管在2m以上，油雾输送不到应润滑部位 3）一个油雾器同时向2个及2个以上气缸供油雾，由于缸径及行程等不同，有的气缸得不到油雾	重新设计油雾器至执行元件之间的流路，或改用集中润滑元件

表 16.1-15　差压型油雾器故障及排除对策

故障现象	故障原因	对　策
产生微雾少	滤芯阻碍	清洗
	产生油雾的喷口阻塞	清洗或更换
	混入冷凝水	检查一次侧的过滤器
不能产生压差	通过压差调整阀的流量小于最小的必要流量	应按流量特性曲线检查
	压差调整阀的调节阀杆松动	重新调整后锁住
	压力表不良	更换
从压差调整阀的溢流口有大量空气泄出	先导阀座部有污染物或有伤	分解、清洗或更换损伤件

4. 气动执行元件相关的常见故障及对策（见表16.1-16～表16.1-34）

表 16.1-16　气缸漏气

故障现象		故障原因	对　策
外泄漏	活塞杆处	导向套、杆密封圈磨损，活塞杆偏磨	更换，改善润滑状况，使用导轨
		活塞杆有伤痕、腐蚀	更换，及时清除冷凝水
		活塞杆与导向套间有杂质	除去杂质，安装防尘圈
	缸体与缸盖处	密封圈损坏	更换
		固定螺钉松动	紧固
	缓冲阀处	密封圈损坏	更换
内泄漏（即活塞两侧窜气）		活塞密封圈损坏	更换
		活塞配合面有缺陷	更换
		杂质挤入密封面	除去杂质
		活塞被卡住	重新安装，消除活塞杆的偏载

表 16.1-17　气缸运行途中停止

故障原因	对　策
负载与气缸轴线不同心	使用浮动接头连接负载
气缸内混入固态污染物	改善气源品质

(续)

故障原因	对策
气缸内密封圈损坏	更换
负载导向不良	重新调整负载的导向装置

表 16.1-18　装置忽动忽不动，不稳定

故障原因	对策
限位开关动作不良	更换
继电器触点不良	更换
配线松动	紧固配线（振动大的场合要十分注意）
电磁阀的插头、插座接触不良	改善或更换
电磁线圈接触不良	更换
电磁阀的阀心部动作不良	注意电磁先导阀因固态污染物阻塞而造成动作不良。检查净化系统

表 16.1-19　气缸行程途中速度忽快忽慢

故障原因	对策
负载变动	若负载变动不能改变，则应增大缸径、降低负载率
滑动部动作不良	对滑动部进行再调整；若不能消除活塞杆上不明的力，则应安装浮动接头，设置外部导向机构，解决滑动阻力问题
因其他装置工作造成压力变动大	1）提高供给压力 2）增设气罐

表 16.1-20　气缸爬行

故障原因	对策
供给压力小于最低使用压力	提高供给压力，途中设置贮气罐，以减少压力变动
同时有其他耗气量大的装置工作	增设贮气罐，增设空压机，以减少压力变动
负载的滑动摩擦力变化较大	1）配置摩擦力不变动的装置 2）增大缸径、降低负载率 3）提高供给压力
气缸摩擦力变动大	1）进行合适的润滑 2）杆端装浮动接头，消除不明的力
负载变动大	1）增大缸径，降低负载率 2）提高供给压力
气缸内泄漏大	更换活塞密封圈或气缸

表 16.1-21　气缸速度变快

故障原因	对策
调速阀的节流阀松动，调速阀的单向阀嵌入固态物	再调整节流阀后锁住，清洗单向阀
负载变动	1）重新调整调速阀
负载滑动面的摩擦力减小	2）调整使用压力

表 16.1-22 气缸速度变慢

故障原因	对策
调速阀松动	调整合适开度后锁定
负载变动	重新调整调速阀 调整使用压力
压力降低	重新调整至供给压力并锁定 若设定压力缓慢下降，注意过滤器是否滤芯阻塞
润滑不良，导致摩擦力增大	进行合适的润滑
气缸密封圈处泄漏	密封圈泡胀，更换，并检查净化系统 缸筒、活塞杆等有损伤，更换
低温环境下高频工作，在换向阀出口的消声器上，冷凝水会逐渐冻结（因绝热膨胀、温度降低），导致气缸速度逐渐变慢	提高压缩空气的干燥程度 可能的话，提高环境温度，降低环境空气的湿度

表 16.1-23 气缸速度难以控制

故障原因	对策
调速阀的节流阀不良，调速阀的单向阀嵌入固态污染物	阀针与阀座不吻合，单向阀不能关闭，都会造成流量不能调节，要进行清洗或更换
调速阀通径过大	调速阀通径与气缸应合理匹配
调速阀离气缸太远	调速阀至气缸的配管容积相对于气缸容积若比较大，则气缸速度调节的响应性变差，尤其是气缸动作频率较高时，故调速阀应尽量靠近气缸安装
缸径过小	缸径过小，缸速调节也较困难，故缸径与调速阀应匹配合理

表 16.1-24 每天首次启动或长时间停止工作后，气动装置动作不正常

故障原因	对策
因密封圈始动摩擦力大于动摩擦力，造成回路中部分气阀、气缸及负载滑动部分的动作不正常	注意气源净化，及时排除油污及水分，改善润滑条件

表 16.1-25 气缸处于中停状态仍有缓动

故障原因	对策
气缸存在内漏或外漏	更换密封圈或气缸，使用中止式三位阀
由于负载过大，使用中止式三位阀仍不行	改用气液联用缸或锁紧气缸
气液联用缸的油中混入了空气	除去油中空气

表 16.1-26 气缸输出力过大

故障原因	对策
减压阀设定压力过高	重新设定
负载变小	重新调整压力
滑动阻力减小	重新调整压力
缸速变慢	重新调整调速阀

表 16.1-27 在气缸行程端部有撞击现象

故障原因	对策
没有缓冲措施	增设适合的缓冲措施
缓冲阀松动	重新调整后锁定
气缓冲气缸,但缓冲能力不能调节	缓冲密封圈、活塞密封圈等破损,应更换密封圈或气缸
负载增大或速度变快	恢复至原来的负载或速度,或重新设计缓冲机构
装有液压缓冲器,但未调整到位	重新调整到位

表 16.1-28 活塞杆端出现超程

故障原因	对策
与负载连接不良	使用浮动接头可避免此故障
在行程端部不能让负载停止	在负载侧装限位器
缓冲完全失效	调整缓冲至无冲击状态

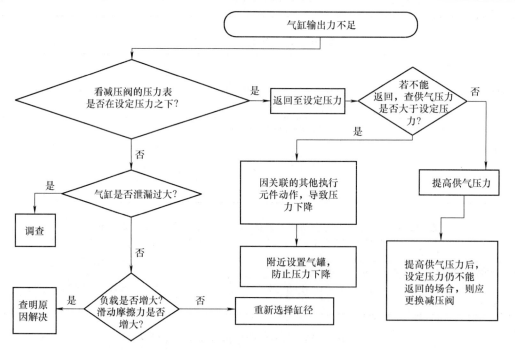

图 16.1-9 气缸输出力不足的故障诊断逻辑推理框图

表 16.1-29 气缸损伤

故障现象	故障原因	对策
缸盖损伤	气缸缓冲能力不足、冲击能量过大所致	加外部液压缓冲器或缓冲回路
活塞杆折断	活塞杆受到冲击载荷	应避免
	缸速太快	设缓冲装置
	轴销摆动缸的摆动面与负载摆动面不一致,摆动缸的摆动角过大	重新安装和设计
	负载大,摆动速度快	重新设计
安装件损坏	安装面的落差、孔间距不正确	应正确安装
	安装螺钉松动	紧固力矩应合适,要均匀紧固

表 16.1-30 摆动气缸的故障

故障现象	故障原因	对策
轴损坏或齿轮损坏	惯性能量过大	减小摆动速度、减轻负载，设外部缓冲，加大缸径
	轴上承受异常的负载力	设外部轴承
	外部缓冲机构安装位置不合适	安装在摆动起点和终点的范围内
动作终了回跳	负载过大	设外部缓冲
	压力不足	增大压力
	摆动速度太快	设外部缓冲，调节调速阀
振动（带呼吸的动作）	超出摆动时间范围	调整摆动时间
	运动部位的异常摩擦	修理摩擦部位或更换
	内泄增加	更换密封件
	使用压力不足	增大使用压力
速度（或摆动速度）变慢，输出力变小	活塞密封圈磨耗，活塞上嵌入固态物；叶片滑动部磨损，叶片上嵌入固态物	清洗或更换
始动及停止时冲击变大	滑块磨耗	更换

表 16.1-31 气液单元的液压缸不动作

故障原因	对策
电源未接通	接通电源
压力太低	调节至正常使用压力
气动电磁换向阀未动作	用手动按钮操作，若电磁换向阀能动作，则查电磁先导阀故障；若电磁换向阀不能动作，则查主阀故障
中停阀不动作	若用电信号或手动操作中停阀，缸仍不动，应检查是否未配管
中停阀未通电	通电
先导压力小	调至必须的先导压力
中停阀已损坏	更换
上一次中停阀关闭停止后，由于温度变化等，被封入的油的压力异常升高，中停阀有可能打不开	延缓中停阀的关闭速度

表 16.1-32 气液单元的液压缸不能立即中停，少许超程后才停止

故障原因	对策
液压缸内有气泡（始动时有跳动）	见图 16.1-10
液压缸的密封圈破损	更换密封圈或液压缸
中停阀动作不良	1. 中停阀的先导部，应避免有从气源来的润滑油滞留 2. 先导阀的动作不良，更换

表 16.1-33　气液单元的液压缸在中停状态有缓动

故障原因	对　策
中停阀动作不良	查电气部位及气压力是否正常，必要时更换
中停阀处嵌入固态污染物或密封圈损伤	操作先导式电磁阀的手动方式，若仍不中停，应分解或更换中停阀，清除污染物
液压缸有泄漏	更换密封圈或液压缸
液压缸内有气泡	见图 16.1-10

表 16.1-34　气液联用缸速度调节不灵

故障原因	对　策
流量阀内混入固态污染物，使流量调节失灵或得不到低速	清洗
从变速阀的电磁先导阀的排气口漏气，表示先导阀内嵌入固态污染物，则不能低速进给或不能变速	若气体压力、电气信号都没有问题，则应分解清洗或更换变速阀
变速阀未接配管，故不能快进	接上配管
漏油	检查油路并修理
气液联用缸内有气泡（始动时有跳动）	见图 16.1-10
气液联用缸有振动声，压力变动、负载变动对缸速影响不大，应考虑带压力补偿的速度控制阀的滑柱处嵌入固态污染物	应分解清洗或更换流量控制阀

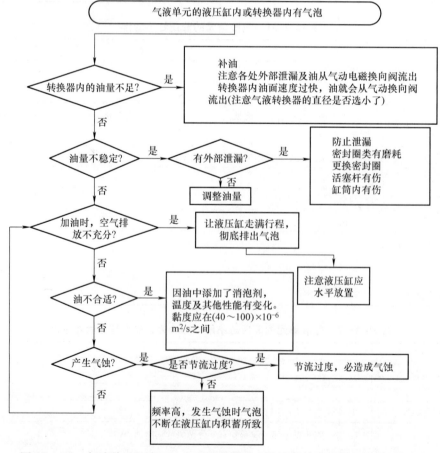

图 16.1-10　气液单元的液压缸内或转换器内有气泡的故障诊断逻辑推理框图

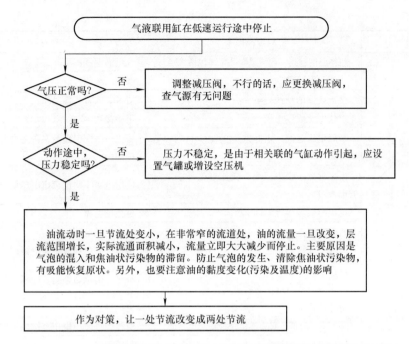

图 16.1-11 气液联用缸在低速运行途中停止的故障诊断逻辑推理框图

5. 气动控制元件的常见故障及对策（见表 16.1-35 ~ 表 16.1-37）

表 16.1-35 电磁方向阀故障及排除对策

	故障现象	故障原因	对策
电磁先导阀	动铁心不动作（无声）或动作时间过长	电源未接通	接通电源
		接线断了或误接线	重新正确接线
		电气线路的继电器有故障	更换继电器
		电压低，电磁吸力不足	应在允许使用电压范围内
		1）污染物（切屑末、密封带碎片、锈末、砂等）卡住动铁心 2）动铁心被焦油状污染物黏连 3）动铁心锈蚀 4）弹簧破损 5）密封件损伤、泡胀（冷凝水、非透平油、有机溶剂等侵入） 6）环境温度过低，阀芯冻结 7）锁定式手动操作按钮忘记解锁	清洗、更换损伤零件，并检查气源处理状态是否合乎要求
	动铁心不能复位	1）弹簧破损 2）污染物卡住动铁心 3）动铁心被焦油状污染物黏连	清洗、更换损伤零件，并检查气源处理状况是否合乎要求
		1）复位电压低 2）漏电压过大	复位电压不得低于漏电压，必要时应更换电磁阀

（续）

	故障现象	故障原因	对策
电磁先导阀	线圈有过热现象或发生烧毁	流体温度过高、环境温度过高（包括日晒）	改用高温线圈
		工作频度过高	改用高频阀
		交流线圈的动铁心被卡住	清洗，改善气源品质
		接错电源或误接线	正确接线
		瞬时电压过高，击穿线圈的绝缘材料，造成短路	将电磁线圈电路与电源电路隔离，设过电压保护回路
		电压过低，吸力减小，交流电磁线圈通过的电流过大	使用电压不得比额定电压低10%~15%
		继电器触点接触不良	更换继电器
		直动式双电控阀两个电磁铁同时通电	应设互锁电路
		直流线圈铁心剩磁大	更换铁心材料或更换电磁阀
	交流电磁线圈有蜂鸣声	电磁铁的吸合面不平，有污染物、生锈，不能完全被吸合或动铁心被固着	修平、清除污染物、除锈、更换
		分磁环损坏	更换静铁心
		使用电压过低，吸力不足（换新阀也一样）	应在允许使用电压范围内
		固定电磁铁的螺钉松动	紧固螺钉
		直动式双电控阀同时通电	设互锁电路
	漏气	1）污染物卡住动铁心，换向不到位 2）动铁心锈蚀，换向不到位	清洗或更换，并检查气源品质
		电压太低，动铁心吸合不到位	应在允许使用电压范围内
		弹簧及密封件损伤	更换
		紧固部位紧固不良	正确紧固
主阀	不能换向或换向不到位	污染物侵入滑动部位	清洗，并检查气源品质
		1）密封件损伤、泡胀 2）弹簧损伤	更换
		压力低于最低使用压力	找出压力低的原因
		接错管口	改正
		控制信号过短（脉冲信号）	找出原因并改正，或使用延时阀
		润滑不良，造成滑动阻力过大	检查润滑条件
		环境温度过低，发生冻结	检查气源处理状况是否合乎要求
	漏气	从主阀排气口	污染物卡在阀座或滑动部位，换向不到位	清洗，并检查气源处理状况
			气压不足，造成密封不良	查明原因并改正，应在允许使用压力范围内
			气压过高，使密封件变形过大	
			润滑不良，造成换向不到位	检查润滑条件
			1）密封件损伤 2）气缸活塞密封圈损伤 3）阀芯与阀套磨损	更换
		从阀体	密封垫损伤	更换
			紧固部位紧固不良	正确紧固
			阀体压铸件不合格	更换阀

表 16.1-36 速度控制阀故障及排除对策

故障现象	故障原因	对策
速度不能调节	阀芯上嵌入固态污染物	清洗或更换
	单向阀芯安装不正	重新安装或更换

表 16.1-37 SSC 阀故障及排除对策

故障现象		故障原因	对策
不能防止"急速伸出"（初期动作时）	急速供气阀芯极快开启	调压阀设定压力太低	提高设定压力
		缸内有残压	让缸内压力充分排空后再动作
		排气侧管路节流过分	打开节流阀
		调压弹簧损坏	更换
不能急速供气（初期动作时）		急速供气阀芯及阀的密封件处有污染物嵌入，密封件有裂纹	清除污染物或更换
始动时间长，会短暂发生"急速伸出"（正常动作时）		调压阀设定压力过高，急速供气阀打不开	重新设定使压力降低
即便排气侧管路不节流，也没有速度（正常动作时）			
速度不能调整（正常动作时）	速度太快	单向阀的密封部嵌入污染物	分解，清除污染物
		密封部有裂纹	更换
	无速度	可调节流阀和单向阀（兼节流阀）的导向部间隙有污染物	分解，清除污染物
从调压阀及可调节流阀附近漏气		O 形圈或密封件损伤	更换

6. 气动辅助元件的常见故障及对策（见表 16.1-38～表 16.1-43）

表 16.1-38 磁性开关的故障及排除对策

故障现象	故障原因	对策
开关不能闭合或有时不闭合	电源故障	查电源
	接线不良	查接线部位
	开关安装位置发生偏移；钢带过分拧紧会拉伸，使开关反而不能紧固；钢带安装不正，受冲击返回至正常位置则钢带便松动了	移至正确位置后紧固
	气缸周围有强磁场	加隔磁板，将强磁场或两平行气缸隔开
	两气缸平行使用，两缸筒间距小于 40mm	
	缸内温度太高（高于 70℃）	降温
	开关受到过大冲击（包括跌落），开关灵敏度降低	更换
	开关部位温度高于 70℃	降温
	开关内瞬时通过了大电流或遇到冲击电压而损坏	更换

故障现象	故障原因	对策
开关不能断开或有时不能断开	电压高于AC200V，负载容量高于AC2.5V·A，DC2.5W，使舌簧触点粘接	更换
	开关受过大冲击，触点粘接	
	气缸周围有强磁场，或两平行缸的缸筒间距小于40mm	加隔磁板
开关闭合的时间推迟	缓冲能力太强	调节缓冲阀

表 16.1-39　液压缓冲器故障及排除对策

故障现象	故障原因	对　策
吸收冲击不充分。活塞杆有反冲或限位器上有相当强的冲击	1）内部加入油量不足 2）混入空气	从油塞补入指定油
	实际能量大于计算能量	再按说明书重新验算
	可调式缓冲器的吸收能量大小与刻度指示不符	调节到正确位置
	活塞密封破损	更换
不能吸收冲击。如在行程途中停止，冲击物弹回	实际负载与计算负载差别太大	按说明书重新验算
	油中混入杂质，缸内表面有伤痕，正常机能不能发挥	与厂商联系
	可调式缓冲器的吸收能量大小与刻度指示不符	调节到正确位置
活塞杆完全不能复位	活塞杆上受到偏载，杆被弯曲	更换活塞杆组件
	复位弹簧破损	更换
	外部贮能器的配管故障	查损坏的密封处
漏油	杆密封圈破损	更换
	O形圈破损	

表 16.1-40　排气口和消声器有冷凝水排出

故障原因	对　策
忘记排放各处的冷凝水	坚持每天排放各处冷凝水，确认自动排水器能正常工作
后冷却器能力不足	加大冷却水量。重新选型，提高后冷却器的冷却能力
空压机进气口处于潮湿处或淋入雨水	将空压机安置在低温、湿度小的地方，避免雨水淋入
缺少除水设备	气路中增设必要的除水设备，如后冷却器、干燥器、过滤器
除水设备太靠近空压机	为保证大量水分呈液态，以便清除，除水设备应远离空压机
压缩机油不当	使用了低黏度油，则冷凝水多，应选用合适的压缩机油
环境温度低于干燥器的露点	提高环境温度或重新选择干燥器
瞬时耗气量太大	节流处温度下降太大，水分冷凝成水，对此应提高除水装置的能力

表 16.1-41　排气口和消声器有灰尘排出

故障原因	对策
从空压机进口和排气口混入灰尘等	在空压机吸气口装过滤器；在排气口装消声器或排气洁净器；在灰尘多的环境中，元件应加保护罩
系统内部产生锈屑、金属末和密封材料粉末	元件及配管应使用不生锈、耐腐蚀的材料，保证良好的润滑条件
安装维修时混入灰尘等	安装维修时，应防止混入铁屑、灰尘和密封材料碎片等；安装完应用压缩空气充分吹洗干净

表 16.1-42　排气口和消声器有油雾喷出

故障原因	对策
油雾器离气缸太远，油雾到不了气缸，待阀换向时，油雾排出	油雾器尽量靠近需润滑的元件，提高油雾器的安装位置；选用微雾型油雾器、增压型油雾器、集中润滑元件
一个油雾器供应两个以上的气缸，由于缸径大小、行程长短、配管长短不一，油雾很难均等输入各气缸，待阀换向，多出油雾便排出	改用一个油雾器只供应一个气缸；使用油箱加压的遥控式油雾器供油雾
油雾器的规格、品种选用不当，油雾送不到气缸	选用与气量相适应的油雾器规格

表 16.1-43　密封圈损坏

故障现象	故障原因	对策
挤出	压力过高	避免高压
	间隙过大	重新设计
	沟槽不合适	重新设计
	放入的状态不良	重新装配
老化	温度过高	更换密封圈材质
	低温硬化	更换密封圈材质
	自然老化	更换
扭转	有横向载荷	消除横向载荷
表面损伤	摩擦损耗	查空气品质、密封圈品质、表面加工精度
	润滑不良	查明原因，改善润滑条件
膨胀	与润滑油不相容	换润滑油或更换密封圈材质
损坏黏着变形	1）压力过高 2）润滑不良 3）安装不良	检查使用条件、安装尺寸和安装方法、密封圈材质

7. SMC 气动元件的故障检测单（见表 16.1-44～表 16.1-61）

表 16.1-44 VBA 系列故障检查单 对象系列：(VBA4100/VBA40A/VBA2100/VBA20A/VBA1110/VBA1111/VBA10A)

现象		原因	确认方法	处置方法	更换部件	恒久对策
I	由于不动作而不增压	a 由于异物导致内部换向阀动作不良(粘着或者在中间位置停止)	内侧有黑浆、劣化油、异物 消声器表面有黑色磨损粉	确认过滤器 确认阀切换阀	过滤器的滤芯 增压阀内部部品	A
		b 内部切换阀动作不良(在中央封闭位置停止)	低于最低动作压力(0.1MPa)(开始与结束时都要检查)	确认供应压力	—	B
		c 滑动部密封材料的寿命(活塞密封圈磨损)	消声器表面有黑色磨损粉	确认消声器表面	密封件	C
II	动作但不增压	d 滑动部密封材料的寿命(活塞密封圈磨损)	消声器表面有黑色磨损粉	确认消声器表面	密封件	D
		e 滑动部密封部的润滑脂消失了	随着活塞动作有异音(像摩擦那样的磨擦声)	补充润滑脂	润滑脂	E
		f 入口侧的供应空气不足导致不增压	请确认入口配管是否比增压阀连接口小	确认供应配管的尺寸	—	F
III	从调节器的手柄处漏气(排气状态)	g 一次侧压力变动大，超过了调节器的排气压力设定值	从调节器的排气口进行排气(抬起手柄排气立即停止)	确认手柄的设定压力	—	G
		h 调节阀用橡胶被臭氧劣化发生龟裂	即使手柄到下限位置依然会增压	变更为机种	变更为机种80-	H
		i 密封材料的寿命(活塞密封圈磨损)	即使手柄到下限位置依然会增压	确认密封	密封件	I
IV	增压但无法停止作动	j 由于出口配管侧泄漏使增压无法停止	外部泄漏的场合(在增压阀出口处安装阀确认是在二次侧泄漏还是内部泄漏)	确认二次侧内部泄漏	—	J
		k 密封材料的寿命(活塞密封圈磨损)	内部泄漏的场合(在增压阀出口处安装阀确认是在二次侧泄漏还是内部泄漏)	确认密封	密封件	K

(续)

	恒久对策		恒久对策
A	• 过滤器脏了的场合 按照维修指南更换过滤器的滤芯 请确认是否在规格范围内 • 切换阀有异物附着的场合 只有异物附着的场合，按照维修指南进行拆分，去除异物 异物附着并已受损的场合，按照维修指南更换切换阀	E	按照维修指南补充润滑脂(在空气干燥的场合润滑脂会在短期内蒸发) 空气干燥的场合可更换成带油雾器的特注品提高保持性
B	请在增压阀入口设置等避免低于最低动作压力(0.1MPa)，待压力充分上升后再启动增压阀	F	换成尺寸适合的配管(与增压阀的连接尺寸相同)
		G	重新设定调节器的排气压力
		H	更换成80-VBA*0A
C	主要是密封材料的寿命原因，请按照维修指南更换密封件	I	主要是密封材料的寿命原因，请按照维修指南更换密封件
		J	修理增压阀出口以后的泄漏
D	主要是密封材料的寿命原因，请按照维修指南更换密封件	K	主要是密封材料的寿命原因，请按照维修指南更换密封件

表 16.1-45 对象系列：（真空发生器 ZK2 系列）

现象		原因	确认方法	处置方法	更换部件	恒久对策
I 真空吸附不良	1 不产生真空	a 被异物、灰尘等卡住堵塞	产品内部的滤芯和消声器元件是否有堵塞（变色、异物附着、液体附着）真空装置（真空发生器）的喷嘴和扩压管是否有异物附着或堵塞	更换滤芯/消声器元件，冲洗喷嘴/扩压管	滤芯消声器元件	A/B
		b 供给阀不作动	供电电压是否下降 供电总量是否低于真空发生器工作时的总耗电量	调整电磁阀供电电压	—	C/D
	2 真空压力不足		供给电压是否下降	更换线圈	（插头组件）	D/E
			供给空气是否超出工作压力范围	调整供给电压	—	F
		c 维护过程中组装错误	气源质量是否下降	更换阀组件	阀组件	A
			密封垫组件状况在维护前后是否相同	重新安装密封垫更换密封垫	密封垫	G
		d 供给压力不足	过滤器维护完成后，单向阀是否与维护前的状况相同	重新组装单向阀	单向阀	G
		e 单向阀异常	供应压力是否足以产生所需的真空压力	产生真空时检查供给压力	—	F/H
			产品中的单向阀是否有变形或连接问题	更换单向阀	单向阀	G/I

A 由于供给空气的水分或者管道的粉尘等进入真空发生器造成堵塞和故障。对管路进行冲洗和吹气，加置油雾分离器和空气过滤器进行定期地维护，同时对这些装置作为净化空气的对策。对于详细的维护方法，请参考相关的产品目录或操作手册

B 由于附着在工作表面的各种物质进入真空发生器而发生堵塞，在真空发生器之间中安装一个高精度的吸盘和真空过滤器，以防止吸入空气中含有外来物质（可透过产品内真空过滤器的细小物质）。同时对过滤器进行定期维护。对于详细的维护方法，请参考相关的产品目录或操作手册

C 真空发生器通电工作时，调整电磁阀的供给电压到额定电压。调整数字压力开关连接到电磁阀额定一电源±10%以内，在压力开关连接到电源时将电压调整到额定电压

D 请检查接线是否连接正确，如电源情况等

E 与产品配套的连接组件的引线会因反复弯曲而断裂。弯曲的引线改用移动部件专用引线，需要反复弯曲的引线配置在活动部件上安装真空发生器等时，将引线固定在设备上，使引线和部件进行振动不受影响等

F 在供给压力低于工作压力范围时同时，主阀会发生故障或耗气量很大。当供给压力高于工作压力范围时，由于或密封部件的密封会过早磨损，会引起故障。请在规格的范围内将供给压力调整满足产品进气，真空口的规定的范围内

G 在正常的真空耗气量时真空发生器（尤其是集装型产品）的空气消耗量很高，请在真空发生器工作过程中检查供给空气压力是否在规定范围内

H 当密封垫芯或阀组件等脱落卡某处等情况，没有注意到该部分密封泄漏，并产生足够的供给流量，请拆卸刚维护过的部件，从该部分密封泄漏，并产生足够的供给流量，请拆卸刚维护过的部件，正确安装密封垫和单向阀。如果密封垫芯会造成供给压力损失，请更换新部件

I 如果真空发生器工作过程中供给压力下降，产生的真空也会下降。请确保足够的供给流量，以防止其他设备运行时消耗真空发生器壳体的真空压力

I 主要原因为：当真空发生器排气口有异物或单向阀夹在过滤器真空通道内，无法保持上述操作错误

I 如果单向阀因真空压力无法达到规定范围气量发生异常，真空发生器排气口时有异物或单向阀夹在过滤器真空通道内，无法保持单向体会被独自排出上述上述操作错误

（续）

	现象		原因		确认方法	处置方法	更换部件		恒久对策	
II	真空压力吸附时有波动	3	f	真空产生时流体振荡现象	真空压力是否由于工件吸附过程中真空产生的时间歇振声而前后波动？	调节供给压力更换消声器元件	消声器元件	J ⇒	J	当工件被真空压力吸附产生的高速空气打压管内喷时，喷嘴喷出的反射空气会使真空发生器在排气管路中来现象。这种现象在排气管路中可能会引起轻微波动。在上述情况下可使真空压力不稳定为正常现象。如果真空发生器波动为正常现象声会改变真空压力侧，调整供给压力、噪声和真空压力的振动现象，直到排气阻力的增加、真空发生器可能会产生歇性噪声等排气元件来改善声、如果排气消声器污染，可以通过更换消声器元件来改善
III	真空口泄漏	4	g	排气回流	产品配备集装式排气口或多个真空发生器一起使用时，是否每个单体真空发生器装置了两个真空的时间	可按需选择双单向阀	—	K ⇒	K	真空发生器使用集装式排气回路或单装成一排使用时，可使用集装式排气，当多个真空发生器一起用时，排气体回流，使其他真空发生器发生单体真空压力下降。当排气停止时，排气回流会使单体真空发生器发生单向阀打开，并使单向阀发生振动。每个单体真空可装发生单向阀，或更换为双单向阀，单体真空发生排气回流。可装置的安装方法请参考产品目录
IV	真空破坏能力差	5	h	破坏流量调节针阀完全关闭	破坏流量调节针阀旋转时针阀方向拧紧至底	逆时针旋转针阀	—	—	L	当空气源质量下降有水汽混入产品时，影响真空发生器工作和主阀寿命。请在真空发生器前端气源安装油雾分离器和过滤器
			i	破坏阀不作动	破坏这种情况用针阀的原因是否与供给阀不工作的原因相同	与供给阀不作用相同的处理方法	—	C/D/E/F/L	M	当过滤器堵塞时，通过过滤器的空气流量下降。特别是有液体和细小颗粒进入过滤器内部时，应定期维护，或更换为液体安装在过滤器的外部过滤器
		6	j	破坏阀流量下降	真空过滤器是否堵塞	更换真空过滤器	真空过滤器	M ⇒	N	吸附动作中，吸盘面与产品接触次数增加而逐渐变脏。橡胶的粘性会增加，可能会粘在工件上。如果出现这种现象，应尽快更换吸盘
			k	工件和吸盘粘连	吸盘表面是否变质	更换吸盘	真空吸盘	N ⇒		
V	节能开关故障	7	l	真空泄漏	连接真空发生器和吸盘的气路是否有泄漏，是否导致吸盘变质或吸附破坏，是否与供给状态下工件具有渗透性无法维持真空	关闭供给阀后，检查是否达到真空压力的时间	—	O ⇒	O	产品规格设计成带有节能控制功能，主要是用来维持真空压力。当真空发生器排气口有任何异常时，真空来减少消耗。当产品在节能状态下工作时，电磁阀处于工作状态，如果发生泄漏或真空软管破损，则产品将无法恢复真空。请改正错误，或在操作控制方法"S-ComPa"文件搜索中可能控制"/S-ComPa"文件搜索中"节能控制"
			m	单向阀异常	产品中单向阀是否有变形或配件错误	更换单向阀	单向阀	P ⇒	P	如果因为：当真空发生器真空有任何异常时，真空单向阀有异常或有单向排气气通道，无法使真空通道内变形。如果单向阀无法恢复原因变形受到污染，会使单向阀工作时长期受到污染，在上述情况下也应尽快更换单向阀

表 16.1-46 对象系列：（AF 系列）

现象			原因		确认方法	处置方法	更换部件	恒久对策
I	泄漏	1 外部泄漏	a	树脂外壳破损 环境物质附着(从外侧破裂)	请确认外壳是否发生龟裂(由外向内的破损)	更换外壳 更换机种	外壳组件①	A
			b	树脂外壳破损 环境物质流入(从内侧破裂)	请确认外壳是否发生龟裂(由内向外的破损)	更换外壳 更换机种	外壳组件①	B
			c	从外壳连接处泄漏 O形圈密封不良	请确认外壳的O形圈处是否密封不良	更换O形圈	外壳O形圈	C
		2 从排水口泄漏	d	阀密封不良 异物附着	请确认是否有异物附着	冲洗 更换外壳	外壳组件	D
			e	阀动作不良	请确认是否有异物附着 请确认是否混入了可使阀橡胶材料劣化、膨胀的异物	冲洗 更换外壳	外壳组件	D、E
		3 浮子式自动排水泄漏	f	活塞密封圈密封不良 异物附着	请确认密封件密封处是否有异物附着	冲洗 更换自动排水组件	自动排水组件	F
			g	活塞孔堵塞 异物附着	请确认活塞滑孔处是否有异物附着	冲洗 更换自动排水组件	自动排水组件	F
			h	活塞动作不良 异物卡住、橡胶膨胀	请确认活塞滑动处是否有异物卡住 请确认是否混入了可使阀橡胶材料劣化、膨胀的异物	冲洗 更换自动排水组件	自动排水组件	E、F
II	异物流出	1 出口配管处有异物混入	i	滤芯破损	请确认滤芯是否破损	更换滤芯	滤芯	G
			j	隔板破损	请确认隔板是否破损	更换隔板	更换隔板	H
III	压力损失	1 出口压力不上升	k	滤芯堵塞	请测定入口和出口处压力	更换滤芯	滤芯	I

① 原因不明的场合请更换成金属外壳。

(续)

	恒久对策（详细）		恒久对策（详细）
A	§ 环境物质的附着 ①请确认周围环境是否存在环境物质 ②涂抹泄漏检测液时，请确认是否含有对树脂有不良影响的物质 ③请确认是否安装在高温环境下	E	§ 从入口混入环境物质 ①请确认配管内空气是否混入了环境物质 ②配管时请进行冲洗 ③请确认螺纹锁定剂是否流入配管内
B	§ 环境物质流入 ①请确认配管内空气是否混入了环境物质 ②请确认压缩机周围有无溶剂 ③请确认螺纹锁定剂是否流入配管内 ④请确认是否设置在高温环境下	F	§ 从入口混入异物 ①请确认配管内空气是否有异物混入 ②配管后请进行冲洗 ③请确认螺纹锁定剂是否流入配管内 ④请考虑安装主路过滤器
C	§ 密封不良 ①请确认O形圈是否有异物附着 ②请确认O形圈是否有扭曲、瑕疵、龟裂、劣化等	G	§ 滤芯破损 ①请更换滤芯 ②请确认是否混入了可使滤芯劣化的环境物质 ③进行维护使滤芯前后的压差不超过0.1MPa
D	§ 阀密封处异物卡死 ①请确认配管内空气是否有异物混入 ②配管时请进行冲洗 ③请按下手动操作按钮排出空气冲洗内部 ④请按照使用说明书进行内部清洗	H	§ 隔板破损和安装状态 ①请确认隔板是否龟裂和破损 ②请确认隔板是否安装得当
		I	§ 滤芯堵塞 ①请更换滤芯 ②请考虑安装主路过滤器

表 16.1-47 对象系列：(AR 系列 标准形/非溢流型)

		现象		原因	确认方法	处理方法	更换部件	恒久对策
I	空气泄漏	1	排气口泄漏	a 排气阀的密封不良：异物卡死	【分解】请确认排气阀密封部是否有异物附着	去掉异物 更换部品	隔膜组件	A
				b 排气阀的密封不良：密封处有伤、磕痕	【分解】请确认排气阀密封部是否有伤、磕痕	更换部品	隔膜组件	A
		2	外部泄漏	c IN和OUT配管装反	请确认IN和OUT侧的方向	重新安装	—	—
				d 背压	请确认OUT侧有无分支配管	变更回路	—	—
				e 从隔膜处泄漏：隔膜脱落	【分解】请确认隔膜是否脱落	更换部品	隔膜组件	B
				f 主体与机罩之间泄漏：隔膜脱落	【分解】请确认隔膜是否脱落	更换部品	隔膜组件	B
				g 更换部件时漏装部件、组装方向错误	请确认是否漏装、安装方向	重新安装	—	—
II	设定不良	1	压力上升	h 阀密封不良：异物卡死	【分解】请确认阀密封部是否有异物附着	去掉异物 更换部品	阀	A
				i 阀密封不良：阀密封材料劣化	【分解】请确认阀密封材料是否劣化出现龟裂和缺口	更换部品	阀	C
				j 阀密封不良：壳体的阀密封部有眼纹、磕痕	【分解】请确认壳体的阀密封部有无眼纹、磕痕	更换部品	阀	A
				k 阀密封不良：阀粘着	【分解】请确认阀是否粘在阀座上	清扫粘着部，增加润滑油	—	A, D
				l 阀密封不良：阀杆粘着	【分解】请确认阀杆是否粘在主体上	调压手柄调整	—	E
		2	压力不上升	m 压力未设定	请确认压力设定状态	确认供给压力	阀	F
				n 供给压力不足	请确认入口压力的供给能力	去掉异物 更换部品	阀	A
		3	压力不稳定	h 阀密封不良：异物卡死	【分解】请确认阀密封部是否有异物附着	确认供给压力、能力 确认出口	—	F
				o 压力变动：入口压力(供给压力)不足、出口压力的变动	请确认入口压力、出口流量有无变动以及供给能力			
III	破损	1	机罩破损	p 周围环境：在高温环境下曝晒	请确认流体温度、周围温度	确认是否在规格温度	—	G
				q 使用环境：环境物质附着	请确认有无环境物质	环境确认	—	H

（续）

	恒久对策（详细）		恒久对策（详细）
A	§ 异物从入口侧或者出口侧流入导致阀密封面或者滑动面的异物卡住 ①请考虑设置空气过滤器等以免配管内空气混入异物（请考虑在调压阀的入口侧以模块式结合空气过滤器） ②配管前请进行冲洗 ③为避免空气过滤器的滤芯破损请进行定期更换（2年或压差为0.1MPa以内） ④缠密封带时高留出前端2个螺纹再开始缠。	E	§ 通过调压手柄设定状态 请确认调压手柄是否处于压力设定状态
B	§ 应力过大导致隔膜脱落 ①调压手柄处于全开状态下，请不要超过最高设定压力。 ②从出口侧增加背压请不要超过最高设定压力。	F	§ 入口压力、出口流量的变动 ①入口压力变动很大的场合请尽可能调小（气罐的设置、供气系统的分散） ②请进行调整避免消耗大流量使压力过低（尺寸UP等） ③请确认主路过滤器是否堵塞
C	§ 环境物质流入 ①请避免混入含有臭氧的空气 ②请避免压缩机中环境中存在溶剂 ③请确认螺纹胶是否流入配管内 ④请避免暴露在高温环境下（使用温度范围以上）	G	§ 高温导致树脂强度下降 ①流体温度、环境温度请不要高于最高使用温度 ②辐射热等请通过设置遮蔽板等在最高使用温度以下使用
D	§ 阀滑动部或者阀杆滑动部的润滑脂不足 ①请避免配管内混入排水和油使润滑脂流失 ②请给阀杆滑动部或者阀杆滑动部涂上润滑脂 § 阀滑动部或者阀杆滑动部混入和排水和环境物质使润滑部腐蚀 请避免配管内混入排水和环境物质使滑动部的腐蚀	H	§ 环境物质导致树脂材质劣化 周围环境、流体中请不要混入环境物质

表 16.1-48 对象系列：(CJ2、CQ2、CQS、CG1、CM2、MB、CP96、CA2、CS2、RQ 系列 标准型/复动)

	现象			原因	确认方法	处置方法	更换部件	恒久对策
Ⅰ 漏气	1	内漏	a	过大的横向负载、力矩作用	请确认滑动部分是否有偏磨	换密封圈更换型号	密封圈组件(再选定)	A
			b	气源中混入异物	请确认配管通气孔处是否有冷凝水附着	除去冷凝水增加润滑脂冷凝水对策	密封圈组件	B
			c	从通气口混入异物	请确认配管内通气孔处是否有异物附着	除去异物更换密封圈	密封圈组件(再选定)	C
	2	活塞杆端泄漏(外漏)	a	过大的横向负载、力矩作用	请确认滑动部分是否有偏磨	更换密封部件	密封圈组件(再选定)	A
			d	附着从外部进入的异物	请确认滑动面是否有异物(液体)附着	除去异物更换密封圈异物对策	密封圈组件	D
Ⅱ 作动不良	1	速度慢不作动(无行程)无输出	a	过大的横向负载、力矩作用	请确认滑动部分是否有偏磨	换密封圈更换型号	密封圈组件(再选定)	A
			b	气源中混入异物	请确认配管内和通气孔处是否有冷凝水附着	除去冷凝水增加润滑脂冷凝水对策	密封圈组件	B
			c	从通气口混入异物	请确认配管内和通气孔处是否有异物附着	换密封圈更换型号	密封圈组件	C
		①+活塞杆端泄漏	d	附着从外部进入的异物	请确认滑动面是否有异物(液体)附着	除去异物更换密封圈异物对策	密封圈组件(再选定)	A
		②+活塞杆端泄漏	d	附着从外部进入的异物	请确认滑动面是否有异物(液体)附着	除去异物更换密封圈异物对策	密封圈组件(再选定)	D
			e	低速作动	请确认使用速度是否在50mm/s以下	更换型号	(再选定)	E
	2	伸出顿挫(振动)	a	过大的横向负载、力矩作用	请确认滑动部分是否有偏磨	换密封圈更换型号	密封圈组件	A
		(⇒)下	b	气源中混入异物	请确认配管内和通气孔处是否有冷凝水附着	除去冷凝水增加润滑脂冷凝水对策	密封圈组件	B
		①+内漏	c	从通气口混入异物	请确认配管内和通气孔处是否有异物附着	除去异物更换密封圈	密封圈组件	C
		②+活塞杆端泄漏	f					
			d	附着从外部进入的异物	请确认滑动面是否有异物(液体)附着	除去异物更换密封圈异物对策	密封圈组件	D
	3	气缓冲无效	g	缓冲阀调整不当	缓冲阀全闭，确认是否有过大的动能		密封圈组件	F
			h	过大的动能、外力作用	请确认是否有过大的动能、外力作用	更换型号	(再选定)	G
Ⅲ 破损	1	止动槽、活塞、活塞杆的破损	h	过大的动能、外力作用	请确认是否有过大的动能、外力作用	更换型号	(再选定)	G
Ⅳ 外观不良	2	生锈	i	潮湿的使用环境	请确认是否是高湿度、潮湿等容易生锈的使用环境	更换型号	(再选定)	H
			j	潮湿环境长期保存	请确认是否是潮湿环境长期保存	除去生锈部分的锈迹	—	H

（续）

	恒久对策（详细）
A	§过大的横向负载和力矩使带密封圈的滑动部分偏磨，导致不良 ①请在产品的容许横向负载和中心没有错位 ②请确认导轨和工作的连接处没设置浮动托架 ③请不要在偏心负荷等过大的力矩荷重下使用
B	§液体的进入会导致气缸内部润滑性差，导致不良 ①配管前请进行吹气或者清洗，除去配管的切削粉、切削油、垃圾等 ②配管跟接头类拧入螺纹时，请注意配管螺纹部的切削粉末与密封剂不要进入配管内部
C	§进入气缸内部的异物会附着在带密封圈的滑动面上，导致不良 ①请确认气源里不会产生冷凝水以及对压缩空气净化机器进行检修 ②请确认不会产生水蒸气。如果会产生水蒸气，有修改配管容积等改善方法，请商讨修改配管状态（配管的尺寸、长度）等其他方法
D	§外部的异物附着在带密封圈的滑动面，导致不良 ①请确定滑动面没有附着异物、商讨加装端盖等对策 ②防止从外部进入杀质时作为对应可以使用环境后加入刮尘圈的气缸，确定使用环境后确定预伤气缸的异物情况，考虑其他方法
E	§以150mm/s以下的低速使用时，作为对应可以使用低速气缸，确定使用速度后，考虑其他方法
F	§气缓冲根据作动速度和负载的变化效果不同，请调节缓冲阀后再使用
G	①请在产品容许的负荷质量、速度范围内使用 ②请确认没有超出气缸最大推力的外力、冲击、振动作用
H	§活塞杆前端部（端面、螺纹部、两安装面）没有进行电镀处理根据保管环境和使用环境，可能生锈存在生锈问题的场合，请使用环境后注品在特殊药业环境使用的场合，请确认使用环境后，考虑其他方法

890

表 16.1-49 对象系列：(AR 系列 标准形/非溢流型)

现象			原因	确认方法	处置方法	更换部件	恒久对策
Ⅰ 空气泄漏	1 排气口泄漏	a	排气阀的密封不良：异物卡死	【分解】请确认排气阀密封部是否有异物附着	去掉异物更换部品	隔膜组件	A
		b	排气阀的密封不良：密封处有伤、嗑痕	【分解】请确认排气阀密封部是否有伤、嗑痕	更换部品	隔膜组件	A
		c	IN和OUT配管装反	请确认IN和OUT的方向	重新安装	—	—
		d	背压	请确认OUT侧有无分支配管	变更回路	—	—
	2 外部泄漏	e	从隔膜处泄漏：隔膜脱落	【分解】请确认隔膜是否脱落	更换部品	隔膜组件	B
		f	主体与机罩之间泄漏：隔膜脱落	【分解】请确认隔膜是否脱落	更换部品	隔膜组件	B
		g	更换部件时漏装部件、组装方向错误	请确认是否漏装、安装有误	重新安装	—	—
Ⅱ 设定不良	1 压力上升	h	阀密封不良：异物卡死	【分解】请确认阀密封部是否有异物附着	去掉异物更换部品	阀	A
		i	阀密封不良：阀密封材料劣化	【分解】请确认阀密封部材料是否劣化出现龟裂和缺口	更换部品	阀	C
		j	阀密封不良：壳体密封部有伤嗑疵、嗑痕	【分解】壳体的阀密封部有无嗑疵、嗑痕	更换部品	阀	A
		k	阀密封不良：阀粘着	【分解】请确认阀是否粘在阀座上	清扫粘着部增加润滑油	—	A, D
		l	阀密封不良：阀杆粘着	【分解】请确认阀杆是否粘在主体上	调压手柄调整	—	E
	2 压力不上升	m	压力未设定	请确认压力设定状态	确认供给压力	—	F
		n	供给压力不足	请确认入口压力的供给能力	去掉异物更换部品	阀	A
	3 压力不稳定	h	阀密封不良：异物卡死	【分解】请确认阀密封部是否有异物附着	确认供给压力、能力确认出口	—	F
		o	压力变动：入口压力(供给压力不足)、出口压力的变动	请确认入口压力、出口流量有无变动以及供给能力	确认是否在规格温度	—	G
Ⅲ 破损	1 机罩破损	p	周围环境：在高温环境下曝晒	请确认流体温度、周围温度	环境确认	—	H
		q	使用环境：环境物质附着	请确认有无环境物质			

（续）

	恒久对策（详细）		恒久对策（详细）
A	§ 异物从入口侧或者出口侧流入导致阀密封面或者滑动面的异物卡住 ①请考虑设置空气过滤器等以避免配管内空气混入异物(请考虑在调压阀的入口侧以模块式结合空气过滤器) ②配管前请进行冲洗 ③为避免空气过滤器的滤芯破损请进行定期更换(2年或压差为0.1MPa以内) ④缠密封带时留出前端2个螺纹再开始缠	D	§ 阀滑动部或者杆滑动部的润滑脂润滑脂不足 ①请避免设置空气过滤器等以免配管内混入水和油使润滑脂流失 ②请给阀滑动部或者杆滑动部涂上润滑脂 ③阀滑动部或者杆滑动部的腐蚀 请避免配管内混入排水和环境物质使滑动部腐蚀
B	§ 应力过大导致隔膜脱落 ①调压手柄请处于全开状态下，请不要超过最高设定压力 ②从出入口侧请增加背压请不要超过最高设定压力	E	§ 通过调压手柄设定状态 请确认调压手柄是否处于压力设定状态
C	§ 环境物质流入 ①请避免混入含有臭氧的空气 ②请避免压缩机的周围环境中存在溶剂 ③请确认螺纹胶是否流入配管内 ④请避免暴露在高温环境下(使用温度范围以上)	F	§ 入口压力、出口流量的变动 ①入口压力变动很大的场合请尽可能调小(气罐的设置、供气系统的分散等) ②请进行调整避免在出口侧消耗大流量使压力过低(尺寸UP等) ③请确认主路过滤器是否堵塞
		G	§ 高温导致树脂强度下降 ①流体温度、环境温度请不要高于最高使用温度 ②辐射热等请通过设置遮板等在最高使用温度以下使用
		H	§ 环境物质导致树脂材质劣化 周围环境、流体中请不要混进环境物质

表 16.1-50 对象系列：(MGP、MGQ、MGC、MGG 系列 标准型/复动)

		现象		原因	确认方法	处置方法	更换部件	植入索引
I		漏气	1	内漏	a 过大的横向负载、力矩作用	请确认滑动部分是否有偏磨	换密封圈 更换型号	密封圈组件（再选定）| A
					b 气源中的液体混入	请确认配管内跟通气孔处是否有冷凝水附着	换冷凝水 增加润滑脂 冷凝水对策	密封圈组件	B
					c 从通气口混入异物	请确认配管内跟通气孔处是否有异物附着	除去异物 更换密封圈	密封圈组件	C
			2	活塞杆端泄漏	a 过大的横向负载、力矩作用	请确认滑动部分是否有偏磨	换密封圈 更换型号	（再选定）	A
					d 附着从外部进入的异物（液体）	请确认滑动面是否有异物（液体）附着	除去异物 更换密封圈 异物对策	密封圈组件（再选定）| E
II		作动不良	1	速度慢 不作动 （无行程） 无输出	a 过大的横向负载、力矩作用	请确认滑动部分是否有偏磨	换密封圈 更换型号	密封圈组件（再选定）| A
					b 气源中的液体混入	请确认配管内跟通气孔处是否有冷凝水附着	除冷凝水 增加润滑脂 冷凝水对策	润滑脂包	B
					c 从通气口混入异物	请确认配管内跟通气孔处是否有异物附着	除去异物 更换密封圈	密封圈组件	C
					d 附着从外部进入的异物	请确认滑动面是否有异物（液体）附着	除去异物 更换密封圈 异物对策	密封圈组件（再选定）| E
					e 通气气路故塔	塔头位置改在上面孔时，请确认堵头是否有拧得太深	重新安装堵头	—	C
			2	伸出顿挫（振动）	a 过大的横向负载、力矩作用	请确认滑动部分是否有偏磨	换密封圈 更换型号	密封圈组件（再选定）	A
					b 气源中的液体混入	请确认配管内跟通气孔处是否有冷凝水附着	除冷凝水 增加润滑脂 冷凝水对策	润滑脂包	B
					c 从通气口混入异物	请确认配管内跟通气孔处是否有异物附着	除去异物 更换密封圈	密封圈组件	D
					d 附着从外部进入的异物	请确认滑动面是否有异物（液体）附着	除去异物 更换密封圈 异物对策	密封圈组件（再选定）| E
					f 连接安装工作不当	请确认在连接板上安装速度在50mm/s以下	—	—	F
					g 低速作动	请确认使用速度在50mm/s以下	消除原因	—	G
			3	气缓冲无效	a 过大的横向负载、力矩作用	请确认滑动部分是否有偏磨	换密封圈 更换型号	密封圈组件（再选定）| A
					b 气源中的液体混入	请确认配管内跟通气孔处是否有冷凝水附着	除冷凝水 增加润滑脂 冷凝水对策	润滑脂包	B
					c 从通气口混入异物	请确认配管内跟通气孔处是否有异物附着	除去异物 更换密封圈	密封圈组件	D
					d 附着从外部进入的异物	请确认滑动面是否有异物（液体）附着	除去异物 更换密封圈 异物对策	密封圈组件（再选定）| E
					h 缓冲阀调整不当	缓冲阀全闭、确认缓冲效果	更换密封圈	密封圈组件	H
					i 过大的动能、外力作用	请确认是否有过大的动能	更换型号	（再选定）| I
III		破损	1	止动环、止动环槽、连接导杆和底板用的螺钉破损	i 过大的动能、外力作用	请确认是否有过大的动能	更换型号	（再选定）| I
IV		外观不良		生锈	j 潮湿的使用环境	请确认是否是湿度高、潮湿等容易生锈的使用环境	更换型号	（再选定）| J
					k 潮湿环境长期保存	请确认是否是在潮湿环境长期保存	除去潮动部分以外的锈迹	—	J

（续）

	恒久对策（详细）
A	§ 过大的横向负载和力矩使带密封圈的滑动部分偏磨，导致不良 ① 请在产品的容许横向负载以下使用 ② 请不要在偏心负荷等过大的力矩负荷重下使用
B	§ 液体的进入会导致气缸内部润滑不良，导致不良 ① 请确认气源里不会产生冷凝水以及压缩空气净化机器的检修 ② 请确认不会产生水蒸气。如果可能会产生水蒸气的话，有修改配管容积等改善方法，请商讨修改配管状态配管的尺寸、长度等其他方法
C	§ 堵头拧得太深，气路被堵，造成不良 变更堵头位置时，使用密封带，以适当的力矩拧紧
D	§ 进入气缸内部的异物会附着在带密封圈的滑动面上，导致不良 ① 配管前，请进行吹气或者清洗，除去配管的切削粉、切削油、垃圾等 ② 配管跟接头拧入螺纹时，请注意配管螺纹的切削粉不跟密封剂末限进入配管内部
E	§ 外部的异物附着在带密封圈的滑动面，导致不良 ① 为了滑动面不附着异物，商讨加没端盖等对策 ② 防止从外部进入杂质时有对应可以使用加入刮尘圈的气缸，确定使用环境后（确定损伤气缸的异物的具体情况），考虑其他方法
F	§ 过大的横向负载和力矩使带密封圈的滑动部分偏磨，导致不良 ① 请确定连接板安装工作的平面度在0.05mm以下 ② 安装工作时，请确定工作安装面无异物进入
G	§ 以50mm/s以下的低速使用时，作为对应可以使用低速气缸
H	§ 气缓冲根据作动速度跟负载的变化效果不同，请调节缓冲阀后再使用
I	§ 过大的动能、外力作用会导致不良 ① 请在制品容许的负荷质量、速度、偏心距离范围内使用 ② 请确认没有超出气缸最大推力的外力、冲击、振动作用
J	§ 活塞杆前端部(端面、螺纹部、倒角部没有进行电镀处理，根据保管处理和使用环境，可能生锈 存在生锈问题的场合，请使用特注品 在特殊行业使用场合，请确认使用环境后，考虑其他方法

表 16.1-51 对象系列：（MGP、MGQ、MGC、MGG 系列 标准型/复动）

		现象		原因	确认方法	处置方法	更换部件	个人对策
I		漏气	1	内漏				
				a 过大的横向负载、力矩作用	请确认滑动部分是否有偏磨	换密封圈，更换型号	密封圈组件（再选定）	A
				b 气源中的液体混入	请确认配管内跟通气孔处是否有冷凝水附着	除去冷凝水，增加润滑脂，冷凝水对策	密封脂包	B
				c 从通气口混入异物	请确认配管内跟通气孔处是否有异物附着	除去异物，更换密封圈	密封圈组件	C
			2	活塞杆端泄漏				
				a 过大的横向负载、力矩作用	请确认滑动部分是否有偏磨	换密封圈	（再选定）	A
				d 附着从外部进入的异物	请确认滑动面是否有异物（液体）附着	除去异物，异物对策	密封圈组件（再选定）	E
II		作动不良	1	速度慢				
				a 过大的横向负载、力矩作用	请确认滑动部分是否有偏磨	换密封圈，更换型号	密封圈组件（再选定）	A
				b 气源中的液体混入	请确认配管内跟通气孔处是否有冷凝水附着	除去冷凝水，增加润滑脂，冷凝水对策	润滑脂包	B
				c 从通气口混入异物	请确认配管内跟通气孔处是否有异物附着	除去异物，更换密封圈	密封圈组件	C
				d 附着从外部进入的异物	请确认滑动面是否有异物（液体）附着	除去异物，异物对策	密封圈组件（再选定）	E
				e 通气气路被堵	堵头位置改在上面气孔时，请确认堵头是否有拧得太深	重新安装堵头	—	C
			2	不作动（无行程无输出）				
				a 过大的横向负载、力矩作用	请确认滑动部分是否有偏磨	换密封圈，更换型号	密封圈组件（再选定）	A
				b 气源中的液体混入	请确认配管内跟通气孔处是否有冷凝水附着	除去冷凝水，增加润滑脂，冷凝水对策	润滑脂包	B
				c 从通气口混入异物	请确认配管内跟通气孔处是否有异物附着	除去异物，更换密封圈	密封圈组件	D
				d 附着从外部进入的异物	请确认滑动面是否有异物（液体）附着	除去异物，异物对策	密封圈组件（再选定）	E
				f 连接板安装工作不当	确认在连接板上安装工作，动作没有发生不合适	消除原因	—	F
				g 低速产动	请确认使用速度在50mm/s以下	速度确认	—	G
			3	伸出顿挫（振动）				
				a 过大的横向负载、力矩作用	请确认滑动部分是否有偏磨	换密封圈，更换型号	密封圈组件（再选定）	A
				b 气源中的液体混入	请确认配管内跟通气孔处是否有冷凝水附着	除去冷凝水，增加润滑脂，冷凝水对策	润滑脂包	B
				c 从通气口混入异物	请确认配管内跟通气孔处是否有异物附着	除去异物，更换密封圈	密封圈组件	D
				d 附着从外部进入的异物	请确认滑动面是否有异物（液体）附着	除去异物，异物对策	密封圈组件（再选定）	E
				h 缓冲阀调整不当	缓冲阀全闭，确认人的缓冲效果	更换密封圈	密封圈组件	H
				i 过大的动能、外力作用	请确认是否有过大的动能、外力作用	更换型号	（再选定）	I
III		破损	1	正动环、正动环槽、连接导杆和底板用的螺钉破损				
				i 过大的动能、外力作用	请确认是否有过大的动能、外力作用	更换型号	（再选定）	I
IV		外观不良	1	生锈				
				j 潮湿的使用环境	请确认是否湿度高、潮湿等容易生锈的使用环境	更换型号	（再选定）	J
				k 潮湿环境长期保存	请确认是否在潮湿环境长期保存	除去滑动部分以外的锈迹	—	J

(续)

	恒久对策(详细)		恒久对策(详细)
A	§过大的横向负载和力矩使带密封圈的滑动部分偏磨，导致不良 ①请在产品的容许横向负载以下使用 ②请不要在偏心负荷等过大的力矩荷重下使用	E	§外部的异物附着在带密封圈的滑动面，导致不良 ①为了滑动面不带附着异物，商讨加设端盖等对策 ②防止从外部进入杂质时作为对应可以使用加入刮尘圈的气缸(确定损伤气缸的异物的具体情况)，考虑其他方法
B	§液体的进入会导致气缸内部润滑不良，导致不良 ①请确认气源里不会产生冷凝水以及压缩空气净化机器的检修 ②请确认不会产生水蒸气。如果可能会产生水蒸气的话，有修改配管容积等改善方法，请商讨修改配管状态(配管的尺寸、长度等)等其他方法	F	①请确定连接板安装工作的平面度在0.05mm以下 ②安装工作时，请确定工作安装面无异物进入
		G	§以50mm/s以下的低速使用时，作为对应可以使用低速气缸
		H	§气缓冲根据作动速度跟负载的变化效果不同，请调节缓冲阀后再使用
C	§堵头拧得太深、气路被堵，造成不良 变更堵头位置时，使用密封带，以适当的力矩拧紧	I	§过大的动能、外力作用会导致不良 ①请在制品容许的负荷质量、速度、偏心距离范围内使用 ②请确认没有超出气缸最大推力的外力、冲击、振动作用
D	§进入气缸内部的异物会附着在带密封圈的滑动面上，导致不良 ①配管前，请进行吹气或者清洗，除去配管的切削粉、切削油、垃圾等 ②配管接头跟丝杠拧入螺纹时，请注意配管螺纹的切削粉末跟密封剂不要进入配管内部	J	§活塞杆前端部(端面、螺纹部、倒角部没有进行电镀处理，根据保管环境和使用环境，存在生锈的环境，可能生锈 在特殊药业环境使用的场合，请确认使用环境后考虑其他方法

表 16.1-52 对象系列：[CLJ2、CLM2、CLG1（MLGC）、CLA2（GLA）、CL1、CNG、MNB、CNA2（CNA）、CNS、CLS、CLQ、RLQ、MLU、MLGP 系列]标准形/复动]

			现象		原因	确认方法	处置方法	更换部件	插入对策
I	锁开放不良	1	锁开放口的供给压力低	a	多个驱动机器同时作动	请确认装置内是否可以多个驱动机器同时作动	请确认压力有无降低	—	A
				b	锁开放前的气体未到达	请确认是否有锁开放用的阀从气缸上脱离、配管堵塞、弯曲等状况发生	取下气管，确认气源是否到达	—	B
		2	带锁部分漏气	c	从气源或气孔部分进入的异物、液体	请确认配管内眼气孔部分是否有异物、液体附着	除去异物，配管内的冷凝水冷凝对策更换组件	锁组件	C
				d	结露	请确认是否有配管条件导致结露	结露对策更换组件	锁组件	D
		3	带呼吸孔的堵头堵塞	e	从外部进入异物、液体	请确认外反活塞杆上是否有异物、液体等附着	设置端盖加刮尘圈更换组件	锁组件	E
				f	[CLJ2、CLM2、CLG1(MLGC)、CLA(CLA2)、CNG、MNB、CNA(CNA2)、CNS、CLS]	请确认带呼吸孔的堵头有无附着异物、堵塞	除去异物	—	F
		4	锁定环破伤	g	[CL1、CLQ、RLQ、MLU、MLGP]	除防尘盖以外，请确认锁开放压力供给0.2MPa以上，内部的锁定环的作动。另外，请确认活塞杆表面是否有伤	返回工厂修理(CL1) 更换组件	—	G
II	锁不良（中间停止不良）	1	偏离停止位置超出容量增加	h	锁内部部件的摩擦导致间隙的减少	请确认是否施加了超出保持力以外的外力、撞击力以及较强的振动	尺寸UP的讨论（再选定）更换组件	锁组件	H
				i	锁开放前的气缸驱动	请确认锁开放前气缸是否被驱动，并确认控制系统	确认控制工程	—	I
				j	锁开放排气不良	请确认锁开放用空气被实际排出	确认锁开放时用空气可排出	—	J
		2	停止精度降低 [CLJ2、CLM2、CLG1(MLGC)、CLA(CLA2)、CNG、MNCNA(CNA2)、CNS、CLS]	k	活塞速度的变化	请确认停止位置的负荷变动跟外力是否变化	确认使用条件有无变更	—	K
				l	停止信号输入后锁作动延迟	请确认电磁阀跟气缸间的配管是否过长，另外，请确认平衡压力设置是否做了适当的调整	回路平衡压力的确认	—	L

有关锁机构以外起因导致的不良事项，请参照标准气缸的故障品检测表。

（续）

	恒久对策（详细）		恒久对策（详细）
A	§ 多个驱动机器同时作动会导致锁开放气孔供给空气压力降低，造成不良 为了CLJ2、CLM2、CLGI(MLGC)、CLA2(CLA)、CL1、CLQ、RLQ、MLU、MLGP气缸的情况0.2MPa以上，CLA2气缸的情况0.3MPa以上，请确保供给空气压充分的气压	G	§ 锁紧时向锁作动方向施加超过保持力的负荷，冲击以及中停使用都会导致锁不良 ①锁紧时请不要向锁作动方向施加超过保持力的负荷，冲击 ②确认没有中停使用后，请使用推荐的回路
B	§ 锁开放空气不能正常供给导致的不良 ①控制锁开放用阀请设置在气缸旁边 ②配管堵塞、折断、弯曲等情况时，请更换	H	§ 锁住时施加超过保持力的负荷，冲击负荷以及强振动，摩擦锁部分，间隙减少，导致不适 ①请注意避免施加超过保持力的负荷，冲击负荷以及强振动 ②请确认设置锁住时负载跟气缸推力平衡做适当的调整
C	§ 从配管进入的液体会导致润滑脂稀释，润滑不良，引起密封圈异常磨损，造成不良 确认气源无冷凝水产生后，请检查并维修压缩空气净化机器	I	§ 锁开放前驱动气缸，锁部分会有磨损，间隙减少，导致不良 ①驱动气缸，锁开放后运行 ②请将锁开放用的阀设置在气缸旁边 ③请确认配管是否有堵塞、折断、弯曲并更换
C	§ 进入气缸内部的异物会附着在带密封圈的滑动面上，导致不良 ①配管前，请进行吹气或者水洗，除去配管内的切削粉、切削油、垃圾等 ②配管跟接头拧入螺纹时，请注意配管螺纹侧的切削粉末跟密封剂不要进入配管内部	J	§ 锁住时残留开放用空气，锁的作动不稳，导致不良 ①请将锁开放用的阀设置在气缸旁边 ②确认配管是否有堵塞、折断、弯曲并更换
D	§ 带锁气缸结构部分的行程容积小，配管长度长，在锁部高频度的给排气时容易积蓄结露，结露会导致润滑脂稀释，润滑不良，引起密封圈异常磨损，造成改变配管的容积，造成不良 请确认没有结露等水分产生。产生结露，请修改配管状态后(配管的尺寸、长度)，请考虑其他方法	K	§ 气缸速度变化会导致不良 为了在停止位置之前活塞速度一定，气缸来回作动过程中请不要变动负载 另外，根据缓冲过程跟作动开始时的加减速率，速度变化很大，停止位置的偏差也随之变大
E	§ 外部的异物、液体等进入气缸内部的话会附着在带密封圈的滑动部分，导致不良 ①请面以防止气缸上附着异物，请设置保护罩 ②根据使用条件，请参考以上除了安装堵头外，请考虑其他各种刮尘措施的方法	L	§ 配管长度长导致锁开放压力排气延迟并且平衡阀的调整不良，造成不良 ①控制回路的长度不要长，直流驱动良好的应答条件下使用，请设置电磁阀跟气缸间的距离尽可能近 ②请设置锁住时负载跟气缸的推力相平衡的回路
F	§ 外部的异物会附着在带呼吸孔的气孔上，导致不良 ①为了防止气孔上附着异物，请设置保护罩 ②带呼吸孔的气孔除了安装堵头外，请定期进行清洗 ③带呼吸孔的气孔除了安装堵头外，为了不受环境的影响请进行配管		

898

表 16.1-53 对象系列：（MSQ 系列基本形/高精度形/洁净规格）

现象			原因	确认方法	处置方法	更换部件	恒久对策
I 动作不良	1 摆动端颤动	a	动能过大	请确认动作端无颤动	外部限位器机种变更（更改带液压缓冲器的设备及将尺寸变大）	（重新选定）	A
		b		请确认在停止供气时滑合是否平稳运转			B
		⇧	液压缓冲器的寿命	计算出负载的动作次数是否超过100万次	更换零部件	液压缓冲器	
		c	外部力矩过大	请确认液压缓冲器施加了过大的摇动速度是否低于最低速度	尺寸变更	（重新选定）	C
	2 不摆动旋合（敲击声很大）	a	动能过大	请确认动作端无颤动	外部限位器机种变更（更改带液压缓冲器的设备及将尺寸变大）	（重新选定）	A
		b		请确认在停止供气时滑合是否平稳运转			B
		⇧	液压缓冲器的寿命	计算出负载的动作次数是否超过100万次	更换零部件	液压缓冲器	
		c	动能过大	请确认液压缓冲器施加了过大的摆动速度是否低于最低速度	尺寸变更	（重新选定）	C
		d	异物侵入产品内部	请确认配管内及通口部无冷凝水或水分附着	异物除去异物对策	—	D
		e	高温、低温下使用	请确认环境，使异物不容易侵入设备内部	修改温度条件	—	E
	3 速度迟缓（动作迟缓）速度不稳定	f	力矩不足	请确认是否超出设备的使用温度范围	尺寸、速度变更	—	F
		g	未达到最低速度允许值	计算出负载的动能以后请确认需要力矩是否在有效力矩以下	速度变更	—	G
		h	内部泄漏	请确认是否低于设备的最低速度	更换设备	—	D、E
		f	力矩不足	计算出负载的动能以后请确认需要力矩是否在有效力矩以下	尺寸、速度变更	—	F
		g	未达到最低速度允许值	请确认是否低于设备的最低速度	速度变更	—	G
		d	异物侵入产品内部	请确认配管内及通口部无冷凝水或水分附着	去除异物异物对策	—	D
		e	高温、低温下使用	请确认未超出设备的使用温度范围	修改温度条件	—	E
II 破损、变形	1 吸收器保持座齿轮破损滑合连接用螺丝打松动	a	动能过大	请确认动作端无颤动	外部限位器机种变更（更改带液压缓冲器的设备及将尺寸变大）	（重新选定）	A
		b		请确认在停止供气时滑合是否平稳运转			B
		⇧	液压缓冲器的寿命	计算出负载的动作次数是否超过100万次	更换零部件	液压缓冲器	
		c	外部力矩过大	请确认液压缓冲器施加了过大的摇动速度是否低于最低速度	尺寸变更	（重新选定）	C
	2 轴承的破损	i	超过允许负载	请确认没有施加大的负载作用在设备上	尺寸变更	（重新选定）	C
		⇧		请确认由轴承保持住回转轴与设备的组合部的中心是否对齐	确认芯偏移	—	H
III 漏气	1 内部泄漏外部泄漏	d	异物侵入产品内部	请确认配管内及通口部无冷凝水或水分附着	去除异物异物对策	—	D
		e	高温、低温下使用	请确认环境，使异物不容易侵入设备内部	修改温度条件	—	E
				请确认未超出设备的使用温度范围			

(续)

	恒久对策(详细)		恒久对策(详细)
A	§动能过大，引起颤动及零部件的破损 采用以下对策，把动能设置在设备的允许值以下： ①请在外部设置限位器或者液压缓冲器 ②请降低负载的惯性力矩(负载的轻量化、小型化) ③请降低摆动速度(在样本的规格范围内) ④请更换为允许动能较大的设备	E	§由于高温或者低温，引起润滑脂、密封圈、树脂零部件等的性能改变 请在设备的使用温度范围内使用
B	§由于液压缓冲器的性能下降，引起颤动及零部件的破损 (液压缓冲器的公称寿命为100万次。此外，超过设备规格低速动作时液压缓冲器的性能下降) ①更换新的液压缓冲器 ②使摆动速度在设备的规格范围内	F	§相对于负载的需求力矩，设备的力矩不足 根据以下对策，把需求力矩设置在设备的有效力矩以下 ①请降低负载的惯性力矩(负载的轻量化、小型化) ②请降低摆动速度 ③请更换为有效力矩大的设备
C	§由于外部施加超过设备最大力矩的外部力矩 请勿施加超过设备最大力矩的外部力矩	G	§由于低速环境下使用，引起动作不稳定 请在设备的规格速度范围内使用
D	§由于配管内侵入的异物(液体、粉尘等)，引起润滑油枯竭、劣化及轴承的滚动不良 请设置防护罩等防止异物侵入 §由于配管内的冷凝水或者设备内部的结露，引起润滑油的枯竭、劣化 ①请检查及修理配管用空气净化元件 ②结露产生的水的，因排重设配管容积等积极进行改善，请确认配管状态(配管的尺寸、长度)的基础上，再另外与我公司联络	H	§由于负载过大，引起零部件的破损 请勿给设备施加超过它的允许值的负载 §由于轴承保持与设备的组合部与设备的回转轴中心不对齐，引起过大的负载 ①请找对中心 ②请使用弹性连接器

899

表 16.1-54 对象系列：(MHZ*2 系列)

			原因	确认方法	处置方法	更换部件	恒久对策
I	漏气	1	a 杆密封圈的磨耗、破损	请确认活塞杆滑动部分是否有液体进入、异物附着	除去异物 更换密封圈 异物对策	密封圈组件 润滑脂	A
		2	b 活塞密封圈的磨耗、破损	请确认气缸内部是否残留润滑脂、进入异物	除去异物 更换密封圈 异物对策	密封圈组件 润滑脂包	B
II	作动不良	1	a 杆密封圈的磨耗、破损	请确认活塞杆滑动部分是否有液体进入、异物附着	除去异物 更换密封圈 异物对策	密封圈组件 润滑脂包	A
			b 活塞密封圈的磨耗、破损	请确认气缸内部是否残留润滑脂、进入异物	除去异物 更换密封圈 异物对策	密封圈组件 润滑脂包	B
			c 气缸内部的作动抵抗增大	请确认气缸内部是否残留润滑脂、进入异物	除去异物 更换密封圈 异物对策	润滑脂包	B
			d 导轨部分作动抵抗增大	请确认导轨部分的润滑状态、是否有异物附着	除去异物 增加润滑脂	润滑脂包	C
III	精度不良	1	e 导轨部分U形槽运送面、导轨部分U形槽运送面磨耗	请确认导轨部分U形槽运送面、钢球是否有磨痕	更换部件 更换型号	手指部件	D
			f 导轨部分U形槽运送面有压痕	请确认导轨部分U形槽运送面是否有压痕	更换部件 更换型号	手指部件	E
IV	破损	1	g 过负荷	请确认导轨部分U形槽运送面是否有压痕	更换部件 更换型号	手指部件	E
			h 产生压痕 钢球运转不良	请确认导轨部分U形槽运送面是否有压痕	更换部件 更换型号	手指部件	E
			i 异物卡住 钢球运转不良	请确认导轨部分U形槽运送面是否有异物的咯痕	更换部件 更换型号	手指部件	F
V	外观不良	1	j 湿度高的使用环境	请确认是否是温度高、潮湿等易生锈的环境使用	更换型号	—	G

现象：
- I 漏气：1 杆密封圈漏(外漏)；2 活塞密封圈漏(内漏)
- II 作动不良：1 伸出顿挫、不作动、反应迟缓
- III 精度不良：1 手振动量增加
- IV 破损：1 手指折损、导轨破损、滚轮限位器部分破损
- V 外观不良：1 生锈

	恒久对策(详细)		恒久对策(详细)
A	§ 活塞杆滑动部分润滑不足、杆密封圈磨耗、导致破损 ① 请确认润滑脂流出的原因是否是液体的进入 ② 请确认是否有促进杆密封圈磨耗的异物进入 设置防尘罩;请讨论使用MHZJ系列 在大量液体飞散的环境使用时,请讨论在防尘罩安装部分的接合处使用特注品	D	§ 号轨部分润滑状态变差、U形槽运送面、钢球磨损 确认号轨部分润滑状态变差的原因是否为异物附着后,请讨论使用MHZJ系列
B	§ 结露、冷凝水、冷却液等液体的进入是润滑脂流出、外部异物进入是润滑脂流出的原因 ① 确认无结露器和冷凝水进入后,请讨论设置急速排气阀、防结露器气管的使用和缩小配管容积等结露对策 ② 请确认气缸内无异物进入	E	§ 手指受到过大的力矩 ① 请确认是否有与其他机器接触等外力作用 ② 请确认是否有附件重、开闭速度快、把持点距离长、开闭端受冲击等情况
C	§ 号轨部分的U形槽运送面润滑不足是异物附着的原因 ① 周围附着飞散的液体时,请确认号轨部分的润滑脂是否流出 ② 请确认附着异物是否为号轨部分的润滑状态变差的原因 设置防尘罩;请讨论使用MHZJ系列 在大量液体飞散的环境使用时,请讨论在防尘罩安装部分的接合处使用特注品	F	§ 号轨部的U形槽运送面被异物咯伤、妨碍钢球正常作动、合导致作动时钢球眼滚轮限位器冲突 请确认号轨部分无异物附着,带防尘罩;请讨论使用MHZJ系列
		G	§ 可能合由于使用环境而生锈 为避免附着液体,请讨论使用带防尘罩的MHZJ系列

表 16.1-55 对象系列：(SY 系列、VQZ 系列、SYJ 系列、VJ 系列、VP 系列、VF 系列)

现象				原因	确认方法	处置方法	交换部件	恒入对策
I	工作不良	1	即使通电先导阀也不动作	① +手动操作切换良好	a 插头Ass'y的插座变形	阀外观有无镕痕、破损等外观异常，或者导线有无被外力拉扯过的痕迹	更换先导阀	先导阀	A
					b 因长时间的振动导致断线	(有在通电的情况下接触连接器盖部重复OFF、ON吗)(先导阀是否有动作) 是否将阀安装在了有振动的地方	振动对策	—	B
				② +即使手动操作也无法切换	c 因液体、异物导致基板线圈部短路、断线 因腐蚀导致断线	阀上有无粘着液体和异物	更换先导阀 安装保护盖	先导阀	C
					d 电子单元导致的破损	基板部是否烧坏了	更换先导阀	先导阀	D
					e 因冷凝水导致先导阀工作不良	是否有冷凝水的流入	更换先导阀	先导阀	E
					e 因主阀润滑剂减少导致阻力增加	主阀上是否有异物附着	更换先导阀 确认过滤器	先导阀	E
					f 阀体部被异物卡住堵塞 阀体的粘着	主阀上是否有异物附着	确认过滤器	—	F
			③		a 因外力导致破损、变形	外观上有无变形或者有无变形的痕迹	安装保护盖	—	A
II	误动作	1	阀随意切换		g 供给压力异常	是否有可能供给压力变动而变高、脉动 是否一次侧安装了增压阀	确认减压阀	—	G
					h 周围压力上升	阀是否安装在密闭的空间里	—	—	H
					b 由于振动导致误动作	阀是否安装在有振动的场所	防振动	—	B
III	漏气	1	外漏		a 因外力导致破损、变形	阀有镕痕、破损、变形的地方，是否漏气	安装保护盖	—	A
					i 密封部的破损、变形	垫片是否有挤出 阀内部是否混入油分（除推荐的润滑油外）	更换垫圈	垫圈	I
					f 被异物卡住堵塞	阀内部是否有异物进入	确认过滤器	—	F
		2	内漏		e 密封的膨胀	阀内部是否混入油分（除推荐的润滑油外）	(更换垫圈)	(垫圈)	E

（续）

	恒久对策		恒久对策
A	请注意不要使阀落下和受到外力的冲击 请固定信号导线和安装保护盖以免阀受到外力影响 请注意不要拉扯阀的导线 在电压检查的时候，请不要将端子棒等插入连接器的插座内	E	请将积存在过滤器中的冷凝水在流入二次侧前除去。如果管理冷凝水有困难的话，推荐在过滤器后设置带自动排水的分离器 阀长期使用的情况下，请确认所用的润滑油是否属于阀件等不同，根据使用条件等不同，铁心部润滑油消失一旦要供油时，请持续提供足够的润滑油 请考虑使用主阀密封件的橡胶材质为具有耐油性的氟橡胶规格的特注品(SY:-X590型，VP的话是-X590型) 请考虑使用主阀部为低滑动型的特注品(SY:-X150型)
B	请安装防振橡胶和变更阀安装场所以便减轻对阀造成的振动	F	使用阀时，请确定咳除(洗涤)或者洗净接管内的异物
C	请安装保护盖和变更阀安装场所以防止液体和异物黏着在具有防尘构造的阀上。 另外请考虑使用具有防滴保护构造的阀	G	请调整减压阀防止压力过高。在使用增压阀手动按钮上的压力变高 请考虑使用无手动按钮的特注品
D	改变阀切换信号电压时请不要超过目录上所记载的容许电压变动范围 在区分极性的阀接线上在电压过高，一极上外加相反电压 如果担心在阀接线上其他元件会产生过压等情况，请在产生过压的源头上采取适当的过压对策 请安装保护盖和变更阀安装场所以防止液体和异物黏着在具有防尘构造的阀上。 另外请考虑使用具有防滴保护构造的阀	H	请注意不要因释放气体而使阀手动按钮上的压力变高 请考虑使用无手动按钮的特注品
		I	请调整减压阀防止压力过高。在使用增压阀的情况下，请一并使用缓冲器以防压力脉动 请将积存在过滤器中的冷凝水和油分等在二次侧前除去。另外推荐在过滤器后设置带自动排水油的分离器 给阀供油时请使用我司推荐的润滑油

903

表 16.1-56 对象系列：(ITV1000, 2000, 3000 系列)

现象			原因	确认方法	处置方法	更换部件	恒久对策
I	设定压力不稳定	稳定性:0.2%F.S.(条件:无空气消耗、无二次侧负荷)	a 信号波动	输入信号是否稳定	—	—	A
			b 噪声影响	是否有噪声影响	—	—	B
			c 供应压力范围	供应压力是否在规定范围内	—	—	C
			d 异物	接管内和接管口部是否有异物	除去异物 异物对策	电磁阀组件 阀体组件	D
			e 输出漏气	二次侧是否有漏气的地方	—	—	E
II	相对于输入信号，输出压力的响应速度慢	响应性:二次侧无负荷约0.3s (ITV1000, 2000)，约0.4s(ITV3000)	f 输入信号	输入信号是否正确地切换	—	—	F
			c 供应压力范围	供应压力是否在规定范围内	—	—	C
			g 增益(gain)调整	是否有调整增益(gain)设定值	—	—	G
			h 供应侧、输入侧、排气侧的接管中是否有节流阀	接管阻力明显的部分是否在气动回路上	—	—	H
III	即使改变输入信号，输出压力也没有变化	感度(分解能):0.2% F.S.以下 ※在这个条件以下转变信号，输入压力没有跟着变化	c 供应压力范围	供应压力是否在规定范围	—	—	C
			i 误接线(接触不良)	是否有误接线和接线接触不良	—	—	I
			j 电源电压低下	所供应的电源电压是否在规定范围内	—	—	J
			k 接线方法	EXH口是否堵塞或是难以通过	—	—	K
IV	输入信号即使为0，输出压力也上升	在5kPa以下的范围内，二次侧有残余压力	d 异物	接管内和接管口部是否有粘着异物	除去异物 异物对策	电磁阀组件 阀体组件	D
			l 确认输入信号	输入信号是否设定为约5kPa以上	—	—	L
			c 供应压力范围	供应压力是否在规定范围内	—	—	C
			m 最小压力的设定	是否正确设定最小压力	—	—	M

（续）

现象		原因		确认方法	处置方法	更换部件	恒久对策
V	即使输入信号是固定的，产品内部有鸣鸣响声	a	信号偏差	输入信号是否稳定	—	—	A
		b	噪声影响	是否有噪声的影响	—	—	B
		c	供应压力范围	供应压力是否在规定范围内	—	—	C
		d	异物	接管内和接管口部是否粘着异物	除去异物 异物对策	电磁阀组件 阀体组件	D
		e	输出侧漏气	二次侧是否有漏气的地方	—	—	E
		m	最小压力的设定	是否正确设定最小压力	—	—	M
		n	无供应压力	一次侧是否确实接地供压	—	—	N
VI	LED不亮灯	i	误接线（接触不良）	是否有误接线和接线接触不良	—	—	I
		j	电源电压低下	所供应的是否规定的电源电压	—	—	J
		o	断线	电线是否断线	更换部品	电线电缆	O
VII	LED显示压力与实际输出压力有差异 LED显示精度：±2%F.S.±1digit	p	使用条件	输出口距主体是否有一段距离	—	—	P
		q	周围温度	周围温度是否在规定值内	—	—	Q
VIII	监视器输出信号异常（模拟类型） 监视器输出精度：±6%F.S.	r	误接线（接触不良）	是否有误接线和接线接触不良	—	—	R
		s	负荷阻抗	是否设定了规定的负荷阻抗	—	—	S
IX	监视器输出信号异常（开关类型） 固定差异：约3%F.S.（自行诊断程式是约5%）	t	误接线（接触不良）	是否有误接线和接线接触不良	—	—	T
		u	开关的工作程式	工作程式是否正确	—	—	U
		v	过电气	是否设定了规定的负荷阻抗	—	—	V

(续)

	恒久对策(内容)		恒久对策(内容)
A	请确认装置的信号是否无偏差	M	调整最小压力(F_1)到0以外时,即使输入信号为0,也有压力向二次侧输出而且,无供应压力的状态下,为了输出压力,内置的电磁阀要继续工作,请再次确认是否调整到0点
B	请确认是否有噪声影响 1)是否在马达到强磁界附近 2)接ITV的电线是否设置与AC线并行 3)有无电源振动	N	外加电源电压和(0以外输入信号的状态下,截断供应压力,内置的电磁阀继续工作,产生鸣鸣声响 由于寿命会降低,所以截断供应压力的话请截断本产品电源
C	请在规定范围内供压 1)最低供应压力=设定压力+0.1MPa 2)最高供应压力:1MPa(ITV*03*、ITV*05*)、0.2MPa(ITV*01*)	O	请确认电线电缆的各号号线是否断线。如有破损,请更换电线电缆
D	如果没有使用洁净空气,异物可能混入此产品内 请按照维修要领书更换电磁阀组件和阀体组件 请在产品供应压力侧安装过滤速度5μm以下的空气过滤器 请维修接空气设备时请清洗接管材料和清洁空气	P	在大气气释放下使用空气吹气的输出侧,可能会由于实际输出压力的测定位置而产生压力损失。因为截断供应压力的OUT口近旁的测定位置与实际输出压力与LED显示压力有差异
E	请确认接管、接头部等有否有漏气	Q	本产品的使用温度范围是0~50°C。如在规格范围外,即使使用范围内,可能也会因均温度的影响产生微小偏离,受温度的影响输出压力可能偏离(温度特性:±0.12%of.S./°C)
F	请确认输入信号是迅速地切换,还是慢慢地变化	R	请再次确认接线方法是否正确,是否无接触不良 ※ 线色使用了选项中的电线的情况下 电压类型、黑线:模拟输出(+)、蓝线:模拟输出(-) 电流类型、黑线:模拟输出(+)、蓝线:模拟输出(-) ※ 电流类型是当sink类型、Source类型常用特注
G	增高(加大)数字GAIN的话,响应速度会恢复到快速的状态(机能:F01,初期值:GL9)操作方法请参照说明书	S	电压类型:100kΩ以上、电流类型:250Ω以下 请安装上记范围的电阻
H	供应侧、输入侧、排气侧任何一个有节流要素存在的话,应答会变迟 在排气口安装消音器的情况下,请确认是否无堵塞	T	请再次确认接线方法是否正确,是否无接触不良等 ※ 线色使用了选项中的电线的情况下 NPN类型、茶色线:开关输出(+)、黑线:开关输出(-) PNP类型、黑线:开关输出(+)、蓝线:开关输出(-)
I	请再次确认接线方法是否正确,是否无接触不良等 ※ 线色使用了选项中的电线的情况下 茶色线:电源电压:DC(+)蓝线:GND	U	请选择合适的程式 P_1<P_2的情况下:Window comparator mode P_1≥P_2的情况下:Hysteresis mode P_1=P_2=0的情况下:自行诊断式
J	电源电压:ITV*0*0:24VDC±10% ITV*0*1:12~15VDC	V	NPN类型:30mA、30VDC以下,PNP类型:30mA以下 请安装合适的电阻使其在上记范围内
K	如用塞子塞住EXH口和电磁阀EXH,本产品就不能排气,压力不下降 请释放EXH口		
L	本产品如从外加约5kPa的输入信号的话,就开始控制(输出压力)请调整供压侧使其输入信号为5kPa以下		

表16.1-57 对象系列：(VX2、VXD、VXZ、VXK、VXS、VXP、VXR、VXF系列)

现象			原因	确认方法	处置方法	更换部件	恒久对策
I 不动作	1 未ON	a	电磁线圈烧坏、断线	外加电压是否超出容许电压变动的上限 ※容许电压变动下限值:额定电压的110%V	更换电磁线圈	电磁线圈Ass'y	A
		b	未外加电源电压	是否有脉冲电压	—	—	B
		c		是否有电源反控制回路故障等异常情况 是否有配线系统断线或是误配线等异常情况	确认配管回路	—	C
		d	因水锤等脉冲压力而导致部品破损	是否有产生水锤等脉冲压力	更换电磁线圈	电磁线圈Ass'y	D
		e	因电磁线圈内部有水分进入而导致烧线	线圈上是否有水分	—	—	E
		f	因滑动阻力增加而导致移动铁心动作不良	流体的流动粘度是否超出容许值 容许流动粘度:50mm²/s	变更机种	—	F
		g	供给压力异常	使用压力是否超出最高动作压力差 ※最高动作压力差请参照产品目录	确认使用压力	—	G
		h	流体压力不足(先导压力不足)	(使用先导型电磁阀时)是否使用压力未达到最低动作压力差 ※最低动作压力差请参照产品目录	确认使用压力	(再选型)	H
		i	因振动导致移动铁心产生误动作、部品破损、扭紧螺钉松动导致密封性下降	是否有施加振动冲击	抗振对策	—	I
		j	异物卡死	流体中是否有异物混入、电磁阀内部是否有异物进入	确认过滤器	—	J
		k	因高温导致橡胶密封部品变坏、电磁线圈破损、烧坏、断线	流体温度是否超出使用温度范围的上限 ※使用温度范围请参照产品目录 周围温度是否超出使用温度范围的上限 ※使用温度范围请参照产品目录	确认流体、周围温度 变更机种	(再选型)	K
		l	因低温导致橡胶密封部品变硬因流体结冰导致部品破损	是否在周围温度未达到使用温度范围下限的情况下使用	变更机种	(再选型)	L
		m	橡胶密封部品的收缩、退货破损、膨胀	电磁阀部品材质是否适合流体 ※对照产品目录请参照流体核查表	变更机种	(再选型)	M
		n	电磁线圈吸引力下降	是否在外加电压变动下限值、额定电压的90%V	确认电压	—	N
	2 未OFF	f	供给压力异常	使用压力是否超出最高动作压力差 ※最高动作压力差请参照产品目录	变更机种	—	F
		g	流体压力不足(先导压力不足)	(使用先导型电磁阀时)是否使用压力未达到最低动作压力差 压力差请参照产品目录	确认使用压力	(再选型)	G
		h	因振动导致移动铁心产生误动作、部品破损、扭紧螺钉松动导致密封性下降	是否有施加振动冲击	抗振对策	—	H
		i	异物卡死	流体中是否有异物混入 电磁阀内部是否有异物进入	确认过滤器	—	I
		j	残留磁力的影响	是否在电源超出容许值的情况下使用	—	—	J
		o				—	O
		p	逆压	配管接续方向是否向反向加压	确认配管回路	—	P

（续）

现象		原因	确认方法	处置方法	更换部件	恒久对策
Ⅱ 流体泄漏 1 从阀处泄漏（内部泄漏）	i	因振动导致移动铁心产生误动作、部品破损拧紧螺钉松动导致密封性下降	是否有施加振动冲击	抗振对策	—	I
	j	异物卡死	流体中是否有异物混入 电磁阀内部是否有异物进入	抗振对策	—	J
	k	因高温导致橡胶密封部品劣化电磁线圈的吸引力下降、烧坏、断线	流体温度是否超出使用温度范围的上限 ※使用温度范围请参照产品目录 周围温度是否超出使用温度范围的上限 ※使用温度范围请参照产品目录	确认流体、周围温度变更机种	（再选型）	K
	l	因低温导致橡胶密封部品变硬 因流体结冰导致部品破损	是否在周围温度未达到使用温度范围下限的情况下使用 ※使用温度范围请参照产品目录 是否在流体温度未达到使用温度范围下限的情况下使用 ※使用温度范围请参照产品目录	确认流体、周围温度变更机种	（再选型）	L
	m	电磁线圈吸引力下降	是否在外加电压未达到容许电压变动下限的情况下使用 ※容许电压变动下限值：额定电压的90%V	变更机种	（再选型）	M
	o	残留磁力的影响	是否在电源的泄漏电压超出容许值的情况下使用	—	—	O
	p	逆压	配管接续方向是否向逆系统施加逆压	确认配管回路	—	P
	q	电磁阀的泄漏容许值	系统泄漏容许值是否低于电磁阀泄漏容许值 ※泄漏容许值请参照产品目录	变更机种	（再选型）	Q

（续）

现象					原因	确认方法	处置方法	更换部件	恒久对策
Ⅱ	流体泄漏	2	主体密封不良(外部泄漏)	i	因振动导致移动铁心产生误动作、部品破损 拧紧螺钉松动导致密封性下降	是否有施加振动冲击	抗振对策	—	I
				k	因高温导致橡胶密封部品劣化 电磁线圈的吸引力下降、烧坏、断线	流体温度是否超出使用温度范围的上限 ※使用温度范围请参照产品目录 周围温度是否超出使用温度范围的上限 ※使用温度范围请参照产品目录	确认流体、周围温度 变更机种	(再选型)	K
				l	因低温导致橡胶密封部品变硬 因流体结冰导致部品破损	是否在周围温度未达到使用温度范围下限的情况下使用 ※使用温度范围请参照产品目录 是否在流体温度未达到使用温度范围下限的情况下使用 ※使用温度范围请参照产品目录	确认流体、周围温度 变更机种	(再选型)	L
				m	电磁线圈吸引力下降	是否在外加电压未达到容许电压变动下限的情况下使用 ※容许电压变动下限值：额定电压的90%V	变更机种	(再选型)	M
				q	电磁阀的泄漏容许值	系统泄漏容许值是否低于电磁阀泄漏容许值 ※泄漏容许值请参照产品目录	变更机种	(再选型)	Q
Ⅲ	流量少	1		h	先导压力不足	(使用先导型电磁阀时)是否在使用压力未达到最低动作压力差的情况下使用※最低动作压力差	确认使用压力	—	H
				j	异物卡死	流体中是否有异物混入 电磁阀内部是否有异物进入	确认过滤器	—	J
				m	橡胶密封部品的收缩、退货破损、膨胀	电磁阀部品材质是否适合流体 ※对照产品目录的适用流体核查表	变更机种	(再选型)	M
Ⅳ	异常音响	1		h	先导压力不足	(使用先导型电磁阀时)是否在使用压力未达到最低动作压力差的情况下使用 ※最低动作压力差请参照产品目录	确认使用压力	—	H
				j	异物卡死	流体中是否有异物混入 电磁阀内部是否有异物进入	确认过滤器	—	J
				n	电磁线圈吸引力下降	是否在外加电压未达到容许电压变动下限的情况下使用 ※容许电压变动下限值: 额定电压的90%V	变更机种	(再选型)	N

（续）

	恒久对策
A	外加电压超出了容许电压变动的上限 ①请在额定电压±10%V的范围内使用 ②请更换电磁线圈
B	因过大的脉冲电压导致电磁线圈烧坏、断线 请更换或修理为带脉冲电压保护回路的电磁线圈
C	请更换或修理电源及控制回路、配线系统
D	产生水锤等脉冲压力 ①请安装脉冲压力缓和阀(蓄压器等) ②请选用水锤缓和阀(VXR系列)
E	请在电磁线圈部安装保护外壳等防护措施
F	流体的流动黏度超出容许值 ①请在容许流动黏度值以下使用 ②若在高黏度流体中使用，请选用气控阀
G	使用压力超出最高动作压力差 ①请在最高动作压力差以下使用 ②请选择适合机种
H	使用压力未达到最低动作压力差(使用的是先导电磁阀时) ①请在最低动作压力差以上使用 ②请选用直动型或差压零动作型、先导型
I	请不要在有振动冲击的场所使用
J	因动铁心上的滑动部有异物卡死，动铁心的粘着，吸附不良，阀的密封性下降 ①请在阀的一次侧安装合适的过滤器或是滤网 ※滤芯，一般气体是5μm以下，液体是100Mesh以上为最佳 ②配管后请冲洗(吹气)电磁阀在内的配管
K	流体或是周围温度超出了使用温度范围的上限 ①请在使用温度范围内使用 ②请选用H种电磁线圈
L	流体或是周围温度未达到使用温度范围 ①请在使用温度范围内使用 ②请在配管处安装加热器，以防结冰
M	电磁阀品材质不适合流体 请确认产品目录的适用流体核查表 ※未使用产品目录流体核查表上以外的其他流体，请向表司确认
N	由于外加电压未达到容许电压变动的下限，因此电磁线圈吸引力下降，导致移动铁心不动作 请在额定电压±10%V的范围内使用
O	泄漏电压请在容许值以下使用
P	可能是因施加了反电压，所以导致不密封 请确认配管接续方向。特别是如果是油真空使用，请将阀的IN侧放大大气侧，OUT侧在真空泵侧进行配管
Q	请选用无泄漏功能

表 16.1-58 对应系列：(Z/ISE30A 系列)

		现象				原因	确认方法	恒入策
I	SW输出不良	1	输出/指示灯异常	⇨	a b c d e ad	a 有关设定压力的问题	设定压力值是否有误	A
		2	振荡	⇨	a b c P T ad	b 配线不良(其1)	是否误配线	B
		3	反应迟缓	⇨	a b T	c 配线不良(其2)	导线连接是否良好(和本体的端子连接部分、导线末端	C
						d 导线断线	对导线是否施加弯曲力、拉伸力、过大的外力	
II	模拟不良	1	无输出	⇨	b c d d	e 型号选择错误	型号选择是否有误 ①压力范围 ISE30A/ZSE30A/ZSE30AF ②输出规格 N/P/A/B/C/D/E/F ③配管规格 01/N01/C4H/C6H/N7H/C4L/C6L/N7L ④单位规格 无记号/M/P	D
		2	输出精度超出范围	⇨	a b h l ad	f 过电流(其1)	是否使用超出样本规格的负载电流	E
		3	输出不稳定	⇨	d i j k ad	g 过电流(其2)	接线负载是否有误	F
III	显示不良	1	过电流报警(Er1、2)	⇨	b f g i ad	h 超出定格压力	是否施加超出规格范围外的压力	G
		2	系统报警(Er0、4、6、7、8、9)	⇨	w	i 冲击电压(电噪声)	是否存在施加冲击电压的因素 ①请确认有无使用继电器等 ②请确认附近是否有产生冲击的机器、电缆混触等	H
		3	余压报警(Er3)	⇨	v	j 放置上的影响	通电后未放置直接使用	I
		4	供压报警(HHH、LLL)	⇨	h ad	k 设备上的影响	供给压力是否波动	J
		5	显示闪烁(Hi/Lo)	⇨	b c d q ad	l 产生偏差	大气压时的显示是否有误(模拟输出)	K
		6	无显示或显示不全	⇨	b c d m n ad	m 施加规格以外的电压	是否施加超出规格范围外的电源电压	L
		7	显示精度不稳	⇨	i j k ad	n 有关表示值微调整的设定	有无省电模式以外、是否设省电模式	M
		8	显示精度超出范围	⇨	h l ad	o 有关表示应差的设定	波动在表示精度以外、是否没设显示值微调模式	N
		9	显示精度范围内的波动	⇨	o	p 峰值/谷值有关的设定	供给压力是否变动,是否设定值附近+应差范围外	O
		10	显示颜色不变	⇨	r	q 有关锁机能的问题	是否设置峰压/谷压保持模式	P
IV	设定、安装不良	1	按键无法操作	⇨	q r	r 有关显示色的设定问题	是否设置锁机能	Q
		2	开关无法复位	⇨	u	s 有关应答时间的设定问题	显示色是否设定为 "rEd/Grn"(常时、红/绿)	R
		3	无法切换单位	⇨	e	t 有关输出模式的设定问题	应答时间的设定是否有误	S
		4	产品无法安装、晃动	⇨	e x y z	u 有关余压的问题	OUT1/2的输出超过±7%F.S.](连成模式±3.5[%F.S.])的压力	T
		5	漏气	⇨	e x y z	v 内部数据报警	是否施加超过±7%F.S.](连成模式±3.5[%F.S.])的压力	U
		6	无法复制	⇨	aa ab ac	w 安装状态的问题	由于原因不明、无法确认方法	V
						x 有关司推荐部件以外的安装问题(其1)	产品的配管接头是否安装于产品工	W
						y 有关司推荐部件以外的安装问题(其2)	安装时司推荐的安装螺钉、托架	X
						z 有关安装部件以外的安装问题	是否使用推荐的安装螺钉、托架	Y
						aa 有关超过产品容许值的问题(其1)	一次侧压力开关数是否超过容许台数	Z
						ab 有关超过产品容许值的问题(其2)	次线间距是否超过容许值(FUNC)	
						ac 有关复制模式的问题	二次复制模式时主位相对压力SW显示为CoPY	
						ad 有关从外部混入异物(粉尘)、液体的问题	是否在有粉尘、液体的环境下使用	

911

(续)

	恒久对策		恒久对策
A	由于根据设定压力值,有可能受供给压力值的影响无法正常作动,请确认流入压力SW的供给压力值后,再进行压力设定	O	请解除峰值/谷值保持设置(按△或▽键1s)
B	请重新配线	P	请解除锁定模式(LoC⇒UnL)
C	请勿施加弯曲应力、拉伸力	Q	请改变设定(rEd/Grn⇒SoG/Sor)
D	请重新选择型号	R	请将应答时间的设定为任意值 出厂时的设定:2.5ms
E	请选择满足规格的负载	S	OUT1/2的输出模式设定为"HYS"(迟滞模式) 出厂时的设定:"HYS"(迟滞模式)
F	请选择定格压力范围内的供给压力 若供给定格压力范围以上的压力有可能导致压力传感器故障	T	请施加定格压力或大气压状态后重新调零(按△和▽键1s)
G	请考虑使用带防止冲击电压的继电器或模拟输出2%~3%的变动	U	切断电源后重新通电
H	通电后,请放置10min左右 不静置的话有可能导致显示模拟输出2%~3%的变动	V	请正确安装 配管时拧入螺纹的强度大于7~9N·m时,有可能导致破损
I	请避免供给压力波动	W	托架安装螺纹:M3×5L(2根),面板安装接头的安装螺纹:M3×8L(2根) 紧固力矩范围超过0.5~0.7N·m时,安装螺钉等有可能破损
J	大气压状态时进行零点操作(按△和▽键1s),请确认满足规格精度 在有余压残留的状态下进行调零操作的话有可能产生偏差	X	请确认主位的压力SW同时复制许容数在10台以下
K	请在规格电源电压12~24V±10%下使用	Y	请确认未线(FUNC)的导线长在最大传送距离4m以下
L	请解除省电模式	Z	请将主位的压力设置为测定模式后,重新调零
M	请重新调整显示微调整模式		本产品是IP40开放型,在粉尘、液体存在的环境下使用时,粉尘、液体有可能进入产品内部,请设置保护罩保护本产品避免跟粉尘、液体接触
N	请解除差设定在供给压力的波动范围以上		

表 16.1-59 对象系列：(D-M9 系列)

		现象			原因	确认方法	恒久对策
I	作动不良	1	输出停止在ON的状态	① + 显示正常 ⇒ [a][b][c][d][h][i]	a 液体的飞溅	是否在液体飞溅的环境下使用	A
				② + 显示灯不亮 ⇒ [a][b][c][i]	b 过电流（之一）	有没有因误配线等导致过电流的可能性	B
				③ + 显示灯一直亮着 ⇒ [d][i][j]	c 过电流（之二）	有没有使用超过本规格值的负载电流	
		2	输出停止在OFF的状态	① + 显示正常 ⇒ [b][c][d][e][f][g]	d 涌入电流	是否有突入电流流入的可能性？例如配线长等	C
				② + 显示灯不亮 ⇒ [b][c][d][e][f][g][i][j][k]	e 过电压	有没有发生过电压的原因？例如继电器的使用、过电压发生器与电缆混相接触等	D
		3	输出不稳定	① + 显示不稳定 ⇒ [a][b][c][d][f][g][h][i][j]	f 配线施工不良（之一）	与插头、端子部等的连接部位的接触是否良好	E
					g 配线施工不良（之二）	导通了吗	F
					h 导线断线	导线上是否有施加反复弯曲应力、拉伸力、过大的外力等	G
					i 其他电气相关问题（之一）	是否使用本规格以下的负载电流	H
					j 其他电气相关问题（之二）	配线是否有反接	I
					k 其他电气相关问题（之三）	是否对1个输入有多个串行连接或并行连接	J
II	破损	1	外壳/导线破损	⇒ [a][b][c][d][j]	l 其他电气相关问题（之四）	PLC的规格有无错误	
					m 外部磁场的影响	在执行元件的周边有无磁场发生源	K
III	外观不良	1	导线变色	⇒ [a]	n 安装时的问题	是否安装在动作范围的末端部	L
					o 执行元件的选择错误	是否选择了内藏磁石的执行元件	M

(续)

	恒久对策		恒久对策
A	有可能是液体进入到产品内部，请进行以下改善 ①请给磁性开关安装保护罩等，不要让液体飞溅(附着)到磁性开关上 ②请再选择合适的磁性开关(虽然有耐水性磁性开关：D-M9※A系列，但请根据液体的种类，有可能会有不合适的场合)	F	根据配线状况有可能导致导线断线，请进行以下改善 ①有弯曲应力的场合，请行以下改善，请进行以下改善，或者请使用耐弯曲电缆规格(特注品)的产品 ②有可能被施加拉伸力的场合，请注意配线 ③若有被施加外力的场合，请用保护套等对电线进行保护
B	有可能导致超出规格外，或磁性开关故障 请再次确认客户使用状况(配线和控制回路等)	G	请在规定的负载电流范围内使用
		H	请重新连接
C	开关有可能误动作或故障，请进行以下改善 ①请确认设备(使用电源)上有没有产生过电流的可能性 ②请确认配线长度是否在100m以下	I	请确认磁性开关连接数、负载的最低作动电压后，让其满足以下计算式 电源电压 − (磁性开关电压降×连接数) > 负载的最低作动电压 请确认磁性开关连接数、负载作动电流后，让其满足以下计算式 负载作动电流(PLC的OFF电流) > 泄露电流×开关连接数量
		J	磁性开关不能满足PLC的规格时，请重新选择PLC和磁性开关
D	开关有可能误动作或故障，请进行以下改善 ①使用继电器等电感性负载时，请使用内藏过电压吸收器的设备 ②若过电压发生设备(高频率设备等)与电缆混合接触的场合，请进行分离处理(个别配线，某一边屏蔽等)	K	请远离磁场发生源
		L	请进行加大气缸间隔或在气缸之间设置磁场隔离带等对策 请安装在合适的位置(最高感感度位置)
			请用合适的扭矩进行安装
E	根据配线施工不良有可能导致非通电状态(未给开关供给电源) 请确认连接线部分的接触状态	M	请用合适的扭矩进行安装。若发现有树脂外壳的损坏、变形等的场合，请进行更换
			没有内藏磁石，所以不适用 请再确认所选的型号中是否有D

914

表 16.1-60 对象：LE 系列电缸配套控制器；右下参照（※1）

现象				原因	确认方法	处置方法	更换部件植入对象
I	不作动（初期）	1	[编码器异常/code:1-192] 发生报警	a 未连接电缆	连接部；电源插头；是否正常插入	插入后再次连接电源	A
			⇨	b 电缆断裂	连接在缸体上的电动机用电缆是否可动	工厂维修	B
				c 电磁噪声	缸体、电缆、控制器的周围有无例如电焊机、电动机等的大电流机器在工作	噪声隔离	C
		2	[磁极不确定/code:1-193] 发生报警	a 未连接电缆	连接部；电源插头；是否正常插入	插入后再次连接电源	A
				b 电缆断裂	连接在缸体上的电动机用电缆是否可动	工厂维修	B
			⇨	c 电磁噪声	缸体、电缆、控制器的周围有无例如电焊机、电动机等的大电流机器在工作	噪声隔离	C
				d 缸体使用时，阻抗、负载经常超过设计规格	是否超过了规定的最大负载；负载被固定在缸体的时候，是否施加了阻力；扭力；导轨等是否与缸体干扰；安装螺钉是否干涉（导杆、导轨）	重新设置、更换机型	D
					负载被固定在缸体；安装螺钉是否拧紧固力矩	重新设置	E
				e 附着异物	负载水平度是否符合标准	重新设置	F
				f 电源容量不足	是否附着了外来异物（液体）	工场修理、更换机型	G
					电源容量是否不足	重新调整	H
II	无法完成作动（作动中）	1	[到达时间异常/code:1-149] 或者 [偏差过量/code:1-196] 发生报警	a 未连接电缆	连接部；电源插头；是否正常插入	插入后再次连接电源	A
				b 电缆断裂	连接在缸体上的电动机用电缆是否可动	工厂维修	B
			⇨	c 电磁噪声	缸体、电缆、控制器的周围有无例如电焊机、电动机等的大电流机器在工作	噪声隔离	C
				d 缸体使用时，阻抗、负载经常超过设计规格	是否超过了规定的最大负载；负载被固定在缸体的时候，是否施加了阻力；扭力；导轨等是否与缸体干扰；安装螺钉是否拧紧固力矩（导杆、导轨）	更换机型	D
					负载被固定在缸体；安装螺钉是否拧紧固力矩	重新设置	E
					负载水平度是否符合标准	重新设置	F
				e 附着异物	是否附着了外来异物	重新设置	G
				f 电源容量不足	电源容量是否不足	工厂更换机型	H
				g 电缸的移动受阻	缸体在作动时，是否有外部物件干涉	重新调整	I
					设置为定位作动时，是否发生反压动作	重新调整步进数据	J
					设置为推压作动时，是否在推压开始目标位置前，流入开始推压动作	重新调整步进数据	K
					电源容量是否不足	重新调整	L
		2	[动力电源异常/code:1-145] 发生报警	a 电缸的运动速度超出了使用规定范围	负载和加减速是否超出了使用规定范围	重新设置、更换机型	I
			⇨	b 电缸运动导致输出再生电流			M
		3	[过速度/code:1-144] 发生报警	a 电磁噪声	缸体、电缆、控制器的周围有无例如电焊机、电动机等的大电流机器在工作	噪声隔离	C
			⇨	b 附着异物	是否附着了外来异物（液体）	工厂维修、更换机型	G
		4	[过负载/code:1-148] 发生报警	a 电磁噪声	缸体、电缆、控制器的周围有无例如电焊机、电动机等的大电流机器在工作	噪声隔离	C
			⇨	b 附着异物	是否附着了外来异物（液体）	重新设置、维修	D
				c 在停止作时，缸体受外力导致移动	是否受到超过负载范围的外力导致移动	工厂维修、更换机型	G

(续)

	恒久对策
A	请保证连接部(电源插头)正常插入
B	连接在缸体上的电缆是不耐弯曲电缆,请将其稳定固定,避免晃动
C	受到外部噪声影响,会产生不良结果 ①请将其远离大电流机器 ②设置隔磁板
D	①请减轻负荷。如果无法减轻负荷,请考虑更换产品型号 ②如果是在电缆等负荷过大的情况下,请不要施加过大的张力 ③更换螺杆导程时请确认规格范围
E	请使用长度正确的螺钉
F	滑动部分变形会使得导轨的齿隙和滑动摩擦的增加,导致不良后果的产生 ⇒在安卸负载固定滑动部分的时候请固定滑动部分,以避免导致固力矩导致的变形
G	安装面的变形会使得导轨的齿隙和滑动摩擦的增加,导致不良后果的产生 ⇒请按照各机器型号的规定数值设置安装面的水平度
H	滑动部分附着了异物,导致不良后果的产生 ⇒①为避免异物附着,请考虑设置盖子 ②有防止外来异物侵入的机型,请考虑更换

	恒久对策
I	更换合适的电源
J	除去外部干扰物
K	如果希望进行推压动作,请将设置更改为推压动作模式 ⇒请重新修改步进数据
L	请设置为在推压开始目标位置之后,开始推压动作 ⇒请重新修改步进数据
M	①请确认设计范围,重新更改设定,减轻负载,降低减速度 ②如果无法减轻负载,降低加减速度,请考虑更换机型

※1

控制器
①LECP6:步进数据输入模式/步进电动机(伺服DC24V)
②LECPMJ:CC-Link直接输入模式/步进电动机控制
③LECA6:步进数据输入模式/伺服马达(DC24V)

表 16.1-61 对象：LE 系列电缸　配套控制器：右下参照（※1）

现象			原因	确认方法	处置方法	更换部件	耐久对策
I	不作动（初期）	1	[电源/电压异常/报警330、410]报警/警告发生	a	未连接电缆	连接部（电源插头）是否正常插入	插入后再次连接电源	—	A
				b	电源容量不足	电源容量是否不足	重新调整	—	I
				c	电源电压异常	电源电压是否在规定范围内	重新调整工厂维修	—	K
		2	[编码器异常/报警810、820、840、850、860、C90、C91、C92、CA0、CB0]报警/警告发生	a	未连接编码器电缆	连接部（插头）是否正常插入	插入后再次连接电源	—	A
				b	编码器电缆断线	连接在缸体上的电源插头是否正常插入	工厂维修	—	B
				c	电磁噪声	连接在缸体、电缆、控制器周围有无例如电焊机、电动机等的大电流机器在工作	噪声隔离	—	H
				d	附着异物	是否附着了外来异物（液体）	工厂维修更换机型	—	L
	3	配套软件和驱动之间无法通信	a	未连接USB线	连接部（插头）是否正常插入	插入后再次连接电源	—	A
				b	电源容量不足	电源容量是否不足	重新调整	—	I
				c	驱动器系列选错	配套软件操作设定时是否选错了对应的驱动器系统	重新调整	—	S
II	无法完成作动（作动中）	1	[过负载报警710、720/警告910][误差过大/报警D00/警告900]发生报警、警告	a	未连接电源线、编码器线	连接部（插头）是否正常插入	插入后再次连接电源	—	A
				b	电源线、电动机线、编码器线断线	连接在缸体上的电动机用和编码器用电缆是否正常工作	工厂维修	—	B
				c	电动机处于锁定状态	电动机是否上锁	重新调整	—	M
				d	缸体使用时，阻抗、负载经常超过设计规格	是否超过了规定的最大负载	更换机型	—	C
						连接在负载上的电缆是否干扰到缸体	重新设置、更换机型	—	D
						负载被固定在缸体的时候，安装螺钉是否向滑动部分施加了阻力	重新设置	—	E
						负载固定在缸体的时候（导杆、导向等）施加了紧固力矩是否符合标准	工厂维修	—	F
						安装水平度是否符合标准	重新设置	—	G
				e	附着异物	是否附着了外来异物（液体）	工厂维修、更换机型	—	H
				f	电磁噪声	连接在缸体、电缆、控制器周围有例如电焊机、电动机等的大电流机器在工作	噪声隔离	—	I
				g	电源容量不足	电源容量是否不足	重新调整	—	J
				h	缸体的移动受阻	缸体在作动时，是否有外部物件干扰	重新调整	—	C
				i	过负载状态的作动	过负载状态是否无法继续作动	更换机型	—	O
	2	[再生异常/报警300、320/警告920]发生报警、警告	a	再生电阻器未连接	再生电阻器是否未连接	重新调整	—	P
				b	再生电阻器容量不足	再生电阻器容量是否不足	变更机型	—	Q
				c	参数错误	再生电阻器和参数值是否错误	重新调整	—	R
				d	电源电压异常	电源电压是否在规定范围内	重新调整	—	—

917

(续)

	恒大对策
A	请保证连接部(电源插头)正常插入
B	连接在缸体上的线为标准电缆线时，请将其稳定固定，避免晃动
C	①请减轻负荷。如果无法减轻负荷，请考虑更换产品的型号 ②如果是在电缆等负荷过大的情况下，请考虑施加不要过大的张力 ③更换螺杆导程时请确认规格范围
D	请使用长度正确的螺钉
E	滑动部分变形会使得导轨的齿隙和滑动摩擦的增加，导致不良后果的产生 ⇒ 在装卸负载的时候请固定滑动部分，以避免紧固力矩固导致变形
F	安装面变形会使得导轨的齿隙和滑动摩擦的增加，导致不良后果的产生 ⇒ 请按照各机器型号规定数值设置安装面的水平度
G	滑动部分附着了异物，导致不良后果的产生 ⇒ ①为避免异物附着，请考虑设置保护罩 ②有防止外来异物侵入的机型，请考虑更换
H	受到外部噪声影响，会产生不良结果 ⇒ ①请将其远离大电流机器 ②设置隔磁板
I	请确认电源容量
J	请清除去外部干扰物

	恒大对策
K	连接规定范围以上的电源，导致不良后果的产生 ⇒ 请确认电压
L	电动机的编码器部分或编码器线缆的连接部附着有异物(液体)，导致不良后果的产生 ⇒ ①为避免异物附着，请考虑设置保护罩 ②有防止外来异物侵入的机型，请考虑更换
M	请解除锁定
N	持续以过负荷状态运作，导致不良后果的产生 ⇒ 请减轻负荷，避免过负荷状态
O	请连接适当的再生选项
P	请更换为合适的再生选项，或确认再生选项的参数
Q	请设定为符合连接的再生选项的参数
R	请确认电源电压
S	请确认配套软件设定时的局号和参数(驱动器)的局号并保持一致

※1
控制器
LECY: AC伺服电动机驱动

第二节 维修工作

气动系统能正常工作多长时间,这是用户非常关心的问题。

各种气动元件通常都给出了它们的耐久性指标。根据耐久性指标,可以大致估算出某气动系统在正常使用条件下的使用时间。譬如,若电磁阀的耐久性为1000万次,气缸的耐久性为3000km,气缸行程为200mm,阀控缸的切换频率为3次/min,每天工作20h,每年按250个工作日计算,则电磁阀可使用11年,气缸只能使用8年,故该阀控缸系统的寿命为8年。因为许多因素未考虑,故这是最长寿命估算法。譬如,未考虑各种元件中橡胶件的老化、金属件的锈蚀、气源处理品质的优劣、日常保养维护工作能否坚持等,都直接影响气动系统的使用寿命。

气动系统中各类元件的使用寿命差别较大,像方向阀、气缸等有相对滑动部件的元件,其使用寿命较短;而许多辅助元件,由于可动部件少,相对寿命就长些。各种过滤器的使用寿命,主要取决于滤芯寿命,这与气源处理后空气的品质关系很大。像急停开关这种不经常动作的阀,要保证其动作可靠性,就必须定期进行维护。因此,气动系统的维修周期,只能根据系统的使用频度,气动装置的重要性和日常维护、定期维护的状况来确定。一般是每年大修一次。

维修之前,应根据产品样本和使用说明书预先了解该元件的作用、工作原理和内部零件的运动状况,必要时应参考维修手册。根据故障的类型,在拆卸之前,对哪一部分问题较多应有所估计。

维修时,对日常工作中经常出问题的地方要彻底解决。对重要部位的元件、经常出问题的元件和接近其使用寿命的元件,宜按原样换成一个新元件。新元件通气口的保护塞,在使用时才取下来。许多元件内仅仅是少量零件损伤,如密封圈、弹簧等,为了节省经费,可只更换这些零件。气动系统维修检查见表16.2-1。

表 16.2-1 气动系统维修检查

检查元件	检查零件及检查内容
过滤器	水杯是否有损伤 滤芯两端压降是否大于允许值 自动排水器动作正常否
减压阀、安全阀	压力表指示有无偏差 阀座密封垫损伤否 膜片有无破损 弹簧有无损伤或锈蚀 喷嘴是否堵住
油雾器	油杯有无损伤 观察窗有无损伤 喷油管及吸油管有无堵塞
方向阀	电磁线圈绝缘体性能是否符合要求,有无被烧毁 铁心有无生锈,分磁环有无松动,密封垫有无松动 弹簧有无锈蚀或损伤 阀座密封垫损伤否 阀芯有无磨损 密封圈有无变形或损伤 滚轮、杠杆和凸轮有无磨损和变形

(续)

检查元件	检查零件及检查内容
速度控制阀	针阀有无损伤 单向阀密封垫有无损伤
快排阀、单向阀、梭阀	密封圈有无变形或损伤 阀芯有无磨损
气缸	缸筒内表面和活塞杆外表面的电镀层有无脱落、划伤、异常磨损；活塞杆有无变形或损伤；导向套偏磨是否大于0.02mm；密封圈有无变形或损伤；润滑脂是否要补充；活塞和活塞杆连接处有无松动、裂纹；缓冲节流阀有无变形或损伤；气缸安装件有无损伤

拆卸前，应清扫元件和装置上的污染物，保持环境清洁。确认被驱动物体已进行了防止落下处置和防止暴走处置之后，还必须切断电源和气源，确认压缩空气已全部排出后方能拆卸。仅关闭截止阀，系统中不一定已无压缩空气，因有时压缩空气被堵截在某个部位，所以必须认真分析检查各部位，并设法将余压排尽，例如，观察压力表是否回零，调节电磁先导阀的手动调节杆排气等。

拆卸时，应按组件为单位进行拆卸，要慢慢松动每个螺钉，以防元件或管道内有残压。一面拆卸，一面逐个检查零件是否正常。滑动部分的零件（如缸筒内表面、活塞杆外表面）绝对不要划伤，要认真检查，要注意各处密封圈和密封垫的磨损、损伤和变形情况。要注意节流孔、喷嘴和滤芯的堵塞情况。要检查塑料和玻璃制品有否裂纹或损伤。拆卸时，应将零件按组件顺序排列，并注意零件的安装方向，以便今后装配。配管口与软管口必须用干净布保护，防止灰尘与杂物混入。

更换的零件必须保证质量。锈蚀、损伤、老化的元件不得再用。必须根据使用环境和工作条件来选定密封件，见表16.2-2和表16.2-3，以保证元件的气密性并使其稳定地进行工作。

表16.2-2 密封与温度、润滑剂的关系

适用温度/℃		密封件（动密封、静密封、防尘圈）		润滑剂
		形状	材料	
高温用	>150~200	O形圈、 X形圈、 U形圈、 V形圈、 L形圈、 防尘圈 其他	与厂家协商	硅润滑脂、硅油、二硫化钼
	>120~150			硅润滑脂、硅油、二硫化钼
	>100~120		氟橡胶	石油基液压油，硅润滑脂、硅油、二硫化钼
	>60~100		四氟乙烯树脂（含填料）	石油基液压油、高温润滑脂、硅润滑脂、硅油、二硫化钼
一般用	-5~60		丁腈橡胶① 聚氨酯橡胶 四氟乙烯树脂（含填料）	石油基液压油①、普通润滑脂、硅润滑脂、硅油、二硫化钼
低温用	<-30~-5		低温用丁腈橡胶① 低温用聚氨酯橡胶 四氟乙烯树脂（含填料）	石油基低黏度液压油①，MIL-H-5606低温润滑脂①，硅润滑脂、硅油、二硫化钼
	<-40~-30			
	<-55~-40			MIL-H-5606，硅润滑脂、硅油、二硫化钼
	<-60~-55		与厂家协商	硅润滑脂、硅油、二硫化钼

① 丁腈橡胶与有关油品也有不相容的情况。

表 16.2-3　密封材料在不同环境中的特性

密封材料			丁腈橡胶	氟橡胶	聚氨酯橡胶	四氟乙烯树脂（含填料）
气体	二氧化硫	淡雾气	△	△	△	○
		浓雾气	×	×	×	○
	硫化氢		○	△	○	○
	氟化氢		×	×	×	○
	氯气		×	○	×	○
	氨气		△	×	△	○
	一氧化碳		○	○	○	○
	丙酮气		×	×	×	○
	氮气		○	○	○	○
	臭氧		△	○	○	○
	湿度100%		○	○	△	○
液体	水、海水、次氯酸钠		○	○	△	○
	过氧化氢		○	○	○	○
	丙酮		×	×	×	○
光线	杀菌用紫外线		×	○	○	○
	放射线	$10^7\gamma$ 以上场合	△	△	△	×
		$10^6\gamma$ 未满场合	○	△	△	△
		$10^5\gamma$ 未满场合	○	○	△	△

注：○—能用；△—由使用条件决定能否用；×—不能用。

拆下来准备再用的零件，应放在清洗液中清洗。不得用汽油等有机溶剂清洗橡胶件和塑料件，可以使用优质煤油清洗。

零件清洗后，不准用棉丝、化纤品擦干，可用干燥清洁空气吹干。涂上润滑脂，以组件为单位进行装配。注意不要漏装密封件，不要将零件装反。螺钉、螺母拧紧力矩应均匀，力矩大小应合理。

安装密封件时应注意：有方向的密封圈不得装反。密封圈不得装扭。为容易安装，可在密封圈上涂敷润滑脂。要保持密封件清洁，防止棉丝、纤维、切屑末、灰尘等附着在密封件上。安装时，应防止沟槽的棱角处、横孔处碰伤密封件。与密封件接触的配合面不能有毛边，棱角应倒圆。塑料类密封件几乎不能伸长，橡胶材料密封件也不要过度拉伸，以免产生永久变形。在安装带密封圈的部件时，注意不要碰伤密封圈。螺纹部分通过密封圈，可在螺纹上卷上薄膜或使用插入用工具。活塞插入缸筒等筒壁上开孔的元件时，孔端部应倒角15°~30°。

配管时，应注意不要将灰尘、密封材料碎片等污染物带入管内。

维修安装后，再启动时，要确认已进行了防止活塞杆急速伸出的处置后，再接通气源和电源，进行必要的功能检查和漏气检查，不合格者不能使用。检修后的元件一定要试验其动作情况。譬如对气缸，开始将其缓冲装置的节流部分调到最小；然后调节速度控制阀，使气缸以非常慢的速度移动，逐渐打开节流阀，使气缸达到规定速度。这样便可检查气阀、气缸的装配质量是否合乎要求。若气缸在最低工作压力下动作不灵活，必须仔细检查其安装情况。缓慢升压到规定压力，应保证升压过程直至达到规定压力都不漏气。保证安装正确后才能投入使用。

第十七章　气动系统维护检修示例

为便于掌握现场故障的排查方法，本章案例介绍气动系统中不同元件在实际使用中可能发生的故障问题、排查方法及注意事项。

第一节　气动系统执行元件故障检测

一、故障调查案例——CL 单向锁紧气缸

1. 背景介绍（见表 17.1-1）

表 17.1-1　背景介绍

故障概要	客户为某金属成形行业的相关企业，在零件成形设备上的冲压锻造工位使用 CLQ 系列单向锁气缸，做平台的支撑气缸，发生气缸卡死故障，故发生故障投诉
工况特点	① 气缸伸出后锁紧，活塞杆支撑的锻造平台 ② 平台受冲压头强冲击
故障关键	气缸作动卡死

2. 现品检测

（1）外观确认（见图 17.1-1）

型号：CDLQA63TF-50DC-F（后退方向锁）。

缸体表面无明显异常，缸体无分解痕迹。

（2）性能测试（见表 17.1-2）

图 17.1-1　CL 外观

表 17.1-2　CL 性能测试

检测项目	作动测试	行程确认	内部泄漏	外部泄漏	锁头泄漏
测试结果	不合格（作动卡死）	不合格（卡死不良）	合格	合格	合格

（3）分解调查（见图 17.1-2）

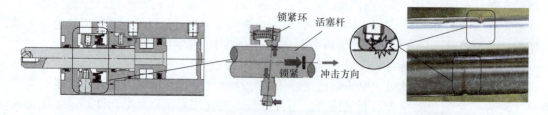

图 17.1-2　CL 结构图及活塞杆破损照片

3. 原因分析（见图 17.1-3）

由于活塞杆支撑的平台，在气缸锁头锁紧后，受外力强冲击导致活塞杆与锁紧环之间撞击，活塞杆变形后与锁紧环卡死，造成作动不良故障发生。

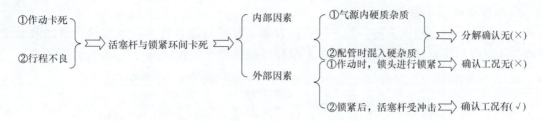

图 17.1-3 原因分析

4. 对策意见

在锁紧状态下,应避免活塞杆受冲击负载、强振动及回转力,以免造成锁紧单元故障,目前工况可考虑加装外部锁紧或支撑限位结构。

二、故障调查案例——CQ2 直线气缸

1. 背景介绍(见表 17.1-3)

表 17.1-3 背景介绍

故障概要	客户为某食品行业的乳业相关企业公司,在产品盒装奶的牛奶罐装设备生产线中使用 CQ2 系列气缸,发生气缸作动缓慢且偶发不作动的故障,故发生故障投诉
工况特点	① 工作时有液体喷溅 ② 停机时,设备每天进行清水冲洗
故障关键	作动缓慢不良

2. 现品检测

(1) 外观确认(见图 17.1-4)

型号:CQ2B12-30DM。

活塞杆表面干燥且无润滑脂,缸体无分解痕迹。

(2) 性能测试(见表 17.1-4)

图 17.1-4 CQ2 外观

表 17.1-4 CQ2 性能测试

检测项目	作动测试	行程确认	内部泄漏	外部泄漏
测试结果	不合格(作动卡顿)	合格	合格	不合格(杆密封圈处)

(3) 分解调查(见图 17.1-5)

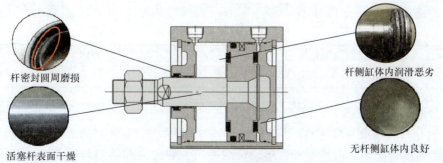

图 17.1-5 CQ2 结构图及分解照片

3. 原因分析（见图 17.1-6）

牛奶及冲洗用水喷洒至杆表面，导致杆表面、杆密封圈及杆端腔内润滑脂消耗而干燥，导致缸体润滑不良且杆密封圈磨损严重，最终导致作动卡顿及杆密封外部泄漏严重。

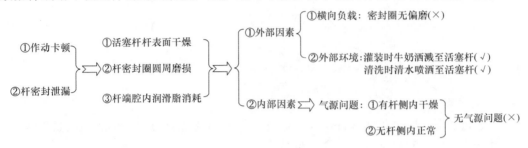

图 17.1-6　原因分析

4. 对策意见

针对外部环境水液喷溅，以下意见可参考对应改善：

加装防护装置，避免灌装牛奶或外部环境喷洒至活塞杆表面。

1) 使用带防水罩及相关结构的 SMC 特殊气缸进行对应改善。
2) 改变灌装及清洗方法，避免液体的喷溅洒落。

三、故障调查案例——CY 磁耦合无杆气缸

1. 背景介绍（见表 17.1-5）

表 17.1-5　背景介绍

故障概要	客户为轮胎行业的外胎制造相关企业，在外胎搬运设备生产线中使用 CY 系列无杆气缸作为定位阻挡缸使用，发生气缸无法作动及异响的故障，故发生故障投诉
工况特点	气缸阻挡的搬运轮胎用，轮胎接触时会有冲击
故障关键	① 无法作动 ② 异响

2. 现品检测

(1) 外观确认（见图 17.1-7）

型号：CY3B20-600。

气缸外观无明显可视异常，缸体无分解痕迹。

图 17.1-7　CY 外观

(2) 性能测试（见表 17.1-6）

表 17.1-6　CY 性能测试

检测项目	作动测试	行程确认	内部泄漏	外部泄漏
测试结果	不合格（无法作动，异响）	不合格（无法作动）	合格	合格

(3) 分解调查（见图 17.1-8）

3. 原因分析（见图 17.1-9）

在内部加压情况下，滑块受外部运动负载冲击，导致内部活塞与外部滑块之间受力大于磁耦合保持力，两者发生相对脱离而供压后滑块不作动、活塞撞击端盖发生异响。

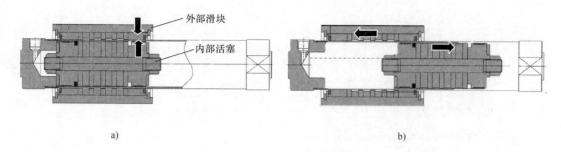

图 17.1-8　CY 结构图

a) 气缸正常状态　b) 内部脱磁后状态

图 17.1-9　原因分析

4. 对策意见

针对外部冲击力过大而超过磁保持力原因,以下意见可参考对应改善:

1) 加装缓冲装置,减小或消除负载对滑块的冲击力至保持力以下。

2) 通过选择更大缸径的无杆气缸,来满足保持力大于冲击力的使用要求。

四、故障调查案例——MHZ 气动夹爪

1. 背景介绍(见表 17.1-7)

表 17.1-7　背景介绍

故障概要	客户使用 MHZ 系列气动夹爪安装机床进行工件夹取。使用一个月左右出现手指断裂的故障现象
工况特点	把持点距离长、开闭速度快等
故障关键	手指断裂

2. 现品检测

(1) 外观确认(见图 17.1-10)

型号:MHZ2-16D。

手指部分断裂。

(2) 性能测试(见表 17.1-8)

表 17.1-8　MHZ 性能测试

图 17.1-10　MHZ 外观

检测项目	作动测试	气密性
测试结果	合格(手指断裂)	合格

(3) 分解调查(见图 17.1-11)

3. 原因分析(见图 17.1-12)

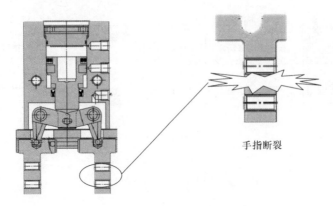

图 17.1-11　MHZ 结构图

手指断裂 ⇒ 手指受到过大的力矩 ⇒ ①确认是否有与其他机器接触等外力作用
②确认是否有附件重、开闭速度快、把持点距离长、开闭端受冲击等情况

图 17.1-12　原因分析

4. 对策意见

1）根据实际工况进行所需夹持力计算，选用合适的夹爪。

2）夹持点应在规格范围内使用。超出规格范围时，手指滑动部将受到过大的力矩负载作用，对气爪的寿命造成恶劣影响。

3）将附件设计得更短、更轻。若附件过长、过重，开闭时的惯性力变大，手指容易产生间隙，对寿命造成恶劣影响。在规格范围内，也应尽量缩短、轻量化地制作夹持点。

五、故障调查案例——MSQ 摆动气缸

1. 背景介绍（见表 17.1-9）

表 17.1-9　背景介绍

故障概要	客户为机床行业的设备相关企业公司，机床设备的车刀换刀架，使用 MSQ 摆动气缸作为旋转驱动缸，发生作动至末端回弹及行程不足的故障，导致撞刀，故发生故障投诉
工况特点	负载刀架体积大、质量高、转速快
故障关键	作动末端回弹，动能吸收不完全

2. 现品检测

（1）外观确认（见图 17.1-13）

型号：MSQA20A。

气缸外观良好，无明显异常，缸体无分解痕迹。

（2）性能测试（见表 17.1-10）

图 17.1-13　MSQ 外观

表 17.1-10　MSQ 性能测试

检测项目	作动测试	行程确认	内部泄漏	外部泄漏
测试结果	不合格（作动卡死）	不合格（行程不良）	合格	合格

(3) 分解调查（见图 17.1-14）

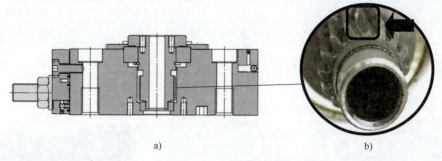

图 17.1-14　MSQ 结构图
a) 产品结构　b) 齿轮部品断齿损坏

3. 原因分析（见图 17.1-15）

在现有工况下，负载运行时动能超出产品可承受规格，导致产品无法完全吸收而发生回弹现象，持续使用使主轴齿轮受过大冲击，导致其损坏且与活塞齿条卡死、行程不足等故障发生。

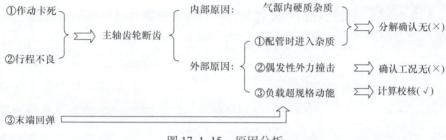

图 17.1-15　原因分析

4. 对策意见

针对目前负载动能超规格的情况，以下意见可参考对应改善：
1) 降低负载的动能冲击（速度、负载体积和质量降低）。
2) 根据现有工况核算，选择更大动能规格值的其他型号摆动气缸。

六、故障调查案例——MX 滑台气缸

1. 背景介绍（见表 17.1-11）

表 17.1-11　背景介绍

故障概要	客户为某电子行业的手机组装相关企业公司，在手机屏幕组装设备生产线中，使用 MX 系列滑台气缸，新品安装调试时发生气缸作动卡顿的故障，故发生故障投诉
工况特点	工位要求气缸精度高，作动特性要求平稳
故障关键	作动卡顿

2. 现品检测

(1) 外观确认（见图 17.1-16）

型号：MXQ16L-30。

观察无明显异常情况，缸体无分解痕迹。

(2) 性能测试（见表 17.1-12）

图 17.1-16　MX 外观

表 17.1-12 MX 性能测试

检测项目	作动测试	行程确认	内部泄漏	外部泄漏
测试结果	不合格（作动卡顿）	合格	合格	不合格（杆密封圈处）

（3）分解调查（见图 17.1-17）

图 17.1-17 MX 结构图

3. 原因分析（见图 17.1-18）

由于安装负载时，安装螺栓的长度过长，导致螺栓拧紧后挤压导轨组件的导块上表面而造成其变形严重，最终导轨运行不畅气缸作动卡顿。

图 17.1-18 原因分析

4. 对策意见

针对外部安装螺栓超规格的情况，以下意见可参考对应改善：

请参考样本内安装螺栓的限制长度规格，进行安装螺栓的选用。

七、故障调查案例——MY 机械接合式无杆气缸

1. 背景介绍（见表 17.1-3）

表 17.1-13 背景介绍

故障概要	客户为某汽车行业的涂装相关企业公司，在产品喷漆设备生产线中喷枪吊装位置，使用 MY 系列气缸，作为喷枪移动驱动源，发生作动缓慢故障，故发生故障投诉
工况特点	负载喷枪挂壁式安装，负载产生较大转矩
故障关键	作动缓慢不良

2. 现品检测

（1）外观确认（见图 17.1-19）

型号：MY1M25-600L。

缸体表面附着较多黑色油污，缸体无分解痕迹。

（2）性能测试（见表 17.1-14）

图 17.1-19 MY 外观

表 17.1-14　MY 性能测试

检测项目	作动测试	行程确认	内部泄漏	外部泄漏
测试结果	不合格（作动缓慢）	合格	合格	合格

（3）分解调查（见图 17.1-20）

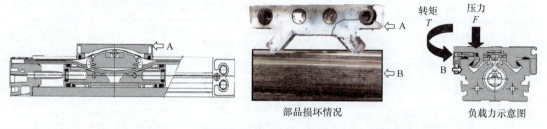

图 17.1-20　MY 结构图

分解情况：①确认滑台侧盖是否碎裂；②缸体侧表面与滑台内侧间磨损是否严重。

3. 原因分析（见图 17.1-21）

由于负载量超规格范围，产生过大的旋转力矩及压力，造成滑台与缸体间互相异常摩擦，产生金属碎屑，导致作动缓慢且卡顿。

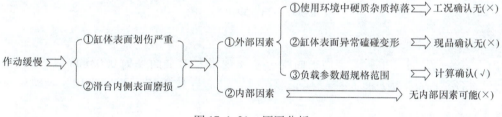

图 17.1-21　原因分析

4. 对策意见

针对负载量超范围情况，以下意见可参考对应改善：

通过加装外部导轨及称重装置，减小气缸承受的转矩及滑台竖直方向的压力。
通过改善外部负载的质量、尺寸、安装方式等，使负载量降低至规格值之下。
通过选择更大规格的气缸执行器来满足目前的负载规格需求。

八、故障调查案例——MGP 气缸

1. 背景介绍（见表 17.1-15）

表 17.1-15　背景介绍

故障概要	客户为某电子行业的液晶面板组装相关企业公司，在屏幕组装设备生产线中，使用 MGP 系列气缸定位，新品安装时，空载作动测试正常，但安装负载后气缸发生作动卡顿的故障，故发生故障投诉
工况特点	工位要求气缸晃动量小，作动特性要求平稳
故障关键	作动卡顿

2. 现品检测

（1）外观确认（见图 17.1-22）

型号：MGPM16-50AZ。

外观情况：外观无明显异常情况，缸体无分解痕迹。

（2）性能测试（见表 17.1-16）

图 17.1-22　MGP 外观

表 17.1-16　MGP 性能测试

检测项目	作动测试	行程确认	内部泄漏	外部泄漏	装载作动
测试结果	合格	合格	合格	合格	不合格（客户负载件）

（3）分解调查（见图 17.1-23）

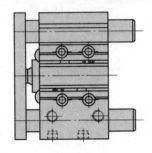 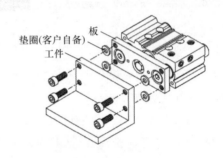

图 17.1-23　MGP 结构图

3. 原因分析（见图 17.1-24）

由于安装负载时，负载安装面平面度过差（规格要求平面度为 0.05mm 以下），导致螺栓拧紧后挤压气缸端板表面而造成其变形严重，进而导致导杆平行度恶化，导轨气缸作动卡顿。

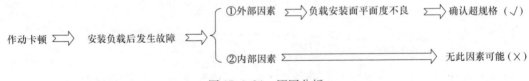

图 17.1-24　原因分析

4. 对策意见

针对外部安装负载平面度超规格，以下意见可参考对应改善：

参考样本内安装负载面的规格要求，进行负载的选用。

九、故障调查案例——LEF 无杆型电动执行器

1. 背景介绍（见表 17.1-17）

表 17.1-17　背景介绍

故障概要	某客户自动化组装设备上搭载 LEFS 电动执行器进行工件的搬运，使用过程中突发 1-192 编码器报警/1-193 电动机找不到相位报警，断电重启依然无法恢复
工况特点	环境液体氛围
故障关键	偶发报警 1-192

2. 现品检测

（1）外观确认（见图 17.1-25）

产品型号：LEFS32A-100-R16N1。

电动执行器外观有严重水渍、锈迹。

（2）性能测试（见表 17.1-18）

图 17.1-25　LEF 外观

表 17.1-18　LEF 性能测试

检测项目	动作测试（ACT Controller）	手动滑动
测试结果	不合格（上电即报警1-192）	作动卡顿

（3）分解调查（见图 17.1-26）

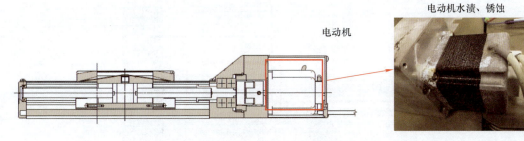

图 17.1-26　LEF 结构图

3. 原因分析（见图 17.1-27）

产品使用环境为液体氛围，液体侵入电动机导致电动机定子、转子故障，并且造成编码器信号收发不良。

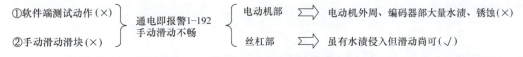

图 17.1-27　原因分析

4. 对策意见

1）本产品防护等级为 IP40，不能应用于液体氛围场合。

2）如环境有液体淋溅时，应对电动执行器的安装姿势进行调整，避免执行器外部水淋，并适当增加防护装置，如防水挡板、气吹。

十、故障调查案例——LEY 出杆式电动执行器

1. 背景介绍（见表 17.1-19）

表 17.1-19　背景介绍

故障概要	某太阳能光伏行业客户的串焊机上搭载 LEY 无杆式电动执行器，用于托盘的举升工作，在调试期间发生了磁性开关无法感知执行器动作的故障
工况特点	安装调试期间发生
故障关键	磁性开关无输出信号

2. 现品检测

（1）外观确认（见图17.1-28）

产品型号：25A-LEYH25NZC-50-X2。

电动执行器有安装痕迹，其他未见异常。

（2）性能测试（见表17.1-20）

图17.1-28　LEY外观

表17.1-20　LEY性能测试

检测项目	动作测试	磁开检知
测试结果	合格	不合格（安装D-M9B检测，确认了无信号现象）

（3）分解调查（见图17.1-29）

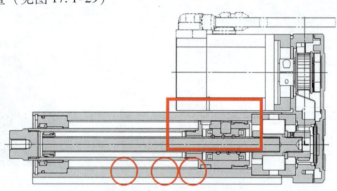

图17.1-29　LEY结构图

活塞杆与活塞发生了偏转，导致磁石偏转。

3. 原因分析（见图17.1-30）

安装负载时未正确把持活塞杆头端螺母，而导致活塞杆、活塞相对于主体发生旋转，由于磁石检知部位仅在主体的下部180°半圆周内，故磁石旋转后磁性开关无法检知信号。

分别将磁性开关装入两个槽内检测，确认无信号现象 { 活塞杆头端 ⇒ 有旋拧痕迹、有偏转（×） ; 其他缸体位置磁性检测 ⇒ 其他位置(非安装槽)有信号（×） }

图17.1-30　原因分析

4. 对策意见

1）安装前端工装、负载时避免把持缸体旋转，否则会造成活塞杆整体旋转甚至损坏。

2）必要时可选择防回转型特注品。

第二节　气动系统控制元件故障检测

一、故障调查案例——VBA增压阀

1. 背景介绍（见表17.2-1）

表17.2-1　背景介绍

故障概要	客户使用VBA11A安装于点胶枪前端进行局部增压。在使用过程中出现偶发性的增压阀不动作的现象
工况特点	① 启动时OUT侧充气导致空气消耗量较大 ② 在增压比2倍以内使用
故障关键	偶发性不动作，排气孔持续排气

2. 现品检测

（1）外观确认（见图17.2-1）

型号：VBA11A-02。

外观未见明显异常，无分解痕迹。

（2）性能测试（见表17.2-2）

图17.2-1 VBA外观

表17.2-2 VBA性能测试

检测项目	作动测试	静定性	再现试验
测试结果	合格	合格	不合格

（3）分解调查（见图17.2-2）

3. 原因分析（见图17.2-3）

有些情况会导致VBA11出现偶发性不动作的现象。以VBA10与VBA11同等条件下使用进行举例说明（入口压力为0.5MPa，设定压力为0.8MPa）。当使用VBA10A时，出入口压差即为驱动压力。当使用VBA11A时，由于与VBA10A的结构不同，从出口压力到入口压力之差的1/3为驱动压力。此时，VBA11A的驱动压力会达到下限的0.1MPa，同样地，当启动时出口侧消耗流量过大，也会使得驱动压力到达下限，从而导致VBA11出现不作动的现象。

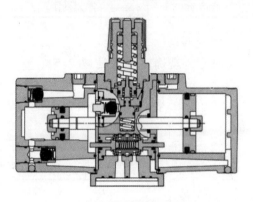

图17.2-2 分解调查各部品均未见异常

不动作无法增压 ⇒ 分解查看各部件未见异常 ⇒ { ①在2倍增压比以内使用VBA11A ②启动时OUT侧充气消耗流量过大 }

图17.2-3 原因分析

4. 对策意见

1）VBA11增压阀需在2~4倍增压比区间内使用，2倍增压比以内选用VBA10系列。

2）启动时OUT流量消耗较大的情况下，可设置旁通回路，回路如图17.2-4所示。

操作顺序说明：

① 打开气源，由单向阀将一侧压力供给到二次侧（气管填充）。

② 当二次侧压力达到一次侧压力后，两位三通阀得电切换。

③ VBA开始作动。

④ 关闭两位三通阀后，二次侧气缸残压排气。

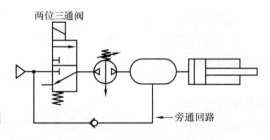

图17.2-4 旁通回路图

注：通过旁通回路将一次侧的压力充填到二次侧（对气罐进行充气），气罐充气结束后再启动增压阀，使设备起动时不会产生超出空气流量的最大范围，就可以正常起动了。

二、故障调查案例——EX600 SI 单元

1. 背景介绍（见表 17.2-3）

表 17.2-3　背景介绍

故障概要	客户为汽车座椅加工企业，在焊接座椅设备生产线中，使用 EX600 系列 SI 单元控制电磁阀，以控制夹紧气缸动作。在工作过程中，夹紧缸一直处于夹紧状态无法恢复，故发生故障投诉
工况特点	① 工作时有焊渣飞溅 ② 设备周围有电动机、焊枪等设备 ③ 为配线美观，所有线缆使用扎带一起捆绑同槽走线
故障关键	无法控制气缸动作

2. 现品检测

（1）外观确认（见图 17.2-5）

型号：EX600 - SPR1A。

SI 单元外表有焊渣附着，电磁阀及气缸外表均无明显异常。

图 17.2-5　EX600 外观

（2）性能测试（见表 17.2-4）

表 17.2-4　EX600 性能测试

模块测试	动作测试	更换确认
SI 单元	通信正常，无法控制电磁阀 ON/OFF 动作	更换 SI 单元后整个阀岛动作良好
电磁阀	集装式电磁阀中 1 片电磁阀常 ON	更换电磁阀后依旧常 ON，动作异常
气缸	一直夹紧，无法复位	更换电磁阀后动作良好

（3）分解调查（见图 17.2-6）

SI 单元内部 D 基板负责控制电磁阀动作。更换 D 基板后能够正常控制电磁阀 ON/OFF 动作，因此确认 D 基板上的控制元件机能不良。

3. 原因分析

SI 单元的电源分别由 US1（控制及输入电源）和 US2（输出及电磁阀）组成。若 US2 电源电压超出规格值 DC24V + DC24V×10%（=DC26.4V），则会导致 D 基板上的控制元件机能不良。

鉴于现场为焊接环境，存在电噪声干扰的可能性。

虽然产品满足 EMC 规格，但瞬间的脉冲电压叠加则会由于瞬间电压过大导致电子元件机能不良。

4. 对策意见

对阀岛配线进行分槽，同时，为防止外接电噪声干扰由 FE 端子混入 SI 单元内部，将 SI 电源线 DC0V 与 FE 端子之间的连接断开，如图 17.2-7 所示。

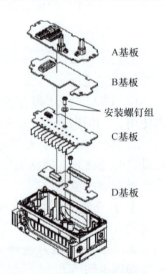

图 17.2-6　EX600 结构图

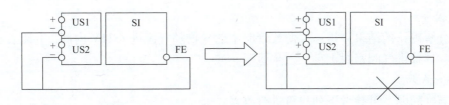

图 17.2-7　EX600 接线图

三、故障调查案例——ITV（电气比例阀）（一）

1. 背景介绍（见表 17.2-5）

表 17.2-5　背景介绍

故障概要	客户为激光焊接企业，在焊接设备生产线中，使用 ITV 控制气压，以控制焊接动作。工作过程中气压无法正常控制，故发生故障投诉
工况特点	环境周围有金属屑
故障关键	无法调节输出气压

2. 现品检测

（1）外观确认（见图 17.2-8）

型号：ITV2050-312L。

ITV 外观较脏，SUP 口（进气口）内部有异物附着。

（2）性能测试（见表 17.2-6）

图 17.2-8　ITV 外观

表 17.2-6　ITV 性能测试

检测项目	动作测试	输出精度	空气消耗量
测试结果	不合格	不合格	不合格

（3）分解调查（见表 17.2-7）

表 17.2-7　ITV 分解调查

分解项目	控制基板	先导阀组件	主体部分
分解结果	合格	合格	不合格（供气阀密封面附着异物）

清理异物后，ITV 能够正常调压，如图 17.2-9 所示。

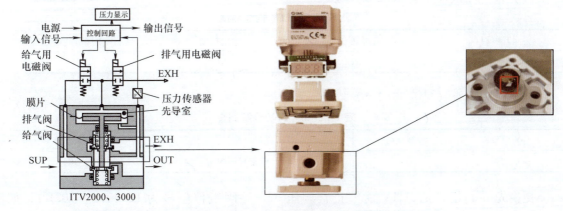

图 17.2-9　ITV 结构图及阀芯异物

3. 原因分析

通过分解确认的结果分析：气源或管路中的异物随气源进入 ITV 内部，并附着在供气阀密封面上，导致供气阀密封不良，发生泄漏。

4. 对策意见

针对异物问题，可参考下列对策进行改善：

1）配管前对管路进行预吹，保证管路中的异物清理干净。

2）ITV 前的管路中设置过滤精度为 $5\mu m$ 以上的过滤器，如图 17.2-10 所示。

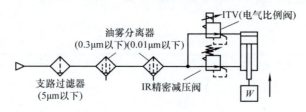

图 17.2-10　ITV 安装回路图

四、故障调查案例——ITV（电气比例阀）（二）

1. 背景介绍（见表 17.2-8）

表 17.2-8　背景介绍

故障概要	在光纤切割设备生产线中，客户使用 ITV 控制气压，以控制切割精度。工作过程中气压无法正常控制，故发生故障投诉
工况特点	① 气源回路未设置气源处理设备 ② 气罐直接连接 ITV
故障关键	设定按钮破损

2. 现品检测

（1）外观确认

型号：ITV2050-312L。

ITV 外观较脏，设定按钮破损，如图 17.2-11 所示。

图 17.2-11　ITV 按钮破损外观

（2）性能测试（见表 17.2-9）

表 17.2-9　ITV 性能测试

检测项目	动作测试	输出精度	空气消耗量
测试结果	NG	NG	NG

（3）分解调查（见表 17.2-10）

表 17.2-10　ITV 分解调查

分析项目	控制基板	先导阀组件	主体部分
分析结果	OK	NG（供气阀密封面附着异物）	OK

更换先导阀组件后，ITV 能够正常调压（先导阀组件型号为 P398010-102B），如图 17.2-12 所示。

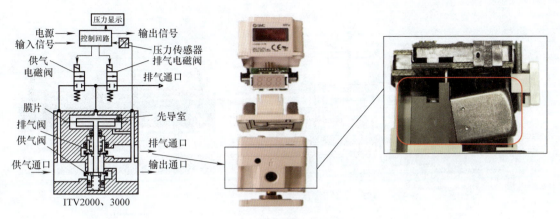

图 17.2-12 ITV 分解图

3. 原因分析

通过分解确认的结果分析：

气罐与 ITV 间未设置调压设备，导致 ITV 的供给压力超出规格值。

过大的供给压力使供气电磁阀破损变形，发生泄漏，最终导致设定按钮受压破损。

4. 对策意见

针对调压问题，可参考以下对策进行改善：

在气罐与 ITV 间设置调压用主管路调压阀及过滤器，在调节供给压力的基础上保证了气源质量。

五、故障调查案例——SY 五通阀

1. 背景介绍（见表 17.2-11）

表 17.2-11　背景介绍

故障概要	某汽车零部件生产公司，在焊接设备上使用我司 SY 电磁阀，使用过程中出现电磁阀不换向故障，故返回检测
工况特点	气源较差，过滤器滤芯脏
故障关键	不切换

2. 现品检测

（1）外观确认（见图 17.2-13）

型号：SY5120-5L-01。

外观无明显异常，无分解痕迹。

（2）性能测试（见表 17.2-12）

图 17.2-13　SY 外观

表 17.2-12　SY 性能测试

检测项目	手动作动测试	电动作动测试	内部泄漏	外部泄漏
测试结果	不合格	不合格（先导阀切换良好）	不合格	合格

（3）分解调查（见图 17.2-14）

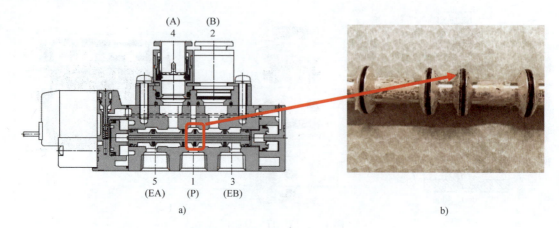

图 17.2-14 SY 结构图及主阀芯异物
a) SY5120 结构图 b) 主阀芯附着异物

3. 原因分析（见图 17.2-15）

气源不洁，过滤器未定期保养（未及时更换滤芯），导致异物进入附着于主阀芯，异物将主阀芯卡死，导致主阀芯不切换。

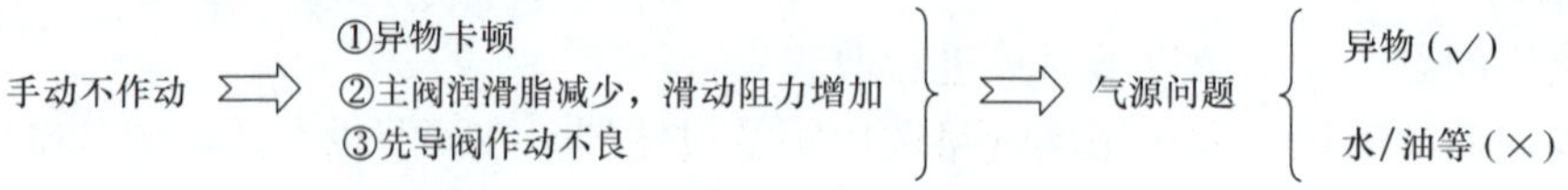

手动不作动 ⇒ ①异物卡顿 ②主阀润滑脂减少，滑动阻力增加 ③先导阀作动不良 ⇒ 气源问题 { 异物（√） 水/油等（×） }

图 17.2-15　原因分析

4. 对策意见

1) 配管前对管路进行预吹，避免管路异物进入。
2) 定期维护保养过滤器，及时更换滤芯。

六、故障调查案例——VFS 间隙密封五通阀

1. 背景介绍（见表 17.2-13）

表 17.2-13　背景介绍

故障概要	某客户冲压机床使用我司 VFS 间隙密封五通阀，使用 1 个月左右出现手动、电动均无法换向的故障
工况特点	阀前端加装油雾器给油
故障关键	不切换

2. 现品检测

（1）外观确认（见图 17.2-16）

型号：VFS2200 - 5F - 01。

外观无明显异常，无分解痕迹。

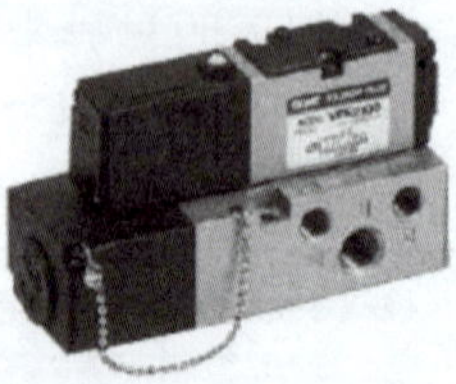

（2）性能测试（见表 17.2-14）

表 17.2-14　VFS 性能测试　　　　图 17.2-16　VFS 外观

检测项目	手动作动测试	电动作动测试	内部泄漏	外部泄漏
测试结果	不合格	不合格	合格	合格

(3) 分解调查（见图 17.2-17）

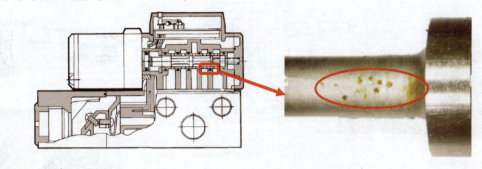

图 17.2-17　VFS 结构图及阀芯附着物

3. 原因分析（见图 17.2-18）

油雾器中通入电磁阀的油液黏度大于样本允许通入油液黏度的规格值，大黏度油液附着于阀芯形成油渍，导致阀芯与衬套之间被粘黏，导致其无法作动。

手动不作动 ⇒ 异物卡顿／主阀润滑脂减少，滑动阻力增加／先导阀作动不良 ⇒ { 气源问题 { 异物（×）／水/油等液体（√）}；电气问题（×）}

图 17.2-18　原因分析

4. 对策意见

1）该阀出荷时阀芯有润滑油，无需单独给油。

2）如果给油请使用透平油 1 号（ISO VG32），且一旦给油需要一直给油。

七、故障调查案例——VX 两通阀

1. 背景介绍（见表 17.2-15）

表 17.2-15　背景介绍

故障概要	某客户使用我司 VX 两通阀，用于控制线切割机床保护液（纯水）的通断。使用 3~5 个月出现通电后阀无法打开的故障
工况特点	两通阀使用环境潮湿
故障关键	通电不打开

2. 现品检测

(1) 外观确认（见图 17.2-19）

型号：VX212HA。

阀体外表面及安装螺钉附着水渍。

(2) 性能测试（见表 17.2-16）

图 17.2-19　VX 外观

表 17.2-16　VX 性能测试

检测项目	作动测试	万用表检测	内部泄漏	外部泄漏
测试结果	不合格	不合格（正负极为断路状态）	合格	合格

(3) 分解调查（见图 17.2-20）

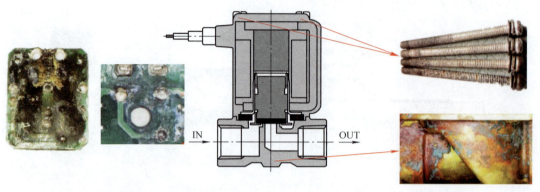

图 17.2-20　VX 结构图

3. 原因分析（见图 17.2-21）

阀使用环境潮湿含有水分，水分附着于阀表面，长时间通过阀表面微小缝隙浸于基板处，导致基板因水分而烧毁，造成通电后阀不作动。

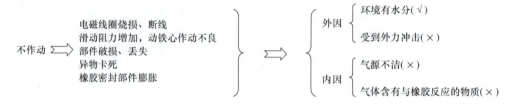

图 17.2-21　原因分析

4. 对策意见

1）请改善使用环境，在阀外加装保护罩。

2）如使用环境无法改变，推荐使用防护等级更高的产品对应。

八、故障调查案例——AR 直动式减压阀

1. 背景介绍（见表 17.2-17）

表 17.2-17　背景介绍

故障概要	客户使用 AR 系列减压阀进行稳压，用于后端设备在规定压力下的气密性检测工作。使用过程中出现手柄溢流阀漏气、调压不稳定的现象
工况特点	① 气源质量一般 ② 配管时使用螺纹胶及生料带
故障关键	溢流孔漏气严重，无法正常调压

2. 现品检测

（1）外观确认（见图 17.2-22）

型号：AR20-02-B。

外观未见明显异常，无分解痕迹。

（2）性能测试（见表 17.2-18）

图 17.2-22　AR 外观

表 17.2-18　AR 性能测试

检测项目	设定性测试	阀泄漏	排气量
测试结果	不合格	不合格	不合格

(3) 分解调查（见图 17.2-23）

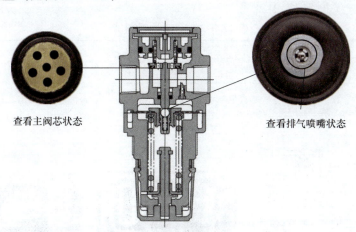

图 17.2-23　AR 结构图

3. 原因分析（见图 17.2-24）

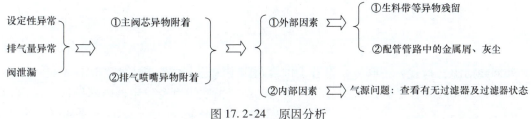

图 17.2-24　原因分析

4. 对策意见

以下意见可参考对应改善：

1）使用生料带前，螺纹前端应留出 1～2 个螺距不缠绕生料带，避免接头拧入后残留于阀部。

2）产品使用前需对管路进行预吹扫，且应定期对过滤器进行点检并更换滤芯。

第三节　气动系统附件故障检测

一、故障调查案例——ZK2 真空发生器（一）

1. 背景介绍（见表 17.3-1）

表 17.3-1　背景介绍

故障概要	某客户自动化组装设备上搭载 ZK2 真空发生器，用于真空吸取工件，使用约一个月后发生了产品不能正常切换，持续真空吸入状态
工况特点	① 作动频率高 ② 一次侧配有过滤器及油雾分离器
故障关键	不切换

2. 现品检测

（1）外观确认（见图17.3-1）

产品型号：ZK2G10K5KW-06。

无影响性能的污浊、损伤等。

（2）性能测试（见表17.3-2）

图17.3-1　ZK2外观

表17.3-2　ZK2性能测试

检测项目	动作测试	真空压力	气密性	泄漏
测试结果	不合格（持续真空）	合格（-91kPa）	合格	合格

（3）分解调查（见图17.3-2）

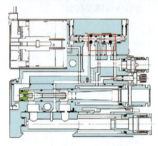  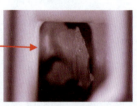

结构图：异物卡住位置　　　主阀内卡住异物　　　异物放大图

图17.3-2　ZK2结构图

3. 原因分析（见图17.3-3）

外部异物由P口侵入主阀体，附着于供给阀侧主阀芯上，造成主阀芯切换不良。

异物起因非气源，是客户自制分气块加工毛刺残留吹进真空发生器内部导致。

①供给破坏阀作动（×）　　　　　　　破坏阀动作 ⇒ 按压破坏阀不产生正压 ⇒ 观察主阀芯状态（×）

②真空压力测试（√）　}未给信号即产生真空{　　　　　　　　　　　　　　　　　　　　　　　　　　　　　　　　供给阀侧卡住异物

　　　　　　　　　　　　　　　　　　　供给阀动作 ⇒ 按压供给阀真空输出流量无变化

图17.3-3　原因分析

4. 对策意见

1）ZK2系列真空发生器一次侧要确保气源质量，建议使用AF+AFM的过滤组合，以防异物侵入。

2）在气动系统配管前应对各个环节（管路等）进行预吹扫，避免残留异物侵入产品内部。

二、故障调查案例——ZK2真空发生器（二）

1. 背景介绍（见表17.3-3）

表17.3-3　背景介绍

故障概要	某客户自动化组装设备上搭载ZK2真空发生器，用于真空吸取工件，设备调试期间发生了真空度不足的问题（标准供给压力时，真空度应不低于-91kPa）
工况特点	① 使用初期 ② 供给压力充足
故障关键	真空度不足

2. 现品检测

（1）外观确认（见图17.3-4）

产品型号：ZK2G10K5KWA-06。

无影响性能的污浊、损伤等。

（2）性能测试（见表17.3-4）

图17.3-4　ZK2外观

表17.3-4　ZK2性能测试

检测项目	动作测试	真空压力	气密性	泄漏
测试结果	合格	不合格（-46kPa）	合格	合格

（3）分解调查（见图17.3-5）

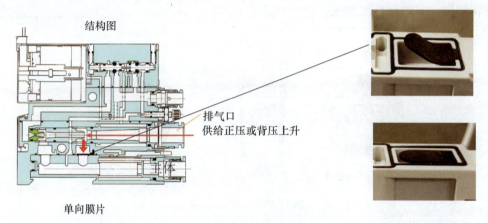

图17.3-5　ZK2结构图

3. 原因分析（见图17.3-6）

单向膜片变形导致无法封住真空，致使真空度不足。

在产品的排气口异常的供入了正压，导致压力将单向膜片反向吹压，造成膜片变形。

由于排气口阻塞，如异物阻塞消声器、右边环境干涉造成排气不畅。

图17.3-6　原因分析

4. 对策意见

1）确保排气口周边无排气阻碍，并确保排气通畅。

2）避免由排气口通入正压。

三、故障调查案例——AF聚碳酸酯杯体过滤器

1. 背景介绍（见表17.3-5）

表 17.3-5　背景介绍

故障概要	客户使用 AF 系列聚碳酸酯杯体过滤器用于支路气源的过滤。在使用过程中出现杯体破裂的现象
工况特点	化工行业等环境较为恶劣的工况
故障关键	杯体破裂

2. 现品检测

（1）外观确认（见图 17.3-7）

型号：AF30 - 02 - A。

杯体由内至外破裂。

（2）性能测试

杯体破裂，未进行性能测试。

图 17.3-7　AF 外观

（3）分解调查（见图 17.3-8）

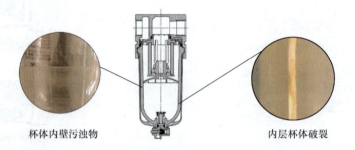

图 17.3-8　AF 结构图

3. 原因分析（见图 17.3-9）

杯体由内至外破裂 ⇨ 杯体内壁可能存在异物附着 ⇨ 一般为有机溶剂、环境中的化学成分造成的腐蚀

图 17.3-9　原因分析

4. 对策意见

请参考杯体破裂的影响因素（见表 17.3-6），并根据实际使用工况选择合适材质的杯体。

表 17.3-6　AF 杯体破裂影响因素参考

种类	品名	使用用途列举	材质	
			聚碳酸酯	尼龙
酸	盐酸、硫酸、磷酸、铬酸	金属的酸洗液	△	×
碱	氢氧化钠、氢氧化钾、消石灰、氨水、碳酸钠	金属脱脂液、工业盐、水溶性切削液	×	○
无机盐	硫化钠、硝酸钾、硫酸钠	—	×	△
氯系溶剂	四氯化碳、氯仿、氯化乙烯、氯化亚甲基	金属的清洗液、印刷墨、稀释剂	×	△
芳香族类	苯、环己烷、稀料	涂料、干洗剂	×	○
酮类	丙酮、丁酮	照片用胶片、纤维工业、干洗剂	×	△

(续)

种类	品名	使用用途列举	材质	
			聚碳酸酯	尼龙
醇类	酒精、异丙醇、甲醇	防冻液、接着剂	△	×
油类	汽油、煤油、碱性水溶性切削液	—	×	△
酯类	邻苯二甲酸二甲酯、邻苯二甲酸二乙酯	合成油、防锈剂的添加剂	×	○
醚类	甲醚、乙醚	润滑油的添加剂	×	○
胺类	乙氨	切削液、润滑油的添加剂、橡胶促进剂	×	×
其他	螺纹密封液、海水、泄漏检查器	—	×	△

注：○—基本安全；△—部分受影响；×—有影响。

四、故障调查案例——D-M9B 磁性开关

1. 背景介绍（见表 17.3-7）

表 17.3-7 背景介绍

故障概要	某客户的磁开配合 CQ2 系列气缸使用，发生磁开无法检测气缸作动位置的故障，故发生故障投诉
工况特点	与动力线一起配线
故障关键	无作动信号

2. 现品检测

（1）外观确认（见图 17.3-10）

型号：D-M9B。

表面无明显异常。

图 17.3-10 D-M9B 外观

（2）性能测试（见表 17.3-8）

表 17.3-8 D-M9B 性能测试

检测项目	指示灯	输出回路
测试结果	不合格	不合格

（3）分解调查（见图 17.3-11）

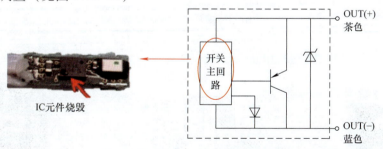

图 17.3-11 D-M9B 内部电路图

3. 原因分析（见图 17.3-12）

外界中的电磁干扰或配线错误导致过电压、过电流，使电子元件烧毁，磁开不能正常工作。

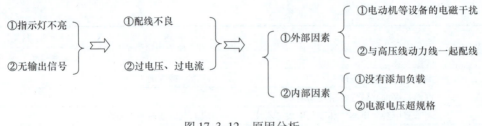

图 17.3-12 原因分析

4. 对策意见

1）请按照要求在回路内串接负载并控制电源电压在 28V 以下，以免造成回路内元件烧毁（回路电流规格为 5~40mA）。

2）请排除现场是否存在可能的强电磁干扰或与大功率用电器分开配线，以免造成干扰电流等影响烧毁元件。

五、故障调查案例——ISE20 压力开关

1. 背景介绍（见表 17.3-9）

表 17.3-9 背景介绍

故障概要	客户使用 ISE20A 压力开关测定回路气源压力，发生压力开关内部漏气，且屏幕显示 HHH 报警信息的故障，故发生故障投诉
工况特点	气源质量较差
故障关键	HHH 报警

2. 现品检测

（1）外观确认（见图 17.3-13）

型号：ISE20 - N。

无分解痕迹。

（2）性能测试（见表 17.3-10）

图 17.3-13 ISE20 外观

表 17.3-10 ISE20 性能测试

检测项目	作动测试	按钮确认
测试结果	不合格（HHH 报警）	合格

（3）分解调查（见图 17.3-14）

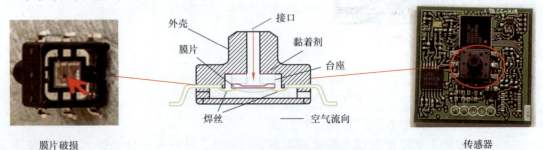

图 17.3-14 传感器结构图

3. 原因分析（见图 17.3-15）

气源压力超过耐压力或异物撞击传感器导致膜片破损，出现内部漏气，且 HHH 报警。

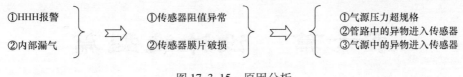

图 17.3-15　原因分析

4. 对策意见

1）请勿施加超过耐压力的压力，另外请在压力规格内使用。

2）使用前对管路进行充分预吹，避免配管内的异物和液体进入传感器内部。

3）改善气源质量，避免气源内的异物和液体进入传感器内部。

第六篇　设计选型篇

气动系统具有动作响应快、系统投入低、运行维护简便、清洁环保等特点，在工业自动化领域得到广泛应用。空气取之不尽用之不竭、气动元件相对于液压元件和电动元件而言价格低廉的特点，在提高气动系统应用便利性的同时，也让一些气动系统设计人员满足于实现工序动作要求即可的相对粗放的设计水平，在实际应用中造成安全系数过大的浪费现象和安全系数过低的系统可靠性差的情况。

在气动系统的设计过程中，气动系统设计人员利用计算机软件完成元件选型的各种繁琐计算，可以明显提高气动系统的设计水平，实现气动系统动作节拍的高效性、运行过程的可靠性、元件选择的经济性。设计选型篇的内容围绕气动系统基本计算、气动元件选型程序、气动系统动态特性，分别介绍相关的应用计算软件，协助气动系统应用人员解决气动系统常见问题，并提供软件中采用的部分算法供参考和比较。

第十八章　气动系统常用计算

在气动系统应用中，需要解决一些常见的计算问题，SMC 公司网站主页提供了相应软件程序及其合集程序：气动系统节能优化软件。气动系统节能优化软件以气动系统基本计算和工厂节能计算为主题分为两个模块，其功能如图 18.0-1 所示，其初始界面如图 18.0-2 所示。

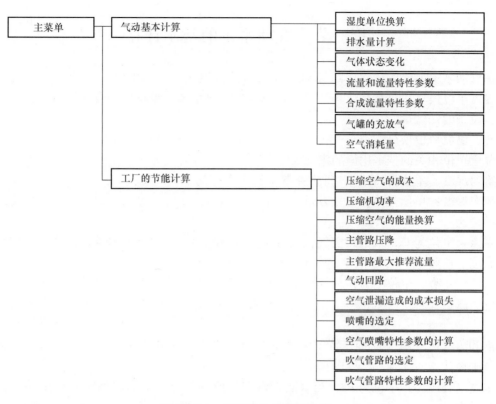

图 18.0-1 节能优化软件的功能

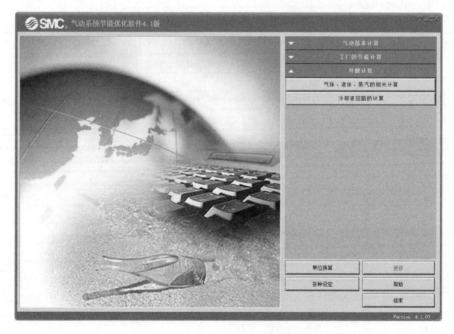

图 18.0-2 节能优化软件的初始界面

第一节 气动系统的基本计算

在气动系统节能优化软件的气动系统基本计算模块中，提供以下7种常见气动计算功能：湿度单位换算、排水量计算、空气状态变化、流量和流量特性、合成流量特性、气罐充放气、设备的耗气量。

一、湿度单位换算

湿度单位相关的技术用语的定义如下。

绝对湿度：单位为 kg/kg，每千克湿空气中含有的水蒸气质量。

相对湿度：单位为%，每立方米空气中，水蒸气的实际含量与同温度下最大可能的水蒸气含量之比。

露点：单位为℃，未饱和空气，保持水蒸气分压力不变而降低温度，使之达到饱和状态时的温度。按照空气压力不同，露点分为大气压露点和压力露点。

大气压露点：单位为℃，大气压下，在温度降低过程中，湿空气开始析出水的温度。

压力露点：单位为℃，一定压力下，在温度降低过程中，被压缩的湿空气开始析出水的温度。

饱和蒸气压：单位为 Pa，特定温度下，当水的蒸发和凝结速度相同时，水蒸气和水达到一个平衡状态，此饱和蒸气的压力。

水蒸气分压力：单位为 Pa，当水蒸气占据其所在混合气体的容积时所产生的压力为水蒸气分压力。

绝对湿度、相对湿度、大气压露点和压力露点之间的湿度单位换算公式见表18.1-1。

表 18.1-1　湿度单位换算公式

换算	换算公式	说明	符号	单位
相对湿度 - 绝对湿度	$x = \dfrac{0.622}{100 \times \dfrac{p + 0.1}{\phi p_s(T)} - 1}$	绝对湿度	x	kg/kg
		压力	p	MPa
		温度	T	℃
		相对湿度	ϕ	%
		饱和蒸气压	p_s	MPa
大气压露点 - 绝对湿度	$x = \dfrac{0.622}{\dfrac{0.1}{p_s(T_{da})} - 1}$	绝对湿度	x	kg/kg
		大气压露点	T_{da}	℃
		饱和蒸气压	p_s	MPa
露点 - 绝对湿度	$x = \dfrac{0.622}{\dfrac{p + 0.1}{p_s(T_{dp})} - 1}$	绝对湿度	x	kg/kg
		压力	p	MPa
		露点	T_{dp}	℃
		饱和蒸气压	p_s	MPa
绝对湿度 - 相对湿度	$\phi = \dfrac{100(p + 0.1)}{p_s(T)\left(\dfrac{0.622}{x} + 1\right)}$	相对湿度	ϕ	%
		压力	p	MPa
		温度	T	℃
		绝对湿度	x	kg/kg
		饱和蒸气压	p_s	MPa

在节能优化软件中，饱和蒸气压为

$$p_s(T) = 22.565\exp\left\{[7.21379 + (1.152\times10^{-5} - 4.787\times10^{-9}\times(T+273))\right.$$
$$\left.\times((T+273) - 483.16)^2]\times\left[1 - \left(\frac{6.4731\times10^2}{T+273}\right)\right]\right\}$$

式中 p_s——饱和蒸气压（MPa）；
T——温度（℃）。

二、排水量计算

随着温度的降低，湿空气由不饱和变为过饱和后会逐渐有水析出。排水量等于初始状态下空气中的水蒸气含量减去变化后的状态下空气里的饱和水蒸气含量。通过表 18.1-2 中的方程，可以计算单位体积或单位时间内的排水量。

表 18.1-2 排水量

参数	符号	单位	方程	名称	符号	单位
单位体积排水量	V_d	kg/m³（ANR）	$V_d = (x_1 - x_2)\rho$	初始状态的绝对湿度	x_1	kg/kg
				终了状态的绝对湿度	x_2	kg/kg
单位时间排水量	V_d	kg/min	$V_d = (x_1 - x_2)Q\rho$	流量	Q	m³/min（ANR）
				空气密度（=1.185）	ρ	kg/m³（ANR）

三、空气状态变化

空气的状态变化遵循波义耳 - 查理定律。气体的状态变化包括等压变化、等容变化、等温变化和绝热变化。各种状态变化的计算公式见表 18.1-3。

表 18.1-3 空气状态变化的计算公式

状态变化		公式	名称	符号	单位
等压变化		$V_2 = V_1\dfrac{T_2 + 273}{T_1 + 273}$ $T_2 = (T_1 + 273)\dfrac{V_2}{V_1} - 273$	状态一体积	V_1	dm³/kg
			状态二体积	V_2	dm³/kg
			状态一温度	T_1	℃
			状态二温度	T_2	℃
等容变化		$p_2 = (p_1 + 0.1)\dfrac{T_2 + 273}{T_1 + 273} - 0.1$ $T_2 = (T_1 + 273)\dfrac{p_2 + 0.1}{p_1 + 0.1} - 273$	状态一压力	p_1	MPa
			状态二压力	p_2	MPa
			状态一温度	T_1	℃
			状态二温度	T_2	℃
等温变化		$V_2 = V_1\dfrac{p_1 + 0.1}{p_2 + 0.1}$ $p_2 = (p_1 + 0.1)\dfrac{V_1}{V_2} - 0.1$	状态一体积	V_1	dm³/kg
			状态二体积	V_2	dm³/kg
			状态一压力	p_1	MPa
			状态二压力	p_2	MPa
多变过程	比容-温度	$V_2 = V_1\left(\dfrac{T_1 + 273}{T_2 + 273}\right)^{\frac{1}{n-1}}$ $T_2 = (T_1 + 273)\left(\dfrac{V_1}{V_2}\right)^{n-1} - 273$	状态一体积	V_1	dm³/kg
			状态二体积	V_2	dm³/kg
			状态一温度	T_1	℃
			状态二温度	T_2	℃
			多变指数	n	—

状态变化		公式	名称	符号	单位
多变过程	压力－比容	$V_2 = V_1 \left(\dfrac{p_1 + 0.1}{p_2 + 0.1}\right)^{\frac{1}{n}}$ $p_2 = (p_1 + 0.1)\left(\dfrac{V_1}{V_2}\right)^n - 0.1$	状态一体积	V_1	dm^3/kg
			状态二体积	V_2	dm^3/kg
			状态一压力	p_1	MPa
			状态二压力	p_2	MPa
			多变指数	n	—
	温度－压力	$p_2 = (p_1 + 0.1)\left(\dfrac{T_2 + 273}{T_1 + 273}\right)^{\frac{n}{n-1}} - 0.1$ $T_2 = (T_1 + 273)\left(\dfrac{p_2 + 0.1}{p_1 + 0.1}\right)^{\frac{n-1}{n}} - 273$	状态一温度	T_1	℃
			状态二温度	T_2	℃
			状态一压力	p_1	MPa
			状态二压力	p_2	MPa
			多变指数	n	—

四、流量和流量特性参数

流量和流量特性参数的计算请参照如下标准的测定方法和流量方程。

适用标准：

ISO 6358：1989《气压传动可压缩流体用部件流量特性的测定》。

JIS B 8390：2000《气压传动可压缩流体用部件流量特性的测定》。

流量方程：

当 $\dfrac{p_2 + 0.1}{p_1 + 0.1} \leqslant b$ 时，为壅塞流

$$Q = 600C(p_1 + 0.1)\sqrt{\dfrac{293}{273 + t}}$$

当 $\dfrac{p_2 + 0.1}{p_1 + 0.1} > b$ 时，为亚声速流

$$Q = 600C(p_1 + 0.1)\sqrt{1 - \left[\dfrac{\dfrac{p_2 + 0.1}{p_1 + 0.1} - b}{1 - b}\right]^2}\sqrt{\dfrac{293}{273 + t}}$$

式中　Q——流量 [dm^3/min（ANR）]；

　　　C——声速流导 [$dm^3/(s \cdot bar)$]；

　　　b——临界压力比；

　　　p_1——上游压力（MPa）；

　　　p_2——下游压力（MPa）；

　　　t——温度（℃）。

声速流导和有效截面面积的换算公式为 $C = S/5$。

五、合成流量特性参数

对气动系统内各元件的流量特性参数，按照元件的连接方式进行相应的合成计算，即可得到多个气动元件组成的回路的合成流量特性参数。

采用连续合成法可以计算回路的合成流量特性参数。连续合成的过程从上游开始，每两

个元件进行一次合成运算，依次进行下来，见表 18.1-4。

元件 1 和元件 2 串联时其合成流量特性参数的计算公式见表 18.1-5。计算时从最上游两个元件开始进行合成运算，其所得合成流量特性参数再与下一个元件的流量特性参数进行合成运算，依次进行。

并联回路的合成流量特性参数计算方法见表 18.1-6。

表 18.1-4 连续合成法

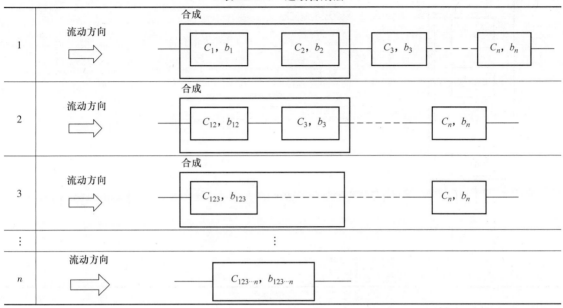

表 18.1-5 串联合成的流量特性参数的计算

图例	顺序	名称	计算公式
流动方向 Comp.1　Comp.2 C_1, b_1　C_2, b_2 ↓ C_{12}, b_{12}	1	判别系数 α	$\alpha = \dfrac{C_1}{C_2 b_1}$
	2	合成声速流导 C_{12}	当 $\alpha \leqslant 1$ 时， $C_{12} = C_1$ 当 $\alpha > 1$ 时， $C_{12} = C_2 \alpha \dfrac{\alpha b_1 + (1 - b_1)\sqrt{\alpha^2 + \left(\dfrac{1 - b_1}{b_1}\right)^2 - 1}}{\alpha^2 + \left(\dfrac{1 - b_1}{b_1}\right)^2}$
	3	合成临界压力比 b_{12}	$b_{12} = 1 - C_{12}^2 \left[\left(\dfrac{1 - b_1}{C_1^2}\right) + \left(\dfrac{1 - b_2}{C_2^2}\right) \right]$

表 18.1-6　并联回路的合成流量特性参数的计算

图例	名称	计算公式
流动方向 → Comp.1 [C_1, b_1] [C_2, b_2] … [C_n, b_n] → C_s, b_s	合成声速流导 C_s	$C_s = \sum\limits_{i=1}^{n} C_i$
	合成临界压力比 b_s	$b_s = 1 - \left(\dfrac{C_s}{\sum\limits_{i=1}^{n} \dfrac{C_i}{\sqrt{1-b_i}}} \right)^2$

六、气罐充放气

气罐充放气时的压力响应在计算时可分为以下四类：向气罐充气、从气罐放气、从一个气罐向另一个气罐放气、同时对一个气罐进行充气和放气。

气罐压力响应的基本计算公式见表 18.1-7 ~ 表 18.1-10。

表 18.1-7　向气罐充气

计算模型

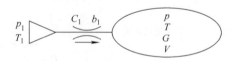

	基本公式	参数	
气罐	状态方程 $\dfrac{dp}{dt} = \dfrac{1}{V}\left(\dfrac{pV}{T}\dfrac{dT}{dt} + RT\dfrac{dG}{dt} \right)$ 能量方程 $\dfrac{dT}{dt} = \dfrac{1}{C_V}\dfrac{RT}{pV}\left[C_p T_1 \dfrac{dG}{dt} - C_V T \dfrac{dG}{dt} \right]$	气罐内压力	p
		气罐内温度	T
		气罐内空气质量	G
		气罐容积	V
		供气压力	p_1
		温度	T_1
		声速流导	C_1

（续）

基本公式	参数	
节流口 当 $\dfrac{p}{p_1} \leq b$ 壅塞流时, $\dfrac{dG}{dt} = C\rho p_1 \sqrt{\dfrac{T_s}{T_1}}$ 当 $\dfrac{p}{p_1} > b$ 亚声速流时, $\dfrac{dG}{dt} = C\rho p_1 \sqrt{1 - \left(\dfrac{\frac{p}{p_1} - b}{1 - b}\right)^2} \sqrt{\dfrac{T_s}{T_1}}$	临界压力比	b_1
	气体常数	R
	定容热容	C_V
	定压热容	C_p
	时间	t
	标准状态下的温度	T_s
	密度	ρ

表 18.1-8 从气罐放气

计算模型

基本方程	参数	
气罐 状态方程 $\dfrac{dp}{dt} = \dfrac{1}{V}\left(\dfrac{pV}{T}\dfrac{dT}{dt} - RT\dfrac{dG}{dt}\right)$ 能量方程 $\dfrac{dT}{dt} = \dfrac{1}{C_V}\dfrac{RT}{pV}\left(-RT\dfrac{dG}{dt}\right)$	气罐内压力	p
	气罐内温度	T
	气罐内空气质量	G
	气罐容积	V
	放气压力	p_2
	声速流导	C_2
	临界压力比	b_2
节流口 当 $\dfrac{p_2}{p} \leq b$ 壅塞流时, $\dfrac{dG}{dt} = C\rho p \sqrt{\dfrac{T_s}{T}}$ 当 $\dfrac{p_2}{p} > b$ 亚声速流时, $\dfrac{dG}{dt} = C\rho p \sqrt{1 - \left(\dfrac{\frac{p_2}{p} - b}{1 - b}\right)^2} \sqrt{\dfrac{T_s}{T_1}}$	气体常数	R
	定容热容	C_V
	定压热容	C_p
	时间	t
	标准状态下的温度	T_s
	密度	ρ

表 18.1-9 从一个气罐向另一个气罐放气

计算模型

（续）

	基本方程	参数	
气罐一	状态方程 $\dfrac{dp_1}{dt} = \dfrac{1}{V_1}\left(\dfrac{p_1 V_1}{T_1}\dfrac{dT_1}{dt} - RT_1\dfrac{dG_1}{dt}\right)$ 能量 $\dfrac{dT_1}{dt} = \dfrac{1}{C_V}\dfrac{RT_1}{p_1 V_1}\left(-RT_1\dfrac{dG_1}{dt}\right)$	气罐一内的压力	p_1
		气罐一内的温度	T_1
		气罐一内的空气质量	G_1
		气罐一的容积	V_1
		气罐二内的压力	p_2
		气罐二内的温度	T_2
		气罐二内的空气质量	G_2
气罐二	状态方程 $\dfrac{dp_2}{dt} = \dfrac{1}{V_2}\left(\dfrac{p_2 V_2}{T_2}\dfrac{dT_2}{dt} + RT_2\dfrac{dG_2}{dt}\right)$ 能量方程 $\dfrac{dT_2}{dt} = \dfrac{1}{C_V}\dfrac{RT_2}{p_2 V_2}\left[C_p T_1\dfrac{dG_2}{dt} + C_V T_2\dfrac{dG_2}{dt}\right]$	气罐二的容积	V_2
		声速流导	C
		临界压力比	b
		气体常数	R
		定容热容	C_V
		定压热容	C_p
节流口	当 $\dfrac{p_2}{p_1} \leq b$ 壅塞流时，$\dfrac{dG_1}{dt} = \dfrac{dG_2}{dt} = C\rho p_1 \sqrt{\dfrac{T_s}{T_1}}$ 当 $\dfrac{p_2}{p_1} > b$ 亚声速流时，$\dfrac{dG_1}{dt} = \dfrac{dG_2}{dt} = C\rho p_1 \sqrt{1 - \left(\dfrac{\dfrac{p_2}{p_1} - b}{1 - b}\right)^2}\sqrt{\dfrac{T_s}{T_1}}$	时间	t
		标准状态下的温度	T_s
		密度	ρ

表 18.1-10　同时对一个气罐进行充气和放气

计算模型

	基本方程	参数	
气罐	状态方程 $\dfrac{dp}{dt} = \dfrac{1}{V}\left(\dfrac{pV}{T}\dfrac{dT}{dt} + RT\left(\dfrac{dG_1}{dt} - \dfrac{dG_2}{dt}\right)\right)$ 能量方程 $\dfrac{dT}{dt} = \dfrac{1}{C_V}\dfrac{RT}{pV}\left[C_p T_1\dfrac{dG_1}{dt} + C_V T\dfrac{dG_1}{dt} - RT\dfrac{dG_2}{dt}\right]$	气罐内压力	p
		气罐内温度	T
		气罐内空气质量	G
		气罐容积	V
		供气压力	p_1
		温度	T_1
		节流口一的声速流导	C_1
		节流口一的临界压力比	b_1

(续)

基本方程	参数	
节流口一: 当 $\dfrac{p}{p_1} \leq b_1$ 壅塞流时, $\dfrac{dG_1}{dt} = C_1 \rho p_1 \sqrt{\dfrac{T_s}{T_1}}$ 当 $\dfrac{p}{p_1} > b_1$ 亚声速流时, $\dfrac{dG_1}{dt} = C_1 \rho p_1 \sqrt{1 - \left(\dfrac{\dfrac{p}{p_1} - b}{1 - b}\right)^2} \sqrt{\dfrac{T_s}{T_1}}$	放气压力	p_2
	节流口二的声速流导	C_2
	节流口二的临界压力比	b_2
	气体常数	R
	定容热容	C_V
	定压热容	C_p
	时间	t
	标准状态下的温度	T_s
	密度	ρ
节流口二: 当 $\dfrac{p_2}{p} \leq b_2$ 壅塞流时, $\dfrac{dG_2}{dt} = C_2 \rho p \sqrt{\dfrac{T_s}{T}}$ 当 $\dfrac{p_2}{p} > b_2$ 亚声速流时, $\dfrac{dG_2}{dt} = C_2 \rho p \sqrt{1 - \left(\dfrac{\dfrac{p_2}{p} - b}{1 - b}\right)^2} \sqrt{\dfrac{T_s}{T_1}}$		

七、设备的耗气量

使用节能优化软件, 每台设备的耗气量都可以计算出来, 将每台设备或每条生产线的耗气量相加, 便可得到总的耗气量。将总的压缩空气消耗量输入程序, 其费用也可以计算出来。把执行元件一次往复动作所消耗的压缩空气量, 按照波义耳-查理定律换算为标准状态下的大气量即为一个往复运动的耗气量, 其中包括连接电磁阀和执行元件的管路耗气量。对于吹气场合, 流量与吹气时间的乘积为耗气量。按照工作时间表, 将所有执行元件的耗气量相加即可得到总耗气量。

第二节 工厂的节能计算

在气动系统节能优化软件的工厂节能计算模块中, 提供以下9种常见气动计算功能: 压缩空气的成本、压缩机的功率、压缩空气的能量换算、主管路的压降、主管路的最大推荐流量、供气管路、空气泄漏造成的成本损失、喷嘴的选定和特性参数、吹气管路的选定与特性参数。

一、压缩空气的成本

压缩空气的成本对于考虑气动系统的运行成本或气动系统的能量转换效率是非常必要的。压缩空气的成本通常用生产可转化为标准状态下 $1m^3$ 的空气的压缩空气所需要的成本来表示, 符号为元/m^3 (ANR), 其计算公式见表18.2-1。

表 18.2-1 压缩空气的成本

计算公式

$$U = \frac{E_a + E_b + E_c + E_d}{q}$$

名称	符号	单位	注释
压缩空气成本	U	元/m³（ANR）	产生可转化为标准状态下 1m³ 的空气的压缩空气所需要的成本
运行时间	H	h/年	每年的压缩机运行时间
电费	E_a	元	空压机、冷却水泵等设备耗电费用
运行费用	E_b	元	润滑油和冷却液的成本
维护费	E_c	元	维护及检修费用
设备折旧费	E_d	元	空压机和辅助设备的设备折旧费
耗气量	q	m³（ANR）	流量计实测值或按下列公式所得计算值。$q = 60HQ$
空压机输出流量	Q	m³/min（ANR）	空压机的额定输出流量

二、空气压缩机的功率

在"空气压缩机的功率"选项中，压缩机的理论功率和压缩机的电机功率均可以计算得出。在"压缩机的功率"选项中，可以计算由于降低压缩机的出口压力而减小的功率，用于选定压缩机大小。压缩机理论功率及压缩机电动机功率的计算公式见表 18.2-2。

表 18.2-2 压缩机理论功率及压缩机的电动机功率

名称	符号	单位	等式	输入项目	符号	单位
压缩机理论功率	L_a	kW	$L_a = \frac{m\kappa}{\kappa - 1} \times \frac{(p_s + 0.1)Q_s}{0.06}$ $\times \left\{ \left[\frac{p_d + 0.1}{p_s + 0.1}\right]^{\frac{\kappa-1}{m\kappa}} - 1 \right\}$	比热容（空气=1.4）	κ	—
				实际吸入流量	Q_s	m³/min（ANR）
				压缩机吸入压力	p_s	MPa
				压缩机输出压力	p_d	MPa
				压缩级数	m	—
压缩机的电动机功率	L_s	kW	$L_s = \frac{L_a}{\eta_a}$	压缩机理论功率	L_a	kW
				压缩机效率	η_a	—

三、能量换算

在"能量换算"选项中，输入压缩空气量或耗电量即可换算出相应的热量、原油量和 CO_2 释放量，换算结果可以作为衡量压缩空气或电力消耗量对环境影响程度的指标。本节能系统中的换算因数因电力供应商或时间不同而变化。精确数值请联系当地电力供应商或政府环境部门。在本节能系统中，各换算因数的缺省值见表 18.2-3。

表 18.2-3 能量换算因数

因数	单位	缺省值	引用
比功率	kW/[m³/min（ANR）]	6.5	
电能－热量换算因数	MJ/kW·h	3.6	
电能－原油换算因数	kL/kW·h	2.65×10^{-4}	
电能－CO_2 释放量换算因数	kg/kW·h	0.32	东京电力公司 2001 实测值

四、主管路的压降

在"主管路的压降"选项中,可以计算出主管路在将压缩空气传输到工厂中的各设备处过程中所产生的压降。这个压降将作为选择管径的标准。

表 18.2-4 列出了压降的计算公式,本式仅适用于有微小压力损失的亚声速流 $\Delta p > 0.5\,(p_1 + 0.1)$,适用管路为 SGP 管(碳钢管)。

表 18.2-4 主管路的压降

计算公式	项目	变量	单位
$\Delta p = \dfrac{2.466 \times 10^3 L}{d^{5.31}(p_1 + 0.1)} q^2$	流量	q	m³/min(ANR)
	上游压力	p_1	MPa
	下游压力	p_2	MPa
	压力降	$\Delta p\,(= p_1 - p_2)$	MPa
	管内径	d	mm
	管长	L	m

五、主管路的最大推荐流量

美国 CAGI 组织建议按照以下标准来选定供气管路的尺寸:压力损失限制在进口压力的 10% 以内;包含因泄漏导致的 10% 的流量损失。当两种配管规格都适用时,选择较大的尺寸。

最大推荐流量的计算公式见表 18.2-5。当使用 SPG 管时,每 30.5m 管的压力损失为进口压力的 10% [管径为 1/8 ~ 1/2B(6 ~ 15A)] 或进口压力的 5% [管径为 3/4 ~ 2B(20 ~ 50A)] 时的流量为最大推荐流量。

表 18.2-5 最大推荐流量的计算公式

计算公式	输入项目	符号	单位
当 $6.5 \leqslant d \leqslant 16.1$ $Q = \sqrt{\dfrac{d^{5.31}(p_1+0.1)^2 \times 0.1}{2.466 \times 10^3 \times 30.5}}$	压缩空气流量	q	m³/min(ANR)
	管路内径	d	mm
当 $21.6 \leqslant d \leqslant 52.9$ $Q = \sqrt{\dfrac{d^{5.31}(p_1+0.1)^2 \times 0.05}{2.466 \times 10^3 \times 30.5}}$	供气压力	p_1	MPa

六、供气管路

在"供气管路"选项中,可以进行供气管路内的压力分布计算。计算出的气路压力分布有助于我们检查当前管路的压力损失,评估因流量增加引起的压力损失以及评估增加支路和增大管径对减少压力损失的效果。

1. 使用注意事项

进行此项计算时应注意以下事项:

① 本系统计算的压力损失指的是流体由于其黏性,在流动过程中与管道内壁的摩擦所造成的能量损失,不包括由于管路弯曲、管径变化导致的压力损失。

② 管路的弯曲未被纳入导致压力损失的原因,但在计算压力损失时,管路长度应包括由于管路弯曲而增加的连接件的等效管路长度。

③ 本计算仅面向主管路和微小压力降的低速流情况。当管路中存在壅塞流时,计算结果会有较大差异。

④ 由于流量特性参数的不同，主管路压力损失的计算结果可能会不同。

2. 计算方法

在气动回路压力计算中，通常用来分析电气回路的基尔霍夫第一定律，第二定律也被扩展并加以应用。

第一定律：管路中某一节点的进出流量总和 q 为 0，如图 18.2-1 所示。

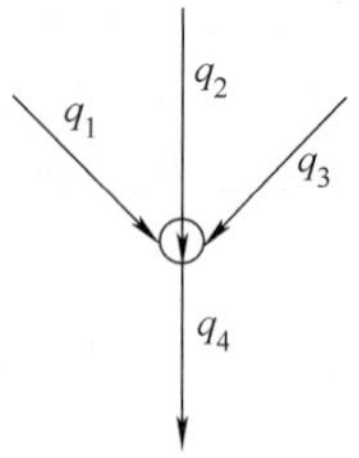

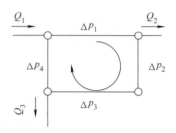

图 18.2-1　第一定律

$$q_1 + q_2 + q_3 - q_4 = 0$$

第二定律：当流体在闭合回路内单向流动时，回路各段的压力损失总和为 0，如图 18.2-2 所示。

$$\Delta p_1 + \Delta p_2 + \Delta p_3 + \Delta p_4 = 0$$

3. 管路接头和阀门的等效管路长度

当在管路的特定位置安装了管路接头及阀门时，管路长度应包括管路接头及阀门的等效管路长度。管路接头及阀门的等效管路长度如图 18.2-3 所示。

图 18.2-2　第二定律

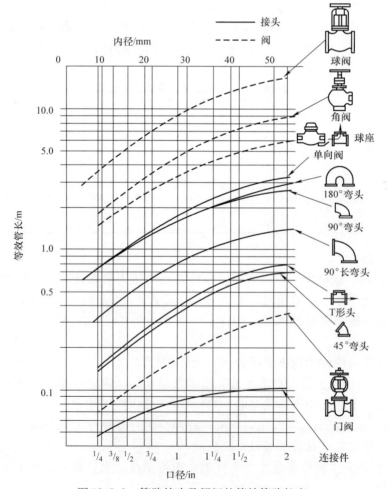

图 18.2-3　管路接头及阀门的等效管路长度

七、空气泄漏造成的成本损失

在"空气泄漏造成的成本损失"选项中,可以计算空气泄漏造成的成本损失,计算结果包括每天和每年的空气泄漏量以及由此造成的成本损失,具体计算方法见表18.2-6。

表18.2-6 空气泄漏造成的成本损失

参数	公式	项目	变量	单位
泄漏流量	当 $\dfrac{0.1}{p_1+0.1} \leq b$ 时, $Q = 600C(p_1+0.1)\sqrt{\dfrac{293}{273+T}}$ 当 $\dfrac{0.1}{p_1+0.1} > b$ 时, $Q = 600C(p_1+0.1)\sqrt{1-\left(\dfrac{\frac{0.1}{p_1+0.1}-b}{1-b}\right)^2}\sqrt{\dfrac{293}{273+T}}$	泄漏流量	q	dm^3/min(ANR)
		声速流导	C	$dm^3/(s \cdot bar)$
		临界压力比	b	—
		供给压力	p_1	MPa
		温度	T	℃
日泄漏量	$q_d = \dfrac{60qT_d}{1000}$	日泄漏量	q_d	m^3(ANR)/天
		泄漏流量	q	dm^3/min(ANR)
		日运行时间	T_d	h/天
年泄漏量	$q_y = \dfrac{60qT_dT_y}{1000}$	年泄漏量	q_y	m^3(ANR)/年
		泄漏流量	q	dm^3/min(ANR)
		日运行时间	T_d	h/天
		年运行天数	T_y	天/年
日损失成本	$Y_d = \dfrac{60qT_ye}{1000}$	日损失成本	Y_d	元/天
		泄漏流量	q	dm^3/min(ANR)
		运行时间	T_d	h/天
		压缩空气成本	e	元/m^3(ANR)
年损失成本	$Y_y = \dfrac{60qT_dT_ye}{1000}$	年损失成本	Y_y	元/年
		泄漏流量	q	dm^3/min(ANR)
		日运行时间	T_d	h/天
		年运行时间	T_y	天/年
		压缩空气成本	e	元/m^3(ANR)

八、喷嘴的选定和特性参数

在"喷嘴的选定和特性参数"选项中,可以计算出吹气气流的未知特性参数和消耗流量,还可以对计算结果进行记录、编辑和删除。吹气气流的压力分布、流速分布和消耗流量可以用喷嘴的特性参数计算出来。根据试验结果计算的单孔喷嘴的吹气特性参数也被应用到该计算中。

1. 喷嘴的选定

在"喷嘴的选定"选项中,可以计算出4个吹气参数(喷嘴口径、喷嘴进口压力、工作距离、吹击压力)中的1个未知参数,同时,可以算出消耗流量。每次计算时的输入条件和计算结果都会记录并显示在计算结果列表中。通过比较每次的计算结果，可以选择更优的设计方案。

2. 喷嘴的特性参数计算

在"喷嘴的特性参数计算"选项中，通过输入喷嘴口径、喷嘴进口压力和工作距离，计算得出的图表中可显示出吹气气流横截面上和轴芯线上的压力分布，横截面和轴芯线上的流速分布。另外，该图表还可以显示距喷嘴距离为工作距离的1/3和2/3处，横截面上的压力分布和流速分布情况。这些特性参数为评估当前吹气气路性能及设计改进提供了便利。

3. 单孔喷嘴的特性参数

从单孔喷嘴向大气自由吹气的情况如图18.2-4所示。吹气时，在距喷嘴出口距离为5倍喷嘴口径之内的范围内会形成一个势能核，势能核内的气体流速、动压力和喷嘴出口形成动能都保持不变。在势能核外部为加速区，此处气流会对周围气体产生强吸引力。

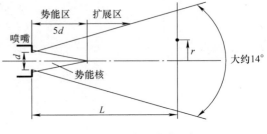

图18.2-4 单孔喷嘴吹气

势能核前端会出现一个扩展区，扩展区不断从周围吸入空气以保持其吹气压力，最终会形成一个截面为内角约14°的扇形区域。

（1）消耗流量

喷嘴吹气时的消耗流量计算公式如下。

当 $p_0 \geqslant 0.1$ 时，壅塞流

$$q = 600C(p_0 + 0.1)\sqrt{\frac{293}{273 + t}} = 600 \times \frac{\pi}{20} \times 0.9d^2(p_0 + 0.1)\sqrt{\frac{293}{273 + t}}$$

当 $p_0 < 0.1$ 时，亚声速流

$$q = 600C(p_0 + 0.1)\sqrt{1 - \left(\frac{\frac{0.1}{p_0 + 0.1} - 0.5}{1 - 0.5}\right)^2}\sqrt{\frac{293}{273 + t}} = 600 \times \frac{\pi}{40} \times 0.9d^2\sqrt{0.1p_0}\sqrt{\frac{293}{273 + t}}$$

式中　q——消耗流量 [dm^3/min （ANR）]；

　　　C——声速流导 [$dm^3/(s \cdot bar)$]；

　　　d——喷嘴口径（mm^2）；

　　　p_0——喷嘴进口压力（MPa）；

　　　t——温度（℃）。

喷嘴声速流导值由公式 $C = S/5$ 求出，S 为有效截面面积（实际截面面积乘流通系数0.9）。

（2）压力分布

自由喷射气流的横截面上的压力分布见图18.2-5，横轴表示吹出压力与进口压力的比值，纵轴表示放射气流距轴芯线距离 r 与喷嘴口径 d 的比值。同时图18.2-5中的参数表示沿喷射方向距喷嘴口距离 L 与喷嘴口径 d 的比值。

（3）流速分布

临界压力比为 $b = 0.5$ 时，喷嘴出口的流速 u_0 计算公式如下。

当 $p_0 \geqslant 0.1$ 时，壅塞流

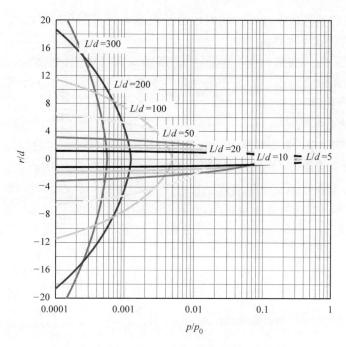

图 18.2-5 吹气压力分布

$$u_0 = 331 \times \sqrt{\frac{273 + t}{273}}$$

当 $p_0 < 0.1$ 时，亚声速流

$$u_0 = 740 \times \sqrt{1 - \left(\frac{0.1}{p_0 + 0.1}\right)^{0.286}} \times \sqrt{\frac{273 + t}{273}}$$

在扩展区的自由吹气流速为

$$u = u_0 \sqrt{\frac{p}{p_0}}$$

式中 u_0——喷嘴出口流速（m/s）；
　　　u——扩展区流速（m/s）；
　　　p_0——喷嘴进口压力（MPa）；
　　　p——吹击压力（MPa）；
　　　t——温度（℃）。

p/p_0 可以通过图 18.2-5 得出。

九、吹气管路的选定与特性参数计算

在"吹气管路的选定与特性参数计算"选项中，可以对处于减压阀和喷嘴间的配管进行选定和特性参数计算。节能优化软件可以进行树状吹气管路以及更加复杂回路的选定和特性参数计算。

1. 吹气管路选定

在"吹气管路的选定"选项中，需要输入管路长度、喷嘴口径、喷嘴进口压力等，还要按照选型索引输入声速流导比或回路构建后的压力降，本系统会在计算结果中列出符合输入条件的元件系列和型号以供选择；同时也会给出压力分布图和特性参数的计算结果。

2. 吹气管路的特性参数计算

在"吹气管路的特性参数计算"选项中，需要输入已选定的管路元件的声速流导和临界压力比。计算结果中会给出压力分布图和特性参数值。根据压力分布图和特性参数值可以对气路进行分析、修正和改进。

3. 关于"构建管路"的解释

典型的吹气管路如图 18.2-6 所示。吹气管路的选定和特性参数计算可以按气源、主管路、中间管路、末端管路和喷嘴分别进行。构建回路时，减压阀的有无、电磁阀的安装位置、回路的种类和末端管路与喷嘴的数量均可在本系统中进行设定和更改。

1）气源：本选项中气源是指减压阀，构建回路时可以在此部分选择减压阀的有无。

2）主管路：连接气源和中间管路的部分称为主管路。构建回路时可以选择电磁阀安装位置。

3）中间管路：连接主管路和末端管路的部分称为中间管路。即使有多个末端管路，只需将中间管路管长或一段中间管路声速流导和临界压力比输入到本系统中，这些值将被应用到所有中间管路。构建回路时可在此部分选择不同末端管路数量和管路类型（对称或非对称）。

4）末端管路：从中间管路分支点到喷嘴的管路称为末端管路。即使有多个末端管路，只需将一个末端管路管长或声速流导和临界压力比输入到本系统中，这些值将被应用到所有末端管路上。

5）喷嘴：吹气管路末端是喷嘴。即使有很多喷嘴，只需将连接到某个末端管路的喷嘴内径、喷嘴数量、喷嘴输入压力和工作距离输入本系统中，这些值将应用到所有末端管路中。

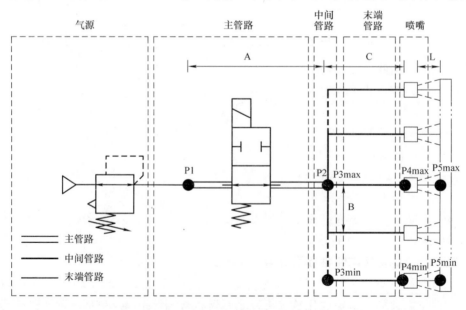

图 18.2-6 吹气管路

4. 压力分布曲线

压力分布曲线能够显示吹气管路中各个部分的压力，可以用来判断整个回路的压降。当有两个或两个以上的末端回路时，由于喷嘴距中间管路分支点的距离不同，每个末端管路的输入压力、喷嘴进口压力和吹击压力是不同的,如图 18.2-7 所示。

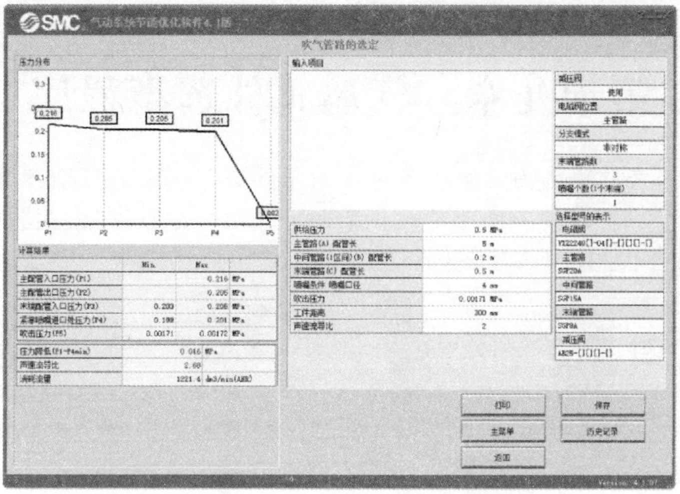

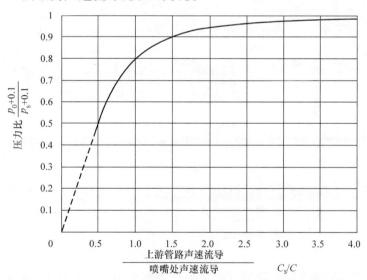

图 18.2-7 吹气管路选定结果界面

5. 压降和声速流导比

当管路内压降非常大时,喷嘴进口压力可能会过小并由此导致耗气量成倍增加,此时必须采取措施减小压降以保证喷嘴处的压力。声速流导比可以作为选择具有合适压降元件的一项指标。图 18.2-8 所示为声速流导比和压力比。

图 18.2-8 声速流导比和压力比

当压力比为 0.8 时,声速流导比为 1,0.9 对应 1.5,0.95 对应 2.2。这就表示:当管路声速流导值是喷嘴声速流导值 1.5 倍时,压降占总压力的 10%;当声速流导比为 2 时,压降占总压力的 5%,因此,我们推荐选用的管路合成声速流导应为喷嘴声速流导的 2 倍。

本系统会根据输入的声速流导比自动选定适用的吹气管路元件,可以将输入流量特性参数自动代入特性参数计算公式得出声速流导比。

第十九章 气动元件选型程序

在气动系统设计工作中,需要解决各种气动元件选型相关的复杂计算问题。在 SMC 公司的网站主页中,分别针对气源处理元件、气动驱动系统元件、气动系统相关元件提供了相应的软件程序,如图 19.0-1 所示。

图 19.0-1 气动系统元件选型软件体系

图 19.0-1 中,气源处理元件包括后冷却器、冷冻式空气干燥器、压缩空气净化过滤器、空气组合元件、气罐、增压阀 6 类气动元件。气动系统相关元件包括压力和流量传感器、流体控制阀、电动执行器、温控器 4 类元件。

SMC 气动元件选型软件程序覆盖了气动系统的各类元件,形成了比较全面实用的气动系统元件的选型软件体系,可以协助气动系统设计人员顺利完成元件选型的相关的各种繁琐计算,起到提高气动系统的高效性、可靠性、经济性的作用。

第一节 气源处理元件的选型程序

气源处理元件的选型软件支持对后冷却器、冷冻式干燥器、压缩空气净化过滤器、空气组合元件、气罐、增压阀 6 类气动元件进行选型计算。

后冷却器的选型过程包括 4 个步骤。步骤一:依据所需空气流量选择冷却方式,如

图 19.1-1 所示；步骤二：依据实际工作需要，输入空气的进出口温度条件，如图 19.1-2 所示；步骤三：通过指定所需规格确定产品型号，如图 19.1-3 所示；步骤四：显示后冷却器选型结果，如图 19.1-4 所示。

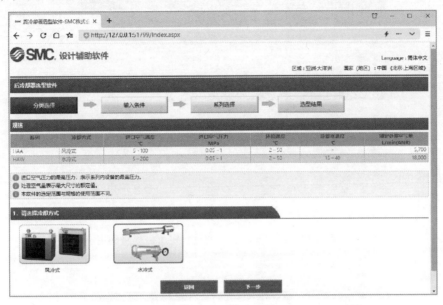

图 19.1-1　后冷却器选型步骤一：依据所需空气流量选择冷却方式

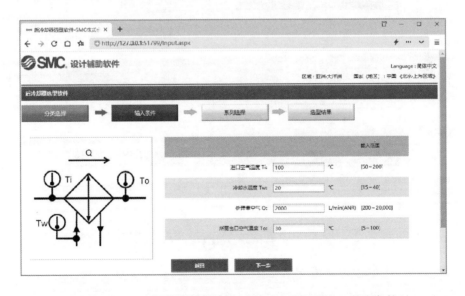

图 19.1-2　后冷却器选型步骤二：输入空气的进出口温度条件

对于冷冻式干燥器的选型，由于世界各地的不同国家制定了不同的电气要求，因此首先需要明确客户所在地区。然后，按照界面提示，输入客户工作条件参数，如入口空气温度和压力、环境温度、出口空气压力露点和流量等。软件自动筛选出符合条件的产品系列之后，客户可以通过指定规格参数来缩小备选的产品型号范围，直到确定具体的产品型号。冷冻式干燥器的选型结果界面如图 19.1-5 所示。

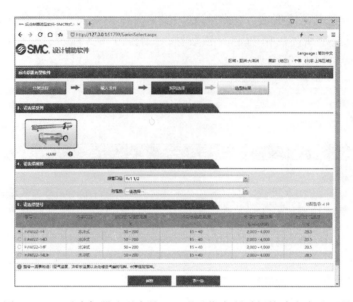

图 19.1-3　后冷却器选型步骤三：通过指定所需规格确定产品型号

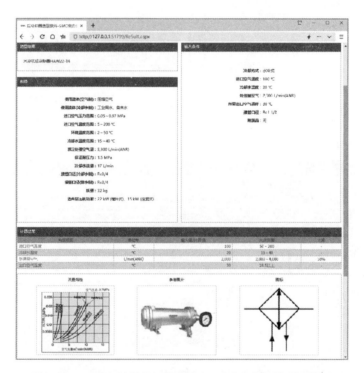

图 19.1-4　后冷却器选型步骤四：显示后冷却器选型结果

　　压缩空气净化过滤器选型软件，针对混入空气中的粉尘、油雾、水分、气味等杂质，提供相应的粉尘过滤器、水滴分离器、油雾分离器、微雾分离器、超微油雾分离器、除臭过滤器等空气净化元件的选型功能。客户在程序界面中按照需要过滤的空气杂质，输入过滤类型、过滤精度、进口压力、处理流量之后，程序界面中即可自动显示符合要求的产品系列；客户继续选定螺纹种类、接管口径及其他附件之后，即可确定空气净化元件的具体型号。过

图 19.1-5　冷冻式干燥器选型软件（选型结果：IDFA100F-38-CGKR）

滤器选型软件如图 19.1-6 所示。

图 19.1-6　过滤器选型软件（选型结果：AM350C-04BC-S 油雾分离器）

空气组合元件的选型程序，针对客户不同气路对空气净化程度的不同要求，提供空气过滤器、减压阀、油雾器、过滤减压阀、油雾分离器、微雾分离器等空气净化元件及组合元件的选型功能。客户依据气路净化要求，在程序界面中选定空气净化元件及组合元件的种类、输入流量、进口压力等参数，程序界面即可自动显示符合条件的产品系列；客户继续在程序界面中指定螺纹种类、接管口径及其他规格参数和附件之后，即可确定空气净化元件的具体型号。空气组合元件的选型结果界面如图 19.1-7 所示。

图 19.1-7 空气组合元件选型软件（选型结果：AC20B - 01E - 2R - D）

气罐在很多国家属于受到专门管制的元件，因此首先必须选择所在国家或地区。SMC公司提供 AT 系列大型气罐和 VBAT 系列小型气罐。客户按照程序界面提示输入组成气动系统的元件之后，软件可以自动计算该气动系统的耗气量。客户按照程序界面提示输入体现气动系统工作节拍的动作时序图、压力条件之后，软件可以自动计算所需气罐容积，并显示推荐的气罐系列。气罐的选型结果界面如图 19.1-8 所示。

VBA 系列增压阀可以在气路中提供局部高压气源，并且可以直接连接 VBAT 系列小型气罐。增压阀的选型程序提供向气缸和喷嘴供气、向容器进行填充两种场合的自动选型功能。软件可以依据用户输入的气动系统相关条件，输出符合条件的增压阀型号，并自动计算是否需要配备气罐及所需气罐的容积。增压阀的选型结果界面如图 19.1-9 所示。

图 19.1-8　气罐选型软件（选型结果：VBAT38S1 – T – X104）

图 19.1-9　增压阀选型软件（选型结果：VBA40A – 04GN）

第二节　气动执行元件的选型程序

SMC 公司提供的气动系统驱动元件的选型软件支持对方向控制阀、速度调节阀、气缸、液压缓冲器、摆动气缸、气爪、吸盘等气动元件的选型计算。其中，方向控制阀、速度调节阀、气缸、液压缓冲器4类元件的选型及系统动态特性计算，构成相对独立的内容。本节介绍导杆缸、强力夹紧气缸、摆动气缸、气爪、真空吸附搬运系统5类气动元件的负载校核选型程序。

为了保证气动系统的可靠性，气动元件选型涉及的计算工作比较繁琐。采用计算机软件进行辅助设计时，气动系统设计人员只需要通过程序界面，逐步选择或输入相关内容，即可根据计算结果进行判断，从而极大地减轻气动系统设计工作量。

导杆缸选型程序针对不同系列导杆气缸的规格参数，依据负载的不同安装方式（水平安装、垂直安装、墙壁安装、顶棚安装），对使用压力、冲击速度、静力矩、动力矩、负载质量、动能等指标进行计算和判断，从合理负载的角度确保气动系统的可靠性，如图 19.2-1所示，导杆缸选型程序可以对 CQM、CX2N、CXS、CXSJ、CXT、CXW、CY1F、CY1H、CY1L、CY1S–Z、CY3B、CY3R、CYP 及 CYV 等多种系列导杆缸进行负载校核计算。

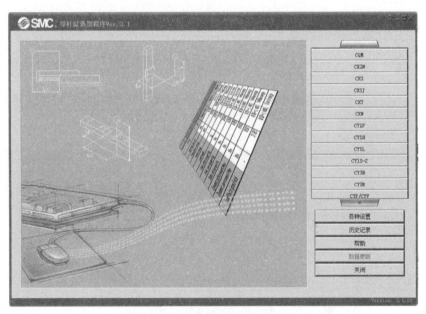

图 19.2-1　导杆缸选型程序的启动界面

图 19.2-2 所示为 CQM 水平安装的负载校核计算结果。其中，负载质量判断结果在"判断"一栏中以红色字体显示"范围外"，表明水平安装的负载校核计算结果为不合格，提醒客户重新选择产品的规格参数。

图 19.2-3 所示为 CX2N 垂直安装的负载校核计算结果。各项负载校核计算结果在"判断"一栏中以正常黑色字体显示"范围内"，表明垂直安装的负载校核计算结果为合格。

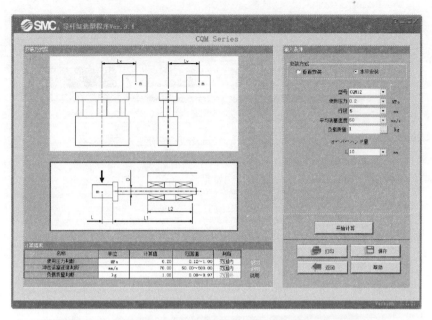

图 19.2-2 导杆缸的选型程序（负载校核结果：不合格）

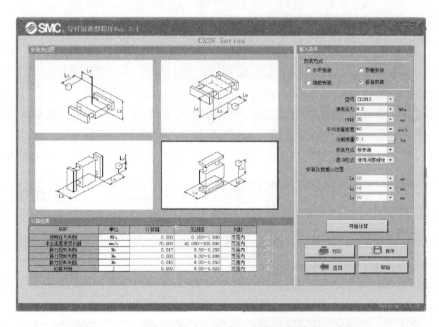

图 19.2-3 导杆缸的选型程序（负载校核结果：合格）

强力夹紧气缸的典型应用场合是汽车焊接工序。客户在程序界面中输入使用压力、夹紧力、夹紧臂长度、夹紧臂打开角度、负载重心距离、负载质量等使用条件之后，程序界面中会显示符合条件的产品系列；客户在程序界面中指定气缸通口、接近开关、顶盖、夹紧臂形状等产品选项之后，即可确定具体的产品型号。图 19.2-4 所示为强力夹紧气缸的选型结果界面。

摆动气缸的选型工作比较复杂。摆动气缸选型程序界面中提供了三种应用场景：摆动+

图 19.2-4　强力夹紧气缸选型软件（选型结果：CKZ3T50 – 30TM – X2734 等）

夹头、摆动、搬运。客户结合实际情况确定用途之后，需要继续指定负载的安装姿势、负载和连接件的形状、旋转轴心等信息，并在程序界面中输入负载质量、旋转轴与负载重心之间距离、摆动角度、摆动时间、供气压力、环境温度、流体温度等数据。依据客户输入的信息，程序界面显示符合条件的摆动气缸的产品类型、产品系列。客户结合自身需要选定产品类型和产品系列之后，继续指定缓冲形式、尺寸大小、外部轴承、外部止动机构等规格之后，程序自动判定相关产品型号是否满足客户要求，并在程序界面中显示判定结果。当相关产品型号都不满足客户要求时，需要客户调整先前指定的产品规格，尤其是对判定结果影响最大的缓冲形式、尺寸大小。当程序界面中列出判定结果为合格的若干产品型号之后，客户可以继续指定接口位置、通口螺纹种类，完成产品型号的选定工作。图 19.2-5 所示为摆动气缸的选型结果界面。

在气爪选型程序中，提供 SMC 公司生产的支点开闭型、平行开闭型两种气爪。支点开闭型气爪只有 2 个手指，客户可以依据自身需要指定开闭角度；平行开闭型气爪可以有 2 个、3 个、4 个手指，客户可以依据自身需要指定手指个数。客户指定外径夹持或内径夹持之后，程序界面中显示符合当前条件的气爪系列产品。客户继续输入使用压力、开闭行程、必要夹持力、夹持点位置、外伸量等信息之后，程序界面中显示不同结构的各种气爪系列。客户指定气爪系列、规格之后，需要继续输入气爪在垂直方向的负重、弯曲力矩、偏转力矩、回转力矩等负载信息。当程序依据客户输入的信息，判断负载超出气爪所允许的承受范围时，会自动提醒客户对相关输入内容逐项进行调整；在客户输入的负载和气爪型号相互匹配之后，程序界面自动显示气爪的选型结果。图 19.2-6 所示为气爪的选型结果界面。

依据真空的产生方式，真空吸附搬运系统分为真空发生器系统、真空泵系统。真空发生

图 19.2-5　摆动气缸选型软件（选型结果：MSQB20R）

图 19.2-6　气爪选型软件（选型结果：MHZJ2-6D）

器系统包含真空吸盘、真空发生器单元（真空发生器、真空供气阀、破坏阀、切换阀、节流阀）及配管等元件。真空泵系统包含真空吸盘、控制组件（真空供气阀、破坏阀、切换阀、节流阀）及配管等元件。在真空吸附搬运系统选型软件中，客户首先通过程序界面指定真空吸附搬运系统类型、真空气路种类、输入工作质量、真空压力、吸盘数量、单个吸盘的泄漏量、配管长度、真空破坏压力等工作参数，指定吸盘类型、形状、尺寸、材质、真空引出口、真空引出口方向、安装连接方式、缓冲行程及附件；然后，程序界面会引导客户继续指定阀的各种规格，从而确定相应元件的具体型号，组成真空吸附搬运系统，并计算显示真空响应和破坏响应波形图。图 19.2-7 所示为真空吸附搬运系统的选型结果界面。

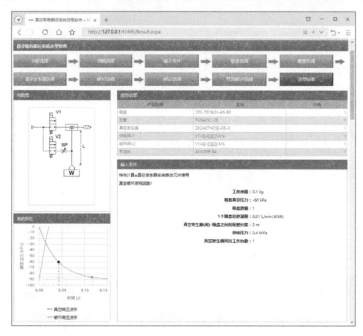

图 19.2-7　真空吸附搬运系统选型软件（选型结果：ZP3 – T015UN – A6 – B3 吸盘等）

第三节　气动系统相关元件的选型程序

气动系统相关元件的选型软件支持对压力和流量传感器、流体控制阀、电动执行器、温控器 4 类元件进行选型辅助和计算。

SMC 公司提供数字式压力开关和数字式流量开关。数字式压力开关同时具备压力传感器和设定压力输出信号开关的功能，数字式流量开关同时具备流量传感器和设定流量输出信号开关的功能。传感器可以测量压力或流量的实时连续变化情况，设定数值的输出信号开关可以满足气动系统中最常见的设限提示或报警要求。图 19.3-1 所示为数字式压力和流量开关选型结果界面。

结合多种行业的不同需要，SMC 公司目前提供气控式（10 个系列）、直动电磁式（9 个系列）、内部先导式（10 个系列）、外部先导式（4 个系列）的 2 通和 3 通流体控制阀。为了解决行业场合的多样性和流体控制阀系列的多样性所造成的选型困难，SMC 流体控制阀

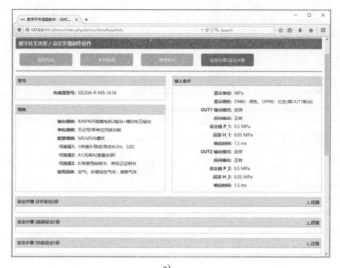

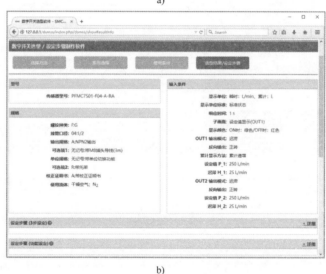

图 19.3-1 数字式开关选型结果界面

a) ISE20A–R–M5–JA1K 压力传感器 b) PFMC7501–F04–A–RA 流量传感器

选型软件提供了多种选型模式。当客户熟悉 SMC 的产品时，可以从产品系列开始进行选型；当客户已经明确应用需求时，可以从产品规格开始进行选型；当客户属于特定行业或特别强调某些特殊需要时，可以从产品主题开始进行选型。图 19.3-2 所示为流体控制阀的选型结果界面。

对于 SMC 公司的直线电缸、电动摆缸、电动夹爪等电动执行元件，在电动执行器选型软件中，客户可以从直线往复、旋转、夹持、限位等用途开始选型。在客户按照界面提示逐步输入工作需要的过程中，软件自动筛选符合条件的产品系列，最终由客户指定的规格确定产品型号。图 19.3-3 所示为电动执行器选型结果界面。

在温控器的选型过程中，客户设备发热量和管道阻力是重要参数。在温控器的选型软件中，提供了相应界面，提示客户输入计算设备发热量和管道阻力的必要参数；进而自动筛选

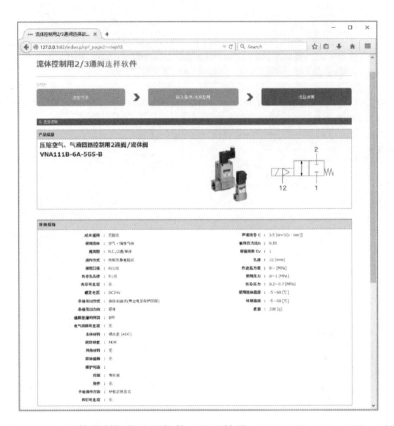

图 19.3-2　流体控制阀的选型软件（选型结果：VNA111B – 6A – 5GS – B）

图 19.3-3　电动执行器选型软件（选型结果：LEFS25A – 300 – 6N 电缸）

符合要求的温控器系列，结合客户指定的电源等规格，确定温控器型号。图 19.3-4 所示为温控器的选型结果界面。

图 19.3-4　温控器选型软件（选型结果：HRSH250 – W – 40 – A）

第二十章　气动系统动态特性

在 SMC 公司提供的气动系统元件选型软件体系中，气动选型程序集成了气动元件选型、气动系统动态特性计算、缓冲计算、结露计算等功能，形成了一个相对独立的综合应用程序。本章介绍气动选型程序的基本功能，以及实现程序功能所采用的计算方法。

第一节　气动选型程序的功能简介

气动选型程序主要提供气动元件选定、系统特性计算、结露计算、缓冲计算等功能。图 20.1-1 所示为气动选型程序的功能构成。

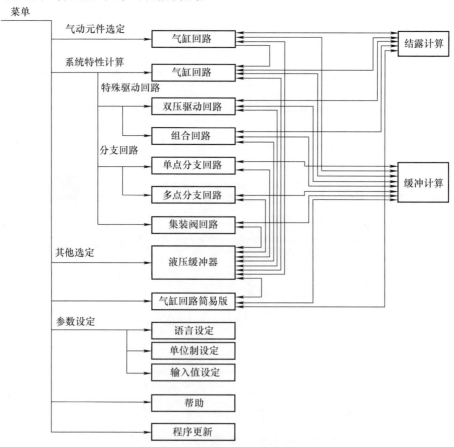

图 20.1-1　气动选型程序的功能构成

图 20.1-2 所示为气动选型程序的启动界面。在系统元件选定模块中，首先进行由 1 个阀、1 个缸构成的标准气动回路的元件选定，然后进行动态特性计算；在系统特性计算模块中，可以对标准回路、特殊驱动回路、分支回路、集装阀回路进行动态特性计算。在图 20.1-3 所示的气动选型程序的动态特性计算结果界面中，提供了结露计算、缓冲计算功能。

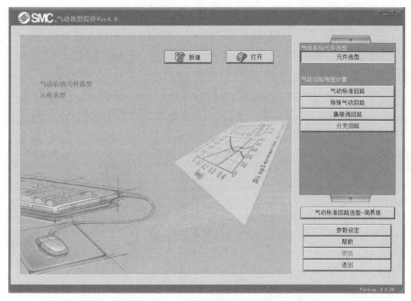

图 20.1-2　气动选型程序的启动界面

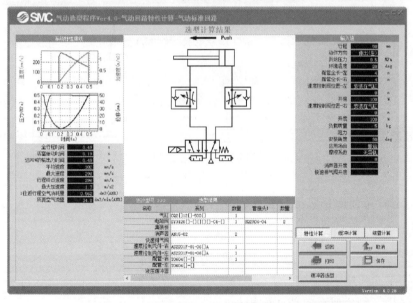

图 20.1-3　气动选型程序的动态特性计算结果界面

气缸回路选定的简易版模块与气缸标准回路的选定模块的基本功能相同，区别在于在程序界面上对输入项目进行了分类集中。参数设定模块用于设置使用频率高的输入值、语言、单位制。程序更新模块可以通过互联网连接 SMC 公司网站更新最新资料。

第二节　动态特性解析法

为了提高计算精度，适合多种回路和使用条件，气动选型程序引入了动态特性解析法。此方法的概要及其与有效截面面积法的不同之处，说明如下。

一、系统的特性

为了理解有效截面面积法和动态特性解析法在计算精度方面的差异，有必要知道气缸系统的两个特性（静特性和动特性）的不同。图 20.2-1 所示为气缸活塞的速度变化。其中的静特性是指静止状态①、稳定运动状态②（速度 v_0 一定）、静止状态③而言，与经过时间无关，是稳定状态的特性。所谓动态特性，使指图 20.2-1 中从①至②，从②至③的过渡状态而言，是系统从一个稳定状态开始的变化过程（过渡过程），状态参数伴随着时间而变化。

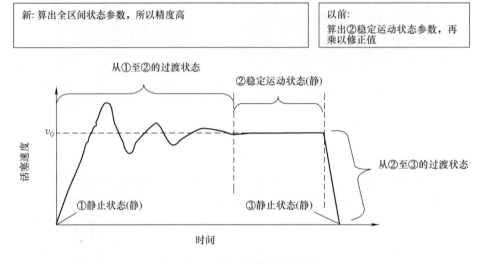

图 20.2-1　气缸活塞的速度变化

二、有效截面面积法

有效截面面积法采用下述气缸自身的稳定状态②的速度特性计算式。式中，v_0 是平均速度，用于近似计算全行程时间，结合气缸及动作条件，需要通过时间系数 k（经验值）来修正计算精度。有效截面面积法把配管作为等价有效截面面积来求解，进而计算各元件的合成有效截面面积，这也是引起计算误差的原因。

$$v_0 = \frac{S}{A}$$

式中　v_0——平均速度；
　　　S——排气侧合成有效截面面积；
　　　A——气缸受压面积。

采用有效截面面积法时，对于 CA1、CS1 等系列的大缸径气缸的小负载、长行程的排气节流回路的场合，由于稳定运动状态②的时间长，可得到一定的精度；对于 CJ2 等系列的小缸径气缸的大负载、短行程的进气节流回路的场合，由于稳定运动状态②的时间短，或者加速途中就碰到终端而并不存在稳定运动状态②的情况，计算结果会产生很大的误差，只能通过和气缸动作条件相关的时间系数 k（经验值）进行修正。

三、动态特性解析法

在元件选型程序中，根据图 20.2-2 所示的计算模型，对表 20.2-1 的系统组成元件的基本方程式联立求解，得到系统的动态特性计算结果。

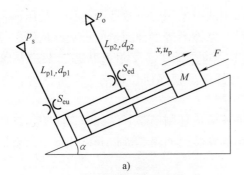
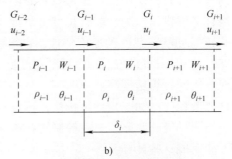

a)　　　　　　　　　　　　　　　　b)

p_s —气缸进气管的入口压力
L_{p1} —气缸进气管长度
d_{p1} —气缸进气管的内径
S_{eu} —气缸进气节流阀的有效截面积
p_a —气缸排气管的出口压力
L_{p2} —气缸排气管长度
d_{p2} —气缸排气管的内径
S_{ed} —气缸排气节流阀的有效截面积
M —气缸的负载的质量
x —气缸负载相对于初始位置的距离
u_p —气缸的负载的速度
F —气缸的轴向阻力
α —气缸轴线和水平线之间的夹角

G_i —第i段气管中流出气流的质量流量
u_i —第i段气管中流出气流的流速
P_i —第i段气管中气流的压力
ρ_i —第i段气管中气流的密度
W_i —第i段气管中气流的质量
θ_i —第i段气管中气流的温度
δ_z —每段气管的长度

图 20.2-2　计算模型

a) 系统模型　b) 管路模型

表 20.2-1　气动系统组成元件的基础方程式

元件	基础方程式
电磁阀 速度控制阀 消声器	流量式 $G = Cp_1\rho_0 \sqrt{\dfrac{T_0}{T_1}} \sqrt{1 - \left(\dfrac{p_2/p_1 - b}{1 - b}\right)^2} \qquad p_2/p_1 > b$ $G = Cp_1\rho_0 \sqrt{\dfrac{T_0}{T_1}} \qquad p_2/p_1 \leqslant b$
气缸	状态方程式 $\dfrac{\mathrm{d}p_d}{\mathrm{d}t} = \dfrac{1}{V_d}\left(\dfrac{p_d V_d}{\theta_d}\dfrac{\mathrm{d}\theta_d}{\mathrm{d}t} + R\theta_d G_d - p_d \dfrac{\mathrm{d}V_d}{\mathrm{d}t}\right) \qquad 放气室$ $\dfrac{\mathrm{d}p_u}{\mathrm{d}t} = \dfrac{1}{V_u}\left(\dfrac{p_u V_u}{\theta_u}\dfrac{\mathrm{d}\theta_u}{\mathrm{d}t} + R\theta_u G_u - p_u \dfrac{\mathrm{d}V_u}{\mathrm{d}t}\right) \qquad 冲气室$ 运动方程式 $M\dfrac{\mathrm{d}u_p}{\mathrm{d}t} = p_u S_u - p_d S_d + p_a(S_d - S_u) - Mg\sin\alpha - cu_p - F_q - F$
管路	连续方程式 $\dfrac{\partial \rho}{\partial t} + \rho \dfrac{\partial u}{\partial z} + u \dfrac{\partial \rho}{\partial z} = 0$ 状态方程式 $V\dfrac{\mathrm{d}p}{\mathrm{d}t} = R\theta \dfrac{\mathrm{d}w}{\mathrm{d}t} + wR\dfrac{\mathrm{d}\theta}{\mathrm{d}t}$ 运动方程式 $\dfrac{\partial u}{\partial t} + u\dfrac{\partial u}{\partial z} + \dfrac{1}{\rho}\dfrac{\partial p}{\partial z} + \dfrac{\lambda}{2d_p}u|u| = 0$

在动态特性解析法中，不仅考虑有效截面面积法所采用的有效截面面积、受压面积，而且同时综合考虑供给压力、配管长度、负载质量、摩擦力等多种因素的影响，从而不仅可以体现"稳定运动状态②"的速度特性，也可实际描述"从①至②过渡状态"及"从②至③过渡状态"过程中速度随时间的变化。可见，元件选型程序所使用的动态特性解析法比有效截面面积法的计算精度高。

元件选型程序的动态特性解析法，可以对进气节流控制回路、气缸竖直向下运动、单作用气缸、快速排气阀回路、速度控制阀在电磁阀侧安装的回路等进行分析计算，而有效截面面积法不能完成这些计算。

第三节 负载率、空气消耗量和所要空气量

一、负载率

对元件选型程序，负载率按下式定义。

$$\eta = \frac{轴向总负载}{理论输出力} \times 100\% = \frac{重力分力 + 摩擦力 + 其他的力负载}{活塞受压面积 \times 供给空气压力} \times 100\%$$

在气动系统设计过程中，如果没有元件选型程序的辅助，那么对于静止作业，负载率是气缸输出力的安全率（余裕率）；对于动态作业，负载率是决定活塞速度（加速度）的参数，需要结合经验进行设置。例如：静止作业的负载率，取 0.7 以下；动态作业的负载率，在水平动作的场合取 1 以下，在垂直动作的场合取 0.5 以下，在高速动作的场合应当更低。

在元件选型程序中，活塞速度的计算、判定、气缸尺寸的选择是自动进行的，用户不必关注负载率对活塞速度的影响，可以把负载率仅仅当作气缸输出力的安全率。如果活塞速度大，则说明负载率过小，其原因是被选定的气缸尺寸过大，应当减少缸径降低活塞速度。

一般情况下，程序中的负载率可以参考表 20.3-1 输入。

表 20.3-1 负载率

使用用途	输送	压紧、压入
负载率	1 以下	气缸输出力的安全率（如 0.7 以下）

二、空气消耗量

空气消耗量是气缸在 1 个往复或动作 1min 中消耗的空气量，通常采用标准状态下的数值。其中包含气缸自身的消耗量、气缸与电磁阀之间的连接配管的消耗量。双作用气缸的场合，是伸出侧和缩回侧的消耗量之和，单作用气缸的场合，则是一侧的消耗量。

1 个往复或每 1min 的空气消耗量见表 20.3-2，按波义尔·查理法则求出。

装置全体的总空气消耗量按动作时序图，累计全行程求得。这个总空气消耗量，是体现运行成本的重要指标，在此基础上，考虑适当的安全率，即可作为选择空气压缩机的依据。

利用省能程序，可以计算气缸、摆动气缸、气爪、吹气等的空气消耗量，可以计算每个设备或每个管路上的总空气消耗量的累计值，可以计算杆侧、无杆侧压力不同的 2 压驱动的场合的空气消耗量。

例 20.3-1 供给压力 0.4MPa、温度 20℃ 的场合，内径 20mm、杆径 8mm、行程 50mm 的气缸，气缸和电磁阀之间的尼龙管内径 4mm、长度 1.5m，计算该气动系统每分钟 30 次往

复动作时的空气消耗量。

解 伸出时的空气消耗量为

$$q_{c1} = \frac{3.14}{4} \times \left(20^2 \times 50 \times \frac{0.4 + 0.1}{0.1} + 4^2 \times 1500 \times \frac{0.4}{0.1}\right) \times 10^{-6} \text{dm}^3(\text{ANR})$$

$$= 0.154 \text{dm}^3(\text{ANR})$$

表 20.3-2 空气消耗量及所要空气量

		双作用气缸	单作用弹簧压回型气缸	单作用弹簧压出型气缸
空气消耗量	伸出时的空气消耗量 $q_{c1}[\text{dm}^3(\text{ANR})]$	$\left(A_1L \times \frac{p+0.1}{0.1} + a_1l_1 \times \frac{p}{0.1}\right)$ $\times \frac{293}{T} \times 10^{-6}$	$\left(A_1L \times \frac{p+0.1}{0.1} + a_1l_1 \times \frac{p}{0.1}\right)$ $\times \frac{293}{T} \times 10^{-6}$	0
	缩回时的空气消耗量 $q_{c2}[\text{dm}^3(\text{ANR})]$	$\left(A_2L \times \frac{p+0.1}{0.1} + a_2l_2 \times \frac{p}{0.1}\right)$ $\times \frac{293}{T} \times 10^{-6}$	0	$\left(A_2L \times \frac{p+0.1}{0.1} + a_2l_2 \times \frac{p}{0.1}\right)$ $\times \frac{293}{T} \times 10^{-6}$
	1个往复的空气消耗量 $q_c[\text{dm}^3(\text{ANR})]$	$q_{c1} + q_{c2}$		
	每一分钟空气消耗量 $q_n[\text{dm}^3(\text{ANR})]$	$q_c N$		
所要空气量	伸出时的所要空气量 $q_{r1}[\text{dm}^3(\text{ANR})/\text{min}]$	$\frac{q_{c1}}{t_1} \times 60$	$\frac{q_{c1}}{t_1} \times 60$	0
	缩回时的所要空气量 $q_{r2}[\text{dm}^3(\text{ANR})/\text{min}]$	$\frac{q_{c2}}{t_2} \times 60$	0	$\frac{q_{c2}}{t_2} \times 60$
	回路及记号			

A_1 是伸出侧的受压面积(mm²)　　l_1 是伸出侧配管长(mm)
A_2 是缩回侧的受压面积(mm²)　　a_1 是伸出侧内断面积(mm²)　　t_1 是伸出时的全行程时间(s)
L 是气缸行程(mm)　　　　　　　　l_2 是缩回侧配管长(mm)　　　　t_2 是缩回时的全行程时间(s)
p 是供给压力(MPa)　　　　　　　a_2 是缩回侧内断面积(mm²)

缩回时的空气消耗量为

$$q_{c2} = \frac{3.14}{4} \times \left((20^2 - 8^2) \times 50 \times \frac{0.4 + 0.1}{0.1} + 4^2 \times 1500 \times \frac{0.4}{0.1} \right) \times 10^{-6} \mathrm{dm}^3(\mathrm{ANR})$$
$$= 0.141[\mathrm{dm}^3(\mathrm{ANR})]$$

1个往复空气消耗量为

$$q_c = q_{c1} + q_{c2} = (0.154 + 0.141)\mathrm{dm}^3(\mathrm{ANR}) = 0.295\mathrm{dm}^3(\mathrm{ANR})$$

每一分钟的空气消耗量为

$$q_n = q_c N = 0.295 \times 30 \mathrm{dm}^3(\mathrm{ANR}) = 8.85 \mathrm{dm}^3(\mathrm{ANR})$$

三、所要空气量

所要空气量是系统在所定时间内从上游应当供给的空气量。

$$\text{所要空气量}[\mathrm{dm}^3(\mathrm{ANR})/\min] = \frac{\text{空气供给量}[\mathrm{dm}^3(\mathrm{ANR})]}{\text{所定时间}[\min]}$$
$$= \frac{1\text{个行程部分的空气消费量}[\mathrm{dm}^3(\mathrm{ANR})]}{\text{全行程时间}(\mathrm{s})} \times 60$$

所要空气量的计算式在表 20.3-2 中表示。不同动作方向的所要空气量是不同的，应当使用大的一侧的值。另外，有多只气缸的场合，应使用同时动作的气缸，取其最大值。

所要空气量是对执行元件系统的上游配管系（FRL、增压阀等）进行选型的流量指标值。

例 20.3-2 对前例，伸出和缩回的全行程时间分别为 1s、0.8s 的场合，计算所要空气量。

解 伸出时的所要空气量为

$$q_{r1} = \frac{q_{c1}}{t_1} \times 60 = \frac{0.154}{1} \times 60 \mathrm{dm}^3(\mathrm{ANR})/\min = 9.24 \mathrm{dm}^3(\mathrm{ANR})/\min$$

缩回时的所要空气量为

$$q_{r2} = \frac{q_{c2}}{t_2} \times 60 = \frac{0.141}{0.8} \times 60 \mathrm{dm}^3(\mathrm{ANR})/\min = 10.58 \mathrm{dm}^3(\mathrm{ANR})/\min$$

气缸的所要空气量取大的一侧，数值为 10.58dm³（ANR）/min。

第四节　液压缓冲器的选型

液压缓冲器的选型程序，根据冲击形式及使用条件，从被用户指定的系列内选定最适合尺寸的液压缓冲器。在程序中的选型流程中，使用到每个冲击形式相应的动能、推力能、吸收能及冲击物当量质量，具体情况如下。

一、选定流程

液压缓冲器选型程序的选定流程如图 20.4-1 所示。

二、冲击形式的分类

在液压缓冲器选型程序中提供的冲击形式见表 20.4-1。

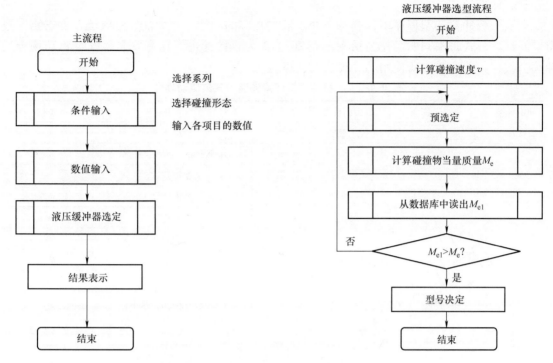

图 20.4-1 液压缓冲器选型程序的选定流程

表 20.4-1 冲击形式的种类

冲击种类	安装	推力的种类
直线冲击	任意	气缸驱动
		电动机驱动
		斜面下降
		其他推力
	上升	气缸驱动
		电动机驱动
		其他推力
	水平	气缸驱动
		电动机驱动
		其他推力
	下降	气缸驱动
		电动机驱动
		自由落下
		其他推力
旋转冲击	—	气缸驱动
		电动机驱动
		自由落下
		斜面下降

三、计算公式

在液压缓冲器选型程序中，和每个冲击形式相应的动能、推力能、吸收能及冲击物当量质量的计算公式是不同的。作为示例，表 20.4-2 为直接冲击、任意安装、气缸驱动场合的计算公式，其他冲击式所使用的计算公式从略。

表 20.4-2　直接冲击、任意安装、气缸驱动场合

冲击种类	安装	推力的种类	记号	名称	单位
直接冲击	任意	气缸驱动	m_1	负载质量	kg
			m_2	其他质量（活塞、杆等）	kg
			μ	摩擦系数	—
			v	冲击速度	m/s
			v_m	平均速度	m/s
			F_1	推力	N
			p	供给压力	MPa
			A	气缸受压面积	mm^2
			α	安装角度（0：水平，90：下降，-90：上升）	°
			N	使用个数	—
			n	使用频度	往复/min
			t	周围温度	℃
			g	重力加速度	m/s^2
			S	液压缓冲器行程	m
计算公式	$E_1 = 1/2 \cdot (m_1 + m_2) \cdot v^2$		E_1	动能	J
	$E_2 = (F_1 + (m_1 + m_2) \cdot g \cdot \sin a) \cdot S$ $- ((m_1 + m_2) \cdot g \cdot \mu \cdot \cos a) \cdot S$		E_2	推力能	J
	$E = E_1 + E_2$		E	吸收能	J
	$M_e = 2 \cdot E/(v^2 \cdot N)$		M_e	冲击物当量质量	kg

四、负载形态的种类

对于液压缓冲器的选定，在旋转碰撞的情况，程序中提供了自动计算负载的转动惯量的功能，可以对表 20.4-3 中所包含的常见负载形态的转动惯量进行计算。在这个功能模块中，用户可以依据实际工况从表 20.4-3 中选择相应负载形态，然后程序根据输入的参数，即可自动计算负载的转动惯量。

表 20.4-3　负载形态的常见种类

负载形状	模式	说明
细长杆	模式 1	以杆的中央为轴旋转的场合
	模式 2	以杆的一端为轴旋转的场合
长方形板	模式 1	以长边的中央为轴心旋转的场合
	模式 2	以长边的一端为轴心旋转的场合
	模式 3	以通过重心且垂直于面的轴为中心旋转的场合

（续）

负载形状	模式	说明
等边三角形	模式 1	通过重心且平行于面的轴为中心旋转的场合
	模式 2	与底边平行且通过顶点的轴为中心旋转的场合
	模式 3	通过顶点和底边的中央的轴为中心旋转的场合
	模式 4	通过重心且垂直于面的轴为中心旋转的场合
圆板	模式 1	通过圆心且平行于圆面的轴为中心旋转的场合
	模式 2	通过圆心且垂直于圆面的轴为中心旋转的场合
圆环板	模式 1	通过圆心且平行于圆面的轴为中心旋转的场合
	模式 2	通过圆心且垂直于圆面的轴为中心旋转的场合
扇形板	模式 1	通过重心且平行于面的轴为中心旋转的场合
	模式 2	通过中心点且垂直于面的轴为中心旋转的场合
正六面体	模式 1	通过正六面体的重心和面的重心的轴为中心旋转的场合
圆柱	模式 1	通过上底面和下底面的中心的轴为中心旋转的场合
	模式 2	通过重心且平行于上底面、下底面的轴为中心旋转的场合
圆锥	模式 1	通过重心且平行于底面的轴为中心旋转的场合
	模式 2	通过顶点和底面的中心点的轴为中心旋转的场合
球、球面	模式 1	通过实心球的中心点的轴为中心旋转的场合
	模式 2	通过空心球面的中心点的轴为中心旋转的场合
球部分	模式 1	通过中心点且垂直于球部分的中央的轴为中心旋转的场合
轮环体（圆环）	模式 1	通过轮环的中心点且垂直于环状面的轴为中心旋转的场合

每个负载形态的转动惯量的计算公式是不同的。作为示例，表 20.4-4 是细长杆（2 种模式）、长方形板（3 种模式）所对应的转动惯量的计算公式，其他负载形态的转动惯量的计算公式从略。

表 20.4-4 常见负载形态的转动惯量计算公式（细长杆、长方形板）

负载形状	模式	说　　明
细长杆	模式 1	杆的中央为轴旋转的场合
图		计算式
		$I = mL^2/12$

负载形状	模式	说　　明
细长杆	模式 2	杆的一端为轴旋转的场合
图		计算式
		$I = mL^2/3$

(续)

负载形状	模式	说明
长方形板	模式1	以长边的中央为轴心旋转的场合
图		计算式
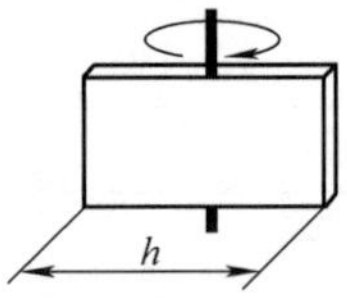		$I = mh^2/12$

负载形状	模式	说明
长方形板	模式2	以短边的一端为轴心旋转的场合
图		计算式
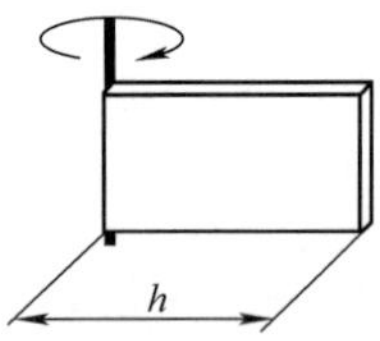		$I = mh^2/3$

负载形状	模式	说明
长方形板	模式3	以通过重心且垂直于面的轴为中心旋转的场合
图		计算式
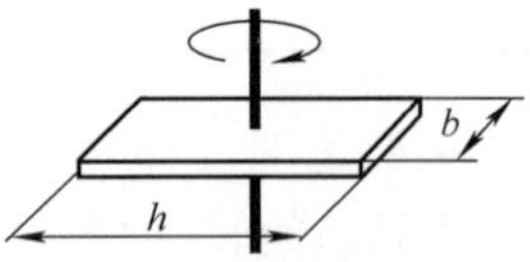		$I = m(h^2 + b^2)/12$

第五节 结露计算

一、结露现象

通常,气动系统的结露指调质后的压缩空气发生在执行元件的动作过程中的结露(水分的凝结),在现象上体现为气动元件的内部结露和外部结露。内部结露为由于压缩空气自身的温度降低,其中的水分在元件或配管的内部形成的结露。外部结露为由于与元件内部的低温空气接触的气动元件受到冷却,导致环境空气中的水分在气动元件的外表面上形成的结露。

二、结露的机理

一般情况下,结露发生的根本原因,是空气绝热变化所导致的温度降低。对于气动元件的内部结露和外部结露,小的执行元件和大的执行元件的结露,则具有不同的机理。长配管、小执行元件的场合,由于空气交换不充分引起内部结露,结露机理如图20.5-1所示。在大气缸驱动大负载的场合,或采用进气节流回路的场合,会由于气动元件表面低温化引起内部结露及外部结露，结露机理如图 20.5-2 所示。

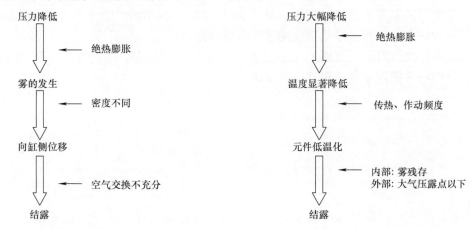

图 20.5-1 元件内部空气交换不充分导致的结露　　图 20.5-2 元件表面低温导致的结露

三、结露的防止对策

1. 防止雾气的产生

通过降低压缩空气的湿度、压力，减小速度控制阀的有效截面面积等方法，可以防止雾气的产生。但是，由于受到除湿装置的能力及具体工况条件的限制，采用这些方法不能完全防止雾气的产生。例如，采用冷冻式干燥器或无热再生式干燥器能够达到的压缩空气露点是 $-50 \sim -20℃$，而 0.5MPa 的压缩空气绝热膨胀至大气压力时温度大约降低 90℃，因此不能完成防止结露现象。

2. 防止雾气的滞积

（1）气动元件内部空气交换不充分而导致结露的场合

1）配管法：为了实现气缸和配管中的残存空气与供给的新空气充分混合，并将残存空气排出，应当使配管容积小于气缸容积。试验结果表明，当气缸内空气的大气压换算体积 × 0.7 ≥ 配管容积时，没有发生结露现象。

2）快速排气阀法：在图 20.5-3 中，将快速排气阀设置在气缸附近，使气缸内的空气直接排出至大气，高湿度的空气就不会滞留在气缸内部。对于具体工况条件不允许使用配管法的场合，请考虑采用快速排气阀来防止结露。

3）旁路配管法：在图 20.5-4 中，使用单向阀和旁路配管时，由于供气和排气分别经过不同方向的气路，因此空气的交换比较充分。试验结果表明，在供给压力小于 0.7MPa 的场合，当旁路配管的长度是配管全长的约 15% 时，就可以防止结露。

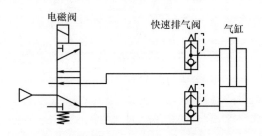 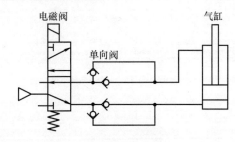

图 20.5-3 采用快速排气阀防止结露的气动回路　　图 20.5-4 采用旁路配管法防止结露回流

（2）由于气动元件表面的低温而导致结露的场合

为了使空气的温度不会急剧降低，请考虑减小速度控制阀的节流程度、降低气缸的动作频度。在这种场合，应当尽量避免使用进气节流回路。

气动选型程序仅对空气交换不充分而结露的场合进行结露概率的预测，因此在预测结果为 0 时，仍然有可能由于其他机理引起结露。

附　　录

附录 A　热力学中的几个基本概念

1. 热力系统、闭口系统、开口系统、绝热系统

气体在吸热、放热以及热能与机械能的转换过程中表现出来的性质，称为气体的热力学性质。图 A-1a 所示为活塞对封闭的气缸腔内的气体进行压缩。为了研究气缸腔内气体的物理量变化，用边界将腔室容积包围起来，并将边界内部包围着的所有工作介质作为研究对象，则此边界以内的部分就称为热力系统，简称系统。边界以外与系统有联系的物质称为外界。如活塞及其所受的外力 F、外界空气及加入的热量 Q 等都属于外界。图 A-1b 所示为向气室充气（或放气）的情况。取边界如图 A-1 中虚线所示，边界 1-1 是假想的，其余边界都是真实存在的。

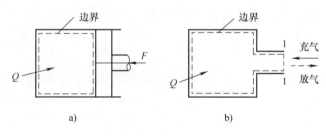

图 A-1　热力系统
a) 闭口系统　b) 开口系统

通常，系统与外界之间可能有质量交换和能量交换。按系统与外界之间有无质量交换，可将系统分成闭口系统和开口系统。与外界之间无质量交换的系统，称为闭口系统（见图 A-1a）。闭口系统内部的质量是保持不变的。与外界之间有质量交换的系统，称为开口系统（见图 A-1b）。开口系统有物质穿过边界，系统内部的质量可以变化，也可以不变化。对这种系统，边界所限定的某确定的空间体积称为控制体，其边界称为控制面，并将占有此控制体的工作介质作为研究对象。

与外界没有热交换的系统，称为绝热系统。自然界不存在完全绝热的材料，只是当系统与外界传递的热量小到可以忽略不计时，就可假设该系统为绝热系统，以使研究得到简化。

2. 状态参数、热力过程、准平衡过程

热力系统在某瞬时呈现的宏观物理状态称为热力状态。它反映着系统内大量气体分子热运动的平均特性。我们把描述系统所处状态的一些宏观物理量称为状态参数，如压力、温度、质量体积等。

在没有外界影响的条件下，系统各部分的状态参数长时间内不发生变化的状态，称为平衡状态。平衡状态是指系统的宏观性质不随时间变化，从微观看，平衡状态下系统内的分子

仍在作永不停息的热运动，只不过这种分子热运动的平均效果不随时间变化。若系统与外界发生能量交换，系统的状态就会发生变化。系统从一个状态连续地变化到另一个状态，它所经历的全部过程称为热力过程。严格来讲，任何实际的热力过程都是不平衡过程。因为当系统与外界发生能量交换时，原有的平衡状态被破坏，需要经过一段时间才能达到新的平衡状态，但在未达到新的平衡状态之前，系统与外界又发生了新的能量交换，所以在热力过程中，系统经历了一系列不平衡状态。由于系统工质的宏观运动速度一般都不大，如气动系统的控制元件和执行元件的机械运动速度，一般不超过 10m/s，而空气压力波的传播速度每秒达几百米，分子热运动的平均速度每秒也达几百米以上。因此可以假设，对于外界条件的变化，系统内的气体能够极快地建立一系列新的平衡状态。在热力学中，把气动系统的这种热力过程称为准平衡过程，即过程中的每一个中间状态都可看成是平衡状态，有确定的状态参数。这样，准平衡过程就可用随时间连续变化的状态参数来描述。

3. 热量、功

由于温度不同，在系统和外界之间，穿越边界而传递的能量称为热量。从微观讲，热量是通过物体相互接触处的分子碰撞或以热辐射方式所传递的能量。在传递过程中，物体并不发生宏观运动。只有在传热过程中，才能说系统得到（或失去）了多少热量。传热量的大小不仅与传热过程中系统的初始与终结状态有关，而且与传热的具体过程的特征有关。所以热量不是状态参数，而是过程量。热力学中规定，系统吸收热量，$Q>0$；系统向外界放热，$Q<0$。热量的法定计量单位是 J，$1J = 1N \cdot m$。单位质量的气体与外界交换的热量以 q 表示，单位为 J/kg。

由气体组成的可压缩系统，当其反抗外力的作用使系统的容积增大时，与外界交换的功称为膨胀功。相反，在外力作用下，系统的容积减小，与外界交换的功称为压缩功。这两种功统称为容积（变化）功。

将图 A-2 所示气缸内的气体选为系统，设气体的压力为 p，气缸内盛有 m kg 气体，活塞是系统的一个可移动的边界，面积为 A，活塞所受的外力为 F。当系统克服外力进行一个准平衡膨胀过程，由 1 状态变化到 2 状态时，系统将对外输出功。若不计摩擦，系统在整个过程中对外所做的功为

$$W = \int_1^2 pAdx = \int_1^2 pdV = m\int_1^2 pdv$$

1kg 气体所做的功为

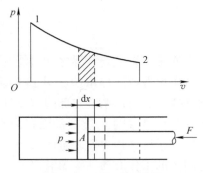

图 A-2 容积功的计算

$$w = \frac{W}{m} = \int_1^2 pdv$$

这就是任意准平衡过程容积功的表达式。只要知道过程中函数 $p(v)$ 及过程的始末状态，就能算出容积功。系统膨胀，$dv > 0$，对外做功，功为正；系统压缩，$dv < 0$，说明外界对系统做功，功为负。

功的计量单位也是 J。单位质量气体的容积功的单位为 J/kg。

功不是系统状态参数，而是过程量。当过程结束，系统与外界之间的功的传递就停止。功是系统与外界通过宏观的运动，发生相互作用而传递的能量。热量是系统与外界通过

微观的分子运动，发生相互作用而传递的能量。

4. 热力学能、焓、熵

物质微观分子运动所具有的能量叫热力学能，它包括分子运动（平动、转动、振动）的动能和分子间由于相互作用力的存在而具有的位势能。

由分子运动的理论可知，分子运动的动能是物质温度的函数，分子运动的位势能是物质质量体积的函数，故气体的热力学能为

$$I = f(T,v)$$

单位质量气体的热力学能 i 称为质量热力学能

$$i = f(T,v)$$

热力学能是状态参数。热力学能的单位是 J，质量热力学能的单位是 J/kg。

根据气体状态方程，质量热力学能也可写成

$$i = f(T,p)$$

对完全气体，分子间没有相互作用力，所以气体的热力学能只有分子运动的动能。在这种情况下，质量热力学能只与温度有关，即

$$i = f(T) \tag{A-1}$$

在热工计算中，热力学能经常与推动功 pV 同时出现，它们合在一起称为焓 H，即

$$H = I + pV$$

单位质量气体的焓 h 称为质量焓，有

$$h = i + pv \tag{A-2}$$

焓是气体在流动时所具有的微观运动的能量（不含气体流动速度对应的动能）。当 1kg 气体通过边界流入系统时，不仅将气体的质量热力学能 i 带进系统，同时还把从后面获得的推动功（也有称为压力能）pv 以及气体流动速度对应的动能也带进系统。当气体流动滞止时，焓就是气体的总能量。

焓是状态参数。焓的单位是 J，质量焓的单位是 J/kg。

功和热量都是系统内的气体与外界之间传递的能量。功是系统内的气体和外界发生机械作用时传递的能量。对于无摩擦的微元准平衡过程，系统内气体的膨胀功是 $\delta W = pdV$。压力 p 是工作介质对外做功的推动力，而容积变化则是衡量系统内气体对外做功与否的标志。只有容积发生了变化，系统内的气体才会对外做出膨胀功。

用类比的方法，热量是工作介质和外界发生热交换时传递的能量。系统内气体的温度 T 对热交换起着推动力的作用，那么，也必然有一个气体的状态参数的变化，标志着热交换是否进行。这个状态参数就是熵 S。与膨胀功的关系式相类似，写成 $\delta Q = TdS$。对微元准平衡过程，有

$$dS = \frac{\delta Q}{T}$$

单位质量气体的熵称为质量熵，有

$$ds = \frac{\delta q}{T}$$

熵的单位是 J/K，质量熵的单位是 J/(K·kg)。

5. 可逆过程和不可逆过程

当某一热力过程完成后，如果令过程逆行，系统和外界都能够回复到它们各自的原始状

态,则此过程称为可逆过程。如果没有这种可能,则叫不可逆过程。

图 A-3a 所示,与外界绝热的气缸内气体的压力为 p,且处于平衡状态。当突然拿去活塞上的重块时,系统失去力平衡,气体会突然膨胀,推动活塞对外做功,直到系统内压力降至 p' 为止(见图 A-3b)。这样,外界得到的功是 $p'\Delta V$,而系统在膨胀过程中,因压力是由 p 逐渐降至 p' 的,故其膨胀功 $\int_1^2 p dV$ 一定大于 $p'\Delta V$,其差值消耗在膨胀过程中,活塞与缸筒之间的摩擦损失,以及气体内部的扰动形成的内摩擦损失等。这些损失又以热的形式加回到系统中,使系统的温度比可逆过程的温度高。假如将重块重新放到活塞上(见图 A-3c),系统不可能回到图 A-3a 所示的状态,因为在压缩过程中,仍存在摩擦损失,而膨胀时以热的形式加于系统的那部分能量,不可能转化为功的形式再用来压缩该系统。如果系统的压力和原来的压力一样,则温度 T'' 一定比原来的温度 T 高,且体积也比原来的大。可以说,实际的热力过程都是不可逆过程,只不过是不可逆程度有所不同。

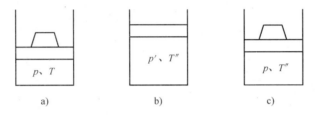

图 A-3 不可逆过程例

在不可逆过程中,总的质量熵的变化应等于外界加给系统的热量 δq 引起的质量熵的变化,以及摩擦损失转化成的热量 δq_l 引起的质量熵的变化之和,即

$$ds = \frac{\delta q + \delta q_l}{T} \tag{A-3}$$

式(A-3)可以说明以下几点:

1)可逆的($\delta q_l = 0$)绝热($\delta q = 0$)系统,其热力过程是等熵过程,即 $ds = 0$,$s =$ 常数。

2)可逆过程,熵的增减表明了系统与外界的热交换的方向(加热或放热)。

3)不可逆(存在摩擦损失等,$\delta q_l > 0$)的绝热系统,其热力过程是增熵过程,即 $ds > 0$。

4)在不可逆过程中,熵的变化 ds 不等于 $\delta q/T$,ds 与过程 $\delta q/T$ 值之差是对过程的不可逆程度的量度。

可逆过程必然是准平衡过程,但准平衡过程只是可逆过程的条件之一,两者是有区别的。可逆过程要求系统与外界随时保持力平衡和热平衡,而且在过程进行中,没有不可逆损失(如摩擦)。准平衡过程仅限于系统内部的力的平衡和热的平衡,不涉及系统和外界的能量交换。譬如,系统与外界稍有力和热的不平衡,只要系统内部及时恢复状态参数均匀便可视为准平衡过程。活塞与缸壁之间虽有摩擦,但对系统内部状态参数达到均匀并无妨碍。可见,准平衡过程是针对系统内部的状态变化而言的,而可逆过程是针对过程中系统所引起的外部效果而言的。

附录 B 闭口系统和开口系统的能量方程

1. 闭口系统的能量方程

以图 A-2 所示的活塞与气缸内的气体作为系统,在由 1 状态变成 2 状态的过程中,任一微元过程,系统吸热为 δq,对外作膨胀功为 pdV,系统的热力学能变化为 di。由于系统没有明显的宏观运动和位置变化,因而系统的动能和位能变化可忽略不计。根据能量守恒定律,得

$$\delta Q = dI + pdV$$

对单位质量气体而言,有

$$\delta q = di + pdv \tag{B-1}$$

式中,吸热时 δq 为正,放热时 δq 为负;热力学能增加,di 为正,热力学能减少,di 为负;系统对外作功 pdv 为正,外界对系统作功 pdv 为负。

对闭口系统而言,热力学第一定律可表述为:在任何过程中,系统吸收的热量等于系统热力学能的增量与对外做功之和。

2. 开口系统的能量方程

对图 B-1 所示开口系统,取控制体如图中虚线所示。单位时间内通过控制面 1－1 流入的气体质量为 m_1,通过控制面 2－2 流出的气体质量为 m_2,气体在控制面 1－1 处的流速为 u_1,在控制面 2－2 处的流速为 u_2,1－1 截面和 2－2 截面离基准面的高度分别为 z_1 和 z_2,外界加入控制体的热量为 Q,控制体内介质对外作功为 W。

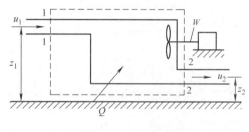

图 B-1 开口系统

单位时间内控制体内能量的增加有:气体带入控制体的焓为 $m_1 h_1$,气体带入控制体的动能为 $\frac{1}{2}m_1 u_1^2$,气体带入控制体的位能为 $m_1 g z_1$,外界加入控制体的热量为 Q。同一单位时间内控制体内能量的减少有:气体流出控制体的焓为 $m_2 h_2$,气体流出控制体的动能为 $\frac{1}{2}m_2 u_2^2$,气体流出控制体的位能为 $m_2 g z_2$,控制体内气体对外作功为 W。

这样,单位时间内,控制体内能量的变化为

$$\Delta E = m_1 h_1 + \frac{1}{2}m_1 u_1^2 + m_1 g z_1 + Q - \left(m_2 h_2 + \frac{1}{2}m_2 u_2^2 + m_2 g z_2 + W\right)$$

这就是开口系统的能量方程。

在常见的情况下,各点的状态参数不随时间变化,流入气体的质量与流出气体的质量相等,且对气体而言,位能与其他能量相比是个小量,可以忽略不计。因各点状态参数不随时间变化,故控制体内的能量也不会随时间变化,即 $\Delta E = 0$。对单位质量气体而言

$$q = h_2 - h_1 + \frac{1}{2}(u_2^2 - u_1^2) + w$$

在开口系统中,外界加入的热量,除使气体的焓增加外,其余转化为系统对外做功及提

高气体的动能。

写成微分形式的开口系统热力学第一定律为

$$\delta q = dh + udu + \delta w \tag{B-2}$$

或

$$\delta q = di + d(pv) + udu + \delta w \tag{B-3}$$

式（B-3）是单位质量气体在与外界有热功交换情况下的能量守恒方程。

对控制体与外界既无热交换又无功交换的开口系统，其能量方程可简化成

$$dh + udu = 0 \tag{B-4}$$

积分后为

$$h + \frac{1}{2}u^2 = h_0 \tag{B-5}$$

式中，h_0 是总质量焓，它是单位质量气体所具有的总能量。

附录 C 多变过程的状态方程

在气动系统中，工作介质的实际变化过程是很复杂的。为了便于分析，通常是突出状态参数变化的主要特征，把复杂的过程简化为一些基本的热力过程。一定质量的气体，若基本状态参数压力 p、比容 v 和绝对温度 T 都在变化，与外界也不是绝热的，即从外界吸收的热量 $\delta q \ne 0$，这种变化过程称为多变过程。

对于多变过程，依据热力学第一定律，得

$$\delta q = di + pdv = c_v dT + pdv \tag{C-1}$$

单位质量气体，温度升高 1K 所需要的热量，称为质量热容，记为 c，常用单位是 $J/(kg \cdot K)$。依据质量热容的定义，得

$$c = \frac{\delta q}{dT} \tag{C-2}$$

对照式（C-1）和式（C-2），得

$$\delta q = cdT = c_v dT + pdv \tag{C-3}$$

即

$$(c_v - c)dT + pdv = 0 \tag{C-4}$$

对状态方程 $pv = RT$ 进行微分，得

$$dT = \frac{1}{R}(pdv + vdp) \tag{C-5}$$

将式（C-5）代入式（C-4），整理后得

$$\left(\frac{c_v - c}{R} + 1\right)pdv + \frac{c_v - c}{R}vdp = 0 \tag{C-6}$$

用 $\frac{c_v - c}{R}pv$ 除式（C-6），并依据 $c_p = c_v + R$，得

$$\frac{c_p - c}{c_v - c} \times \frac{dv}{v} + \frac{dp}{p} = 0 \tag{C-7}$$

令 $\dfrac{c_p - c}{c_v - c} = n$，则式（C-7）积分后得

$$pv^n = 常数 \tag{C-8}$$

这就是多变过程的状态方程，n 称为多变指数。

当 $n = 0$ 时，$pv^n = pv^0 = p = $ 常数，此时的多变过程为等压过程。

当 $n = 1$ 时，$pv^n = pv = RT = $ 常数，此时的多变过程为等温过程。

当 $n = \kappa$ 时，$pv^n = pv^{\kappa} = $ 常数，此时的多变过程为可逆的绝热过程。

当 $n = \pm \infty$ 时，$p^{\frac{1}{n}}v = v = $ 常数，此时的多变过程为等容过程。

附录 D 充放气过程特性的求解方法

1. 变容积容器充放气时的能量方程

以图 D-1 所示气缸的活塞运动为例，进口总压力为 p_s、总温度为 T_s 的压缩空气，通过进气回路（用壅塞流态下的有效截面积 S_1 值和临界压力比 b_1 值表示）向腔室充气，腔室内的气体经排气回路（用 S_2 和 b_2 表示）向压力为 p_e 的外界放气，活塞在气体压力 p 和外加热量 $\mathrm{d}Q$ 的作用下，克服外力 F 以速度 u 运动。气缸腔室是一个变容积的容器。取 t 时刻腔室占有容积为开口系统，如图 D-1 中虚线所示。

假定在任意瞬时，腔室内的气体总处于热力平衡状态，即在整个充放气过程中，腔室内状态参数仅是时间的函数，与空间位置无关。根据热力学第一定律，在 $\mathrm{d}t$ 时间内，外界给予系统的热量为 $\mathrm{d}Q$，加上净流入系统的能量 $\mathrm{d}H_0$（即流入系统的总焓 $\mathrm{d}H_{01}$ 减去流出系统的总焓 $\mathrm{d}H_{02}$）应等于系统内的热力学能的变化 $\mathrm{d}I$ 和对外作功 $\mathrm{d}W$ 之和。即

$$\mathrm{d}Q + \mathrm{d}H_{01} - \mathrm{d}H_{02} = \mathrm{d}I + \mathrm{d}W \tag{D-1}$$

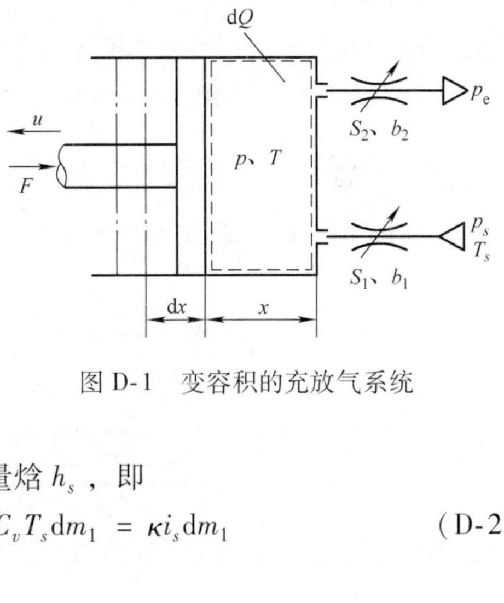

图 D-1 变容积的充放气系统

流入系统的总焓 $\mathrm{d}H_{01}$ 应等于 $\mathrm{d}t$ 时间内流入系统的气体质量 $\mathrm{d}m_1$ 乘以单位质量气体所具有的总质量焓 h_s，即

$$\mathrm{d}H_{01} = h_s \mathrm{d}m_1 = C_p T_s \mathrm{d}m_1 = \kappa C_v T_s \mathrm{d}m_1 = \kappa i_s \mathrm{d}m_1 \tag{D-2}$$

式中，i_s 是流入系统气体的质量热力学能。

忽略腔室中气体的流动速度，则流出系统的总焓 $\mathrm{d}H_{02}$ 应等于腔室中气体的总质量焓 h 乘以 $\mathrm{d}t$ 时间内流出系统的气体质量 $\mathrm{d}m_2$，即

$$\mathrm{d}H_{02} = h \mathrm{d}m_2 = C_p T \mathrm{d}m_2 = \kappa C_v T \mathrm{d}m_2 = \kappa i \mathrm{d}m_2 \tag{D-3}$$

式中，T 是腔室中气体的热力学温度；i 是腔室中气体的质量热力学能。

在 $\mathrm{d}t$ 时间内，腔室内的热力学能变化

$$\mathrm{d}I = (i + \mathrm{d}i)(m + \mathrm{d}m) - im = m\mathrm{d}i + i\mathrm{d}m = \mathrm{d}(mi)$$

式中，m 是腔室中某时刻气体的质量。

根据质量守恒定律，$\mathrm{d}t$ 时间内腔室中的质量增量

则
$$dm = dm_1 - dm_2 \tag{D-4}$$

$$dI = mdi + idm_1 - idm_2 \tag{D-5}$$

在 dt 时间内，系统对外所做的功为

$$dW = pAdx = pdV = pd(mv) = pmdv + pvdm = pmdv + pvdm_1 - pvdm_2$$

式中，p 是腔室内气体的绝对压力；A 是活塞的有效面积；V 是腔室的容积；v 是腔室内气体的质量体积；x 是活塞的位移。

由式（A-2），有

$$pv = h - i = c_p T - c_v T = (\kappa - 1)c_v T = (\kappa - 1)i$$

将此式代入上式，则

$$dW = pmdv + (\kappa - 1)i(dm_1 - dm_2) \tag{D-6}$$

把式（D-2）、式（D-3）、式（D-5）和式（D-6）代入式（D-1），得

$$dQ + \kappa i_s dm_1 - \kappa i dm_1 = mdi + pmdv$$

用 m 除等式两边，且令 $dQ/m = dq$，$dm_1/m = \overline{dm_1}$，则得

$$dq + \kappa(i_s - i)\overline{dm_1} = di + pdv \tag{D-7}$$

这就是变容积容器充放气时的能量方程。

2. 变容积容器充放气时的热力过程

变容积容器充气或放气时，容器内的热力变化是复杂的，下面仅对基本的热力变化过程作些分析。当系统与外界完全没有热交换时（如热力变化过程非常迅速）的充（放）气称为绝热充（放）气。当系统与外界能充分地进行热交换，即过程进行得很缓慢时的充（放）气，称为等温充（放）气。

（1）绝热放气

在绝热条件下，$dq = 0$。仅有放气，$dm_1 = 0$。由式（D-4），有

$$dm = -dm_2 \tag{D-8}$$

由式（D-7），有

$$di + pdv = 0 \tag{D-9}$$

因 $v = RT/p$，对 v 求微分，得

$$dv = \frac{R}{p}dT - RT\frac{dp}{p^2} \tag{D-10}$$

将式（D-10）代入式（D-9），得

$$c_v dT + RdT - RT\frac{dp}{p} = 0$$

$$c_p \frac{dT}{T} - R\frac{dp}{p} = 0$$

$$\frac{dp}{p} = \frac{\kappa}{\kappa - 1} \times \frac{dT}{T} \tag{D-11}$$

此式积分后，得

$$p = cT^{\frac{\kappa}{\kappa-1}} \tag{D-12}$$

c 值由容器内初始状态确定。

式（D-12）是等熵关系式。说明与外界无热交换的变容积的放气过程是等熵过程。

（2）绝热充气

此条件下，$dq=0$，$dm_2=0$，式（D-4）变成

$$dm = dm_1 \tag{D-13}$$

式（D-7）变成

$$\kappa(i_s - i)\overline{dm_1} = di + pdv \tag{D-14}$$

因 $m = pV/(RT)$，对 m 求微分，可得

$$\frac{dm}{m} = \frac{dp}{p} + \frac{dV}{V} - \frac{dT}{T} \tag{D-15}$$

将式（D-10）、式（D-13）和式（D-15）代入式（D-14），整理后得

$$\frac{\kappa - T/T_s}{\kappa(1 - T/T_s)} \times \frac{dp}{p} + \frac{dV}{V} = \frac{1}{1 - T/T_s} \cdot \frac{dT}{T} \tag{D-16}$$

式（D-16）说明，与外界无热交换的变容积的充气过程，p 和 T 之间的关系还取决于容积的变化情况，所以只能是个多变过程，且多变指数不是固定值。

（3）等温放气

此条件下，$dT=0$，$dm_1=0$。式（D-7）变成

$$dq = pdv$$

将式（D-10）代入上式，则

$$dq = -RT\frac{dp}{p}$$

设腔室内初始压力为 p_s，初始温度为 T_s，上式积分后得

$$q = RT_s\ln(p_s/p)$$

因 $q>0$，故等温放气是从外界吸热。

（4）等温充气

此条件下，$dT=0$，$dm_2=0$。式（D-7）变成（设 $T = T_s$，则 $i = i_s$）

$$dq = pdv$$

将式（D-10）代入上式，则

$$dq = -RT\frac{dp}{p}$$

设腔室内初始压力为 p_0，上式积分后得

$$q = RT_s\ln(p_0/p)$$

因 $q<0$，故等温充气是向外界散热。

3. 变容积容器充放气时的质量方程

dt 时间内，充入容器内的气体质量

$$dm_1 = q_{m1}dt \tag{D-17}$$

式中，q_{m1} 是 dt 时间内通过进气回路流入的质量流量。

dt 时间内，从容器内放出的气体质量

$$dm_2 = -q_{m2}dt \tag{D-18}$$

式中，q_{m2} 是 dt 时间内通过排气回路流出的质量流量。

质量流量 q_{m1} 和 q_{m2} 的大小与回路中的流动状态有关。

4. 变容积容器充放气时的动力学方程

充放气时能量方程中的 dV 与系统中运动部件的动力学方程有关。以图 D-1 的气缸为例，运动活塞的动力学方程为

$$pA - F = M \frac{\mathrm{d}^2 x}{\mathrm{d}t^2} \tag{D-19}$$

式中，F 是水平放置气缸的轴向外负载力、活塞左侧气压力和运动件所受的摩擦力之和；M 是活塞等运动部件的质量；x 是活塞的位移。对于式中的 A，下式成立。

$$\mathrm{d}V = A\mathrm{d}x \tag{D-20}$$

5. 变容积容器的充放气特性的求解方法

质量方程、能量方程、气体状态方程、动力学方程的联立，加上系统的起始条件，便能求解相应于气缸活塞运动的变容积容器的充放气特性。

6. 定容积容器的充放气特性的求解方法

对于定容积的充放气特性，由于容积为常量，因此质量方程、能量方程、气体状态方程的联立，加上系统的起始条件，便能求解定容积容器的充放气特性定容积的充放气过程。

7. 固定容器的充气特性和放气特性

下面仅分析绝热充放气和等温充放气的特性。

（1）绝热放气

变容积的绝热放气过程是等熵过程，当然定容积的绝热放气过程也是等熵过程，即在绝热放气过程中，容器内绝对压力与温度的关系服从式（D-12）。

设在容积为 V 的容器内，初始压力为 p_{10}、初始温度为 T_{10}，通过流量特性参数为 S 值和 b 值的气动元件（或回路），向压力为 p_2 的外界放气，如图 D-2 所示。

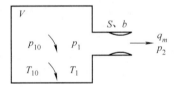

图 D-2 定容积放气

将容器内的初始状态参数 p_{10} 和 T_{10} 代入式（D-12），则绝热放气时容器内压力 p_1 和温度 T_1 的关系式是

$$\frac{p_{10}}{p_1} = \left(\frac{T_{10}}{T_1}\right)^{\frac{\kappa}{\kappa-1}} \tag{D-21}$$

将式（D-18），应用于图 D-2 的定容积绝热放气，则可写出

$$q_m = -\frac{\mathrm{d}m_1}{\mathrm{d}t} = -\frac{\mathrm{d}}{\mathrm{d}t}\left(\frac{p_1 V}{RT_1}\right) = -\frac{V\mathrm{d}}{R\mathrm{d}t}\left(\frac{p_1}{T_1}\right)$$

将式（D-21）代入上式，整理后得

$$q_m = \frac{V}{\kappa R T_1} \times \frac{\mathrm{d}p_1}{\mathrm{d}t} \tag{D-22}$$

当 $p_2/p_1 \leq b$ 时为声速放气，经积分运算后，当 p_{10} 降至 p_1 时所需的放气时间为

$$t = 7.3016 \frac{V}{S\sqrt{RT_{10}}}\left[\left(\frac{p_{10}}{p_1}\right)^{1/7} - 1\right] \tag{D-23}$$

当 $b < p_2/p_1 \leq 1$ 时为亚声速放气，经积分运算后，求得当 p_{10} 降至 p_1 时所需的放气时间为

$$t = \frac{1.4603V(1-b)}{\kappa S \sqrt{RT_{10}}} \left(\frac{p_{10}}{p_1}\right)^{1/7} \int_{p_2/p_{10}}^{p_2/p_1} \frac{\left(\frac{p_2}{p_1}\right)^{-6/7} d\left(\frac{p_2}{p_1}\right)}{\sqrt{\left(1 - \frac{p_2}{p_1}\right)\left(1 - 2b + \frac{p_2}{p_1}\right)}} \quad \text{(D-24)}$$

式（D-24）无解析解，只能进行数值积分。

由式（D-23）和式（D-24）画出定容积绝热放气的特性曲线。

（2）等温放气

在放气过程中，若容器内为等温变化过程，则 $T_1 = T_{10}$。

将式（D-18）应用于图 D-2 的定容积等温放气，则可写出

$$q_m = -\frac{dm_1}{dt} = -\frac{d}{dt}\left(\frac{p_1 V}{RT_1}\right) = -\frac{V}{RT_{10}} \frac{dp_1}{dt} \quad \text{(D-25)}$$

当 $p_2/p_1 \le b$ 时为声速放气，经积分运算，当 p_{10} 降至 p_1 时所需的放气时间为

$$t = 1.4603 \frac{V}{S\sqrt{RT_{10}}} \left[\ln \frac{p_2}{p_1} - \ln \frac{p_2}{p_{10}}\right] \quad \text{(D-26)}$$

当 $b < p_2/p_1 \le 1$ 时为亚声速放气，经积分运算，当 p_{10} 降至 p_1 时所需的放气时间

当 $b = 0.528$ 时，

$$t = 2.913 \frac{V}{S\sqrt{RT_{10}}} \left[\arcsin\left(1.1186 - 0.1186 \frac{p_{10}}{p_2}\right) - \arcsin\left(1.1186 - 0.1186 \frac{p_1}{p_2}\right)\right] \quad \text{(D-27)}$$

当 $b = 0.5$ 时，

$$t = 1.4603 \frac{V}{S\sqrt{RT_{10}}} \left[\sqrt{\frac{p_{10}}{p_2} - 1} - \sqrt{\frac{p_1}{p_2} - 1}\right] \quad \text{(D-28)}$$

当 $b < 0.5$ 时，

$$t = 1.4603 \frac{V(1-b)}{S\sqrt{1-2b}\sqrt{RT_{10}}} \left[\ln\left(\frac{\sqrt{\left(1-\frac{p_2}{p_{10}}\right)\left(1-2b+\frac{p_2}{p_{10}}\right)} + \sqrt{1-2b}}{p_2/p_{10}} + \frac{b}{\sqrt{1-2b}}\right) - \ln\left(\frac{\sqrt{\left(1-\frac{p_2}{p_1}\right)\left(1-2b+\frac{p_2}{p_1}\right)} + \sqrt{1-2b}}{p_2/p_1} + \frac{b}{\sqrt{1-2b}}\right)\right] \quad \text{(D-29)}$$

由式（D-26）~式（D-29）画出定容积等温放气的特性曲线。

（3）绝热充气

压力为 p_1、温度为 T_1 的恒定气源，通过流量特性参数为 S 和 b 值的气动元件（或回路），向始压为 p_{20}、始温为 T_{20}（设 $T_{20} = T_1$）、容积为 V 的容器内充气，如图 D-3 所示。

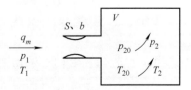

图 D-3 定容积充气

对图 D-3 所示定容积绝热充气，式（D-16）可简化成

$$\left(1 - \frac{1}{\kappa}\frac{T_2}{T_1}\right)\frac{dp_2}{p_2} = \frac{dT_2}{T_2}$$

积分后得

$$p_2 = \frac{CT_2}{1 - \dfrac{T_2}{\kappa T_1}}$$

将腔室内初始状态 $p_2 = p_{20}$，$T_2 = T_{20} = T_1$ 代入上式，得积分常数 $C = \dfrac{\kappa - 1}{\kappa} \times \dfrac{p_{20}}{T_{20}}$，则上式为

$$\frac{p_2}{p_{20}} = \frac{\kappa - 1}{\dfrac{\kappa T_1}{T_2} - 1} = \frac{\kappa - 1}{\dfrac{\kappa T_{20}}{T_2} - 1} \tag{D-30}$$

或

$$\frac{T_2}{T_{20}} = \frac{\kappa}{1 + (\kappa - 1)p_{20}/p_2} \tag{D-31}$$

可见，与外界无热交换的定容积的充气过程是多变过程。设多变指数为 n，则可写出

$$\frac{p_2}{p_{20}} = \left(\frac{T_2}{T_{20}}\right)^{\frac{n}{n-1}} \tag{D-32}$$

由式（D-31）和式（D-32），可得

$$n = \frac{\ln\{[(\kappa - 1)T_2/T_1]/(\kappa - T_2/T_1)\}}{\ln[(\kappa - 1)/(\kappa - T_2/T_1)]}$$

由此式可见，充气开始时，因 $T_2 = T_1$，则 $n = \kappa$。当初始压力 p_{20} 很低，进口气源压力 p_1 足够高的条件下，在充气结束时，$p_2/p_{20} = p_1/p_{20} \to \infty$，由式（D-30），有 $T_2/T_1 \to \kappa$，则 $n \to 1$。说明无论容器内压力充至多高，容器内空气平均温度不会超过气源温度的 κ 倍。在充气过程中，多变指数 n 是从 κ 逐渐减小的，但仍大于 1。即由开始等熵过程逐渐趋于等温过程。

将式（D-17）应用于图 D-3 的定容积绝热充气，则可写出

$$q_m = \frac{\mathrm{d}m_2}{\mathrm{d}t} = \frac{\mathrm{d}}{\mathrm{d}t}\left(\frac{p_2 V}{R T_2}\right)$$

将式（D-31）代入上式，消去 T_2 后得

$$q_m = \frac{V}{\kappa R T_1} \frac{\mathrm{d}p_2}{\mathrm{d}t} \tag{D-33}$$

当 $p_2/p_1 \leq b$ 时为声速放气，经积分运算，当 p_{20} 充至 p_2 时所需的充气时间为

$$t = 1.4603 \frac{V}{\kappa S \sqrt{R T_1}} \left[\frac{p_2}{p_1} - \frac{p_{20}}{p_1}\right] \tag{D-34}$$

当 $b < p_2/p_1 \leq 1$ 时为亚声速充气，经积分运算后，当 p_{20} 充至 p_2 时所需的充气时间为

$$t = 1.4603 \frac{V(1 - b)}{\kappa S \sqrt{R T_1}} \left[\arcsin\left(\frac{p_2/p_1 - b}{1 - b}\right) - \arcsin\left(\frac{p_{20}/p_1 - b}{1 - b}\right)\right] \tag{D-35}$$

（4）等温充气

在充气过程中，容器内的温度不变，即 $T_2 = T_{20} = T_1$。将式（D-17）应用于图 D-3 的定容积等温充气，则可写出

$$q_m = \frac{dm_2}{dt} = \frac{d}{dt}\left(\frac{p_2 V}{RT_2}\right) = \frac{V}{RT_1} \times \frac{dp_2}{dt} \quad \text{(D-36)}$$

式（D-36）与式（D-33）相比，仅分母上少一个常数 κ，故当 $p_2/p_1 \leq b$ 为声速充气时，由 p_{20} 充至 p_2 所需的充气时间为

$$t = 1.4603 \frac{V}{S\sqrt{RT_1}}\left[\frac{p_2}{p_1} - \frac{p_{20}}{p_1}\right] \quad \text{(D-37)}$$

当 $b < p_2/p_1 \leq 1$ 为亚声速充气时，由 p_{20} 充至 p_2 所需的充气时间为

$$t = 1.4603 \frac{V(1-b)}{S\sqrt{RT_1}}\left[\arcsin\left(\frac{p_2/p_1 - b}{1-b}\right) - \arcsin\left(\frac{p_{20}/p_1 - b}{1-b}\right)\right] \quad \text{(D-38)}$$

由式（D-34）、式（D-35）、式（D-37）和式（D-38）画出定容积充气的特性曲线。在相同条件下，等温充气时间比绝热充气时间长 κ 倍。

附录 E 声速的计算公式

在图 E-1 中，面积为 A 的活塞，在充满静止空气的管道内以微弱速度 du 向右移动。在 dt 时间内，活塞运动产生的扰动声波的速度为 c，传播距离为 cdt。

在扰动区之前（波前），空气处于静止状态，流速 $u = 0$，状态参数为压力 p、密度 ρ、绝对温度 T。

在扰动区内（波后），空气扰动速度为 du，状态参数变成 $p + dp$、$\rho + d\rho$ 和 $T + dT$。

扰动区这部分质量，在扰动前为 $\rho c dt A$，在扰动后为 $(\rho + d\rho)(c - du)dtA$，根据质量守恒定律，有 $\rho c dt A = (\rho + d\rho)(c - du)dtA$，省略高阶无穷小 $d\rho du$，得

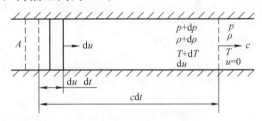

图 E-1 声波的传播

$$du = \frac{c}{\rho}d\rho \quad \text{(E-1)}$$

根据动量定理，扰动区内这部分气体，在 dt 前后的动量变化应等于它们受到的合外力的冲量。扰动前动量为 0，扰动后动量为 $\rho c dt A du$，而该扰动区内气体在 dt 内所受到的合外力为 $(p + dp)A - pA = Adp$，则有 $\rho c dt A du = A dp dt$，化简得

$$du = \frac{1}{\rho c}dp \quad \text{(E-2)}$$

将式（E-2）代入式（E-1），整理后得

$$c = \sqrt{\frac{dp}{d\rho}} \quad \text{(E-3)}$$

微弱扰动波在传播过程中的扰动速度 du 和温度变化 dT 都是非常微小的，故可认为声波的传播过程是可逆的绝热过程，即等熵过程，存在关系式 $p/\rho^\kappa = C$，C 为常数，则

$$\frac{dp}{d\rho} = \kappa C \rho^{\kappa-1} = \kappa \frac{p}{\rho} = \kappa RT$$

依据式（E-3）则有

$$c = \sqrt{\kappa RT}$$

可见，声速与当地的绝对温度有关。

附录 F 常用气动图形符号（摘自 GB/T 786.1—2021）

表 F-1 为常用气动图形符号。

表 F-1 常用气动图形符号

全表：A1~A146 为应用示例符号，B1~B161 为要素符号，C1~C60 为应用规则。
阀的控制机构（A1~A17），方向控制阀（A18~A42）。

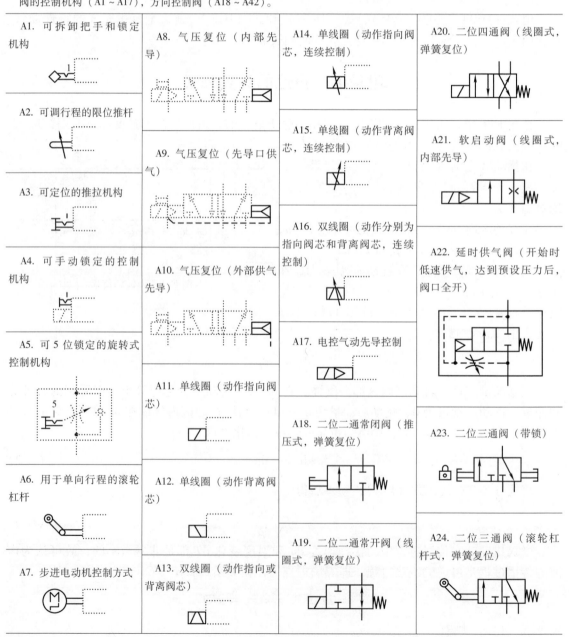

(续)

全表：A1~A146 为应用示例符号，B1~B161 为要素符号，C1~C60 为应用规则。
阀的控制机构（A1~A17），方向控制阀（A18~A42）。

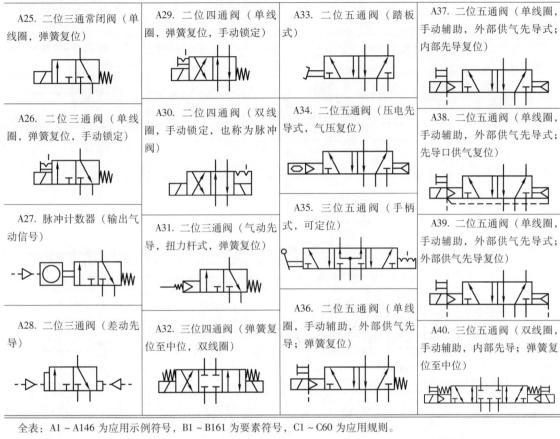

全表：A1~A146 为应用示例符号，B1~B161 为要素符号，C1~C60 为应用规则。
方向控制阀（A18~A42），压力控制阀（A43~A47），流量控制阀（A48~A50），单向阀和梭阀（A51~A56），比例方向控制阀（A57），比例压力控制阀（A58~A60），比例流量控制阀（A61、A62），空气压缩机和马达（A63~A69），缸（A70~A91）。

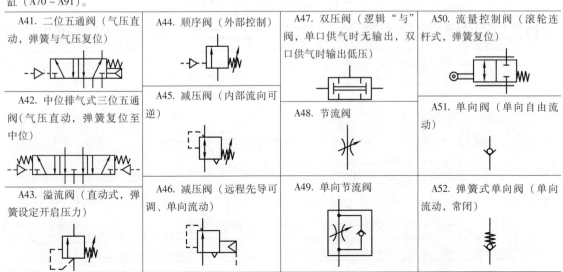

(续)

全表：A1~A146 为应用示例符号，B1~B161 为要素符号，C1~C60 为应用规则。
方向控制阀（A18~A42），压力控制阀（A43~A47），流量控制阀（A48~A50），单向阀和梭阀（A51~A56），比例方向控制阀（A57），比例压力控制阀（A58~A60），比例流量控制阀（A61、A62），空气压缩机和马达（A63~A69），缸（A70~A91）。

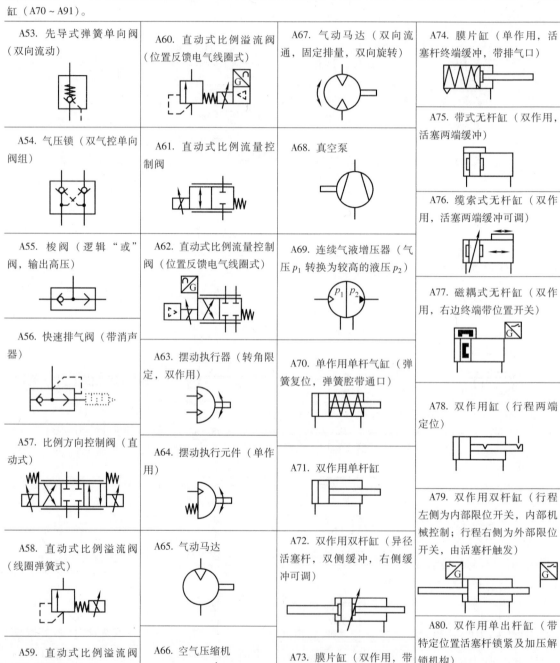

（续）

全表：A1～A146 为应用示例符号，B1～B161 为要素符号，C1～C60 为应用规则。
缸（A70～A91），连接和管接头（A92～A99），电气装置（A100～A103），测量仪和指示器（A104～A111），过滤器和分离器测量仪和指示器（A112～A139）。

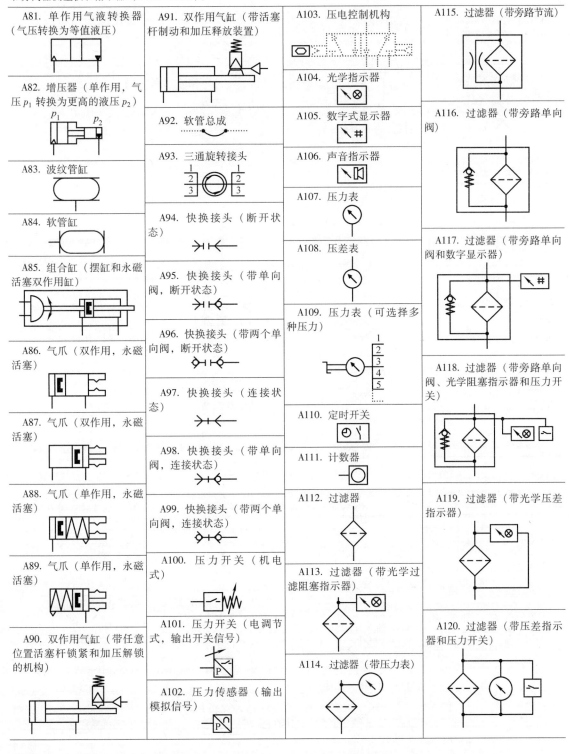

（续）

全表：A1～A146 为应用示例符号，B1～B161 为要素符号，C1～C60 为应用规则。
过滤器和分离器测量仪和指示器（A112～A139），蓄能器（A140），真空发生器（A141～A144），吸盘（A145、A146），要素_线（B1～B3），要素_连接和管接头（B4～B15）。

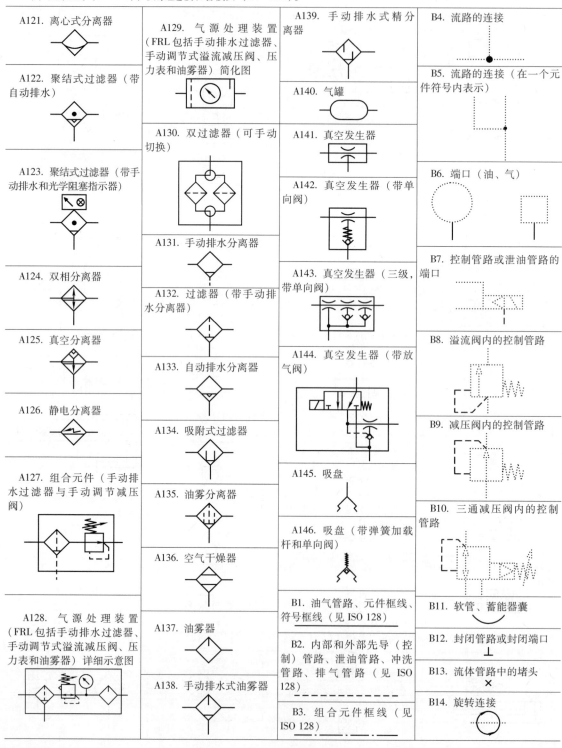

（续）

全表：A1~A146 为应用示例符号，B1~B161 为要素符号，C1~C60 为应用规则。
要素_连接和管接头（B4~B15），要素_流动通道和方向（B16~B27），要素_机械基本要素（B28~B89）。

B15. 三通球阀	B29. 测量仪表、控制元件、步进电动机的框线	B42. 无杆缸的滑块	B59. 向外作用的气爪
B16. 流体流过阀的通道和方向	B30. 能量转换元件的框线（泵、压缩机、马达）	B43. 功能单元的框线	B60. 排气口
		B44. 气爪的框线	B61. 缸内缓冲
B17. 阀内部的流动通道	B31. 摆动泵或摆动马达的框线	B45. 柱塞缸的活塞杆	B62. 缸的活塞
		B46. 缸筒	B63. 盖板式插装阀的阀芯
B18. 流体的流动方向	B32. 控制方式（简略表示）、蓄能器重锤、润滑点的框线	B47. 多级缸的缸筒	B64. 盖板式插装阀的阀套（可插装滑阀芯）
B19. 液压力的作用方向 小规格 大规格	B33. 开关、转换器和其他类似器件的框线	B48. 活塞杆	
B20. 气压力的作用方向 小规格 大规格	B34. 最多四个油气主通口阀的功能位的框线	B49. 大直径活塞杆	B65. 盖板式插装阀的阀芯（可插装滑阀芯）
		B50. 多级缸的活塞杆	
B21. 线性运动方向的指示 单向 双向往复	B35. 原动机的框线（如内燃机）	B51. 双作用多级缸的活塞杆	B66. 盖板式插装阀的插孔
B22. 旋转方向（顺时针）	B36. 流体处理装置的框线（如过滤器、分离器、油雾器和热交换器）	B52. 双作用多级缸的活塞杆	B67. 盖板式插装阀的阀芯（锥阀结构）
B23. 旋转方向（逆时针）		B53. 使用独立控制元件解锁的锁定装置	B68. 盖板式插装阀的阀芯（锥阀结构）
B24. 旋转方向（正反方向）	B37. 控制方式的框线（标准图）	B54. 永磁铁	
	B38. 控制方式的框线（加长图）	B55. 膜片，囊	B69. 盖板式插装阀的阀套（可插装主动型锥阀芯）
B25. 压力指示	B39. 显示单元的框线	B56. 增压器的壳体	
B26. 扭矩指示	B40. 五个油气主通口阀的机能位的框线	B57. 增压器的活塞	B70. 盖板式插装阀的阀芯（主动型锥阀结构）
B27. 速度指示			
B28. 单向阀的运动部分 小规格 大规格	B41. 双压阀（与阀）的框线	B58. 向内作用的气爪	

(续)

全表：A1~A146 为应用示例符号，B1~B161 为要素符号，C1~C60 为应用规则。
要素_机械基本要素（B28~B89），要素_控制机构要素（B90~B119），要素_调节要素（B120~B127）。

B71. 盖板式插装阀的阀芯（主动型锥阀结构）	B85. 弹簧（嵌入式）	B104. 控制要素：踏板	B117. 控制要素：线圈，作用方向指向阀芯（电磁铁、力矩马达、力马达）
B72. 无端口控制盖板盖板最小高度尺寸为4M，为实现功能扩展，盖板高度应调整为2M的倍数	B86. 弹簧（气爪用）		
	B87. 弹簧（缸用）	B105. 控制要素：双向踏板	B118. 控制要素：线圈，作用方向背离阀芯（电磁铁、力矩马达、力马达）
	B88. 活塞杆制动器	B106. 控制机构的操作防护要素	
B73. 机械连接（轴、杆、机械反馈）	B89. 活塞杆锁定机构		B119. 控制要素：双线圈，双向作用
B74. 机械联接(如轴、杆)	B90. 锁定元件（锁）	B107. 控制要素：推杆	
B75. 机械连接（轴、杆、机械反馈）	B91. 机械连接（轴、杆）	B108. 铰接	B120. 可调节（如行程限制）
	B92. 双压阀的机械连接		
B76. 联轴器	B93. 锁定槽	B109. 控制要素：滚轮	B121. 预设置（如行程限制）
	B94. 锁定销		
B77. M 与登记序号为2065V1的符号结合使用表示电动机	B95. 非锁定位置指示	B110. 控制要素：弹簧	
	B96. 手动越权控制要素	B111. 控制要素：带控制机构的弹簧	B122. 可调节（弹簧或比例电磁铁）
B78. 真空泵内的要素	B97. 推力控制要素		
	B98. 拉力控制要素	B112. 不同控制面积的直动操作要素	B123. 可调节（节流）
	B99. 推拉控制要素		
B79. 单向阀的阀座 小规格　大规格		B113. 步进可调符号	B124. 预设置（节流）
B80. 机械行程限位	B100. 转动控制要素	B114. M 与登记序号为F002V1的符号结合使用表示与元件连接的电动机	B125. 可调节（节流）
B81. 节流（小规格）	B101. 控制元件：可拆卸把手		
B82. 节流（流量控制阀，取决于黏度）			B126. 可调节（末端缓冲）
	B102. 控制要素：钥匙	B115. 直动式液控机构（用于方向控制阀）	
B83. 节流（小规格）	B103. 控制要素：手柄	B116. 直动式气控机构（用于方向控制阀）	B127. 可调节（泵、马达）
B84. 节流（锐边节流，在很大程度上与黏度无关）			

(续)

全表：A1~A146 为应用示例符号，B1~B161 为要素符号，C1~C60 为应用规则。
要素_附件要素（B128~B161），应用规则_常规符号（C1~C3），应用规则_阀（C4~C28）。

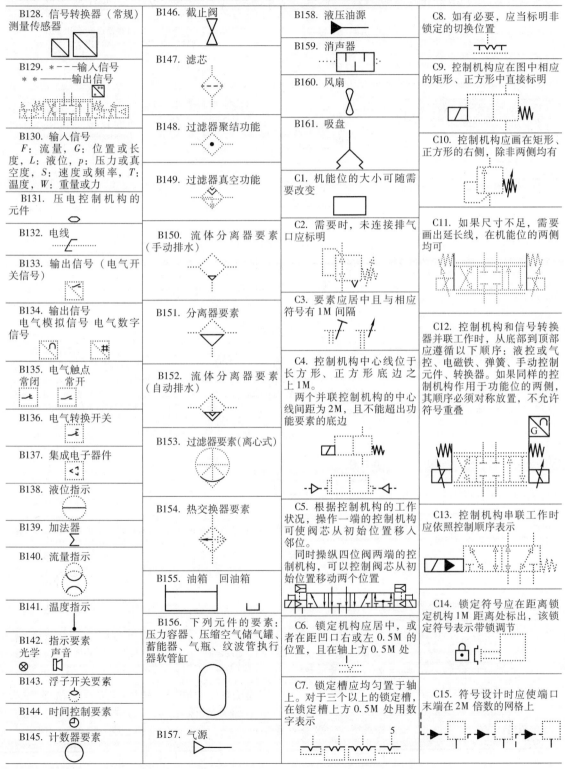

（续）

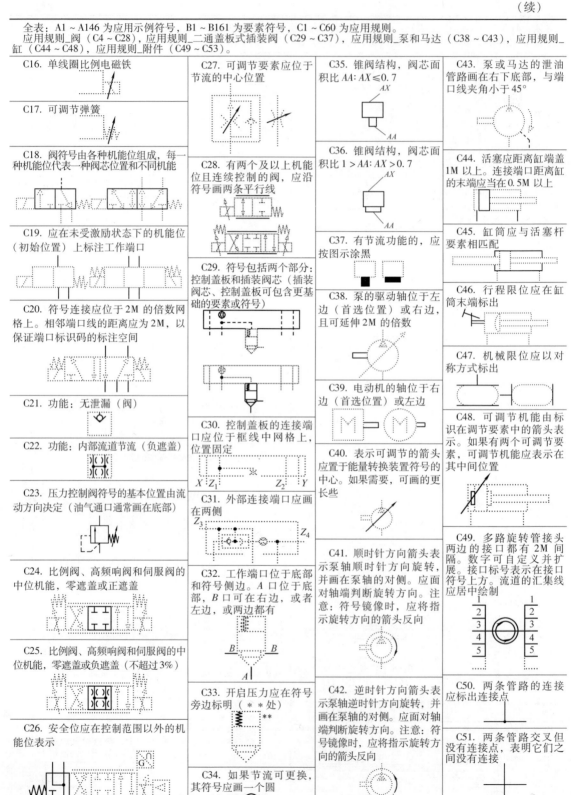

（续）

全表：A1~A146 为应用示例符号，B1~B161 为要素符号，C1~C60 为应用规则。
应用规则_附件（C49~C53），应用规则_电气装置（C54~C57），应用规则_测量设备和指示器（C58），应用规则_能量源（C59~C60）。

C52. 符号的所有端口应标出 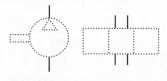	C54. 机电式位置开关（如阀芯位置） 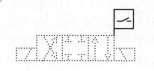	C57. 两个及以上触点可以画在一个框内，每一个触点可有不同功能（常闭触点、常开触点、开关触点）。如果多于三个触点，可用数字标注在触点上方 0.5M 位置 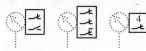
C53. 各种端口的标注示例。A：油口，B：油口，P：供油口，T：回油口，X：先导供油口，Y：先导泄油口，3、5：排气口，2、4：工作口，1：供气口，14：控制口。在每个端口的上方或者左边应留出充足的空间进行标注。每个端口的字母、数字标注，液压符合 ISO 9461、气动符合 ISO 11727  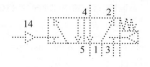	C55. 带开关量输出信号的接近开关（如监视方向控制阀中的阀芯位置） 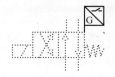	C58. 指示器中箭头和星号的绘制位置。*处为指示要素的位置
		C59. 气源
	C56. 带模拟信号输出的位置信号转换器 	C60. 液压油源

参 考 文 献

[1] 赵彤. 与时俱进的气动技术与产业［J］. 液压气动与密封, 2021 (2): 98 – 109.
[2] 中国国家标准化管理委员会. 流体传动系统及元件图形符号和回路图 第 1 部分: 图形符号: GB/T 786.1—2021［S］. 北京: 中国标准出版社, 2021.
[3] 中国国家标准化管理委员会. 气动 使用可压缩流体元件的流量特性测定 第 3 部分: 系统稳态流量特性的计算方法: GB/T 14513.3—2017［S］. 北京: 中国标准出版社, 2020.
[4] 中国国家标准化管理委员会. 气动 使用可压缩流体元件的流量特性测定 第 2 部分: 可替代的测试方法: GB/T 14513.2—2019［S］. 北京: 中国标准出版社, 2019.
[5] 中国国家标准化管理委员会. 流体传动系统及元件图形符号和回路图 第 2 部分: 回路图: GB/T 786.2—2018［S］. 北京: 中国标准出版社, 2019.
[6] 蔡茂林, 石岩, 许未晴, 等. 压缩空气系统节能技术实用手册［M］. 北京: 机械工业出版社, 2019.
[7] 中国国家标准化管理委员会. 气动 使用可压缩流体元件的流量特性测定 第 1 部分: 稳态流动的一般规则和试验方法: GB/T 14513.1—2017［S］. 北京: 中国标准出版社, 2017.
[8] 成大先. 机械设计手册: 气压传动单行本［M］. 6 版. 北京: 化学工业出版社, 2017.
[9] 尤努斯 A 切盖尔, 迈克尔 A 博尔斯. 工程热力学［M］. 北京: 机械工业出版社, 2016.
[10] 张士宏, 徐文灿. 对 ISO 6358 – 1 变压法的评说与建议［J］. 液压气动与密封, 2016 (4): 63 – 64.
[11] 张士宏, 徐文灿, 惠伟安, 等. 对串接声速排气法的评说与建议［J］. 液压气动与密封, 2015 (11): 1 – 4.
[12] 张士宏, 徐文灿. 对 ISO 6358 – 1 定压法的评说与建议［J］. 液压气动与密封, 2015 (6): 75 – 80.
[13] 赵彤. 气动技术在高端装备业中的展望［J］. 液压与气动, 2014 (6): 75 – 82.
[14] ISO 6358 – 3, Pneumatic fluid power—Determination of flow – rate characteristics of Components using compressible fluids—Part3: Methods for calculating steady – state flow – rate characteristics of systems［S］. ISO, 2014.
[15] ISO 6358 – 2, Pneumatic fluid power—Determination of flow – rate characteristics of Components using compressible fluids—Part2: Alternative test methods［S］. ISO, 2013.
[16] ISO 6358 – 1, Pneumatic fluid power—Determination of flow – rate characteristics of Components using compressible fluids—Part1: General rules and Test methods for steady – state flow［S］. ISO, 2013.
[17] 张士宏, 徐文灿. 论临界压力比及有效截面积［J］. 液压气动与密封, 2013 (9): 6 – 9.
[18] 徐文灿, 张士宏. 气管道的流量特性研究［J］. 液压与气动, 2013 (5): 52 – 57.
[19] 徐文灿, 张士宏. 国家标准 GB/T 14513 的深化使用［J］. 液压气动与密封, 2013 (2): 65 – 68.
[20] 日本机械学会. 流体力学［M］. 祝宝山, 张信荣, 王世学, 等译. 北京: 北京大学出版社, 2013.
[21] 日本フルードパワー工業会. 実用空気圧ポケットブック［Z］. 東京: 日本フルードパワー工業会, 2012.
[22] 全国液压气动标准化委员会. 气动标准应用手册［M］. 北京: 航空工业出版社, 2012.
[23] 中国液压气动密封件工业协会. 中国气动工业发展史［M］. 北京: 机械工业出版社, 2012.
[24] 童秉纲, 孔祥言, 邓国华. 气体动力学［M］. 2 版. 北京: 高等教育出版社, 2012.
[25] 朱明善, 刘颖, 林兆庄等. 工程热力学［M］. 2 版. 北京: 清华大学出版社, 2011.
[26] CAI MAO L, KAWASHIMA K, KAGAWA T. Power Assessment of Flowing Compressed Air［J］. Journal of Flouids Engineering, Transactions of the ASME, 2006, 128 (2): 402 – 405.
[27] 徐文灿. 气动增压阀的选型方法［J］. 液压气动与密封, 2004 (6): 1 – 4.

[28] 徐文灿. 洁净压缩空气系统 [J]. 液压气动与密封, 2004 (2): 24-30.
[29] 赵彤. 气动技术的发展及在新领域的应用 [J]. 液压气动与密封, 2004 (2): 1-5.
[30] 小根山尚武. 空気圧システムの省エネルギー [M]. 東京: 財団法人省エネルギーセンター, 2003.
[31] 蔡茂林, 艙木達也, 川嶋健嗣, 等. 省エアのためのエアパワーメータの開発 [C]. 東京: 平成 15 年度春季フルードパワーシステム講演会, 2003.
[32] 蔡茂林, 藤田壽憲, 香川利春. 空気圧シリンダ作動における有効エネルギー収支 [C]. 日本油空圧学会論文集, 2002, 33 (4): 82-89.
[33] 張護平, 妹尾満, 小根山尚武. 放出法による空気圧機器の流量特性試験法に関する研究 [R]. 東京: 平成 14 年度春季フルードパワーシステム講演会, 2002.
[34] 蔡茂林, 藤田壽憲, 香川利春. 空気圧駆動システムにおけるエネルギー消費とその評価 [C]. 日本油空圧学会論文集, 2001, 32 (5): 118-123.
[35] 蔡茂林, 藤田壽憲, 香川利春. エアエクセルギによる空気圧エネルギー評価 [C]. 東京: 平成 13 年度春季フルードパワーシステム講演会, 2001: 85-87.
[36] 徐文灿, 刘汉钧, 等. 气动元件及系统设计 [M]. 北京: 机械工业出版社, 1995.
[37] 徐文灿. 真空发生器内的流态及其性能分析 [J]. 液压与气动, 1995 (5): 8-12.
[38] 全国液压气动标准化技术委员会. 气动元件流量特性的测定: GB/T 14513—1993 [S]. 北京: 中国标准出版社, 1994.
[39] 徐文灿. 气动回路流量特性参数的计算方法 [J]. 北方工业大学学报, 1994 (1): 44-50.
[40] 赵彤. 从 SMC 看世界气动技术发展 [J]. 液压与气动, 1993 (2): 3-7.
[41] 徐文灿. 国际标准 ISO 6358 可靠性剖析 [J]. 液压与气动, 1991 (1): 51-53.
[42] 徐文灿. 串接音速排气法测定气动元件的流量特性 [J]. 液压与气动, 1989 (2): 40-43.
[43] 徐文灿. 对气动元件有效截面积定义的看法 [J]. 液压与气动, 1989 (2): 5.
[44] ISO 6358, Pneumatics fluid power – components using compressible fluids – Determination of flow – rate characteristics [S]. ISO, 1989.
[45] 徐文灿. 按国际标准草案计算充排气特性 [J]. 液压与气动, 1985 (4): 7-10.
[46] 吴望一. 流体力学 [M]. 北京: 北京大学出版社, 1982.